Encyclopédie des

# sciences

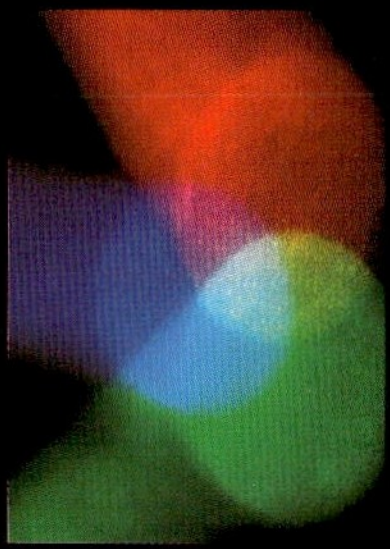

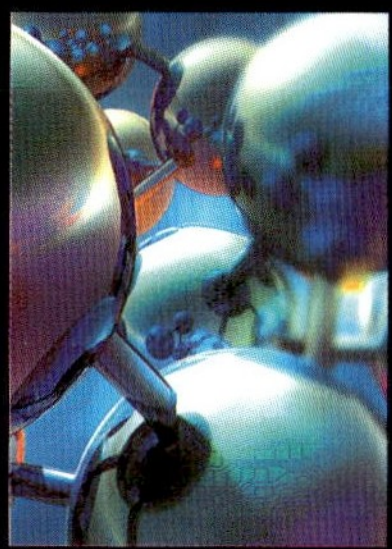

Pour l'édition originale

**Édition** Fran Baines, Paula Borton, Gilly Cameron Cooper, Robert Dinwiddie, Jacqueline Fortey, Sarah Goulding, Margaret Hynes, Patricia Moss, Sue Nicholson, Nigel Ritchie, Richard Williams, Selina Wood, Jane Yorke

**Sites Internet** Clare Lister, Mariza O'Keeffe, Steve Barker, John Bennett, Roger Brownlie, Clare Hibbert, Phil Hunt

**Responsable éditorial** Camilla Hallinan

**Responsable du numérique** Fergus Day

**Coordinateur PAO** Toby Beedell
**PAO** Jay Jackson, Sarah Nunan, Sarah Pfitzner
**Cartographe** Simon Mumford

**Directrice éditoriale** Sue Grabham

**Maquettistes** Sarah Cowley, Yumiko Tahata, Ross George, Jim Green, Nick Harris, Adrienne Hutchinson, Alex Menday, Andrew Nash, Rebecca Painter, Johnny Pau, Owen Peyton Jones, Joanna Pocock, Smiljka Surla, Jacqui Swan, Clair Watson

**Illustrateurs** Lee Gibbons, Nick Gopalla, Robin Hunter, Andrew Kerr, Patrick Mulrey, Darren Poore

**Responsable artistique** Sophia M Tampakopoulos Turner

**Iconographes** Bridget Tily, Martin Copeland, Sean Hunter, Michelle Faram, Liz Moore, Alison Prior, Amanda Russell, Fran Vargo, Gemma Woodward
**Couverture** Bob Warner
**Fabrication** Kate Oliver

**Directeur artistique** Simon Webb

**Contributeurs et conseillers** Roger Bridgman, Kim Bryan, Dr Sue Davidson, Helen Dowling, Graham Farmelo, Dr Philip Gates, Dr Jen Green, Derek Harvey, Robin Kerrod, Dr Jacqueline Mitton, Alan Q Morton, John Nicholson, Christopher Oxlade, Dr Penny Preston, Professor Robert Spicer, John Stringer, Chris Woodford

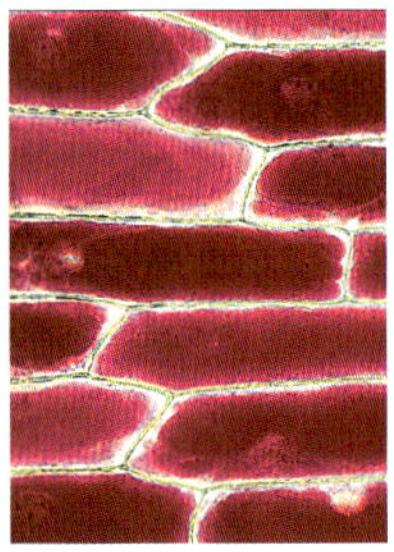

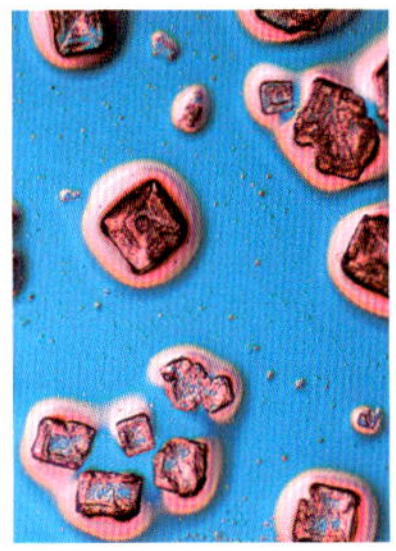



Pour l'édition française
**Responsable éditorial :** Thomas Dartige
**Suivi éditorial :** Éric Pierrat et Anne-Flore Durand
**Adaptation et mise en page :** IndoLogic Pvt Ltd, Pondichéry (Inde)
**Traduction :** Alain Bories
**Correction :** Sylvette Tollard et Isabelle Haffen
**Relecteurs-conseillers :**
Jean-Claude Deroche, professeur de physique à l'université d'Orsay ; Philippe Henarejos, astronome ; Pierre Pech professeur d'université à Paris I Panthéon-Sorbonne ; Gaud Morel, Museum national d'histoire naturelle ; Michel Cuisin, zoologue ; François Pitrou, docteur en médecine.
**Couverture :** Valentina Lepore, Elisabeth Cohat et Christine Régnier
**Photogravure de couverture :** Scan+
**Page Internet associée :** Victor Dillinger, Bénédicte Nambotin et Françoise Favez.

ISBN 978-2-07-065426-0

Loi n°49-956 du 16 juillet 1949
sur les publications destinées à la jeunesse
Ne peut être vendu au Canada.
Dépôt légal : octobre 2013
N° d'édition : 253476
Photogravure Colourscan, Singapore
Imprimé en Chine par South China Printing Company Ltd

LES YEUX DE LA DÉCOUVERTE
GALLIMARD JEUNESSE

# Encyclopédie des sciences

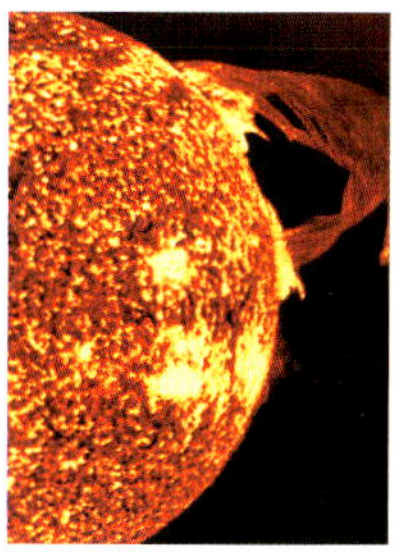

# SOMMAIRE

## LA TERRE



## LES PLANTES



## LES ANIMAUX



## LE CORPS HUMAIN

# ACCÉDER À LA PAGE INTERNET DU LIVRE

Gallimard jeunesse a créé sur son site Internet une page dédiée à *l'Encyclopédie des sciences* avec une galerie d'images et une sélection des meilleurs sites Internet.
Pour y accéder :

## 1 Saisissez cette adresse

Adresse : http://www.gallimard-jeunesse.fr/

Tapez le titre du livre dans l'outil de recherche du site. Vous accéderez alors directement à la page Internet de cet ouvrage.

## 2 Télécharger des images

Une galerie de photos est accessible sur cette page Internet.
Vous pouvez y télécharger des images libres de droits pour un usage personnel et non commercial.

## 3 Consulter des sites Internet

Sur cette page Internet, nous vous proposons une sélection de liens Internet particulièrement intéressants et riches sur les sujets traités dans ce livre.

Retrouvez tout un monde de découvertes
sur www.gallimard-jeunesse.fr
avec une galerie photos et
une sélection de liens Internet.

**Allez sur Internet l'esprit tranquille :**

**Important :**
- Demandez toujours la permission à un adulte avant de vous connecter au réseau Internet.
- Ne donnez jamais d'informations sur vous.
- Ne donnez jamais rendez-vous à quelqu'un que vous avez rencontré sur Internet.
- Si un site vous demande de vous inscrire avec votre nom et votre adresse e-mail, demandez d'abord la permission à un adulte.
- Ne répondez jamais aux messages d'un inconnu, parlez-en à un adulte.

**Note aux parents :** Gallimard Jeunesse vérifie et met à jour régulièrement les liens sélectionnés, leur contenu peut cependant changer. Gallimard Jeunesse ne peut être tenu pour responsable que du contenu de son propre site. Nous recommandons que les enfants utilisent Internet en présence d'un adulte, ne fréquentent pas les *chats* et utilisent un ordinateur équipé d'un filtre pour éviter les sites non recommandables.

# UNE NOUVELLE GAMME D'ENCYCLOPÉDIES

Gallimard jeunesse propose toute une gamme d'encyclopédies de référence, très richement illustrées, accessibles et validées par des spécialistes pour en savoir plus sur le monde d'aujourd'hui et cultiver ses passions.

Une encyclopédie généraliste qui répond à la curiosité des 9-15 ans sur tous les sujets !
10 chapitres - 304 pages

Une mine d'informations et de photos pour tous les passionnés d'animaux !
6 chapitres - 304 pages

Un vaste panorama des religions pratiquées aujourd'hui pour mieux les connaître !
8 chapitres - 304 pages

Une passionnante exploration de l'Univers et toute l'histoire de la conquête spatiale !
9 chapitres - 256 pages

Un voyage chez les animaux de la préhistoire : des débuts de la vie jusqu'aux premiers hommes !
5 chapitres - 304 pages

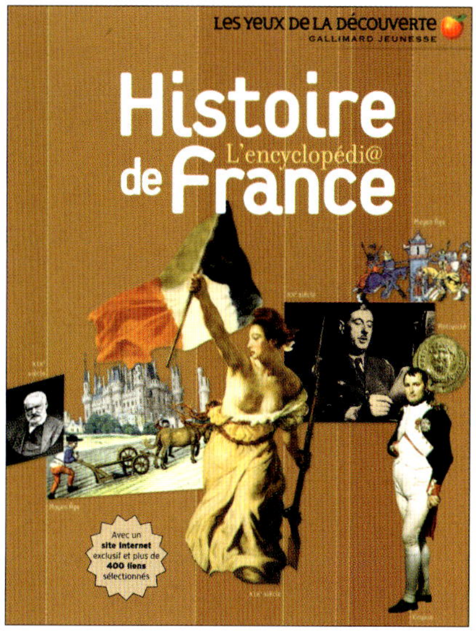


Toute l'épopée de la France, très complète et détaillée époque par époque !
5 chapitres - 256 pages

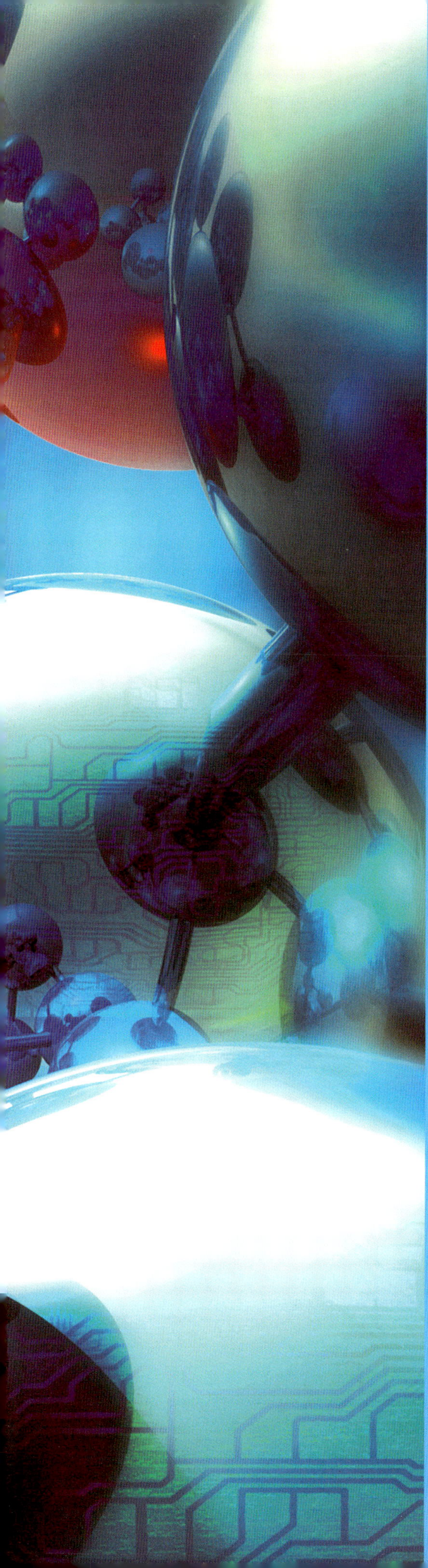

# MATIÈRE et MATÉRIAUX

# LA MATIÈRE

Tout ce qui se tient, se goûte, se sent est matière. La matière constitue tout ce que l'on voit : les vêtements, l'eau, les aliments, les plantes, les animaux, etc. Les choses invisibles, comme l'air ou l'odeur d'un parfum, sont aussi faites de matière. Toute matière se définit par ses PROPRIÉTÉS, par exemple sa couleur ou sa dureté. La matière est faite de PARTICULES tellement petites que seuls de puissants microscopes permettent de les voir.

◄ LA NON-MATIÈRE

Tout n'est pas que matière. La non-matière, c'est par exemple la lumière d'une lampe torche, la chaleur du feu et le bruit d'une sirène de pompier. Ces choses-là, on ne peut ni les tenir, ni les goûter, ni les sentir. Ce ne sont pas des types de matière, mais des formes d'énergie. Tout ce qui existe dans l'univers appartient soit à un type de matière soit à une forme d'énergie.

LES ÉTATS DE LA MATIÈRE ►

Sur Terre, la matière n'existe que sous trois états : solide, liquide ou gazeux. Les solides, comme par exemple la visière-écran du pompier, ont une forme propre. Les liquides, tels que l'eau, ne conservent pas toujours leur forme mais occupent toujours le même volume. Quant aux gaz, comme ceux qui composent la fumée, ils remplissent tout le volume dont ils disposent.

LES TYPES DE MATIÈRE ►

La matière se divise en deux groupes : la matière vivante et la matière inerte. Cette dernière ne bouge pas toute seule, ne grandit pas, ne se reproduit pas. Par exemple, la Terre est faite de roches qui sont de la matière inerte. Tous les êtres vivants, dont les animaux et les plantes, sont composés de matière vivante.

MATIÈRE INERTE

MATIÈRE VIVANTE

## LES PROPRIÉTÉS MATÉRIELLES

Chaque type de matière a des propriétés qui peuvent servir à différents usages. Un tuyau d'arrosage est souple, par conséquent on peut le diriger dans tous les sens. Une visière-écran en perspex est transparente, on peut donc voir à travers. Le vêtement des pompiers est brillant, il renvoie la lumière et la chaleur. Souplesse, transparence et brillance sont toutes les trois des propriétés matérielles.

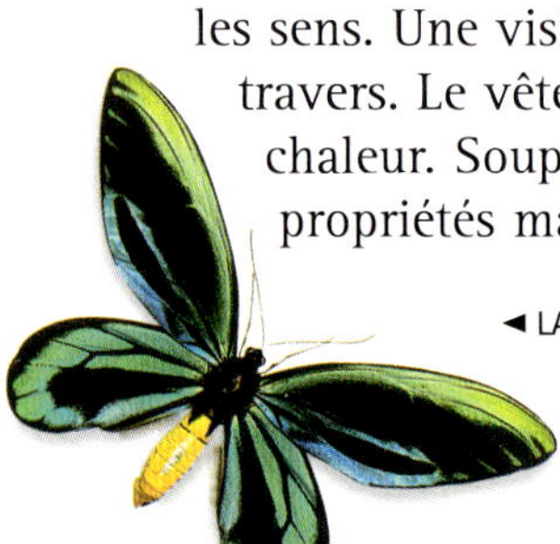

◄ LA COULEUR

La couleur est une propriété matérielle évidente. Les couleurs extrêmement vives du papillon Reine Alexandra font fuir ses ennemis et attirent le sexe opposé. La matière peut avoir des couleurs vives ou ternes, ou être transparente. Le verre est un exemple de matière transparente.

LA BRILLANCE ►

Beaucoup de métaux se caractérisent par leur brillance ; c'est le cas par exemple de l'acier inoxydable qui recouvre la salle de concerts Walt Disney à Los Angeles, aux États-Unis. Un matériau est dit brillant quand il réfléchit la lumière. Plus il la réfléchit, plus il est brillant.

LA DENSITÉ ►

La densité mesure la quantité de matière comprise dans un volume donné. Dans un cube de plomb se trouve beaucoup de matière en peu d'espace : sa densité est importante. La farine au contraire est peu dense. Pour équilibrer le poids des deux plateaux de la balance, il faut mettre beaucoup de farine sur l'un et peu de plomb sur l'autre.

*Les poids en plomb sont plus denses que la farine.*

# LES PARTICULES

Toute matière est faite de particules minuscules appelées atomes qui sont trop petits pour être vus même au microscope ; mais les chercheurs ont calculé leur taille. Les grains de sable sont composés d'atomes d'oxygène et de silicium. Un homme est composé de 28 types d'atomes différents. Les types d'atomes, qui sont très nombreux, déterminent les propriétés matérielles de chaque matériau.

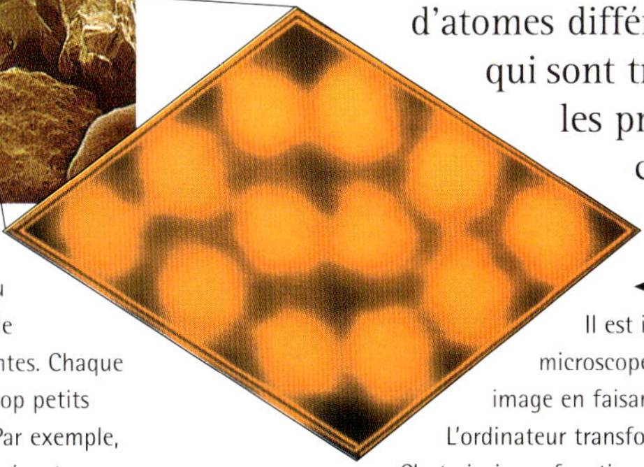

▲ LES GRAINS DE SABLE
Les grains de sable, fortement grossis au microscope, ressemblent à des rochers de tailles, de formes et de couleurs différentes. Chaque grain contient des milliards d'atomes, trop petits pour qu'on les observe au microscope. Par exemple, un grain de sable de la taille du point qui se trouve à la fin de cette phrase contiendrait 10 milliards de milliards d'atomes.

◄ LES ATOMES
Il est impossible de voir les atomes, même au microscope. On peut seulement en obtenir une image en faisant rebondir sur eux de la lumière. L'ordinateur transforme ces rayons de lumière en images. C'est ainsi que fonctionne le microscope à effet tunnel (dit STM, d'après ses initiales en anglais) – avec lequel on a obtenu l'image à gauche – et le microscope à force atomique (AFM).

*DÉMOCRITE*
*Grec, v. 460 av. J.-C. - v. 370*
*Démocrite fut l'un des premiers philosophes à dire que toute matière est formée de particules trop petites pour être vues. Il croyait que ces particules ne pouvaient être ni divisées ni détruites. Il disait aussi que la diversité dans le monde venait des différentes combinaisons des atomes. Il influença l'épicurisme.*

POUR EN SAVOIR PLUS ⏭ Les atomes 24 • Les gaz 15 • La gravité 72 • Les liquides 14 • Les solides 12

# LES SOLIDES

Les corps solides ont une forme propre qu'il est difficile de modifier, à la différence des liquides et des gaz. Chaque solide est adapté à des usages différents suivant sa capacité d'étirement, sa **RÉSISTANCE** et sa dureté. Les solides sont en général composés de minuscules cristaux. Leurs particules sont rangées suivant un schéma régulier, c'est ce que l'on appelle une **STRUCTURE CRISTALLINE**.

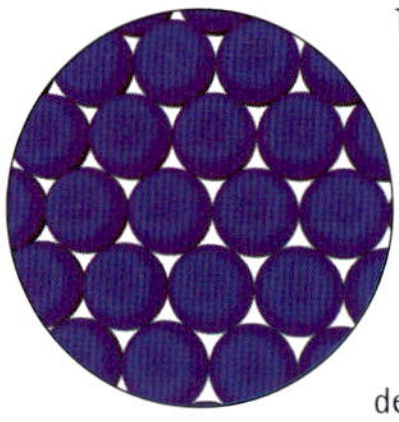

◄ L'ORGANISATION DES PARTICULES
Les qualités des solides dépendent de la façon dont leurs particules sont disposées. Celles-ci sont liées par des forces puissantes, qui les tiennent fermement unies entre elles. Les particules peuvent vibrer, mais non se déplacer facilement. C'est pourquoi les corps solides conservent en général leur forme et donnent une impression de solidité.

*La carrosserie en métal s'est froissée sous le choc.*

*Le pare-chocs en plastique a changé de forme.*

◄ LES CHANGEMENT DE FORME
Certains solides, tels le métal du capot de la voiture ci-dessus et la matière plastique de son pare-chocs, peuvent se marteler ou s'écraser de différentes façons sans casser. Ce sont des matériaux malléables. D'autres corps solides, tels les biscuits ou le verre, ne plient pas sous les chocs ou la pression : ils se cassent et s'émiettent. Ces solides-ci sont dits cassants.

▲ LE JOINT DE DILATATION D'UN PONT MÉTALLIQUE
Tous les ponts métalliques comportent des joints de dilatation permettant aux pièces métalliques de se dilater. La chaleur oblige les particules de métal à vibrer avec davantage d'énergie : elles occupent donc plus de place. Les joints laissent au métal l'espace dont il a besoin pour se dilater, sans provoquer une déformation de la route.

*La route repose sur un tablier de poutres en acier entrecroisées.*

## L'ÉTIREMENT

Certains solides comme le cuivre ont la capacité de s'étirer facilement en fils d'une extrême finesse. On dit de ces matériaux qu'ils sont ductiles. Cette propriété provient de la disposition de leurs particules, rangées en couches qui peuvent glisser les unes sur les autres. On peut fabriquer en étirant du cuivre des fils fins comme la moitié d'un cheveu ; ces fils servent à fabriquer des câbles électriques ou téléphoniques.

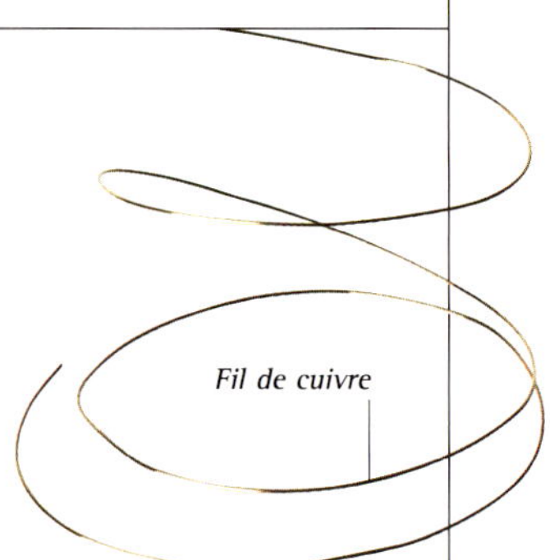

*Fil de cuivre*

SOLIDE NORMAL

SOLIDE ÉTIRÉ

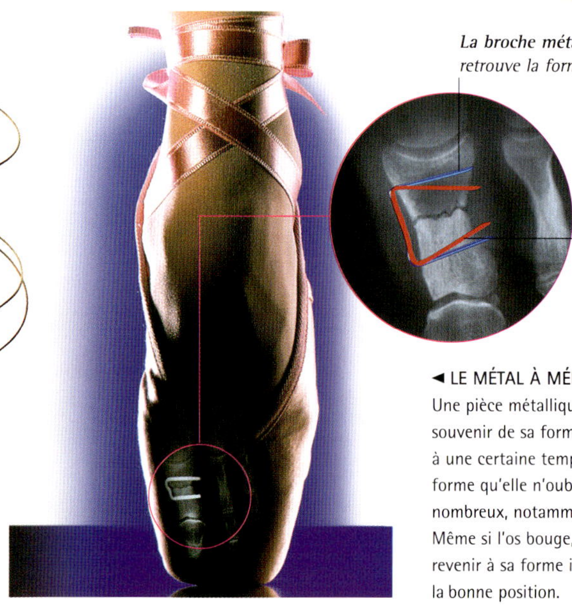

*La broche métallique retrouve la forme voulue.*

*La broche métallique suit l'os brisé dans ses déformations, la danseuse peut à nouveau faire des pointes.*

◄ LE MÉTAL À MÉMOIRE DE FORME
Une pièce métallique à mémoire de forme garde le souvenir de sa forme initiale. Une fois qu'on la porte à une certaine température, on peut lui donner une forme qu'elle n'oubliera jamais. Les usages sont nombreux, notamment la réduction d'os fracturés. Même si l'os bouge, le métal finit toujours par revenir à sa forme initiale : il remet alors l'os dans la bonne position.

*Les pylônes en acier portent le réseau de câbles auquel le pont est suspendu.*

***Plusieurs fils d'acier** sont tressés ensemble pour former des câbles résistants.*

***Le pilier en béton** constitue une plate-forme stable pour le pylône posé dessus.*

# LA RÉSISTANCE

Certains matériaux solides, comme l'acier ou le ciment, sont difficiles à casser, même sous un poids considérable. En effet, leurs particules sont liées par des forces très puissantes. Ce sont des matériaux de haute résistance : on peut s'en servir pour construire des ponts et des bâtiments. La résistance n'est pas la dureté : un matériau dur ne peut être ni plié ni rayé facilement.

◄ LE PONT SUSPENDU
Aux États-Unis, le pont du Golden Gate enjambe l'entrée de la baie de San Francisco. Il comporte des milliers de fils d'acier tressés en câbles ; les pylônes sont en acier et les piliers en béton. La résistance du pont est due aux matériaux utilisés, ainsi qu'à la façon dont on les a disposés.

**L'ÉCHELLE DE DURETÉ DE MOHS**

| *MINÉRAL* | *MOHS* |
|---|---|
| Diamant | 10 |
| Corindon | 9 |
| Topaze | 8 |
| Quartz | 7 |
| Feldspath | 6 |
| Apatite | 5 |
| Fluorine | 4 |
| Calcite | 3 |
| Gypse | 2 |
| Talc | 1 |

La dureté mesure la facilité avec laquelle un matériau se raye. L'échelle de Mohs classe 10 minéraux sur une échelle de 1 à 10. Plus le chiffre est élevé, plus le minéral est dur. Chaque minéral de l'échelle raye ceux qui se trouvent en dessous. D'autres matériaux peuvent être classés ainsi : le cuivre, par exemple, a une dureté de 2,5.

DIAMANT

# LA STRUCTURE CRISTALLINE

La plupart des solides, comme les métaux, le sel et le sucre, sont composés de petits cristaux. Leurs particules sont disposées selon un schéma ordonné en trois dimensions, en cubes ou en polyèdres. Mais ce n'est pas toujours le cas. Les particules de verre par exemple ne sont pas disposées selon un schéma régulier : le verre n'a pas de structure cristalline, on dit que sa structure est amorphe.

LA STRUCTURE DU SEL ►
Le sel de cuisine se compose de milliers de petits cristaux, visibles uniquement avec un microscope électronique à balayage. Les cristaux de sel sont des cubes. Ici, on les a teints en turquoise pour que leur structure soit visible. Les cristaux adoptent selon les matériaux des formes variées : cubes, pyramides, hexagones et prismes divers.

*Cristal à six faces, avec un bout pointu à ses deux extrémités*

LE CRISTAL DE QUARTZ ►
Les cristaux de quartz sont si gros qu'on les voit à l'œil nu. Le quartz est un minéral très répandu que l'on trouve dans beaucoup de roches. Sur la terre, la plupart des grains de sable sont en quartz. Dans sa forme pure, il est transparent, mais la moindre impureté lui donne des couleurs.

POUR EN SAVOIR PLUS ⏭ • L'élasticité 69 • Les métaux 34 • Le microscope 116

# LES LIQUIDES

L'eau d'une rivière qui suit son cours change de forme en permanence pour occuper tout l'espace disponible. En effet, l'eau est un liquide et les liquides coulent, ils n'ont pas de forme propre. Ils adoptent la forme du récipient qui les contient. Si l'on renverse dans une assiette un verre plein de liquide, la forme du liquide change, mais pas son volume.

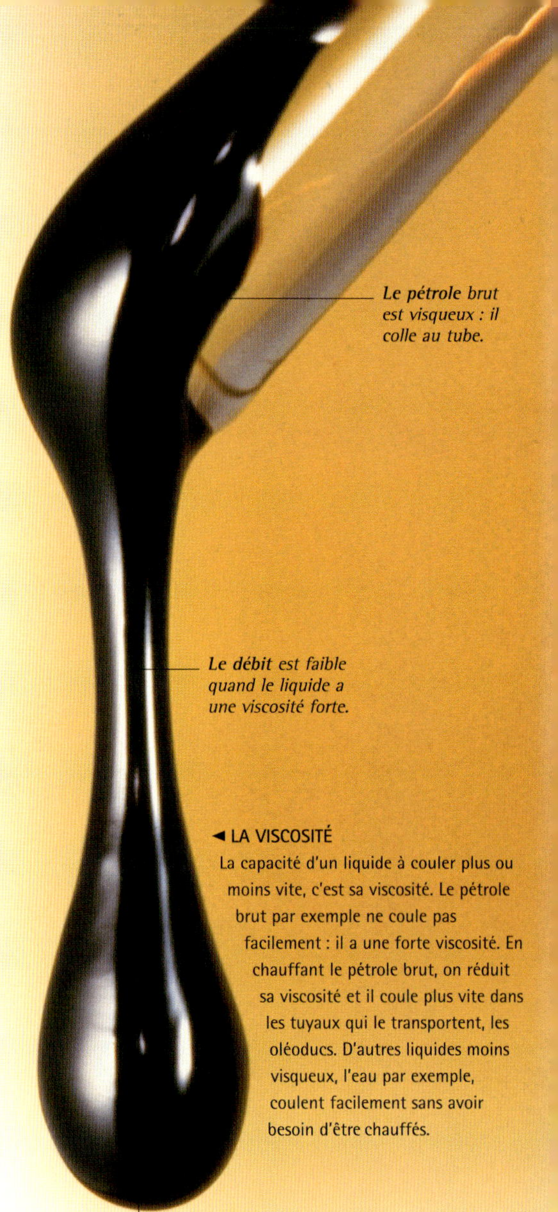

*Le **pétrole** brut est visqueux : il colle au tube.*

*Le **débit** est faible quand le liquide a une viscosité forte.*

*Le **pétrole** brut goutte avec lenteur.*

◄ LA PUISSANCE DE L'ÉCOULEMENT

Un liquide qui coule vite, comme l'eau d'une cascade, a beaucoup d'énergie. Celle-ci peut servir à faire tourner la roue d'un moulin ou les turbines d'une centrale électrique. Une masse de liquide animée d'une grande vitesse, par exemple la vague géante d'un tsunami, peut faire des ravages.

◄ LA VISCOSITÉ

La capacité d'un liquide à couler plus ou moins vite, c'est sa viscosité. Le pétrole brut par exemple ne coule pas facilement : il a une forte viscosité. En chauffant le pétrole brut, on réduit sa viscosité et il coule plus vite dans les tuyaux qui le transportent, les oléoducs. D'autres liquides moins visqueux, l'eau par exemple, coulent facilement sans avoir besoin d'être chauffés.

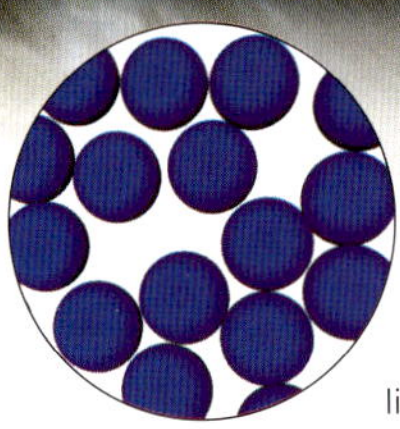

◄ LES PARTICULES D'UN LIQUIDE

Les forces qui unissent les particules entre elles sont plus faibles dans les liquides que dans les solides. Les particules des liquides sont moins serrées, cela leur permet de bouger plus facilement. Comme les particules bougent, le liquide est capable de couler et de prendre la forme de son récipient.

*Le **mercure** liquide forme des gouttelettes si on le verse sur une surface.*

◄ LA COHÉSION

Le mercure est un métal liquide. Attention, c'est aussi un poison ! Quand on le verse sur une surface, il forme de petites gouttes. Les particules de mercure sont unies par des forces très puissantes, elles s'agglutinent en gouttelettes. La force unissant des particules de même type s'appelle la cohésion. Les particules d'eau ont une cohésion moins forte : elles mouillent la surface sur laquelle on les verse.

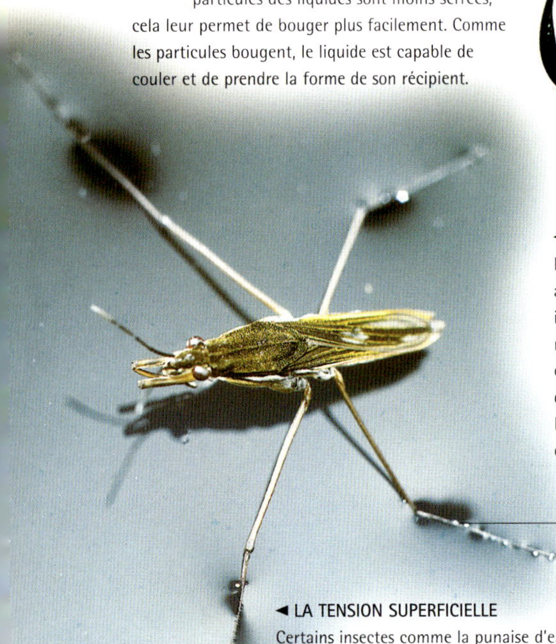

*Les **fines pattes** de la punaise d'eau ne traversent pas la surface de l'eau.*

◄ LA TENSION SUPERFICIELLE

Certains insectes comme la punaise d'eau sont capables de marcher sur l'eau sans couler. En effet, les particules formant la surface de l'eau sont unies par des forces qui les attirent les unes vers les autres ; cela crée à la surface une tension que l'on appelle la tension superficielle : la surface est alors comme une peau invisible et élastique. C'est comme si la punaise glissait sur un trampoline.

◄ LE VOLUME

Les deux récipients sont de formes très différentes mais leur volume est le même. Le volume d'un liquide, c'est la place qu'il occupe. En le transvasant d'un récipient à l'autre, on change la forme du liquide mais pas son volume. C'est pourquoi on mesure les volumes des liquides en litres ou en mètres cubes.

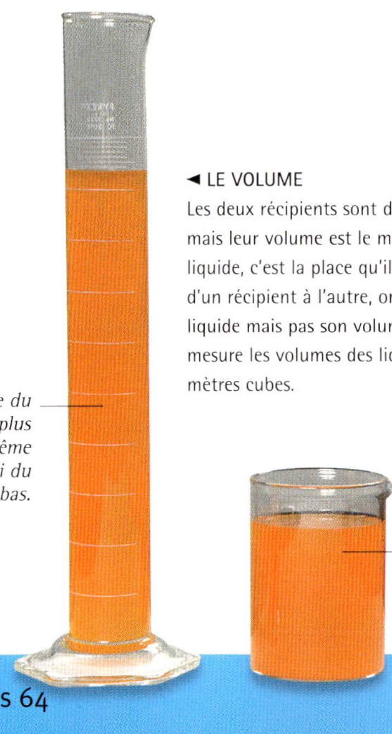

*Le **volume** du récipient le plus haut est le même que celui du récipient le plus bas.*

*Le **liquide** a changé de forme mais pas de volume.*

POUR EN SAVOIR PLUS ⏭ Les changements d'état 16 • L'énergie 76 • Les forces 64

# LES GAZ

Des gaz, il y en a tout autour de nous ; la plupart sont invisibles mais beaucoup ont une odeur. Les gaz coulent comme les liquides mais, à la différence des solides et des liquides, ils ne restent pas là où on les met. Ils n'ont ni forme ni volume propre, ils se répandent dans toutes les directions pour remplir complètement tous les récipients. Si le récipient n'a pas de couvercle, le gaz s'échappe.

Les **particules** chauffées remplissent la montgolfière, qui devient légère au point de s'envoler.

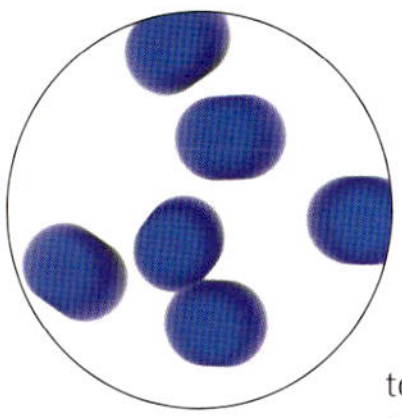

◄ LES PARTICULES D'UN GAZ

Les particules des gaz s'agitent en permanence à 1 600 km/h. Elles sont très espacées et se déplacent en tous sens, librement. Un gaz occupe instantanément tout le récipient où on le met. Quand des particules de gaz se heurtent, les forces qui les unissent sont trop faibles pour les garder en contact : elles rebondissent et poursuivent leur agitation frénétique.

*Le **brûleur** chauffe l'air à l'intérieur de l'enveloppe.*

LA DILATATION ►

Dans les montgolfières, c'est un brûleur qui chauffe l'air contenu dans le ballon. Les particules acquièrent plus d'énergie, s'agitent plus vite et s'écartent davantage les unes des autres, exerçant une pression sur les parois de du ballon. La chaleur oblige les gaz à se dilater. Quand on approche du feu un ballon de baudruche, l'air qui est à l'intérieur se dilate à tel point que le ballon peut éclater.

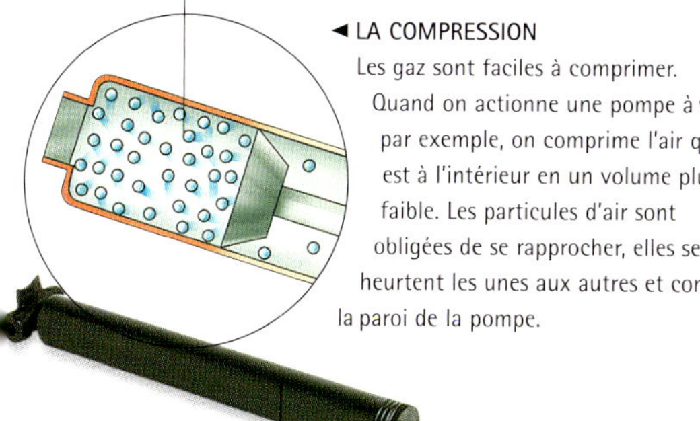

*Les particules de gaz sont obligées de se tasser.*

*La paroi de la pompe s'échauffe car les particules de gaz s'y cognent avec violence.*

◄ LA COMPRESSION

Les gaz sont faciles à comprimer. Quand on actionne une pompe à vélo par exemple, on comprime l'air qui est à l'intérieur en un volume plus faible. Les particules d'air sont obligées de se rapprocher, elles se heurtent les unes aux autres et contre la paroi de la pompe.

LA PRESSION ►

Pourquoi le bouchon de champagne saute-t-il quand on secoue la bouteille ? Le champagne contenu dans la bouteille comporte des milliers de bulles de gaz. En secouant la bouteille, on libère le gaz et les particules de gaz, animées d'une grande vitesse, se heurtent au bouchon. Celui-ci subit une pression énorme, qui finit par le chasser de la bouteille.

▲ LA VAPEUR D'EAU

La vapeur est un gaz qui commence à s'évaporer d'un liquide avant que celui-ci bouille. L'eau bout et devient gazeuse à 100 degrés ; mais tant que la température est inférieure, certaines particules quittent le liquide et forment un gaz appelé vapeur ; il est invisible et se mélange à l'air. Quand l'air se refroidit légèrement, la vapeur d'eau se condense en gouttelettes visibles : c'est le brouillard.

POUR EN SAVOIR PLUS ⏭ Les changements d'état 16 • La pression 74 • L'eau 40

# LES CHANGEMENTS D'ÉTAT

Tout matériau peut être sous forme solide, liquide ou gazeux, ce sont les états de la matière. La matière passe d'un état à l'autre sous l'effet de la température. En chauffant la glace – solide – on obtient de l'eau – liquide. Ce changement s'appelle la **FUSION**. En chauffant de l'eau, on obtient de la vapeur – un gaz ; ce changement s'appelle l'**ÉBULLITION**. Les particules de glace, d'eau et de vapeur d'eau sont identiques mais organisées différemment.

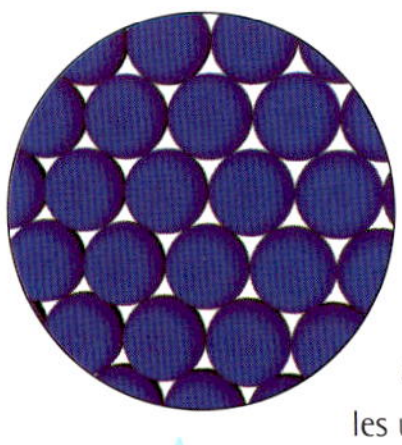

◄ LES PARTICULES D'UN SOLIDE
Les particules d'un corps à l'état solide sont serrées les unes contre les autres : c'est pourquoi le corps est rigide. Un corps solide peut devenir liquide, et un liquide peut devenir solide.

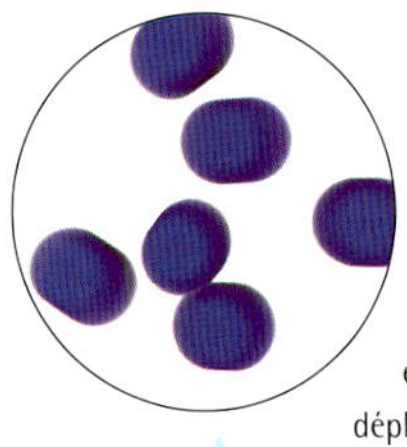

◄ LES PARTICULES D'UN GAZ
Les particules d'un gaz sont dispersées, elles sont libres de se déplacer. C'est pourquoi les gaz emplissent tout l'espace qu'on leur donne. Un corps gazeux peut devenir liquide, et un liquide peut devenir un gaz.

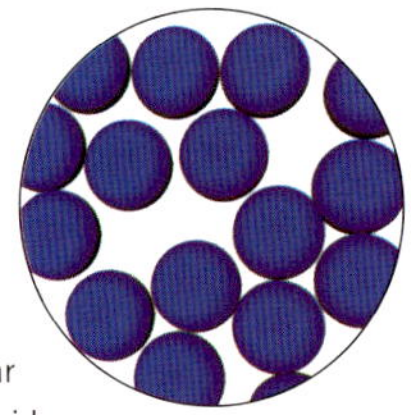

LES PARTICULES D'UN LIQUIDE ►
Les particules d'un corps liquide peuvent se déplacer les unes par rapport aux autres. C'est pourquoi les liquides coulent. Un corps liquide peut devenir solide, il peut aussi devenir gazeux.

LE CHANGEMENT D'ÉTAT DE L'EAU ▲
Autour des sources chaudes du parc national de Yellowstone, aux États-Unis, on observe les trois états de l'eau : solide, liquide et gazeux. L'hiver, il y a de la glace et de la neige autour des bassins thermaux. Ceux-ci sont chauffés par des gaz brûlants venus des profondeurs de la Terre : ils réchauffent l'eau, qui ne gèle donc pas.

## LA FUSION

En chauffant un solide, on donne à ses particules davantage d'énergie : elles se mettent à vibrer plus vite. À une certaine température, elles vibrent tellement que leur structure ordonnée se brise. C'est à ce moment que le solide fond, il devient liquide. La température à laquelle la fusion se produit s'appelle le point de fusion. Chaque solide se caractérise par son point de fusion sous pression atmosphérique normale. En montagne, la pression de l'air diminue et le point de fusion s'abaisse.

◄ LA SOLIDIFICATION OU CONGÉLATION
La lave est une roche liquide qui jaillit des volcans à une température de 1 500 °C environ. En arrivant à la surface de l'écorce terrestre, la lave en fusion, rougeoyante, redevient de la roche solide. Ce changement de l'état liquide à l'état solide s'appelle solidification ou congélation : c'est le contraire de la fusion.

▲ LE PLASMA SOLAIRE
Le plasma, quatrième état de la matière, compose la couronne du Soleil, visible lors d'une éclipse totale. Le plasma se forme quand on donne à un gaz beaucoup d'énergie, en le chauffant ou en le faisant traverser par un courant électrique. Cette énergie supplémentaire casse les particules de gaz en morceaux plus petits, si chauds qu'ils brillent.

LA GELÉE BLANCHE ►
La gelée blanche se compose de fines aiguilles de glace solide. Quand la température descend en dessous de –9,5 °C, la vapeur d'eau présente sous forme de gaz se solidifie en glace, sans passer par la phase liquide. Inversement, surtout par très faible pression, certains solides se transforment directement en gaz : c'est la sublimation. En général, un gaz que l'on refroidit commence par devenir liquide, avant de se solidifier.

## L'ÉBULLITION

Quand on chauffe un liquide, ses particules reçoivent plus d'énergie : elles s'écartent les unes des autres et bougent de plus en plus vite. Au point d'ébullition, les particules se libèrent et le liquide devient un gaz. Le point d'ébullition dépend de la pression atmosphérique.

LA VAPEUR INVISIBLE ►
À 100 °C, l'eau bout et se transforme en vapeur, qui est un gaz invisible. Quand la vapeur arrive en contact avec le couvercle, qui est froid, elle se condense et redevient liquide.

▼ L'ÉVAPORATION
Même quand on ne fait pas bouillir l'eau, une partie de l'eau liquide se change en gaz : c'est l'évaporation. C'est ce qui se passe quand un liquide devient un gaz à une température inférieure à son point d'ébullition. Il y a toujours dans un liquide quelques particules ayant assez d'énergie pour se libérer des autres et devenir gazeuses.

LA CONDENSATION ►
Après une nuit fraîche, on trouve souvent au petit matin des gouttes de rosée sur les toiles d'araignée. C'est l'eau présente dans l'air sous forme gazeuse qui, au contact de corps froids comme les feuilles ou les vitres, se change en petites gouttes d'eau liquide. Ce passage de l'état gazeux à l'état liquide s'appelle la condensation ou liquéfaction.

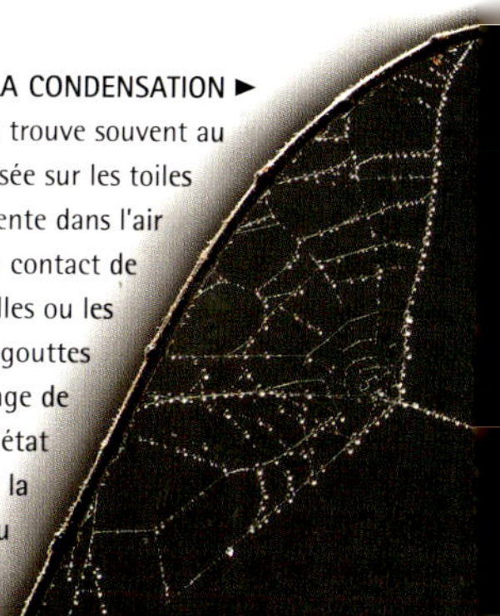

POUR EN SAVOIR PLUS ⏭ Les gaz 15 • Les liquides 14 • Les solides 12 • L'eau 40

# LES MÉLANGES DE PARTICULES

Presque tout est fait de mélanges. C'est évident lorsque la TAILLE DES PARTICULES est suffisante pour qu'elles soient visibles ; par exemple, dans un bol de muesli, les céréales, les noisettes et les raisins secs. Dans un jus de fruits, les particules d'eau et de fruits sont trop petites pour être vues : c'est une SOLUTION composée de différentes particules dissoutes – c'est-à-dire dispersées – dans l'eau.

LES PARTICULES ORDINAIRES ►

Les roches, le sable et l'eau de mer sont des mélanges contenant les mêmes corps, tels des minéraux comme le feldspath, le mica et le quartz, mais dont les particules sont de tailles différentes. Dans les roches, ces corps se présentent sous forme de fragments et de veines ; dans le sable, ce sont des petits grains ; dans la mer, on les trouve à l'état de particules dissoutes. La pluie et les cours d'eau dissolvent les minéraux sur lesquels ils coulent, et les emportent jusqu'à la mer.

*L'eau de mer contient des minéraux issus de la dissolution des roches.*

## LA TAILLE DES PARTICULES

Il y a beaucoup de mélanges différents : on les classe d'après la taille des particules qui les composent. Le sable par exemple est composé de grosses particules. La vase que l'on agite dans l'eau s'appelle une suspension : ses particules, trop petites pour être distinguées, finissent par se déposer au fond. Un mélange comme le brouillard – composé d'eau et d'air – s'appelle un aérosol : ses particules sont si petites qu'elles restent en suspension.

◄ UN MÉLANGE À GROS GRAINS

Les particules de certains mélanges sont si grosses que l'on n'a pas besoin d'un microscope pour les voir. Par exemple, quand on observe de près une poignée de sable, on distingue des grains de différentes couleurs. Certains sables sont plus fins que d'autres. Plus les grains sont petits, plus le sable est doux et ressemble à de la poudre.

*Sable contenant du quartz*

***Particules de poussière** en suspension dans l'air*

▲ LA SUSPENSION

Quand un volcan émet un gigantesque nuage de poussière, celle-ci est en fait un mélange de cendres solides – c'est-à-dire de poudre issue de corps brûlés – et de gaz comme le dioxyde de carbone. Ce nuage de poussière reste un moment en l'air, puis les fines particules de cendres s'agglutinent, tombent et couvrent le sol. Un nuage de poudre volcanique est un bon exemple de suspension.

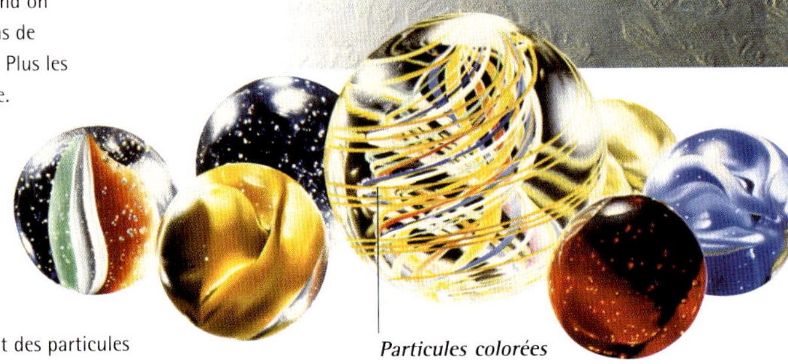

*Particules colorées dispersées dans le verre des billes*

LE COLLOÏDE ►

Un colloïde est un mélange qui contient des particules très petites d'un corps dispersées dans un autre corps : par exemple les particules colorées dispersées dans le verre d'une bille. Les particules sont plus petites que dans une suspension, mais plus grosses que dans une solution. Elles sont si petites et légères qu'elles ne tombent pas.

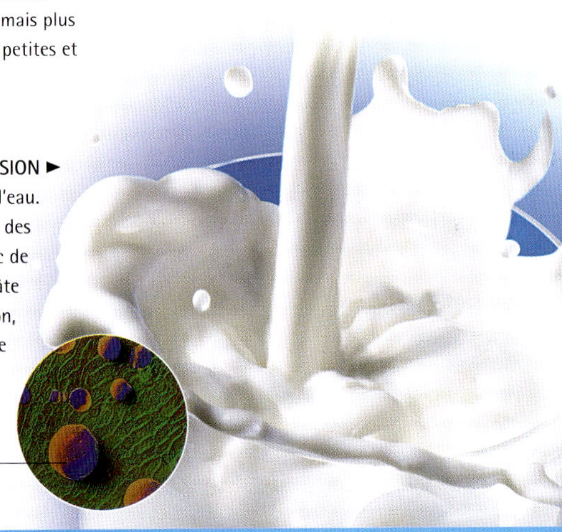

L'ÉMULSION ►

Le lait est une émulsion de graisse dans l'eau. C'est un cas particulier de colloïde où des huiles et graisses sont mélangées avec de l'eau, pour donner un liquide ou une pâte crémeuse. La mayonnaise est une émulsion, de même que certaines peintures, le rouge à lèvres et les crèmes pour le visage.

***Particules de graisse** dispersées dans l'eau*

*Les minéraux proviennent des roches.*

*Le sable est formé de particules rocheuses transformées par l'érosion en grains minuscules.*

### LES MÉLANGES MINÉRAUX

Toutes les roches sont des mélanges de corps naturels appelés minéraux. Le granit est une roche courante composée de trois minéraux de couleurs différentes : le feldspath, le mica et le quartz. Dans le granit, les grains roses sont du feldspath, les noirs du mica et les gris clair, qui ressemblent à du verre, du quartz. Le granit se compose en général de 75 % de feldspath, 5 % de mica et 20 % de quartz. Ces proportions sont variables. Nombreuses sont les roches qui ont d'autres minéraux, en quantités plus faibles.

FELDSPATH

MICA

QUARTZ

# LES SOLUTIONS

Une solution est un mélange dont les particules, très petites, sont parfaitement mélangées. On obtient des solutions en faisant fondre un solide – comme le sucre – dans un liquide tel que l'eau. Le sucre s'appelle le soluté et l'eau le solvant. Certaines solutions sont formées d'un liquide dissous dans un autre : c'est le cas des mélanges antiseptiques d'eau et d'alcool. D'autres sont obtenues par dissolution d'un gaz dans un autre gaz, comme l'oxygène dissous dans l'azote de l'air.

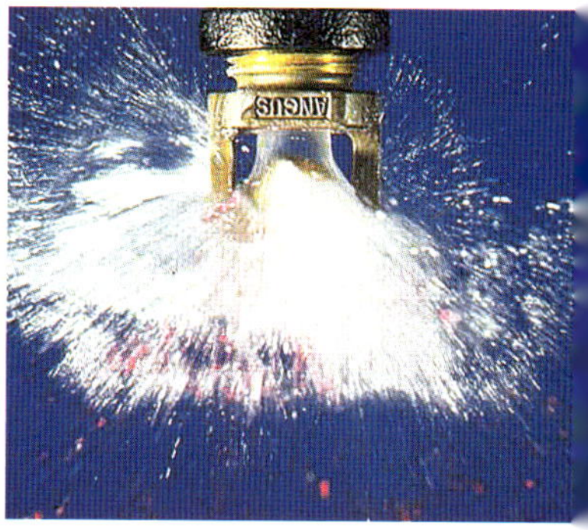

**UNE SOLUTION SOLIDE ►** Le métal de Wood sert à fabriquer les gicleurs automatiques. Ce métal est un alliage, c'est-à-dire un mélange de métaux : en l'occurrence du bismuth, du plomb, de l'étain et du cadmium. Le point de fusion de ce mélange métallique est très bas, 71 °C seulement. Quand la température dépasse ce chiffre, l'alliage fond et l'eau sous pression gicle.

**◄ UNE SOLUTION GAZEUSE** Certaines solutions sont composées d'un gaz dissous dans un liquide. Par exemple, quand on fait fondre un cachet effervescent dans l'eau, celui-ci produit du gaz carbonique – également appelé dioxyde de carbone – qui accélère la dissolution. L'eau gazeuse est également une solution de gaz carbonique dans l'eau. Tant que le gaz est dans la solution, il est invisible. Il devient visible lorsqu'il en sort sous forme de bulles qui montent à la surface.

POUR EN SAVOIR PLUS ⏭ • L'érosion 222 • Les métaux 34 • Les roches 218 • La séparation des mélanges 20

# LA SÉPARATION DES MÉLANGES

On sépare les constituants d'un mélange en utilisant les différences de leurs propriétes physiques, par exemple la taille de leurs particules. Plus les différences sont marquées, plus la séparation est facile. Les feuilles de thé ne se dissolvent pas dans l'eau, il suffit d'une passoire pour les **FILTRER**. D'autres mélanges sont constitués de particules plus petites ; la **CHROMATOGRAPHIE** permet de séparer les constituants d'un mélange par absorption.

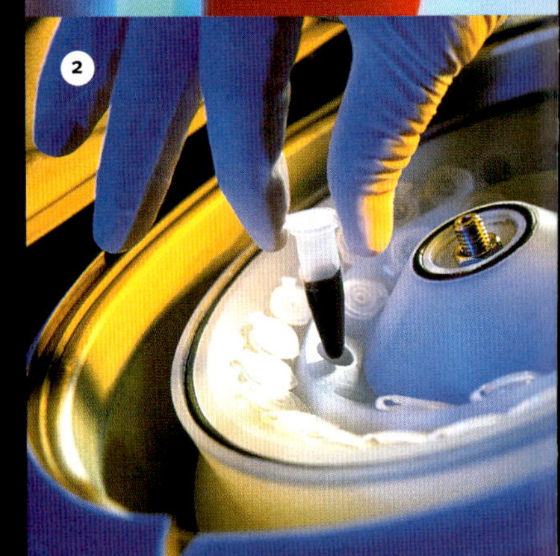


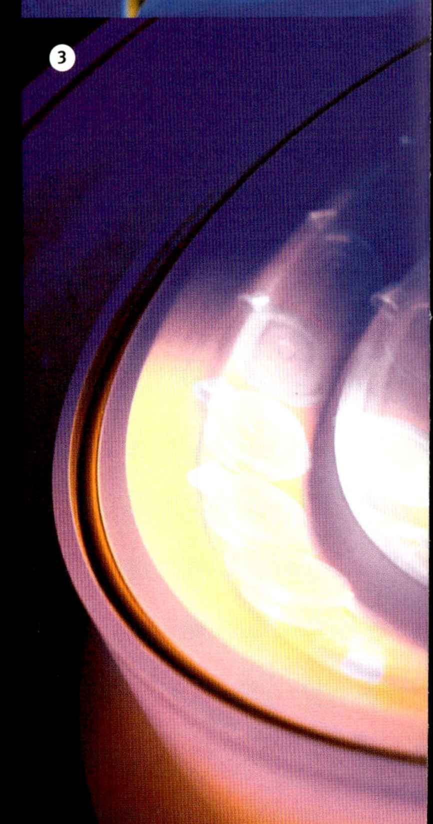


**L'ORPAILLAGE ►**
Pour chercher des paillettes d'or dans le lit des rivières, on ramasse un mélange de sable, de boue et de gravier dans une batée, que l'on fait tourner avec de l'eau. Les particules d'or, plus lourdes que les autres, ont tendance à tomber au fond. Les particules plus légères restent en suspension dans l'eau, et on les vide avec l'eau. Cette technique est dite « à la batée ». De même, on sépare la crème du lait par décantation : la crème remonte toute seule à la surface du lait.

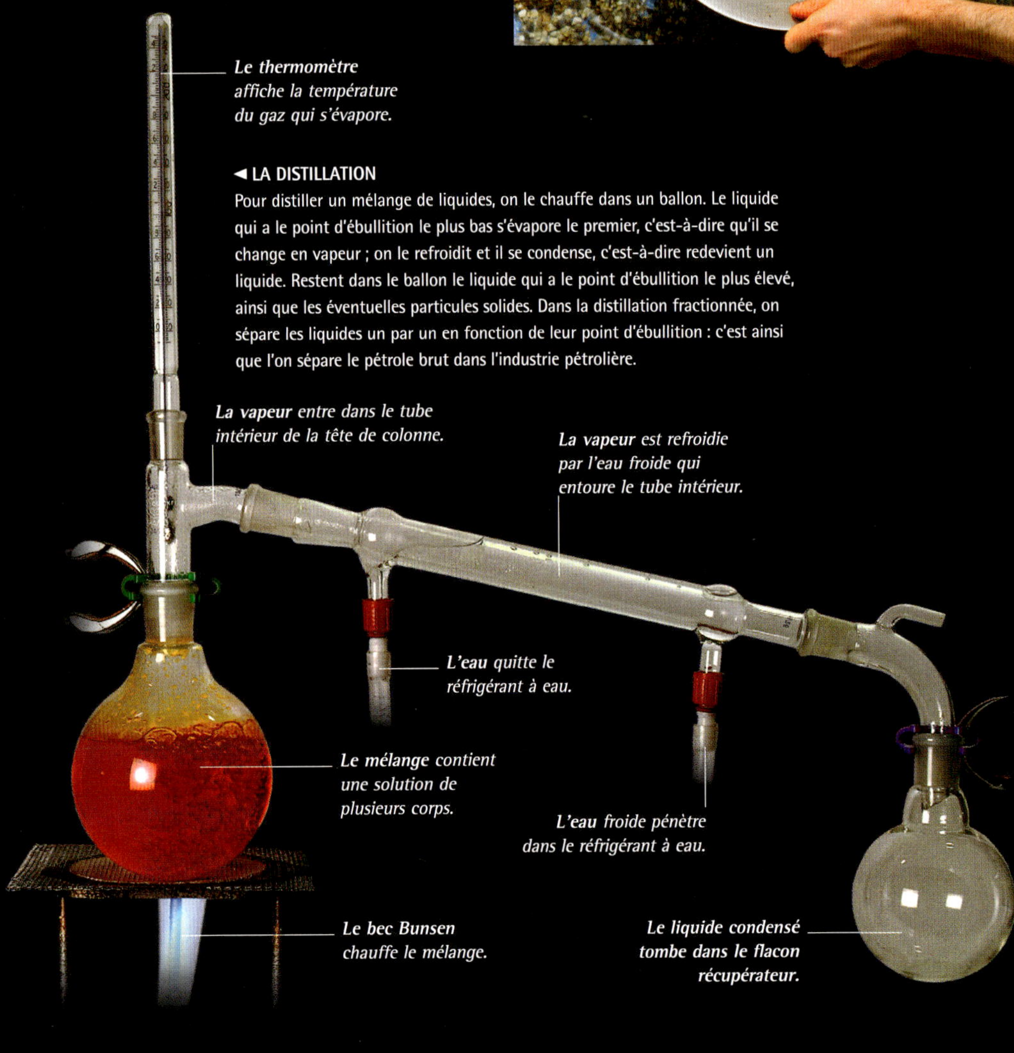


**◄ LA DISTILLATION**
Pour distiller un mélange de liquides, on le chauffe dans un ballon. Le liquide qui a le point d'ébullition le plus bas s'évapore le premier, c'est-à-dire qu'il se change en vapeur ; on le refroidit et il se condense, c'est-à-dire redevient un liquide. Restent dans le ballon le liquide qui a le point d'ébullition le plus élevé, ainsi que les éventuelles particules solides. Dans la distillation fractionnée, on sépare les liquides un par un en fonction de leur point d'ébullition : c'est ainsi que l'on sépare le pétrole brut dans l'industrie pétrolière.

## LA FILTRATION

Quand les corps d'un mélange ont des particules de tailles différentes, on les sépare par filtration. On verse le mélange dans un tamis ou un filtre. Les particules les plus petites passent par les trous, les plus grosses ne passent pas. La filtration est la première étape dans le traitement de l'eau. Les filtres en zéolite ont des trous si petits qu'on peut séparer l'eau des particules microscopiques.

▲ LA FILTRATION DE L'EAU SALE
Vous pouvez obtenir de l'eau claire en filtrant de l'eau sale. Placez dans un récipient un autre récipient percé d'un trou à la base, et tapissé de papier filtre. Remplissez ce dernier avec des couches successives de charbon de bois, de sable et de gravier. Versez l'eau sale par-dessus. Chaque couche va filtrer des particules de boue de plus en plus fines. Le résultat est une eau plus limpide mais pas nécessairement potable.

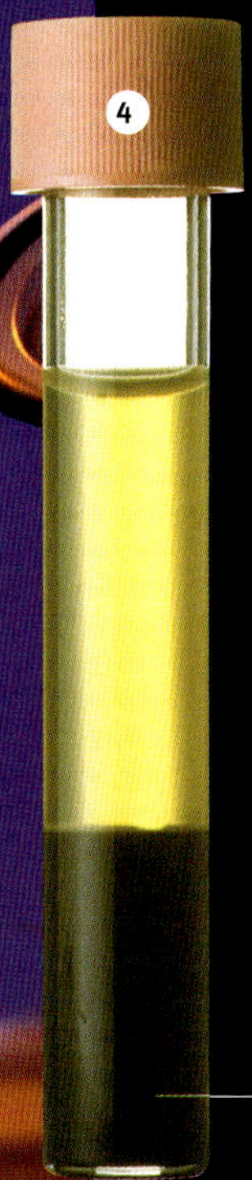


◄ LA CENTRIFUGATION D'UN MÉLANGE
Une centrifugeuse est une sorte d'essoreuse ultrarapide. Le liquide tourne si vite que les particules se séparent. Les plus lourdes tombent au fond et les plus légères flottent à la surface. Les biologistes se servent d'une centrifugeuse pour séparer des échantillons de sang et les analyser.

1 On met le sang à séparer dans une éprouvette. Le sang est rouge à cause de ses globules rouges qui sont les particules les plus lourdes.

2 L'éprouvette est ensuite solidement fixée à l'intérieur de la centrifugeuse, qui peut contenir cinquante tubes.

3 On referme soigneusement le couvercle de la centrifugeuse et on la fait généralement tourner à 4 000 tours par minute.

4 Les globules rouges se rassemblent au fond du tube tandis que le plasma liquide, de couleur jaune, monte à la surface.

## LA CHROMATOGRAPHIE

La chromatographie est une technique d'analyse qui permet d'identifier les constituants d'un mélange dissous dans un liquide ou un gaz. La solution est déposée sur un matériau solide et les constituants migrent en fonction de leurs propriétés intrinsèques et de leur affinité avec le matériau solide. On obtient ainsi des chromatogrammes qui permettent par exemple de découvrir les colorants rajoutés dans les aliments.

LA CHROMATOGRAPHIE SUR PAPIER ▲
Les scientifiques utilisent la chromatographie sur papier pour séparer et analyser les colorants alimentaires. On dépose une goutte de colorant sur le papier filtre. Le bord inférieur du papier filtre trempe dans l'eau. Pour identifier un colorant, on en dépose une goutte sur du papier filtre dont la partie inférieure trempe dans l'eau. L'eau monte dans le papier entraînant le colorant avec elle à une certaine vitesse. Cette dernière différant d'un colorant à l'autre, il est donc possible de le reconnaître.

LA CHROMATOGRAPHIE EN COUCHE MINCE (CCM) ►
Les généticiens utilisent la CCM pour étudier les constituants de nos gènes. Dans la CCM, le matériau solide est une plaque de verre ou de plastique enduite d'un produit chimique, en général un oxyde d'aluminium ou de silicium. Quand le mélange liquide monte le long de la plaque, certains constituants se déplacent plus vite que d'autres. Ils apparaissent alors sous forme de taches sur la plaque. Les scientifiques étudient nos gènes pour déterminer les caractéristiques héréditaires.

POUR EN SAVOIR PLUS ⏭ L'industrie chimique 50 • La génétique 364 • Les mélanges de particules 18 • Les sédiments 225

# LES ÉLÉMENTS CHIMIQUES

La matière apparaît sous des formes d'une variété infinie mais tous les corps ne sont que la combinaison de quelques éléments. Les éléments sont des corps purs que l'on ne peut pas séparer en corps plus simples. La plupart des éléments sont combinés par deux, trois ou davantage pour constituer des corps composés. Les **ÉLÉMENTS NATURELS** existent dans la nature ; les **ÉLÉMENTS ARTIFICIELS** sont créés dans des laboratoires et n'ont souvent qu'une existence brève.

*Limaille de fer*

**▲ UNE MÉTÉORITE**
Un élément est toujours le même, où qu'on le trouve. Les météorites sont de gros cailloux qui tombent sur Terre en provenance de l'espace. Certaines météorites contiennent du métal, par exemple du fer, qui est un élément naturel. Le fer que l'on trouve dans les météorites est le même que celui que l'on trouve dans les roches sur Terre.

**L'ORIGINE DES ÉLÉMENTS ►**
Tous les éléments qui existent sur Terre ont été formés dans la chaleur brûlante d'étoiles qui ont explosé. Au début, l'univers ne comptait que deux éléments : l'hydrogène et l'hélium, qui se sont rassemblés en étoiles. Au cœur de ces étoiles, l'hydrogène et l'hélium ont été comprimés au point de former de nouveaux éléments, plus lourds. D'autres éléments, plus lourds encore, se sont formés lors des explosions d'étoiles géantes, les supernovae.

**DES LINGOTS D'OR PUR ▲**
Il y a très peu d'éléments naturels qui existent tels quels, à l'état pur ou natif. La plupart des éléments existent sous forme de composés. L'or constitue une exception. On le trouve à l'état pur dans des veines en sous-sol, ou en gisements sous forme de pépites à la surface de la Terre. L'or pur contient exclusivement des particules d'or.

JOHN DALTON
*Britannique, 1766–1844*
*Le chimiste John Dalton a étudié les gaz de l'air. Il a suggéré que toute matière est faite de corps simples appelés éléments. Il a dit que les propriétés de toutes les particules d'un même élément sont identiques, et différentes des propriétés de tout autre élément. C'est ainsi qu'on définit encore les éléments aujourd'hui.*

**LES ÉLÉMENTS DE L'ÉCORCE TERRESTRE**

| ÉLÉMENT | POURCENTAGE |
|---|---|
| Oxygène | 47 |
| Silicium | 28 |
| Aluminium | 8 |
| Fer | 5 |
| Calcium | 3,5 |
| Sodium | 3 |
| Potassium | 2,5 |
| Magnésium | 2 |
| Autres éléments | 1 |

*Les couches extérieures de l'étoile sont repoussées par une énorme explosion.*

POUR EN SAVOIR PLUS ⏭

*Au centre de l'étoile* la chaleur est si intense qu'elle oblige les éléments légers à s'assembler pour en former de plus lourds.

*Une supernova* peut être plus lumineuse qu'une galaxie entière pendant plusieurs semaines.

*Les éléments* créés par une supernova forment de nouvelles étoiles.

# LES ÉLÉMENTS NATURELS

Il existe 90 éléments naturels ; le plus léger est l'hydrogène et le plus lourd l'uranium. L'aluminium, le carbone et l'oxygène sont aussi bien connus. Tous les corps qui existent sur Terre sont formés d'un ou plusieurs de ces 90 éléments. L'oxygène est le plus courant sur terre et l'hydrogène est le plus répandu dans l'ensemble de l'univers.

**L'ALUMINIUM ►**
L'aluminium est un élément courant, mais il n'existe pas naturellement à l'état pur. Les méthodes d'extraction étaient autrefois si coûteuses que l'on considérait l'aluminium comme un métal précieux, plus cher que l'or. Aujourd'hui, l'extraction est beaucoup plus simple et on se sert d'aluminium dans la vie de tous les jours, par exemple pour faire des cannettes et des feuilles d'emballage.

*L'aluminium solide,* résultat d'une éclaboussure au moment de la coulée

*L'aluminium liquide* coule dans des moules, où il se solidifie.

# LES ÉLÉMENTS ARTIFICIELS

L'uranium est l'élément le plus lourd qui existe à l'état naturel. Mais les scientifiques réussissent à former des éléments plus lourds par des collisions violentes entre éléments plus légers. Certains éléments ainsi créés se séparent immédiatement, d'autres durent quelques jours ou quelques semaines. L'observation de ce phénomène renseigne sur la façon dont les éléments se forment et leur évolution. Parmi les éléments artificiels, on citera le plutonium et l'einsteinium.

*Anneau d'un cyclotron* où des particules très rapides entrent en collision pour former de nouvelles particules, plus lourdes.

**▲ LE CYCLOTRON**
Un cyclotron sert à créer des éléments synthétiques. Dans un anneau, on lance les particules pour leur communiquer une vitesse très importante : c'est pour cela qu'on l'appelle accélérateur de particules. Ces particules sont ensuite projetées contre un élément ciblé, afin de former de nouveaux éléments. Les plus grands cyclotrons ont un anneau qui mesure des kilomètres, où la vitesse des particules atteint 225 000 km/h.

Les atomes 24 • L'hydrogène 38 • Les métaux 34 • L'oxygène 39 • La classification de Mendeleïev 26 • Les supernovae 169

# LES ATOMES

L'atome est le plus petit fragment possible de chaque élément. Le cuivre par exemple est formé d'atomes de cuivre : ces derniers sont différents des atomes d'oxygène qui forment l'oxygène. Les atomes sont si petits que le point à la fin de cette phrase est large d'une vingtaine de millions d'atomes. L'atome est constitué de particules subatomiques : protons et neutrons forment le noyau et les électrons tourbillonnent autour de celui-ci.

▲ **L'EXEMPLE DU STADE**
Imaginons que l'atome occupe la surface d'un terrain de sport. Le noyau pourrait être comparé à un petit pois au milieu du stade, tandis que les électrons tourbillonneraient au niveau des gradins supérieurs. Entre eux, du vide et seulement du vide.

*NIELS BOHR*
*Danois, 1885-1962*
*En 1913, Niels Bohr a publié la structure de l'atome telle qu'il la voyait : des électrons en orbite autour d'un noyau central. Il a aussi inventé le concept de couches électroniques, selon lequel les propriétés d'un atome dépendent de la façon dont ses électrons sont disposés en couches. Bohr a reçu le prix Nobel de physique en 1922.*

**LE NOYAU** ►
Le noyau est formé d'une grappe de nucléons : des protons et des neutrons. Le noyau de l'atome de carbone compte 6 protons et 6 neutrons. Les protons ont une charge électrique positive et les neutrons n'ont aucune charge. Les protons, ayant tous une charge positive, devraient se repousser les uns les autres, mais les nucléons sont retenus ensemble par une force très puissante, la force nucléaire forte.

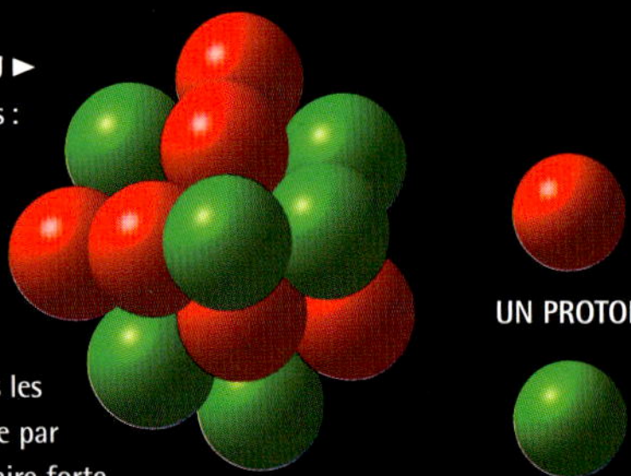


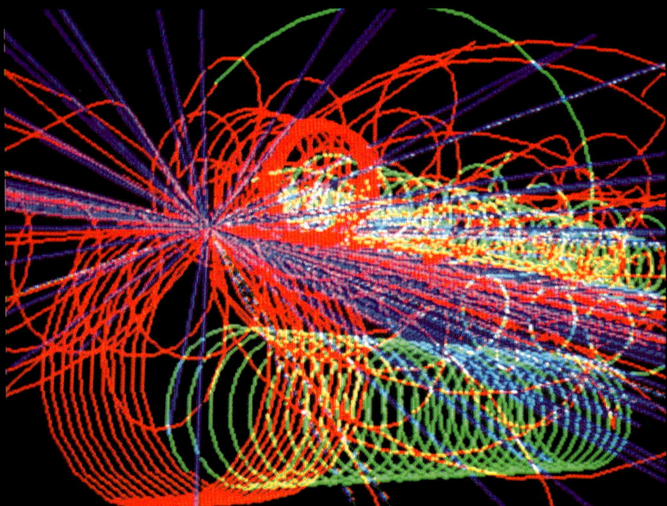

◄ **LA TRACE DES PARTICULES**
Les physiciens nucléaires lancent les particules atomiques les unes contre les autres à très haute énergie dans un collisionneur, afin de découvrir les particules qui les composent. On parvient ainsi à les casser en morceaux plus petits. Leur collision laisse des traces, que les ordinateurs parviennent à reconstituer sous forme visuelle. Chaque particule est repérée par sa trajectoire propre.

*Chaque électron a son orbite propre.*

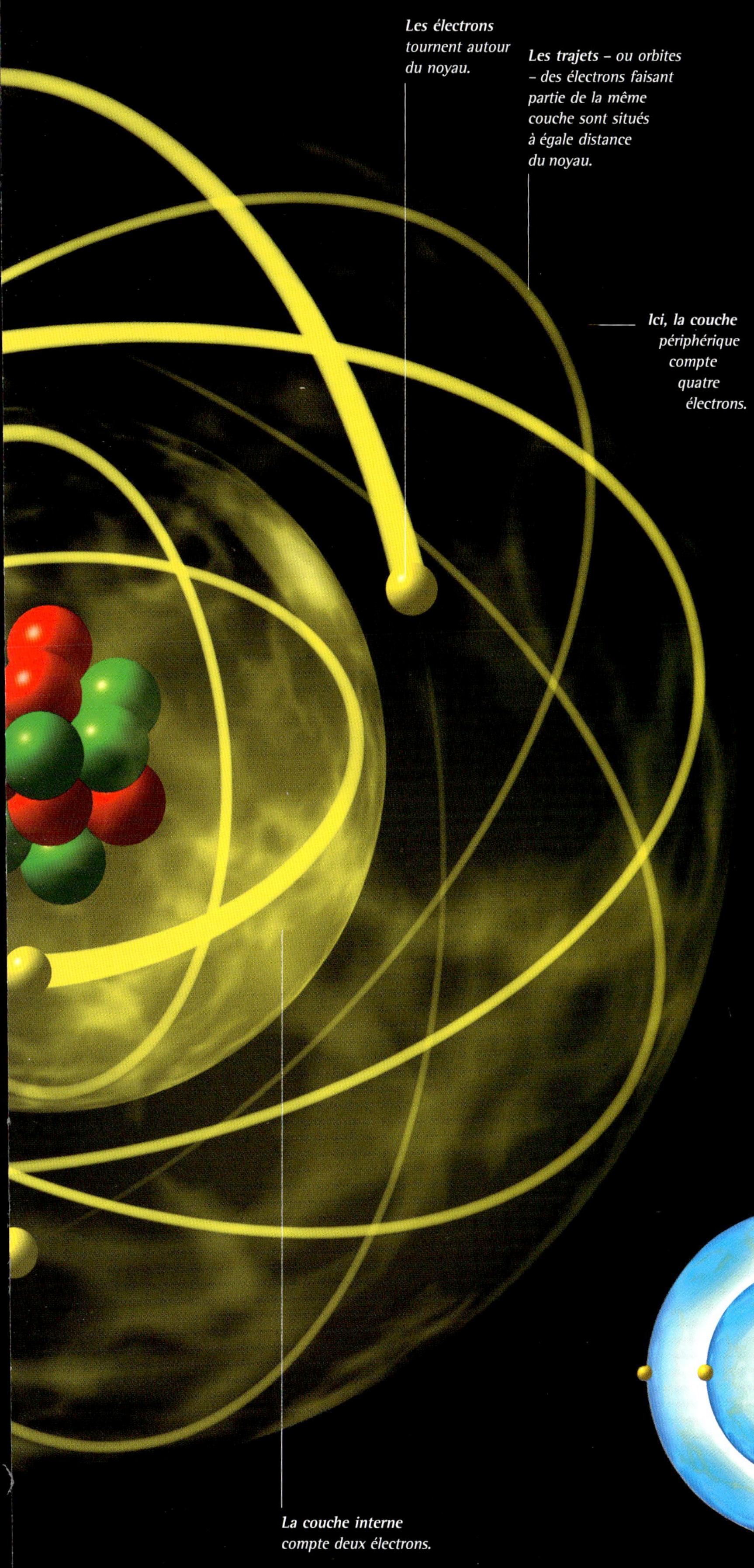


## LA MASSE ATOMIQUE

Les atomes de tous les éléments n'ont pas la même masse. La masse dépend du nombre de nucléons, les protons et neutrons de leur noyau. Un atome d'hydrogène a un proton et pas de neutron : sa masse atomique est un. Plus la masse atomique est grande, plus l'atome est petit.

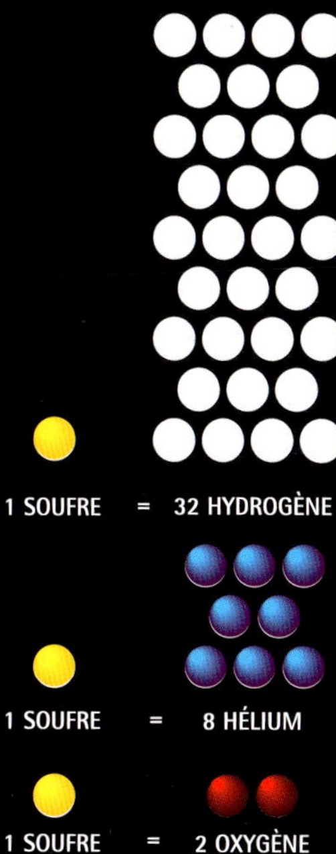


*Un atome de soufre a la même masse que 32 atomes d'hydrogène.*

*Un atome de soufre a la même masse que 8 atomes d'hélium.*

*Un atome de soufre a la même masse que 2 atomes d'oxygène.*

### ◄ LE NOMBRE ATOMIQUE

Chaque élément a un nombre atomique différent, qui dépend du nombre de protons que ses atomes ont dans leur noyau. Un atome de carbone par exemple a 6 protons dans son noyau : le nombre atomique du carbone est donc 6. Si le nombre de protons du noyau change, l'atome devient un élément complètement différent, dont les propriétés n'ont rien à voir avec le précédent.

### ◄ LES FORCES ATOMIQUES

Les électrons, qui ont une charge électrique négative, restent en orbite autour du noyau – qui a une charge positive – grâce à une force qu'on appelle la force électromagnétique. La force nucléaire forte, qui tient ensemble protons et neutrons du noyau, est la force la plus puissante de l'univers. Elle est cent fois plus forte que la force électromagnétique.

## LES CHARGES ÉLECTRIQUES

En principe, un atome est électriquement neutre : il a exactement autant de protons positivement chargés que d'électrons négativement chargés. Ainsi, les charges s'annulent réciproquement. L'atome de carbone par exemple a toujours 6 protons et 6 électrons. En général, il a 6 neutrons, mais il y a des exceptions : certains atomes peuvent avoir un nombre de neutrons légèrement différent.

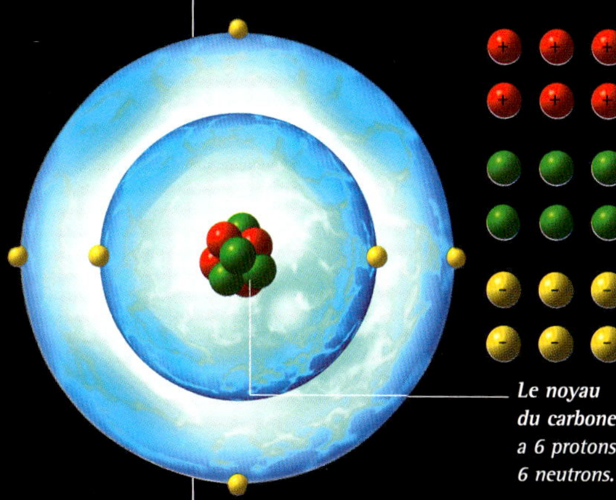

*Chaque proton a une charge positive.*

*Les neutrons n'ont pas de charge électrique.*

*Chaque électron a une charge négative.*

*Le noyau du carbone a 6 protons et 6 neutrons.*

POUR EN SAVOIR PLUS ⏭ Les éléments chimiques 22 • Les forces 64 • La matière 10 • La classification de Mendeleïev 26

DIMITRI MENDELEÏEV
*Russe, 1834-1907*
*Ce chimiste, convaincu qu'il existe un ordre entre les éléments, les étudia en détail et, en 1869, publia un tableau dont est issu le tableau périodique des éléments modernes. Il laissa des cases vides pour les éléments dont il prévoyait la découverte, par exemple le gallium, le germanium et le scandium.*

# LA CLASSIFICATION DE MENDELEÏEV

La table périodique est un panorama complet de tous les éléments. Ceux-ci sont rangés d'après leur numéro atomique, c'est-à-dire le nombre de protons de leur noyau. Ainsi, on regroupe tous les éléments dont les propriétés sont analogues. Comme tous les tableaux, la classification périodique a des rangées que l'on lit de gauche à droite et des colonnes que l'on lit de haut en bas. Les rangées sont appelées **PÉRIODES** et les colonnes **FAMILLES**.

**CODE**

Les éléments du tableau périodique se classent en neuf groupes de couleurs différentes. L'hydrogène forme un groupe à part.

- Métaux alcalins
- Métaux alcalino-terreux
- Métaux de transition
- Lanthanides
- Actinides
- Autres métaux
- Semi-conducteurs
- Non-métaux
- Gaz rares
- Hydrogène

**◄ LECTURE DE LA TABLE PÉRIODIQUE**

L'hydrogène est le premier élément de la table périodique car son noyau n'a qu'un proton. L'hélium est le deuxième car il en possède deux, et ainsi de suite. La classification périodique peut être représentée avec des couleurs différentes : on attribue souvent à chaque famille une couleur particulière, afin de pouvoir repérer facilement les éléments qui en font partie.

| | | | | | | | | | | | | | | | | | |
|---|---|---|---|---|---|---|---|---|---|---|---|---|---|---|---|---|---|
| 1 H Hydrogène 1 | | | | | | | | | | | | | | | | | 2 He Hélium 4 |
| 3 Li Lithium 7 | 4 Be Béryllium 9 | | | | | | | | | | | 5 B Bore 11 | 6 C Carbone 12 | 7 N Azote 14 | 8 O Oxygène 16 | 9 F Fluor 19 | 10 Ne Néon 20 |
| 11 Na Sodium 23 | 12 Mg Magnésium 24 | | | | | | | | | | | 13 Al Aluminium 27 | 14 Si Silicium 28 | 15 P Phosphore 31 | 16 S Soufre 32 | 17 Cl Chlore 35 | 18 Ar Argon 40 |
| 19 K Potassium 39 | 20 Ca Calcium 40 | 21 Sc Scandium 45 | 22 Ti Titanium 48 | 23 V Vanadium 51 | 24 Cr Chrome 52 | 25 Mn Manganèse 55 | 26 Fe Fer 56 | 27 Co Cobalt 59 | 28 Ni Nickel 58 | 29 Cu Cuivre 63 | 30 Zn Zinc 64 | 31 Ga Gallium 69 | 32 Ge Germanium 74 | 33 As Arsenic 75 | 34 Se Sélénium 80 | 35 Br Brome 79 | 36 Kr Krypton 84 |
| 37 Rb Rubidium 85 | 38 Sr Strontium 88 | 39 Y Yttrium 89 | 40 Zr Zirconium 90 | 41 Nb Niobium 93 | 42 Mo Molybdène 98 | 43 Tc Technétium 97 | 44 Ru Ruthénium 102 | 45 Rh Rhodium 103 | 46 Pd Palladium 106 | 47 Ag Argent 107 | 48 Cd Cadmium 114 | 49 In Indium 115 | 50 Sn Etain 120 | 51 Sb Antimoine 121 | 52 Te Tellure 130 | 53 I Iode 127 | 54 Xe Xénon 132 |
| 55 Cs Césium 133 | 56 Ba Baryum 138 | 57-71 | 72 Hf Hafnium 180 | 73 Ta Tantale 181 | 74 W Tungstène 184 | 75 Re Rhénium 187 | 76 Os Osmium 192 | 77 Ir Iridium 193 | 78 Pt Platine 195 | 79 Au Or 197 | 80 Hg Mercure 202 | 81 Tl Thallium 205 | 82 Pb Plomb 208 | 83 Bi Bismuth 209 | 84 Po Polonium 209 | 85 At Astate 210 | 86 Rn Radon 222 |
| 87 Fr Francium 223 | 88 Ra Radium 226 | 89-103 | 104 Rf Rutherfordium 260 | 105 Db Dubnium 262 | 106 Sg Seaborgium 263 | 107 Bh Bohrium 262 | 108 Hs Hassium 265 | 109 Mt Meitnerium 266 | | | | | | | | | |

| | | | | | | | | | | | | | | |
|---|---|---|---|---|---|---|---|---|---|---|---|---|---|---|
| 57 La Lanthane 139 | 58 Ce Céryum 140 | 59 Pr Praséodyme 141 | 60 Nd Néodyme 142 | 61 Pm Prométhium 145 | 62 Sm Samarium 152 | 63 Eu Europium 153 | 64 Gd Gadolinium 158 | 65 Tb Terbium 159 | 66 Dy Dysprosium 164 | 67 Ho Holmium 165 | 68 Er Erbium 168 | 69 Tm Thulium 169 | 70 Yb Ytterbium 174 | 71 Lu Lutétium 175 |
| 89 Ac Actinium 227 | 90 Th Thorium 232 | 91 Pa Protactinium 231 | 92 U Uranium 238 | 93 Np Neptunium 237 | 94 Pu Plutonium 244 | 95 Am Américium 243 | 96 Cm Curium 247 | 97 Bk Berkélium 247 | 98 Cf Californium 251 | 99 Es Einsteinium 254 | 100 Fm Fermium 257 | 101 Md Mendelevium 258 | 102 No Nobélium 255 | 103 Lw Lawrencium 256 |

*Le **numéro atomique** est le nombre de protons du noyau de l'atome.*

*Le **symbole** est celui que l'on utilise pour désigner l'élément dans les équations chimiques.*

32
Ge
Germanium
74

*La **masse atomique** est le nombre des nucléons, c'est-à-dire des protons et neutrons du noyau.*

**◄ LE SYMBOLE**

Chaque élément se définit par son nom ou par son symbole ; ce dernier est toujours utilisé dans les équations chimiques. C'est souvent la première ou les deux premières lettres du nom de l'élément, en français ou en latin. Chaque élément se caractérise aussi par son numéro atomique et sa masse atomique.

**LE GALLIUM ►**

Le gallium est l'un des éléments – celui qui porte le numéro 31 - pour lesquels Mendeleïev avait laissé un trou dans son tableau. Il l'avait appelé eka-aluminium, car il avait prédit que ses propriétés seraient très proches de l'aluminium. En 1875, le savant français Lecoq de Boisbaudran découvrit le gallium. Il avait exactement les propriétés prévues par Mendeleïev. Le gallium est un métal mou de couleur argentée, qui fond à 29,8 °C.

# LES FAMILLES

La table périodique compte 18 familles ou colonnes. La première – celle des métaux alcalins – est située à gauche du tableau. Tous les éléments d'une famille donnée ont des propriétés analogues – mais pas identiques – car ils ont le même nombre d'électrons dans leur couche périphérique. On peut dire bien des choses d'un élément dès lors que l'on connaît sa famille.

**L'AUGMENTATION DE TAILLE ►**
En passant d'un élément au suivant dans la même colonne – ou famille – on augmente le nombre de protons et de neutrons de son noyau : on ajoute en effet une nouvelle couche d'électrons. Les nucléons supplémentaires rendent l'atome plus lourd, et la couche supplémentaire d'électrons lui fait occuper plus de place.

**◄ LES MÉTAUX DANS L'ESPACE**
La visière du cosmonaute est plaquée or, pour réfléchir la lumière du Soleil. L'or est un métal brillant qui s'use peu et ne rouille pas ; il est parfait dans l'espace, où il est difficile de remplacer des matériaux. L'or, le cuivre et l'argent appartiennent à la famille 11. Ce sont des métaux dont on s'est souvent servi pour faire des pièces de monnaie.

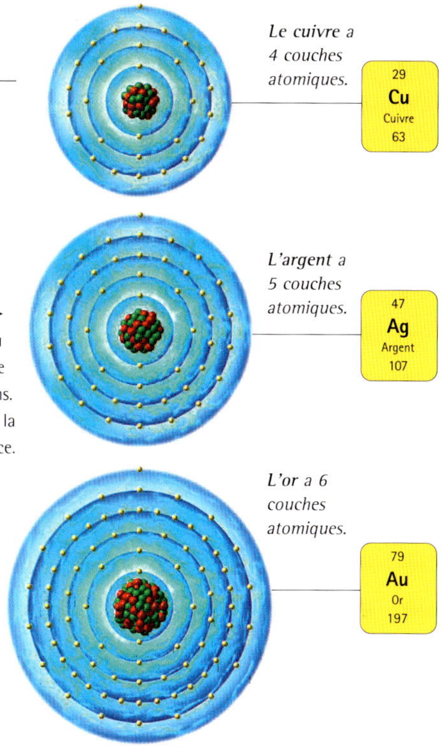


# LES PÉRIODES

Les propriétés des éléments d'une même ligne changent graduellement de la gauche vers la droite. Les éléments situés aux extrémités opposées sont très différents. Le premier est un solide réactif qui prend feu au contact de l'oxygène ; le dernier est un gaz inerte. Mais tous ont le même nombre de couches électroniques. Les éléments de la troisième période par exemple possèdent tous trois couches d'électrons.

**LA DIMINUTION DE TAILLE ▼**
Si l'on examine une période du tableau de gauche à droite, on trouve des atomes de plus en plus lourds et donc de plus en plus petits. En effet, le nombre de couches électroniques est le même pour toute la période, mais le nombre de protons du noyau augmente. La force d'attraction des protons positivement chargés attire les électrons négativement chargés de plus en plus près du noyau.

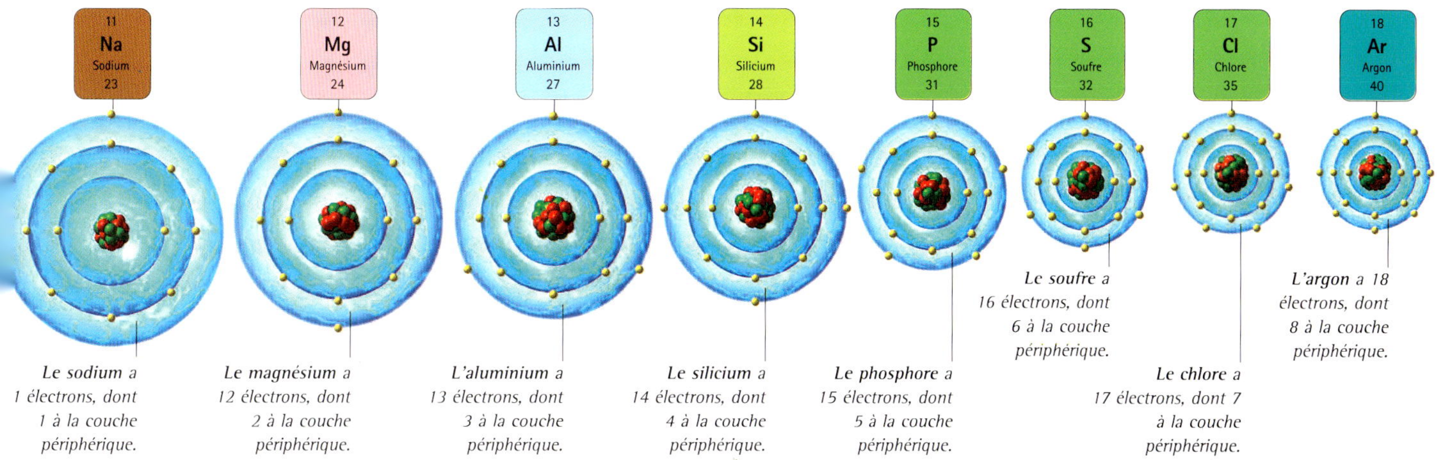

**▲ LE MAGNÉSIUM, TRÈS INFLAMMABLE**
Le magnésium est un métal hautement réactif, qui réagit avec l'eau et brûle violemment dans l'air. C'est pourquoi le magnésium se combine toujours avec d'autres éléments : il n'existe pas dans la nature à l'état pur.

**◄ L'ALLUMETTE AU PHOSPHORE**
L'élément phosphore est un non-métal ; c'est un solide cireux, jaunâtre et vaguement translucide. Comme le magnésium, il est hautement réactif. C'est pour cela que les têtes d'allumettes sont faites de composés du phosphore. Le phosphore brille dans le noir : on dit qu'il est phosphorescent.

**L'ARGON, GAZ INERTE ►**
L'argon est extrêmement inerte, il ne se combine pas aux autres éléments. Dans la soudure à l'arc, on fait fondre les métaux sous argon. Celui-ci empêche l'oxygène d'entrer en contact avec les métaux fondus et de réagir avec ceux-ci.

POUR EN SAVOIR PLUS ⏭ Les atomes 24 • Les réactions chimiques 30 • Les éléments chimiques 22 • Les métaux 34

# LES MOLÉCULES

La plupart des atomes s'unissent à d'autres atomes grâce aux LIAISONS CHIMIQUES et forment ainsi des molécules. Les atomes s'unissent avec des atomes d'un même élément ou d'éléments différents. Les molécules constituées d'atomes différents sont des corps composés. La TRANSFORMATION DES MOLÉCULES résulte de réactions chimiques : des nouvelles molécules sont créées, et donc de nouveaux composés.

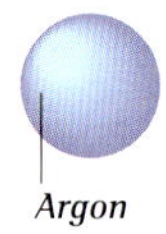


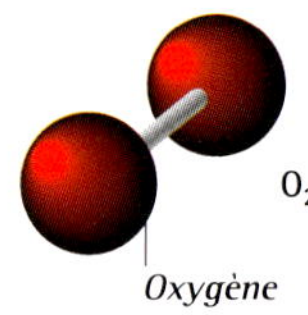


LES TYPES DE MOLÉCULES ►
Il y a des molécules simples et des molécules complexes. Les plus simples ne comptent qu'un seul atome : c'est le cas par exemple de l'élément argon. D'autres molécules sont composées de deux atomes du même élément : c'est le cas de la molécule d'oxygène. Toutefois, dans certaines circonstances, trois atomes d'oxygène peuvent se lier pour former une molécule d'ozone.

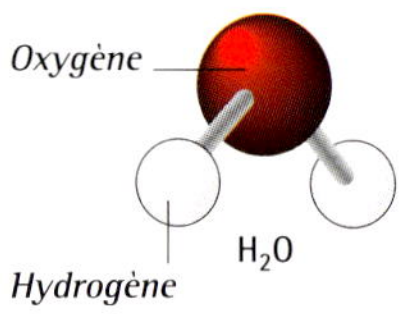


LA MOLÉCULE SIMPLE ▲
La molécule d'eau ($H_2O$) est très simple : elle se compose de deux atomes d'hydrogène (H) liés à un atome d'oxygène (O). Toutes les molécules d'eau sont identiques, mais elles sont différentes des molécules de tous les autres corps. La molécule d'eau est la plus petite quantité possible d'eau. Si on la casse en morceaux, ce ne sera plus de l'eau. Les symboles utilisés par les scientifiques pour représenter les molécules s'appellent la formule chimique.

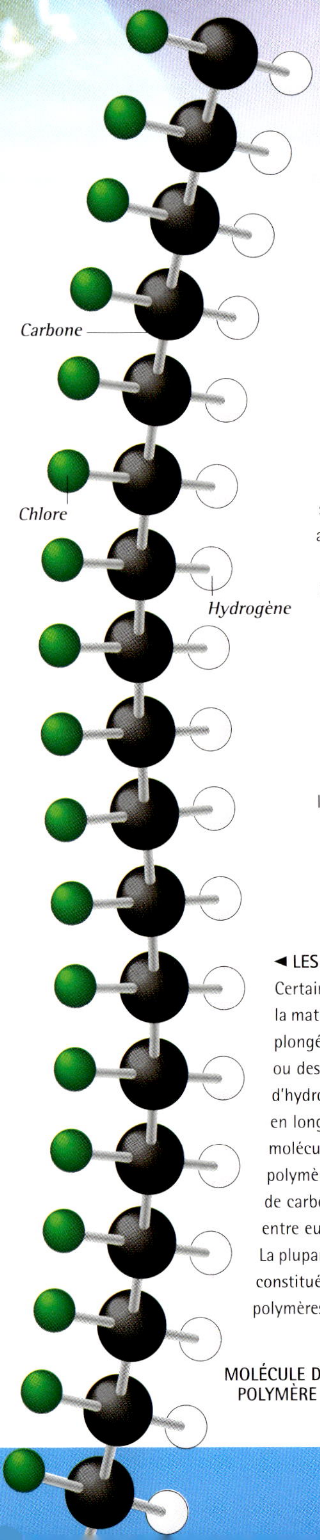


MOLÉCULE DE POLYMÈRE

◄ LES MACROMOLÉCULES
Certaines molécules, par exemple la matière plastique d'un tuba de plongée, contiennent des centaines ou des milliers d'atomes de carbone, d'hydrogène et de chlore liés ensemble en longues chaînes sinueuses. Ces molécules complexes sont appelées polymères. Elles existent car les atomes de carbone sont capables de former entre eux des liaisons très stables. La plupart des molécules dont sont constitués les êtres vivants sont des polymères complexes.

## LES LIAISONS CHIMIQUES

Les atomes qui forment des molécules sont retenus ensemble par les liaisons chimiques. Ces liaisons sont le résultat d'un échange ou d'un partage d'électrons entre les atomes. Seuls les électrons de la couche périphérique participent aux liaisons. Ces électrons peuvent former trois types de liaisons : les liaisons ioniques, les liaisons covalentes et les liaisons métalliques.

### LES DIFFÉRENTS TYPES DE LIAISONS ENTRE ATOMES

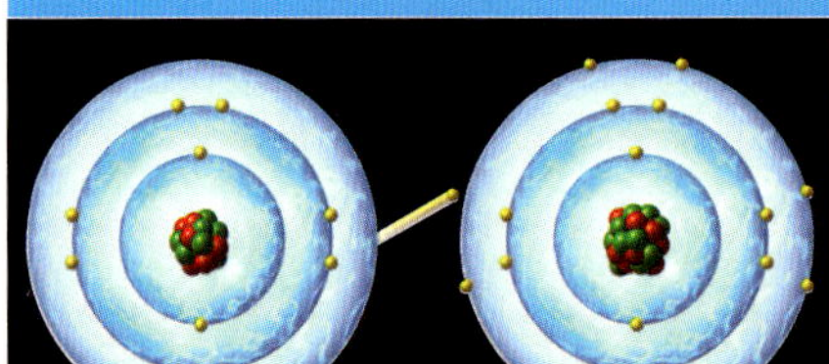

*Un électron quitte l'atome de sodium pour l'atome de chlore*

**LES LIAISONS IONIQUES**
Les liaisons ioniques se forment par transfert d'électrons. Quand le sodium et le chlore se combinent, le sodium perd un électron et acquiert une charge positive ; le chlore prend cet électron et acquiert une charge négative. Les liaisons ioniques sont difficiles à casser. Les corps composés ioniques sont en général des solides dont le point de fusion est élevé.

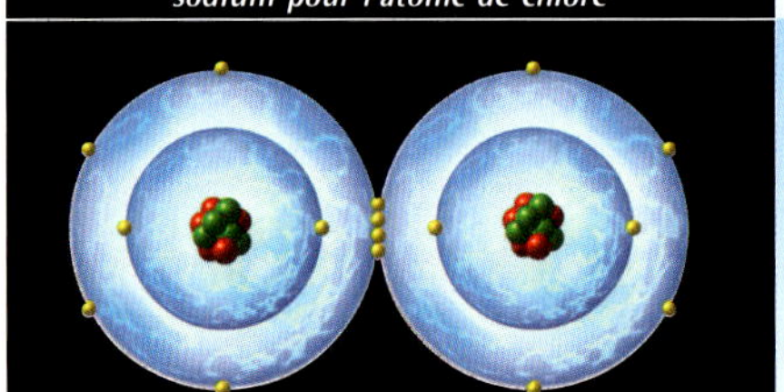

*Deux atomes d'oxygène partagent quatre électrons*

**LES LIAISONS COVALENTES**
Dans une liaison covalente, deux atomes partagent des électrons. Par exemple, les deux atomes d'oxygène d'une molécule d'oxygène partagent quatre électrons : deux de chaque atome. $H_2O$ et $CO_2$ sont des exemples de liaisons covalentes. Les corps composés covalents sont en général des liquides ou des gaz au point de fusion peu élevé.

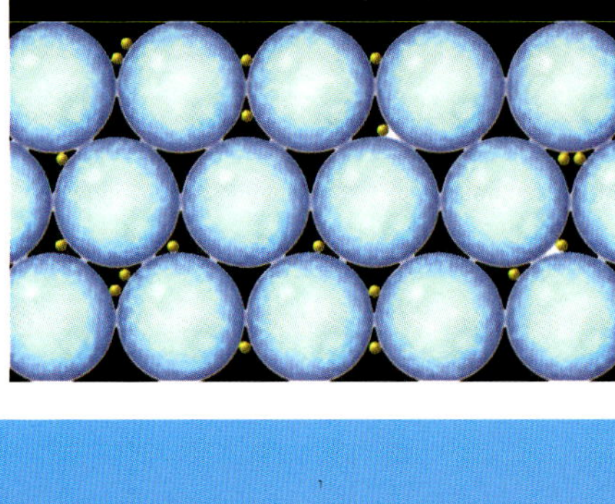

**LES LIAISONS MÉTALLIQUES**
Dans une liaison métallique, tous les atomes mettent en commun un ou plusieurs électrons, qui flottent dans un réservoir commun. Ils sont appelés électrons libres. Ce sont ces électrons qui permettent la conduction thermique et électrique. Si l'on chauffe une partie du métal, les électrons diffusent rapidement la chaleur dans les autres parties.

# LA TRANSFORMATION DES MOLÉCULES

Autour de nous, les molécules changent et modifient la disposition de leurs atomes dans des réactions chimiques qui donnent de nouvelles molécules. L'oxygène que l'on respire subit à l'intérieur du corps un changement chimique et ressort des poumons sous forme de dioxyde de carbone. Les catalyseurs sont des molécules qui accélèrent les réactions chimiques, sans changer eux-mêmes : on les utilise par exemple dans les pots catalytiques des automobiles.

**▲ EFFETS PYROTECHNIQUES**
Cette explosion dans le cadre du tournage d'un film est une réaction chimique qui libère de l'énergie. Les spécialistes de la pyrotechnie conçoivent chaque explosion de façon unique en utilisant différents types et différentes quantités d'explosifs. Dans toute réaction chimique, certaines liaisons entre atomes sont brisées et d'autres se forment. Il faut de l'énergie pour briser une liaison, alors que de l'énergie se dégage quand une liaison se crée. Une réaction chimique absorbe ou dégage de l'énergie selon la quantité et le type des liaisons brisées et créées.

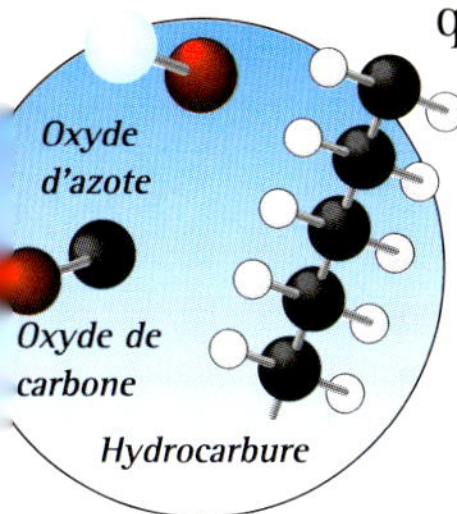


*Les gaz d'échappement contiennent des polluants dangereux.*

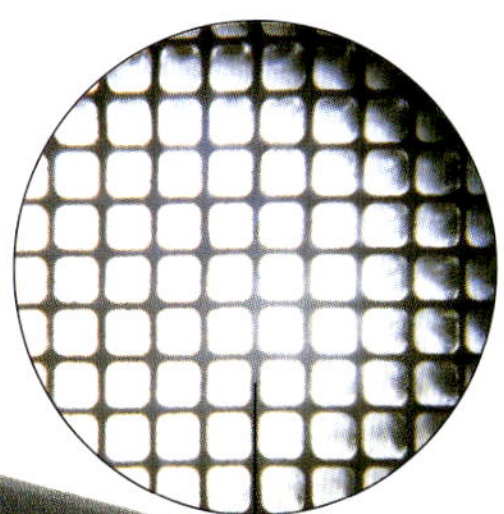

*Le catalyseur se compose de deux métaux, le platine et le rhodium.*

*Les réactions catalytiques dans le pot d'échappement produisent des gaz peu dangereux.*

**▲ LE POT CATALYTIQUE**
Quand un moteur brûle de l'essence, il produit des gaz dangereux. Les voitures équipées de pots d'échappement catalytiques transforment ces gaz dangereux en gaz plus inoffensifs. Les gaz pénétrant dans le pot catalytique forment des liaisons provisoires avec la surface du catalyseur. Cela les met en contact intime les uns avec les autres et leur permet de former des gaz moins dangereux.

*Les bulles de gaz font lever la pâte.*

*Le mélange de levure et d'eau mousse car il produit du gaz carbonique.*

*On obtient la pâte en pétrissant la farine, l'eau et la levure.*

ÉQUATION CHIMIQUE DE LA RÉACTION DE LA LEVURE

$$C_6H_{12}O_6 \xrightarrow{\text{levure}} 2C_2H_5OH + 2CO_2$$

**LES ENZYMES EN CUISINE ▲**
Les enzymes sont des catalyseurs qui existent dans la nature. Par exemple, ce sont les enzymes de la levure qui font lever la pâte à pain. Quand on mélange la levure avec de l'eau tiède et du sucre, elle gonfle et produit des bulles de gaz carbonique. Quand ce mélange est ajouté à la farine pour faire de la pâte, celle-ci lève. Ensuite, la chaleur de la cuisson élimine la levure. Les équations chimiques montrent la façon dont les molécules changent pendant la réaction chimique.

POUR EN SAVOIR PLUS ⏭ Les atomes 24 • Les réactions chimiques 30 • Les éléments chimiques 22

# LES RÉACTIONS CHIMIQUES

Au cours d'une réaction chimique, les liaisons entre molécules d'une même substance se cassent, et d'autres composés se forment par combinaisons de ces molécules avec d'autres issues d'autres substances. Ce faisant, la nature des composés est modifiée. Certaines TRANSFORMATIONS sont IRRÉVERSIBLES : une fois le gâteau cuit, on ne peut plus dissocier les ingrédients utilisés. En revanche, quand la réaction peut se produire dans les deux sens, la TRANSFORMATION est dite RÉVERSIBLE.

*Le sorbet a la même composition chimique une fois fondu.*

LA TRANSFORMATION CHIMIQUE ►
Dans un feu d'artifice, le fer et le magnésium réagissent avec l'oxygène et produisent de la cendre et de la fumée. Ils dégagent une chaleur, une lumière et un bruit spectaculaires. Ces transformations chimiques engendrent de nouveaux corps. En outre, ils dégagent ou absorbent de l'énergie – comme la chaleur et la lumière – parce que des liaisons chimiques ont été cassées ou créées.

◄ LA TRANSFORMATION PHYSIQUE
Un sorbet qui fond subit une transformation physique mais pas chimique. Le sorbet fondu est une forme différente du matériau initial. Les transformations physiques ne créent pas de nouvelle matière et aucune liaison chimique n'est modifiée. Quand on fait fondre un objet, qu'on le congèle, qu'on le déchire ou qu'on l'écrase, les transformations sont uniquement physiques : l'aspect de ce corps est modifié, mais pas ses propriétés chimiques.

*La coque du navire a rouillé au contact de l'eau.*

*La rouille constitue une couche friable, qui s'écaille.*

◄ LA CONSERVATION DE LA MATIÈRE
Quand le fer rouille, il réagit avec l'oxygène de l'eau ou de l'air pour former un nouveau corps composé qui est l'oxyde de fer, la rouille. Comme dans toute réaction chimique, la masse des corps en présence reste identique. Ce sont les mêmes atomes qui constituent le matériau d'origine et les nouveaux matériaux, mais ils sont agencés différemment. Si l'on pèse la rouille d'un navire rouillé, cette rouille pèse autant que le fer initial et l'oxygène absorbé.

*4 atomes de fer* — *6 atomes d'oxygène* — *4 atomes de fer* — *6 atomes d'oxygène*

$$4Fe + 3O_2 \longrightarrow 2Fe_2 2O_3$$

ÉQUATION CHIMIQUE DE LA ROUILLE

# LES TRANSFORMATIONS IRRÉVERSIBLES

De nombreuses réactions chimiques engendrent des transformations irréversibles : elles sont définitives. Les nouveaux matériaux obtenus ne peuvent plus redevenir les matériaux d'origine. La rouille par exemple est un changement irréversible. Néanmoins, si on mélange la rouille avec de la poudre de magnésium, il se produit une autre réaction chimique qui permet d'extraire le fer de la rouille.

LA COMBUSTION ►
La combustion est une transformation chimique irréversible. Quand on brûle du bois, le carbone du bois réagit avec l'oxygène de l'air pour former de la cendre et de la fumée ; la réaction dégage de l'énergie sous forme de lumière et de chaleur. Il s'agit d'une transformation définitive impossible à défaire : avec de la cendre, on ne peut pas refaire du bois.

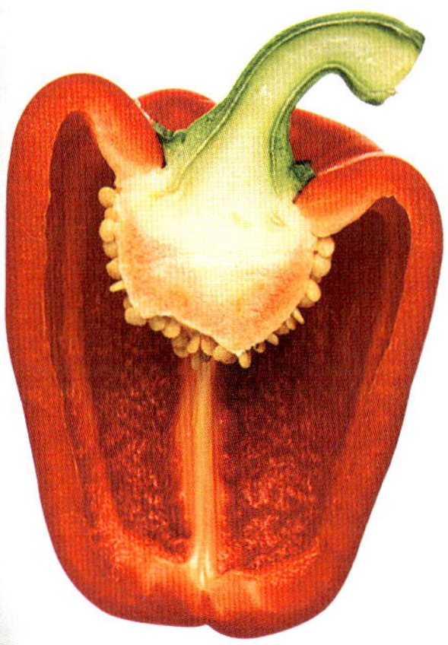

POIVRON ROUGE FRAIS

POIVRON ROUGE POURRI

◄ LA DÉCOMPOSITION
La décomposition des aliments, c'est-à-dire leur pourriture, est un changement irréversible. Des êtres vivants minuscules, que l'on appelle des micro-organismes, se nourrissent de l'aliment et le transforment – notamment en composés azotés et en gaz carbonique. Le processus de pourrissement s'appelle décomposition parce que les corps composés complexes se transforment en corps composés plus simples.

# LES TRANSFORMATIONS RÉVERSIBLES

Dans une réaction chimique réversible, on peut reconstituer les matériaux d'origine à partir des nouveaux. Ces réactions, rares, sont réversibles puisque la réaction directe peut avoir lieu et la réaction inverse aussi. En réalité, les deux réactions se produisent en même temps, mais l'une est plus forte que l'autre selon les conditions.

DIOXYDE D'AZOTE GAZEUX

MONOXYDE D'AZOTE ET OXYGÈNE GAZEUX

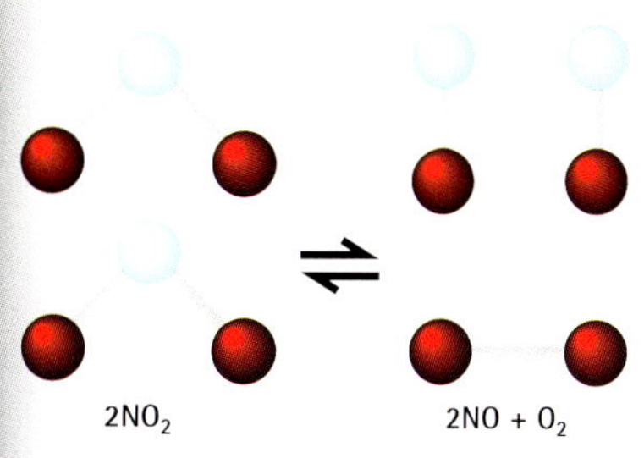


◄ LE DIOXYDE D'AZOTE
Quand on chauffe du dioxyde d'azote, la réaction chimique directe transforme ce gaz marron en deux gaz incolores : le monoxyde d'azote et l'oxygène. Mais si on les laisse refroidir, ils vont se recomposer en dioxyde d'azote, de couleur brune. La première réaction est appelée réaction directe tandis que la seconde s'appelle la réaction inverse : dans cet exemple, c'est une simple question de température.

POUR EN SAVOIR PLUS ⏭ Les atomes 24 • Les mélanges de particules 18 • Les molécules 28

# LES ACIDES

Le goût piquant de certains aliments s'explique par la présence d'acides. Les acides présents dans les aliments sont faibles, mais ils piquent s'ils touchent une plaie. Les acides forts, comme l'acide sulfurique des batteries de voiture, sont plus dangereux : ils brûlent la peau à travers les vêtements. Les composés acides se dissolvent dans l'eau en produisant des ions hydrogène. Plus un acide contient d'ions hydrogène, plus il est acide.

▲ L'ACIDE CITRIQUE
Les citrons et autres agrumes ont un goût piquant car ils contiennent de l'acide citrique. On se sert de cet acide pour changer le goût de certains aliments et de certaines boissons. Les agrumes contiennent aussi de l'acide ascorbique – ou vitamine C – qui favorise la bonne santé de la peau

▲ LE BAIN D'ACIDE
On plonge dans un bain d'acide un roulement à billes de moteur d'avion pour le nettoyer. Les acides attaquent les métaux. Chaque pièce de métal est plongée dans l'acide pendant un temps donné, pour décaper la couche superficielle de métal et enlever la rouille et la saleté. La pièce est ensuite lavée avec soin car, si on laissait de l'acide dessus, celui-ci continuerait à corroder le métal.

LES DÉGÂTS DES PLUIES ACIDES ►
Certaines statues ont un aspect grêlé car des acides contenus dans l'eau de pluie attaquent la pierre. L'eau de pluie est toujours un peu acide car le gaz carbonique de l'air devient de l'acide carbonique en se dissolvant dans l'eau. En outre, les zones industrielles produisent de la pollution, comme le dioxyde de soufre. Ces polluants réagissent avec l'eau des nuages et forment des acides puissants capables d'attaquer la pierre, surtout le calcaire.

*La partie protégée n'est pas attaquée par les pluies acides.*

*La partie exposée s'écaille sous l'action des pluies acides.*

*Les acides contenus dans la pluie font des trous dans le calcaire.*

*Un liquide acide colore le papier pH en rose.*

L'ÉCHELLE DE pH ►
Pour mesurer le degré d'acidité ou d'alcalinité d'une solution, les scientifiques utilisent l'échelle logarithmique de pH. L'abréviation pH signifie potentiel d'hydrogène. Plus le pH est bas, plus le liquide est acide. Tout liquide dont le pH est supérieur à 7 est alcalin, c'est-à-dire basique.

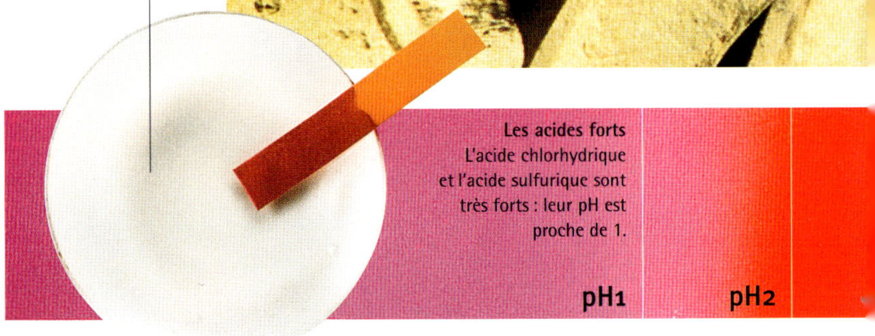


POUR EN SAVOIR PLUS ⏭ L'érosion 222 • La pollution 250

La peau de la limace de mer possède des glandes qui sécrètent de l'acide sulfurique.

▲ LA LIMACE DE MER
Ce nudibranche fabrique pour se protéger un acide puissant, l'acide sulfurique. Cet acide rend la limace de mer vénéneuse et lui donne un goût épouvantable : rares sont donc les prédateurs qui essaient de la manger. De même, les fourmis et les orties sécrètent de l'acide formique et s'en servent pour se protéger.

MATIÈRES DANGEREUSES

MATIÈRES CORROSIVES

▲ LES SYMBOLES DE DANGER
Les bases et les acides forts sont des poisons très corrosifs, qui provoquent de terribles brûlures ; on les transporte dans des récipients étiquetés avec des symboles de danger. Certains symboles montrent comment ces produits chimiques peuvent être manipulés sans danger. Ces symboles figurent aussi sur les camions citernes transportant acides et bases : en cas d'accident ou de fuite, les services d'intervention savent comment traiter ce type de pollution.

# LES BASES

Beaucoup de produits nettoyants, comme le savon et les nettoyants pour le four, sont des bases. Bases et acides se neutralisent mutuellement. Les bases contiennent des particules appelées ions hydroxyde. Plus une base contient d'ions hydroxyde, plus elle est forte et plus elle est corrosive.

LE CALCAIRE ▲
Le calcaire est une base importante que l'on extrait dans des carrières. Il contient du carbonate de calcium, constitué il y a des millions d'années par l'accumulation de coquillages et d'autres animaux sous-marins. Une fois extrait, le calcaire est broyé et utilisé pour faire du ciment, de l'engrais, de la peinture et de la céramique.

◄ LE VENIN DE GUÊPE EST NEUTRE
On croyait autrefois que le venin de guêpe contenait une base. En fait, il renferme une protéine complexe, de pH neutre. Le venin n'est donc ni acide ni basique. La guêpe perfore la peau avec son dard creux. Elle injecte ensuite la protéine dans la blessure, à travers le dard. La protéine comprend des poisons, qui provoquent douleurs et enflures.

LA NEUTRALISATION ►
À cause des pluies acides, beaucoup de lacs de Scandinavie ont un pH acide. L'eau acide est un poison pour les plantes et les animaux. On neutralise cette acidité en pulvérisant de la chaux en poudre dans le lac. Quand un acide réagit avec une base, il forme de l'eau et un composé que l'on appelle sel.

…es goûts piquants …e vinaigre contient …e l'acide acétique ; …il se forme dans le vin exposé à l'air.
pH4

pH5

**L'eau potable**
Le pH de l'eau du robinet varie de 6 à 8, selon la proportion de gaz et de minéraux qui y sont dissous.
pH6

**L'eau pure**
L'eau pure est neutre : elle n'est donc ni acide ni alcaline.
pH7

**Le savon**
Le savon est obtenu en mélangeant un acide faible et une base forte : il est légèrement alcalin, avec un pH de 8 environ.
pH8

pH9

**Les détergents**
Les détergents domestiques, par exemple l'eau de Javel et la soude caustique pour nettoyer les fours, ont un pH de 10 environ.
pH10

POUR EN SAVOIR PLUS ⏭ La défense 320 • L'érosion 222 • Les insectes 297 • La pollution 250

# LES MÉTAUX

Près des trois quarts des éléments sont des métaux, tels l'or et l'argent. Certains ont un aspect inattendu, comme le calcium de notre squelette, ou le sodium du sel de table. Les métaux se définissent par leurs **PROPRIÉTÉS MÉTALLIQUES**, comme leur point de fusion. Les mélanges de métaux s'appellent des **ALLIAGES**. La brasure est un alliage dont on se sert pour souder des métaux ; elle se compose d'étain et d'un peu de plomb ou d'argent.

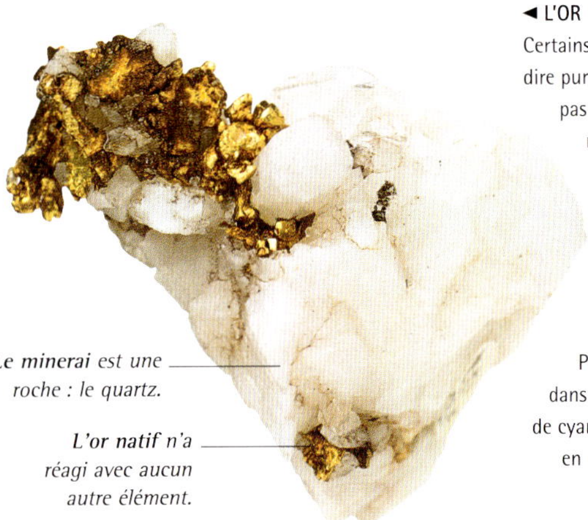


**◄ L'OR NATIF**
Certains métaux, dont l'or, existent dans la nature à l'état natif, c'est-à-dire pur, au milieu d'autres roches. L'or étant inerte, il ne se combine pas avec les autres éléments. La plupart des métaux sont davantage réactifs. Le fer par exemple est en général combiné avec l'oxygène. Les roches d'où sont extraits les métaux s'appellent des minerais.

**L'EXTRACTION DE L'OR ►**
Pour extraire l'or de son minerai, on réduit celui-ci en fine poudre dans d'énormes broyeurs. On mélange cette poudre avec une solution de cyanure. Seul l'or se dissout dans la solution. On ajoute alors du zinc en poudre, et l'or précipite, c'est-à-dire tombe au fond du récipient. On fond ensuite l'or et on le verse dans des moules.

## LES PROPRIÉTÉS MÉTALLIQUES

Les métaux sont en général des solides brillants, ils ont un point de fusion élevé et sont de très bons conducteurs de chaleur et d'électricité. Ils sont malléables, ce qui permet de les mettre en feuilles en les martelant ; ils sont ductiles, on peut donc les étirer en fils, en général solides et difficiles à casser. Il y a des exceptions : le mercure par exemple a un point de fusion très bas, il est liquide à température ambiante.

**◄ LES CONDUCTEURS ÉLECTRIQUES**
Les câbles électriques qui amènent l'électricité chez les particuliers, dans les écoles et les usines, sont en cuivre. Le cuivre est un métal d'un rouge orangé et l'un des meilleurs conducteurs électriques. Les métaux sont de bons conducteurs car, quand des atomes de métal s'unissent, les électrons de leur couche périphérique circulent librement. Si l'électricité touche une partie du métal, les électrons la transportent rapidement dans les autres parties.

POUR EN SAVOIR PLUS ►►

### LES FAMILLES DE MÉTAUX

Les métaux sont classés selon leur place dans la table périodique des éléments. Chaque famille a des propriétés qui permettent des applications particulières

*LES MÉTAUX ALCALINS*

Ce sont le potassium et le sodium, qui constituent la famille 1 de la table périodique. Ces métaux, très réactifs, réagissent à l'eau pour former de forts alcalis.

*LES MÉTAUX ALCALINO-TERREUX*

Ces éléments de la famille 2 se combinent avec des éléments de la croûte terrestre. Leurs oxydes réagissent avec l'eau pour former des alcalis.

*LES MÉTAUX DE TRANSITION*

Cette famille compte le cuivre, l'argent et l'or. Ce sont des métaux durs et brillants, au point de fusion élevé et bons conducteurs de la chaleur et de l'électricité.

*LES AUTRES MÉTAUX*

Relativement mous, ils sont faciles à fondre. Ils comptent notamment l'aluminium et l'étain et sont utilisés dans les alliages. Le bronze est un alliage d'étain et de cuivre.

# LES ALLIAGES

Les alliages sont des mélanges de métaux ; leurs propriétés sont différentes de celles des métaux purs. Un mélange de chrome et de fer résiste mieux à la rouille que le fer seul. Des alliages sont composés de deux métaux ou plus ; certains contiennent des non-métaux. L'acier est un alliage de fer et de carbone. On fabrique des alliages en faisant fondre ensemble les différents matériaux. Le fait de changer les proportions modifie les propriétés de l'alliage.

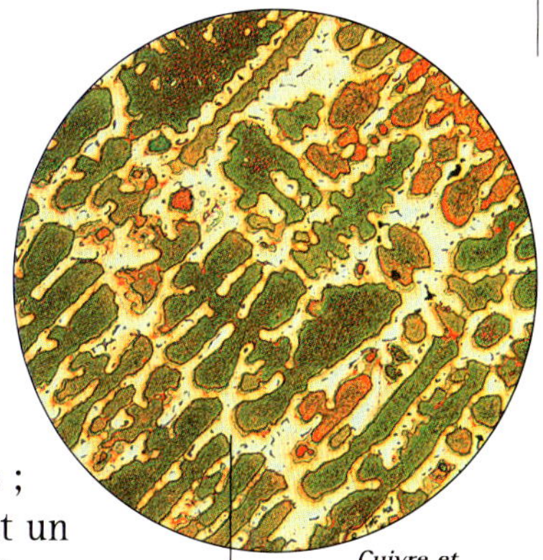

*Cuivre et particules d'étain*

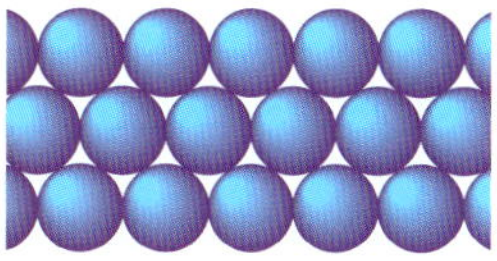

LES ATOMES DANS UN MÉTAL PUR

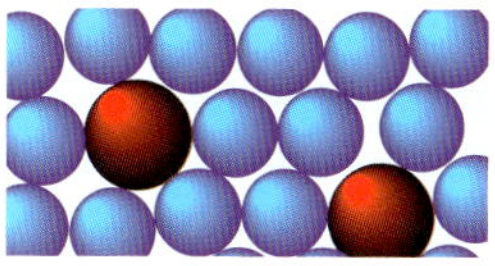

LES ATOMES DANS UN ALLIAGE

▲ LA DISPOSITION DES ATOMES

Dans un métal pur, les atomes, tous identiques, sont rangés en couches susceptibles de glisser les unes sur les autres. C'est pourquoi les métaux purs sont souvent mous et malléables. Dans un alliage, les atomes sont de tailles différentes, ce qui interdit la formation de couches régulières : elles ont du mal à glisser les unes sur les autres. L'alliage est donc plus dur et moins malléable que le métal pur.

UN PANNEAU DE BRONZE ▲

Le bronze est un alliage de 90 % de cuivre et 10 % d'étain. Le bronze en fusion est versé dans des moules pour créer des objets avec des détails très fins comme le panneau ci-dessus moulé en Afrique du Nord. Cela fait 6 000 ans que l'homme a découvert le bronze, en fondant des minerais contenant du cuivre et de l'étain. Cet alliage est beaucoup plus dur que le cuivre pur. Le bronze fut tant utilisé qu'il a marqué son époque, l'âge du bronze.

◄ LES ALLIAGES D'UNE AMPOULE ÉLECTRIQUE

Une ampoule électrique contient de nombreux métaux et alliages. Le tungstène, qui fond à 3 422 °C, est utilisé pour le filament. Quand l'électricité le traverse, il chauffe et émet de la lumière. Les ampoules de forte puissance risquent de surchauffer : un réflecteur de chaleur en aluminium est placé dans le col de l'ampoule, pour disperser la chaleur.

Les atomes 24 • Le réseau électrique 131 • Les mélanges de particules 18 • Les molécules 28 • La classification de Mendeleïev 26

▲ LES CRISTAUX DU SOUFRE
On trouve du soufre natif dans le sous-sol de la Terre jusqu'à une profondeur de 300 m. Le soufre existe également combiné à d'autres éléments dans certaines roches et minéraux tel le gypse.

# LES NON-MÉTAUX

Les éléments métalliques de la table périodique ont des propriétés faciles à définir. Les éléments non métalliques ont en revanche des propriétés très différentes. Ils se composent de la famille des GAZ RARES, tous inertes, de la famille des HALOGÈNES et d'autres non-métaux. D'autre part, quelques éléments ont des propriétés intermédiaires entre les métaux et les non-métaux : on les appelle des SEMI-CONDUCTEURS.

▲ LA FABRICATION DE L'ACIDE SULFURIQUE
Les cristaux de soufre sont réduits en poudre dans les usines de traitement. Cette poudre est versée dans une chaudière où elle réagit avec l'oxygène, pour former du dioxyde de soufre. On rajoute de l'oxygène qui réagit avec le dioxyde de soufre pour donner du trioxyde de soufre : celui-ci, une fois dissous dans l'eau, donne de l'oléum.

▲ LE TRANSPORT DE L'ACIDE SULFURIQUE
L'oléum, ou l'acide sulfurique concentré, est transporté dans des camions-citernes jusqu'à des usines ; là, on ajoute de l'eau en quantités précises, afin d'obtenir de l'acide sulfurique de concentration voulue. L'acide sert ensuite à fabriquer des détergents, des peintures, des médicaments, des matières plastiques et des tissus synthétiques.

LES PANNEAUX SOLAIRES ►
Le télescope spatial Hubble reste en orbite en permanence autour de la Terre. Il consomme l'électricité fournie par de gigantesques panneaux solaires en silicium, à partir de la lumière du Soleil. Ces panneaux sont orientables, pour être toujours face au Soleil. Ainsi, ils utilisent un maximum d'énergie solaire pour la transformer en électricité.

## LES SEMI-CONDUCTEURS

Les semi-conducteurs ont certaines propriétés des métaux, et certaines des non-métaux. L'arsenic par exemple brille comme du métal, mais conduit la chaleur et l'électricité de façon médiocre. D'autres éléments, comme le silicium et le germanium, ne conduisent l'électricité que dans certaines conditions. Cette propriété les rend particulièrement utiles dans la fabrication des panneaux solaires et des puces d'ordinateurs.

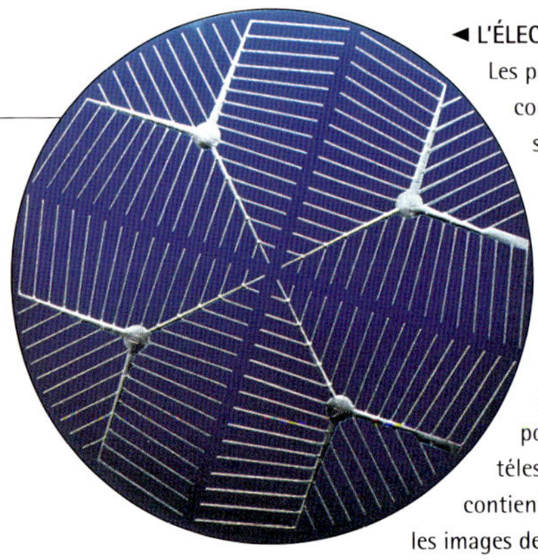

SILICIUM

◄ L'ÉLECTRICITÉ DANS L'ESPACE
Les panneaux solaires de Hubble sont composés de milliers de cellules en silicium. Quand le Soleil frappe une cellule, sa lumière est absorbée par le silicium. Ce phénomène modifie le mouvement des électrons à l'intérieur des atomes de silicium, ce qui crée un minuscule courant électrique. Les milliers de cellules qui composent un panneau créent ainsi assez d'électricité pour les besoins énergétiques du télescope spatial, et les ordinateurs qu'il contient. Ces ordinateurs renvoient à la Terre les images de l'univers recueillies par le télescope.

# LES HALOGÈNES

Les halogènes sont très divers : le fluor est un gaz jaune alors que l'iode est un solide brillant, presque noir. Mais ils sont tous très réactifs et se combinent avec d'autres éléments pour former des sels, comme le sel de table – le chlorure de sodium. Certains halogènes sont très utiles. Le chlore sert à désinfecter l'eau, et des composés du fluor – les fluorures – sont ajoutés dans le dentifrice pour empêcher les caries.

◄ LE BROME GAZEUX
Le brome est le seul non-métal liquide. De couleur brun rougeâtre, il s'évapore facilement en dégageant un gaz asphyxiant et toxique. Le brome existe dans l'eau de mer et les sources d'eau minérale sous forme de sels, que l'on appelle les bromures. Des composés de brome sont utilisés en photographie, comme calmants légers et dans la fabrication de colorants et de revêtements ignifugés.

***Les parties noires** sont celles où beaucoup de rayons X ont atteint le bromure d'argent.*

LE BROMURE D'ARGENT ET LES RAYONS X ►
La photographie aux rayons X consiste à exposer un film en plastique recouvert d'une couche de bromure d'argent, un composé du brome. Là où les rayons X frappent le film, le bromure d'argent se décompose, laissant sur le film des atomes d'argent pur. Plus la lumière est intense, plus le nombre d'atomes d'argent est important, et plus sombre devient l'image.

***L'os arrête** les rayons X.*

***Les parties blanches** sont celles où les rayons X n'ont pu atteindre le bromure d'argent.*

# LES GAZ RARES

La famille 18 de la table périodique contient les gaz rares. Ce sont six gaz inertes incapables de se combiner à d'autres éléments : on les trouve à l'état natif. L'air que nous respirons contient environ 1 % d'argon et des traces de néon, d'hélium, de krypton, de radon et de xénon. L'argon est utilisé dans les ampoules électriques, le xénon dans les lampes à arc des phares et l'hélium pour remplir des ballons dirigeables.

***On obtient** de la lumière rouge en faisant passer de l'électricité dans du gaz néon.*

◄ L'ÉCLAIRAGE AU NÉON
Un tube de néon est un cylindre en verre qui contient un gaz rare, mais pas nécessairement du néon. Quand on fait passer de l'électricité dans le tube, les atomes du gaz rare émettent une lumière d'une couleur donnée. L'hélium émet du jaune, le néon du rouge, l'argon du bleu et le krypton du violet. D'autres couleurs sont obtenues en colorant le verre du tube qui contient le gaz.

***On obtient** de la lumière bleue en faisant passer de l'électricité dans du gaz argon.*

***On obtient** de la lumière verte en faisant passer de l'électricité dans un mélange d'hélium et d'argon.*

POUR EN SAVOIR PLUS ⏭ L'électricité 126 • Les gaz 15 • La classification de Mendeleïev 26 • Les observatoires dans l'espace 196

1
**H**
Hydrogène
1

# L'HYDROGÈNE

L'hydrogène est un gaz qui n'a ni couleur ni saveur ni odeur ; pourtant, il représente 90 % de la matière de l'Univers. Le Soleil et les étoiles sont faits d'hydrogène. Sur Terre, il est présent dans presque tous les êtres vivants, sous forme de composés. Il sert à faire des produits chimiques comme l'ammoniaque, avec lequel on fabrique les engrais. L'hydrogène sert aussi à augmenter la quantité d'essence que l'on extrait du pétrole brut.

▲ L'HYDROGÈNE DANS LES ÉTOILES
Le combustible que brûlent les étoiles, c'est l'hydrogène. À une température inouïe, les atomes d'hydrogène se heurtent et s'unissent pour former des atomes d'hélium. Cette réaction dégage une quantité colossale d'énergie, sous forme de chaleur et de lumière. Les atomes d'hydrogène furent sans doute les premiers atomes à se former dans l'univers ; en fusionnant, ils ont formé d'autres atomes, plus lourds.

*La navette spatiale est propulsée par trois moteurs principaux.*

*Les gaz d'échappement des propulseurs auxiliaires à poudre donnent à la navette sa poussée initiale.*

*L'hydrogène brûle et la vapeur jaillit des tuyères à plus de 10 000 km/h.*

LA NAVETTE SPATIALE ►
La navette spatiale utilise l'hydrogène comme carburant, car ce gaz produit beaucoup de puissance pour son poids. L'hydrogène, comme tous les carburants, a besoin d'oxygène pour brûler ; la navette a donc un réservoir d'hydrogène liquide et un autre d'oxygène liquide. Ces deux liquides sont finement pulvérisés dans les moteurs qu'on allume ensuite. L'hydrogène brûle et la vapeur d'eau jaillissant par les tuyères propulse la navette dans l'espace.

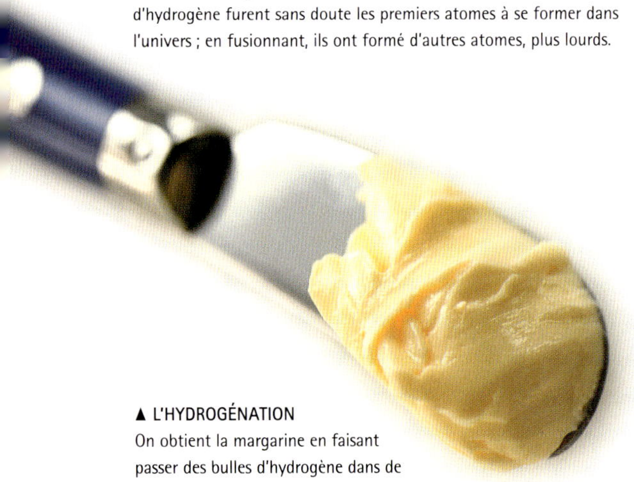

▲ L'HYDROGÉNATION
On obtient la margarine en faisant passer des bulles d'hydrogène dans de l'huile végétale fortement chauffée. Les atomes d'hydrogène supplémentaires se lient aux molécules d'huile, l'huile liquide devient alors plus solide. Ce processus s'appelle l'hydrogénation. Si l'huile est complètement hydrogénée, elle devient totalement solide ; en s'arrêtant en cours de processus, on la garde à l'état pâteux.

▲ LE MOTEUR À HYDROGÈNE
Les scientifiques ont mis au point des voitures à hydrogène. Ces voitures ont un réservoir d'hydrogène, qui se combine à l'oxygène de l'air pour faire tourner le moteur. Ces moteurs à hydrogène rejettent de l'eau au lieu de gaz polluants. On ne les construit pas encore en série, car il n'existe pas de moyen léger et peu encombrant de stocker l'hydrogène.

*ANTOINE LAVOISIER*
*Français, 1743–1794*
*Ce chimiste est considéré comme le père de la chimie moderne. Il a étudié « l'air inflammable » découvert par un savant britannique, Henry Cavendish (1731–1810). Antoine Lavoisier découvrit que ce gaz se combine à l'oxygène pour former de l'eau : il l'a baptisé hydrogène, ce qui signifie « qui produit de l'eau » en grec.*

POUR EN SAVOIR PLUS ⏭ Les moteurs 92 • Les molécules 28 • L'énergie nucléaire 85 • La conquête de l'espace 190 • Les étoiles 166

8
**O**
Oxygène
16

# L'OXYGÈNE

L'oxygène est l'élément le plus répandu sur Terre. Indispensable à la vie, invisible et sans odeur, ce gaz constitue 21 % de l'air. Il se trouve dans l'eau, dans certains minéraux et dans presque tous les êtres vivants. Les molécules d'oxygène comptent deux atomes d'oxygène, mais l'ozone – que l'on trouve dans la haute atmosphère – en a trois. L'oxygène circule sur Terre selon le CYCLE DE L'OXYGÈNE.

◄ L'OXYGÈNE ET LA VIE
C'est le commandant Cousteau qui, en inventant le scaphandre autonome, a ouvert les portes du monde sous-marin. Les trois plongeurs ci-contre respirent sous l'eau grâce aux bouteilles d'air comprimé qu'ils portent sur le dos. La pression de l'air diminue en passant dans un détendeur - l'invention révolutionnaire de Cousteau - puis arrive par un tuyau dans la bouche du plongeur, qui le respire.

UNE MÈCHE ALLUMÉE ▲
Cette mèche qui brûle réagit avec l'oxygène. Cette réaction émet de l'énergie sous forme de chaleur et de lumière. L'oxygène est nécessaire à la combustion des objets. Plus il y a d'oxygène, plus celle-ci est rapide. Cette mèche brûle grâce à l'oxygène de l'air. Les feux d'artifice brûlent encore plus intensément grâce à des composés riches en oxygène que l'on ajoute à leurs mèches, et qui se mélangent à l'oxygène de l'air.

CARL SCHEELE
*Suédois, 1742-1786*
*En 1768, ce chimiste isola l'hydrogène et fut le premier à découvrir l'oxygène en 1773, peu de temps avant l'Anglais Priestley (1733-1804). Ces deux savants ont prouvé que l'air se compose de plusieurs éléments. Scheele obtint le chlore, la glycérine et plusieurs acides minéraux et isola aussi divers acides organiques dont l'acide lactique.*

## LE CYCLE DE L'OXYGÈNE

Presque tous les êtres vivants – dont l'homme – ont besoin d'oxygène pour vivre. Les plantes comme les animaux consomment de l'oxygène dans leur milieu pour libérer de l'énergie. Les plantes et animaux sous-marins, ne pouvant pas se servir de l'oxygène de l'air, utilisent l'oxygène dissous dans l'eau. Grâce au cycle de l'oxygène, ce gaz circule en permanence dans l'environnement afin d'être toujours à la disposition des êtres vivants.

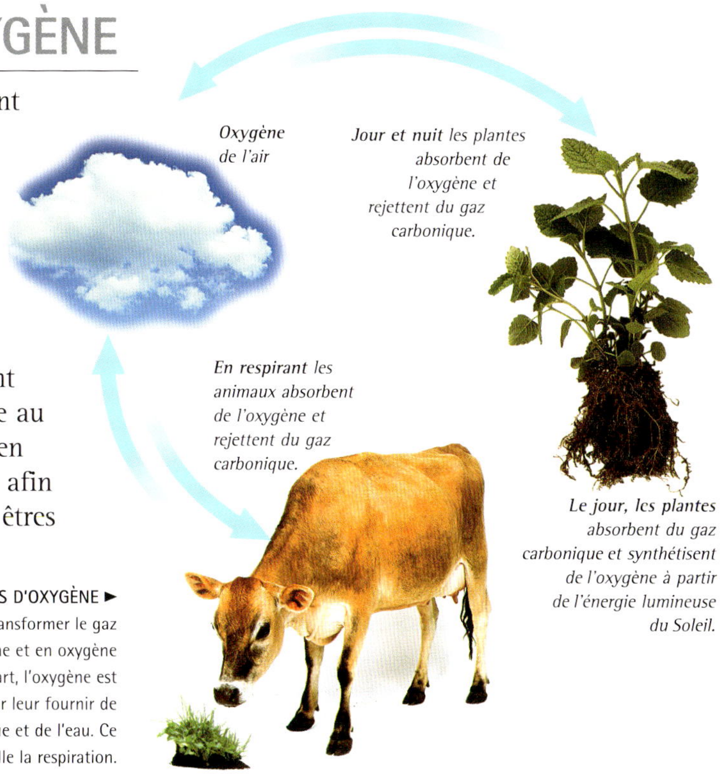


LES ÉCHANGES D'OXYGÈNE ►
Les plantes utilisent l'énergie du Soleil pour transformer le gaz carbonique ($CO_2$) et l'eau ($H_2O$) en hydrates de carbone et en oxygène ($O_2$) : ce processus s'appelle la photosynthèse. D'autre part, l'oxygène est à son tour absorbé par les plantes et les animaux pour leur fournir de l'énergie, et leur permettre de libérer du gaz carbonique et de l'eau. Ce processus s'appelle la respiration.

POUR EN SAVOIR PLUS ⏭ L'atmosphère 234 • Les atomes 24 • La photosynthèse 258 • L'appareil respiratoire 354

# L'EAU

La molécule d'eau ($H_2O$) est formée de deux atomes d'hydrogène et d'un atome d'oxygène. L'eau est le composé le plus courant sur Terre ; il constitue la moitié du poids des êtres vivants. Indispensable à la vie, l'eau apporte à chaque cellule vivante sa nourriture, et la débarrasse de ses déchets. Les molécules d'eau s'attirent grâce à leurs **LIAISONS HYDROGÈNE**, qui donnent à l'eau des propriétés rares, et bien utiles.

**L'EAU EST ABONDANTE ►**
L'eau recouvre 70 % de la surface terrestre. C'est pourquoi la Terre vue de l'espace est bleue : on l'appelle la « Planète Bleue ». L'eau est sous forme liquide dans les océans et sous forme solide dans les calottes glaciaires et les banquises. La vapeur d'eau est un des gaz de l'air. Dans les régions humides – par exemple les forêts tropicales – l'air est riche en vapeur d'eau. Le corps humain contient 60 % d'eau, et la tomate mûre 95 %.

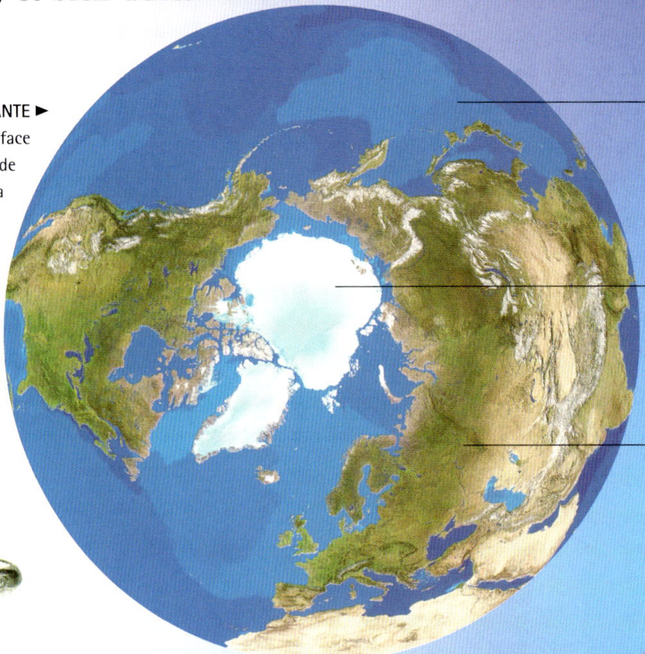

***Les océans,** les cours d'eau et les lacs couvrent les trois quarts de la surface de la Terre.*

***La calotte glaciaire** arctique s'étend sur 5,5 millions de kilomètres carrés.*

***On trouve** partout de la vapeur d'eau, qui est de l'eau sous forme gazeuse.*

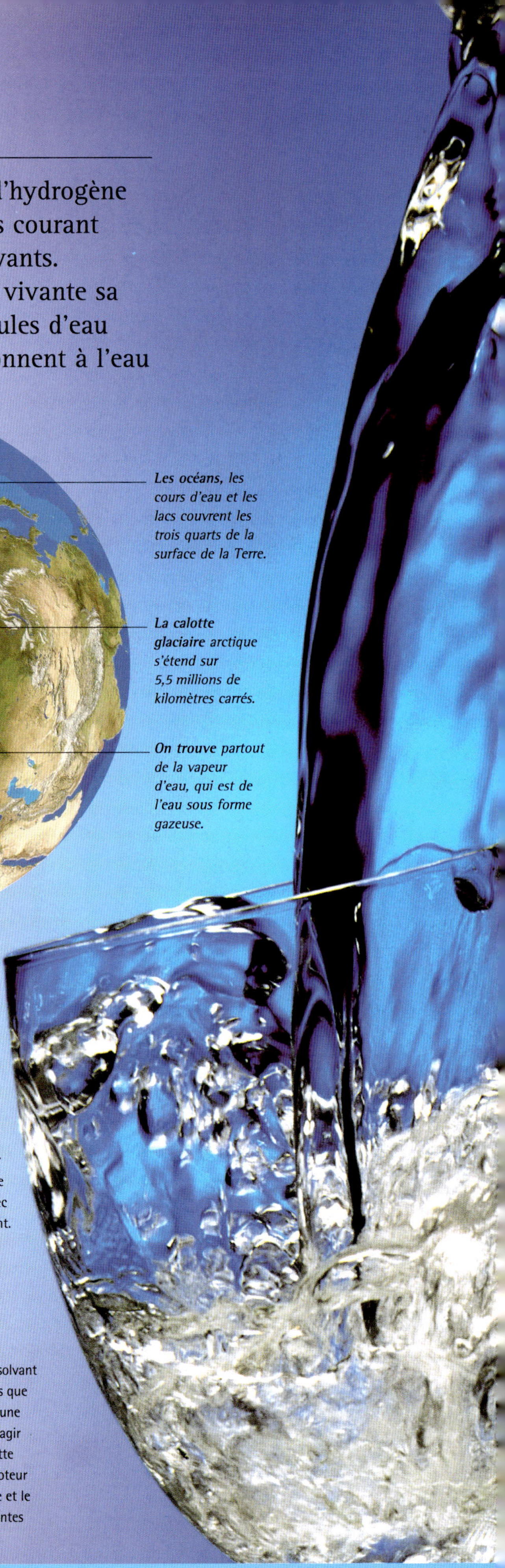

**L'EAU POTABLE ►**
À température ambiante, l'eau pure est un liquide incolore au pH neutre : elle n'est ni acide ni basique. Mais l'eau pure est rare. L'eau calcaire contient des minéraux dissous – le calcium et le magnésium – dont elle se charge en traversant certaines roches. Le savon mousse mal dans l'eau calcaire car les minéraux réagissent avec le savon pour former une écume. On adoucit l'eau calcaire en la faisant bouillir ou en la traitant avec un adoucissant.

***En se dissolvant,** le permanganate de potassium teinte l'eau en violet.*

**◄ UN SOLVANT UNIVERSEL**
Le permanganate de potassium est un produit chimique qui forme un liquide violet en se dissolvant dans l'eau. L'eau dissout davantage de produits que tout autre liquide. Ses molécules petites, avec une légère charge électrique, peuvent bouger et réagir avec d'autres particules. Si l'eau n'avait pas cette propriété, la vie n'existerait pas. L'eau est le moteur de la nature. Les gaz dissous, comme l'oxygène et le gaz carbonique, circulent dans les cellules vivantes grâce à l'eau qui les transporte.

# LA LIAISON HYDROGÈNE

Les molécules d'eau s'attirent entre elles. Cette attraction s'appelle la liaison hydrogène. C'est une liaison relativement faible par rapport aux liaisons internes de la molécule d'eau ; toutefois, cette liaison est assez forte pour donner à l'eau des propriétés inhabituelles : elle est liquide à température ambiante alors que d'autres molécules de même taille sont gazeuses. En outre, l'eau est moins dense à l'état solide qu'à l'état liquide.

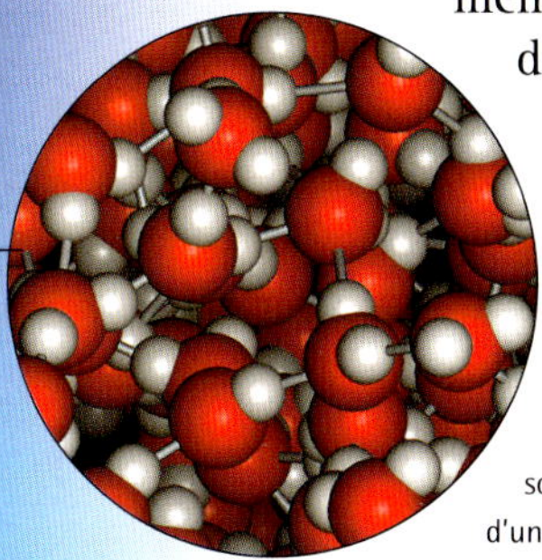


MOLÉCULES D'EAU À L'ÉTAT LIQUIDE

◄ LA STRUCTURE MOLÉCULAIRE
Dans la molécule d'eau, les électrons sont plus proches de l'atome d'oxygène que des atomes d'hydrogène. Par conséquent, l'atome d'oxygène a une charge légèrement négative, et les atomes d'hydrogène une charge légèrement positive. Ce sont les atomes d'hydrogène positivement chargés d'une molécule d'eau qui attirent l'atome d'oxygène négativement chargé d'une autre molécule d'eau. Cette attraction s'appelle la liaison hydrogène.

L'EAU QUI BOUT ▲
L'eau bout à 100 °C, c'est-à-dire à presque 200 °C de plus que d'autres molécules de taille analogue, par exemple le sulfure d'hydrogène. Si l'eau a un point d'ébullition si élevé, c'est à cause de la liaison hydrogène. Il faut beaucoup plus d'énergie pour casser les liaisons hydrogène : une fois cette liaison cassée, les molécules d'eau se séparent les unes des autres et quittent sous forme gazeuse la surface de l'eau liquide.

◄ LA CAPILLARITÉ
C'est la capillarité qui fait monter l'eau depuis les racines jusqu'aux feuilles. Les molécules d'eau circulent à travers les cellules du xylème, en forme de tube. Légèrement chargées elles sont attirés par les parois du xylème, ce qui entraîne l'eau vers le haut.

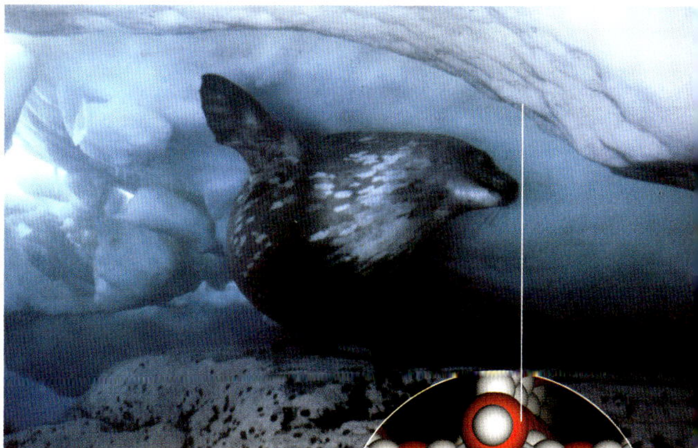

UN LIQUIDE DE FAIBLE DENSITÉ ▲
La glace flottant en surface protège les phoques de l'air glacial. Quand la plupart des liquides gèlent, ils deviennent plus denses ; l'eau au contraire devient plus légère : c'est pourquoi la glace flotte sur l'eau. Les liaisons hydrogène tiennent les molécules d'eau écartées selon une structure en anneau rigide.

MOLÉCULES D'EAU À L'ÉTAT SOLIDE

POUR EN SAVOIR PLUS ⏭ Les atomes 24 • Les changements d'état 16 • Les molécules 28 • La transpiration 259

7
N
Azote
14

# L'AZOTE

Pour fabriquer les protéines indispensables à la vie, les plantes et les animaux puisent de l'azote dans l'air et dans le sol, selon un processus appelé le **CYCLE DE L'AZOTE**. L'azote gazeux constitue 78 % de l'air. À température ambiante, c'est un gaz inerte. On emballe sous azote les produits croustillants, pour éviter qu'ils ne deviennent rassis. L'azote entre dans la fabrication de produits chimiques industriels, comme les engrais et les explosifs.

*Il **faut** des gants pour toucher l'azote liquide, tellement il est froid.*

***Le brouillard** est dû à la condensation de la vapeur d'eau de l'air au contact de l'azote gazeux, très froid.*

L'AZOTE LIQUIDE ▲

L'azote gazeux devient liquide si on le refroidit à –196 °C. L'azote liquide est si froid qu'il congèle un produit en quelques secondes. Dans les hôpitaux, on s'en sert pour conserver le sang et les organes à transplanter. Le produit à conserver est placé dans un récipient spécial et étanche, plein d'azote liquide. Comme l'azote est neutre, il ne modifie pas les matériaux que l'on veut conserver.

***L'azote** existe dans l'air sous forme gazeuse.*

***L'acide nitrique** dissous dans l'eau de pluie tombe sur le sol.*

***Les nitrates** sont indispensables aux plantes*

***Les nitrites** sont indispensables aux micro-organismes du sol.*

▲ L'ÉCLAIR

La chaleur de l'éclair casse les molécules d'azote de l'air. Les atomes d'azote ainsi libérés s'allient à l'oxygène pour former des oxydes d'azote ; ceux-ci se dissolvent dans l'eau pour former de l'acide nitrique faible. Celui-ci tombe sur le sol, où il se décompose en nitrates et nitrites. Ces composés sont indispensables à la vie des plantes et des micro-organismes.

L'ÉPANDAGE D'ENGRAIS ▼

Les agriculteurs se servent d'engrais pour favoriser la croissance des plantes qu'ils cultivent. Beaucoup d'engrais contiennent de l'azote sous forme de nitrates, qui constituent un aliment pour les plantes. Les engrais biologiques sont le compost et le fumier, alors que les engrais chimiques sont fabriqués à partir de l'azote de l'air et de l'hydrogène du gaz naturel.

***L'engrais** est pulvérisé sur les récoltes sous forme de fin brouillard.*

▲ LES EXPLOSIFS
Des composés azotés rentrent dans la fabrication des explosifs. Ces composés contiennent des produits chimiques qui se décomposent facilement en libérant instantanément d'énormes quantités de gaz. L'usage maîtrisé d'explosifs permet par exemple de faire imploser des immeubles sans endommager les bâtiments voisins. Le trinitrotoluène – ou TNT – libère en explosant de l'hydrogène, de l'oxyde de carbone, de l'azote et de la poudre de carbone, ce qui produit une fumée noire.

# LE CYCLE DE L'AZOTE

Tous les êtres vivants ont besoin d'azote, mais la plupart sont incapables d'utiliser directement l'azote de l'air : ils ne peuvent assimiler l'azote que sous forme de nitrites et de nitrates. Ceux-ci sont produits par les éclairs et les bactéries fixant l'azote. Les nitrates sont alors absorbés par les plantes, que mangent les animaux. C'est ainsi que commence le cycle de l'azote.

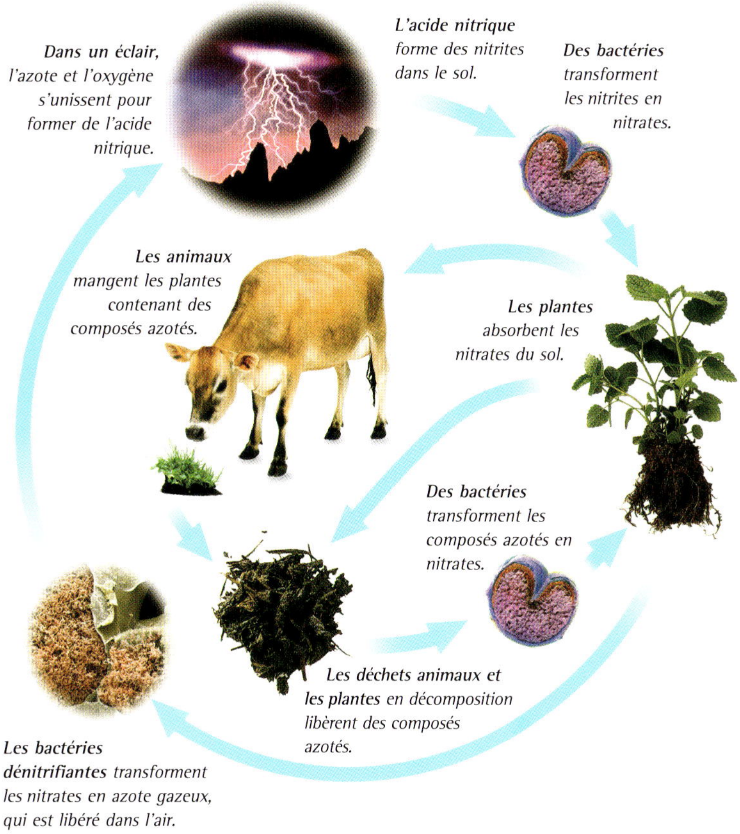


LA CIRCULATION DES ATOMES D'AZOTE ▲
L'azote de l'air est transformé par les bactéries en nitrates. Ceux-ci sont absorbés par les plantes qui en font des protéines végétales. Quand un animal mange ces plantes, il transforme ces protéines végétales en protéines animales. Les bactéries dénitrifiantes transforment l'azote contenu dans les déchets animaux, les plantes en décomposition et la matière vivante animale en azote gazeux.

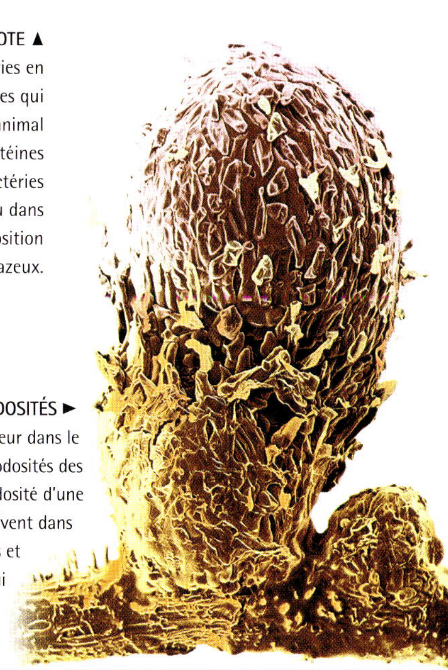

LES BACTÉRIES DÉNITRIFIANTES DANS LES NODOSITÉS ►
Les bactéries dénitrifiantes jouent un rôle majeur dans le cycle de l'azote. Certaines vivent sur les nodosités des racines de légumineuses : par exemple, cette nodosité d'une racine de pois. D'autres bactéries sont libres et vivent dans le sol. Elles font des nitrates à partir des nitrites et d'autres molécules d'azote. Les bactéries qui vivent sur les nodosités des racines de légumineuses absorbent les nitrates du sol.

POUR EN SAVOIR PLUS ⏭ Les molécules 28 • La classification de Mendeleïev 26

6
C
Carbone
12

# LE CARBONE

Par sa quantité, le carbone est le sixième élément de l'Univers, mais le premier chez les êtres vivants sur Terre. Ceux-ci échangent leurs atomes de carbone selon le **CYCLE DU CARBONE**. Il se trouve dans des gaz (oxyde de carbone, gaz naturel), des liquides (pétrole brut) et des solides (charbon). Le carbone pur, très rare dans la nature, se trouve néanmoins à l'état natif sous différentes formes que l'on appelle les **ALLOTROPES**.

*Le charbon commence à brûler à 400 °C.*

▼ LE CARBONE EN TANT QUE COMBUSTIBLE
Tout ce qui brûle bien contient en principe du carbone : le charbon, le charbon de bois, la laine, le papier, etc. en ont énormément. Les atomes de carbone liés ensemble contiennent une énergie considérable. Quand le carbone brûle, chaque atome de carbone se libère de ses voisins et réagit avec l'oxygène de l'air pour former du gaz carbonique. L'énergie ainsi libérée se dégage sous forme de chaleur.

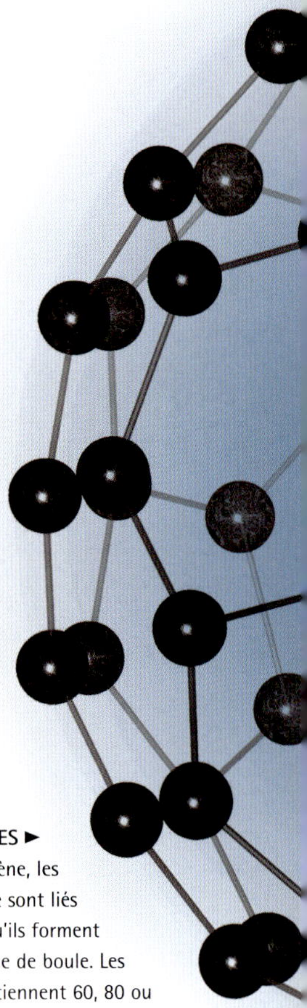

LES FULLÉRÈNES ►
Dans un fullérène, les atomes de carbone sont liés de telle sorte qu'ils forment une cage en forme de boule. Les fullérènes contiennent 60, 80 ou 100 atomes de carbone. Le fullérène ci-contre en contient 80. Le premier fut découvert dans les années 1980 et s'appelle le fullérène buckminster : il compte 60 atomes de carbone. Il porte le nom d'un architecte américain, Buckminster Fuller, qui dessinait des bâtiments dont la forme rappelle celle de la molécule de fullérène. On retrouve les mêmes hexagones et pentagones sur la Géode de la cité des Sciences à La Villette

## LES ALLOTROPES

Les atomes de certains éléments peuvent se lier de plusieurs façons pour former des corps différents, que l'on appelle des allotropes. Le carbone a trois allotropes : le diamant, le graphite et le fullérène. Chaque allotrope a des propriétés physiques particulières. Le graphite, le diamant et le fullérène ne contiennent que des atomes de carbone, mais disposés de façon différente.

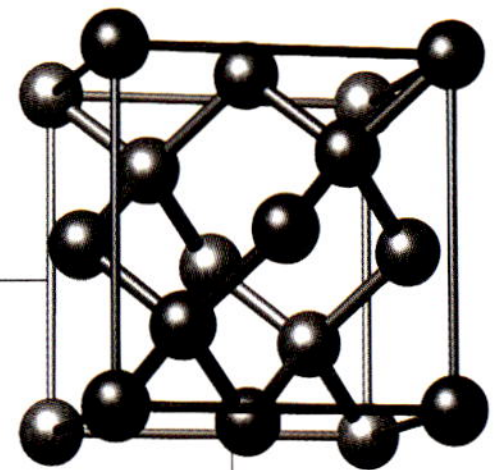

*Chaque atome de carbone est solidement lié à quatre autres atomes de carbone.*

◄ LE DIAMANT
Le diamant est le plus dur des minéraux. Dans le diamant, les atomes de carbone sont liés les uns aux autres selon une structure extrêmement rigide appelée réseau cristallin. Le diamant se forme quand on compresse des roches en fusion pendant des millions d'années. On se sert de diamants pour faire des outils coupants pour l'industrie, ou en joaillerie.

◄ LE GRAPHITE
On utilise le graphite dans des huiles de lubrification et dans les mines de crayons. Le graphite possède des couches d'atomes de carbone capables de glisser les unes sur les autres. Les atomes de carbone de chaque couche sont liés solidement entre eux mais faiblement à ceux des autres couches. Les couches pouvant se déplacer les unes par rapport aux autres, le graphite est un matériau tendre.

*Les couches d'atomes de carbone glissent les unes sur les autres.*

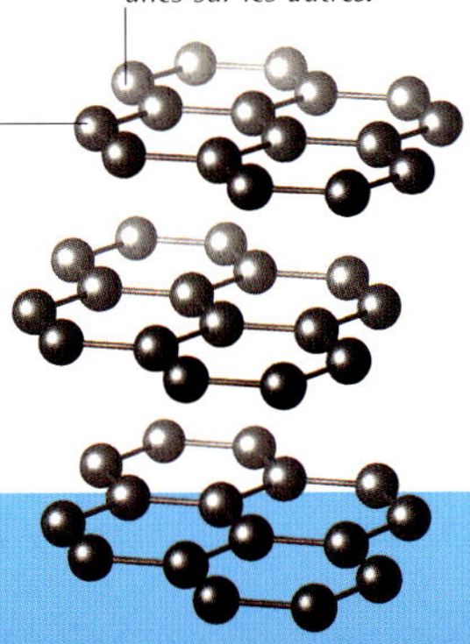

# LE CYCLE DU CARBONE

Les atomes de carbone circulent sans cesse entre l'air, les animaux, les végétaux et le sol. Ce recyclage naturel s'appelle le cycle du carbone. Celui-ci provient initialement du gaz carbonique de l'air. Les plantes chlorophylliennes et certaines bactéries fixent le gaz carbonique pour fabriquer de la nourriture. Les animaux, en mangeant les plantes, absorbent le carbone qu'elles contiennent. Le gaz carbonique retourne dans l'air lorsque les êtres vivants respirent, qu'ils produisent des excréments ou qu'ils meurent et se décomposent.

LA CIRCULATION DES ATOMES DE CARBONE ▲
Les plantes chlorophylliennes se nourrissent en utilisant le gaz carbonique de l'air. Quand un animal mange une plante, il utilise le carbone de cette plante pour construire les tissus de son corps. En respirant, l'animal rend à l'air du gaz carbonique. Quand l'animal meurt et se décompose, le carbone de son corps retourne dans le sol. Des agents de décomposition comme les asticots, les bactéries et les champignons se nourrissent des cadavres des animaux. En respirant, les agents de décomposition restituent à l'air du gaz carbonique. Les plantes vertes absorbent alors le gaz carbonique de l'air et le cycle recommence.

UN DÔME GÉODÉSIQUE ▲
La structure des fullérènes est solide et stable : la même peut servir dans le bâtiment. Dans les années 1940, l'architecte Buckminster Fuller inventait le dôme géodésique. Celui-ci est composé d'un réseau de triangles qui forme une sphère. Cette structure est très stable et permet d'enfermer un volume important en n'utilisant que peu de matériaux de construction ; le bâtiment est alors solide mais léger.

POUR EN SAVOIR PLUS ⏭ La biochimie 46 • Les molécules 28 • La chimie organique 48

# LA BIOCHIMIE

La biochimie est l'étude des processus chimiques propres aux êtres vivants, comme la respiration et la digestion des aliments. Les atomes de carbone peuvent se combiner de tant de façons différentes que les êtres vivants sont surtout composés de molécules contenant du carbone. L'ADN contient les instructions chimiques qui permettent aux êtres vivants de créer des molécules, de les dupliquer et de se reproduire.

**L'ÉNERGIE DES ALIMENTS ►**
Comme tous les êtres vivants, les orangs-outans ont besoin d'énergie pour tous leurs processus corporels comme la croissance, le mouvement et la reconstitution des cellules usées. Cette énergie, ils la trouvent dans leurs aliments, grâce à des réactions chimiques complexes appelées le métabolisme des animaux. Les plantes en revanche fabriquent elles-mêmes leur nourriture, grâce à la photosynthèse.

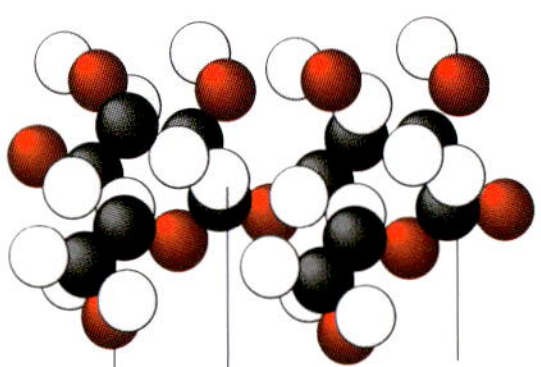


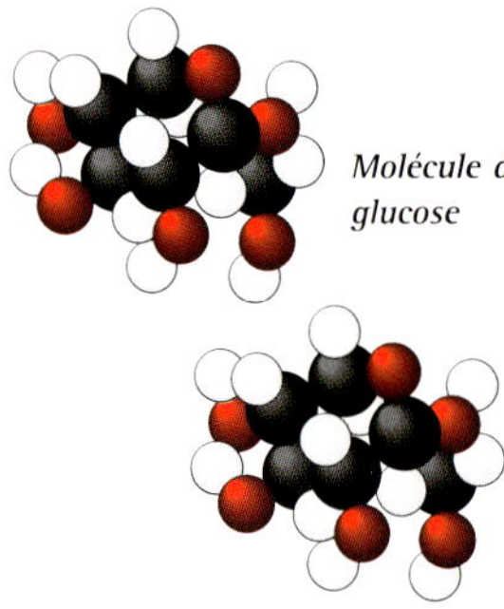


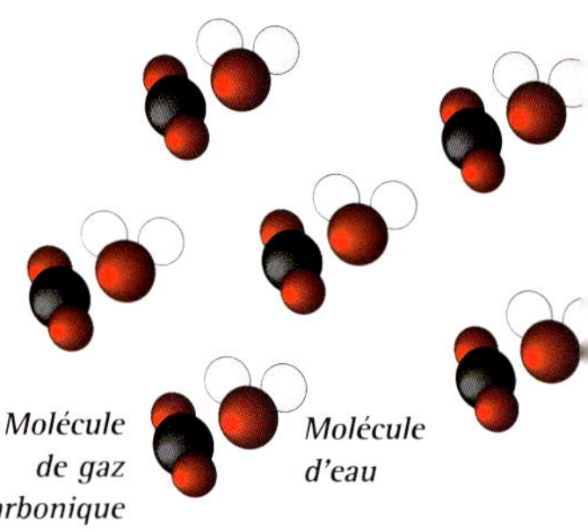


**▲ LA TRANSFORMATION DES HYDRATES DE CARBONE**
Beaucoup d'aliments contiennent des hydrates de carbone. Quand la digestion les brise en morceaux, elles dégagent beaucoup d'énergie. Les aliments contiennent en outre des graisses et des protéines. Les graisses constituent aussi une source d'énergie ; quant aux protéines, elles sont importantes pour la croissance.

**▲ LA DIGESTION**
Le sucre est un hydrate de carbone qui contient 12 atomes de carbone, 22 d'hydrogène et 11 d'oxygène. Une fois ces molécules mangées, elles sont brisées en molécules de glucose, plus petites, grâce au processus chimique de digestion. Ce processus est accéléré par les enzymes digestives telles que l'amylase.

**▲ LA RESPIRATION**
Les molécules de glucose passent dans le flux sanguin pour atteindre les autres cellules du corps. Chaque cellule utilise des molécules de glucose dans un processus chimique que l'on appelle la respiration. Dans la respiration, les liaisons entre les molécules de glucose se brisent en libérant de l'énergie sous une forme utilisable par le corps.

**▲ LA LIBÉRATION DE L'ÉNERGIE**
Le glucose réagit avec l'oxygène de l'air q nous respirons pour dégager de l'énergie créer des molécules de gaz carbonique (C et d'eau ($H_2O$). Les processus libérant de l'énergie – comme la respiration – sont appelés réactions cataboliques. Ceux qui absorbent de l'énergie – comme la fabrica des protéines – sont des réactions anaboli

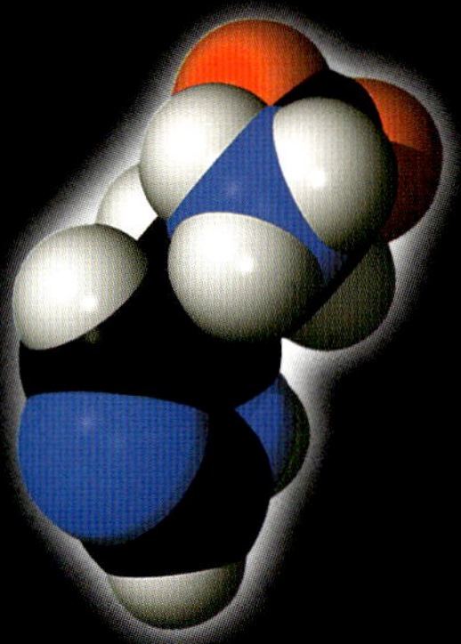

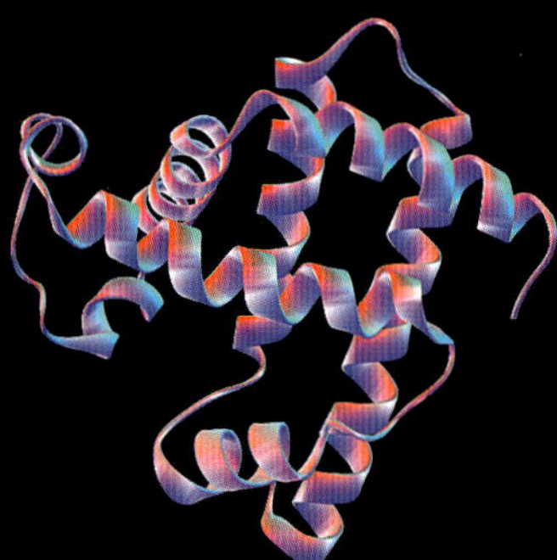

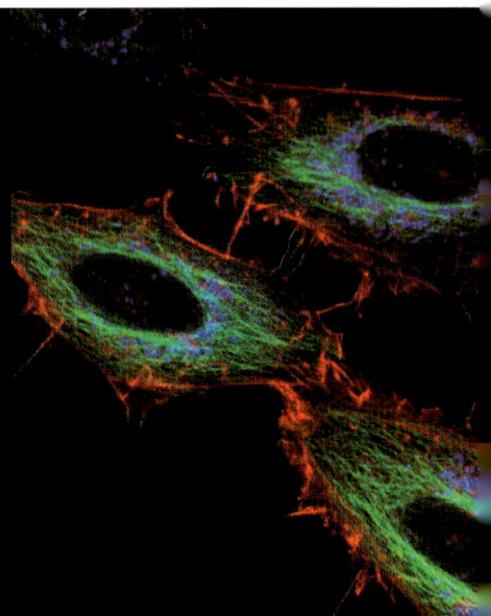

**▲ DES ALIMENTS POUR FABRIQUER DES MOLÉCULES**
Les êtres vivants ne se contentent pas de casser des molécules, ils savent en construire : par exemple, les protéines des muscles. Elles sont constituées d'acides aminés, que le corps trouve dans des aliments riches en protéines comme les légumes secs et la viande.

**▲ LES ACIDES AMINÉS**
Ces acides – par exemple l'histidine – sont faits d'atomes de carbone, d'hydrogène, d'oxygène et d'azote. Ceux-ci se lient pour former des molécules de protéines, les éléments constitutifs de notre corps. Avec 20 acides aminés différents, notre corps bâtit des milliers de protéines.

**▲ LA MOLÉCULE DE PROTÉINE**
Ce modèle d'une protéine de muscle est faite d'une chaîne d'acides aminés liés ensemble. Certaines protéines ne comptent que quelques acides aminés, d'autres en comptent des milliers. Ces chaînes forment des spirales et des replis complexes, qui donnent à chaque protéine une forme unique en trois dimensions.

**▲ LES PROTÉINES DES CELLULES**
Les cellules de la peau, du sang, des cheveux et des muscles sont toutes en protéines. Notre corps compte des milliers de protéines , dont les enzymes qui accélèrent les réactions biochimiques et les anticorps qui combattent les maladies.

## L'ADN

**La molécule la plus étonnante de notre corps s'appelle acide désoxyribonucléique ou ADN. Cette molécule contient les gènes qui permettent de fabriquer les différents types de protéines. La quasi-totalité des cellules de notre corps contient de l'ADN, divisé en 46 morceaux que l'on appelle les chromosomes. Chaque cellule n'utilise que la partie des instructions codées dont elle a besoin. Par exemple, seule la cellule musculaire fabrique des protéines pour le muscle.**

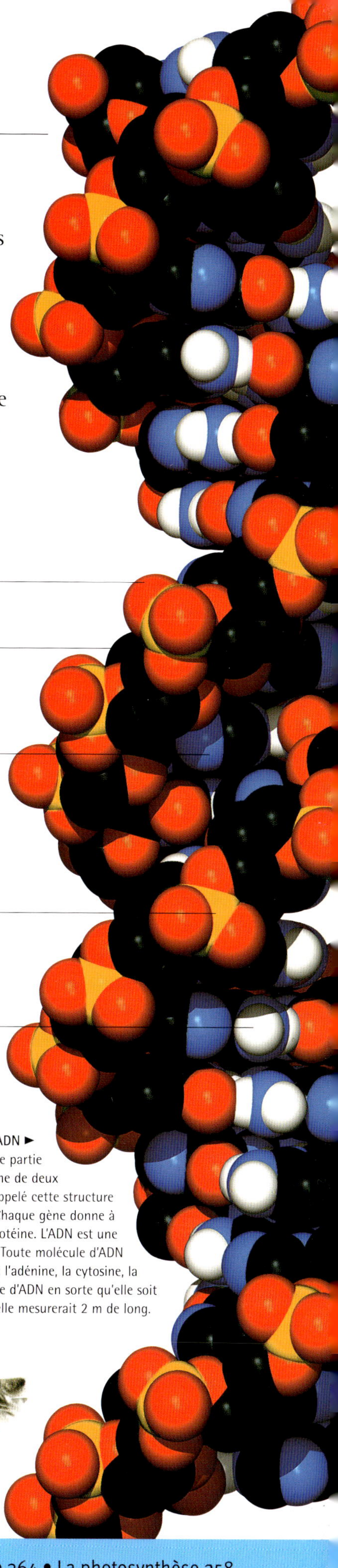

LES MUSCLES, ORGANES DU MOUVEMENT ►
Nous nous servons de nos muscles – constitués de protéines – aussi bien pour faire de la gymnastique que pour lire ou parler. Dans chaque cellule musculaire, une réaction chimique transforme en mouvement l'énergie obtenue en cassant les molécules d'ATP (triphosphate d'adénosine). Cette réaction produit aussi de la chaleur, c'est pourquoi on a chaud quand on fait de l'exercice. Quand le corps fabrique des molécules d'ATP pour stocker de l'énergie, une réaction anabolique a lieu. Quand l'énergie est libérée, ce sont des réactions cataboliques qui ont lieu.

LA STRUCTURE MOLÉCULAIRE DE L'ADN ►
Ce montage en trois dimensions représente une partie de la molécule d'ADN. Cette molécule a la forme de deux spirales enroulées l'une autour de l'autre. On a appelé cette structure une double hélice. L'ADN est divisé en gènes. Chaque gène donne à des acides aminés l'ordre de créer telle protéine. L'ADN est une molécule longue que l'on appelle un polymère. Toute molécule d'ADN est la combinaison de quatre monomères : l'adénine, la cytosine, la guanine et la thymine. Si l'on étirait la molécule d'ADN en sorte qu'elle soit rectiligne, elle mesurerait 2 m de long.

POUR EN SAVOIR PLUS ⏭ La génétique 364 • La photosynthèse 258

# LA CHIMIE ORGANIQUE

La chimie organique consiste en l'étude des composés du carbone. Les atomes de carbone ont des propriétés uniques ; ils peuvent se lier entre eux par centaines et par milliers. Il existe davantage de **COMPOSÉS DU CARBONE** que de composés sans carbone. La **TECHNOLOGIE DU CARBONE** utilise les composés du carbone pour fabriquer de nombreux matériaux modernes – par exemple pour l'intérieur des avions – et même des médicaments.

◄ PAS DE VIE SANS CARBONE
Tous les êtres vivants sont faits de composés du carbone, même les ailes de papillon et les pétales de fleur. Tous les processus qui concernent les êtres vivants – la digestion, le mouvement, la croissance, etc. – sont des réactions chimiques mettant en jeu des composés du carbone. C'est grâce à cette capacité du carbone à s'allier de façons si différentes que l'on doit la diversité de la vie sur Terre.

## LES COMPOSÉS DU CARBONE

Beaucoup de composés du carbone ne contiennent que quelques éléments, mais en quantités différentes et disposés de façon variée. Les éléments les plus importants qui s'unissent au carbone sont l'hydrogène, l'oxygène et l'azote. Les hydrocarbures sont de simples chaînes de carbone et d'hydrogène. Les produits aromatiques ont des anneaux de six atomes de carbone.

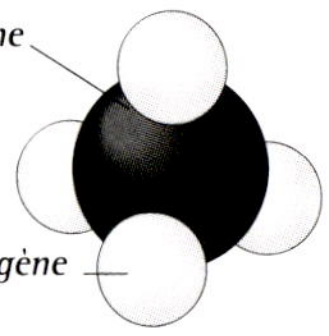


MOLÉCULE DE MÉTHANE

▲ LES HYDROCARBURES SIMPLES
Le méthane est un hydrocarbure ; ses molécules se composent d'un atome de carbone lié à quatre atomes d'hydrogène. Le préfixe *meth* se réfère aux composés dont la molécule n'a qu'un atome de carbone. Le méthane, c'est le gaz naturel. On s'en sert pour le chauffage domestique.

MOLÉCULE DE BUTANE

▲ LES CHAÎNES DE CARBONE
Le gaz butane est un hydrocarbure plus complexe que le méthane. La molécule de butane se compose de quatre atomes de carbone et dix d'hydrogène. Le préfixe *but* désigne toujours des composés dont les molécules contiennent quatre atomes de carbone disposés en chaîne.

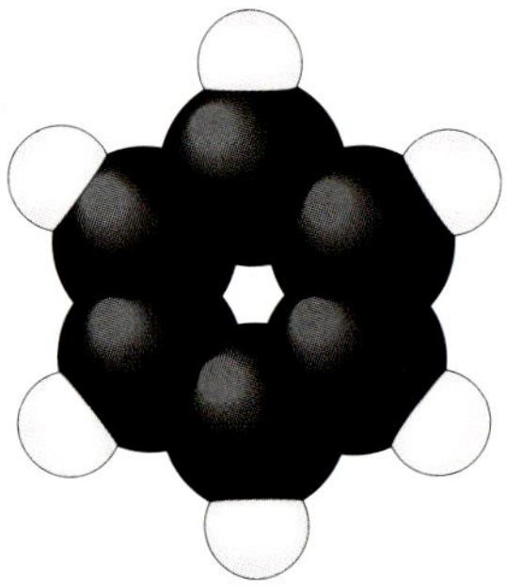

MOLÉCULE DE BENZÈNE

▲ LES ANNEAUX DE CARBONE
La molécule de benzène compte six atomes de carbone liés chacun à un atome d'hydrogène. Le benzène est un gaz servant à fabriquer des colorants et des pigments. Les composés contenant un ou plusieurs cycles benzéniques sont appelés composés aromatiques car ils ont des odeurs caractéristiques.

LES ALCOOLS ET LES ESTERS ▲
Un composé du carbone appelé ester donne à la pomme son odeur caractéristique. Les esters sont des liquides à l'odeur fruitée qui se forment quand l'alcool réagit avec un acide. Les alcools et les esters contiennent des atomes de carbone, d'hydrogène et d'oxygène.

POUR EN SAVOIR PLUS ⏭

# LA TECHNOLOGIE DU CARBONE

La branche organique de la chimie est en soi une industrie majeure, à cause du nombre de produits contenant des composés du carbone. La technologie du carbone est indispensable à la production de médicaments, de tissus et d'arômes artificiels, de matières plastiques, de cosmétiques et de colles. Les matières premières de cette industrie sont le charbon, le pétrole brut et le gaz naturel.

LES FIBRES DE CARBONE ▲
Pour créer de fins filaments en fibre de carbone, on chauffe à 3 000 °C du polyacrylonitrile (PAN). Ces fibres ininflammables sont cinq fois plus légères que l'acier et deux fois plus résistantes. La fibre de carbone sert à fabriquer des équipements sportifs, des carrosseries d'automobiles, des tuyaux pour le bâtiment et de nombreux éléments des ailes et du nez des navettes spatiales.

UN CADRE DE VÉLO EN FIBRE DE CARBONE ►
Les vélos de course sont souvent en fibre de carbone car c'est un matériau solide et léger, auquel on peut donner par moulage des formes complexes. Les fibres de carbone sont tissées en une sorte d'étoffe que l'on découpe et dispose en couches dans un moule. Celui-ci est ensuite rempli d'un produit chimique nommé résine, que l'on passe au four pour obtenir un matériau particulièrement dur et solide.

*Le tube de selle est un composite de fibre de carbone et de kevlar.*

*Plusieurs couches de fibres de carbone renforcent la roue.*

*Le cadre en fibre de carbone est huit fois plus léger qu'un cadre en acier.*

*Le pneu en caoutchouc contient du carbone.*

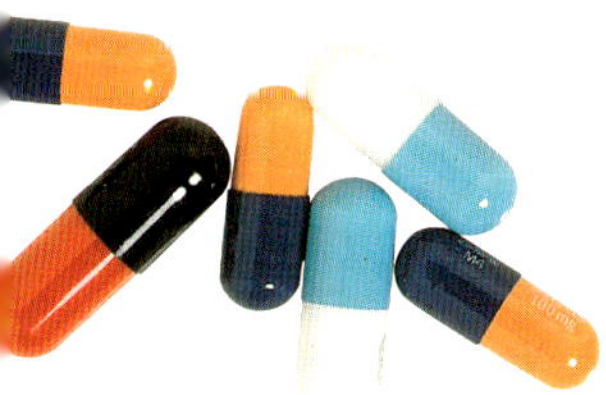

▲ LES MÉDICAMENTS
On produit de nouveaux médicaments pour traiter des maladies précises, en combinant des composés organiques. Certains ont une structure analogue à des composés présents dans le corps ou dans des plantes. Les médicaments subissent de nombreux essais pour s'assurer qu'ils n'ont pas d'effets secondaires dangereux.

▲ LES PEINTURES
Les pigments et les colorants utilisés pour teindre nos vêtements sont en général des composés organiques. Les pigments adhèrent à la surface du tissu. Les colorants créent des liaisons avec la molécule de tissu qu'ils colorent. Les molécules de pigments et de colorants ont souvent de nombreux anneaux d'atomes de carbone.

▲ LES MATIÈRES PLASTIQUES
Les matières plastiques sont des composés organiques fabriqués à partir de dérivés du charbon, du pétrole et du gaz naturel ou de plastiques recyclés. Les matières plastiques, dont on fait aussi bien des sacs que des fauteuils, sont légères et bon marché. Leurs molécules, appelées polymères, sont formées de chaînes d'atomes de carbone.

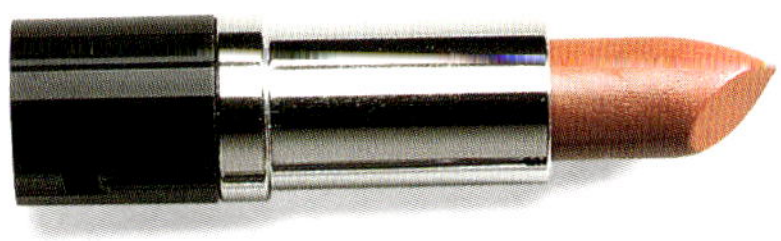

▲ LES PRODUITS COSMÉTIQUES
Pour faire des cosmétiques comme le vernis à ongles, le rouge à lèvres ou le fard à joues, on mélange des produits de la chimie organique comme des huiles et des pigments avec du talc, de l'argile et des composés de métaux. Comme les médicaments, ils subissent des essais rigoureux pour s'assurer qu'ils n'endommagent pas la peau.

La biochimie 46 • Le carbone 44 • L'industrie chimique 50 • Les matières plastiques 52 • La conquête de l'espace 190

# L'INDUSTRIE CHIMIQUE

Nous sommes entourés de produits issus de l'industrie chimique : la peinture des voitures, le plastique des ordinateurs, les **PRODUITS PHARMACEUTIQUES**. Les ingénieurs chimistes utilisent des matières premières peu coûteuses comme les **DÉRIVÉS DU PÉTROLE**, l'eau de mer ou les minéraux. Ils séparent les matériaux grâce à des procédés physiques – par exemple l'évaporation – ou des réactions chimiques. Ces opérations ont lieu dans des usines.

◄ L'EXTRACTION DU SEL
Les éléments composant le sel – le sodium et le chlore – sont utilisés dans la fabrication des peintures, des savons, des engrais, des détergents et du papier. On produit le sel en faisant évaporer l'eau d'une solution salée. Dans les marais salants, on remplit d'eau de mer de vastes bassins peu profonds, où l'eau s'évapore : reste le sel. Celui-ci est alors transporté dans des usines du monde entier.

L'ÉLECTROLYSE DE LA SAUMURE ►
Dans d'énormes usines, on procède à l'électrolyse de la saumure, mélange de sel et d'eau : c'est-à-dire que l'on y fait passer du courant électrique. Celui-ci libère le chlore du sel et l'hydrogène de l'eau. Restent le sodium et des ions hydroxydes (OH), c'est-à-dire de l'hydroxyde de sodium. Cet alcali est utilisé dans la fabrication du savon, du papier et de certains pigments. Quant au chlore, il sert à la fabrication des matières plastiques, et l'hydrogène à celle des engrais.

*Les canalisations d'eau* sont peintes en vert.

*Le chlore gazeux* circule dans les tuyaux jaunes.

*L'hydrogène* circule dans les tuyaux rouges.

HYDROXYDE DE SODIUM
NaOH

CHLORE
$Cl_2$

LA FABRICATION DES PIGMENTS ►
Beaucoup de pigments sont fabriqués avec de l'hydroxyde de sodium. Les pigments, insolubles dans l'eau, sont de fines poudres qui se mélangent facilement pour colorer de la peinture ou de l'encre d'imprimerie. Les pigments modernes sont fabriqués par les chimistes dans d'énormes usines. Ils s'obtiennent souvent en mélangeant des solutions de produits chimiques. Ensuite, ces mélanges sont filtrés, séchés puis broyés en poudre fine par une série de lourds rouleaux.

LA FABRICATION DE LA PEINTURE ►
Pour fabriquer des peintures, on mélange dans d'énormes cuves des pigments avec un liant. Un agent mouillant est mélangé avec le liant au moyen d'agitateurs qui tournent dans les cuves. C'est grâce à l'agent mouillant que la peinture coule facilement. Les peintures à l'eau ont de l'eau comme agent mouillant. Les peintures brillantes en revanche ont de l'essence de térébenthine. Quand on peint un objet, l'agent mouillant s'évapore et le liant durcit.

# LES DÉRIVÉS DU PÉTROLE

Le pétrole brut est un liquide sombre et collant qui se trouve dans le sol, sous terre ou sous la mer. Chaque goutte contient des centaines d'hydrocarbures (composés d'hydrogène et de carbone). Les chimistes les séparent en les chauffant dans des raffineries de pétrole. À partir des hydrocarbures, on fabrique des milliers de produits.

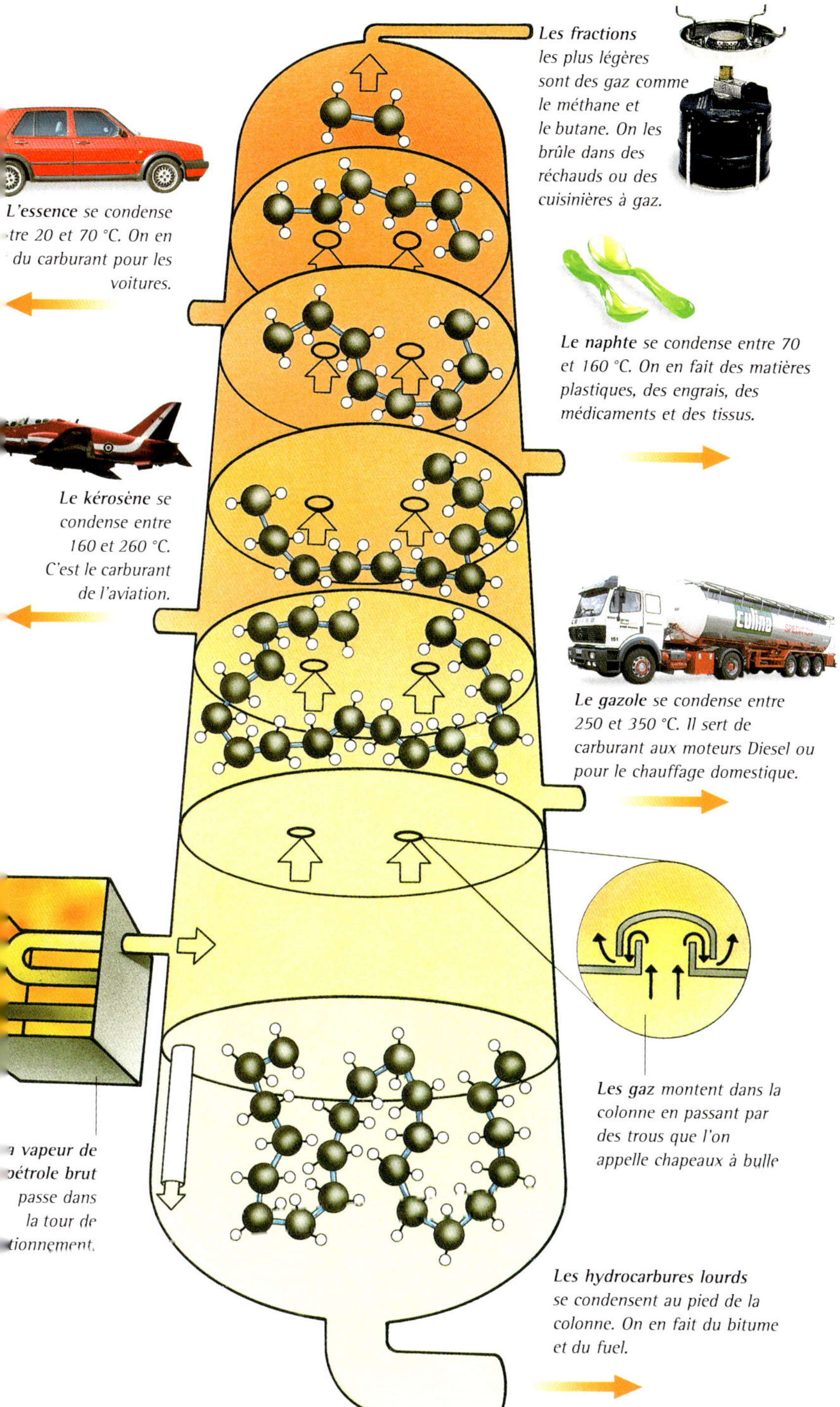


▲ LA TOUR DE FRACTIONNEMENT
On chauffe le pétrole brut jusqu'à ébullition et évaporation. La vapeur alimente le pied d'une tour appelée colonne de fractionnement. Au fur et à mesure qu'elle monte dans la colonne, la vapeur se refroidit. Quand une fraction de la vapeur atteint son point d'ébullition, elle se condense et sort de la colonne par un tuyau pour aller dans une autre partie de la raffinerie, où elle est traitée.

# LES PRODUITS PHARMACEUTIQUES

L'industrie pharmaceutique crée en permanence des milliers de médicaments pour prévenir et combattre les maladies. Les chimistes créent des produits synthétiques qui sont fabriqués en mettant en jeu des réactions chimiques par chauffage. Après des essais complets, ces produits deviennent des médicaments.

LA RECHERCHE ET LE DÉVELOPPEMENT ►
Un chercheur en chimie crée sur ordinateur des modèles de molécule. L'ordinateur possède une base de données importante concernant la façon dont les atomes se lient et réagissent les uns avec les autres. Cela permet au chimiste de faire la maquette d'une molécule qui possède la forme et la structure idéales pour agir sur des produits chimiques à l'intérieur du corps. Le chimiste possède une connaissance approfondie de chaque maladie, et des produits chimiques que celle-ci met en jeu.

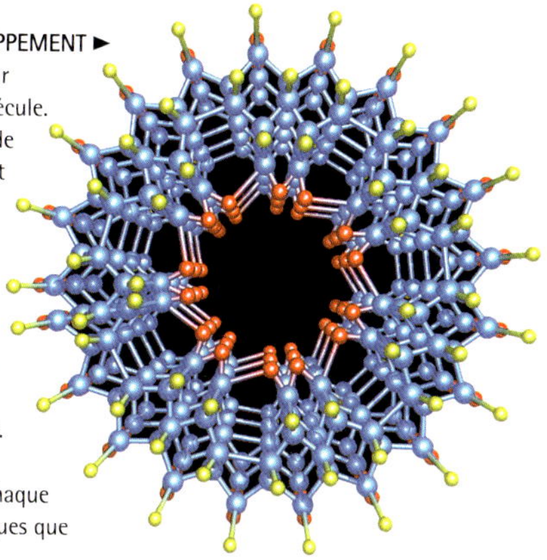

▲ LA FABRICATION DES MÉDICAMENTS
Les pharmaciens combinent et testent des milliers de molécules pour créer des composés chimiques en vue de nouveaux médicaments. Les essais de laboratoires durent trois ans. Les composés prometteurs qui s'avèrent non dangereux sont essayés sur des patients pendant cinq ans dans le cadre des essais cliniques.

▲ LA PRODUCTION DES MÉDICAMENTS
Au terme des essais cliniques, les composés les plus efficaces sont lancés en tant que médicaments. On les présente souvent sous forme de cachets ou de gélules faciles à stocker et à avaler. Certaines gélules sont protégées par une couche de gélatine, qui se dissout dans l'estomac et libère le principe actif.

UR EN SAVOIR PLUS ⏭ Les changements d'état 16 • Les ressources naturelles 248 • Les molécules 28 • La séparation des mélanges 20

LE PLASTIQUE TRANSPARENT ▲
Le projet Eden situé dans les Cornouailles, en Grande-Bretagne, se compose de serres gigantesques. Chaque élément hexagonal est un sac en plastique plein d'air. Ce plastique, nommé éthylène-tétrafluoroéthylène (EFTE), est cent fois plus léger que le verre et parfaitement lisse : la pluie suffit à le laver.

# LES MATIÈRES PLASTIQUES

On fait toutes sortes d'objets avec les matières plastiques : des meubles, des ordinateurs, des jouets. Les plastiques sont fabriqués à partir du charbon, du pétrole et du gaz naturel. Ils sont faits d'atomes de carbone, d'hydrogène et d'autres éléments, liés en longues chaînes que l'on appelle les **POLYMÈRES**. Solides et légers, ils résistent mieux que certains matériaux à la chaleur et aux produits chimiques. On peut les mouler sous presque toutes les formes et dans toutes les tailles.

▲ LE PLASTIQUE ISOLANT
Les matières plastiques modernes ont des propriétés précises qui les destinent à des usages particuliers. Le mylar par exemple entre dans l'isolation des navettes spatiales. C'est un film polyester brillant, léger et très solide, qui se présente en feuilles très minces. Il protège la navette spatiale et son équipage en réfléchissant la chaleur intense dégagée lors du retour dans l'atmosphère.

◄ LA PRESSE À INJECTION
Les récipients en plastique sont souvent obtenus par injection. Les granulés de plastique sont chauffés jusqu'à leur point de fusion. Le plastique liquide est alors injecté dans un moule, fermé solidement. Une fois que le contenu du moule a durci en se refroidissant, on éjecte l'objet fini. Ce procédé permet de produire en série des bols, des barquettes de beurre et des pots de yaourt.

LE PLASTIQUE DE COULEUR ►
La révolution des matières plastiques a apporté des couleurs et des formes jusque-là irréalisables. Comme le plastique est d'abord liquide, on le moule ou on le forme selon nos désirs. En le mélangeant à des colorants, le plastique liquide translucide prend de la couleur. En le mélangeant à des pigments, on obtient des plastiques de couleur opaques.

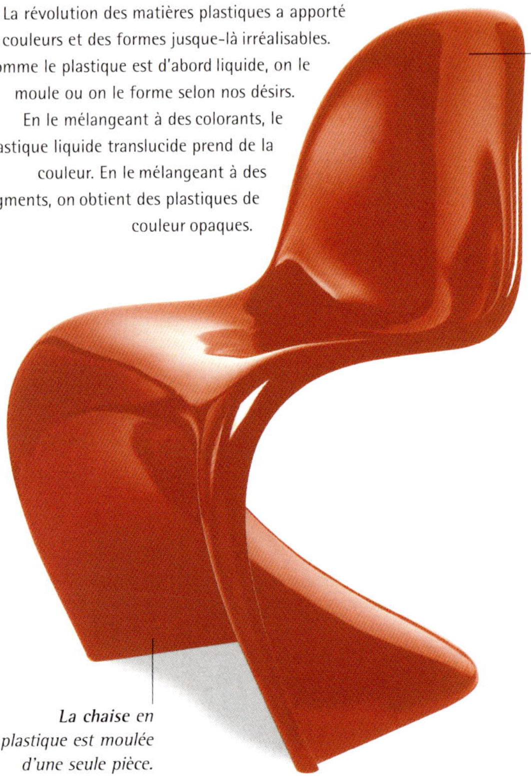

*Un pigment rouge donne sa couleur à la chaise.*

*La chaise en plastique est moulée d'une seule pièce.*

## QUELQUES MATIÈRES PLASTIQUES

**LE PVC**
Le chlorure de polyvinyle – PVC en abrégé – est le plastique dont on fait les cartes de crédit et les vêtements imperméables. Il est solide, souple, bon marché et facile à imprimer.

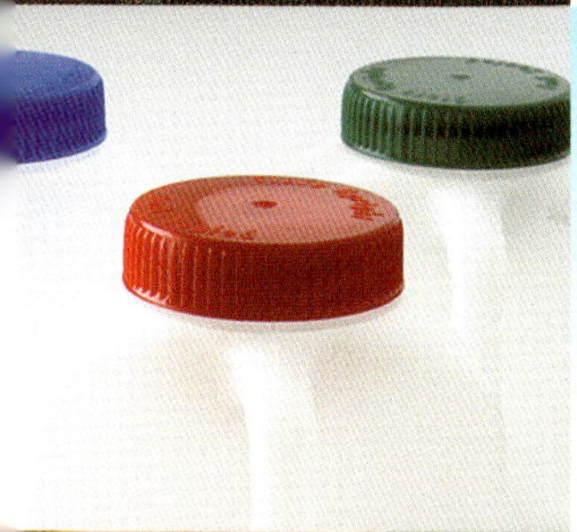

**LE POLYÉTHYLÈNE**
Il y a deux types de polyéthylène : avec le polyéthylène basse densité, on fait les incontournables sacs en plastique et avec le polyéthylène haute densité, plus solide, on fait des récipients.

**LE POLYSTYRÈNE**
Avec le polystyrène rigide, on fabrique des jouets et des récipients. Avec le polystyrène expansé, excellent isolant thermique, on fait des barquettes alimentaires et des emballages.

**LE TÉREPHTALATE DE POLYÉTHYLÈNE (PET)**
C'est un polyester très solide dont on fait notamment des bouteilles de boissons gazeuses. Une fois recyclé, on en fait de la moquette ou des bandes de cassettes vidéo.

**LE POLYPROPYLÈNE**
Le polypropylène a un point de fusion relativement élevé, 160 °C. On en fait des pellicules photographiques et des objets en plastique pouvant passer au lave-vaisselle.

**LE POLYAMIDE**
Avec le polyamide, on emballe des produits gras, par exemple la viande et le fromage. Le nylon est un polyamide dont on fait des vêtements, des cordages, des moquettes et des poils de brosse.

# LES POLYMÈRES

Toutes les matières plastiques sont des polymères synthétiques, c'est-à-dire artificiels. Les polymères sont de longues chaînes sinueuses de molécules plus simples, les monomères. Ces derniers contiennent du carbone et de l'hydrogène, et parfois d'autres éléments comme l'oxygène et l'azote. Les polymères synthétiques se divisent en thermoplastiques et thermodurcissables.

◄ **LES THERMOPLASTIQUES**
Les balles de couleur ci-contre sont en PVC, un polymère thermoplastique. Dans ce type de polymère, les molécules sont disposées en longues chaînes, lesquelles ne sont pas liées entre elles. Quand on chauffe ce matériau, les chaînes glissent facilement les unes sur les autres. Les polymères thermoplastiques peuvent indéfiniment être refondus et redurcis : ils se recyclent.

*Les chaînes de polymère* ***thermoplastique*** *ne sont pas liées les unes aux autres.*

*Les chaînes de polymère* ***thermodurcissable*** *sont liées les unes aux autres, elles forment un réseau solide.*

*Une roue en* ***polyuréthane*** *est solide et légère.*

◄ **LES THERMODURCISSABLES**
Le polyuréthane, qui sert à fabriquer les roues de skateboard, est une matière plastique thermodurcissable : impossible de le faire fondre pour le recycler. Au lieu de fondre quand on les chauffe comme les thermoplastiques, les thermodurcissables font des cloques et brûlent. En effet, les chaînes de ce polymère sont liées pour former une structure solide ; elles ne glissent pas librement les unes sur les autres.

POUR EN SAVOIR PLUS ⏭ Les matériaux composites 57 • L'élasticité 69 • Les molécules 28 • Les fibres synthétiques 56

# LE VERRE

Le verre a été inventé il y a plus de 5 000 ans ; c'est un cristal amorphe. Sa structure microscopique est semblable à celle d'un liquide mais figé. Cristal veut dire qu'il est solide, amorphe que sa structure est désordonnée. Il est aussi indéfiniment recyclable : il suffit de le faire fondre. Le verre fondu peut prendre de multiples formes : carreaux plats pour les vitres, fils creux des fibres optiques, etc. La TECHNOLOGIE DU VERRE est tellement développée que l'on peut rendre du verre réfractaire au feu et incassable.

◄ LE VERRE EN ARCHITECTURE
La tour Swiss Re à Londres est faite de plus de 7 000 vitres en losanges. Chaque vitre est plate, mais elles sont nombreuses et toutes encastrées dans une charpente en acier, en sorte de former un bâtiment tout en courbes. Comme les fenêtres vont du sol au plafond, la lumière entre à flots dans ces pièces où l'on travaille avec une vue sur tout Londres, sur 360°.

▲ LES COULEURS DU VERRE
On obtient du verre de couleur en mélangeant des composés métalliques dans le sable en fusion. Chaque composé métallique donne une couleur différente. Par exemple, le sulfure de sélénium donne du verre rouge. Les composés du fer et du chrome donnent du verre d'un vert intense.

## LA FABRICATION DU VERRE

LE VERRE FONDU ►
On chauffe dans une immense chaudière en forme de piscine du sable, du verre brisé, de la soude caustique et de la chaux. Vers 1 500 °C, tout fond : c'est le verre fondu dont on prélève des boules pâteuses, que l'on appelle les paraisons.

LE FORMAGE ►
Les paraisons tombent dans des moules en forme de bouteille. Avec de l'air comprimé, on écrase le verre contre les parois du moule. Les bouteilles sont alors démoulées et réchauffées en douceur pour en corriger les éventuels défauts.

LE REFROIDISSEMENT ►
Les bouteilles sont refroidies de façon progressive sur un tapis roulant. Il faut que le processus se déroule sous des conditions précises afin d'éviter que de la poussière ne se dépose à l'intérieur ou que les bouteilles ne cassent.

## LA TECHNOLOGIE DU VERRE

Les spécialistes des matériaux ont développé les propriétés du verre pour une foule d'applications. On fait maintenant des portes de four transparentes en ajoutant des produits chimiques au verre fondu : celui-ci laisse passer la lumière mais pas la chaleur. On rend les pare-brise incassables en refroidissant rapidement le verre fondu avec des jets d'air. On fabrique des éprouvettes pour les laboratoires afin qu'ils supportent la chaleur des becs Bunsen : ce type de verre résiste à la chaleur car on ajoute à la matière première liquide de l'oxyde de bore pour faire du silicate de bore.

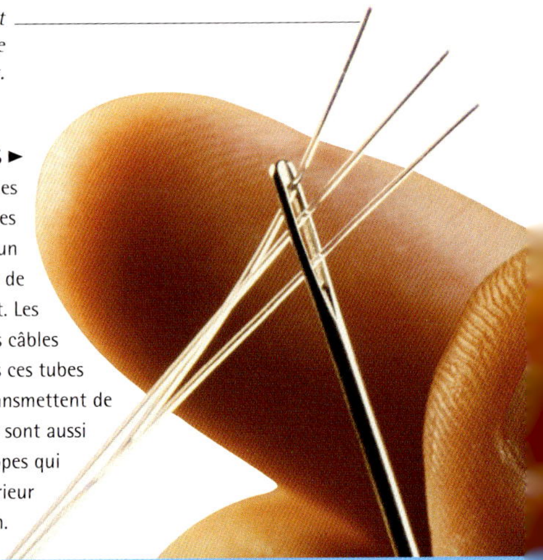

*Les fibres optiques sont souples et fines comme des cheveux.*

LES FIBRES OPTIQUES ►
On étire le verre fondu en tubes extrêmement fins pour obtenir des fibres optiques. Quand on dirige un faisceau de lumière à l'intérieur de ces tubes, celle-ci s'y réfléchit. Les fibres optiques remplacent les câbles téléphoniques. On envoie dans ces tubes des signaux lumineux qui transmettent de l'information. Les fibres optiques sont aussi utilisées dans les endoscopes qui permettent d'explorer l'intérieur du corps humain.

POUR EN SAVOIR PLUS ⏭ Les nouveaux matériaux 58 • Les lentilles 115 • Les télécommunications 146

*BERNARD PALISSY*
*Français, 1510-1589*
*Potier célèbre pour ses terres cuites émaillées, ornées d'animaux moulés au naturel, de plantes et de fruits et pour les progrès dans la variété des glaçures. Catherine de Médicis lui commanda l'édification d'une grotte rustique dans le jardin des Tuileries.*

# LES CÉRAMIQUES

Le mot céramique est d'origine grecque, il signifie « terre brûlée ». On fait de la céramique en cuisant au four certaines argiles. La porcelaine, la faïence, les briques et les tuiles sont en céramique. Depuis quelques décennies, on a mis au point des CÉRAMIQUES NOUVELLES dont les propriétés sont supérieures à celles des céramiques traditionnelles.

## LA FABRICATION DE LA CÉRAMIQUE

◄ LE TRAVAIL AU TOUR
Le céramiste et le potier confectionnent certains récipients en faisant tourner sur un plateau à moteur un bloc d'argile humide. Il faut que le bloc soit bien centré et que l'opérateur connaisse les gestes du métier.

◄ LA CUISSON
Une fois le pot séché, il est très friable ; on le cuit alors au four une première fois et on obtient la céramique brute, une terre cuite bien dure. On la refroidit pour la peindre puis a lieu la deuxième cuisson, qui rend le récipient étanche.

◄ LA DÉCORATION
Une fois verni, on colle éventuellement sur le pot des motifs en relief avant de procéder à une dernière cuisson qui les collera d'une façon définitive. On peut également peindre le pot avec des émaux avant la dernière cuisson.

LE BÉTON EN ARCHITECTURE ►
L'impressionnant musée Guggenheim de New York, aux États-Unis, a été construit en 1959 avec du ciment. Celui-ci est toujours le principal matériau de construction. Le ciment est une poudre de céramique obtenue en broyant et en chauffant de l'argile, de la craie et du sable. Une fois sec, on mélange le ciment avec de l'eau, du sable et des graviers pour en faire du béton. En séchant, celui-ci durcit au point de former un matériau d'une très grande solidité.

▲ LA PORCELAINE
La porcelaine est la plus fine des céramiques. On la fabrique avec une argile blanche, le kaolin, cuite à très haute température. La plupart des céramiques sont poreuses tant qu'on ne les a pas vernies, alors que la porcelaine est étanche d'emblée. Sa grande beauté vient de sa surface vitrifiée et de son caractère translucide.

# LES CÉRAMIQUES NOUVELLES

On sait aujourd'hui fabriquer des dents et des os avec des bio-céramiques. Chaque type de céramique s'obtient avec un dosage particulier d'argile pure. On le chauffe à une température précise, parfois dans un environnement gazeux spécial, par exemple de l'azote pour modifier la structure chimique et les propriétés de la céramique.

L'HABILLAGE EN CÉRAMIQUE DE LA NAVETTE SPATIALE ►
Pour résister à une température de 1 280 °C, une céramique nouvelle a été créée pour la navette spatiale. 30 000 carreaux de cette céramique ultralégère protègent la navette de la chaleur quand celle-ci rentre dans l'atmosphère en revenant de l'espace.

POUR EN SAVOIR PLUS ⏭ Le recyclage 60 • Les voyages spatiaux 190 • Les fibres synthétiques 56 • Les télécommunications 146

# LES FIBRES SYNTHÉTIQUES

Les tissus synthétiques – Nylon, polyester – sont fabriqués à partir de produits chimiques. Les textiles naturels – coton, soie, laine – sont faits à partir de fibres végétales ou animales. Les synthétiques ont des qualités différentes, parfois supérieures à celles des matériaux naturels. Le plastique des imperméables est étanche ; le Lycra est élastique et garde sa forme initiale.

▲ LE FASTSKIN
Un vêtement de plongée en Fastskin permet au nageur d'aller plus vite qu'avec un maillot de bain ordinaire. Le Fastskin est un tissu élastique en Lycra et polyester. La combinaison du nageur se compose de plusieurs pièces de Fastskin qui épousent les formes du nageur et le rendent aussi hydrodynamique que possible.

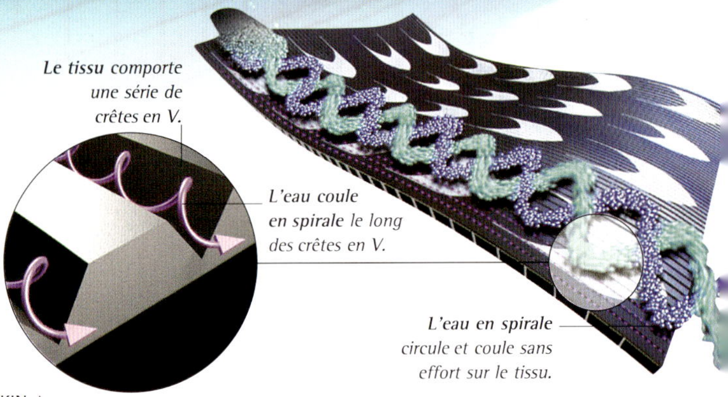


LE SECRET DU FASTSKIN ▲
Les inventeurs du Fastskin se sont inspirés de la nature : ils ont observé que la peau de requin a des crêtes en V, les denticules, sur lesquelles l'eau glisse de façon très efficace. Le Fastskin possède des crêtes analogues qui réduisent la résistance de l'eau et facilite la pénétration du nageur dans l'eau.

▼ LES GANTS DE KEVLAR
Les copeaux de métal sont tranchants comme des rasoirs, mais on peut les prendre sans se couper quand on porte des gants de Kevlar. Les fibres de Kevlar sont composées de longues chaînes moléculaires solidement liées entre elles. Cette structure très solide rend le tissu de Kevlar léger, souple et cinq fois plus solide que l'acier. Le Kevlar est parfait pour la confection de gilets pare-balles.

◄ LA FABRICATION DES TISSUS SYNTHÉTIQUES
La matière première de la plupart des tissus synthétiques est un liquide obtenu à partir du charbon, du pétrole ou du gaz naturel. On pousse ce liquide à travers des buses très fines, que l'on appelle les filières. Quand le liquide sort de ces trous, on le refroidit et il se solidifie pour former des fils très fins. Ceux-ci sont ensuite tissés pour faire de l'étoffe.

LES BRINS DU NYLON ►
Le tout premier tissu synthétique, le Nylon, fut mis au point en 1938. Il se compose de longues chaînes de molécules polyamides, obtenues en chauffant à 260 °C une solution de polymère. Ce liquide est injecté sous pression à travers une filière et le fil qui en sort est refroidi dans un bain. Les brins sont ensuite tissés pour fabriquer des vêtements ou des parachutes.

POUR EN SAVOIR PLUS ⏭ L'industrie chimique 50 • L'élasticité 69 • Les matières plastiques 52

# LES MATÉRIAUX COMPOSITES

Les composites sont faits de plusieurs matériaux. Leurs qualités, solidité et légèreté par exemple, s'additionnent. Les composites sont répandus : c'est avec eux que l'on fabrique des bateaux, des bicyclettes, des raquettes de tennis et même des plombages dentaires. La plupart des composites sont artificiels, mais il en existe de naturels.

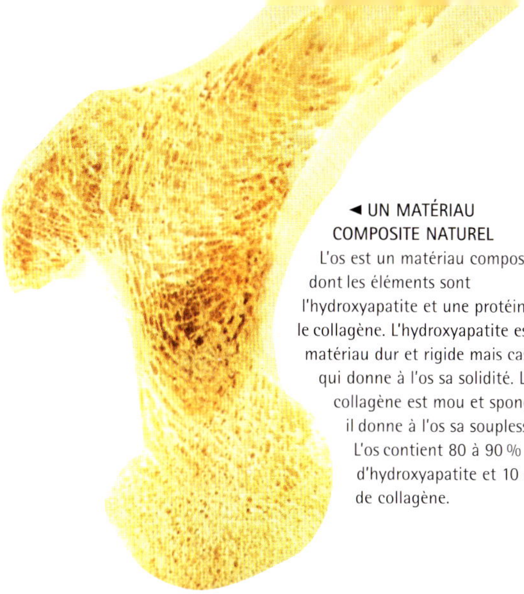

◄ UN MATÉRIAU COMPOSITE NATUREL
L'os est un matériau composite dont les éléments sont l'hydroxyapatite et une protéine, le collagène. L'hydroxyapatite est un matériau dur et rigide mais cassant, qui donne à l'os sa solidité. Le collagène est mou et spongieux, il donne à l'os sa souplesse. L'os contient 80 à 90 % d'hydroxyapatite et 10 à 20 % de collagène.

LE POLYESTER ARMÉ ►
La photo ci-jointe montre des fibres de verre fortement grossies : on remarque la finesse de chaque fil. Ce tissu de verre, que l'on appelle du roving, est disposé dans un moule, où l'on injecte une résine polyester. On obtient un matériau, le polyester armé, qui a la solidité du verre et la souplesse de la résine.

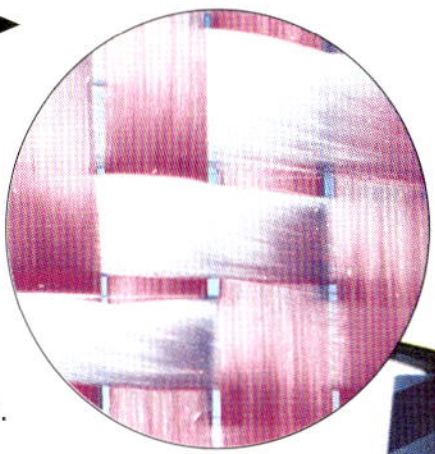

UN PLANEUR ULTRALÉGER ▼
La fibre de verre est un matériau idéal pour construire un planeur, car elle est légère et solide. Elle se prête merveilleusement au moulage : on en fait des coques légères de voilier. Les coques sont moulées d'un bloc en polyester imprégné de fibres de verre : il n'y a donc pas de risques d'infiltration.

*L'empennage en **polyester** armé de fibres de verre est moulé en un seul morceau.*

*Le **pare-brise** est en composite de verre et de butyral de polyvinyle (PVB).*

*La **ceinture de sécurité** est en composite de téréphthalate de polyéthylène.*

*Le **tableau de bord** est en polypropylène, un plastique composite.*

*Le **châssis** est en composite d'acier.*

*Les **panneaux** de carrosserie sont en polycarbonate (PC) et en polytéréphthalate de butylène (PBT).*

▲ LA SMART
La Smart est une petite voiture moderne à deux places ; très légère, elle consomme moins de carburant que les voitures lourdes. Elle a été conçue pour occuper peu de place en ville. La Smart est à 40 % faite de composites. Elle est montée à partir d'éléments dont chacun est facile à remplacer.

*Les **pneus** sont en composite de caoutchouc et de silice.*

POUR EN SAVOIR PLUS ⏭ Les navires 95 • Le verre 54 • Les matières plastiques 52 • Les solides 12

# LES NOUVEAUX MATÉRIAUX

Les chercheurs mettent au point des matériaux nouveaux pour des applications existantes. Ils utilisent pour cela leur connaissance sur la façon dont les atomes s'unissent pour former des molécules. En modifiant les conditions de température et de pression, ils parviennent à créer des MATÉRIAUX INTELLIGENTS, capables de s'adapter.

▲ LE TISSU DES EXTRÊMES
Les alpinistes ont besoin de vêtements très chauds et légers, qui leur laissent leur liberté de mouvement. L'aérogel est un matériau nouveau isolant et très léger, utilisé comme doublure des vêtements d'escalade. Ce matériau est un oxyde de silicium, comme le verre. Mais l'aérogel se compose à 99 % d'air, il est donc mille fois moins dense que le verre.

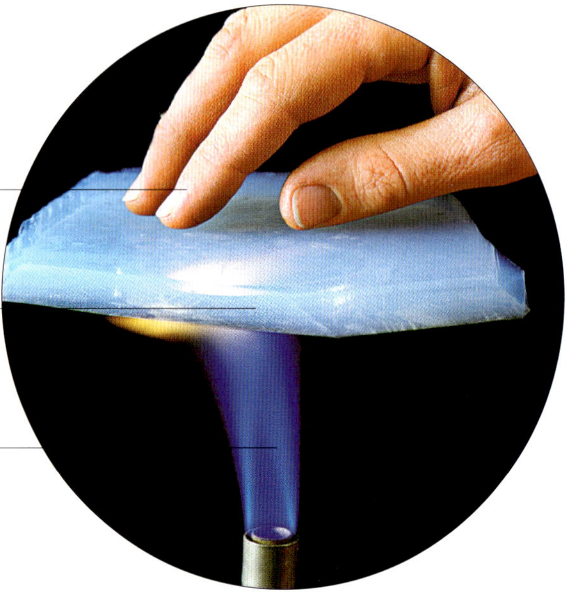


▲ L'AÉROGEL, UNE MOUSSE
C'est l'un des matériaux les plus légers du monde : à l'état pur, il flotte sur l'air. Il est étonnamment isolant : il protège de la flamme d'un chalumeau. On le fabrique en mélangeant du silicium avec d'autres produits chimiques jusqu'à obtenir un gel humide. Celui-ci est alors séché à haute température et sous forte pression.

LE PIÈGE À POUSSIÈRES DE COMÈTE
La NASA a embarqué des casiers d'aérogel à bord du vaisseau spatial *Stardust* afin de récupérer les poussières laissées par la comète Wild 2. Les pièges à poussières sont des casiers ouverts tapissés d'aérogel.

LE VAISSEAU SPATIAL STARDUST
Les plaques d'aérogel sont installées à bord de *Stardust*. La nature spongieuse de l'aérogel permettra aux grains de poussière, six fois plus rapides qu'une balle de fusil, de ralentir et de se laisser piéger dans l'aérogel sans être écrasés ni modifiés.

LA COMÈTE WILD 2
*Stardust* a rattrapé la comète Wild 2 en janvier 2004. Les pièges à poussières ont recueilli des morceaux de comète de la taille d'un grain de sable. Les scientifiques espéraient en savoir plus sur les comètes et les origines du système solaire.

LES TISSUS CONDUCTEURS ►
Le prototype ci-contre est un ordinateur en tissu conducteur de l'électricité. Cette étoffe s'appelle l'ElekTex : les fibres dont elle est tissée sont couvertes d'une fine couche d'argent ou de cuivre, métaux bons conducteurs de l'électricité. Les puces électroniques intégrées dans le tissu traduisent les impulsions électriques transmises par les fibres en données numériques, qui s'affichent sur l'écran de l'ordinateur.

*Cet ordinateur* se laisse plier et rouler sans perdre ses propriétés.

*Un téléphone portable* qui se plie dans tous les sens.

LE TÉLÉPHONE PORTABLE EN TISSU ▲
Les prototypes de téléphone portable en ElekTex sont légers et étanches. On peut les plier et même les chiffonner sans les casser. Ils sont beaucoup plus résistants que les portables ordinaires.

# LES MATÉRIAUX INTELLIGENTS

Un matériau intelligent réagit aux modifications de son environnement. Chaque type de matériau intelligent est capable d'adaptations qui concernent sa rigidité, sa couleur, sa forme ou sa conductivité électrique. Par exemple, un matériau piézoélectrique émet un léger courant électrique quand on le plie : on s'en sert dans les airbags des automobiles. Si une voiture ralentit brutalement, l'élément piézoélectrique se plie et émet une décharge électrique qui gonfle l'airbag.

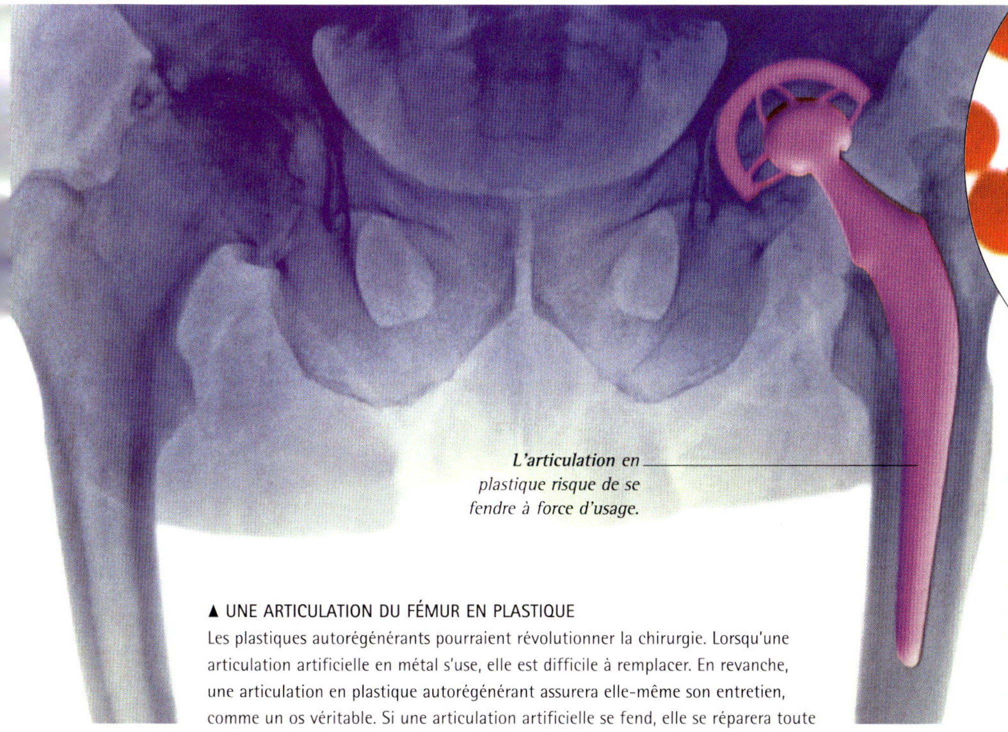

*L'articulation en* plastique risque de se fendre à force d'usage.

▲ UNE ARTICULATION DU FÉMUR EN PLASTIQUE
Les plastiques autorégénérants pourraient révolutionner la chirurgie. Lorsqu'une articulation artificielle en métal s'use, elle est difficile à remplacer. En revanche, une articulation en plastique autorégénérant assurera elle-même son entretien, comme un os véritable. Si une articulation artificielle se fend, elle se réparera toute seule en quelques jours.

*Des poches minuscules* contiennent le monomère liquide.

*Le catalyseur noir* aide les molécules du monomère présentes dans le liquide à se réunir pour former la matière plastique.

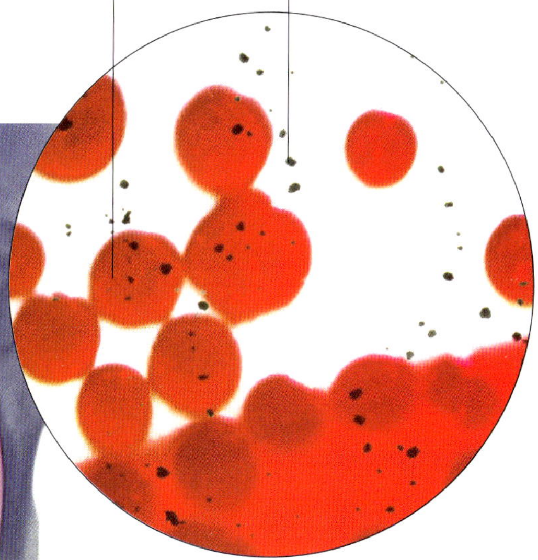

▲ LE PLASTIQUE AUTORÉGÉNÉRANT
Le plastique est fait de milliers de petites molécules – les monomères – unies entre elles pour former des polymères. Certains plastiques nouveaux se régénèrent tout seuls grâce à de minuscules poches remplies de monomère liquide. Si le plastique se fend, les poches éclatent et libèrent du monomère liquide dans la fente. Le catalyseur noir déjà présent dans le plastique favorise la polymérisation, c'est-à-dire l'union des molécules de monomère, pour former du polymère, un plastique nouveau qui répare la fissure.

POUR EN SAVOIR PLUS ⏭ L'électricité 126 • Les molécules 28 • Les matières plastiques 52 • Les fibres synthétiques 56

# LE RECYCLAGE

Beaucoup d'objets que l'on jette peuvent se recycler ; c'est le cas du papier, du verre, des métaux, des matières plastiques et des déchets BIODÉGRADABLES comme les épluchures de légumes. Le recyclage économise ainsi les matières premières naturelles (arbres, pétrole brut, etc.) mais également l'énergie. On consomme souvent moins d'énergie en produisant à partir de matériaux recyclés qu'en produisant avec des matières nouvelles. Par exemple, il faut 93 % d'énergie en plus pour produire de l'aluminium à partir de minerai plutôt que de déchets d'aluminium.

*Seuls les métaux **magnétiques** sont ramassés par l'électroaimant.*

▲ L'ÉLECTROAIMANT
Les déchets d'acier et de fer sont magnétiques : on trie les ferrailles avec un électroaimant. Celui-ci est suspendu à une grue au moyen de trois fortes chaînes. Les métaux magnétiques adhèrent à l'électroaimant et les autres restent sur le tas. Les automobiles contiennent beaucoup d'acier et de fer : les casses de voitures sont une des sources principales de métal pour le recyclage.

▲ LE LAMINAGE DE L'ACIER
On écrase les ferrailles ou on les déchiquette, puis on les fond. L'acier fondu est versé dans des moules pour faire des lingots appelés billettes. Une fois solidifiées, ces billettes sont réchauffées et laminées pour obtenir des tôles fines, les feuillards.

▲ LES ROULEAUX DE FEUILLARD D'ACIER
La tôle d'acier sert à fabriquer de nombreux produits, y compris les barquettes alimentaires et les pièces de voiture. L'acier est recyclable à 100 %. Cela signifie que l'acier recyclé a exactement les mêmes propriétés que l'original.

LES SITES D'ENFOUISSEMENT SANITAIRE ►
La plupart des ordures sont jetées dans de grandes fosses et enfouies. Ces fosses sont doublées d'argile pour éviter les fuites de poisons dans le sol et la pollution des nappes d'eau souterraines. Des tuyaux permettent de récupérer le méthane qui serait un polluant s'il s'échappait. Il faut recycler davantage de déchets, sinon on manquera bientôt de place pour enfouir.

*Le **bulldozer** écrase les ordures pour qu'elles prennent moins de place.*

**◄ LES AVIONS À LA CASSE**
Le cimetière d'avions ci-contre se trouve dans le désert de l'Arizona, aux États-Unis : des milliers d'avions désormais incapables de voler y sont rangés. C'est donc un énorme réservoir de pièces détachées, que l'on peut monter sur d'autres appareils. Certaines pièces en aluminium par exemple peuvent être fondues et recyclées.

*Des rangées de* ***bombardiers B52*** *attendent d'être recyclés.*

***Le métal*** *de cette canette d'aluminium provient peut-être d'un avion.*

***Une étagère*** *en matière plastique recyclée*

***Le poste de tri*** *dans une usine de recyclage de papier*

***Le papier journal recyclé*** *est grisâtre, à cause de l'encre du papier que l'on a recyclé.*

**LE RECYCLAGE DU PAPIER ►**
On commence par trier le papier selon sa qualité. Puis on le malaxe avec de l'eau et des produits chimiques pour en faire de la pâte. Celle-ci est débarrassée des agrafes, de la colle et de l'encre, et étalée à plat. Une fois sec, le papier est utilisé pour faire de nouveaux produits, par exemple des journaux.

**LE RECYCLAGE DES MATIÈRES PLASTIQUES ►**
Des plastiques comme le térephthalate de polyéthylène (PET) – dont on fait des bouteilles de boissons gazeuses – peuvent se recycler. Ce sont en effet des thermoplastiques. Quand on les chauffe, ils fondent et on peut les mouler de nouveau. Seuls les thermoplastiques sont recyclables. Les plastiques thermodurcissables en revanche brûlent quand on les chauffe, au lieu de fondre.

***Bouteille de boisson*** *gazeuse en plastique PET*

## EST-CE BIODÉGRADABLE ?

La plupart des matériaux issus des êtres vivants sont biodégradables : ils se décomposent en substances plus simples, souvent grâce à des micro-organismes. Les feuilles par exemple donnent du compost et du gaz carbonique, qui se dispersent dans le milieu naturel. La plupart des plastiques ne sont pas biodégradables car les micro-organismes sont incapables de les digérer.

**LE COMPOST DU JARDIN ►**
Une bonne façon de recycler les déchets biodégradables que l'on serait tenté de jeter, c'est d'en faire du compost. Il suffit de disposer dans un grand récipient les épluchures de légumes, la sciure de bois et les déchets de tonte de gazon. Au bout de quelques mois, les micro-organismes vont décomposer ces déchets en compost. C'est un matériau de couleur sombre et à l'odeur de sous-bois que l'on peut épandre au pied des plantes en guise d'engrais.

***Moisissures (champignons)*** *en train de décomposer du melon sur un tas de compost.*

POUR EN SAVOIR PLUS ⏭ Les mycètes 282 • La nappe phréatique 233 • Les métaux 34 • Les matières plastiques 52 • La pollution 250

# FORCES et ÉNERGIE

# LES FORCES

Du mouvement des planètes à l'énergie produite dans les atomes, tout ce qui se passe dans l'Univers est provoqué par des forces. Une force est une poussée ou une traction qui provoque le déplacement ou la ROTATION des objets. Plus la force est importante, plus elle produit de mouvement. Quand plusieurs forces s'appliquent à un même objet, leurs effets se combinent et on parle de FORCES RÉSULTANTES. Parfois elles s'ajoutent, parfois elles s'équilibrent.

▲ LE TIR À LA CORDE
Deux équipes tirent chacune de leur côté, de part et d'autre d'une ligne blanche. Quand les deux équipes sont de même force, la corde ne bouge pas : les forces sont égales et de sens opposé, elles s'équilibrent. Quand les deux équipes sont de force différente, la corde se met à bouger : l'équipe gagnante est celle qui tire le plus fort.

## LA ROTATION

Quand un objet a un point fixe autour duquel il peut tourner, on appelle ce point un axe. Si une force (ne passant pas par l'axe) est appliquée à l'objet, celui-ci tourne autour de l'axe. La force de rotation s'appelle le couple, et l'effet qu'elle produit s'appelle le moment. Plus la force agit loin de l'axe, plus le moment est important.

### LE NEWTON

Les forces se mesurent en newton(N), du nom du savant anglais Isaac Newton. On mesure une force avec un peson à ressort, qui s'appelle dynamomètre ou newtonmètre. La charge que l'on suspend au crochet allonge le ressort. Sur Terre, la gravité exerce sur une masse de 1 kg une force de 9,8 newtons.

◄ LA BROUETTE
Une brouette pivote autour de la roue située à l'avant, ce qui lui permet soit de rouler, soit de pivoter sur place. Quand le jardinier cesse de pousser la brouette vers l'avant et lève les poignées, toute la brouette se soulève en tournant autour de la roue. Plus les poignées sont longues et plus le jardinier soulève facilement une lourde charge.

◄ L'IMPORTANCE DU MOMENT
Il est plus facile de dévisser un écrou avec une clef qu'avec les doigts, car le manche de la clef augmente la force de rotation, c'est-à-dire son moment. La valeur du moment est égale à celle de la force multipliée par la distance entre l'axe et le point d'application de la force. Avec une clef deux fois plus longue, on double le moment et l'écrou est deux fois plus facile à dévisser.

▲ LA FORCE DÉPLACE L'OBJET
Quand une force agit sur un objet, elle produit du mouvement. Le ballon de foot reste immobile jusqu'au moment où le joueur le frappe. À cet instant, il part dans la direction où le coup l'envoie. Plus violent est le coup, plus il y a de force appliquée. Plus importante est la force, plus vite le ballon vole.

▲ LA FORCE DÉVIE L'OBJET
Quand le ballon arrive devant le but, le gardien fait de son mieux pour l'arrêter avec la main. La force de la main du gardien supprime le mouvement du ballon, et évite que le but ne soit marqué. Plus le ballon arrive vite, plus le gardien a d'effort à faire pour l'arrêter ou pour dévier sa trajectoire.

▲ LES FORCES EN ÉQUILIBRE
Quand les forces ne créent pas de mouvement, elles peuvent changer la forme des objets. La chaussure de foot qui appuie sur le ballon s'oppose à la résistance du sol : le ballon se déforme un peu, il est écrasé ; il est fait d'une matière élastique : quand le joueur enlève son pied, le ballon redevient tout rond.

## LES FORCES RÉSULTANTES

Quand des forces agissent dans le même sens, elles s'additionnent pour former une force plus importante. Quand elles agissent en sens opposé, elles s'annulent. Si les forces agissant sur un objet sont en équilibre, l'objet ne bouge pas mais il peut se déformer. Si le résultat des forces combinées est une force dans un sens donné, l'objet bouge dans ce sens.

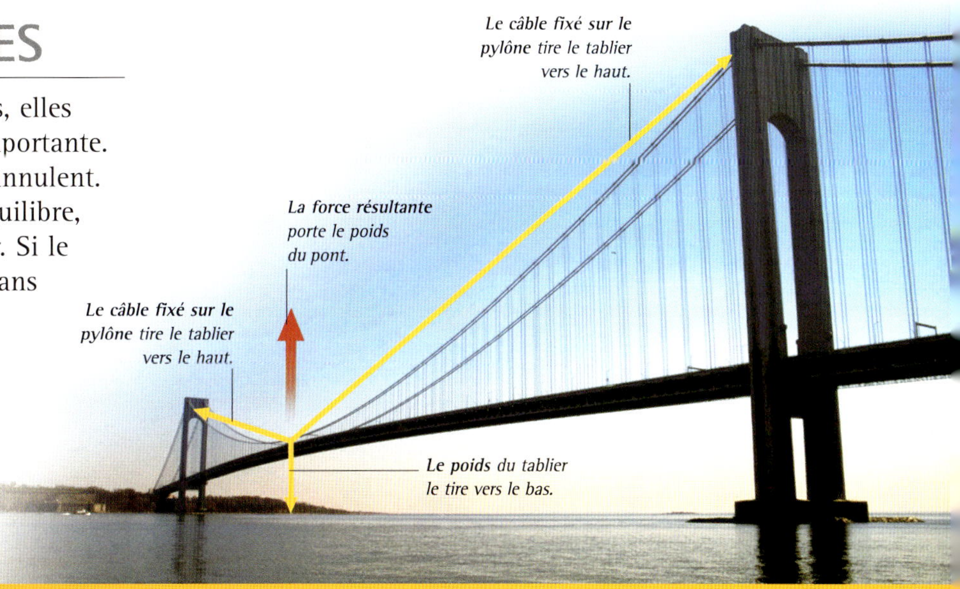


LE PONT SUSPENDU ►
Un pont suspendu doit porter le poids de son tablier – c'est-à-dire la route – et celui des véhicules qui y roulent. Le tablier est accroché à d'imposants câbles d'acier, fixés sur d'énormes pylônes. Câbles et pylônes sont montés de telle sorte que leurs forces résultantes s'annulent. Le pont reste debout parce que toutes ses forces sont en équilibre et s'annulent les unes les autres.

POUR EN SAVOIR PLUS ⏭ Les atomes 24 • La dynamique 66 • L'élasticité 69 • L'énergie 76 • Le système solaire 172

# LA DYNAMIQUE

La dynamique est l'étude du mouvement des objets soumis à l'action de forces. Normalement, un objet reste immobile ou se déplace à vitesse constante. Il résiste à tout changement de mouvement à cause de son INERTIE. Une fois en mouvement, il tend à y rester à cause de sa QUANTITÉ DE MOUVEMENT. Les mouvements d'objets dans la vie quotidienne obéissent à trois LOIS DU MOUVEMENT. Celles-ci ont été découvertes par le physicien anglais Isaac Newton.

LE MOUVEMENT DES BOULES DE BILLARD ►
Quand la boule blanche frappe à grande vitesse le groupe de boules de couleur, elle a une grande quantité de mouvement, due à sa masse et à sa vitesse. La boule blanche frappe les autres si fort qu'elle peut rebondir. Au moment de la collision, elle ralentit et perd une partie de sa quantité de mouvement. Les autres boules acquièrent une partie de sa quantité de mouvement et partent dans tous les sens.

## LES LOIS DU MOUVEMENT

Les trois lois du mouvement – souvent nommées lois de Newton – expliquent la façon dont les forces font bouger les objets. Quand les forces agissant sur un objet sont en équilibre, son mouvement ne change pas. Quand elles sont en déséquilibre, il existe une force résultante dans une direction donnée. La vitesse de l'objet change alors dans la direction où la force s'applique. Les physiciens appellent accélération tout changement de la valeur ou de la direction de la vitesse.

▲ 1re LOI DE NEWTON
Un objet demeure au repos ou se déplace à vitesse constante tant qu'aucune force n'agit sur lui. Par exemple, une fusée placée sur sa rampe de lancement ne bougera pas d'un millimètre tant qu'aucune force ne la fera décoller.

▲ 2e LOI DE NEWTON
Quand une force agit sur un objet, la vitesse ou la direction de l'objet change. Quand les moteurs de la fusée sont allumés, la force qu'ils produisent permet à la fusée de s'élever dans les airs.

▲ 3e LOI DE NEWTON
Quand une force agit sur un objet, ce dernier réagit en lui opposant une réaction égale et de sens opposé. Par conséquent, si les gaz brûlants jaillissent des moteurs vers le bas, une force de réaction égale propulse la fusée vers le haut.

ISAAC NEWTON
*Britannique, 1642–1727*
*Les trois lois énoncées par Newton l'ont conduit à la théorie de la gravitation universelle, cette force qui domine l'univers et explique pourquoi la Lune tourne autour de la Terre. Newton a fait des découvertes en optique (théorie de la lumière) et expliqué que la lumière blanche est composée de nombreuses couleurs.*

## L'INERTIE

D'après la 1re loi du mouvement, un objet reste au repos ou garde une vitesse constante tant qu'aucune force n'agit sur lui : c'est le principe de l'inertie. Plus la masse de l'objet est importante, plus il a d'inertie. Les objets lourds sont plus difficiles à mettre en mouvement car ils ont plus d'inertie. De même, il est plus difficile d'arrêter un objet lourd une fois qu'il bouge.

**LE MANNEQUIN D'ESSAIS DE CHOC ►**
Quand une voiture accélère, les passagers sont tirés en arrière ; quand elle freine ou heurte quelque chose, les passagers sont projetés vers l'avant. Dans les deux cas, c'est à cause de leur inertie qu'ils résistent à tout changement de mouvement. Les mannequins utilisés pour essayer les ceintures de sécurité et les airbags ont le même poids que des personnes.

## LA QUANTITÉ DE MOUVEMENT

La quantité de mouvement d'un objet qui se déplace augmente avec sa masse et sa vitesse. Plus un objet est lourd et plus il va vite, plus forte est sa quantité de mouvement, et plus il est difficile de l'arrêter. Si un camion et une voiture roulent à la même vitesse, il faut davantage d'effort pour arrêter le camion, car sa masse lui donne une quantité de mouvement plus grande.

**▲ LA COMPARAISON DES QUANTITÉS DE MOUVEMENT**
Un poulain est plus petit qu'une jument, sa masse est moindre. Quand le poulain et la jument galopent à la même vitesse, la jument a une quantité de mouvement supérieure car sa masse est plus forte. Le poulain a donc plus de facilité que la jument pour s'élancer, s'arrêter ou changer de direction. La quantité de mouvement d'un objet en déplacement est égale à sa masse multipliée par sa vitesse.

POUR EN SAVOIR PLUS ⏭ L'énergie 76 • Les forces 64 • La gravité 72 • Le mouvement 70

# LE FROTTEMENT

Quand on shoote dans un ballon, celui-ci est propulsé en l'air, rebondit, roule et bientôt s'arrête. Ce qui le freine, c'est le frottement, la force qui s'exerce entre l'objet qui bouge et tout ce qu'il touche. Les voitures vont plus vite si elles ont un profil AÉRODYNAMIQUE, qui réduit la résistance de l'air. Le frottement est parfois utile : sans frottement entre les pneus et la route, les voitures ne pourraient pas adhérer à la route dans les virages.

*Les membres de l'équipe de bobsleigh baissent la tête pour réduire la résistance de l'air.*

◄ LE BOBSLEIGH SUR LA GLACE

Il est facile de lancer un bobsleigh car il y a très peu de frottement entre ses patins bien polis et la glace. Quand le bobsleigh glisse, la pression de ses patins fait légèrement fondre la glace. Une partie de la glace se change en eau, ce qui réduit le frottement et permet au bobsleigh de glisser plus vite.

*La forme aérodynamique du carénage limite la résistance de l'air.*

*Les patins du bobsleigh sont de fines lames de métal qui limitent le frottement sur la glace.*

LA LUBRIFICATION DES MACHINES ▲

Les produits lubrifiants comme l'huile diminuent le frottement entre les surfaces en contact. C'est la lubrification. Il faut lubrifier les machines pour éviter que les pièces en mouvement ne s'usent à cause du frottement. La plupart des machines sont huilées ou graissées lors de leur fabrication, et il faut renouveler la lubrification au cours de l'utilisation.

## L'AÉRODYNAMIQUE

Quand un objet bouge, il subit de la part de l'air qu'il traverse un frottement appelé résistance de l'air – ou traînée – qui le ralentit. Les voitures, les trains et les avions ont un profil aérodynamique : leurs formes courbes et inclinées pénètrent l'air et réduisent la traînée. Cela leur permet d'aller plus vite, en consommant moins de carburant. Les bateaux eux aussi sont profilés afin de réduire la résistance de l'eau.

UN ESSAI EN SOUFFLERIE ►

Quand les ingénieurs créent une nouvelle voiture, ils fabriquent une maquette qui subit des essais en soufflerie où elle est soumise à des courants d'air. On envoie des filets de fumée pour voir comment ils s'écoulent autour de la carrosserie. On voit ainsi où le frottement est le plus important, et comment on peut améliorer l'aérodynamisme en modifiant la forme de la voiture.

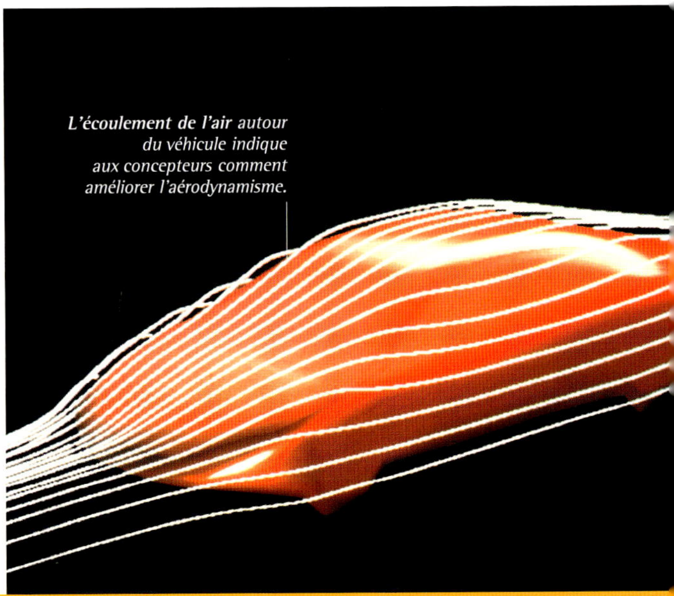

***L'écoulement de l'air** autour du véhicule indique aux concepteurs comment améliorer l'aérodynamisme.*

POUR EN SAVOIR PLUS ⏭ Les navires 95 • Le vol 96 • Les forces 64 • Les machines 88

# L'ÉLASTICITÉ

Les forces font bouger les objets et modifient leur forme en les étirant ou en les écrasant. Une balle en caoutchouc change de forme quand on l'écrase, mais elle retrouve sa forme initiale quand on cesse d'appuyer dessus. C'est le propre des matériaux élastiques. Ils sont faits de molécules capables de s'écarter. D'autres matériaux, comme la pâte à modeler, changent facilement de forme quand on leur applique une force mais ils ne retrouvent pas leur forme initiale quand la force cesse de s'appliquer ; ces matériaux ont une autre qualité : la PLASTICITÉ.

LE TRAMPOLINE ▲
Un trampoline est composé d'une toile en caoutchouc élastique fixée à un cadre métallique par des ressorts. Quand on saute sur un trampoline, on étire le caoutchouc et les ressorts. Le caoutchouc est élastique et les ressorts aussi. Lorsqu'ils reprennent leur forme initiale, ils font rebondir l'athlète et le projettent en l'air.

### L'ÉLASTICITÉ DU CAOUTCHOUC

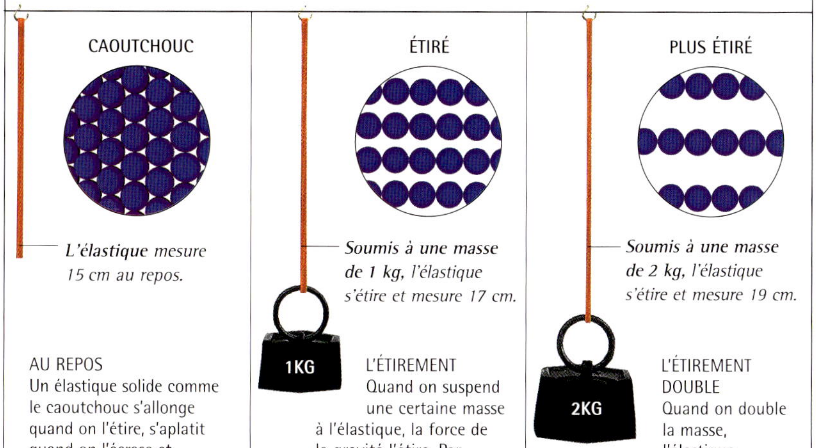


AU REPOS
Un élastique solide comme le caoutchouc s'allonge quand on l'étire, s'aplatit quand on l'écrase et retrouve son état initial quand on n'exerce plus de force sur lui. Dans ce cas, les molécules sont serrées les unes contre les autres.

L'ÉTIREMENT
Quand on suspend une certaine masse à l'élastique, la force de la gravité l'étire. Par conséquent, le caoutchouc s'allonge, c'est-à-dire que les molécules qui le composent s'écartent, sans se rompre.

L'ÉTIREMENT DOUBLE
Quand on double la masse, l'élastique s'allonge deux fois plus. Ce type de matériau a une limite élastique : au-delà de cette limite, il cesse de s'allonger, il se casse.

# LA PLASTICITÉ

Les matériaux sont dits plastiques quand on peut leur donner facilement une forme particulière soit par modelage soit par moulage et qu'ils ne reprennent pas ensuite leur forme initiale. Quand on parle de matières plastiques, on désigne en général des matériaux fabriqués à partir de produits chimiques issus du pétrole. Même les métaux deviennent plastiques quand on les chauffe : ils se ramollissent et on peut les mettre en forme.

LA FABRICATION D'OBJETS EN MATIÈRE PLASTIQUE ►
Les cuillères ci-contre sont faites de polymère. Quand celui-ci est chaud, c'est un liquide composé de molécules qui glissent facilement les unes sur les autres. Il est plastique donc on peut lui donner aisément une forme. Le polymère est alors versé dans un moule en forme de cuillère. Quand le polymère refroidit, il durcit et les cuillères gardent leur forme, définitivement.

POUR EN SAVOIR PLUS ⏭ Les forces 64 • La gravité 72 • Les molécules 28 • Les matières plastiques 52

# LE MOUVEMENT

Tout bouge sans cesse. Même les objets qui semblent au repos car leurs atomes vibrent. Un objet va d'un point à un autre quand des forces s'exercent sur lui, et que celles-ci ne s'annulent pas. L'objet subit une **ACCÉLÉRATION** quand une force qui s'exerce dans une direction change la façon dont il bouge, c'est-à-dire sa **VITESSE LINÉAIRE** ou sa **VITESSE VECTORIELLE**.

◄ LES MONTAGNES RUSSES
Les voitures des montagnes russes accélèrent en descente quand la force de la gravité leur fait prendre de la vitesse. Leur vitesse et leur poids les gardent ensuite en mouvement que ce soit en ligne droite ou en montée.

◄ LE MOUVEMENT DU PENDULE
Le pendule se balance sans cesse car les forces qui s'exercent sur lui ne s'annulent jamais. Le poids du pendule et la tension du fil qui le porte tendent à le ramener vers le centre. Mais son poids et sa vitesse de rotation le conduisent à dépasser le point d'équilibre. Ainsi la vitesse angulaire du pendule change sans cesse.

## LA VITESSE LINÉAIRE

Quand on parle de vitesse, on pense bien sûr aux voitures de sport ou aux fusées, très rapides. Pour les physiciens, la vitesse d'un objet est la distance qu'il parcourt pendant un temps donné. Une voiture rapide roule plus vite qu'une voiture lente : elle parcourt plus de distance dans le même laps de temps.

◄ LA MESURE DE LA VITESSE
On calcule la vitesse d'un coureur en mesurant le temps qu'il met pour parcourir une distance donnée. Puis on divise cette dernière par la durée du trajet. Elle s'exprime généralement en m/s ou en km/h suivant les unités de mesure utilisées lors du calcul.

UN COMPTEUR DE VITESSE ►
Il indique au conducteur la vitesse de son véhicule en miles par heure (m/h à l'extérieur) et en kilomètres par heure (km/h à l'intérieur). Les roues de la voiture sont reliées à une dynamo qui produit de l'électricité. Plus les roues tournent vite, plus la dynamo produit d'électricité et celle-ci fait d'autant plus tourner l'aiguille du cadran du compteur de vitesse.

La moto a fini de tourner : elle roule maintenant à 10 km/h vers le nord-ouest à vitesses linéaire et vectorielle constantes.



La moto est en train de tourner à vitesse linéaire constante mais sa vitesse vectorielle change.

La moto roule à la vitesse vectorielle de 10 km/h vers le nord : ses vitesses linéaire et vectorielle sont constantes.

# LA VITESSE VECTORIELLE

La vitesse vectorielle d'un objet, c'est sa vitesse dans une direction donnée. Deux voitures roulant à la même vitesse ont des vitesses vectorielles différentes si l'une se dirige vers le nord et l'autre vers le sud. La vitesse vectorielle se mesure en mètres par seconde – la distance divisée par le temps – dans une direction donnée.

◄ UN CHANGEMENT DE VITESSE VECTORIELLE
Quand un objet en déplacement change de vitesse linéaire, sa vitesse vectorielle change également. Si en revanche, il change de direction, sa vitesse vectorielle change même si sa vitesse linéaire reste stable. Quand la moto accélère ou ralentit, la force qui change sa vitesse vectorielle provient du moteur ou des freins ; quand elle tourne, c'est le motard qui fournit la force en tournant le guidon.

# L'ACCÉLÉRATION

Selon sa définition scientifique, l'accélération désigne toute modification de la vitesse vectorielle d'un objet, chaque fois qu'il va plus vite, plus lentement ou qu'il change de direction. D'après la deuxième loi de Newton, il faut toujours une force pour produire une accélération. Plus importante est la force, plus rapide est le changement de vitesse vectorielle.

LE DÉPART D'UNE COURSE ▲
Un coureur met quelques instants avant d'atteindre sa vitesse maximum. Il commence lentement, puis il prend de la vitesse et, à chaque dixième de seconde, il parcourt une distance plus importante. Il se déplace en ligne droite mais sa vitesse linéaire et sa vitesse vectorielle augmentent : il accélère.

La force dirigée vers le centre oblige la balle à tourner en rond.

Si on enlève cette force, la balle continue tout droit.

C'est la tension du fil qui tire la balle vers le centre.

◄ LE MOUVEMENT CIRCULAIRE
Un objet qui tourne en rond, par exemple une balle au bout d'un fil, change de direction en permanence. Même quand elle tourne à vitesse constante, sa vitesse vectorielle n'arrête pas de changer. Il faut une force pour produire cette accélération. Quand un objet se déplace en cercle, la force qui l'attire constamment vers le centre et l'empêche de continuer tout droit s'appelle la force centripète.

◄ UN MANÈGE DE FÊTE FORAINE
Ce manège comporte des nacelles. Lorsqu'il tourne à vitesse constante, une force retient les sièges pour qu'ils tournent en rond. Cette dernière vient de la tension des câbles auxquels les sièges sont suspendus. Elle augmente avec la vitesse de rotation du manège.

POUR EN SAVOIR PLUS ⏭ Les atomes 24 • La dynamique 66 • Les forces 64 • La gravité 72

▲ LA PESANTEUR
Qu'est-ce qui tombe le plus vite, la plume ou la boule ? Dans l'atmosphère terrestre, la boule atteint le sol la première à cause de la résistance de l'air qui ralentit la plume. Dans le vide, il n'y a ni air ni résistance de l'air. La plume et la boule de billard tombent à la même vitesse, car la pesanteur exerce sur elles exactement la même force.

# LA GRAVITÉ

La gravité est la force qui fait que les objets tombent sur le sol et que les planètes restent en orbite, c'est-à-dire sur leur trajectoire autour du Soleil. Cette force s'exerce à des distances astronomiques entre tous les objets de l'Univers et les tient ensemble. La force de gravité augmente avec leur MASSE et leur proximité. Mais sur Terre, la gravité entre les objets est en général trop faible pour que l'on puisse l'observer.

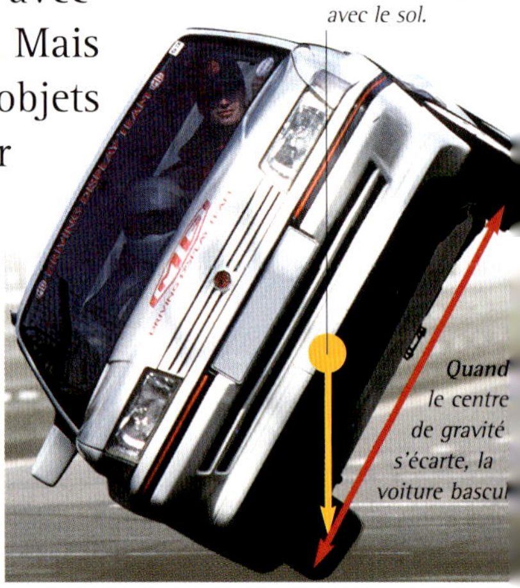


LE CENTRE DE GRAVITÉ ►
Sur Terre, chaque objet a un point, souvent proche de son milieu, que l'on appelle le centre de gravité. Plus il est bas, plus l'objet est stable. Dans les voitures, c'est le moteur qui est le plus lourd : on le place près du sol afin que le centre de gravité reste bas. Ainsi, les voitures peuvent prendre des virages rapides sans faire de tonneaux.

◄ L'APESANTEUR
Des spationautes s'entraînent à l'absence de gravité qu'ils rencontreront au cours de leurs missions dans l'espace. Leur avion, spécialement aménagé, grimpe à très haute altitude puis effectue un piqué. À cet instant, la gravité semble disparaître : c'est l'état d'apesanteur. Les spationautes ont l'impression de ne plus rien peser et flottent comme s'ils étaient en orbite autour de la Terre.

## LA MASSE

La masse d'un objet, c'est la quantité de matière qu'il contient. Plus un objet a de masse – c'est-à-dire de matière – et plus il attire les autres objets par la force de gravité. La masse d'un objet ne change que si la quantité de matière qu'il contient est modifiée. L'unité de mesure de la masse est le kilogramme (kg).

▲ LA MASSE OU LE POIDS ?
Le poids de l'astronaute, c'est l'effet de la gravité agissant sur la masse de son corps. Comme la Lune a une masse six fois plus faible que la Terre, sa gravité est six fois moindre. Sur la Lune, l'astronaute a la même masse que sur la Terre, mais un poids six fois moindre.

POUR EN SAVOIR PLUS ⏭ La dynamique 66 • Les forces 64 • Le frottement 68 • Le système solaire 172 • La conquête de l'espace 190

# LA RELATIVITÉ

Einstein comprit que la vitesse de la lumière est la même pour tous les observateurs. Il calcula qu'un objet qui se déplace à une vitesse proche de celle de la lumière se comporte bizarrement : sa longueur diminue, sa masse augmente et, pour lui, le temps ralentit. En outre, les petits objets à proximité d'un gros sont soumis aux distorsions de l'espace provoquées par le gros objet. La gravité avait été identifiée comme force depuis des siècles quand la théorie de la relativité a expliqué pourquoi elle fonctionne ainsi.

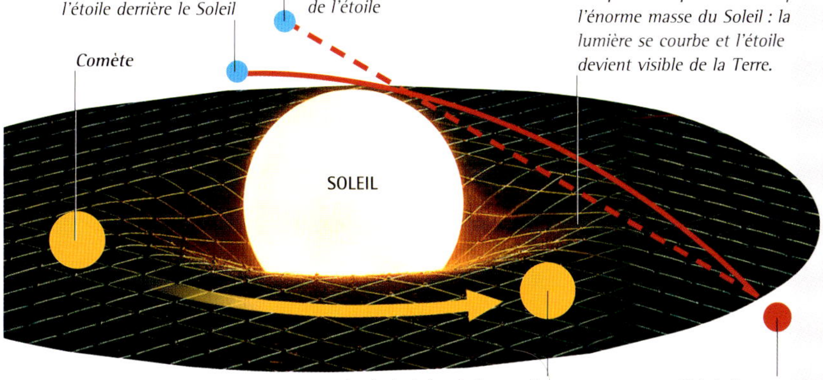


▲ LA GRAVITÉ SELON EINSTEIN

En physique traditionnelle, la gravité attire les masses les unes vers les autres. C'est pourquoi une comète suit une trajectoire courbe autour du Soleil. Mais la théorie générale de la relativité, exposée par Einstein, explique la gravité différemment. Les masses déforment l'espace et le temps un peu comme de lourdes boules posées sur une feuille de caoutchouc. Plus la masse est grande, plus le caoutchouc se déforme et plus forte est l'attraction de la gravité. En 1921, la théorie d'Einstein a été confirmée car on a observé que la lumière d'une étoile était courbée par l'attraction de la masse du Soleil.

▲ L'HEURE EXACTE

Les effets de la relativité ne sont décelables que sur des objets qui se déplacent à très grande vitesse. Pour cela, il faut mesurer le temps de façon très précise : les chercheurs se servent d'atomes de césium qui vibrent à une fréquence précise. Une horloge atomique mesure le temps en comptant leurs vibrations puis elles transmettent par radio l'heure exacte à l'horloge ci-dessus.

ALBERT EINSTEIN

Allemand, 1879-1955

Quand Albert Einstein fut renvoyé de l'école, nul ne savait qu'il deviendrait un des plus grands physiciens du XXe siècle. Sa théorie de la relativité était si innovante que les savants de l'époque refusèrent d'abord d'y croire. Les critiques finirent par se taire quand Albert Einstein reçut le prix Nobel de Physique en 1921.

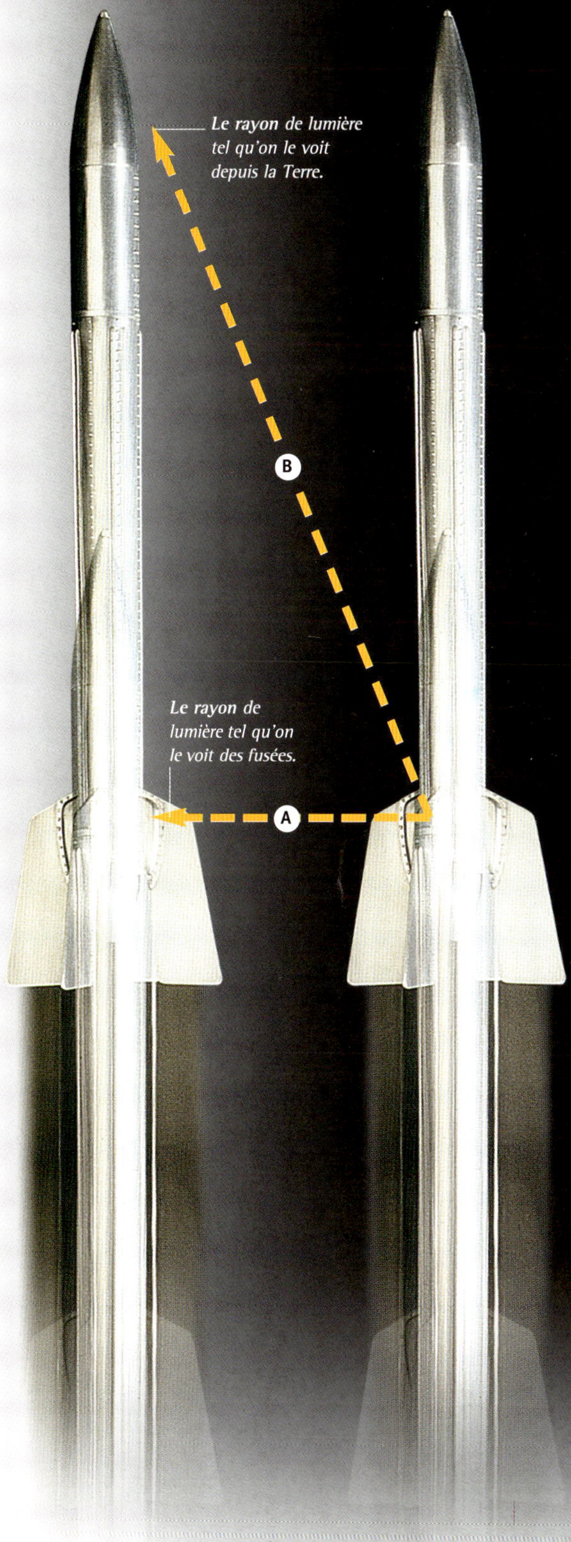


▲ L'EXPLICATION DE LA RELATIVITÉ

D'étranges choses se passent avec des objets comme ces deux fusées qui se déplacent à une vitesse proche de la lumière (300 000 km/s). Un rayon de lumière allant de l'une à l'autre sera vu par les occupants des fusées comme la ligne droite A. Pour les observateurs sur Terre qui se déplacent moins vite, le rayon est vu selon la ligne B. La vitesse est égale à la distance divisée par le temps et, comme la vitesse de la lumière est constante et que la distance qu'elle parcourt est plus longue quand on la voit de la Terre, la seule explication possible est que le temps passe plus vite sur Terre qu'à bord des fusées.

Les atomes 24 • Les trous noirs 169 • La gravité 72 • Le mouvement 70 • La classification de Mendeleïev 26 • Le Soleil 170

# LA PRESSION

Quand on pousse quelque chose ou que l'on appuie dessus, la force appliquée s'appelle la pression. Celle-ci est égale à la force divisée par la surface sur laquelle elle s'applique. Si vous poussez plus fort ou si vous appliquez la même force sur une surface plus petite, cela augmente la pression. Nous sommes soumis en permanence à la **PRESSION DE L'AIR :** le poids de l'atmosphère pèse sur notre corps. Quand on descend dans l'océan, la **PRESSION DE L'EAU** augmente avec la profondeur.

*Avec le pouce*, on appuie sur l'extrémité large et plate de la punaise.

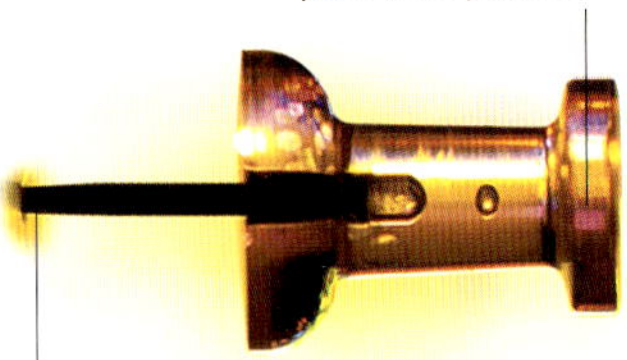

*Une très forte pression* s'applique à l'extrémité pointue.

▲ LA PUNAISE
C'est la pression qui fait entrer la punaise dans le mur. Si l'on pousse l'extrémité large avec une certaine force, on y applique une certaine pression. À l'extrémité pointue, la même force s'exerce sur une surface beaucoup plus petite. La force est la même aux deux extrémités, mais la pression est beaucoup plus forte à l'extrémité dont la surface est la plus faible.

*Ses longs orteils bien* écartés lui permettent de répartir le poids de son corps sur une surface importante.

▲ LA MARCHE SUR LES EAUX
Certains animaux marchent sur l'eau. Le basilic ci-dessus coulerait à pic si ses grands pieds et ses orteils largement écartés ne lui permettaient pas de répartir son poids sur une surface importante. Cela réduit la pression de ses pieds sur l'eau et l'empêche de couler. Ce lézard se sert de ses pattes avant et de sa longue queue pour équilibrer sa course à la surface de l'eau.

## LA PRESSION DE L'AIR

Les gaz de l'atmosphère sont composés de molécules minuscules qui frappent notre corps en permanence et essaient de l'écraser. Cette force s'appelle la pression atmosphérique. Elle est plus importante au niveau du sol, là où il y a le plus de molécules d'air. À une grande altitude au-dessus de la Terre, il y a moins de molécules d'air et la pression de l'air est moindre. Il est possible de comprimer l'air : c'est ce que l'on fait pour gonfler les pneus des véhicules et pour donner de l'énergie aux machines pneumatiques.

◄ LE PILOTE PORTE UNE COMBINAISON DE VOL PRESSURISÉE
Il y a très peu d'air à l'altitude où volent parfois les avions à réaction ; les pilotes portent donc des vêtements et des casques spéciaux. Le masque alimente le pilote en air à la même pression qu'au niveau du sol, pour qu'il respire normalement. Les pilotes de chasse portent en outre des combinaisons de vol qui gardent leur corps à pression élevée. Cela permet à leur sang d'irriguer l'ensemble de leur corps quand ils volent à grande vitesse.

▲ DE L'AIR COMPRIMÉ POUR LES PNEUS
Les lourds engins de chantier ont de gros pneus pour deux raisons. D'abord, l'air comprimé contenu dans les pneus aide à atténuer les chocs : l'engin roule avec beaucoup moins de secousses que s'il avait des roues pleines. En outre, les gros pneus répartissent le poids de l'engin sur une surface beaucoup plus importante. Cela réduit la pression sur le sol et évite à l'engin de s'enfoncer dans la boue.

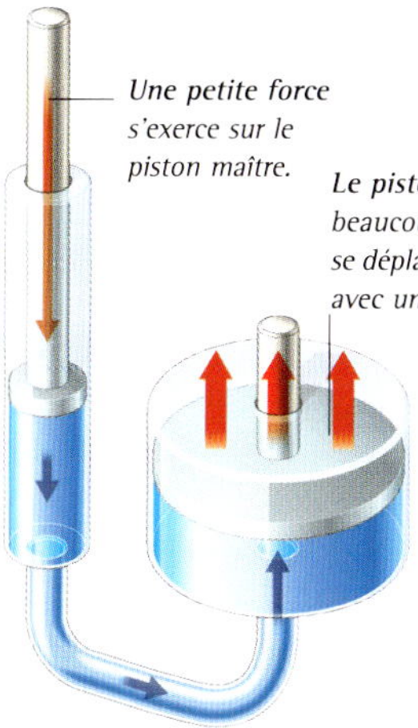


▲ LE PRINCIPE DE L'HYDRAULIQUE
On se sert de la pression dans le liquide pour transporter la force à travers des tuyaux. La petite force qui pousse vers le bas ne comprime pas le liquide puisqu'il déplace en le poussant un autre piston vers le haut. La surface du piston récepteur, plus grande, augmente la force appliquée.

# LA PRESSION DE L'EAU

Quand elle est sous pression, l'eau ne se comporte pas comme l'air : il est impossible de la comprimer. Cela permet de transmettre de la force dans les machines grâce à un système que l'on appelle hydraulique. L'eau est aussi plus lourde que l'air et une augmentation de pression de l'eau affecte davantage le corps humain qu'une chute de la pression de l'air. Même avec un tuba ou un tuyau pour respirer, il est très difficile d'inspirer à partir d'une certaine profondeur. L'eau écrase toutes les parties du corps, donc il est malaisé de remplir ses poumons. Plus le plongeur descend en profondeur, plus il y a d'eau au-dessus de lui et plus grande est la pression sur son corps.

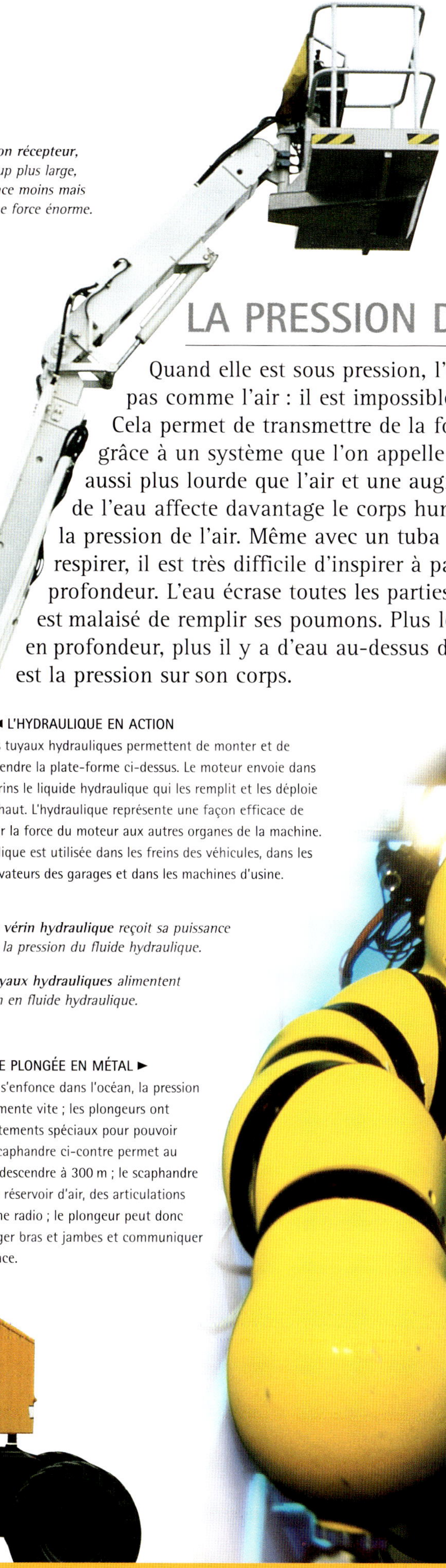

◄ L'HYDRAULIQUE EN ACTION
Les tuyaux hydrauliques permettent de monter et de descendre la plate-forme ci-dessus. Le moteur envoie dans les vérins le liquide hydraulique qui les remplit et les déploie vers le haut. L'hydraulique représente une façon efficace de transférer la force du moteur aux autres organes de la machine. L'hydraulique est utilisée dans les freins des véhicules, dans les ponts élévateurs des garages et dans les machines d'usine.

*Le **vérin hydraulique** reçoit sa puissance de la pression du fluide hydraulique.*

*Les **tuyaux hydrauliques** alimentent le vérin en fluide hydraulique.*

LA TENUE DE PLONGÉE EN MÉTAL ►
Dès que l'on s'enfonce dans l'océan, la pression de l'eau augmente vite ; les plongeurs ont besoin de vêtements spéciaux pour pouvoir respirer. Le scaphandre ci-contre permet au plongeur de descendre à 300 m ; le scaphandre comporte un réservoir d'air, des articulations pliables et une radio ; le plongeur peut donc respirer, bouger bras et jambes et communiquer avec la surface.

*Le **scaphandre Newt** a une double coque en fonte d'aluminium et des articulations en caoutchouc.*

## LA PRESSION DE L'AIR ET DE L'EAU

Plus on monte, moins il y a d'air dans l'atmosphère. Plus on descend sous l'eau, plus la pression est forte.

*À 20 000 m*
À cette altitude, la pression de l'air est 1/10ème de ce qu'elle est au niveau de la mer.

*AVIONS DE LIGNE 11 000 m*
Les cabines des avions sont pressurisées pour permettre aux passagers de respirer presque aussi facilement qu'au niveau de la mer. En cas d'accident, des masques à oxygène permettent aux gens de respirer malgré le peu d'air qu'il y a à cette altitude.

*MONTAGNE 7 500 m*
À cette altitude, les alpinistes ont souvent besoin de masques à oxygène pour continuer leur escalade.

*NIVEAU DE LA MER*
Le corps humain est parfaitement adapté à la pression atmosphérique du niveau de la mer.

*À MOINS 120 m*
Un plongeur ne peut descendre plus bas sans un scaphandre pour se protéger de la pression de l'eau.

*À MOINS 10 000 m*
À cette profondeur, la pression de l'eau est mille fois plus grande qu'à la surface.

*À MOINS 11 000 m*
Les véhicules sous-marins ont une double coque robuste qui résiste à la pression de l'eau. Un bathyscaphe est descendu avec son équipage à 11 000 m de profondeur.

POUR EN SAVOIR PLUS ►► L'atmosphère 234 • Les forces 64 • Les gaz 15 • Les liquides 14 • Les machines 88 • L'eau 40

# L'ÉNERGIE

Les scientifiques définissent l'énergie comme la capacité de produire du travail. Celle du Soleil fait pousser les plantes, celle de nos aliments nous permet de bouger et entretient la chaleur de notre corps ; celle du carburant fait tourner les moteurs. L'énergie se présente sous différentes formes et peut passer de l'une à l'autre. Les principaux types sont **L'ÉNERGIE POTENTIELLE, L'ÉNERGIE CINÉTIQUE** et **L'ÉNERGIE CHIMIQUE.**

## L'ÉNERGIE POTENTIELLE

L'énergie potentielle est stockée, prête à être utilisée : elle a le potentiel d'agir plus tard. Un objet a de l'énergie potentielle quand une force l'a placé dans une position différente, ou l'a changé d'une façon quelconque. Quand l'objet libère l'énergie potentielle qu'il avait emmagasinée, celle-ci prend une autre forme.

◄ L'ÉNERGIE POTENTIELLE ÉLECTRIQUE
Quand les nuages d'orage s'accumulent dans le ciel, ils emmagasinent d'énormes quantités d'électricité que l'on appelle l'électricité statique : c'est une réserve d'énergie. Quand un nuage accumule plus d'électricité statique qu'il n'en peut contenir, une partie de cette énergie s'échappe du nuage vers le sol sous la forme d'un éclair.

◄ L'ÉNERGIE POTENTIELLE ÉLASTIQUE
C'est le type d'énergie potentielle qui fait fonctionner les arcs et les lance-pierres. Il faut un effort pour tendre un élastique car la force qui unit ses molécules résiste à l'écartement. Au fur et à mesure que l'élastique se tend, ses molécules s'écartent et accumulent de l'énergie potentielle. L'énergie emmagasinée dans un élastique tendu peut aussi servir à propulser des modèles réduits de voitures ou d'avions.

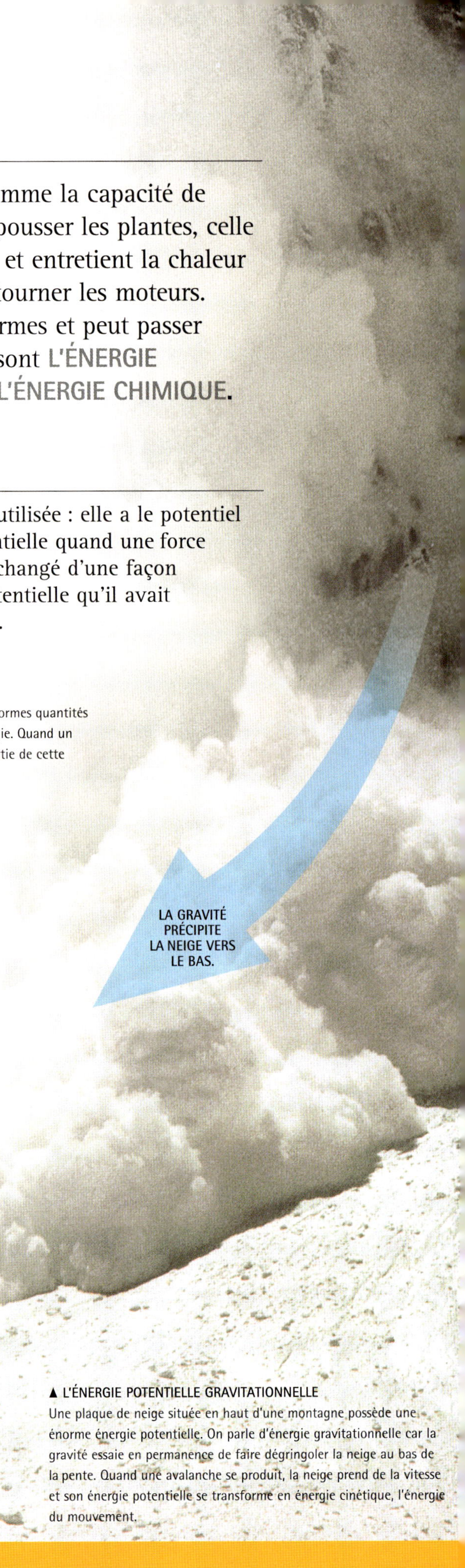


▲ L'ÉNERGIE POTENTIELLE GRAVITATIONNELLE
Une plaque de neige située en haut d'une montagne possède une énorme énergie potentielle. On parle d'énergie gravitationnelle car la gravité essaie en permanence de faire dégringoler la neige au bas de la pente. Quand une avalanche se produit, la neige prend de la vitesse et son énergie potentielle se transforme en énergie cinétique, l'énergie du mouvement.

# L'ÉNERGIE CINÉTIQUE

Les objets en mouvement possèdent une énergie que l'on appelle cinétique. Plus un objet se déplace vite, plus il a d'énergie cinétique. Quand l'objet ralentit, son énergie cinétique se transforme en énergie d'un autre type, par exemple de la chaleur ou du bruit. Les objets au repos n'ont pas d'énergie cinétique. L'énergie cinétique s'obtient souvent quand un objet libère son énergie potentielle.

◄ LE CHOC DU MARTEAU SUR LE CLOU
Un marteau en mouvement a beaucoup d'énergie cinétique. Quand il frappe le clou, il ralentit et perd son énergie cinétique. Mais celle-ci ne disparaît pas : une partie fend le bois, qui laisse entrer le clou, une autre partie est transférée au bois sous forme de chaleur et le reste est transformé en bruit.

## L'ÉNERGIE CHIMIQUE DES ALIMENTS

Quand un mammifère mange, il stocke de l'énergie dont il se sert ensuite pour conserver la chaleur de son corps, entretenir et renouveler ses cellules et bouger. Chaque type d'aliments apporte une quantité différente d'énergie. Celle-ci se mesure en kilocalories (que l'on appelle Calories en abrégé).

| ÊTRE VIVANT | APPORT CALORIQUE QUOTIDIEN |
|---|---|
| Éléphant | 40 000 |
| Panda | 20 000 |
| Homme | 2 600 (activité modérée) |
| Femme | 2 300 (activité modérée) |
| Enfant (7 à 10 ans) | 2 000 |
| Souris | 20 |

# L'ÉNERGIE CHIMIQUE

Cette énergie est dégagée lors des réactions chimiques, chaque fois que des éléments forment ensemble des composés. En fait, elle est stockée dans les composés sous forme d'énergie potentielle chimique ; celle-ci se libère lors d'autres réactions chimiques. Les aliments que nous mangeons contiennent de l'énergie qui se libère pendant la digestion. L'énergie chimique peut aussi se libérer par la combustion. Les carburants sont des composés chimiques qui libèrent leur énergie sous forme de chaleur au moment de la combustion.

▲ UN FEU DE CHARBON DE BOIS
Le charbon de bois est un hydrocarbure, composé principalement d'hydrogène et de carbone. Quand un combustible brûle à l'air, ses hydrocarbures se brisent en composés plus simples. L'énergie potentielle chimique qu'ils contiennent se libère sous forme de chaleur, c'est-à-dire d'énergie thermique. Ils produisent en même temps de l'énergie lumineuse : le feu émet donc de la lumière.

POUR EN SAVOIR PLUS ⏭ Les réactions chimiques 30 • L'élasticité 69 • La gravité 72 • La chaleur 80 • Les molécules 28 • Le travail 78

# LE TRAVAIL

Les scientifiques utilisent le mot travail pour décrire l'énergie nécessaire à l'exécution d'une tâche. La quantité de travail accomplie est égale à l'énergie utilisée et se mesure en **JOULE** (J). Il faut de l'énergie pour soulever un poids, car il faut lutter contre la force de gravité. Grâce à leur **PUISSANCE**, les machines peuvent faire beaucoup de travail en peu de temps ; si elles ont un bon **RENDEMENT**, elles gaspillent peu d'énergie pour accomplir leur travail.

▲ LA FOURMI PARASOL
Cette minuscule fourmi est capable de transporter plusieurs fois son propre poids. En soulevant une feuille contre la force de gravité, la fourmi fait un travail. Elle se déplace en biais pour réduire la résistance de l'air : cela diminue ainsi beaucoup la quantité de travail qu'elle a à faire.

LE REMORQUAGE D'UN TRAIN DE BOIS ►
Les troncs peuvent se transporter par flottage, mais ils sont lourds, et l'eau les freine quand ils se déplacent. Le remorqueur doit vaincre la résistance de l'eau et faire avancer les troncs. Son travail, c'est de tirer les troncs sur l'eau sur une certaine distance.

*Le mouvement du remorqueur transmet aux troncs l'énergie pour se déplacer.*

*Le remorqueur n'a pas un rendement de 100 % : il perd de l'énergie en déplaçant de l'eau, et en produisant de la chaleur et du bruit.*

## LE RENDEMENT

Le rendement est la proportion d'énergie que la machine transforme en travail utile. Aucune machine ne peut transformer la totalité de son énergie en travail. Les moteurs de voiture transforment l'énergie de leur carburant pour se déplacer, mais ils perdent de la chaleur qui ne sert pas au déplacement de la voiture : leur rendement est faible par rapport à celui d'autres machines.

◄ UNE MACHINE EFFICACE
Les bicyclettes permettent de transformer l'énergie musculaire en mouvement en perdant peu d'énergie. Les coureurs cyclistes portent des vêtements aérodynamiques. Ils dépensent ainsi moins d'énergie à vaincre la résistance de l'air, et peuvent en consacrer davantage à faire avancer leur vélo.

| LE RENDEMENT DES MACHINES | |
|---|---|
| Bicyclette | 90 % |
| Turbine de centrale électrique | 35 % |
| Corps humain | 24 % |
| Moteur à essence de voiture | 20 à 25 % |
| Ampoule électrique | 5 % |

## LA PUISSANCE

Si certaines machines travaillent plus vite que d'autres, c'est qu'elles sont plus puissantes. La puissance est la quantité de travail que l'on peut faire en un temps donné. Les voitures qui ont les plus gros moteurs roulent plus vite, elles sont capables de couvrir davantage de distance en un temps donné. Les voitures les plus rapides font donc leur travail plus vite que les voitures lentes : elles sont plus puissantes.

UN PUISSANT TRACTO-CHARGEUR ►
Cet engin de chantier utilise une force pour déplacer de lourdes charges sur de courtes distances. Plus sa pelle est grande, plus lourde est la charge qu'il peut déplacer en une fois. Les tracto-chargeurs à grande pelle peuvent faire plus de travail en un temps donné que les tracto-chargeurs à petite pelle. Donc les tracto-chargeurs à grande pelle sont des machines plus puissantes.

## LE JOULE

La quantité de travail produite par une force se déplaçant d'une distance donnée est égale à la force (en newton) multipliée par la distance (en mètre). Le travail obtenu est exprimé en joule, du nom du savant anglais James Prescott Joule (1818-1889). Une quantité de travail donnée demande la même quantité d'énergie pour se réaliser ; l'énergie se mesure donc en joule elle aussi.

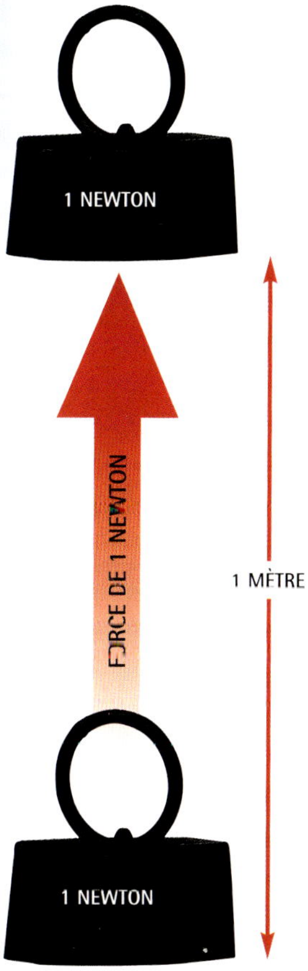


◄ UN JOULE
Un joule est le travail qu'il faut accomplir pour déplacer d'un mètre une force d'un newton. Un joule d'énergie est nécessaire pour faire un joule de travail. Il faudrait donc deux joules de travail pour déplacer la même force de deux mètres.

LES ALIMENTS ÉNERGÉTIQUES ►
Quand le joueur de tennis frappe la balle, il effectue un travail. S'il mange une banane avant le match, son corps peut utiliser cette énergie pour faire ce travail. La valeur énergétique d'un aliment se mesure en kilojoules ou kilocalories (Calories en abrégé). Le corps ne transforme pas toute l'énergie des aliments en travail efficace, il n'a donc pas un rendement de 100 %.

# LA CHALEUR

On voit que le métal est chaud quand il est d'un rouge brillant et fait des étincelles ; mais il y a aussi de la chaleur dans la glace et la neige. La chaleur est l'énergie de mouvement, ou énergie cinétique, stockée dans tout objet, qu'il soit brûlant ou froid. La chaleur fait bouger les particules – atomes et molécules – qui forment l'objet. La **TEMPÉRATURE** d'un objet, que l'on mesure avec un **THERMOMÈTRE**, permet de savoir à quel point il est chaud ou froid.

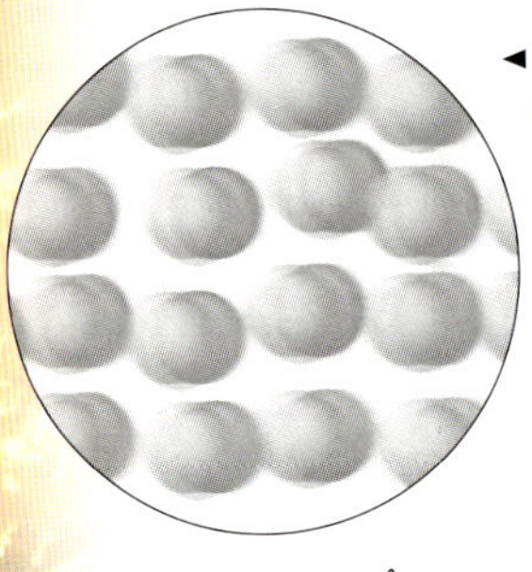

PARTICULES DE FER BRÛLANT

◄ LE MÉTAL FONDU

Quand on chauffe du fer dans un four, il devient d'un rouge éclatant et fond à 1 535 °C. À cette température, ses particules se déplacent avec une énergie cinétique énorme. L'image ci-contre montre les particules qui, à cette température, bougent avec frénésie. À une température plus élevée, elles bougent encore plus vite et le fer se met à bouillir dans le four.

PARTICULES DE GLACE

▲ LES ICEBERGS

La glace a beau être froide, elle contient quand même de l'énergie sous forme de chaleur. Un iceberg se compose de particules d'eau organisées dans une structure cristalline rigide. Mais elles vibrent encore un peu. Si l'on refroidissait l'iceberg jusqu'à ce que ses particules cessent complètement de bouger, c'est que l'on serait descendu jusqu'à la température la plus basse possible, le zéro absolu.

▼ L'ÉCHELLE DES TEMPÉRATURES

La température se mesure en degrés Celsius (°C) ou en température absolue, en unités appelées Kelvin (K).

*Le **zéro absolu** est la température la plus basse possible : -273 °C ou 0 K.*

*On a mesuré en **Antarctique** la température la plus basse sur Terre : -89 °C, 184 K.*

*La **température du corps humain** en bonne santé est de 37 °C, 310 K.*

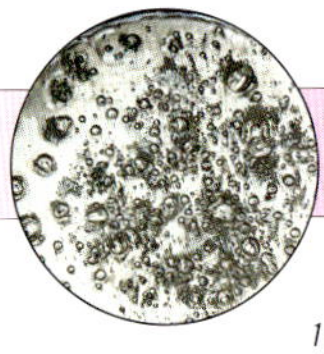

*L'eau **bout** à 100 °C, 373 K.*

# LA TEMPÉRATURE

La température d'un objet, c'est la mesure de sa chaleur. Les objets qui ont une température élevée sont plus chauds que ceux qui ont une température basse : ils ont davantage de chaleur, c'est-à-dire d'énergie thermique. Tout objet peut transmettre sa chaleur à un autre plus froid. Ce faisant, il se refroidit et sa température diminue. L'autre plus froid, se réchauffe, sa température augmente.

LA NAVETTE SPATIALE ►
Quand une navette revient dans l'atmosphère, elle y entre à très grande vitesse. La résistance de l'air chauffe sa paroi extérieure à 3 500 °C environ. C'est une température à laquelle la plupart des matériaux fondent : c'est pourquoi la navette est recouverte de carreaux de céramique capable de résister à cet échauffement.

▲ L'IMAGE THERMIQUE D'UNE MAISON
Une maison la nuit est en général plus chaude que l'air frais du dehors : la chaleur a donc tendance à passer de l'intérieur à l'extérieur du bâtiment. La photographie ci-dessus a été prise par un appareil photo infrarouge : les parties les plus chaudes sont jaunes et orange, les parties les plus fraîches mauves et violettes. Beaucoup de chaleur se perd par les fenêtres et par la porte, ainsi que par les cheminées.

# LE THERMOMÈTRE

C'est un appareil qui mesure la chaleur d'un objet sur une échelle de température. Beaucoup de matériaux se dilatent quand ils chauffent. C'est ainsi qu'un thermomètre mesure la température : le liquide qui est à l'intérieur se dilate, il monte dans un tube face à une règle graduée où il suffit de lire le bon chiffre.

◄ LE THERMOMÈTRE MÉDICAL
Ce type de thermomètre est conçu pour mesurer la température du corps humain. Celle-ci ne change guère, le thermomètre est donc gradué simplement de 32 à 42 °C. Les graduations sur l'échelle des températures sont donc très écartées afin de faciliter la lecture.

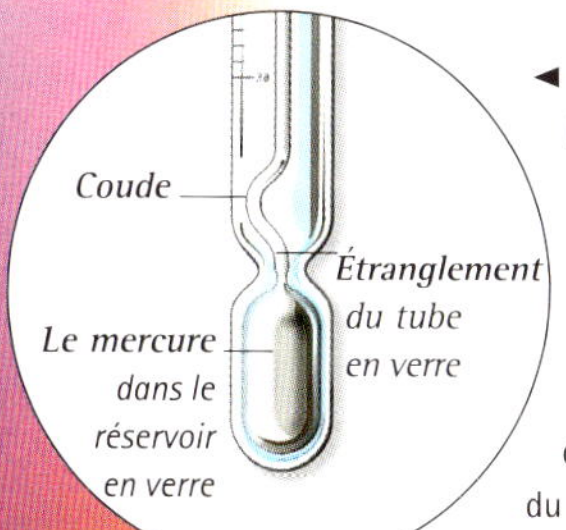


◄ LE MERCURE DANS SON RÉSERVOIR
Le thermomètre contient une petite réserve de mercure liquide dans un réservoir en verre en bas du thermomètre. Pour prendre la température d'un patient, on lui met le réservoir en verre dans la bouche. Le mercure, réchauffé par la température de la personne se dilate et monte dans le tube, en face de l'échelle graduée. Le coude du tube empêche le mercure de redescendre trop vite pour laisser le temps de la lecture.

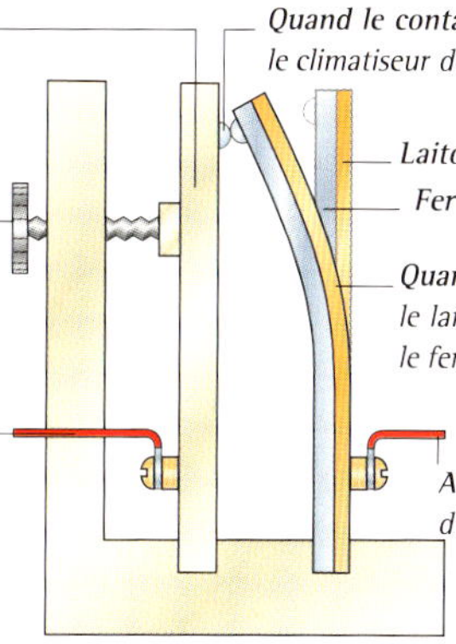


▲ LE THERMOSTAT
Un thermostat allume un climatiseur et l'éteint selon les besoins. Quand la pièce est trop chaude, la lame de laiton du thermostat se dilate plus que la lame de fer : le bilame se plie et ferme le circuit électrique, ce qui met en marche le climatiseur.

*Le papier brûle à 184 °C, 457 K.*

*Le gaz naturel brûle à 660 °C, 933 K.*

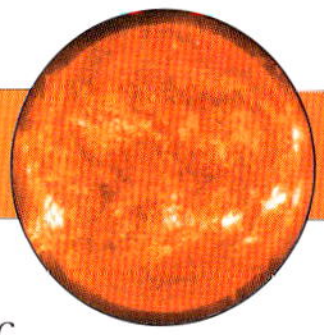

*L'intérieur du Soleil est à 14 millions °C, 14 millions K.*

POUR EN SAVOIR PLUS ⏭ Les atomes 24 • Les circuits 128 • L'énergie 76 • Les transferts de chaleur 82 • La peau 351

# LES TRANSFERTS DE CHALEUR

L'énergie thermique peut se transmettre de trois façons ; par **CONVECTION**, l'énergie thermique est transportée par le mouvement des particules de la matière ; par **CONDUCTION**, la chaleur se transmet par les vibrations des particules ; par **RAYONNEMENT**, la chaleur est transportée par les ondes électromagnétiques. Un objet chaud, au contact d'un objet froid, transmet sa chaleur. Ce faisant, l'objet chaud se refroidit, sauf si son énergie thermique est renouvelée en permanence.

**▲ L'ÉVAPORATION**
Un autre procédé de transfert de chaleur est l'évaporation. Quand un chien tire la langue en haletant, l'humidité qu'il a sur la langue se transforme en vapeur d'eau, elle s'évapore. Comme il faut beaucoup d'énergie thermique pour transformer un liquide en gaz, cela refroidit la langue du chien, et donc tout son sang. L'homme se refroidit surtout en transpirant à travers les pores de sa peau : la sueur, en s'évaporant, le refroidit de la même façon.

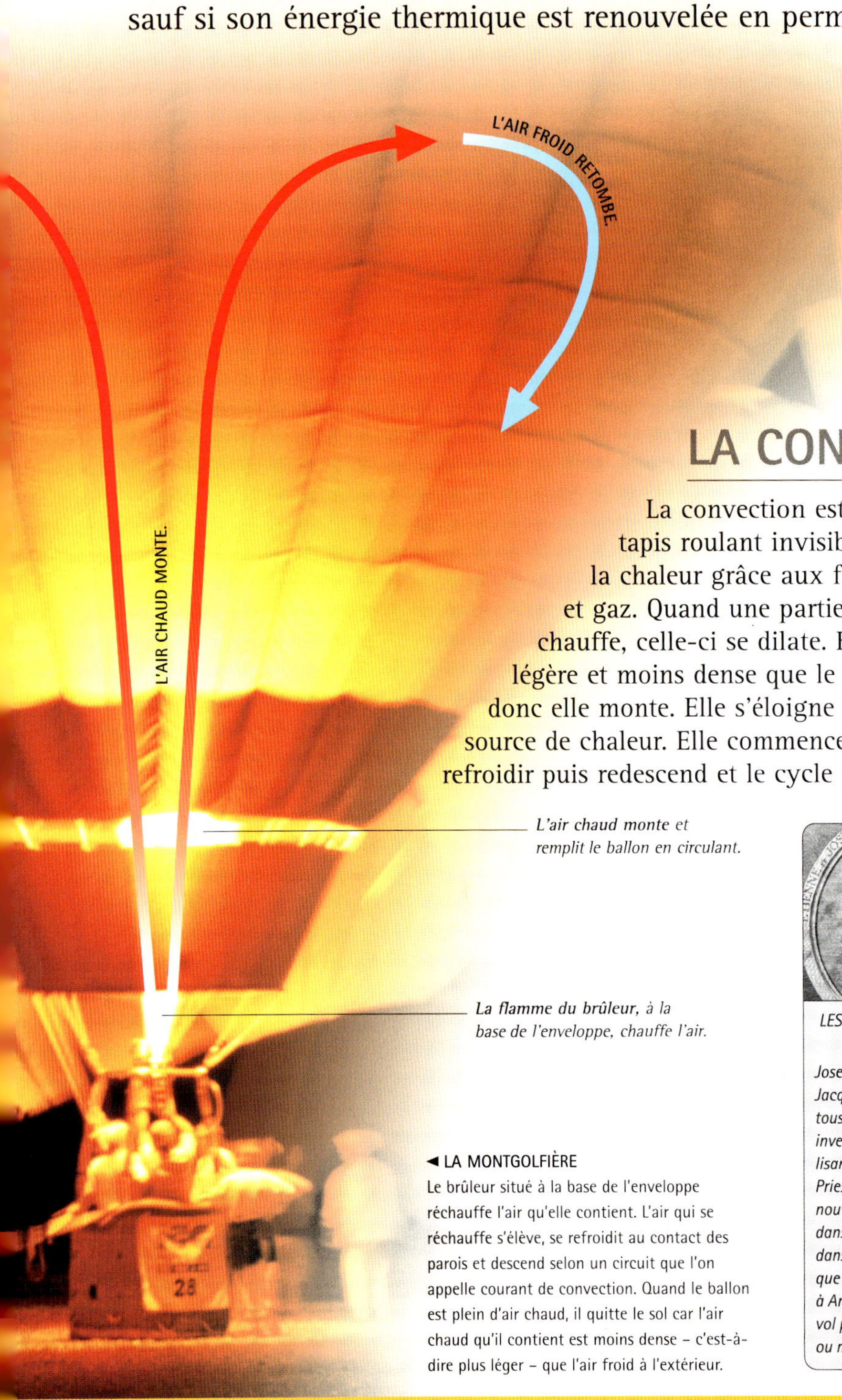


## LA CONVECTION

La convection est comme un tapis roulant invisible qui transfère la chaleur grâce aux fluides, liquides et gaz. Quand une partie d'un fluide chauffe, celle-ci se dilate. Elle devient plus légère et moins dense que le reste du fluide, donc elle monte. Elle s'éloigne ainsi de la source de chaleur. Elle commence alors à refroidir puis redescend et le cycle recommence.

**◄ LA MONTGOLFIÈRE**
Le brûleur situé à la base de l'enveloppe réchauffe l'air qu'elle contient. L'air qui se réchauffe s'élève, se refroidit au contact des parois et descend selon un circuit que l'on appelle courant de convection. Quand le ballon est plein d'air chaud, il quitte le sol car l'air chaud qu'il contient est moins dense – c'est-à-dire plus léger – que l'air froid à l'extérieur.

*LES FRÈRES DE MONTGOLFIER*
*Français*
*Joseph-Michel (1740-1810) et Jacques-Étienne (1745-1799), tous deux papetiers et inventeurs, eurent l'idée en lisant l'ouvrage de Joseph Priestley sur l'existence de gaz nouveaux de tenter de s'élever dans les airs en renfermant dans un tissu un gaz plus léger que l'air. Le 4 juin 1783, à Annonay, a lieu le premier vol public du ballon à air chaud ou montgolfière.*

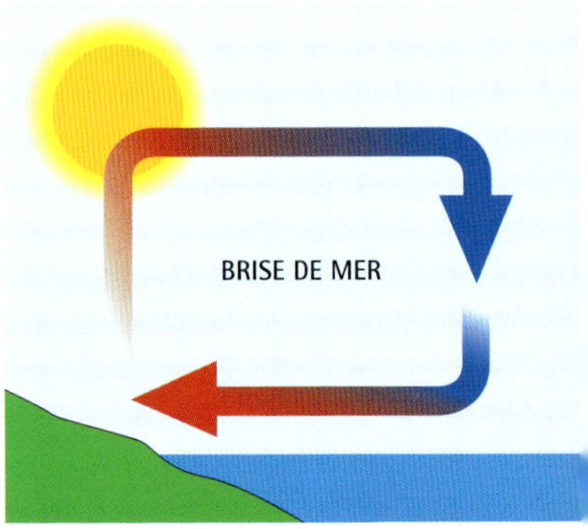


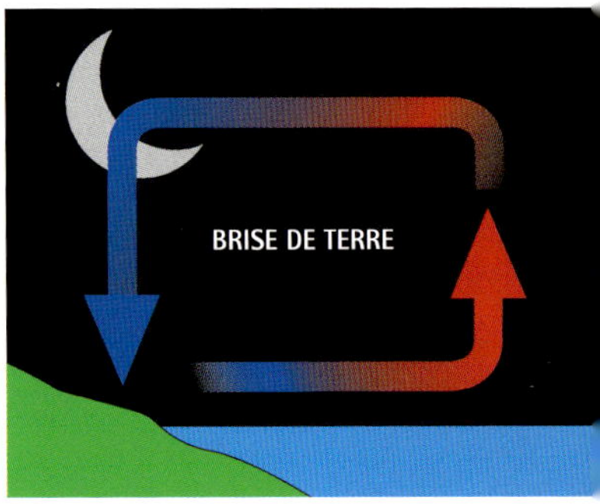


**▲ LES BRISES CÔTIÈRES**
Le jour, le Soleil chauffe la terre plus vite que la mer. L'air monte par convection au-dessus de la terre chaude puis il descend au-dessus de la mer froide : un circuit s'amorce. Au niveau du sol, la brise souffle de la mer pendant le jour. La nuit, la terre se refroidit plus vite que la mer. Dès que la terre est plus froide que la mer, l'air se met à monter au-dessus de la mer et le courant de convection se renverse : la brise au niveau du sol souffle de la terre vers la mer.

# LA CONDUCTION

La chaleur circule dans les solides par conduction. Si l'on chauffe l'extrémité d'une barre de métal, l'énergie thermique atteint rapidement toute la barre. Les particules ne se déplacent pas mais transmettent en vibrant leur énergie à leurs voisines. Les conducteurs d'électricité sont de bons conducteurs de la chaleur ; c'est le cas des métaux, mais pas du bois, ni des matières plastiques, ni du verre.

▼ UNE BARRE DE FER ROUGE
Quand on chauffe l'extrémité d'une barre de fer, celle-ci devient rouge sombre puis rouge vif, orangée, jaune et enfin blanche, à mesure que la température augmente. L'énergie thermique se transmet dans la barre par conduction. La partie la plus chaude est la pointe jaune, la plus proche du feu. Les parties orangées et rouges sont également très chaudes.

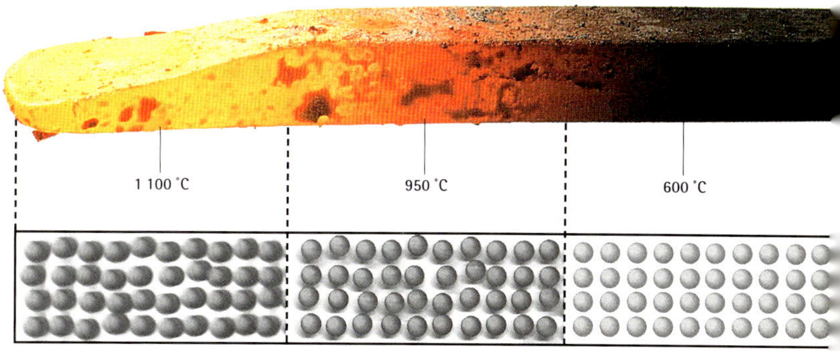


▲ LES ATOMES CONDUISENT LA CHALEUR
Quand on chauffe une barre de fer, cela fait bouger ses atomes de plus en plus fort. Ils bougent davantage parce qu'ils ont plus d'énergie. Dans leurs vibrations, les atomes font vibrer leurs voisins et ainsi de suite tout le long de la barre.

▲ LA POÊLE EN ALUMINIUM
Les ustensiles de cuisine sont en métal, souvent en aluminium. Le métal est bon conducteur de la chaleur : il transmet rapidement l'énergie thermique de la cuisinière aux aliments. Les poignées de ces mêmes ustensiles sont souvent en bois ou en matière plastique, matériaux qui conduisent mal la chaleur ; on dit qu'ils sont isolants.

# LE RAYONNEMENT

La lumière et l'énergie thermique que nous recevons proviennent du Soleil ; elles voyagent à travers l'espace grâce à des ondes invisibles appelées rayonnement électromagnétique. L'énergie thermique ne peut arriver du Soleil par conduction ni par convection. Sur Terre, la chaleur des objets très chauds, comme les radiateurs, rayonne.

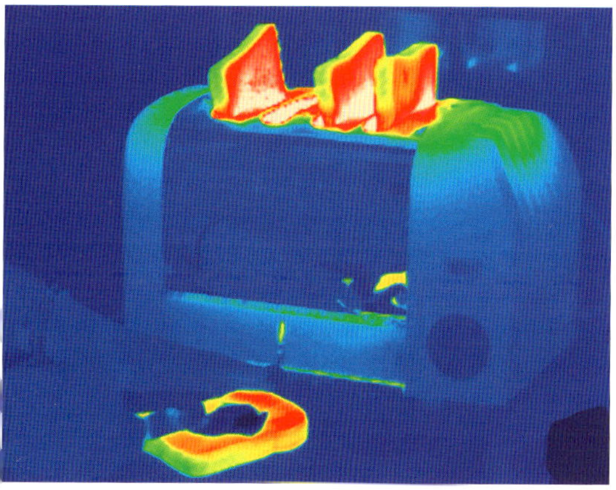

▲ LA CHALEUR RAYONNÉE PAR UN GRILLE-PAIN
À l'intérieur d'un grille-pain, l'électricité chauffe au rouge des fils de métal. Le pain ne les touche pas, mais il grille à cause de la chaleur qu'ils rayonnent. Les parois intérieures du grille-pain sont en métal réfléchissant, ce qui augmente le rayonnement. Sur cette photo infrarouge, on voit les parties les plus chaudes en jaune et en rouge et les parties plus froides en bleu foncé et vert.

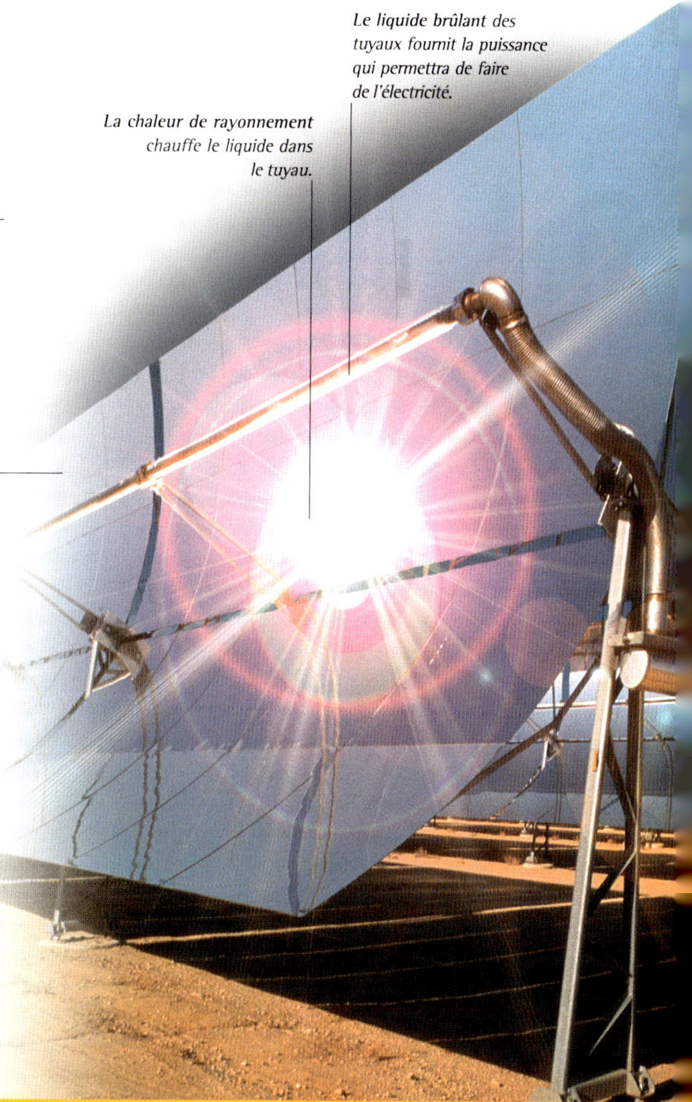


LES RÉFLECTEURS SOLAIRES ►
Ce chauffage solaire se compose d'un miroir courbe qui reflète la chaleur et la lumière du rayonnement solaire sur un tuyau où circule un liquide. Le miroir a une grande surface, donc il recueille une grande quantité d'énergie solaire et la concentre sur une surface beaucoup plus petite, celle du tuyau. Cela veut dire que le tuyau et le liquide qu'il contient chauffent très vite.

POUR EN SAVOIR PLUS ⏭ Les conducteurs 130 • L'onde 98 • La chaleur 80 • Les océans 228 • Le Soleil 170

# LA RADIOACTIVITÉ

Les atomes de certains éléments sont instables. Ils tendent à se recombiner en atomes plus stables. Quand ils y arrivent, ils émettent des rayonnements sous forme de particules ou de petites bouffées d'énergie. Ce phénomène s'appelle la radioactivité. La radioactivité est dangereuse, mais parfois fort utile. On s'en sert dans la production de l'énergie nucléaire, dans la conservation des aliments et même dans le traitement du cancer.

▲ DANGER : RAYONNEMENT
Certains types de rayonnement sont dangereux car ils détruisent les tissus du corps humain. Les personnes recevant des doses importantes de radioactivité peuvent développer un cancer ou ne plus pouvoir avoir d'enfants.

| α | β | γ |
|---|---|---|
| ALPHA | BÊTA | GAMMA |

▲ LES TROIS TYPES DE RADIOACTIVITÉ
Les trois types de rayonnement sont les particules alpha, bêta et gamma qui doivent leurs noms aux trois lettres grecques ci-dessus. Une particule alpha se compose de deux protons et de deux neutrons. Une particule bêta est un électron. Quant au rayon gamma, c'est un rayonnement électromagnétique de forte énergie.

## LA DÉSINTÉGRATION ALPHA

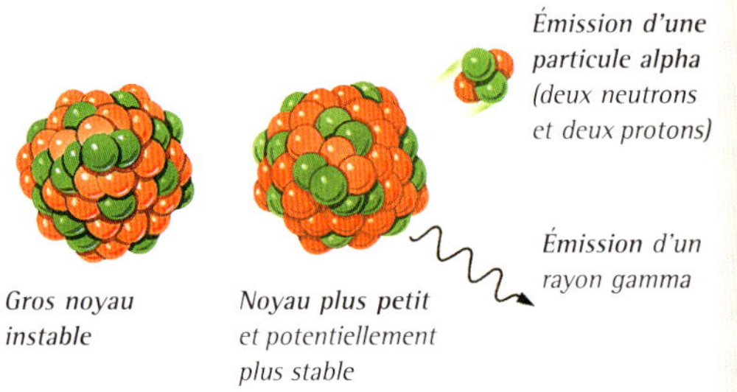


Quand un gros noyau instable se transforme en noyau plus petit et plus stable, il émet une particule alpha. Le nouveau noyau, plus petit, a deux protons et deux neutrons de moins que le noyau initial. Les deux protons et les deux neutrons fugitifs forment la particule alpha qui est éjectée. Une certaine quantité d'énergie est libérée sous forme de rayon gamma. Ce rayonnement de forte énergie et de haute fréquence est une forme de lumière.

## LA DÉSINTÉGRATION BÊTA

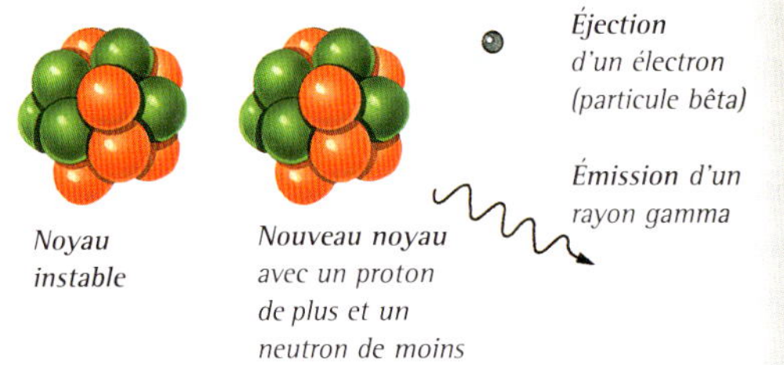


La désintégration bêta est très différente de la désintégration alpha. Un des neutrons du noyau de l'atome instable se transforme en un proton et un électron. Le proton s'intègre au noyau, mais l'électron est éjecté de l'atome à grande vitesse. Cet électron rapide s'appelle une particule bêta. Il y a également émission d'énergie sous forme de rayon gamma.

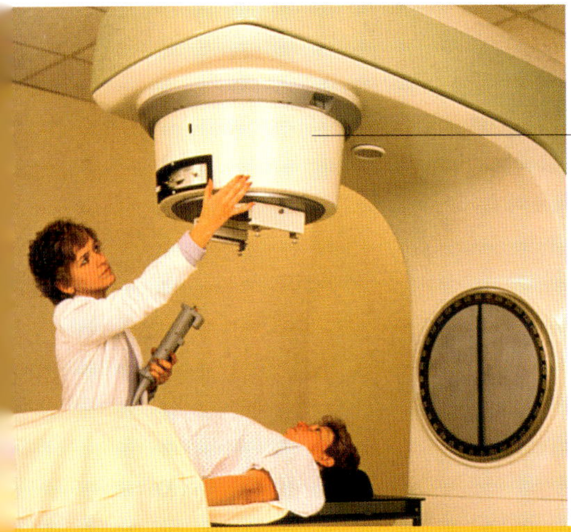

*L'appareil de radiothérapie dirige les rayonnements sur le patient.*

◄ LA RADIOTHÉRAPIE
La radioactivité peut donner le cancer car elle détériore des cellules saines du corps humain. Mais elle peut également contribuer à le guérir si on s'en sert pour détruire des cellules malades. En radiothérapie, un puissant appareil braque avec précision des faisceaux de radiation sur les tumeurs – les cellules cancéreuses – du patient. La radioactivité détruit les cellules et augmente les chances de survie du patient.

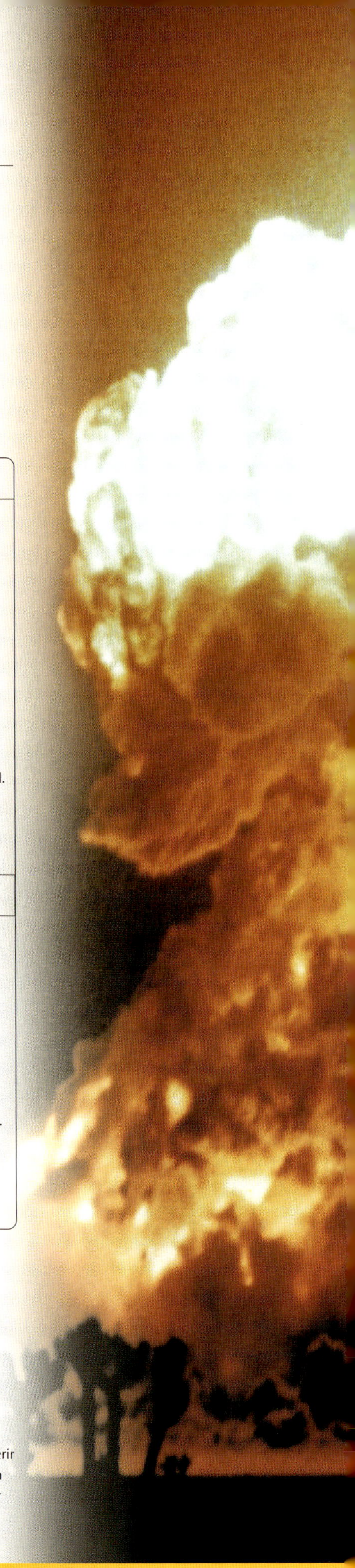

POUR EN SAVOIR PLUS ⏭ Les atomes 24 • Les maladies 370 • Les éléments 22 • L'énergie 76 • L'onde 98

# L'ÉNERGIE NUCLÉAIRE

Quand un atome instable se transforme en atome plus stable, il émet de la radioactivité. Il émet aussi une partie de l'énergie potentielle enfermée dans le noyau de l'atome. Il est possible de faire produire à certains atomes une quantité constante d'énergie nucléaire grâce à la réaction en chaîne. L'énergie nucléaire provoque les terribles destructions des bombes atomiques, mais elle permet aussi de produire une grande partie de l'électricité aujourd'hui utilisée.

◄ L'EXPLOSION NUCLÉAIRE
Une bombe atomique explose quand se déclenche une réaction en chaîne non maîtrisée qui libère très rapidement des quantités énormes d'énergie. Une boule de plutonium radioactif de la taille d'une balle de tennis peut fournir autant d'énergie que des dizaines de milliers de tonnes d'explosif puissant.

*Une explosion atomique provoque un nuage de fumée et de gaz en forme de champignon.*

*La chaleur intense de l'explosion produit de la fumée et des flammes.*

MARIE CURIE
*Française, 1867–1934*
*Physicienne d'origine polonaise, célèbre pour son travail sur la radioactivité, elle identifie, en 1898, avec son mari Pierre Curie, le polonium et le radium. À la mort de celui-ci, en 1906, elle reprend sa chaire à la Sorbonne et devient la première femme titulaire d'une chaire dans cette université. En 1910, elle isole le radium. Elle reçoit le prix Nobel de physique en 1903, et de chimie en 1911.*

## LA FISSION NUCLÉAIRE

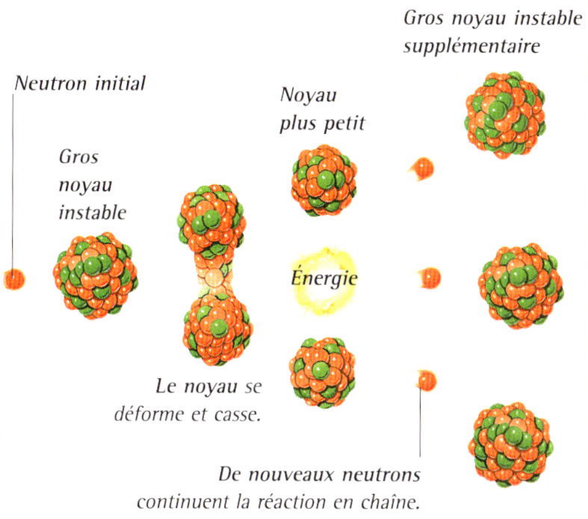


Dans la fission nucléaire, des atomes se fragmentent en atomes plus petits et libèrent de l'énergie. Quand un neutron frappe le noyau d'un gros atome, cet atome devient instable et se partage en deux atomes plus petits. Cela produit de l'énergie et plusieurs neutrons sont émis. Ceux-ci frappent d'autres noyaux instables du matériau initial et la réaction en chaîne continue jusqu'à épuisement du matériau.

## LA FUSION NUCLÉAIRE

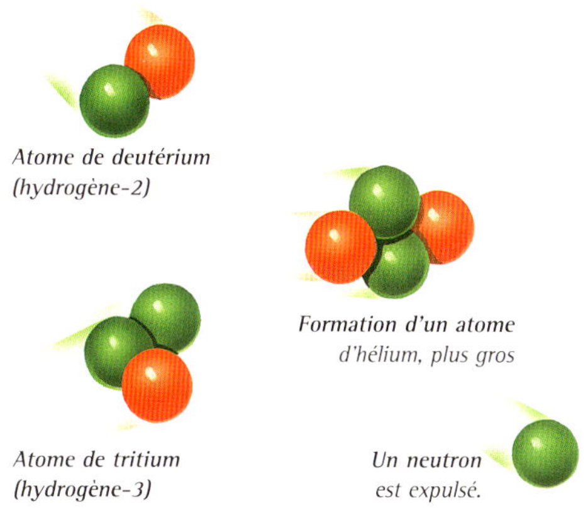


Dans la fusion nucléaire, une énergie colossale est libérée par la fusion de petits atomes en atomes plus gros. Une des réactions de fusion les plus énergétiques concerne les noyaux d'hydrogène, qui entrent en collision à grande vitesse, formant un noyau d'hélium et expulsant un neutron. Des étoiles comme le Soleil produisent leur énergie par la fusion nucléaire qui se produit en elles à une température et une pression extrêmement élevées.

POUR EN SAVOIR PLUS ⏭ Les atomes 24 • Les éléments 22 • L'énergie 76 • Les sources d'énergie 86 • L'hydrogène 38

# LES SOURCES D'ÉNERGIE

Sur Terre, l'essentiel de l'énergie vient de la lumière et de la chaleur du Soleil, accumulée pendant des millions d'années dans des combustibles comme le charbon et le pétrole ; formées à partir des restes des plantes et des animaux du passé décomposés et fossilisés, leurs réserves sont limitées. On se tourne donc vers des sources d'ÉNERGIE RENOUVELABLE, c'est-à-dire inépuisable. Une alternative existe, l'ÉNERGIE GÉOTHERMIQUE, produite dans les profondeurs de la Terre.

▲ LA POMPE D'UN PUITS DE PÉTROLE

Le pétrole brut est amené à la surface par une pompe comme celle-ci, placée à la tête d'un puits d'extraction. On en tire des produits tels que le fuel domestique, l'essence et le gaz. Le pétrole brut provient du plancton marin, enseveli pendant des millions d'années sous des couches de sédiments. L'essentiel des gisements se trouve sous la mer ou à proximité des côtes.

◄ LA CENTRALE THERMIQUE

Cette centrale électrique brûle du charbon : elle en libère l'énergie chimique pour produire de l'électricité. L'énergie du Soleil est transformée par les plantes en composés du carbone au fur et à mesure de leur croissance. Quand la plante meurt, elle se décompose en un matériau sombre, la tourbe. Au bout de millions d'années, la tourbe comprimée par les matériaux qui s'accumulent devient du charbon.

*Le **charbon** extrait des mines contient de l'énergie stockée pendant des millions d'années.*

◄ L'ÉNERGIE DU SOLEIL

Chaque seconde, la Terre reçoit du Soleil une énergie équivalant à ce que produiraient des centrales électriques à charbon en consommant 200 000 camions de charbon. Le Soleil fournit de l'énergie grâce aux réactions nucléaires qui se produisent en lui. D'une certaine façon, on peut dire que le Soleil est une centrale nucléaire géante.

## LES ORGANES D'UNE CENTRALE NUCLÉAIRE

Les réactions nucléaires (fission) se déroulent dans le réacteur de fission de la centrale. L'eau de refroidissement circule autour du réacteur, dont la chaleur la transforme en vapeur. Cette vapeur entraîne le générateur électrique par l'intermédiaire d'une turbine.

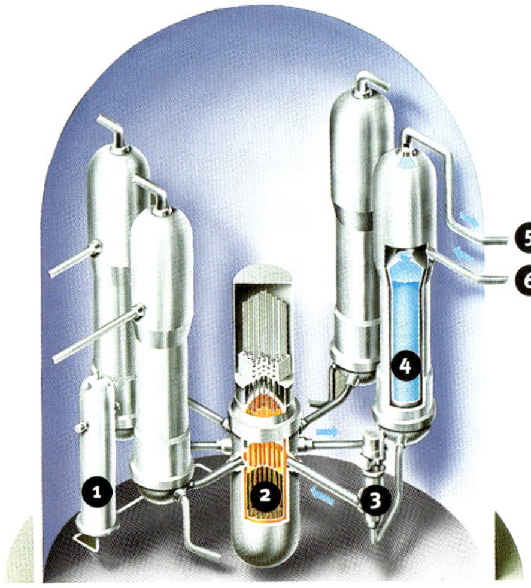


1. Le liquide de refroidissement est mis sous pression, pour éviter l'ébullition
2. Le cœur contient les barres de combustible
3. Une pompe fait circuler l'eau autour du réacteur
4. L'eau chaude produit de la vapeur dans l'échangeur
5. La vapeur va entraîner la turbine
6. La vapeur est condensée et l'eau revient à l'échangeur de température

POUR EN SAVOIR PLUS ⏭

# L'ÉNERGIE RENOUVELABLE

Quand les combustibles fossiles seront épuisés, les marées continueront à monter et à descendre, le vent à souffler et le Soleil à briller. L'océan, le vent et le Soleil sont donc des sources d'énergie inépuisables. Les énergies renouvelables sont moins nocives pour l'environnement. Contrairement aux combustibles fossiles, elles ne polluent pas et n'aggravent pas le réchauffement climatique.

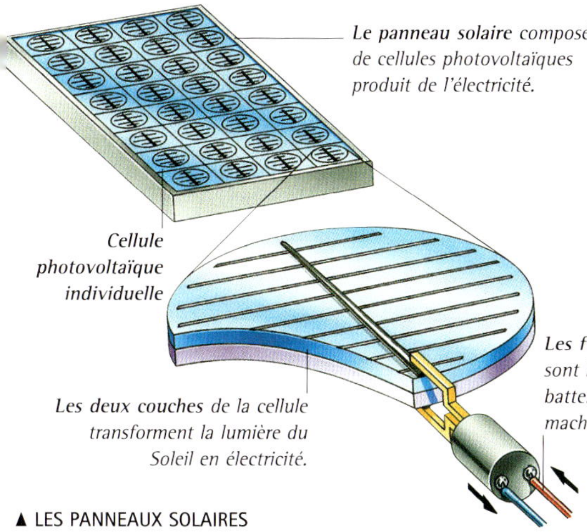


▲ LES PANNEAUX SOLAIRES
Un panneau solaire se compose de nombreuses cellules photovoltaïques, qui transforment la lumière en électricité par un processus électronique. Quand la lumière du Soleil frappe la cellule, elle déplace des électrons d'une couche à l'autre. Le mouvement des électrons correspond à un courant électrique dans la cellule ; ce courant est évacué par des fils ou accumulé dans une batterie.

INSTALLATION D'ÉOLIENNES ►
Quand les pales de ces éoliennes géantes tournent, elles captent une partie de l'énergie du vent. Elles entraînent un générateur qui produit du courant électrique. Ensemble, ces éoliennes produisent assez d'électricité pour alimenter une petite ville.

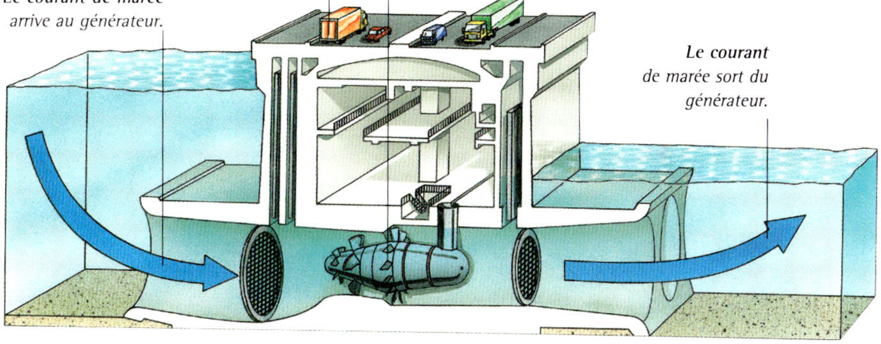


LA CENTRALE MARÉMOTRICE ►
Chaque fois que la marée monte ou descend, l'eau entre et sort des estuaires. Une centrale marémotrice est une sorte de barrage qui bloque l'embouchure d'un fleuve. Chaque fois que l'eau doit entrer ou sortir, elle fait tourner une turbine qui entraîne un générateur électrique, et produit de l'électricité.

# L'ÉNERGIE GÉOTHERMIQUE

Cette forme d'énergie provient des réactions nucléaires qui ont lieu dans les profondeurs de la Terre. Ces réactions chauffent le noyau de la Terre et leur chaleur se déplace par convection dans la partie liquide des profondeurs terrestres. L'énergie géothermique sort à la surface de la Terre par les volcans et les geysers.

UNE CENTRALE GÉOTHERMIQUE ►
Une centrale géothermique utilise la puissance de la chaleur terrestre. Elle consiste à injecter de l'eau froide dans un puits creusé dans la Terre. L'énergie géothermique de la Terre chauffe cette eau, qui remonte à la surface sous forme d'eau brûlante et de vapeur. L'eau chauffe les habitations et les usines du quartier. Quant à la vapeur, elle entraîne une turbine qui produit de l'électricité !

L'industrie chimique 50 • Les ressources naturelles 248 • L'alternateur 137 • L'énergie nucléaire 85 • Le Soleil 170

# LES MACHINES

Pour la science, une machine simple est un dispositif qui change une force ou qui modifie la direction dans laquelle elle s'applique. Dans la vie courante, les machines complexes comme les grues, les bulldozers et les camions à benne basculante sont basées sur les machines simples que sont le LEVIER, la ROUE, le PALAN, la VIS et l'ENGRENAGE. Des objets courants comme la bêche, le couteau, la punaise et le casse-noix sont aussi des machines.

## LE LEVIER

Le levier est un multiplicateur de force : il réduit l'effort nécessaire pour effectuer un travail sur une charge donnée. Il multiplie une petite force pour en faire une plus grande. Quand une force agit sur un objet tenu en un point fixe, l'objet tourne autour de cet axe fixe. Plus la force s'applique loin de l'axe, plus il est facile de faire tourner l'objet. C'est ainsi que le levier facilite un travail.

LE CAMION À BENNE BASCULANTE ►
La benne de ce camion tourne autour d'un axe situé derrière les roues arrière. Deux vérins hydrauliques poussent la benne vers le haut. Le poids principal de la charge est la benne, située entre le vérin et l'axe : la benne se comporte donc comme un énorme levier de type deux. Elle réduit l'effort nécessaire pour la soulever et faire basculer la charge.

### LES TYPES DE LEVIERS

Les leviers de type un et deux transforment l'effort en une force plus grande pour travailler contre la charge. Les leviers de type trois travaillent de façon opposée pour réduire la force et augmenter la maîtrise que l'on a d'elle sur une distance plus grande.

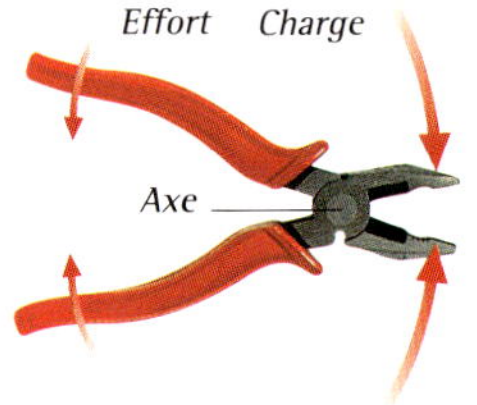


*LE LEVIER DE TYPE UN*
Les pinces diminuent l'effort dont on a besoin pour serrer fortement quelque chose. La charge et l'effort sont opposés de part et d'autre de l'axe. La charge est plus importante que l'effort.

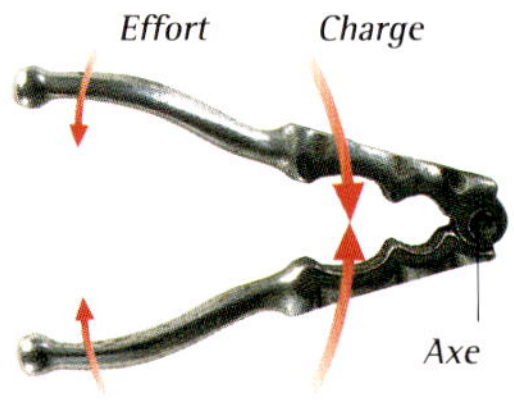


*LE LEVIER DE TYPE DEUX*
Un casse-noix réduit l'effort qu'il faut pour casser une noix. L'effort est appliqué plus loin de l'axe que la charge. La charge est plus importante que l'effort.

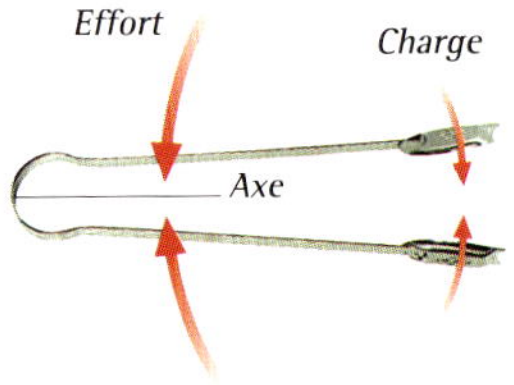


*LE LEVIER DE TYPE TROIS*
La pince à sucre diminue la force que l'on applique et augmente la distance d'application. L'effort s'applique plus près de l'axe que la charge, et cet effort est plus grand que la charge.

# LA ROUE

La roue et son axe forment une machine qui travaille comme un levier. La distance qui sépare la jante de l'axe multiplie soit la vitesse et la distance soit la force. Si l'effort est appliqué à l'axe, la jante de la roue parcourt plus de chemin à chaque tour – et plus vite – que l'axe mais avec moins de force. Si l'effort est appliqué à la jante, l'axe tournera avec plus de force mais en parcourant moins de distance, et moins vite.

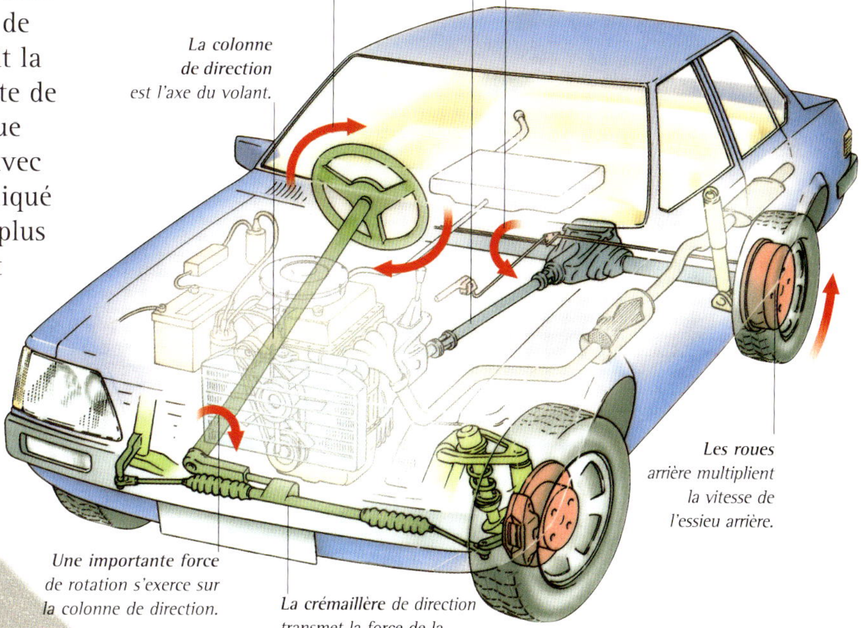


▲ LA ROUE ET SON AXE
Le volant multiplie la force de rotation car il a un diamètre plus grand que celui de la colonne de direction. Il multiplie l'effort du conducteur et fait tourner les roues de la voiture avec plus de force que celle déployée par le conducteur. À l'arrière, les roues motrices multiplient la vitesse : le moteur de la voiture fait tourner l'arbre de transmission et l'essieu arrière ; pour un essieu donné, plus les roues sont grandes, plus la voiture va vite.

# LE PALAN

Un palan se compose d'un cordage et d'une ou plusieurs poulies : il permet de soulever facilement de lourdes charges. Plus les poulies sont nombreuses, moins il faut de force pour soulever la charge, mais plus il y a de cordage à tirer. Le palan permet de soulever des objets avec moins de force, mais le travail total est le même, avec ou sans palan. Les grues soulèvent des charges énormes avec de très gros palans.

◄ LA GRUE GÉANTE

Au lieu de cordages, les grues de très grande taille utilisent de forts câbles d'acier pour lever d'énormes charges. Plusieurs palans sont assemblés pour réduire l'effort nécessaire pour lever de lourdes charges. Le poids de la charge est partagé entre les câbles et donc une force plus faible suffit à soulever la charge.

## LES TYPES DE PALANS

Un palan multiplie plus ou moins la force selon le nombre de poulies qu'il possède. Une poulie simple ne fait que changer la direction de la force. En rajoutant une deuxième poulie, on divise la force par deux mais il faut tirer deux fois plus de cordage pour soulever la charge de la même hauteur.

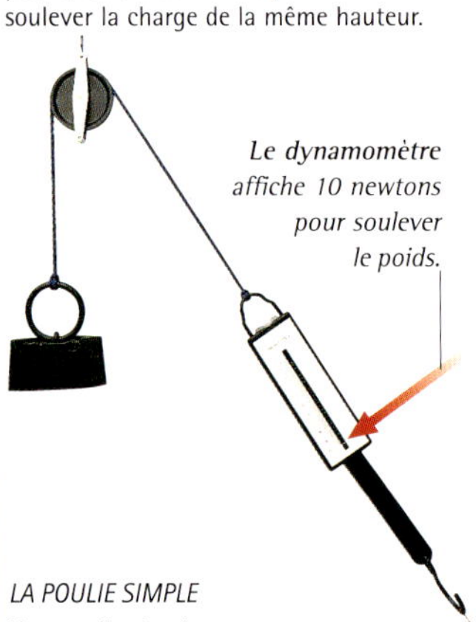



*LA POULIE SIMPLE*

Une poulie simple est une roue que fait tourner un cordage. Elle change simplement la direction de la force. Avec une poulie simple, il faut appliquer une force de 10 newtons pour soulever un poids de 10 newtons.

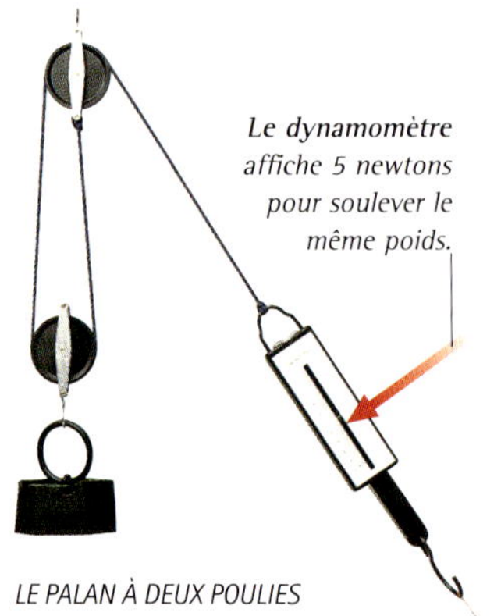



*LE PALAN À DEUX POULIES*

Ce palan a deux poulies et un cordage en double. Il divise par deux l'effort nécessaire pour soulever la charge : 5 newtons suffisent. Mais pour soulever la charge d'un mètre, il faut tirer deux mètres de cordage.

LÉGENDE

1. La poulie supérieure du palan a six roues, appelées réas.
2. Le câble fait six allers et retours, on parle de palan à douze brins.
3. La poulie inférieure compte six réas également.
4. Pour soulever la charge d'un mètre, il faut enrouler douze mètres de câble.

## LA VIS

Une vis pour fixer ensemble deux pièces de bois est une machine simple. Le filetage est conçu pour réduire l'effort qu'il faut pour l'enfoncer dans le bois. Le fait de tourner la vis revient à pousser un objet le long d'une rampe en spirale au lieu d'essayer de le soulever tout droit : cela réduit la force nécessaire mais celle-ci doit être exercée sur une distance plus grande et pendant une durée plus longue.

*Le tournevis tourne en exerçant une force légère de haut en bas.*

◄ LA VIS S'ENFONCE DANS LE BOIS
Quand on tourne la tête d'une vis, la longue gorge en spirale qu'elle porte le long de sa tige s'enfonce dans le bois. Tandis que l'on effectue de nombreux tours avec le tournevis, la vis ne s'enfonce que de quelques millimètres. En revanche, elle agrippe le bois avec une force énorme.

***Il faut de nombreux tours** de tournevis pour enfoncer la vis dans le bois de quelques millimètres **seulement**, mais avec une force importante.*

LA MONTÉE EN LACET ▲
Un plan incliné permet de gravir plus facilement un obstacle. Plus on augmente la distance à parcourir, plus la montée est douce. Il faudrait une voiture extrêmement puissante pour gravir cette côte en ligne droite. En revanche, en empruntant les longs détours de la route en lacet, le chemin jusqu'au sommet est beaucoup plus long, mais le moteur n'a pas à déployer autant de force. Ainsi, la route est comme le filetage d'une vis que l'on aurait déroulé.

## L'ENGRENAGE

Un engrenage comporte deux roues dentées, dont les dents tournent ensemble. L'engrenage multiplie la force de rotation ou la vitesse. Si une roue dentée en entraîne une autre qui a davantage de dents, celle qui en a le plus tourne plus lentement mais avec une force plus grande. Si une roue en entraîne une autre qui a moins de dents, cette dernière tourne avec moins de force mais plus vite.

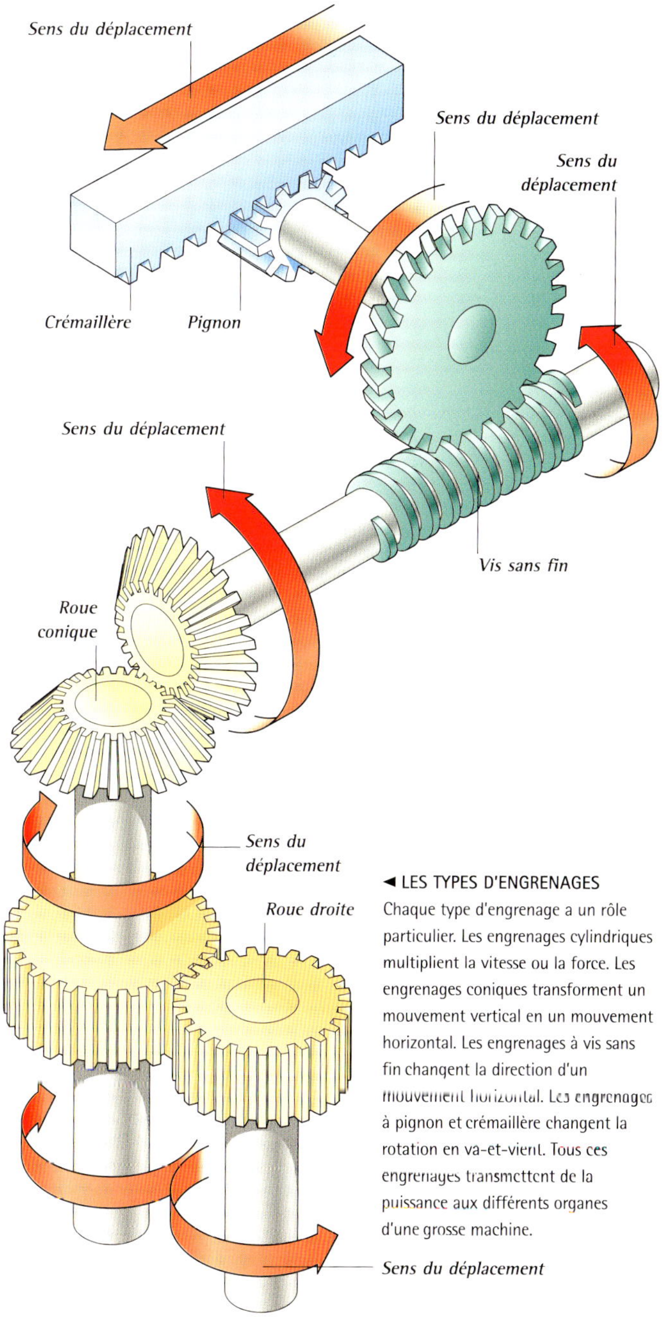


◄ LES TYPES D'ENGRENAGES
Chaque type d'engrenage a un rôle particulier. Les engrenages cylindriques multiplient la vitesse ou la force. Les engrenages coniques transforment un mouvement vertical en un mouvement horizontal. Les engrenages à vis sans fin changent la direction d'un mouvement horizontal. Les engrenages à pignon et crémaillère changent la rotation en va-et-vient. Tous ces engrenages transmettent de la puissance aux différents organes d'une grosse machine.

POUR EN SAVOIR PLUS ⏭ Les forces 64 • Les machines 88 • Le mouvement 70 • Les véhicules à moteur 93 • Le travail 78

# LES MOTEURS

Beaucoup de machines modernes sont propulsées par des moteurs. Ces derniers produisent du mouvement en consommant un carburant. En brûlant, celui-ci crée de l'énergie thermique qui est transformée en énergie mécanique. Dans un moteur de voiture ou de moto, la puissance vient des pistons et des cylindres. Dans un avion à réaction, elle vient des gaz brûlants qui sortent à grande vitesse de la TURBINE. Les moteurs produisent des gaz polluants.

L'INTÉRIEUR D'UN MOTEUR DE VOITURE ►
Un moteur de voiture tire son énergie de la combustion du carburant dans l'enceinte fermée des cylindres. En brûlant, l'essence produit des gaz très chauds qui poussent les pistons vers le bas. En descendant, ceux-ci font tourner le vilebrequin, qui entraîne les roues. Le moteur ci-contre a quatre cylindres. Chacun produit son énergie à un moment différent des autres, pour que le vilebrequin tourne de façon régulière.

LES PIÈCES DU MOTEUR

1. Le carburant brûle dans le cylindre et produit l'énergie.
2. Le piston comprime le carburant, la bougie l'enflamme.
3. La bielle monte et descend et fait tourner le vilebrequin dessous.
4. Les gaz brûlés sortent par le collecteur d'échappement.

LE MOTEUR À QUATRE TEMPS

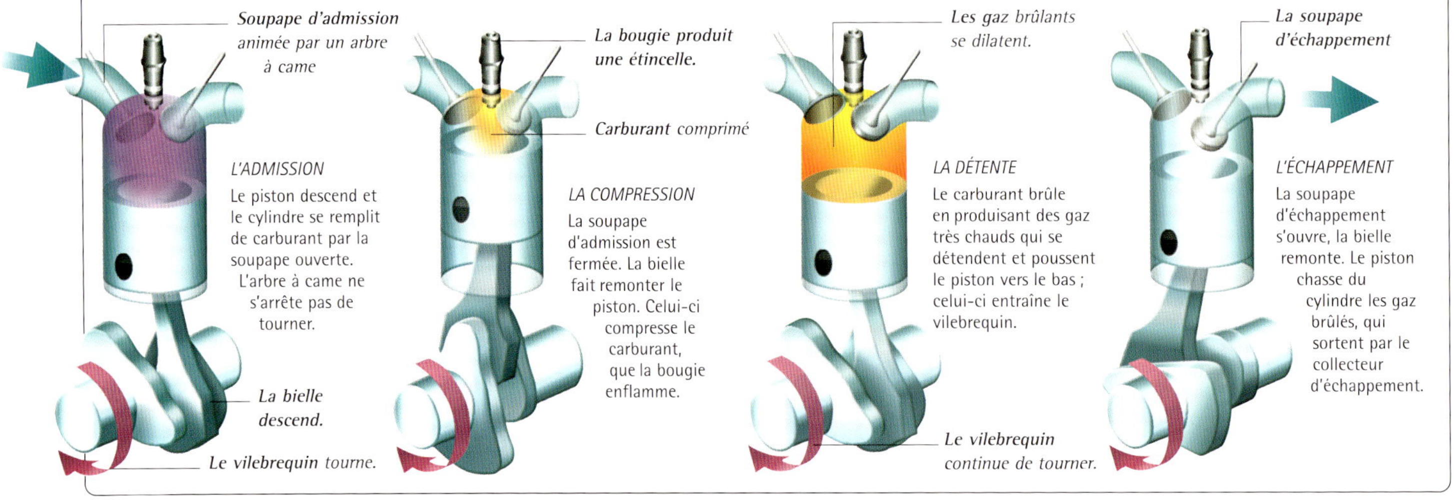


*L'ADMISSION*
Le piston descend et le cylindre se remplit de carburant par la soupape ouverte. L'arbre à came ne s'arrête pas de tourner.

*LA COMPRESSION*
La soupape d'admission est fermée. La bielle fait remonter le piston. Celui-ci compresse le carburant, que la bougie enflamme.

*LA DÉTENTE*
Le carburant brûle en produisant des gaz très chauds qui se détendent et poussent le piston vers le bas ; celui-ci entraîne le vilebrequin.

*L'ÉCHAPPEMENT*
La soupape d'échappement s'ouvre, la bielle remonte. Le piston chasse du cylindre les gaz brûlés, qui sortent par le collecteur d'échappement.

# LES TURBINES

Les turbines sont des machines qui utilisent l'énergie d'un liquide ou d'un gaz en mouvement. Les premières turbines furent les moulins. Leurs ailes et leurs aubes profitaient du mouvement du vent et de l'eau. Les turbines ont toujours un rôle important, surtout dans les centrales électriques et les avions à réaction.

◄ LE TURBORÉACTEUR
Un moteur d'avion à réaction comprend une ou plusieurs grandes roues à ailettes à l'avant. Celles-ci compriment l'air. Le carburant est injecté dans la chambre de combustion et brûle en produisant des gaz très chauds. Ces gaz se dilatent et font tourner la turbine, laquelle entraîne les roues à ailettes du compresseur. La force des gaz qui jaillissent à l'arrière du moteur propulse l'avion vers l'avant.

POUR EN SAVOIR PLUS ⏭ Les avions 97 • La dynamique 66 • L'énergie 76 • Les sources d'énergie 86 • La pollution 250

# LES VÉHICULES À MOTEUR

Les véhicules terrestres ont différents types de moteurs. Les voitures et les motos ont des moteurs à essence. Les camions, et certaines automobiles, ont des moteurs Diesel, qui compriment davantage l'air et le carburant et produisent plus de puissance que les voitures à essence. Tous ces moteurs polluent : la VOITURE ÉLECTRIQUE est plus propre.

*La citerne contient une lourde charge liquide, gazeuse ou en poudre.*

*Les roues sont grosses pour répartir la lourde charge.*

*Le capot et la cabine profilés réduisent la résistance de l'air.*

◄ LE SCOOTER À CARÉNAGE INTÉGRAL
Le scooter ci-contre a un petit moteur à essence sous le siège du conducteur. C'est la roue arrière qui est motrice. Des engrenages augmentent la vitesse de la moto en ligne droite, et sa puissance en montée. Le guidon est un double levier qui permet de tourner la roue avant pour prendre un virage. Le toit protège des intempéries et des chutes.

▲ LE CAMION SEMI-REMORQUE À MOTEUR DIESEL
Les camions ont de gros moteurs Diesel qui produisent plus de puissance que les moteurs de voiture, mais ils consomment plus de carburant et polluent davantage en émettant notamment des particules. Un camion est plus lourd et se déplace avec une plus grande quantité de mouvement qu'une voiture roulant à la même vitesse. C'est pourquoi le camion doit avoir des freins beaucoup plus puissants, et il lui faut plus de distance pour s'arrêter.

## LA VOITURE ÉLECTRIQUE

La voiture électrique n'utilise ni moteur à explosion ni essence. Elle a des batteries ou une pile à combustible. Les batteries sont rechargées périodiquement, à partir du secteur ou d'un groupe électrogène. La pile à combustible fonctionne différemment. Comme un moteur à explosion, elle est alimentée par du carburant, en général de l'hydrogène gazeux. Comme la batterie, elle produit un courant électrique, qui entraîne son moteur.

*Les panneaux solaires transforment les rayons du Soleil en puissance pour faire tourner le moteur électrique.*

▲ LA VOITURE SOLAIRE
Nuna II est la voiture solaire la plus rapide du monde : 160 km/h. Elle est en matière plastique et couverte de panneaux solaires qui transforment l'énergie du Soleil en électricité et la stockent dans des batteries pour permettre à la voiture de rouler un moment à l'ombre. La carrosserie, les panneaux solaires et les batteries furent mis au point initialement pour des vaisseaux spatiaux.

*Le moteur à essence est utilisé sur route.*

*Le moteur électrique et l'alternateur servent en ville.*

*Des câbles transmettent la puissance de la batterie au moteur électrique.*

*La batterie stocke l'énergie du moteur à essence et du freinage sous forme d'électricité.*

◄ UNE VOITURE HYBRIDE
Les moteurs à essence conviennent pour circuler à vitesse constante sur route. Les moteurs électriques conviennent aux arrêts fréquents en ville. La vitesse maximum d'un moteur électrique est plus faible que celle d'un moteur à essence. Les voitures hybrides ont un moteur à essence et un moteur électrique. La voiture passe automatiquement de l'un à l'autre selon les conditions de circulation.

POUR EN SAVOIR PLUS ▸▸ Le moteur électrique 136 • L'électricité 126 • L'énergie 76 • Les moteurs 92 • Le travail 78

# LES DIRIGEABLES

Quand un objet comme un bateau ou un ballon repose dans un fluide – liquide ou gaz – il lui faut déplacer une certaine quantité de ce fluide pour y prendre place. Le poids de l'objet le tire vers le bas. Mais la pression du fluide sur ses parois le pousse vers le haut avec une force que l'on appelle la flottabilité. Si la flottabilité est inférieure au poids, l'objet va COULER ; dans le cas contraire, il flotte.

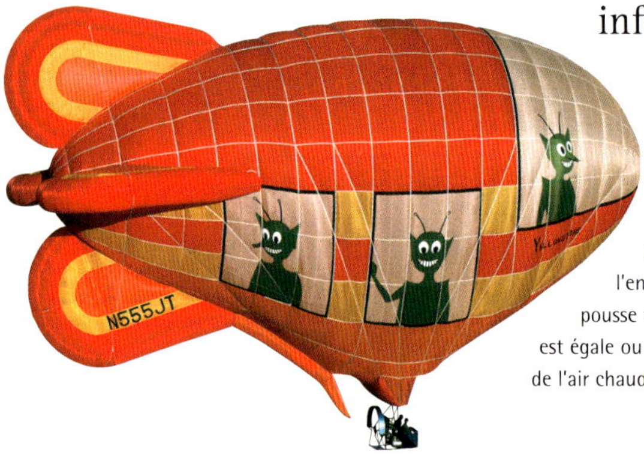


◄ LE BALLON VOLE
L'air chaud étant moins dense que l'air froid, l'air chaud contenu dans le ballon dirigeable pèse moins que le même volume d'air froid. Le poids du dirigeable l'entraîne vers le bas alors que l'air qui entoure le ballon le pousse vers le haut par la poussée d'Archimède. Cette poussée est égale ou supérieure au poids total du dirigeable, de la nacelle et de l'air chaud, le dirigeable « flotte » : il vole.

LE BATEAU FLOTTE ►
Quand un bateau est à l'eau, il déplace une certaine quantité d'eau. Le poids du bateau l'enfonce dans l'eau tandis que l'eau pousse le bateau vers le haut par la poussée d'Archimède. Le bateau flotte si la flottabilité est plus grande que son poids.

*ARCHIMÈDE*
*Grec, 287–212 AV. J.-C.*
*Archimède est resté célèbre pour avoir compris qu'un objet qui flotte déplace son propre poids du fluide en question. D'après la légende, il aurait compris cela dans son bain. Au moment d'entrer dans sa baignoire, il la fit déborder. Il s'aperçut que le poids d'eau renversée était le même que son poids à lui. C'est le principe d'Archimède.*

## COULER

Tous les objets ne flottent pas. Un morceau de bois flotte sur l'eau, alors qu'un morceau de fer de la même taille coule. C'est parce que le morceau de bois pèse moins que son volume d'eau : donc il flotte sur l'eau. En revanche, le fer est beaucoup plus dense que le bois et que l'eau. Un lingot de fer pèse donc plus que son volume en eau. C'est pourquoi il coule dans l'eau.

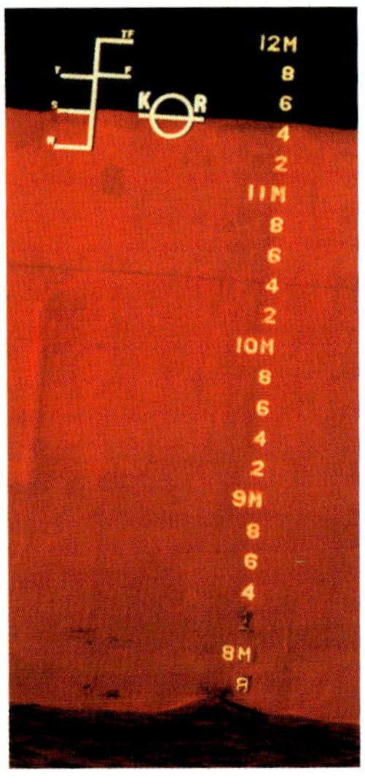


◄ LE DISQUE DE FRANC-BORD
Plus un navire est chargé, plus il s'enfonce. À charge égale, un navire déplace plus ou moins d'eau selon la densité de celle-ci. Cette densité varie avec la température et la salinité. Les navires portent sur leur paroi ce que l'on appelle le disque de franc-bord, qui montre le poids de la cargaison qu'ils peuvent transporter.

*La vessie natatoire permet au poisson de monter vers la surface ou de descendre en profondeur.*

◄ LA VESSIE NATATOIRE
Certains poissons peuvent monter ou descendre plus ou moins profondément grâce à leur vessie natatoire. C'est un organe interne qu'ils peuvent remplir de gaz à leur gré pour alléger leur corps afin de monter vers la surface. S'ils font le contraire, leur corps devient plus lourd et ils coulent.

POUR EN SAVOIR PLUS ⏭ La dynamique 66 • Les poissons 300 • Le vol 96 • Les forces 64 • La pression 74

*Le poids du bateau le tire vers le bas à cause de la force de gravité.*

*L'eau déplacée cède la place à la masse du navire sous la surface de l'eau.*

*La poussée d'Archimède pousse le navire vers le haut et lui permet de flotter.*

# LES NAVIRES

Les bateaux flottent mais ils s'enfoncent dans l'eau. Cela crée une traînée due à la résistance de l'eau à la progression du navire. L'étrave à l'avant du bateau, en forme de V, est inclinée afin de se soulever quand le bateau va plus vite, ce qui réduit la traînée. Les bateaux sont propulsés par des voiles, des avirons ou des hélices entraînées par un ou plusieurs moteurs. Les hélices chassent l'eau vers l'arrière et cette poussée fait avancer le bateau vers l'avant.

▼ L'HYDROGLISSEUR

L'hydroglisseur est un bateau très rapide qui semble survoler la surface de l'eau. Il possède de petites ailes sous-marines. Celles-ci se comportent comme celles d'un avion. Quand le bateau prend de la vitesse, elles produisent une poussée vers le haut appelée portance, qui fait sortir la carène de l'eau. Cela réduit la traînée et permet à l'hydroglisseur d'accélérer encore.

*L'étrave en V réduit la traînée à faible vitesse.*

*Les ailes de l'hydroglisseur soulèvent la coque de l'eau.*

*Les hélices tournent pour propulser le bateau à grande vitesse.*

## LE SOUS-MARIN

Un sous-marin peut flotter à la surface ou s'enfoncer dans l'eau et parfois se poser au fond de la mer. Pour cela, il utilise des ballasts qui fonctionnent comme la vessie natatoire du poisson. Quand les ballasts sont pleins d'eau, le sous-marin plonge. Quand ils sont remplis d'air, il vient à la surface. Un sous-marin choisit sa profondeur en dosant la quantité d'air et d'eau qu'il admet dans ses ballasts.

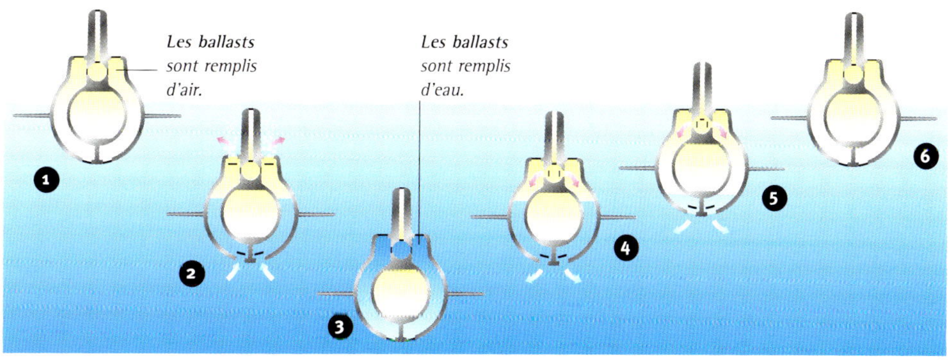


COMMENT UN SOUS-MARIN PLONGE OU FAIT SURFACE

1. Les ballasts sont remplis d'air. Le sous-marin flotte à la surface.
2. On ouvre les ballasts : l'eau entre et chasse l'air. Le sous-marin commence à plonger.
3. Quand les ballasts sont pleins d'eau, le sous-marin coule jusqu'au fond.
4. On injecte de l'air comprimé dans les ballasts. L'eau est chassée. Le sous-marin se soulève.
5. Quand le dosage d'air et d'eau est le bon, le sous-marin flotte entre deux eaux.
6. On remplit complètement les ballasts avec de l'air. Le sous-marin remonte de nouveau à la surface.

POUR EN SAVOIR PLUS ⏭ Les avions 97 • Les dirigeables 94 • Le frottement 68 • La pression 74

# LE VOL

Un objet ou un animal qui vole triomphe de la gravité et se maintient en l'air. Les oiseaux et les avions volent grâce à des ailes profilées qui produisent une force dirigée vers le haut appelée la portance. Les oiseaux, en battant des ailes, créent une portance et se propulsent en avant. Les ailes des avions produisent leur portance, mais il leur faut des moteurs pour se déplacer vers l'avant.

◄ LES FORCES EN JEU
Quatre forces agissent sur un avion en vol. Le moteur produit la poussée, qui propulse l'avion vers l'avant tandis que l'air oppose une résistance en sens inverse, la traînée. Quand l'avion se déplace vers l'avant, l'aile profilée crée une portance. Pour tenir l'air, l'avion doit voler assez vite pour que la portance soit au moins égale à son poids, lequel est causé par la force de gravité.

LE PROFIL AÉRODYNAMIQUE ►
Une aile crée une portance grâce à sa forme recourbée, aérodynamique. Quand l'aile se déplace vers l'avant, l'air est obligé d'aller plus vite en passant au-dessus de sa face supérieure, qui est courbe, qu'en longeant sa face inférieure, qui est plate. Ceci diminue la pression régnant au-dessus de l'aile et crée une force dirigée vers le haut, qui annule le poids de l'avion. Le profil aérodynamique crée également une résistance, la traînée, qui freine l'avion.

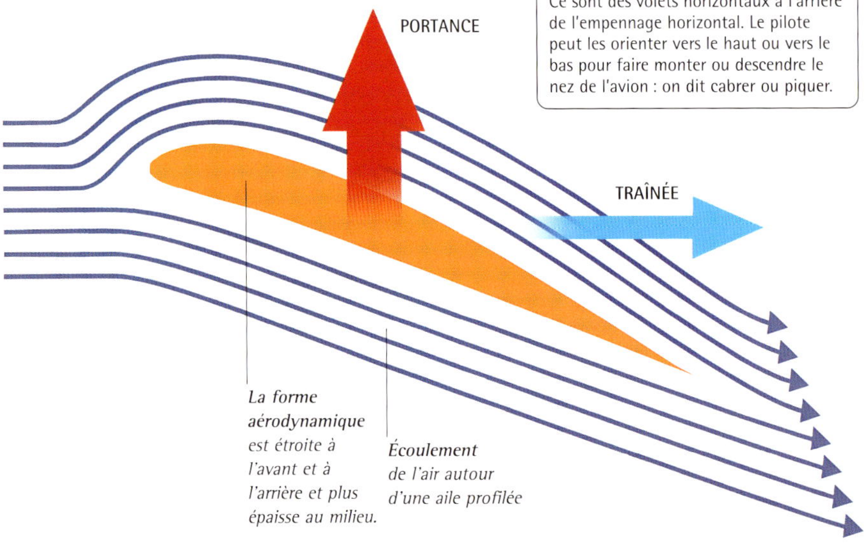


## LES COMMANDES DE VOL

On pilote un avion en agissant sur ses ailerons, sa gouverne de direction et ses gouvernes de profondeur. Ce sont des volets orientables intégrés dans les ailes et dans la queue de l'avion.

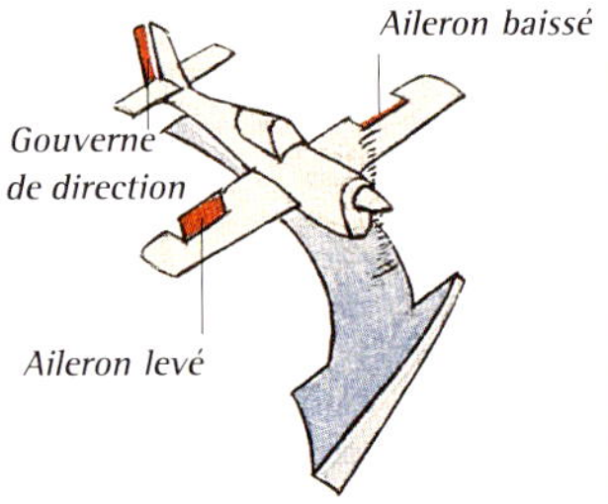


*LES AILERONS*
Le pilote peut faire pencher l'avion de côté en se servant des ailerons. Par exemple, il tourne vers la droite en levant l'aileron droit et en baissant l'aileron gauche. Cela augmente la portance de l'aile gauche et réduit celle de l'aile droite. L'avion penche vers la droite et tourne dans le même sens.

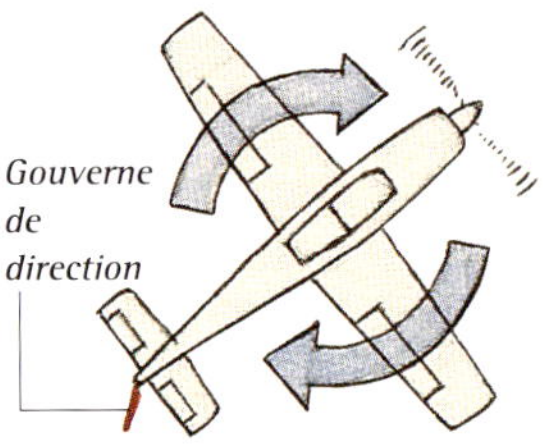


*LA GOUVERNE DE DIRECTION*
La gouverne de direction est un volet vertical à l'arrière du plan fixe vertical. Le pilote peut faire pivoter l'avion d'un côté ou de l'autre pour le faire tourner vers la droite ou la gauche sans l'incliner.

*LES GOUVERNES DE PROFONDEUR*
Ce sont des volets horizontaux à l'arrière de l'empennage horizontal. Le pilote peut les orienter vers le haut ou vers le bas pour faire monter ou descendre le nez de l'avion : on dit cabrer ou piquer.

POUR EN SAVOIR PLUS ►► Les avions 97 • Les oiseaux 303 • Les forces 64 • Le frottement 68 • La gravité 72 • La pression 74

# LES AVIONS

Les avions et les HÉLICOPTÈRES sont des aéronefs. Ces machines décollent du sol et volent grâce à leurs moteurs et à leurs ailes profilées. Les avions ont soit des moteurs à piston et des hélices, soit des moteurs à réaction. Ces derniers consomment beaucoup de carburant et ont une poussée énorme qui leur permet d'aller très vite. Plus un avion va vite, plus la portance de ses ailes est grande.

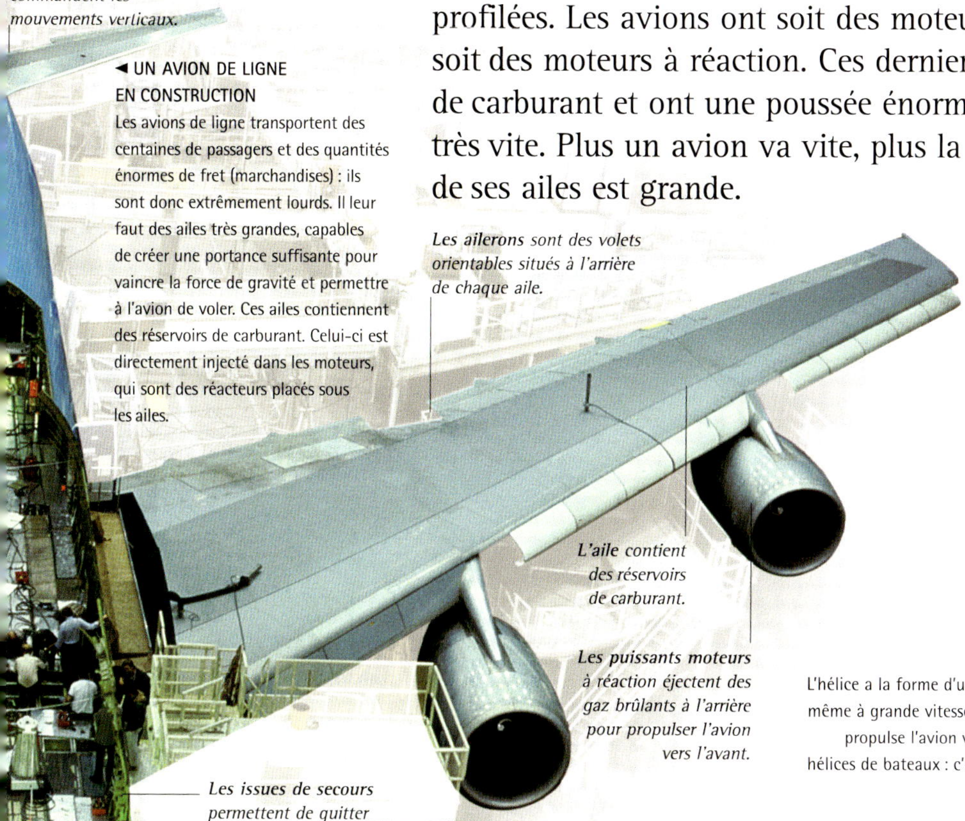


◄ UN AVION DE LIGNE EN CONSTRUCTION
Les avions de ligne transportent des centaines de passagers et des quantités énormes de fret (marchandises) : ils sont donc extrêmement lourds. Il leur faut des ailes très grandes, capables de créer une portance suffisante pour vaincre la force de gravité et permettre à l'avion de voler. Ces ailes contiennent des réservoirs de carburant. Celui-ci est directement injecté dans les moteurs, qui sont des réacteurs placés sous les ailes.

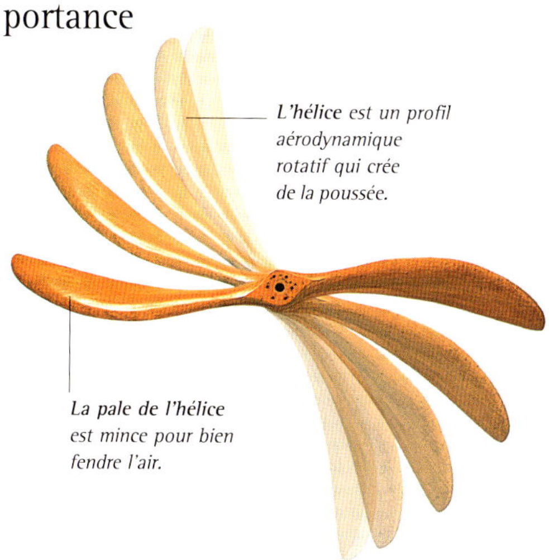


UNE HÉLICE EN BOIS ▲
L'hélice a la forme d'une spirale ; entraînée par un moteur, elle tourne sur elle-même à grande vitesse. Elle crée ainsi un violent courant d'air vers l'arrière qui propulse l'avion vers l'avant. Les hélices d'avion tournent plus vite que les hélices de bateaux : c'est parce que les avions ont besoin d'aller beaucoup plus vite pour créer la portance qui les maintient en l'air.

## L'HÉLICOPTÈRE

Ce type d'appareil crée sa portance et sa poussée grâce à une hélice immense, le rotor. Le rotor a plusieurs pales dont chacune est profilée. Quand elle tourne, elle crée une portance qui équilibre le poids de l'hélicoptère et le soulève en l'air. Le pilote peut déplacer l'hélicoptère vers l'avant, vers l'arrière ou de côté en modifiant légèrement l'inclinaison des pales du rotor.

▼ L'HÉLICOPTÈRE EN VOL STATIONNAIRE
Quand l'hélicoptère reste en l'air sans bouger, la portance de son rotor est exactement égale et de sens contraire à son poids. Un avion peut voler à une altitude constante mais ne peut pas rester au même endroit. Il doit se déplacer vers l'avant en permanence pour que ses ailes créent la portance qui lui permet de voler.

# L'ONDE

Beaucoup d'énergies se déplacent sous forme d'ondes. Les ondes sonores transmettent les bruits dans l'air, jusqu'à nos oreilles. Les **ONDES SISMIQUES** se déplacent dans le sol et provoquent des tremblements de terre. La lumière, la chaleur, la radio et les énergies analogues sont portées par différentes ondes qui font partie du **SPECTRE ÉLECTROMAGNÉTIQUE**. Certaines ondes ont besoin d'un milieu pour se déplacer, ce milieu vibre quand les ondes le traversent mais ne se déplace pas dans la direction de l'onde.

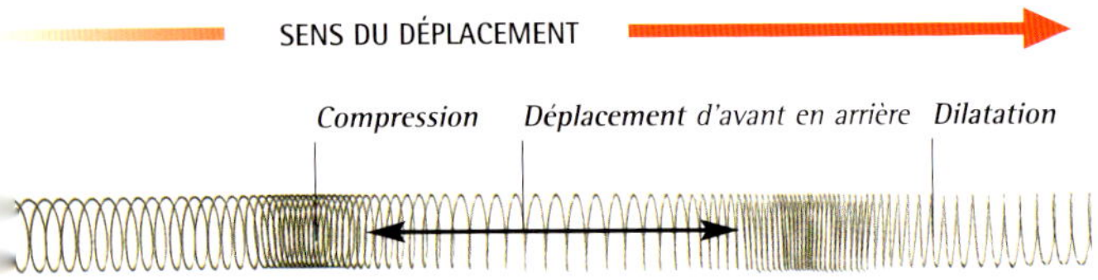


▲ L'ONDE LONGITUDINALE
Supposons que l'on attache un ressort par une extrémité et que l'on tire et pousse l'autre extrémité dans le sens de sa longueur. À certains endroits du ressort, il y aura des compressions – les spires du ressort se tassent – et à d'autres, il y aura des dilatations, des étirements. Compressions et dilatations se déplacent le long du ressort en transportant de l'énergie. Ce type d'onde s'appelle onde longitudinale ou onde de compression.

*HEINRICH HERTZ*
*Allemand, 1857-1894*
*En 1887, le physicien Heinrich Hertz fut le premier à prouver que les ondes transportent de l'énergie électromagnétique d'un endroit à un autre. Cette découverte majeure a conduit au développement de la radio et de la télévision. Hertz n'a pas vécu assez vieux pour voir les applications de sa découverte : il est mort en 1894 à l'âge de 36 ans.*

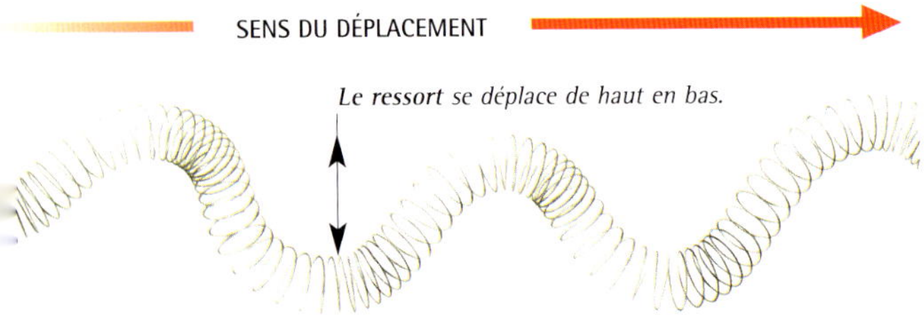


▲ L'ONDE TRANSVERSALE
Supposons que l'on fixe le ressort à une extrémité et que l'on agite l'autre de haut en bas. L'énergie se déplace sur toute la longueur du ressort en formant des vagues en S : le déplacement de l'énergie se fait de gauche à droite alors que le ressort se déplace de haut en bas. C'est ce que l'on appelle une onde transversale.

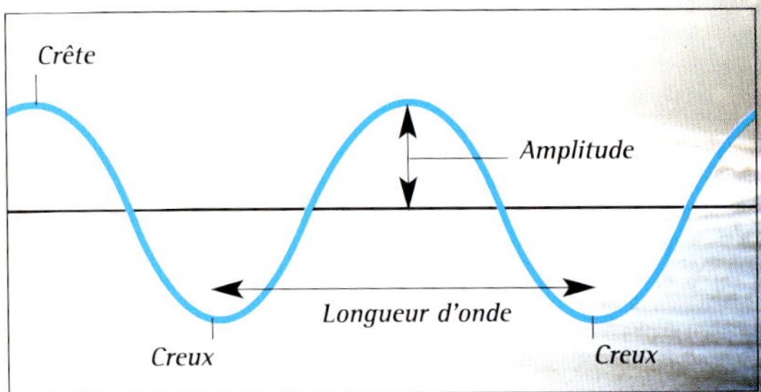


▲ LA MESURE DES ONDES
Chaque onde se définit par trois mesures. L'amplitude est la hauteur d'une crête ou d'un creux. La longueur d'onde est la distance qui sépare deux crêtes ou deux creux, tandis que la fréquence est le nombre d'ondes qui passent en une seconde. L'amplitude et la longueur d'onde se mesurent en mètres. La fréquence se mesure en hertz (Hz) : un hertz équivaut à une onde par seconde.

LES VAGUES OCÉANIQUES ▼
Quand les vagues de l'océan s'écrasent sur la côte, elles libèrent une grande quantité d'énergie. Les vagues de l'océan sont des ondes transversales qui transportent une énergie considérable à la surface de la mer, en se déplaçant de haut en bas. Une vague de 3 m transporte assez d'énergie pour allumer 1 000 ampoules sur chaque mètre de sa longueur.

# LE SPECTRE ÉLECTROMAGNÉTIQUE

La radio, la télévision, le téléphone portable et le radar utilisent des signaux formés d'ondes électromagnétiques. Celles-ci transportent à la vitesse de la lumière de l'énergie électrique et magnétique. La lumière visible en est une variété. Chaque type d'onde électromagnétique se distingue par sa fréquence et sa longueur d'onde. À elles toutes, elles forment le spectre électromagnétique.

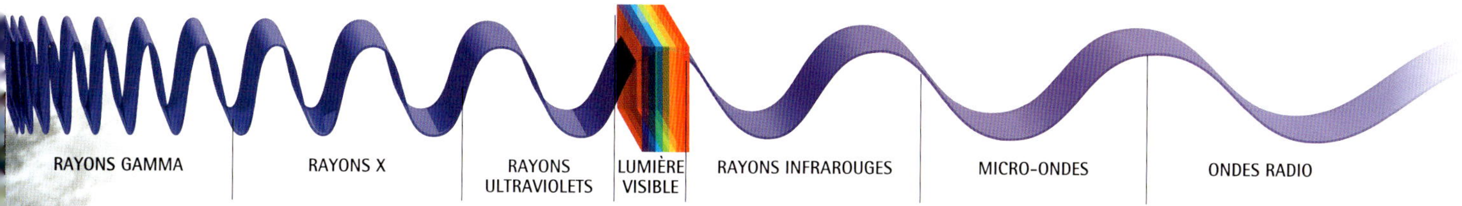

▲ LES RAYONS GAMMA
ls sont produits par la radioactivité. Ils ont une ongueur d'onde courte et donc une haute fréquence ; ls transportent beaucoup d'énergie. Ils sont dangereux et source de cancer pour les hommes et les animaux.

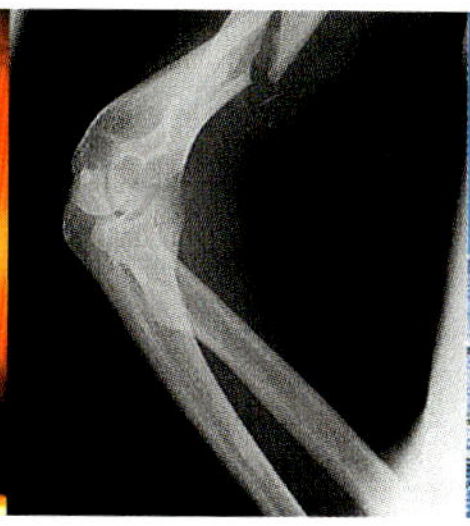

▲ LES RAYONS X
Les rayons X sont des ondes de haute énergie qui traversent tous les organes sauf les os. En médecine, la photographie sous rayons X sert à contrôler l'état des os des patients. À forte dose, les rayons X sont nocifs.

▲ LES RAYONS ULTRAVIOLETS
Ces ondes invisibles sont plus courtes que la lumière violette et transportent davantage d'énergie. Les lunettes de soleil et les crèmes solaires protégent les yeux et la peau de ce rayonnement.

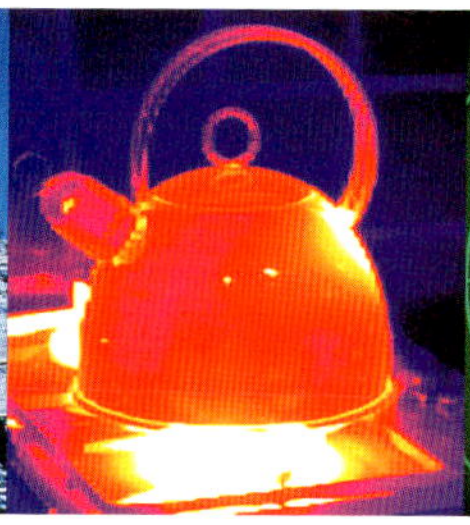

▲ LES RAYONS INFRAROUGES
Les rayons IR ont des ondes plus longues que la lumière de couleur rouge. Les IR sont invisibles, mais on en sent la chaleur. L'énergie thermique, transmise par radiation, se déplace avec des ondes IR.

▲ LE RADAR
Le radar permet la localisation des avions et des navires, grâce à certaines ondes radio appelées micro-ondes. Elles ont une longueur d'onde bien plus importante que la lumière visible. Les micro-ondes servent aussi en cuisine.

▲ LES ONDES RADIO
Les ondes radio sont les plus longues du spectre. Elles transportent autour de la Terre les signaux radio et télévision. Les radiotélescopes reçoivent les ondes radio du fond de l'univers, leur étude est une branche de l'astronomie.

# LES ONDES SISMIQUES

Quand l'énergie prisonnière des profondeurs de la Terre se libère brusquement, elle remonte à la surface en ondes de choc énormes, dites sismiques, dont l'énergie peut atteindre celle de milliers de bombes atomiques.Ces ondes se déplacent le long des failles, points faibles des couches rocheuses, avec de violentes secousses.

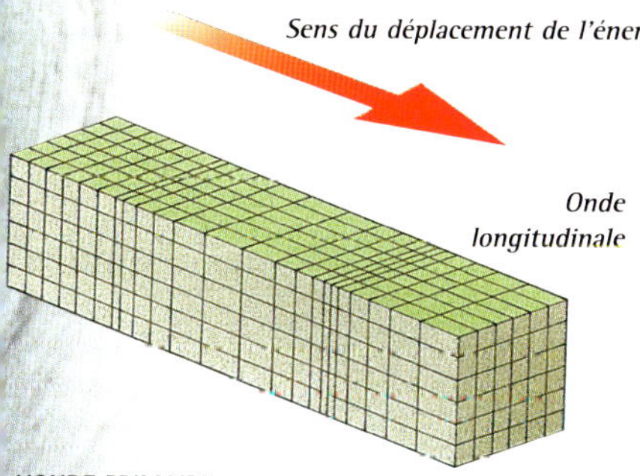


L'ONDE PRIMAIRE
ertaines ondes sismiques sont des ondes ngitudinales, dites ondes de compression ; on les ppelle les ondes primaires ou ondes P. Elles font des égâts en secouant les objets d'avant en arrière dans sens de déplacement de l'onde. Les ondes P se éplacent à une vitesse de 25 000 km/h à l'intérieur e la Terre.

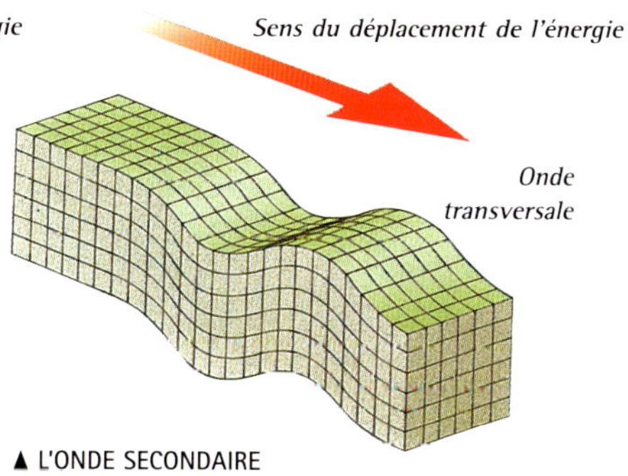


▲ L'ONDE SECONDAIRE
Après les ondes P arrivent les ondes S, qui sont des ondes sismiques transversales. Elles secouent les roches de haut en bas ou latéralement au fur et à mesure de leur progression, ce qui cause des mouvements de torsion et de cisaillement. Les ondes S se déplacent dans la croûte terrestre deux fois plus lentement que les ondes P mais ne traversent pas le noyau terrestre.

LE TREMBLEMENT DE TERRE ▲
Les tremblements de terre tuent une dizaine de milliers de personnes chaque année. Ci-dessus, un des pires jamais enregistrés : celui de Mexico, en 1985. Aujourd'hui, certaines villes ont des bâtiments antisismiques, capables d'osciller sans s'effondrer.

OUR EN SAVOIR PLUS ⏭ Les tremblements de terre 210 • La chaleur 80 • La lumière 110 • La radio 143 • La radioactivité 84 • Le son 100

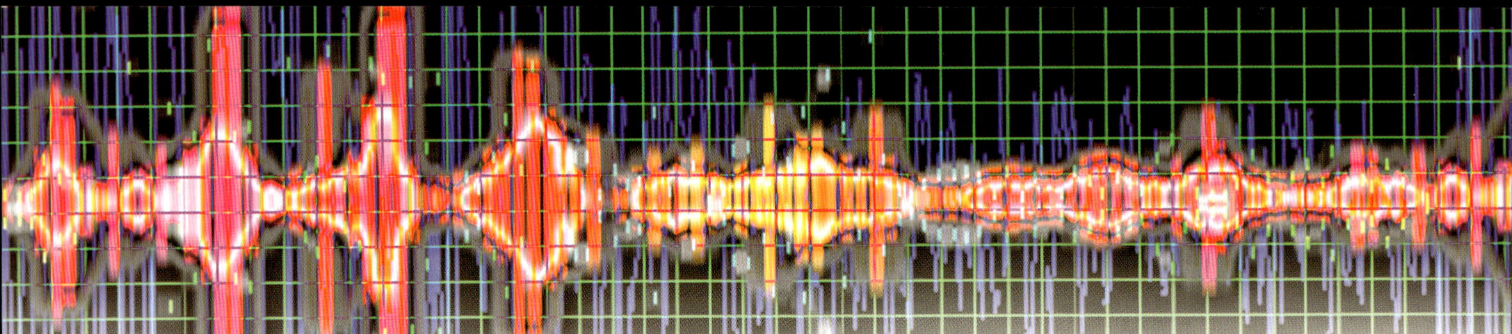

L'EMPREINTE VOCALE INDIVIDUELLE ▲
La voix de chaque personne est unique : elle se compose d'ondes sonores au profil caractéristique, l'empreinte vocale individuelle. Ce profil peut s'afficher sur un écran d'oscilloscope, et permet d'identifier la personne avec certitude, comme ses empreintes digitales.

# LE SON

Que serait le monde sans les sons ? Calme certes, mais comment se passer de la parole, de la musique ou des chants d'oiseaux ? Le son est l'énergie que produisent les objets quand ils vibrent. Cette énergie se déplace à grande VITESSE dans l'air, l'eau et les autres milieux, sous forme d'ondes sonores. Quand les ondes sonores nous atteignent, elles font vibrer nos tympans, à l'intérieur de nos oreilles. Le cerveau reconnaît ces vibrations comme des sons émis par différentes sources.

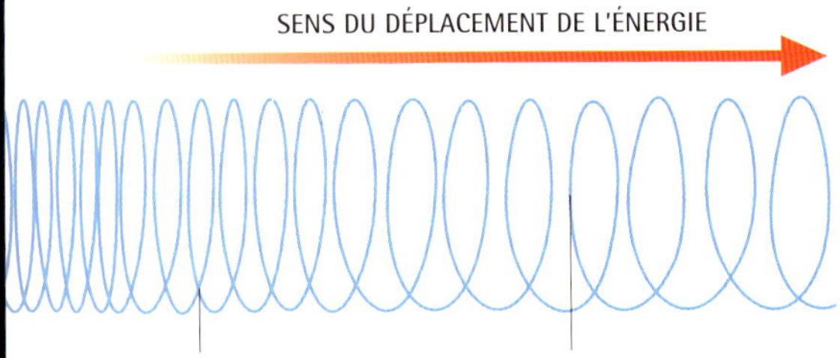


◄ L'ONDE SONORE
L'énergie sonore se déplace dans l'air sous forme d'ondes. Quand un réveil sonne, les molécules d'air voisines vibrent. Elles bougent et transmettent leur mouvement à leurs voisines et, de proche en proche, l'énergie ondulatoire rayonne à partir du réveil. L'onde sonore progresse sous la forme de zones alternées de compression – où les molécules d'air sont serrées – et de dilatation – où les molécules d'air s'éloignent les unes des autres.

▲ UNE CONVERSATION DANS L'ESPACE
Les astronautes ne peuvent discuter dans l'espace comme ils le feraient sur Terre, quelle que soit la puissance de leurs cris. Il n'y a pas d'air dans l'espace : donc pas de milieu dans lequel les ondes sonores puissent se propager. Dans le silence éternel de ces espaces infinis, les cosmonautes sont obligés de communiquer par radio : ils ont un micro et des écouteurs dans leur casque.

▼ UNE SOURCE D'ONDE
Quand un réveil sonne, les vibrations de sa sonnerie produisent des ondes sonores qui se déplacent dans l'air et atteignent rapidement nos oreilles. S'il n'y avait pas d'air, il n'y aurait pas de milieu pour porter les ondes sonores : nous n'entendrions pas le réveil. Le son a toujours besoin d'un milieu pour se propager : ce peut être l'air, l'eau, le bois, le métal, etc.

*__Le réveil__ crée des ondes sonores qui partent dans toutes les directions.*

*Le lièvre a des __oreilles__ à large pavillon qui canalisent le son jusqu'à ses tympans.*

LE LIÈVRE A L'OUÏE FINE ►
Grâce à ses vastes pavillons, cet animal capte les ondes sonores les plus faibles. Il peut d'ailleurs les tourner vers la source du bruit. À l'intérieur de sa tête, la partie interne de l'oreille transforme les ondes sonores en signaux que le cerveau peut interpréter. Si nous n'avions pas d'oreilles, nous n'entendrions rien.

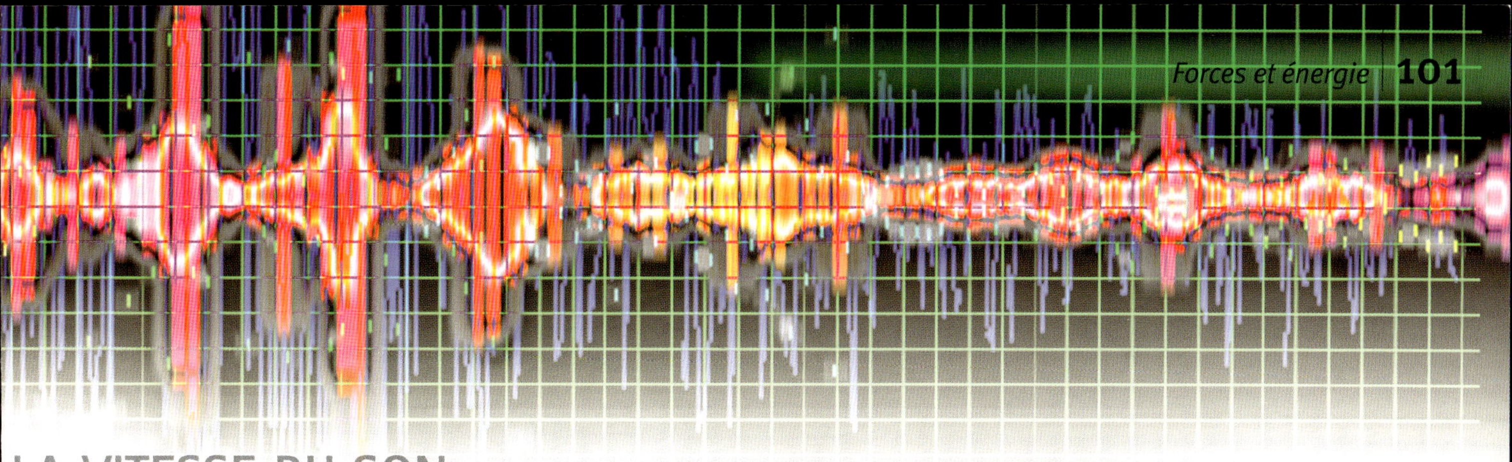

# LA VITESSE DU SON

Le son va plus vite dans certains milieux que dans d'autres. Dans l'air sec à 0 °C, le son se déplace à 1 190 km/h. Il va plus vite dans l'air chaud, moins vite dans l'air froid. Il se déplace quatre fois plus vite dans l'eau que dans l'air. Les milieux denses, dont les molécules sont étroitement serrées les unes contre les autres, transmettent le son plus vite que les matériaux légers.

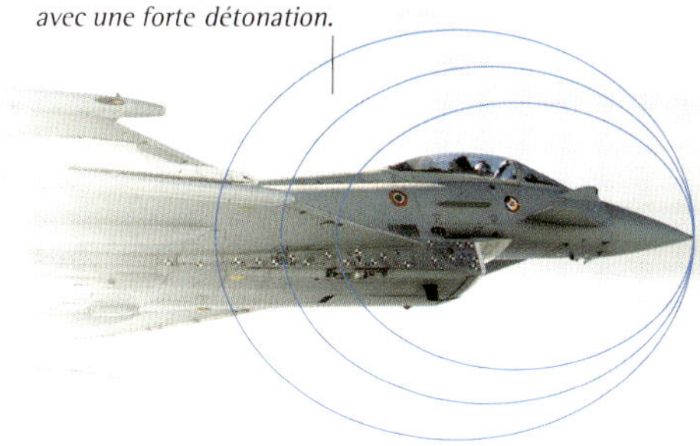

MOINS VITE QUE LE SON ▲
Un avion envoie des ondes sonores dans toutes les directions. Tant que l'avion se déplace à vitesse subsonique – c'est-à-dire moins vite que la vitesse du son – il y a des ondes sonores qui partent de l'avion vers l'avant. Si on lève la tête en entendant passer un avion à vitesse subsonique, on le voit là où on s'y attend.

À LA VITESSE DU SON ▲
Quand un avion atteint la vitesse du son – ce que l'on appelle le mur du son – il rattrape ses propres ondes sonores. Les ondes sonores se tassent devant lui et cela produit une forte détonation. Les personnes au sol entendent le bruit d'une explosion retentissante qui semble passer sur eux.

PLUS VITE QUE LE SON ▲
Quand l'avion vole à vitesse supersonique – c'est-à-dire plus vite que le son – il devance ses propres ondes sonores. Quand on observe dans le ciel un avion qui passe plus vite que le son, le bruit qu'il fait semble venir d'une certaine distance derrière lui. Le spectateur n'entend l'avion qu'une fois celui-ci passé.

LE CHANT DES BALEINES ►
Les baleines communiquent entre elles grâce à des bruits graves qui ressemblent à des gémissements de basse fréquence. Ces sons portent très loin dans l'eau : les baleines peuvent se faire entendre à des centaines et même des milliers de kilomètres. Les dauphins en revanche communiquent à distance plus réduite en échangeant des sortes de cliquetis de haute fréquence.

POUR EN SAVOIR PLUS ⏭ L'onde 98 • L'ouïe 347 • Les décibels 102 • La fréquence sonore 103 • La reproduction sonore 108

# LES DÉCIBELS

Certains bruits sont si forts qu'ils font mal aux oreilles ; d'autres sont si faibles qu'on risque de ne pas les entendre. Les objets qui vibrent beaucoup, comme les moteurs de voiture, émettent un son plus fort parce que leurs ondes sonores transmettent davantage d'énergie. La quantité d'énergie transmise par une onde sonore s'appelle l'intensité. Plus l'intensité est grande, plus le son est bruyant. L'intensité des sons se mesure en décibels (dB).

LA MUSIQUE ROCK ►
La musique très forte, fortement amplifiée, peut faire mal aux oreilles. Quand elle atteint 120 à 140 décibels, elle peut provoquer des dégâts provisoires ou définitifs aux oreilles. Un son de 140 dB est 100 000 milliards de fois plus fort que le son d'une feuille qui tombe. Quand la musique est forte au point de faire mal, elle peut rendre sourd.

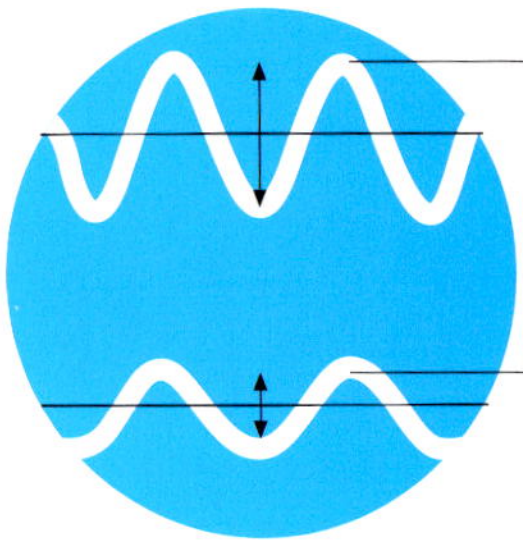


▲ L'AMPLITUDE
Quand un objet vibre, il produit un son. Les sons forts sont portés par des ondes qui ont une grande amplitude, c'est-à-dire une grande distance entre la crête et le creux de chaque onde. Plus l'amplitude est grande, plus le son est fort à nos oreilles.

◄ L'OREILLETTE ANTIBRUIT
Les pilotes portent des écouteurs spéciaux qui atténuent beaucoup le rugissement du moteur de leur avion. Chaque oreillette comporte un microphone qui analyse de nombreuses fois par seconde les bruits indésirables. L'électronique interne de l'oreillette produit des ondes sonores qui sont exactement opposées au bruit capté. Les deux ondes s'annulent réciproquement, ce qui protège les tympans du pilote.

## L'ÉCHELLE DES DÉCIBELS

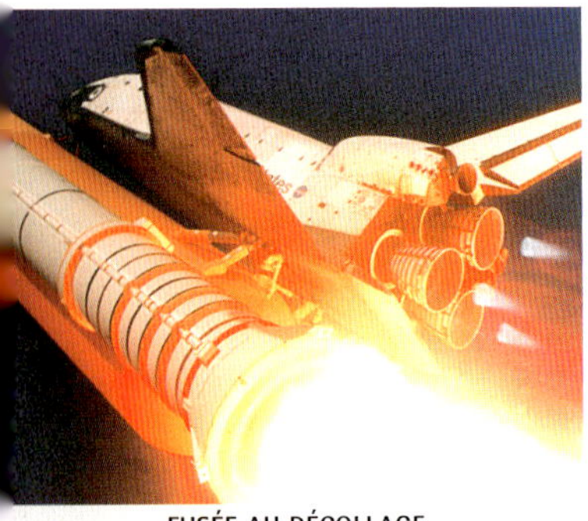

FUSÉE AU DÉCOLLAGE
150 À 190 dB

SCIE CIRCULAIRE
100 dB

CIRCULATION
70 À 90 dB

OISEAU
30 À 50 dB

FEUILLES MORTES
10 dB

◄ L'ÉCHELLE DES DÉCIBELS
La force du son se mesure en décibels. Le son le plus faible que notre oreille est capable de capter est de 0 dB. Mais le frôlement d'une feuille morte qui tombe au sol est déjà un son dix fois plus fort. La circulation sur une artère encombrée produit un son de 70 à 90 dB, un million de fois celui des feuilles mortes. Avec un son de 190 dB, le tonnerre d'une fusée au décollage peut rendre un imprudent sourd pour toujours.

POUR EN SAVOIR PLUS ⏭ L'onde 98 • La musique 104 • Le son 100

# LA FRÉQUENCE SONORE

Certains sons sont graves – comme le grondement d'un gros camion – d'autres aigus, par exemple un coup de sifflet. La hauteur du son dépend de la fréquence de son onde. Les touches du piano produisent des notes dont la hauteur augmente de la gauche à la droite du clavier. Il y a certains sons que nous entendons, et d'autres trop graves – les infrasons – ou trop aigus – les ULTRASONS – pour être entendus.

LA CAPACITÉ AUDITIVE ►
Les chauves-souris entendent les sons jusqu'à une fréquence de 120 000 Hz. Les autres animaux sont incapables d'entendre des sons si aigus. Les souris entendent jusqu'à 100 000 Hz, les chiens jusqu'à 35 000 et les chats jusqu'à 25 000. Quant aux hommes, ils s'arrêtent à 17 000, mais les enfants entendent en général des sons plus aigus que les adultes.

*L'onde de haute fréquence correspond à un son aigu.* *L'onde de basse fréquence correspond à un son grave.*

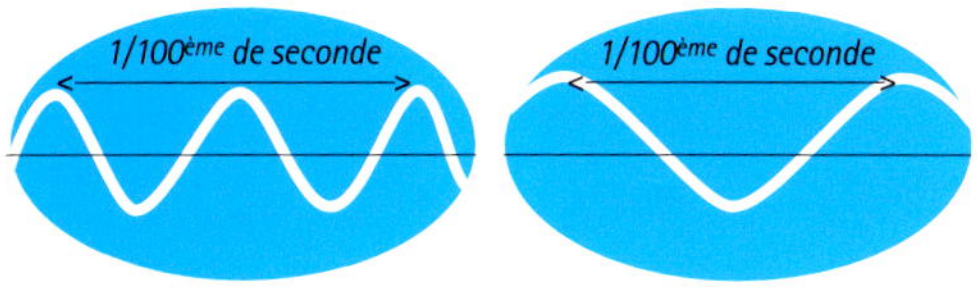


▲ LA FRÉQUENCE
La hauteur du son et sa fréquence sont une seule et même chose. Les objets qui vibrent lentement émettent des sons de basse fréquence qui nous semblent graves ; les objets qui vibrent plus vite émettent des sons de haute fréquence qui, à nos oreilles, sont plus aigus.

*Derrière la voiture, les ondes sonores deviennent plus longues et le son plus grave.*

*Le son devient plus grave au moment où la voiture passe.*

*Devant la voiture, les ondes sonores sont plus courtes et la voiture semble émettre un son plus aigu.*

L'EFFET DOPPLER ►
Les ondes sonores que la voiture émet devant elle sont tassées par sa vitesse, elles semblent plus aiguës. Quand la voiture passe, les ondes sonores s'étirent et le son devient plus grave. Ce changement de hauteur tonale s'appelle l'effet Doppler.

## LES ULTRASONS

Les ondes sonores de fréquence supérieure à 20 000 Hz s'appellent des ultrasons. L'homme ne les entend pas contrairement à certains animaux (chauve-souris, chien, dauphin, etc.). Les ultrasons sont provoqués par des objets qui vibrent à très haute fréquence, comme certaines brosses à dents ou les appareils de navigation sous-marine.

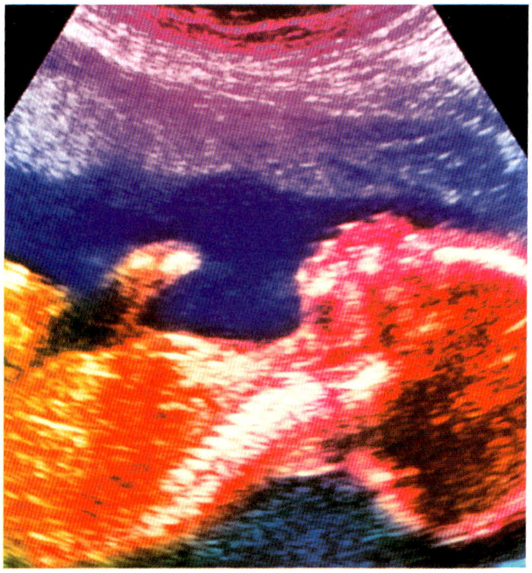

L'ÉCHOGRAPHIE ►
Les ultrasons permettent aux médecins de vérifier la santé du bébé dans le ventre de sa mère. Certains sont réfléchis par le bébé et reviennent vers un capteur. L'ordinateur se sert de ces ondes sonores réfléchies pour créer une image du fœtus.

POUR EN SAVOIR PLUS ⏭ L'onde 98 • L'ouïe 347 • La musique 104 • Les fonctions sensorielles 316

# LA MUSIQUE

La musique est l'une des formes du son. Quand un musicien joue une note d'une certaine hauteur, l'instrument vibre : sa RÉSONANCE produit une onde sonore composée de nombreuses fréquences différentes. Le son que l'on entend le mieux s'appelle la fondamentale, mais il y a d'autres ondes de fréquence plus élevée, les harmoniques. Le timbre d'une flûte semble plus pur que celui d'un saxophone, car il comporte moins d'harmoniques. Les instruments de musique émettent souvent des sons assez faibles, mais certains comportent un système d'AMPLIFICATION du son qui le rend plus audible.

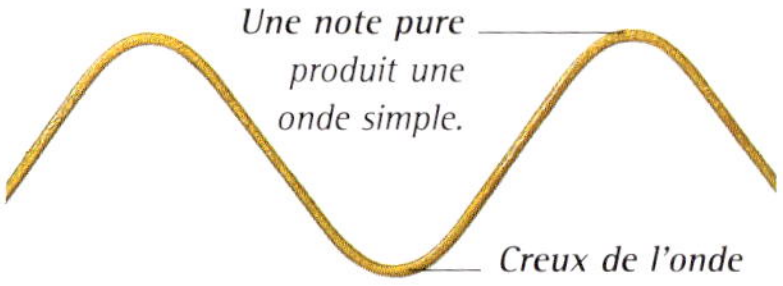

*Une note pure produit une onde simple.*

*Creux de l'onde*

◄ LE DIAPASON

Quand on frappe un diapason, il se met à vibrer à une fréquence précise. Il fait vibrer l'air autour de lui : cela produit une onde acoustique, selon une note unique, pure. Si l'on appuie le manche du diapason sur une table, la table se met à vibrer aussi. Elle amplifie la note en émettant des ondes acoustiques plus fortes.

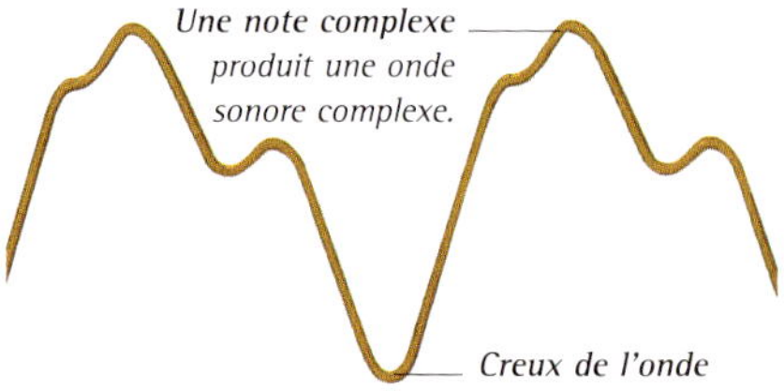

*Une note complexe produit une onde sonore complexe.*

*Creux de l'onde*

*Plus on bouche de trous, plus le son de la flûte est grave.*

◄ UN INSTRUMENT À VENT

Quand on joue d'un instrument à vent, la flûte par exemple, la colonne d'air qu'il contient vibre de façon complexe. Les ondes sonores sortent de l'instrument et on les entend comme des notes de musique. La flûte traversière est assez longue pour émettre une onde sonore longue, au son grave. La flûte piccolo émet des ondes plus courtes, au son aigu. En bouchant des trous de la flûte avec ses doigts, le musicien fait des sons de différente hauteur.

*L'onde acoustique à crêtes rapprochées émise par un violon*

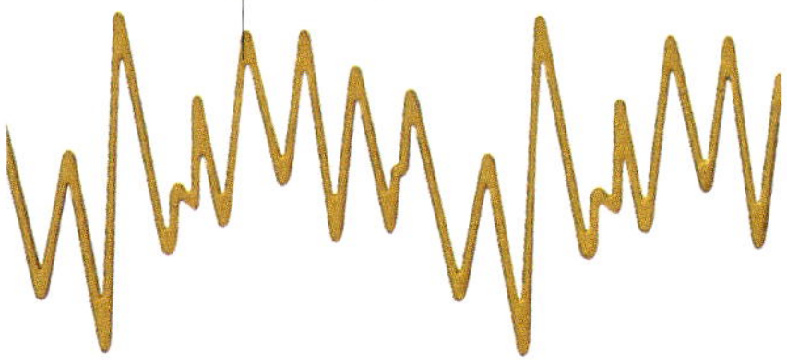

◄ UN INSTRUMENT À CORDES

Le violon joue de la musique quand ses cordes vibrent. Si l'on pince une corde de violon et qu'on la regarde attentivement, on la voit vibrer à toute vitesse. La vibration commence avec la corde, et s'étend à la grosse boîte en bois de l'instrument. Cela amplifie fortement le son.

*La caisse en bois est creuse, elle amplifie le son des cordes.*

*Chaque note a un son qui correspond à un nom.*

*La portée se compose de cinq lignes sur lesquelles figurent les différentes notes de la gamme.*

*La clef de sol indique au musicien que la portée concerne des notes de hauteur moyenne ; une autre clef indiquerait des sons plus graves.*

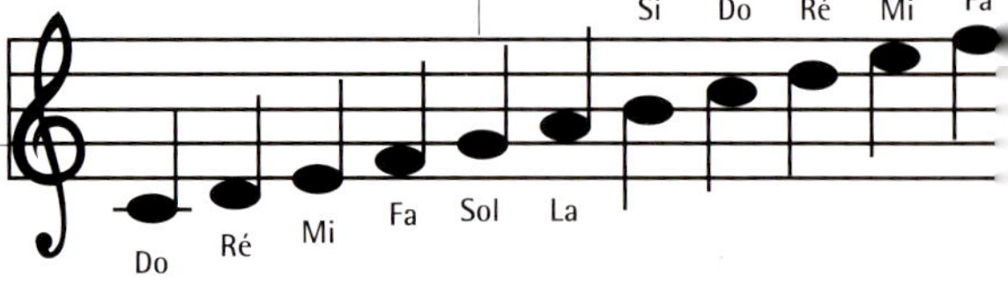


▲ LA GAMME MUSICALE

On compose de la musique avec des sons de différentes hauteurs. Quand les sons sont classés du plus grave au plus aigu, ils forment une gamme que l'on peut écrire sur une portée. Chaque note de la gamme a un son d'une hauteur différente. On peut définir des gammes différentes en choisissant des notes différentes, ou en modifiant l'intervalle de hauteur qui existe entre une note et la suivante.

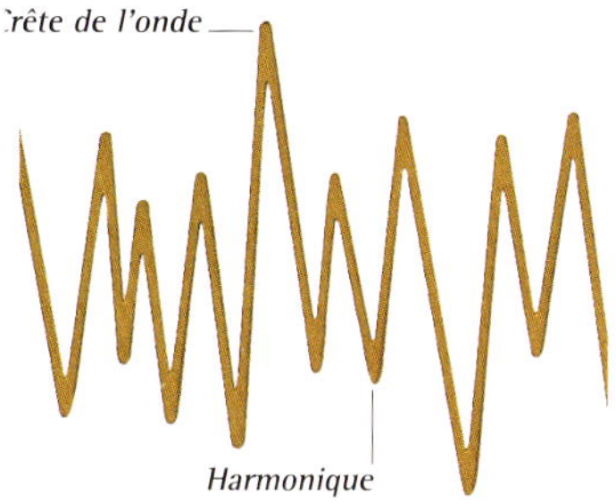

**LA CYMBALE ►**
Si l'on frappe deux cymbales l'une contre l'autre, les disques métalliques se mettent à vibrer et font bouger l'air autour d'eux. Les cymbales vibrent de façon plus complexe que le diapason : c'est plus un bruit qu'une note de musique. Le mélange d'harmoniques de fréquence différente donne une onde sonore de forme beaucoup plus complexe que celle du diapason.

## LA RÉSONANCE

La résonance est le son émis par un objet qui vibre. Si l'on fait tinter un grand verre à pied, il produit une note grave. Si l'on fait tinter un verre plus petit, il émet un son plus aigu. Les objets peuvent vibrer à n'importe quelle fréquence, mais chacun possède une fréquence à laquelle il vibre de façon plus puissante : on l'appelle sa fréquence de résonance.

**◄ LE VERRE SE DÉSINTÈGRE**
Les chanteurs d'opéra parviennent à casser des verres en chantant une note qui correspond exactement à la fréquence de résonance du verre. Quand le chanteur produit cette note, le verre commence à vibrer et « chante » lui aussi. Si le chanteur tient sa note plusieurs secondes, les vibrations deviennent extrêmement puissantes et secouent le verre au point de le pulvériser.

## L'AMPLIFICATION

Pour rendre des sons plus puissants, on les amplifie. La plupart des instruments de musique ont un organe qui vibre pour faire le son et un autre qui l'amplifie. Les parties vibrantes ne font que des sons discrets impossibles à entendre, même de près, si on ne les augmente pas. Le son des cordes de guitare par exemple est amplifié soit par une caisse de résonance soit par des moyens électriques.

**LA GUITARE SÈCHE ►**
La guitare sèche possède une grande caisse de résonance en bois qui amplifie le son des cordes. Quand les cordes vibrent, elles font vibrer aussi la caisse. Celle-ci est creuse et pleine d'air. Quand elle vibre, l'air qu'elle contient vibre à son tour. On obtient des ondes acoustiques amplifiées, plus intenses, qui sortent par le trou placé sur le devant de la guitare – la rosace.

*Le chevalet transmet à la caisse de la guitare les vibrations des cordes pincées.*

*La table d'harmonie – le dessus de la caisse de la guitare – vibre et amplifie le son des cordes.*

**◄ LA GUITARE ÉLECTRIQUE**
Sous les cordes d'acier de la guitare électrique se trouvent de minuscules aimants qui produisent, quand les cordes bougent, un très faible courant électrique. Ce courant alimente un amplificateur électronique qui l'augmente considérablement et permet de faire entendre le son de la guitare dans des haut-parleurs.

*De minuscules aimants sont disposés en trois rangées sous les cordes.*

POUR EN SAVOIR PLUS ⏭ Les décibels 102 • La fréquence sonore 103 • La reproduction sonore 108

# L'ACOUSTIQUE

L'acoustique, c'est la science du son, tel qu'il se comporte dans notre vie quotidienne. En principe, les ondes acoustiques se déplacent en ligne droite à partir de leur source, mais il y a des exceptions : par exemple, lorsqu'un objet est situé sur le trajet d'une onde sonore, il peut en perturber le mouvement. Quand une onde frappe un objet dur, le son se réfléchit et repart vers sa source sous la forme d'un **ÉCHO**. Quand l'obstacle est mou, il **ABSORBE** le son et celui-ci ne va pas plus loin. Les scientifiques se servent de la réflexion et de l'absorption pour observer des endroits inaccessibles comme les grands fonds marins ou l'intérieur de la Terre.

▲ LE BOL D'HOLLYWOOD
Le Bol d'Hollywood est un amphithéâtre construit en plein air à côté de Los Angeles en Californie. Un amphithéâtre est généralement de forme creuse et elliptique, ce qui reflète le son de façon naturelle et régulière. Celui-ci a été creusé au flanc d'une montagne dans les années 1920, il accueille 20 000 personnes.

*Les courbes* ***du plafond*** *renvoient le son dans tout l'auditorium.*

*Les panneaux arrondis renvoient le son vers les auditeurs situés en face.*

*Les derniers rangs reçoivent le son renvoyé par le plafond.*

*Les sièges matelassés absorbent le son une fois relevés.*

*L'écran* ***acoustique*** *renvoie le son aux sièges situés sur les côtés.*

***Le trou dans le plafond*** *absorbe le son là où il est inutile de le réfléchir.*

***Les auditeurs*** *absorbent le son avec leur corps et empêchent la formation d'un écho.*

***Le son direct*** *va de l'orchestre au public.*

***L'orchestre*** *est au centre de la salle afin que le son rayonne dans toutes les directions.*

***Les surfaces en courbe*** *empêchent le son de se réfléchir d'un mur à celui d'en face et qu'il y ait de l'écho.*

▲ UNE SALLE DE CONCERT
La musique doit être entendue nettement de tous les points de l'auditorium. Elle doit offrir le même effet que la salle soit pleine ou presque vide. Les salles de concert ont des formes curvilignes conçues pour une distribution du son à toutes les places de la salle.

# L'ÉCHO

Quand on crie en face d'une paroi, le son se réfléchit et revient vers sa source : c'est l'écho. Si la paroi est assez loin, le son met du temps à revenir et l'écho est nettement distinct du son initial. Si en revanche l'obstacle est tout proche, l'écho revient presque instantanément. Notre cerveau ne fait pas la différence entre les deux sons et nous n'entendons pas l'écho.

*La tête des dauphins amplifie les échos.*

**▲ L'ÉCHOLOCATION**
Les dauphins utilisent le son pour se guider, repérer leurs camarades et découvrir des sources de nourriture. Les cliquetis qu'ils émettent rebondissent sur les fonds marins et les objets qui les entourent : les échos sont recueillis par leurs organes de l'ouïe situés dans leur longue tête osseuse. La technique consistant à localiser des objets par leur écho s'appelle l'écholocation.

*Les ultrasons descendent au fond de la mer et remontent au navire.*

**▲ LA DÉTECTION PAR LE SONAR**
On peut observer les fonds marins grâce au sonar. Celui-ci se compose d'un haut-parleur à ultrasons placé sous le navire. Le faisceau rebondit sur le fond et son écho est détecté par un hydrophone, c'est-à-dire un micro sous-marin.

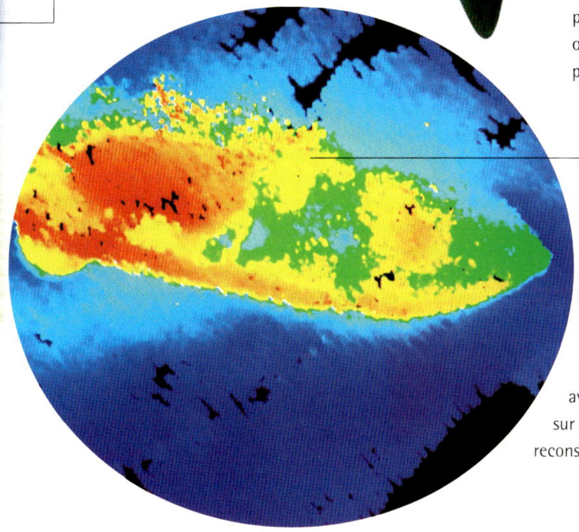

*L'épave ressort en couleur sur le fond marin bleu foncé.*

**◄ LA DÉCOUVERTE D'UNE ÉPAVE GRECQUE AU RADAR**
L'épave ci-contre, gisant au fond de l'océan, a été trouvée par un sous-marin utilisant les échos d'ondes radio, c'est-à-dire le radar. Le sous-marin balaie le fond avec des faisceaux d'ondes radio. Celles-ci rebondissent sur l'épave et reviennent au détecteur. Un ordinateur reconstitue l'image de l'épave à partir des ondes réfléchies.

# L'ABSORPTION

Les objets durs renvoient les sons, les objets mous les étouffent. Quand des ondes acoustiques touchent un objet mou, leur énergie est absorbée et elles s'arrêtent. Les matériaux qui absorbent le son sont utiles pour réduire les bruits : on plante des arbres au bord des routes, pour que leurs feuilles réduisent le bruit de la circulation. On tapisse les murs de matières molles pour stopper les sons qu'ils propagent.

**UNE SALLE ANÉCHOÏDE ►**
Les ingénieurs testent les haut-parleurs et l'équipement acoustique dans des laboratoires spéciaux que l'on appelle salles anéchoïdes : leurs murs et leur plafond sont hérissés de pointes en mousse souple pour absorber le son et arrêter les échos et les réverbérations. Dans ce genre de pièce, les sons semblent complètement étouffés, c'est pourquoi on les appelle aussi chambres sourdes.

POUR EN SAVOIR PLUS ⏭ La communication 318 • La fréquence sonore 103 • Le son 100 • La reproduction sonore 108

# LA REPRODUCTION SONORE

Il existe deux façons d'enregistrer les sons et de les restituer plus tard pour les écouter. On peut enregistrer les sons en se servant d'énergies comme l'électricité et le magnétisme. L'autre façon, dite NUMÉRIQUE, consiste à transformer et à stocker le son sous forme de chiffres.

## DE L'ENREGISTREMENT À LA RESTITUTION

◄ LE MICROPHONE
Dans le studio d'enregistrement, le microphone transforme l'énergie sonore de la voix de la chanteuse en énergie électrique. Elle tient le micro près de sa bouche pour ne pas capter les bruits de fond. Un fil électrique transmet les impulsions électriques aux appareils d'enregistrement du son situés dans le studio.

◄ LE PUPITRE DE MIXAGE
Nombreux sont les chanteurs et les instruments figurant sur le disque : chacun est enregistré par un micro différent. Les boutons de réglage du pupitre de mixage permettent de régler la puissance relative provenant de chaque micro afin que le résultat du mixage corresponde à une musique équilibrée et harmonieuse.

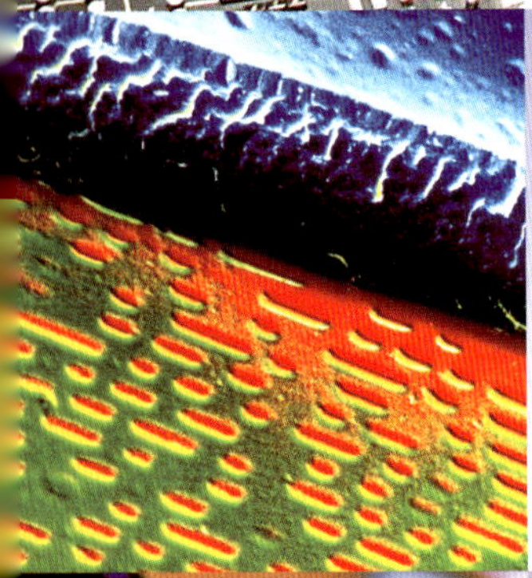

◄ LE DISQUE COMPACT
La version définitive de l'enregistrement sera vendue sur CD. La musique est enregistrée à la surface d'un disque en plastique grâce à une série de bosses minuscules, qui apparaissent en rouge et jaune sur l'agrandissement ci-contre. Chaque bosse est couverte d'une fine couche de métal et d'une couche de plastique.

◄ LE LECTEUR CD
Un lecteur CD contient un laser pour lire les rangées de bosses à la surface du CD. Le film métallique brillant qui couvre le CD reflète la lumière du laser. Les chiffres lus sont transformés en impulsions électriques identiques à celles qui ont permis de graver initialement le CD. L'électronique transforme ce signal en une longue série de chiffres.

◄ LE HAUT-PARLEUR
Les impulsions électriques, renforcées grâce à un amplificateur, alimentent un haut-parleur ; celui-ci fonctionne de façon opposée au micro. Il transforme l'énergie électrique en son, en se servant de l'énergie électrique pour faire vibrer l'air. Ainsi reproduit-on la musique de façon aussi fidèle que possible.

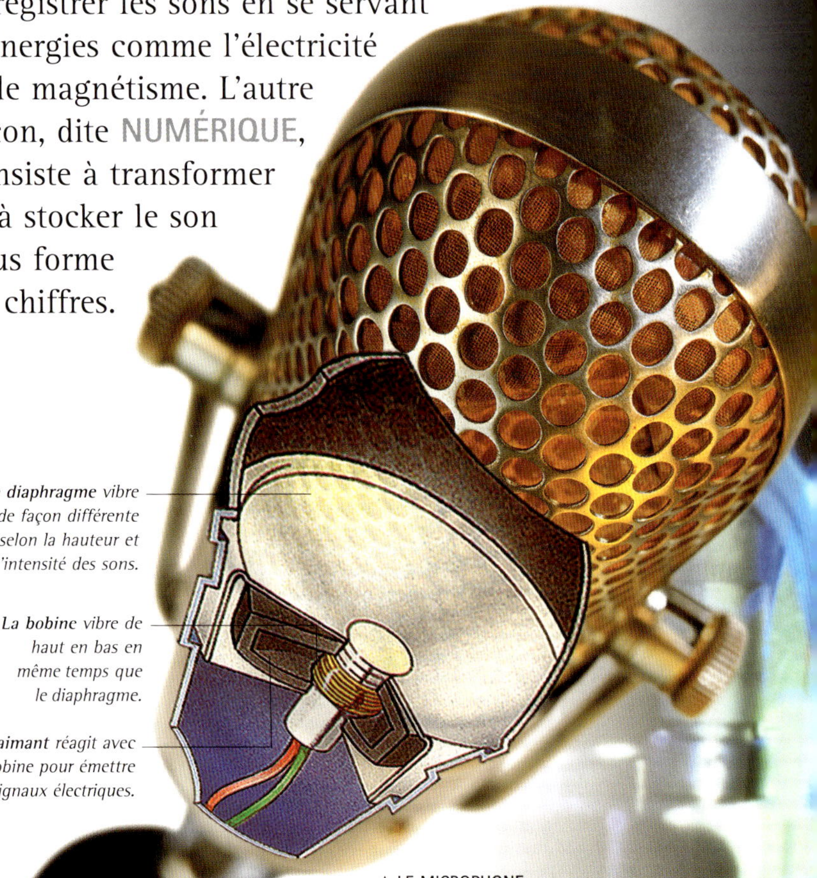


▲ LE MICROPHONE
Le microphone – ou micro – transforme les ondes acoustiques en petites décharges électriques. Dans le micro, les ondes sonores font vibrer un disque souple, le diaphragme. Celui-ci entraîne dans son mouvement une bobine qui réagit sur un aimant pour fournir un courant électrique variable que l'on peut stocker et produire de nouveau à la demande.

▼ LE DISQUE EN VINYLE
Avant l'invention du CD, on enregistrait la musique sur des disques plats en matière plastique noire, le vinyle. Ces disques, que l'on appelait microsillons, contenaient une heure de musique environ. Le son était stocké dans les bosses minuscules d'un long sillon en spirale creusé à la surface du disque. On se servait des deux faces du disque.

▲ LA MINICASSETTE
Les minicassettes contiennent un ruban magnétique sur lequel on enregistre les impulsions électriques correspondant au son. En faisant défiler la cassette dans un lecteur, les impulsions magnétiques sont de nouveau transformées en électricité, et celle-ci en son.

**▼ CRÉER UN CD MAÎTRE**
Quand le morceau de musique est prêt à graver, un CD maître vierge est inséré. Celui-ci est entraîné à grande vitesse de rotation devant un faisceau laser qui grave les informations. Quand le faisceau est allumé, il brûle une petite marque à la surface en plastique du CD. Les copies du CD maître reproduisent les mêmes marques qui sont lues par le lecteur.

# LE SON NUMÉRIQUE

On peut mémoriser du son sous forme numérique grâce à l'électronique. Le CD stocke la musique sous la forme d'une série de bosses. Les bosses constituent une manière codée d'enregistrer des chiffres que le lecteur CD transformera en ondes acoustiques. Les sons enregistrés de façon numérique ne sont pas sujets aux bruits de fond. Ils sont faciles à modifier et à mixer avec du matériel informatique.

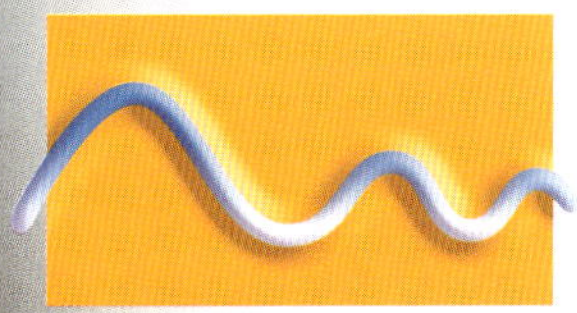
ONDE INITIALE

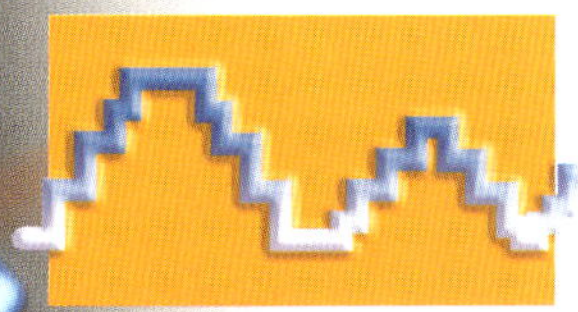
ONDE MESURÉE PAR QUELQUES ÉCHANTILLONS

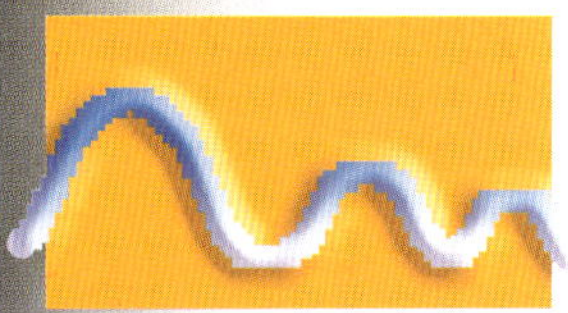
ONDE MESURÉE PAR DE NOMBREUX ÉCHANTILLONS

**◄ L'ONDE ACOUSTIQUE**
L'enregistrement numérique d'une onde acoustique s'effectue par échantillonnage. L'amplitude de l'onde est mesurée un certain nombre de fois par seconde, et ces mesures sont stockées sous forme de chiffres qui équivalent à l'ensemble de l'onde. Plus la cadence d'échantillonnage est élevée, meilleur est le son au moment de la restitution.

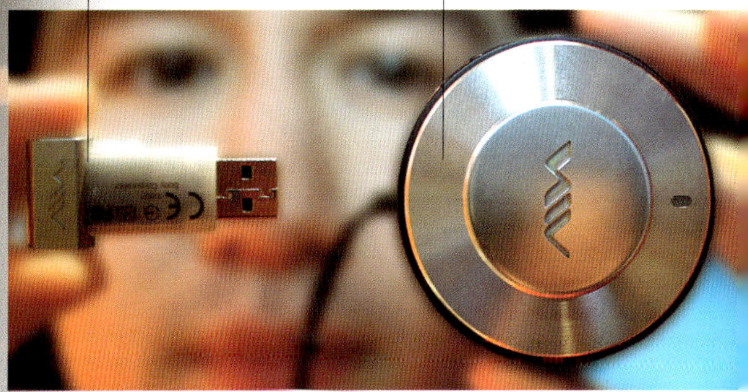


**▲ LE MP3**
Beaucoup d'amateurs téléchargent leur musique sur Internet sous forme de fichiers MP3. Ces fichiers, stockés sur un ordinateur ordinaire, sont copiés sur une carte mémoire que l'on insère dans le lecteur MP3 portatif. Ainsi, on télécharge directement dans le lecteur les fichiers MP3.

POUR EN SAVOIR PLUS ⏭ L'informatique 148 • L'électronique numérique 140 • Le laser 112 • La musique 104

# LA LUMIÈRE

C'est la lumière qui nous permet de voir le monde et toutes ses couleurs. La lumière est une radiation électromagnétique qui transporte de l'énergie à partir d'une SOURCE à la vitesse de 300 000 km/s. Les rayons de lumière se déplacent à partir de la source en ligne droite. Ils sont capables de traverser certains objets, de rebondir sur d'autres et de produire des OMBRES.

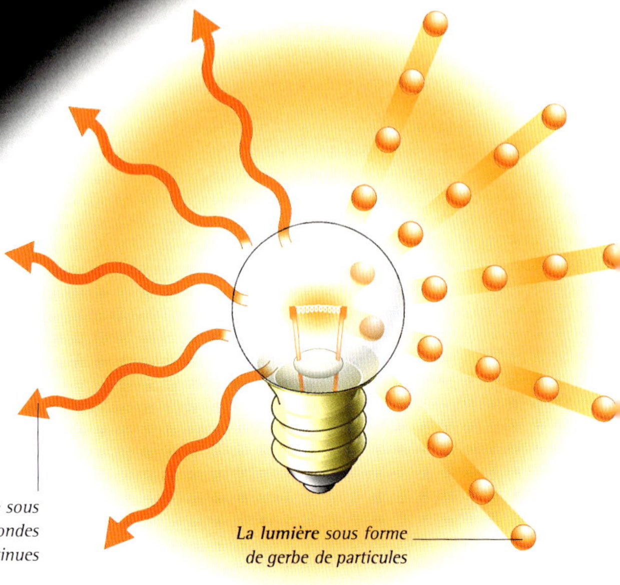


▲ LES ONDES ET LES PARTICULES
La lumière semble parfois se comporter comme si elle transportait de l'énergie dans des ondes. D'autres fois, son énergie se présente sous forme de particules, les photons, que la source de lumière émet successivement. Les scientifiques ont discuté des années pour savoir si la lumière était ondulatoire ou corpusculaire. Ils sont à présent parvenus à un compromis : la lumière est tantôt ondulatoire tantôt corpusculaire, selon les circonstances.

LE PHARE ►
Le puissant faisceau de lumière d'un phare prouve que la lumière se déplace en ligne droite. Normalement, un rayon de lumière suit un chemin rigoureusement droit : il ne fait ni courbe ni détour. Rien ne peut aller plus vite que la lumière. Le faisceau du phare parcourt la totalité de sa longueur en une minuscule fraction de seconde.

◄ LA BULLE DE SAVON
Quand on éclaire une bulle de savon, certains rayons se reflètent sur la surface extérieure de la bulle. D'autres traversent la première paroi de la bulle et se réfléchissent sur la face intérieure. Les deux rayons – incident et réfléchi – sont légèrement décalés car ils ont parcouru des distances différentes. Ils interfèrent l'un sur l'autre et provoquent des dessins en forme de tourbillon sur la surface de la bulle.

## LA TRANSMISSION DE LA LUMIÈRE

Certains objets, dits transparents, laissent passer la lumière mieux que d'autres. Le verre par exemple se laisse traverser par toute la lumière ou presque. Quand on regarde un verre de jus d'orange, on voit très bien le jus à l'intérieur. On peut aussi voir d'autres objets à travers le verre.

Les objets translucides, comme certaines matières plastiques, ne laissent passer qu'une certaine partie de la lumière. On reconnaît le jus d'orange à l'intérieur de la bouteille, mais on ne voit pas l'autre côté de la bouteille.

Les objets opaques, en métal par exemple, réfléchissent la lumière qui les frappe et ne laissent rien traverser. Quand on regarde une boîte de jus d'orange, on ne voit que la boîte. Impossible de dire d'un coup d'œil s'il reste du jus d'orange ou pas.

TRANSPARENT

*Le contenu du verre est nettement visible.*

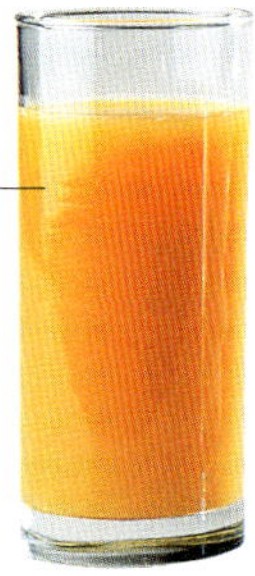

Le verre laisse passer toute la lumière.

TRANSLUCIDE

*Le contenu de la bouteille est visible mais semble laiteux.*

Le plastique ne laisse passer qu'une partie de la lumière.

OPAQUE

*Le contenu de la boîte n'est pas visible.*

Le métal ne se laisse pas traverser par la lumière.

# LES SOURCES DE LUMIÈRE

Les objets qui émettent de la lumière s'appellent sources de lumière. Lorsque des rayons de lumière provenant d'une source de lumière atteignent nos yeux, nous voyons quelque chose. Certains objets apparaissent brillants car ils réfléchissent la lumière provenant d'une autre source. D'autres objets nous apparaissent brillants car ils émettent de l'énergie sous forme lumineuse, ils sont dits lumineux ou émetteurs de lumière.

◄ LA LUMIÈRE DU SOLEIL
Le Soleil brille parce qu'il produit de l'énergie dans son noyau. Cette énergie se dégage quand des atomes se réunissent dans des réactions de fusion nucléaire. Le Soleil irradie cette énergie dans l'espace dans toutes les directions sous forme de radiations électromagnétiques. Une partie de ces radiations atteignent la Terre : elles transportent la lumière et la chaleur du Soleil. Celui-ci est une source de lumière car il produit lui-même de l'énergie.

▲ LA LUMIÈRE DE LA LUNE
Le clair de lune est beaucoup moins brillant que la lumière du Soleil. La Lune ne produit en effet pas elle-même d'énergie. Nous ne voyons la Lune que parce que sa surface gris clair reflète vers la Terre la lumière du Soleil. Si la Terre passe un moment entre le Soleil et la Lune, la Lune semble disparaître du ciel : c'est ce qu'on appelle une éclipse de lune.

LA BIOLUMINESCENCE ►
Certains organismes marins produisent leur propre lumière. C'est la bioluminescence : ce mot signifie fabrication de lumière par des moyens biologiques. Le polychète ci-contre est un ver transparent qui produit une lumière jaune. Dans l'obscurité de son milieu marin, il est capable de produire de la lumière en permanence ou par éclats pour mettre en fuite ses prédateurs. Il existe d'autres animaux marins bioluminescents, notamment des crevettes, des calamars et des étoiles de mer.

# LES OMBRES

On fabrique des ombres en arrêtant la lumière. Les rayons lumineux se déplacent à partir de leur source en ligne droite. S'ils rencontrent un objet opaque, celui-ci arrête les rayons lumineux qui le frappent et une zone d'obscurité apparaît derrière l'objet. Cette région obscure s'appelle ombre. La taille et la forme de l'ombre dépendent de la position et de la taille de la source lumineuse par rapport à l'objet.

CETTE OMBRE QUI NOUS SUIT PARTOUT ►
Quand on est debout avec le Soleil dans le dos, les rayons lumineux qui touchent notre corps s'arrêtent et dessinent une ombre sur le sol devant nous. Quand le Soleil est très haut dans le ciel, à midi, notre ombre est courte. Plus tard, au fur et à mesure que le Soleil baisse, notre ombre s'allonge progressivement.

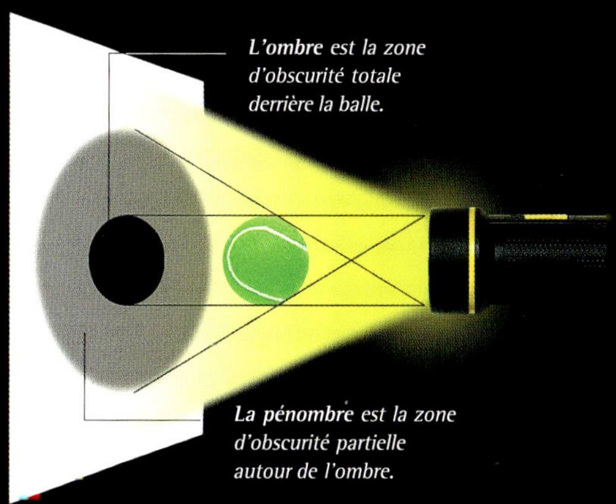


▲ L'OMBRE ET LA PÉNOMBRE
Quand on observe l'ombre, on s'aperçoit qu'elle se compose d'une partie sombre au milieu et d'une partie un peu plus claire à la périphérie. La partie sombre, c'est celle où ne parvient aucun des rayons lumineux en provenance de la source. La partie intermédiaire, à la périphérie, est plus claire parce que certains rayons la touchent.

POUR EN SAVOIR PLUS ⏭ L'onde 98 • L'énergie nucléaire 85 • La réflexion 113 • La réfraction 114 • Le Soleil 170

# LE LASER

Certains faisceaux de lumière sont assez puissants pour découper le métal, d'autres assez précis pour qu'on s'en serve en chirurgie, pour découper les tissus du corps. Ces étonnants pinceaux de lumière sont produits par le laser, acronyme anglais de « amplification de lumière par émission stimulée de radiation ». Les rayons lasers sont plus puissants et précis que les autres rayons de lumière.

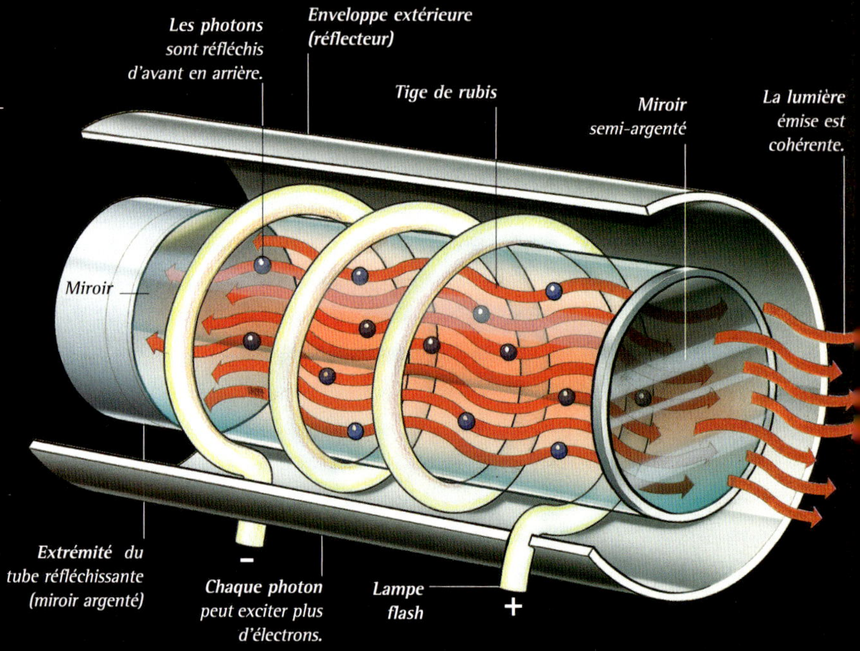


**LE LASER À RUBIS ▲**
La lumière laser est produite par les atomes de matériaux spécifiques, comme le cristal de rubis. Dans ce type de laser, l'intense rayonnement de la lampe flash excite les électrons du rubis à un niveau d'énergie supérieur. Certains électrons émettent alors de la lumière, et donc des photons, qui, dans une réaction en chaîne, viennent stimuler les autres électrons pour qu'ils émettent également de la lumière. Cette réaction produit le rayon laser dont la fréquence est très précise.

**▲ LA COUPE AU LASER**
La machine ci-dessus utilise un laser au dioxyde de carbone pour découper le métal. Un laser de ce type crée son faisceau en faisant passer de l'électricité dans du gaz carbonique. Un ordinateur commande la découpe par laser avec une grande précision. Les fabricants de prêts-à-porter utilisent souvent le laser car il est capable de découper en une fois des centaines de couches de tissu.

**▲ L'HOLOGRAMME**
Une photographie en trois dimensions qui donne l'impression de flotter dans un morceau de plastique ou de verre s'appelle un hologramme. On dirait un objet, mais ce n'est qu'une image que l'on a stockée dans le plastique ou le verre en balayant l'objet avec un laser.

**UN SPECTACLE DE LASER ►**
Certains lasers sont si puissants qu'ils peuvent projeter leur faisceau très loin dans le ciel. On les utilise souvent dans des concerts de rock ou pour produire des effets spéciaux en plein air. Un spectacle de lumière est organisé régulièrement près des pyramides de Gizeh en Égypte. Plusieurs lasers puissants commandés par ordinateur produisent de forts rayons rouges qui se déplacent de façon synchronisée.

POUR EN SAVOIR PLUS ⏭ La technologie médicale 374

# LA RÉFLEXION

La réflexion est souvent le fait d'objets brillants, comme les MIROIRS, qui renvoient une image inversée de ce que l'on place devant eux. Mais il n'y a pas que les miroirs pour réfléchir la lumière. C'est le cas de la plupart des objets. Le jour, nous voyons les objets familiers comme l'herbe, les arbres et le ciel, uniquement parce qu'ils réfléchissent dans nos yeux la lumière du Soleil.

▲ LA RÉFLEXION PARFAITE
Quand les rayons lumineux se réfléchissent sur une surface parfaitement plane – miroir, surface d'une mare par temps bien calme, devanture de magasin – nous recevons une image parfaite, d'une netteté irréprochable. Chaque rayon rebondit sur la surface suivant le même angle que les autres : l'image est à l'envers, mais elle est parfaitement recomposée.

▲ LA RÉFLEXION IMPARFAITE
Une surface agitée, comme celle d'une mare quand il y a du vent, renvoie les rayons lumineux dans tous les sens. On distingue quelque chose mais ce sont des morceaux d'image qui ne cessent de bouger. En fait, la plupart des objets renvoient de façon irrégulière la lumière. Nous les voyons, mais nous ne voyons pas de reflets à leur surface.

# LE MIROIR

Le miroir est un morceau de métal ou de matière plastique lisse et bien poli qui réfléchit presque toute la lumière qui le frappe. La réflexion semble se trouver derrière le miroir ; elle semble plus grande, plus petite ou de même taille que l'objet réel, selon la forme du miroir. Les miroirs jouent un rôle important dans les télescopes, les microscopes, les appareils photo et les autres instruments d'optique.

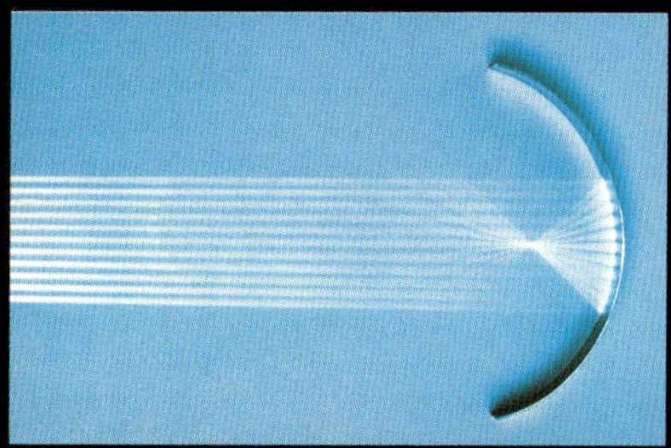

▲ LE MIROIR CONCAVE
Le miroir concave est creux ; il donne l'impression que l'objet que l'on y voit est plus gros et plus près qu'en réalité. Il donne l'illusion que les rayons de lumière viennent d'un point situé devant le miroir, plus près de nos yeux. Les miroirs concaves jouent un rôle dans les phares de bicyclettes et les télescopes à miroir.

▲ LE MIROIR CONVEXE
Un miroir convexe est bombé : l'objet que l'on y voit semble plus petit et plus éloigné qu'en réalité. Il donne l'impression que les rayons lumineux proviennent d'un point situé derrière le miroir, plus loin de nos yeux. Les objets semblent plus petits mais les miroirs convexes sont utiles car ils montrent un champ plus large de la réalité.

◄ LE MIROIR DE RASAGE
La personne qui se rase ci-contre utilise un miroir concave dont la surface courbe a un effet grossissant. L'image réfléchie est plus grosse que ce qu'elle réfléchit : cela facilite la précision du rasage. L'inconvénient de ce miroir, c'est que l'on y voit une portion plus petite de la réalité qu'avec un miroir plat.

LE RÉTROVISEUR LATÉRAL ►
Les conducteurs se servent de leurs rétroviseurs pour voir les véhicules qui roulent derrière eux. Il est important de surveiller le plus possible la circulation derrière soi : le rétroviseur d'habitacle et les rétroviseurs latéraux servent à cela. Certains sont équipés de miroirs convexes. Les miroirs convexes ont un inconvénient : ils donnent l'impression que les véhicules sont plus petits et plus loin qu'en réalité. Le conducteur ne doit pas oublier que les véhicules sont plus près qu'ils ne semblent.

POUR EN SAVOIR PLUS ►► L'appareil photo 118 • La lumière 110 • Le microscope 116 • Le télescope 117

# LA RÉFRACTION

Les rayons lumineux se déplacent généralement en ligne droite mais, quand ils passent d'un milieu à un autre, ils changent de direction avant de continuer sur une nouvelle ligne droite. C'est la réfraction. Un rayon lumineux qui se déplace dans l'air et arrive dans un matériau plus dense – comme l'eau – ralentit : il change de direction en pénétrant dans l'eau. Quand un rayon lumineux quitte l'eau pour entrer dans un matériau plus léger, il accélère et continue suivant un angle plus aigu avec la surface de séparation.

UNE ILLUSION D'OPTIQUE ▼
Si l'on plonge une paille dans un verre d'eau, on croit voir la paille coupée à la surface de l'eau. Cette illusion est provoquée par la réfraction. Le rayon de lumière dévie vers l'extérieur quand il quitte l'eau pour rentrer dans l'air : ainsi, l'œil voit le bas de la paille – qui est dans l'eau – plus profond que le haut – qui est dans l'air.

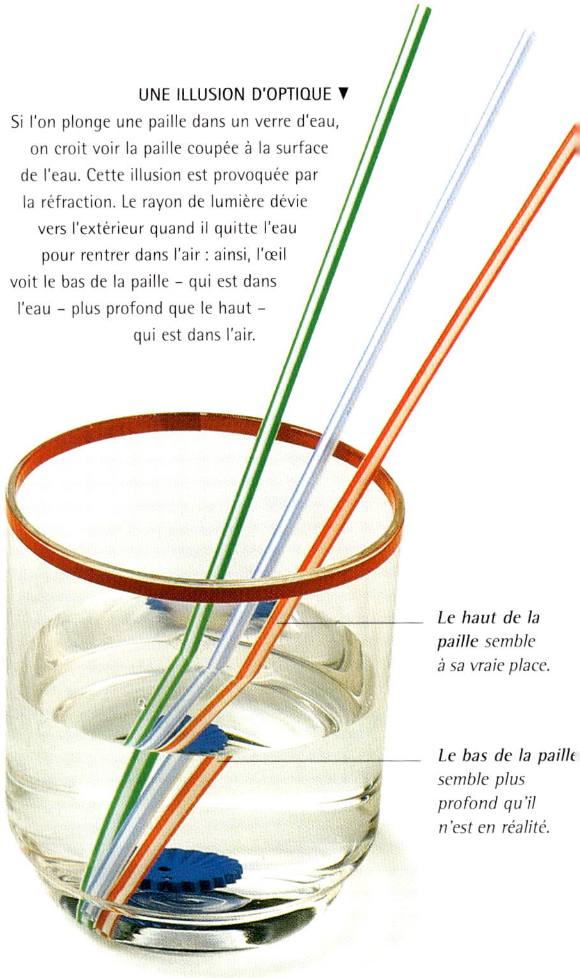

*Le haut de la paille semble à sa vraie place.*

*Le bas de la paille semble plus profond qu'il n'est en réalité.*

LE TRAJET DE LA LUMIÈRE ►
Le rayon lumineux change de direction quand il pénètre de façon oblique dans un morceau de verre : on dit qu'il se réfracte. Quand il passe de l'air au verre, le rayon lumineux ralentit et adopte un angle plus grand par rapport à la surface de séparation. Il continue en ligne droite dans le verre. Quand il en ressort, il accélère de nouveau et poursuit son trajet suivant un angle plus aigu par rapport à la surface de séparation.

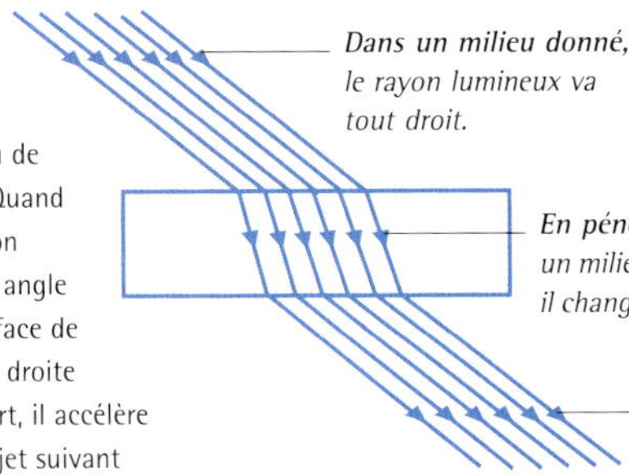

*Dans un milieu donné, le rayon lumineux va tout droit.*

*En pénétrant dans un milieu plus dense, il change de direction.*

*En ressortant, il change à nouveau de direction.*

► LA RÉFRACTION DANS UNE BRUME DE CHALEUR
Quand il fait très chaud, la surface de la Terre est beaucoup plus chaude que le ciel. Cela veut dire que l'air proche du sol est plus chaud que l'air en altitude. L'air très chaud qui s'élève du sol peut courber et déformer les rayons lumineux qui le traversent. Cela donne aux objets des contours flous, c'est le cas de cette girafe qui marche à l'horizon.

*Les rayons lumineux provenant de la girafe sont réfractés par l'air brûlant montant du sol.*

## LE MIRAGE

Quand on voyage dans le désert brûlant, on croit souvent apercevoir de l'eau ou des arbres sur le sol assez loin devant soi, alors qu'il n'y a rien. C'est un mirage. Les couches d'air chaud et d'air froid se courbent et réfractent les rayons de lumière provenant d'objets lointains, par exemple de vrais arbres au-delà de l'horizon. Notre œil croit que les rayons de lumière viennent du sol alors qu'ils viennent du ciel.

*Le rayon de lumière amène directement à l'œil l'image provenant du ciel.*

*Les rayons réfractés transportent aussi l'image au sol.*

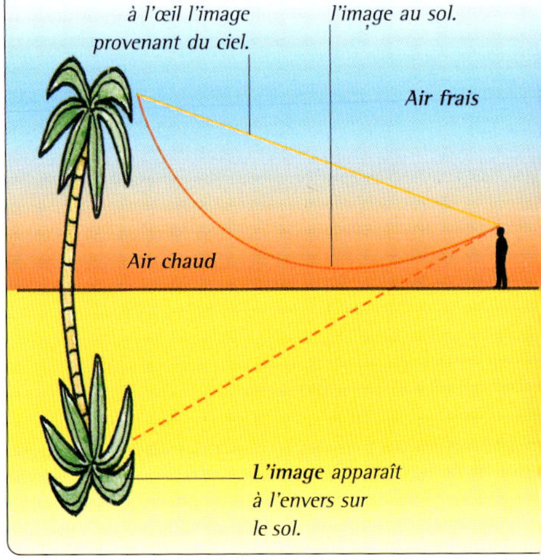


*L'image apparaît à l'envers sur le sol.*

POUR EN SAVOIR PLUS ⏭ La lumière 110 • La réflexion 113

# LA LENTILLE

Une lentille est un objet transparent de plastique ou de verre qui dévie les rayons lumineux, qui semblent alors provenir d'un endroit légèrement décalé. Certaines lentilles donnent l'impression que les objets sont plus proches et plus gros. D'autres ont l'effet contraire. Sans lunettes ou verres de contact, nombreux sont ceux qui ne pourraient ni lire ni conduire en toute sécurité.

LA LENTILLE DE FRESNEL ►
Un phare doit envoyer un fort faisceau lumineux loin en mer. Pour cela, il faudrait une lentille énorme et très lourde. Mais on allège beaucoup l'instrument en le taillant en forme de lentille de Fresnel. On divise la lentille en tranches qui ressemblent à un escalier, toutes concentrant la lumière en un faisceau unique. La lentille de Fresnel peut être en verre ou en plastique, plus léger.

*Les lentilles en escalier dévient la lumière pour former un puissant faisceau.*

*La base de la lampe tourne pour que le faisceau balaie la mer.*

LE VERRE DE CONTACT ►
Le verre de contact est un tout petit morceau de matière plastique ou de verre que l'on pose sur l'œil. Il dévie les rayons lumineux avant que ceux-ci ne pénètrent dans l'œil afin que la personne puisse mieux voir.

*Le verre de contact s'adapte exactement à la forme de l'œil.*

▼ LA LENTILLE CONCAVE ET LA LENTILLE CONVEXE
Les deux principaux types de lentilles sont les concaves et les convexes. Les concaves sont fines au milieu et épaisses à la périphérie, elles dévient les rayons vers l'extérieur : elles les font diverger. Une lentille convexe au contraire est épaisse au milieu et fine sur les bords. Les rayons lumineux qui la traversent sont déviés vers l'intérieur : ils convergent.

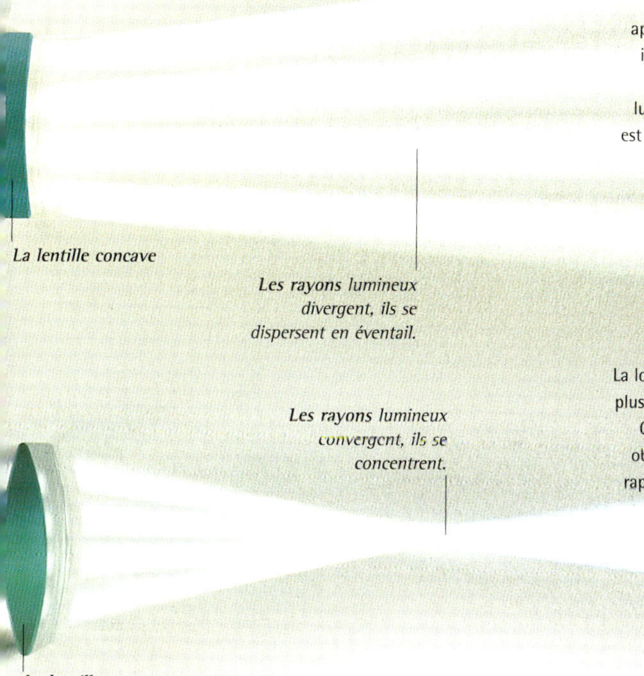

*La lentille concave*

*Les rayons lumineux divergent, ils se dispersent en éventail.*

*Les rayons lumineux convergent, ils se concentrent.*

*La lentille convexe*

LE PROJECTEUR DE DIAPOSITIVES ►
En projetant un puissant faisceau de lumière à travers une photographie transparente, le projecteur fait apparaître l'image sur le mur. La petite image de la diapositive passe par une lentille concave, dont les rayons lumineux s'écartent. Plus le projecteur est loin du mur, plus grande est l'image.

LA LOUPE ►
La loupe est une grande lentille convexe, plus épaisse au centre qu'à la périphérie. Quand on place une loupe devant un objet, on a l'impression que celui-ci se rapproche : il a l'air plus gros qu'il n'est en réalité.

POUR EN SAVOIR PLUS ⏭ Le microscope 116 • La réfraction 114 • Le télescope 117

# LE MICROSCOPE

Certains objets sont trop petits pour être vus à l'œil nu, par exemple les atomes, les molécules, les cellules de notre corps ou les virus vecteurs de maladies. Un microscope équipé de lentilles permet de voir des objets minuscules en en grossissant l'image. Les microscopes optiques, utilisent la lumière provenant de l'objet pour agrandir son image ; les microscopes électroniques, beaucoup plus puissants, se servent d'un faisceau d'électrons à la place de la lumière.

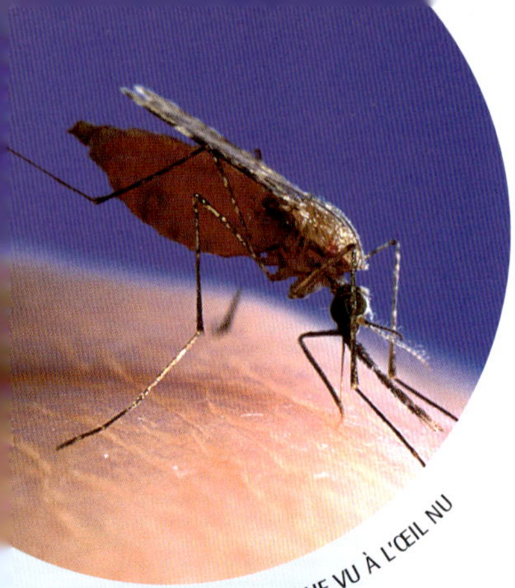

MOUSTIQUE VU À L'ŒIL NU

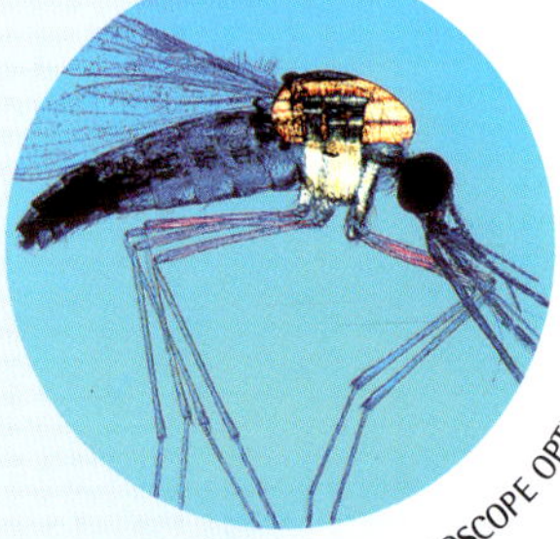

MOUSTIQUE (MICROSCOPE OPTIQUE)

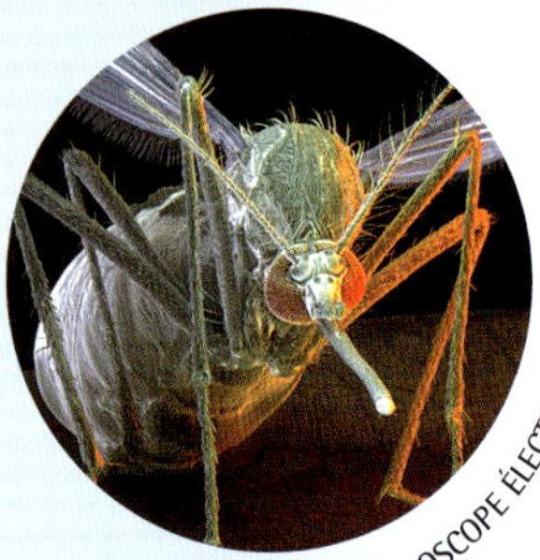

MOUSTIQUE (MICROSCOPE ÉLECTRONIQUE)

POILS BUCCAUX (MICROSCOPE ÉLECTRONIQUE)

▲ LE GROSSISSEMENT
La photo du haut montre un moustique vu à l'œil nu. La photo suivante montre un moustique sur la lame d'un microscope optique. La troisième photo est plus détaillée et en trois dimensions car on l'a prise avec un microscope électronique. Enfin, un microscope électronique encore plus puissant a permis d'observer avec précision dans la bouche du moustique les poils qui y poussent.

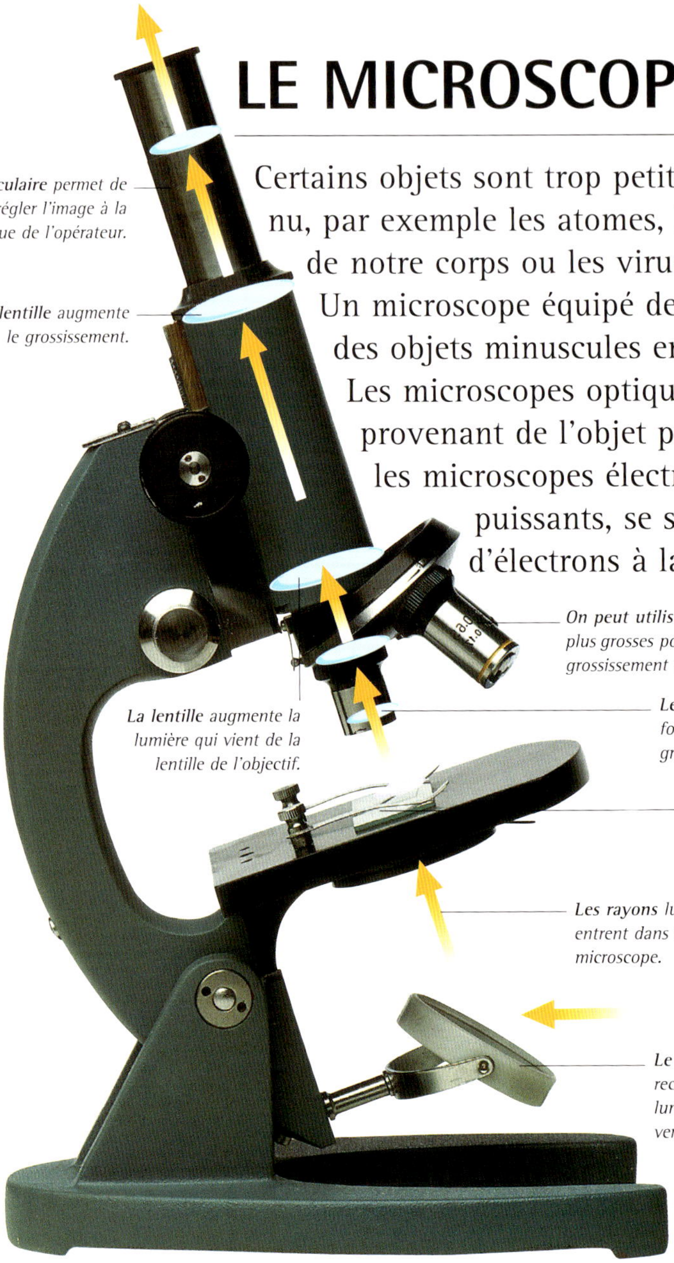


▲ LE MICROSCOPE OPTIQUE
Le microscope optique fonctionne avec de la lumière. L'objet à observer est coupé en tranches très fines que la lumière traverse ; il est placé sur un morceau de verre que l'on appelle la lame. Le miroir au pied du microscope réfléchit la lumière de telle sorte qu'elle traverse la lame. Une série de lentilles grossissent l'image de l'objet, que l'on observe grâce à l'oculaire, situé en haut de l'instrument.

LE MICROSCOPE ÉLECTRONIQUE ►
Le microscope électronique n'utilise pas de lumière, mais un faisceau d'électrons. L'objet à observer est placé sur un support au milieu de l'instrument. Un canon à électrons, analogue à celui des postes de télévision, envoie un faisceau d'électrons sur l'objet. Ce faisceau balaie l'objet et une image très détaillée apparaît sur l'écran de l'appareil, semblable à celui d'une télévision.

POUR EN SAVOIR PLUS ⏭ Les atomes 24 • La lentille 115 • La réflexion 113

# LE TÉLESCOPE

De même que l'on est incapable de voir les objets trop petits, on ne voit pas davantage ceux qui sont trop loin. Les télescopes permettent d'observer les objets situés à des millions de kilomètres. Leur tube capte les rayons lumineux d'objets lointains et en agrandit l'image. Certains télescopes captent la lumière par des lentilles, d'autres la recueillent sur des miroirs.

▲ UNE PAIRE DE JUMELLES VUE AUX RAYONS X
Une paire de jumelles est l'équivalent de deux petits télescopes, un pour chaque œil. Une molette de mise au point permet de modifier la distance entre les lentilles et de mettre au point l'image.

▲ LA LONGUE-VUE
Ce petit instrument d'amateur est équipé de lentilles qui réfractent la lumière. Or il est difficile de fabriquer de grosses lentilles, donc les longues-vues sont toujours de petite taille et peu puissantes. Le premier télescope de ce type a été construit en 1608 par un scientifique hollandais, Jan Lippershey (1570-1619).



▲ LE TÉLESCOPE À MIROIRS
Ce type de télescope est très puissant. Il utilise des miroirs au lieu de lentilles car il est plus facile de fabriquer de grands miroirs que de grosses lentilles ; en outre, les miroirs font de meilleures images. Un grand miroir central réfléchit la lumière de l'objet lointain sur un miroir plus petit, qui renvoie la lumière dans l'oculaire.

LA LUNE VUE AUX JUMELLES

TÉLESCOPE AMATEUR

LENTILLE DE 30 CM

LENTILLE DE 1,20 M

▲ L'OBSERVATION DE LA LUNE
La photographie du haut montre la Lune telle qu'on la voit à travers des jumelles. Le moindre télescope amateur grossit bien davantage et montre certaines « mers », c'est-à-dire les taches sombres à la surface de la Lune. Un télescope équipé d'une lentille de 30 cm permet d'observer les cratères à la surface de la Lune. Un télescope avec des lentilles de 1,20 m est quatre fois plus puissant et fournit plus de détails.

LE TÉLESCOPE GÉANT ►
Les plus grands télescopes astronomiques du monde sont des télescopes à miroirs : ils sont équipés de miroirs immenses pour grossir l'image des astres. Le télescope ci-contre appartient à l'observatoire spatial européen, situé au sommet d'une montagne à La Silla, au Chili. Son grand miroir mesure 3,60 m de diamètre ; l'instrument est abrité des intempéries par un immense dôme de métal.

POUR EN SAVOIR PLUS ⏭ La Lune 177 • Les observatoires 187 • Les observatoires dans l'espace 196

## LES ÉTAPES DE LA PHOTOGRAPHIE

◄ LE BITUME DE JUDÉE
La toute première photographie fut prise par le physicien français Nicéphore Niépce (1765-1833) en 1827. Comme le film photographique n'était pas encore inventé, Niépce utilisa un morceau d'étain enduit d'une résine fossile, le bitume de Judée. Il fallut impressionner (exposer à la lumière) ce produit pendant huit heures pour obtenir la photographie ci-contre.

◄ LE DAGUERRÉOTYPE
En 1839, le peintre Louis Daguerre (1787-1851) inventa une meilleure façon de faire des photos. Son procédé, connu sous le nom de daguerréotype, consiste à fixer des images sur des plaques en argent recouvertes de sels d'argent sensibles à la lumière. Ces images, obtenues en quelques minutes d'exposition, étaient claires et remarquablement détaillées.

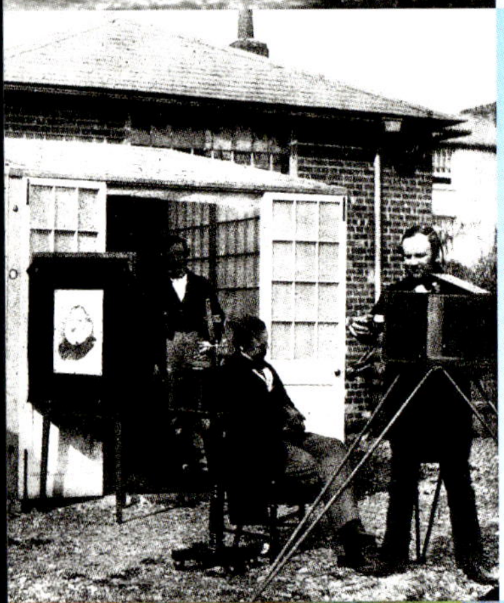

◄ LA PHOTOGRAPHIE SUR PAPIER
En 1839 toujours, l'inventeur britannique William Henry Fox Talbot (1800-1877) prit la première photographie sur papier. Avec un procédé différent de Daguerre, il enregistra l'image à l'envers sur un négatif grâce à un appareil photographique de sa fabrication. Puis, par des procédés chimiques, il obtint son résultat définitif sur papier, le positif.

◄ LA PHOTOGRAPHIE EN COULEURS
En 1861, le physicien britannique James Clerk Maxwell (1831-1879) obtint enfin pour la première fois une photographie en couleurs. Il prit trois photographies du ruban écossais ci-contre pour fixer les trois couleurs de base, qu'il superposa : c'est ainsi que ce procédé lui permit d'obtenir une unique photographie en couleurs.

# L'APPAREIL PHOTO

Un appareil photographique enregistre des images. La chambre noire reçoit les rayons lumineux émis par la source. Une lentille à l'avant de l'appareil – l'objectif – les fait converger. Dans les appareils traditionnels, les rayons lumineux impressionnent une PELLICULE. Depuis peu, on enregistre les images de façon électronique grâce à la PHOTOGRAPHIE NUMÉRIQUE.

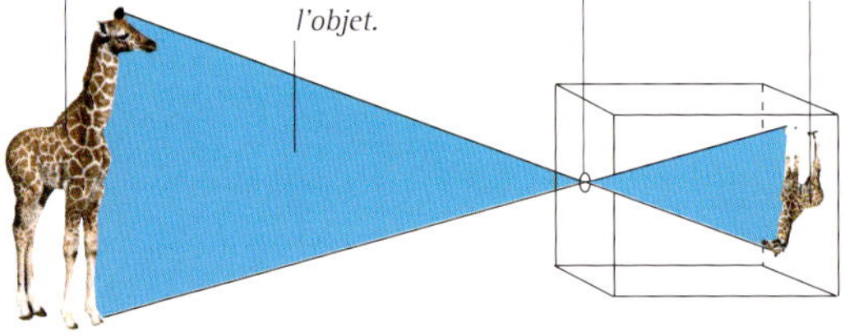


▲ L'APPAREIL PHOTOGRAPHIQUE À STÉNOPÉ
L'appareil photographique le plus simple est une boîte dont l'avant comporte un trou minuscule et circulaire, le sténopé ; un film photographique est fixé sur la paroi arrière de l'appareil. Le rayon lumineux entre par le trou, traverse la boîte et frappe le film. Les images obtenues sont petites et inversées.

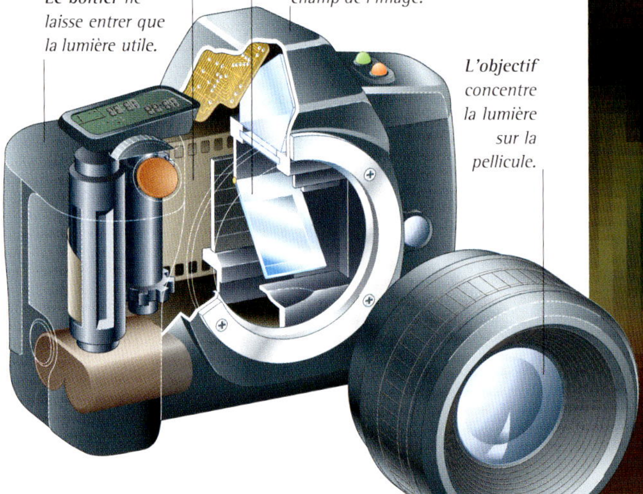


▲ L'APPAREIL PHOTOGRAPHIQUE À PELLICULE
L'objectif de l'appareil recueille les rayons lumineux et les fait converger. Le miroir situé au milieu de l'appareil renvoie la lumière de l'objectif dans le viseur. Quand on prend une photo, le miroir se relève un instant et la lumière de l'objectif traverse l'appareil pour impressionner la pellicule à l'arrière. Celle-ci reçoit la lumière de l'image à travers l'objectif.

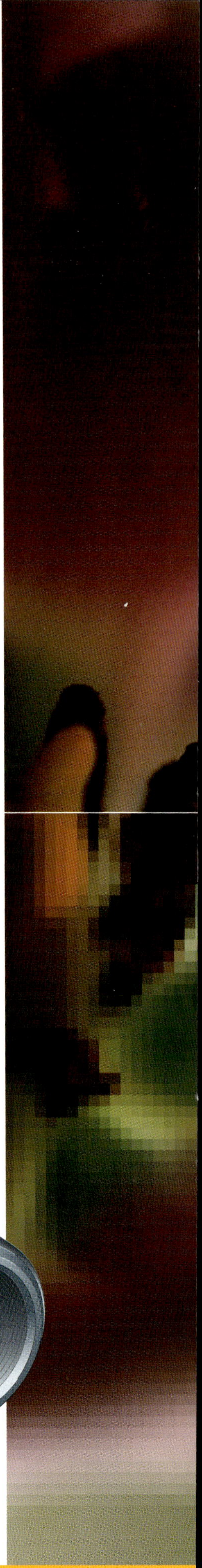

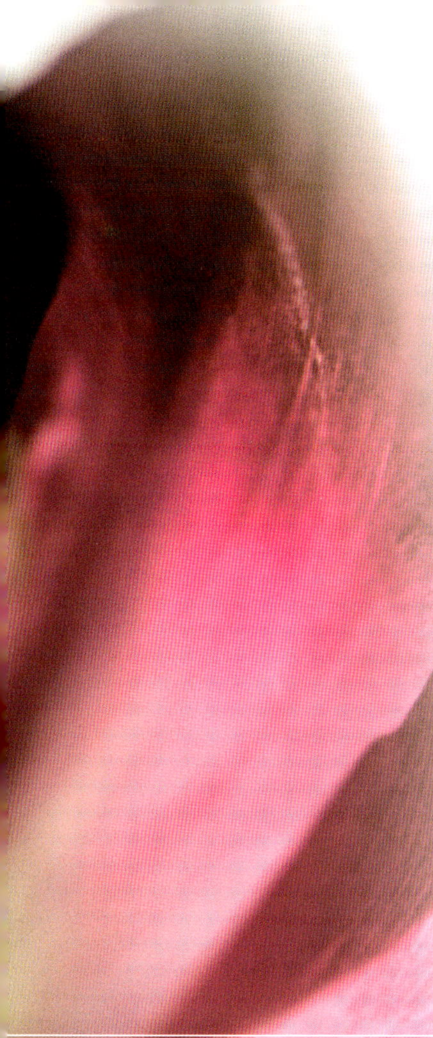

# LA PELLICULE

Un appareil photo enregistre la lumière sur un ruban de matière plastique transparente, couvert d'une émulsion sensible à la lumière. Cette émulsion se compose de sels d'argent cristallisés en suspension dans une sorte de gelée, la gélatine. Quand la lumière frappe la pellicule, elle provoque une réaction chimique et l'image se forme.

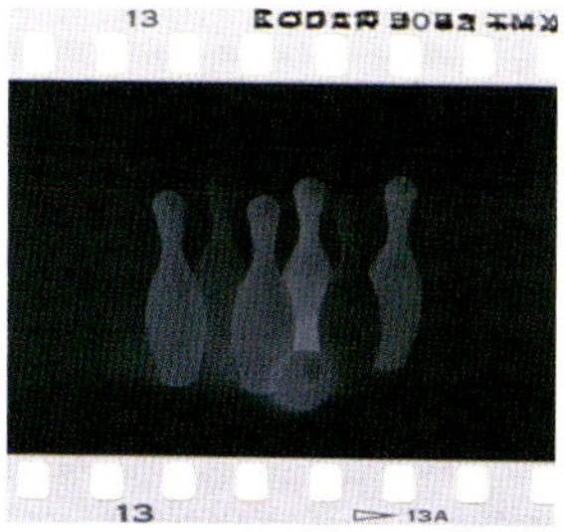


▲ LE NÉGATIF NOIR ET BLANC
L'image recueillie par l'appareil photo s'appelle un négatif photographique ; il ne ressemble pas du tout à l'objet photographié. Chaque zone claire de l'objet est sombre et inversement. Si l'on photographie de l'encre noire sur du papier blanc, le négatif présente de l'encre blanche sur du papier noir.

LE NÉGATIF COULEUR ►
Les pellicules couleur fournissent des négatifs couleur sur lesquels chaque couleur est remplacée par sa complémentaire, c'est-à-dire son opposée. C'est ainsi que les couleurs sombres sont claires et vice versa.

LA DIAPOSITIVE ►
Les négatifs couleur servent à obtenir des tirages sur papier ou sur plastique, comme la diapositive ci-contre. Les couleurs de celle-ci ont été inversées par rapport aux couleurs du négatif et sont les couleurs normales de l'objet photographié.

# LA PHOTOGRAPHIE NUMÉRIQUE

Une photo ordinaire est un morceau de papier sur lequel on a imprimé une image à partir d'un négatif. Une photo numérique est un fichier d'ordinateur composé d'une série de chiffres. Elle peut être chargée sur ordinateur, travaillée par logiciels, imprimée, envoyée par courriel ou stockée sur un site Internet.

◄ LES PIXELS
Une photographie numérique se compose de petits carrés que l'on appelle les pixels. Plus une photographie a de pixels, plus elle semble fine. La finesse des détails que l'on observe sur une photo numérique dépend de sa résolution. Le bas de la fleur ci-contre se compose de gros pixels : il a l'air flou, c'est une image en basse résolution. Le haut de la fleur se compose de minuscules pixels presque invisibles, c'est donc une photographie en haute résolution.

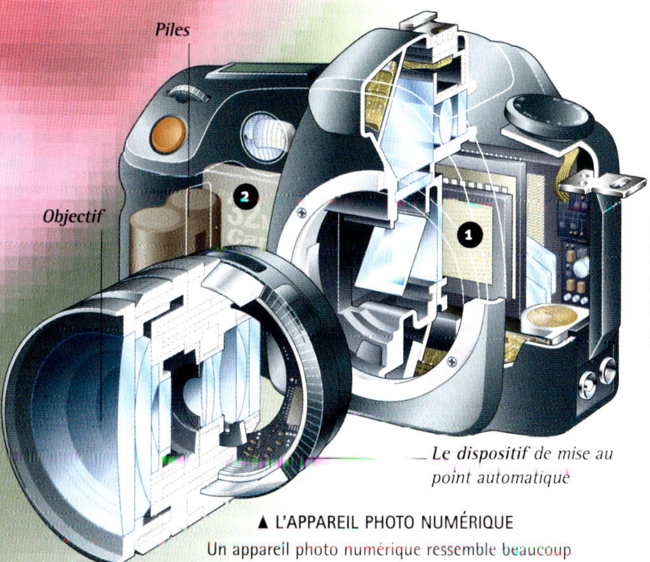


▲ L'APPAREIL PHOTO NUMÉRIQUE
Un appareil photo numérique ressemble beaucoup à un appareil ordinaire, il a les mêmes éléments et les mêmes commandes. Mais il possède un capteur ou une puce sensible à la lumière, souvent un dispositif à transfert de charge. Ce capteur transforme les rayons lumineux en une série de chiffres, et l'ensemble de la photographie est stocké sous la forme d'un très long nombre.

❶ LE CAPTEUR
Le dispositif à transfert de charge se compose de nombreux petits carreaux disposés sur une grille. Chaque carreau mesure la lumière qui le frappe et crée un pixel de la photo numérique.

❷ LA PUCE DE MÉMOIRE
Le capteur transforme chaque pixel en chiffres représentant la couleur et la luminosité de chaque partie de l'image. Tous les chiffres correspondant aux pixels sont stockés dans une puce de mémoire.

POUR EN SAVOIR PLUS ⏭ L'électronique numérique 140 • La lentille 115 • La microélectronique 142

▲ LE CHEVAL AU GALOP
Le photographe anglo-américain Eadweard Muybridge (1830-1904) fut l'un des premiers à exploiter le fait que des photographies distinctes, observées en séquences rapides, donnent l'illusion du mouvement. Pour photographier ce cheval au galop, il utilisa six appareils photographiques, un pour chaque image.

# LE CINÉMA

Pour passer un film, on projette des images qui se suivent très vite. Notre œil ne les reçoit pas comme une série d'images fixes, mais en fait l'amalgame et voit une seule image, animée. Dans les débuts du cinéma, les films étaient en noir et blanc, et muets. Les films modernes sont en couleurs, ont un son réaliste et font appel à des EFFETS NUMÉRIQUES.

AUGUSTE ET LOUIS LUMIÈRE
*Le cinéma, tel que nous le connaissons aujourd'hui, fut inventé par deux Français, Auguste (1862-1954) et Louis (1864-1948) Lumière. Ils mirent au point en 1895 le premier projecteur de cinéma et l'appelèrent cinématographe. La même année, ils tournèrent le premier film et ouvrirent la première salle de cinéma.*

*On fait tourner le disque en carton.*

*Le mangeur semble enfourner une cuillérée après l'autre.*

◄ LE PHÉNAKISTISCOPE
Les premiers « films » étaient de simples jouets mécaniques. L'appareil ci-contre, inventé en 1832, comporte une série d'images fixes imprimées sur un grand disque en carton. Chaque image représente une étape d'un mouvement continu. Quand on fait tourner le disque rapidement et que l'on observe un point particulier, les images fusionnent et donnent une illusion de mouvement.

▲ LE SCÉNARIMAGE D'UN FILM OU « STORYBOARD »
Filmer coûte cher, cela demande de l'organisation. Une fois que l'auteur a écrit le scénario, un dessinateur esquisse les scènes à filmer en réalisant le scénarimage. Le metteur en scène – responsable de l'esthétique générale du film – utilise ces croquis pour mettre en place les caméras, l'éclairage et le reste du matériel.

▲ LE STUDIO DE TOURNAGE
La réalisation d'un film est un travail d'équipe pour des centaines de personnes. La photo ci-dessus, prise pendant le tournage de *Matrix*, montre les techniciens du son, les cameramen, les chargés d'effets spéciaux et de l'éclairage qui se disposent à filmer l'acteur. Les rails à gauche permettent à la lourde caméra de se déplacer sans heurts dans le studio.

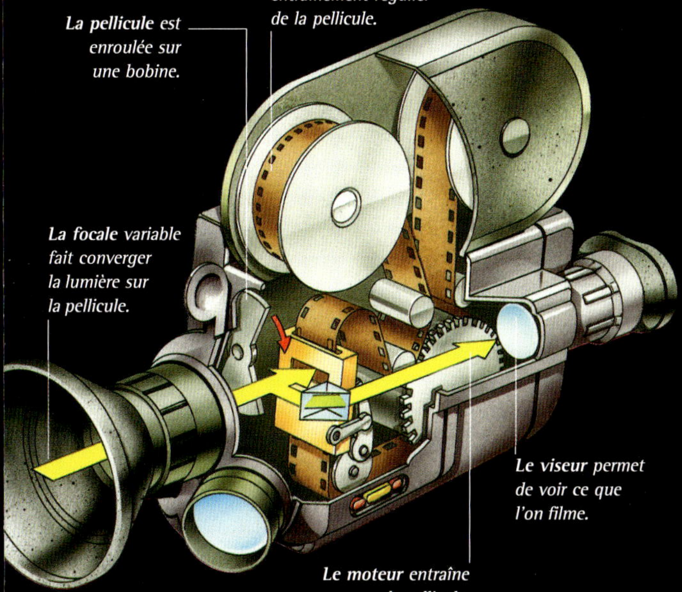


**▲ LA CAMÉRA DE CINÉMA**
Une caméra de cinéma fonctionne à peu près de la même façon qu'un appareil photographique, car elle a les mêmes éléments principaux. En revanche, elle ne prend pas une photographie isolée, elle en prend 24 par seconde. Le moteur situé à l'intérieur de la caméra entraîne un mécanisme qui fait défiler devant l'objectif la pellicule enroulée sur une grosse bobine. De petits trous carrés sont pratiqués le long des bords du film pour assurer l'avancement régulier du film à une vitesse bien définie.

# LES EFFETS NUMÉRIQUES

Quand un film nécessite des effets spéciaux impossibles à créer dans la réalité, on fait appel à l'ordinateur. Ces effets sont dits numériques car on les crée grâce à la technique numérique. Le film qui a besoin d'effets numériques est transformé en une série de photos numériques. On peut les retoucher, y introduire des dessins animés ou les transformer d'autres façons.

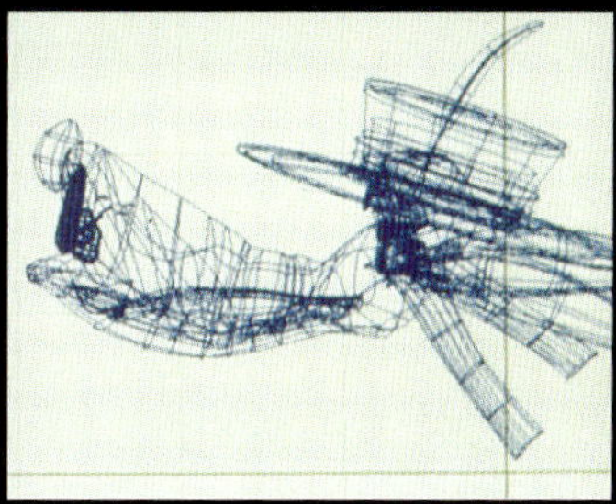

**◄ LA MODÉLISATION FIL DE FER**
Le réalisateur de dessins animés commence par une esquisse dite fil de fer qui définit la silhouette du personnage. L'ordinateur transforme ce dessin en une longue suite de chiffres que l'on modifie pour animer le personnage.

**LES DERNIÈRES RETOUCHES ►**
L'ordinateur sert alors à ajouter la couleur et la texture sur les images fil de fer ; on met au point l'éclairage et les autres effets spéciaux. Le personnage ci-contre est tiré du film *The Mask*, réalisé en 1994 par Charles Russell.

**▲ LE STUDIO D'ENREGISTREMENT SONORE**
La bande-son d'un film est en général enregistrée au moment même du tournage. Le son a ensuite besoin d'être retouché dans un studio comme celui-ci. Le son doit en effet être parfaitement synchronisé avec l'image. C'est pourquoi il y a un « clap » au début de chaque prise de vue. On rajoute ensuite la musique du film.

**▲ LE CINÉMA IMAX**
Un film est encore plus spectaculaire quand on le projette sur l'écran géant d'une salle IMAX. L'écran est si grand qu'il remplit complètement le champ de vision des spectateurs : ceux-ci oublient alors facilement où ils se trouvent. C'est pourquoi ils sont si touchés par ce qui se passe sur l'écran.

POUR EN SAVOIR PLUS ⏭ L'appareil photo 118 • L'électronique numérique 140 • La reproduction sonore 108

# LA COULEUR

Les jours de beau temps sont plus gais car notre œil perçoit mieux les couleurs. Certains animaux ne font pas la différence : ils vivent dans un monde en noir et blanc. À nos yeux, la lumière du Soleil semble blanche ou jaune, alors qu'en fait elle est un mélange de lumières de nombreuses couleurs. La couleur est l'un des éléments qui permet de différencier les objets. Une tomate est rouge parce qu'elle reflète la lumière rouge vers nos yeux ; une pomme est verte parce qu'elle reflète la lumière verte.

▲ L'ARC-EN-CIEL
Les couleurs de l'arc-en-ciel apparaissent quand le Soleil éclaire les gouttes de pluie. Quand un rayon de Soleil entre dans une goutte de pluie – aussi petite soit-elle – celle-ci sépare la lumière blanche en plusieurs couleurs. L'arc-en-ciel vu du sol ressemble à un demi-cercle mais, lorsqu'on l'observe de l'avion, c'est un cercle complet dont le centre est l'ombre de l'avion.

▲ LA RÉFRACTION DE LA LUMIÈRE
Quand la lumière blanche traverse un triangle de verre plat – un prisme – celui-ci réfracte la lumière, c'est-à-dire en change la direction. La lumière se compose d'ondes lumineuses de différentes longueurs d'onde. Le prisme dévie davantage les ondes les plus courtes – de couleur bleue – mais il dévie moins les ondes plus longues – de couleur rouge. Voilà pourquoi le prisme sépare la lumière blanche en un spectre de couleurs.

▲ LE COUCHER DU SOLEIL
Au crépuscule, le ciel est rouge parce que le Soleil est très bas sur l'horizon. À cette heure-là, la lumière du Soleil ne parvient à nos yeux qu'après avoir traversé l'atmosphère sur une très grande épaisseur. Les particules de l'atmosphère diffusent dans toutes les directions la composante bleue de la lumière du Soleil. Le Soleil et le ciel semblent de couleur rouge parce qu'on leur a retiré leur composante bleue.

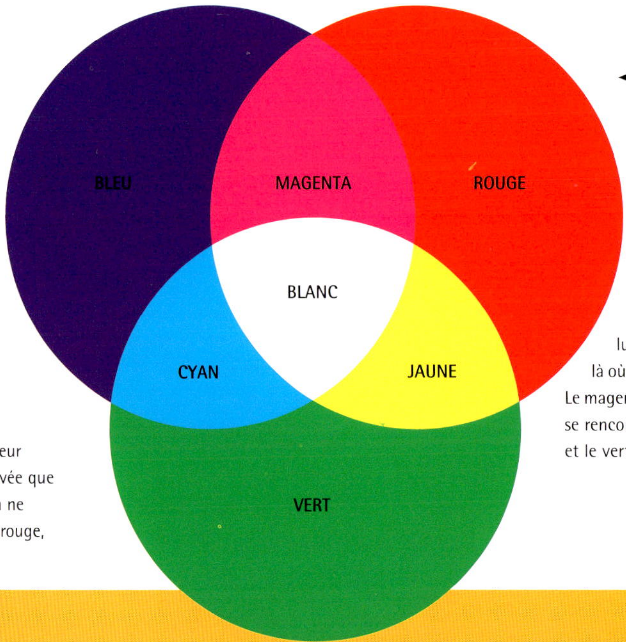


◄ LA LUMIÈRE BLANCHE
De même que le prisme partage la lumière blanche en couleurs différentes, les lumières de différentes couleurs reconstituent la lumière blanche quand elles s'ajoutent. Si trois lampes de poche éclairent respectivement en rouge, en bleu et en vert, leurs couleurs ajoutées forment de la lumière blanche. Le jaune apparaît là où le rouge et le vert se mélangent. Le magenta apparaît là où le rouge et le bleu se rencontrent ; le cyan apparaît là où le bleu et le vert se mélangent.

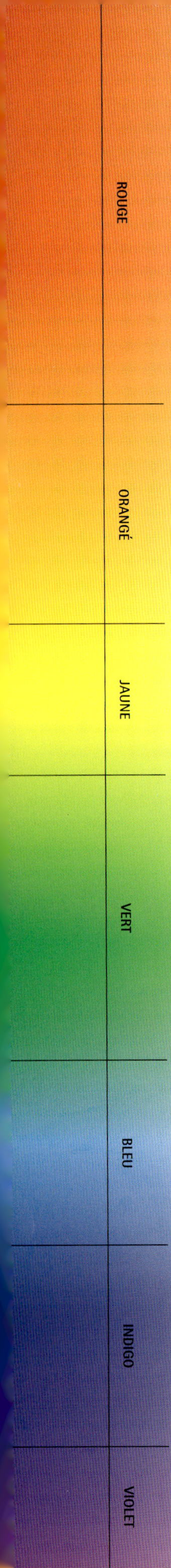


◄ LE SPECTRE DES COULEURS
La lumière blanche se compose d'une infinité de couleurs différentes ; le violet est à une extrémité et le rouge à l'autre. Cette bande de couleurs visibles s'appelle le spectre. La lumière du côté bleu a une longueur d'onde plus courte et une fréquence plus élevée que la lumière à l'extrémité rouge. En général, on ne distingue que sept couleurs dans le spectre : rouge, orangé, jaune, vert, bleu, indigo et violet.

LA VISION DES COULEURS ►
Les objets ont des couleurs parce qu'ils reflètent ou absorbent des composantes différentes de la lumière blanche. Une balle de golf a l'air blanche parce qu'elle reflète toutes les longueurs d'ondes de la lumière qui la touche. Un citron absorbe toutes les longueurs d'onde sauf le jaune, qu'il reflète vers nos yeux. Un casque noir absorbe toutes les longueurs d'onde et n'en reflète aucune : c'est pourquoi il nous semble sombre.

*La balle de golf blanche reflète toutes les couleurs de la lumière blanche.*

*Le citron jaune reflète la lumière jaune et absorbe les autres couleurs.*

*Le casque noir absorbe toutes les couleurs et n'en reflète aucune.*

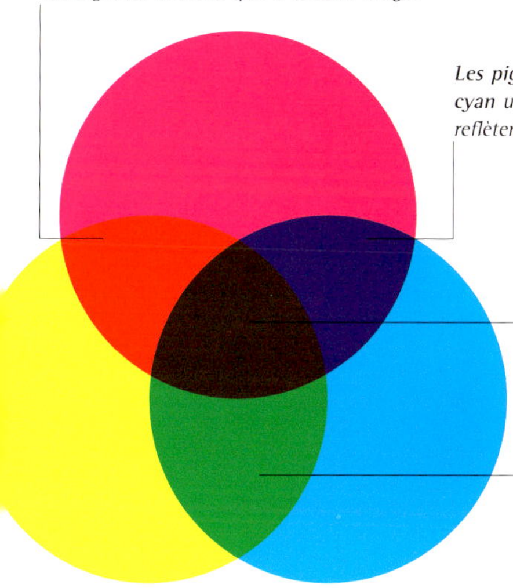

*Les pigments magenta et jaune une fois mélangés ne reflètent que la lumière rouge.*

*Les pigments magenta et cyan une fois mélangés ne reflètent que la lumière bleue.*

*Les trois pigments une fois mélangés ne reflètent que la lumière marron noirâtre.*

*Les pigments cyan et jaune une fois mélangés ne reflètent que la lumière verte.*

▲ LE MÉLANGE DES PIGMENTS
Les encres de couleur et les peintures – que l'on appelle parfois pigments – se mélangent de façon totalement différente des lumières de couleur. Chaque pigment reflète la lumière d'une couleur différente. Quand deux pigments de couleur sont mélangés, le nombre de couleurs qu'ils reflètent diminue. Quand trois pigments sont mélangés, ce mélange ne reflète aucune couleur : nous le voyons marron noirâtre.

CYAN MAGENTA JAUNE NOIR

▲ LA SURIMPRESSION DES COULEURS
Les illustrations en couleurs du présent ouvrage sont imprimées sur le papier en quatre fois. Chaque fois que le papier repasse dans la presse d'imprimerie, celle-ci ajoute une couleur. Toutes les couleurs peuvent être imprimées en combinant trois encres seulement : magenta, cyan et jaune. Le vrai noir est difficile à obtenir avec ces couleurs, ce qui fait qu'on rajoute en général le noir.

▲ LE FILTRE BLEU
Le fait de prendre une photo avec un filtre bleu transforme complètement la couleur des fleurs d'un bouquet. Les fleurs blanches et jaunes ont l'air bleu clair car le filtre bleu arrête les faibles lumières rouge et verte. Les fleurs violettes semblent bleu foncé car le filtre arrête leur puissante lumière rouge. Le filtre arrête également la couleur verte des feuilles.

LES POINTS DE COULEUR ►
Si l'on observe de très près les photographies en couleurs sur cette page, on arrive à distinguer les minuscules points de couleur cyan, magenta, jaune et noire. Cette technique d'impression s'appelle la séparation des couleurs. Chaque couleur et chaque nuance de gris peut être imprimée grâce à des points de ces quatre couleurs. Nos yeux et notre cerveau effectuent un mélange des points et nous permettent de voir des couleurs qui ont l'air naturelles.

LES POINTS DE COULEUR TRÈS GROSSIS

POUR EN SAVOIR PLUS ⏭ L'appareil photo 118 • L'onde 98 • La réfraction 114

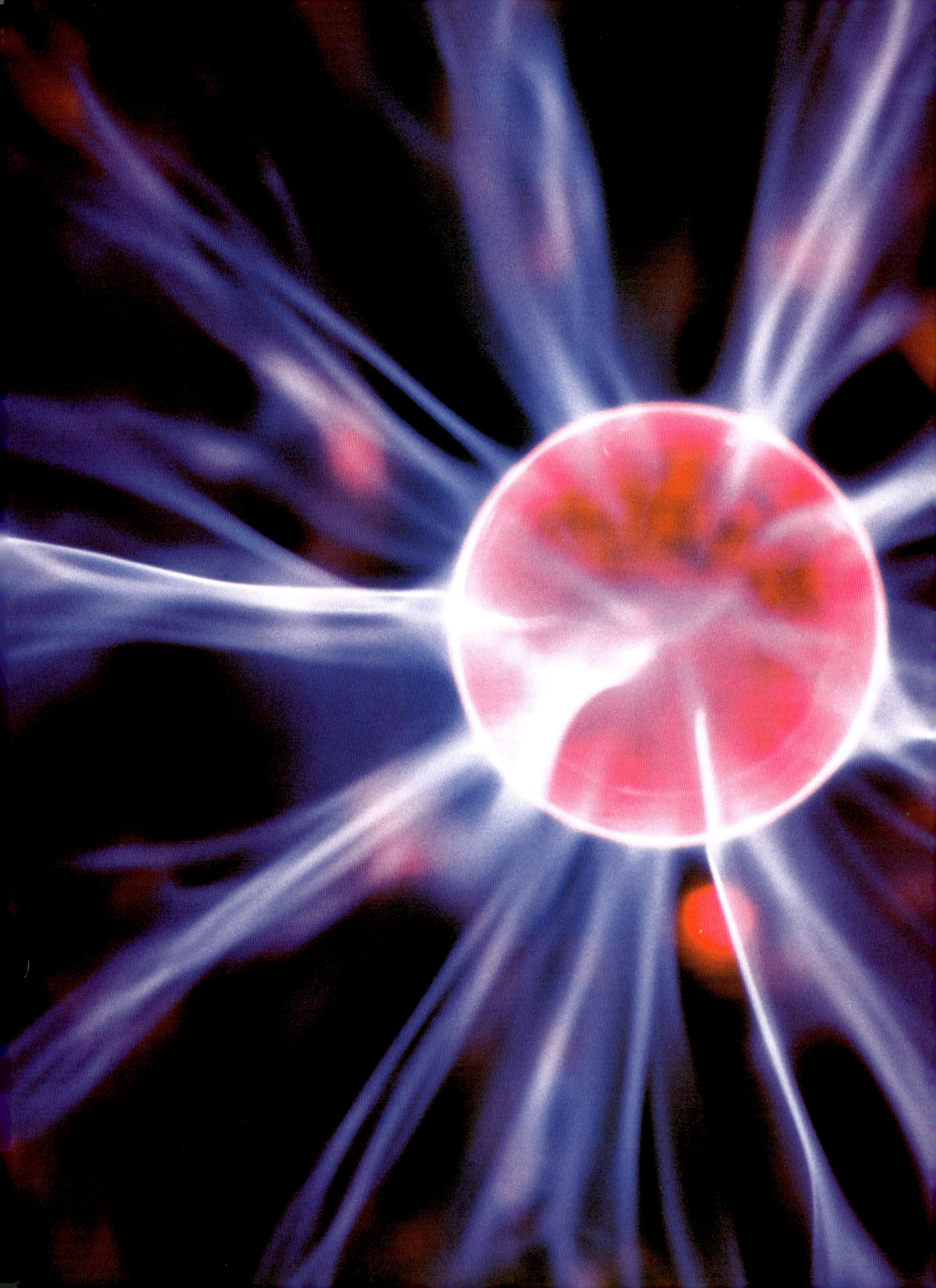

# ÉLECTRICITÉ et MAGNÉTISME

**UNE FORCE TERRIFIANTE ►**
L'électricité est une des forces de la nature : elle montre sa puissance à chaque orage. Un éclair survient quand de violentes montées d'air séparent des charges électriques positives et négatives. Cela provoque des tensions colossales, qui se libèrent en énormes étincelles – les éclairs – provoquées par l'ÉLECTRICITÉ STATIQUE. L'électricité peut détruire et même tuer, mais les ingénieurs l'ont domestiquée.

# L'ÉLECTRICITÉ

Il y a de l'électricité non seulement dans les piles que l'on achète mais aussi un peu partout dans l'Univers. Tout ce qui nous entoure est fait d'atomes, eux-mêmes construits avec des particules qui portent une charge électrique. Cette charge peut être positive ou négative. Les particules de même charge se repoussent, les charges opposées s'attirent. Lorsque des charges se déplacent, elles produisent du COURANT ÉLECTRIQUE, l'énergie dont nous nous servons le plus aujourd'hui.

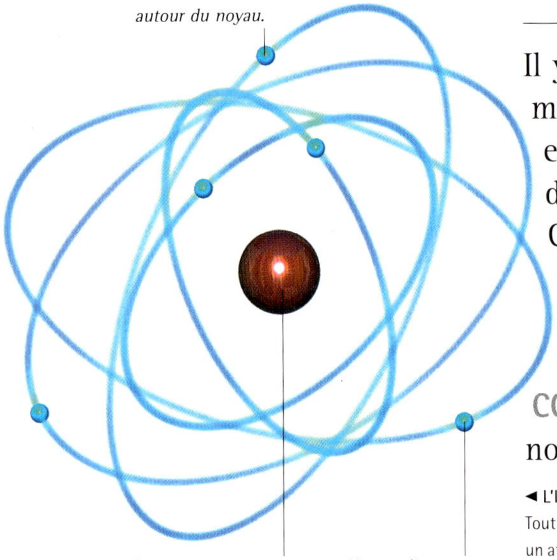


**◄ L'INTÉRIEUR DE L'ATOME**
Tout l'Univers est fait d'atomes qui doivent leur structure à l'électricité. Dans un atome, des électrons, à charge négative, tourbillonnent autour d'un noyau à charge positive. Les charges négatives attirent les positives, il est donc rare que des électrons échappent à l'attraction du noyau. Comme les charges s'équilibrent, l'atome dans son ensemble a une charge neutre.

## L'ÉLECTRICITÉ STATIQUE

L'électricité qui nous entoure passe inaperçue car les charges positives et négatives s'équilibrent. En revanche, quand les objets se touchent, il leur arrive d'échanger des électrons. Un peigne, par exemple, peut arracher des électrons aux cheveux : ceux-ci sont alors chargés positivement, ils crépitent et se hérissent.

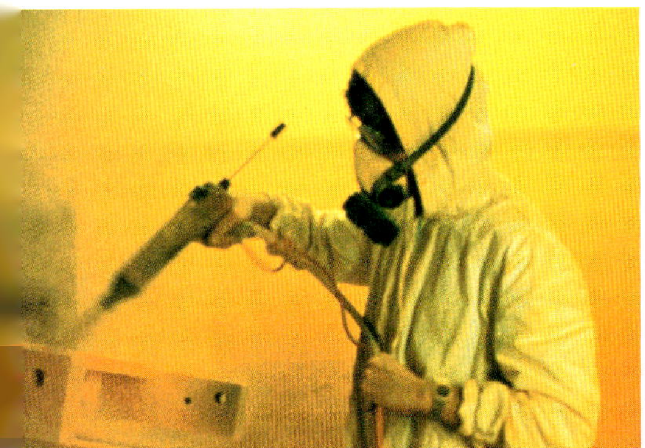

**◄ L'ÉLECTRISATION PAR INFLUENCE**
Les objets chargés sont attirés par ceux qui ne le sont pas : c'est l'électrisation par influence, que l'on utilise par exemple pour la peinture au pistolet. L'objet à peindre est branché au sol, pour rester neutre. Le pistolet charge la peinture et l'électrisation fait adhérer les gouttes de peinture à l'objet dans toutes ses parties, même celles qui sont situées derrière l'objet.

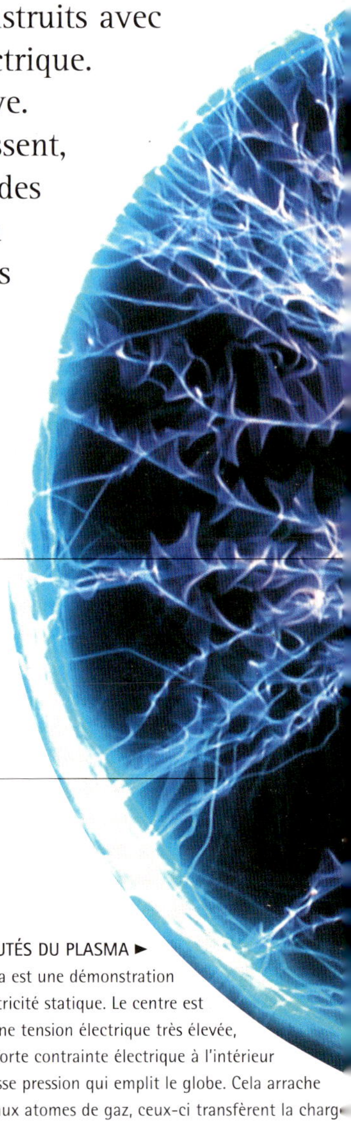


**LES BEAUTÉS DU PLASMA ►**
Ce globe de plasma est une démonstration spectaculaire de l'électricité statique. Le centre est chargé d'une tension électrique très élevée, ce qui crée une forte contrainte électrique à l'intérieur du gaz à basse pression qui emplit le globe. Cela arrache des électrons aux atomes de gaz, ceux-ci transfèrent la charge à la paroi de verre. Quand les particules se reconstituent en atomes, elles émettent une vive lumière

# LE COURANT ÉLECTRIQUE

Lorsque les électrons ne peuvent se déplacer, ils s'accumulent à un endroit donné et constituent de l'électricité statique. Toutefois, dans certains matériaux comme les métaux, les électrons circulent librement pour former du courant électrique. Ce dernier se mesure à la quantité de charge qui passe en un point donné chaque seconde. En général, les électrons se déplacent à peine à la vitesse d'un escargot.

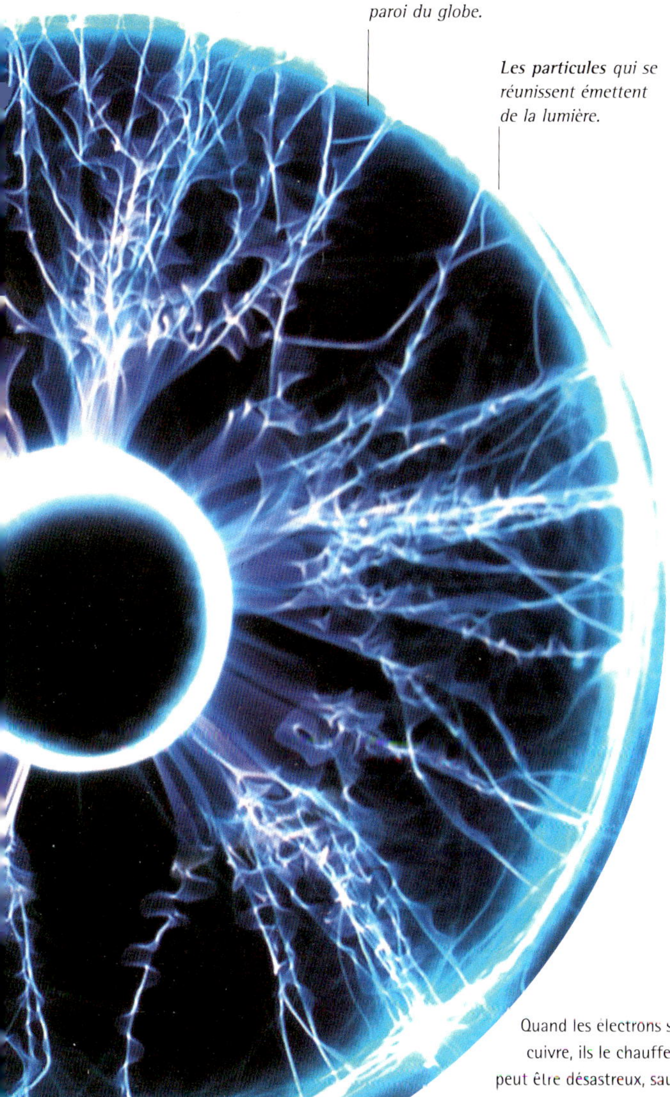

▲ L'ÉLECTRICITÉ EN ACTION
Dans les concerts de rock, des quantités énormes d'électricité sont utilisées pour amplifier les courants électriques minuscules nés dans les micros, jusqu'à en faire des bruits assourdissants. L'électricité est utilisée pour l'éclairage et pour faire fonctionner les caméras qui transmettent des signaux électriques aux écrans géants, situés au-dessus de la scène. L'ensemble du spectacle est piloté par ordinateur.

LA CHALEUR DE L'ÉLECTRICITÉ ►
Quand les électrons se bousculent dans du métal comme le cuivre, ils le chauffent, parfois jusqu'à le faire fondre. Cela peut être désastreux, sauf quand l'on cherche à fixer ensemble deux pièces de métal par soudure. Cette technique consiste à toucher les deux pièces à souder avec une tige de métal parcourue par un courant électrique de faible tension. Un arc électrique éblouissant se forme au bout de la tige qui se vaporise, c'est-à-dire se transforme en gaz. Les deux pièces à souder sont réunies. La soudure à l'arc se pratique même sous l'eau (ci-contre), pour réparer des gazoducs et des stations sous-marines de pompage de pétrole.

POUR EN SAVOIR PLUS ⏭ Les atomes 24 • Les circuits 128 • La chaleur 80 • La lumière 110 • Les métaux 34

# LES CIRCUITS

Un circuit électrique est semblable à un chemin aménagé pour faire circuler un courant électrique, afin de le faire travailler. Une source de puissance, par exemple une PILE, produit une tension électrique, c'est-à-dire qu'elle envoie des électrons dans les fils. Dans les circuits en série, le même courant traverse tous les composants (des ampoules, par exemple) ; dans les circuits parallèles, c'est la même tension que l'on applique à tous les composants.

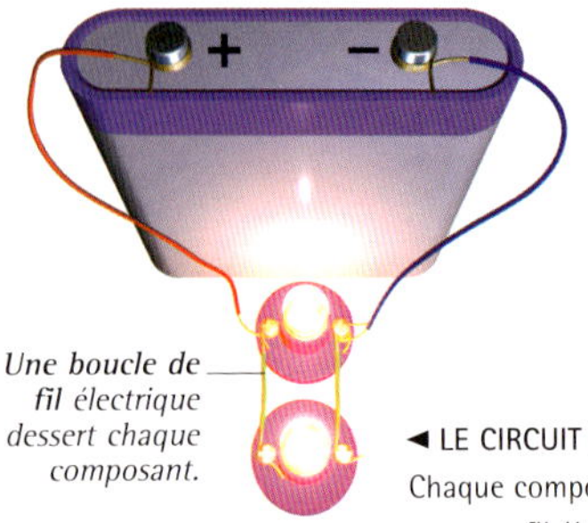


*Une boucle de fil électrique dessert chaque composant.*

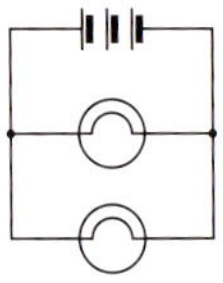

*Schéma d'un circuit en parallèle*

◄ LE CIRCUIT EN PARALLÈLE
Chaque composant possède son propre fil électrique, tous les composants reçoivent la même tension, mais chacun consomme un courant différent. On peut en enlever un sans affecter les autres.

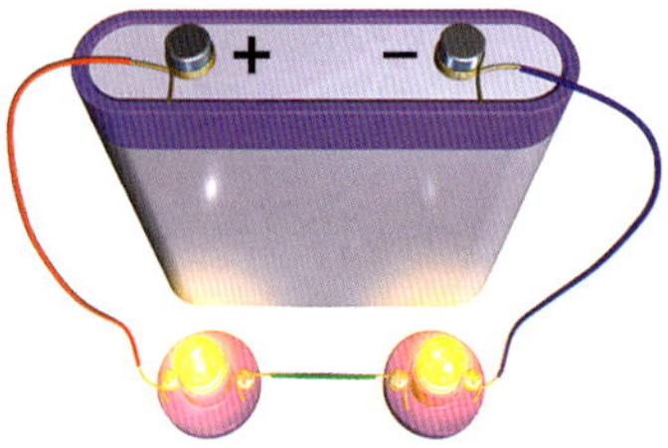

*Schéma d'un circuit en série*

▲ LE CIRCUIT EN SÉRIE
Ici, les composants sont desservis par un seul fil : c'est le même courant qui les traverse tous. Aucun composant n'est branché sur les deux pôles de la pile, chacun peut donc avoir une tension différente. Si on ôte un composant, le courant s'arrête. Les guirlandes électriques constituent un bon exemple : si une ampoule est dévissée, tout s'arrête.

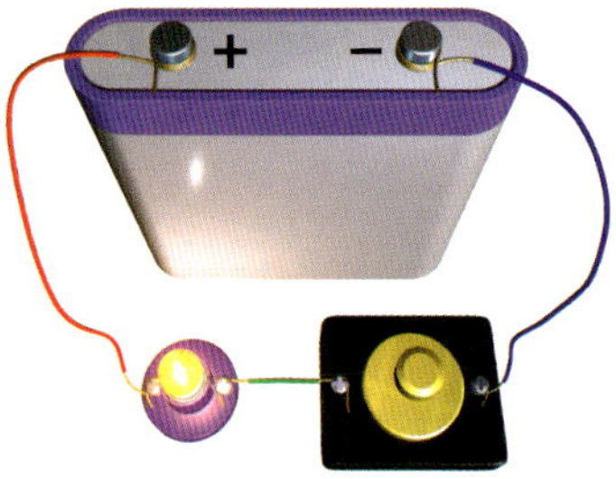


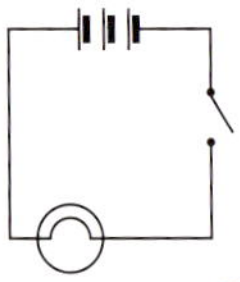

*Schéma de circuit avec interrupteur*

▲ LA COMMANDE DU COURANT
Les circuits électriques permettent de commander l'électricité pour qu'elle remplisse une tâche précise. La commande la plus simple est l'interrupteur. L'interrupteur d'une lampe est fait pour couper le circuit quand on veut que le courant s'arrête. Sans interrupteur, la lumière brillerait en permanence. Les ordinateurs sont composés de millions d'interrupteurs à commande électronique.

L'ÉLECTRICITÉ CHEZ SOI ▼
La maison moderne dépend des circuits électriques qui alimentent en électricité les moteurs électriques des grille-pain, des réfrigérateurs, des lecteurs de DVD, etc. L'électricité fournit aussi chaleur et lumière. En obligeant le courant à emprunter un circuit où il trouve de la RÉSISTANCE, on lui fait transformer l'énergie électrique en chaleur. C'est le cas des éléments qui rougissent dans un grille-pain, c'est aussi le cas du filament des ampoules électriques.

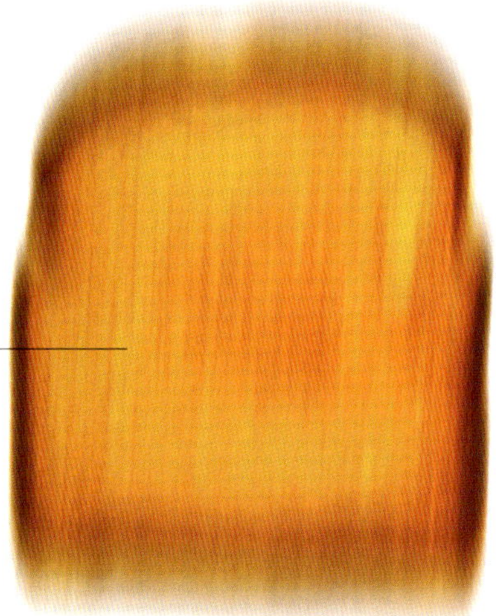

*Le toast est éjecté grâce à un ressort à commande électrique.*

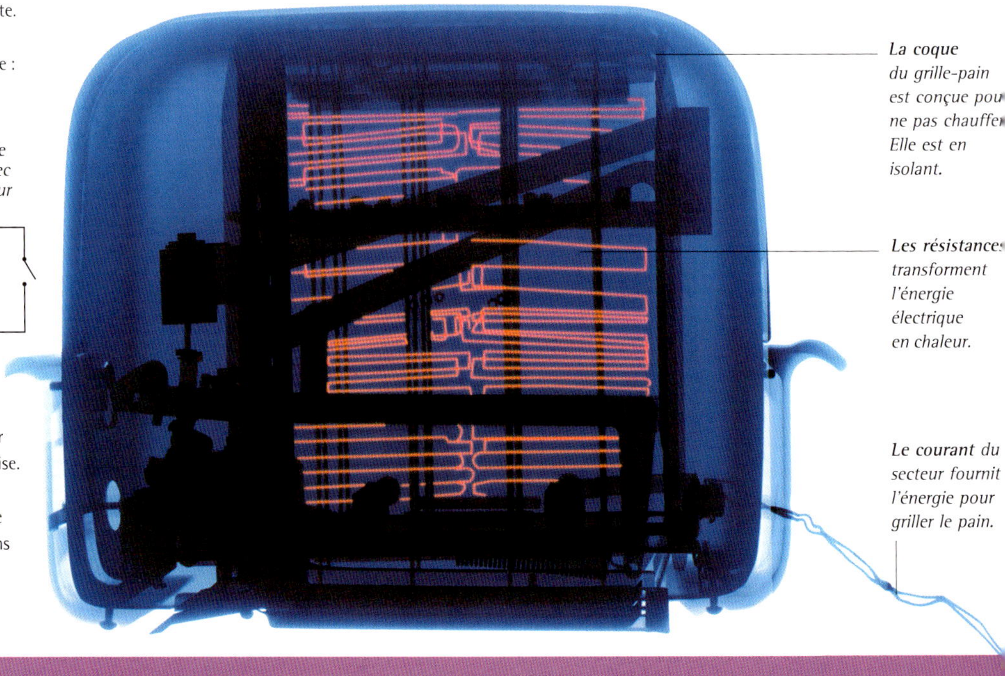

*La coque du grille-pain est conçue pour ne pas chauffer. Elle est en isolant.*

*Les résistances transforment l'énergie électrique en chaleur.*

*Le courant du secteur fournit l'énergie pour griller le pain.*

## LA PROTECTION DES CIRCUITS

Les fusibles protègent les circuits d'un excès de courant, qui pourrait provoquer un incendie. Un fusible est un fil de métal dans un boîtier résistant au feu. Quand il y a trop de courant, le fusible fond, ce qui coupe le circuit. Une prise de terre protège de l'électrocution si la carrosserie métallique d'un appareil vient accidentellement en contact avec le courant électrique. Le courant, au lieu d'atteindre le sol à travers la personne qui touche l'appareil – ce qui risque de la tuer – se disperse dans le sol en passant par la prise de terre.

Les prises les plus simples n'ont que deux broches : on les branche dans des prises à deux trous.

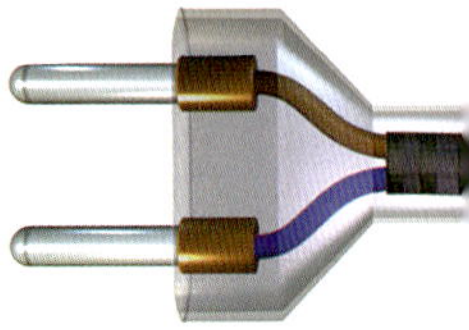

La plupart des prises de courant en Angleterre ont trois broches : la troisième est la prise de terre, qui évite tout danger d'électrocution. En France, la broche de terre fait partie de la prise électrique murale.

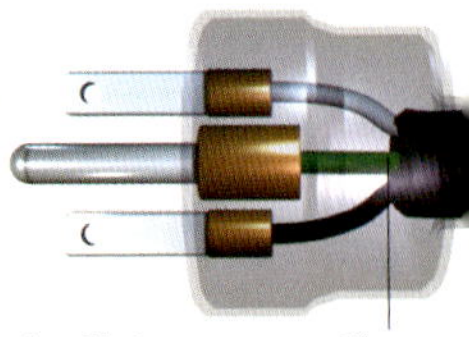

*Le fil de terre est relié par la broche de terre à une tige métallique plantée dans le sol, sous le bâtiment.*

*Le fil de terre est fixé sur une borne à vis.*

*Le fil dans le fusible est prévu pour fondre et donc couper le courant si l'appareil en utilise trop.*

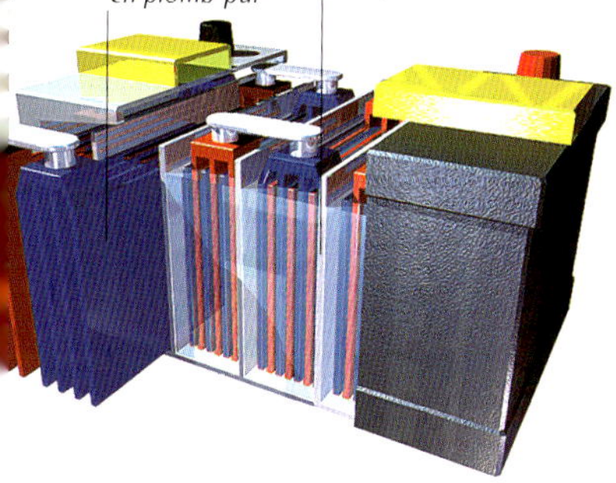


L'INTÉRIEUR D'UNE BATTERIE DE VOITURE ▲
ne batterie peut être utilisée des années, à condition l'être rechargée par l'alternateur du véhicule. C'est la :terie qui fournit le courant nécessaire au démarreur. Ses électrodes de plomb et d'oxyde de plomb sont plongées dans un bain d'acide sulfurique dilué.

# LES PILES

Une pile transforme l'énergie chimique en énergie électrique. Elle se compose d'un ou plusieurs éléments. Chaque élément comporte deux électrodes – en général métalliques – et un produit chimique, l'électrolyte, qui transporte les électrons d'une électrode à l'autre. Les électrodes sont faites de matériaux différents, donc l'une reçoit davantage d'électrons que l'autre. L'excès d'électrons peut emprunter un circuit branché sur la pile et y produire un courant électrique. Les piles des lampes de poche ne peuvent être rechargées, contrairement aux piles au cadmium-nickel (NiCad) et aux batteries de voitures, qui peuvent être réutilisées.

ALESSANDRO VOLTA
Italien, 1745–1827
*En 1800, Volta fabriqua la première pile : un empilement de disques de zinc et d'argent séparés par du carton imbibé de sel. Son ami Luigi Galvani avait observé que la patte d'une grenouille en contact avec deux métaux différents se rétracte. D'après Galvani, l'effet électrique était produit par la grenouille. Volta a prouvé qu'il vient des métaux.*

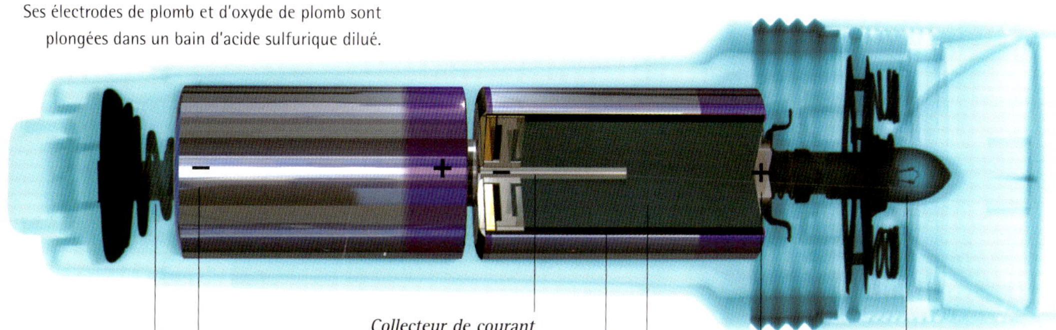


◄ LA PILE ALCALINE
Les piles modernes ont un boîtier en acier qui entoure une couche de dioxyde de manganèse et un cœur en poudre de zinc. Tous deux sont enduits d'un électrolyte fortement basique (le contraire d'acide). Le dioxyde de manganèse cède des électrons au zinc. Les électrons se rassemblent sur le collecteur et gagnent la borne négative. Quand les produits chimiques sont épuisés, le courant s'arrête.

# LA RÉSISTANCE

Les électrons qui circulent dans un fil se heurtent à de nombreux atomes : cela les ralentit et leur fait perdre de l'énergie. Cet effet s'appelle la résistance : elle limite le courant qui circule sous une tension donnée. L'énergie perdue par les électrons chauffe le conducteur, au point parfois d'éclairer toute la pièce.

L'INCANDESCENCE ►
Une lampe à incandescence comporte un très long filament enroulé deux fois en spirale pour paraître plus court et plus épais. Il est en tungstène, métal qui résiste aux très hautes températures. Un filament d'ampoule de 60 W a une résistance de 882 Ω ; sous une tension de 230 V, il laisse passer un courant de 0,26 A.

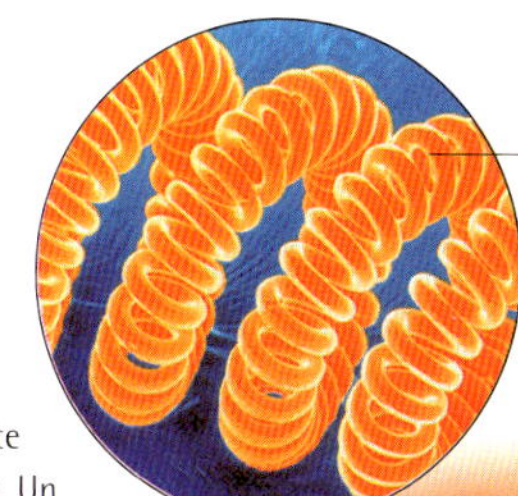


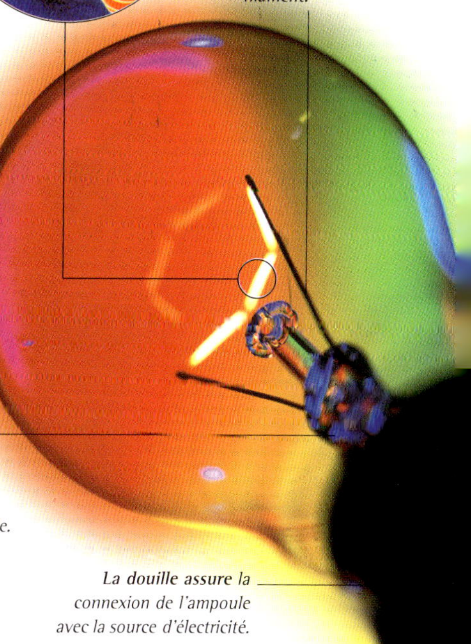


## TERMINOLOGIE ÉLECTRIQUE

**Tension (voltage) :** Différence de potentiel électrique qui provoque la circulation du courant dans un circuit. On la mesure entre deux points, dont l'un est souvent la terre. Unité : le volt. Symbole : V. Une pile alcaline a une tension de 1,4 V.

**Intensité :** Flux de charges électriques dans un circuit. C'est la charge qui passe chaque seconde en un point du circuit. Unité : l'ampère. Symbole : A. Un démarreur de voiture consomme 200 A.

**Résistance :** Opposition qu'offre un circuit au passage du courant. Elle est égale à la tension divisée par le courant. Unité : l'ohm. Symbole : Ω. L'ampoule de lampe de poche a une résistance d'environ 8 Ω.

**Puissance :** Cadence à laquelle l'énergie est consommée ou libérée par un circuit. Égale au produit de la tension par le courant. Unité : le watt. Symbole : W. Une locomotive électrique a une puissance d'environ 3 000 000 W (soit 3 mégawatts, 3 MW).

**Loi d'Ohm :** L'intensité dans un circuit est égale à sa tension divisée par sa résistance. Le triangle ci-contre permet de comprendre la relation entre ces trois grandeurs : W = I x R, I = V ÷ R, et R = V ÷ I, où V = tension, I = intensité, et R = résistance.

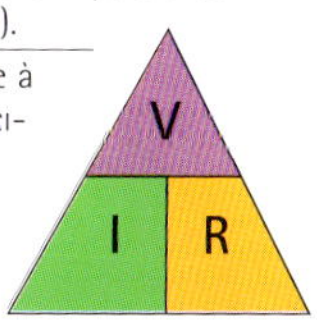


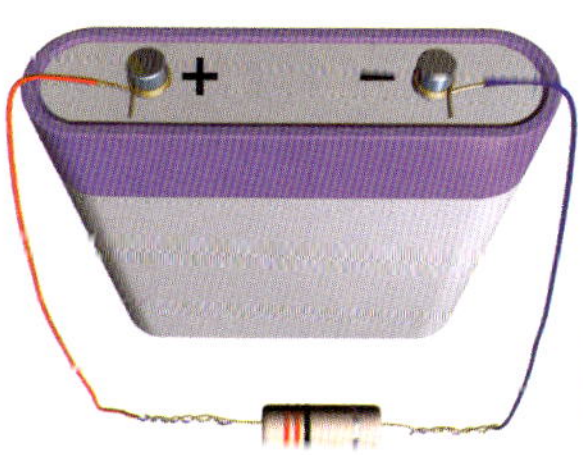


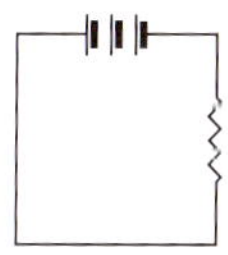
Schéma de circuit avec résistance

▲ LA RÉSISTANCE AU TRAVAIL
Un courant n'est contraint de faire un travail que s'il rencontre de la résistance. En fin de compte, il ne dégage que de la chaleur non sans avoir fait autre chose d'intéressant, de la musique par exemple. La résistance de 33 Ω ci-dessus consomme à peu près autant d'électricité qu'une radio de poche.

▲ UN CÂBLE TRIPOLAIRE

Le câble ci-dessus, fortement grossi, contient trois faisceaux de fils de cuivre fins, protégés par leurs isolants respectifs. Le cuivre est conducteur et le plastique est isolant. Les deux matériaux servent ensemble à alimenter les appareils électriques.

# LES CONDUCTEURS

Un matériau est conducteur s'il se laisse traverser par des charges électriques formant un courant. La charge est portée par des électrons et le conducteur est un métal. Les métaux sont de bons conducteurs car les électrons de la couche périphérique de leurs atomes sont faciles à détacher : ils se déplacent dans le métal quand on lui applique une tension. Certains matériaux ont des électrons solidement fixés ; comme ils conduisent mal l'électricité, ils sont dits ISOLANTS.

GEORG OHM

*Allemand, 1789-1854*

*Ohm établit en 1827 la loi qui détermine la circulation du courant dans un conducteur : en doublant la tension entre les extrémités du fil électrique, on double l'intensité alors que, en doublant la longueur du fil, on divise l'intensité par deux. La résistance du fil est fonction de sa longueur et le courant est égal à la tension divisée par la résistance.*

EN L'ABSENCE DE COURANT

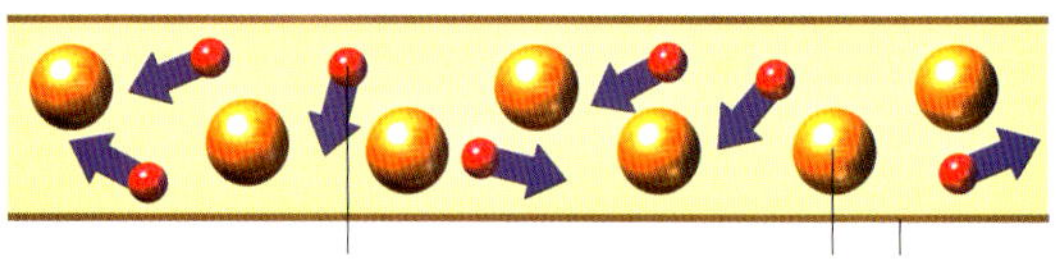


EN PRÉSENCE DE COURANT

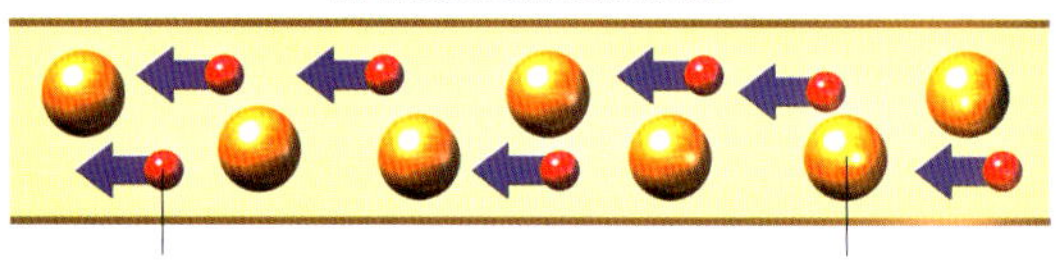


◄ LE COURANT DANS UN CONDUCTEUR

En général, les électrons libres d'un conducteur circulent en tous sens. Quand une tension est appliquée, ils vont plutôt vers la borne positive (ici, à gauche) que dans les autres directions.

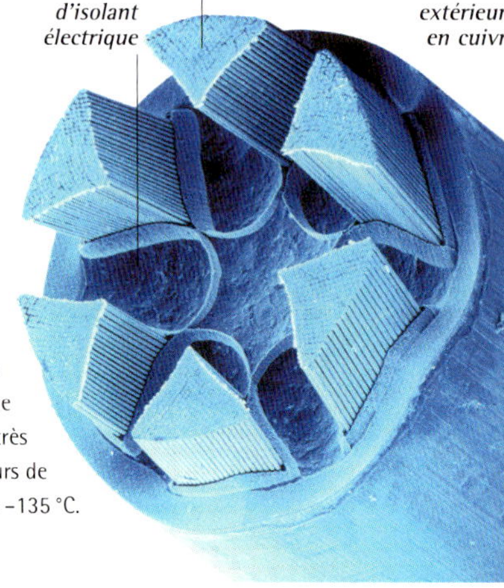


LES SUPRACONDUCTEURS ►

Certains matériaux sont dits supraconducteurs car ils n'offrent aucune résistance au courant. Les électrons les traversent de façon plus organisée que les conducteurs ordinaires. Ils conviennent à la fabrication de gros électroaimants pour les scanners utilisés en médecine mais leurs applications sont limitées. Ils ne fonctionnent en effet qu'à très basse température. La température la plus élevée des supraconducteurs de dernière génération est de −135 °C.

# LES ISOLANTS

Les isolants conduisent mal l'électricité ou pas du tout. Leurs électrons, solidement fixés aux atomes, ne bougent que si on leur applique une tension énorme. Les isolants empêchent le courant de passer là où il ne faut pas qu'il passe. La plupart des matériaux – sauf les métaux – sont isolants ; tous ne conviennent pas à toutes les applications. Les premiers isolants furent l'air, la céramique, le verre et le caoutchouc. Ils servent encore mais, aujourd'hui, la plupart des isolants sont des matières plastiques.

◄ LES ISOLATEURS DE HAUTE TENSION

Certains isolateurs travaillent dans des conditions extrêmes. Les isolateurs ci-contre supportent une tension de 440 000 V (440 kV) mais doivent empêcher, même en plein orage, le courant de circuler entre les câbles à haute tension et la terre. Il leur faut également porter le poids des câbles. Le plastique ne suffit pas dans une application comme celle-ci : on fait appel à un matériau beaucoup plus ancien, la céramique, qui supporte facilement des efforts importants.

POUR EN SAVOIR PLUS ⏭ Les céramiques 55 • Les circuits 128 • L'électromagnétisme 134 • Les métaux 34 • Les matières plastiques 52

# LE RÉSEAU ÉLECTRIQUE

L'électricité parvient aux logements, aux bureaux et aux usines grâce à d'immenses réseaux de câbles qui partent de centrales. L'électricité n'est pas une source d'énergie, elle est l'un des moyens les plus efficaces de la distribuer. Les principales sources d'énergie sont le pétrole, le gaz, le charbon et les combustibles nucléaires. Or ces ressources ne sont pas inépuisables. À l'avenir, notre électricité proviendra de plus en plus d'énergies renouvelables, comme la force de l'eau, le soleil et le vent.

*L'activité du réseau s'affiche sur les écrans.*

*Chaque station indique l'état de ses alternateurs.*

*Les ordinateurs surveillent la production et avertissent des surcharges.*

*Les cartes représentent le réseau de distribution et celui des compagnies concurrentes.*

▲ UN CENTRE DE COMMANDE DE RÉSEAU
La demande d'électricité change de minute en minute. Or l'électricité est difficile à stocker ; les réseaux doivent être prêts à s'adapter rapidement à toute éventualité. Le rôle d'un centre de commande, c'est de faire démarrer les alternateurs avant les pics prévisibles de demande, par exemple lors de grands froids.

L'ÉNERGIE SOLAIRE ►
Chaque miroir parabolique de la centrale électrique solaire ci-contre concentre les rayons du Soleil sur un réservoir d'eau. Cette eau chauffe et bout, la vapeur qu'elle produit entraine un alternateur électrique. Un mètre carré de lumière solaire fournit la puissance que consomme une résistance électrique d'un kilowatt. Si l'on construisait davantage de centrales électriques solaires, l'avenir énergétique de l'humanité serait probablement assuré.

## LE RÉSEAU DE DISTRIBUTION ÉLECTRIQUE

LA CENTRALE ÉLECTRIQUE
Dans une centrale électrique, la chaleur du combustible fossile ou nucléaire fait bouillir de l'eau. La vapeur fait tourner des turbines en passant dans leurs roues à ailettes qui entraînent d'énormes alternateurs, dont chacun est capable d'alimenter 20 trains. La vapeur est refroidie dans d'immenses tours de refroidissement ; elle s'y condense et l'eau est recyclée.

LES PYLÔNES
L'électricité quitte les centrales grâce à des câbles métalliques suspendus à de grands pylônes. À ce stade, la tension est beaucoup plus élevée qu'au stade de la consommation. À puissance égale, plus la tension est élevée, plus faible est le courant. L'importance de la tension nécessite forcément d'énormes isolateurs : c'est une question de sécurité.

LE POSTE ÉLECTRIQUE
Quand l'électricité arrive en ville, elle n'est pas prête à être consommée car sa tension est trop élevée. Les transformateurs des postes électriques abaissent la tension. Dans un gros poste, la tension reste élevée car l'électricité doit circuler en ville et dans les campagnes à l'entour. Des postes locaux effectueront la transformation finale jusqu'au niveau de voltage utilisé dans les foyers.

LES VILLES
Les réseaux électriques des grandes villes fournissent du courant à des milliers de bâtiments, grâce à des milliers de kilomètres de câbles et de nombreux postes électriques. À Tokyo, les câbles sont aériens car les séismes rendent les câbles enterrés dangereux. La plupart des villes ont cependant de gros câbles souterrains posés sous les rues.

À LA MAISON
Quand un particulier allume sa cuisinière ou son radiateur, la chaleur produite à la centrale est alors libérée. Elle permet même de bouillir de l'eau. Mais il y a un prix à payer pour ce service. Un tiers à peine de la chaleur fournie par le combustible initial (fossile ou nucléaire) parvient en définitive à la maison. Tout le reste est perdu en cours de route.

POUR EN SAVOIR PLUS ⏩ Les ressources naturelles 248 • L'énergie 76 • Les sources d'énergie 86 • L'alternateur 137

# LE MAGNÉTISME

Le magnétisme, c'est la capacité qu'ont les aimants d'attirer les objets de fer ou d'acier. Un aimant est entouré d'un espace doté de propriétés particulières : son CHAMP MAGNÉTIQUE. Quand on approche deux aimants, leurs champs créent des forces qui les attirent l'un vers l'autre ou les repoussent. La Terre est elle-même un énorme aimant ; la force qu'elle exerce sur les autres aimants oriente ceux-ci dans le sens nord-sud. Cet effet est utilisé par les boussoles.

▲ LA MAGNÉTITE
Le magnétisme fut observé pour la première fois sur une roche qui est un aimant naturel, la magnétite. Son étrange capacité à attirer les objets de fer était connue il y a déjà près de 3 000 ans. Plus tard, les explorateurs chinois s'aperçurent qu'un morceau de magnétite qui peut pivoter librement s'oriente toujours dans le sens nord-sud. Cette découverte conduisit au développement de la boussole et facilita la navigation.

▼ LES MATÉRIAUX MAGNÉTIQUES
Le plus courant est l'acier, un alliage de fer, d'autres métaux et de carbone. Le fer pur se magnétise dans un champ magnétique, mais ne garde pas cette propriété. L'acier en revanche peut devenir un aimant permanent. Une fois magnétisé, il le reste.

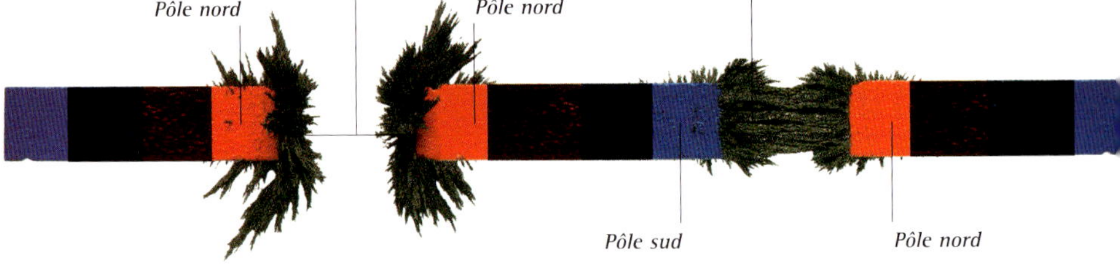


ATTIRÉ OU REPOUSSÉ ? ▲
Les deux extrémités d'un aimant sont toujours différentes. Celle qui désigne le nord, si on laisse l'aimant pivoter librement, s'appelle le pôle nord. L'autre est le pôle sud. Les pôles magnétiques se comportent un peu à la manière des charges électriques. Des pôles de signe opposé s'attirent, des pôles de même signe se repoussent.

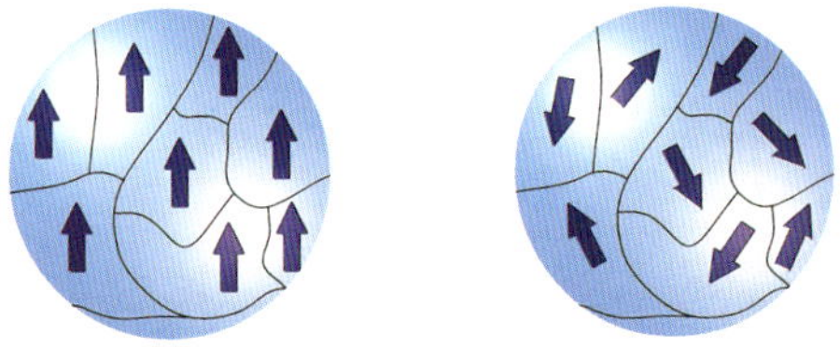


▲ LES DOMAINES MAGNÉTIQUES
Les matériaux magnétiques sont formés de milliers d'aimants minuscules que l'on appelle les domaines magnétiques. Tant que le matériau n'est pas magnétisé, les petits aimants sont orientés dans tous les sens. Mais dès qu'un champ magnétique les aligne, ils désignent tous la même direction. Alors le matériau devient un aimant.

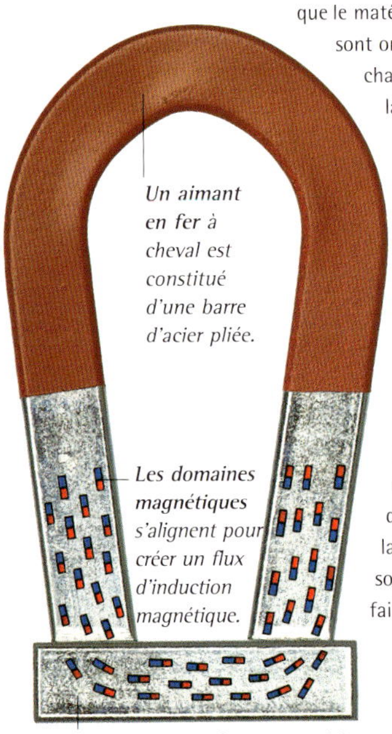


◄ LE FLUX D'INDUCTION MAGNÉTIQUE
Un aimant possède souvent une armature qui l'aide à rester magnétisé. L'aimant crée un flux d'induction magnétique qui a certaines propriétés du courant électrique dans un circuit sauf que, dans un aimant, rien ne bouge. Un flux d'induction magnétique intense garde alignés les domaines de l'aimant. Certains matériaux laissent passer un flux important : on dit qu'ils sont très perméables. C'est le cas du fer, qui fait une excellente armature.

# LE CHAMP MAGNÉTIQUE

Tout aimant est entouré d'un champ invisible à trois dimensions, son champ magnétique. Dans l'atmosphère terrestre, la vitesse et la direction du vent changent d'un endroit à un autre. De même, dans un champ magnétique, ce sont la force et la direction de l'effet magnétique qui changent. Plus l'aimant est proche, plus le champ est fort.

◄ LA BOUSSOLE

Cette boussole moderne possède une aiguille aimantée pivotante. Celle-ci s'oriente non vers le pôle Nord géographique de la Terre, mais vers son pôle nord magnétique. Celui-ci se trouve dans le nord du Canada, à 1 600 km environ du pôle Nord. Les pôles magnétiques et géographiques se rapprochent en ce moment d'une quarantaine de kilomètres par an.

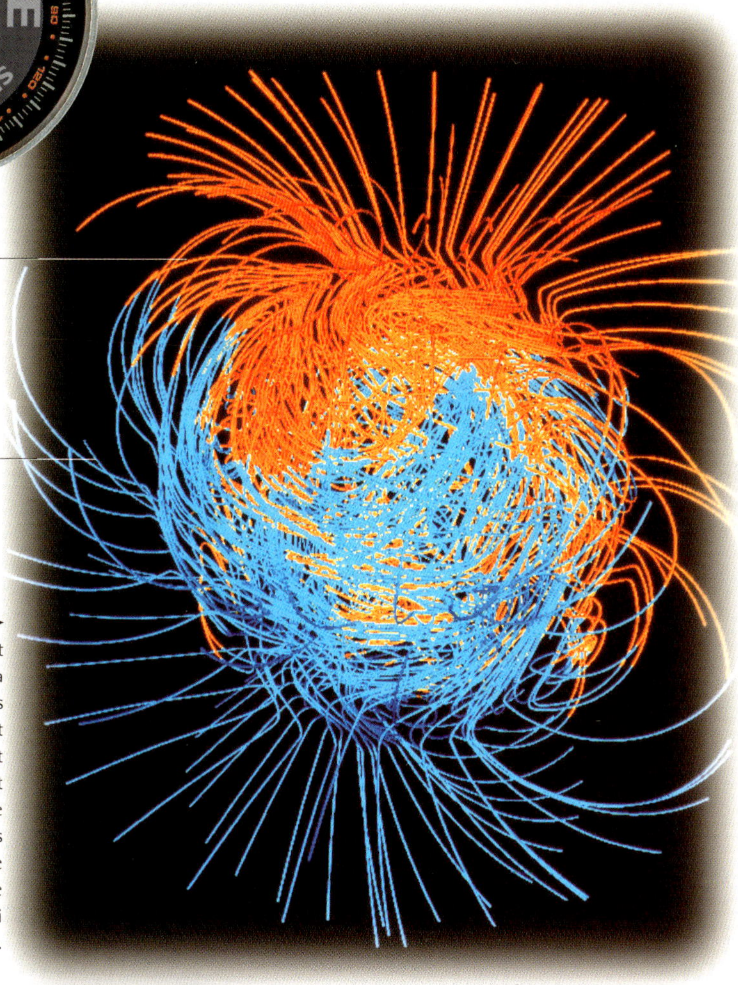

*Cette image montre les lignes de force du champ magnétique terrestre : les lignes rouges sont celles du pôle magnétique nord.*

*Les lignes bleues sont celle du pôle magnétique sud.*

LE CHAMP TERRESTRE ►

La Terre est un énorme aimant et son champ magnétique – la magnétosphère – s'étend dans l'espace. Le centre de la Terre est formé de fer, mais celui-ci est trop chaud pour être un aimant permanent. En effet, le magnétisme disparaît au-dessus d'une certaine température. Le champ terrestre provient de matériaux en fusion chargés qui rculent sous le manteau terrestre.

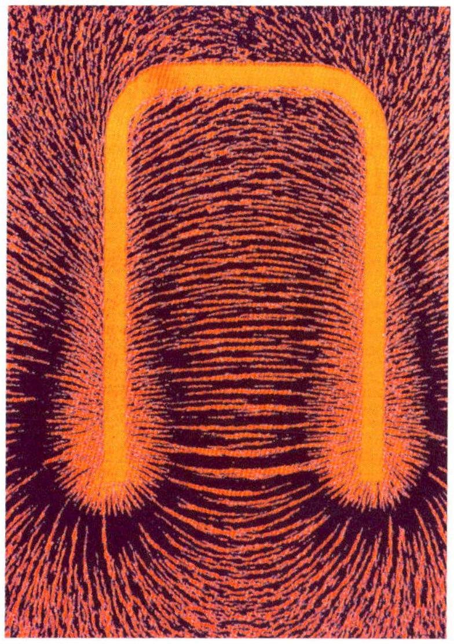

▲ LE CHAMP D'UN AIMANT

L'idée de champ est fondée sur les travaux d'un savant britannique, Michael Faraday (1791-1867), au début du XIX^e siècle. Il a saupoudré de la limaille de fer autour d'un aimant pour mettre en évidence ce qu'il a appelé les « lignes de force » entre les deux pôles. Cela lui a permis d'expliquer de nombreux effets magnétiques. Aujourd'hui, on sait que les lignes de force indiquent la direction du champ, et leur écartement son intensité.

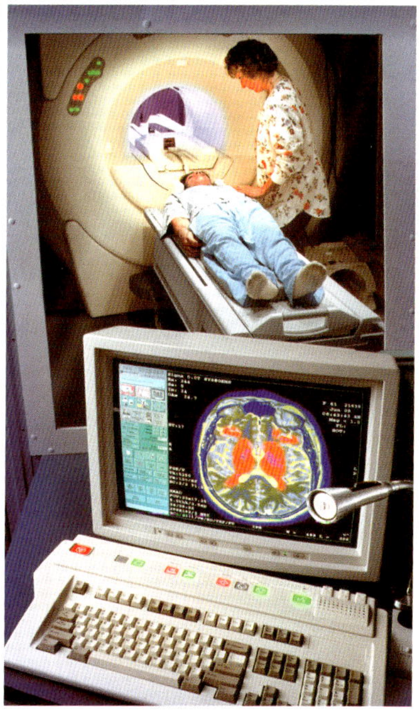

▲ LE SCANNER À IRM

L'imagerie par résonance magnétique (IRM) permet d'observer l'intérieur du corps. On place le patient entre les branches d'un énorme aimant, et on le sonde avec des ondes radio. Ces ondes font vibrer les molécules du corps. La fréquence des vibrations dépend du type de molécule. Comme les différentes parties du corps contiennent des molécules différentes, chaque organe apparaît nettement.

◄ LA MESURE DU MAGNÉTISME

Les scientifiques mesurent le magnétisme avec un instrument, le magnétomètre. Celui-ci sert notamment à mesurer le magnétisme des roches anciennes. Ces roches ont été magnétisées par le champ terrestre au moment de leur formation. On observe que des roches d'âge différent ont été magnétisées dans des directions opposées car le champ magnétique terrestre s'est souvent renversé. En collationnant les mesures prises à des endroits différents, les scientifiques reconstituent le déplacement des roches depuis la formation de la Terre, il y a des milliards d'années.

POUR EN SAVOIR PLUS ›› La Terre 176 • La structure de la Terre 206 • La technologie médicale 374 • Les métaux 34

# L'ÉLECTRO-MAGNÉTISME

L'électromagnétisme met en jeu à la fois l'électricité et le magnétisme. Tout courant électrique crée un champ magnétique et ce dernier, quand il change, crée une tension. Cette découverte est à l'origine de l'invention du TRANSFORMATEUR, du moteur électrique et de l'alternateur ; elle a expliqué la nature de la lumière et conduit à l'invention de la radio.

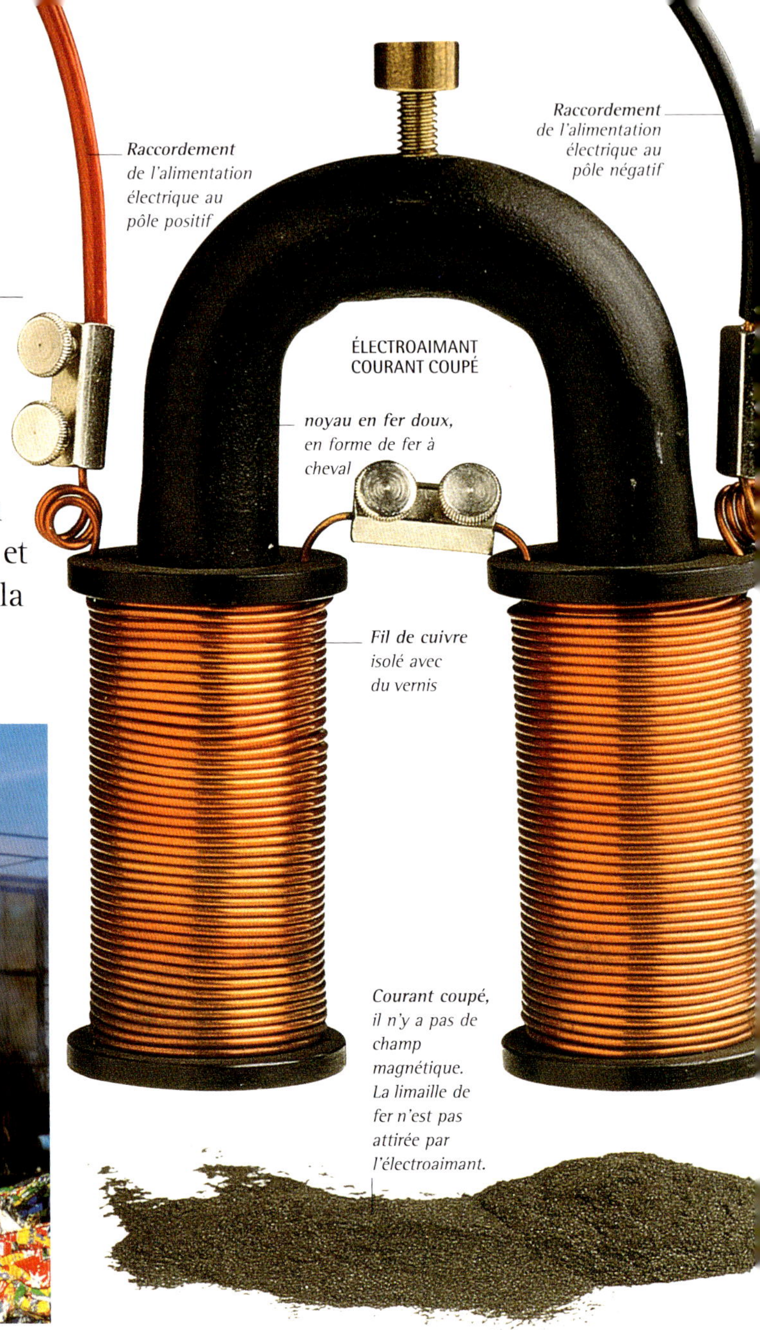

▲ L'ÉLECTROAIMANT AU TRAVAIL
Grâce à l'électroaimant, la manutention des ferrailles est facile. Quand le courant passe, le puissant magnétisme qu'il induit soulève une charge d'acier. La grue pivote, on coupe le courant : le magnétisme disparaît et l'acier tombe là où on souhaitait le décharger.

▲ L'ÉLECTROAIMANT AU REPOS
Un fil transportant du courant est entouré d'un champ magnétique. Si le fil est enroulé en spirale, chaque spire ajoute son champ aux champs voisins. S'il y a un noyau de fer au milieu de la spirale, le champ est encore plus fort. Il y a des électroaimants à enroulement unique – le solénoïde – et d'autres en double comme ci-dessus.

*HANS CHRISTIAN OERSTED*
*Danois, 1777–1851*
*Il fut le premier scientifique à faire le lien entre l'électricité et le magnétisme. Professeur à l'université de Copenhague, il brancha une batterie à un fil électrique qui passait près d'un compas magnétique. L'aiguille du compas s'agita dans tous les sens et Oersted comprit que l'électricité produisait du magnétisme. Il publia cette découverte révolutionnaire en 1821 et fut ainsi à l'origine de l'électromagnétisme.*

LA LÉVITATION MAGNÉTIQUE ►
Les passagers arrivant à l'aéroport de Pudong, en Chine, prennent un train mis au point en Allemagne qui circule à 430 km/h, sans roues. Ce système dit « Transrapid » fait appel à des électroaimants pour soulever le train au-dessus d'une couche d'air alors même que les électroaimants intégrés dans la voie poussent le train pour le faire avancer. Les passagers voyagent dans de bonnes conditions de confort car le train flotte sur un coussinet magnétique.

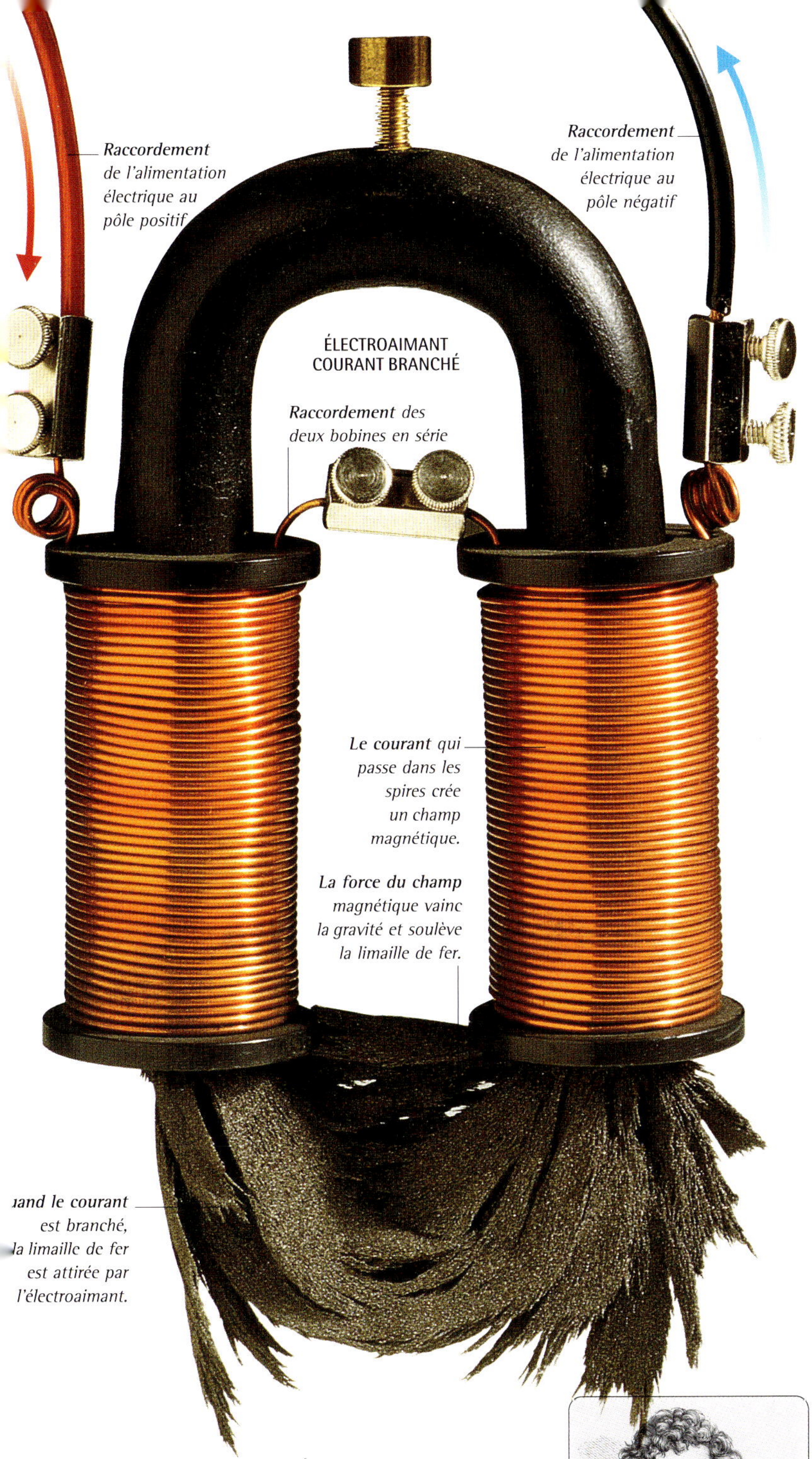


# LE TRANSFORMATEUR

Un transformateur transfère de la puissance entre deux circuits par l'électromagnétisme. Une tension élevée et un courant faible peuvent représenter la même puissance qu'une faible tension et un courant fort. Dans les circuits électroniques, un courant de faible tension est alimenté par le secteur grâce à un transformateur.

**LES TRANSFORMATEURS DU RÉSEAU ►**
Les réseaux modernes utilisent du courant alternatif – le seul que les transformateurs peuvent traiter – pour acheminer l'électricité. Dans les centrales électriques, d'énormes transformateurs font monter la tension pour faire voyager le courant dans des câbles de façon efficace. La tension est baissée à l'arrivée dans des postes locaux pour livrer aux consommateurs une tension moins dangereuse.

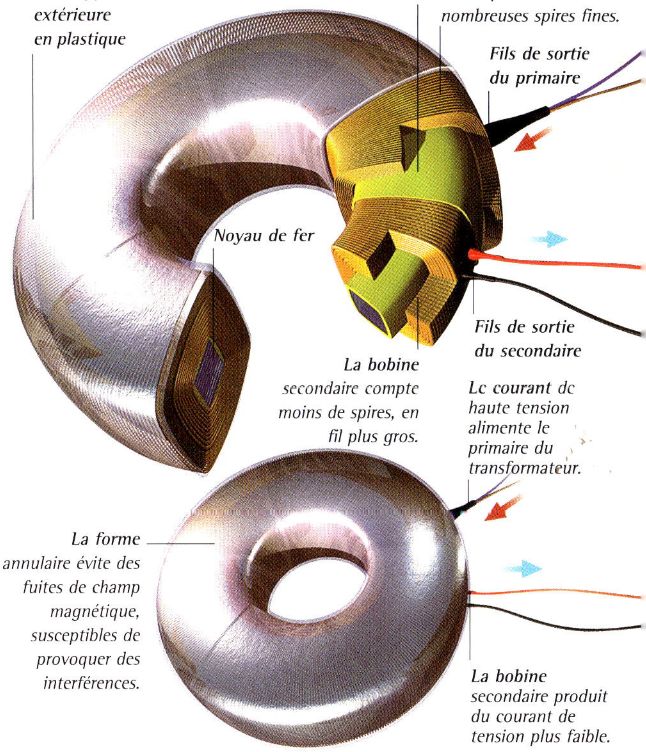


**▲ UN TRANSFORMATEUR DU RÉSEAU**
Un transformateur se compose de deux bobines de fil conducteur partageant le même champ magnétique autour d'un noyau. Le courant alternatif du circuit primaire provoque des changements de champ magnétique qui créent une tension dans le circuit secondaire. Si le circuit secondaire a moins de spires que le primaire, sa tension est plus faible : c'est le cas dans ce transformateur destiné à un appareil de haute fidélité.

**L'ÉLECTROAIMANT EN ACTION ▲**
Quand on branche le courant, l'électroaimant devient magnétique mais ce phénomène n'est pas instantané. Un champ magnétique est une réserve d'énergie, qui met du temps à s'accumuler. Cet effet – l'inductance – est utilisé en électronique pour déterminer la vitesse à laquelle certains phénomènes sont commandés.

**ANDRÉ-MARIE AMPÈRE**
Français, 1775–1836
*Ce physicien est célèbre pour sa théorie de l'électrodynamique. Il distingua la « tension électrique » et le « courant électrique » et jeta les bases de la théorie magnétique de la matière. Il découvre aussi l'électro-aimantation de l'acier et du fer doux et énonce les lois d'attraction et de répulsion des courants de deux circuits électriques sans aimants.*

POUR EN SAVOIR PLUS ›› Les circuits 128 • Le réseau électrique 131 • Le magnétisme 132

# LE MOTEUR ÉLECTRIQUE

Un moteur électrique crée du mouvement, c'est-à-dire qu'il transforme la puissance électrique en puissance mécanique, grâce à l'attraction et à la répulsion électromagnétiques. Il existe de nombreux modèles de moteurs électriques. Les plus petits fonctionnent sur piles, dans les jouets. Les usines ont des moteurs plus gros, qui font tourner de lourdes machines. Les trains ou les tramways ont eux aussi des moteurs électriques qui les propulsent sans bruit ni fumée.

▲ LES TRAINS ÉLECTRIQUES

Les trains à grande vitesse japonais roulent à 300 km/h grâce à leurs moteurs électriques. Ces moteurs conviennent parfaitement à la traction ferroviaire : ils sont propres et silencieux, et on peut en installer dans tout le train, et pas seulement à une extrémité, comme c'est le cas avec la traction Diesel. Ainsi le train a une meilleure accélération. Les moteurs servent aussi à ralentir le convoi : on les passe en mode alternateur et ils transforment le mouvement du train en électricité.

*NIKOLA TESLA*

*Américain, né en Croatie*

*1856–1943*

*Tesla inventa le moteur le plus utilisé dans l'industrie. Celui-ci n'a pas besoin de contact électrique, donc il est fiable. Pour le faire tourner, Tesla a inventé un alternateur produisant trois courants, qui créent à eux trois un champ magnétique tournant : celui-ci fait tourner le rotor.*

## LA RÈGLE DE LA MAIN GAUCHE

Un courant électrique et un champ magnétique agissent l'un sur l'autre pour produire un mouvement à angle droit. André-Marie Ampère (1775-1836) a trouvé ce moyen simple de mémoriser la direction du déplacement.

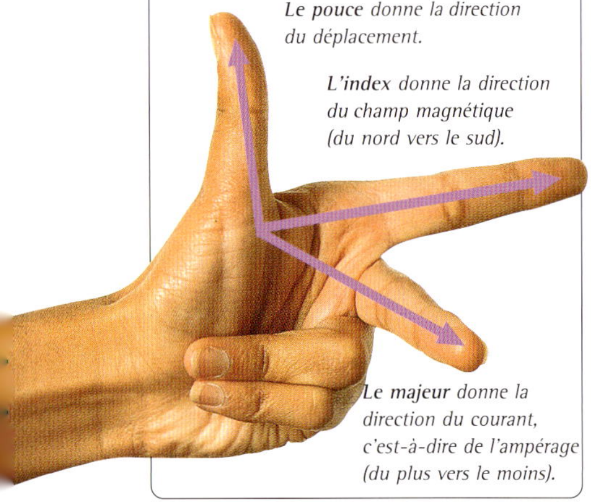



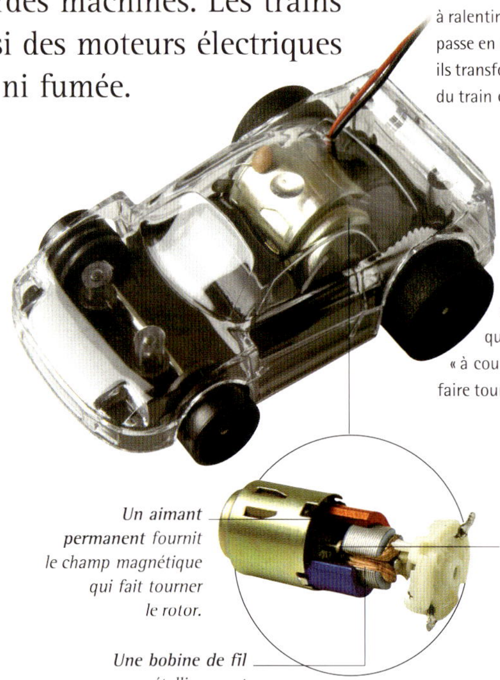



◄ LE MOTEUR À COURANT CONTINU

Cette voiturette roule grâce aux forces que produisent deux aimants très proches l'un de l'autre. L'un est un aimant permanent, l'autre un électroaimant rotatif alimenté par une pile. Le courant de la pile ne circule que dans un sens, c'est pour cela que ce moteur est dit « à courant continu ». Un commutateur tournant permet de faire tourner le rotor.

LE FONCTIONNEMENT DU MOTEUR À COURANT CONTINU ►

Le courant qui circule dans les spires d'une bobine (le rotor) transforme cette dernière en aimant. Ses pôles sont attirés par les pôles opposés de l'aimant permanent qui entoure la bobine, ce qui fait tourner cette dernière. Quand les pôles sont alignés, le commutateur inverse le branchement de la pile. Les pôles se repoussent alors, et la bobine parcourt un demi-tour de plus. Le commutateur inverse de nouveau les branchements, et le mouvement se poursuit.

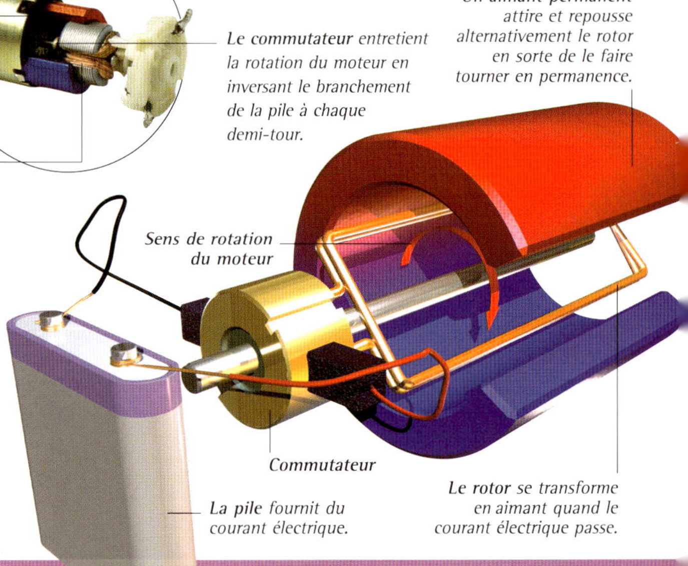



POUR EN SAVOIR PLUS ⏭ L'électromagnétisme 134 • Les moteurs 92 • L'alternateur 137 • Le magnétisme 132

# L'ALTERNATEUR

L'alternateur transforme en énergie électrique l'énergie provenant de toute autre source : force de l'eau, pétrole, gaz naturel, vent, etc. Il utilise les changements du champ magnétique produits par le mouvement pour créer une tension électrique. L'alternateur transforme l'énergie avec un très bon rendement, alors qu'une énergie importante est gaspillée quand on brûle du combustible pour entraîner un alternateur.

LE FONCTIONNEMENT D'UN ALTERNATEUR (1) ►
L'alternateur produit du courant alternatif, qui change continuellement de sens. L'alternateur possède un rotor fait de spires de fil électrique, monté sur un axe qui tourne dans un champ magnétique en général produit par un électroaimant. Quand le rotor tourne, il coupe le champ magnétique et cela induit un courant dans ses spires qui allume ici une ampoule.

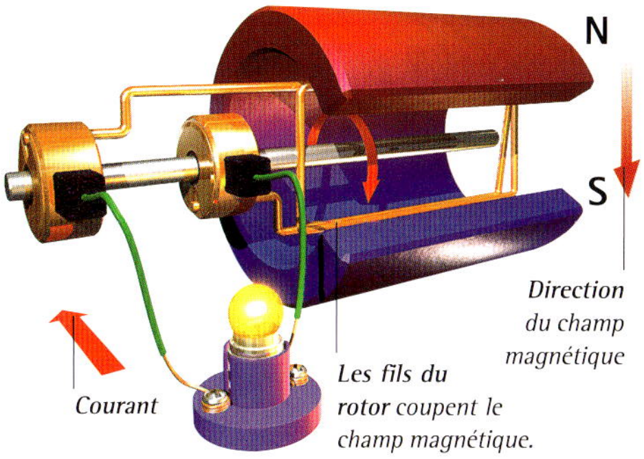


DIRECTION DU COURANT PENDANT LE PREMIER DEMI-TOUR

LE FONCTIONNEMENT D'UN ALTERNATEUR (2) ►
Quand le rotor a effectué la moitié d'un tour, la direction dans laquelle ses spires se déplacent dans le champ s'inverse. Cela veut dire que le courant induit dans ses spires change de sens, ainsi que le courant qui traverse l'ampoule électrique. C'est ainsi qu'un alternateur produit du courant alternatif. La plupart des génératrices d'électricité sont des alternateurs car le courant alternatif se prête à l'utilisation de transformateurs, permettant de modifier la tension du réseau.

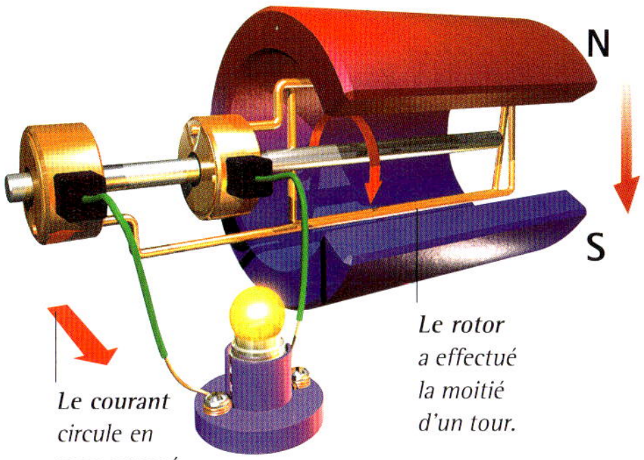


DIRECTION DU COURANT PENDANT LE DEUXIÈME DEMI-TOUR

L'ÉOLIENNE ►
L'éolienne est le moulin à vent moderne. Ses longues pales calculées par ordinateur tournent lentement face au vent, entraînant un multiplicateur. Le multiplicateur fait tourner l'alternateur à une vitesse plus importante, pour produire l'électricité de façon efficace.

## LA RÈGLE DE LA MAIN DROITE

Un moteur électrique, c'est un alternateur à l'envers. La règle des trois doigts s'applique donc avec l'autre main pour l'alternateur.

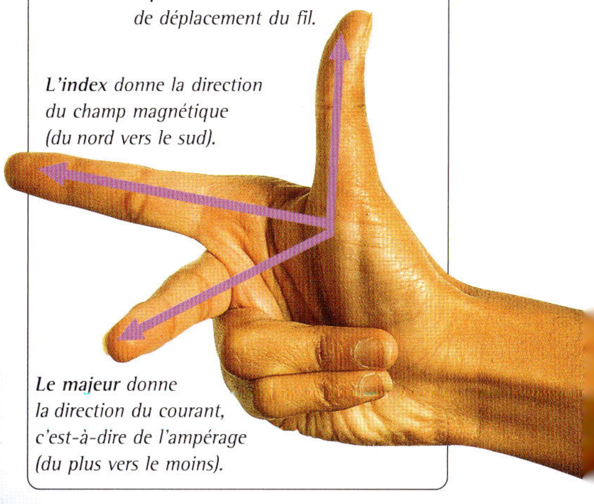


◄ UNE CENTRALE ÉOLIENNE
Il faut 300 éoliennes pour produire autant de courant qu'une centrale thermique. On réunit donc de nombreuses éoliennes pour en faire des centrales. Celles-ci prennent beaucoup de place, c'est pourquoi, à l'avenir, on les construira surtout en mer. Comme l'énergie du vent provient du Soleil, elle sera toujours disponible quand les énergies fossiles – charbon, pétrole, etc. – seront épuisées. L'utilisation de l'énergie éolienne évite la pollution provoquée par la combustion de ces énergies, ainsi que les dangers radioactifs de l'énergie nucléaire.

⏭ L'électromagnétisme 134 • Les sources d'énergie 86

# L'ÉLECTRONIQUE

L'électronique va au-delà de l'électricité. Grâce au TRANSISTOR et aux autres COMPOSANTS – résistance, condensateur, etc. – l'électronique permet de commander des courants électriques forts grâce à des courants électriques faibles. L'électronique amplifie le son, émet des ondes radio et traite des données avec des ordinateurs. L'OPTOÉLECTRONIQUE utilise la lumière pour transmettre des messages intercontinentaux et faire de la commande à distance.

L'ÉQUIPE DU TRANSISTOR
*Les Américains John Bardeen (1908-1991, à gauche), Walter Brattain (1902-1987, à droite) et William Shockley (1910-1989, au milieu) travaillaient au laboratoire de la Bell Telephone ; ils inventèrent en 1947 le transistor, petit dispositif capable d'amplifier les signaux électriques. Jusque-là, l'amplification se faisait avec de grosses ampoules fragiles, contenant du vide. Ils obtinrent en 1956 le prix Nobel de physique.*

◄ LE CIRCUIT IMPRIMÉ (CI)
On construit des circuits imprimés (CI) en fixant des composants sur une plaque de matière plastique, sur laquelle sont dessinées des pistes de cuivre. Les composants sont fixés et branchés en faisant fondre du métal – la soudure – autour de leurs broches. Les CI modernes ont parfois plusieurs couches de pistes. Certains CI ne contiennent qu'une partie de l'ensemble du circuit. On les enfiche dans une carte mère, qui relie plusieurs CI pour former un circuit complet.

## LES COMPOSANTS

Les composants sont les petits objets que l'on fixe sur les circuits électroniques. Chacun réagit différemment à un courant électrique. Les résistances laissent passer les courants réguliers, alors que les condensateurs les arrêtent. En branchant les composants appropriés, les ingénieurs construisent par exemple des carillons ou des ordinateurs.

### LES SYMBOLES

Les électroniciens utilisent les symboles ci-dessous pour dessiner leurs circuits.

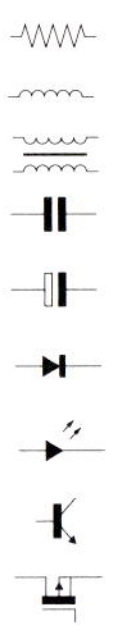


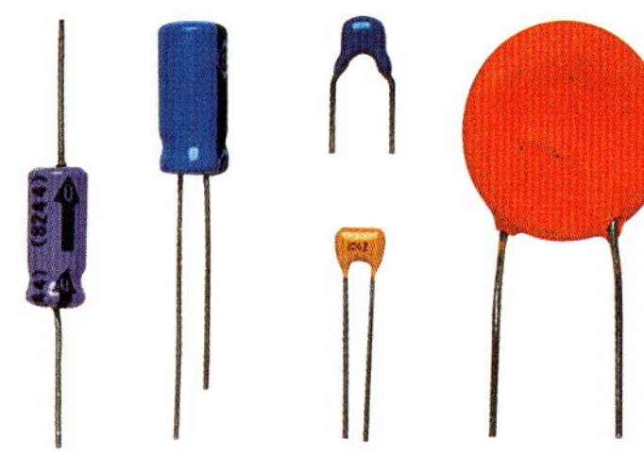

CONDENSATEUR ÉLECTROLYTIQUE — CONDENSATEUR CÉRAMIQUE

◄ LE CONDENSATEUR
Le condensateur emmagasine des charges électriques. Il contient deux jeux de plaques métalliques isolées et peut transporter des signaux entre deux points sans laisser passer le courant direct. Les condensateurs électrolytiques ont une charge plus importante que les autres, mais à condition d'être alimentés en permanence.

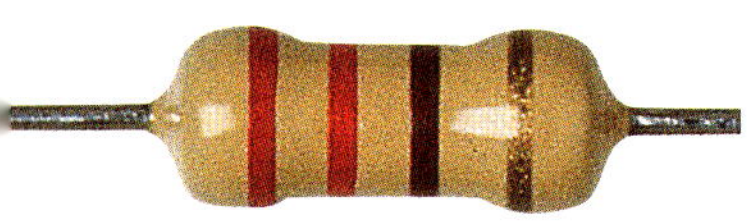

◄ LA RÉSISTANCE
Les résistances commandent les courants et les tensions. Le courant qui traverse une résistance est égal à la tension divisée par la résistance. Cela veut dire qu'une résistance peut transformer une tension en courant correspondant. En revanche, si un courant traverse une résistance, il peut fournir la tension correspondante.

### LES CODES DE COULEURS DES RÉSISTANCES

Les résistances ont des valeurs normalisées, difficiles à imprimer en chiffres sur un objet si petit. On se sert donc de bandes de couleur. Les résistances courantes vont de 10 Ω (10 ohms) à 1 M Ω (un million d'ohms).

Les deux premières bandes de couleur signifient les chiffres. La troisième donne le nombre de zéro à ajouter. La résistance à gauche de la page est marquée rouge (2), rouge (2) et marron (1 zéro) : sa valeur est 220 Ω. La quatrième bande indique la précision : le doré signifie « à 5 % près ».

Quatrième bande

Pas de quatrième bande : ±20 %

# LE TRANSISTOR

Le transistor permet de commander des courants énormes au moyen de courants faibles : c'est l'amplification. Il fait le lien entre un signal faible disant ce que l'on veut faire et le courant électrique fort qui l'exécute. Dans une radio par exemple, les transistors produisent des sons puissants en amplifiant les signaux minuscules captés par l'antenne.

**L'INTÉRIEUR D'UN TRANSISTOR ►**
La plupart des transistors font à présent partie de circuits intégrés ; mais on en trouve encore présentés seuls, comme le transistor bipolaire ci-contre ; parfaitement étanche, il contient une minuscule puce de silicium. Celle-ci comprend trois parties : l'émetteur, la base et le collecteur. Chaque partie est solidaire d'un fil d'or soudé à une broche, laquelle est fixée au circuit imprimé.

**◄ À CHAQUE TRANSISTOR SON RÔLE**
Il existe des transistors de différentes tailles. Ceux des puces d'ordinateurs sont microscopiques. D'autres atteignent 25 mm de diamètre : ils permettent de commander un moteur ou de fournir un son de haute énergie. Les trois transistors et le thyristor ci-contre, grandeur nature, sont capables de traiter toutes les applications, des ampoules électriques aux ondes radio.

**LE FONCTIONNEMENT DU TRANSISTOR ►**
Le courant entre l'émetteur et le collecteur est normalement arrêté par la base. Toutefois, quand un faible courant porteur d'un signal circule de l'émetteur à la base, de très nombreux électrons peuvent traverser la base pour former un courant beaucoup plus fort, de l'émetteur au collecteur. Ce courant est une copie du signal original, amplifiée par le transistor.

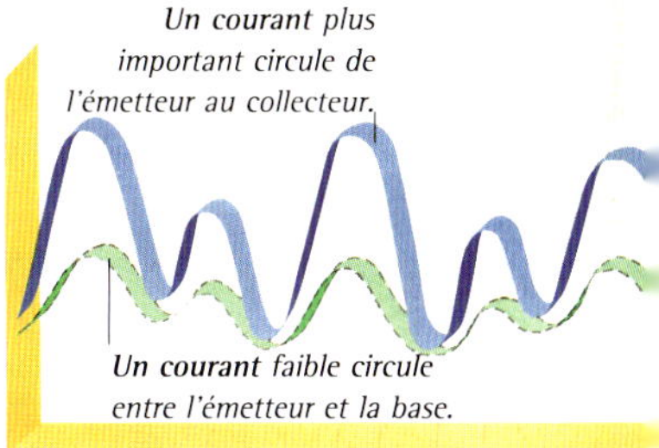


# L'OPTOÉLECTRONIQUE

L'optoélectronique, c'est l'électronique plus la lumière. Le dispositif le plus simple est la photorésistance, la résistance qui dépend de la lumière : c'est elle qui allume l'éclairage à la nuit tombée. Les diodes électroluminescentes (DEL) servent par exemple d'ampoules de vélo. Les lecteurs DVD dépendent de diodes laser, un dispositif opto-électronique qui émet une lumière pure, nécessaire pour lire le disque.

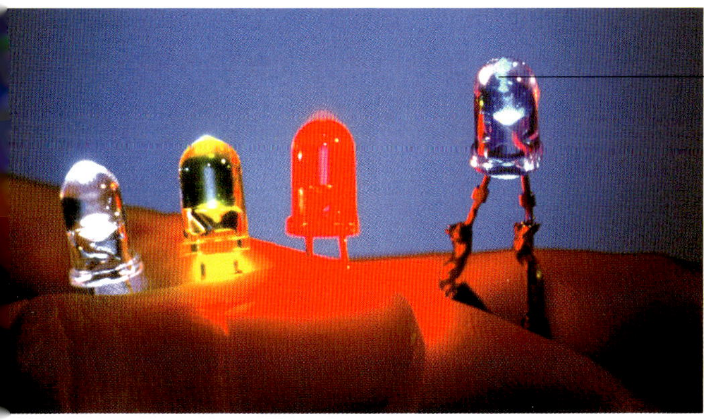


**▲ LES DIODES ÉLECTROLUMINESCENTES (DEL)**
Une diode électroluminescente est une toute petite puce dans un boîtier en plastique. Elle émet de la lumière quand le courant la traverse. La lumière peut être de n'importe quelle couleur ou presque, selon la diode. La plupart des diodes électroluminescentes contiennent un élément rare, le gallium. Celles contenant de l'azote et un autre élément rare, l'indium, émettent une lumière bleue. Celles à l'arsenic et au phosphore ont une lumière rouge.

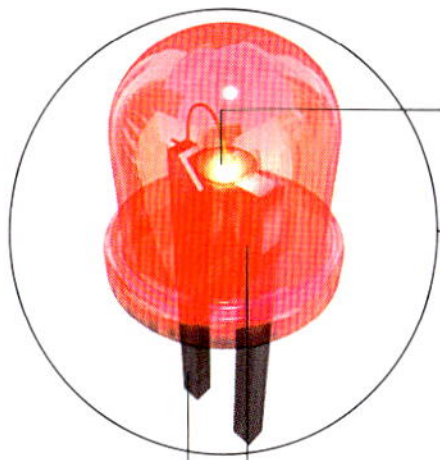


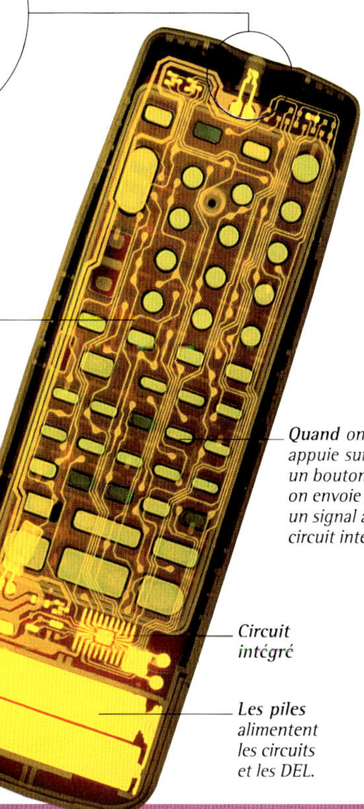


**UNE TÉLÉCOMMANDE ►**
Quand on veut changer de chaîne de télévision, une DEL placée dans la télécommande envoie des impulsions invisibles de rayons infrarouges. Celles-ci sont captées par un phototransistor, placé sur le devant de la télévision. Les impulsions sont créées par un circuit intégré placé à l'intérieur de la télécommande. Elles forment un code qui décrit les opérations à effectuer.

POUR EN SAVOIR PLUS ›› Les circuits 128 • Les éléments chimiques 22 • Le laser 112 • La lentille 115 • La microélectronique 142

# L'ÉLECTRONIQUE NUMÉRIQUE

Le niveau élémentaire de l'électronique – dit analogique – s'occupe de signaux continus : une onde sonore qui ondule circule dans un circuit analogique sous la forme d'une tension qui monte et qui descend de la même façon que le son lui-même. L'électronique numérique est fondée sur L'ÉCHANTILLONNAGE : il convertit les signaux en chiffres à traiter par le calcul dans des circuits électroniques.

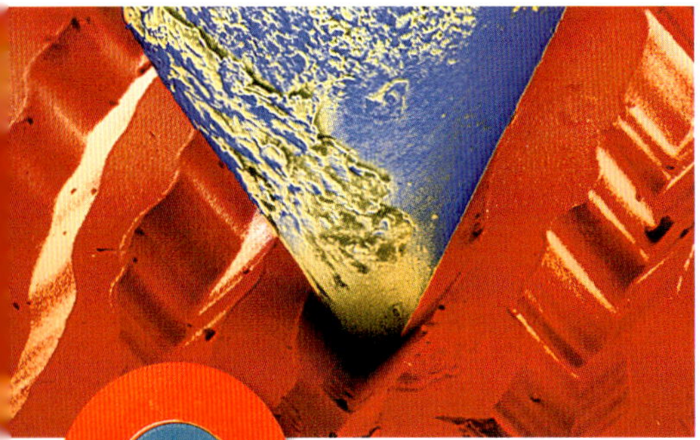

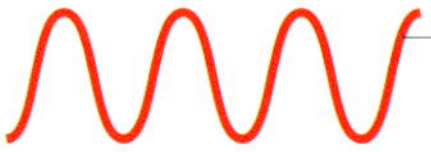


◄ L'ANALOGIQUE

On voit à gauche l'aiguille d'un tourne-disque posée dans le sillon d'un disque en vinyle ; les ondulations du sillon ont la même forme sinueuse que l'onde acoustique. L'aiguille lit hélas tout ce qu'elle touche, y compris les défauts du vinyle qui provoquent des craquements intempestifs.

LE NUMÉRIQUE ►

La surface du CD n'a rien à voir avec la forme des ondes acoustiques initiales. Avant de graver le CD, des circuits électroniques numériques transforment les ondes en signaux binaires, imprimés dans le plastique sous la forme d'une série de trous. Cette méthode élimine le bruit de fond : le CD restitue la musique, pas les rayures du disque.

LA CALCULETTE ►

Il n'y aurait pas de calculateur de poche sans électronique numérique. Chaque chiffre est une série de signaux électriques binaires, c'est-à-dire soit marche soit arrêt. En effet, le traitement mathématique des signaux se fait avec des transistors, interrupteurs électroniques qui, comme les autres interrupteurs, ne fonctionnent que par oui ou par non. Sous cette forme, les chiffres sont facilement traités par les **CIRCUITS LOGIQUES** de la calculette pour arriver au bon résultat.

CALCULETTE

## L'ÉCHANTILLONNAGE

Avant de traiter un signal par l'électronique numérique, il faut le convertir en chiffres. L'échantillonnage se fait grâce à des convertisseurs qui mesurent le signal des milliers de fois par seconde. Les mesures sont transformées en chiffres binaires : c'est une façon d'écrire les nombres avec deux chiffres 0 et 1, façon adaptée au traitement par des interrupteurs électroniques.

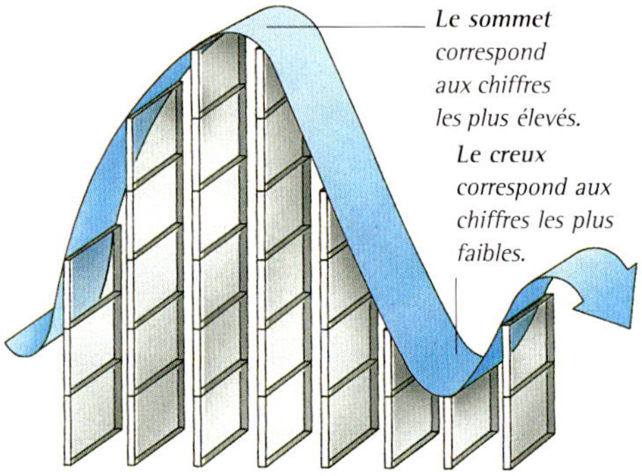


| 3 | 5 | 6 | 6 | 4 | 2 | 1 | 2 |
|---|---|---|---|---|---|---|---|

▲ DES ONDES AUX CHIFFRES

Le son numérique commence dans un circuit électrique qui mesure le signal acoustique analogique 44 000 fois par seconde. Cette cadence est nécessaire pour saisir les fréquences – ou vitesses de vibration – des sons les plus élevés. Le circuit enregistre la valeur de chaque échantillon pendant 20 millionièmes de seconde seulement : le temps qu'il faut pour transformer cette valeur en chiffres binaires.

| 3 | 5 | 6 | 6 | 4 | 2 | 1 | 2 |
|---|---|---|---|---|---|---|---|
| 011 | 101 | 110 | 110 | 100 | 010 | 001 | 010 |

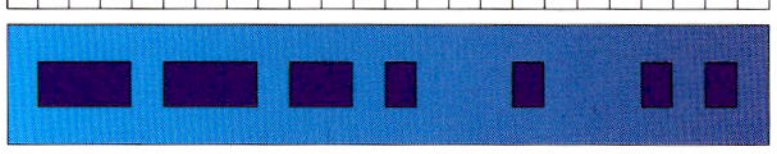

▲ LE CODE BINAIRE

Les chiffres de l'onde sonore échantillonnée sont réduits en code binaire, qui s'écrit uniquement avec des 0 et des 1. En électronique, le code correspondant est arrêt/marche. Les échantillons peuvent ainsi être transmis sous forme d'impulsions. Sur le CD, les échantillons font appel à un système de correction d'erreurs, qui rend le CD résistant aux rayures.

LE TRAITEMENT DU SIGNAL ►

L'échantillonnage ne se pratique pas que sur les sons. Il sert aussi à transformer en signaux numériques l'image qui s'affiche sur un téléphone portable. L'image est partagée en milliers de petits carrés, les pixels. Un petit calculateur à l'intérieur du téléphone traite les échantillons pour fabriquer une image simplifiée, plus rapide à transmettre que l'image d'origine. Le téléphone de destination restitue ensuite l'image de départ.

# LES CIRCUITS LOGIQUES

L'ordinateur traite les problèmes importants en les morcelant en milliers de petits problèmes qu'il résout un par un, jusqu'à ce que le travail soit fini. En fait, tout le traitement se fait grâce à des portes logiques. Chaque porte logique obéit à une règle simple : par exemple dire que C est vrai si A et B sont vrais. Équipé de nombreuses portes logiques, l'ordinateur peut résoudre n'importe quel problème strictement logique. La plupart des millions de transistors de l'ordinateur sont des portes logiques.

*Le circuit intégré (protégé par un boîtier noir) effectue les calculs.*

*.es touches assurent .es contacts avec : circuit imprimé.*

*Les contacts envoient des chiffres au circuit intégré.*

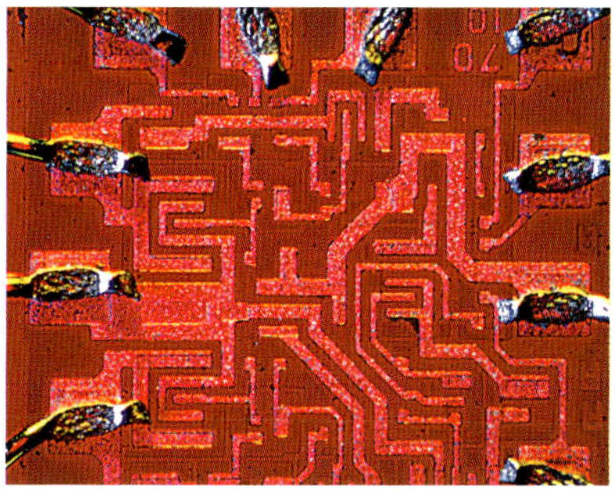

LA PUCE LOGIQUE ▲
Les gros circuits intégrés numériques sont souvent formés de petites puces logiques, dont chacune ne contient que quelques portes logiques. Les portes sont faites de transistors et de résistances gravés dans le silicium. Ci-dessus, une puce logique qui contient trois portes ET. Les marques de soudure à la périphérie servent aux branchements avec le reste du circuit.

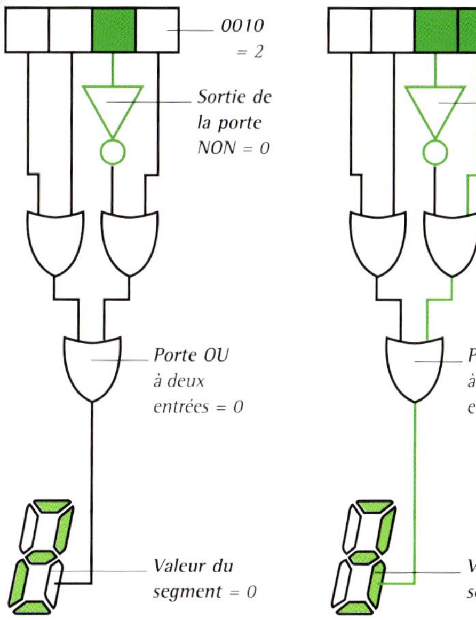


▲ LA CONVERSION DES CODES
Les circuits logiques sont parfaits pour convertir un code en un autre. L'illustration ci-dessus montre la partie d'un circuit qui transforme les chiffres 0 à 9, exprimés sous forme binaire, en affichage lisible par n'importe qui. Quatre portes dont une porte NON commandent le segment en bas à droite de l'affichage. Grâce aux portes choisies et à la façon dont elles sont branchées, ce segment est allumé en permanence sauf pour le chiffre 2.

*GOTTFRIED LEIBNIZ*
*Allemand, 1646-1716*
*Le système binaire était connu des Chinois dès l'Antiquité, mais Gottfried Leibniz s'y est intéressé en 1703. Il se préoccupait surtout de l'intérêt philosophique du système car, jusqu'aux ordinateurs, ce code n'avait guère d'application. Leibniz inventa le calcul infinitésimal, branche des mathématiques de grand intérêt scientifique.*

## LES PORTES LOGIQUES

Pour les signes logiques, la marche équivaut à vrai et l'arrêt à faux. Les portes ont un nombre illimité d'entrées, mais une seule sortie. La porte NON n'a qu'une entrée.

PORTE ET

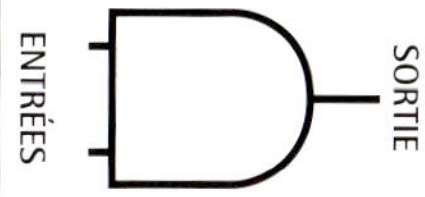


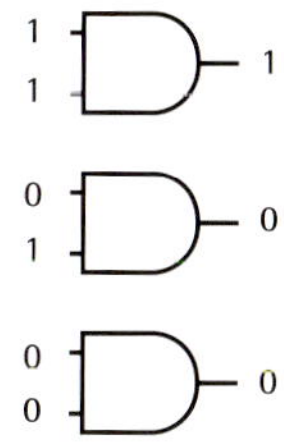


LA PORTE ET ▲
La sortie est 1 seulement si toutes les entrées sont 1. Elle est 0 dans tous les autres cas.

PORTE OU

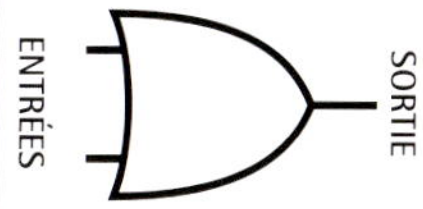


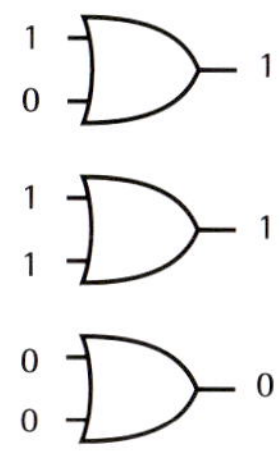


LA PORTE OU ▲
La sortie est 1 si une des entrées au moins est 1. Elle est 0 seulement si toutes les entrées sont 0.

PORTE NON

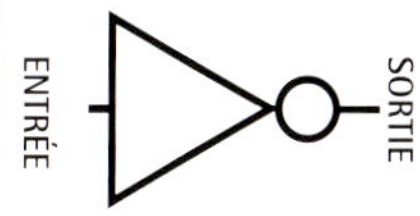


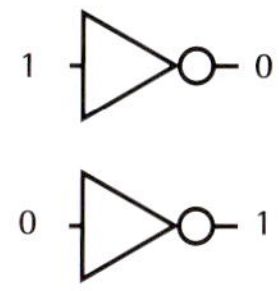


LA PORTE NON ▲
La porte NON ne produit un 0 que si l'entrée est 1, et vice versa.

▲ L'AFFICHAGE
Beaucoup de caméscopes et de lecteurs DVD affichent des chiffres grâce à un dispositif comme celui ci-dessus, dit écran fluorescent à vide. Chaque segment s'allume en vert quand une tension est appliquée à un des fils du haut. Cette tension provient d'un circuit logique ressemblant à celui présenté à gauche.

POUR EN SAVOIR PLUS ⏭ L'appareil photo 118 • L'électronique 138 • La radio 143 • La reproduction sonore 108 • La télévision 144

# LA MICROÉLECTRONIQUE

La microélectronique réduit les circuits à une taille microscopique. C'est la technique qui permet de construire les ordinateurs et les téléphones portables. Elle découle d'une invention clef : comment fabriquer des transistors et autres composants sur une plaque de silicium. Une puce – ou circuit intégré – est un circuit complet qui tient sur quelques millimètres carrés. Les puces sont fiables et bon marché : elles ont rendu les appareils électroniques tout petits, rentables et peu coûteux.

## LA FABRICATION D'UNE PUCE

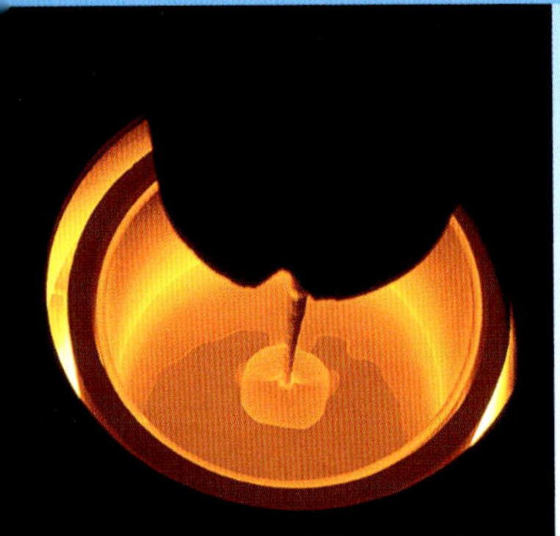

### LE SILICIUM PUR

Le silicium, tiré du sable, est fondu dans une chaudière. On ajoute au silicium en fusion un minuscule cristal de silicium, le germe cristallin. Celui-ci grandit et on le soulève doucement pour former un long cristal de silicium pur, en forme de saucisse. Celui-ci est découpé en fines tranches. L'intérêt du silicium, c'est que ses propriétés électriques peuvent être modifiées en lui ajoutant des impuretés.

### LE MASQUAGE ET LA GRAVURE

Chaque tranche est ensuite chauffée ; elle se couvre d'une couche de dioxyde de silicium, couche que l'on enduit d'une pellicule photosensible - c'est-à-dire sensible à la lumière - avant de l'exposer à travers un masque à des rayons ultraviolets. Ceux-ci durcissent le film à certains endroits. Ailleurs, on le retire à l'acide, ce qui laisse le silicium à nu, prêt pour le dopage.

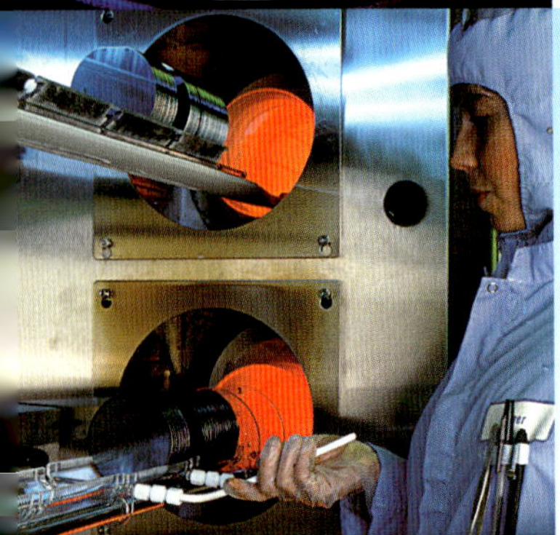

### LE DOPAGE

Les tranches de silicium sont chauffées dans une chaudière avec un autre élément, par exemple l'arsenic. Ce dopage, en ajoutant des impuretés au silicium, modifie ses propriétés électriques. Grâce à différents traitements chimiques et thermiques, on grave sur le silicium des transistors et d'autres composants. Chaque tranche subit de nombreuses fois masquage, gravure et dopage.

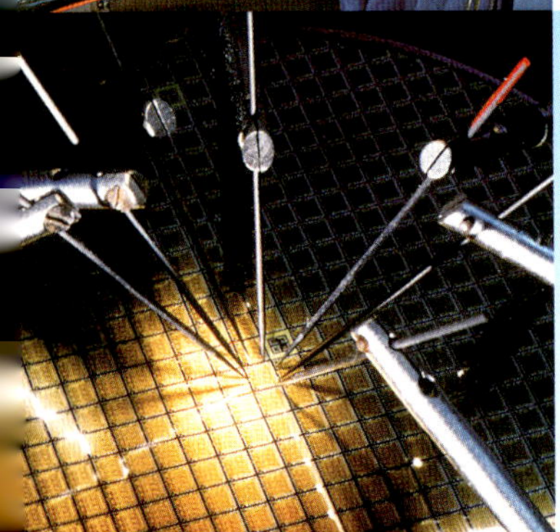

### LE CONTRÔLE DE QUALITÉ

Des outils de contrôle informatisés s'assurent que chaque puce fonctionne, en vérifiant qu'elle ne fait pas d'erreurs de calcul. Tout le personnel a beau être équipé de vêtements de protection, il suffit d'un grain de poussière pour abîmer une puce. Les parties défectueuses sont marquées : on les recycle une fois la tranche découpée en puces.

### L'ENCAPSULATION

Des broches sont branchées à la puce en soudant des fils d'or entre les broches et la puce. Celle-ci est placée dans un boîtier de céramique ou de plastique. Les broches sont soudées sur une plaque de plastique où sont imprimées des pistes de cuivre qui relient plusieurs puces pour former un circuit. Certaines puces, les mémoires par exemple, sont placées sur des supports.

◄ UN LECTEUR CD VU AUX RAYONS X
Sans la microélectronique, les calculs complexes du lecteur CD pour décoder la musique devraient être exécutés par une quantité de circuits séparés. Les lecteurs coûteraient très cher et seraient de la taille d'un réfrigérateur. En fait, les calculs sont faits par un seul circuit intégré : le lecteur ne coûte pas cher et tient dans la poche. D'autres circuits intégrés commandent le fonctionnement du lecteur et ses affichages.

*ROBERT NOYCE*

*Américain, 1927–1990*

*L'ingénieur Robert Noyce est l'inventeur du circuit intégré. Il a appliqué un processus inventé par son collègue Jean Hoerni, qui fabriquait des transistors sur une surface de silicium plate. Noyce a compris que ce processus convenait parfaitement à la fabrication de circuits intégrés et il a découvert comment relier des transistors entre eux au moyen de pistes en métal.*

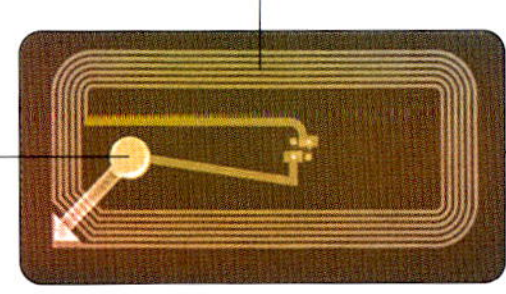


◄ UNE IDENTITÉ SECRÈTE
Ce paquet de lames de rasoir est marqué grâce à une puce minuscule. Celle-ci est branchée à une antenne de radio : elle réagit à certaines ondes radio en émettant l'information qu'elle contient. Ceci évite d'avoir à lire des codes à barres. Ces puces s'appellent puces d'identification par radiofréquence. Elles devraient permettre de faire la facture d'un chariot de supermarché sans le vider et sans l'aide d'une caissière.

POUR EN SAVOIR PLUS ⏭ La céramique 55 • Les réactions chimiques 30 • L'électronique 138

# LA RADIO

La radio est une application de l'électricité et du magnétisme qui consiste à émettre des ondes traversant l'espace à la vitesse de la lumière. Quand on écoute une radio, on entend des sons transmis sous forme électrique par des ondes radio. La **RADIO NUMÉRIQUE** est un flux de données qui contient des dizaines de programmes diffusés sur des centaines d'ondes radio différentes.

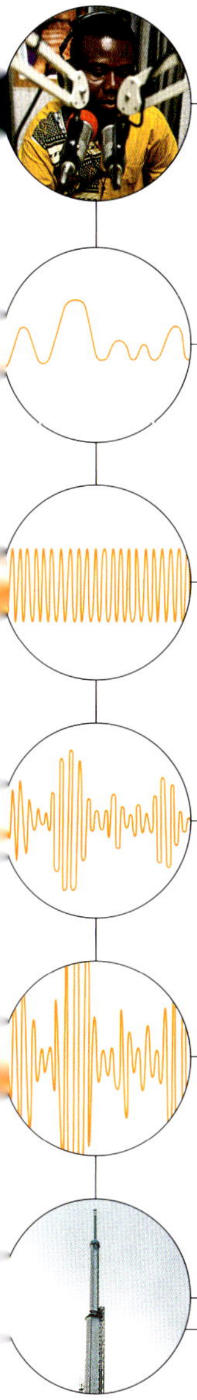

1 *Au studio, un micro capte le son de la voix de l'artiste et la musique.*

2 *Le son est converti par le micro en signal électrique.*

3 ***L'émetteur radio** crée une onde radio.*

4 ***Le signal acoustique** module l'amplitude de l'onde radio.*

5 ***L'onde radio modulée** est amplifiée, c'est-à-dire rendue plus puissante.*

6 ***L'antenne de l'émetteur** diffuse dans l'espace l'onde radio.*

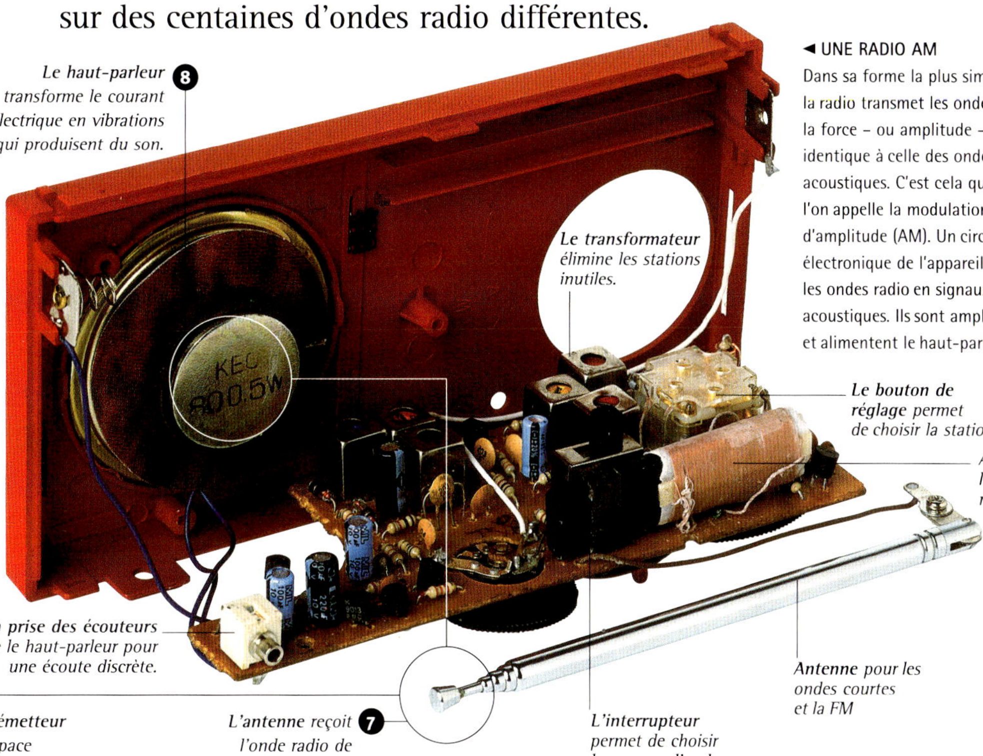


7 ***L'antenne** reçoit l'onde radio de l'émetteur.*

8 ***Le haut-parleur** transforme le courant électrique en vibrations qui produisent du son.*

***Le transformateur** élimine les stations inutiles.*

***Le bouton de réglage** permet de choisir la station.*

***Antenne** pour les ondes moyennes*

***Antenne** pour les ondes courtes et la FM*

***L'interrupteur** permet de choisir la gamme d'ondes.*

***La prise des écouteurs** coupe le haut-parleur pour une écoute discrète.*

◄ UNE RADIO AM
Dans sa forme la plus simple, la radio transmet les ondes dont la force – ou amplitude – est identique à celle des ondes acoustiques. C'est cela que l'on appelle la modulation d'amplitude (AM). Un circuit électronique de l'appareil change les ondes radio en signaux acoustiques. Ils sont amplifiés et alimentent le haut-parleur.

LE SPECTRE AM ►
Chaque émission de radio contient de nombreuses ondes adio mélangées. Elles se rangent dans un spectre selon leur fréquence – ou vitesse de vibration. Dans la bande AM, la fréquence sur laquelle se fait l'accord est le pic du milieu. Les autres pics représentent les autres fréquences porteuses du programme.

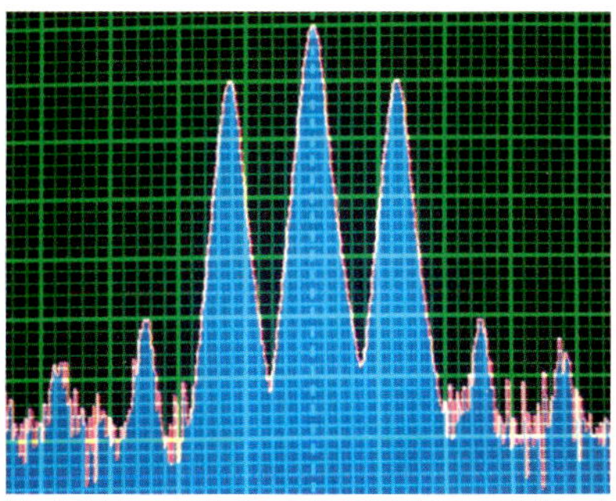

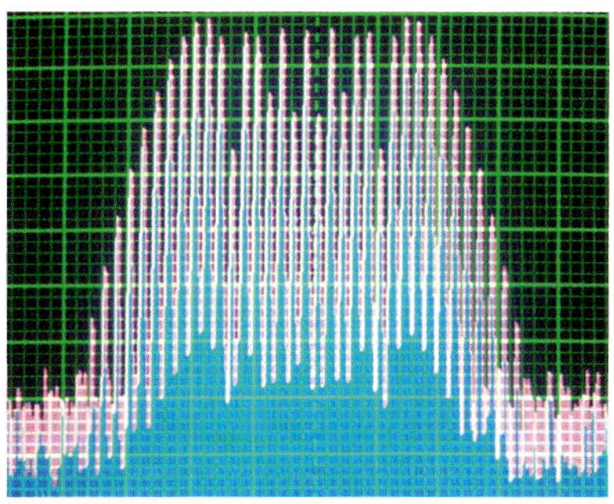

◄ LE SPECTRE FM
En modulation de fréquence (FM), c'est la fréquence de l'onde radio que l'on fait varier – et non son amplitude – pour transmettre le son. La FM est moins sensible que l'AM aux interférences, mais la réflexion de ses ondes peut provoquer des distorsions. La FM a un spectre plus large que l'AM, elle se transmet à une fréquence radio plus élevée.

## LA RADIO NUMÉRIQUE

:n radio numérique, on convertit chaque programme n code binaire – composé de 0 et de 1 – représentant : son. On réunit ensuite des blocs de code pour chaque rogramme à tour de rôle afin de les « multiplexer ». :et énorme flux de données est partagé par des entaines de chaînes radio. Le récepteur reçoit toutes les haînes en même temps, isole les blocs appartenant au rogramme désiré, les réunit et les transforme en son.

LA QUALITÉ NUMÉRIQUE ►
Une radio numérique se règle sur un seul jeu de fréquences : il est donc inutile de la régler chaque fois qu'on se déplace. Les émissions de radio numérique (DAB) sont réfractaires aux interférences car elles font appel à de nombreuses fréquences en même temps. En général, seules quelques fréquences sont touchées par les interférences, donc l'ensemble du programme n'est guère perturbé.

POUR EN SAVOIR PLUS ⏭ L'électromagnétisme 134 • L'onde 98 • Le son 100

# LA TÉLÉVISION

La télévision transforme des images prises par une caméra en un condensé d'informations qui peut être transporté par câble ou diffusé par ondes radio, à partir d'émetteurs terrestres ou de satellites. Il a fallu un siècle pour mettre ces techniques au point. La dernière avancée technologique est la TÉLÉVISION NUMÉRIQUE, qui permet de recevoir des programmes plus nombreux, quelquefois interactifs.

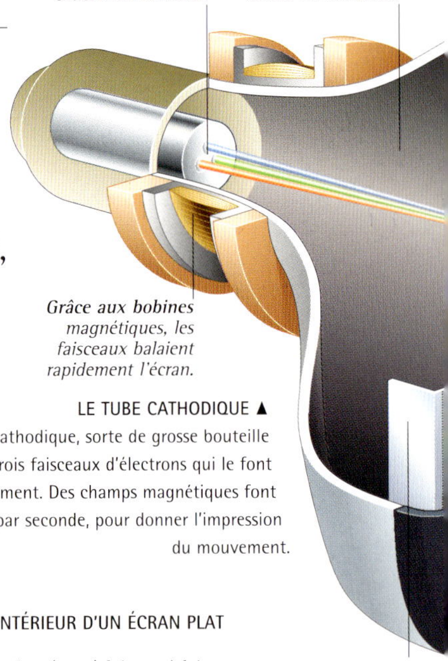


LE TUBE CATHODIQUE ▲

La plupart des télévisions ont un tube cathodique, sorte de grosse bouteille sous vide d'air. On projette sur l'écran trois faisceaux d'électrons qui le font briller, en rouge, vert et bleu respectivement. Des champs magnétiques font balayer l'écran aux faisceaux 25 fois par seconde, pour donner l'impression du mouvement.

## LA TRANSMISSION DES SIGNAUX DE TÉLÉVISION

### LE STUDIO DE TÉLÉVISION

Dans le studio, l'image recueillie à travers une lentille éclaire un circuit intégré (CI) à l'intérieur de la caméra. Le CI mesure la luminosité de chaque point de l'image, et crée un signal qu'il transmet à la régie. Ce signal, combiné avec ceux des autres caméras, constitue le programme. Celui-ci est enregistré, prêt pour une diffusion ultérieure.

### DANS L'ESPACE

Les énormes paraboles des stations de télécommunication envoient les programmes de télévision du pays où on les a fabriqués en direction d'autres pays. Pour cela, les programmes sont relayés par des satellites, qui les renvoient aux pays récepteurs. Certaines stations transmettent des programmes à des satellites qui les diffusent directement aux téléspectateurs.

### LES SATELLITES

Chaque satellite est comme une station de télévision au sommet d'une tour de 35 800 km. Sa position par rapport à la Terre ne change jamais, ce qui rend plus facile de le viser pour lui envoyer des programmes ou pour les capter des différents points de la Terre. Les informations transmises en temps réel le sont souvent par satellite.

### LA TÉLÉVISION TERRESTRE

La plupart des téléspectateurs reçoivent leurs signaux de tours terrestres. L'antenne d'émission est située en hauteur, pour couvrir la plus grande zone possible. La télévision terrestre ne peut pas diffuser autant de chaînes qu'un satellite, même en utilisant des techniques numériques, car sa fréquence est moins élevée.

L'INTÉRIEUR D'UN ÉCRAN PLAT

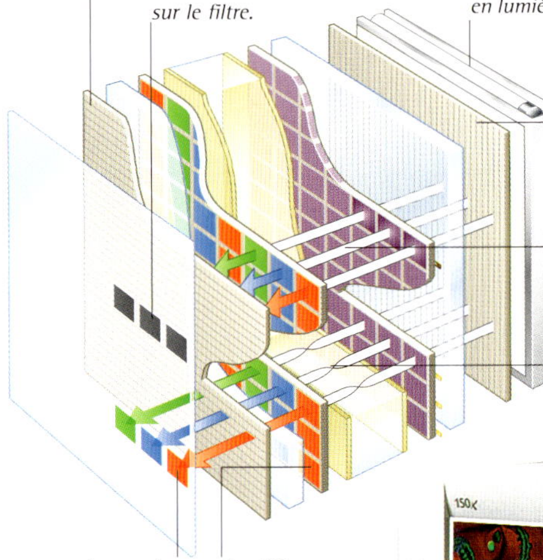


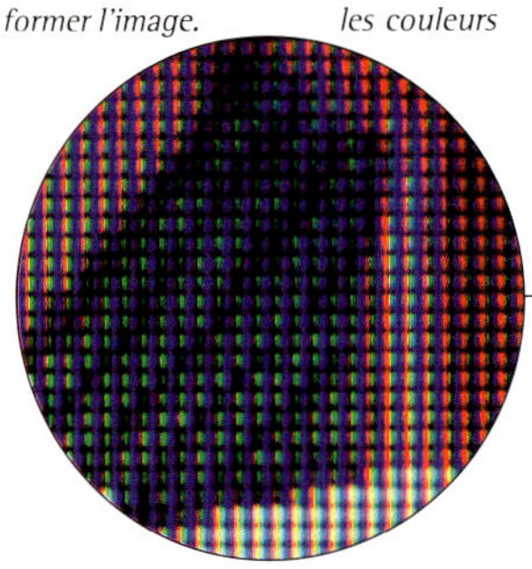

ÉCRAN À CRISTAUX LIQUIDES GROSSI 10 FOIS

L'ÉCRAN PLAT ▲

Les écrans à tube cathodique sont encombrants, les ingénieurs ont donc mis au point deux modèles d'écran plat que l'on peut accrocher au mur. Les écrans à plasma contiennent des milliers de lampes électriques minuscules qui, selon le gaz dont elles sont remplies, émettent une lumière rouge, verte ou bleue. Quant aux écrans à cristaux liquides, ils ont des milliers de minuscules filtres rouges, verts ou bleus, devant une lumière blanche de la taille de l'écran.

POUR EN SAVOIR PLUS ⏭ Les satellites artificiels 189 • Le cinéma 120 • La couleur 122 • La radio 143

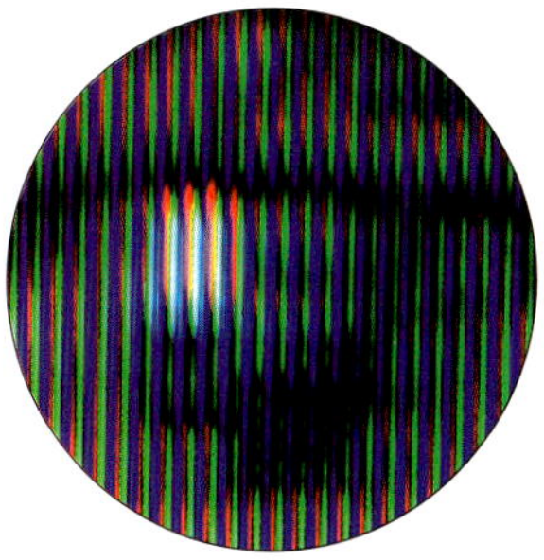

▲ L'ÉCRAN RAYÉ
Dans beaucoup de tubes cathodiques, le masque perforé a des fentes verticales et l'écran dispose ses couleurs en rayures verticales, comme on l'observe sur l'image de télévision ci-dessus, grossie cinq fois. Les tubes de ce type donnent les images les plus lumineuses.

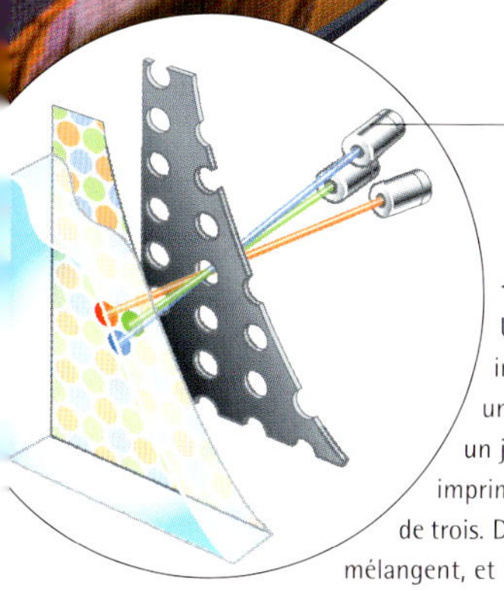

*Les canons à électrons sont disposés en triangle.*

◄ LA RESTITUTION DE LA COULEUR
Un tube cathodique crée en même temps trois images – rouge, verte et bleue – chacune avec un canon à électrons. Chaque canon fait briller un jeu de minuscules points de phosphore imprimés sur la vitre de l'écran, par groupes de trois. De loin, tous ces points multicolores se mélangent, et l'œil a l'illusion de voir une image en couleur.

## LA TÉLÉVISION NUMÉRIQUE

Une télévision normale projette 25 images par seconde, même si l'image est immobile. La télévision numérique n'émet les parties fixes de l'image qu'une fois. Ce sont les récepteurs qui répètent les parties fixes jusqu'à ce qu'il faille les changer. Les informations inutiles ne sont pas transmises, ce qui laisse place à plus de chaînes.

▲ LA TÉLÉVISION INTERACTIVE
Les décodeurs de télévision numérique et les appareils de télévision intégrés contiennent des ordinateurs pour décoder les programmes. Cette facilité permet de nouveaux services, par exemple la télévision interactive. Le téléspectateur peut envoyer des commandes en utilisant son téléphone et sa télécommande. On peut ainsi recevoir une image inédite d'un match de foot ou surfer sur Internet.

# LA VIDÉO

Les caméras vidéo sont de petites caméras de télévision capables de saisir des images sur un appareil enregistreur portatif, muni de mémoire numérique ou de cassettes. Le premier caméscope vraiment utilisable fut inventé en 1956. Aujourd'hui, de petites caméras permettent de filmer ce que l'on veut : des vacances en famille aux fêtes dont on souhaite conserver le souvenir.

LE CAMÉSCOPE DOMESTIQUE ►
Grâce à la microélectronique qui ne cesse de produire de meilleurs circuits intégrés et des capteurs d'images plus petits, les caméras domestiques se sont miniaturisées et fragilisées. Les premiers caméscopes utilisaient des tubes cathodiques aussi bien pour former l'image que pour l'afficher. À présent, la plupart des appareils ont des capteurs à transfert de charge (CCD) et des affichages à cristaux liquides (LCD).

*Le **caméscope** est si petit qu'il tient dans le creux de la main.*

*L'**écran** à cristaux liquides affiche l'image que l'on enregistre.*

*La **caméra** sur trépied n'a pas besoin de cameraman.*

*La **table de mixage** reçoit et traite les signaux.*

*Le **panneau solaire** fournit l'électricité.*

◄ LA VIDÉO PROFESSIONNELLE
Les caméras professionnelles permettent d'enregistrer une image plus détaillée. Grâce à la qualité des objectifs et à la solidité des appareils, les journalistes peuvent transmettre des images de qualité de n'importe où, ou presque. Les caméras les plus récentes enregistrent les images numériquement, ce qui consomme moins de cassette car l'information superflue n'est pas enregistrée.

LE CAPTEUR CCD ►
L'organe vital d'une caméra vidéo moderne est le CCD (capteur à transfert de charge). Ce circuit intégré transforme en signaux électriques l'image reçue par l'objectif de la caméra. La surface du capteur contient des milliers de minuscules éléments photosensibles qui se chargent d'électricité quand on projette une image dessus. Chaque élément transmet sa charge électrique à son voisin jusqu'à ce que toutes les charges formant l'image aient été lues, dans l'ordre.

POUR EN SAVOIR PLUS ⏭ L'appareil photo 118 • La microélectronique 142

# LES TÉLÉCOMMUNICATIONS

Les télécommunications ont commencé il y a plus de 160 ans, avec les téléphones et télégraphes à fil. Ces fils, on les utilise toujours pour les lignes terrestres et le réseau des téléphones fixes. Mais à présent, ce réseau s'est enrichi de FIBRES OPTIQUES, de faisceaux hertziens et de liaisons satellites pour relier les différentes parties du monde. Pour entrer sur ce réseau mondial, il suffit de décrocher son téléphone.

## HISTOIRE D'UN COUP DE FIL

**COMPOSER LE NUMÉRO**
Quand on appuie sur les touches d'un téléphone, on envoie par les fils du téléphone des signaux au central téléphonique le plus proche. Là, un ordinateur compte les chiffres et sait quand le numéro composé est complet. Si le numéro appelé appartient à un autre central téléphonique, l'ordinateur y envoie des signaux pour établir un circuit destiné à cet appel.

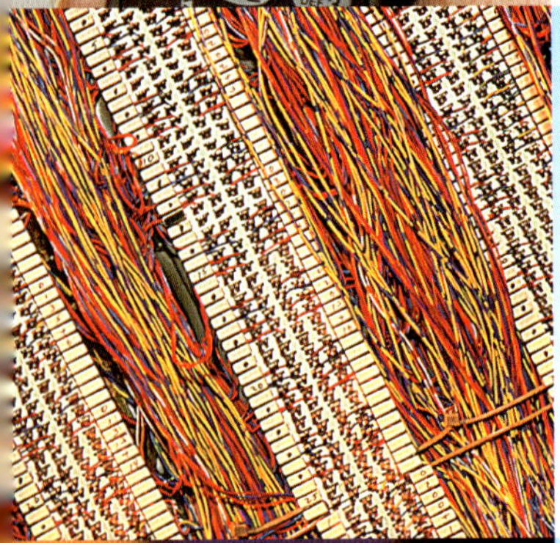

**LA BOUCLE LOCALE**
Les appels des téléphones fixes sont acheminés au central téléphonique local grâce à des fils de cuivre. Au central, chaque abonné a sa propre carte de ligne, un circuit relié à son téléphone. C'est cette carte qui émet la tonalité quand on décroche. C'est elle qui transforme le numéro appelé en impulsions électriques, permettant à l'ordinateur d'assurer le routage de l'appel.

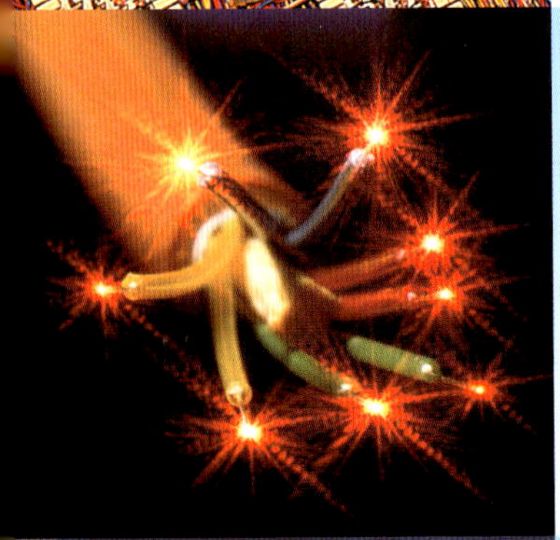

**LES FIBRES OPTIQUES**
Presque tous les appels entre grandes villes sont acheminés grâce à des impulsions lasers qui empruntent de très fins tubes de verre, les fibres optiques. Le laser s'allume et s'éteint pour envoyer des séries de 0 (éteint) et de 1 (allumé). Des astuces de calcul permettent de concentrer de nombreux appels dans chaque fibre optique et de les trier à l'arrivée, au central téléphonique de destination.

**LES LIAISONS HERTZIENNES**
Certains appels effectuent une partie de leur trajet sur des faisceaux hertziens de micro-ondes. Ces ondes sont focalisées par un réflecteur parabolique installé sur une tour et envoyées d'un point à un autre. Les liaisons par faisceaux hertziens sont rapides et bon marché : pour les mettre en place, il n'est besoin ni de creuser des tranchées ni de poser des câbles aériens.

**LE TÉLÉPHONE SONNE**
L'appel atteint le central téléphonique local du numéro composé. L'appel est acheminé jusqu'à la carte de ligne du téléphone concerné et le signal numérique est remis sous forme analogique. Des impulsions électriques sont envoyées pour faire sonner le téléphone. Quand celui-ci est décroché, un interrupteur ferme le circuit : il interrompt la sonnerie et branche l'appel.

## LA FIBRE OPTIQUE

La lumière peut servir à envoyer des signaux, par exemple avec une lampe torche. Mais la lumière à l'air libre est arrêtée par les objets. Dans une fibre optique, la lumière, prisonnière d'un tube de verre, se reflète d'une paroi à l'autre sans en sortir. Une fibre optique transme sur des kilomètres les impulsions d'une lumière laser. Certaines fibre amplifient la lumière et leurs signaux font le tour du monde.

**UN CÂBLE SOUS-MARIN ►**
Les fibres optiques sont fragiles, il faut les protéger avant de les poser au fond de la mer. Chaque câble contient plusieurs fibres. Certaines ne sont pas utilisées dès le début : ce sont des « fibres noires » que l'on activera quand le nombre d'appels augmentera sur cet itinéraire.

*Une fibre optique peut transporter des milliers d'appels.*

*L'enveloppe intérieure protège les fibres fragiles.*

*Le câble est fabriqué en couches concentriques, pour qu'il reste souple.*

*Les fils d'ac extérieu protège le câb*

POUR EN SAVOIR PLUS ⏭ L'onde 98 • Le laser 112 • La téléphonie mobile 147

| QUELQUES GRANDES LIAISONS PAR FIBRE OPTIQUE | | |
|---|---|---|
| *NOM* | *DISTANCE EN KM* | *CAPACITÉ** |
| FLAG FEA (Japon–Angleterre) | 14 000 km | 163 840 |
| Japon–États-Unis Réseau câblé | 10 500 km | 655 360 |
| FLAG FA-1 (Angleterre–États-Unis) | 7 000 km | 1 310 720 |
| Atlantic Crossing 2 (Angleterre–États-Unis) | 7 000 km | 10 737 418 |

** équivalent en nombre d'appels simultanés*

LE FONCTIONNEMENT DU TÉLÉPHONE

1. ***Quand on décroche,*** *l'interrupteur signale au central que l'on veut faire un appel.*
2. ***Chaque bouton*** *envoie deux fréquences vocales, l'une identifie la ligne et l'autre la colonne du chiffre choisi.*
3. ***Si l'ordre des chiffres*** *n'est pas bon, le central n'acheminera pas l'appel.*
4. ***Les fils de cuivre*** *dans le câble en plastique transmettent la parole au central – et retour – sous forme d'ondes électriques.*
5. ***Les circuits électroniques*** *corrigent et amplifient les signaux acoustiques.*
6. ***D'autres circuits*** *reçoivent les impulsions électriques du central pour déclencher la sonnerie.*
7. ***Le haut-parleur*** *du combiné vibre et reconstitue la voix de la personne qui appelle.*
8. ***Le disque*** *du micro vibre selon les modulations de la voix et en fait un signal électrique que le téléphone va amplifier.*

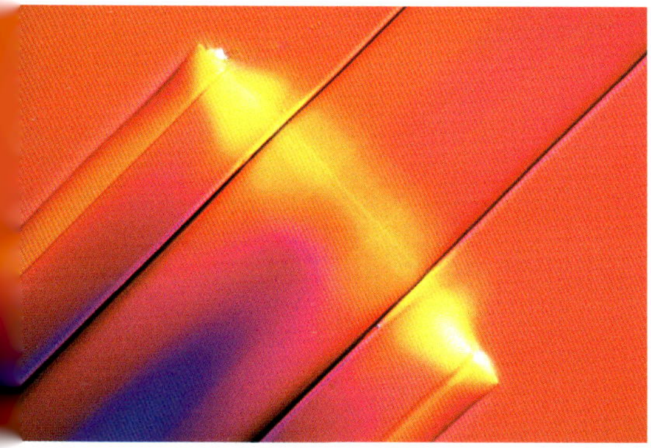

LA STRUCTURE D'UNE FIBRE
: verre de la fibre optique est si transparent que l'on pourrait voir à avers une vitre épaisse de 1,5 km. Il est plus transparent encore aux yons lasers invisibles qu'il transmet. Le cœur de la fibre est entouré une couche de verre moins lourde et la lumière est réfléchie – et donc ıfermée – par la surface de contact des deux types de verre. enveloppe extérieure en plastique renforce la fibre.

# LA TÉLÉPHONIE MOBILE

Les communications mobiles permettent le contact radio lors d'un déplacement. La radio, inventée il y a plus d'un siècle pour communiquer avec les navires, est aujourd'hui partout grâce aux transistors et aux circuits intégrés. À la différence des TÉLÉPHONES PORTABLES, un réseau fixe n'est pas nécessaire pour les communications mobiles.

◄ LES SERVICES D'URGENCE
Les pompiers, la police et le Samu ont chacun leur réseau radio. Certains transmettent non seulement la voix mais aussi des données, par exemple des cartes. Le central envoie les messages à plusieurs véhicules dont chacun répond sur un canal : les communications doivent donc être brèves, et elles ne sont pas confidentielles.

## LE TÉLÉPHONE PORTABLE

Les appels des portables sont transmis par radio et par des lignes terrestres. Chaque appel, pris en charge par la station de base la plus proche, est transmis à une autre station de base ou à un téléphone fixe. Les stations de base sont de faible puissance pour éviter les interférences. Ainsi, des millions de personnes communiquent sur quelques fréquences seulement.

***Objectif*** *de l'appareil photo*

***L'affichage*** *à cristaux liquides montre les images reçues et expédiées.*

***Le clavier*** *transmet des signaux à l'ordinateur du portable.*

UNE MERVEILLE DE MINIATURISATION ►
Un portable tient dans la poche, mais il est puissant : c'est à la fois un ordinateur et un émetteur-récepteur de faisceaux hertziens. Quand on l'allume, le téléphone identifie la station de base la plus proche et s'identifie pour être localisé. Si l'on quitte le champ d'action de cette station, le téléphone en trouve éventuellement une autre et, si nécessaire, change de fréquence.

◄ L'ART DU CAMOUFLAGE
Le nombre d'utilisateurs de portables augmente, il faut donc augmenter la densité des stations de base. Chacune a besoin d'une antenne, on finit par en déguiser certaines en arbre. D'après certains essais, le rayonnement de ces antennes et des portables pourrait avoir des conséquences sur la santé.

POUR EN SAVOIR PLUS ⏭ L'électronique 138 • La radio 143 • Les télécommunications 146

# L'INFORMATIQUE

L'ordinateur est une machine électronique qui exécute des instructions pour présenter l'information sous la forme voulue. Son MATÉRIEL, c'est la machine proprement dite dont l'écran et d'autres organes. Le matériel exécute les instructions du LOGICIEL, qui est l'ensemble des programmes de l'ordinateur. Matériel et logiciel traitent les données en sorte qu'on puisse les utiliser. Par exemple, une longue suite de chiffres peut être présentée sous la forme d'une photo en couleurs.

## LE MATÉRIEL INFORMATIQUE

Il se compose de l'unité centrale et des périphériques que l'on branche dessus. L'unité centrale stocke et traite l'information grâce au disque dur, qui enregistre de façon permanente les programmes et les fichiers. La mémoire électronique, plus rapide, ne contient que les données en cours de traitement. La majorité du travail est fait par le microprocesseur ; d'autres circuits intégrés le secondent dans des tâches spécialisées, comme l'affichage des images.

L'ORDINATEUR INDIVIDUEL ►
Aujourd'hui, l'ordinateur individuel a souvent un grand écran en couleurs, des haut-parleurs et éventuellement une caméra. Il est plusieurs milliers de fois plus puissant que les ordinateurs d'il y a trente ans, qui occupaient une pièce entière. Ce progrès est dû au microprocesseur, inventé en 1971, qui remplace sur un seul circuit intégré des centaines d'éléments d'ordinateur.

◄ LE DISQUE DUR
Un disque dur d'ordinateur – composé en général de plusieurs disques tournant ensemble – stocke l'information de façon permanente et magnétique sur sa surface. Le disque dur est beaucoup trop lent pour le processeur, donc il faut lire les données du disque et les ranger dans la mémoire électronique rapide (RAM) pour les traiter. Cependant, les puces de RAM perdent leurs données quand on éteint l'ordinateur, les données obtenues doivent donc être sauvegardées sur le disque dur.

### LES BITS ET LES OCTETS

| | |
|---|---|
| Bit | La plus petite unité d'information |
| Octet | Huit bits |
| Kilo-octet | 1 024 octets |
| Méga-octet | 1 024 kilo-octets |
| Giga-octet | 1 024 méga-octets |

L'ordinateur stocke et traite l'information sous forme de bits. Un bit ne peut avoir que deux valeurs, « oui » ou « non ». Le disque dur stocke l'information dans des points magnétiques. Les bits groupés à plusieurs permettent des choix plus nuancés. Chaque bit supplémentaire double les possibilités : un octet peut donc avoir 256 valeurs différentes. Un micro-ordinateur moderne traite des milliards de bits par seconde et stocke sur son disque dur jusqu'à 120 giga-octets, soit plus d'un million de milliard de bits.

# LE LOGICIEL

Pour fonctionner, l'ordinateur a besoin de logiciels, composés de séries d'instructions que l'on appelle les programmes. Certains permettent d'écrire des lettres, d'autres de jouer ou de naviguer sur Internet. Chaque programme est écrit dans un langage particulier par des programmeurs. Les langages sont traduits en instructions que le microprocesseur est capable d'exécuter.

*teau* du lecteur CD sort quand que l'ordinateur lise un CD.

▲ COLORIER

Pour changer le jaune en bleu, le programme graphique balaie tous les codes représentant l'image. Chaque fois qu'il trouve le code « jaune », il le change en « bleu ».

▲ AJOUTER

Pour ajouter l'abeille sur la fleur, il faut que le programme ait en mémoire les deux éléments, ainsi que les données décrivant le contour de l'abeille. Il détermine alors les points de la fleur situés à l'intérieur de ce contour et les remplace par les données de l'image de l'abeille.

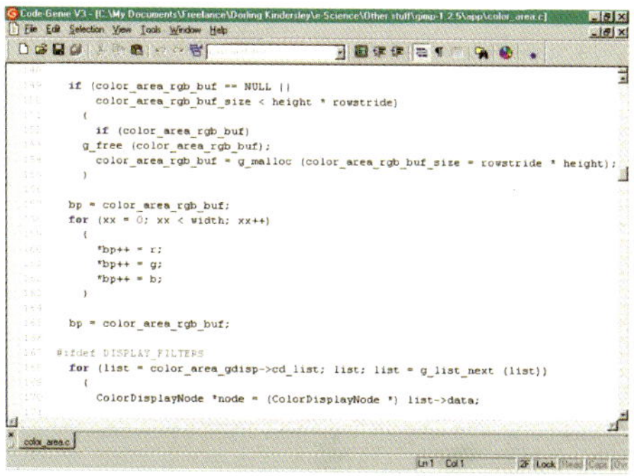


▲ LE LANGAGE DE L'ORDINATEUR

Sur l'écran ci-dessus, quelques lignes du programme permettent de changer les images. Elles sont écrites dans un langage appelé C, que l'ordinateur doit traduire en code binaire pour pouvoir l'exécuter. Ces langages informatiques obéissent à des règles strictes, et il est facile de faire des erreurs. La mise au point des programmes exige donc plusieurs cycles de correction et d'essai.

L'IMPRIMANTE À JET D'ENCRE ►

L'imprimante reçoit de l'ordinateur un code indiquant la couleur de chaque point de l'image. Elle projette sur chaque point des gouttes d'encre minuscules correspondant à cette couleur.

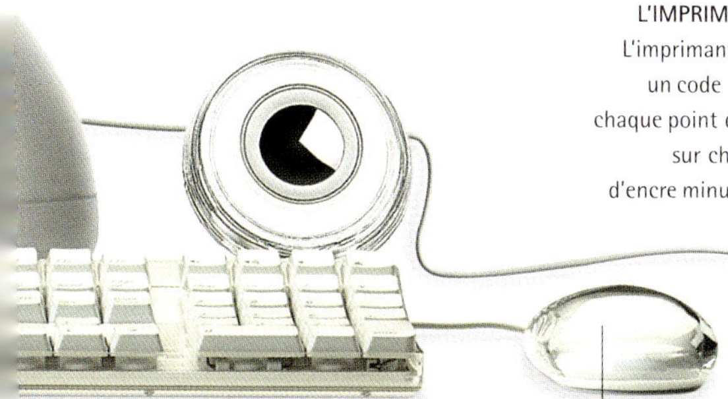

*Le clavier* envoie à l'ordinateur un code différent par touche.

*La souris* comporte des capteurs de mouvement qui envoient des signaux au processeur.

*Le papier* a une texture spéciale pour que l'image soit nette.

*L'écran* affiche l'image en cours d'impression.

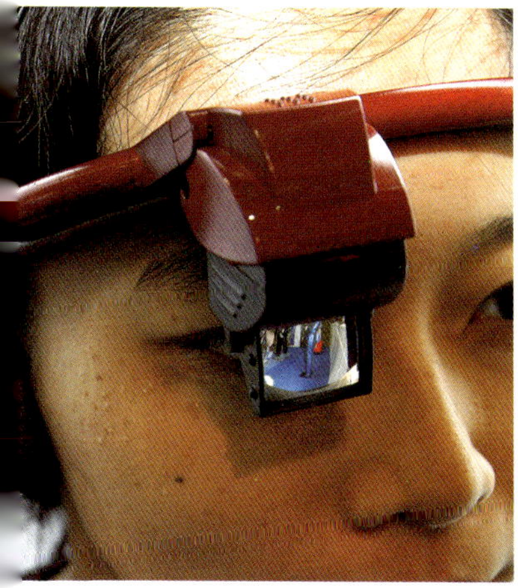

◄ L'ORDINATEUR VÊTEMENT

Tous les ordinateurs ne s'utilisent pas assis à un bureau. Certains peuvent se porter comme une paire de lunettes, à la ceinture ou dans une poche, et l'image est projetée dans l'œil de l'utilisateur. Celui-ci a donc les mains libres. Par exemple, les techniciens d'entretien des avions peuvent consulter leur manuel tout en travaillant.

LE MONDE VIRTUEL ►

Le simulateur de vol ci-contre exige un matériel et des logiciels perfectionnés. Le monde virtuel est stocké sous la forme d'une série de chiffres qui décrivent tous les endroits du monde et la façon dont ils sont reliés. L'ordinateur détermine l'aspect d'ensemble et envoie à l'écran les couleurs correspondant à chaque point de l'image, à la cadence de 25 images par seconde.

POUR EN SAVOIR PLUS ►► La couleur 122 • L'électronique numérique 140 • Internet 152 • La microélectronique 142

# LES RÉSEAUX

Un réseau d'ordinateurs se compose de deux ou plusieurs ordinateurs qui ont au moins un périphérique en commun. Un ordinateur isolé a une puissance limitée, un réseau d'ordinateurs a une puissance presque illimitée. Les réseaux locaux (LAN) relient les ordinateurs d'un même bureau, les réseaux étendus (WAN) ceux de tout un pays et même du monde entier.

◄ LES ROUTEURS
Les réseaux possèdent des dispositifs complexes qui leur permettent de mieux fonctionner. Le flux d'informations peut être commandé par des routeurs et des ponts. Les routeurs envoient l'information là où l'on en a besoin. Les ponts relient deux réseaux plus petits et empêchent certaines parties d'un réseau de voir des données appartenant à certaines parties de l'autre. Le dispositif le plus simple s'appelle noyau ou concentrateur : il relie plusieurs ordinateurs partageant la même ressource, par exemple une imprimante.

## LES RÉSEAUX LOCAUX

RÉSEAU EN LIGNE

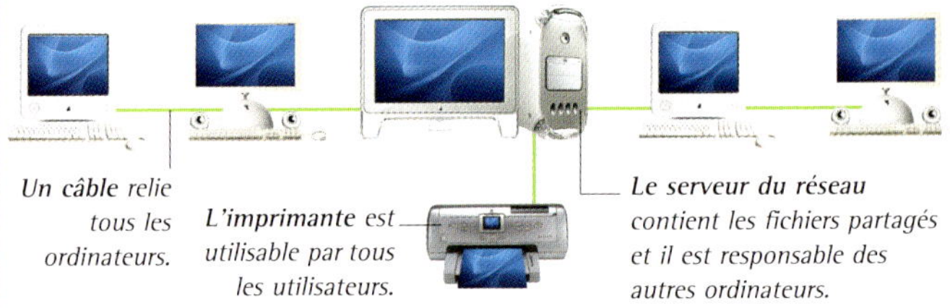


Un réseau local est en général constitué par des fils analogues à ceux du téléphone. Le système de réseau le plus répandu s'appelle Ethernet, il permet d'échanger jusqu'à 12 méga-octets par seconde. Un réseau Ethernet peut s'installer en ligne (ce que l'on appelle un réseau en « bus ») ou en étoile. Un seul ordinateur, que l'on appelle le serveur de réseau, commande les communications au sein du réseau.

RÉSEAU EN ÉTOILE

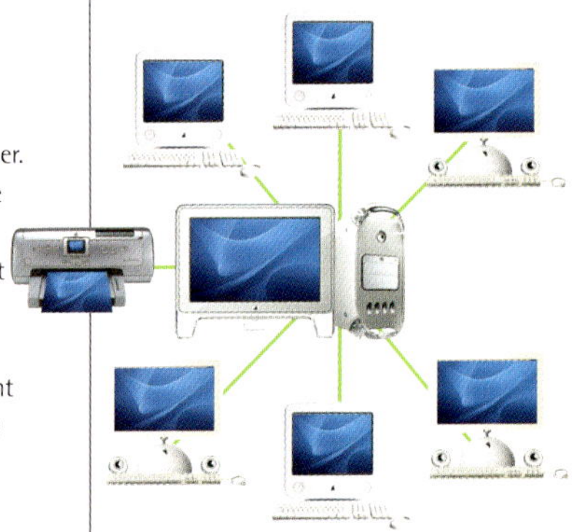

Dans un réseau en étoile, chaque ordinateur est relié au serveur par son propre câble. Cette formule est plus fiable que le réseau en ligne : si un câble casse, cela n'affecte qu'un ou deux ordinateurs.

RÉSEAU EN ANNEAU

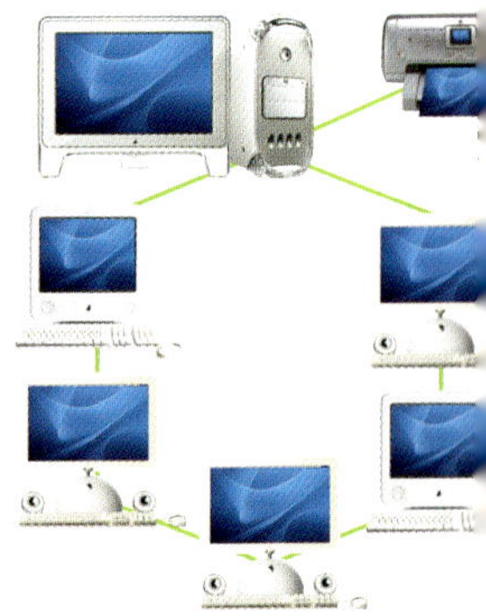

Dans le réseau en anneau, la liaison forme une boucle. Les données font tout le tour et reviennent à la machine. Cette dernière reçoit les données et en change une partie pour en accuser réception.

UN RÉSEAU D'ORDINATEURS ►
Ce graphique montre comment sont reliés les ordinateurs de l'énorme réseau de la National Science Foundation, aux États-Unis. Les lignes blanches constituent le réseau fédérateur qui couvre l'ensemble des États-Unis et relie de nombreux réseaux régionaux plus petits. Grâce à ces liaisons, un chercheur situé n'importe où aux États-Unis peut utiliser les puissants ordinateurs géants de la fondation, à des centaines de kilomètres.

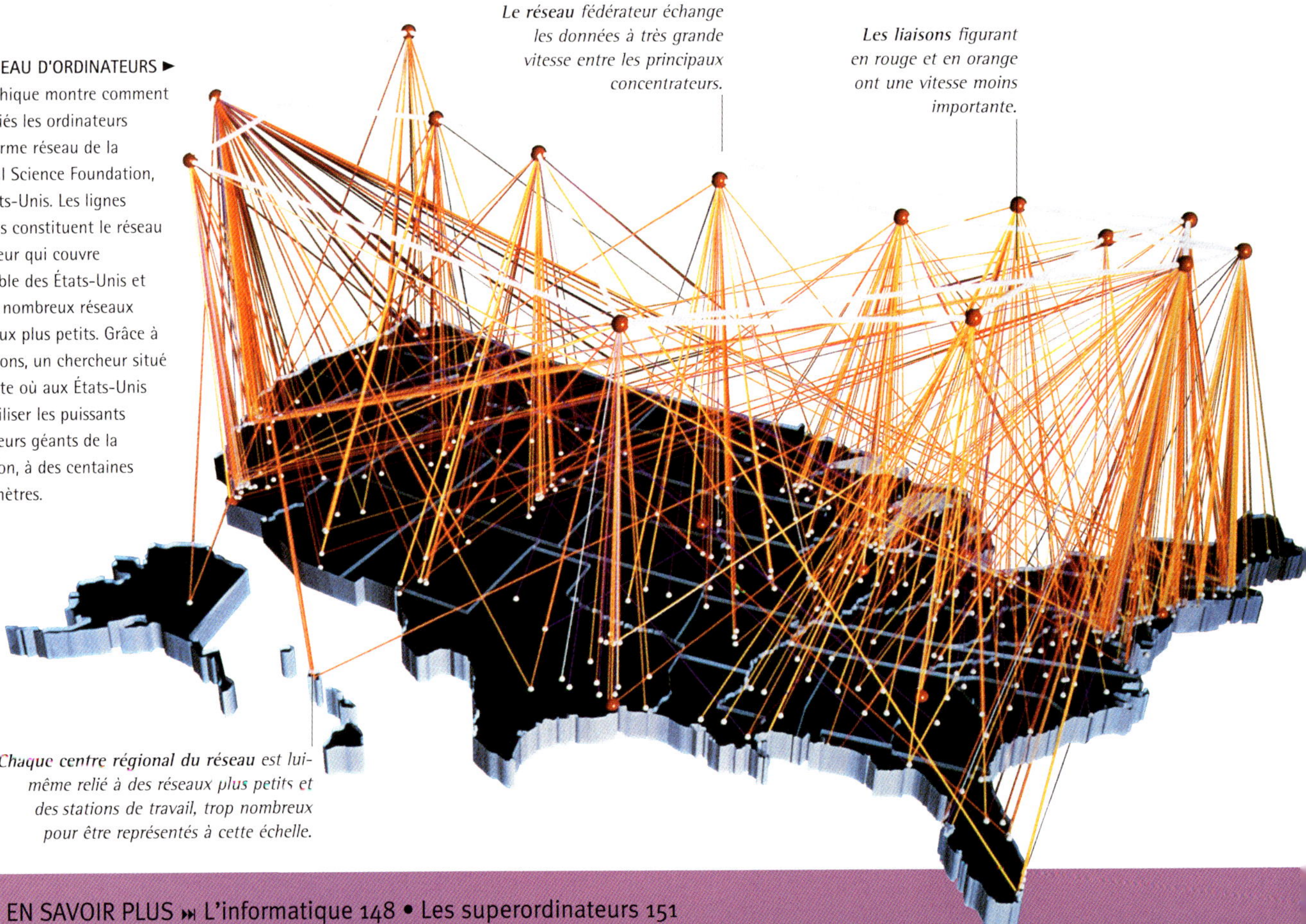


POUR EN SAVOIR PLUS ⏭ L'informatique 148 • Les superordinateurs 151

# LES SUPERORDINATEURS

Un superordinateur travaille des milliers de fois plus vite que les meilleurs ordinateurs individuels. Il a en effet de nombreux processeurs qui travaillent en même temps, chacun exécutant une partie différente du problème : on parle de structure massivement parallèle. Ces machines énormes sont à présent utilisées dans toutes sortes de domaines, par exemple pour la prévision des tempêtes ou la conception des nouvelles voitures.

LE MATÉRIEL ▲

Le premier vrai superordinateur fut construit en 1976 par l'ingénieur américain Seymour Cray. Ci-dessus, un modèle de 1982. L'ordinateur a une forme cylindrique pour avoir des fils aussi courts que possible. Quant aux sièges rembourrés à la base, ils cachent le système de refroidissement : sans celui-ci, l'ordinateur prendrait feu.

▼ LA PRÉVISION D'UN CYCLONE

Les superordinateurs calculent à l'avance la trajectoire d'un cyclone pour que l'on puisse avertir la population. Ces machines géantes, alimentées par des milliers de mesures de l'atmosphère, fournissent des images montrant la façon dont le temps va évoluer dans les heures qui suivent. Un petit événement dans l'atmosphère peut avoir un effet important sur le temps. Seuls les superordinateurs sont capables d'effectuer des millions de calculs assez vite pour que l'on obtienne le résultat à temps.

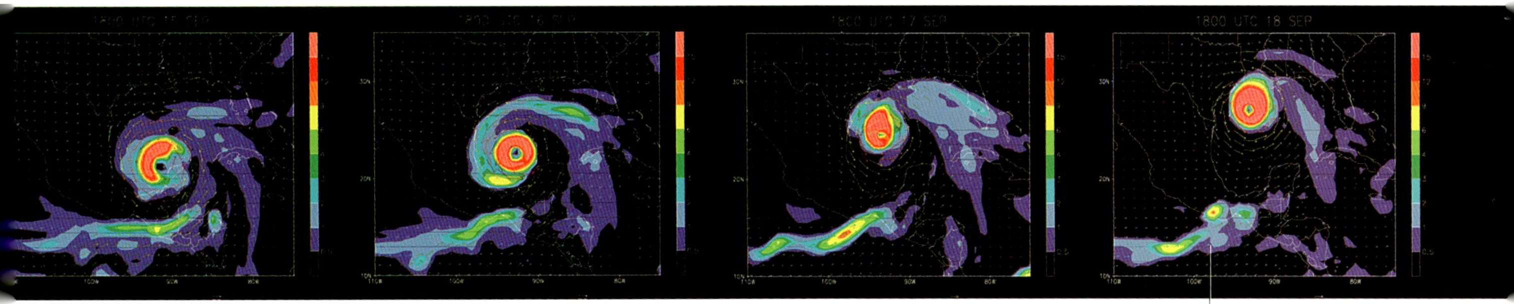


*Les différentes couleurs* montrent la vitesse du vent (la plus élevée est en rouge).

LA SIMULATION DE VOL ►

Prévoir la circulation de l'air à la sortie des réacteurs d'un avion ressemble à la prévision d'un orage : l'échelle est plus petite mais la vitesse plus grande. L'ordinateur calcule la position, la vitesse et la température de millions de particules d'air, quelle que soit leur vitesse. L'image représente un avion Harrier virtuel en vol stationnaire dans une soufflerie virtuelle. Sur cette image, l'ordinateur affiche un résultat parmi tant d'autres : la température de l'air.

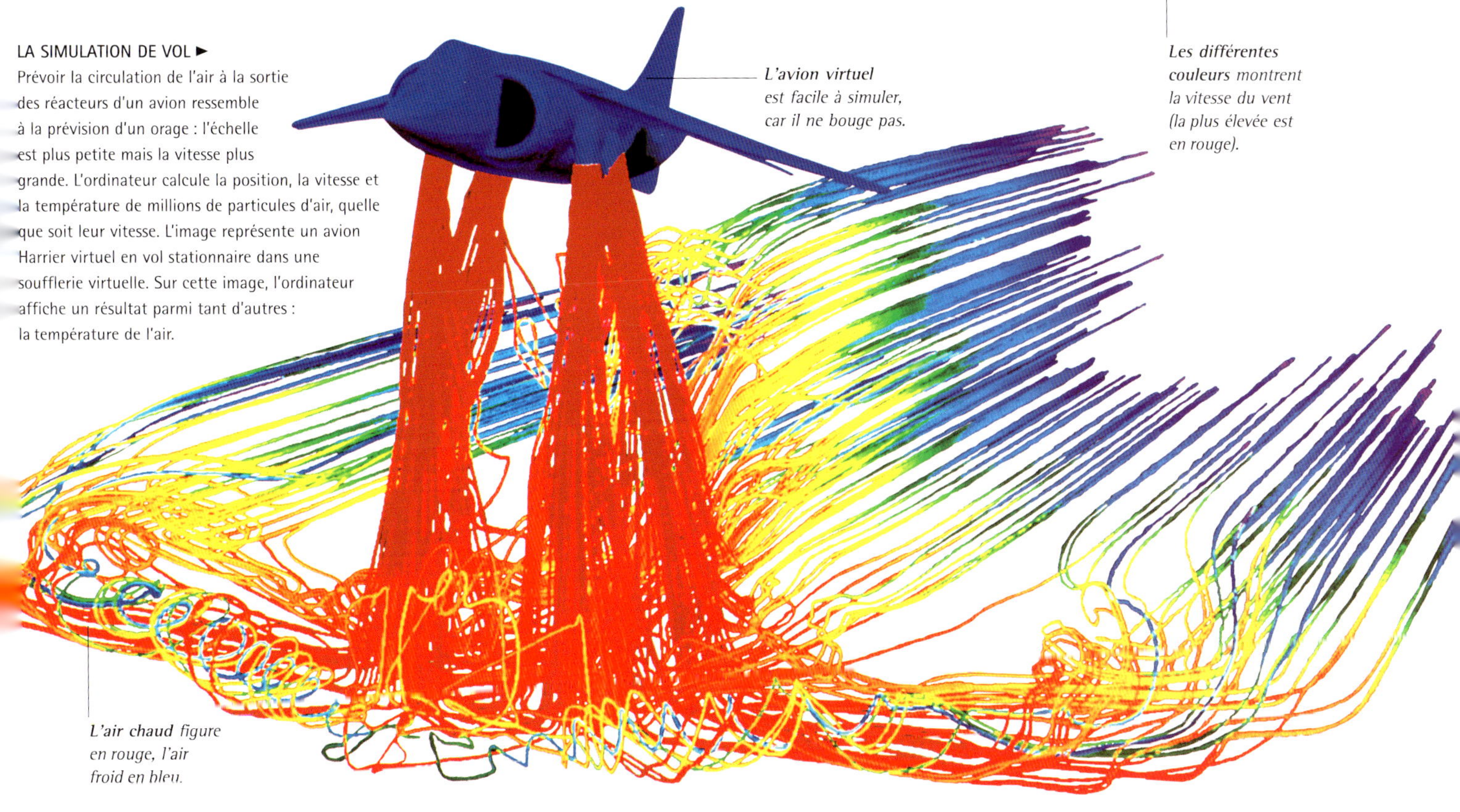

*L'avion virtuel* est facile à simuler, car il ne bouge pas.

*L'air chaud* figure en rouge, l'air froid en bleu.

# INTERNET

Internet est un réseau mondial d'ordinateurs. Il permet de faire des recherches dans les trois milliards de pages du WORLD WIDE WEB, ou d'échanger des messages par le COURRIEL. À la différence des autres réseaux, Internet n'est sous le contrôle de personne. Il résulte simplement d'un ensemble de normes et de règles définissant la façon dont les ordinateurs reliés échangent de l'information.

*Chaque paquet* porte une étiquette avec l'adresse de l'ordinateur de destination.

*Les routeurs* lisent l'adresse et envoient les paquets selon le meilleur itinéraire disponible.

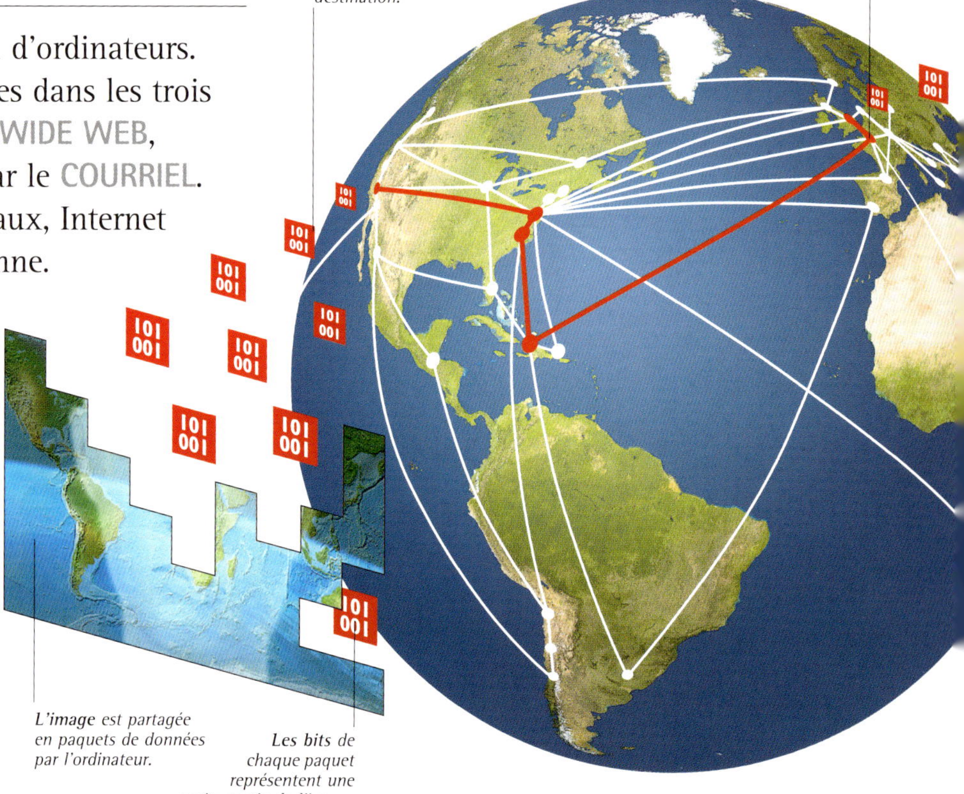


*L'image* est partagée en paquets de données par l'ordinateur.

*Les bits* de chaque paquet représentent une petite partie de l'image.

LA COMMUTATION DE PAQUETS ►
Les données circulent sur Internet sous forme de paquets. Chaque paquet emprunte le meilleur itinéraire disponible et contourne les encombrements et les liens brisés. Les ordinateurs liés à Internet traitent les données selon des procédures – ou protocoles – convenues. Les deux plus importantes sont le TCP (Protocole de commande de transfert) et l'IP (Protocole Internet).

◄ L'ACCÈS INTERNET
Lorsqu'on est en déplacement ou privé d'ordinateur, on peut avoir accès à Internet dans un cybercafé. Moyennant une somme modique, on y loue un ordinateur. Les points d'accès sans fil publics facilitent encore l'accès. Un ordinateur sans fil peut accéder à Internet grâce à une liaison radio dans le café ou tout endroit public aménagé. On accède également à Internet grâce à un téléphone portable.

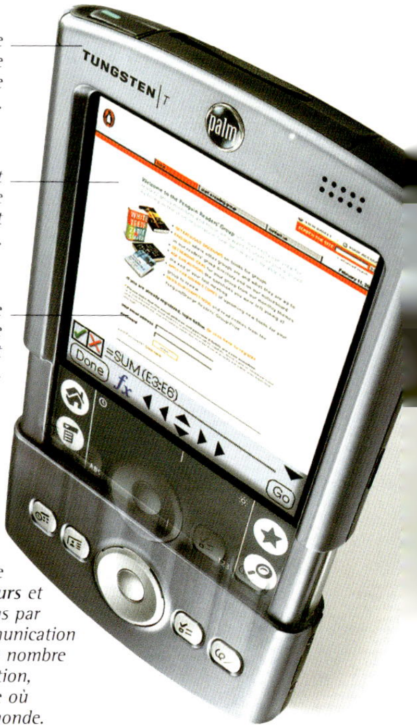


*L'ordinateur* de poche est à peine plus grand que la main.

*Son écran* permet l'affichage d'une page Internet simple.

*La page du site* marchand affiche des articles et des prix.

LE COMMERCE SUR INTERNET ▲
Avec un ordinateur de poche, on peut effectuer des achats sur Internet n'importe où dans le monde. Seuls inconvénients, il est impossible de toucher et d'examiner ce que l'on achète, et retourner un article qui ne convient pas après réception engendre quelques soucis

LA CONNEXION À INTERNET ►
Un ordinateur ne se branche pas directement à Internet. En général, il passe par les fils téléphoniques d'un fournisseur d'accès à Internet (FAI). L'ordinateur du client se branche alors à un des ordinateurs du FAI, qui possède sur le réseau une adresse unique. Tout ce que le client souhaite voir est envoyé d'abord à cette adresse puis à son ordinateur.

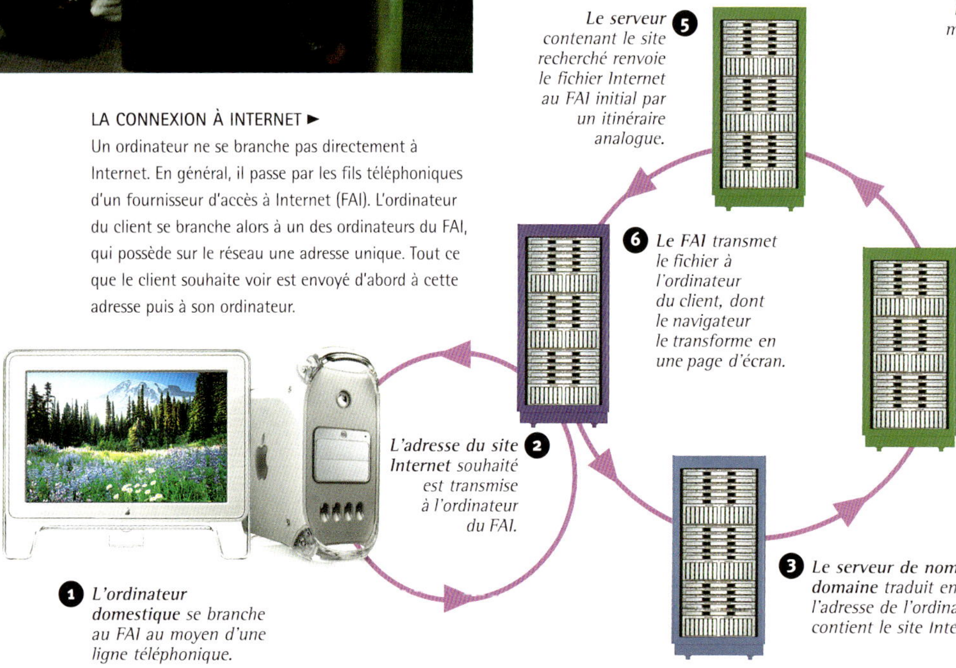

1 *L'ordinateur domestique* se branche au FAI au moyen d'une ligne téléphonique.

2 *L'adresse du site Internet* souhaité est transmise à l'ordinateur du FAI.

3 *Le serveur de nom de domaine* traduit en chiffres l'adresse de l'ordinateur qui contient le site Internet.

4 *Une série de routeurs* et de liaisons par télécommunication envoie ce nombre à destination, n'importe où dans le monde.

5 *Le serveur* contenant le site recherché renvoie le fichier Internet au FAI initial par un itinéraire analogue.

6 *Le FAI* transmet le fichier à l'ordinateur du client, dont le navigateur le transforme en une page d'écran.

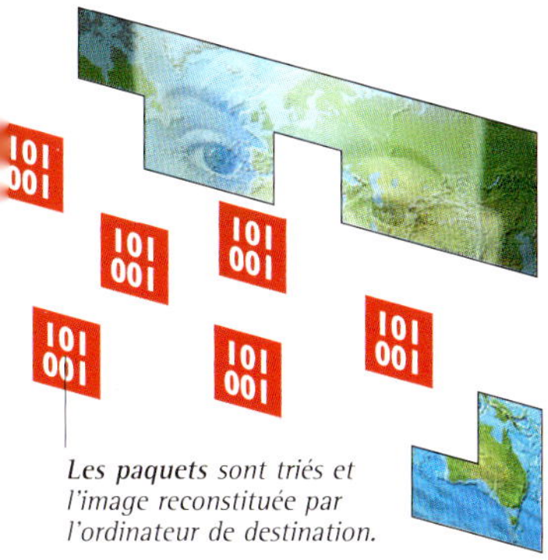

*Les paquets sont triés et l'image reconstituée par l'ordinateur de destination.*

**L'HISTOIRE D'INTERNET**

| | |
|---|---|
| 1963 | Création d'Arpanet pour relier les ordinateurs des chercheurs américains |
| 1970 | Début de la commutation de paquets |
| 1978 | Création de TCP/IP pour les échanges de données et la communication |
| 1983 | Le TCP/IP devient obligatoire : création d'Internet |
| 1990 | Création du protocole World Wide Web |

# LE COURRIEL

Le courrier électronique – ou courriel – est un véritable service postal électronique. Inventé en 1971, il fonctionne sur n'importe quel réseau informatique mais, aujourd'hui, il est surtout utilisé sur Internet. Un message émis par une personne est livré à une autre grâce à un programme qui écrit et lit les courriels sur ordinateur. Entre-temps, il a été traité par un ou plusieurs agents de transfert du courrier. Ces agents sont des ordinateurs qui transmettent le courriel jusqu'à ce que celui-ci atteigne son destinataire. Un courriel n'est pas confidentiel car il traverse de nombreux ordinateurs avant d'arriver à destination.

**L'ADRESSE ÉLECTRONIQUE**

La partie de l'adresse courriel située après le @ est le nom du domaine : elle indique aux agents de transfert de courrier où il faut envoyer le courriel. La partie située à droite du point (« com » pour une entreprise) est le domaine de plus haut niveau. À gauche du point se trouve le nom de la société. Le nom de domaine complet identifie un serveur courriel particulier. Le nom à gauche du @ identifie l'utilisateur d'une boîte particulière sur ce serveur.

*Le @ indique le début du nom de domaine.*

documentaires@gallimard-jeunesse.fr

***Nom d'utilisateur** choisi par l'intéressé, au moment d'ouvrir sa boîte aux lettres sur le serveur*

***Nom de domaine** utilisé par l'opérateur du serveur de courriel*

# LE WORLD WIDE WEB (INTERNET)

Le World Wide Web (en français Réseau mondial) est un recueil de milliards de fichiers hébergés par un nombre énorme d'ordinateurs, tous connectés à Internet. Ces fichiers contiennent des mots, des images, des sons. Ils sont liés entre eux par hypertexte, une façon d'indexer un élément en sorte qu'il renvoie à un autre fichier, n'importe où dans le monde.

TIM BERNERS-LEE
Britannique, 1955-
MARC ANDREESSEN
Américain, 1971-

*Le World Wide Web doit son existence au chercheur britannique Tim Berners-Lee, du laboratoire de recherche du CERN en Suisse. Souhaitant simplifier la consultation de documents éparpillés sur Internet, il créa un logiciel d'hypertexte pour les relier entre eux. Le résultat fut le World Wide Web, dont l'usage public commença en 1991. Marc Andreessen créa le premier navigateur Internet d'usage simple en 1993.*

*L'adresse web donne le site, le chier et la façon le traiter celui-ci (par exemple HTML).*

*La page est créée par le navigateur à partir du fichier HTML.*

*La barre de titre montre le titre de la page.*

*Le logo du navigateur s'anime tant que la page est en cours de chargement.*

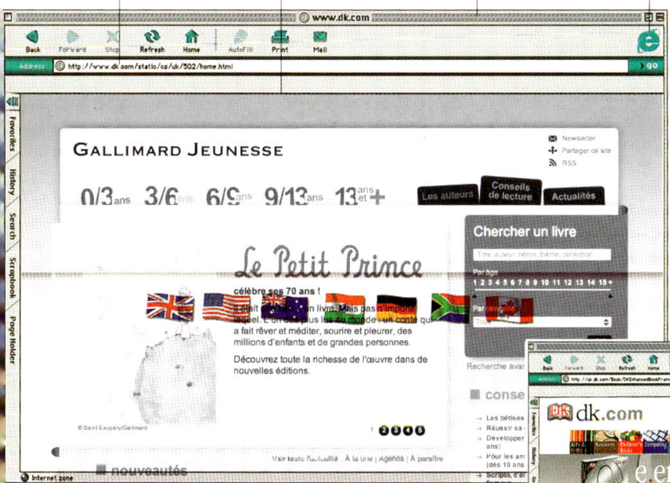


**L'ADRESSE WWW**

L'adresse web – dite URL – indique au navigateur où trouver un fichier et comment le traiter. Une barre oblique indique le début du nom du fichier. « http » indique que l'information doit être traitée comme de l'hypertexte.

http://www.gallimard-jeunesse.fr/index.php

*Le nom du protocole indique comment le fichier doit être traité.*

*Le nom du domaine indique le nom du site Internet et du serveur.*

*Le chemin d'accès (après la première barre oblique) indique le fichier demandé.*

*L'extension indique le type de fichier (ici : php).*

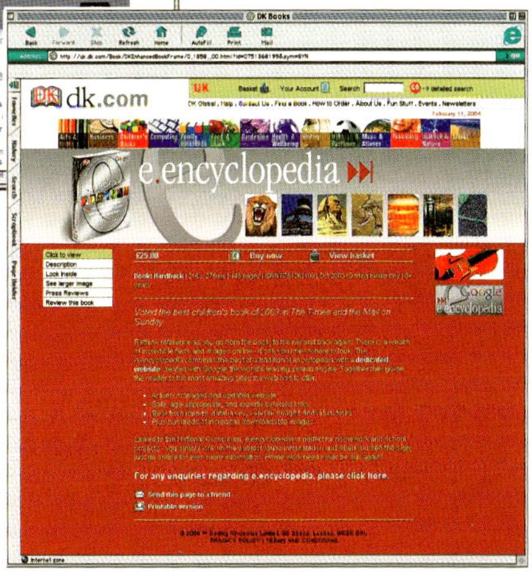


**NAVIGATION ET RECHERCHE ▲**

Les sites Internet comme le site ci-dessus sont écrits dans un langage informatique appelé langage de description des documents (HTML). Un programme d'ordinateur que l'on appelle un navigateur traduit le HTML en page affichable à l'écran. Pour voir une page Internet, on tape son adresse sur la ligne prévue de l'écran. Si l'on s'intéresse à un sujet particulier, on fait appel à un moteur de recherche. Les moteurs de recherche entretiennent en permanence une liste indexée de chaque mot contenu dans des milliards de documents. Ils fournissent une liste des pages susceptibles de convenir, et on clique sur la page que l'on désire consulter.

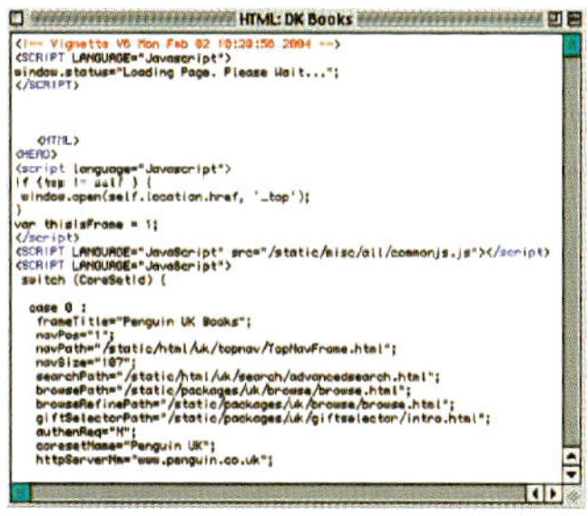


**▲ LE CODE INTERNET HTML**

Les lignes de code ci-dessus indiquent la mise en page de l'écran de gauche en langage HTML. Une partie du code indique si un mot ou une phrase constitue un lien avec un autre document. En cliquant sur ce lien, on arrive directement sur la page en question.

# LA ROBOTIQUE

Les robots sont des machines chargées d'accomplir des tâches difficiles ou répétitives. Les ROBOTS ANDROÏDES ressemblent à des personnes et se déplacent pour effectuer divers travaux de manière autonome. Néanmoins, certains ont besoin d'un opérateur pour les piloter, d'autres sont spécialisés dans l'exécution d'une tâche unique. Certains sont incapables de bouger. La robotique continue à se développer.

**▲ L'ŒIL SOUS-MARIN**
Les robots conviennent à l'exploration des océans. Ils n'ont pas besoin d'air et supportent des pressions qui écraseraient un plongeur. Certains sont de petits sous-marins capables de recueillir des informations tout seuls. D'autres, comme le Hyball télécommandé ci-dessus, sont reliés à un bateau et pilotés par un opérateur. Ils sont parfaits pour inspecter les stations de forage pétrolières en mer.

**LE ROBOT DOMESTIQUE ►**
Certains robots peuvent fonctionner chez des particuliers : ils tondent les pelouses, passent l'aspirateur. Le ER2 réagit à la voix ; il sait appeler la police ou des parents s'il analyse que quelque chose d'anormal se passe dans la maison.

*Ce robot est construit avec les pièces d'un jeu de construction.*

*Les touches permettent de choisir différents programmes de jeu.*

*La balle émet des signaux infrarouges permettant au robot de la localiser.*

*La roue arrière tourne pour changer de direction.*

*Le percuteur projette la balle.*

**▲ LE ROBOT FOOTBALLEUR**
En 2050, les robots battront peut-être les champions du monde de football. C'est le but de Robocup, projet international destiné à développer des robots capables de jouer au foot. Il reste du chemin à faire. Le robot ci-dessus, construit avec un jeu de construction, peut s'emparer du ballon et tirer au but si celui-ci n'est défendu que par un seul adversaire.

*Le bras pivote, monte, descend et change même de longueur grâce à un organe télescopique.*

*Les tuyaux d'air comprimé alimentent les moteurs de chaque articulation.*

*Le poste de soudure a besoin d'un courant important, fourni par un gros câble électrique.*

*L'électrode fait fondre le métal pour souder les pièces.*

**LE ROBOT INDUSTRIEL ►**
Il existe environ un million de robots dans les usines du monde entier. La plupart consistent en un bras articulé commandé par ordinateur, et fixé au sol. Les robots industriels soudent les carrosseries d'automobiles et emballent des articles. Ces machines doivent être précisément réglées et mises en place pour accomplir leur tâche répétitive.

# LE ROBOT ANDROÏDE

Les robots qui ressemblent à des hommes sont dits androïdes. Ils sont plus complexes à fabriquer que les bras articulés ou les machines sur roues car il leur faut garder l'équilibre et marcher sur deux jambes. Il leur faut également des sens développés, et un encombrement compatible avec l'environnement humain. Les ingénieurs ne manquent pas de travail dans ce domaine.

*L'ordinateur* transmet à la main des signaux pour régler la force des doigts.

*Chaque doigt est* commandé par son propre moteur électrique.

*La main est* articulée comme une main humaine.

*Les capteurs placés* au bout des doigts sentent quand la pression est suffisante.

◄ **LA MAIN DU ROBOT**
Chaque doigt de cette main de robot a trois articulations, et un moteur électrique indépendant. Le bout des doigts est sensible, pour régler la force appliquée. Ainsi, cette main ne broie pas les objets fragiles, et ne laisse pas tomber les objets lourds. Les recherches sur les mains artificielles permettent de mieux comprendre le fonctionnement des mains vivantes, et d'aider les accidentés privés de leurs mains.

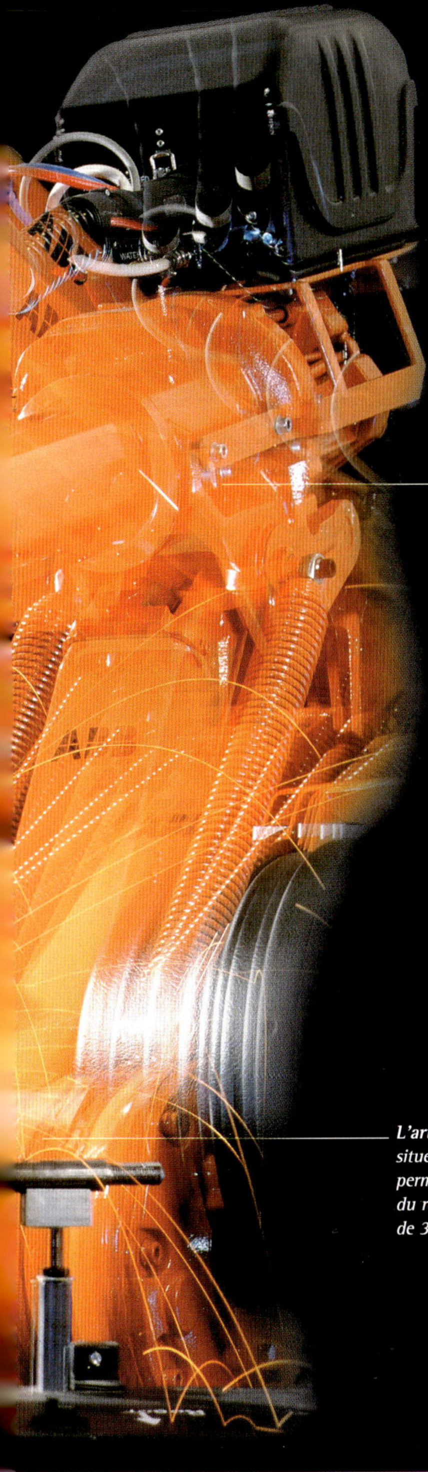

*L'articulation du* « coude » permet au robot de lever et de baisser son « bras ».

*L'articulation* située à la base permet à l'ensemble du robot de pivoter de 360 degrés.

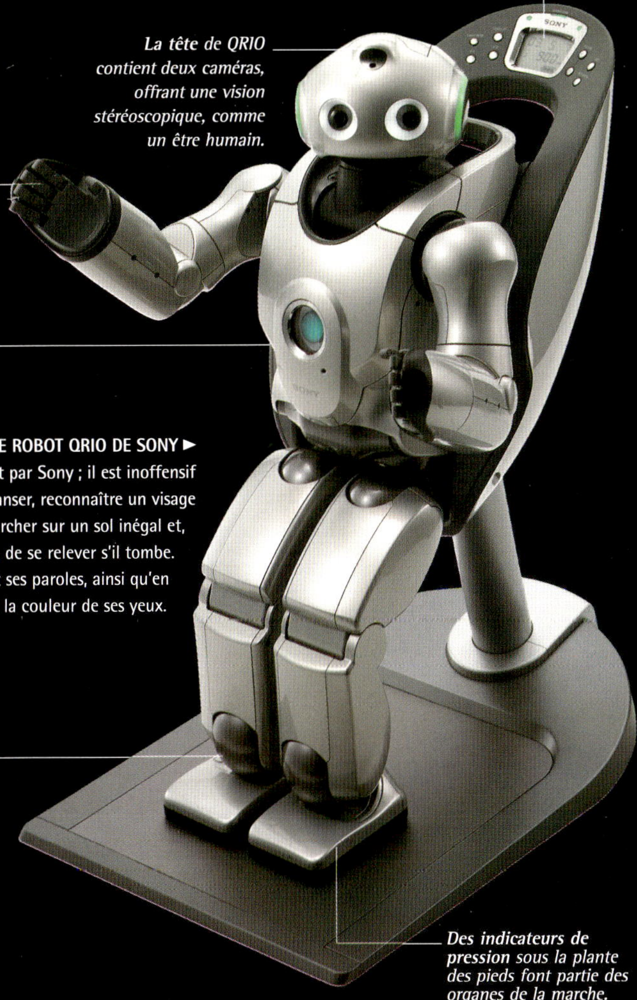

*QRIO peut fonctionner* une heure sans venir recharger ses batteries sur son chargeur personnel.

*La tête de QRIO* contient deux caméras, offrant une vision stéréoscopique, comme un être humain.

*L'ordinateur central* de QRIO commande les mouvements des membres et des articulations.

*Les éléments du robot* sont en alliage de magnésium de haute résistance.

**LE ROBOT QRIO DE SONY** ►
QRIO est un robot expérimental construit par Sony ; il est inoffensif et intelligent et peut rendre service, danser, reconnaître un visage et parler. QRIO est capable de marcher sur un sol inégal et, à la différence de beaucoup d'androïdes, de se relever s'il tombe. Il exprime son humeur par ses gestes et ses paroles, ainsi qu'en changeant la couleur de ses yeux.

*Grâce à son corps* articulé et à son ordinateur intégré, QRIO parvient à marcher de façon stable.

*Des indicateurs de pression* sous la plante des pieds font partie des organes de la marche.

POUR EN SAVOIR PLUS ⏭ L'intelligence artificielle 156 • L'informatique 148 • Les machines 88

# L'INTELLIGENCE ARTIFICIELLE

L'intelligence artificielle donne aux machines la capacité de résoudre un problème – tel que la reconnaissance d'un visage – même quand la logique n'y parvient pas, faute d'informations suffisantes. Les problèmes plus complexes, comme la conduite automobile, sont encore hors de portée des robots. En effet l'intelligence ne demande pas que de la logique. Les chercheurs essaient de donner aux machines des sentiments.

▲ LE CHIEN ROBOT
Le chien robot Aibo a été lancé par Sony en 1999. Grâce à un logiciel perfectionné, il a des capacités qui imitent la nature : Aibo « dort », « explore », « fait de l'exercice » et « joue ». Il exprime la joie, la tristesse, la colère, la surprise et la peur avec des lumières, des sons et des gestes. Il identifie son propriétaire et vient quand on l'appelle sauf si ses batteries sont à plat !

CYNTHIA BREAZEAL

*Américaine, 1969-*

*La créatrice de Kismet - qui fut mis au point au laboratoire d'intelligence artificielle du Massachusetts Institute of Technology - a un diplôme d'électricité et de génie informatique de l'université de Californie. Elle dirige à présent le groupe de Vie robotique du laboratoire des médias. Elle désire créer des robots pour assister des êtres humains dans leur travail de bureau.*

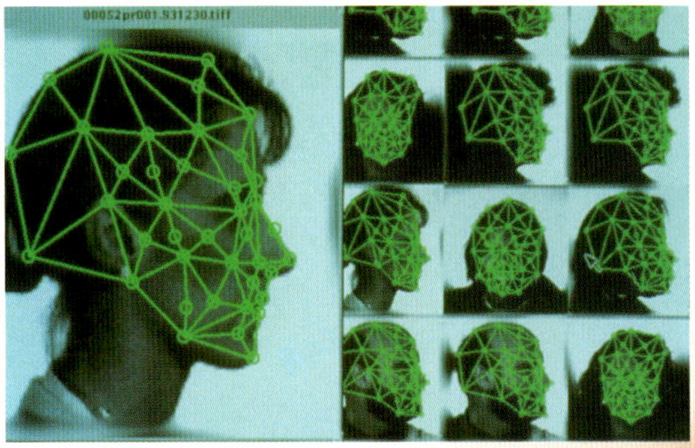

▲ UN PROGRAMME DE RECONNAISSANCE DES VISAGES
Ce programme est fondé sur la mesure des principaux traits du visage, par exemple la prunelle des yeux et le bout du nez. Les distances et les angles qui les séparent sont propres à chaque visage. En mesurant suffisamment de traits, le programme parvient à identifier un visage connu, même quand l'image est médiocre ou que la personne est déguisée.

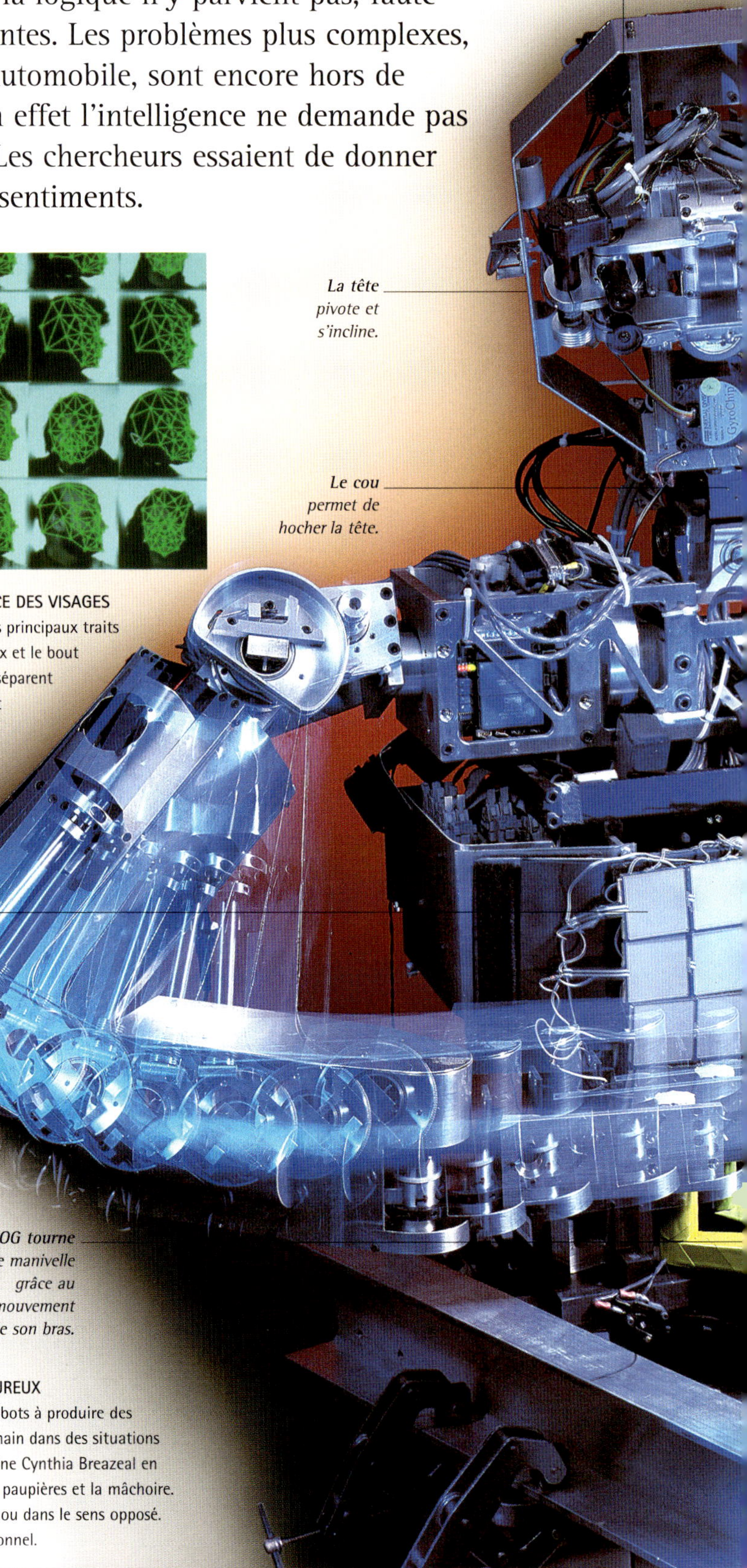


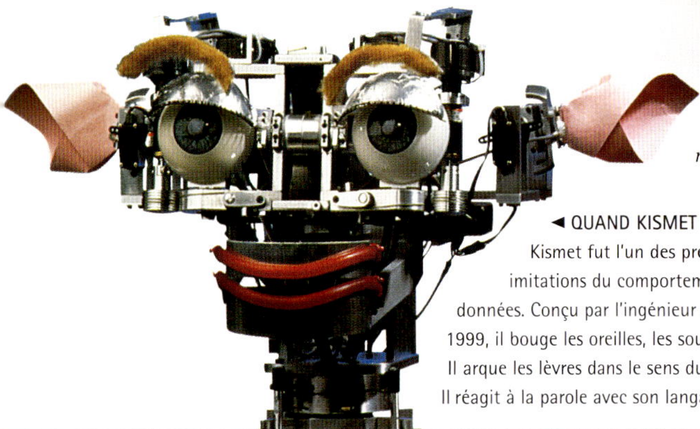

◄ QUAND KISMET EST HEUREUX
Kismet fut l'un des premiers robots à produire des imitations du comportement humain dans des situations données. Conçu par l'ingénieur américaine Cynthia Breazeal en 1999, il bouge les oreilles, les sourcils, les paupières et la mâchoire. Il arque les lèvres dans le sens du sourire ou dans le sens opposé. Il réagit à la parole avec son langage personnel.

POUR EN SAVOIR PLUS ►► L'informatique 148 • La robotique 154

# INTRODUCTION AUX NANOTECHNOLOGIES

Elles permettent de fabriquer des objets incroyablement petits, tels des moteurs et des roues microscopiques. Certaines méthodes proviennent de la technique de fabrication des microprocesseurs : on imprime des dessins à la surface du silicium, puis on le grave. Les nanotechnologies annoncent le jour où des machines trop petites pour être vues à l'œil nu feront partie de notre vie courante.

▼ IL S'APPELLE COG

COG est un robot sans jambes qui apprend à bouger en manipulant des objets. Il tient son intelligence de plusieurs logiciels qui coopèrent comme différentes parties du cerveau. Rodney Brooks est le directeur du laboratoire d'intelligence artificielle du Massachusetts Institute of Technology, aux États-Unis. Il a démarré le projet COG en 1994 pour voir comment l'intelligence artificielle est affectée par l'expérience du réel.

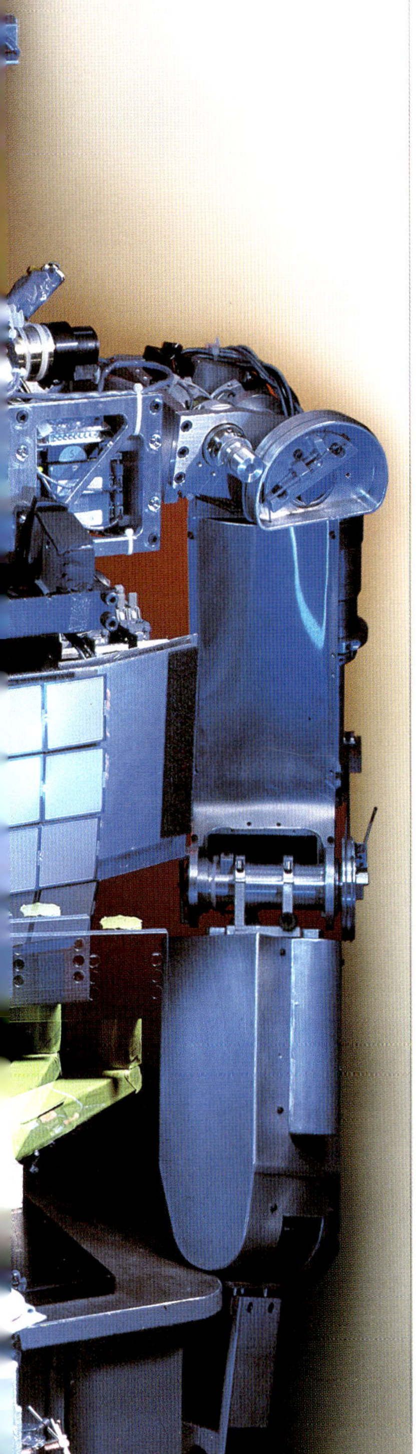

▲ LES MICROENGRENAGES

Ces engrenages ont été fabriqués en gravant le silicium comme pour faire un circuit intégré. Soixante engrenages de cette taille tiennent sur la tête d'une épingle. Comme ils ont été sculptés en partant de la surface, ils ont des trous triangulaires noirs là où les dents qui sont dessous ont été découpées.

LE MOTEUR MINIATURE ►

Dans quelques années, les micromoteurs en silicium comme celui-ci remplaceront peut-être les batteries des ordinateurs portables. Un combustible brûlant à l'intérieur d'une minuscule chambre de combustion fait tourner un rotor central qui entraîne un alternateur. Le réservoir de carburant de ce moteur ne pèse pas plus qu'une batterie ordinaire, mais alimente l'ordinateur dix fois plus longtemps.

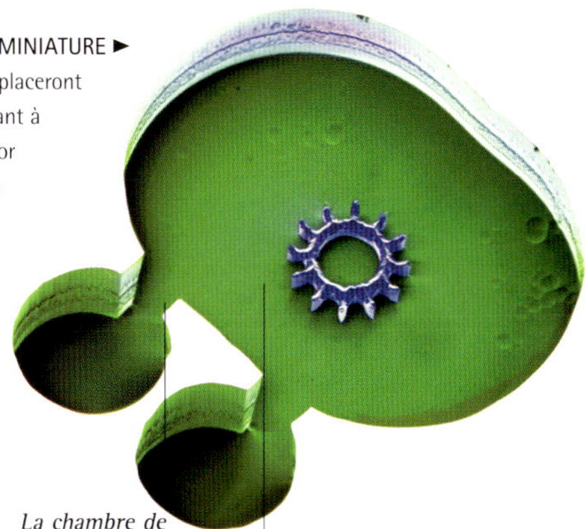

*La **chambre de combustion** où brûle le mélange de carburant et d'air.*

*Le **rotor** tourne à grande vitesse, mû par le jet brûlant de gaz de combustion.*

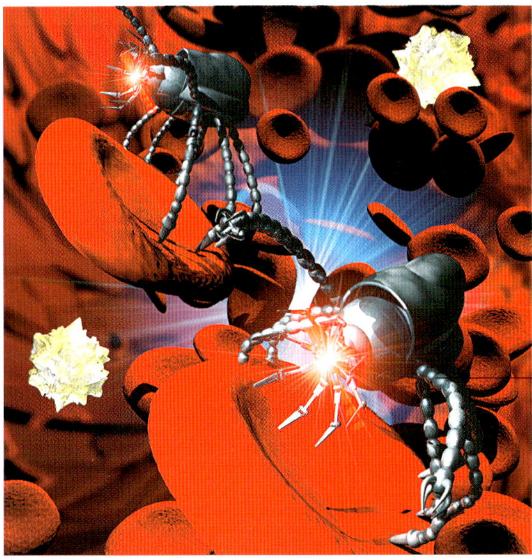

*Un **microrobot** imaginaire attaque un globule rouge du sang.*

▲ LA NANOMÉDECINE

Les chercheurs travaillent déjà sur des objets qui sont des milliers de fois plus petits que les micromoteurs. Pour les fabriquer, ils utilisent les atomes. Un jour, ils parviendront peut-être à construire des robots de la taille d'une cellule comme le globule rouge. Ci-dessus, deux microrobots imaginaires nettoient le sang d'un patient.

LA NANOTECHNOLOGIE DU CARBONE ►

Les atomes de carbone peuvent former des molécules en forme de tubes ou en forme de boules, les Buckmunster fullérènes, abrégés en Buckyballs. Ce tube contient des boules qui roulent à l'intérieur. Les nanotubes en carbone peuvent être conducteurs ou isolants et dix fois plus solides que l'acier. Les plus gros nanotubes n'ont qu'un millimètre de long environ, mais ils conviennent à merveille à la construction de micromachines électriques.

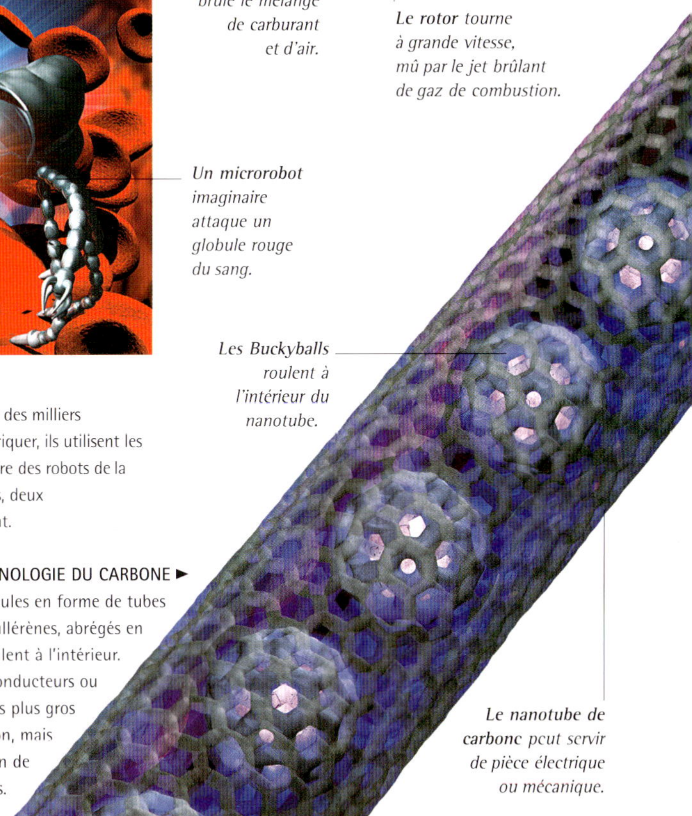

*Les **Buckyballs** roulent à l'intérieur du nanotube.*

*Le **nanotube de carbone** peut servir de pièce électrique ou mécanique.*

POUR EN SAVOIR PLUS ⏭ Les atomes 24 • L'alternateur 137 • La recherche médicale 376 • Les molécules 28

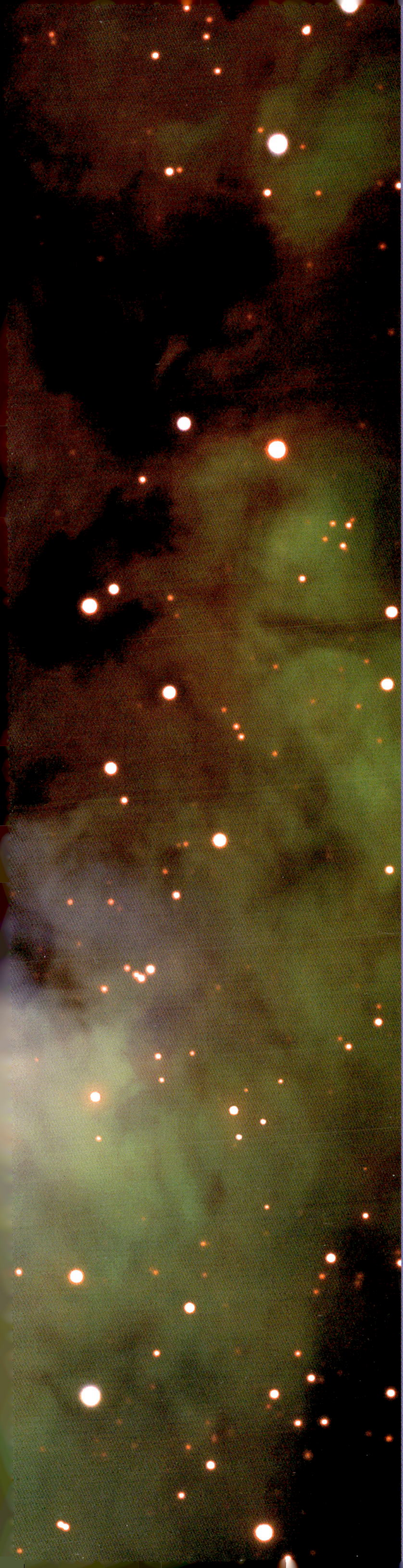

# L'ESPACE

# L'UNIVERS

L'Univers, c'est l'ensemble des étoiles, des planètes, des galaxies et tout ce qu'il y a entre elles. D'après les scientifiques, l'Univers – ou cosmos – comprend 4 % de matière ordinaire, 23 % de matière noire et 73 % d'énergie sombre. On ne sait pratiquement rien de l'énergie sombre : c'est le nom donné à une force opposée à la gravité qui semble accélérer l'expansion de l'Univers. Les forces telles que la gravité ou les lois de la physique et de la chimie déterminent la matière, et la façon dont elle se comporte.

▲ LA MATIÈRE DANS L'UNIVERS
Quand on regarde le ciel, on y voit de la matière sous forme d'étoiles, de planètes et de nébuleuses, ces nuages de gaz et de poussière qui émettent de la lumière. Cela, c'est la matière visible. Mais selon les astronomes, plus de 90 % de l'Univers est constitué d'une matière invisible qu'ils ont appelée la matière noire.

▼ NOTRE PLACE DANS L'UNIVERS
La Terre où nous vivons nous semble grande, et surtout importante. Mais, à l'échelle de l'Univers, ce n'est qu'un caillou insignifiant. Jouons aux poupées russes ; la Terre est une petite planète du système solaire : elle fait partie d'une famille de corps célestes en orbite autour du Soleil. Le Soleil n'est qu'une étoile parmi les milliards qui composent notre galaxie. Et des galaxies, il y en a des milliards dans l'Univers : celui-ci est plus grand qu'on ne peut l'imaginer.

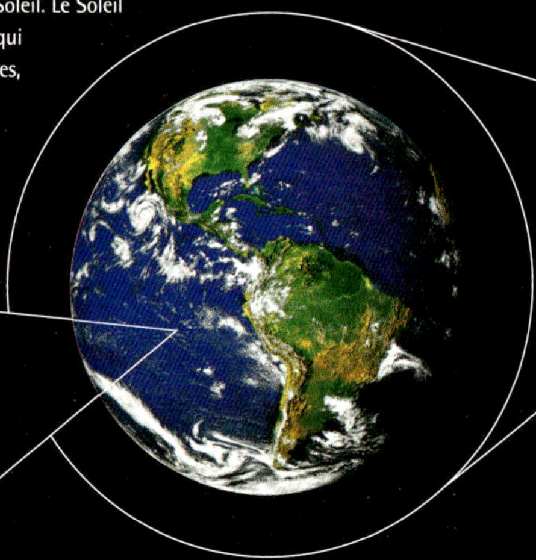

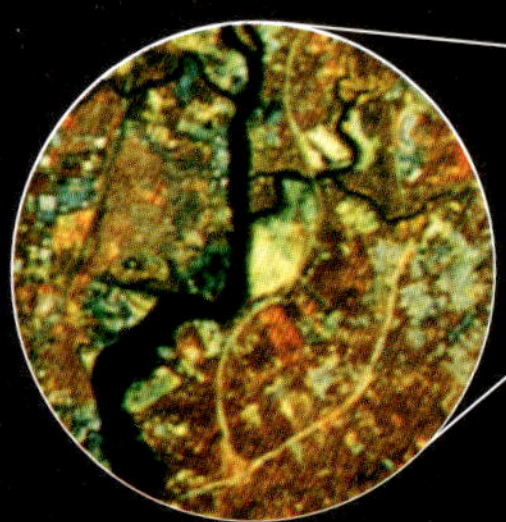

▲ LE SYSTÈME SOLAIRE
Neuf planètes et un certain nombre d'objets plus petits tournent autour d Soleil et constituent notre système solaire. Dans l'Univers, les distances sor si grandes qu'on les mesure en années-lumière – la distance que la lumière parcourt en un an, c'est-à-dire 10 millions de millions de km. Le système solaire mesure à peu près une année-lumière de diamètre.

▲ DES VILLES ENCOMBRÉES
Depuis un siècle, les villes ont grandi ; elles hébergent la moitié environ des six milliards d'hommes vivant sur Terre. Les villes les plus grandes s'étendent sur des dizaines de kilomètres.

▲ NOTRE PLANÈTE
La Terre est belle vue de l'espace, elle est surtout bleue à cause des océans qui couvrent les deux tiers de sa superficie. Les nuages de l'atmosphère apparaissent sous forme de volutes blanches. Les continents semblent vert et marron. La Terre mesure 12 756 km de diamètre à l'Équateur.

**L'UNIVERS EN EXPANSION ►**
L'Univers contient des dizaines de milliards de galaxies comme la nôtre. Les galaxies sont groupées en amas, lesquels sont eux-mêmes groupés en superamas. L'Univers se compose de ces superamas - tous reliés entre eux - et du vide qui les sépare. Les astronomes estiment que la quasi-totalité des galaxies s'éloignent de nous – et les unes des autres – à très grande vitesse. Plus elles sont loin, plus elles s'éloignent vite. Cela signifie que l'Univers est en expansion. Selon les astronomes, tout a commencé avec une explosion qu'ils appellent le Big Bang : cela remonte à 13,7 milliards d'années, depuis le cosmos ne cesse de s'étendre.

**NOTRE GALAXIE**
e Soleil est l'une des 200 milliards d'étoiles qui constituent notre galaxie. e Soleil se trouve dans un des bras en spirale de la galaxie, à quelque 25 000 nnées-lumière du centre. La galaxie mesure environ 100 000 années-lumière e diamètre, mais elle n'est épaisse que de 2 000 années-lumière.

**▲ LES FORCES UNIVERSELLES**
Les lunes Io et Europe sont ici visibles devant Jupiter. Elles sont maintenues sur leur trajectoire par la puissante attraction gravitationnelle de Jupiter. La gravité est la force dominante de l'Univers, c'est elle qui tient ensemble des systèmes tels que les galaxies. La gravité est une des quatre forces fondamentales, et la seule qui agit à grande distance. L'électromagnétisme est la force qui agit entre les objets possédant une charge électrique. Quant à la force forte et à la force faible, elles se limitent au noyau des atomes.

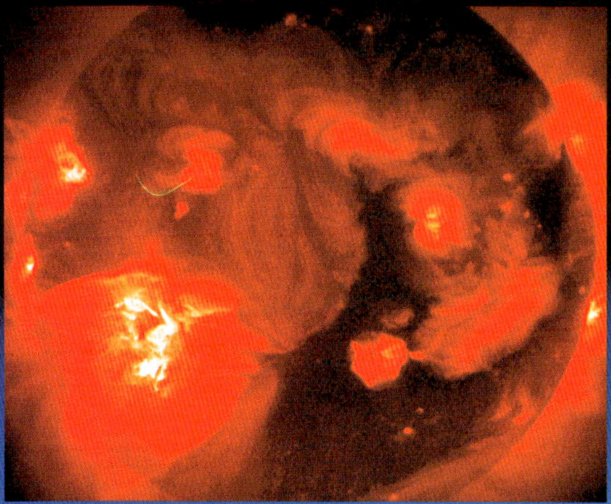

**▲ L'ÉNERGIE ET LA RADIATION**
Sur cette photo du Soleil prise aux rayons X, on constate que son atmosphère – en rouge – est plus chaude que sa surface – en noir. Les étoiles comme notre Soleil diffusent de l'énergie dans le cosmos grâce à différents types de rayons ou de radiations. L'ensemble de ces rayons s'appelle le spectre électromagnétique. Celui-ci comporte les rayons lumineux que nous voyons et les infrarouges dont nous sentons la chaleur ; il comprend aussi les rayons gamma, X et ultraviolets, et les ondes radio, que nous détectons au moyen d'instruments spécialisés.

**LÀ OÙ L'ESPACE COMMENCE**
a Terre est enveloppée d'une ouche d'air, l'atmosphère. À une titude d'environ 300 km, il n'y plus d'air. Les spationautes n orbite dans les vaisseaux atiaux jouissent d'une vue ectaculaire sur cette limite : s voient la frontière un peu oue où le bleu de l'atmosphère errestre cède progressivement place au noir total de espace vide.

POUR EN SAVOIR PLUS ⏭ L'atmosphère 234 • Le Big Bang 162 • L'onde 98 • Les forces 64 • La gravité 72

# LE BIG BANG

D’après les astronomes, l’Univers a commencé à exister il y a 13,7 milliards d’années environ lors d’une explosion, le Big Bang. En un instant furent créés l’espace et les éléments constituants de la matière, et le temps commença. Depuis, l’Univers est en expansion. Au fil des milliards d’années, la matière s’est constituée en grandes structures complexes qui continuent d’évoluer.

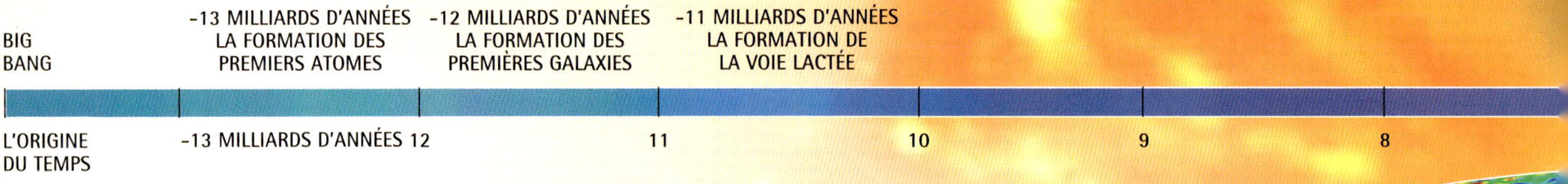


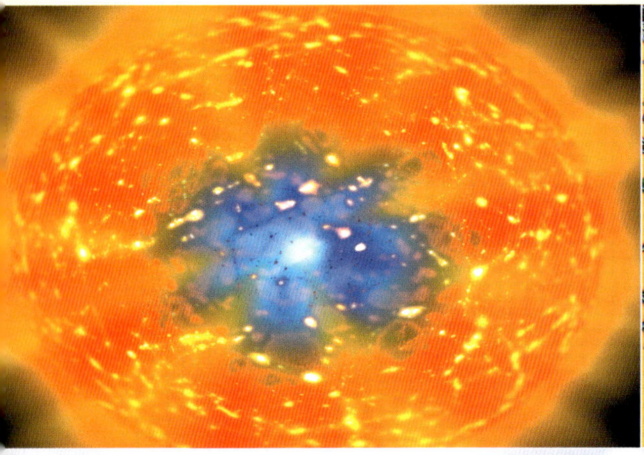

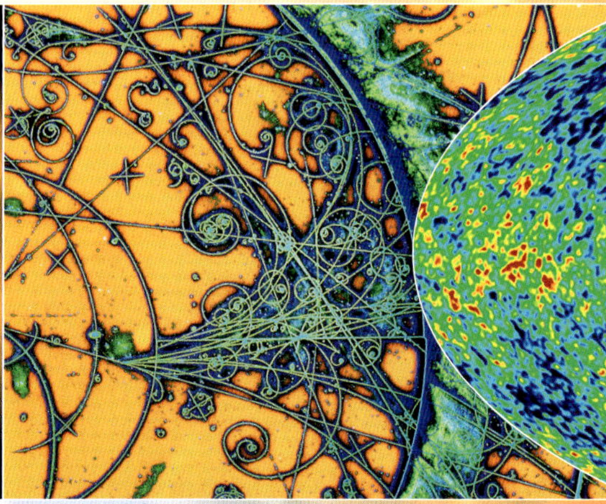

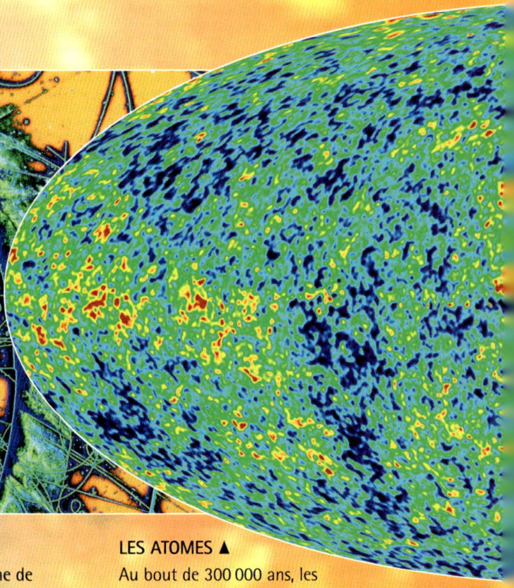

▲ L’INSTANT DE L’EXPLOSION
Le Big Bang a créé un Univers d’une chaleur inouïe, de la taille d’une fraction d’atome. Il a immédiatement commencé à se refroidir et à grandir. Pendant un bref instant, il s’est dilaté à une cadence effrayante, selon un processus appelé l’expansion. En moins d’une milliseconde fut créée la première matière mais, pendant des milliers d’années, l’Univers fut essentiellement composé de radiations.

▲ LES TROIS PREMIÈRES MINUTES
Au début, la matière créée n’exista que sous la forme de particules les plus élémentaires de la matière, les quarks. Les chercheurs tentent de reconstituer ce qui s’est passé en démolissant des particules dans un accélérateur de particules, et en observant leurs traces. Ces particules se sont combinées pour former des protons et des neutrons, lesquels se sont ensuite réunis pour constituer des noyaux d’atomes.

LES ATOMES ▲
Au bout de 300 000 ans, les noyaux se sont mis à capturer des électrons et à form les premiers atomes. La carte ci-dessus montre des on radio de très haute fréquence émises par le cosmos a bout de 380 000 ans. Les parties rouges et jaunes son un peu plus chaudes que les bleues et les vertes, et prouvent que la matière s’agglutinait.

## LE DÉCALAGE VERS LE ROUGE

En analysant le spectre lumineux provenant des étoiles et des galaxies, les astronomes calculent la vitesse et le sens de leur déplacement par rapport à la Terre. Si un objet s’éloigne, sa lumière se décale vers des longueurs d’onde plus longues : c’est le décalage vers le rouge. L’Univers est en expansion car la quasi-totalité des galaxies sont décalées vers le rouge.

LES GALAXIES PROCHES ET LOINTAINES ►
Les deux galaxies ci-contre semblent proches dans l’espace alors qu’elles sont très éloignées. En étudiant leur décalage vers le rouge, on s’aperçoit que la plus éloignée va beaucoup plus vite que l’autre.

formé qu'il y a environ 4,6 milliards d'années ; les premiers êtres vivants – composés d'une seule cellule – sont apparus sur Terre un milliard d'années plus tard. C'est seulement il y a 600 millions d'années environ que l'explosion de la vie a eu lieu, à l'époque dite précambrienne de l'histoire de la Terre. Les premiers dinosaures sont apparus il y a 230 millions d'années, et les premiers ancêtres de l'homme il y a 4 millions d'années à peine.

-4,6 MILLIARDS D'ANNÉES
LA FORMATION DU SYSTÈME SOLAIRE

-3,8 MILLIARDS D'ANNÉES
L'APPARITION DE LA VIE SUR TERRE

-230 MILLIONS D'ANNÉES :
L'APPARITION DES PREMIERS DINOSAURES

6 — 5 — 4 — 3 — 2 — 1 — LE TEMPS PRÉSENT

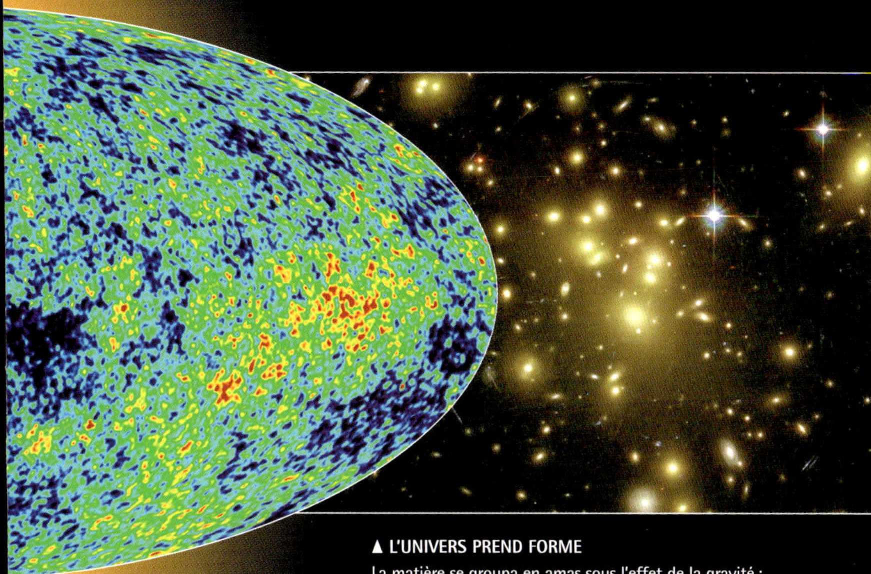

▲ L'UNIVERS PREND FORME
La matière se groupa en amas sous l'effet de la gravité : ce fut la naissance des premières étoiles et galaxies. La photo ci-dessus, prise par le télescope spatial Hubble, montre des galaxies à 2,2 milliards d'années-lumière de la Terre, et d'autres encore plus lointaines. La masse de cet amas – en comptant sa MATIÈRE NOIRE invisible – sert de lentille gravitationnelle : elle grossit l'image des galaxies les plus lointaines.

▲ L'UNIVERS ÉVOLUE
La composition de l'Univers continue de changer. Les deux galaxies ci-dessus sont en collision, elles rejettent des gerbes d'étoiles. L'Univers est toujours en expansion. Grâce au DÉCALAGE VERS LE ROUGE, les astronomes savent que la quasi-totalité des galaxies s'éloignent les unes des autres de plus en plus vite. Ce ne sont pas les galaxies qui grossissent, car elles sont tenues ensemble par la gravité ; ce sont les espaces immenses qui les séparent.

## LA MATIÈRE NOIRE

L'Univers est fait de matière et d'énergie. Étoiles et galaxies sont les formes de matière que nous sommes capables de voir. Mais il y a également d'autres formes de matière invisibles pour nous, la matière noire. Nous savons qu'elle existe car nous mesurons les effets de sa gravité. D'après les astronomes, la matière noire pourrait constituer 90 % de l'Univers.

◄ UNE ATTRACTION INVISIBLE
Le télescope spatial Hubble a pris la photo ci-contre d'un amas de galaxies qui apparaissent en rouge, les régions occupées par la matière noire sont en bleu. Quand on superpose les deux images, on s'aperçoit que la matière noire existe là où les galaxies s'agglutinent. L'amas ne se disperse pas grâce à la gravité de la matière noire.

POUR EN SAVOIR PLUS ⏭ Les atomes 24 • La gravité 72 • La lumière 110 • La matière 10 • L'Univers 160

# LES GALAXIES

Les étoiles ne sont pas placées de manière homogène dans l'Univers. Elles sont groupées au sein de grands ensembles, les galaxies. Les étoiles que nous voyons dans le ciel appartiennent à notre galaxie, c'est la VOIE LACTÉE. Certaines galaxies ne contiennent que quelques millions d'étoiles mais beaucoup en contiennent des centaines de milliards. Selon leur forme, les galaxies sont classées en trois groupes : les elliptiques – de forme ovale – les spirales et les irrégulières.

◄ LA GALAXIE SPIRALE ESO 510-G13
Une galaxie spirale a la forme d'un disque, avec un bulbe central. Ce disque est constitué de bras qui s'enroulent autour du bulbe. Les étoiles du centre sont relativement vieilles. La plupart des formations d'étoiles ont lieu dans les bras en spirale, qui sont pleins de gaz et de poussière. Dans la vue de profil ci-contre, on observe une galaxie aux bras légèrement spiralés, dont les amas de poussière sombres sont nettement visibles.

EDWIN HUBBLE
*Américain, 1889-1953*
*L'astronome Edwin Hubble travaillait à l'observatoire du Mont Wilson, en Californie ; en 1923, il découvrit qu'il existe d'autres galaxies que la nôtre. C'est Hubble qui a classé les galaxies en spirales, elliptiques et irrégulières. Cette classification a eu un succès tel qu'elle est toujours en vigueur aujourd'hui.*

◄ LES BRAS EN SPIRALE
Cette galaxie spirale vue à plat a des bras parfaitement reconnaissables et bien séparés. Elle s'appelle M100, c'est une des plus belles galaxies connues. Elle appartient à la classe Sc : S comme spirale et c pour ses bras bien écartés. Les galaxies Sa et Sb ont des bras plus serrés. Certaines galaxies dites spirales barrées (SB) ont des bras dont les spirales sortent d'une barre d'étoiles rectiligne.

**UN AMAS DE GALAXIES ►**
L'amas de la Vierge contient plus de 2 000 galaxies. Quelques-unes seulement sont visibles ici. Les galaxies s'agglomèrent en amas à cause de la gravité de leurs galaxies et de leur matière noire invisible. Au sein des amas, les galaxies se déplacent. Les plus petites tournent en orbite autour des plus grandes. Parfois, elles fusionnent. Par endroits, les amas de galaxies se concentrent en superamas.

▲ UNE GALAXIE IRRÉGULIÈRE
Le Grand Nuage de Magellan est une des galaxies les plus proches de la nôtre. C'est un bel exemple de galaxie irrégulière, c'est-à-dire de structure mal définie. Elle se trouve à 160 000 années-lumière de nous et mesure à peine un tiers de la largeur de notre galaxie.

▲ UNE GALAXIE ELLIPTIQUE
La galaxie M87, située dans l'amas de la Vierge, est un exemple de galaxie elliptique. Ces galaxies, de forme ronde ou ovale, n'ont pas de bras. Certaines des galaxies les plus larges sont elliptiques. On estime le diamètre de M87 à 500 000 années-lumière.

▲ UNE GALAXIE ACTIVE
La galaxie de Seyfert est vue de face à partir de la Terre ; elle fait partie des galaxies qui ont un centre très lumineux. On la classe parmi les galaxies actives car elles dégagent une énergie exceptionnelle. Parmi les actives, on trouve des galaxies radio, des quasars et des blazars.

# LA VOIE LACTÉE

Notre galaxie s'appelle la Voie lactée, ou simplement la Galaxie. Elle mesure une centaine d'années-lumière de diamètre. Notre étoile, le Soleil, n'est qu'une des 200 milliards d'étoiles de notre galaxie ; il est situé dans un des bras en spirale. La traînée d'étoiles de faible lumière qui barre le ciel nocturne est la Voie lactée : cette bande n'est qu'une section de notre galaxie.

LA VOIE LACTÉE ►
Pendant les nuits sans lune, on distingue la faible lumière de la Voie lactée dans le ciel. La galaxie nous apparaît sur sa tranche car elle a la forme d'un disque aplati ; de l'endroit où nous nous trouvons – sur un bras en spirale – ce disque est vu de profil. Avec des jumelles ou un télescope, les étoiles de la Voie lactée semblent très proches les unes des autres. Les zones sombres sont des nuages de poussière qui arrêtent la lumière provenant des étoiles plus lointaines.

▲ NOTRE VOISINE ANDROMÈDE
Notre galaxie fait partie d'un petit amas de galaxies que l'on appelle le Groupe Local. On l'estime à une trentaine de galaxies, dont la plus grande est Andromède. C'est une colossale galaxie spirale, dont la largeur égale la moitié de la Voie lactée ; elle contient 400 milliards d'étoiles environ. Elle a beau être à 2,5 millions d'années-lumière, elle est visible à l'œil nu. Andromède possède deux galaxies satellites, qui sont toutes les deux de petites galaxies elliptiques tournant en orbite autour d'elle dans son voyage à travers le cosmos.

POUR EN SAVOIR PLUS ⏭ Les étoiles 166 • Le Soleil 170

# LES ÉTOILES

Comme notre Soleil, les étoiles sont d'énormes boules de gaz extrêmement chauds. Elles produisent des quantités colossales d'énergie, irradiée sous forme de chaleur et de lumière. Elles forment dans le ciel des dessins que l'on appelle les **CONSTELLATIONS**. Toutes les étoiles sont si loin de la Terre et les unes des autres qu'on mesure leur distance en années-lumière. La lumière de notre voisine la plus proche, Proxima du Centaure, met plus de quatre ans pour nous parvenir : elle est donc à 4 années-lumière.

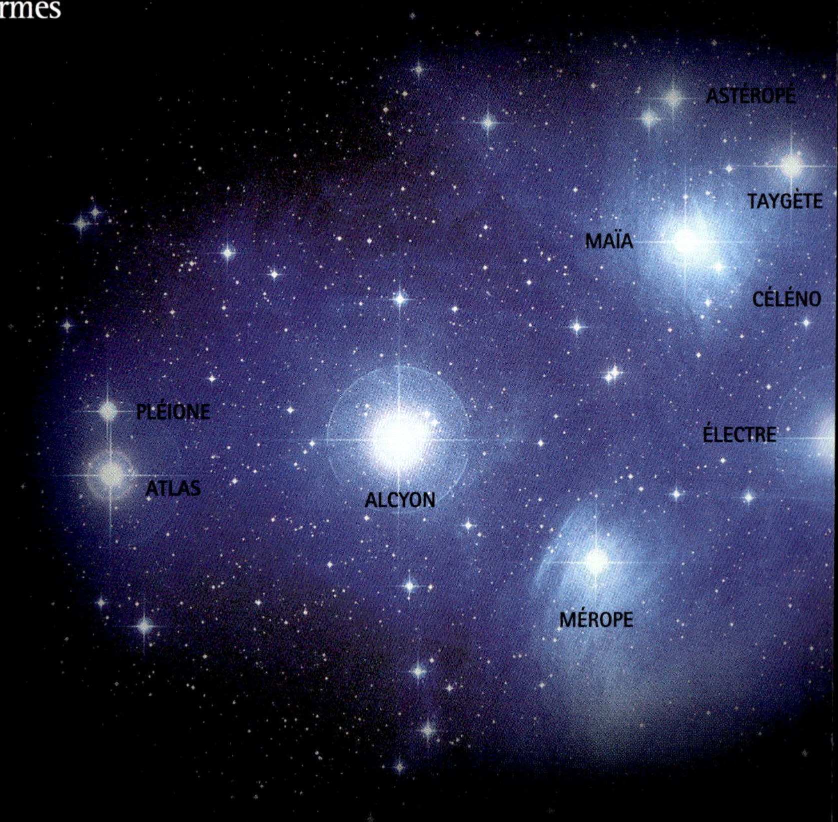


**▼ LA TAILLE DES ÉTOILES**
Les étoiles sont de tailles très différentes. Notre Soleil est une des plus petites, une naine jaune. Les géantes rouges ont un diamètre trente fois plus important, ou davantage. Les supergéantes sont des centaines de fois plus grosses. En revanche, le Soleil est cent fois plus gros que les minuscules étoiles très denses que l'on appelle les naines blanches.

**▲ LES NEUF SŒURS**
Cet amas d'étoiles très brillantes est celui des Pléiades. Comme toutes les étoiles, elles émettent de la lumière et de la chaleur, mais c'est leur cœur qui produit de l'énergie. Là se déroulent des réactions nucléaires pendant lesquelles des noyaux d'atomes d'hydrogène fusionnent pour faire des noyaux d'hélium. Ce processus de fusion nucléaire produit des quantités colossales d'énergie.

## LA DISTANCE DES ÉTOILES

Si l'on tend un doigt devant soi et qu'on le regarde successivement en fermant un œil puis l'autre, le doigt semble se déplacer par rapport aux objets à l'arrière-plan. C'est l'effet de parallaxe, dû à l'écart qui existe entre les deux yeux. De même, parce que la Terre tourne autour du Soleil, notre champ visuel des étoiles change. Les étoiles les plus proches se déplacent par rapport aux plus lointaines. Les astronomes mesurent le déplacement d'une étoile lors des différentes saisons de l'année et calculent sa distance.

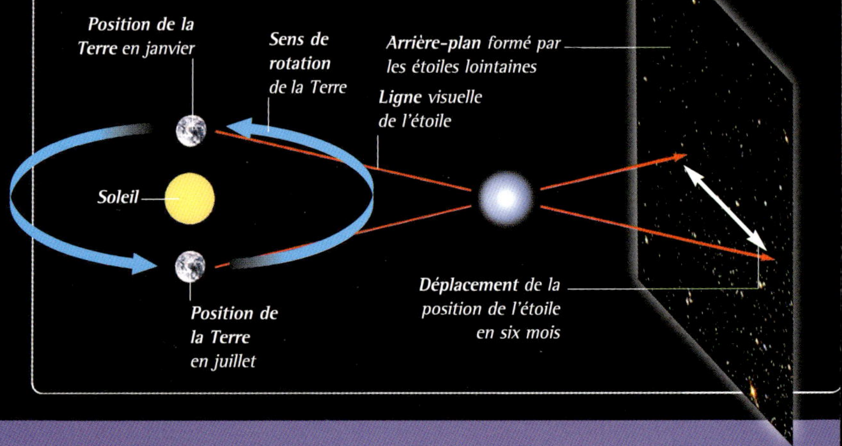

# LA CONSTELLATION

Beaucoup d'étoiles forment des dessins faciles à identifier. Nombre de ces dessins, les constellations, portent le nom d'animaux réels ou mythologiques. Les astronomes ont défini 88 constellations et divisé le ciel en régions autour d'elles. Les étoiles d'une constellation semblent proches les unes des autres : elles peuvent être distantes de centaines d'années-lumière mais, vues de la Terre, elles semblent groupées car elles sont toutes dans la même direction.

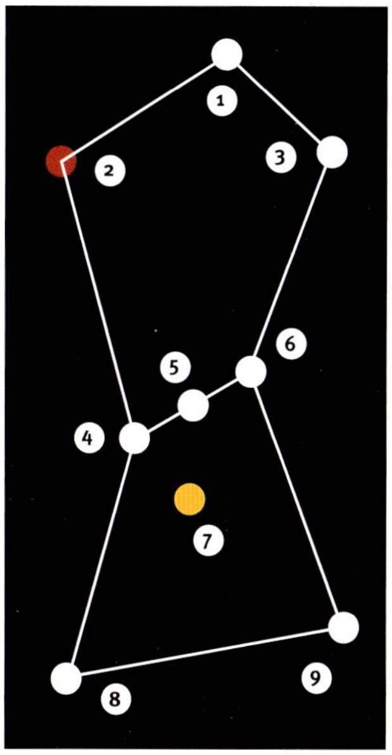


DES DESSINS D'ÉTOILES ►
Voici le dessin central de la constellation d'Orion. Les numéros correspondent à ceux de la photographie ci-dessous. Sur les cartes du ciel utilisées par les observateurs, les étoiles les plus brillantes d'une constellation sont souvent reliées par des traits imaginaires pour constituer une forme reconnaissable, même si celle-ci ne rappelle pas toujours le personnage que leur nom évoque.

▲ ORION DANS LE CIEL
La constellation d'Orion est l'une des plus faciles à reconnaître : c'est un vaste rectangle à cheval sur l'équateur céleste, barré par les trois étoiles caractéristiques du fameux baudrier ; on la voit donc aussi bien de l'hémisphère Nord que de l'hémisphère Sud. Dans le nord on la voit mieux l'hiver et dans le sud l'été. Ses deux étoiles les plus brillantes sont Bételgeuse et Rigel.

▼ UN GRAND CHASSEUR
La constellation d'Orion porte le nom d'un chasseur de la mythologie grecque. Pour les astronomes de l'Antiquité, le dessin de ses étoiles les plus brillantes rappelait un chasseur brandissant une massue. Les trois étoiles du milieu constituent le Baudrier d'Orion. La nébuleuse d'Orion fait partie de l'épée qui pend à ce baudrier.

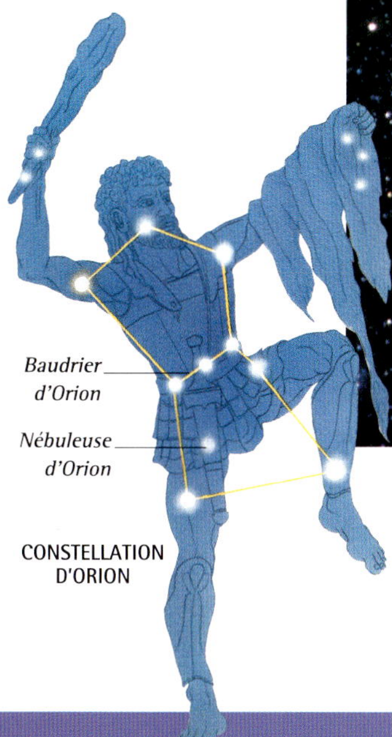


CONSTELLATION D'ORION

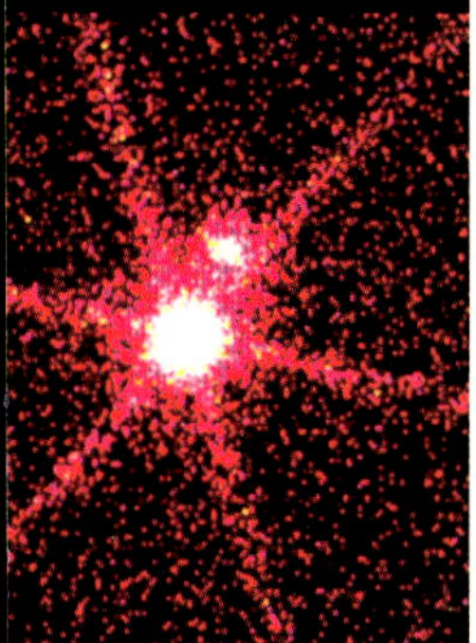

▲ UNE ÉTOILE DOUBLE
Bien que le Soleil effectue son voyage dans l'espace en solitaire, la plupart des étoiles ont une ou plusieurs compagnes. Sirius, l'étoile la plus brillante, est un bon exemple d'étoile double. irius A est la plus lumineuse mais, sur cette photo prise aux rayons X, c'est sa compagne Sirius B qui semble briller davantage car 'est elle qui émet le plus de rayons X. Sirius B est une naine blanche, petite mais terriblement chaude.

POUR EN SAVOIR PLUS ⏭ Les atomes 24 • Les nébuleuses 168 • L'énergie nucléaire 85

# LES NÉBULEUSES

L'espace interstellaire entre les étoiles n'est pas entièrement vide ; on y rencontre des nuages de gaz et de poussière, les nébuleuses. Elles sont visibles quand elles émettent de la lumière, ou reflètent celle des étoiles voisines. Parfois elles sont invisibles, mais on peut les détecter car elles arrêtent la lumière des étoiles situées derrière elles. Les nébuleuses noires sont des nuages moléculaires énormes, qui sont des étoiles en formation.

**DES NUAGES DANS LES ÉTOILES ►**
On voit ci-contre de grands nuages de gaz et de poussière – des nébuleuses – au milieu des étoiles de la constellation du Sagittaire. Il existe trois types de nébuleuses : les nébuleuses d'émission, rouges ou roses, sont constituées surtout d'hydrogène qui émet de la lumière rouge grâce à l'apport d'énergie des étoiles voisines ; les nébuleuses de réflexion reflètent en bleu la lumière des étoiles proches ; et les nébuleuses noires, régions obscures dont la poussière arrête la lumière des étoiles lointaines.

## LE CYCLE DE VIE DES ÉTOILES

Les étoiles naissent dans de sombres nuages moléculaires où la matière s'agglutine, puis s'effondre sous le poids de sa propre gravité. Dans ces amas se forment des masses plus denses, les noyaux. Au centre du noyau, la matière se comprime et chauffe. Quand elle émet de la chaleur et de la lumière, c'est une protoétoile. Quand la température atteint 10 millions °C, les réactions de fusion nucléaire commencent et l'étoile se met à briller. Elle brille ainsi pendant des millions ou des milliards d'années, puis commence à mourir. Selon sa masse, l'étoile devient une géante rouge ou une supergéante.

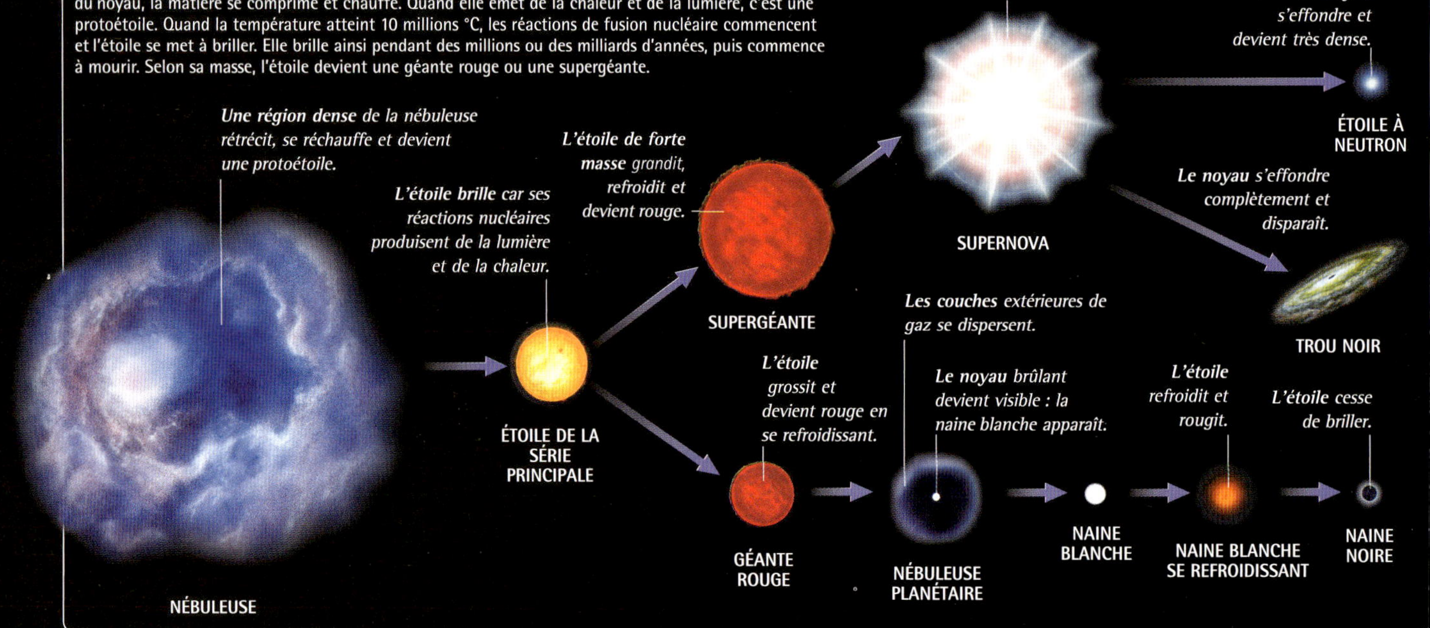


POUR EN SAVOIR PLUS ⏭ Les trous noirs 169 • L'énergie nucléaire 85 • Les étoiles 166 • Les supernovae 169

# LES SUPERNOVAE

CHARLES MESSIER

*Français, 1730-1817*

*Astronome appelé « le furet des comètes » par Louis XV, il passa sa vie à observer les étoiles et à rechercher de nouvelles comètes. Il en observera 43 et la découverte de 16 d'entre elles lui est officiellement accordée. Il est surtout célèbre pour son catalogue de 103 nébulosités galactiques ou extra-galactiques (1781) numérotées de M1 à M103 et qui est toujours utilisé.*

Les très grosses étoiles disparaissent dans une explosion appelée supernova. Il ne reste alors que le noyau effondré. Si celui-ci est dense, il devient une étoile à neutron qui tourne en projetant des rayons d'énergie. Si ces rayons atteignent la Terre, on les perçoit comme des impulsions : il s'agit d'un pulsar. Une supernova survient également si la naine blanche d'une étoile double explose, quand la matière de l'autre étoile s'écrase sur elle.

**LA NÉBULEUSE DU CRABE ▲**

Ce nuage lumineux est formé par les restes d'une supernova, dont l'explosion fut observée par les astronomes chinois en 1054. L'explosion projeta dans l'espace un énorme nuage de gaz. Les astronomes appellent ce nuage un SNR (reste de supernova). Le SNR du Crabe contient un pulsar qui émet 30 impulsions par seconde.

**LA SUPERNOVA 1987A ►**

Le 23 février 1987, une nouvelle étoile très brillante – visible à l'œil nu – fit son apparition dans le Grand Nuage de Magellan. Ce n'était pas une étoile nouvelle mais l'étoile Sanduleak –69°202 qui avait explosé en supernova.

**SANDULEAK –69°202 AVANT L'EXPLOSION**

**SUPERNOVA 1987A APRÈS L'EXPLOSION**

POUR EN SAVOIR PLUS ⏭ Les galaxies 164 • Les nébuleuses 168

# LES TROUS NOIRS

**LA SPAGHETTIFICATION**

Le malheureux passant à proximité d'un trou noir se fait aspirer par son énorme champ gravitationnel, qui avale aussi bien la matière que la lumière. Irrésistiblement attiré, il se sentirait davantage tiré par les pieds au point de s'étirer, de s'allonger et de disparaître sous la forme d'un spaghetti.

*Le spationaute a l'air plus rouge car la gravité affecte les ondes lumineuses.*

Quand les étoiles les plus grosses explosent en supernovae, leurs noyaux s'effondrent sur eux-mêmes sous l'effet de leur propre gravité, et ils deviennent des trous noirs. Leur gravité est si intense que même la lumière ne peut échapper à leur stupéfiante force d'attraction. On peut détecter les trous noirs car la matière qui tombe en spirale dans un trou noir émet des rayons X, que l'on observe avec des télescopes à rayons X.

**LE SUPER-TROU NOIR ►**

La source d'énergie colossale irradiée par les galaxies actives, tels les quasars, semble provenir des super-trous noirs. Ils ont une masse des millions de fois supérieure à celle du Soleil. La matière des nuages de gaz et des étoiles proches forme un disque d'accrétion, qui émet de la lumière et d'autres radiations, et projette également un jet central d'énergie.

POUR EN SAVOIR PLUS ⏭ Les galaxies 164 • La gravité 72 • Les nébuleuses 168

# LE SOLEIL

L'étoile qui règne sur notre région de l'espace s'appelle le Soleil. Il est escorté par une famille de planètes, de lunes et d'autres corps célestes qui forment le système solaire. Le Soleil est énorme : son diamètre est 100 fois celui de la Terre. C'est l'objet le plus lourd du système solaire : à lui seul, il pèse 750 fois plus que tous les autres réunis. Parfois, la Lune passe devant le Soleil en plein jour, ce qui provoque une ÉCLIPSE DE SOLEIL.

▲ DES MÉANDRES DANS L'ATMOSPHÈRE
Le Soleil est entouré de couches de gaz qui forment son atmosphère. La couche la plus externe de cette atmosphère s'appelle la couronne. Sous lumière ultraviolette, on observe de nombreuses volutes de gaz brûlant. Ces méandres de la couronne montent parfois jusqu'à 500 000 km d'altitude. La couche basse de l'atmosphère solaire est d'une couleur rosée ; c'est la chromosphère – la sphère de couleur.

*ATTENTION ! Il ne faut jamais regarder le Soleil en face, surtout avec un télescope ou des jumelles. Cela pourrait rendre aveugle.*

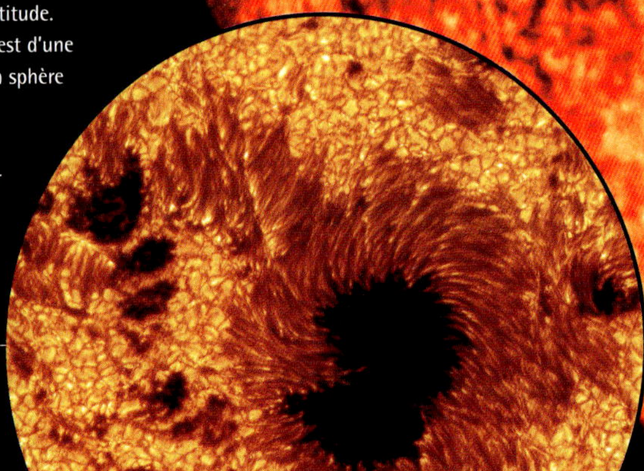

*Les granules sont des poches de gaz brûlant d'un millier de km de diamètre qui crèvent à la surface du Soleil.*

*La pénombre est la partie un peu plus claire.*

*L'ombre est la partie centrale, la plus sombre.*

LES TACHES SOLAIRES ►
De temps en temps, on observe à la surface du Soleil des taches plus sombres, dont la température est inférieure de 1 500 °C par rapport au reste de la surface. Leur taille varie de quelques milliers de km à plus de 100 000 km. Ces taches durent de quelques heures à plusieurs semaines. Leur nombre augmente puis diminue sur une période d'environ 11 ans, appelée le cycle de l'activité solaire.

UNE SURFACE TUMULTUEUSE ▲
La surface du Soleil est une masse gazeuse qui bouillonne en permanence, telle une mer en pleine tempête. Une des causes de cette effervescence, c'est l'intensité du champ magnétique, des milliers de fois plus fort que celui de la Terre. De près, la surface solaire apparaît couverte de petites taches, les granules ; on remarque des taches solaires plus sombres et des taches plus claires provoquées par des explosions, les éruptions solaires.

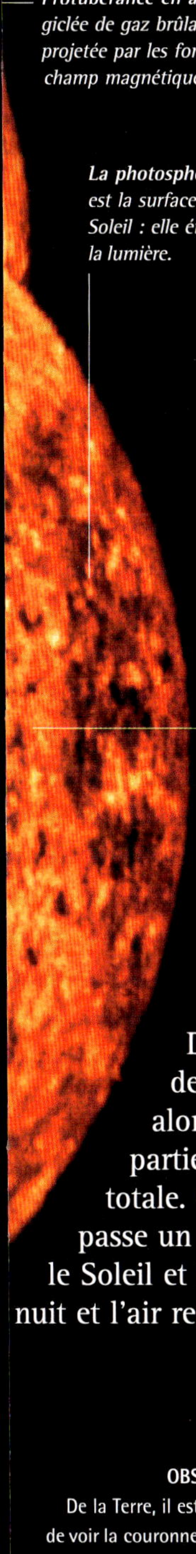


## L'INTÉRIEUR DU SOLEIL

## LE SOLEIL EN CHIFFRES

| | |
|---|---|
| Diamètre à l'équateur | 1 400 000 km |
| Distance de la Terre | 149 000 000 km |
| Masse (Terre=1) | 330 000 |
| Densité moyenne | 1,41 x la densité de l'eau |
| Période de rotation | 25,4 jours (à l'équateur) |
| Température de la surface | 5 500 °C |
| Température du noyau | 15 000 000 °C |
| Âge | 4,6 milliards d'années |

**▲ LES NEUTRINOS VENANT DU SOLEIL**
À Ontario, au Canada, les scientifiques de l'observatoire de Sudbury utilisent un réservoir profondément enterré pour détecter des particules que l'on appelle neutrinos. Celles-ci naissent au centre du Soleil et des autres étoiles ; en les étudiant, les astronomes peuvent en apprendre beaucoup sur le noyau des étoiles. Les neutrinos traversent la matière – la Terre par exemple ; on les observe sous terre pour être moins dérangé par les autres particules.

**DES ORAGES DANS L'ESPACE ►**
Le Soleil lance en permanence des flots de particules qui ont une charge électrique : c'est le vent solaire. Celui-ci est la cause de perturbations climatiques dans l'espace autour de la Terre. La figure ci-contre montre un énorme jet de particules, que l'on appelle éjection de masse coronale. Cela renforce le vent solaire et peut créer des orages magnétiques sur Terre qui perturbent les boussoles et affectent les télécommunications radio.

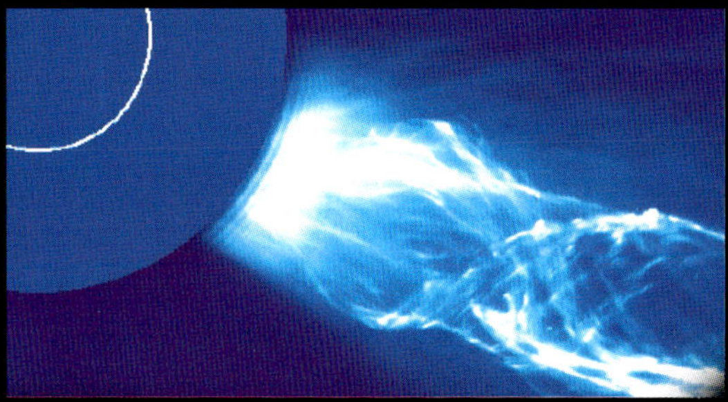

# L'ÉCLIPSE DE SOLEIL

Dans sa course autour de la Terre, il arrive à la Lune de passer exactement entre nous et le Soleil : il y a alors éclipse du Soleil. Si la Lune ne couvre qu'une partie du Soleil, l'éclipse est partielle. Sinon, elle est totale. C'est un événement rare car, le plus souvent, la Lune passe un peu au-dessus ou en-dessous du plan où se trouvent le Soleil et la Terre. Pendant une éclipse totale, le jour devient nuit et l'air refroidit. Sa durée maximale est de 7½ minutes.

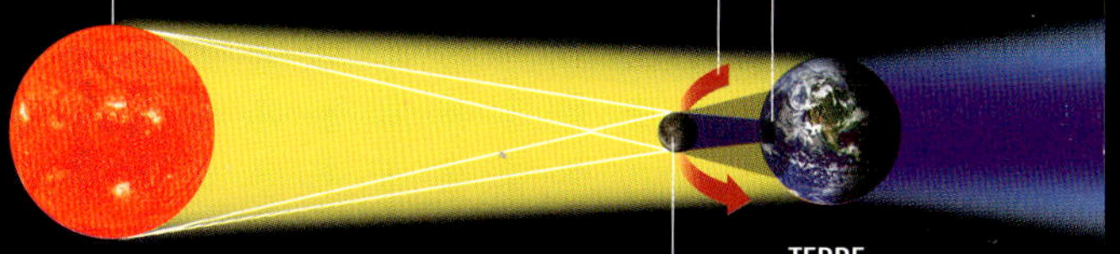


**OBSERVER LA COURONNE ►**
De la Terre, il est en principe impossible de voir la couronne, c'est-à-dire la haute atmosphère du Soleil, à cause de la vive lumière émise par la photosphère. Pendant une éclipse totale, la Lune arrête cette lumière et on peut voir l'atmosphère du Soleil. Celle-ci est un halo laiteux autour de la Lune, qui s'étend dans l'espace à des millions de km. Sa température est susceptible d'atteindre par endroits 3 millions °C.

**DANS L'OMBRE DE LA LUNE ▲**
Pendant une éclipse solaire, la Lune projette son ombre sur la Terre. L'éclipse est totale si l'observateur se trouve dans l'ombre directe de la Lune, c'est-à-dire dans la partie la plus sombre. Dans la pénombre en revanche, on ne voit qu'une éclipse partielle. Comme la Lune est en orbite autour de la Terre, l'ombre dessine sur la surface de la Terre un chemin que l'on appelle la bande de totalité et qui a une largeur maximum de 270 km.

POUR EN SAVOIR PLUS ►► Le Big Bang 162 • La structure de la Terre 206 • La Lune 177 • Les étoiles 166

# LE SYSTÈME SOLAIRE

Notre petit coin d'Univers est dominé par une étoile, le Soleil, dont la gravité garde prisonnière une nombreuse famille de corps célestes – **PLANÈTES**, **LUNES**, astéroïdes, comètes et autres corps plus petits – qui l'accompagnent dans sa course à travers l'espace. Cette famille, c'est le système solaire. Mais les effets du Soleil, c'est-à-dire sa chaleur, sa gravité, sa lumière et ses particules, s'étendent bien au-delà des planètes, sur environ un quart de la distance qui nous sépare de l'étoile la plus proche, Proxima du Centaure.

## LA NAISSANCE DU SYSTÈME SOLAIRE

Le système solaire a 5 milliards d'années environ. Il s'est formé à partir d'un énorme nuage de gaz et de poussière appelé la nébuleuse solaire. Ce nuage s'est effondré sur lui-même sous l'effet de sa gravité ; sa matière a formé le Soleil et un disque d'où sont issues les planètes.

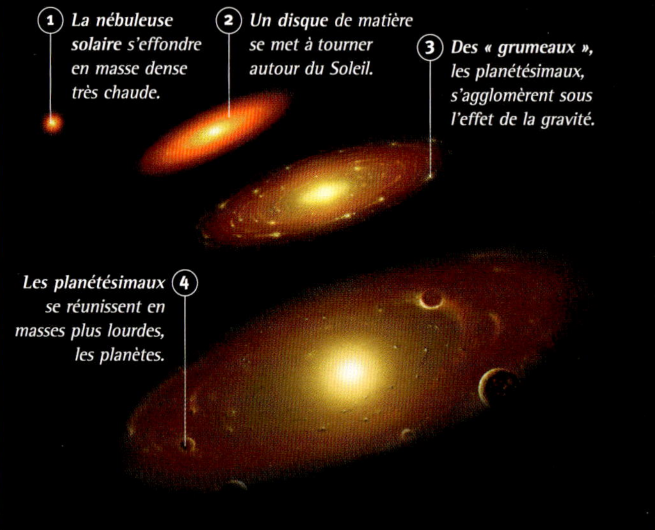


**▼ LES ORBITES DU SYSTÈME SOLAIRE**
Les planètes tournent dans l'espace autour du Soleil sur des trajectoires que l'on appelle leurs orbites. Celles-ci ne sont pas circulaires, mais elliptiques, c'est-à-dire ovales. Les orbites des planètes sont représentées ici à l'échelle réelle. Toutes les planètes tournent autour du Soleil pratiquement dans le même axe. L'orbite de la planète naine Pluton est oblique. Les planètes tournent également dans le même sens, c'est-à-dire ici dans le sens contraire des aiguilles d'une montre. Les comètes en revanche tournent autour du Soleil selon des angles variés, sur des orbites très allongées.

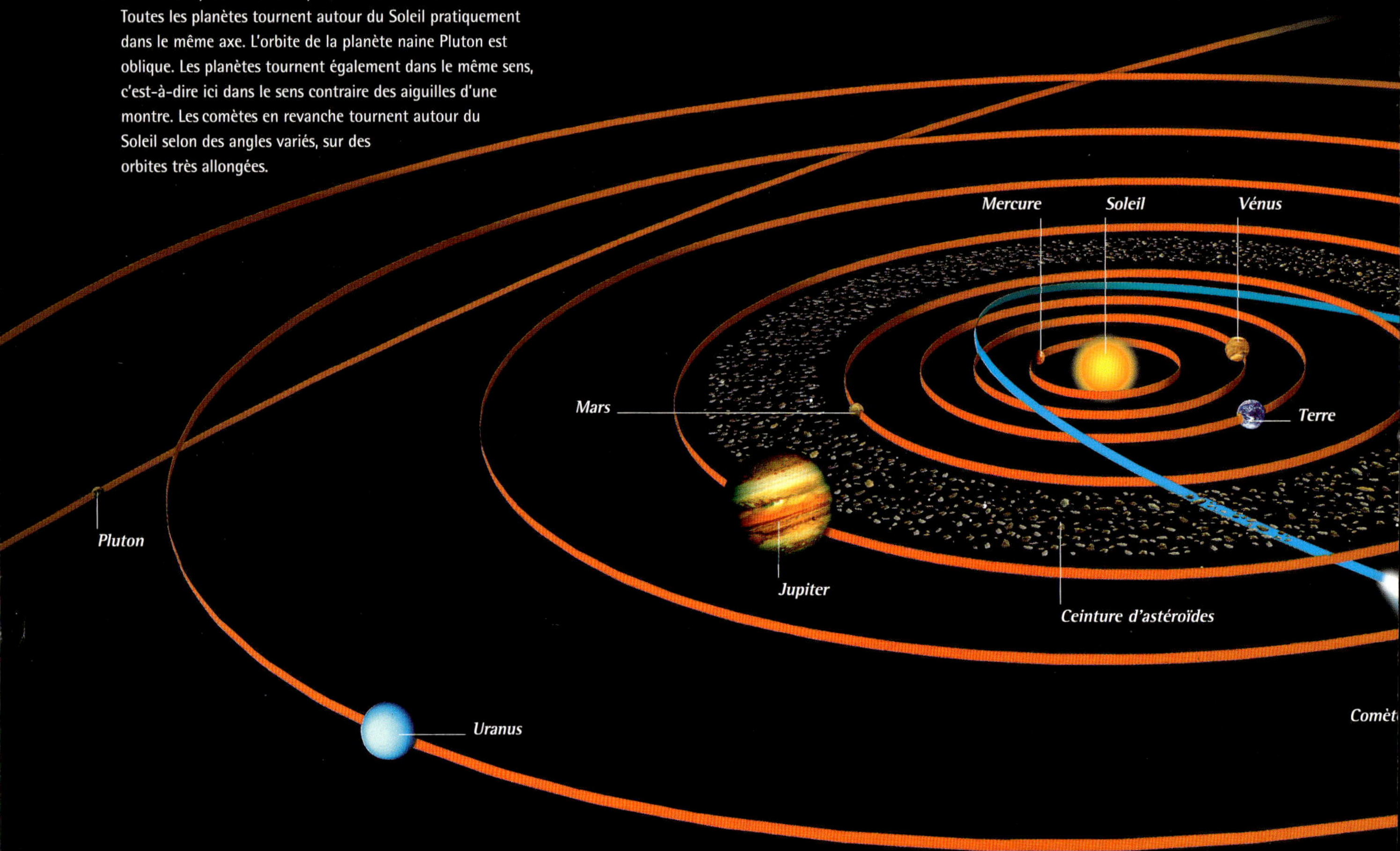


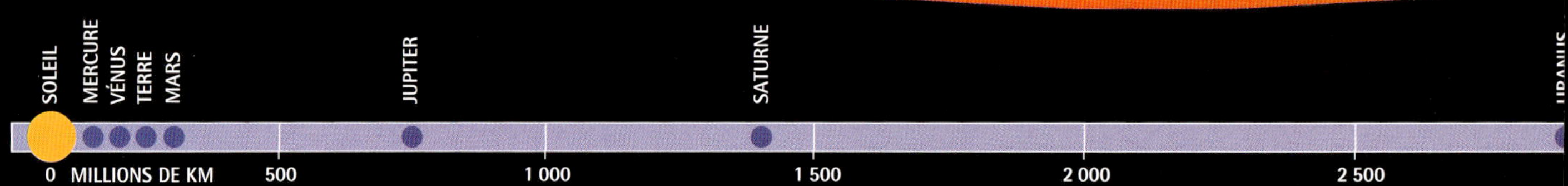

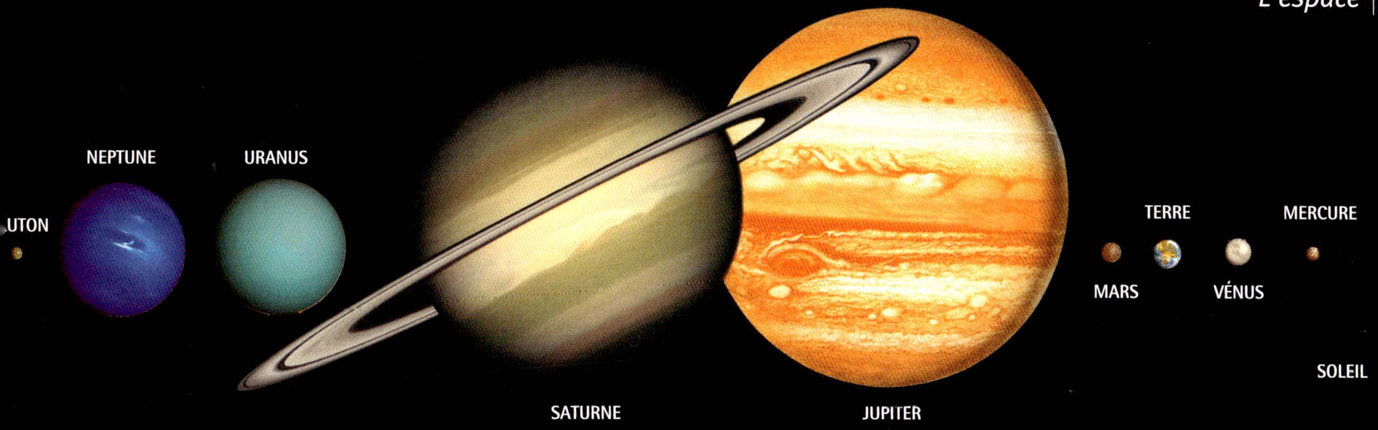

# LES PLANÈTES

Huit planètes sont en orbite autour du Soleil. Les quatre plus proches du Soleil sont de petites boules le roche et de métal. Les planètes extérieures sont les sphères énormes de gaz et de liquide. Le temps que met une planète à faire le tour du Soleil s'appelle sa durée de révolution (son année). Les planètes tournent sur elles-mêmes. Le temps que met la planète à faire un tour sur elle-même est sa période de rotation (son jour). Pluton, faite de roche et de glace, est considérée maintenant comme une planète naine, comme bien d'autres corps célestes que l'on a découverts.

**▲ COMPARAISON DES PLANÈTES**
Les planètes sont de tailles très différentes. La Terre est l'une des plus petites, avec 12 756 km de diamètre. La Terre tiendrait plus de 1 300 fois à l'intérieur de la planète la plus grosse, Jupiter. Cependant, le Soleil représente à lui seul 99,9 % de la masse du système solaire. Les planètes tournent autour d'un axe qui n'est pas perpendiculaire au plan de leur orbite autour du Soleil. Chaque planète penche selon un angle différent.

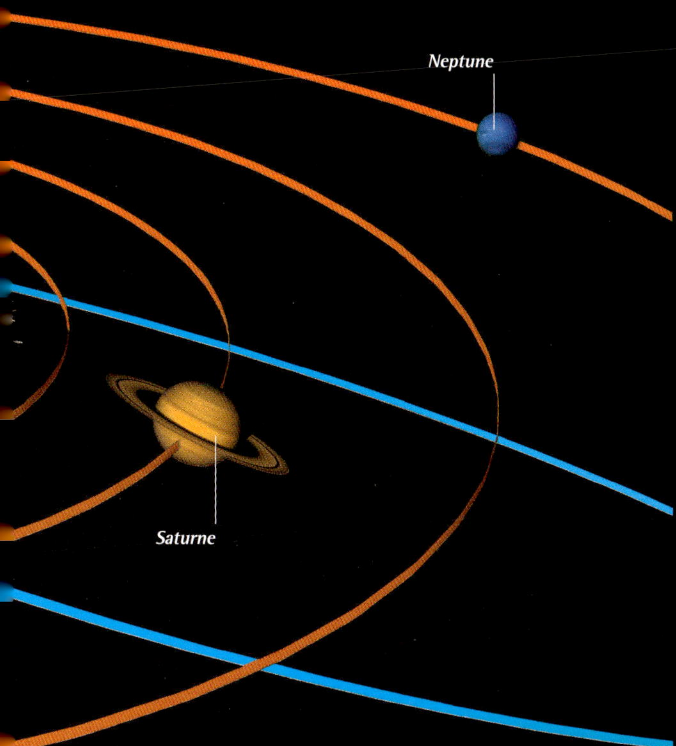


**LES DISTANCES DANS LE SYSTÈME SOLAIRE**
échelle ci-dessous donne les distances entre planètes en millions e km ; les quatre planètes intérieures sont très rapprochées, ontrairement aux quatre autres. Des planètes naines, comme Pluton, ont en orbite au-delà de cette dernière, jusqu'à 4 000 milliards de km.

# LES LUNES

Une lune est un corps en orbite autour d'une planète. Nous en connaissons 120 dans le système solaire. La Terre n'en a qu'une, la Lune, mais Jupiter en a 63. La plupart de ces lunes sont de petits astéroïdes captés par la gravité de Jupiter. La plus grande lune de Jupiter, Ganymède, a un diamètre de 5 268 km : elle est plus grosse que Mercure.

**▲ LA FORMATION DE LA LUNE**
Nul ne sait comment la Lune s'est formée. Selon de nombreux astronomes, elle est apparue quand un corps céleste de la taille de Mars est entré en collision avec la Terre, il y a 4 milliards d'années. Les masses en collision ont fondu, une gerbe liquide a été projetée dans l'espace. Cette matière a fini par se regrouper pour former la Lune.

POUR EN SAVOIR PLUS ⏭ Les astéroïdes 184 • Les comètes 185 • La Terre 176 • Jupiter 179 • La Lune 177 • Le Soleil 170

# MERCURE

Mercure est la planète la plus proche du Soleil ; le jour, les températures y sont très élevées. Mais comme il n'y a pratiquement pas d'atmosphère pour retenir cette chaleur, les nuits sont glaciales. C'est une planète rocheuse, dont le diamètre mesure un tiers du diamètre terrestre. Sa surface est criblée de cratères, elle ressemble à celle de la Lune. Ces cratères apparurent quand Mercure a été bombardé par des météorites, il y a longtemps.

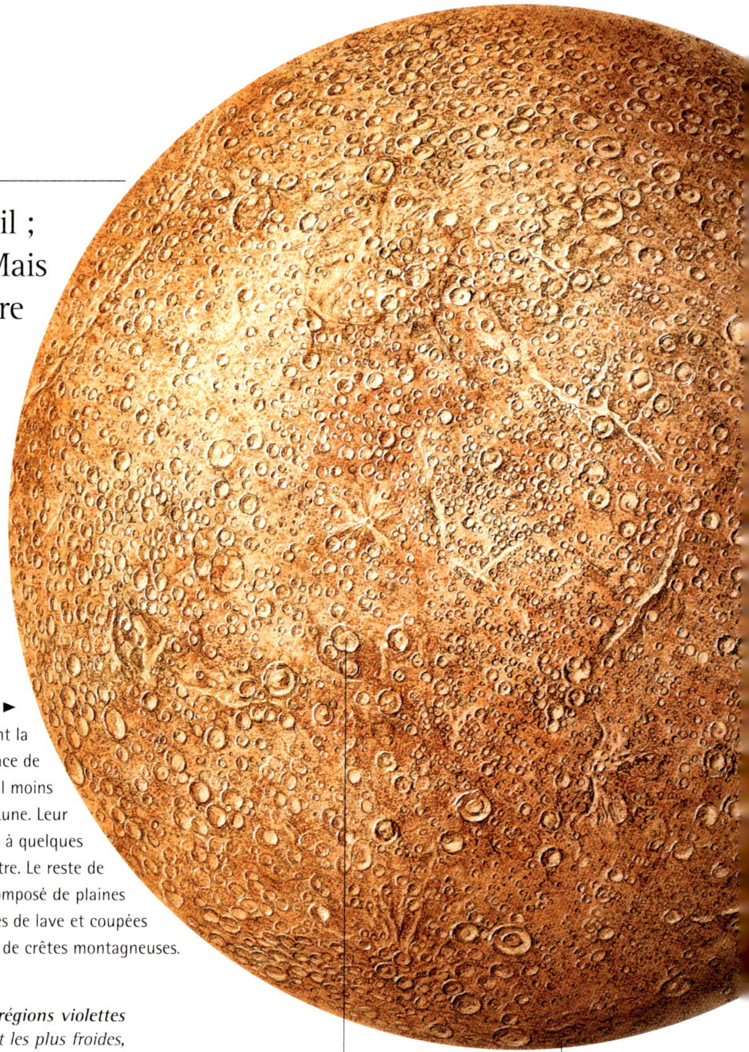


**LA SURFACE DE MERCURE ►** Les cratères qui couvrent la quasi-totalité de la surface de Mercure sont en général moins profonds que ceux de la Lune. Leur taille va de quelques mètres à quelques centaines de km de diamètre. Le reste de la surface est composé de plaines relativement lisses, couvertes de lave et coupées de falaises et de crêtes montagneuses.

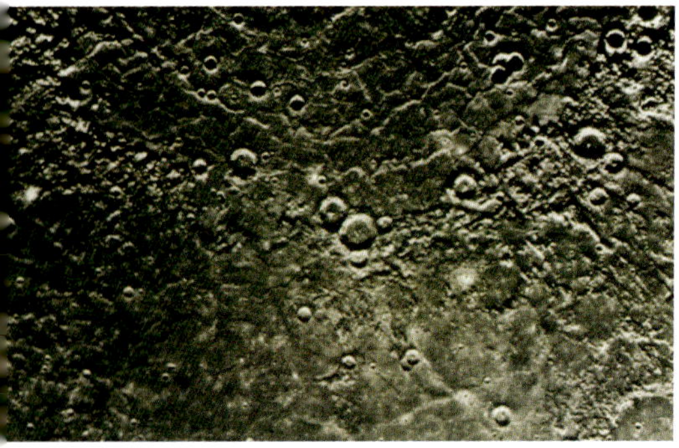

**▲ LE BASSIN CALORIS**
Le relief le plus important de Mercure est le bassin Caloris, d'un diamètre de 1 300 km. Il s'est formé quand un corps rocheux de 100 km de diamètre s'est écrasé sur Mercure. La photo ci-dessus, prise par le vaisseau spatial Mariner 10, montre dans sa partie supérieure la moitié du bassin environ ; il est entouré par un cercle de montagnes qui se sont formées au moment du choc.

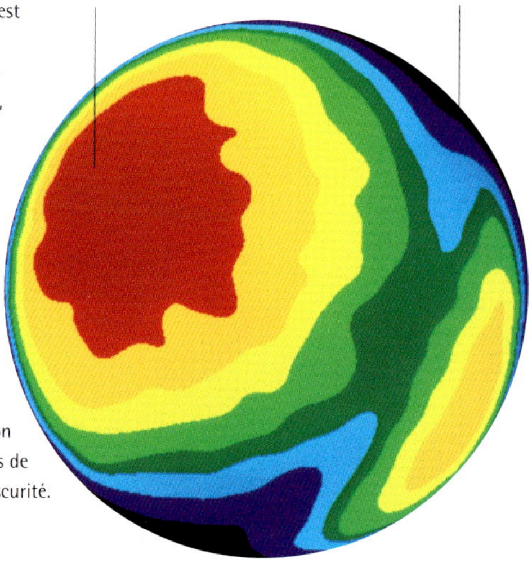


**DES TEMPÉRATURES EXTRÊMES ►** Sur cette carte thermique de Mercure, le rouge marque les régions les plus chaudes, tournées vers le Soleil. Les violettes sont les plus froides. La température va de 450 °C au Soleil à -180 °C la nuit. Mercure a une rotation lente : certaines régions connaissent 176 jours de Soleil suivis d'une durée égale d'obscurité.

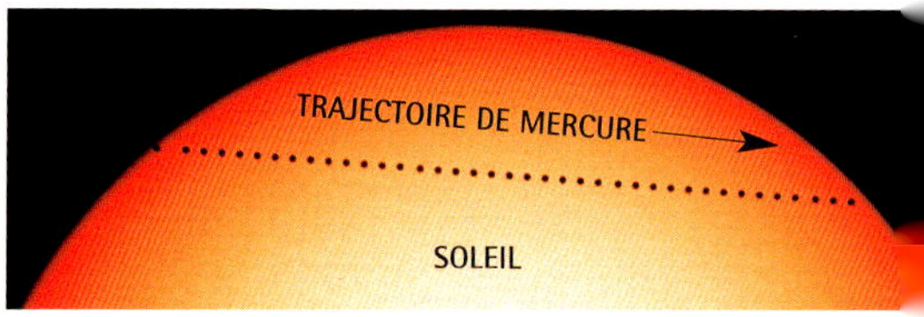


**UN TRANSIT DE MERCURE**
Le 7 mai 2003, Mercure, vue de la Terre, a traversé surface du Soleil. Cet événement, que l'on appelle u transit, n'a lieu qu'une ou deux fois par décenni L'image ci-dessus a été reconstituée à partir d photos prises par le vaisseau spatial SOHO. Le trans a duré cinq heure

## INTÉRIEUR DE MERCURE

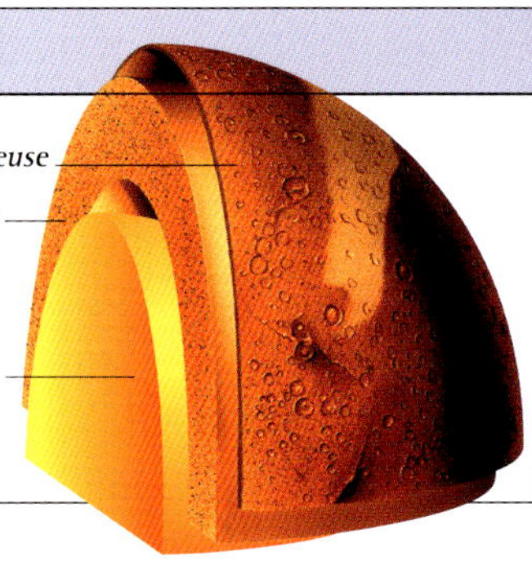


## MERCURE EN CHIFFRES

| | |
|---|---|
| Diamètre à l'équateur | 4 880 km |
| Distance moyenne du Soleil | 57,9 millions de km |
| Durée de révolution | 88 jours |
| Période de rotation | 58,7 jours |
| Masse (Terre=1) | 0,06 |
| Gravité (Terre=1) | 0,38 |
| Température moyenne à la surface | 167 °C |
| Nombre de lunes | 0 |

## ÉCHELLE

POUR EN SAVOIR PLUS ⏭ Les missions spatiales 198 • La Lune 177 • Le Soleil 170

# VÉNUS

Vénus est à peine plus petite que la Terre ; elle est :omposée de roche et a une atmosphère très différente de celle de la Terre. Sa surface est couverte de volcans. L'atmosphère est étouffante et la température celle l'un four. Vénus parcourt son orbite en 225 jours :errestres, mais tourne sur elle-même plus entement : il lui faut 243 jours terrestres pour effectuer une seule rotation. Sur Vénus, le jour est plus long que l'année.

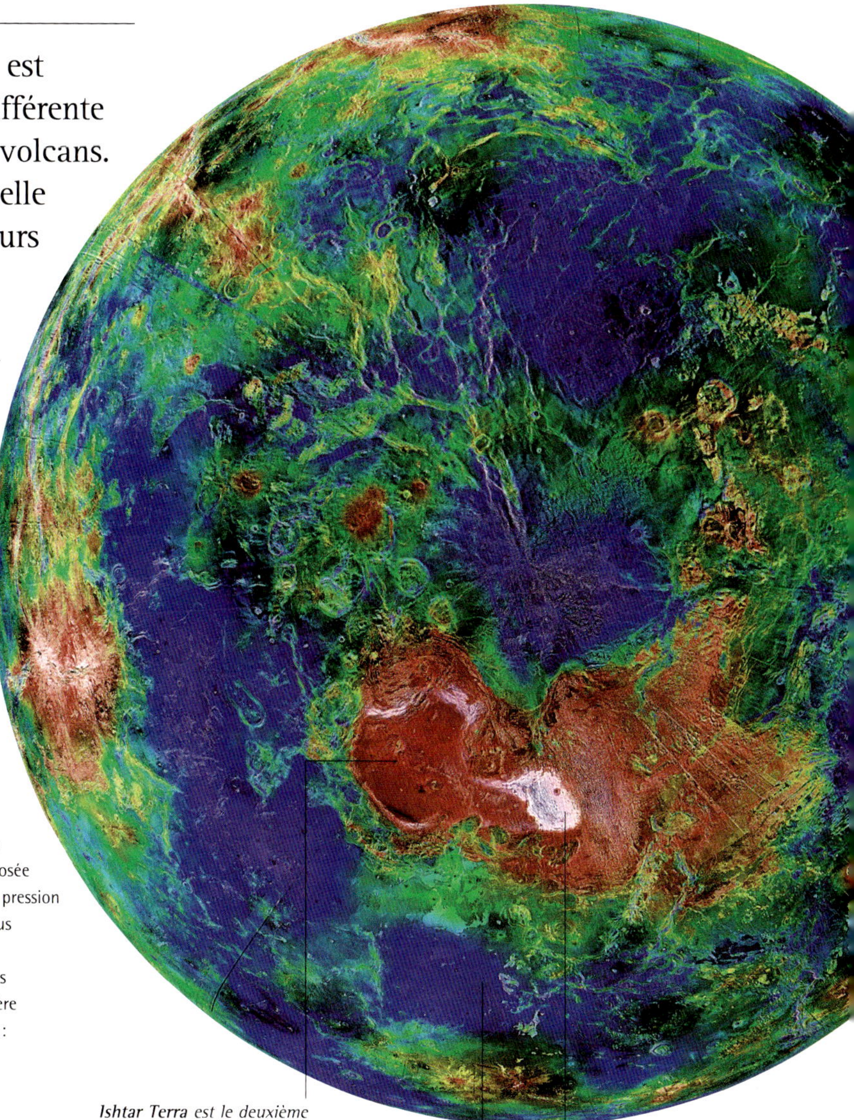

CARTE DE VÉNUS ►
C'est l'ordinateur qui a calculé les couleurs de l'illustration ci-contre, issues d'images radar captées par le vaisseau spatial Magellan. Cette carte est celle de l'hémisphère Nord. Les régions en rouge sont les plus élevées, les bleues sont les plaines et les vallées. Les 4/5 de la planète sont couverts de plaines de lave.

*Ishtar Terra est le deuxième continent de Vénus, ou région de hauteurs, en terme de surface.*

*Sedna Planitia est une des nombreuses vallées de Vénus.*

*Maxwell Montes est une chaîne de montagnes qui atteint 12 000 m d'altitude.*

◄ UNE ATMOSPHÈRE NUAGEUSE
L'atmosphère de Vénus, beaucoup plus épaisse que celle de la Terre, est composée essentiellement de gaz carbonique. La pression atmosphérique est presque 100 fois plus forte que sur Terre. Les lourds nuages atmosphériques sont composés de petites gouttes d'acide sulfurique. Cette atmosphère retient la chaleur du Soleil par effet de serre : la température est supérieure à 475 °C.

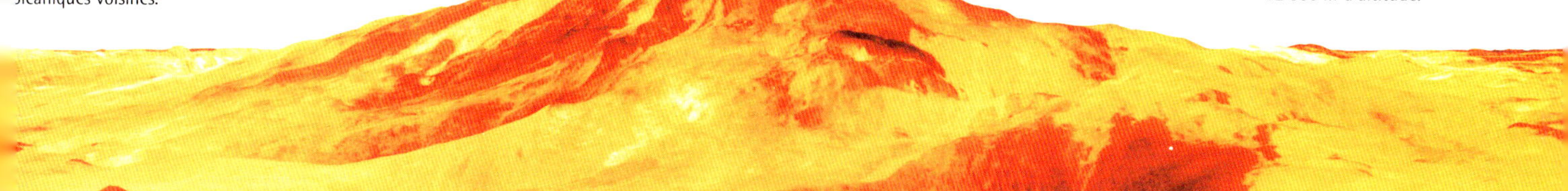

UN PAYSAGE VOLCANIQUE
laat Mons est l'un des plus hauts volcans de Vénus. D'un diamètre de 00 km, il a une altitude de 9 000 m. Probablement éteint, il a connu e nombreuses éruptions dans le passé, et rejeté des quantités nportantes de lave liquide, qui ont couvert les plaines olcaniques voisines.

## NTÉRIEUR DE VÉNUS

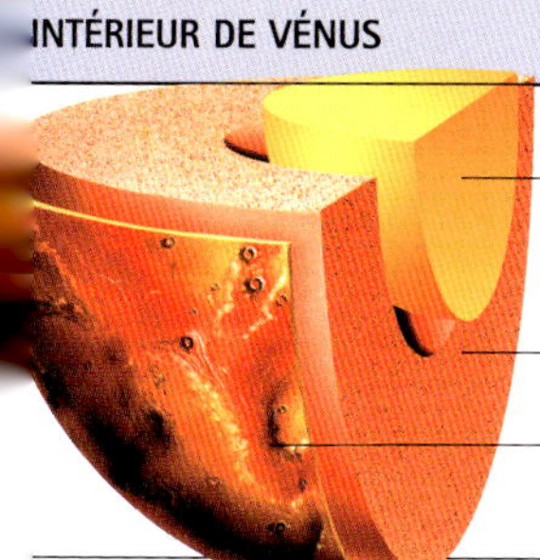


## VÉNUS EN CHIFFRES

| | |
|---|---|
| Diamètre à l'équateur | 12 104 km |
| Distance moyenne du Soleil | 108,2 millions de km |
| Durée de révolution | 224,7 jours |
| Période de rotation | 243 jours |
| Masse (Terre=1) | 0,82 |
| Gravité (Terre=1) | 0,9 |
| Température moyenne à la surface | 464 °C |
| Nombre de lunes | 0 |

## ÉCHELLE

POUR EN SAVOIR PLUS ⏭ La Terre 176 • Les missions spatiales 198 • Les volcans 212

# LA TERRE

Notre planète n'a pas d'équivalent dans le système solaire : elle offre les conditions les plus favorables à la vie. La température est parfaite, l'eau à l'état liquide et l'oxygène sont abondants. La Terre, troisième planète à partir du Soleil, est essentiellement rocheuse. Elle a un gros noyau de fer, en partie liquide. Ce sont les mouvements de son noyau qui donnent à la Terre un fort champ magnétique qui forme autour de la planète une immense bulle magnétique dans l'espace : la magnétosphère.

### L'INTÉRIEUR DE LA TERRE

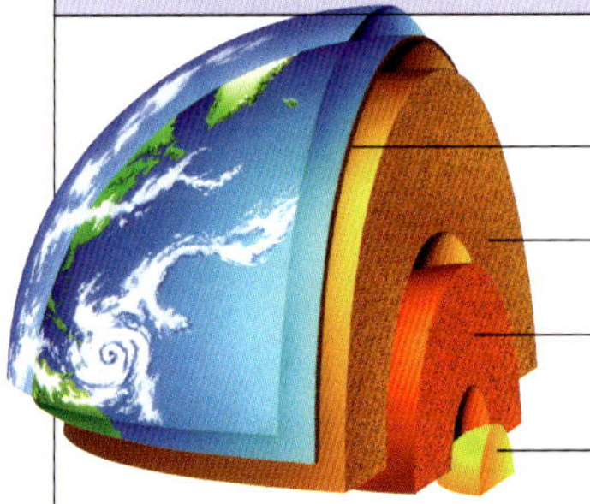


### LA TERRE EN CHIFFRES

| | |
|---|---|
| Diamètre à l'équateur | 12 756 km |
| Distance moyenne du Soleil | 149,6 millions de km |
| Durée de révolution | 365,25 jours |
| Période de rotation | 23,93 heures |
| Masse (Terre=1) | 1 |
| Gravité (Terre=1) | 1 |
| Température à la surface | de −70 °C à 55 °C |
| Nombre de lunes | 1 (la Lune) |

◄ UNE AURORE BORÉALE
Des draperies chatoyantes ondulent dans le ciel nocturne de l'Alaska. Ces lumières sont celles d'une aurore boréale. Le même phénomène existe dans l'hémisphère Sud sous le nom d'aurore australe. Il est provoqué par des orages magnétiques solaires, qui perturbent les particules électriquement chargées de la haute atmosphère terrestre. Ces particules s'écoulent vers les pôles, où elles deviennent luminescentes en entrant dans l'atmosphère.

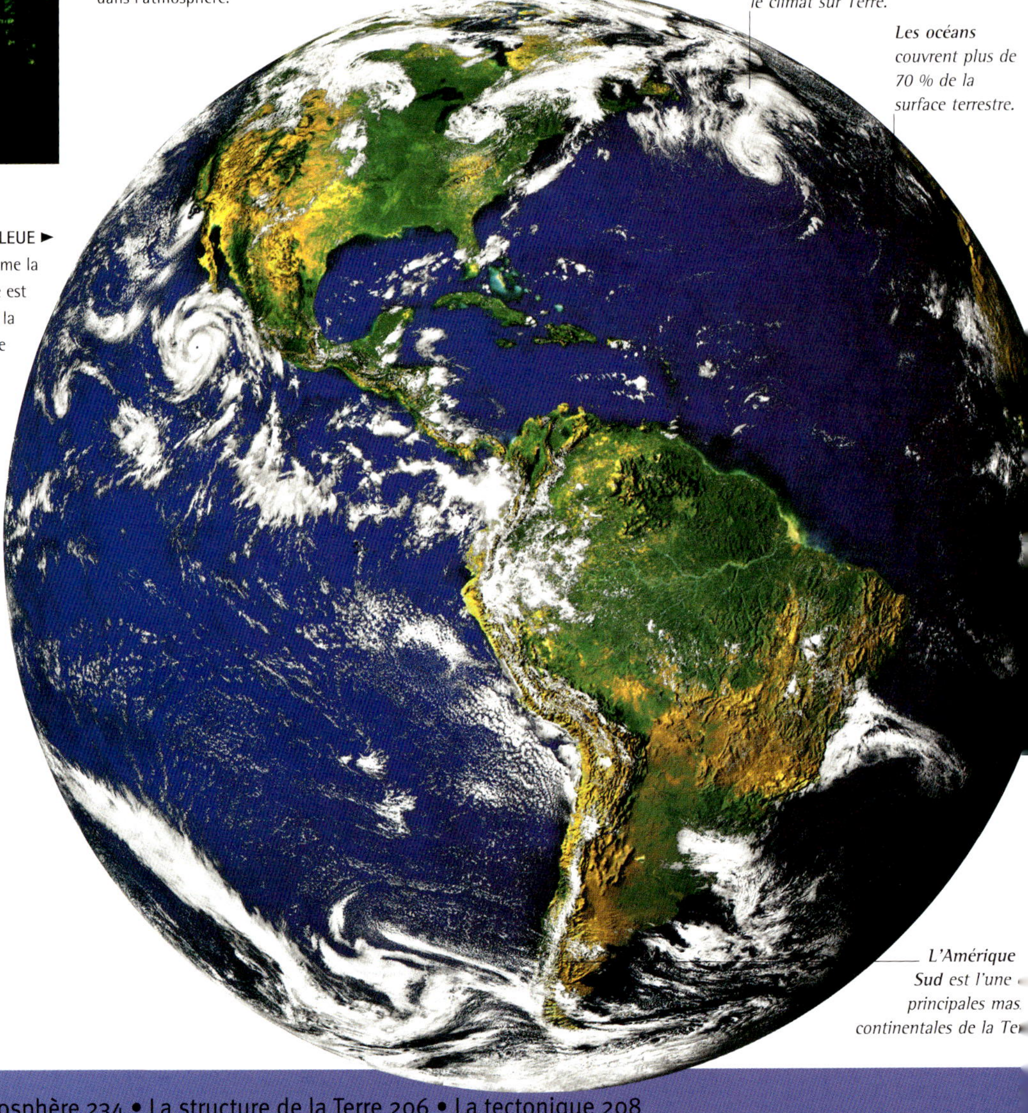


LA PLANÈTE BLEUE ►
Vue de l'espace, la Terre semble bleue, comme la couleur de ses océans. La surface de la Terre est une couche de roche solide, la croûte. Quand la croûte est au-dessus du niveau de la mer, elle forme des continents. Une enveloppe gazeuse – l'atmosphère – protège la planète. L'atmosphère se compose surtout d'azote et d'oxygène, lequel est indispensable à la vie. Des nuages de vapeur d'eau tourbillonnent dans l'atmosphère.

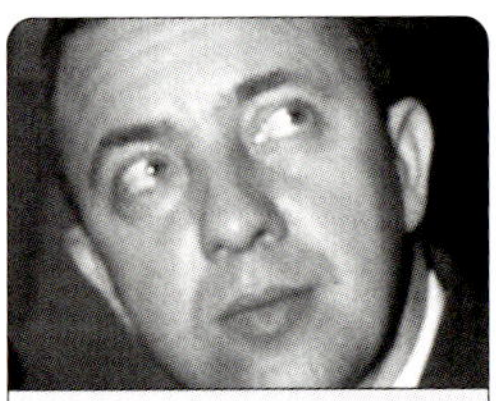

*JAMES VAN ALLEN*
*Américain, 1914–*
*Cet astrophysicien travaillait en 1958 sur le premier satellite américain, Explorer 1. A partir des informations transmises, Van Allen identifia autour de la Terre des concentrations de particules électriquement chargées : ces régions sont désormais appelées les ceintures de Van Allen.*

POUR EN SAVOIR PLUS ⏭ L'atmosphère 234 • La structure de la Terre 206 • La tectonique 208

# LA LUNE

La Lune met un mois à faire le tour de la Terre, c'est le seul satellite naturel de notre planète. Tandis que la Lune parcourt son orbite, elle change continuellement à nos yeux, selon le cycle des PHASES LUNAIRES. Comme la Terre, la Lune est principalement faite de roche, mais son diamètre ne représente qu'un quart de celui de la Terre. Étant plus petite, sa gravité est plus faible – 1/6 environ de celle de la Terre – et elle n'a pas d'atmosphère.

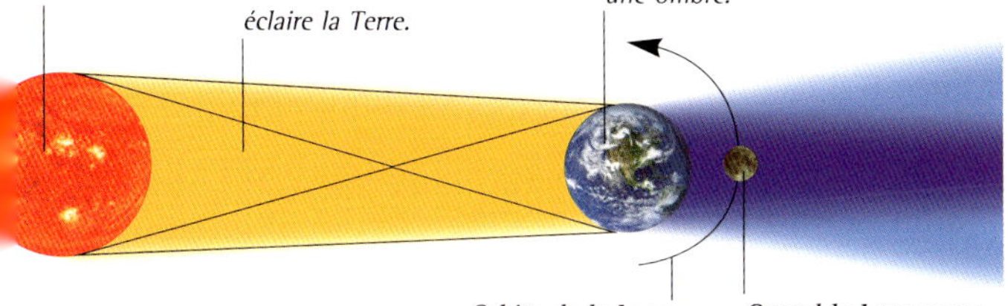


▲ UNE ÉCLIPSE DE LUNE
Deux ou trois fois par an, la Lune traverse l'ombre que la Terre projette dans l'espace. C'est le cas quand le Soleil, la Terre et la Lune sont alignés : on appelle ce phénomène une éclipse de Lune. Pendant une éclipse totale, quand le Soleil, la Terre et la Lune sont exactement alignés, la Lune ne disparaît pas mais prend une lueur rougeâtre car les seuls rayons lumineux qui l'atteignent, courbés par l'atmosphère de la Terre, sont rouges.

▲ LA SURFACE DE LA LUNE
Depuis la Terre, on voit toujours la même face de la Lune. Les régions sombres sont de grandes plaines poussiéreuses que l'on appelle mers. Les régions brillantes sont des hauteurs qui s'étendent sur des centaines de km et sont criblées de cratères. La face cachée de la Lune a davantage de cratères, et aucune mer importante.

## LES PHASES LUNAIRES

Au fil du mois, la Lune change de forme. En effet, en faisant le tour de la Terre, la Lune nous montre une partie plus ou moins importante de sa surface éclairée par le Soleil. Le cycle lunaire dure 29,53 jours.

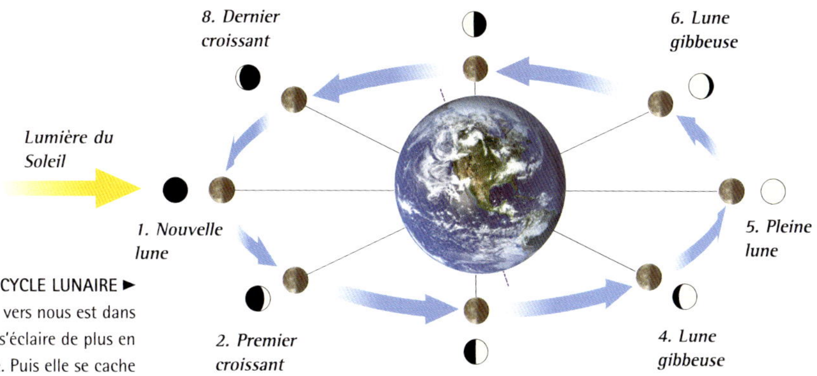


LE CYCLE LUNAIRE ►
Quand la Lune est entre le Soleil et la Terre, sa face tournée vers nous est dans l'obscurité ; c'est la nouvelle lune. Au fil des jours, cette face s'éclaire de plus en plus ; nous la voyons tout entière à la pleine lune. Puis elle se cache progressivement jusqu'à la prochaine nouvelle lune.

### L'INTÉRIEUR DE LA LUNE

### LA LUNE EN CHIFFRES

| | |
|---|---|
| Diamètre à l'équateur | 3 476 km |
| Distance moyenne à la Terre | 384 400 km |
| Durée de révolution | 27,32 jours |
| Période de rotation | 27,32 jours |
| Durée des phases | 29,3 jours |
| Masse (Terre=1) | 0,01 |
| Gravité (Terre=1) | 0,17 |
| Température moyenne à la surface | -20 °C |

### ÉCHELLE

POUR EN SAVOIR PLUS ⏩ La Terre 176 • Le système solaire 172 • Le Soleil 170

# MARS

Mars est la quatrième planète en partant du Soleil, la plus proche de la Terre après Vénus. Mars a une atmosphère peu dense – essentiellement composée de gaz carbonique – , et deux calottes glaciaires situées à ses pôles. Les ravinements qui marquent sa surface tendraient à prouver qu'il y a eu jadis de l'eau sur Mars. Certains astronomes pensent que cette planète a pu être plus chaude qu'aujourd'hui et connaître la vie sous certaines formes.

*Valles Marineris est un réseau de gorges de 4 500 km de long et qui atteignent 8 000 m de profondeur par endroits.*

◄ LA PLANÈTE ROUGE

Mars semble rouge à cause de l'oxyde ferrique présent dans les roches et les poussières de sa surface. Son atmosphère est si transparente que l'on voit la gorge de Valles Marineris. On voit également des déserts sablonneux, de vastes régions criblées de cratères, des canaux et des volcans.

▲ LE MONT OLYMPE

Des nuages entourent le sommet du volcan géant de Mars, le mont Olympe. Il mesure 600 km de diamètre et culmine à 24 000 m. C'est le plus gros volcan connu du système solaire. Il est situé près de l'équateur et non loin de trois autres volcans, sur un monticule appelé Dôme de Tharsis.

PHOBOS

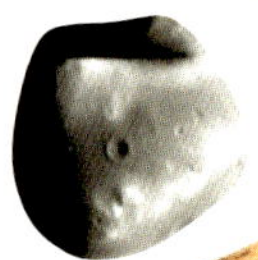

DEIMOS

LES LUNES DE MARS ►

D'après les astronomes, les deux minuscules lunes de Mars sont d'anciens astéroïdes captés il y a fort longtemps par l'attraction martienne. Phobos, la plus grosse, est une masse vaguement sphérique d'à peu près 26 km de diamètre. Deimos est encore plus petite et mesure à peine 16 km. Ces deux lunes sont criblées de cratères. On estime qu'elles sont faites d'une roche riche en carbone.

▼ LA SURFACE DE MARS

La surface de Mars est couverte d'un sable fin et rougeâtre et jonchée de cailloux. La sonde Pathfinder a envoyé l'image ci-dessous quand elle a atterri sur Mars en 1997. Il s'agit de la région du chenal de Ares Vallis dont certains astronomes estiment qu'elle fut inondée il y a longtemps. Les deux collines qui ferment l'horizon sont appelées les Twin Peaks.

## L'INTÉRIEUR DE MARS

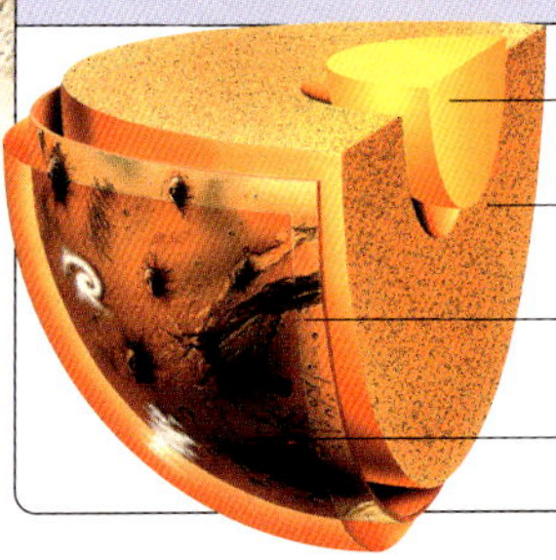


## MARS EN CHIFFRES

| | |
|---|---|
| Diamètre à l'équateur | 6 794 km |
| Distance moyenne du Soleil | 227,9 millions de km |
| Durée de révolution | 687 jours |
| Période de rotation | 24,63 heures |
| Masse (Terre=1) | 0,11 |
| Gravité (Terre=1) | 0,38 |
| Température moyenne de la surface | -63 °C |
| Nombre de lunes | 2 (Phobos et Deimos) |

## ÉCHELLE

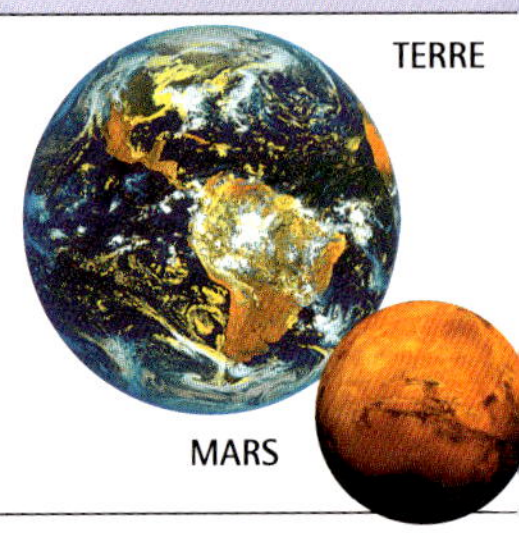


POUR EN SAVOIR PLUS ⏭ Les missions spatiales 198 • Le système solaire 172

# JUPITER

Jupiter est la plus grosse planète du système solaire : son diamètre est onze fois celui de la Terre et sa masse deux fois et demie celle de toutes les autres planètes réunies. Jupiter n'a pas de surface solide. Sous son manteau de nuages se cache un océan d'hydrogène liquide, puis une couche d'hydrogène sous une forme rappelant un métal liquide et enfin un noyau rocheux. Jupiter possède à l'équateur un anneau diaphane de particules de poussière microscopiques.

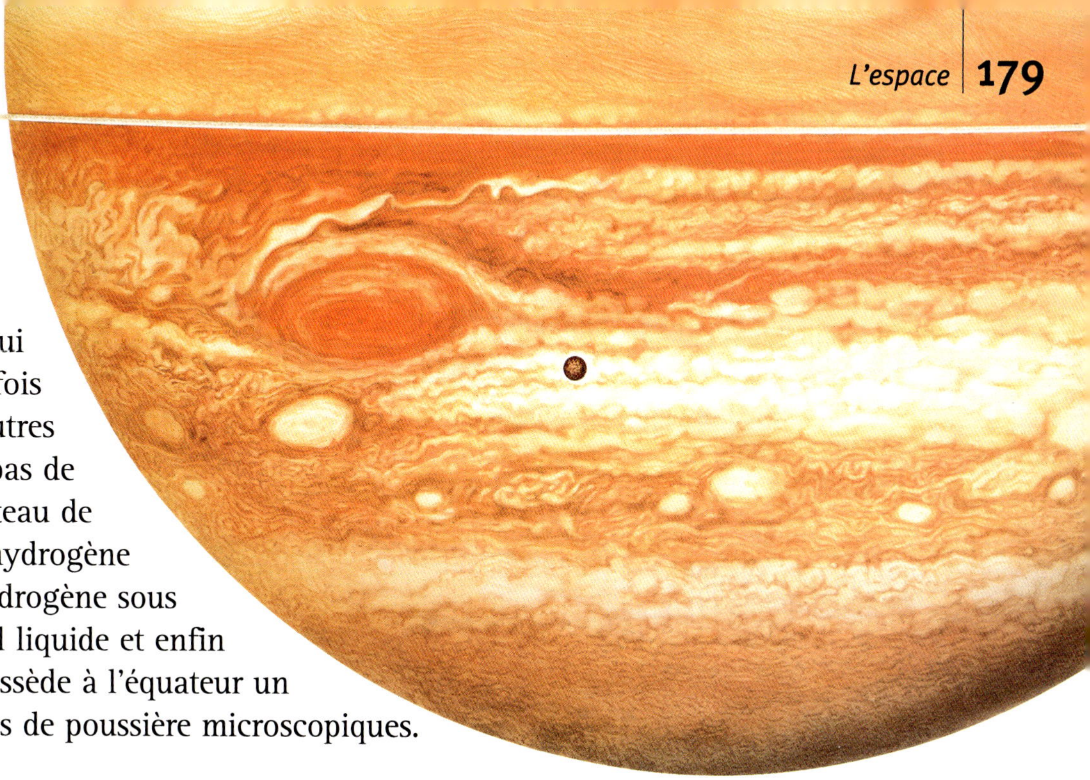

▲ L'ATMOSPHÈRE DE JUPITER
L'atmosphère de la planète géante est une succession de bandes claires – les zones – et sombres – les ceintures – perpendiculaires aux méridiens. Les différences de couleurs prouvent la présence de différents produits dont le soufre, l'ammoniaque et les composés phosphorés.

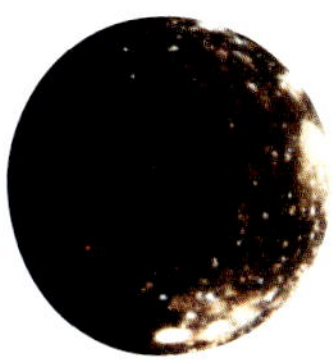

CALLISTO

GANYMÈDE

EUROPE

IO

▲ LES SATELLITES GALILÉENS
C'est en 1609 que l'astronome italien Galilée observa le premier les quatre principales lunes de Jupiter : Io, Europe, Ganymède et Callisto. La plus grosse, Ganymède, a un diamètre de 5 268 km : c'est la plus grosse lune du système solaire.

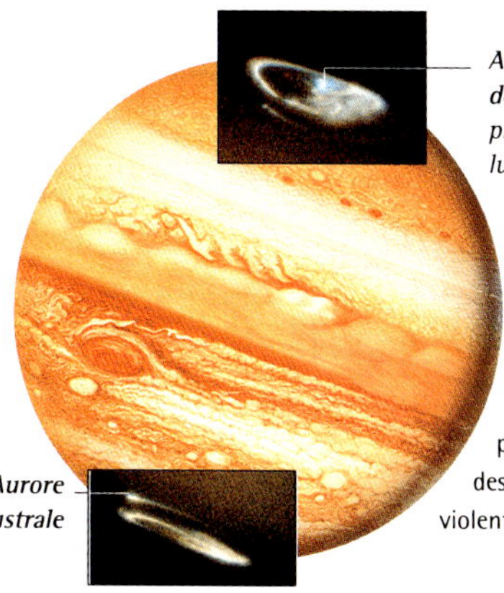

*Aurore boréale de Jupiter photographiée sous lumière ultraviolette par le télescope spatial Hubble*

*Aurore australe*

LA GRANDE TACHE ROUGE ►
Cela fait plus de 300 ans que les astronomes ont observé la Grande Tache Rouge de Jupiter. Les sondes spatiales ont montré qu'il s'agit d'un cyclone géant, où des vents terrifiants tournent dans le sens contraire des aiguilles d'une montre. Cette tempête mesure 40 000 km de diamètre.

◄ LES PHÉNOMÈNES LUMINEUX DE JUPITER
Les pôles de Jupiter connaissent des phénomènes lumineux, comme ceux de la Terre, en beaucoup plus spectaculaires. Il existe également sur Jupiter des orages dont les éclairs sont 10 000 fois plus violents que ceux de la Terre.

## L'INTÉRIEUR DE JUPITER

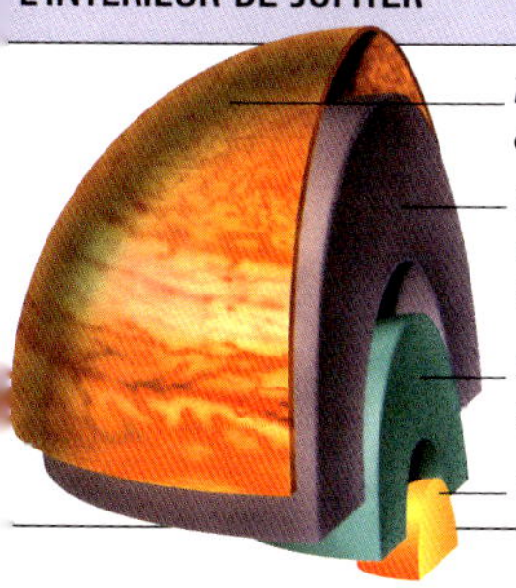

*L'atmosphère est surtout composée d'hydrogène et d'hélium.*

*L'hydrogène liquide forme un océan très profond qui couvre l'ensemble de la planète.*

*L'hydrogène métallique a les propriétés d'un métal liquide.*

*Le noyau rocheux est petit.*

## JUPITER EN CHIFFRES

| | |
|---|---|
| Diamètre à l'équateur | 142 984 km |
| Distance moyenne du Soleil | 778,4 millions de km |
| Durée de révolution | 11,89 ans |
| Période de rotation | 9,93 heures |
| Masse (Terre=1) | 318 |
| Gravité (Terre=1) | 2,36 |
| Température au sommet des nuages | –110 °C |
| Nombre de lunes | au moins 63 |

## ÉCHELLE

POUR EN SAVOIR PLUS ⏭ L'astronomie 186 • La Terre 176 • Le système solaire 172

# SATURNE

La planète Saturne se distingue par ses superbes anneaux. Pendant les trente ans qu'elle met à faire le tour du Soleil, elle nous les montre sous différents angles. Seul Jupiter est plus grosse et, comme elle, Saturne se compose surtout de gaz. C'est la planète la moins dense ; si on la posait sur l'eau, elle flotterait. Comme Jupiter, Saturne a une atmosphère épaisse et nuageuse, qui est cependant plus légère.

## L'INTÉRIEUR DE SATURNE

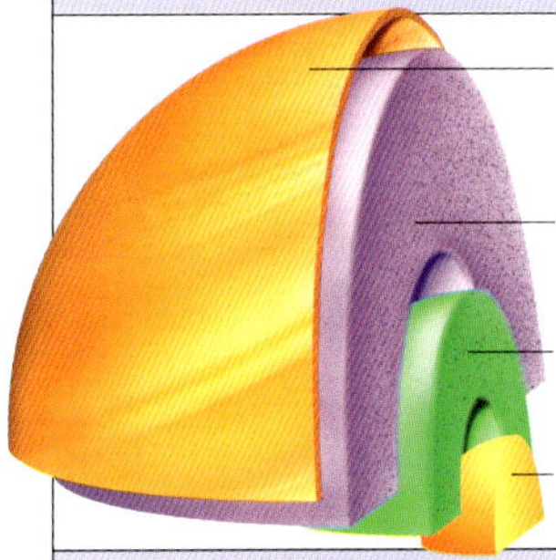


## SATURNE EN CHIFFRES

| | |
|---|---|
| Diamètre à l'équateur | 120 536 km |
| Distance moyenne du Soleil | 1 milliard 427 millions de km |
| Durée de révolution | 29,46 ans |
| Période de rotation | 10,66 heures |
| Masse (Terre=1) | 95 |
| Gravité (Terre=1) | 0,92 |
| Température au sommet des nuages | -140°C |
| Nombre de lunes | au moins 33 |

## ÉCHELLE

▼ DE SOMPTUEUX ANNEAUX
De la Terre, on ne voit autour de Saturne que trois anneaux, nommés A, B et C. Le plus grand mesure 275 000 km de circonférence. Les sondes spatiales ont découvert plusieurs autres anneaux, aussi bien à l'intérieur de l'anneau C qu'à l'extérieur de l'anneau A.

▲ LES ANNEAUX VUS DE PROFIL
Les anneaux de Saturne sont très larges mais peu épais. Par endroits, ils mesurent 1 km d'épaisseur et davantage, ailleurs 10 m à peine. Les anneaux vus de profil sont à peine visibles. Sur la photo ci-dessus, on voit à gauche de Saturne, juste au-dessus des anneaux, la plus grosse lune de Saturne, Titan, et plus bas, l'ombre qu'elle projette sur la planète.

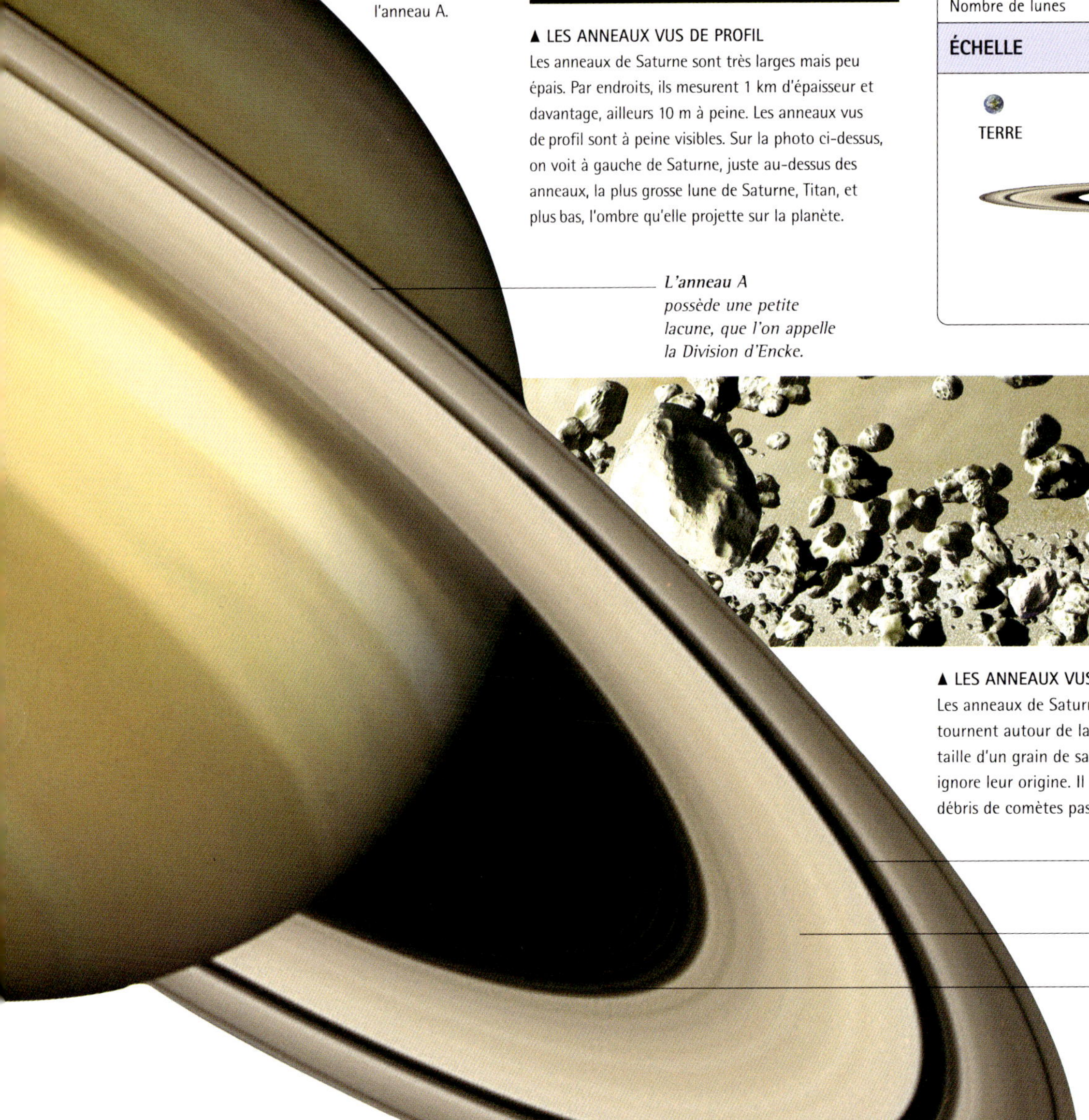

▲ LES ANNEAUX VUS DE PRÈS
Les anneaux de Saturne sont des morceaux de glace et de poussière qui tournent autour de la planète à grande vitesse. Les plus petits ont la taille d'un grain de sable, les plus gros sont d'énormes rochers. On ignore leur origine. Il pourrait s'agir des restes de vieilles lunes ou des débris de comètes passées trop près.

POUR EN SAVOIR PLUS ⏭ Jupiter 179 • Le système solaire 172

# URANUS

William Herschel, astronome d'origine allemande, découvrit Uranus en 1781. Ce fut la première fois que l'on découvrait une planète invisible à l'œil nu. Elle est deux fois plus loin du Soleil que Saturne. Uranus tourne autour d'un axe incliné à 98 ° : on dirait qu'elle roule sur son équateur. Peut-être est-ce dû au fait que, pendant sa formation, elle a subi une collision avec un autre corps céleste important.

*WILLIAM HERSCHEL*
*Allemand, 1738-1822*
*Herschel s'installa en Angleterre en 1757 en qualité de musicien, et se mit à construire d'admirables télescopes à miroir. En 1781, il découvrit un objet qu'il prit d'abord pour une comète, mais qui était une nouvelle planète, Uranus. Plus tard, il construisit le plus grand télescope de l'époque et découvrit des centaines de nébuleuses.*

LES ANNEAUX D'URANUS ►
Les anneaux d'Uranus furent découverts en 1977. La planète passant devant une étoile, ses anneaux furent visibles sur ce fond brillant. En 1986, Voyager 2 rapporta des images de ces anneaux, au nombre de 11. On les voit à droite en lumière infrarouge, photographiés par le télescope spatial Hubble.

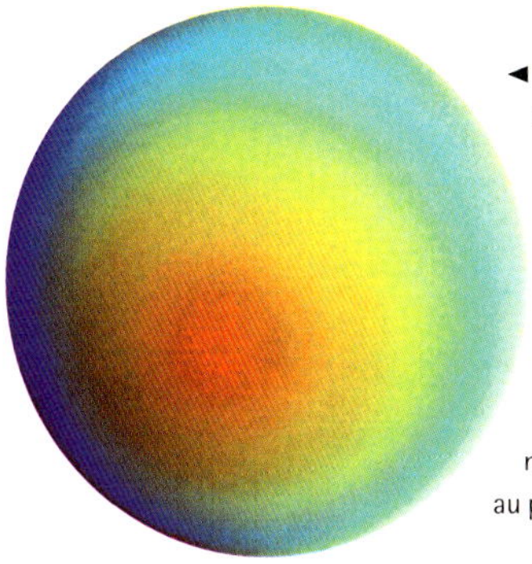

◄ UNE ATMOSPHÈRE TERNE
L'atmosphère d'Uranus est d'un bleu verdâtre. Elle n'a pratiquement aucune nuance visible en lumière blanche. On ne trouve aucune trace des bandes nuageuses observées sur Jupiter et Saturne. La photo de gauche, prise par Voyager 2, a des couleurs renforcées par ordinateur montrant une sorte de brume rouge au pôle sud.

***La lueur rouge** prouve qu'il y a de l'hydrogène dans l'atmosphère.*

***Les anneaux** sont placés au-dessus de l'équateur d'Uranus.*

▼ LES PRINCIPAUX SATELLITES
Uranus possède en tout plus de 20 lunes, dont cinq de taille significative. La plus grosse, Titania, a un diamètre de 1 578 km ; Miranda est la plus petite, avec 470 km. Les lunes les plus petites sont des astéroïdes captés par l'attraction de la planète.

## L'INTÉRIEUR D'URANUS

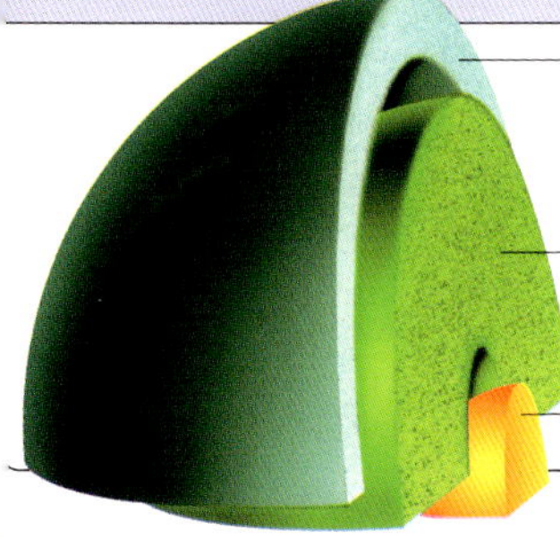

***L'atmosphère** composée d'hydrogène, d'hélium et de méthane est épaisse.*

***Le manteau** est composé d'eau, de glace, de méthane et d'ammoniaque.*

***Le noyau** est sans doute en roche solide.*

## URANUS EN CHIFFRES

| | |
|---|---|
| Diamètre à l'équateur | 51 118 km |
| Distance moyenne du Soleil | 2 milliards 871 millions de km |
| Durée de révolution | 84 ans |
| Période de rotation | 17,24 heures |
| Masse (Terre=1) | 14,5 |
| Gravité (Terre=1) | 0,89 |
| Température au sommet des nuages | -197 °C |
| Nombre de lunes | 27 |

## ÉCHELLE

POUR EN SAVOIR PLUS ⏭ Les missions spatiales 198 • Le système solaire 172

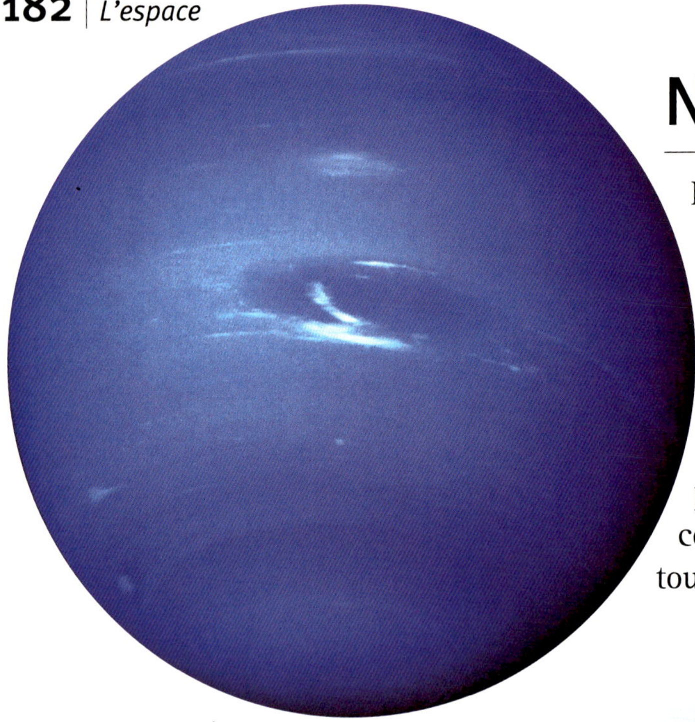

# NEPTUNE

Neptune a presque la même taille et la même couleur qu'Uranus, mais son orbite se trouve à 1,6 milliard de km à l'extérieur de celle d'Uranus. L'astronome allemand Johann Galle fut le premier à repérer la planète en 1846, après que le Français Urbain Le Verrier eut calculé l'endroit où elle était censée se trouver. Neptune a une météo plus active qu'Uranus, peut-être à cause de la chaleur de son noyau. Elle connaît des vents de 2 000 km/h, les plus violents de toutes les planètes.

▲ L'AUTRE PLANÈTE BLEUE
La photographie ci-dessus, prise par Voyager 2, montre sur Neptune un anneau nuageux autour d'une région de tempête que l'on appelle la Grande Tache Sombre. Neptune est d'un bleu intense car son atmosphère contient du méthane ; celui-ci se condense en altitude pour former des nuages, rappelant les cirrus de l'atmosphère terrestre.

▲ LES ANNEAUX DE NEPTUNE
Comme Uranus, Neptune a des anneaux discrets de poussière très fine situés à la verticale de son équateur. Il existe quatre anneaux principaux : deux sont larges mais presque transparents et deux brillants mais très étroits. Les deux anneaux brillants s'appellent respectivement Adams et Le Verrier en souvenir de John Couch Adams et d'Urbain Le Verrier, les mathématiciens qui ont déterminé par le calcul l'emplacement de la planète.

## L'INTÉRIEUR DE NEPTUNE

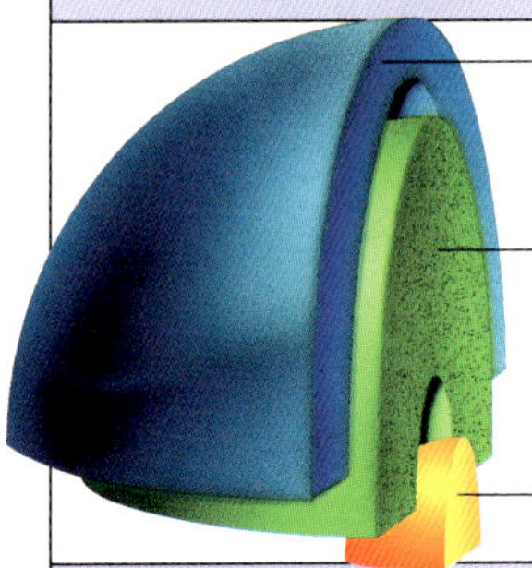


## NEPTUNE EN CHIFFRES

| | |
|---|---|
| Diamètre à l'équateur | 49 532 km |
| Distance moyenne du Soleil | 4 milliards 498 millions de km |
| Durée de révolution | 164,8 ans |
| Période de rotation | 16,11 heures |
| Masse (Terre=1) | 17,2 |
| Gravité (Terre=1) | 1,13 |
| Température au sommet des nuages | -200 °C |
| Nombre de lunes | 13 |

## ÉCHELLE

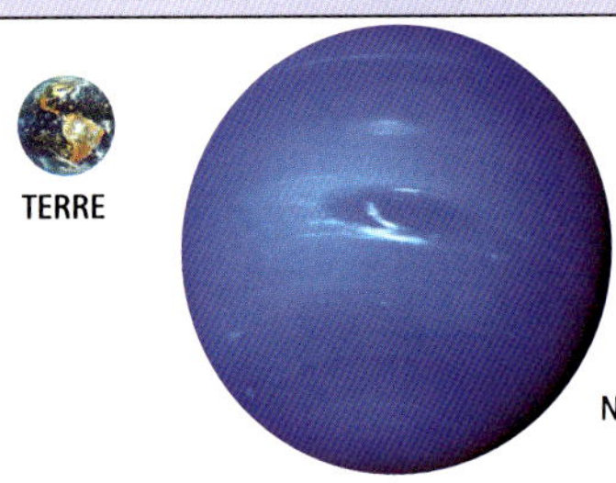


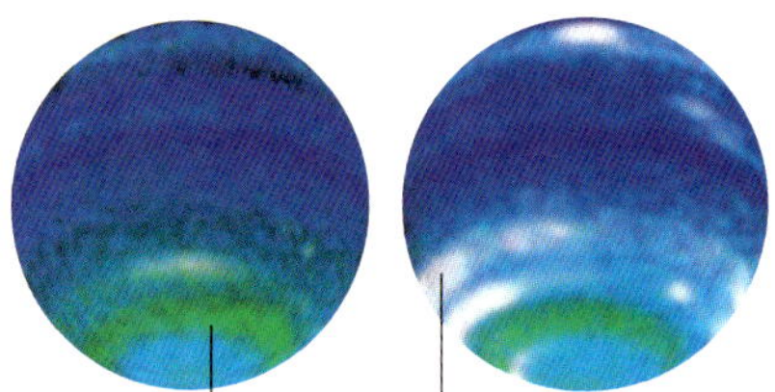


◄ UN TEMPS INSTABLE
Neptune a une atmosphère beaucoup plus active que celle d'Uranus : le temps change sans arrêt. Les deux images ci-contre, que l'on doit au télescope spatial Hubble, montrent des changements spectaculaires en six ans. En 2002, le temps était beaucoup plus nuageux et orageux qu'en 1996.

LES GEYSERS DE TRITON ►
Cette photographie envoyée par Voyager 2 montre la plus grosse lune de Neptune, Triton. Elle a un diamètre de 2 710 km et la surface la plus froide de tous les corps célestes du système solaire, -235 °C. Formée de roche et de glace, Triton est couverte d'azote et de méthane liquides. Une substance rosâtre rappelant la neige couvre la région du pôle sud ; des traînées sombres montrent les endroits où d'étranges geysers crachent de la poussière. D'après les astronomes, Triton ressemble à Pluton.

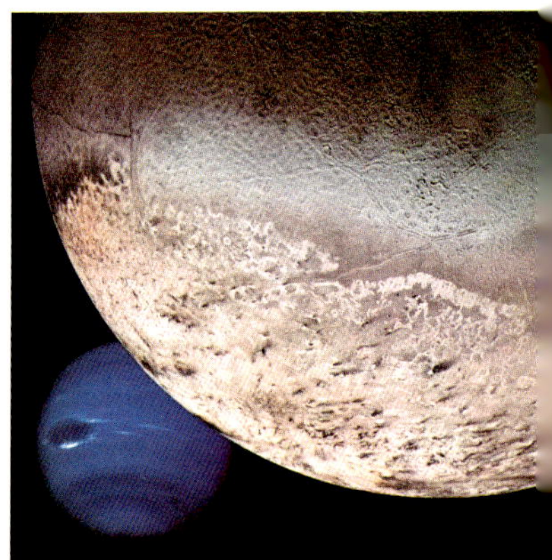

POUR EN SAVOIR PLUS ⏩ Pluton 183 • Le système solaire 172 • Uranus 181

# PLUTON

Pluton, moins grosse que la Lune, est une planète naine. Elle ne fut découverte qu'en 1930 par l'Américain Clyde Tombaugh. Jusqu'en 2006, elle était considérée comme la neuvième planète du Système solaire. Sa petite taille et sa faible gravité expliquent ce changement de classification. Elle possède trois lunes ; la plus grosse mesure la moitié de sa taille. Ces quatre corps sont des masses de glace et de roche très froides.

UN MONDE DE GLACE ►
Aucun vaisseau spatial n'a encore approché Pluton, mais l'illustration ci-contre montre à quoi ressemble sa surface, telle qu'un dessinateur l'a imaginée. Selon certains astronomes, Pluton ressemblerait à Triton, la plus grosse lune de Neptune, dont la surface criblée d'impacts est faite de roche et de glace.

*Pluton s'entoure d'une fine atmosphère quand elle passe au plus près du Soleil ; alors qu'elle s'éloigne, celle-ci gèle.*

CLYDE TOMBAUGH
*Américain, 1906–1997*
*Tombaugh fut engagé par l'observatoire Lowell de Flagstaff, en Arizona, en 1929. Là, il entreprit une campagne systématique de photographie du ciel, en prenant des photos de la même région du ciel à quelques nuits d'intervalle pour voir quels objets avaient bougé. Quelques mois plus tard, le 18 février 1930, il découvrait Pluton.*

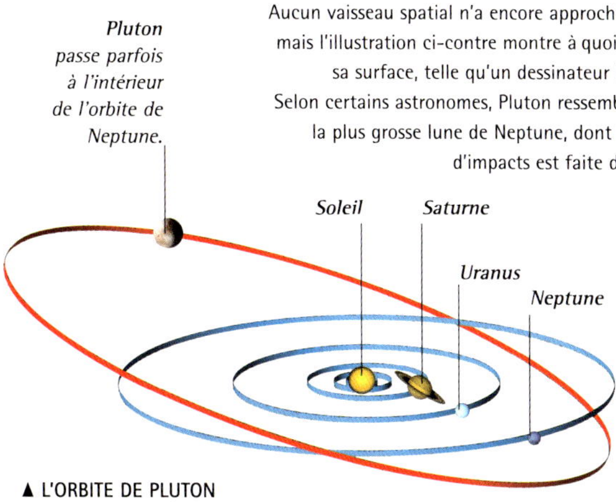


▲ L'ORBITE DE PLUTON
Pluton a une orbite particulière, qui n'est pas dans le même plan que celles des planètes. L'orbite de Pluton est aussi beaucoup plus allongée alors que les planètes suivent une trajectoire pratiquement circulaire.

▲ PLUTON ET CHARON
L'illustration ci-dessus, issue de l'imagination d'un artiste, montre le paysage de Pluton avec le Soleil très bas sur l'horizon et Charon comme un croissant éclairé dans le ciel. Charon est l'une des trois lunes de Pluton ; elle fait le tour de Pluton dans le même temps que celle-ci fait un tour sur elle-même, c'est-à-dire un peu plus de 6 jours. Donc, elle est fixe dans le ciel de Pluton, à 20 000 km d'altitude.

PLANÈTES NAINES
Pluton est aujourd'hui considérée comme une planète naine faisant partie de la ceinture de Kuiper où trois autres planètes naines ont été découvertes, dont Éris plus grosse que Pluton.

## L'INTÉRIEUR DE PLUTON

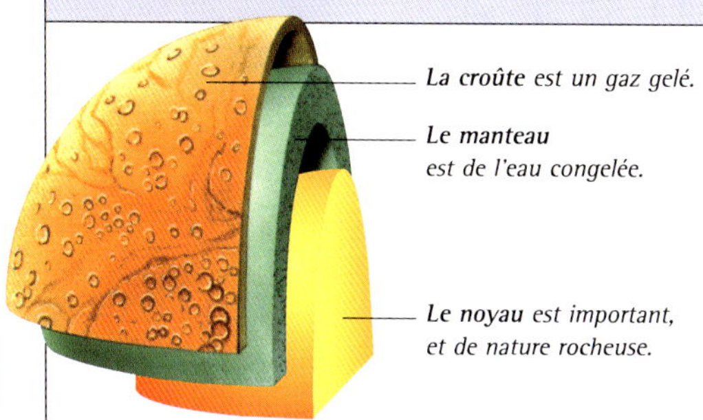


## PLUTON EN CHIFFRES

| | |
|---|---|
| Diamètre à l'équateur | 2 274 km |
| Distance moyenne du Soleil | 5 milliards 900 millions de km |
| Durée de révolution | 247,7 ans |
| Période de rotation | 6,39 jours |
| Masse (Terre=1) | 0,002 |
| Gravité (Terre=1) | 0,067 |
| Température à la surface | -223 °C |
| Nombre de lunes | 1 (Charon) |

## ÉCHELLE

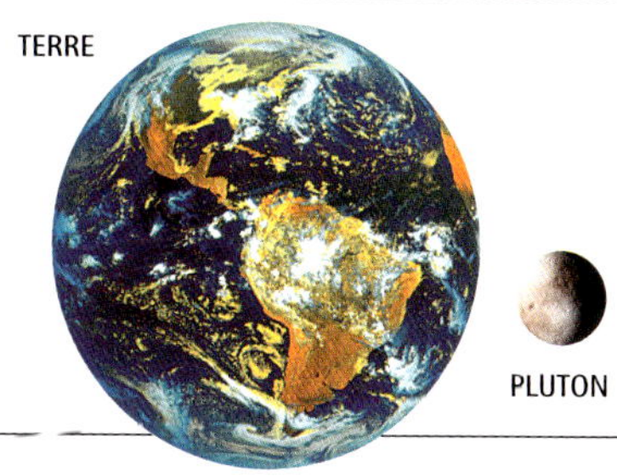

# LES ASTÉROÏDES

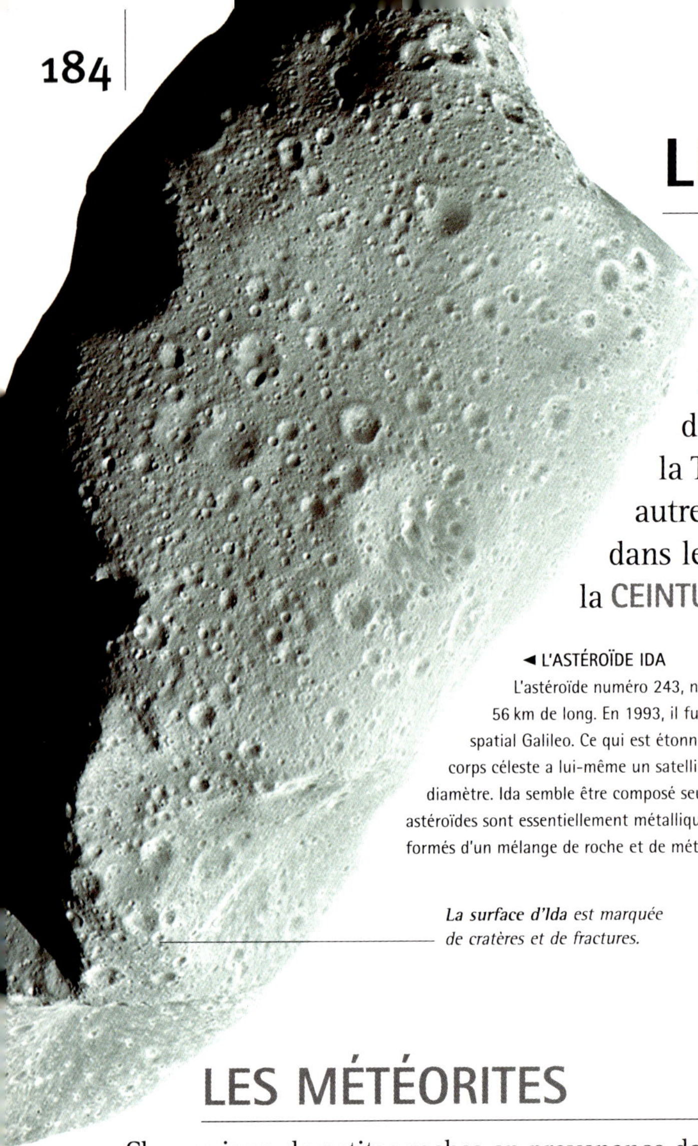

Des milliards de cailloux et rochers divers, les astéroïdes ou planètes mineures, tournent autour du Soleil sur des orbites situées entre Mars et Jupiter. Ils occupent de larges bandes de 180 millions de km de large, la ceinture d'astéroïdes. La plupart des MÉTÉORITES qui bombardent la Terre sont des fragments d'astéroïdes. Il existe une autre région de petits corps célestes située plus à l'extérieur dans le système solaire, au-delà de Neptune, et appelée la CEINTURE DE KUIPER.

◄ L'ASTÉROÏDE IDA
L'astéroïde numéro 243, nommé Ida, est un rocher de 56 km de long. En 1993, il fut photographié par le vaisseau spatial Galileo. Ce qui est étonnant, c'est que ce minuscule corps céleste a lui-même un satellite qui mesure 1,6 km de diamètre. Ida semble être composé seulement de roche ; d'autres astéroïdes sont essentiellement métalliques et d'autres encore sont formés d'un mélange de roche et de métal.

***La surface d'Ida** est marquée de cratères et de fractures.*

◄ LES ASTÉROÏDES PROCHES DE LA TERRE
La plupart des astéroïdes sont en orbite autour du Soleil, dans la ceinture d'astéroïdes entre Mars et Jupiter. Quelques-uns sont plus éloignés du Soleil, jusqu'au-delà de Saturne, ou à proximité de la Terre. Ces derniers ne présentent pas de danger imminent de collision : quand l'astéroïde Éros (à gauche) a « frôlé » la Terre, il était quand même à 22 millions de km.

## LES MÉTÉORITES

Chaque jour, de petites roches en provenance de l'espace, les météorites, tombent sur Terre et atteignent le sol. Certaines sont rocheuses et d'autres sont faites surtout de fer. La plupart sont toutes petites mais, parfois, la Terre en reçoit de grosses, mesurant des dizaines et même des centaines de mètres de diamètre.

◄ UN CRATÈRE ENNEIGÉ
Il y a une cinquantaine de milliers d'années, une météorite de fer d'environ 46 m a creusé cet énorme cratère dans le désert de l'Arizona, aux États-Unis. On l'appelle le cratère du Météore d'Arizona ou cratère de Barringer ; il mesure environ 1 265 m de diamètre et 175 m de profondeur. Si une météorite analogue frappait aujourd'hui une ville, elle y ferait un carnage.

LA MÉTÉORITE DE SIKHOTE-ALIN ►
Ce fragment ressemble aux centaines de débris trouvés en Sibérie après la chute d'une météorite en 1947. Cette météorite de fer pesait 300 tonnes ; elle a éclaté dans l'atmosphère avant de toucher le sol.

## LA CEINTURE DE KUIPER

Entre l'orbite de Neptune et celle de Pluton s'étend la ceinture de Kuiper ; celle-ci est formée de petits corps célestes glacés en orbite autour du Soleil. Plus loin encore, aux confins du système solaire, se trouve un essaim de comètes que l'on appelle le Nuage d'Oort. On estime qu'il s'agit de débris laissés par la formation du système solaire, il y a 4,6 milliards d'années.

▲ LES CORPS CÉLESTES DE LA CEINTURE DE KUIPER
Depuis 1992, on a identifié plusieurs centaines d'objets appartenant à la Ceinture de Kuiper et mesurant plusieurs centaines de km de diamètre. Leur nombre total est estimé à plusieurs dizaines de milliers. Ces objets glacés ressemblent à des comètes ; les astronomes pensent d'ailleurs que les comètes de courte période, ainsi que Pluton et sa lune Charon, proviennent de la Ceinture de Kuiper. La lune de Neptune, Triton, en faisait peut-être partie jadis, avant d'être capturée par l'attraction de Neptune.

POUR EN SAVOIR PLUS ⏭ L'atmosphère 234 • Le système solaire 172

# LES COMÈTES

EDMOND HALLEY

*Anglais, 1656-1742*

*Le mathématicien et astronome Halley fut le second à occuper la charge d'astronome royal, en Angleterre. Il a découvert plusieurs planètes qui passent régulièrement dans notre ciel. Il a prédit que la comète qu'il avait observée en 1682 reviendrait en 1758. Quand elle le fit, on lui donna le nom d'Halley.*

Il arrive que des blocs de glace datant de la naissance du système solaire traversent notre ciel. Ce sont les comètes. Bien que minuscules, elles libèrent de gigantesques nuages de gaz et de poussière en s'approchant du Soleil. Ces nuages ont une chevelure brillante et une longue queue, mesurant souvent des millions de km. Quand la Terre passe dans la poussière laissée par une comète, on assiste à une pluie d'ÉTOILES FILANTES.

**LA COMÈTE DE HALE-BOPP ►**

Ce fut l'une des comètes les plus brillantes du XX$^e$ siècle. Elle a brillé dans notre ciel pendant plusieurs semaines, au printemps de 1997. La vive lumière que reflète sa tête cache un noyau de 30 à 40 km de diamètre. La comète expulse du gaz et de la poussière qui forment sa longue queue.

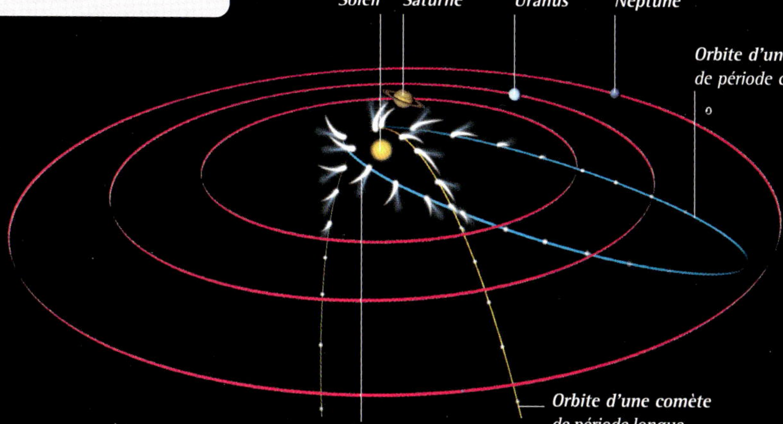


**▲ LES ORBITES DES COMÈTES**

Les comètes tournent autour du Soleil dans n'importe quel plan ; elles ont des orbites très excentriques, c'est-à-dire de forme ovale extrêmement allongée. Leur période va de quelques années à quelques siècles. Certaines viennent sans doute de la ceinture de Kuiper, ou de plus loin encore, par exemple du Nuage d'Oort. Les comètes ne deviennent visibles que quand elles s'approchent du Soleil.

## LES ÉTOILES FILANTES

Par temps clair, on voit parfois de petites zébrures de lumière dans le ciel : ce sont les étoiles filantes. En réalité, ce sont des météorites, sortes de petits cailloux qui traversent l'atmosphère en direction de la Terre. Le frottement de l'air les freine en les chauffant à tel point qu'ils se consument. Deux cents tonnes de poussière de météorites tombent sur la Terre chaque jour.

**◄ LA PLUIE D'ÉTOILES FILANTES DES LÉONIDES**

Quand la Terre traverse l'orbite d'une comète, elle balaie parfois des dizaines de météorites à l'heure. C'est ce que l'on appelle une pluie d'étoiles filantes. On leur donne le nom de la partie du ciel dont elles semblent provenir. Par exemple, la pluie des Léonides, qui survient au milieu du mois de novembre, semble provenir de la constellation du Lion. Elle se produit quand la Terre traverse la poussière de la comète de Tempel-Tuttle. Tous les trente ans environ, la densité d'étoiles filantes est exceptionnelle et atteint des centaines, voire des milliers à l'heure.

POUR EN SAVOIR PLUS ⏭ L'atmosphère 234 • Le système solaire 172

# L'ASTRONOMIE

L'astronomie, c'est l'étude scientifique des étoiles et autres corps célestes. L'astronome observe l'Univers grâce aux télescopes, qui grossissent les objets lointains jusqu'à les rendre visibles. Certains télescopes spéciaux captent des rayons de lumière invisibles à l'œil : au sol, les radiotélescopes reçoivent les ondes radio ; dans l'espace, les télescopes en orbite autour de la Terre étudient les rayons qui ne peuvent pas traverser notre atmosphère.

▲ L'ASTRONOMIE DANS L'ANTIQUITÉ
Cela fait plus de 5 000 ans que des savants observent les étoiles et consignent leurs résultats. Cette peinture indienne du XVIIᵉ siècle montre des instruments orientés vers l'astrologie : on reconnaît un astrolabe pour viser les étoiles, une carte du zodiaque et un sablier pour mesurer le temps. On cherchait dans le ciel des signes gouvernant la vie sur Terre.

◄ UN TÉLESCOPE GÉANT
Le télescope de Hale a été achevé en 1948 à l'observatoire du mont Palomar, en Californie. Ce fut le premier télescope géant. Il possède un miroir d'un diamètre de 508 cm. Il existe deux types de télescope pour étudier la lumière : le télescope à miroir reçoit la lumière sur un miroir, tandis que le télescope à réfraction la reçoit sur une lentille. Tous les télescopes professionnels modernes sont à miroir.

*GALILÉE*
*Italien, 1564-1642*
*Galileo Galilei était physicien, mathématicien et astronome. En 1609, il fut le premier à se servir d'une lunette pour observer les cieux. Il découvrit les reliefs sur la Lune, des taches sur le Soleil, observa les phases de Vénus et découvrit les quatre satellites de Jupiter. Plus tard, il soutint les thèses de Copernic selon lesquelles la Terre et les planètes tournent autour du Soleil. Condamné pour ses idées par l'Inquisition, il dut se rétracter. L'Église le réhabilita en 1992.*

◄ LA RADIOASTRONOMIE
Un radioastronome travaille au pupitre de commande du radiotélescope de 100 m à Effelsberg, en Allemagne. Beaucoup de découvertes astronomiques sont dues aux radiotélescopes, notamment les galaxies actives, les restes de supernovae, les pulsars, les masses gazeuses interstellaires et même les échos du Big Bang.

POUR EN SAVOIR PLUS ⏭ La lentille 115 • La réflexion 113 • La réfraction 114 • Les observatoires dans l'espace 196 • Le télescope 1

# LES OBSERVATOIRES

Les observatoires optiques étudient les radiations visibles – c'est-à-dire la lumière – émises par les objets célestes ; ils sont situés en montagne, où l'air est moins dense, plus sec et moins pollué. Certains observatoires ont des télescopes qui captent des radiations invisibles, comme les rayons gamma et les ondes infrarouges et radio. Les observatoires spatiaux servent aussi à détecter ces rayons, ainsi que les rayons X et les ultraviolets.

**L'OBSERVATOIRE DE MAUNA KEA ▲**
L'observatoire de Mauna Kea, à Hawaii, est bâti au sommet d'un volcan éteint. Sous le dôme ouvert se trouve un télescope de Keck géant dont le miroir, de 10 m de diamètre, est composé de 36 miroirs hexagonaux que l'on règle afin d'obtenir les meilleures images de l'espace. En effet, un miroir unique d'une taille pareille ploierait sous son propre poids.

**LE VERY LARGE TELESCOPE ►**
Le plus puissant télescope du monde est le Very Large Telescope (VLT) de l'Observatoire européen austral (ESO) au Chili. Le VLT se compose de quatre télescopes synchronisés, dont chacun a un miroir de 8,20 m de diamètre – un milliard de fois plus puissant que l'œil humain. Le VLT fournit des images de l'univers comme l'on n'en avait jamais vu.

**▼ LE VERY LARGE ARRAY**
Le Very Large Array est un groupe de 27 télescopes construits au Nouveau-Mexique, aux États-Unis. Ces télescopes travaillent de façon coordonnée, comme une unique parabole de 27 km de diamètre. Des signaux radio sont recueillis par les paraboles et réfléchis sur une antenne centrale. Ces signaux alimentent un récepteur et on les traite afin d'obtenir des images que l'on appelle images radio.

POUR EN SAVOIR PLUS ⏭ L'onde 98 • Les observatoires dans l'espace 196 • Le télescope 117

# LES FUSÉES

L'exploration de l'espace serait impossible sans fusées : elles ont été inventées par les Chinois vers 1200. Contrairement aux autres moteurs, la fusée emporte sa propre réserve d'oxygène pour brûler son carburant. C'est pourquoi elle fonctionne même dans l'espace où il n'y a pas d'air. Le carburant et son comburant sont appelés les propergols car, en brûlant, ils dégagent une énorme quantité de gaz qui propulsent la fusée dans le ciel.

◄ LE LANCEUR SOYUZ
Les Russes utilisent le lanceur Soyuz depuis les années 1960. Cet engin mesure près de 50 m de haut et se compose de trois jeux de fusées. Quatre propulseurs auxiliaires entourent le premier étage de la fusée proprement dite. Le second étage est posé au-dessus du premier, et le vaisseau Soyuz couronne le tout. Chaque fusée brûle du kérosène avec de l'oxygène liquide.

*WERNHER VON BRAUN*
*Allemand, 1912-1977*
*C'est le père des fusées modernes. Directeur du centre d'essais allemand de Peenemünde sous le régime nazi, il met notamment au point le missile V2 en 1944. Emmené en 1945 aux États-Unis, il travaille au programme spatial de ce pays en supervisant la construction de fusées à trois étages dont Saturn V qui servit lors des missions lunaires.*

### LE FONCTIONNEMENT DE LA FUSÉE

Dans une fusée, le combustible brûle avec de l'oxygène dans une chambre de combustion qui produit une énorme masse de gaz brûlants. Ceux-ci se dilatent et sortent à grande vitesse vers l'arrière ; par réaction, la fusée est propulsée en sens inverse, c'est-à-dire vers l'avant, par cette poussée.

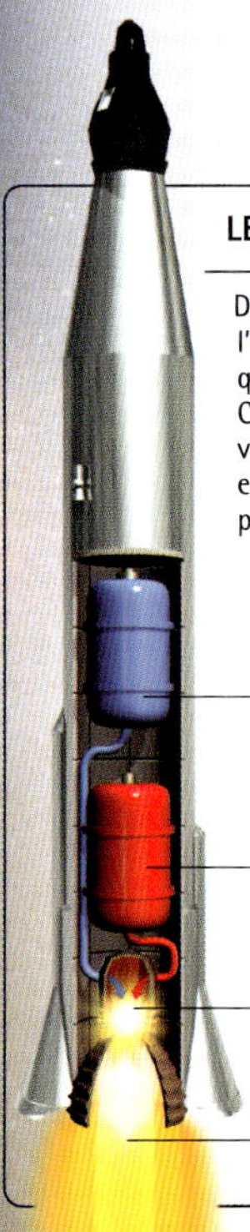


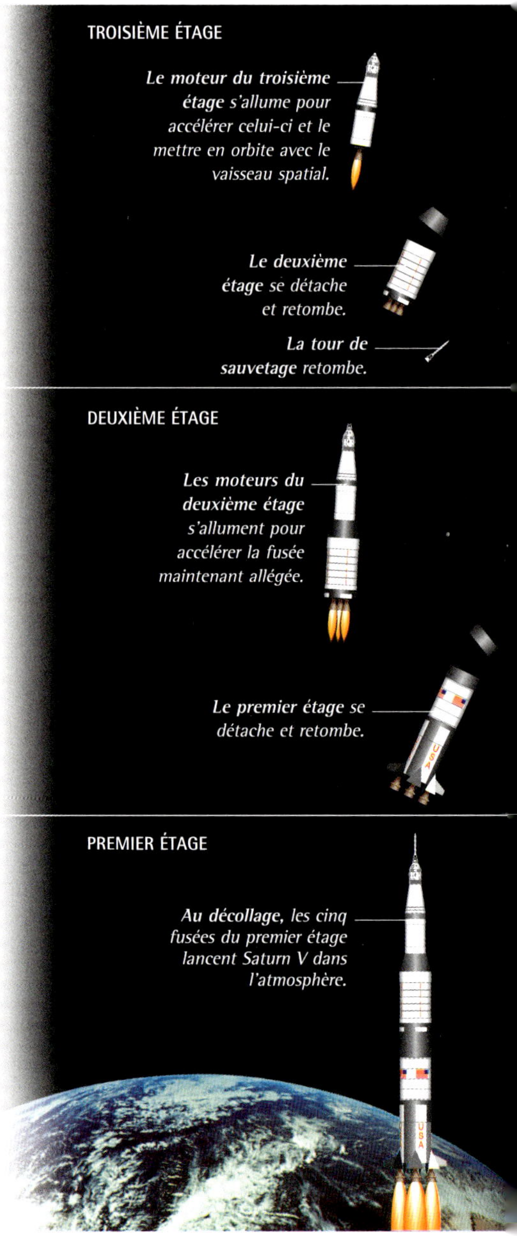


LES TROIS ÉTAGES DE SATURN V
Les lanceurs spatiaux sont composés de plusieurs étages. L principe consiste à faire fonctionner un moteur puis à s'e débarrasser dès que son combustible est épuisé. Le reste c lanceur, ainsi allégé, est alors en mesure d'accélérer davantag C'est la fusée Saturn V qui permit la conquête de la lun

POUR EN SAVOIR PLUS ⏭ Les forces 64 • La conquête de l'espace 190

# LES SATELLITES ARTIFICIELS

Jn objet en orbite autour d'un corps céleste s'appelle un satellite. La Terre n'a ıu'un satellite naturel, la Lune, et une foule de satellites artificiels. L'URSS a lancé en octobre 1957 le premier satellite artificiel, Spoutnik 1. Aujourd'hui, des milliers de satellites sont :n **ORBITE** autour de la Terre pour transmettre les communications téléphoniques, relayer les chaînes de télévision et faire des ınalyses météorologiques.

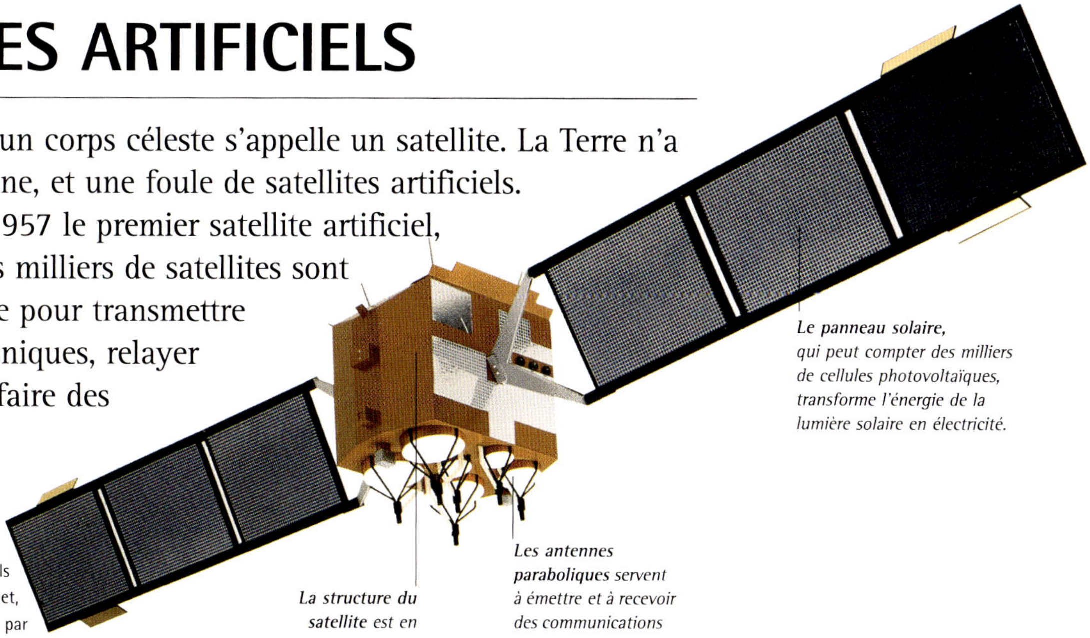


LE FONCTIONNEMENT DU SATELLITE ►
Le satellite est construit dans des matériaux ultralégers pour en faciliter le lancement. Il emporte les instruments propres à sa mission : appareils photographiques, télescopes, capteurs de radiation et, toujours, équipement radio. L'électricité est fournie par des panneaux solaires.

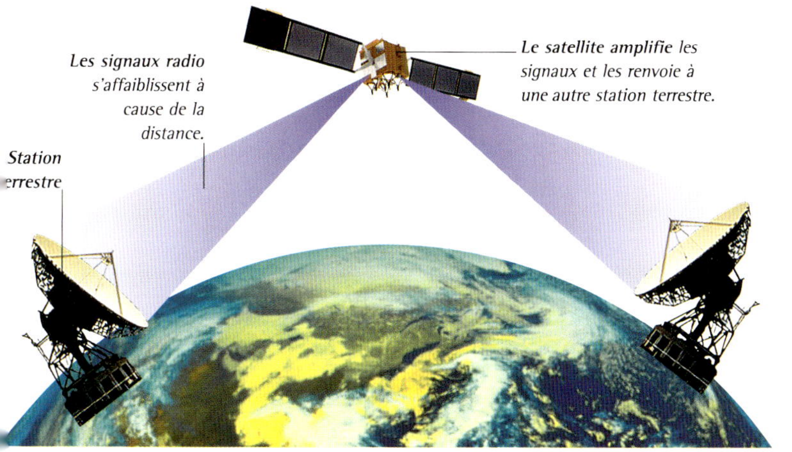


LES COMMUNICATIONS PAR SATELLITE
ı station terrestre utilise une énorme antenne parabolique pour projeter le faisceau d'ondes radio vers satellite de communication. Celui-ci reçoit, amplifie et renvoie les mêmes ondes à d'autres stations rrestres, dans le même pays ou dans un autre. Beaucoup de communications téléphoniques, de ɔurriels et de fax nationaux ou internationaux sont à présent transmis par des satellites de ɔmmunication, dont un grand nombre est en orbite géostationnaire.

▲ L'IMAGERIE SATELLITE
Sur la photographie ci-dessus prise par satellite, on observe les effets du déboisement sur les forêts de Colombie-Britannique, au Canada. Les taches jaunes montrent les coupes claires. Ce genre d'image permet de suivre les modifications de l'environnement et des ressources naturelles de la Terre.

## LES ORBITES

es satellites tournent dans 'espace autour de la Terre selon ifférentes trajectoires appelées rbites. Ils restent en orbite grâce la force centrifuge que leur onnent leur vitesse et la force de ravité. La vitesse nécessaire pour ester en orbite à une altitude onnée s'appelle la vitesse de évolution orbitale. Pour rester n orbite à quelques centaines de m d'altitude, la vitesse orbitale st de 28 000 km/h.

| LES SATELLITES ET LEURS ORBITES | |
|---|---|
| Orbite basse | Téléphonie mobile, reconnaissance, astronomie |
| Orbite polaire | Météo, navigation |
| Orbite elliptique fortement excentrique | Communications dans les régions polaires |
| Orbite géostationnaire | Communications, météo |

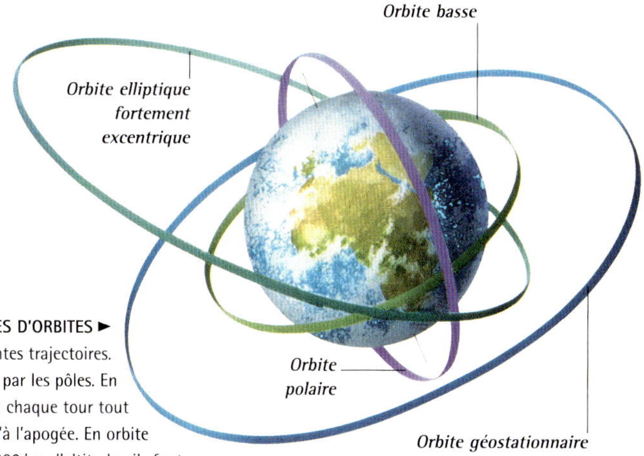


LES TYPES D'ORBITES ►
Les satellites tournent autour de la Terre selon différentes trajectoires. En orbite polaire, ils décrivent un cercle passant par les pôles. En orbite elliptique fortement excentrique, ils passent à chaque tour tout près de la Terre, au périgée, et s'en éloignent jusqu'à l'apogée. En orbite géostationnaire, ils semblent fixes dans le ciel à 36 000 km d'altitude ; ils font un tour en 24 heures. En orbite basse, ils ne sont qu'à quelques centaines de km de la Terre.

POUR EN SAVOIR PLUS ⏭ La téléphonie mobile 147 • Les télécommunications 146 • Le temps 238

# LA CONQUÊTE DE L'ESPACE

L'homme s'est aventuré dans l'espace moins de quatre ans après le lancement du premier satellite – Spoutnik 1 – en octobre 1957. Depuis, les Américains ont marché sur la Lune et les Russes ont fait des séjours supérieurs à un an dans leur station orbitale. Aujourd'hui, les spationautes partent dans l'espace aussi bien avec des fusées qu'avec la NAVETTE SPATIALE. D'ici quelques décennies, on installera probablement des bases sur la Lune, et on ira explorer Mars, notre voisine.

▼ L'EXPLORATION DE LA LUNE
La dernière mission spatiale Apollo, Apollo 17, eut lieu en décembre 1972. Eugene Cernan est debout à côté de la jeep lunaire, qui sert à transporter les astronautes et leur matériel. Cernan et Harrison H. Schmitt se sont posés sur la Lune grâce au module lunaire. En tout, six vaisseaux spatiaux Apollo se sont posés sur la Lune.

▲ LE PREMIER HOMME DANS L'ESPACE
Yuri Gagarin effectua une orbite complète autour de la Terre le 12 avril 1961. Le premier Américain en orbite autour de la Terre, John Glenn, atteignit l'espace le 20 février 1962.

▲ LES PREMIERS HOMMES SUR LA LUNE
Le 20 juillet 1969, Apollo 11 se posait sur la Lune. Neil Armstrong (à gauche) et Buzz Aldrin (à droite) marchèrent sur la Lune. Michael Collins (au milieu) pilotait le module de commande.

▲ LE CENTRE DE CONTRÔLE DES VOLS
Dès leur lancement, tous les vols habités américains sont suivis depuis le centre de Houston, au Texas. Les contrôleurs surveillent tous les aspects de la mission : ils vérifient les paramètres du vaisseau spatial, suivent les expériences prévues pour le vol et communiquent avec l'équipage.

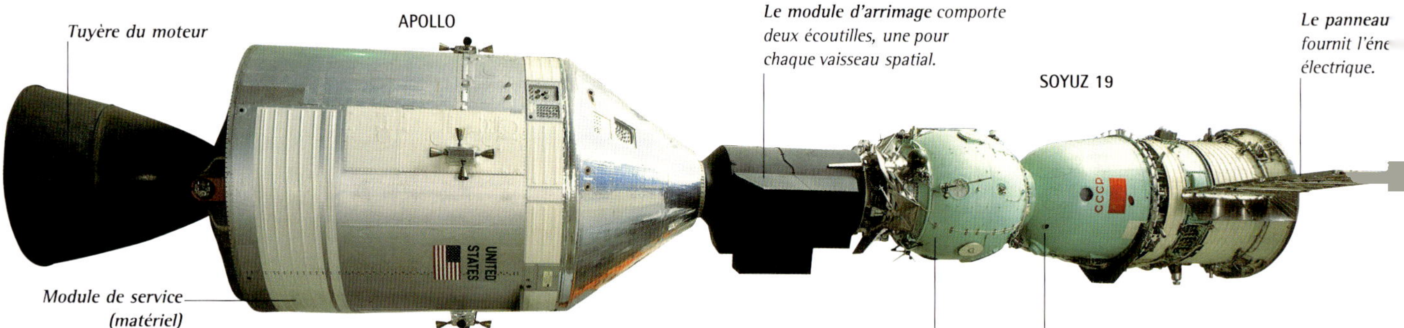


▲ COOPÉRATION INTERNATIONALE DANS L'ESPACE
En juin 1975, un vaisseau spatial soviétique Soyuz est resté deux jours amarré à un vaisseau américain Apollo. Ce fut la première mission spatiale habitée internationale. Les équipages ont visité leurs quartiers respectifs et se sont livrés ensemble à quelques expériences scientifiques.

# LA NAVETTE SPATIALE

.a première navette fut lancée le 12 avril 1981. Jusque-là, les lanceurs ne servaient qu'une seule fois. La navette en revanche est prévue pour faire l'aller-retour : la plupart de ses pièces peuvent être réutilisées. .a navette se compose de deux propulseurs auxiliaires, d'un orbiteur à ailes delta qui transporte l'équipage et d'un réservoir extérieur de carburant.

**L'HABITACLE SUPÉRIEUR ▲**
La cabine de pilotage de la navette se trouve à l'avant du pont supérieur. Le pilote et le copilote portent ici leurs combinaisons spatiales orange prévues pour le lancement et le retour dans l'atmosphère ; elles protègent les spationautes en cas de dépressurisation de la cabine. Elles comportent également une réserve d'oxygène, un parachute, un radeau de sauvetage, une réserve d'eau et un kit complet de survie.

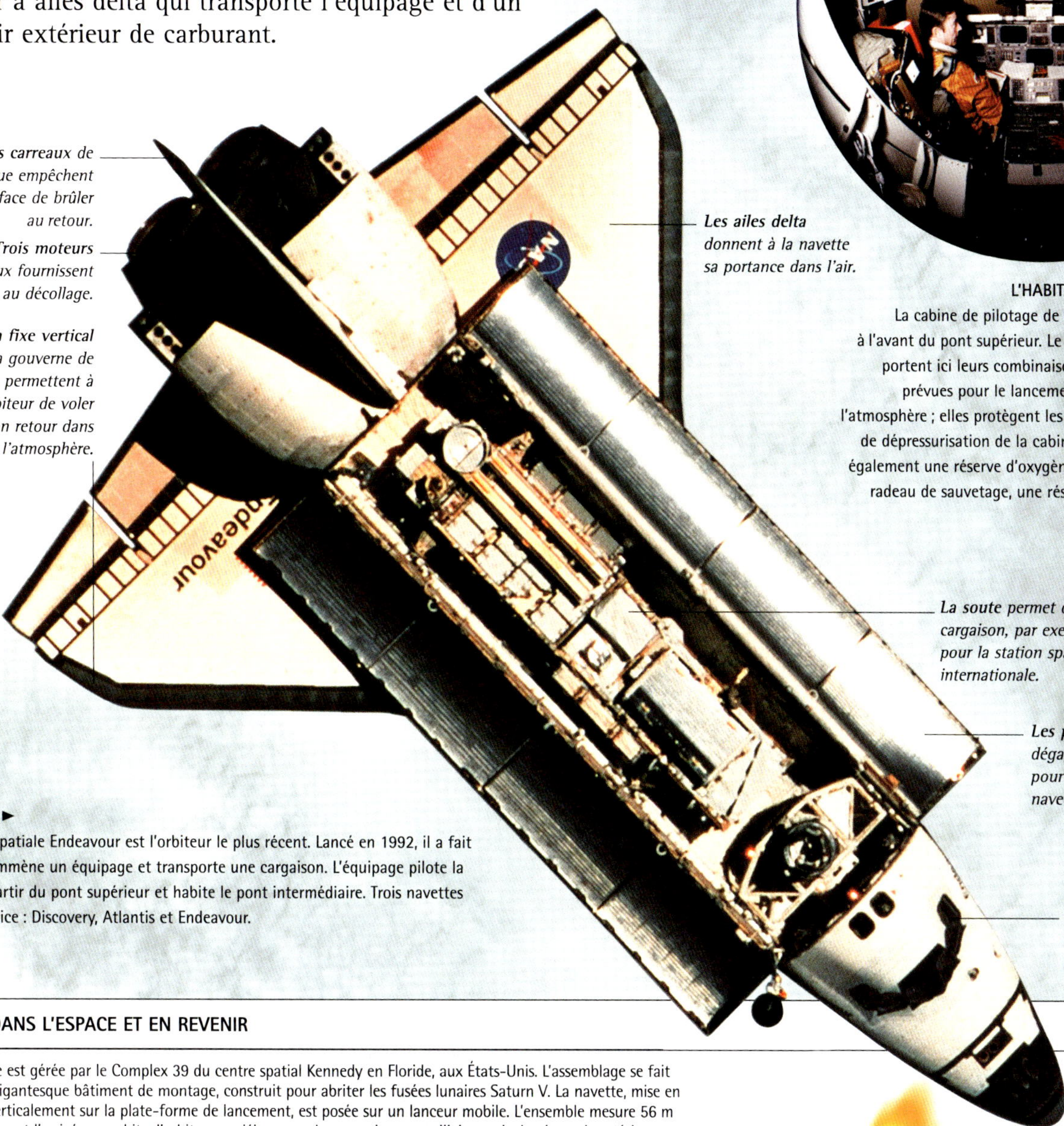


**ORBITEUR ►**
a navette spatiale Endeavour est l'orbiteur le plus récent. Lancé en 1992, il a fait 7 vols. Il emmène un équipage et transporte une cargaison. L'équipage pilote la avette à partir du pont supérieur et habite le pont intermédiaire. Trois navettes nt en service : Discovery, Atlantis et Endeavour.

## ALLER DANS L'ESPACE ET EN REVENIR

La navette est gérée par le Complex 39 du centre spatial Kennedy en Floride, aux États-Unis. L'assemblage se fait dans un gigantesque bâtiment de montage, construit pour abriter les fusées lunaires Saturn V. La navette, mise en attente verticalement sur la plate-forme de lancement, est posée sur un lanceur mobile. L'ensemble mesure 56 m de haut. Avant l'arrivée en orbite, l'orbiteur se débarrasse des propulseurs auxiliaires puis du réservoir extérieur.

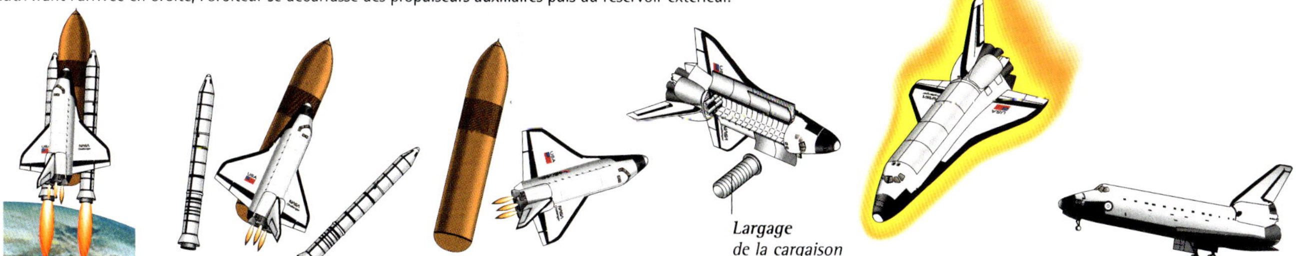


1. *Les moteurs de l'orbiteur et les deux propulseurs auxiliaires s'allument en même temps pour décoller.*
2. *2 mn après le décollage, les propulseurs auxiliaires descendent en parachute sur Terre où on les récupère.*
3. *6 mn plus tard, le réservoir extérieur de carburant est largué. Il n'est pas récupéré, il brûle dans l'atmosphère.*
4. *L'orbiteur arrive en orbite et y reste en principe une semaine. Il fait le tour de la Terre toutes les 90 mn.*
5. *L'orbiteur revient dans l'atmosphère. Son bouclier est chauffé au rouge par le frottement du freinage.*
6. *Une fois dans l'atmosphère, l'orbiteur se met à planer et se pose sur un terrain d'atterrissage ordinaire.*

POUR EN SAVOIR PLUS ⏭ Les spationautes 192 • Le vol 96 • Le frottement 68 • Les missions spatiales 198 • La Lune 177

# LES SPATIONAUTES

Le Soviétique Yuri Gagarin fut, en 1961, le premier homme à aller dans l'espace. Des centaines de cosmonautes, ou d'astronautes s'ils sont américains, s'y sont aventurés depuis. L'expérience a montré que l'homme peut travailler dans l'espace, aussi bien à bord d'un vaisseau qu'à l'extérieur, dans le cadre de SORTIES EXTRAVÉHICULAIRES. Dans l'espace, les corps des spationautes sont contrôlés constamment, aussi bien pour vérifier leur état de santé que dans le cadre de recherches en MÉDECINE SPATIALE, c'est-à-dire l'étude des effets de l'apesanteur.

◄ L'ENTRAÎNEMENT
Sur Terre, le spationaute s'entraîne dans une piscine en prévision de sorties dans l'espace. Il porte une tenue ressemblant à une combinaison spatiale, lestée afin ne pas flotter : cela rappelle la gravité zéro, condition de travail du spationaute en orbite.

*Les gants sont équipés d'un chauffage indépendant.*

*Chaque spationaute est identifié par des bandes de couleur.*

*Le sac à dos fournit l'oxygène, l'eau de refroidissement de la combinaison spatiale et l'énergie électrique.*

*Un bras métallique sert à fixer les outils du spationaute.*

*La combinaison spatia est un vêtement pressurisé à couch multiples qui protège le spationau de la température, des radiatio dangereuses et des petites météorite*

AMANDES

ANANAS EN BOÎTE

MUESLI

◄ GASTRONOMIE SPATIALE
À bord des vaisseaux spatiaux, l'alimentation des spationautes est variée. Certains aliments – fruits secs, biscuits – sont dans leur état naturel, d'autres sont congelés ou en boîte. D'autres encore sont lyophilisés : il faut les réhydrater avant de les consommer. À l'époque héroïque des vols spatiaux, les spationautes avaient un régime nourrissant mais peu appétissant : les conditionnements ressemblaient à des tubes de dentifrice.

# LES SORTIES EXTRAVÉHICULAIRES

En orbite, il arrive que les spationautes doivent travailler en dehors de leur vaisseau. On appelle ces activités des marches dans l'espace. La première fut effectuée en 1965 par le Russe Alexei Leonov. Aujourd'hui, les spationautes font des marches dans l'espace pour récupérer et réparer les satellites, et agrandir la station spatiale internationale.

◄ LES MÉCANICIENS DE L'ESPACE
Lors de la mission STS-112 de la navette en octobre 2002, l'astronaute David Wolf mit six heures à installer du matériel sur la station spatiale internationale (SSI) avec l'aide de son collègue Piers J. Sellers. L'objectif était de monter une nouvelle poutre de la charpente de la SSI.

▲ LA RÉPARATION D'HUBBLE
Lors de la mission d'entretien STS-109 de la navette en mars 2002, les astronautes installèrent sur le télescope spatial une nouvelle centrale électrique, une nouvelle caméra et de nouveaux capteurs solaires. Pendant cette mission, les astronautes totalisèrent cinq sorties dans l'espace, qui durèrent en tout 36 heures. C'était la quatrième mission de la navette consacrée au télescope Hubble.

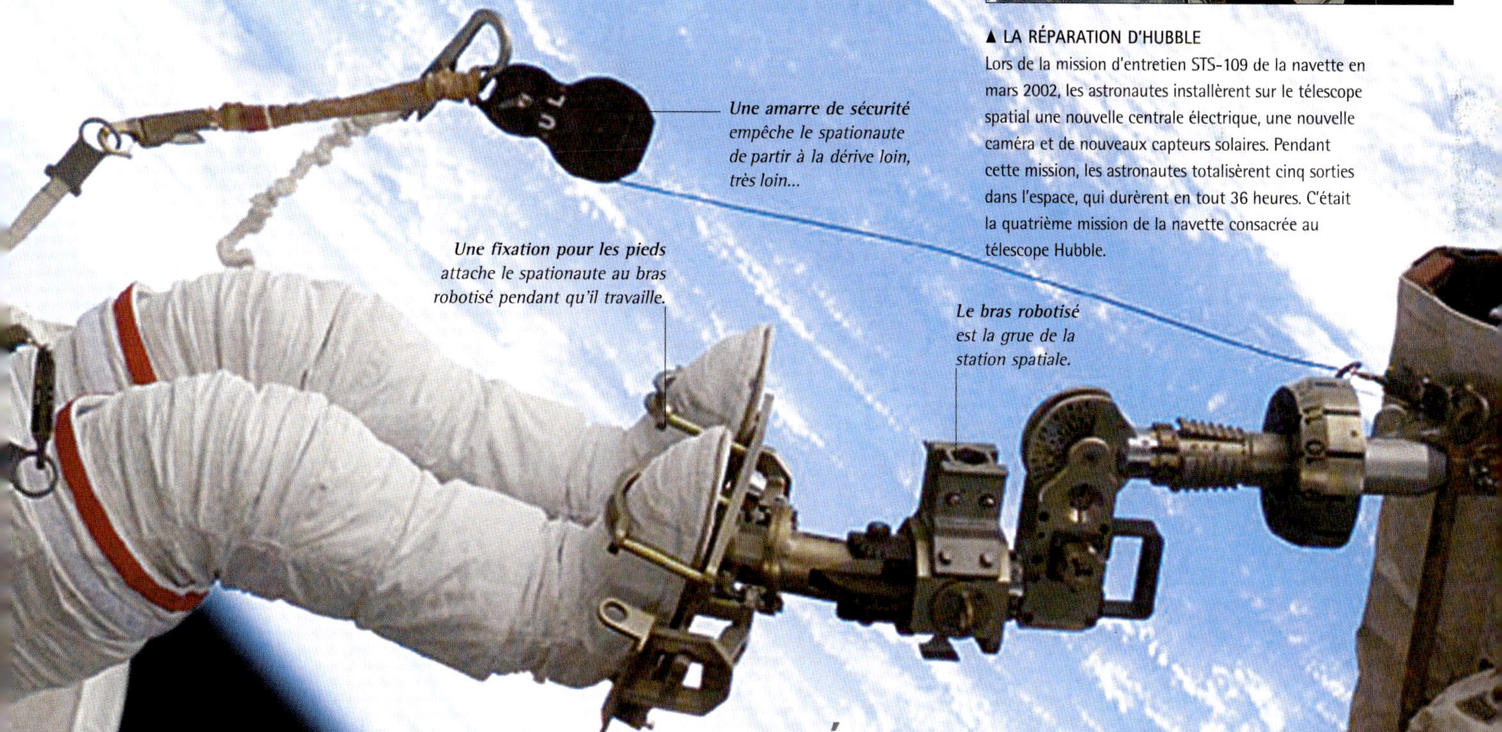


# LA MÉDECINE SPATIALE

Du fait de l'apesanteur, les vols spatiaux affectent le corps humain de différentes façons. Les muscles fondent, les os perdent du poids et deviennent cassants. Il faut donc faire de l'exercice et suivre un régime approprié pour combattre l'effet des longs voyages dans l'espace.

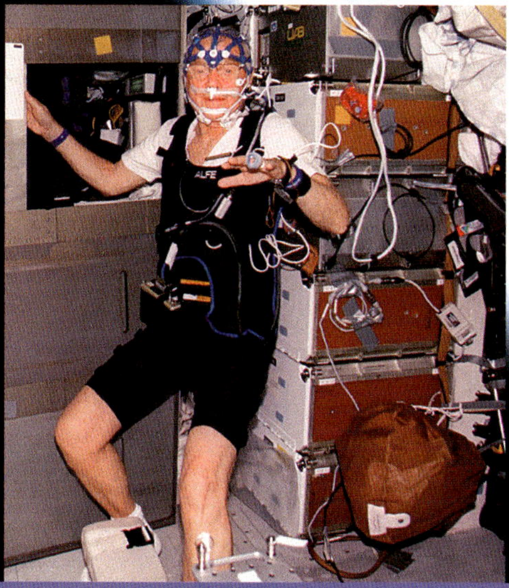

◄ UN CONTRÔLE MÉDICAL DANS L'ESPACE
Lors de la mission STS-95 de la navette en 1998, John Glenn fut couvert d'électrodes pour enregistrer son sommeil. En 1962, Glenn avait été le premier astronaute américain en orbite autour de la Terre. En 1998, âgé de 77 ans, il participa à une mission de la navette consacrée aux effets de l'apesanteur sur un homme âgé.

POUR EN SAVOIR PLUS ⏭ La gravité 72 • Les stations spatiales 194 • La conquête de l'espace 190

▲ DESTINATION SALYUT
Deux cosmonautes dans la capsule de Soyuz 37 avant le décollage pour un séjour dans la station spatiale Salyut 6 en 1980. Certains cosmonautes ont battu les records de séjour dans l'espace en vivant plus de six mois à bord de Salyut 6. Celui-ci fut remplacé en 1982 par Salyut 7.

# LES STATIONS SPATIALES

Une station spatiale est un vaisseau conçu pour rester en orbite des années. Les conditions de vie sont contrôlées avec soin : des panneaux solaires fournissent l'énergie, une atmosphère confortable est maintenue, l'eau et l'air sont recyclés. Les spationautes sont des scientifiques qui observent l'effet de l'apesanteur sur les matériaux, l'homme, les plantes et les animaux. La **STATION SPATIALE INTERNATIONALE** est un projet auquel collaborent 17 pays.

**LES STATIONS SPATIALES**

| *NOM* | *PAYS* | *DATE* | *OBSERVATIONS* |
|---|---|---|---|
| Salyut 1 | URSS | 1971 | Un équipage perdu au retour |
| Skylab | États-Unis | 1973 | Trois équipages successifs |
| Spacelab | Europe | 1983 | Transporté par la navette |
| Mir | URSS | 1986 | Date du premier lancement |
| SSI | International | 1998 | Date du premier lancement |

▲ SKYLAB EN ORBITE
Les États-Unis lancèrent leur première station spatiale, du nom de Skylab, en 1973. Un des panneaux solaires, arraché au décollage, endommagea le bouclier thermique protégeant les quartiers de l'équipage. Le premier équipage réussit à réparer les dégâts et resta en orbite 28 jours. Les équipages ultérieurs restèrent respectivement 56 et 84 jours à bord.

▲ MISSION VERS MIR EN 1995
En février 1986, l'URSS lança le premier élément de sa station spatiale Mir (la paix, en russe), qui allait rester 15 ans en orbite. Cinq autres éléments furent ajoutés au fil des ans, mis en orbite par des vols non habités. En 2001, Mir décrocha de son orbite et se désintégra dans l'atmosphère.

▼ LA SSI UNE FOIS FINIE
Voici à quoi ressemblera la SSI une fois achevée. Elle mesurera 110 m de long, autant qu'un terrain de foot. Les différentes unités seront hissées en orbite par des fusées Proton russes et des navettes spatiales américaines. Une fois là-haut, les éléments seront assemblés par des spationautes, avec l'aide d'un bras de robot voyageur fourni par le Canada.

# LA STATION SPATIALE INTERNATIONALE

Le plus grand ensemble jamais construit dans l'espace, en orbite à 390 km au-dessus de la Terre, est l'œuvre de 14 pays européens, regroupés au sein de l'ESA, de la Russie, du Japon, du Canada et des États-Unis.

**◄ LES CONSTRUCTEURS**
À l'intérieur de la navette Endeavour, l'équipage pose pour une photo ; après avoir livré le premier élément américain de la SSI, appelé Unity et mis en orbite en décembre 1998, il vient de raccorder Unity au premier élément de la SSI mis en orbite, le module russe Zarya. Derrière l'équipage, les drapeaux de tous les pays participant au projet.

**▲ LA RECHERCHE SCIENTIFIQUE**
Les expériences de culture de végétaux à bord de la SSI sont importantes en vue de résoudre la question de l'alimentation lors des longs voyages interplanétaires dans l'avenir. Les plantes transforment le gaz carbonique en oxygène, et filtrent l'air. Les laboratoires de la SSI sont uniques car les expériences ont lieu en microgravité, c'est-à-dire presque en apesanteur. Ces expériences offrent un point de vue inédit sur de nombreux aspects de la physique, de la chimie, de la médecine et de la biologie.

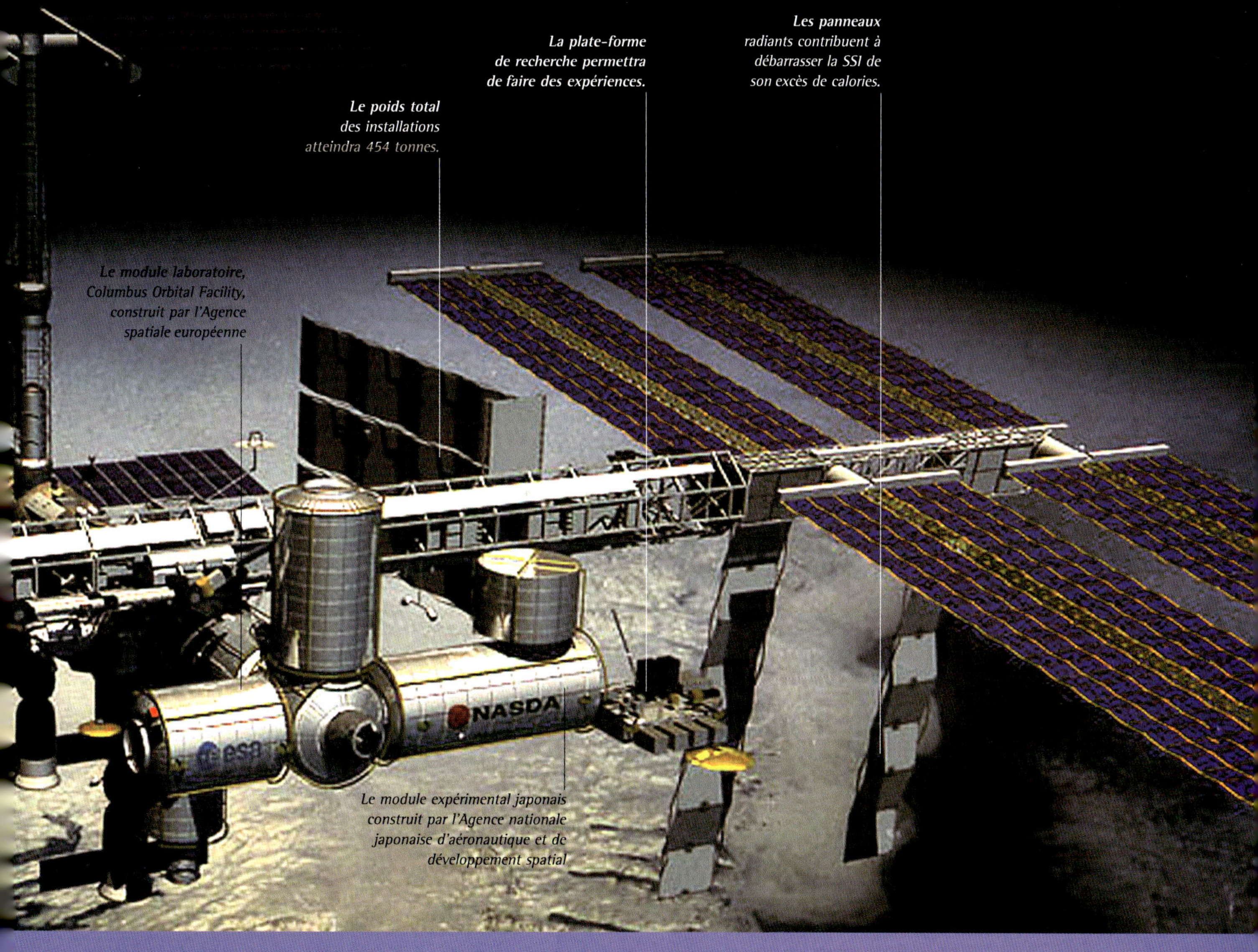


POUR EN SAVOIR PLUS ►► Les spationautes 192 • La gravité 72 • Les fusées 188 • La conquête de l'espace 190

LES ONDES ÉLECTROMAGNÉTIQUES

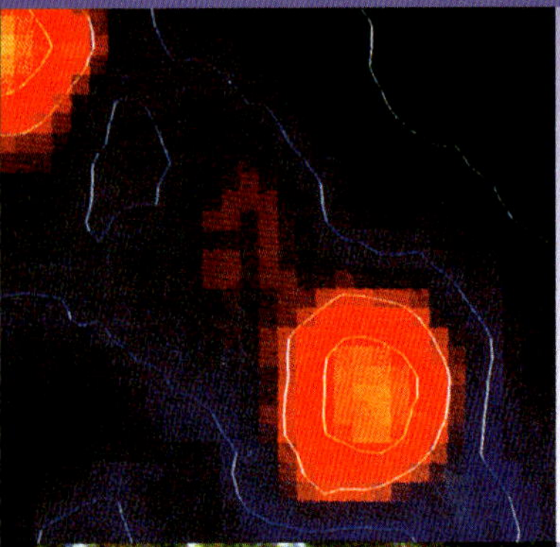

◄ LES RAYONS GAMMA
Ci-contre, une photographie de la nébuleuse du Crabe M1 sous rayons gamma. Ces derniers sont les ondes ayant la longueur la plus faible et l'énergie la plus puissante. Ils sont produits par des événements cosmiques d'une violence inimaginable, comme par exemple les collisions de galaxies.

◄ LES RAYONS X
Les rayons X de haute énergie sont émis, eux aussi, quand surviennent des événements violents dans le cosmos. Ils véhiculent plus d'énergie que la lumière visible et ont une longueur d'onde plus importante que les rayons gamma. Ci-contre, les débris épars d'une explosion d'une supernova.

◄ LES RAYONS ULTRAVIOLETS
Cette photographie du Soleil prise sous ultraviolets montre les différences de température de la couronne. Les ultraviolets ont, eux aussi, davantage d'énergie que la lumière visible mais moins que les rayons X. Ils sont émis par des objets très chauds, comme le Soleil, et brûlent la peau.

◄ LES RAYONS INFRAROUGES
La nébuleuse de l'Aigle, M16, vue sous infrarouges. Ces rayons ont une longueur d'onde supérieure à la lumière visible. Sur Terre, on en ressent la chaleur : c'est le rayonnement thermique. Dans l'espace, ils traversent la poussière interstellaire et permettent de voir ce qu'il y a au-delà.

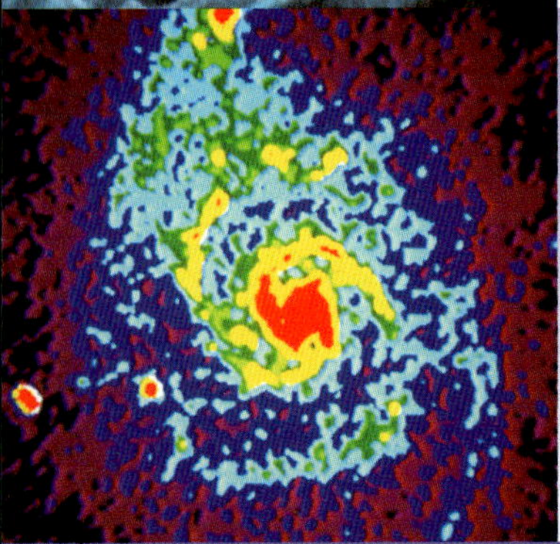

◄ LES ONDES RADIO
La galaxie du Tourbillon, M51, vue ici sous ondes radio. Ces dernières ont la plus grande longueur d'onde et l'énergie la plus faible. Dans l'espace, elles proviennent des étoiles, des galaxies et des nuages gazeux. La plupart de ces ondes sont reçues par des radiotélescopes installés au sol.

# LES OBSERVATOIRES DANS L'ESPACE

On lance dans l'espace des observatoires, tel le TÉLESCOPE SPATIAL HUBBLE, pour avoir une meilleure vue du cosmos, dégagée des turbulences de l'atmosphère. On capte ainsi des rayonnements invisibles absorbés par l'atmosphère, tels les rayons gamma, UV et IR, qui aident les astronomes à comprendre le fonctionnement de l'Univers.

▲ LE SATELLITI CGRC
Le CGRO (Observatoire à rayor gamma de Compton), lancé en 1991 est le plus grand observatoire spatial jamai lancé. Il a cartographié des centaines de source gamma et enregistré plus de 2 500 salves di rayons gamma, qui attestent des événements le plus violents de l'Univers

L'OBSERVATOIRE À RAYONS X DE CHANDRA ►
Cet observatoire est long de 13,70 m : c'est le télescope à rayons X le plus puissant du monde. En 1999, il fut satellisé par la navette spatiale, puis placé sur une orbite elliptique fortement excentrique dont l'apogée est à 140 000 km de la Terre.

◄ L'OBSERVATOIRE SOLAIRE SOH
Depuis 1995, le SOHO (Observatoire du Soleil et de l'héliosphèr surveille le Soleil dans un large spectre, du rouge à l'ultraviole Il est en orbite solaire à 1,5 million de km de la Terre. SOH scrute la surface du Soleil, ses couches profondes et sc atmosphère, la couronn

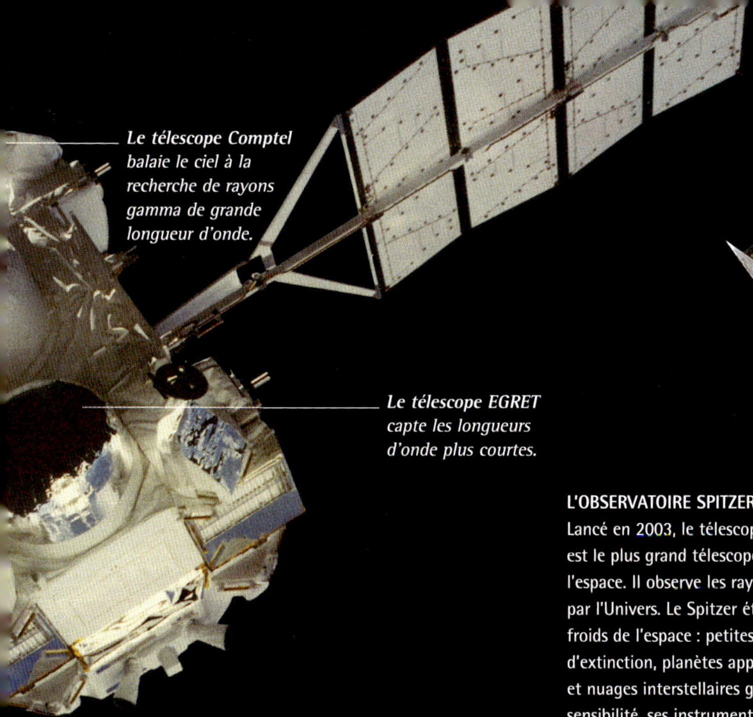


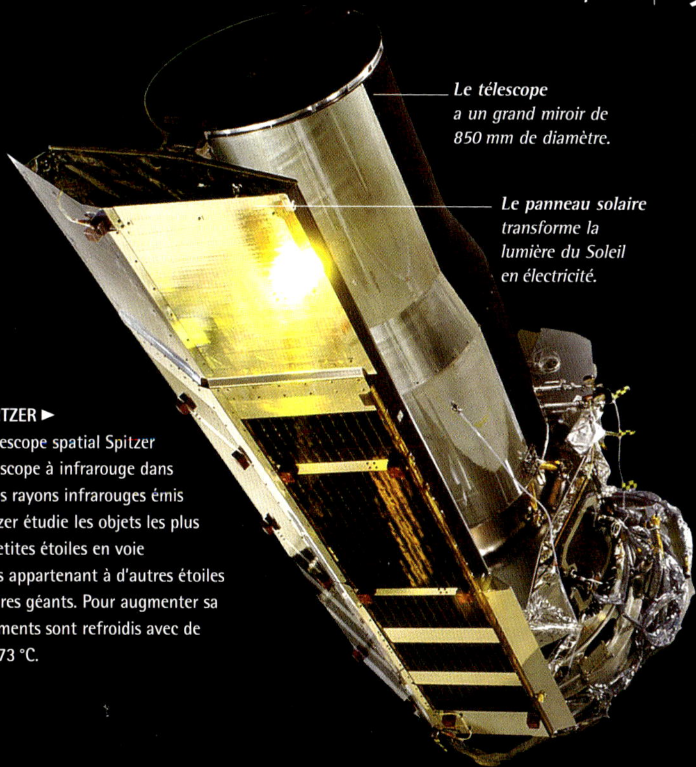


**L'OBSERVATOIRE SPITZER ►**
Lancé en 2003, le télescope spatial Spitzer est le plus grand télescope à infrarouge dans l'espace. Il observe les rayons infrarouges émis par l'Univers. Le Spitzer étudie les objets les plus froids de l'espace : petites étoiles en voie d'extinction, planètes appartenant à d'autres étoiles et nuages interstellaires géants. Pour augmenter sa sensibilité, ses instruments sont refroidis avec de l'hélium liquide à –273 °C.

# LE TÉLESCOPE SPATIAL HUBBLE

Les plus belles images jamais reçues de l'Univers sont peut-être celles envoyées par le télescope spatial Hubble. Il travaille surtout en lumière visible mais peut également faire des images sous infrarouges. Lancé en 1990 par la navette spatiale Discovery, il a subi depuis quatre interventions et modernisations de la part des spationautes de la navette.

**LA GALAXIE DU SOMBRERO**
image ci-dessus envoyée par Hubble représente la galaxie spirale du Sombrero, M104, ı 2003 ; jamais on n'avait pris de photo si nette de cette galaxie. Vu de profil, le disque alactique apparaît comme une bande sombre devant les étoiles brillantes du bulbe central. ubble ne prend pas de photos en vraies couleurs. Il prend à travers des filtres de couleurs fférentes plusieurs photos, que l'on combine ensuite pour reconstituer la véritable uleur. Le traitement de ces images par ordinateur permet de créer des couleurs tificielles mettant en évidence tel ou tel aspect particulier.

**▲ LE FONCTIONNEMENT DU TÉLESCOPE**
Le corps d'Hubble contient un télescope ordinaire à miroirs. Le miroir primaire, de 2,40 m de diamètre, reçoit la lumière et la renvoie dans le tube sur un miroir secondaire. Celui-ci réfléchit la lumière et la fait passer à travers un trou du miroir primaire. La lumière alimente ensuite les appareils photo et autres instruments. Hubble est piloté à distance par la NASA, depuis son centre de vol spatial de Goddard, dans le Maryland, aux États-Unis. Là, les ingénieurs surveillent le télescope et le font travailler selon les besoins des astronomes de Baltimore, toujours aux États-Unis.

POUR EN SAVOIR PLUS ›› L'astronomie 186 • L'onde 98 • La lumière 110 • Les observatoires 187 • Le télescope 117

# LES MISSIONS SPATIALES

Les missions interplanétaires permettent d'étudier de près les planètes, les astéroïdes et les comètes. Mariner 2 fut le premier vaisseau à frôler Vénus, en 1962. L'EXPLORATION DE MARS a commencé avec Mariner 4 en 1965. Depuis, toutes les planètes sauf Pluton ont reçu la visite de vaisseaux interplanétaires. Certains étudient leur objectif en le survolant, d'autres en se mettant en orbite autour, d'autres encore en se posant dessus et quelques-uns en s'y écrasant !

*L'appareil photographique possède un objectif à grand angle et un téléobjectif.*

*L'antenne parabolique reçoit les ordres de la Terre et émet les données.*

*Le RTG (générateur thermoélectrique à radio-isotope) produit de l'électricité à partir d'une pastille de plutonium.*

*L'antenne longue capte les signaux radio des planètes.*

◄ LE SURVOL DE VOYAGER

Les deux vaisseaux spatiaux Voyager ont à présent quitté le système solaire, après le succès de leurs missions de survol des planètes extérieures, missions commencées en 1977. Voyager 1 et 2 ont tous les deux survolé Jupiter et Saturne. Puis Voyager 2 a continué en direction d'Uranus et de Neptune, afin de révéler leurs secrets pour la première fois.

▲ SE POSER SUR EROS

Le vaisseau spatial NEAR-Shoemaker s'est posé de façon inattendue sur l'astéroïde Eros en février 2001. Il venait de passer un an en orbite autour de cet objet rocheux de 33 km, qui passe parfois à 22 millions de km de la Terre. À la fin de sa mission, les scientifiques ont décidé de laisser le satellite s'approcher de plus en plus près de sa surface, tout en prenant des photos. À la surprise générale, le vaisseau a résisté au choc du contact avec l'astéroïde un instrument a continué à fonctionner pendant plusieurs jours.

▼ EN ORBITE AUTOUR DE VÉNUS

Le vaisseau spatial Magellan s'est mis en orbite autour de Vénus en 1990. Avec son radar, il a percé la couche nuageuse qui couvre la planète en permanence. Les images qu'il a renvoyées montrent le paysage de Vénus, couvert par les énormes épanchements de lave provoqués par des centaines de volcans. Il a également relevé des réseaux de fissures en toile d'araignée à la surface de la planète.

*Magellan a été satellisé par la navette spatiale, avant d'être mis sur son orbite définitive.*

*Le vaisseau spatial Cassini en orbite autour de Saturne*

*L'antenne parabolique renvoie vers la Terre les données reçues de Huygens.*

*Titan a une atmosphère épaisse composée d'azote et de méthane.*

*La sonde Huygens descend dans l'atmosphère de Titan.*

▲ VOYAGE VERS SATURNE ET TITAN

En 2004, le vaisseau spatial Cassini a atteint la planète aux beaux anneaux, Saturne, après sept ans de trajet depuis la Terre. L'objectif était d'étudier de façon prolongée la planète et ses nombreuses lunes. Cassini était programmé pour larguer la sonde Huygens dans l'épaisse atmosphère de Titan – la plus grosse lune de Saturne – et la faire se poser à la surface de ce satellite.

# L'EXPLORATION DE MARS

Des missions interplanétaires passionnantes ont eu pour cible Mars, planète proche de la Terre. Mars est la seule planète où la vie a peut-être existé, et où l'homme pourrait envisager de s'installer à l'avenir. Mars a été exploré en détail par des vaisseaux spatiaux, à sa surface ou en orbite autour de lui. Ces missions ont révélé la présence d'eau congelée dans les roches martiennes, reste possible d'anciens océans.

▲ LA SONDE MARTIENNE GLOBAL SURVEYOR
Global Surveyor fut lancée en 1996 et arriva en orbite autour de Mars 10 mois plus tard. En 1999, elle commença sa mission principale : tourner autour de Mars en accumulant des données pour créer une image détaillée de la surface martienne. Elle a également établi la topographie en trois dimensions de la planète et étudié les roches de sa surface et son atmosphère.

▲ LE PAYSAGE MARTIEN
La photographie ci-dessus, prise par le robot mobile Spirit en 2004, montre que la surface de Mars est couleur rouille, et jonchée de petits cailloux. Les fines particules de poussière arrachées par le vent martien donnent au ciel une teinte d'un rose orangé. Le robot Opportunity s'est posé dans un cratère ; il y a photographié des roches qui semblent s'être formées sous l'eau, par exemple au fond d'une mer ou d'un lac salé peu profond, ou sous la glace.

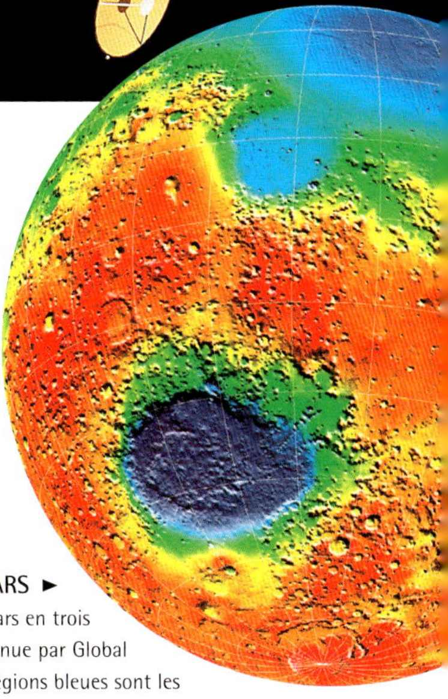

LA CARTE DE MARS ►
Voici l'image de Mars en trois dimensions obtenue par Global Surveyor. Les régions bleues sont les plus basses, les rouges les plus hautes. La région bleue au centre des parties rouges est un bassin profond du nom d'Hellas, qui mesure 1 600 km de diamètre.

▼ ROULER SUR MARS
En janvier 2004, deux robots mobiles du nom de Spirit et Opportunity se sont posés sur Mars et ont commencé à se déplacer à sa surface avec lenteur. Ils transportaient des instruments de navigation et d'étude des roches, ainsi que des appareils photographiques pour prendre des images de la surface de la planète. Avant toute exploration, chaque robot a pris une photo de la zone située directement devant lui : cette image a servi à tracer un itinéraire sans obstacle et à choisir la destination suivante.

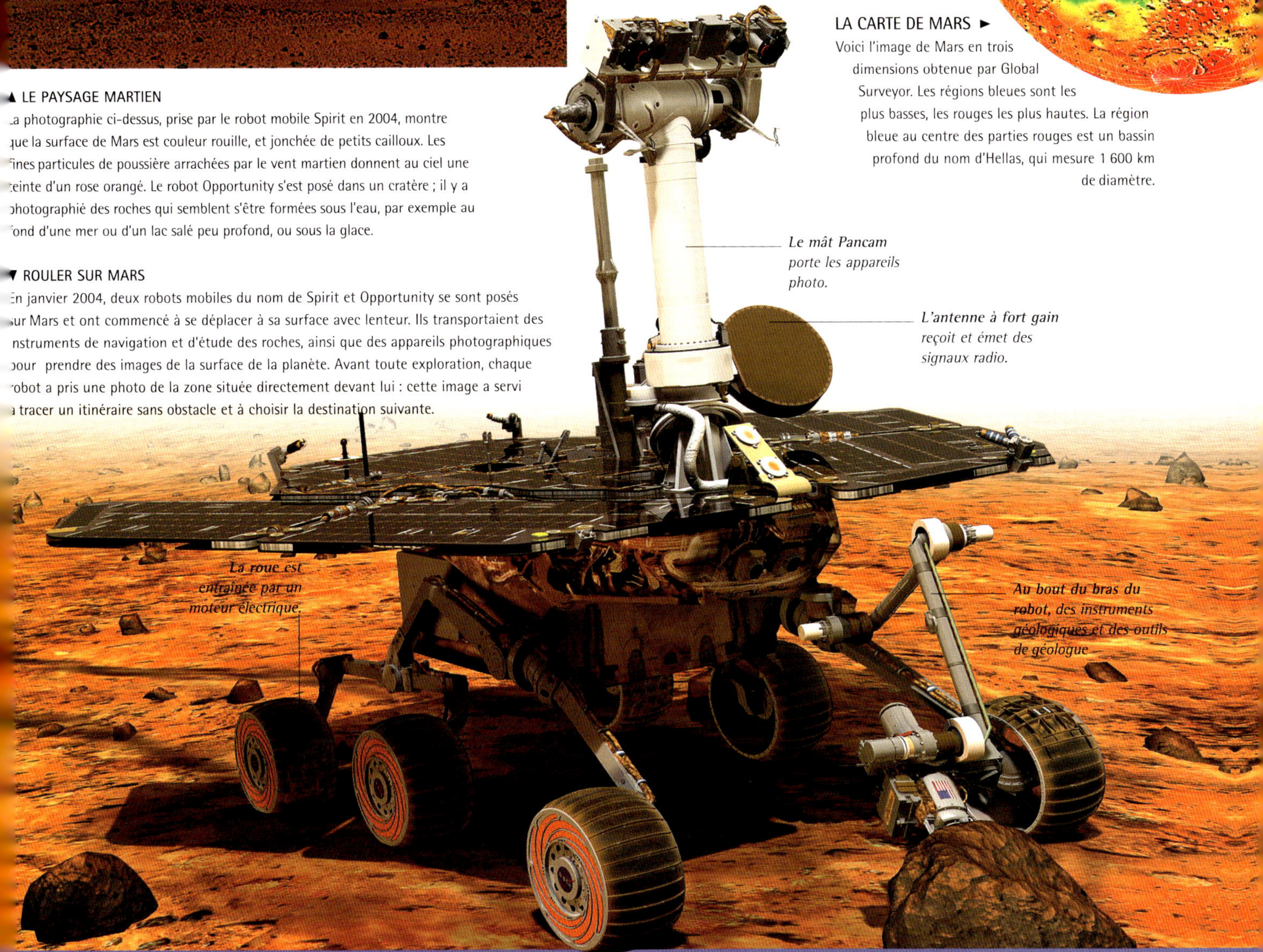


POUR EN SAVOIR PLUS ⏭ Les astéroïdes 184 • La vie extraterrestre 200 • Mars 178 • Saturne 180 • Vénus 175

# LA VIE EXTRATERRESTRE

La Terre est le seul corps céleste sur lequel on a observé la vie. Celle-ci existe-t-elle ailleurs dans l'Univers ? Il est possible que la vie existe – ou ait existé – dans notre système solaire, par exemple sur Mars ou Europe. Les astronomes cherchent désormais beaucoup plus loin ; dans le cadre de programmes de recherche d'intelligence extraterrestre (SETI), ils explorent le ciel dans l'espoir de recevoir des profondeurs de l'espace des signaux d'êtres intelligents.

▲ LA VIE SUR EUROPE ?
La plus grosse lune de Jupiter, Europe, photographiée ci-dessus par le vaisseau spatial Galileo, a une surface plane de glace rose, zébrée de fissures ; celles-ci sont causées par les mouvements de l'océan liquide sous-jacent. C'est l'énergie des marées causées par le puissant effet gravitationnel de Jupiter qui brise ainsi la glace. Certains en ont conclu que la vie existe peut-être sur Europe.

LE MESSAGE DE VOYAGER ►
Les deux vaisseaux Voyager sont en train de quitter le système solaire pour se lancer dans l'espace intersidéral – l'espace entre les étoiles. Chaque vaisseau porte un disque sur lequel on a enregistré des images, des bruits d'ambiance, la parole humaine et de la musique. On espère qu'un jour, des êtres intelligents d'un monde lointain auront ce disque en leur possession et sauront que la vie existe sur Terre.

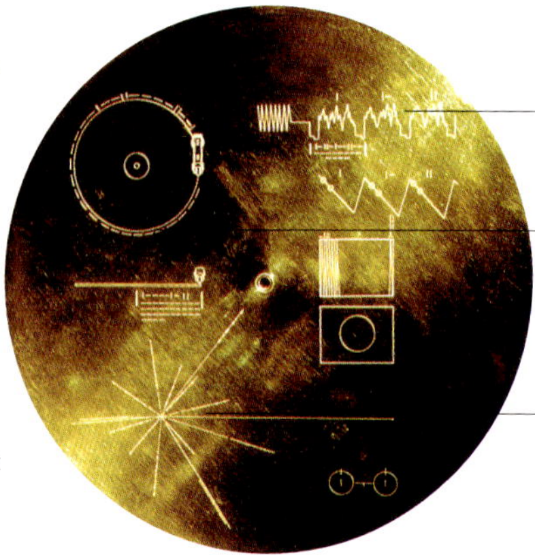

***Comment voir** les images représentant des choses naturelles et artificielles.*

***Comment utiliser** l'enregistrement pour entendre des sons terrestres.*

***La position de la Terre** dans l'espace par rapport à 14 pulsars, étoiles tournantes qui lancent dans l'espace des faisceaux de radiations.*

▼ L'EXPLORATION DU CIEL
Le radiotélescope d'Arecibo, à Porto Rico, aux Antilles, est un des instruments utilisés pour capter d'éventuels signaux de civilisations de l'espace. Dans le cadre du projet Phoenix de recherche d'intelligence extraterrestre, des millions de fréquences radio sont balayées simultanément. Ce sont les ondes radio que l'on étudie, car elles seules parcourent des distances énormes sans interférence.

UNE VIE PRIMITIVE ►
Les premières formes de la vie sur Terre se sont manifestées il y a près de quatre milliards d'années, avec des algues bleu-vert, les cyanobactéries. Ces organismes, que l'on trouve encore aujourd'hui en Australie occidentale, constituent des tertres appelés stromatolites. La vie a commencé sur Terre avec ces organismes unicellulaires. Pourquoi n'existerait-elle pas ailleurs dans l'espace, sous la même forme primitive ?

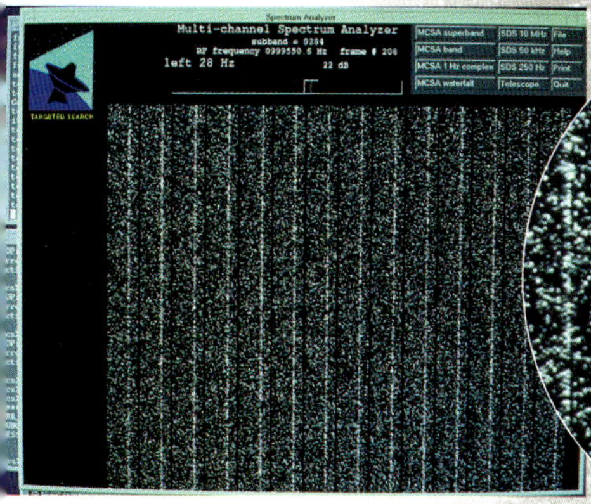

*Ces lignes verticales sont la marque de signaux normaux ; la moindre déviation indiquerait un signal cohérent.*

▲ À L'ÉCOUTE DU COSMOS
'écran de contrôle ci-dessus ffiche les signaux reçus par e radiotélescope d'Arecibo. e dépouillement de tant de ignaux équivaut à chercher ıne aiguille dans une meule le foin. Des quantités énormes le données sont reçues, il faut es traiter. En s'inscrivant à ETI@Home project, les articuliers peuvent participer u dépouillement avec leur rdinateur individuel.

LES PLANÈTES EXTRASOLAIRES ►
Une planète analogue à Jupiter a été identifiée en orbite autour de l'étoile HD 187123. Cette planète est dite extrasolaire car elle tourne autour d'une étoile qui n'est pas le Soleil. Le projet SETI braque ses radiotélescopes sur les étoiles dont on sait qu'elles ont des planètes, et sur celles qui ressemblent à notre Soleil : ce sont en effet ces astres qui ont le plus de chance d'avoir des planètes capables d'abriter la vie.

## L'ÉQUATION DE DRAKE

Frank Drake est un des radioastronomes à l'origine du SETI ; il a dressé la liste des facteurs clefs permettant à l'intelligence d'apparaître sur une planète. Cette liste – l'équation de Drake – sert de base pour calculer le nombre de civilisations possibles dans notre galaxie. Toutefois, ces facteurs s'inspirent d'un seul exemple de vie, celui de notre planète. Nous ignorons si ces facteurs s'appliquent à d'autres astres. Les optimistes estiment que la Voie lactée contient des millions de civilisations. Les pessimistes en revanche pensent qu'il n'y en a qu'une : la nôtre.

- Combien d'étoiles de la galaxie restent stables pendant les milliards d'années nécessaires à la vie pour évoluer ?
- Combien de ces étoiles ont des planètes en orbite stable ?
- Combien de ces planètes ont des conditions propices à la vie ?
- Sur combien de ces planètes la vie a-t-elle commencé et s'est-elle développée ?
- Sur combien de ces planètes, la vie a-t-elle abouti à l'intelligence, et aux capacités de communication ?
- Sur combien de ces planètes, l'intelligence a-t-elle développé une technique capable de communiquer d'un bout à l'autre de l'Univers ?
- Combien de civilisations avancées ont été détruites par des causes naturelles ou artificielles ?

POUR EN SAVOIR PLUS ⏭ Les algues 286 • Les missions spatiales 198 • Jupiter 179 • Le télescope 117

# LA TERRE

# LA PLANÈTE TERRE

La boule rocheuse que nous habitons est l'une des neuf planètes du système solaire. La Terre est une sphère, de 12 756 km de diamètre, légèrement aplatie au niveau des pôles. Elle parcourt son orbite autour du Soleil à la vitesse inouïe de 105 000 km/h et tourne autour de son AXE en 24 heures. Le tour complet autour du Soleil dure un an. La Terre est la seule planète connue où existe la vie, c'est la BIOSPHÈRE.

UNE PLANÈTE UNIQUE ►
Grâce à l'eau, à l'oxygène et à l'énergie du Soleil, la Terre possède des conditions propices à la vie. La surface de la planète est surtout liquide : c'est pour cela qu'elle est bleue vue de l'espace. La Terre est la seule planète du système solaire dont l'atmosphère contient une grande quantité d'oxygène. Le Soleil, distant de 150 millions de km, fournit à notre planète une chaleur supportable.

▲ L'ATMOSPHÈRE
L'atmosphère est la couche de gaz de 700 km environ d'épaisseur qui entoure la Terre. Elle se compose de 78 % d'azote, 21 % d'oxygène et de traces d'autres gaz. Les nuages que nous voyons sont formés de milliards de gouttes d'eau ou de cristaux de glace.

▲ LES OCÉANS
Les océans couvrent 71 % de la surface de la Terre ; ils ont une profondeur moyenne de 3,5 km. L'hydrosphère – l'eau sur Terre – comprend également les cours d'eau et les lacs d'eau douce, qui ne représentent que 1 % de l'eau de la Terre.

▲ LES CONTINENTS
La terre ferme n'occupe que 29 % de la surface de la Terre ; la partie émergée de la lithosphère – ou écorce rocheuse – forme les sept continents et d'innombrables îles. Elle offre un certain nombre de biotopes, c'est-à-dire de zones habitables par des êtres vivants : la forêt, la savane, le désert, etc.

## LA BIOSPHÈRE

La biosphère est l'ensemble des êtres vivants et de leurs milieux. Ils y trouvent ce dont ils ont besoin. Ces milieux s'étendent du fond des océans aux couches basses de l'atmosphère. Des organismes minuscules vivent enfouis dans l'écorce terrestre, mais la plupart des espèces vivent entre plusieurs centaines de mètres au-dessous du niveau de la mer et 1 000 m d'altitude.

LA ZONE DE LA VIE ►
L'ozone est un gaz assez rare dans l'atmosphère. Il arrête les dangereux rayons ultraviolets du Soleil, mais laisse passer la lumière visible par notre œil. Les autres gaz de l'atmosphère récupèrent la chaleur rayonnée par la surface de la Terre, ce qui fournit une chaleur supplémentaire aux êtres vivants.

MILUTIN MILANKOVIC
*Serbe, 1879-1958*
*Ce mathématicien et climatologue chercha à établir une corrélation entre le climat et l'intensité des radiations solaires atteignant la Terre. Il identifia trois fluctuations cycliques susceptibles d'être prises en considération, et calcula en fonction de leurs cycles les époques où le rayonnement solaire passait par des maxima et des minima. Les dates obtenues coïncident avec les différents âges glaciaires.*

**▲ LA NEIGE ET LA GLACE**
La cryosphère – c'est-à-dire les régions gelées – se compose des neiges éternelles et des glaciers de montagnes, de la banquise et des énormes calottes glaciaires qui couvrent le Groenland et l'Antarctique. Au cours des périodes glaciaires – à présent révolues – la cryosphère couvrait une partie importante de la surface de la Terre.

**▲ LA SCIENCE DE LA TERRE**
Un météorologue lâche un ballon enregistreur en Antarctique. La météorologie, qui est une des sciences de la Terre, consiste en l'étude de l'atmosphère. Les sciences de la Terre s'intéressent aux caractéristiques physiques de notre planète : les gouttes de pluie, les cours d'eau, les roches qui soutiennent nos pas. Les autres sciences de la Terre sont la géologie (roches), l'hydrologie (océans et eau douce) et l'écologie (environnement).

**▲ LES MOYENS TECHNIQUES**
Grâce aux satellites, les scientifiques peuvent suivre les courants océaniques et découvrir des minerais cachés dans le sous-sol. Le radar et le sonar offrent de nouveaux moyens de connaître la planète. Certains scientifiques s'aventurent sur le terrain et travaillent en plein air pour réunir des données et des échantillons dans les nuages, sur les falaises, dans les cratères, la lave volcanique et même la glace profonde.

## L'AXE

Le sol sous nos pieds peut paraître immobile, mais la Terre tourne sur elle-même comme une toupie, en même temps qu'elle parcourt son orbite autour du Soleil. La Terre tourne en 24 heures autour de son axe, ligne imaginaire qui passe par le pôle Nord, le pôle Sud et le centre de la Terre. L'axe de la Terre n'est pas à angle droit avec le plan de son orbite : il est incliné à 23,5 °. C'est à cause de cet angle que la hauteur du Soleil change selon les saisons, et donc la durée du jour et la température. Les changements sont surtout sensibles à proximité des pôles, c'est-à-dire loin de l'équateur.

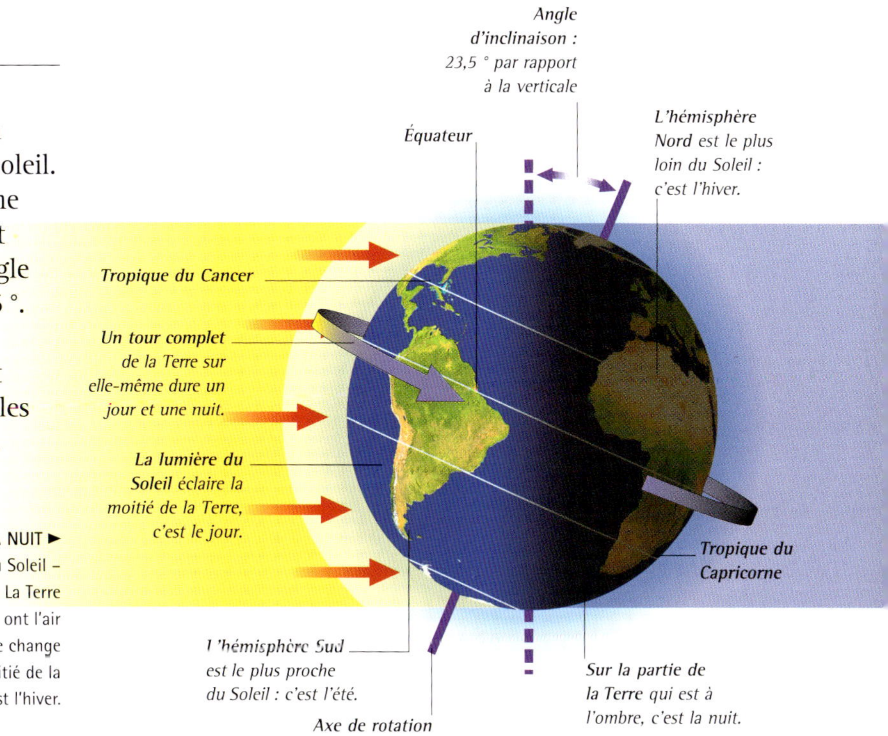


**LE JOUR ET LA NUIT ►**
La moitié de la Terre est en permanence exposée à la lumière du Soleil – c'est le jour – et l'autre plongée dans l'obscurité – c'est la nuit. La Terre tourne toujours vers l'est, c'est pourquoi le Soleil et les étoiles ont l'air de se lever à l'est et de se coucher à l'ouest. Chaque hémisphère change de saison en fonction de l'inclinaison de la Terre : pour la moitié de la Terre qui est tournée vers le Soleil, c'est l'été et pour l'autre, c'est l'hiver.

POUR EN SAVOIR PLUS ⏭ L'atmosphère 234 • Le climat 236 • La Terre 176 • Les biotopes 246 • Les océans 228

# LA STRUCTURE DE LA TERRE

La Terre est une énorme boule de roche et de métal de 6 370 km de rayon. Sa surface rocheuse sur laquelle nous vivons n'est qu'une mince couche, la croûte. Par endroits, elle n'a que quelques kilomètres d'épaisseur. En dessous se trouvent deux autres couches, le manteau et le noyau. Les scientifiques ont découvert leur existence en observant la façon dont les ondes des séismes changent de direction et de vitesse en traversant notre planète. C'est à cause de son noyau que la Terre a une **MAGNÉTOSPHÈRE**.

*ANDRIJA MOHOROVICIC*
*Croate, 1857-1936*

*Le géophysicien Andrija Mohorovicic a découvert que les ondes de choc des tremblements de terre accélèrent à partir d'une profondeur de 20 km. Il en a conclu qu'il existe à cette profondeur une frontière entre deux couches de matériaux différents. C'est la frontière entre la croûte et le manteau ; on l'appelle à présent la discontinuité de Mohorovicic – ou Moho.*

▼ L'HISTOIRE DE LA TERRE

La Terre existe depuis 4,6 milliards d'années environ. Comme les autres planètes et lunes du système solaire, elle est constituée des matériaux qui sont restés après la formation du Soleil. Depuis, la surface de la Terre a subi de nombreux changements : la formation des continents, des océans et de l'atmosphère, puis l'apparition de la vie.

▲ L'ACCRÉTION

De petites particules de roche, de poussière et de gaz flottant dans l'espace s'agglutinent progressivement sous l'effet de leur propre gravité. Ce processus s'appelle l'accrétion. La Terre s'est ainsi formée en plusieurs millions d'années.

LE CHAUD ET LE FROID ►

La pression au centre de la Terre devint si forte que les roches se sont mélangées. Pendant des centaines de millions d'années, la surface terrestre fut bombardée de météorites. Il y a environ 4,2 milliards d'années, la surface de la Terre s'est refroidie et une écorce de roche solide s'est formée.

*Une atmosphère brumeuse commence à se former.*

LES OCÉANS ET L'ATMOSPHÈRE ▲

L'atmosphère primitive se composait de gaz volcaniques, qui ont provoqué des pluies. Il a fallu 3,5 milliards d'années à ces pluies pour former les océans. Les continents apparurent au même moment. Des organismes élémentaires vivant dans les océans produisirent de l'oxygène, qui se dispersa dans l'atmosphère.

*Couche de roche sédimentaire légère*

*Couche de roche contenant des oxydes de fer*

▲ LA PREUVE DE L'EXISTENCE DE L'OCÉAN PRIMITIF

Les couches rocheuses découvertes en Australie occidentale, dans le parc national du Hamersley Range, ont environ 2 milliards d'années. Ces roches très anciennes se sont formées par sédimentation sous l'eau : elles prouvent qu'il existait des océans sur Terre il y a 2 milliards d'années. Les roches rouges contiennent de l'oxygène, produit par des organismes élémentaires vivant dans ces océans.

LA TERRE AUJOURD'HUI ►

Cette vue imaginaire des profondeurs terrestres montre un noyau que les scientifiques estiment composé de fer solide et liquide, d'un manteau de roche solide et à demi fondue et d'une croûte de roche solide. L'intérieur de la Terre est encore extrêmement chaud. La tectonique des plaques, l'édification des montagnes et l'érosion changent en permanence l'aspect de la surface terrestre.

DÉTAIL DE LA CROÛTE ▼
Sous les océans, la croûte a une épaisseur d'environ 7 km ; elle est formée de roches jeunes. Sous les continents, la croûte mesure de 25 à 90 km d'épaisseur ; elle est formée de roches jeunes et de roches anciennes. La croûte flotte sur la partie supérieure du manteau, qui est faite de roches en partie fondues et de plaques gigantesques qui dérivent lentement, séparées par des failles.

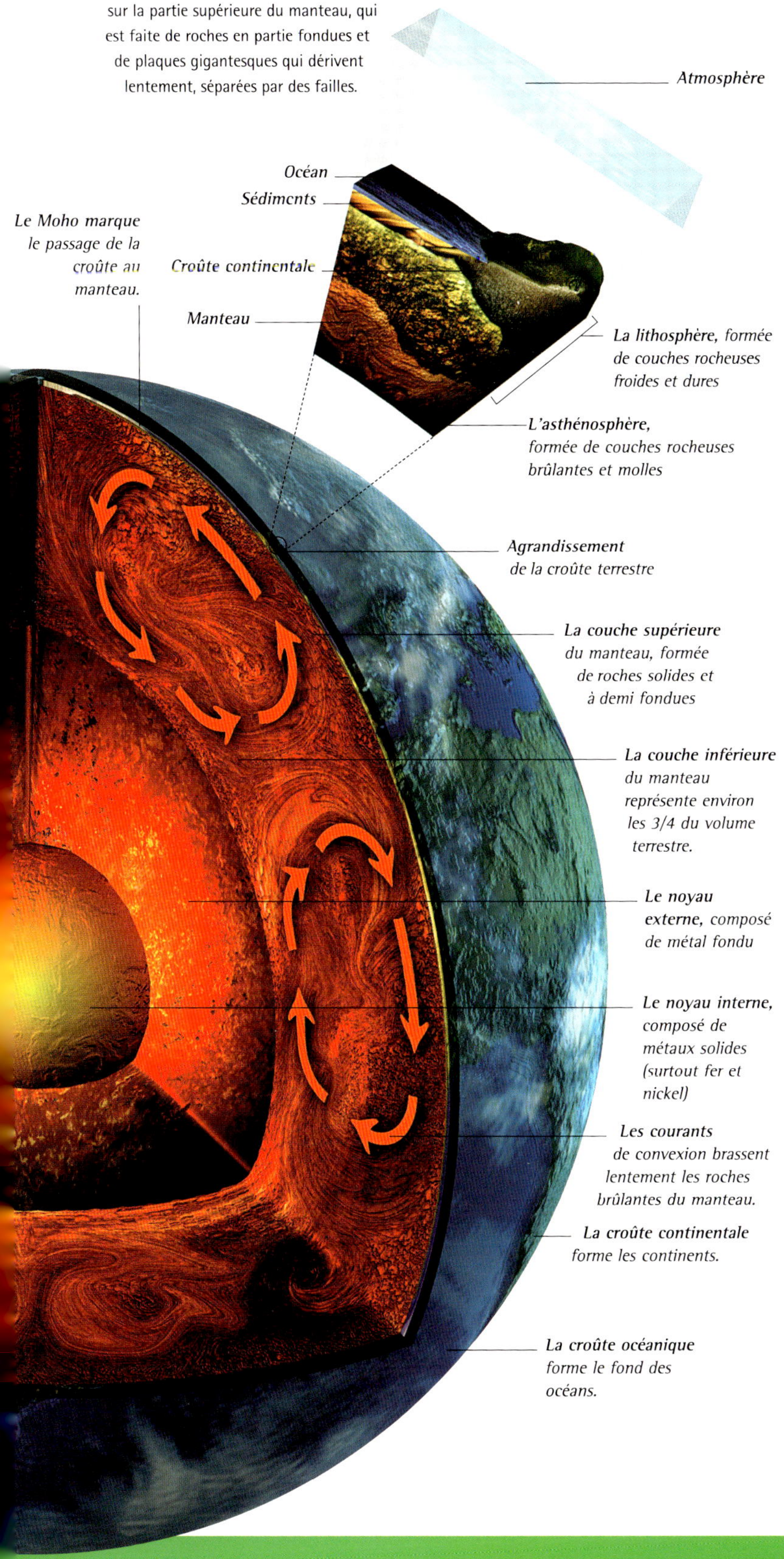


# LA MAGNÉTOSPHÈRE

La Terre possède son propre champ magnétique ; la magnétosphère est la région de l'espace dans laquelle ce champ est perçu. Elle s'étend jusqu'à 60 000 km d'altitude, comme une bulle magnétique invisible, qui protège la Terre des radiations solaires nocives. Le vent solaire, composé de particules jaillissant du Soleil, étire la magnétosphère en forme de goutte d'eau.

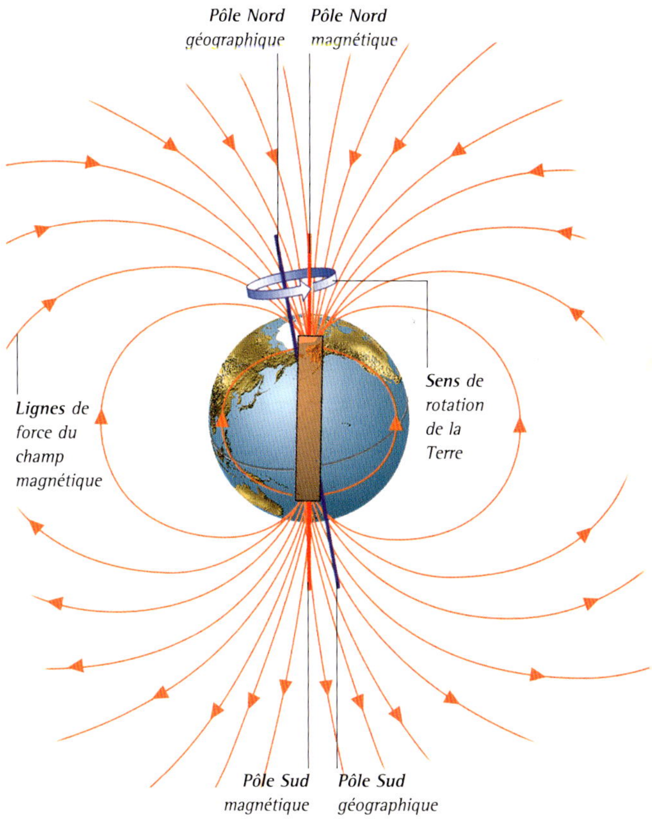


▲ LE CHAMP MAGNÉTIQUE TERRESTRE
Le champ magnétique de la Terre a la même forme que celui d'un aimant droit. C'est comme si la Terre contenait un aimant droit énorme dont les pôles seraient proches du pôle Nord et du pôle Sud. Mais les pôles magnétiques sont légèrement obliques par rapport à l'axe de la Terre. D'après les scientifiques, le champ magnétique est provoqué par les courants de métal fondu dans le noyau externe de la Terre. De temps en temps, le champ s'inverse et le nord devient sud.

*WILLIAM GILBERT*
*Anglais, 1544-1603*
*William Gilbert était le médecin de la reine Élisabeth 1re d'Angleterre. Il fut aussi le premier à comprendre que la Terre a un champ magnétique comme celui d'un aimant droit. Il l'a prouvé en comparant la direction et l'angle d'une aiguille d'une boussole en plein air avec ceux d'une boussole située près d'une maquette de la Terre contenant un aimant droit.*

POUR EN SAVOIR PLUS ⏭ L'érosion 222 • La tectonique 208 • Le cycle des roches 217 • Les roches 218

# LA TECTONIQUE

D'après les scientifiques, la croûte supérieure de la Terre est composée de fragments gigantesques, les plaques tectoniques, qui s'emboîtent comme les morceaux d'une coquille d'œuf. On sait depuis les années 1970 que ces plaques sont comme d'énormes radeaux qui flottent sur les roches en fusion du manteau et dérivent à la surface du globe, entraînant avec elles les continents. Autrefois, toutes les terres émergées étaient réunies en un unique et vaste **SUPERCONTINENT**.

## LES FRACTURES DE LA CROÛTE

La croûte terrestre est un puzzle composé de sept plaques principales et d'une douzaine de plaques plus petites. Selon de nombreux scientifiques, le mouvement des plaques provient des lents courants qui traversent le manteau. Alors qu'elles se déplacent, certaines plaques convergent et entrent en collision, d'autres se croisent en se frottant ou s'écartent.

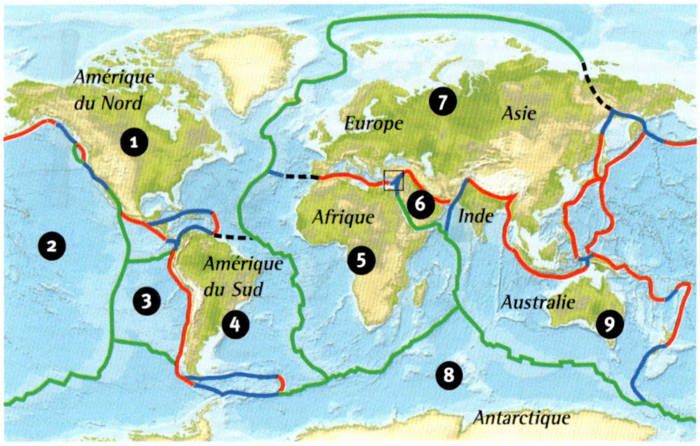


*Noms des plaques*
1. *Amérique du Nord*
2. *Pacifique*
3. *Nazca*
4. *Amérique du Sud*
5. *Afrique*
6. *Arabie*
7. *Eurasie*
8. *Antarctique*
9. *Indo-Australie*

*Légende des marges*
- *convergence*
- *divergence*
- *transformation*
- *indéterminé*

☐ *Localisation de l'exemple à droite de faille divergente*

**EXEMPLE DE FAILLE DIVERGENTE ►**
Les frontières des plaques en mouvement constituent des fissures profondes nommées failles. La mer Rouge est la frontière entre les plaques de l'Afrique et de l'Arabie. Au fur et à mesure que celles-ci s'écartent, des roches en fusion viennent remplir ce vide et créent de la croûte jeune. Ainsi, la mer Rouge s'élargit. Elle mesure aujourd'hui 300 km de large, mais pourrait atteindre un jour la dimension de l'Atlantique.

**◄ LES FRONTIÈRES DES PLAQUES**
Les bords des plaques constituant la lithosphère s'appellent frontières. Les parties jeunes de la croûte surgissent au milieu des océans, là où les **RIDES MÉDIO-OCÉANIQUES** divergent. En revanche, la croûte est détruite dans les régions côtières, où les plaques entrent en collision : l'une d'elles plonge sous l'autre et disparaît. C'est la raison pour laquelle les plaques se déplacent avec lenteur sur l'asthénosphère, plus molle, qui se trouve en dessous.

# LE SUPERCONTINENT

Les côtes est et ouest de l'Atlantique s'emboîteraient si on les rapprochait. C'était autrefois le cas, comme l'atteste la présence de couches rocheuses et de fossiles identiques des deux côtés de l'océan. Les scientifiques appellent l'ancien supercontinent la Pangée. La Pangée s'est disloquée à cause du lent mouvement des plaques terrestres.

*Il y a 250 millions d'années, il n'existait qu'un continent : la Pangée.*

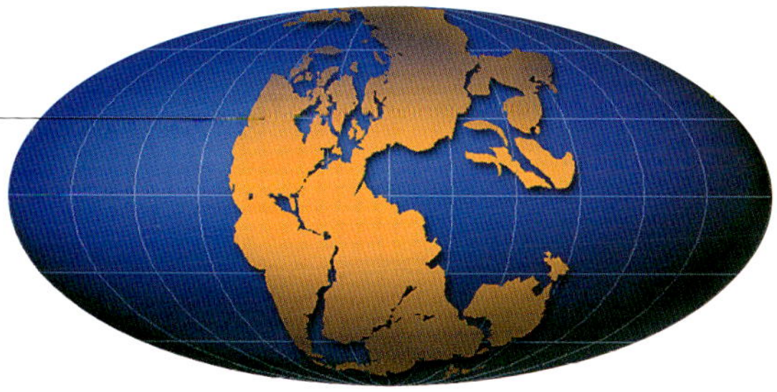

◄ LA PANGÉE
Il y a 300 millions d'années, le mouvement des plaques a réuni tous les continents en une masse : la Pangée. Elle était entourée d'un immense océan, la Panthalassa. Il y a une centaine de millions d'années, la Pangée a commencé à se fragmenter.

*Téthys*

*Il y a 145 millions d'années, les continents se sont mis à dériver.*

◄ LA DÉRIVE DES CONTINENTS
Un bras de la mer de Téthys s'est ouvert et a partagé la Pangée en deux : au nord, l'Europe, l'Amérique du Nord, le Groenland et l'Asie ; au sud, l'Amérique du Sud, l'Afrique, l'Inde, l'Australie et l'Antarctique.

*Aujourd'hui, les continents dérivent toujours.*

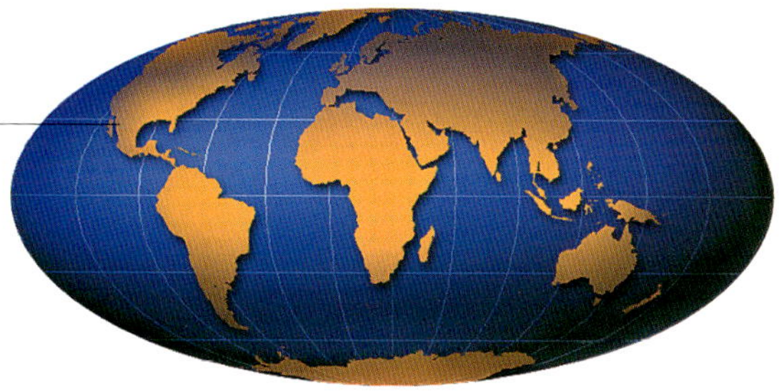

◄ LES CONTINENTS AUJOURD'HUI
Les plaques ont continué à bouger et à se séparer en continents de plus en plus petits. Aujourd'hui, ils circulent encore à la vitesse de quelques centimètres par an.

*ALFRED WEGENER*
*Allemand, 1880-1930*
*Météorologue et géophysicien, Alfred Wegener a formulé la théorie de la « dérive des continents » en 1915. Il prouva que les continents étaient autrefois réunis et inventa le concept de la Pangée. Sur l'île arctique du Spitzberg, Wegener trouva des fossiles de fougères tropicales, preuve que l'île était autrefois sous les Tropiques. Ses idées ne furent acceptées par l'ensemble des scientifiques que dans les années 1960, avec la théorie de la tectonique des plaques.*

# LA RIDE MÉDIO-OCÉANIQUE

Au milieu de chaque océan court une chaîne de montagnes, plus haute et vigoureuse que les chaînes terrestres. Ce sont les rides médio-océaniques, formées par le magma en fusion qui remplit l'espace laissé par les plaques divergentes. Des échantillons prélevés au fond de l'Atlantique dans les années 1960 ont prouvé que les roches les plus jeunes se trouvent au milieu de ces rides, et les plus vieilles sur les côtés. Les roches jeunes poussent les anciennes et l'océan s'élargit.

UNE FISSURE AU MILIEU DE L'OCÉAN ►
Les plaques tectoniques s'écartent au milieu des océans. Cette photo représente une faille béante au fond du Pacifique. L'eau de mer s'engouffre dans ces fissures, la lave venue des profondeurs du magma la réchauffe et l'enrichit de minéraux qui sortent en lourds nuages par des ouvertures, les fumeurs noirs. Les micro-organismes pullulent, des crabes s'en nourrissent.

POUR EN SAVOIR PLUS ►► La structure de la Terre 206 • Les tremblements de terre 210 • Les fonds marins 230 • Le cycle des roches 217

# LES TREMBLEMENTS DE TERRE

Les séismes sont provoqués par le mouvement des plaques tectoniques formant la croûte terrestre. La SISMOLOGIE est l'étude des tremblements de terre, qui ont souvent lieu sur des fissures appelées FAILLES, à la frontière des plaques. Chaque minute, le sol tremble quelque part sous terre mais, en général, de façon à peine perceptible. Quand un vrai séisme a lieu, le sol trépide violemment, ponts et bâtiments s'effondrent.

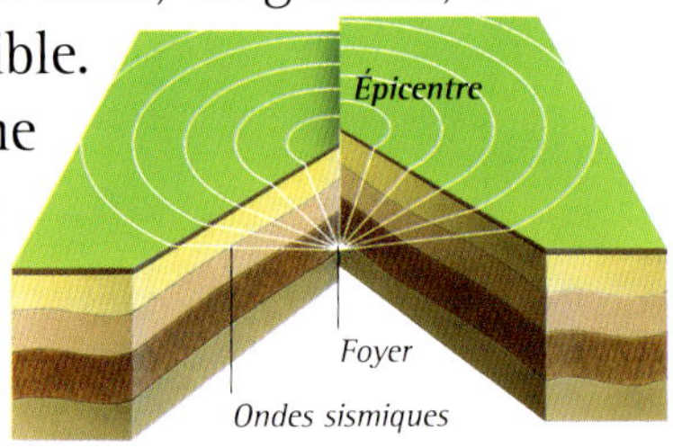


▲ LES ONDES SISMIQUES
Comme les plaques bougent, les roches subissent des tensions. Elles sont collées ensemble, mais commencent par s'étirer et, quand la tension est trop forte, elles se brisent et prennent brusquement une nouvelle position. Les ondes sismiques émanent du foyer du séisme, dans le sous-sol. L'épicentre est le point à la surface situé au-dessus du foyer : c'est là que les dégâts sont les plus importants.

◄ LES IMMEUBLES ANTISISMIQUES
Les pires tremblements de terre tuent des milliers de personnes. La plupart des victimes sont écrasées par des bâtiments mal conçus. On construit dans les zones sismiques aujourd'hui des bâtiments en béton armé reposant sur des fondations profondes ou souples, qui restent debout. À San Francisco, aux États-Unis, l'immeuble de la Transamerica possède une solide armature triangulaire en acier, revêtue de béton.

## LES ZONES SISMIQUES

Des tremblements de terre, il peut y en avoir partout, surtout le long des frontières des plaques. Cette carte montre le lien entre les zones sismiques et les plaques tectoniques. La plaque située sous l'océan Pacifique est connue pour ses tremblements de terre. Elle est appelée la ceinture de feu, à cause des nombreux volcans qui l'entourent.

● Zones sismiques

▲ LES DÉGÂTS D'UN TREMBLEMENT DE TERRE
Le Japon, situé à la limite de la plaque du Pacifique, est régulièrement touché par des tremblements de terre. Le 17 janvier 1995, un terrible séisme a ravagé la ville de Kobe et fait 5 400 victimes. L'autoroute de Hanshin s'est effondrée, les véhicules qui roulaient dessus ont été éjectés. Des incendies ont été provoqués par la rupture des lignes électriques, des gazoduc et des oléoducs. Les séismes déclenchent parfois des glissements de terrain, des avalanches, de éruptions volcaniques et lancent à l'assaut des côtes des vagues tueuses, les tsunamis.

## LES FAILLES

.es failles sont de profondes fissures du sous-ol causées par le mouvement des bords des laques. Certains séismes se produisent en rofondeur, là où deux plaques sont en ollision et que l'une s'enfonce sous l'autre ; l'autres en superficie, là où deux plaques sont oulissantes. Les roches ne bougent que de uelques cm à la fois mais, au fil des millions l'années, on aboutit à des déplacements orizontaux de plusieurs centaines de km et à les déplacements verticaux atteignant 30 km.

UNE LIGNE DE FAILLE EN ALGÉRIE ►
La ligne de faille de l'oued Fodda s'étire dans la campagne algérienne à proximité d'El Asnam. D'énormes fissures se formèrent et des roches furent pulvérisées à l'occasion de deux terribles tremblements de terre, en octobre 1980. 80 % des bâtiments de la ville furent rasés. Un terrain a été surélevé par un mouvement de compression provoqué par une faille inverse.

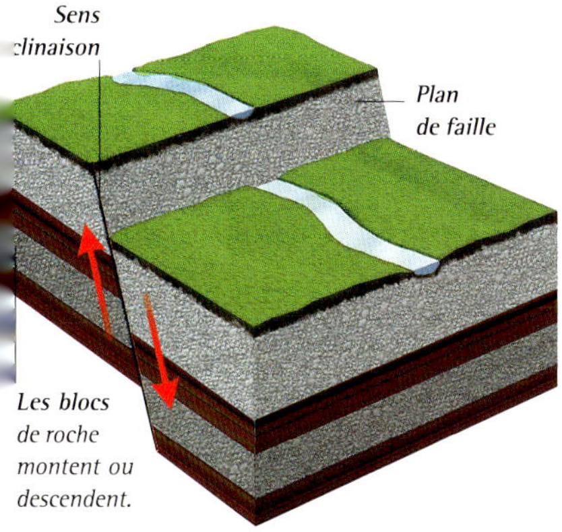


LA FAILLE NORMALE OU EXTENSIVE
long d'une faille, les roches peuvent se déplacer rs le haut, vers le bas, vers le côté ou en diagonale lon l'angle du plan de faille. L'angle de faille avec iorizontale s'appelle l'inclinaison. Dans le cas d'une ille normale – appelée aussi extensive – les roches ssent directement vers le haut ou vers le bas, selon ligne de l'inclinaison.

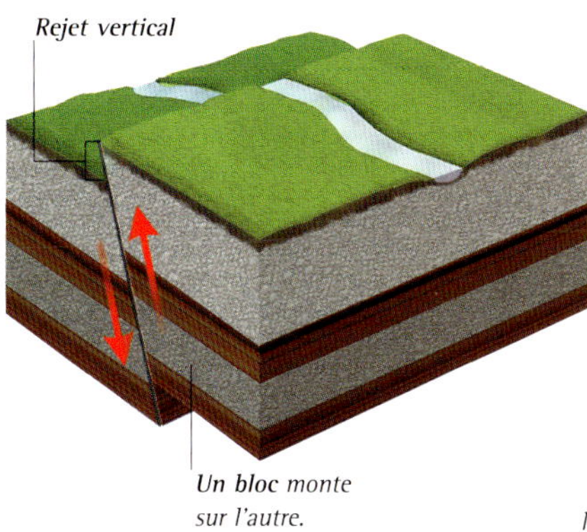


▲ LA FAILLE INVERSE OU COMPRESSIVE
Le décalage vertical résultant d'un tremblement de terre ou d'un séisme s'appelle le rejet vertical : sous l'effet de la pression, un bloc se hisse au-dessus de l'autre. Tandis que les roches glissent, un bloc est obligé de monter sur l'autre. Une faille inverse dont le plan de faille est incliné à moins de 45 ° s'appelle une faille de chevauchement.

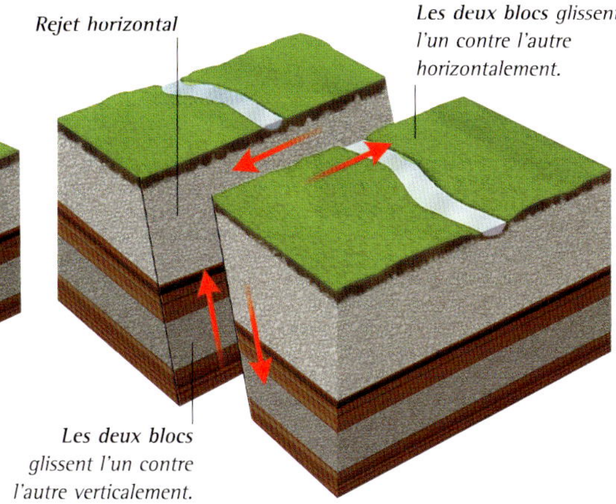


▲ LA FAILLE À REJET OBLIQUE
Dans une faille de décrochement – dite coulissante – les roches se frottent transversalement l'une contre l'autre. Le déplacement transversal s'appelle le rejet horizontal. La faille de San Andreas (Californie, États-Unis), qui longe la côte ouest de l'Amérique du Nord, est un exemple célèbre. Dans une faille à rejet oblique, les deux blocs se croisent en diagonale, avec un décalage vertical et un décalage horizontal.

## .A SISMOLOGIE

es sismologues étudient les tremblements de terre. Ils observent le omportement des ondes sismiques qui traversent la Terre afin de ieux connaître la structure de celle-ci. Les sismographes mesurent intensité des ondes sismiques. La magnitude des séismes se mesure n observant soit leurs ondes – sur l'échelle de Richter – soit les égâts causés – sur l'échelle de Mercalli. On ne peut pas empêcher s séismes, mais on peut parfois les prévoir avec précision.

LE SISMOGRAMME ►
Le sismogramme ci-contre est elui du tremblement de terre de obe, au Japon. Il est tracé par un smographe, composé d'un stylet lesté reposant sur un rouleau de papier qui tourne. Quand le sismographe se met à trembler à cause du séisme, le stylet reste fixe et enregistre les vibrations selon une courbe en zigzag.

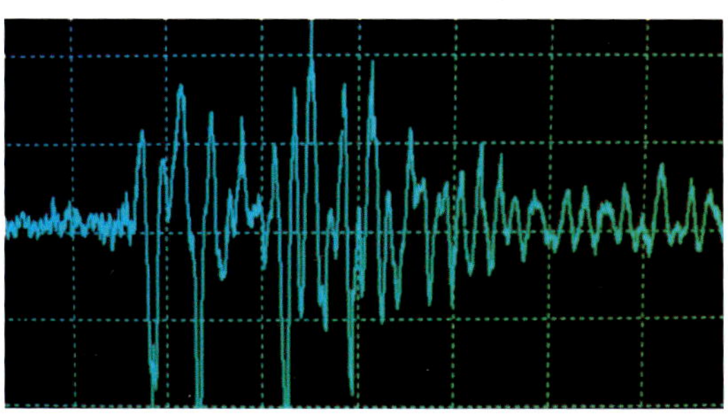

▲ L'OBSERVATION DES TREMBLEMENTS DE TERRE
À Parkfield, en Californie, des faisceaux lasers sont utilisés pour mesurer les plus infimes mouvements le long de la faille de San Andreas. Cet instrument très sensible a été mis au point par les scientifiques pour observer les tremblements de terre, même les secousses très discrètes qui les annoncent parfois. On utilise des déformètres et des jauges de déplacement pour mesurer les mouvements des roches le long des failles.

POUR EN SAVOIR PLUS ⏭ La structure de la Terre 206 • La formation des montagnes 214 • La tectonique 208

# LES VOLCANS

Un volcan est un trou dans le sol d'où sortent, à chaque éruption, du magma – des roches liquides –, des cendres, des gaz et des fragments de roches solides. Les volcans sont souvent situés dans les régions marquant les frontières entre les plaques de la croûte terrestre. Les volcans sont de forme différente, selon le type d'éruption et la géologie de la région. Une **ACTIVITÉ HYDROTHERMALE** existe quand l'eau du sous-sol est chauffée par le magma qui remonte à la surface.

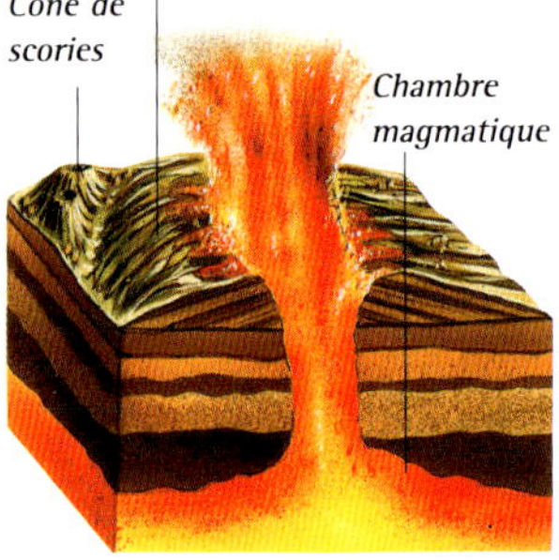


◄ **LE VOLCAN HAWAÏEN**
Le magma s'appelle lave quand il coule à l'air libre. Un volcan hawaïen éjecte la lave qui s'étale sur une vaste surface et forme un monticule large. Le magma s'accumule d'abord dans la chambre magmatique, puis l'éruption a lieu à travers des cheminées qui forment des cônes peu élevés, et à travers de longues fissures.

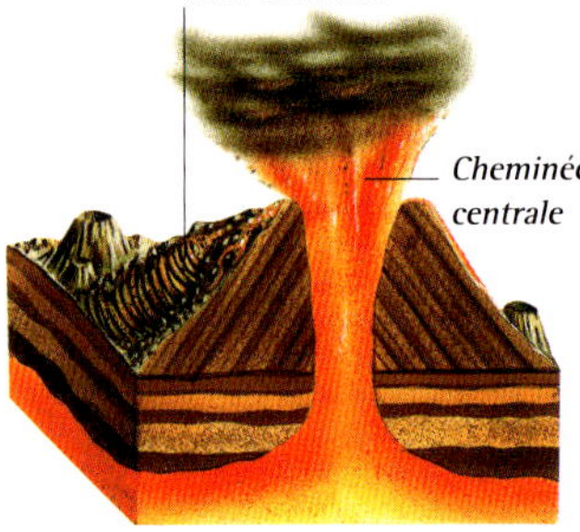


◄ **LE CUMULO-VOLCAN**
Un cumulo-volcan se forme par l'accumulation de lave visqueuse sortant du cratère. La lave se refroidit et se solidifie rapidement, formant un cône pentu. Chaque éruption ajoute une ou plusieurs couches. L'effondrement du dôme peut libérer de dangereuses coulées pyroclastiques, formées de gaz brûlants et de fragments volcaniques.

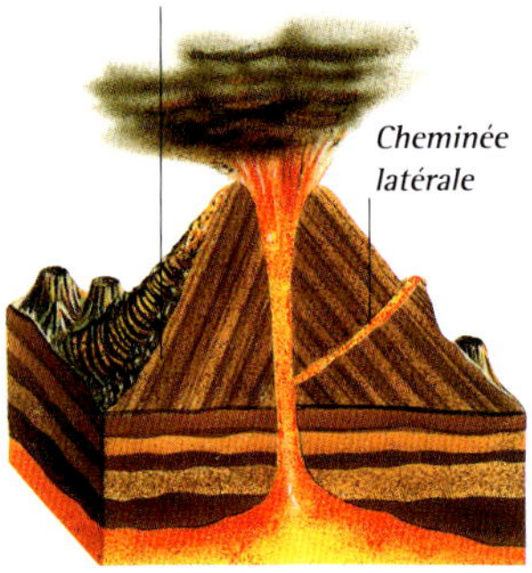


◄ **LE STRATO-VOLCAN**
Un strato-volcan est extrêmement escarpé et composé de couches alternées de cendre et de lave, accumulées par une série d'éruptions. Le magma est très visqueux et se solidifie rapidement. Ce type de volcan possède souvent une cheminée principale issue de la chambre magmatique et quelques cheminées latérales.

▲ **L'ÉRUPTION DU MONT ST HELENS**
Le 18 mai 1980, dans l'État de Washington, aux États-Unis, le mont St Helens est entré en éruption. D'abord, des gaz et du magma se sont accumulés dans la chambre située sous le volcan, formant un mélange explosif bloqué par un bouchon de lave solidifiée. Un tremblement de terre a déclenché l'explosion et une avalanche de cendres et de roches a dévalé la montagne. L'éruption a duré 4 jours et a fait 57 morts.

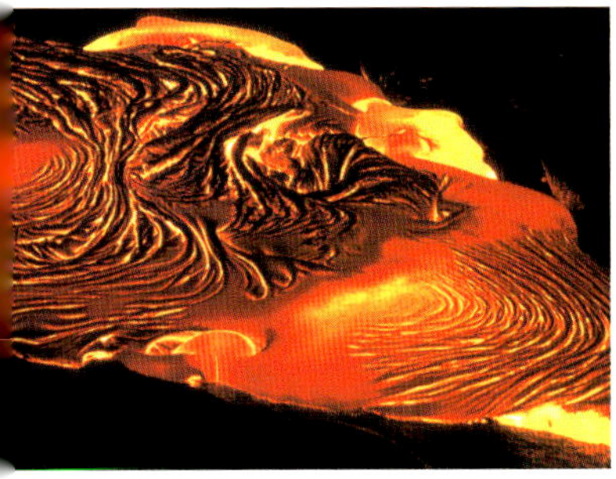

◄ LA LAVE DE TYPE PAHOEHOE
Le magma se forme quand les roches situées en dessous de la croûte terrestre fondent. Dès lors que le magma franchit la surface de la Terre, on l'appelle lave. Quand la lave brûlante issue du volcan refroidit, elle se solidifie. La lave pahoehoe par exemple, très fluide et rapide, se refroidit en surface sous la forme d'une peau lisse et brillante, sous laquelle la lave continue de couler. Parfois, la surface se ride et ressemble à des cordages bien serrés.

◄ LA LAVE AA
Au contraire de la lave pahoehoe si lisse, la lave de type aa est extrêmement rugueuse, au point de lacérer les semelles. Ce matériau déchiqueté se forme quand se refroidit une sorte de lave visqueuse à écoulement lent, qui se fracture en blocs aux arêtes aiguës. Les coulées de lave aa peuvent atteindre une épaisseur de 100 m. Les mots aa et pahoehoe viennent d'Hawaii, où ces types de lave ont été étudiés pour la première fois.

# L'ACTIVITÉ HYDROTHERMALE

Le mot hydrothermal vient du grec et signifie eau chaude. Au fond des océans, des bouches hydrothermales se forment lorsque des fissures contenant du magma brûlant se remplissent d'eau dc mer. Elles vomissent des nuages noirs d'eau très chaude mêlée à des gaz et des minéraux. L'activité hydrothermale sur Terre provoque des sources chaudes, des geysers et des bassins de boue bouillonnante.

▲ AVANT L'ÉRUPTION
vant 1995, la petite île de Montserrat, aux Antilles, ivait du tourisme. Cela faisait 400 ans que son olcan, la Soufrière, n'avait pas connu d'éruption. r les éruptions causent parfois des ravages : en uelques heures, un paysage luxuriant se transforme n désert. Malgré cette menace, les zones olcaniques sont très peuplées car le sol y est fertile.

▲ APRÈS L'ÉRUPTION
En 1995, le volcan de Montserrat a connu une série d'éruptions violentes qui se sont prolongées durant plusieurs années. Quand la pluie ou la neige se mêle aux cendres et à la lave de l'éruption, cela provoque parfois de brutales coulées de boue, très dangereuses. La capitale de Montserrat, Plymouth, a été ainsi recouverte de 2 m de cendre et de boue. De nombreux habitants ont quitté l'île, beaucoup n'y sont jamais revenus.

◄ UN LAC DE CRATÈRE
Le lac du cratère Russia, dans la péninsule du Kamchatka, a une eau très bleue car des minéraux s'y sont dissous. La plupart des volcans présentent à leur sommet un cratère formé par l'éruption. Ce cratère – ou caldeira – se forme quand une partie du cône s'effondre pour combler la chambre magmatique, une fois celle-ci vidée. L'eau de pluie remplit alors le cratère et forme un lac.

▲ LE GEYSER
Le geyser du parc de Yellowstone, aux États-Unis, lance un jet brûlant d'eau et de vapeur. Un geyser se forme quand l'eau souterraine chauffe au contact de roches brûlantes. Quand l'eau se met à bouillir en profondeur, elle se transforme en vapeur qui se dilate et chasse vers la surface l'eau qui s'accumule au-dessus. Sa puissance est inouïe et l'eau et la vapeur mêlées jaillissent, ce qui fait tomber la pression.

POUR EN SAVOIR PLUS ⏭ La structure de la Terre 206 • La tectonique 208 • Le cycle des roches 217 • Les roches 218

# LA FORMATION DES MONTAGNES

Les roches poussées vers le haut par les lents mouvements des plaques de la croûte terrestre forment des montagnes. Ce processus aboutit à des STRUCTURES PLISSÉES ou FAILLÉES. Depuis la naissance de la Terre, de nombreuses chaînes montagneuses sont apparues, puis elles ont disparu sous l'effet de l'érosion.

◄ LES ANDES
La cordillère des Andes constitue la plus longue chaîne de montagnes émergée. Elle longe la côte ouest de l'Amérique du Sud où deux plaques tectoniques sont en collision. Elle continue de grandir d'une dizaine de centimètres par siècle.

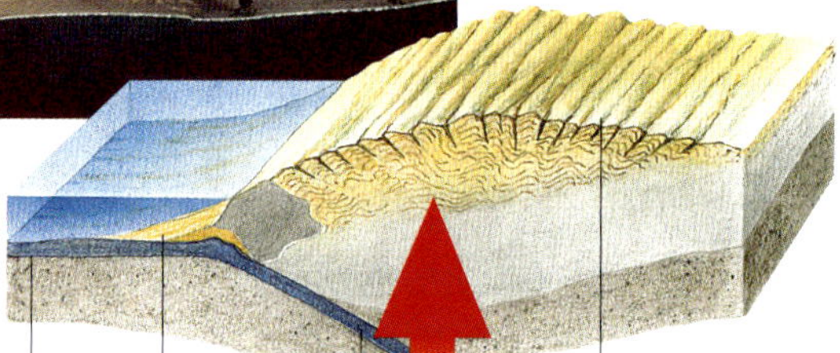


▲ LES PLAQUES EN COLLISION
Les montagnes plissées se forment à la limite de deux plaques tectoniques entrées en collision. La limite entre une plaque océanique et une plaque continentale s'appelle une zone de subduction. Ci-dessus, la fine plaque océanique glisse lentement sous la plaque continentale, plus épaisse, dont les roches se plissent. La plaque océanique fond, formant du magma qui remonte et jaillit par des volcans.

## LES PRINCIPALES CHAÎNES DE MONTAGNES

Les grandes chaînes de montagnes telles que l'Himalaya, les Alpes et les Andes sont situées dans les zones de collision entre plaques tectoniques. Ces chaînes, apparues il y a quelques centaines de millions d'années, sont considérées comme jeunes. Cette carte montre de fines rangées de volcans en activité qui créent des chapelets d'îles au fond des océans.

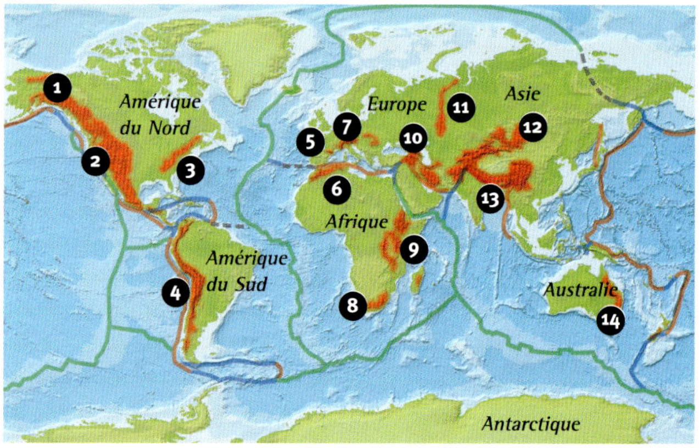


*Principales chaînes de montagnes*

1 *Chaîne de l'Alaska*
2 *Montagnes Rocheuses*
3 *Appalaches*
4 *Andes*
5 *Pyrénées*
6 *Atlas*
7 *Alpes*
8 *Drakensberg*
9 *Monts éthiopiens*
10 *Caucase*
11 *Oural*
12 *Tien Shan*
13 *Himalaya*
14 *Cordillère australienne*

◄ LA CHAÎNE DE L'HIMALAYA
La chaîne de l'Himalaya est composée de montagnes plissées, dues à la collision entre l'Inde et le reste de l'Asie. Quand les deux plaques tectoniques se sont heurtées, le rebord sud de la plaque asiatique s'est plissé. La plaque indienne continue à glisser sous la plaque asiatique et, à ce jour, elle a soulevé le plateau tibétain de plus de 5 km.

# LES STRUCTURES PLISSÉES

Quand les couches rocheuses sont soumises à de très puissantes poussées convergentes, elles se plissent car elles sont trop dures pour se comprimer ; elles forment ainsi des ondulations vers le haut et vers le bas dont le rayon de courbure se réduit parfois à quelques mètres.

▼ LES COUCHES PLISSÉES
Les roches qui forment des montagnes plissées sont composées de strates de roches sédimentaires et ignées. Quand les couches se plissent, les roches situées sur le bord extérieur du pli sont étirées et celles de l'intérieur écrasées. La pliure fait également glisser les différentes strates les unes sur les autres, c'est pourquoi celles-ci se décalent.

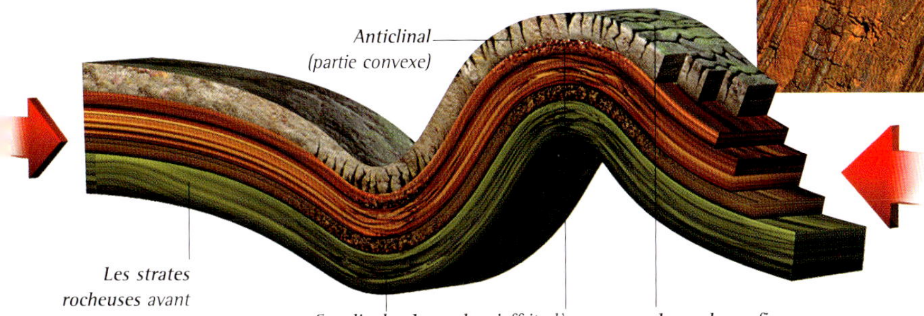


LES ROCHES PLISSÉES ▲
Les plis des strates rocheuses sont souvent visibles là où les roches sont mises à nu par l'érosion ou par les mouvements de la Terre comme ci-dessus, dans la gorge Hamersley, en Australie occidentale. On évalue l'âge de ces roches à 3 milliards d'années. Il n'y en a guère de plus vieilles sur Terre. La croûte terrestre a de nombreuses roches plissées comme celles-ci, qui font partie d'anciennes chaînes montagneuses.

# LES STRUCTURES FAILLÉES

Les montagnes faillées se forment quand les strates rocheuses se fissurent en blocs gigantesques. Ces fissures dans les roches s'appellent des failles. Elles apparaissent quand la croûte terrestre est étirée, écrasée ou tordue. Les blocs ainsi découpés peuvent glisser vers le haut, le bas ou le côté, ou encore basculer. Ces mouvements sont très lents mais, en quelques millions d'années, ils peuvent former des montagnes de milliers de mètres d'altitude.

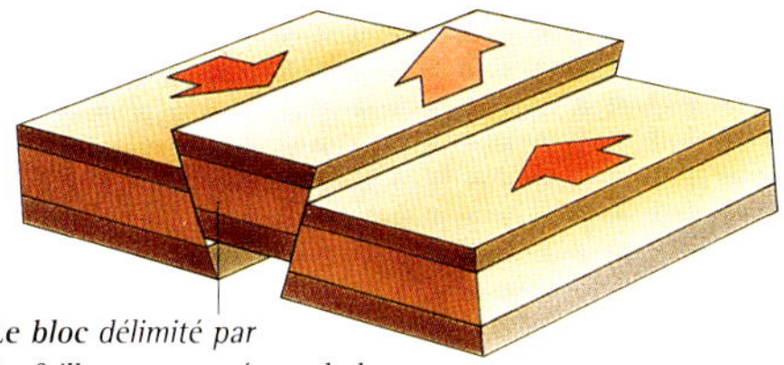


▲ LA FORMATION D'UNE STRUCTURE FAILLÉE
Les couches rocheuses ci-dessus ont été partagées en trois blocs par deux failles obliques. Quand les mouvements de la croûte rapprochent les blocs, celui du milieu est forcé de remonter. Ainsi surgit entre deux plaines un horst dont le sommet est plat et les bords pentus.

▲ DES BASSINS ET DES CHAÎNES MONTAGNEUSES
Dans le sud-ouest des États-Unis, la région dite Basin and Range offre un paysage typique de montagne faillée. On y trouve des dépressions plates appelées bassins et des chaînes montagneuses couvertes de neige. Il y a des millions d'années, la croûte terrestre s'est distendue, ce qui a formé des failles délimitant des blocs. Certains blocs ont glissé vers le bas, laissant les autres en saillie : ce sont aujourd'hui des montagnes. Celles-ci se sont érodées en cimes aiguës, les débris rocheux sont tombés dans les parties basses pour y former d'épaisses couches sédimentaires.

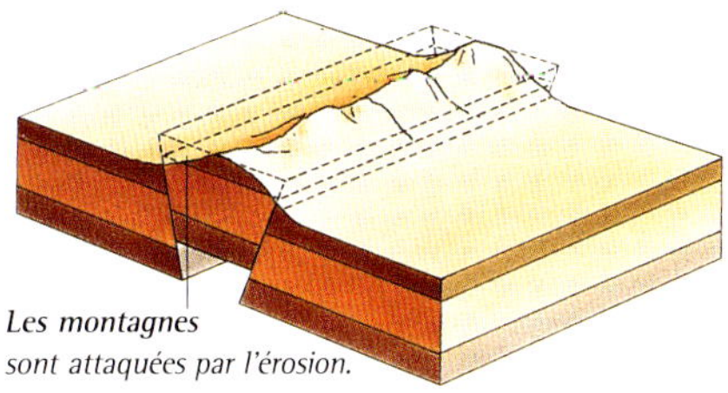


▲ L'ÉROSION D'UNE STRUCTURE FAILLÉE
Dès qu'un nouveau horst se forme, il est en proie à l'érosion de la glace, du vent et de l'eau qui en décomposent les roches et évacuent les débris. Les tremblements de terre et les mouvements des failles qui les provoquent accélèrent l'érosion en brisant les roches et en provoquant des glissements de terrain.

POUR EN SAVOIR PLUS ⏭ Les tremblements de terre 210 • L'érosion 222 • La tectonique 208• Les roches 218

# LA MINÉRALOGIE

Les minéraux sont les matériaux constitutifs des roches de la croûte terrestre. Parmi des milliers de minéraux, quelques-uns seulement – quartz, feldspath et calcite – forment la majorité des roches. Les minéraux natifs, comme l'or, contiennent un seul élément chimique. Les composés comme le quartz contiennent plusieurs éléments chimiques. La plupart des minéraux ont la forme de CRISTAUX qui déterminent leurs propriétés.

**◄ TERRASSES DE CALCITE**
Ces étranges terrasses naturelles sont situées à proximité de sources chaudes d'origine volcanique, en Turquie. Cette calcite s'appelle le travertin. Ces terrasses sont formées quand l'eau chauffée par les roches brûlantes du sous-sol les dissout puis jaillit à la surface et forme des plaques. Le travertin se dépose au fur et à mesure que l'eau coule goutte à goutte de bassin en bassin et s'évapore. Le calcaire est une roche sédimentaire composée elle aussi de minéraux du type calcite.

**LES PROPRIÉTÉS DES MINÉRAUX**

**La couleur, l'éclat et la morphologie**
La couleur du cristal d'un minéral, le brillant de sa surface et la forme d'un groupe de cristaux.

**La trace**
C'est la couleur de la trace de poussière que laisse le minéral quand on le frotte contre un carreau de porcelaine non émaillée.

**Le clivage**
Les lignes de faiblesse qui permettent de casser facilement le minéral en le frappant avec un marteau.

**La dureté**
La résistance du minéral à la griffure mesurée sur l'échelle de Mohs, de 1 (le talc, très mou) à 10 (le diamant, très dur).

**Le système cristallin**
La forme géométrique fondamentale selon laquelle le cristal croît. Il y a six systèmes cristallins.

**▲ L'IDENTIFICATION DES MINÉRAUX**
Les minéraux sous forme de gros cristaux sont faciles à identifier, comme l'améthyste ci-dessus. C'est sous cette forme que la couleur, l'éclat, la morphologie et le système du cristal sont le plus visibles. L'améthyste est de couleur violette, elle présente un éclat vitré, laisse une trace blanche, présente une dureté de 7 sur l'échelle de Mohs et des cristaux en forme de colonne hexagonale aplatie.

**LES MINÉRAUX DANS LES ROCHES ▼**
Dans les roches, les minéraux se présentent en général sous forme de grains minuscules. Ces grains sont difficiles à identifier car ils ne présentent pas la forme caractéristique des grands cristaux. Une méthode d'identification consiste à observer une fine tranche de roche au microscope, en lumière polarisée. Les minéraux présentent alors différentes couleurs comme le morceau de micaschiste ci-dessous.

# LES CRISTAUX

Les minéraux se présentent sous forme de cristaux. Cela signifie que leurs atomes sont disposés selon une architecture. Cet ordre n'apparaît pas clairement dans les cristaux qui forment la majorité des roches mais dans ceux qui se sont développés librement. Un cristal est symétrique, il a des côtés plats et appartient à l'un des six systèmes cristallins, ce qui facilite son identification.

*Couches* de cristaux bleus et blancs

**▲ LA GÉODE**

Une géode est une roche creuse tapissée de couches concentriques de minéraux et de cristaux. Ci-dessus, on a coupé en deux et poli une géode d'agate, formée de jolies couches aux couleurs contrastées. Les couches de cristaux se développent de l'extérieur vers l'intérieur quand de l'eau chargée de minéraux dissous coule dans la cavité rocheuse. C'est souvent dans la lave que l'on découvre des géodes.

CRISTAUX DE GRENAT

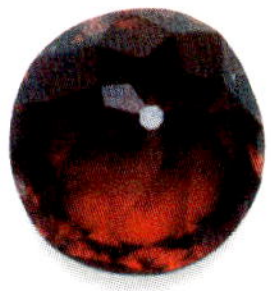

GRENAT TAILLÉ

**▲ LES PIERRES PRÉCIEUSES**

Une pierre fine comme le grenat est un cristal découvert dans une roche et utilisée en joaillerie ou dans d'autres arts. La pierre brute doit être taillée et polie avant d'être montée sur un bijou. Les pierres précieuses – appelées aussi gemmes – ont de belles couleurs, elles sont dures et rares. Les plus chères sont le diamant, le rubis, le saphir et l'émeraude.

**LES SYSTÈMES CRISTALLINS**

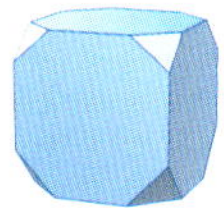

*Cubique*
*Exemples : diamant, fluorite, galène, grenat, or, sel de cuisine, magnétite, pyrite*

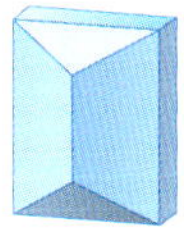

*Orthorhombique*
*Exemples : aragonite, barite, célestine, chrysobéryl, olivine, soufre, topaze*

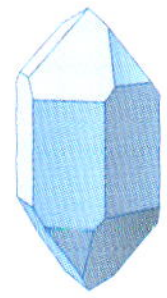

*Hexagonal/rhomboédrique*
*Exemples : béryl, calcite, graphite, hématite, quartz (par exemple améthyste), rubis, saphir, tourmaline*

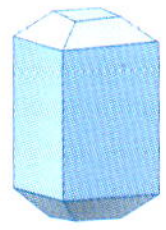

*Quadratique*
*Exemples : cassitérite (oxyde d'étain), rutile (oxyde de titane), vésuvianite, zircon*

*Triclinique*
*Exemples : turquoise, kaolinite, cyanite, labradorite, wollastonite*

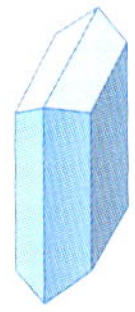

*Monoclinique*
*Exemples : azurite, borax, gypse, amphibole, malachite, mica, talc*

POUR EN SAVOIR PLUS ⏭ Les éléments chimiques 22 • Les roches 218 • Les solides 12 • Les volcans 212

# LE CYCLE DES ROCHES

Les roches ont l'air stable mais elles ne cessent de changer. Les roches de la surface de la Terre se décomposent en sédiments sous l'action de l'eau, de la glace et du vent. Des roches nouvelles se créent et se recyclent grâce aux forces qui agissent dans la croûte et le manteau de la Terre.

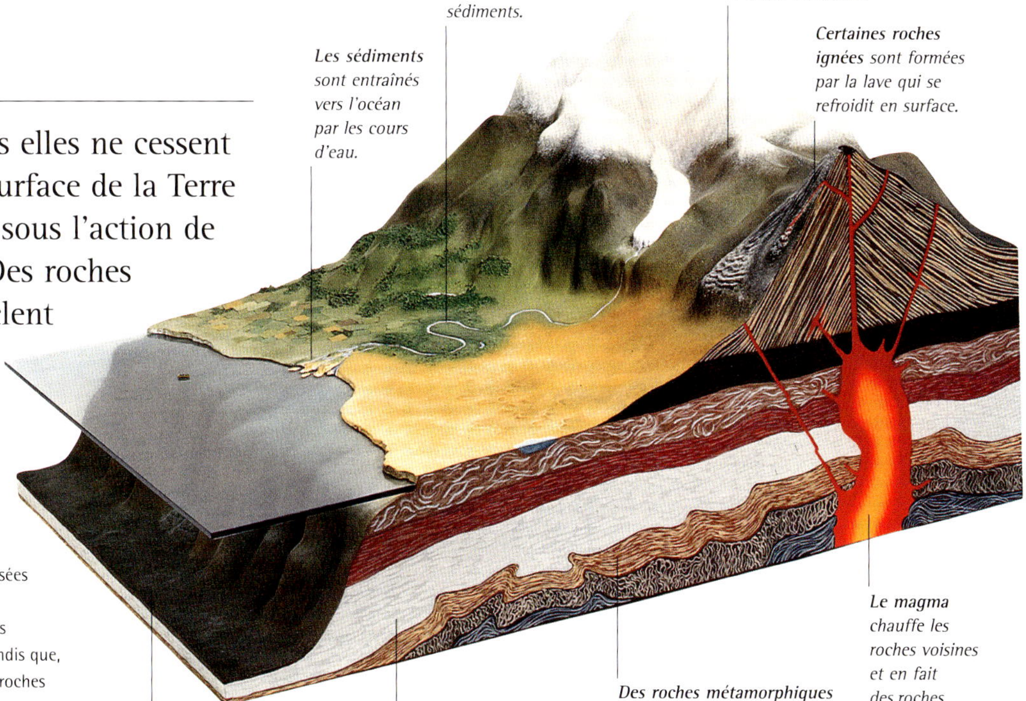

*L'érosion* des rivières creuse les vallées et crée des sédiments.

*L'usure* des montagnes par la neige et la glace crée des sédiments.

*Les sédiments* sont entraînés vers l'océan par les cours d'eau.

*Certaines roches ignées* sont formées par la lave qui se refroidit en surface.

*Le magma* chauffe les roches voisines et en fait des roches métamorphiques.

*Des couches de sédiments* s'empilent au fond des océans.

*Des roches sédimentaires* se forment par compression de sédiments.

*Des roches métamorphiques* se forment en chauffant et en comprimant des roches sédimentaires.

**LE RENOUVELLEMENT DE LA CROÛTE TERRESTRE ►**

Les roches anciennes sont détruites par l'érosion ou poussées dans la croûte, où elles fondent. De nouvelles roches, les sédiments, sont transformées par la pression en roches sédimentaires ; le magma se solidifie en roches ignées tandis que, en profondeur, la chaleur et la pression transforment les roches enfouies en roches métamorphiques.

POUR EN SAVOIR PLUS ⏭ L'érosion 222 • Les fleuves 232 • Les roches 218 • Les sédiments 225 • Les volcans 212

# LES ROCHES

La Terre est couverte d'une couche de roches solides, la croûte terrestre. Ces roches sont SÉDIMENTAIRES, IGNÉES ou MÉTAMORPHIQUES. Presque toutes les roches sont composées de minéraux, mais chacune est caractérisée par un dosage différent. Le granite par exemple se compose de quartz, de feldspath et de mica. Une roche s'identifie par sa couleur, les minéraux qu'elle contient, la taille de leurs grains et sa texture, c'est-à-dire les tailles respectives des différents grains.

◄ LE SUBSTRATUM
Les roches solides formant la croûte terrestre s'appellent substratum. On l'aperçoit dans les régions côtières (à gauche, les falaises de Burton, dans le Dorset en Angleterre) ou montagneuses : l'érosion l'a rendu visible. Elle le casse en petits morceaux et en fait de la terre et des sédiments (par exemple de la boue, du sable et du gravier) qui couvrent le substratum à peu près partout. Les sédiments se transforment éventuellement en roches sédimentaires.

## LES ROCHES SÉDIMENTAIRES

Les roches sédimentaires sont composées de sédiments tels que le sable et l'argile, ou de squelettes et de coquilles d'animaux marins. Quand les couches de sédiments non consolidés sont enfouies et comprimées, leurs particules s'agglomèrent en roches. Les roches sédimentaires chimiques – comme le silex – se forment là où des minéraux qui ont été dissous par l'eau se redéposent.

▲ SILEX
Le silex est dur et se brise en morceaux tranchants. Formé à partir de la silice des sédiments marins, il se présente sous forme de nodules irréguliers. On le trouve souvent en gisement dans la craie.

▲ CRAIE
La craie est un calcaire tendre et blanc, à grain fin. Elle se compose de restes d'animaux marins microscopiques, accumulés au fond d'anciennes mers.

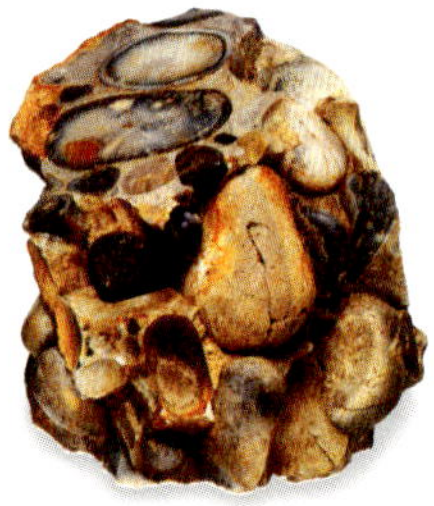

▲ POUDINGUE
Le poudingue se compose de galets ronds encastrés dans une roche à grain fin. Il se forme quand des galets sont enfouis au milieu d'autres sédiments.

▲ ARGILE
L'argile est une roche sédimentaire à grain fin. Quand elle est sèche, elle est tendre et s'émiette ; mouillée, elle colle. L'argile enfouie se transforme lentement en argilite et en schiste argileux.

▲ CALCAIRE
Le calcaire se compose surtout de calcite, colorée par d'autres minéraux. C'est l'une des roches sédimentaires les plus courantes ; il contient souvent des fossiles de plantes et d'animaux.

▲ GRÈS
Le grès est une roche sédimentaire à grain moyen, composée de grain de sable. Il se forme quand des plages ou des lits de cours d'eau sablonneux sont enfouis sous d'autres sédiments.

POUR EN SAVOIR PLUS ▸

# LES ROCHES IGNÉES

Les roches ignées se forment quand le magma – roche en fusion située sous la croûte terrestre – se refroidit et devient solide. Le magma perd sa chaleur en se glissant dans les fissures de la croûte. Les roches ignées extrusives, à grain fin, se forment là où le magma se refroidit brutalement une fois à la surface. Les roches ignées intrusives, à gros grain, se forment quand le magma se refroidit lentement, dans le sous-sol.

BASALTE ►
Les orgues de Twyfelfontein, en Namibie, sont en basalte. Ce type de roche extrusive se forme quand la lave – c'est-à-dire le magma volcanique – sort lors d'une éruption et se solidifie. Le basalte se fend en colonnes à faces plates car il se rétracte en refroidissant. Le basalte est la roche ignée la plus répandue.

▲ OBSIDIENNE
L'obsidienne est une roche noire et brillante semblable à du verre. Elle se forme quand la lave des volcans se refroidit si vite que les cristaux n'ont pas le temps de se former. Dans la préhistoire, l'obsidienne servait à faire des outils tranchants.

▲ GRANITE
La couleur du granite varie selon les minéraux qu'il contient. Le granite rose a des grains de feldspath rose, de quartz blanc et de mica noir. Le granite se forme dans les profondeurs de la Terre, en se refroidissant lentement.

▲ PORPHYRITE
La porphyrite – appelée aussi microdiorite – est une roche ignée intrusive de couleur gris foncé. Elle doit son nom à sa texture : de gros grains, les porphyrites, incrustés dans une masse de grains plus petits.

▲ GABBRO
Le gabbro est une roche ignée intrusive à gros grain, grise ou noire. Il se forme très lentement par refroidissement, en profondeur. Il présente parfois des couches de couleurs nettement différentes.

# LES ROCHES MÉTAMORPHIQUES

Les roches métamorphiques se forment sous l'effet de la chaleur et de la pression, en profondeur. Les roches métamorphiques de contact se forment quand des roches sont chauffées par le magma qui monte à travers la croûte terrestre. Les roches plissées ou écrasées sous des pressions énormes dans les profondeurs de l'écorce s'appellent roches métamorphiques régionales. Les propriétés des roches métamorphiques dépendent de la nature de la roche mère et du processus de formation.

▲ MIGMATITE
La migmatite est un mélange de schiste ou de gneiss sombres et de roches plus claires, le granite par exemple. Le morceau ci-dessus vient des Highlands d'Écosse.

▲ ARDOISE
L'ardoise est une roche à grain fin, de couleur gris ou vert foncé. Elle se détache en plaques, dont on fait des toits ou des sols. Elle est issue de roches sédimentaires telles que le schiste et la lutite.

▲ SCHISTE À GRENAT
Dans le schiste, on voit souvent à l'œil nu des nappes de cristaux. L'échantillon ci-dessus contient de gros cristaux de grenat. Les schistes, issus de l'ardoise ou du granite, sont des roches à grain moyen.

▲ GNEISS
Le gneiss est une roche métamorphique régionale à gros grain, de couleur grise ou rose. Il provient du calcaire ou du granite. Il se compose de fines couches claires et foncées délicatement ondulées.

▲ MARBRE
Le marbre est un calcaire transformé par la chaleur et la pression de la croûte terrestre ; c'est l'une des roches les plus appréciées en sculpture et en bâtiment. Il existe en blanc, en rose, en vert et en noir.

La structure de la Terre 206–207 • La minéralogie 216 • Le cycle des roches 217 • Les sédiments 225 • Les volcans 212

# LES FOSSILES

Les fossiles sont des traces d'animaux ou de végétaux conservés dans la roche. Ils se présentent sous différentes formes : empreintes, silhouettes de feuilles, de squelettes ou de coquilles d'animaux. Les fossiles nous renseignent sur la vie des temps anciens, avec des espèces dont certaines ont évolué et d'autres ont disparu. Les fossiles permettent de dater les roches dont ils sont issus. La FOSSILISATION a lieu quand des animaux ou des végétaux sont enfouis dans des dépôts qui finissent par durcir sous l'effet de la pression et deviennent des roches sédimentaires.

LA MISE AU JOUR DE FOSSILES ►
Une colonne vertébrale de dinosaure fossilisé dans des roches est conservée au Dinosaure National Monument, dans l'ouest des États-Unis. L'étude attentive de tels fossiles par des spécialistes révèle à quel type de dinosaure ces os ont un jour appartenu. Les fossiles se forment sous terre ; on les découvre souvent par hasard, au moment où les roches qui les abritent arrivent à la surface de la Terre. Certains types de roches sont beaucoup plus riches que d'autres en fossiles.

QUELQUES TYPES DE FOSSILES ►
Il est rare que les parties fossilisées d'un animal ou d'un végétal restent intactes. Parfois, elles sont pétrifiées, c'est-à-dire remplacées par des minéraux ; d'autres fois, elles se décomposent et laissent une cavité qui fait moule. Il arrive alors que le moule s'emplisse d'une roche qui va former un moulage. Un fossile de trace est l'empreinte fossilisée laissée par un animal, par exemple une trace de pas.

TRACE FOSSILISÉE DE PAS DE DINOSAURE

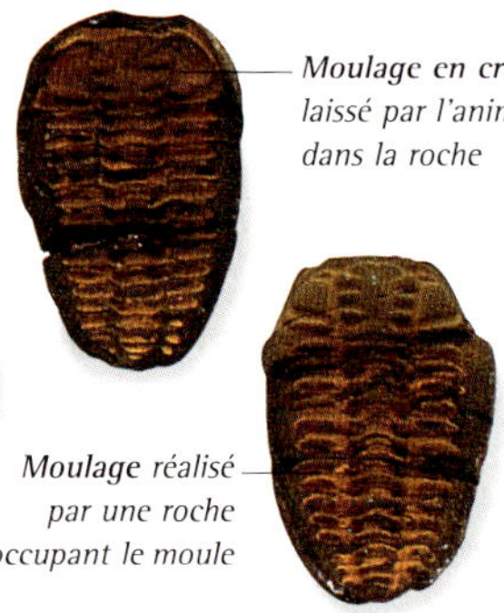

MOULE ET MOULAGE DE TRILOBITE

AMMONITE PÉTRIFIÉE

## LA FOSSILISATION

Le processus qui transforme en roche un animal ou un végétal s'appelle la fossilisation ; il nécessite des milliers d'années, voire des millions. Il commence par l'enfouissement avant décomposition. Ceci peut survenir au fond d'un lac ou d'un océan, ou quand des animaux morts près d'un cours d'eau limoneux sont vite recouverts par une inondation.

▲ DU POISSON AU SQUELETTE
Quand un poisson meurt, il tombe au fond du lac ou de la mer. Les parties molles sont dévorées par d'autres animaux, il n'en reste que le squelette.

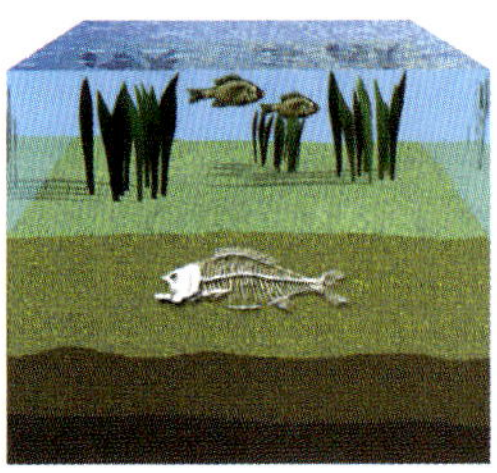
▲ L'ENFOUISSEMENT
Une couche de sédiments recouvre le squelette, puis d'autres couches recouvrent progressivement la première. L'enfouissement est profond.

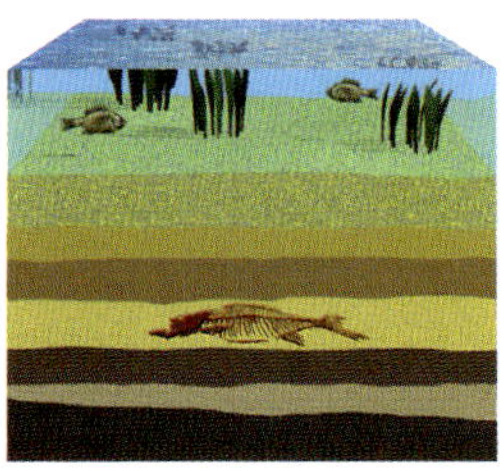
▲ LA PÉTRIFICATION
Les sédiments enfouis deviennent des roches sédimentaires. Le squelette est totalement ou en partie remplacé par des minéraux, qui en conservent la forme.

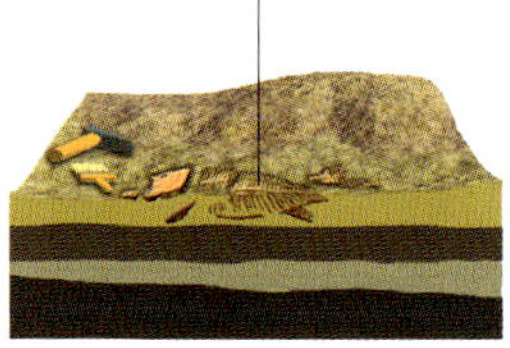

▲ LA REMISE AU JOUR
Des millions d'années plus tard, les mouvements du sol ramènent la roche et son fossile à la surface. C'est alors que l'érosion découvre le fossile.

LÉONCE ÉLIE DE BEAUMONT
*Français, 1798-1874*
*Élève de l'École polytechnique puis de l'École des mines, ce géologue est considéré comme le fondateur des études géologiques. Il se consacra à l'étude de l'orogenèse (formation des chaînes de montagnes) et publia, en collaboration avec Dufresnoy, la première carte géologique de la France au 1/500 000.*

POUR EN SAVOIR PLUS ⏭ La paléontologie 332 • La vie préhistorique 330 • Les roches 218 • Les sédiments 225

# LA DATATION GÉOLOGIQUE

Les scientifiques qui étudient les roches – les géologues – ont divisé en ères l'histoire de la Terre depuis sa formation. À chaque ère, différentes espèces d'animaux et de végétaux vivaient sur la Terre. Par exemple, le Crétacé, qui a duré de 135 à 65 millions d'années avant notre ère, correspond à la dernière époque des dinosaures. Certaines roches peuvent être datées grâce aux fossiles qu'elles contiennent. La date de formation d'autres roches peut être fixée grâce à la DATATION RADIOMÉTRIQUE.

▲ LA STRATIGRAPHIE
La gorge du Colorado – dite Grand Canyon – se trouve au sud-ouest des États-Unis ; on y voit les différentes strates de roches sédimentaires que le fleuve a creusées : en haut, les roches les plus récentes et en bas les plus anciennes. L'étude de ces strates rocheuses s'appelle la stratigraphie. Elle peut montrer la façon dont ces roches se sont formées, il y a des millions d'années, et ce qui s'est passé pendant leur formation : par exemple, si la région était à l'époque une mer ou un désert.

## LA DATATION RADIOMÉTRIQUE

La datation radiométrique est une façon de mesurer l'âge d'une roche. Les roches ignées contiennent des quantités infimes de produits chimiques radioactifs. À mesure que la roche vieillit, ses éléments se décomposent en nouveaux éléments qui ne sont plus radioactifs. En connaissant le taux de décomposition et en mesurant le niveau de radioactivité, on peut calculer l'âge de la roche en question.

LA DATATION ARGON-ARGON ►
Cette méthode consiste à mesurer les quantités de deux types d'argon présents dans l'échantillon d'une roche. Une forme ne peut être produite que par la désintégration radioactive, pendant le vieillissement de la roche ; on calcule alors l'âge de la roche en comparant la quantité de cet argon avec celle de l'autre forme d'argon.

### LA DATATION DES FOSSILES

Les paléontologues ont créé une base de données des fossiles, c'est-à-dire la liste des espèces animales et végétales depuis l'origine de la vie. Chaque fossile peut être rapproché de cette liste pour déterminer l'âge de la roche où on l'a trouvé. Les informations de la base de données, fondées sur l'étude des strates, permet de déterminer l'âge d'une roche et les caractéristiques des espèces vivantes de son époque. Ci-dessous, quelques fossiles et les périodes auxquelles ils appartiennent.

*Quaternaire (de nos jours à -1,8 million d'années)*

*Dent de mammouth*

*Tertiaire -1,8 à -65 millions d'années)*

*Crâne de tigre à dents de sabre*

*Crétacé (-65 à -135 millions d'années)*

*Tyrannosaure (dinosaure carnivore)*

*Jurassique (-135 à -199,6 millions d'années)*

*Archaeopteryx (ancêtre des oiseaux)*

*Trias (-199,6 à -251 millions d'années)*

*Crâne de thérapside (ancêtre des mammifères)*

*Permien (-251 à -299 millions d'années)*

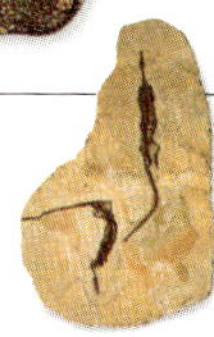

*Mésosaures (reptiles aquatiques)*

*Carbonifère (-299 à -359,2 millions d'années)*

*Feuille de fougère primitive*

*Dévonien (-359,2 à -416 millions d'années)*

*Poisson sans mâchoire*

*Silurien (-416 à -443 millions d'années)*

*Scorpion de mer*

*Ordovicien (-443 à 488 millions d'années)*

*Nautiloïde (coquillage)*

*Cambrien (-488 à -542 millions d'années)*

*Trilobite*

*Précambrien (-542 millions d'années et au-delà)*

*Premiers organismes sans squelette*

POUR EN SAVOIR PLUS ⏭ • Les fossiles 220 • La paléontologie 332 • La vie préhistorique 330 • Les roches 218

# L’ÉROSION

Le phénomène de dégradation et de décomposition des roches à la surface de la Terre s’appelle l’érosion. Celle-ci est causée par l’eau en mouvement, les vagues, les glaciers et le vent ; elle modifie sans cesse les paysages. L’érosion affecte les roches nues, qui ne sont pas protégées par de la terre arable. Les roches, souvent fragilisées par l’effet du Soleil, du gel et de la pluie, s’érodent par altération physique – sous l’effet de la chaleur, du froid et du gel – et par **ALTÉRATION CHIMIQUE**. L’érosion peut entraîner des **CHANGEMENTS BRUTAUX** de relief.

*Le bord de la gorge s’est formé là où le cours d’eau a usé les couches rocheuses.*

***Les roches tendres** s’usent plus vite que les roches dures situées en dessous.*

***Le Colorado coule** au fond de la gorge.*

◄ L’ÉROSION DES COURS D’EAU
La gorge du Marble Canyon dans l’Arizona, aux États-Unis, a été creusée par le Colorado sur 600 m de profondeur, à travers de nombreuses strates. L’eau des rivières, lorsqu’elle est chargée de pierres et de sable, est une puissante force d’érosion. Au bout de plusieurs millions d’années, les grands fleuves creusent des vallées profondes. Les rivières érodent collines et montagnes, et transportent les sédiments dans les basses terres et en mer. La force d’érosion des cours d’eau est plus violente en montagne où leur lit est pentu, et leur cours rapide : il charrie des rochers qui rabotent le sol.

▲ L’ÉROSION CÔTIÈRE
Les vagues sapent la base des falaises, qui finissent par s’effondrer. Cela crée des reliefs comme celui des Douze Apôtres de Victoria, en Australie. Des tours naturelles dominent la mer là où les caps ont été attaqués des deux côtés, jusqu’à disparaître. Les roches emportées forment ensuite des plages de sable et de galets. L’érosion est plus rapide là où les galets sont projetés contre les falaises par les vagues.

▲ L’ÉROSION GLACIAIRE
Certaines chaînes de montagnes ont de profondes vallées en auge creusées par les glaciers. Sur les pentes du mont Kailash, au Tibet, la présence d’une vallée glaciaire indique l’endroit où le glacier a fondu. Un glacier est comme un lent fleuve de glace qui coule emporté par son propre poids. Les rochers qu’il charrie marquent profondément le sol et finissent par former des vallées en U, à fond plat, et aux pentes abruptes.

▲ L’ÉROSION ÉOLIENNE
Le sable projeté par des vents violents a sculpté les minces colonnes de grès de Bryce Canyon, dans l’Utah, aux États-Unis. Leurs formes irrégulières sont dues au fait que les strates tendres s’érodent plus vite que les dures. L’érosion éolienne est fréquente dans les déserts, où le sable est le jouet du vent et où les végétaux sont rares pour fixer le sol ; en outre, il n’y a pas de pluie pour assurer la cohésion du sol.

## L'ALTÉRATION CHIMIQUE

Certaines roches sont décomposées par des réactions chimiques. Les minéraux qu'elles contiennent sont modifiés sur le plan chimique par le Soleil, l'air et surtout l'eau. Les roches ainsi affaiblies s'usent plus facilement. Le calcaire par exemple se dissout dans l'eau de pluie car celle-ci absorbe le gaz carbonique de l'atmosphère, ce qui la rend légèrement acide.

UN PAYSAGE KARSTIQUE ►
La province du Guangxi, en Chine, possède des paysages spectaculaires attestant de l'altération chimique des roches. Le paysage karstique se forme quand l'eau de pluie creuse le calcaire. Ses trous deviennent des grottes qui finissent par s'effondrer, laissant des vallées profondes et de hauts sommets rocheux.

## LES CHANGEMENTS BRUTAUX

L'érosion modifie le paysage millimètre par millimètre sauf quand, parfois, roches et terre dévalent les pentes en masses spectaculaires. Glissements de terrain, coulées de boue et chutes de pierres provoquent des changements brutaux de paysage. Les pentes de rochers, les éboulis ou la terre devenant instables sont incapables de résister à l'effet de la gravité et s'écroulent.

| LA REPTATION DU SOL | LE GLISSEMENT DE TERRAIN | LE LAHAR | LA COULÉE DE BOUE | LA CHUTE DE PIERRES |
|---|---|---|---|---|
| La reptation est le glissement très lent du sol vers le bas d'une pente abrupte. Il est provoqué par la dilatation et la contraction du terrain chaque fois qu'il se mouille et sèche, ou qu'il gèle et dégèle. Les couches supérieures se déplacent plus rapidement que les couches inférieures. Ce mouvement, trop lent pour être observé, suffit à faire tomber des arbres, des barrières et des poteaux télégraphiques ; on observe dans les prés la formation de petites terrasses. On constate également l'accumulation de terre contre les murs ou au pied de la pente. | Le glissement de terrain est un déplacement qui se produit quand une large tranche de terre ou de roche molle se détache de la pente et glisse. Ce phénomène laisse de petits escarpements vers le haut de la pente. Il se produit souvent quand la base de la pente est sapée par un cours d'eau ou par les vagues, ou quand la terre ou les roches tendres sont saturées d'eau. | Les éruptions volcaniques sont parfois suivies d'un lahar, coulée d'eau et de cendre volcanique. Elle se produit quand la cendre se mélange avec de la glace, ou avec des pluies torrentielles. La boue dévale les vallées et détruit tout sur son passage. Les dégâts peuvent être énormes. | Ce phénomène touche les roches déjà concassées, parfois mêlées à de la terre. Quand ce type de roche s'accumule en haut d'une pente, elle risque tôt ou tard de glisser. Le phénomène se produit à la suite d'une déforestation excessive, qui provoque une érosion très rapide de la terre et des roches. | Une chute de pierres se produit parfois quand des rochers se détachent d'une falaise ou dégringolent d'un éboulis. Quand les pierres qui tombent sont nombreuses, on parle d'avalanche rocheuse. |

POUR EN SAVOIR PLUS ⏭ La glace 226 • Les littoraux 227 • Les fleuves 232 • Les roches 218 • Les sols 224

# LES SOLS

En général, le substratum rocheux de la croûte terrestre est couvert de terre, mélange mou de matière organique et de fragments de roches issus de l'érosion. La matière organique se compose d'organismes vivants, et d'animaux et de végétaux en décomposition. Parmi les organismes vivants, beaucoup sont des **AGENTS DE DÉCOMPOSITION**, qui se nourrissent de cadavres d'animaux et de restes de végétaux. Les végétaux puisent dans la terre l'eau et les nutriments dont ils ont besoin.

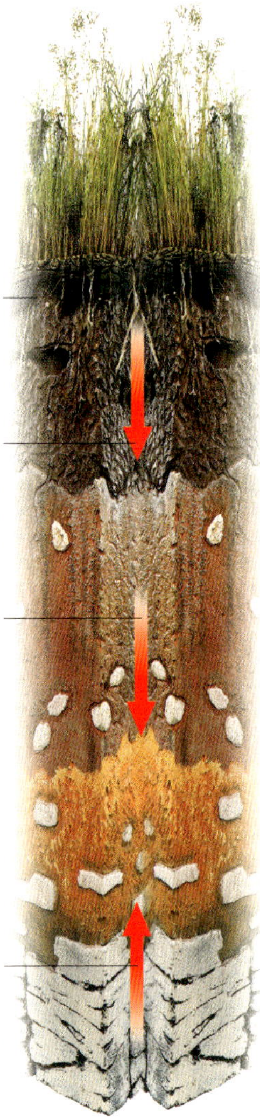


LES COUCHES NATURELLES ▲
La coupe ci-dessus montre les différentes couches qui composent le sol. Chacune a pour nom horizon. La plupart des sols contiennent trois couches principales, les horizons A, B et C. L'épaisseur du sol varie de quelques centimètres en montagne à plusieurs mètres dans les vallées.

▼ LES TYPES DE SOL
La texture du sol dépend de la taille des fragments de roches qu'il contient. Le sol argileux semble lisse car il se compose surtout de particules très petites. Le sol sablonneux semble plus grossier car il se compose de particules pouvant atteindre 2 mm de diamètre. Les sols sablonneux sont secs, les argileux sont souvent humides et collants. Quant au limon, il contient à la fois du sable, de l'argile et de la vase : c'est un bon sol car il se prête bien aux cultures.

SOL ARGILEUX

SOL LIMONEUX

SOL SABLONNEUX

# LES AGENTS DE DÉCOMPOSITION

Des millions d'organismes vivent dans le sol : vers de terre, insectes, champignons et bactéries. Ils se nourrissent des cadavres d'animaux et des restes de végétaux, qu'ils transforment en composés organiques plus simples. Certains de ces composés servent d'aliments à de nouvelles plantes : ainsi, ces organismes recyclent la matière végétale.

MICROGRAPHIE DU SOL ►
Au microscope, on découvre les bactéries du sol. Une poignée de terre contient des millions de bactéries et de champignons, fixés sur des fragments de roche et de matière en décomposition. Les bactéries et champignons poursuivent la décomposition commencée par des organismes plus gros tels que les vers de terre, les limnorias et les limaces.

◄ L'ENRICHISSEMENT DU SOL
Les vers de terre garantissent la fertilité du sol, c'est-à-dire la santé des plantes qui y poussent. En se nourrissant de matière organique morte, ils contribuent à la décomposer. En outre, ils assurent le brassage et l'aération du sol, qui répartissent la matière organique et ses nutriments ; cela permet à l'oxygène de circuler, ce qui améliore le drainage.

POUR EN SAVOIR PLUS ⏭ Les bactéries 284 • L'écologie 326 • L'érosion 222 • Les mycètes 282 • L'azote 42

# LES SÉDIMENTS

Les fragments de roches transportés et DÉPOSÉS par les cours d'eau, les mers, les glaciers et le vent s'appellent des sédiments. Les graviers, les sables et les argiles sont tous des sédiments. Ils constituent les bancs de vase des cours d'eau et les dunes des déserts. Ils s'accumulent au fond des mers pendant des millions d'années pour former des roches sédimentaires.

L'ESTUAIRE ET LES SÉDIMENTS ►
Les sédiments d'un cours d'eau se déposent en mer autour de l'embouchure. Dans le golfe de Spencer, en Australie méridionale, ils s'accumulent sur le fond de la mer jusqu'à former des presqu'îles de sable et de gravier, les flèches littorales et des bancs de sable, c'est-à-dire des îles basses. La mer déplace les sédiments le long de la côte et crée des plages ; quant au sable charrié par le vent, il forme des dunes à l'intérieur des terres.

## LE DÉPÔT

Quand les sédiments tombent au fond de l'eau ou sur le sol, on dit qu'ils s'y déposent. Les sédiments sont transportés par les cours d'eau rapides, les vents violents et la glace des glaciers. Les sédiments se déposent quand l'eau, le vent ou le glacier ne peut les porter plus loin : par exemple là où l'eau ou le vent ralentit ou s'arrête, ou lorsque le glacier fond.

### LA FORMATION DES DUNES

La forme des dunes de sable dépend de la force et de la direction du vent, de la quantité du sable et de la végétation qui pousse sur les dunes et alentour. Les dunes en croissant – ou barkhanes – se forment quand le vent souffle dans une direction dominante. Elles se déplacent d'une trentaine de mètres par an car le vent ne cesse de faire passer du sable par-dessus la crête.

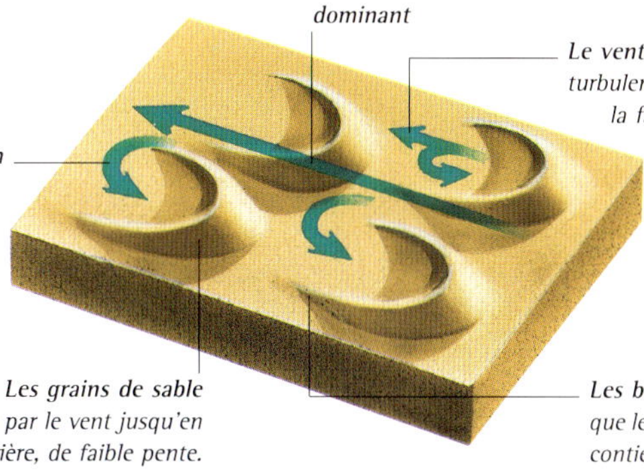

▼ LES DUNES
Une dune est un tertre ou une colline faite de sable ou d'autres petites particules. Les dunes se forment dans les déserts de sable et sur les côtes, là où le sable sec est transporté par le vent et se dépose plus loin. Dans le désert du Sahara, en Afrique du Nord, les dunes atteignent 100 km de long et 200 m de haut ; elles forment un paysage mouvant comme la surface de la mer.

POUR EN SAVOIR PLUS ►► L'érosion 222 • La glace 226 • Les fleuves 232 • Le cycle des roches 217 • Les roches 218 • Le vent 240

# LA GLACE

Un dixième environ des terres émergées et un huitième des océans sont recouverts de glace. Cette glace, faite de neige, s'accumule et se tasse. La majorité de la glace se présente en CALOTTES GLACIAIRES épaisses sur les terres des régions polaires. Autrefois, lors des périodes froides appelées ères glaciaires, la glace couvrait une partie de la Terre plus importante qu'aujourd'hui. On estime qu'en deux millions d'années, la Terre a connu 15 ères glaciaires.

◄ LA GLACE POLAIRE
Un Esquimau conduit son attelage de chiens huskies sur un glacier du Groenland. L'Arctique compte peu de terres. L'essentiel de l'Arctique est un océan dont le centre, à proximité du pôle Nord, est couvert en permanence par une banquise d'eau de mer gelée.

## LES CALOTTES GLACIAIRES

90 % de la glace qui existe sur Terre se trouve en Antarctique. Là, son épaisseur atteint par endroits 4 200 m. Au fil des millénaires, une épaisse calotte s'est accumulée car il tombe davantage de neige l'hiver qu'il n'en fond l'été suivant. C'est le poids énorme de cette glace qui a enfoncé la majorité de ce vaste continent en dessous du niveau de la mer.

◄ LE MOUVEMENT DES GLACIERS
Les glaciers sont de lents fleuves de glace qui prennent leur source en montagne. La neige ancienne tassée par la neige récente forme une glace dense, le névé. Quand il y a assez de glace, la gravité et le poids du glacier l'entraînent sur la pente à la vitesse d'un ou deux mètres par jour.

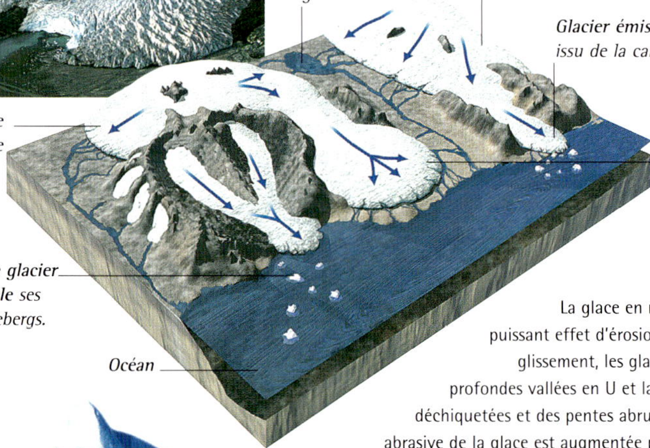


◄ LE PAYSAG GLACIAIR
La glace en mouvement a u puissant effet d'érosion. Dans leur len glissement, les glaciers creusent d profondes vallées en U et laissent des crête déchiquetées et des pentes abruptes. La capacit abrasive de la glace est augmentée par les rochers e les cailloux que le glacier transporte devant lui, su les côtés, et surtout dessous. Quand le glacier attein une altitude trop tiède, il fon

▼ UN ICEBERG À ROTHERN POINT, EN ANTARCTIQUE
Les icebergs ne sont pas formés d'eau de mer salée, mais de glace terrestre que vêlent les calottes et les glaciers, le long des côtes. Seuls 12 % du volume des icebergs sont au-dessus de la surface de la mer. Le reste est caché en dessous. Une vaste banquise composée de glace de mer borde le continent antarctique : elle s'étend en hiver et fond en été.

POUR EN SAVOIR PLUS ⏭ Les littoraux 227 • L'érosion 222 • La formation des montagnes 214 • La planète Terre 204

# LES LITTORAUX

La terre et la mer sont limitées par les côtes qui sont continuellement battues par les vagues et par le vent. Par temps calme, l'eau ne fait que lécher le littoral mais, quand le vent se lève, d'énormes brisants écumants se lancent à l'assaut de la côte. Il n'est pas étonnant que le tracé des côtes soit en perpétuel changement, car les vagues creusent la terre et le NIVEAU DE LA MER change. À certains endroits, la côte recule de plusieurs mètres par an.

L'ÉROSION CÔTIÈRE ►
Le relief côtier est modelé par l'érosion des vagues : ci-contre, les falaises et arches de la région de Pembroke, au pays de Galles, en Grande-Bretagne. La mer sculpte les caps rocheux, les roches les plus tendres sont érodées jusqu'à former des grottes. Si deux grottes sont de part et d'autre d'un cap, celui-ci finit par représenter une arche qui s'effondrera, formant ainsi un nouvel îlot.

## LE NIVEAU DE LA MER

Depuis quelques millions d'années, le niveau de la mer a oscillé de plus ou moins 200 m environ. D'après les scientifiques, cela est dû aux changements de température. Durant les ères glaciaires, le niveau de la mer est bas car beaucoup d'eau est retenue sous forme de glace. Quand le climat se réchauffe, la glace fond et le niveau de la mer remonte. Aujourd'hui, le niveau tend à monter à cause du réchauffement climatique. On craint donc l'inondation de régions côtières.

◄ UN LITTORAL INONDÉ
Ce fjord norvégien s'enfonce profondément dans les terres ; il est bordé de falaises, et sa profondeur atteint par endroits 1 000 m. Les fjords se sont formés pendant une ère glaciaire, durant laquelle la glace a creusé des vallées en auge près de la côte. Quand le climat s'est réchauffé, le glacier a fondu et l'océan est monté : il a noyé la vallée.

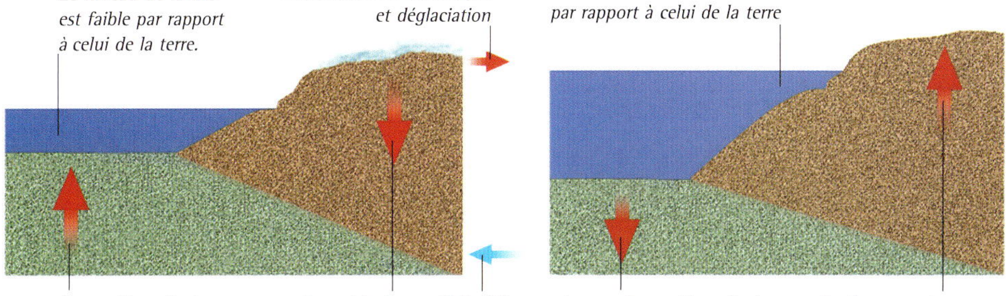


LES CYCLES GLACIAIRES ►
Pendant une ère glaciaire, le poids de la glace enfonce la terre. Le niveau des mers est bas, donc la croûte terrestre située sous les océans n'est guère enfoncée. Quand le temps se réchauffe, la glace fond, ce qui fait remonter le niveau de la mer. Cet effet est diminué par le fait que les terres émergent davantage une fois libérées du poids de la glace alors que le fond des océans se tasse sous le poids de l'eau.

POUR EN SAVOIR PLUS ⏭ Le climat 236 • L'érosion 222 • La glace 226 • Les océans 228 • La pollution 250

# LES OCÉANS

Les cinq océans, Pacifique, Atlantique, Indien, Austral et glacial Arctique, par ordre de taille décroissante, couvrent environ 71 % de la surface de la Terre. L'eau de mer contient des minéraux, dont le sel de table ou chlorure de sodium ; c'est pourquoi elle est salée. L'océan est agité par de puissants courants, des VAGUES et des MARÉES.

LA ZONE CÔTIÈRE ►

Les récifs de corail des eaux côtières chaudes constituent le biotope marin le plus riche. Ces récifs sont construits par des organismes tels que les coraux, qui possèdent un exosquelette minéral. Les océans se divisent en deux biotopes principaux : la haute mer et la zone côtière, dite néritique. Les eaux côtières peu profondes ne représentent que 10 % de la superficie totale de l'océan, mais elles abritent 98 % de la vie marine.

## LES PROFONDEURS DE L'OCÉAN

### LA COUCHE EUPHOTIQUE

Les eaux proches de la surface sont habitées par les méduses, les requins, les crustacés comme la langouste ci-contre et les poissons grégaires comme le hareng et le maquereau. Cette couche supérieure de l'océan – dite euphotique – est riche en oxygène, éclairée par le soleil et relativement chaude : 25 °C dans les mers chaudes. Cette zone est limitée à 200 m de profondeur.

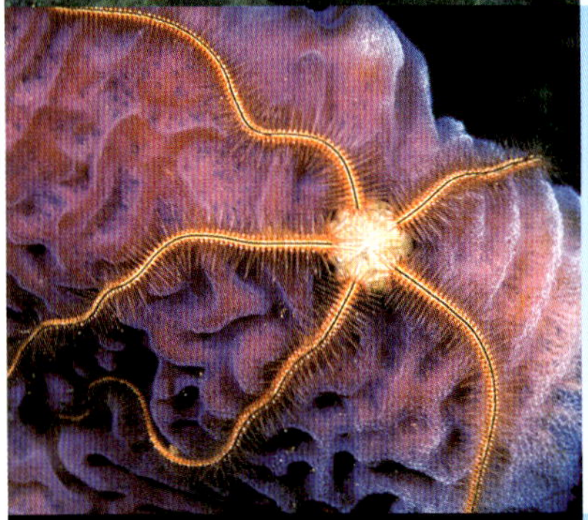

### LA ZONE BATHYALE

La zone bathyale est celle des profondeurs moyennes, entre 200 et 2 000 m ; elle est habitée par des animaux tels que cette ophiure, des calmars et des poissons rubans. Certains rayons du soleil pénètrent jusqu'à 1 000 m de profondeur environ. La température est de l'ordre de 5 °C. En dessous de 1 000 m, l'obscurité est totale et la température descend à –2 °C.

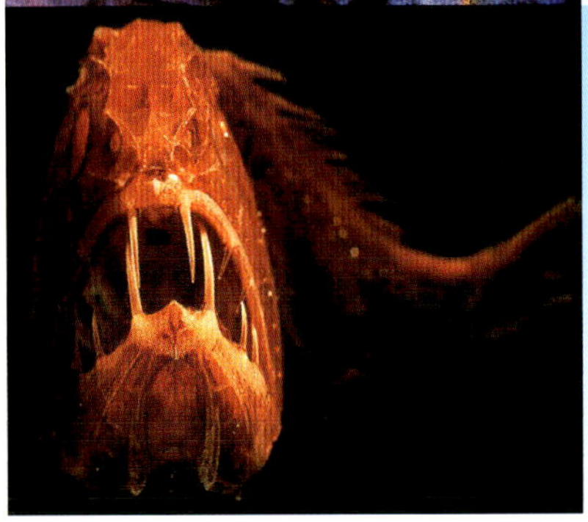

### LA ZONE ABYSSALE

Dans les profondeurs glacées en dessous de 2 000 m règne une obscurité absolue ; cette zone est habitée par des poissons comme l'anoplogaster ci-contre. Les animaux qui vivent dans les abysses se sont adaptés à la pression énorme de l'eau et à sa température glaciale. Dans certaines régions, la profondeur de l'océan atteint 10 000 m et même plus ; on est alors dans la zone hadale.

## LES COURANTS OCÉANIQUES

Les océans répartissent la chaleur du soleil à travers le globe grâce à de puissants courants, les uns en surface, les autres en profondeur. Les vents créent certains courants en surface qui sont déviés par la rotation de la Terre et la présence des continents ; chaque océan possède sa propre circulation, appelée « tourbillon océanique ». Les courants chauds de surface proviennent des tropiques pour chauffer les terres qu'ils baignent. En profondeur, les courants froids venus des régions polaires provoquent l'effet contraire.

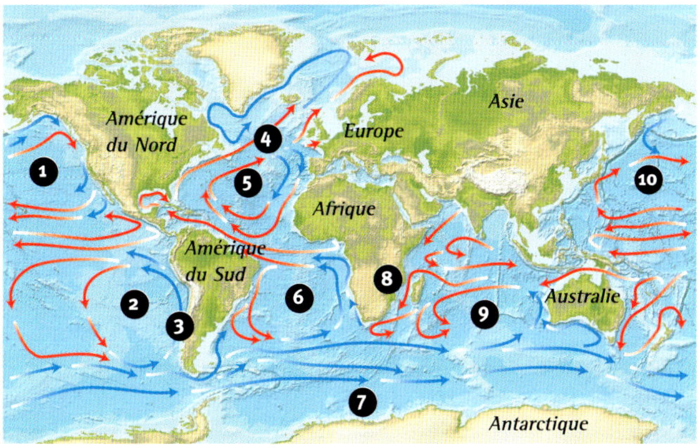


*Types de courants*
- courant chaud
- courant froid

*Noms des courants*
1. Gyre du Pacifique Nord
2. Gyre du Pacifique Sud
3. Courant de Humboldt
4. Dérive nord-atlantique
5. Gyre de l'Atlantique Nord
6. Gyre de l'Atlantique Sud
7. Courant circumpolaire antarctique
8. Courant des Aiguilles
9. Gyre de l'océan Indien
10. Gyre du Pacifique Nord

# LES MARÉES

Le niveau de l'eau des océans change sous l'effet des marées qui résultent de l'attraction de la Lune et du Soleil, et de la rotation de la Terre. Comme la Lune tourne autour de la Terre, sa gravité provoque une bosse d'eau sur les océans. La rotation terrestre engendre elle aussi une bosse à l'opposé de la première. Deux fois par jour, ces bosses constituent les marées hautes.

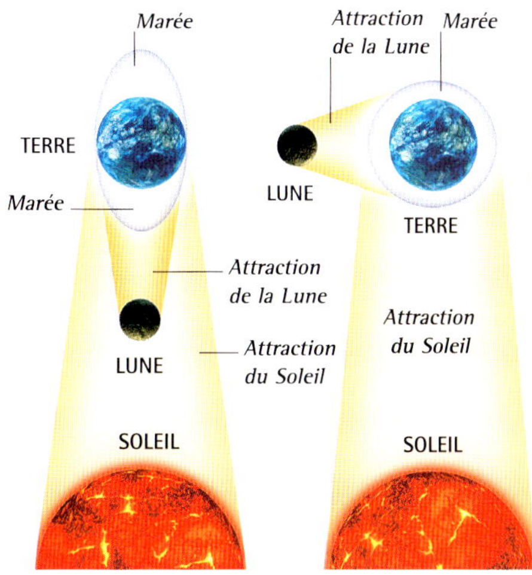


◄ LES COEFFICIENTS DE MARÉE

Toutes les marées n'ont pas le même coefficient (ou amplitude) : certaines n'ont que quelques centimètres, d'autres atteignent 15 m. Les marées les plus fortes, dites de vive eau, ont lieu chaque fois que le Soleil et la Lune additionnent leur effet gravitationnel. Les marées de morte eau ont lieu quand ces forces se soustraient.

# LES VAGUES

La surface des océans est parcourue par les vagues, sauf par temps exceptionnellement calme. Le vent qui souffle sur la surface provoque l'apparition des vagues, par un effet de frottement. Quand le vent souffle sur une grande surface de l'océan, il y crée la houle. Quand la houle arrive à la côte, elle s'y écrase en puissants rouleaux écumants.

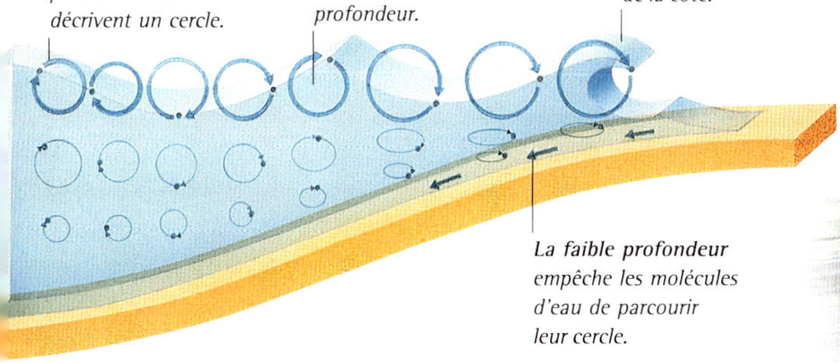


▲ LA DYNAMIQUE DES VAGUES

Les vagues sont capables de traverser les océans alors que l'eau est immobile en pleine mer. Au passage de la vague, chaque particule d'eau décrit un cercle et revient à sa position initiale. Quand la vague arrive aux abords de la côte, sa force et sa taille augmentent. Le fond marin perturbe sa progression et l'oblige à se briser.

LA PUISSANCE DES VAGUES ▲

Des vagues gigantesques – les tsunamis – sont provoquées par les tremblements de terre et certaines éruptions volcaniques qui ont lieu au fond de l'océan. Au moment où la vague naît sous le choc du séisme, on la remarque à peine. C'est quand elle arrive en eau peu profonde qu'elle atteint une hauteur terrifiante avant de déferler sur la côte où elle crée des ravages.

POUR EN SAVOIR PLUS ⏭ Les littoraux 227 • Les biotopes 246 • Les îles 231 • Les fonds marins 230

# LES FONDS MARINS

Il y a un siècle à peine, les fonds marins étaient presque inconnus. Aujourd'hui, on sait qu'il existe des reliefs sous-marins, faits de montagnes, de vallées profondes et de vastes plaines. Loin sous la surface, des chaînes volcaniques surgissent au milieu des océans, là où deux plaques s'écartent. Ailleurs, des fosses profondes s'ouvrent dans les zones de subduction où des plaques se rencontrent et l'une s'enfonce sous l'autre.

XAVIER LE PICHON

*Français, 1938*

*Membre de l'Académie des sciences, il a enseigné dans de nombreux établissements, comme l'université de Columbia à New York, et actuellement le Collège de France où il occupe la chaire de géodynamique. Spécialisé en géologie sous-marine, il a mis en évidence, depuis la fin des années 60, la dynamique des plaques tectoniques.*

**◄ UNE BOUCHE HYDROTHERMALE**

En 1977, des scientifiques équipés de sous-marins ont exploré les grands fonds, et notamment les bouches vomissant de noirs panaches d'eau brûlante, riche en minéraux. Ces « fumeurs noirs » attestent de l'activité volcanique des dorsales médio-océaniques. L'eau qui pénètre par des fissures de la croûte terrestre est réchauffée par le magma et se mélange avec des sulfures ; elle ressort sous forme de nuages noirs.

***Des fumeurs noirs*** *projettent des nuages d'eau brûlante chargée de sulfures.*

***Des cheminées*** *se forment à cause des minéraux qui se déposent à la sortie des bouches.*

***Des vers tubicoles et des crabes*** *aveugles pullulent grâce aux bactéries nourries par les minéraux.*

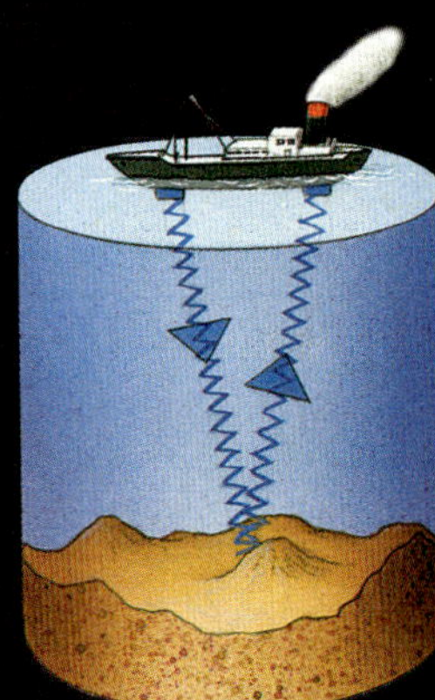

**◄ LE SONAR**

Les océanographes cartographient le fond des mers grâce au sonar. Le navire océanographique dirige ses ondes sonores vers le fond et enregistre les échos qui lui reviennent pour dresser une carte détaillée. Le sonar a ainsi révélé des traits du relief – par exemple des cônes volcaniques sous-marins – dominant de 1 000 m la plaine abyssale, ainsi que des guyots, c'est-à-dire des montagnes à sommet plat.

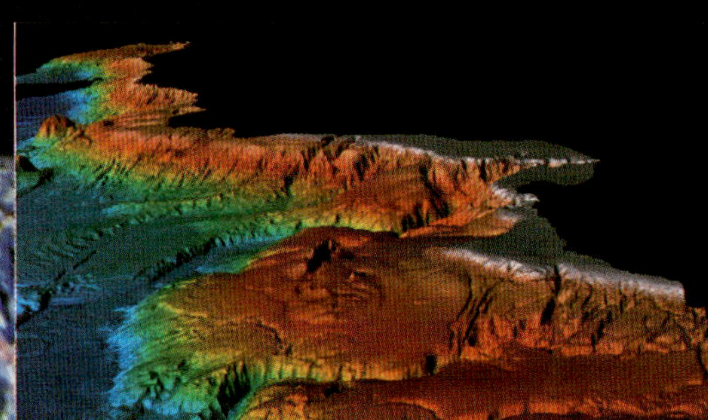

**▲ UNE IMAGE SONAR DU PACIFIQUE**

L'image ci-dessus créée par ordinateur montre le fond du Pacifique au large de la Californie, aux États-Unis ; elle a été établie grâce à des relevés sonar. Les profondeurs sont représentées par des couleurs différentes. Le large plateau continental qui prolonge le continent apparaît en orange. Son rebord extérieur, la pente continentale, qui descend vers la plaine abyssale, apparaît en bleu.

POUR EN SAVOIR PLUS ⏭ L'acoustique 106 • La formation des montagnes 214 • Les océans 228 • La tectonique 208

# LES ÎLES

Les îles sont des étendues de terre entourées d'eau ; il en existe dans les océans, les mers, les cours d'eau et les lacs. Les plus petites sont d'humbles rochers, tandis que le Groenland a une superficie de 2,2 millions de km². Les deux principaux types d'île sont les îles océaniques, loin de toute terre, et les îles continentales, proches d'un continent. Beaucoup d'îles océaniques sont des volcans. Les îles continentales se sont formées lors du changement du niveau de la mer.

◄ LES ÎLES CONTINENTALES

Les îles continentales – par exemple les îles Britanniques – occupent les eaux peu profondes du plateau continental, à proximité des continents. Souvent, ces îles ont été, dans un passé plus ou moins lointain, rattachées au continent ; elles ont été isolées par la montée des eaux. Des îles plus petites, que l'on nomme îles du cordon littoral, se forment parfois au large des côtes à cause des courants océaniques ou des dépôts d'alluvions des grands fleuves.

LES ÎLES CORALLIENNES ▲

Les îles coralliennes, comme les Maldives dans l'océan Indien, sont formées du squelette calcaire des polypes coralliens. Ces petites créatures marines pullulent dans les eaux chaudes et peu profondes des côtes tropicales, ou autour des îles volcaniques. Le corps mou des polypes est protégé par une coquille de forme évasée ; ils poussent les uns sur les autres jusqu'à former des récifs qui affleurent à la surface. Si le support initial s'enfonce, il ne reste parfois de l'île qu'un anneau de corail, nommé atoll.

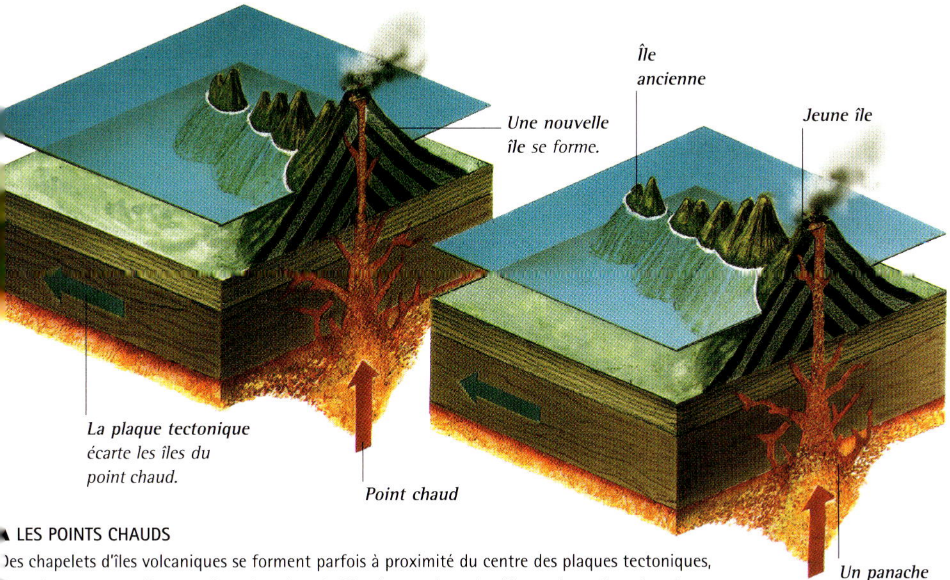


▲ LES POINTS CHAUDS

Des chapelets d'îles volcaniques se forment parfois à proximité du centre des plaques tectoniques, dans des zones que l'on appelle points chauds. D'après certains scientifiques, les points chauds apparaissent là où des panaches de magma émergent hors du manteau situé en dessous. Le magma s'engouffre dans un point faible de la croûte et forme une île. Au bout de millions d'années, le point chaud n'a pas bougé mais la plaque de la croûte a dérivé et de nouvelles îles se sont formées.

▲ LES ARCS INSULAIRES

Les îles océaniques se forment souvent à cause d'éruptions volcaniques, là où des plaques tectoniques se rapprochent. Quand une plaque plonge sous l'autre, sa croûte fond dans le manteau situé dessous. Cette roche en fusion remonte en brûlant la croûte et entre en éruption à travers le fond marin. Les roches éruptives finissent par former un cône volcanique qui constitue une île une fois qu'il affleure à la surface.

POUR EN SAVOIR PLUS ⏭ Les océans 228 • La tectonique 208 • Les volcans 212

# LES FLEUVES

Les cours d'eau conduisent à la mer l'eau qui tombe sous forme de pluie ou de neige. En coulant, ils creusent les roches et les cassent en fragments nommés sédiments, et les entraînent en aval. L'érosion a lieu surtout lors des inondations consécutives à de fortes pluies, ou lors de la fonte des neiges. Avec le temps, elle crée des vallées et des cascades, et les sédiments forment des régions que l'on appelle plaines alluviales et deltas.

◄ LE TORRENT
La Dora prend sa source dans le nord de l'Italie, sur les pentes des Alpes. Le cours de la rivière est rapide, il entraîne des rochers qui dévalent son lit. La rivière découpe une vallée abrupte aux flancs en forme de V.

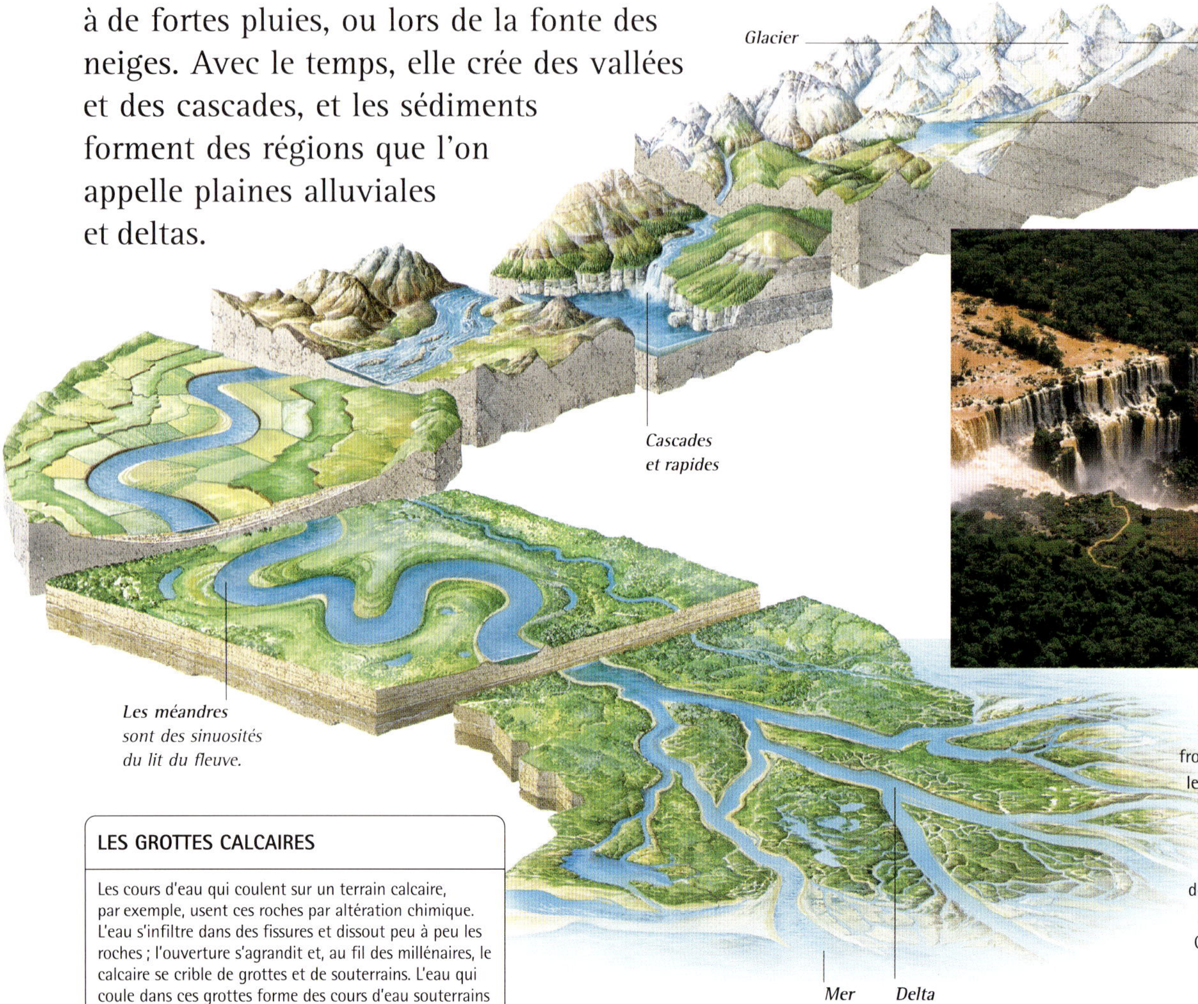


▲ DE LA SOURCE À L'EMBOUCHURE
Le cours d'un fleuve est divisé en trois parties : d'abord, le cours d'eau est rapide, son lit est étroit et pentu. Puis il s'élargit et ralentit, il coule de façon plus tranquille dans des vallées à large fond. Enfin, il est large et lent pour traverser la plaine côtière jusqu'à la mer, où il dépose ses sédiments.

LA CATARACTE ▲
Les chutes d'Iguaçu, qui forment la frontière entre l'Argentine, le Brésil et le Paraguay, marquent l'endroit où le fleuve quitte des roches dures pour couler sur des roches tendres. Ces dernières s'usent plus vite, d'où le décrochement vertical. L'eau entaille la roche dure et y creuse un bassin. Chaque fois que celui-ci s'élargit, la cataracte remonte en amont.

## LES GROTTES CALCAIRES

Les cours d'eau qui coulent sur un terrain calcaire, par exemple, usent ces roches par altération chimique. L'eau s'infiltre dans des fissures et dissout peu à peu les roches ; l'ouverture s'agrandit et, au fil des millénaires, le calcaire se crible de grottes et de souterrains. L'eau qui coule dans ces grottes forme des cours d'eau souterrains et même des lacs (ci-dessous, au Mexique). Les cours d'eau disparaissent de la surface et réapparaissent dans des résurgences à des kilomètres de là. Le « toit » finit par s'effondrer et une gorge apparaît.

UN DELTA EN RUSSIE ►
Cette photo prise par satellite montre la Léna (en bleu foncé, en haut) à son embouchure. La région verte est le delta, c'est-à-dire le terrain formé par les sédiments déposés par la rivière. Pour traverser cette région marécageuse, le fleuve se partage en nombreux chenaux en éventail, qui débouchent tous sur le littoral.

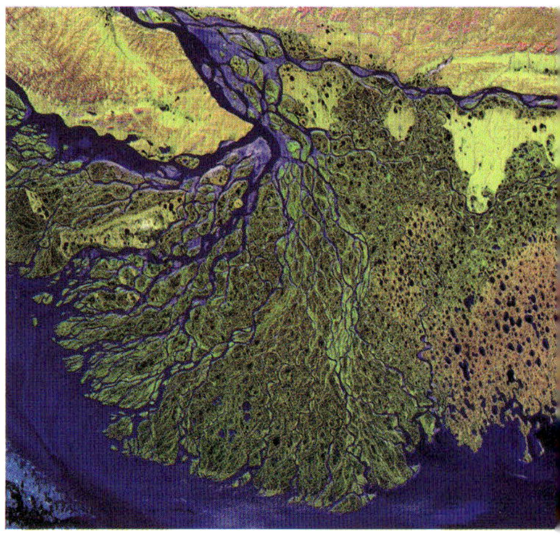

POUR EN SAVOIR PLUS ►► Les littoraux 227 • L'érosion 222 • Les biotopes 246 • La glace 226 • La pluie 244–245 • Les sédiments 225

# LA NAPPE PHRÉATIQUE

Des eaux souterraines sont présentes en dessous de la surface de la Terre. On les trouve dans les roches poreuses, qui comptent de nombreux trous minuscules. Si l'on creuse un puits dans une roche, on finit toujours par trouver de l'eau, à une profondeur qui est celle de la nappe phréatique : celle-ci a tendance à monter quand il pleut. Une source est l'endroit où l'eau souterraine jaillit, sur un versant.

▲ UNE OASIS EN ÉGYPTE
L'eau souterraine affleure parfois à la surface, même dans les régions désertiques. Ces zones de végétation luxuriante s'appellent des oasis. L'eau y arrive parfois après un trajet de centaines de kilomètres depuis les montagnes. Les oasis possèdent des ressources en eau d'importance vitale, qui provoquent souvent la construction de villes dans le voisinage.

▼ UN BASSIN ARTÉSIEN
Jne nappe aquifère est une couche de roches poreuses capables de contenir de l'eau, comme un réservoir souterrain. Parfois, une partie de la nappe aquifère est couverte de roches imperméables que l'eau à l'air libre ne peut traverser : par exemple, de l'argile. Il se forme alors un bassin artésien. Si l'on creuse un puits jusqu'à la nappe, l'eau jaillit du puits.

# LES LACS

Des lacs se forment là où des dépressions se remplissent d'eau. Certaines sont creusées par l'usure des glaciers ; d'autres apparaissent là où les vallées sont bloquées par des barrages. Des lacs se forment aussi dans les cratères des volcans, et là où la terre s'affaisse à cause de mouvements sismiques. La plupart des lacs contiennent de l'eau douce, mais il existe des lacs d'eau salée : par exemple la mer Morte, entre Israël et la Jordanie.

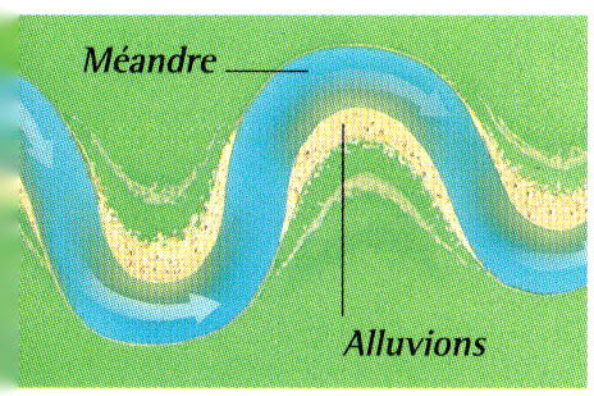


▲ STADE 1 : LES MÉANDRES S'ÉLARGISSENT
Le fleuve affouille et creuse la rive concave et dépose des sédiments sur la rive convexe. Donc, le cours du fleuve est de plus en plus sinueux.

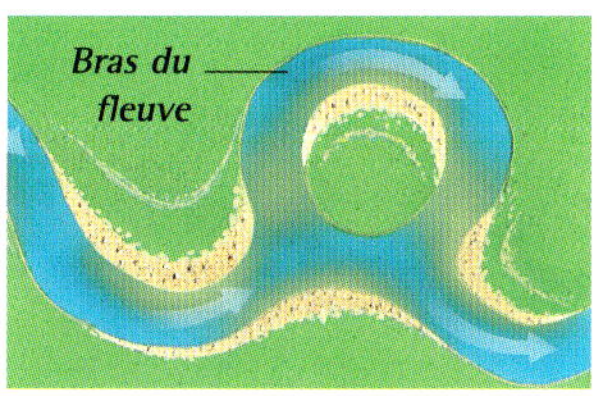


▲ STADE 2 : RECOUPEMENT DU MÉANDRE
À la faveur d'une crue, l'eau se déverse d'un méandre dans l'autre ; la pente de ce raccourci est plus forte que celle du méandre, donc l'érosion y est rapide.

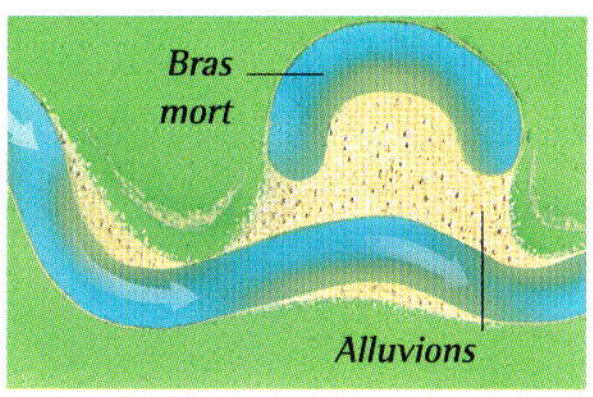


▲ STADE 3 : ISOLEMENT DU BRAS
Une île s'est formée ; à la décrue, elle deviendra presqu'île, puis le bras mort est définitivement isolé : c'est un méandre délaissé.

▲ LE LAC GLACIAIRE
Les lacs ci-dessus sont ceux de l'île de Skye en Écosse, creusés par des glaciers il y a des milliers d'années. Les glaciers naissent en haut des pentes montagneuses, par accumulation de neige et de glace. Ils creusent des cirques dans la roche. Quand les glaciers fondent, les cirques se remplissent de l'eau de fonte ; ainsi apparaissent des lacs de cirque qui sont ensuite alimentés par l'eau de pluie tombant sur les hauteurs.

POUR EN SAVOIR PLUS ⏭ L'érosion 222 • Les biotopes 246 • La glace 226 • La pluie 244–245 • Les volcans 212

# L'ATMOSPHÈRE

Sans atmosphère, la Terre ne serait pas plus vivante que la Lune. L'enveloppe gazeuse de la Terre a une épaisseur de 200 km environ. C'est donc une couche relativement mince, retenue par la pesanteur, qui nous fournit l'oxygène que nous respirons et nous isole du vide de l'espace. Notre atmosphère comporte une **COUCHE D'OZONE**, qui arrête les rayonnements solaires dangereux. Le temps qu'il fait sur Terre est conditionné par les **CENTRES D'ACTIONS ATMOSPHÉRIQUES**.

◄ LES AURORES BORÉALES ET AUSTRALES
La nuit des régions polaires est parfois illuminée par des lueurs chatoyantes que l'on appelle aurores boréales dans l'Arctique et aurores australes dans l'Antarctique. Ces manifestations, aussi silencieuses que spectaculaires, sont déclenchées par des particules venues du Soleil qui frappent l'atmosphère au niveau des pôles.

L'ATMOSPHÈRE EN TRANCHES ►
La troposphère est la couche la plus basse de l'atmosphère : elle contient 75 % de sa masse. Au-dessus se trouve la stratosphère, où s'étend la couche d'ozone. Plus haut encore, on trouve l'atmosphère légère de la mésosphère, où brûlent les météorites. La thermosphère contient une couche de particules ayant une charge électrique sur laquelle se réfléchissent les ondes radio. L'exosphère se trouve encore au-dessus, à la limite de l'espace.

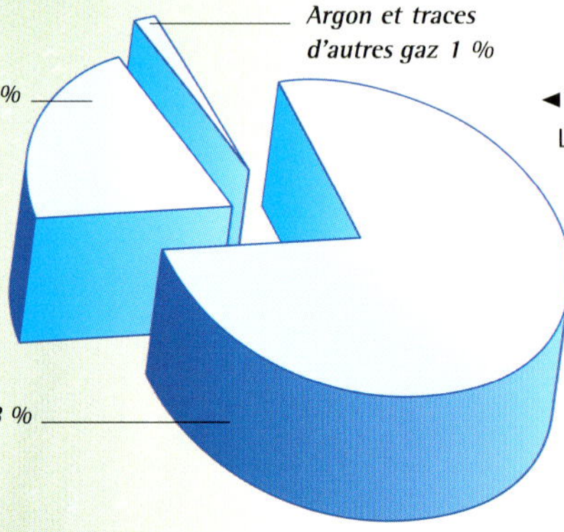


◄ LES GAZ DE L'ATMOSPHÈRE
L'azote et l'oxygène représentent à eux seuls 99 % de l'atmosphère : l'azote y entre pour 78 % et l'oxygène pour 21 %. Le dernier pour-cent est essentiellement de l'argon (0,93 %), du gaz carbonique (0,03 %), et de la vapeur d'eau ; les autres gaz, comme l'hélium, le néon, l'ozone, le méthane et l'hydrogène, n'existent qu'à l'état de traces.

## LA COUCHE D'OZONE

L'ozone est une forme d'oxygène qui se rassemble dans la stratosphère. Cette couche sert de filtre aux rayons ultraviolets venus du Soleil, dangereux et cancérigènes. Dans les années 1980, on s'est aperçu qu'à chaque printemps, des trous s'ouvraient dans la couche d'ozone au niveau des pôles. La destruction de l'ozone est causée par des produits chimiques, les chlorofluorocarbones (CFC).

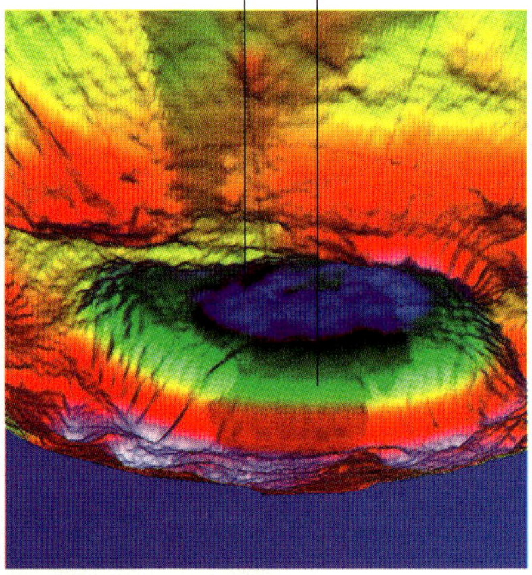


▲ LES PERTES EN OZONE
Cette image satellite montre le trou d'ozone au-dessus de l'Antarctique. La partie la plus épaisse de la couche d'ozone apparaît en rouge, et les parties de moins en moins épaisses en jaune, vert et bleu. La destruction de l'ozone est en partie due aux CFC, dont on se servait en réfrigération et dans les peintures. Aujourd'hui, beaucoup de pays ont interdit les CFC.

POUR EN SAVOIR PLUS ⏭ Les tremblements de terre 210 • La minéralogie 216 • Les roches 218

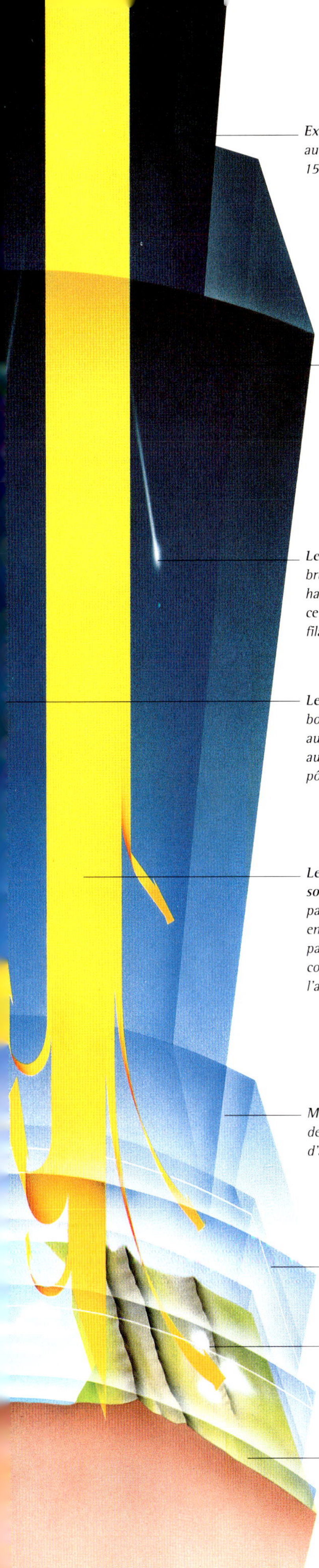


# LES CENTRES D'ACTIONS ATMOSPHÉRIQUES

L'atmosphère est composée de centres d'actions qui créent les vents, et le temps qu'il fait. Les masses d'air sont en mouvement car elles sont de températures et de pressions différentes. La pression atmosphérique est plus forte au niveau de la mer, là où la colonne d'air est la plus haute. Plus on monte dans l'atmosphère, plus faible est la pression.

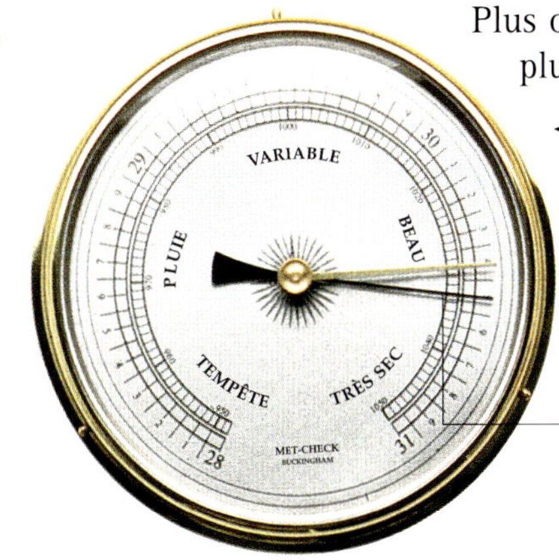


◄ LA MESURE DE LA PRESSION

La pression atmosphérique se mesure en pascals, grâce à un instrument, le baromètre. Derrière le cadran du baromètre se cache une boîte étanche dont on a ôté l'air. Les changements de pression atmosphérique écrasent plus ou moins cette boîte, ce qui fait tourner l'aiguille sur le cadran.

HAUTE ET BASSE PRESSIONS ►

L'air chaud est plus léger que l'air frais, donc il monte. L'air chaud en montant crée au niveau du sol une zone de basse pression appelée cyclone. L'air froid au contraire produit en descendant un anticyclone, c'est-à-dire une haute pression. L'air se déplace des hautes vers les basses pressions. En général, la haute pression est synonyme de beau temps et la basse pression appelle la pluie.

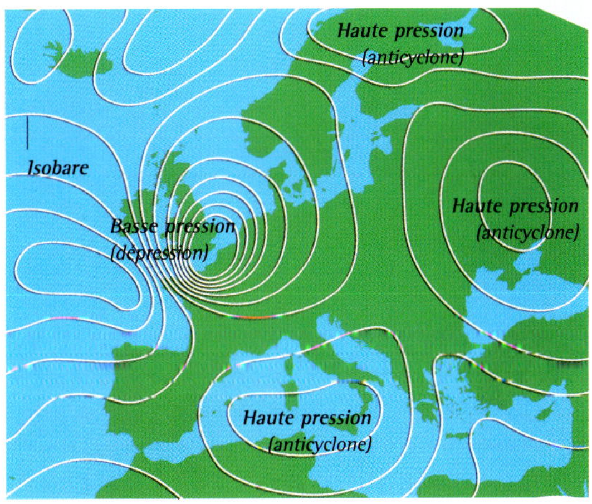


▲ LES ISOBARES

Sur les cartes météo, tous les points où règne la même pression sont reliés entre eux par des lignes que l'on appellent les isobares. La carte ci-dessus représente l'Europe occidentale : une zone de basse pression est centrée sur le Pas-de-Calais ; ailleurs, plusieurs zones de haute pression occupent le terrain. Dans les régions où les isobares sont très serrés – la Normandie et la Bretagne – la pression change vite ; on dit que le gradient de pression est important, ce qui signifie que les vents sont violents.

EVANGELISTA TORRICELLI

Italien, 1608-1647

*Torricelli découvrit la pression atmosphérique dans les années 1640. Il construisit le premier baromètre en retournant dans un récipient un tube plein de mercure, métal liquide très lourd. Le mercure resta dans le tube jusqu'à une hauteur d'environ 76 cm. Torricelli en conclut que c'est la pression de l'air qui empêche le mercure de descendre plus bas.*

POUR EN SAVOIR PLUS ⏭ L'azote 42 • L'oxygène 39 • La pression 74 • Le temps 238 • Le vent 240

▼ LA FORÊT ÉQUATORIALE
La forêt tropicale dense occupe les deux côtés de l'équateur, régions chaudes et humides. La température y varie entre 24 °C et 27 °C et il pleut tous les jours ou presque. Les régions subtropicales sont moins chaudes. Elles connaissent une saison sèche et une saison des pluies.

# LE CLIMAT

Chaque région a son climat. Celui-ci dépend de la latitude – c'est-à-dire de la distance à l'équateur – de l'altitude au-dessus du niveau de la mer et de la distance par rapport à la mer. Dans de nombreuses régions du monde, le temps change aussi avec les SAISONS. Le climat des régions affecte la faune et la flore, c'est-à-dire le type d'animaux et de végétaux qui y vivent ; l'homme se construit dans chaque région des maisons adaptées au climat.

◄ LES CHANGEMENTS CLIMATIQUES
Les scientifiques connaissent le climat des temps passés grâce à l'étude de la glace entassée depuis des millénaires en Antarctique par exemple. La glace la plus profonde les renseigne sur le temps qu'il faisait au moment où cette neige fossile est tombée, il y a des centaines de milliers d'années. Le climat de la Terre change, parfois très vite. Les glaciations succèdent aux périodes de réchauffement comme la nôtre.

## LES CLIMATS DANS LE MONDE

Les climats sur Terre sont classés en neuf catégories, selon la température, la quantité de pluie et le type de végétation. Les régions tropicales sont très chaudes toute l'année, tandis que les régions polaires et les hautes montagnes sont froides. Les zones tempérées se situent entre les cercles polaires et les tropiques ; par exemple, les forêts tempérées et les régions méditerranéennes ont des climats modérés, affectés par les saisons. Les déserts sont secs : ils reçoivent moins de 25 cm d'eau par an.

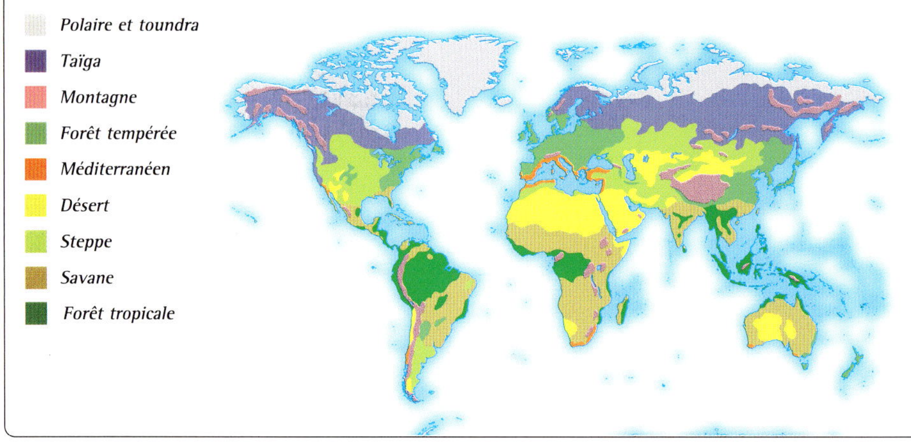


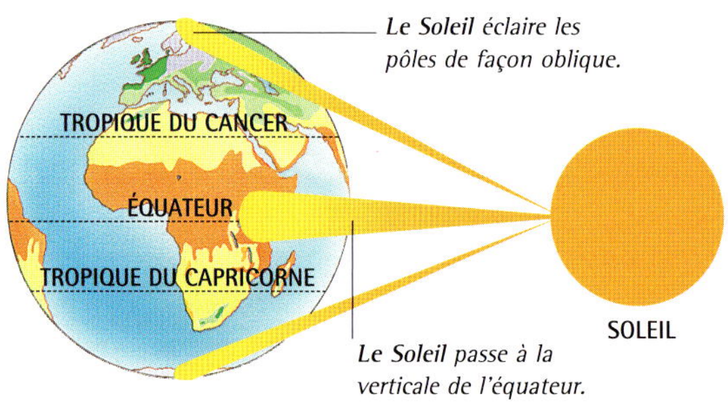


◄ LA CHALEUR DU SOLEIL
La Terre est ronde, ses différentes régions ne reçoivent donc pas la même quantité de chaleur du Soleil. Le Soleil de midi est à peu près à la verticale de l'équateur, donc il fait toujours chaud entre les tropiques. Aux pôles, le Soleil est bas dans le ciel. Ses rayons s'étalent sur une surface plus grande, et leur traversée de l'atmosphère est plus longue : donc, il fait toujours froid aux pôles.

*Les hautes montagnes* sont couvertes de neiges éternelles et de glace : rares sont les plantes qui poussent au-dessus de la limite forestière.

*Les forêts de conifères* poussent sur les pentes les plus douces jusqu'à la limite forestière.

*En dessous* de la forêt s'étendent des prairies fleuries.

▲ LES CLIMATS DE MONTAGNE

L'air en montagne est peu dense, il n'absorbe pas autant de chaleur qu'au niveau de la mer. La température baisse d'environ un degré chaque fois que l'on monte de 150 m. L'altitude détermine des zones de végétation étagées. La limite des neiges aux pôles est au niveau de la mer, mais à 5 000 m à l'équateur.

*Le Soleil chauffe* la mer, ce qui provoque une brise de terre.

*Les pins* font de l'ombre sur le littoral de la Méditerranée.

*Les plantes grasses* stockent de l'eau dans leurs feuilles charnues en vue de la sécheresse.

▲ LES CLIMATS CÔTIERS

En Provence, le Soleil brille sur une mer turquoise ; l'été est chaud et sec. Les régions côtières sont en général plus arrosées et tempérées que les régions continentales. La mer met plus de temps à absorber la chaleur du Soleil, mais elle la perd graduellement. Cela donne aux régions côtières des étés plus frais et des hivers moins froids. Les vents océaniques chargés d'humidité apportent la pluie et rafraîchissent les régions côtières l'été.

# LES SAISONS

.es saisons sont les périodes de l'année :aractérisées par un temps donné. Dans bien les régions, la température et la longueur lu jour changent avec la saison. Ceci nflue sur la végétation, le comportement les animaux et la vie de l'homme. Les aisons existent parce que la Terre tourne autour d'un axe qui est penché par rapport u Soleil. Les régions intertropicales sont elles qui ont le moins de variations aisonnières, et les régions polaires le plus.

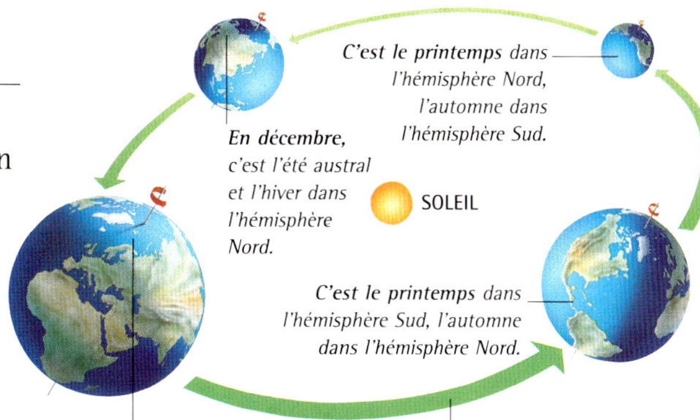


◄ LES SAISONS SUR TERRE

Quand le pôle Nord est tourné vers le Soleil, c'est l'été dans l'hémisphère nord – c'est-à-dire la moitié de la Terre au nord de l'équateur. Six mois plus tard, quand c'est le pôle Sud qui est tourné vers le Soleil, c'est l'été dans l'hémisphère Sud – la moitié de la Terre située au sud de l'équateur.

LES SAISONS TEMPÉRÉES ►

Les régions tempérées situées entre les tropiques et les régions polaires nt quatre saisons : printemps, été, automne et hiver. Beaucoup d'arbres et de plantes des régions tempérées changent à chaque saison. Au printemps, les arbres ont des feuilles nouvelles, qui atteignent leur maturité en été – la saison la plus chaude avec les jours les plus longs. En automne, les arbres perdent leurs feuilles en vue de l'hiver – la saison la plus froide, avec les jours les plus courts.

PRINTEMPS ÉTÉ AUTOMNE HIVER

◄ LES SAISONS AUX PÔLES

Les photographies ci-contre ont été prises à une heure d'intervalle dans le nord de la Norvège, quand le Soleil brille 24 heures par jour. Comme la Terre a un axe oblique, le Soleil frôle l'horizon mais il ne se couche jamais. En hiver, en revanche, le Soleil ne se lève jamais : la nuit est permanente. Aux pôles, il fait frais en été et terriblement froid en hiver.

POUR EN SAVOIR PLUS ⏭ La planète Terre 204 • Les biotopes 246 • Les arbres 268 • Le temps 238

# LE TEMPS

Le temps, c'est l'état de l'atmosphère à un endroit et à un moment donnés ; l'air est chaud ou froid, humide ou sec, calme ou agité ; il fait sec, il pleut ou il neige. La **MÉTÉOROLOGIE**, c'est l'étude du temps. Celui-ci existe à cause de l'énergie du Soleil, qui chauffe différemment les masses d'air selon les régions du globe, créant des contrastes de pression atmosphérique. Ainsi se forment les vents, qui soufflent des hautes pressions vers les basses. Les **FRONTS** sont les frontières invisibles où les masses d'air se heurtent.

▲ TEMPS INSTABLE
Les rayons du Soleil éclairent des nuages d'orage, les grains se succèdent sur la mer. Dans certaines régions, les tropiques par exemple, il arrive que le temps reste stable pendant des semaines. Ailleurs, le temps change parfois de minute en minute : les nuages couvrent le ciel bleu, puis le Soleil revient après la pluie.

## LES FRONTS

En météorologie, un front est une surface de contact entre des masses d'air de température et d'humidité différentes ; une masse pousse l'autre. L'air chaud est plus léger que l'air froid, il passe donc au-dessus. L'air chaud qui monte crée au sol une zone de basse pression, dite dépression. Les dépressions correspondent à un temps instable, venteux et présentant des averses.

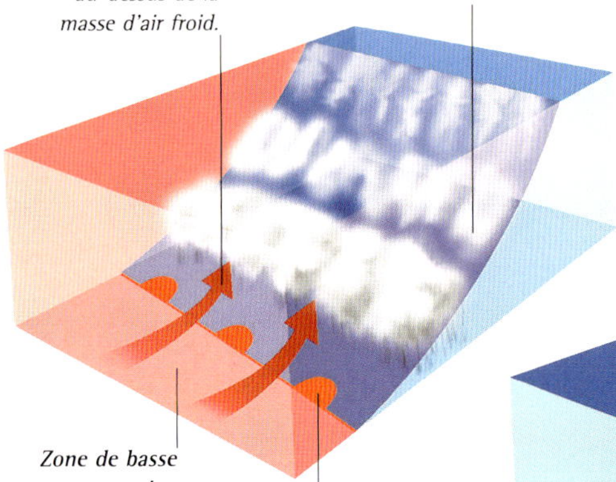


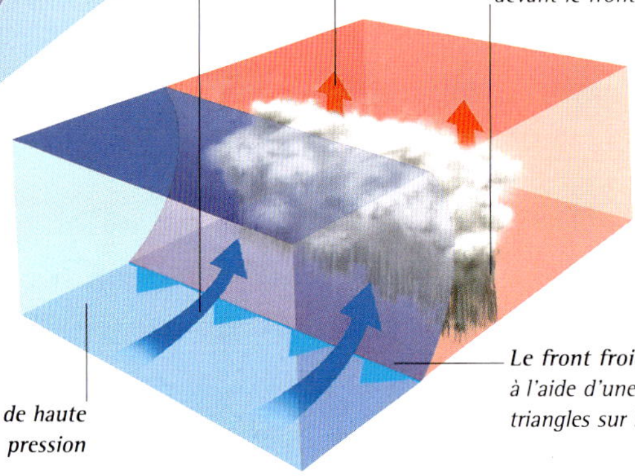


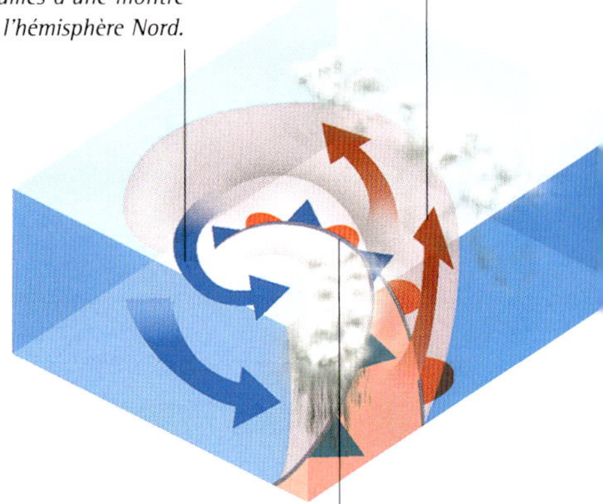


▲ LE FRONT CHAUD
Un front chaud se forme quand une masse d'air chaud bouscule une masse d'air froid. L'air chaud, en montant au-dessus de l'air froid, laisse une zone de basse pression. L'air chaud qui monte se refroidit, son humidité se condense en nuages qui provoquent du crachin ou de la pluie.

▲ LE FRONT FROID
Il existe un front froid là où une masse d'air froid est entraînée vers une masse d'air chaud. Au point de contact, un front très pentu se forme et l'air chaud est contraint de monter vite. Cela développe d'énormes nuages d'orage, qui provoquent des pluies brutales.

▲ LE FRONT OCCLUS
Un front froid suit souvent de quelques heures un front chaud. La rotation de la Terre dévie le mouvement rectiligne des masses d'air, les fronts s'enroulent en spirale l'un dans l'autre. L'air chaud et l'air froid se mêlent pour former un front occlus, qui provoque un ciel nuageux et de la pluie.

# LA MÉTÉOROLOGIE

.a « météo » est l'étude du temps et des conditions ıtmosphériques. Les météorologistes ont la lourde responsabilité le prévoir le temps des jours à venir (prévisions à court terme) ou our une semaine ou davantage (prévisions à long terme). Cela est articulièrement important pour les agriculteurs, les sociétés de ıavigation, les compagnies aériennes et les centrales électriques, ar le temps affecte la quantité d'énergie que nous utilisons.

*Les appareils embarqués recueillent des images du temps qu'il fait.*

*.e satellite est en aluminium, métal robuste léger à la fois.*

◄ UN SATELLITE MÉTÉO
Des satellites en orbite au-dessus de la Terre surveillent le temps. Ils recueillent des images des nuages, des tempêtes et des ouragans. Grâce à des capteurs perfectionnés, ils enregistrent la température et le taux d'humidité.

*Les nuages autour du centre de la dépression dessinent une spirale dans le sens contraire des aiguilles d'une montre dans l'hémisphère Nord.*

NE IMAGE SATELLITE ►
:s satellites embarquent des struments appelés radiomètres our enregistrer l'image des ıages. C'est ainsi que les étéorologistes suivent évolution des fronts. mage ci-contre ontre au nord-est du pon une longue dépression, ıi va apporter du vent et de la pluie toute la région.

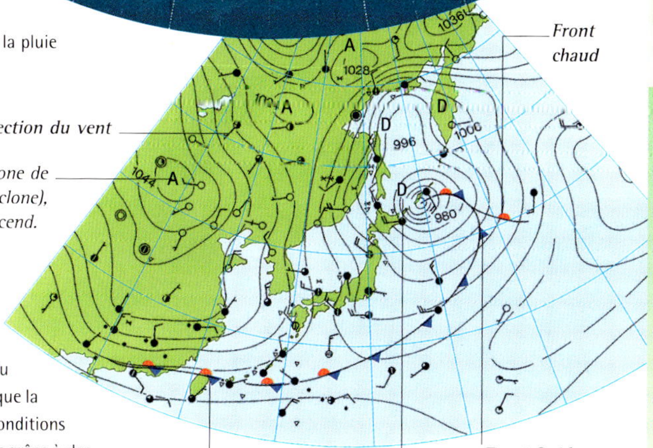


*Front chaud*

*Direction du vent*

*La lettre A désigne une zone de haute pression (anticyclone), où l'air froid descend.*

*Front froid*

*Front occlus, où l'air chaud et l'air froid se mêlent.*

*La lettre D indique une région de basse pression (dépression), où l'air chaud monte.*

ARTE MÉTÉOROLOGIQUE ►
carte météo montre tat de l'atmosphère ın instant donné : ici, système des fronts autour du pon, dans le même secteur que la otographie au-dessus. Les conditions mosphériques sont indiquées grâce à des mboles internationaux. Les lignes d'égale pression ppellent les isobares.

## L'ÉTUDE DU TEMPS

UN CENTRE DE TRAITEMENT ►
Les ordinateurs du centre de traitement affichent les cartes obtenues à partir des données transmises par les capteurs. L'organisation météorologique mondiale (OMM) coordonne les travaux de 13 centres qui exploitent les données des stations météo du monde entier. Ces données sont traitées par des ordinateurs géants qui, grâce à des méthodes de calcul en progrès permanent, prévoient quels systèmes de front vont se développer.

UNE STATION MÉTÉOROLOGIQUE ►
Un scientifique vérifie l'état des équipements météorologiques dans une station de l'Antarctique. Il existe environ 10 000 stations terrestres dans le monde. Certaines sont situées dans des régions isolées comme les côtes, les îles et les immensités glacées. D'autres sont en ville. Les stations météo enregistrent la température de l'air, sa pression et son humidité, ainsi que la vitesse et la direction du vent.

LE RADAR MÉTÉO ►
Le dôme ci-contre abrite un radar situé dans le Kansas, aux États-Unis ; il émet des ondes radio que l'humidité de l'air lui renvoie. Cette technique permet de comprendre et de prévoir les changements du temps. Les données sont recueillies par des stations terrestres, mais aussi par des navires et des bouées en mer, ainsi que par des avions et des ballons qui emportent des instruments de mesure très haut dans l'atmosphère.

POUR EN SAVOIR PLUS ⏭ L'atmosphère 234 • Le climat 236 • Les nuages 242 • Les transferts de chaleur 82 • Le vent 240

# LE VENT

Les vents résultent des mouvements de l'atmosphère. L'atmosphère bouge parce que le Soleil chauffe la surface de la Terre et donc l'air ; celui-ci se dilate et monte. De l'air frais vient remplacer l'air chaud qui est monté : le mouvement de cet air, c'est le vent. L'air va des zones de haute pression vers les zones de basse pression, dans le monde entier. Les vents les plus violents sont les CYCLONES et les TORNADES.

## LE VENT DANS LE MONDE

Aux pôles, l'air a une pression forte et une température basse ; à l'équateur, il a une pression faible et une température élevée. Ce contraste ainsi que la rotation de la Terre autour de son axe créent des vents froids et des vents chauds. Les continents et les hautes montagnes produisent aussi des vents, par exemple la mousson en Asie du Sud-Est. Les régions de l'équateur où les vents sont faibles s'appellent en mer le pot-au-noir : il arrivait aux grands voiliers d'y rester des semaines.

*Cyclones tropicaux*

*Vents chauds*

*Vents froids*

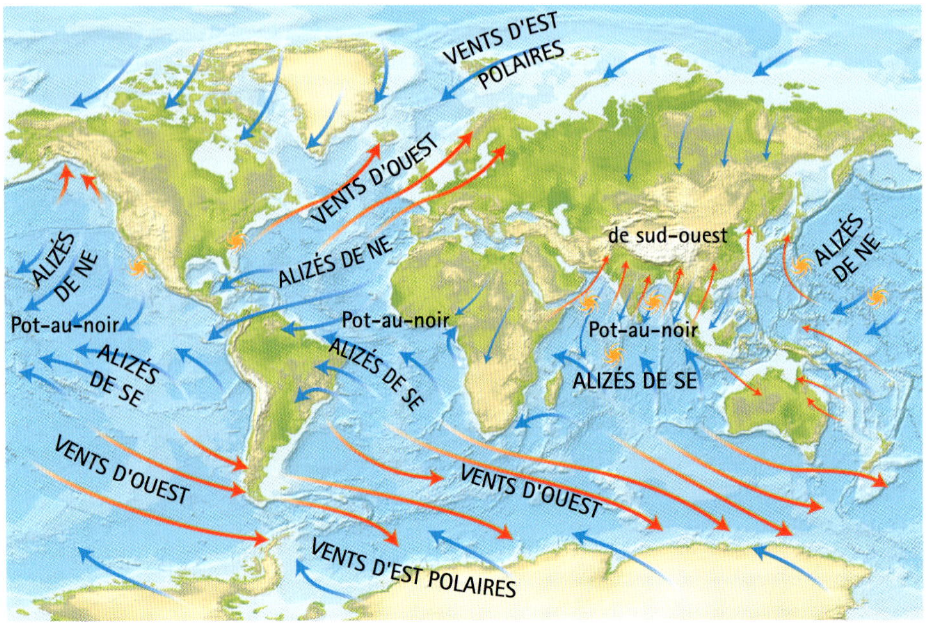


## ▼ BRISE DE TERRE ET DE MER

Les régions côtières ont souvent un régime alterné de brises de terre et de brises de mer. Pendant le jour, la terre s'échauffe plus vite que la mer : l'air ainsi chauffé monte. Il est remplacé par de l'air frais marin : c'est la brise de mer. Le soir, la terre se refroidit plus vite que la mer. C'est au tour de l'air marin de monter : une brise de terre fraîche souffle vers la mer.

BRISE DE MER LE JOUR

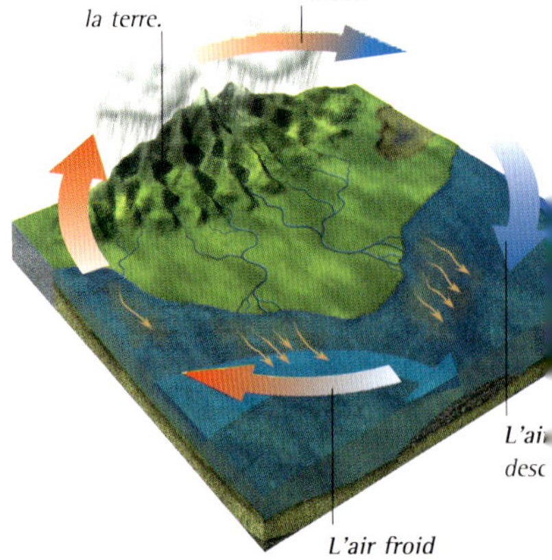


BRISE DE TERRE LA NUIT

## LE VENT DOMINANT ►

Il est des régions où le vent souffle le plus souvent du même secteur. Si ce vent dominant est fort, les arbres poussent de travers. La direction du vent est toujours celle d'où il souffle, et non celle vers laquelle il souffle. Un vent du sud, par exemple, souffle du sud vers le nord. La vitesse du vent se mesure en km/h. En mer, on utilise l'échelle de Beaufort, de force zéro (calme) à la force 12 (ouragan).

# LE CYCLONE

Un cyclone est une gigantesque tempête en spirale, aux vents très violents. Les cyclones naissent de groupes d'orages de part et d'autre de l'équateur. S'ils commencent à tourner ensemble, ils forment une tempête tropicale. Si le vent dépasse 119 km/h, il s'agit d'un ouragan. Dans l'ouest du Pacifique, un ouragan s'appelle typhon.

▲ L'ŒIL DU CYCLONE
L'œil et la spirale nuageuse du cyclone sont nettement visibles par les satellites en orbite autour de la Terre. Les vents les plus violents du cyclone soufflent autour de l'œil, ils atteignent souvent 300 km/h. À l'intérieur de l'œil, en revanche, il n'y a pratiquement pas de vent. L'œil mesure en général de 8 à 25 km de diamètre. L'ensemble du cyclone peut atteindre 800 km de diamètre.

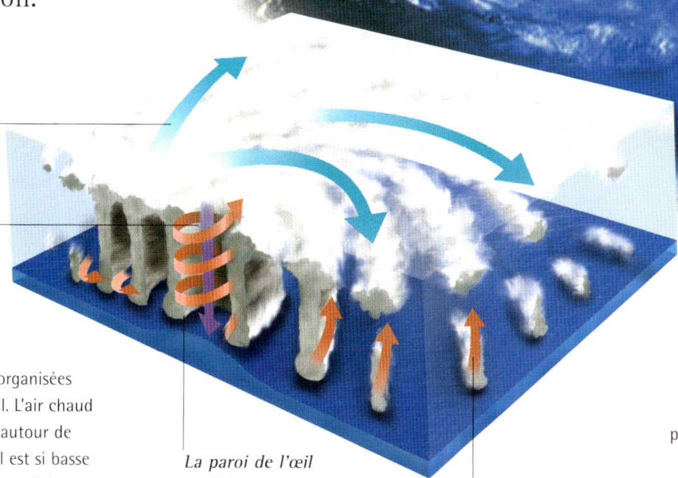


LA STRUCTURE DU CYCLONE ►
Un cyclone contient des bandes orageuses organisées en spirale autour d'un centre immobile, l'œil. L'air chaud contenu dans ces bandes orageuses tourne autour de l'œil et monte. La pression de l'air dans l'œil est si basse que, en mer, le niveau de l'eau y est plus élevé. Si le cyclone arrive au-dessus de la terre, cette masse d'eau surélevée inonde le littoral.

# LA TORNADE

La tornade est une colonne d'air en forme d'entonnoir qui tourne sur elle-même. À l'intérieur, les vents peuvent dépasser 480 km/h : ce sont les vents les plus rapides sur Terre. Ils détruisent les bâtiments qu'ils touchent. Les tornades se forment sous les gros orages ; leur diamètre va de quelques mètres à 800 m. La plupart des tornades ont lieu aux États-Unis, surtout dans la région centrale que l'on appelle l'Allée des Tornades.

UNE VIOLENTE TORNADE ►
Cette tornade photographiée dans le Kansas, aux États-Unis, aspire la terre du sol tout en se déplaçant. Les vents, d'une extrême violence, aspirent tout ce que touche la tornade. Les moindres débris sont projetés et les menus objets tels les ustensiles de cuisine se transforment en projectiles dangereux une fois lancés à plusieurs centaines de km/h. Les dégâts dus à une tornade sont très localisés. Une tornade peut raser une maison et laisser sa voisine intacte.

POUR EN SAVOIR PLUS ⏭ L'atmosphère 234 • Le climat 236 • La pression 74 • Le temps 238

# LES NUAGES

L'air contient un peu de vapeur d'eau, provenant des océans, des lacs et du sol. Les nuages se forment quand l'air refroidit et atteint la température de saturation à laquelle la vapeur d'eau devient liquide ou glace. Les nuages sont faits de milliards de gouttelettes d'eau ou de cristaux de glace, si petits qu'ils flottent dans l'air. La quantité de vapeur d'eau que contient l'air s'appelle son **HUMIDITÉ**. L'air chaud et humide se décharge souvent en **ORAGES**.

CUMULUS

ALTOCUMULUS ET STRATUS

ALTOCUMULUS

CIRRUS

▲ LES TYPES DE NUAGES

Le nom des nuages dépend de leur forme et de leur altitude. Les cumuliformes s'amoncellent en hauteur, les stratiformes s'étendent en couches plates. « Alto » signifie altitude moyenne, « cirro » haute altitude. Un cumulus est un nuage bas et très épais ; un stratus est bas et en couches horizontales ; un altocumulus est un entassement à moyenne altitude. Un cirrus est un nuage d'altitude ébouriffé.

▼ LE CUMULONIMBUS

Un imposant cumulonimbus se forme quand un cumulus se met à bourgeonner et à s'étendre en hauteur. Il peut s'étendre en altitude jusqu'à 9 000 m. Les cumulonimbus provoquent de violentes averses de pluie ou de grêle, et des bourrasques de vent.

▼ LA FORMATION DES NUAGES

Pour qu'un nuage se forme, il faut que de l'air chaud monte. Il se dilate, puis se refroidit : la vapeur d'eau qu'il contient devient liquide ou glace. L'air a trois façons de monter :

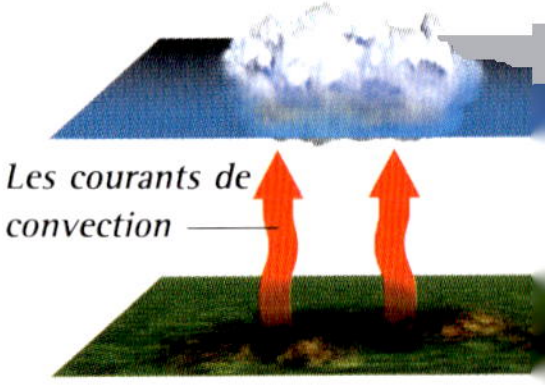


Quand il fait chaud, le sol chauffe l'air qui se dilate et monte : des nuages de convection se forment.

Quand l'air arrive devant une chaîne de montagnes, il monte, ce qui le refroidit. Les nuages qui se forment là sont dits orographiques.

Quand un front se produit, l'air chaud et l'air froid se rencontrent ; l'air chaud monte au-dessus de l'air froid, des nuages se forment au niveau du front.

## L'HUMIDITÉ

L'humidité de l'air, c'est la quantité de vapeur d'eau qu'il contient. Plus l'air est chaud, plus il peut stocker de vapeur d'eau. L'air est saturé quand il contient le maximum de vapeur d'eau correspondant à sa température. L'humidité relative, c'est la proportion de vapeur d'eau qu'il contient, par rapport à la quantité qu'il pourrait contenir. L'air saturé a donc une humidité relative de 100 %.

▲ LA BRUME

a brume est une couche nuageuse proche du sol. Elle se forme quand de 'air chaud et humide entre en contact avec un sol froid ou une étendue l'eau froide. Cela se produit quand de l'air humide touche le sol qui s'est efroidi rapidement, à cause d'une nuit calme et sans nuages. Le brouillard e développe de la même façon, mais il est plus épais que la brume.

▲ LA GELÉE BLANCHE

uand la température de l'air descend en dessous de zéro, il peut y voir de la gelée blanche. La surface du sol se couvre de cristaux de lace ressemblant à une légère chute de neige. La rosée en revanche ient de la vapeur d'eau contenue dans l'air humide qui arrive au ontact d'une surface froide, le sol. La vapeur se transforme alors n gouttelettes d'eau liquide, et non en glace.

## L'ORAGE

Un orage éclate lorsqu'un cumulonimbus atteint une dimension très importante. Le nuage produit alors des éclairs, du tonnerre, de fortes chutes de pluie ou de grêle, des vents violents et même des tornades. 40 000 orages environ ont lieu chaque jour, la plupart sous les tropiques où l'air est très chaud et humide. On reconnaît un nuage d'orage à son sommet large et plat, en forme d'enclume.

L'ÉCLAIR ►

Un éclair est une énorme étincelle électrique. Quand les cristaux de glace et les gouttelettes d'eau se déplacent et se heurtent dans un nuage d'orage, il s'y accumule de l'électricité statique. L'éclair se forme quand l'étincelle court à travers le nuage, ou bien d'un nuage à l'autre ou encore d'un nuage au sol. L'éclair chauffe l'air à 30 000 °C : celui-ci se dilate brusquement, c'est ce qui provoque le tonnerre.

### COMMENT FRAPPE LA FOUDRE

Des charges électriques négatives s'accumulent à la base d'un cumulonimbus et des charges positives à son sommet. Ces charges de signe opposé s'attirent, un éclair peut éclater à l'intérieur du nuage. Les charges négatives de la base du nuage attirent également les charges positives du sol : un éclair peut alors se former entre le nuage et le sol.

+ *Charge positive*

− *Charge négative*

POUR EN SAVOIR PLUS ⏭ L'atmosphère 234 • L'électricité 126 • Les transferts de chaleur 82 • La pluie 244

# LA PLUIE

L'humidité qui s'accumule dans les nuages finit par tomber sous forme de précipitations liquides – pluie ou crachin – ou solides – **NEIGE** ou **GRÊLE**. La pluie se forme quand les gouttelettes d'eau en suspension dans les nuages se heurtent et forment des gouttes plus grosses. Quand une goutte est assez lourde, l'air ne peut plus la porter et elle tombe. La pluie peut aussi venir d'une chute de neige qui fond avant de toucher le sol.

◄ UNE AVERSE ORAGEUSE
Un nuage crève et une ondée s'abat sur la ville. La pluie tombe à verse mais chaque goutte a une forme ronde et aplatie. La pluie est vitale pour les animaux et les végétaux mais les pluies brutales peuvent provoquer des inondations. Certaines régions reçoivent plus de pluie que d'autres. Les régions côtières et les tropiques sont en général humides, tandis que les déserts situés à l'intérieur des terres ne reçoivent pratiquement pas de pluie.

▲ L'ARC-EN-CIEL
L'arc-en-ciel apparaît quand le Soleil éclaire la pluie en train de tomber. Chaque goutte réfracte la lumière du Soleil en ses couleurs : le rouge, l'orangé, le jaune, le vert, le bleu, l'indigo et le violet.

LE CYCLE DE L'EAU ▼
L'humidité se dégage de la surface de la Terre et y retourne en un cycle sans fin alimenté par l'énergie du Soleil. Celui-ci chauffe la surface des lacs, des océans et des champs de glace ; l'humidité s'évapore – c'est-à-dire se transforme en vapeur d'eau – monte et se réunit en nuages. Quand la température baisse, la vapeur d'eau se condense, elle redevient liquide et tombe sous forme de pluie, de neige ou de grêle.

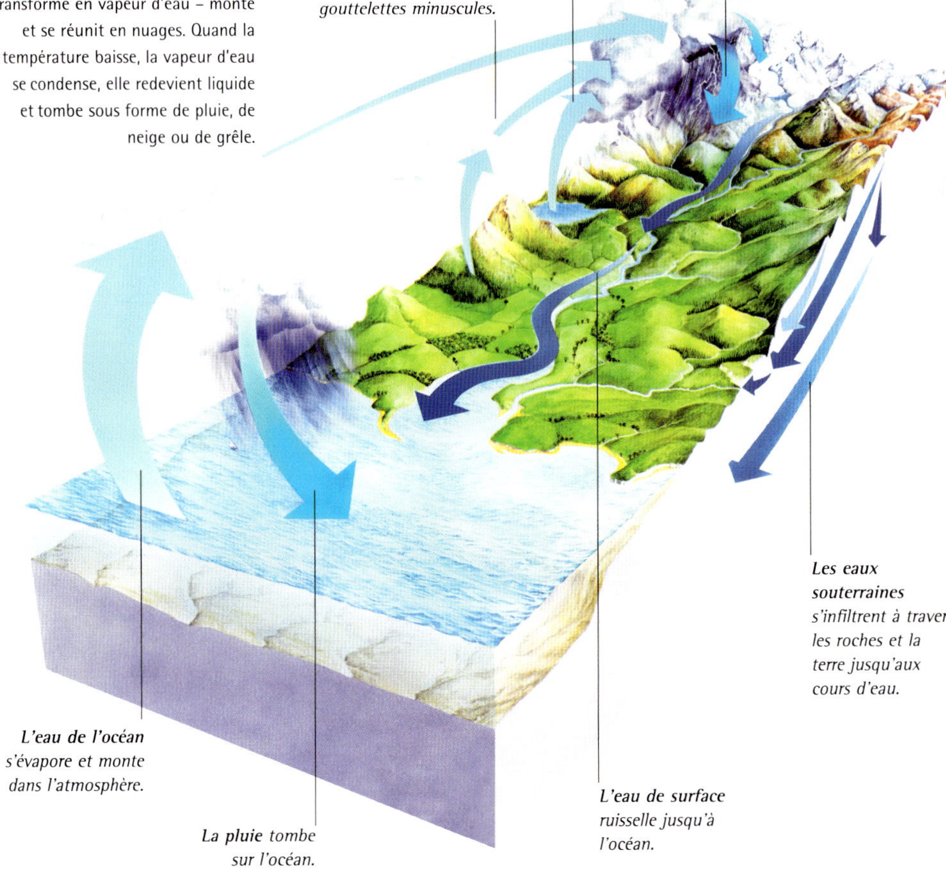

# LA GRÊLE

Les grêlons sont des boules de glace qui se forment dans les nuages d'orage. La température à la base du nuage est plus élevée qu'au sommet. Cela provoque des courants d'air verticaux violents. Les gouttes dans le nuage gèlent, puis montent et redescendent un certain nombre de fois. Une nouvelle couche de glace se forme autour du grêlon chaque fois qu'il est lancé jusqu'au sommet du nuage. Finalement, il devient si lourd qu'il tombe.

GRÊLON

COUPE D'UN GRÊLON

▲ LES COUCHES DE GLACE
Sur la photographie ci-dessus à droite, prise en lumière polarisée, on distingue nettement les couches de glace de ce grêlon, de la taille d'un pamplemousse. Chaque couche représente un aller et retour du grêlon entre la base du nuage et son sommet. Les grêlons de cette taille sont rares : en général, ils sont comme des billes. Les très gros grêlons sont extrêmement dangereux : ils cassent les carreaux, cabossent les voitures, ravagent les récoltes et peuvent même tuer.

# LA NEIGE

La neige se forme dans des nuages de la haute atmosphère, où il fait entre -20 et -40 °C : la vapeur d'eau se condense alors en cristaux de glace. Ces cristaux se heurtent et s'agglomèrent en flocons de plus en plus gros, jusqu'à ce que, trop lourds pour flotter dans l'air, ils planent vers le sol. La neige fondue est un mélange de neige et de pluie, ou de la neige en partie fondue.

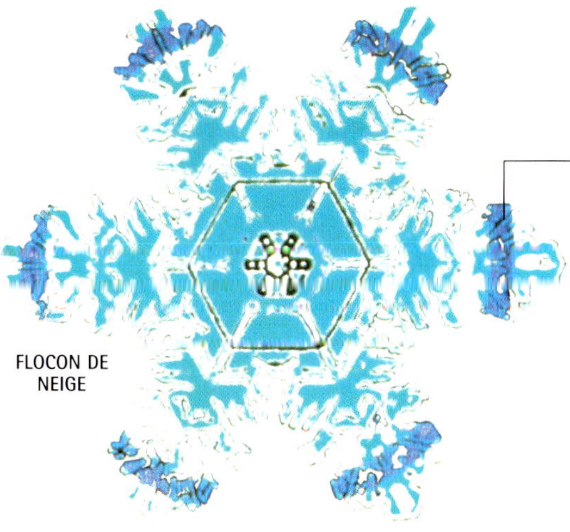

FLOCON DE NEIGE

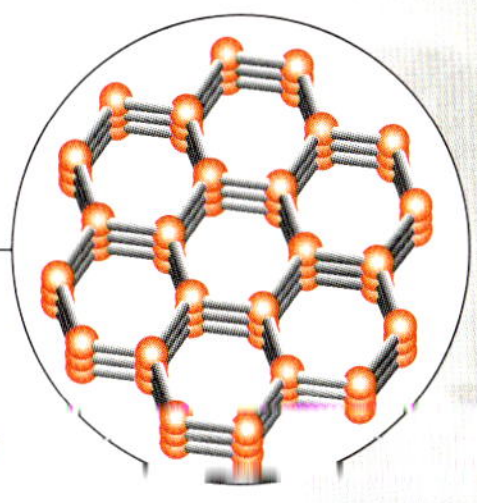

RÉSEAU CRISTALLIN D'UN CRISTAL DE NEIGE

▲ LA STRUCTURE D'UN CRISTAL DE NEIGE
Le cristal de neige est un cristal de glace unique. Un flocon peut être composé d'un seul cristal ou de plusieurs cristaux agglomérés. Tous les cristaux de neige ont une structure hexagonale, à six côtés. En effet, les molécules d'eau qui composent la glace s'organisent selon un canevas hexagonal régulier, appelé réseau.

TEMPÊTE DE NEIGE ►
Quand le quartier de Manhattan, à New York, est touché par une tempête de neige, la circulation ralentit. La neige est belle à la campagne et en ville, mais les fortes tempêtes sont dangereuses. En janvier 1997, d'énormes chutes de neige s'abattirent sur l'est du Canada et le nord-est des États-Unis : elles provoquèrent la chute de toits, d'arbres et de lignes électriques.

POUR EN SAVOIR PLUS ⏭ Le climat 236 • Les nuages 242 • La couleur 122 • L'eau 40 • Le temps 238

# LES BIOTOPES

Un biotope est un endroit où vivent des végétaux et des animaux ; ils y trouvent nourriture et abri. Un biotope peut être un arbre isolé, une mare, une forêt ou un désert. Un biotope se définit par des données physiques et une végétation. Dans de nombreuses régions du monde, on assiste à la DESTRUCTION DE BIOTOPES.

◄ LES PÔLES ET LA TOUNDRA
Les îles du Spitzberg au nord de la Norvège allient un paysage de glaciers et de toundra ; plaine marécageuse couverte de mousses, de lichens et de petits taillis. Dans les biotopes polaires, il arrive que la température descende à –80 °C.

◄ LA TAÏGA
Le nord de l'Europe, de l'Asie (la Sibérie) et de l'Amérique est occupé par d'immenses forêts de résineux – mélèzes, pins, épicéas ; ces arbres n'ont pour feuilles que de fines aiguilles résistantes au froid. Les plantes ne croissent que pendant le bref été. La taïga compte beaucoup de cours d'eau, de lacs et d'étangs : c'est le biotope terrestre le plus vaste du monde.

◄ LA FORÊT TEMPÉRÉE
Dans le Vermont, au nord-est des États-Unis, les arbres à feuilles caduques offrent à l'automne un festival de couleurs. À mi-chemin des pôles et de l'Équateur, les climats tempérés ont des hivers frais et des étés assez chauds. Les biotopes de la forêt tempérée abritent des arbres à larges feuilles qu'ils perdent en automne, et renouvellent à chaque printemps.

◄ LA STEPPE
Des troupeaux de chevaux errent en liberté dans les vastes herbages des steppes mongoles. Dans ce genre de région, l'été est sec et très chaud, et l'hiver non moins sec est très froid. Seule l'herbe parvient à pousser, les arbres ont besoin de plus d'eau. La steppe d'Amérique du Nord s'appelle la prairie, celle d'Amérique du Sud la pampa.

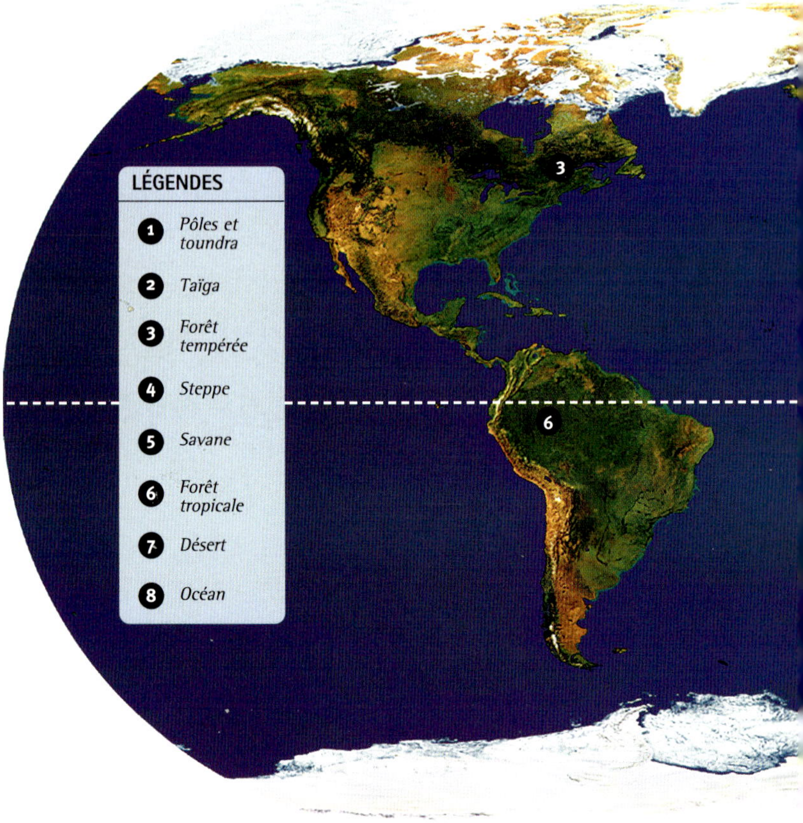


## LA DESTRUCTION DE BIOTOPES

Certaines activités humaines, telle l'agriculture, entraînent la destruction de biotopes, par exemple des forêts et des marécages. Beaucoup d'espèces d'animaux et de végétaux ne peuvent vivre que dans un biotope donné, et pas ailleurs. Une centaine d'espèces disparaissent chaque jour par destruction de leur biotope.

LE DÉBOISEMENT ►
Le déboisement est destructeur quand il s'attaque à des forêts primaires et non à des forêts plantées par l'homme. De nombreuses forêts tropicales ont été ainsi détruites. On coupe les arbres pour la valeur de leur bois ou on les brûle pour faire place à l'agriculture ou à l'élevage. On estime que, chaque jour, 780 km² de forêt tropicale disparaissent.

▼ LES BIOMES DANS LE MONDE

Les couleurs de la planisphère ci-dessous montrent la végétation des différentes régions, depuis les calottes polaires jusqu'aux forêts équatoriales. Sur la terre ferme, un biome se compose d'un paysage, d'un climat et d'une végétation. L'ensemble des biomes de la planète forme la biosphère : c'est l'espace dévolu à la vie.

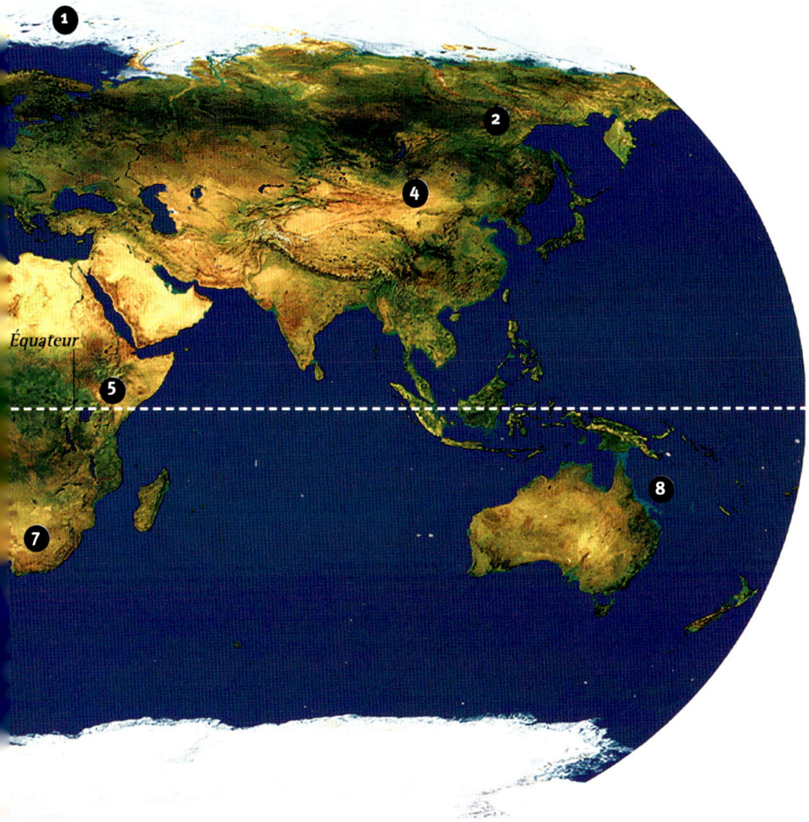

LA SAVANE ►
Au Kenya, en Afrique de l'Est, un guépard est à l'affût des antilopes qui paissent. Cette savane intertropicale bénéficie d'un climat modérément chaud toute l'année. Il y a assez de pluie pour arroser l'herbe et quelques arbres épineux, mais pas assez pour arroser une forêt.

LA FORÊT TROPICALE ►
Les forêts pluviales – comme la forêt amazonienne – se développent dans les régions équatoriales où il fait chaud toute l'année, et où il pleut chaque jour ou presque. La forêt tropicale compte trois principaux milieux : la canopée, c'est-à-dire les frondaisons des grands arbres ; l'étage intermédiaire, plus sombre et plus frais ; et le sol de la forêt. Il vit dans ce milieu plus d'espèces différentes que dans tout autre biotope.

LE DÉSERT ►
Un *aloe dichotoma* dans le nord de la province du Cap, en Afrique du Sud. Cette plante désertique emmagasine de l'eau dans son tronc coriace. Le désert est un milieu hostile et sec où il peut rester des années sans pleuvoir. Les animaux et les végétaux qui y vivent résistent à des températures diurnes de 50 °C et à des nuits très froides.

L'OCÉAN ►
Le récif de la Grande Barrière, le long de la côte nord-est d'Australie, est composé de coraux. Les océans comptent trois principaux milieux : les eaux de surface, éclairées par le Soleil ; les eaux profondes et froides jusqu'à 6 000 m et le fond des océans, où la vie est rare. Elle est plus abondante dans les régions éclairées, où la nourriture est copieuse.

▲ LA MORT DU RÉCIF

Les récifs de corail des eaux tropicales peu profondes comptent parmi les biotopes les plus riches du monde. Ils abritent une diversité étonnante de poissons tropicaux et autres animaux marins. Ci-dessus, aux Maldives, dans l'océan Indien, on démolit des récifs de corail pour en faire des matériaux de construction et des souvenirs pour les touristes. Cela détruit le récif et menace la survie des animaux qui y vivent.

POUR EN SAVOIR PLUS ⏭ La protection 335 • Les océans 228 • La planète Terre 204 • Les arbres 268

# LES RESSOURCES NATURELLES

Les ressources naturelles sont nombreuses. Par exemple, des roches sont utilisées telles quelles pour construire des bâtiments ; les mêmes, une fois traitées, deviennent des matières premières pour faire des ponts, des puces de silicium et des bijoux. Les COMBUSTIBLES FOSSILES fournissent de l'énergie, ainsi que l'eau des fleuves, le vent et même le Soleil. Les roches et les combustibles fossiles sont extraits dans des EXPLOITATIONS MINIÈRES.

▲ LES RESSOURCES EN EAU
Le barrage Ataturk, en Turquie, arrête les eaux de l'Euphrate pour alimenter des villes entières en eau potable et en eau industrielle, ainsi que pour l'irrigation agricole. Le barrage Ataturk comporte également une centrale électrique qui fournit de l'électricité à la Turquie. L'eau est la principale ressource naturelle sur Terre : sans elle, il n'y aurait pas de vie sur notre planète.

L'AGRICULTURE ▲
La Prairie qui occupe le centre des États-Unis et du Canada produit d'énormes quantités de céréales. Les terres cultivables occupent la majorité de la surface de la Terre. Les plantes agricoles consomment les minéraux du sol, qu'il faut remplacer avec des engrais obtenus à parti d'autres sources, comme le gaz naturel du sous-sol et l'azote de l'atmosphère. L'agriculture est également grande consommatrice d'eau

◄ LES MATÉRIAUX DE CONSTRUCTION
Le marbre extrait dans cette carrière près de Carrare, en Italie, va servir de pierre de taille ; d'autres roches sont utilisées de la même façon, par exemple le granite, le grès et l'ardoise. Des roches concassées servent de revêtement sur les routes. D'autres sont utilisées pour faire du béton, que l'on mélangera à du sable, à du gravier et à de la poudre de calcaire Avec certains dépôts argileux, on fabrique des briques, des tuiles et des conduites diverses.

POUR EN SAVOIR PLUS ⏭ Les sources d'énergie 86 • La minéralogie 216 • L'azote 42 • Les roches 218 • Les sols 224

# LES EXPLOITATIONS MINIÈRES

Les roches contiennent de nombreux minéraux utiles. On extrait ces minéraux par dynamitage, forage et différentes techniques d'extraction. On trouve sous terre des matériaux de construction, du charbon, des minerais et des filons riches en pierres précieuses. Le travail à la mine, poussiéreux et bruyant, nécessite parfois des produits chimiques dangereux, nuisibles pour l'environnement.

◄ LA MINE SOUTERRAINE
La mine d'or ci-contre se trouve en Indonésie : les roches sont extraites à grande profondeur, avec des machines. Il existe deux principaux types de mines souterraines : certaines ont des puits qui donnent accès aux galeries, d'autres ont des galeries qui débouchent directement à la surface. Les risques sont importants dans les mines souterraines : les mineurs sont exposés aux inondations, aux explosions de gaz et aux effondrements.

LA MINE À CIEL OUVERT ▲
Dans la mine de cuivre de Bingham, dans l'Utah, aux États-Unis, les gisements de minerais sont proches de la surface. L'extraction à ciel ouvert est moins coûteuse et plus facile que sous terre, car il n'y a pas de puits à creuser. Mais l'impact sur le paysage est plus important. Une fois le minerai extrait, il est évacué par camion, par chemin de fer ou par tapis roulant.

# LES COMBUSTIBLES FOSSILES

Le charbon, le pétrole et le gaz naturel sont des combustibles fossiles qui se sont formés à partir des restes d'animaux et de végétaux enfouis il y a des millions d'années. La majorité de l'énergie consommée aujourd'hui provient des combustibles fossiles. Ceux-ci représentent une source d'énergie non renouvelable : une fois utilisés, ils ne seront jamais remplacés.

LE PÉTROLE ET LE GAZ NATUREL ►
La majorité du pétrole et du gaz naturel provient de roches situées sous la mer ; on les extrait grâce à des tuyaux forés dans le fond marin à partir de plates-formes de production. Quand on trouve du pétrole et du gaz au même endroit, c'est qu'ils sont issus d'organismes marins microscopiques. Le pétrole n'est pas qu'un combustible, c'est également la base de la pétrochimie.

AN 1 — APRÈS 90 MILLIONS D'ANNÉES — APRÈS 360 MILLIONS D'ANNÉES

*Matière première végétale*

◄ LE CHARBON
Le charbon se forme par enfouissement de matière végétale qui n'est pas décomposée. En surface, l'accumulation de végétation forme des couches de tourbe, qui deviendront du lignite puis du charbon à mesure qu'elles s'enfouissent plus profondément, au fil du temps. La matière végétale enterrée est écrasée et se dessèche. Si la pression est suffisante, le charbon devient de l'anthracite.

# LA POLLUTION

La pollution provient des déchets que l'homme rejette dans l'environnement. Elle peut causer des torts aux végétaux, aux animaux et aux personnes. Elle vient des usines mais aussi des maisons particulières, des entreprises agricoles, des voitures, des navires, des camions et des avions. Les gaz d'échappement des moteurs, la fumée des feux, les produits toxiques, les sacs en plastique et les eaux d'égouts polluent le paysage, les cours d'eau, les lacs, la mer et l'air. Le bruit et l'éclairage sont d'autres formes de pollution.

LA POLLUTION DE L'AIR ▲
La ville de Bangkok, en Thaïlande, souffre du smog, mélange de fumée et de brouillard. Les personnes ayant des difficultés respiratoires en souffrent beaucoup, leur asthme et leurs bronchites s'aggravent. Les fumées des moteurs de voitures, des centrales électriques et des usines contiennent des gaz toxiques, des poussières et de minuscules particules de carburant mal brûlées. Parmi ces gaz toxiques, citons le dioxyde de soufre, les oxydes d'azote, le gaz carbonique et l'oxyde de carbone.

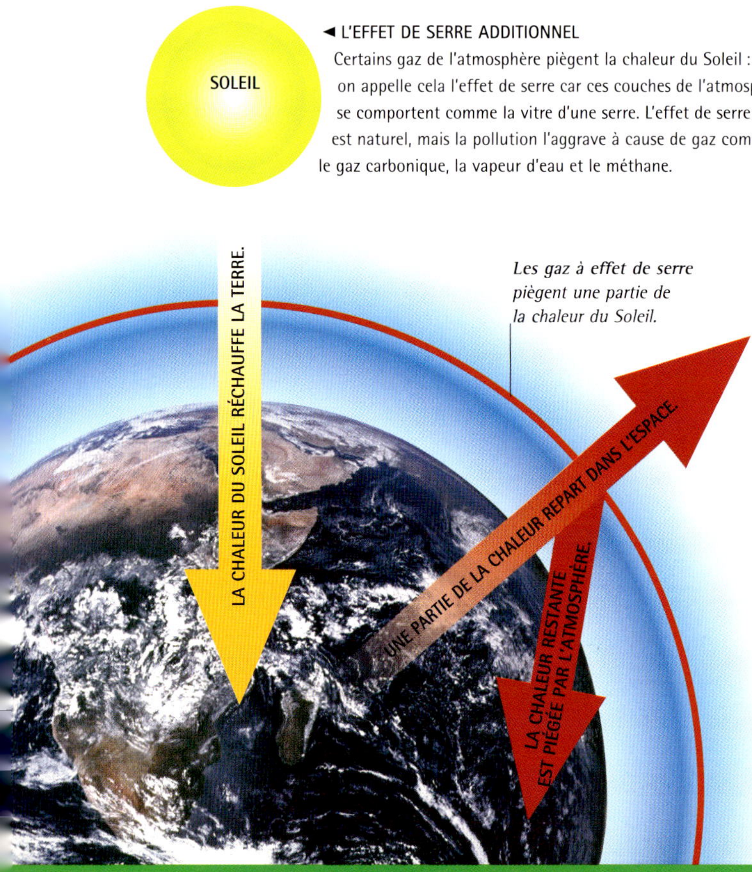


◄ L'EFFET DE SERRE ADDITIONNEL
Certains gaz de l'atmosphère piègent la chaleur du Soleil : on appelle cela l'effet de serre car ces couches de l'atmosphère se comportent comme la vitre d'une serre. L'effet de serre est naturel, mais la pollution l'aggrave à cause de gaz comme le gaz carbonique, la vapeur d'eau et le méthane.

◄ LES PLUIES ACIDES
Beaucoup d'arbres sont tués – par exemple en Sibérie, dans l'est de la Russie, ci-contre – par les pluies rendues acides par les produits polluants de l'air, tels le dioxyde de soufre et les oxydes d'azote. Ces gaz mêlés à l'eau de l'atmosphère rendent la pluie acide. Celle-ci tue toute vie dans les mares et les lacs.

◄ UNE POLLUTION ACCIDENTELLE
Tous les poissons du lac ci-contre, au sud de Rio de Janeiro, au Brésil, sont morts car il ne restait plus d'oxygène dans l'eau. En mer, le dégazage des pétroliers couvre l'eau d'un film gras. Quand ces produits atteignent la côte, ils recouvrent les plages et tuent les oiseaux.

◄ LE RÉCHAUFFEMENT CLIMATIQUE
Les neiges des Andes de Bolivie fondent à cause de l'augmentation progressive de température due au réchauffement climatique. Ce sont les gaz de combustion qui augmentent l'effet de serre. Si ça continue, la fonte de la neige et de la glace finira par faire monter le niveau de la mer.

POUR EN SAVOIR PLUS ⏭ Les acides 32 • L'atmosphère 234 • L'industrie chimique 50

# LE DÉVELOPPEMENT DURABLE

En épuisant des ressources comme le pétrole, le charbon et le gaz naturel et en polluant la biosphère, nous transmettons des problèmes aux générations futures. Nous devons trouver les moyens de satisfaire nos propres besoins sans compromettre l'avenir. Le but du développement durable est de fournir une bonne qualité de vie à chacun sans polluer ni épuiser les ressources non renouvelables. En faisant appel aux énergies renouvelables et en réduisant les déchets, on rend le développement durable.

▼ LA TECHNIQUE AU SERVICE DE L'ÉCOLOGIE
Le village écologique ci-dessous se trouve au Danemark ; c'est un bon exemple de technique au service du développement durable, visant à réduire les dommages envers l'environnement. La majorité de l'électricité dont ont besoin les habitants est produite par une éolienne. Leurs maisons en forme de dôme sont essentiellement chauffées par le Soleil, et bien isolées pour diminuer la perte d'énergie. Les habitants n'utilisent que des engrais organiques dans leurs potagers et recyclent leurs eaux d'égout sur place.

LES BIOCARBURANTS ►
Les bactéries ci-contre cassent les molécules de cellulose dont sont faits les végétaux pour en faire de l'alcool utilisable à la place de l'essence. L'alcool, éthanol pour les chimistes, est un biocarburant : il représente une source renouvelable d'énergie car il provient de cultures renouvelables indéfiniment.

L'ÉNERGIE SOLAIRE ▼
Dans le désert Mojave, en Californie, cette centrale électrique tire son énergie du Soleil. Les miroirs réfléchissent les rayons solaires dans des tuyaux où circule de l'huile. Celle-ci chauffe de l'eau pour en faire de la vapeur, qui entraîne des turbines attelées aux alternateurs électriques. Le Soleil est une source importante d'énergie renouvelable dans les pays en développement où des projets solaires à petite échelle peuvent fournir électricité et chauffage à des villages isolés.

POUR EN SAVOIR PLUS ⏭ Les ressources naturelles 248 • Les sources d'énergie 86 • Le recyclage 60

# LES PLANTES

# LA CLASSIFICATION VÉGÉTALE

La **BOTANIQUE** est l'étude du règne végétal, l'un des cinq règnes du vivant. Les végétaux sont eux-mêmes classés en plusieurs sous-groupes selon leurs caractéristiques. Les végétaux fabriquent leur nourriture par photosynthèse, avec de l'eau, du gaz carbonique et l'énergie du soleil. Ils libèrent dans l'air de l'oxygène, sous-produit de cette réaction.

◄ LES CARACTÉRISTIQUES DE LA VIE
Tous les organismes ont besoin de nourriture pour vivre et grandir. Les végétaux fabriquent leur nourriture grâce à la photosynthèse. Cette réaction chimique produit des déchets dont le végétal se débarrasse. Comme chez tous les êtres vivants, la vie du végétal se déroule selon un cycle, de la naissance à la mort en passant par la reproduction. Le végétal réagit aux modifications de son milieu.

*La **chenille** obtient son énergie en mangeant le végétal.*

*La **feuille** tire son énergie de la lumière du soleil.*

CHARLES LINNÉ
*Suédois, 1707–1778*
*Le naturaliste Linné a élaboré une méthode binominale pour nommer les plantes et les animaux, méthode toujours utilisée de nos jours par les scientifiques. La première partie du nom donné par Linné indique le genre, et la seconde l'espèce.*

◄ LA CHLOROPHYLLE
Les végétaux sont verts parce qu'ils contiennent un pigment du nom de chlorophylle. Celle-ci capte l'énergie solaire et s'en sert pour produire de la nourriture. Ce processus s'appelle la photosynthèse. La plupart des végétaux s'alimentent ainsi, mais quelques-uns se nourrissent d'autres êtres vivants.

*La **chlorophylle** est extraite des feuilles des végétaux.*

▼ LES CINQ RÈGNES DU VIVANT
Le règne des bactéries ne compte que des organismes très simples, à une seule cellule. Les protistes sont eux aussi unicellulaires, mais plus complexes : par exemple, les algues vertes contiennent de la chlorophylle, comme les végétaux. On estime que les champignons, les végétaux et les animaux descendent d'ancêtres protistes. Le règne qui contient le plus d'espèces répertoriées est le règne animal.

| ANIMAL<br>LIONNE | VÉGÉTAL<br>TOURNESOL | CHAMPIGNON<br>AMANITE TUE-MOUCHES | PROTISTE<br>AMIBE | PROCARYOTE<br>BACTÉRIE |
|---|---|---|---|---|

# LA BOTANIQUE

Les plantes se partagent en deux groupes principaux. Le plus important rassemble les plantes à graines, c'est-à-dire les plantes à fleurs (angiospermes), et les conifères, les ginkgos et les cycas (gymnospermes). L'autre groupe contient les plantes sans graines, qui se reproduisent par spores ; ce sont les mousses, les hépatiques, les prêles et les fougères. À ce jour, les scientifiques ont nommé 400 000 végétaux, dont 300 000 plantes à fleurs.

L'ÉVOLUTION DES VÉGÉTAUX ▲
L'étude de fossiles très anciens a prouvé que les premiers végétaux vivaient dans l'eau et descendaient sans doute des algues. Les mousses et les hépatiques apparurent sur Terre il y a environ 475 millions d'années. Ce fut ensuite le tour des mousses, des lycopodes, des prêles et des fougères, entre 390 et 350 millions d'années avant nous. Les cycas à cônes et les conifères apparurent beaucoup plus tard, et les plantes à fleurs encore plus récemment.

*Toute plante à fleurs produit des graines.*

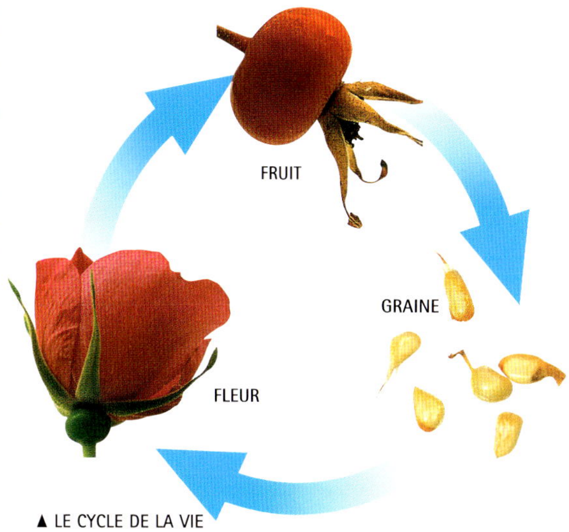


▲ LE CYCLE DE LA VIE
Le rosier commence son existence sous la forme d'une graine qui germe et développe des racines et une tige. Cette tige se couvre de feuilles pour produire de la nourriture et de fleurs pour produire des graines. Ces graines se développent après pollinisation, c'est-à-dire une fois qu'une cellule sexuelle mâle apportée par le pollen aura fécondé une cellule femelle. Les fruits du rosier sont rouges et contiennent des graines. Les oiseaux viennent manger les fruits et en dispersent les graines.

◄ LA DIVERSITÉ TROPICALE
On trouve des plantes dans presque tous les biotopes, y compris les marécages, les savanes, les forêts et les régions polaires. Le milieu le plus riche est, de loin, la forêt tropicale humide. De grands arbres à larges feuilles montent vers le soleil. Beaucoup plus bas, fougères et mousses prospèrent dans la pénombre humide. Il y a également des plantes à fleurs – souvent de couleurs vives – qui cherchent à attirer certains animaux, afin de se faire polliniser.

*La fougère n'a pas de graines mais des spores.*

LA FICAIRE FAUSSE RENONCULE

| | |
|---|---|
| Classe | Magnoliopsida (dicotylédone) |
| Ordre | Ranunculales |
| Famille | Renonculacées |
| Genre | *Ranunculus* |
| Espèce | *Ficaria* |

POUR EN SAVOIR PLUS ⏭ Les biotopes 246 • La photosynthèse 258 • La pollinisation 266 • Les plantes à graines 262

# L'ANATOMIE DES PLANTES

Chaque partie d'une plante joue un rôle différent : comme fabriquer de la nourriture ou stocker de l'eau. Les FEUILLES sont en général larges et plates ; elles recueillent l'énergie du soleil et le gaz carbonique de l'air. Les RACINES se glissent dans le sol à la recherche d'eau et de minéraux. La TIGE garde certaines parties de la plante au-dessus du sol ; elle contient un réseau de tubes microscopiques qui apportent l'eau, les minéraux et la nourriture jusque dans les feuilles et les racines.

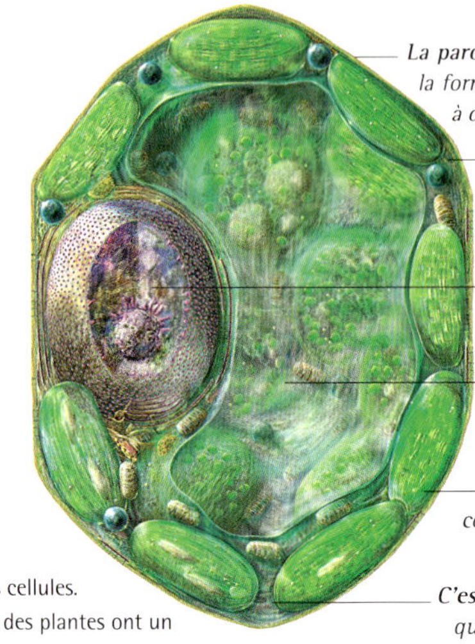


LA CELLULE VÉGÉTALE ►
Une plante se compose de minuscules structures vivantes, que l'on appelle les cellules. Comme celles des animaux, les cellules des plantes ont un noyau et une membrane qui enveloppe l'ensemble de la cellule. La cellule végétale est protégée par une paroi cellulaire rigide, et contient une grosse bulle pleine de liquide, la vacuole. Les cellules des parties vertes du végétal renferment des chloroplastes.

MAUVE

## LA FEUILLE

Les feuilles fabriquent la nourriture de la plante grâce à la photosynthèse, à partir de gaz carbonique et de lumière. Plus la feuille est grande et étalée, plus elle produit de nourriture mais plus elle perd d'eau. En milieu sec, les feuilles ont une taille réduite et une protection cireuse, qui diminuent les pertes en eau par transpiration.

LES TYPES DE FEUILLE ►
La feuille simple est en un seul morceau ; d'autres feuilles sont divisées en folioles : elles sont dites composées, et elles offrent moins de résistance au vent. Les feuilles des végétaux persistants comme les camélias sont souvent protégées de la sécheresse par une couche de cire.

FEUILLE DE CAMÉLIA (SIMPLE)

FEUILLE DE NOYER AMER (COMPOSÉE)

LA FEUILLE D'ELLÉBORE ►
La photo ci-dessus, prise au microscope à balayage, montre la feuille en coupe. Près de la surface supérieure – qui reçoit la lumière – une barrière de cellules contient les chloroplastes assurant la photosynthèse. Les vaisseaux conducteurs traversent la couche suivante de cellules, le parenchyme lacuneux. Des gaz entrent et sortent du parenchyme par les pores de la surface inférieure de la feuille, appelés stomates.

# LA TIGE

.a tige, principal support de la plante, assure les échanges entre les racines et les euilles. Des faisceaux de tubes microscopiques contiennent les vaisseaux du xylème qui transportent l'eau et les minéraux, et les vaisseaux du phloème qui transportent a nourriture. La tige possède aussi des cellules de soutien à paroi renforcée. Elle peut également avoir des couches de cellules en mitose, qui se divisent pour permettre à la tige de s'épaissir.

EXTRÉMITÉ D'UNE TIGE D'ÉRABLE ►
Le bouton à l'extrémité de la pousse s'appelle bourgeon terminal ; il peut donner naissance à des feuilles ou – chez certains végétaux – à des fleurs. Il permet aussi à la tige de s'allonger car il possède des cellules qui se divisent et grossissent. La plupart des cellules de la tige sont très longues. Quand des milliers de cellules s'allongent, l'ensemble de la tige grandit.

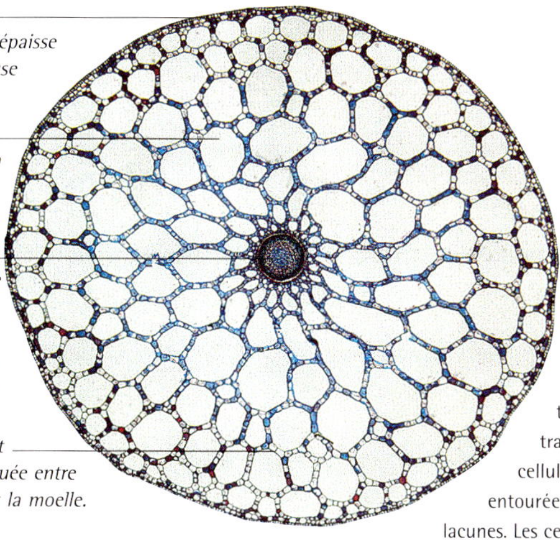


◄ COUPE MICROSCOPIQUE D'UNE TIGE DE PESSE D'EAU
Chaque plante possède une disposition propre de ses vaisseaux conducteurs. Dans la tige de la pesse d'eau, le xylème et le phloème traversent le cylindre central constitué de grosses cellules et appelé stèle. Cette dernière est entourée d'un léger cortex protecteur formé de lacunes. Les cellules extérieures de la tige présentent une protection cireuse pour empêcher la tige de se dessécher.

# LA RACINE

Ce sont les racines qui gardent le végétal ancré dans le sol, dont il tire l'eau et les minéraux. Certains végétaux ont une racine principale dite pivotante, d'où partent des racines secondaires. D'autres ont un réseau racinaire qui forme un enchevêtrement dense. Une longue racine principale permet au végétal d'aller chercher l'eau plus profondément, mais un épais réseau de racines fournit un meilleur ancrage dans le sol.

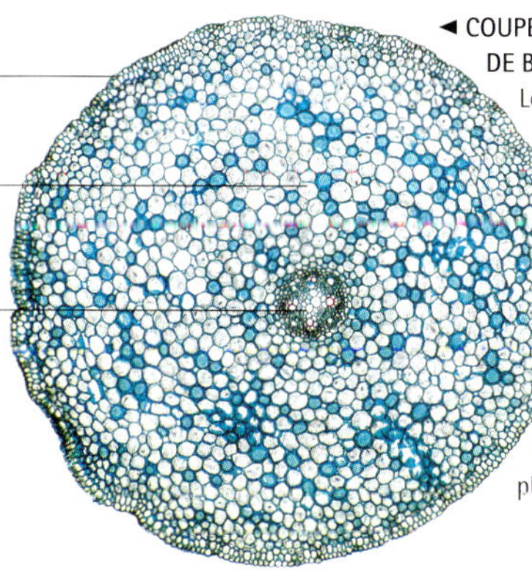


◄ COUPE D'UNE RACINE DE BOUTON D'OR
Le centre de la racine est la stèle : elle contient les vaisseaux conducteurs. Les vaisseaux du xylème conduisent l'eau et les minéraux dissous absorbés par la racine dans le sol, pour nourrir toute la plante. Les vaisseaux du phloème apportent les sucres qui donneront à la racine l'énergie nécessaire pour prélever plus de minéraux et pour croître.

## LA CROISSANCE DES RACINES

L'extrémité des racines produit des substances qui les font croître vers le bas. La coiffe sécrète un mucus qui aide la racine à se glisser dans le sol. Le méristème, situé juste sous la coiffe, contient des cellules qui se divisent activement. Les jeunes cellules s'allongent, ce qui permet à la racine de s'enfoncer dans le sol.

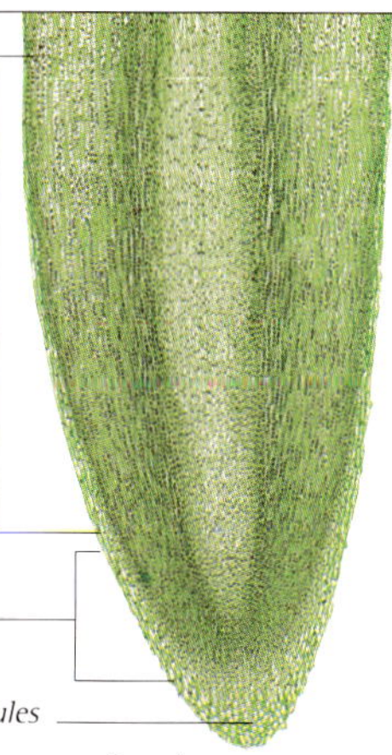


EXTRÉMITÉ D'UNE RACINE DE FÈVE

POUR EN SAVOIR PLUS ⏭ L'anatomie animale 292 • La photosynthèse 258 • La survie des plantes 274 • La transpiration 259

# LA PHOTOSYNTHÈSE

Contrairement aux animaux, la plupart des végétaux n'ont pas besoin de chercher leur nourriture : ils la fabriquent eux-mêmes. La lumière du soleil leur suffit pour transformer l'eau et le gaz carbonique en un sucre riche en énergie, le glucose. Ce processus s'appelle la photosynthèse, qui signifie « fabriquer avec la lumière ». La photosynthèse a lieu dans des organites situés dans les feuilles, les **CHLOROPLASTES**.

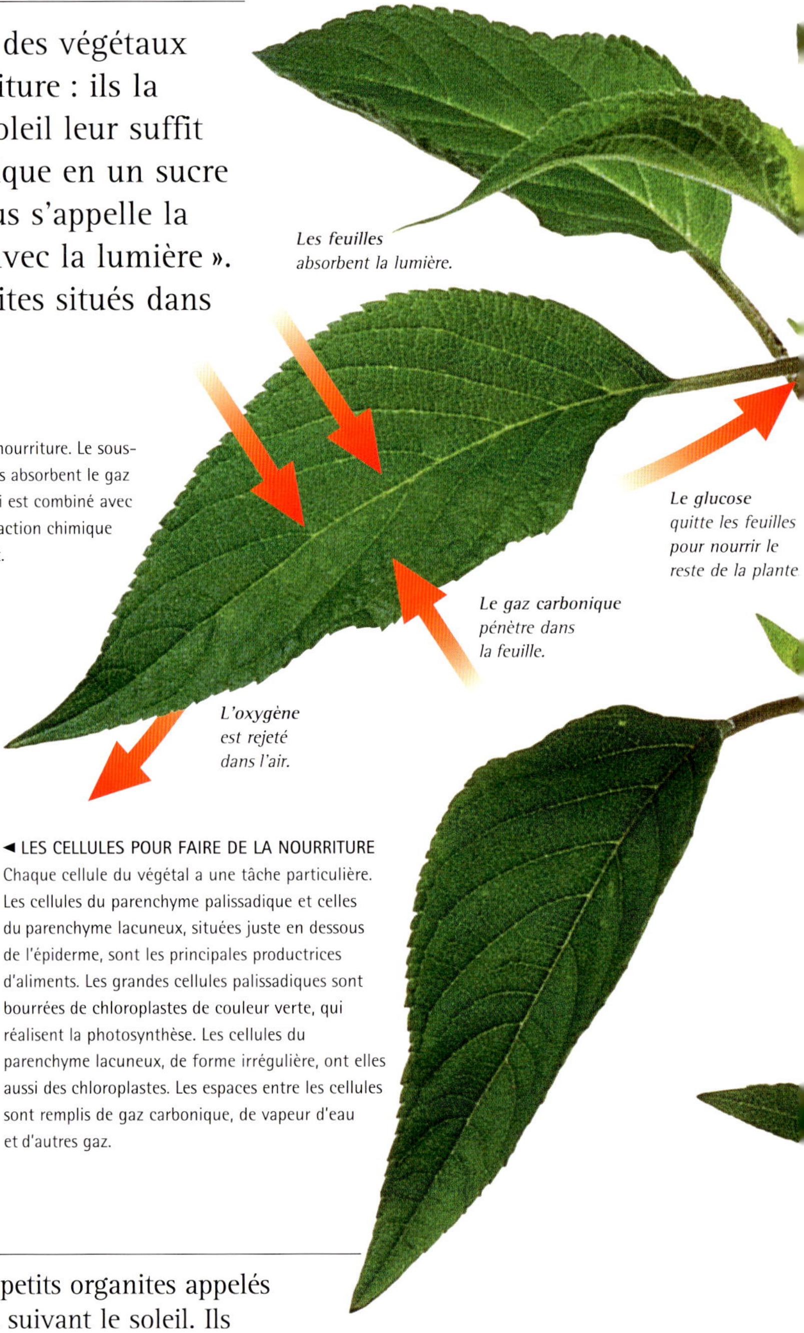


LA PRODUCTION DE NOURRITURE ET D'OXYGÈNE ►
Les végétaux se servent de leurs feuilles pour fabriquer leur nourriture. Le sous-produit, c'est l'oxygène. Pendant la photosynthèse, les feuilles absorbent le gaz carbonique de l'atmosphère. Grâce à l'énergie solaire, celui-ci est combiné avec l'eau recueillie par les racines pour faire du glucose. Cette réaction chimique produit de l'oxygène, rejeté par les feuilles dans l'air ambiant.

◄ LES CELLULES POUR FAIRE DE LA NOURRITURE
Chaque cellule du végétal a une tâche particulière. Les cellules du parenchyme palissadique et celles du parenchyme lacuneux, situées juste en dessous de l'épiderme, sont les principales productrices d'aliments. Les grandes cellules palissadiques sont bourrées de chloroplastes de couleur verte, qui réalisent la photosynthèse. Les cellules du parenchyme lacuneux, de forme irrégulière, ont elles aussi des chloroplastes. Les espaces entre les cellules sont remplis de gaz carbonique, de vapeur d'eau et d'autres gaz.

## LE CHLOROPLASTE

Dans les feuilles, de nombreuses cellules ont de petits organites appelés chloroplastes qui se déplacent dans la cellule en suivant le soleil. Ils contiennent un pigment vert qui capte la lumière, la chlorophylle. Grâce à elle, les chloroplastes fonctionnent comme de minuscules panneaux solaires.

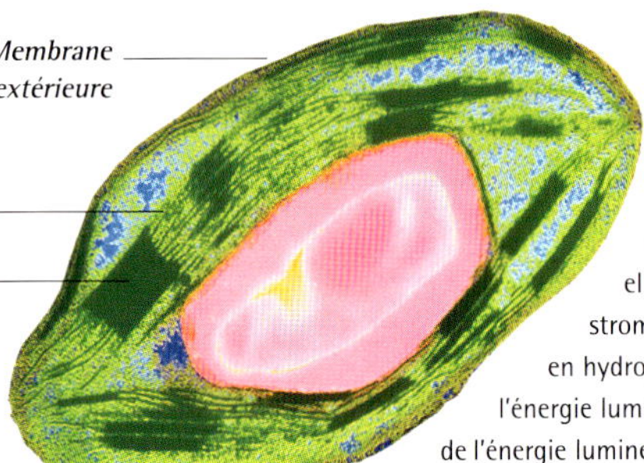


◄ L'INTÉRIEUR D'UN CHLOROPLASTE
Le chloroplaste se compose de minuscules membranes en forme de disque empilées les unes sur les autres, les grana ; elles sont bloquées par un matériau dense, le stroma. C'est dans le granum que l'eau se sépare en hydrogène et oxygène, grâce à une partie de l'énergie lumineuse captée par la chlorophylle. Le reste de l'énergie lumineuse est utilisé par le stroma pour combiner l'hydrogène avec le gaz carbonique et faire du glucose.

POUR EN SAVOIR PLUS ⏭ Le carbone 44 • Les sources d'énergie 86 • L'oxygène 39 • L'anatomie des plantes 256

*…au de …euille …apore.*

# LA TRANSPIRATION

L'eau des feuilles s'évapore à travers des pores microscopiques, les STOMATES. La perte en eau crée une force de succion qui fait monter de l'eau des racines. Ainsi, la transpiration aide la plante à prélever dans le sol les sels minéraux qui lui sont indispensables. La quantité d'eau évacuée par les feuilles dépend de la quantité disponible dans le sol, ainsi que des conditions climatiques : température, humidité et vent.

*On coupe la tige au printemps quand il y a beaucoup d'eau.*

◄ LA MONTÉE DE L'EAU

L'eau des végétaux est à la fois poussée et tirée vers le haut des vaisseaux du xylème. Ce flot permanent s'appelle le flux de transpiration ; il maintient droite la tige qui porte le poids de la plante. Le flux de transpiration transporte également l'eau vers les feuilles en vue de la photosynthèse et apporte des minéraux à la plante.

LA PRESSION DES RACINES ►

En coupant ce sarment, on observe que l'eau montant des racines est sous pression. Cette pression est créée par l'eau du sol qui pénètre dans les racines et qui pousse vers le haut l'eau déjà présente dans les vaisseaux. L'eau est également aspirée par les feuilles pour remplacer celle qui est perdue par transpiration.

*…eau …aspirée monte …ns la tige.*

*Une plante bien arrosée se tient droite : ses cellules et ses tissus sont fermes grâce à l'eau qu'ils contiennent.*

*Une plante assoiffée se flétrit et se couche : quand, on l'arrose, elle se redresse.*

◄ LA TURGESCENCE

Pour rester droits, les végétaux ont besoin d'eau en permanence. Chaque cellule végétale contient une réserve d'eau dans de grosses vésicules appelées vacuoles. C'est l'eau qui, en pressant contre les parois cellulaires, assure la fermeté de la cellule. Cette pression qui règne dans les cellules du végétal s'appelle la turgescence. Le ricin dans le pot vert ci-contre est turgescent ; en revanche, celui du pot rouge ne l'est pas, car ses cellules ont perdu trop d'eau.

## LE STOMATE

La surface de la feuille est criblée de pores minuscules, les stomates. Ceux-ci permettent au gaz carbonique de pénétrer dans la feuille en vue de la photosynthèse, et à l'eau de la transpiration de s'évacuer. Les feuilles ont en principe la majorité de leurs stomates sur la face inférieure, qui est protégée du soleil. Cela aide la plante à ne pas gaspiller son eau.

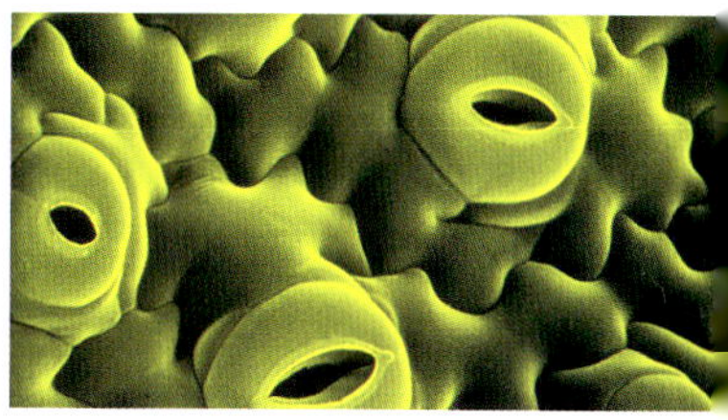

STOMATES OUVERTS

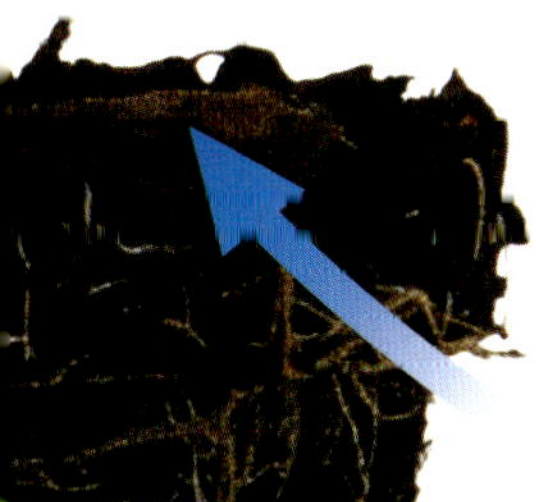

*L'eau du sol est absorbée par les racines.*

LES STOMATES DE JOUR ET DE NUIT ►

Au microscope, on observe que chaque stomate à la surface de la feuille est flanqué par deux cellules stomatiques, qui ressemblent vaguement à des lèvres. Le jour, ces cellules gonflées d'eau maintiennent les stomates ouverts. La nuit, les cellules de garde perdent leur eau et les stomates se ferment.

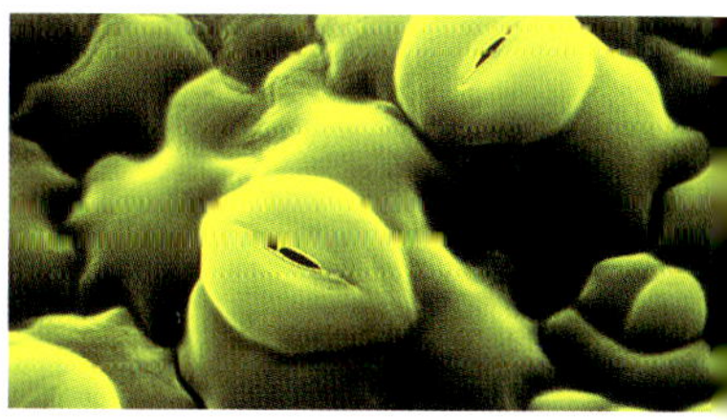

STOMATES FERMÉS

POUR EN SAVOIR PLUS ⏭ Les sources d'énergie 86 • L'anatomie des plantes 256 • L'eau 40

# LES PLANTES SANS GRAINES

Fougères, prêles, mousses et hépatiques n'ont pas de fleurs, donc pas de graines. La vie de ces végétaux connaît deux stades : celui où ils produisent des SPORES et celui où ils produisent des cellules sexuelles (gamètes mâles et ovules). La plupart des plantes sans graines vivent en milieu sombre et humide. Certains types de mousses appelées SPHAIGNES occupent des immensités marécageuses aux confins de l'Arctique.

▲ PRÊLES D'AUTREFOIS
Les prêles actuelles ressemblent beaucoup à celles qui vivaient il y a des centaines de millions d'années, avant les premières plantes à fleurs. À l'époque, les plantes sans graines dominaient la biosphère, et il existait d'imposantes forêts de prêles géantes. Des fossiles de prêles préhistoriques sont conservés dans des roches de cette époque.

◄ LA REPRODUCTION DES FOUGÈRES
Les fougères adultes produisent des spores dans des capsules situées à l'intérieur des sporanges, sous leurs feuilles. Quand il fait sec, les capsules libèrent les spores dans l'air. Lorsqu'une spore se pose en milieu humide, elle donne naissance à une minuscule protubérance en forme de cœur, le prothalle. Celui-ci fabrique les cellules sexuelles. S'il est fécondé par un gamète mâle, l'ovule - gamète femelle du prothalle - devient une nouvelle fougère adulte.

▲ LES FRONDES DE FOUGÈRE
Les jeunes feuilles de fougère sont en forme de crosse, car leur face intérieure grandit moins vite que leur surface extérieure. Au fur et à mesure que la fougère approche de l'âge adulte, ses crosses se déroulent. Certaines crosses sont comestibles, d'autres vénéneuses. Seules les comestibles ont un goût acceptable crues mais, une fois cuites, on ne sent plus la différence.

▲ LA REPRODUCTION DES MOUSSES
Les mousses et les hépatiques sont des bryophytes. À l'âge adulte, les bryophytes produisent des cellules sexuelles. L'ovule femelle fécondé développe un sporophyte au bout d'une tige : c'est la capsule qui contient les spores. Une fois libérées, les spores produisent la génération de mousse suivante.

# LES SPORES

Les spores sont de petites cellules autonomes. À la différence des cellules sexuelles, elles peuvent se diviser pour devenir des organismes pluricellulaires. Leur structure simple se compose de matériel génétique enfermé dans une enveloppe protectrice permettant la survie en milieu sec. En milieu humide, elles germent et deviennent un organisme qui produit les cellules sexuelles.

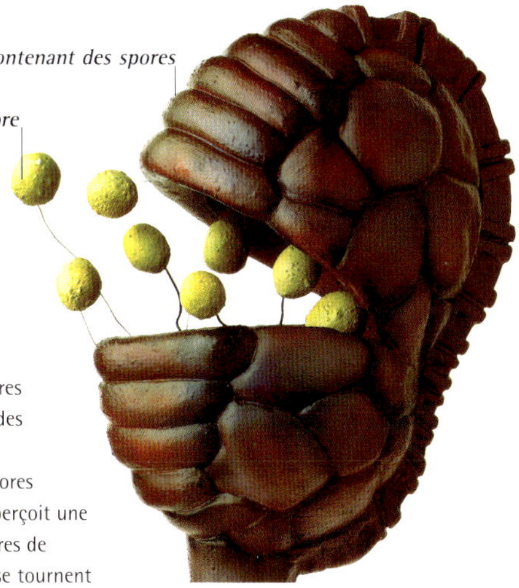


LA DISPERSION DES SPORES ►
Les spores se dispersent en grand nombre, au gré du vent et de l'eau. Les capsules contenant des spores de fougères se fendent quand il fait sec. La plupart des capsules de mousse ont une ouverture recouverte d'un couvercle. Quand les spores sont mûres, le couvercle tombe et on aperçoit une couronne dentelée qui empêche les spores de s'échapper. Dès qu'il fait sec, ces dents se tournent vers l'extérieur et les spores se dispersent.

DISSÉMINATION DE SPORES DE FOUGÈRE

▲ DES COLONS AUDACIEUX
Les bryophytes n'ont pas de véritables racines. Elles ont des appendices velus appelés rhizoïdes qui les fixent dans le sol mais n'absorbent pas d'eau. Ce sont les feuilles qui absorbent l'humidité de l'air. Les bryophytes n'ayant pratiquement pas besoin de terre pour s'enraciner, ce sont souvent les premiers organismes à s'installer sur un sol nu. Comme les hépatiques de la photo ci-dessus, les bryophytes sont capables de croître sur la pierre nue.

# LES SPHAIGNES

Les sphaignes poussent dans des zones marécageuses, les tourbières. Ces mousses ont une texture spongieuse et elles absorbent d'importantes quantités d'eau. Pour se procurer les minéraux dont elles ont besoin, les sphaignes se servent de réactions chimiques qui libèrent dans le sol des sous-produits acides.

DES SPHAIGNES À LA TOURBE ►
La tourbe est composée de sphaignes mortes et de matière végétale accumulées dans la tourbière au fil des siècles. La tourbe se forme en couches successives comprimées par le poids de l'eau et des sphaignes vivant à la surface. Au fil du temps, la couche vivante meurt et elle est remplacée par une couche plus jeune qui pousse au-dessus. On récolte la tourbe et on la sèche pour en faire du combustible et de l'engrais. Si la récolte est trop intensive, on détruit ce biotope.

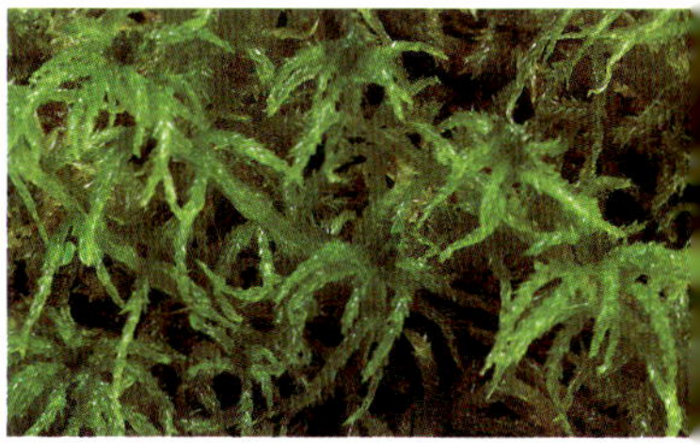

SPHAIGNE

BRIQUETTES DE TOURBE

POUR EN SAVOIR PLUS ⏭ Les ressources naturelles 248 • La pollinisation 266 • Les plantes à graines 262

# LES PLANTES À GRAINES

Les végétaux issus d'une graine sont divisés en deux groupes : les angiospermes et les gymnospermes. Les angiospermes sont les plantes à fleurs ; leurs graines se développent au sein de l'organe reproducteur de la fleur, l'ovaire, qui mûrit et devient un FRUIT protecteur. Quant aux gymnospermes – conifères, ginkgos et cycas – ils n'ont ni fleurs ni ovaires. Leurs graines, qui mûrissent dans des cônes, sont dispersées par le vent, l'eau et les animaux.

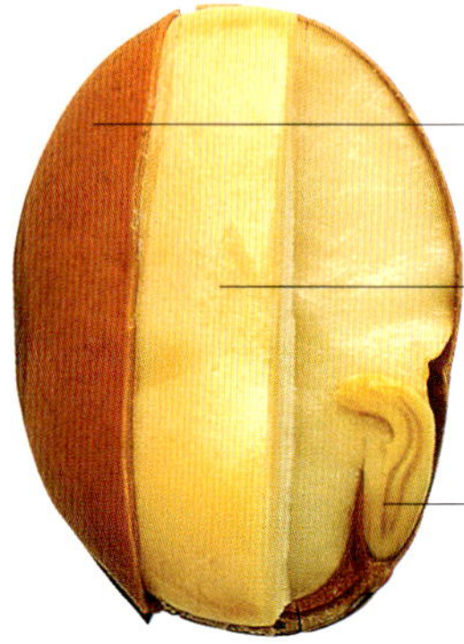


▲ L'ANATOMIE D'UNE GRAINE
La graine est le premier stade de la vie d'un végétal. Appelée embryon, la graine est protégée par une enveloppe coriace, le tégument. La nourriture qui servira à la germination et à la croissance est stockée soit autour de l'embryon, soit dans des organes de réserve, les cotylédons.

*La fleur s'ouvre le jour, et les insectes pollinisent les fleurons.*

*La fleur fécondée se referme et les graines se développent à l'intérieur.*

▲ LES FRUITS QUI VOLENT
Les graines de pissenlit ont des aigrettes qui leur permettent de s'envoler loin de leur fleur natale. La fleur de pissenlit est composée de nombreuses petites fleurs, les fleurons. Chaque fleuron formera un fruit unique. Les fruits se développent à l'intérieur d'un capitule entouré de bractées, une fois les pétales jaunes fanés. Quand le temps est sec, le capitule s'ouvre et une boule d'aigrettes apparaît. La moindre brise entraîne les graines au loin.

## LA MULTIPLICATION VÉGÉTATIVE

Les graines ne sont pas l'unique moyen de propagation des végétaux. Certains se reproduisent à partir de bulbes, de tubercules, de cormus ou de rhizomes. Ce type de reproduction est dit végétatif. Chaque nouvelle plante produite est le clone de son unique ascendant.

*Bulbe de tulipe*
*Le bulbe est un bourgeon souterrain dont la base des feuilles est gonflée. C'est une réserve d'aliments qui permet à la nouvelle plante de croître vite.*

*Tubercule de topinambour*
*Un tubercule est un renflement de la tige ou de la racine, comportant des bourgeons ; ceux-ci se développent quand les conditions s'y prêtent.*

*Cormus de glaïeul*
*Un cormus est un renflement souterrain de la tige qui alimente le développement d'un bourgeon. Après quoi, un nouveau cormus se forme au-dessus.*

*Rhizome d'iris*
*Le rhizome est une tige horizontale qui croît à la surface du sol ou en dessous. Il se divise et produit de nouveaux bourgeons et de nouvelles pousses.*

▼ LA GERMINATION DU HARICOT

La plupart des graines ont besoin de chaleur et d'humidité pour germer. À ce stade, la graine absorbe de l'eau et l'embryon se met à consommer sa réserve alimentaire. Une jeune racine – la radicule – commence à pousser vers le bas. Puis une jeune pousse, la tigèle, pousse vers le haut. Celle-ci devient une tige, qui produit des feuilles. Les premières feuilles s'appellent cotylédons ; elles nourrissent le végétal naissant jusqu'à l'apparition de vraies feuilles.

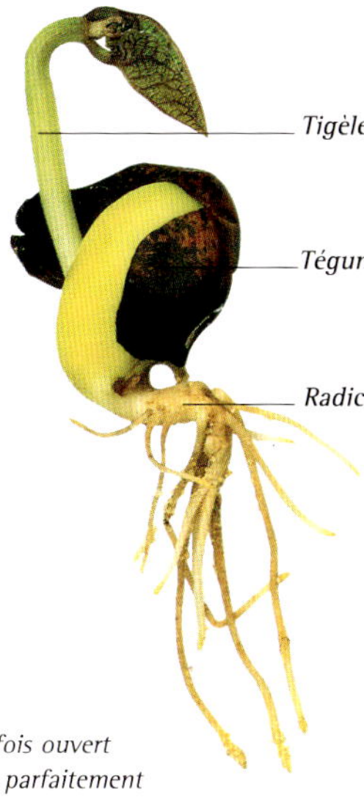

# LES FRUITS

L'ovaire de la fleur devient un fruit qui protège les graines et les aide à se disperser. Beaucoup de fruits attirent les animaux frugivores par leur goût et leur couleur. Les graines traversent parfois sans dommage le système digestif de l'animal et atteignent le sol mêlées aux excréments. Certaines se dispersent accrochées au pelage des animaux ou poussées par le vent, ou sont projetées quand le fruit mûr éclate.

▲ LES FRUITS SECS

Les graines des fruits secs se dispersent de différentes façons. Les cosses des petits pois éclatent et projettent leurs graines avec force. Le fruit de la berce commune forme une sorte d'aile en papier autour de la graine, qui s'envole au gré du vent. La fraise est un faux fruit, couvert de minuscules fruits secs dont chacun contient une graine.

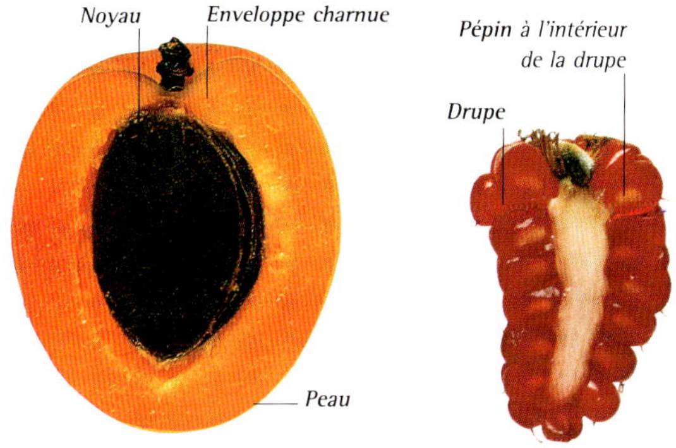


▲ FRUITS CHARNUS

Les fruits charnus ont souvent des couleurs vives et un parfum agréable ; ils attirent les animaux, qui les mangent et les dispersent. Les fruits charnus comme l'abricot et la cerise ont un noyau ou un pépin ligneux qui protège la graine. Ces fruits, appelés drupes, proviennent d'un ovaire unique. Parfois, les drupes se réunissent en grappe pour former un fruit composé : c'est le cas de la framboise.

POUR EN SAVOIR PLUS ⏭ Les plantes à fleurs 265 • Les cultures vivrières 276 • La pollinisation 266

# LES CONIFÈRES

Les 550 espèces de conifères ont souvent des feuilles persistantes en forme d'aiguilles, en général protégées du gel et des pertes en eau par une épaisse couche cireuse. Les conifères produisent leurs graines entre les écailles ligneuses de leurs CÔNES, ou dans des enveloppes charnues.

▲ LES ÉCAILLES
Les feuilles parfumées et persistantes des cyprès évoquent des écailles. Tous les conifères ont une résine odorante.

▲ LES AIGUILLES CADUQUES
Le mélèze est un des rares conifères à feuilles caduques ; cela signifie qu'en automne il perd ses aiguilles.

▲ LES AIGUILLES PLATES
L'if, le sapin et certains séquoias ont de petites feuilles plates qui poussent des deux côtés de la tige.

## LES CÔNES

Les organes reproducteurs des conifères sont enfermés dans des cônes telle la pomme de pin. Les cônes sont généralement ligneux. L'if est une exception, sa graine est entourée d'une sorte de baie rouge. Les cônes du pin et de l'épicéa tombent en général par terre en un seul morceau alors que les cônes des cèdres et de la plupart des sapins s'ouvrent sur l'arbre.

◄ LES CÔNES MÂLE ET FEMELLE
Les conifères ont des cônes mâle et femelle séparés : le cône mâle produit le pollen, tandis que le cône femelle contient les ovules. Quand il est mûr, le cône mâle s'ouvre et libère son pollen qui, grâce au vent, arrive entre les écailles ouvertes du cône femelle. Le cône femelle se referme et les cellules mâles s'unissent aux ovules pour produire des graines.

◄ LA FORÊT DE CONIFÈRES
Tous les conifères ou presque – les arbres comme les arbustes – ont un feuillage persistant qu'ils conservent toute l'année. Cette couverture végétale permanente empêche le soleil d'atteindre le sol de la forêt. Seules des espèces faites pour la pénombre des sous-bois – fougères, champignons – supportent l'obscurité de ce biotope.

▲ DES AILES POUR VOLER
Quand il fait chaud et sec, les cônes femelles s'ouvrent et libèrent leurs graines. Certaines ont de petites ailes marron et parcheminées, qui leur permettent de parcourir de grandes distances. Ainsi, toutes les graines ne tombent pas au pied de l'arbre, et quelques-unes se posent loin de son ombre.

POUR EN SAVOIR PLUS » La classification végétale 254 • Les plantes à graines 262 • Les arbres 268

# LES PLANTES À FLEURS

Les angiospermes (« boîte à graines ») sont des plantes dites à fleurs : elles produisent des graines à l'intérieur d'un renflement, l'ovaire, situé à la base de leur FLEUR. Elles représentent 80 % des plantes supérieures. On les trouve dans presque toutes les régions du monde ; leur taille va de la minuscule lentille d'eau à l'imposant eucalyptus. Les plantes à fleurs se divisent en monocotylédones et dicotylédones.

▲ LES MONOCOTYLÉDONES
Ce sont les plantes à fleurs dont la plantule n'a qu'un cotylédon. Les feuilles de la plante adulte sont marquées de nervures parallèles. Les organes de la fleur sont en général des multiples de trois.

▲ LES DICOTYLÉDONES
Ce sont les plus nombreuses, leurs plantules possèdent deux cotylédons. Les feuilles de l'adulte ont des nervures ramifiées. Les organes de la fleur sont en général au nombre de quatre ou cinq.

## LES FLEURS

La fleur, la partie la plus voyante de la plante, contient les organes reproducteurs. Beaucoup ne peuvent être pollinisées que par des animaux : elles attirent ces derniers par leur couleur, leur forme ou leur parfum. Certaines plantes, comme les lis, ont une fleur solitaire. D'autres en produisent d'épais bouquets. Les marguerites et les tournesols ont de nombreuses petites fleurs – ou fleurons – formant un seul capitule.

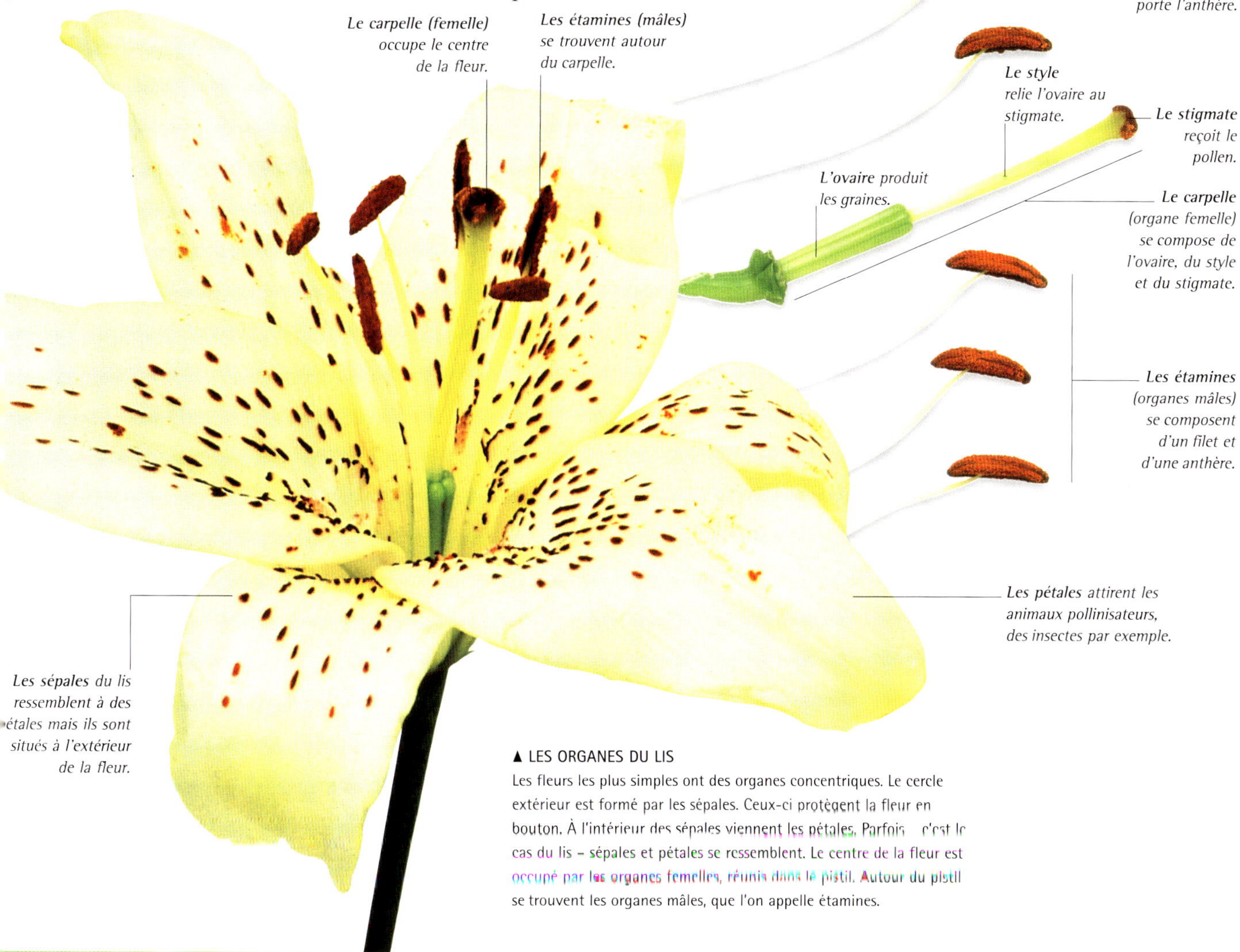


▲ LES ORGANES DU LIS
Les fleurs les plus simples ont des organes concentriques. Le cercle extérieur est formé par les sépales. Ceux-ci protègent la fleur en bouton. À l'intérieur des sépales viennent les pétales. Parfois – c'est le cas du lis – sépales et pétales se ressemblent. Le centre de la fleur est occupé par les organes femelles, réunis dans le pistil. Autour du pistil se trouvent les organes mâles, que l'on appelle étamines.

POUR EN SAVOIR PLUS ⏭ La pollinisation 266 • Les plantes à graines 262

# LA POLLINISATION

Les cellules sexuelles mâles des plantes à graines (plantes à fleurs, conifères et cycades) sont enfermées dans de solides capsules, les grains de **POLLEN**. Produits par des organes appelés anthères, ils doivent entrer en contact avec les organes femelles pour former des graines. Ce processus, appelé pollinisation, se déroule parfois avec l'aide d'animaux qui servent de **POLLINISATEURS**. D'autres fois, c'est le vent qui transporte le pollen.

◄ **LE TRANSPORT DU POLLEN**
Les grains de pollen sont libérés quand les anthères de la fleur se fendent. L'oiseau mouche, en buvant le nectar de fleur en fleur, se poudre le bec de pollen. Dans la fleur suivante, il effleure le stigmate et y dépose un peu de pollen. La plupart des plantes ont des méthodes interdisant à chaque fleur de se polliniser avec son propre pollen.

FLEUR DE COQUELICOT

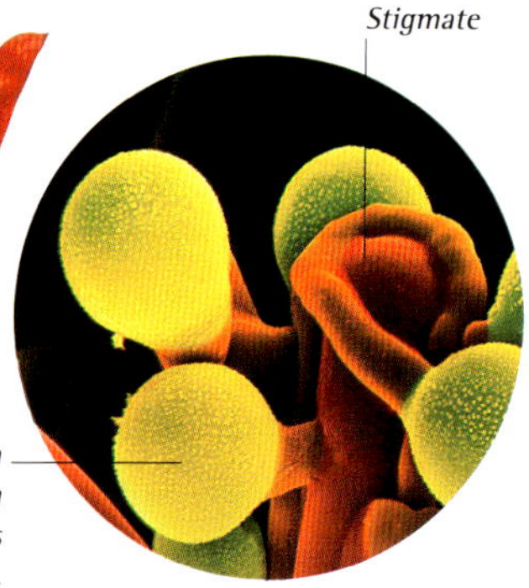


POLLEN EN TRAIN DE GERMER SUR UN STIGMATE DE COQUELICOT.

◄ **LA GERMINATION DES GRAINS DE POLLEN**
L'organe femelle de la fleur possède une partie proéminente, le stigmate. Quand des grains de pollen s'y posent, ils y adhèrent et se mettent à germer. Un tube microscopique se développe sur chaque grain de pollen, pénètre dans le stigmate et continue sa croissance en descendant le style, en direction des œufs contenus dans les ovules, plus bas. Le stigmate de la fleur se trouve en haut du style afin de pouvoir recueillir du pollen.

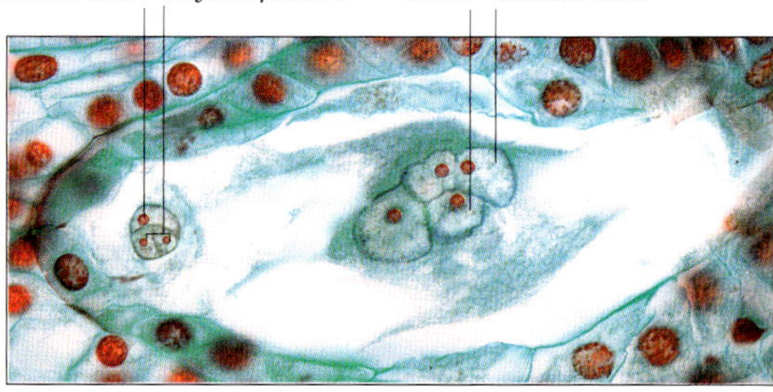


L'INTÉRIEUR DE L'OVULE

▲ **LA FÉCONDATION**
L'ovule de la fleur est contenu dans une capsule. L'extrémité du tube pollinique pénètre l'ovule et y injecte les gamètes mâles. Ces derniers fusionnent avec l'ovule et le fécondent. Dans les plantes à fleurs, il faut qu'un autre gamète mâle soit injecté dans l'œuf pour que l'ovule devienne graine. Cette deuxième cellule fusionne avec le noyau – appelé noyau polaire – pour former le tissu qui servira à nourrir le bébé végétal – l'embryon – pendant sa croissance à l'intérieur de la graine.

# LE POLLEN

À la différence des plantes telles que les fougères, les plantes à graines n'ont pas de gamètes mâles mobiles. Leurs cellules sexuelles mâles sont inertes et enfermées dans une enveloppe protectrice, le grain de pollen. Chez les plantes sans graines, le gamète mâle se sert de l'eau pour nager jusqu'à l'œuf ; chez les plantes à graines, il atteint l'œuf en se faisant transporter par le vent ou par des animaux.

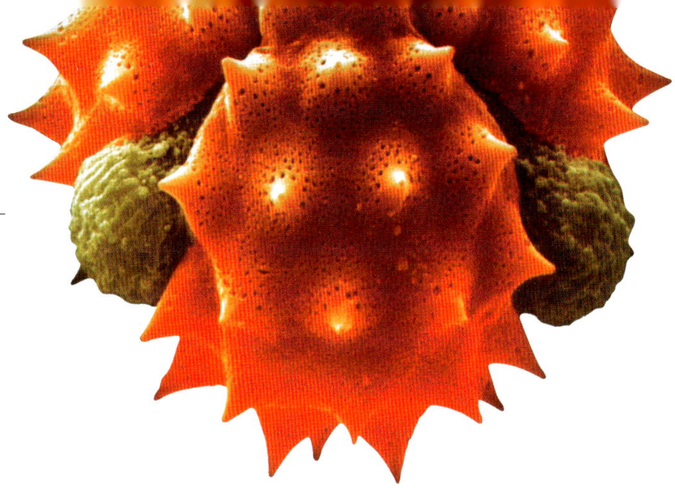

▲ UNE SCULPTURE EN 3D
Les grains de pollen sont particulièrement intéressants à observer au microscope : ils présentent des formes étonnamment hérissées, pour s'accrocher au stigmate. Les scientifiques identifient l'espèce d'un végétal au premier regard sur ses grains de pollen. Ceux-ci sont produits en nombre colossal par la plupart des plantes à fleurs. Malgré leur taille microscopique, ils déclenchent parfois chez l'homme une allergie appelée le rhume des foins.

▲ AU GRÉ DU VENT
a plupart des plantes qui laissent au vent le soin e disperser leur pollen possèdent des fleurs mâles t des fleurs femelles séparées. Les fleurs mâles – omme le chaton ci-dessus – produisent d'énormes uantités de pollen et pendent en général en bout e brindille ou sur des tiges leur permettant d'être mportées par le vent. La plupart des fleurs femelles ollinisées par le vent ont de longs styles qui évoilent le stigmate : cela augmente leurs hances de recueillir lu pollen.

# LES POLLINISATEURS

Les animaux pollinisateurs transportent le pollen des anthères aux stigmates des végétaux. Beaucoup de végétaux font pour cela appel à des insectes : ce sont des animaux suffisamment petits pour pénétrer dans la plupart des fleurs, et capables de transporter le pollen sur de grandes distances. Quelques végétaux toutefois ont de grandes fleurs qui sont pollinisées par des oiseaux ou des chauves-souris. Beaucoup d'espèces végétales ont une fleur dont la forme ne permet la pollinisation que par une espèce animale spécifique.

HOUX FEMELLE

ATTIRER LES POLLINISATEURS ►
Les pollinisateurs réagissent à différents types de leurres. Les oiseaux aiment le rouge mais n'ont pas d'odorat : les fleurs qu'ils pollinisent sont souvent rouges et inodores. Les insectes peuvent être attirés de différentes façons ; les abeilles par exemple aiment le bleu, le jaune et les parfums sucrés, certaines fleurs en revanche attirent les mouches grâce à une odeur de viande en putréfaction.

*Les pétales en forme de lèvres facilitent l'atterrissage d'une abeille.*

▲ LA FÉCONDATION CROISÉE
es graines les plus saines sont produites par écondation croisée, grâce au pollen et aux ovules e deux plantes différentes. Les végétaux font appel différents artifices pour que cela se produise. Chez ertaines espèces, les éléments mâles et femelles ne ont pas mûrs en même temps. Dans d'autres, les exes sont séparés : un plant de houx par exemple st soit mâle, soit femelle. Seules les femelles roduisent des baies.

◄ LES INDICATEURS DE NECTAR
Beaucoup de fleurs présentent sur leurs pétales des motifs, qui guident les insectes vers les glandes productrices de nectar, à la base des pétales. Certaines fleurs ont des dessins visibles seulement en lumière ultraviolette. Contrairement à nous, les insectes qui pollinisent ces fleurs voient l'ultraviolet : ils distinguent donc des indicateurs de nectar là où nous ne voyons que des pétales de couleur unie.

POUR EN SAVOIR PLUS ⏭ Les plantes à fleurs 265 • Les plantes à graines 262

# LES ARBRES

Les arbres sont de grands végétaux à graines qui vivent de longues années : ils ne meurent pas l'hiver. Ils possèdent une tige ligneuse unique, le tronc, qui s'épaissit en vieillissant. Dans certaines régions, les arbres croissent en FORÊTS. On distingue deux groupes d'arbres : les conifères et les feuillus. Ces derniers perdent leurs feuilles à l'automne sous nos climats : ils ont un feuillage CADUC. Quant aux conifères, ils ont en général des feuilles PERSISTANTES qu'ils gardent toute l'année.

◄ LES COUCHES DU BOIS
Les troncs d'arbre sont composés de différentes couches de cellules. À l'extérieur se trouve une couche protectrice, l'écorce. Juste en dessous, une fine couche formée par les cellules du phloème, qui distribue dans tout l'arbre la nourriture fabriquée dans les feuilles. Sous le phloème se trouve une autre fine couche de cellules, le cambium, qui se divise sans cesse et épaissit le tronc. En dessous, l'aubier, dans lequel l'eau et les minéraux des racines montent.

*Le bois de cœur est surtout composé de cellules mortes, c'est lui qui donne sa solidité à l'arbre.*

*L'aubier se compose de cellules mortes et de cellules vivantes.*

*L'écorce est formée de cellules mortes très solides ; elle protège le tissu vivant qui se trouve juste en dessous.*

UNE PEAU PROTECTRICE ►
L'écorce est la peau de l'arbre. Elle protège le bois vivant, l'empêche de se dessécher et l'abrite des grands froids et de la chaleur. L'écorce possède de fines fentes, les lenticelles, qui laissent entrer l'oxygène dans le tronc et sortir le gaz carbonique. Chaque espèce d'arbre a une écorce de texture différente. L'écorce du chêne est rugueuse et fendillée, celle du hêtre est fine et fragile, celle du bouleau est relativement lisse.

CHÊNE HÊTRE BOULEAU

## LA FORÊT

Un tiers environ de la surface des terres émergées est couvert de forêts. Les forêts sont tropicales, tempérées ou boréales selon le climat de leur région. La forêt tropicale se développe en climat chaud et humide ; elle compte jusqu'à 200 espèces d'arbres à l'hectare. En forêt tempérée, la majorité des arbres ont des feuilles caduques, comme le chêne et le hêtre. Quant aux régions boréales, elles sont occupées par la taïga, une forêt de conifères résistants aux froids.

*L'étage supérieur correspond à la frondaison des plus grands arbres.*

*La canopée correspond à la frondaison de la plupart des arbres adultes.*

*La couverture vivante est formée par les jeunes arbres en train de pousser vers la canopée.*

*L'étage arbustif est constitué de plantes à larges feuilles adaptées à la pénombre.*

*L'étage herbacé est le domaine des fougères et autres plantes vivant au ras du sol.*

▲ LES ÉTAGES DE LA VIE
La forêt tropicale se compose de différents étages, dont chacun est caractérisé par des espèces végétales et animales. La canopée est l'étage le plus riche, où l'on trouve le plus de feuilles, de fleurs et de fruits. Rares sont les arbres assez grands pour émerger de la canopée. Sous la canopée se trouve la couverture vivante formée de petits arbres et, encore en dessous, l'étage arbustif des plantes à larges feuilles, adaptées à la pénombre. Tout à fait en bas, c'est le sol de la forêt, où il fait pratiquement nuit : les végétaux y sont rares et petits.

*Les racines s'allongent à partir de leurs extrémités.*

▲ UN RÉSEAU DE RACINES
Les racines d'un arbre s'étendent sous le sol en réseau dense. Elles occupent souvent un volume aussi important que la frondaison. Les racines principales fixent solidement l'arbre dans le sol. La plupart des fragiles radicelles sont proches de la surface ; elles sont couvertes de poils absorbants l'eau et les nutriments situés dans le sol.

# LES FEUILLES PERSISTANTES

Sur un arbre à feuilles persistantes, chaque feuille dure des années ; elle ne tombe qu'une fois sa remplaçante prête. Ces arbres gardent donc leurs feuilles pendant les grands froids et les sécheresses. La plupart des conifères – les pins par exemple – gardent leurs feuilles entre deux et quatre ans. Là où les saisons sont peu marquées, comme sous les tropiques, beaucoup de végétaux ont des feuilles persistantes.

L'ANTIGEL NATUREL ►
Beaucoup de feuilles persistantes contiennent des résines, capables de réparer des fissures en surface et d'empêcher les feuilles de geler. Les propriétés antigel des résines de pin permettent aux cellules de leurs aiguilles de survivre tout l'hiver, même couvertes de neige et de glace.

*Des glaçons pendent aux rameaux de ce conifère mais ses aiguilles n'en souffrent pas.*

# LES FEUILLES CADUQUES

Les feuilles qui tombent à l'automne sont dites caduques. Elles poussent dans les régions tempérées, qui ont des étés chauds et des hivers frais ou froids. À l'automne, la température descend et la photosynthèse dispose de moins en moins d'heures de lumière. Pour économiser de l'énergie pendant l'hiver, les arbres perdent leurs feuilles et cessent de grandir. Cela leur fait également économiser de l'eau, car celle-ci s'évapore sans cesse par les feuilles.

LES CHANGEMENTS DE SAISON ►
Certaines feuilles caduques se parent de couleurs lumineuses avant leur chute. Les feuilles d'érable par exemple sont successivement vertes, puis jaunes, orange et rouges. Cela est dû à la décomposition de la chlorophylle, que l'arbre utilise en automne avant de perdre son feuillage. Les autres pigments sont ceux qui étaient précédemment cachés par la chlorophylle.

POUR EN SAVOIR PLUS ⏭ Les biotopes 246 • La photosynthèse 258 • L'anatomie des plantes 256 • Les cultures industrielles 280

# LES PLANTES PARASITES

Tous les végétaux fabriquent leur nourriture grâce à la photosynthèse, sauf les espèces parasites qui se nourrissent de leur hôte grâce à des suçoirs qui envahissent les vaisseaux de ce dernier pour y puiser sucres et minéraux. Certains parasites dépendent entièrement de leur hôte puisqu'ils n'ont même pas de feuilles vertes. D'autres, grâce à leurs feuilles, fabriquent une partie de leur nourriture par photosynthèse.

LA GRAINE DE GUI GERME

POUSSES DE GUI

GUI ADULTE

UN PARASITE VERT ►
Le gui est un parasite qui prend son eau et ses minéraux à son hôte. Il a néanmoins des feuilles vertes pour produire ses propres aliments par photosynthèse, grâce à l'eau volée à son hôte.

UN PARASITE INTÉGRAL ►
La cuscute est une plante parasite totalement incapable de réaliser la photosynthèse. Ses feuilles sont réduites à l'état de petites écailles brunes dépourvues de chlorophylle ; elle doit tirer sa nourriture de la plante hôte. La cuscute est une plante grimpante apparentée au liseron ; sa tige s'entortille autour de l'hôte et développe des suçoirs – les haustories – qui envahissent l'hôte et lui dérobent sa nourriture.

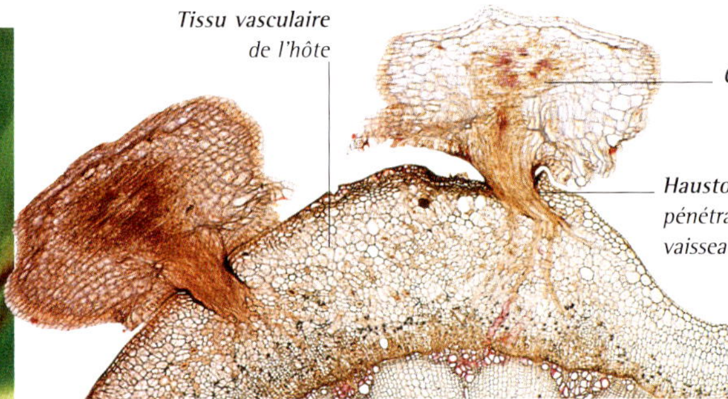


▲ LE VOL DE NOURRITURE
La micrographie ci-dessus montre en coupe la façon dont l'haustorie de la cuscute pénètre la tige de l'hôte, perce ses vaisseaux et en aspire les sucres. Plus la cuscute grossit, plus l'haustorie pénètre profondément, ce qui prive l'hôte de davantage de nourriture ; celui-ci s'affaiblit et finit parfois par mourir.

◄ UN FLORISSANT PARASITE
La *Rafflesia arnoldii* est la plante parasite qui a la fleur la plus grande du monde. Elle pousse dans la jungle en Asie du Sud-Est. Cette plante envahit les racines des lianes pour y prendre de la nourriture. Parfois, la *Rafflesia* émet une pousse à partir d'une de ces racines. La pousse devient une énorme fleur malodorante d'un mètre de diamètre. Sa puissante odeur de poisson pourri attire les mouches pollinisatrices.

POUR EN SAVOIR PLUS ⏭ Les plantes à fleurs 265 • Les mycètes 282 • La photosynthèse 258 • La pollinisation 266

# LES PLANTES CARNIVORES

Les plantes carnivores sont capables d'attraper et de digérer des insectes et autres petits animaux. La plupart des végétaux trouvent de l'azote dans les nitrates du sol. Les plantes carnivores vivent dans des tourbières où les nitrates sont rares : elles se procurent donc l'azote indispensable à leur croissance en digérant des proies. Les plantes carnivores ont mis au point des techniques originales pour attraper des insectes, comme des PIÈGES pleins de liquide où les insectes se noient, et des pièges à ressort.

▲ **UN PIÈGE À RESSORT**
La dionée a des feuilles sur charnières, capables de se fermer brusquement. Des poils sensitifs détectent la présence d'un insecte à la surface d'une feuille ouverte. Au moindre mouvement, les deux moitiés de la feuille se rejoignent. En même temps que les deux côtés du piège se referment sur la victime, la plante libère des sucs digestifs, qui digèrent les parties molles de l'insecte.

**UN PIÈGE GLUANT** ►
Le drosera est une petite plante de tourbière qui a des feuilles hérissées de poils ; ceux-ci sécrètent une gouttelette de « rosée » gluante à leur extrémité. Les insectes sont attirés par ce liquide et restent collés. Alors, les poils se replient lentement sur eux-mêmes jusqu'à ce que l'insecte soit complètement enveloppé par la feuille. Les produits chimiques libérés par les poils digèrent le corps de l'insecte et la plante en absorbe les nutriments.

## LES PIÈGES MORTELS

Les plantes à urne ont des pièges en forme de brocs suspendus sous ses feuilles ou poussant à même le sol. Chaque piège a son couvercle qui le protège de la pluie. Les insectes sont attirés sur le bord du cornet par les taches rouges et le nectar sucré. Si l'insecte se pose pour boire le nectar, il glisse et tombe dans le piège. Il se noie dans le liquide et la plante absorbe lentement ses nutriments.

▲ **DES SUCS DIGESTIFS**
Le corps d'un insecte doit être digéré pour que ses nutriments soient absorbés par le végétal. Les plantes carnivores comme le nepenthès sécrètent des enzymes analogues à celles qui aident les animaux à digérer. Il y a également des acides, qui facilitent le travail des enzymes. Le nepenthès digère un petit insecte en quelques heures et un gros en plusieurs jours.

POUR EN SAVOIR PLUS ⏭ Les bactéries 284 • La nutrition 312 • Les cultures vivrières 276 • La survie des plantes 274

# LES TROPISMES

Comme les animaux, les végétaux perçoivent les changements de leur milieu et y réagissent. Ils sont sensibles à la lumière, à la gravité, aux changements de température, à certains produits chimiques et même aux contacts. Un végétal s'adapte en modifiant son taux de croissance, ou la direction de sa croissance. Les lents mouvements que fait un végétal pour s'approcher ou s'éloigner d'une stimulation telle que la lumière s'appellent des tropismes. Les tropismes sont régulés à l'aide d'hormones, les RÉGULATEURS DE CROISSANCE.

▲ LE SENS DE L'ORIENTATION
La lumière influence la pousse des tiges qui s'orientent vers elle pour que les feuilles produisent davantage de photosynthèse. Les racines en revanche s'enfoncent sous le sol sous l'effet de la gravité et de la présence d'eau ; elles fuient la lumière. D'autres facteurs comme la température et l'humidité du sol exercent une influence sur la date de germination des graines.

◄ LA SAISON DES FLEURS
Beaucoup de végétaux ne fleurissent qu'à une période de l'année. Ils fleurissent au bon moment grâce aux changements de lumière et de température. Le crocus détecte l'approche du printemps car les jours s'allongent et le sol se réchauffe. Ces signes le conduisent à sécréter des produits chimiques qui déclencheront la croissance des pousses et des fleurs.

SURVIVRE À L'HIVER ►
Les plantes à feuilles caduques comme le *Forsythia* réagissent au manque de lumière et de chaleur hivernale par une période de repos. Pour s'y préparer, la plante sécrète des produits chimiques qui fragilisent le pétiole des feuilles, qui tombent. En hiver, la plante n'a pas besoin de produire de nourriture. Ses pousses et bourgeons sont au repos. Au printemps, le végétal sécrète des hormones qui déclenchent la croissance du bourgeon.

▼ VERS LA LUMIÈRE
Toute la journée, les capitules de tournesol suivent le chemin du soleil. Ce mouvement est trop lent pour être observé mais, le matin, tous les capitules sont tournés vers l'est et le soir, vers l'ouest.
Ce mouvement de la plante vers la lumière s'appelle phototropisme : il est dû au déplacement de produits chimiques d'un côté de la tige à l'autre.

L'INVASION PROGRAMMÉE ►

Certains organes des végétaux réagissent au contact. Les plantes grimpantes, tels les pois et la passiflore ci-contre, lancent de longues pousses appelées vrilles. Quand une vrille atteint un support stable – par exemple la tige d'une autre plante ou un tuteur – elle s'enroule autour. En saisissant les supports de cette façon, la plante parvient à grimper toujours plus haut.

LES RACINES SOUS-MARINES DE PALÉTUVIERS

:s racines fuient en général la lumière, mais celles des palétuviers ont l'inverse. Les mangroves sont des marécages côtiers : l'oxygène est ıre dans le sol saturé d'eau. Les racines des palétuviers compensent ce ıanque en se développant au-dessus de la vase. À chaque marée basse, :s racines sont ainsi découvertes et absorbent de l'oxygène de l'air.

# LES RÉGULATEURS DE CROISSANCE

:ertaines hormones ont une influence sur es différents aspects de la croissance des égétaux. Ces régulateurs commandent la itesse de division des cellules, et la façon lont elles croissent. Ils peuvent même hanger la direction dans laquelle la racine u la tige croît. Si les cellules d'un côté le la pousse croissent plus vite, celle-ci e tourne du côté opposé.

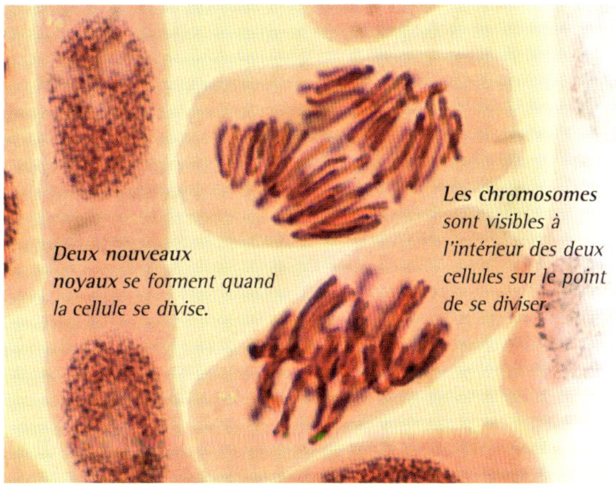


DIVISION CELLULAIRE À LA POINTE D'UNE RACINE D'AIL

◄ LA DIVISION DES CELLULES

Certains régulateurs de croissance stimulent la division cellulaire, qui est un processus très complexe. Avant de se diviser, la cellule doit copier son matériel génétique (ADN). Les deux cellules ci-contre ont copié leurs brins d'ADN, ou chromosomes. Ces brins se séparent, ils seront bientôt prêts à s'agglutiner dans deux nouveaux noyaux de cellule. Ainsi, chaque cellule se divisera en deux.

OUR EN SAVOIR PLUS ⏭ Les plantes à fleurs 265 • La photosynthèse 258 • L'anatomie des plantes 256 • La survie des plantes 274

# LA SURVIE DES PLANTES

Certaines plantes possèdent des caractères propres qui leur permettent de repousser les prédateurs. D'autres survivent et même prospèrent dans des milieux hostiles, comme les montagnes froides et rocheuses. Dans les régions peu arrosées, les **XÉROPHYTES** ont mis au point des méthodes particulières pour recueillir et stocker l'eau. Dans les terres salées, les **HALOPHYTES** se sont dotés d'organes spécialisés : ils sont donc capables de pousser dans les lagunes, les marais salants et les dunes de sable.

*Les feuilles d'ortie sont couvertes de poils urticants.*

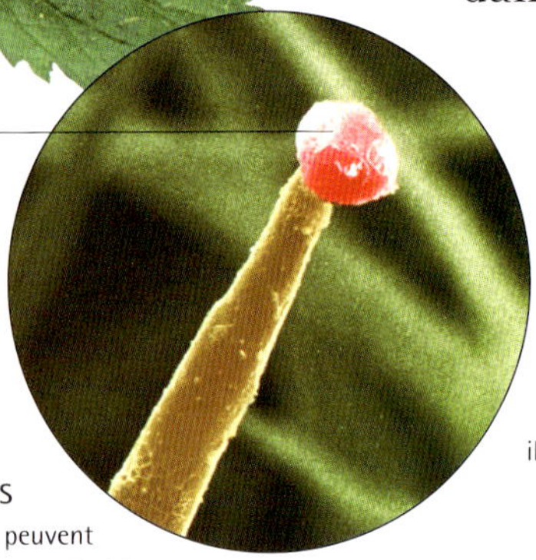

*Les poils urticants libèrent une substance allergisante.*

▲ LES DÉFENSES
Les végétaux ne peuvent fuir leurs prédateurs : ils doivent donc se défendre autrement. Certains ont des épines. D'autres renferment dans leurs feuilles des poisons au goût repoussant. Les feuilles urticantes de l'ortie sont couvertes de fins poils contenant du poison ; à l'extrémité de chaque poil se trouve une pointe fragile qui se casse quand on la touche, le poison ainsi libéré est injecté sous la peau.

LE CAMOUFLAGE ►
Certains végétaux se déguisent pour éviter d'être mangés par les herbivores. Le camouflage est le fait de se confondre avec le milieu. La plante caillou ci-contre est difficile à repérer au milieu des galets, grâce à ses feuilles grises et charnues que les animaux prennent pour des cailloux : ils n'essaient donc pas de les dévorer. Toutefois, elles sont trahies par leurs fleurs.

*Les plantes alpines sont collées au sol pour éviter l'effet desséchant du vent.*

*Les fleurs se présentent à l'extérieur pour faciliter la pollinisation par les insectes.*

◄ LES PLANTES ALPINES CORIACES
La végétation en montagne affronte un soleil plus brûlant, un froid plus pénétrant et des vents plus violents qu'en plaine. L'eau manque, les pluies sont rares et le sol, parfois gelé, est peu profond. Les plantes alpines poussent en épais coussinets en se protégeant les unes les autres. Les fins duvets de leurs feuilles réduisent leurs pertes en eau et les protègent des brûlures du soleil.

*Les feuilles de l'épiphyte canalisent l'eau vers le cœur de la plante.*

◄ TRÈS HAUT SUR L'HÔTE
Cette broméliacée vit en forêt tropicale. Pour profiter de la lumière, elle s'accroche très haut dans les branches de l'arbre hôte, en se servant de ses racines. Les feuilles de broméliacées canalisent l'eau de pluie jusqu'au cœur de la plante. Les plantes qui se fixent sur d'autres plantes, comme celle-ci, mais qui ne s'en nourrissent pas sont appelées épiphytes et non parasites.

▲ LE LIS D'EAU
Les plantes aquatiques ont des problèmes de survie particuliers. Les fleurs du lis d'eau flottent à la surface ou s'en dégagent du haut de leurs longues tiges. La surface supérieure de chaque feuille est vernissé et repousse l'eau. Les feuilles, larges et plates, flottent sur l'eau et sont portées par de longs pétioles. Ceux-ci présentent des poches d'air qui fournissent de l'oxygène nécessaire à la respiration de la plante.

# LES XÉROPHYTES

Les plantes adaptées à la sécheresse des régions désertiques sont dites xérophytes. Beaucoup ont des piquants en guise de feuilles, ce qui limite les pertes d'eau par évaporation. Certaines xérophytes ont des racines superficielles capables d'absorber l'eau rapidement après la pluie. D'autres ont de longues racines pivotantes qui vont chercher l'eau profondément dans le sous-sol.

◄ UN RÉSERVOIR D'EAU

Les plantes grasses ou succulentes ont des organes charnus permettant de stocker l'eau. Les plus connues sont les cactus comme celui de la photo ci-contre. Le cactus a une réserve d'eau dans sa tige, il résiste aux climats les plus secs. Cette grosse tige verte sert également à la photosynthèse, car les feuilles ont été transformées en piquants.

LE DÉSERT EN FLEURS ►

Les plantes éphémères transforment le désert en un tapis bariolé après la pluie. En quelques jours, elles germent, grandissent, fleurissent et font leurs graines. Ces dernières sont souvent couvertes d'un produit qui empêche toute germination tant que la pluie ne l'a pas lavé.

# LES HALOPHYTES

Les plantes adaptées à un environnement salin sont dites halophytes. En général, le sel sèche les racines, qui finissent par mourir. Certaines halophytes ont des organes qui leur permettent de se débarrasser de leur excès de sel. D'autres ont même besoin de sel pour survivre. Les halophytes poussent dans les lagunes saumâtres, dans les eaux côtières peu profondes, dans les marais salants et dans les dunes de sable.

*La tige charnue stocke l'eau absorbée par les racines.*

***Les épines de cactus** sont grêles pour ne pas perdre d'eau.*

LA MANGROVE TROPICALE ►

Les palétuviers sont des halophytes qui forment le long des côtes tropicales des forêts appelées mangroves. Leurs racines absorbent le sel de l'eau de mer. Ce sel est transporté par la sève jusqu'aux vieilles feuilles, qui tombent, ou jusqu'à des feuilles bien vivantes munies de glandes qui excrètent le sel. Beaucoup de palétuviers ont des racines aériennes qui se découvrent à marée basse ; ces racines ont des pores respiratoires capables d'absorber l'oxygène de l'air.

NORMAN BORLAUG

*Américain, 1914-2009*

*L'agronome Norman Borlaug a participé à la révolution verte des années 1960, effort majeur pour réduire la faim dans le monde. Il reçut en 1970 le prix Nobel de la Paix pour la mise au point de variétés de blé à fort rendement résistant aux maladies, variétés toujours cultivées en Asie, en Afrique et en Amérique du Sud.*

# LES CULTURES VIVRIÈRES

Les végétaux sont à la base de la chaîne alimentaire. Leurs sucres fournissent l'énergie aux herbivores, lesquels nourrissent les carnivores. Les premiers hommes vivaient de la cueillette, mais, il y a 10 000 ans environ, les premiers agriculteurs ont entrepris de cultiver des végétaux pour se nourrir. Ils ont souffert d'emblée – et souffrent encore – de la concurrence des NUISIBLES.

▲ TOUT EST BON

Le pois carré est une culture traditionnelle d'Asie du Sud-Est. Ses graines sont comestibles, ainsi que ses cosses, ses feuilles et ses racines ; elles contiennent beaucoup de protéines. Ce pois est donc considéré comme un aliment à tout faire, propre à remédier aux famines n'importe où dans le monde. La culture des végétaux les plus utiles se répand désormais dans le monde entier.

▼ LES RIZIÈRES EN TERRASSES

Le riz est l'aliment de base d'un homme sur deux. Il pousse dans des champs inondés appelés rizières (ci-dessous, en Chine) car ses racines ont besoin d'être recouvertes d'un peu d'eau. Au prix d'aménagements spectaculaires en terrasses, les agriculteurs parviennent à en cultiver sur les pentes. Comme le blé, le maïs et l'orge, le riz est une céréale. Les céréales sont au premier rang des cultures vivrières et l'agriculture produit aussi des légumes, des fruits, du sucre et du thé.

*L'aménagement en terrasses permet d'inonder les rizières.*

## LA VIE DU RIZ

Les grains de riz sont les graines de cette graminée. La culture du riz se déroule en deux temps. Il y a d'abord la phase végétative : les graines germent et les jeunes pousses se développent. Elles se couvrent de feuilles et atteignent une hauteur de 1,20 m environ. La seconde phase est la phase de reproduction. C'est alors que la plante produit des panicules de fleurs. Comme la plupart des graminées, celles-ci doivent être pollinisées par le vent pour devenir un fruit.

*Les panicules portent des épillets de riz dans des glumes brunes.*

▲ LES MOISSONNEUSES-BATTEUSES EN ACTION
Les moissonneuses-batteuses font partie des machines qui aident l'agriculteur à améliorer son rendement. C'est aussi le cas des engrais et pesticides chimiques. Toutefois, les méthodes intensives appauvrissent le sol et exterminent les ennemis naturels des nuisibles. Certains agriculteurs pratiquent la culture biologique, sans produits chimiques.

▲ LA ROTATION DES CULTURES
Les végétaux ont besoin de nitrates pour se procurer l'azote indispensable à l'élaboration de molécules complexes, nécessaires à la vie et à la croissance. Pour empêcher la disparition des nitrates, certains agriculteurs alternent les types de cultures. Les légumineuses (pois, haricots) possèdent sur leurs racines des vésicules que l'on appelle des nodosités ; celles-ci enrichissent le sol en nitrates, elles remplacent les nitrates consommés par la récolte précédente.

### L'AMÉLIORATION PAR SÉLECTION

Au fil des millénaires, les agriculteurs améliorent les rendements grâce à la sélection : ils gardent comme semences les graines des meilleurs plants de la récolte précédente, c'est-à-dire ceux qui sont les plus savoureux ou les plus résistants aux maladies, par exemple. Le maïs vient d'Amérique centrale où certaines variétés primitives poussent encore à l'état sauvage. Grâce à la sélection, le maïs moderne est profondément différent de son ancêtre sauvage. Il produit des épis beaucoup plus gros, avec des rangées de grains ventrus. Toutes les plantes alimentaires du monde ont été améliorées de cette façon.

# LES NUISIBLES

Les nuisibles ravagent les cultures ; c'est le cas de nombreuses espèces d'insectes comme les pucerons qui transmettent des maladies aux végétaux. Il existe aussi des champignons responsables de maladies. Les mauvaises herbes sont également considérées comme des nuisibles, car elles appauvrissent le sol en nutriments.

▲ UN ANTIPARASITAIRE NATUREL
La coccinelle est un important prédateur pour les pucerons. On peut introduire volontairement les prédateurs des pucerons ou d'autres nuisibles, notamment dans des environnements confinés, tels que les serres. Quand on se sert de la nature pour lutter contre les nuisibles, on parle d'agriculture biologique. Les agriculteurs biologiques attaquent certains nuisibles en leur inoculant des maladies dont ils sont les seuls à souffrir.

▲ LA PULVÉRISATION DE PESTICIDES
Pour empoisonner les nuisibles, on se sert souvent de produits chimiques appelés pesticides. Ils sont en général très efficaces et mettent les agriculteurs à l'abri des pertes dues aux nuisibles. Toutefois, les pesticides ont des effets secondaires : ils détruisent des organismes inoffensifs ou même utiles, comme les abeilles. Dans un verger de pommes, les abeilles sont indispensables puisqu'elles pollinisent les fleurs. Sans elles, il n'y aurait pas de fruits.

POUR EN SAVOIR PLUS ⏭ Les bactéries 284 • L'écologie 326 • Les plantes transgéniques 278 • Les plantes à graines 262

# LES PLANTES TRANSGÉNIQUES

Les végétaux cultivés fournissent des aliments, des vêtements et beaucoup d'autres produits. Les agriculteurs sélectionnent les meilleures graines pour les semer à la saison suivante. Ce mode de sélection fait évoluer le végétal dans le sens où l'agriculteur le souhaite – par exemple un riz à grains de plus en plus gros – mais c'est un processus lent. Pour gagner du temps, on modifie les végétaux en leur injectant directement les caractéristiques d'autres êtres vivants. Les cellules porteuses de ces caractéristiques ont ainsi de nouvelles instructions appelées gènes. C'est le génie génétique qui permet de transférer des gènes d'un être vivant à un autre.

◄ LE CLONAGE

Les deux plantules ci-contre sont des clones. Elles ont poussé à partir de cellules empruntées à une plante « mère » et placées dans un milieu nutritif stérile. Cette technique de clonage s'appelle la micropropagation : elle permet de créer des milliers de plantules à partir d'une seule plante « mère ». En effet, chaque fois que l'on obtient une nouvelle variété, il faut la multiplier à des millions d'exemplaires pour la vendre aux agriculteurs du monde entier. Cela peut se faire par micropropagation ou par semis.

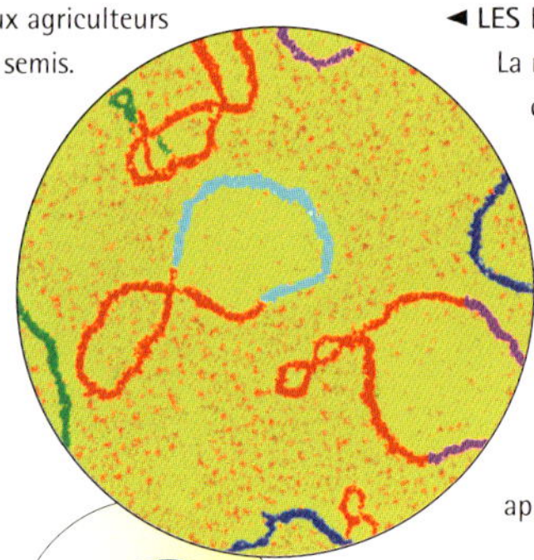

◄ LES PORTEURS DE GÈNES

La micrographie ci-contre présente des couleurs artificielles montrant en bleu un fragment d'ADN donneur, fixé à un frêle anneau de matériel génétique appelé plasmide, en rouge. Les scientifiques se servent de plasmides, que l'on trouve dans les bactéries, pour empêcher les gènes donneurs de se défaire, et aussi pour les copier. Le gène donneur est fixé au plasmide grâce à des produits chimiques appelés enzymes.

▼ LE TRANSFERT DE GÈNES

Pour modifier le génome d'un être vivant, les scientifiques commencent par identifier le gène porteur du caractère souhaité. Ils détachent ensuite le gène donneur de son brin d'ADN en se servant de produits chimiques appelés enzymes. Le gène est gardé en un seul morceau et reproduit en l'injectant dans une bactérie. Pour porter le nouveau gène dans la plante cible, on inocule à celle-ci la bactérie : on « l'infecte ».

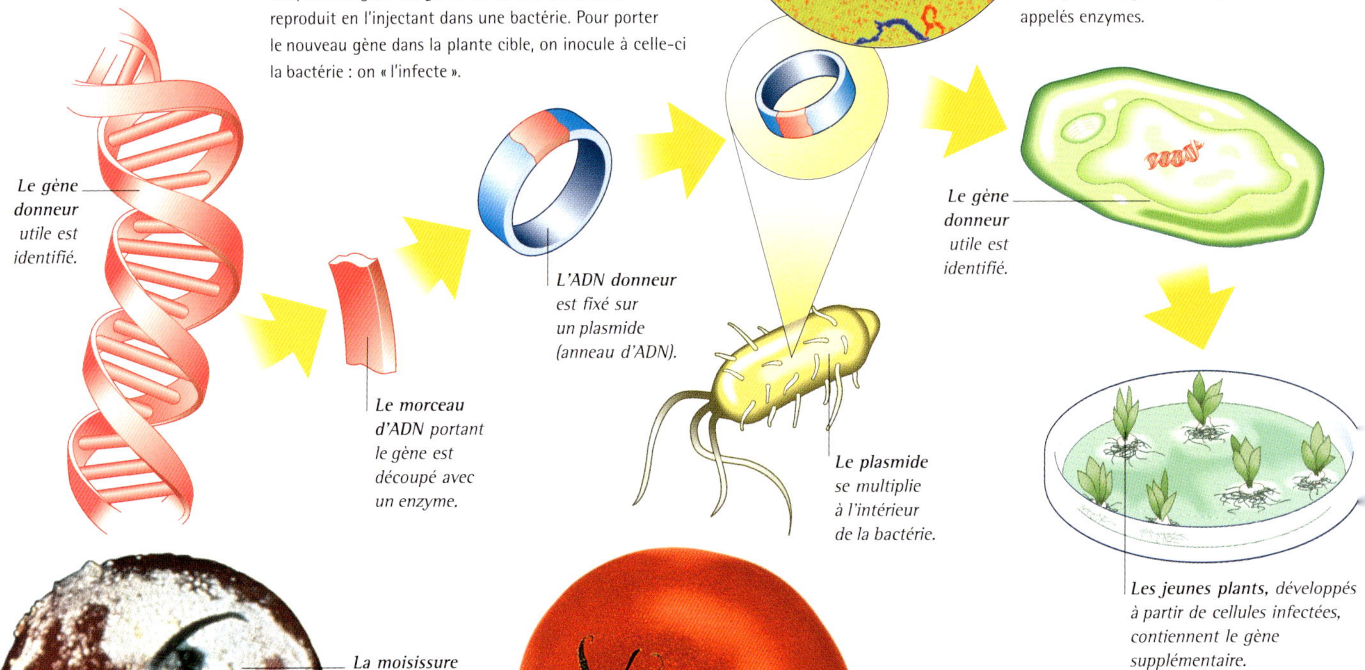


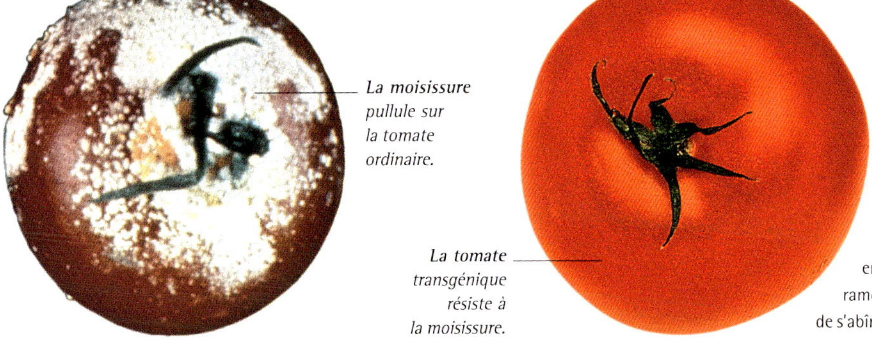


◄ L'AMÉLIORATION DU TEMPS DE CONSERVATION

Les tomates reçoivent des chocs quand on les emballe. En mûrissant, leur peau devient plus fragile. Les tomates qui ont souffert s'abîment plus vite car la moisissure s'attaque à leur peau. Les scientifiques produisent des tomates transgéniques en ajoutant à leur génome un gène qui empêche leur peau de se ramollir quand le fruit mûrit. Cela veut dire qu'elles risquent moins de s'abîmer et de se gâter.

POUR EN SAVOIR PLUS ⏭ Les bactéries 284 • Les cultures vivrières 276 • La génétique 364 • Les cultures industrielles 280

# LES PLANTES MÉDICINALES

De nombreuses plantes fabriquent dans leurs racines, leurs feuilles, leurs fleurs et leurs graines des produits chimiques qui les aident à survivre. L'homme a toujours utilisé ces plantes pour guérir certaines maladies : c'est la phytothérapie. Beaucoup de médicaments puissants utilisés en médecine moderne proviennent des plantes. On soigne aujourd'hui de nombreuses maladies, du mal de tête au cancer grâce aux produits issus des plantes.

*Un chaman découpe des écorces en forêt amazonienne pour préparer des potions.*

LA CUEILLETTE DES ÉCORCES ►
Les habitants de la jungle tropicale, par exemple ce chaman Yagua au Pérou, connaissent les plantes médicinales. Les scientifiques sont convaincus que les remèdes aux pires maladies se trouvent dans les végétaux de la jungle. Certains restent à découvrir. Malheureusement, les forêts tropicales disparaissent rapidement et, avec elles, des milliers de médicaments qui pourraient sauver des vies.

◄ LA SÈVE MIRACLE
L'*Aloe vera* est une espèce d'aloès originaire d'Afrique tropicale et cultivée un peu partout. Le suc de ses feuilles contient de l'alanine, fort utile en cosmétique et en médecine. Elle a des propriétés apaisantes utilisées dans la fabrication de lotions et de gels qui soignent les brûlures, notamment les coups de soleil. Cette plante sert aussi à repousser les insectes qui piquent.

*Le suc de l'aloès constitue une défense chimique contre les prédateurs.*

## QUELQUES PLANTES QUI GUÉRISSENT

LA KHELLA
Cette ombellifère opiacée méditerranéenne, très rustique, contient un produit qui dilate les vaisseaux sanguins, améliore l'irrigation du cœur et élargit les bronchioles des poumons. Ce produit chimique sert à traiter l'asthme et l'angine de poitrine.

LA PERVENCHE DE MADAGASCAR
La pervenche de Madagascar contient des produits utiles contre le diabète et certains cancers, notamment la maladie de Hodgkin et la leucémie aiguë. Grâce à ce médicament, le taux de guérison des personnes souffrant de la maladie de Hodgkin est passé de 20 % à 90 %.

LA QUININE
L'écorce de l'arbre tropical ci-contre contient de la quinine, que l'on utilise dans la prévention et le traitement du paludisme. Cette maladie, transmise par les piqûres de moustiques, fait plus d'un million de morts chaque année.

LE COLCHIQUE
Cette petite fleur d'automne, appelée aussi safran des prés ou tue-chiens, contient de la colchicine, utilisée pour soigner les rhumatismes et la goutte. Elle empêche les cellules de se diviser trop vite, et contribue par conséquent à guérir certains cancers.

LA COCA
Les plants de coca poussent à l'état sauvage en Amérique du Sud et servent à fabriquer la cocaïne. Cette drogue provoque sans aucun doute de nombreux dégâts mais elle sert aussi en médecine comme anesthésiant et anti douleur.

LE PAVOT
Le pavot contient dans ses fruits avant maturité de l'opium, un puissant anti-douleur. En 1806, un scientifique allemand en a extrait la morphine. Celle-ci et ses dérivés comme l'héroïne et la codéine sont des anesthésiants de première qualité.

LA REINE-DES-PRÉS
Cette fleur sauvage pousse en Europe dans les terrains humides. On s'en sert pour soulager la douleur dans bien des affections, par exemple les maux de tête, l'arthrose et les rhumatismes.

LA RAUVOLFIA
La rauvolfia est une petite plante ligneuse qui pousse en forêt tropicale. Elle contient de la réserpine, qui soulage de façon efficace les piqûres de serpent et de scorpion. La réserpine fut le premier tranquillisant utilisé en psychiatrie. Elle fait baisser la tension.

POUR EN SAVOIR PLUS ►► La maladie 370 • Les biotopes 246 • La médecine 372 • La survie des plantes 274

# LES CULTURES INDUSTRIELLES

Les végétaux ne fournissent pas à l'homme que des aliments et des médicaments. Certaines plantes produisent des FIBRES NATURELLES dont les qualités se prêtent à la fabrication de textiles et de papier. Les arbres fournissent le bois pour construire des bateaux, des maisons et des meubles. Avec les feuilles du palmier, on tresse des paniers, des chapeaux et des nattes. Les fleurs et les feuilles de certaines plantes donnent des huiles parfumées et des teintures naturelles.

LES CHAMPS DE LAVANDE ▲
Il existe tout autour de la Méditerranée beaucoup de producteurs de lavande. La tige, les feuilles et les fleurs de cette plante produisent une huile parfumée. On récolte les fleurs que l'on sèche ou que l'on presse pour en retirer l'huile. Cette huile est parfois distillée pour faire une huile plus pure, dite essentielle. L'huile de lavande sert en aromathérapie et pour fabriquer des parfums, des savons et autres produits cosmétiques.

▲ LA FABRICATION DU PAPIER
Le papier provient en général de bois tendres comme le pin. D'abord, des machines ou des produits chimiques déchiquettent les copeaux de bois pour en extraire les fibres : c'est la mise en pâte. On traite celle-ci chimiquement puis, avec d'énormes rouleaux, on en fait de fines feuilles. Avant d'être pressées, les fibres peuvent être blanchies ou teintes de différentes couleurs. Pour un meilleur papier, on ajoute de l'amidon ou de l'argile.

ON FAIT LE PAPIER À PARTIR DE COPEAUX DE BOIS.

◄ LA SAIGNÉE DES HÉVÉAS
L'hévéa pousse à l'état sauvage en Amérique du Sud, et en plantation en Asie. Quand on incise son écorce, il en coule un liquide laiteux, le latex. Avec celui-ci, on fait du caoutchouc naturel, matériau élastique très utile. Aujourd'hui, on fait davantage de caoutchouc avec des dérivés du pétrole qu'avec des hévéas.

*Le latex liquide* s'écoule de l'écorce incisée.

*Un récipient* recueille les gouttes de latex.

▲ LE BOIS DE CONSTRUCTION
Le bois est très utilisé en construction. En Europe, on a longtemps fait les charpentes en châtaignier et en chêne. En Amérique, le pin et d'autres bois tendres servent à construire des maisons complètes. Le pin donne un poteau de mine en vingt ans, alors que les gros chênes se coupent à 200 ans ou davantage. Ces derniers sont donc plus onéreux mais ils donnent un excellent bois pour la fabrication de meubles.

GLANDE À ESSENCE SUR UNE FEUILLE DE LAVANDE

UNE PARURE DE HENNÉ ►
Le henné est un arbuste du Moyen-Orient et d'Afrique du Nord. Ses feuilles contiennent un pigment d'un brun rougeâtre utilisé pour peindre les étoffes, les cheveux et même la peau. La pâte de henné, faite à partir de feuilles réduites en poudre, est de couleur verdâtre : on s'en sert pour faire des dessins sur la peau. Une fois la pâte sèche, on l'essuie et restent des dessins de couleur rouge qui durent plusieurs jours.

*Les feuilles de henné sont récoltées plusieurs fois par an.*

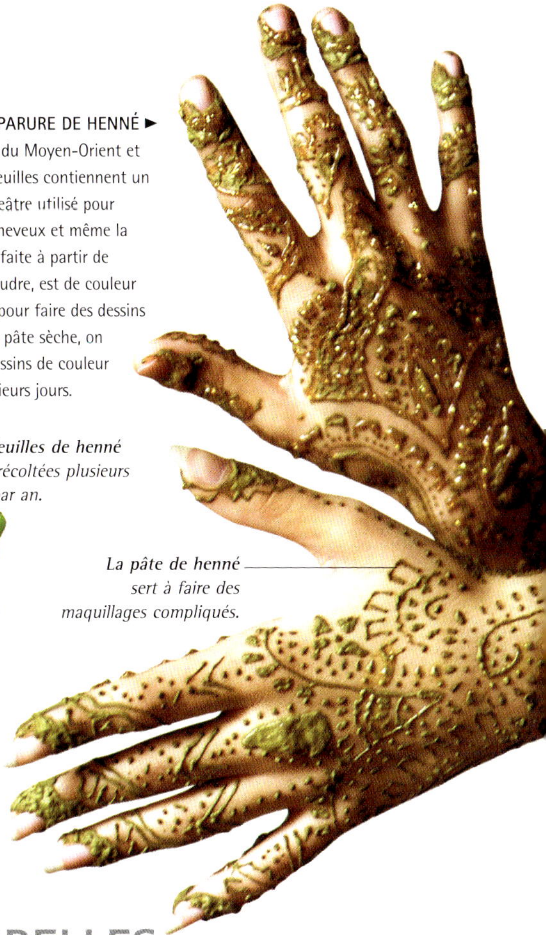

*La pâte de henné sert à faire des maquillages compliqués.*

## LES FIBRES NATURELLES

Certaines fibres végétales sont utilisées pour faire des tissus – c'est le cas du coton – ou d'autres produits comme le papier, le feutre ou les cordages. Toutes les fibres végétales sont solides grâce à leurs parois en cellulose ; leur utilité est d'autant plus grande qu'elles allient la souplesse à la longueur. Le lin et le chanvre comptent parmi les premières fibres utilisées par l'homme.

FIBRES DE COTON TORSADÉES

◄ LE FILAGE DU COTON
La cellulose du coton est disposée en brins de fibres torsadées. Ces fibres peuvent être réunies en fils à l'échelle industrielle et tissées sur des métiers pour en faire de l'étoffe. Les textiles de coton sont solides et faciles à teindre, on dit qu'ils « respirent ». Les plus légers sont des gazes transparentes, les plus solides des toiles de jeans.

◄ UN CHAMP DE COTON AVANT RÉCOLTE
Le cotonnier produit des fruits qui éclatent à maturité, libérant des touffes cotonneuses. Avec ces fibres, on fabrique du fil de coton et des tissus. Le coton est composé de cellulose pratiquement pure avec très peu de cire, de protéines et d'eau. Le coton est cultivé dans de nombreuses régions, dont la Chine, les États-Unis et l'Inde.

POUR EN SAVOIR PLUS ⏭ Les cultures vivrières 276 • Les plantes médicinales 279 • Le recyclage 60 • Les fibres synthétiques 56

# LES MYCÈTES

Un champignon est constitué de nombreux filaments, qui poussent sur une source de nourriture. Chaque filament, appelé hyphe, sécrète des produits chimiques qui décomposent l'aliment, libérant des nutriments que l'hyphe absorbe. Dans le règne des champignons, on trouve les champignons microscopiques et les champignons à chapeau – par exemple les vesses-de-loup et les truffes. Quatre champignons sur cinq vivent en association avec une algue : ce sont les **LICHENS**.

▼ UNE VESSE-DE-LOUP ÉCLATE
Les champignons produisent des carpophores tels que la vesse-de-loup, que l'on aperçoit au-dessus du niveau du sol. Ces excroissances libèrent des spores microscopiques que le vent emporte et qui poussent là où elles tombent. Une seule vesse-de-loup peut produire des millions de spores : ainsi, il y a des chances pour que quelques-unes au moins trouvent une source de nourriture à leur convenance.

◄ L'ABSORPTION DE NOURRITURE
Les hyphefs forment un réseau appelé mycélium. Celui-ci constitue une surface si importante que le champignon est capable de digérer et d'absorber une quantité énorme d'aliments. Beaucoup de champignons jouent un rôle vital dans les réseaux trophiques. Leur action digestive constitue la première étape de la décomposition des végétaux et des animaux morts ; après quoi, ces derniers deviennent utilisables par d'autres êtres vivants.

DES RAISINS COUVERTS DE LEVURES ►
Il est fréquent que les raisins se couvrent d'une fine couche de levures. Les levures sont des champignons unicellulaires qui poussent souvent en colonies ; elles pullulent là où le sucre abonde, comme à la surface des fruits. Les levures se nourrissent de sucres et fabriquent un sous-produit toxique très apprécié : l'alcool. Les levures sont indispensables pour la production de boissons alcoolisées telles que le vin.

*La cellule mère de levure s'enfle et crée un bourgeon qui se détache.*

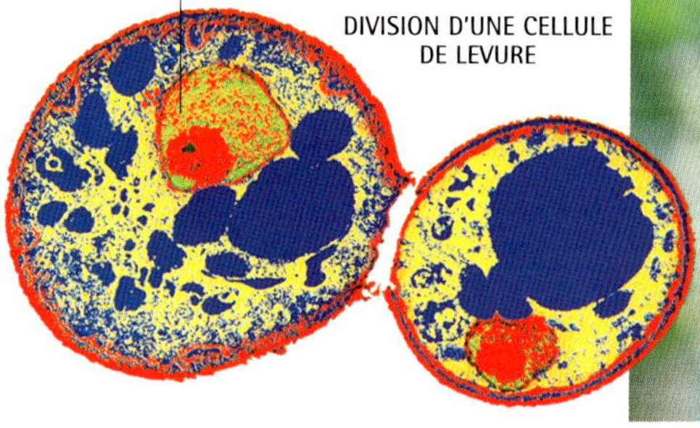

DIVISION D'UNE CELLULE DE LEVURE

*Les nuages de spores libérés par l'éclatement de la vesse-de-loup se dispersent au gré du vent.*

# LES MOISISSURES

Les moisissures sont des mycètes sans pied ni chapeau, formés d'un réseau de filaments laineux, appelé lyphe. Leurs spores, sortes de grains de poivre noirs ou bleus, poussent là où elles se posent, par exemple sur le pain humide ou les fruits.

▲ LA MOISISSURE QUI GUÉRIT

Le *Penicillium* ci-dessus, de couleur verdâtre, pousse à la surface d'une boîte de milieu nutritif. Cette moisissure libère un produit chimique que l'on appelle pénicilline, un antibiotique. Les antibiotiques servent à tuer les bactéries qui provoquent les maladies, sans faire de tort aux organismes ou aux personnes infectées. Ces moisissures sont à présent cultivées dans d'énormes cuves pour fabriquer des médicaments.

ALEXANDER FLEMING

*Écossais, 1881-1955*

*En 1928, Fleming découvrit le premier antibiotique, la pénicilline, qui a sauvé depuis des millions de personnes. Il avait remarqué qu'une des boîtes à bactéries de son laboratoire était infectée par une moisissure. Autour de la moisissure, les bactéries étaient mortes. Fleming comprit que la moisissure fabrique un produit qui tue les bactéries.*

# LES LICHENS

Certains champignons s'unissent à des algues pour former des lichens. Il y en a des plats, des duveteux ; ils vivent sur des rochers et des troncs d'arbres. Ce sont souvent les premiers organismes à coloniser un nouveau biotope, par exemple le toit ou les murs d'un bâtiment.

▲ DES CHAMPIGNONS VÉNÉNEUX

Beaucoup de champignons telle l'amanite tue-mouches sécrètent des toxines parfois mortelles ce qui dissuade les animaux de les manger. L'amanite tue-mouches a des couleurs vives qui constituent un signal de danger. Il ne faut jamais manger de champignons que l'on ne connaît pas sans les montrer à un pharmacien.

UN EXEMPLE DE SYMBIOSE ►

Le champignon et l'algue profitent tous les deux de leur cohabitation dans un lichen : on dit qu'ils vivent en symbiose. L'algue verte fabrique des sucres par photosynthèse et en donne au champignon ; ce dernier recueille des nutriments et de l'humidité, et en cède à l'algue. Ainsi, les deux types d'organismes sont incapables de se passer l'un de l'autre.

POUR EN SAVOIR PLUS ⏭ Les algues 286 • Les bactéries 284 • Les plantes médicinales 279 • La médecine 372

# LES BACTÉRIES

Les bactéries sont les plus simples des êtres vivants unicellulaires. Elles ne sont visibles qu'au moyen de puissants microscopes. Les bactéries sont également la forme de vie la plus abondante. Elles vivent dans l'air, dans la terre et à l'intérieur des organismes animaux et végétaux. Quelques bactéries provoquent des maladies, d'autres sont utiles. Les bactéries recyclent les nutriments du sol et aident au bon fonctionnement du système digestif de l'homme.

L'INTÉRIEUR D'UNE BACTÉRIE ►
La plupart des bactéries sont protégées par une paroi cellulaire robuste. À l'intérieur, le matériel génétique n'est pas contenu dans un noyau, mais dispersé dans le cytoplasme. Quelques bactéries ont des poils très fins qui leur permettent d'adhérer à certaines surfaces. D'autres ont une sorte de queue qui facilite leur nage.

◄ DES RESTES ROCHEUX
Les stromatolites sont les restes de colossales colonies de bactéries qui vivaient il y a des millions d'années. Nommées cyanobactéries, elles représentent la forme de vie la plus précoce connue. Elles se fabriquaient de la nourriture avec l'énergie de la lumière. Un de leurs sous-produits fut l'oxygène qu'elles libérèrent dans l'air, rendant possible la vie des autres êtres vivants.

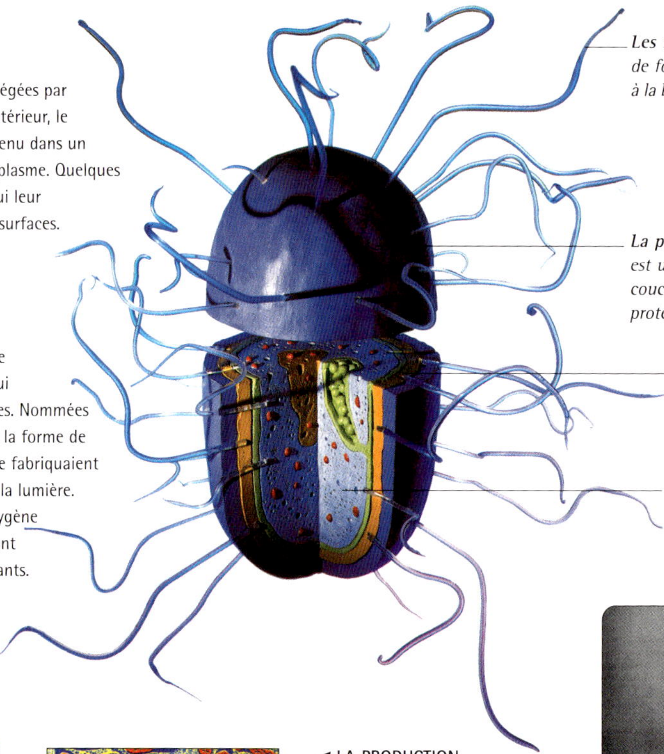

***Les flagelles** en forme de fouet permettent à la bactérie de nager.*

***La paroi** cellulaire est une robuste couche de protection.*

***La membrane** plasmique ne laisse entrer et sortir que certaines substances.*

***Le cytoplasme** contient les produits qui permettent à la cellule de fonctionner, de croître et de se diviser.*

LOUIS PASTEUR
*Français, 1822–1895*
*Pasteur a montré que les micro-organismes tels que les bactéries sont responsables de la décomposition des aliments. Il s'est aperçu que l'on peut les détruire par la chaleur : d'où la pasteurisation, pour conserver les aliments. Il a également prouvé que certaines bactéries provoquent des maladies et il a mis au point des vaccins pour les combattre.*

***Les nodosités** de la racine du soja contiennent une bactérie le* Rhizobium.

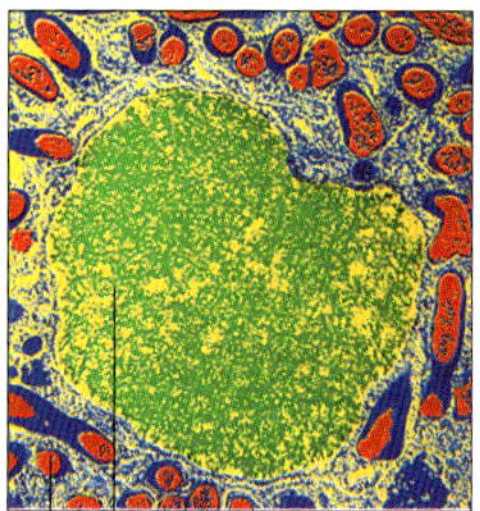

***Noyau** d'une cellule de nodosité de la racine*

***Les bactéries** à l'intérieur des cellules des racines transforment l'azote en aliment pour les végétaux.*

◄ LA PRODUCTION DE NITRATES
Sans les bactéries, aucune forme de vie ne serait possible sur Terre. Les bactéries du sol libèrent des nitrates. Tous les végétaux ont besoin de nitrates pour fabriquer les acides aminés indispensables à leur vie. Certaines légumineuses, comme le soja, utilisent une bactérie, le *Rhizobium*, pour se procurer les nitrates nécessaires. Les bactéries vivent sur les racines du soja dans des renflements que l'on appelle nodosités.

ANIMAL LIONNE | VÉGÉTAL TOURNESOL | CHAMPIGNON AMANITE TUE-MOUCHES | PROTISTE AMIBE | PROCARYOTE BACTÉRIE

POUR EN SAVOIR PLUS ▸▸ Les algues 286 • La classification végétale 254 • Le microscope 116 • L'azote 42

# LES ORGANISMES UNICELLULAIRES

Beaucoup d'êtres vivants n'ont qu'une cellule. Certains, plus complexes que les bactéries, s'appellent protistes. À la différence des bactéries, ils possèdent des structures internes complexes, notamment des noyaux contenant des brins de matériau génétique structuré, les chromosomes. La plupart des protistes n'ont qu'une cellule mais vivent en vastes colonies, chaque cellule se suffisant néanmoins à elle-même.

*ANTONI VAN LEEUWENHOEK*

*Néerlandais, 1632-1725*

*L'opticien Antoni Van Leeuwenhoek a construit le premier vrai microscope en 1671. Il s'en est servi pour observer les bactéries et les protistes, qu'il a nommés « animalcules ». Il s'est ensuite intéressé aux levures, à la structure des végétaux, aux pièces buccales des insectes et à la forme des globules rouges du sang.*

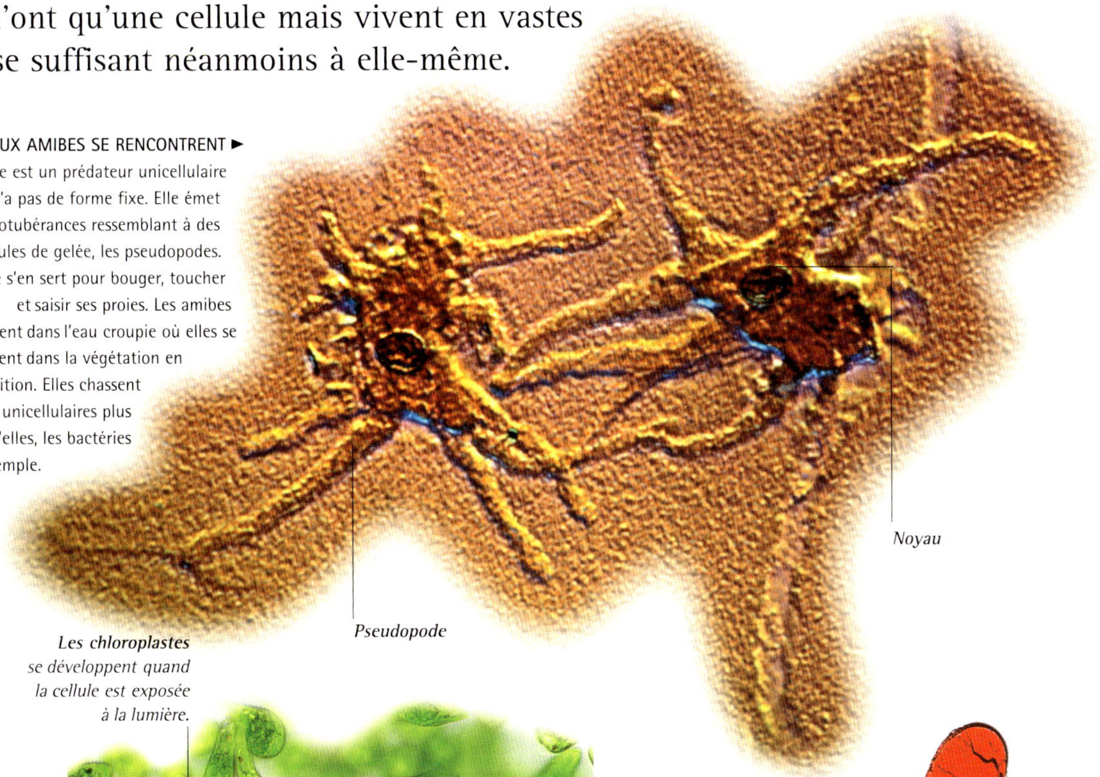


DEUX AMIBES SE RENCONTRENT ►
Une amibe est un prédateur unicellulaire qui n'a pas de forme fixe. Elle émet des protubérances ressemblant à des tentacules de gelée, les pseudopodes. L'amibe s'en sert pour bouger, toucher et saisir ses proies. Les amibes vivent dans l'eau croupie où elles se déplacent dans la végétation en décomposition. Elles chassent des êtres unicellulaires plus petits qu'elles, les bactéries par exemple.

▲ LES SPORES DES MOISISSURES
L'agrandissement ci-dessus, pris au microscope électronique à balayage, montre les réserves de spores d'une moisissure, grossies 20 fois. Les moisissures vivent d'abord individuellement en milieu humide, puis s'agglomèrent pour bâtir des organes qui fabriquent les spores.

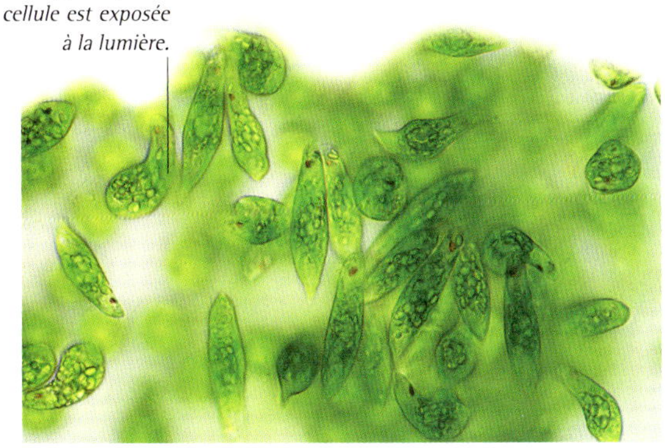


▲ MICROGRAPHIE EN LUMIÈRE POLARISÉE D'UNE ALGUE *EUGLENA*
Les algues, autrefois considérées comme des végétaux, sont désormais classées parmi les protistes. Les algues peuvent produire leur nourriture par photosynthèse car elles ont des chloroplastes verts. Les algues Euglena vivent dans les mares. Dans l'obscurité, elles perdent leurs chloroplastes et se nourrissent comme des animaux. Les algues marines sont les plus connues : elles sont composées d'une grande quantité de cellules.

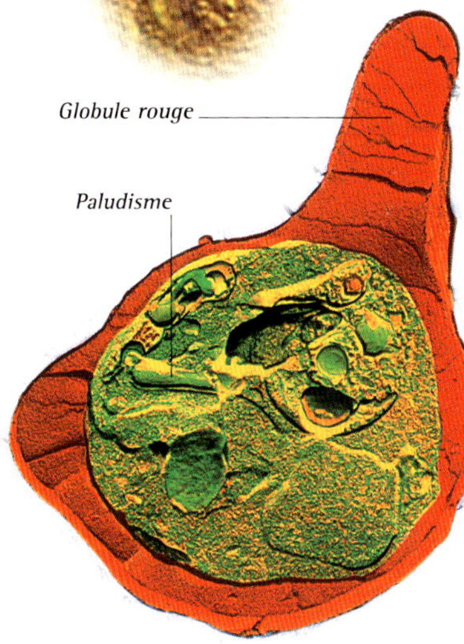


▲ LE PARASITE DU PALUDISME
Certains protistes se procurent leur nourriture en parasitant d'autres organismes, qu'ils envahissent. Le parasite du paludisme s'installe dans les globules rouges de l'homme, comme le montre l'illustration ci-dessus, prise au microscope électronique à balayage. Il infecte l'homme par la piqûre d'un moustique, l'anophèle. Une fois dans l'organisme, il se multiplie dans le sang et infeste éventuellement le foie. Ce parasite cause une forte fièvre, parfois mortelle.

ANIMAL LIONNE | VÉGÉTAL TOURNESOL | CHAMPIGNON AMANITE TUE-MOUCHES | PROTISTE AMIBE | PROCARYOTE BACTÉRIE

POUR EN SAVOIR PLUS ›› Les algues 286 • Les bactéries 284 • La classification végétale 254 • Les maladies 370

ALGUE BRUNE

*Les vésicules* pleines d'air aident l'algue à flotter.

# LES ALGUES

Les algues sont des organismes simples qui fabriquent leurs aliments par photosynthèse mais ne possèdent ni les racines, ni les tiges, ni les feuilles des végétaux. Elles existent partout dans l'eau ; certaines vivent sur la terre ferme et forment une fine couche verdâtre sur les surfaces humides. Les algues forment le plus gros du PHYTOPLANCTON de l'océan : ce sont des êtres microscopiques qui pratiquent la photosynthèse à la surface de l'océan. Les grandes algues marines sont pluricellulaires ; elles possèdent de grands organes ressemblant à des feuilles.

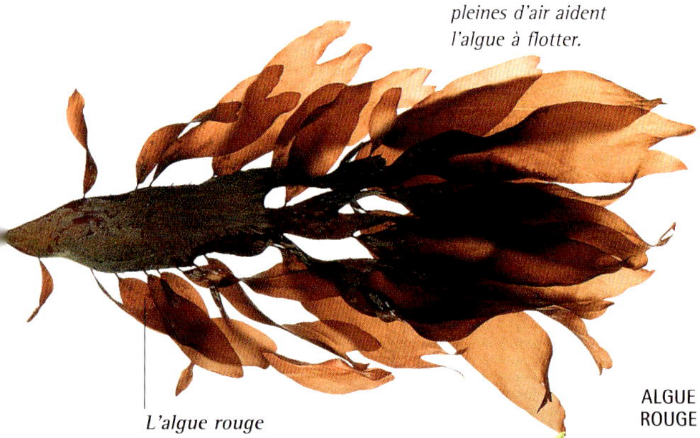

ALGUE ROUGE

*L'algue rouge* profite de la lumière à une plus grande profondeur que les autres algues.

ALGUE VERTE

*L'algue verte* croît souvent dans des flaques entre les rochers.

▲ LES TYPES D'ALGUES

Toutes les algues ont de la chlorophylle pour faire de la photosynthèse, mais certaines ont des pigments supplémentaires qui leur donnent des couleurs brunes ou rougeâtres. À chaque algue sa profondeur : plus une algue est capable de survivre à découvert et plus elle s'aventure haut sur le rivage.

▲ LA POLLUTION PAR LES ALGUES

Quand il y a trop de nutriments dans l'eau, certains lacs, mares ou fossés risquent une invasion d'algues. D'épaisses couches d'algues couvrent la surface de l'eau et arrêtent les rayons solaires dont ont besoin les autres organismes, qui meurent. En se décomposant, ceux-ci consomment tout l'oxygène de l'eau et toute trace de vie finit par disparaître en dessous de la surface de l'eau.

LA « FORÊT » DE VARECH ►

Le varech est le nom donné aux grandes algues marines vert foncé ou brunes, qui apprécient les mers froides. Le varech géant vit accroché à des fonds de 60 m et monte jusqu'à la surface. Les varechs géants forment de magnifiques paysages sous-marins. Ils constituent un biotope très riche, où prospèrent mollusques, crabes, oursins, phoques et loutres de mer.

*Les algues abritent des poissons et des oursins.*

*Des crampons ressemblant à des racines permettent au varech de rester accroché au fond marin.*

Les « feuilles » de varech montent vers la lumière à la surface, car elles en ont besoin pour fabriquer leur nourriture.

# LE PHYTOPLANCTON

Le phytoplancton se compose d'algues microscopiques qui utilisent la lumière du soleil pour fabriquer leur nourriture et se développer. Avec le zooplancton, qui se compose d'animaux minuscules, il flotte près de la surface de l'océan. Dans des conditions favorables, le phytoplancton prolifère rapidement et rend l'eau verte ou rouge. C'est le premier maillon de la chaîne alimentaire dans les océans.

◄ LA DIATOMÉE

Cette algue unicellulaire possède une enveloppe dure et siliceuse. Chaque enveloppe est faite de deux moitiés emboîtées tels une boîte et son couvercle. Quand la cellule se divise, chaque nouvelle cellule garde la moitié de l'enveloppe et crée sa propre moitié, qui s'emboîte parfaitement. Ainsi, chaque génération successive est plus petite que la précédente. Quand la diatomée devient trop petite pour se diviser de nouveau, elle libère des spores qui donneront naissance à de nouvelles diatomées de taille maximale.

*Le phytoplancton est particulièrement dense dans les eaux froides, loin de l'équateur.*

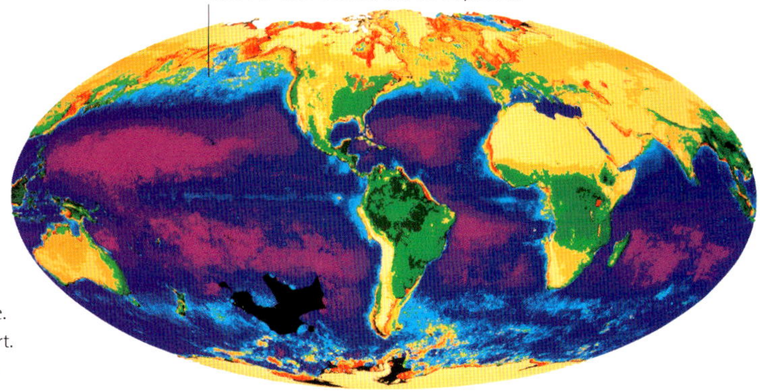

DES USINES À OXYGÈNE ►

L'illustration ci-contre montre où vit le phytoplancton. Les régions rouges, jaunes et bleu clair sont les zones où l'océan possède la plus forte concentration de chlorophylle, contenue dans le phytoplancton et les algues. Les zones bleu foncé et violettes sont celles de densité faible. Les forêts continentales sont marquées en vert. Le phytoplancton libère davantage d'oxygène dans l'atmosphère que toutes les plantes terrestres réunies.

◄ LES SINISTRES MARÉES ROUGES

Des proliférations d'algues peuvent avoir lieu en mer quand un excès d'engrais ou d'eau d'égout rend la vie trop facile pour le phytoplancton. Des algues telle que *Noctiluca scintillans* donnent à la mer une couleur rouge ; les animaux tels que les coquillages ne survivent pas à ces toxines en forte concentration. *Noctiluca* signifie « lumière nocturne » car ce phytoplancton brille dans le noir : il crée de petites étincelles de lumière à la surface de la mer.

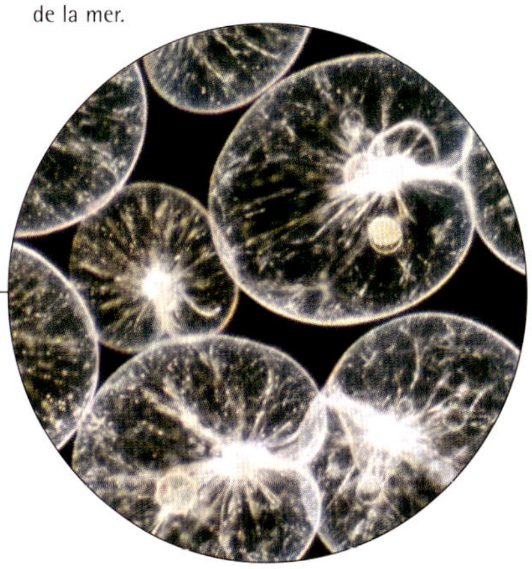

*NOCTILUCA SCINTILLANS*

POUR EN SAVOIR PLUS ⏭ Les océans 228 • La photosynthèse 258

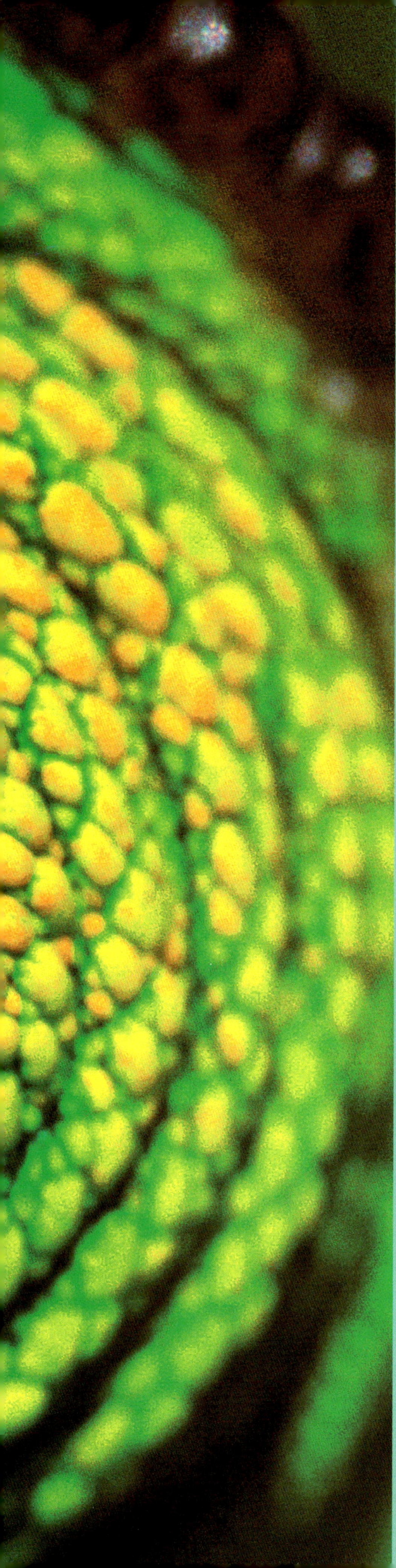

# LES ANIMAUX

# LE RÈGNE ANIMAL

Le règne animal est le plus vaste et le plus diversifié des cinq règnes représentant l'ensemble des êtres vivants. À ce jour, plus de deux millions d'espèces animales ont été répertoriées. À la différence des végétaux, les animaux tirent leur énergie de la nourriture qu'ils mangent. Ils sont composés de nombreuses cellules et sont généralement très mobiles. La plupart ont une reproduction sexuée et, grâce à leurs organes des sens, ils réagissent vite aux excitations. La CLASSIFICATION utilise ces caractéristiques, entre autres, pour regrouper les animaux selon leurs traits communs.

### CLASSIFICATION DU LION

Chaque espèce animale possède un seul nom latin. Le premier mot désigne le genre, et le deuxième l'espèce : c'est ce que l'on appelle la nomenclature binominale.

| | |
|---|---|
| Espèce | *Panthera leo* (lion « qui ressemble à une panthère ») |
| Genre | Panthérinés (grand félin) |
| Famille | Félidés (félin) |
| Ordre | Carnivores |
| Classe | Mammifères (sang chaud, allaitement) |
| Embranchement | Cordés (Notocorde) |

## LA CLASSIFICATION

Pour faciliter l'étude des animaux, les scientifiques ont divisé ce règne en embranchements, et chaque embranchement en classes. Les classes sont divisées en ordres, en familles et en genres. Chaque genre contient des espèces ; les membres d'une espèce donnée partagent les mêmes caractéristiques et sont capables de se reproduire entre eux.

GIRAFE

RAT DES MOISSONS

**LES DIFFÉRENCES DE TAILLE ▲**
Les animaux ne sont pas classés par taille. La girafe et le rat des moissons sont de taille très différente mais sont tous deux des mammifères car ils ont un pelage et des mâchoires composées d'un seul os, et ils allaitent leurs petits.

**NÉ POUR VOLER ►**
Les animaux sont les seuls êtres vivants qui ont conquis l'espace aérien. Il existe des insectes, des oiseaux et des chauves-souris capables de voler. Les oiseaux ont pour cela des muscles puissants coordonnés par le cerveau et un système nerveux bien développé.

**ANIMAL**
LIONNE

**VÉGÉTAL**
TOURNESOL

**MYCÈTE**
CHAMPIGNON

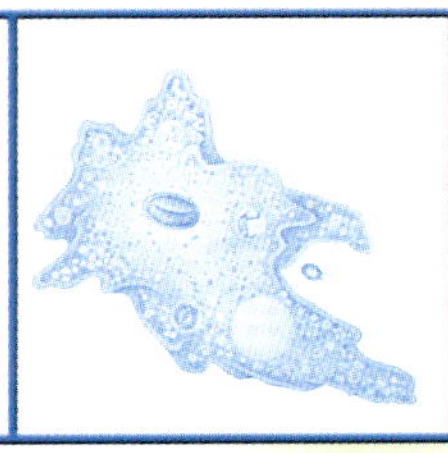

**PROTISTE**
AMIBE

**PROCARYOTE**
BACTÉRIE

*Les ailes bougent grâce à des muscles puissants.*

LES INVERTÉBRÉS ►

Certains animaux comme la méduse ont une structure relativement simple. Ils n'ont pas de squelette, mais quelques muscles et leurs mouvements ne sont pas coordonnés : ils dérivent au gré des courants. Les méduses sont des invertébrés car, comme 98 % des animaux, elles n'ont pas de colonne vertébrale.

◄ LES VERTÉBRÉS

On appelle vertébrés les animaux qui, tel le zèbre, ont une colonne vertébrale. C'est le cas des mammifères, des oiseaux, des poissons, des amphibiens et des reptiles. Les zèbres sont des mammifères, les hommes aussi. Les mammifères sont les animaux les plus complexes du règne animal.

LES MAMMIFÈRES MARINS ▲

La baleine bleue est le plus grand animal vivant aujourd'hui. Sa longueur atteint 30 m : cela est possible car l'eau de mer soutient son poids. La baleine passe toute sa vie dans l'eau comme les poissons, mais elle est un mammifère car elle allaite ses petits.

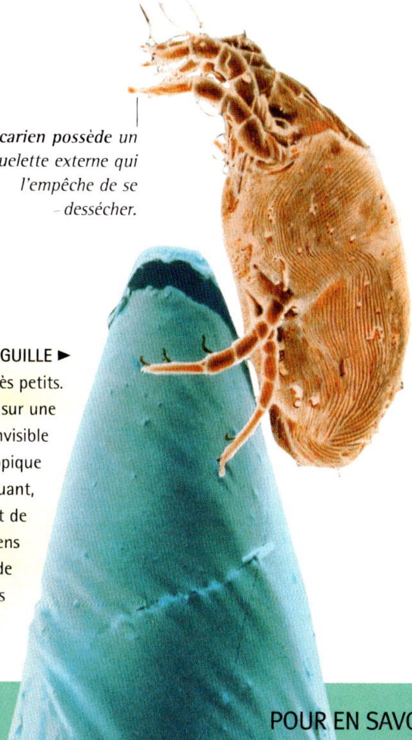

*L'acarien possède un squelette externe qui l'empêche de se dessécher.*

UN ACARIEN SUR UNE AIGUILLE ►

Il existe des animaux très petits. L'acarien ci-contre, juché sur une pointe d'aiguille, est invisible à l'œil nu. Il est microscopique et ne grandit qu'en muant, c'est-à-dire en changeant de squelette externe. Les acariens ont des pattes articulées, de même que les araignées, les scorpions, les crabes et les insectes.

*L'ammonite fossile a la même forme que le nautile d'aujourd'hui.*

LES ANIMAUX DU PASSÉ ►

Les fossiles prouvent qu'il existe des animaux sur Terre depuis plus de 1,2 milliard d'années ; mais notre connaissance du passé n'est pas complète. Certains animaux préhistoriques sont très différents de ceux d'aujourd'hui. Néanmoins l'ammonite rappelle beaucoup un animal vivant aujourd'hui dans la mer, le nautile. On peut étudier les animaux d'autrefois en comparant les caractéristiques des fossiles à celles d'animaux vivants.

POUR EN SAVOIR PLUS ⏭ La classification végétale 254 • L'évolution des espèces 328

# L'ANATOMIE ANIMALE

L'étude de la structure des êtres vivants s'appelle l'anatomie. Tous les animaux sont composés de CELLULES, en général spécialisées dans l'exécution de tâches particulières. Les animaux les plus simples, telles les éponges, n'ont que quelques types de cellules. Les animaux complexes en revanche ont des cellules organisées en tissus : par exemple les muscles et les nerfs, nécessaires au mouvement. Les tissus peuvent former des organes, comme le cœur qui pompe le sang du SYSTÈME CIRCULATOIRE.

◄ UNE SYMÉTRIE PARFAITE
La plupart des animaux, tel ce manchot, ont une symétrie bilatérale. Si l'on coupait un manchot en deux de la tête à la queue, chaque moitié serait le reflet de l'autre dans un miroir. D'autres animaux, telle l'anémone de mer, ont une symétrie radiale. Ils n'ont ni tête ni queue ; on peut les partager en deux moitiés identiques suivant de nombreux plans. En général, les animaux à symétrie bilatérale sont plus agiles et plus rapides.

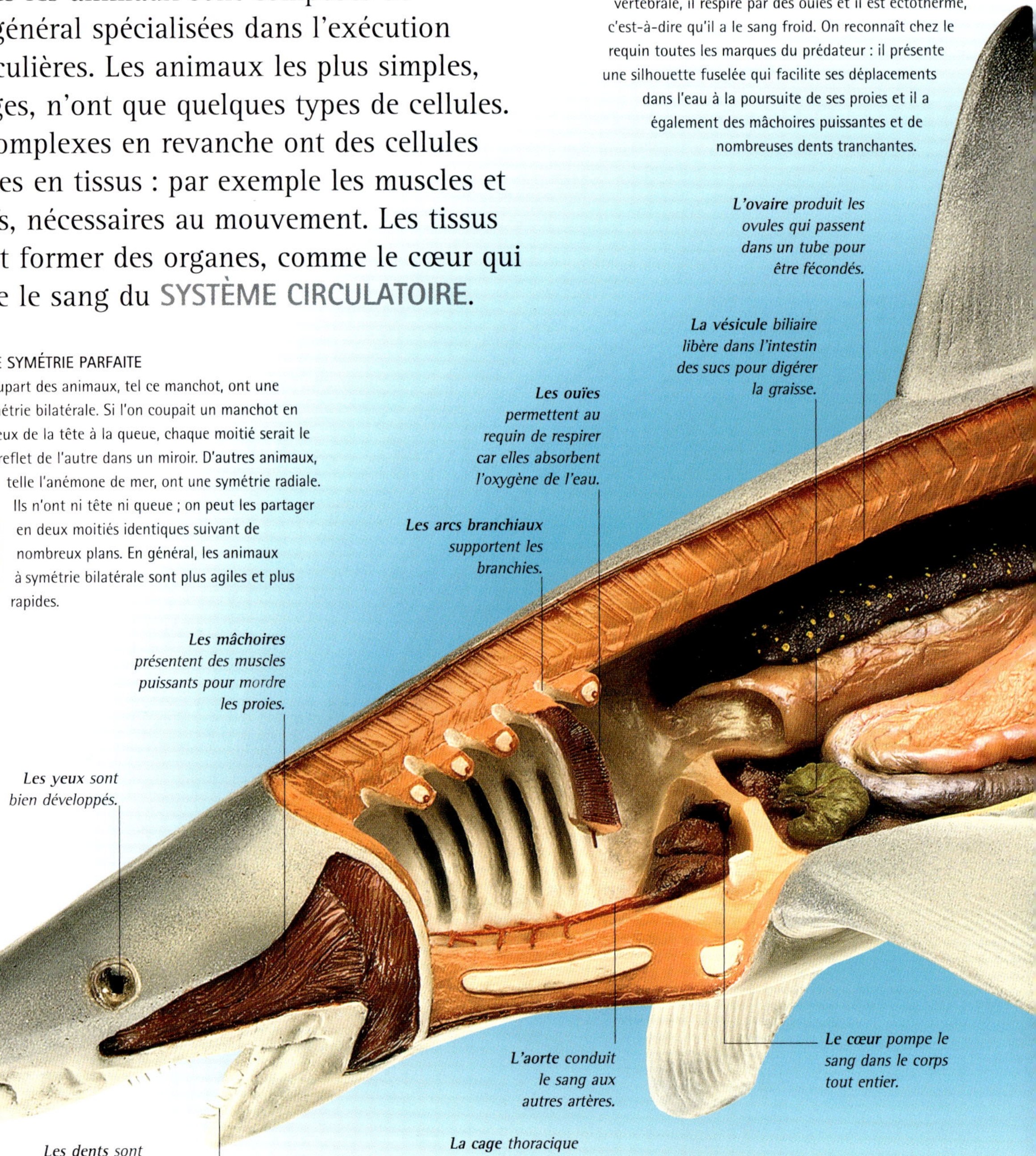


L'ANATOMIE DU REQUIN ▼
Comme tous les poissons, le requin a une colonne vertébrale, il respire par des ouïes et il est ectotherme, c'est-à-dire qu'il a le sang froid. On reconnaît chez le requin toutes les marques du prédateur : il présente une silhouette fuselée qui facilite ses déplacements dans l'eau à la poursuite de ses proies et il a également des mâchoires puissantes et de nombreuses dents tranchantes.

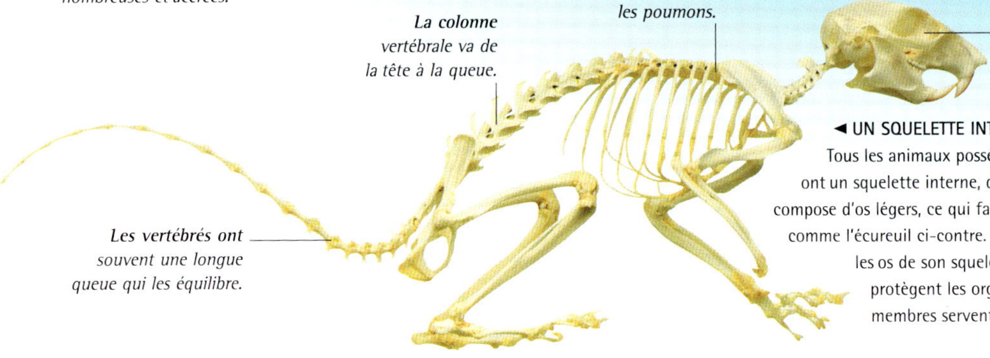


◄ UN SQUELETTE INTERNE
Tous les animaux possédant une colonne vertébrale ont un squelette interne, dit endosquelette. Le squelette se compose d'os légers, ce qui facilite le mouvement des animaux comme l'écureuil ci-contre. Lorsqu'un animal est jeune, les os de son squelette s'allongent. Certains os protègent les organes vitaux, et ceux des membres servent de points d'appui aux muscles.

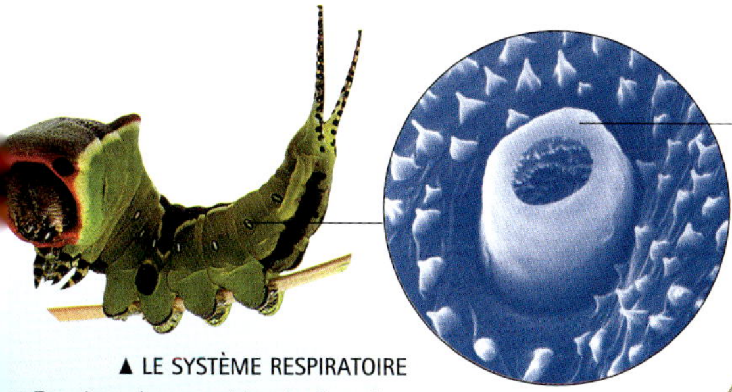

*Le corps de la chenille est pourvu de stigmates.*

▲ LE SYSTÈME RESPIRATOIRE
Tous les animaux ont besoin d'oxygène pour vivre. Les animaux simples font leurs échanges gazeux à la surface de leur corps. Les insectes tels que les chenilles sont criblés de perforations appelées stigmates qui laissent ıtrer l'air. Les animaux qui ont des poumons, comme les oiseaux et les mammifères, respirent en revanche de façon active.

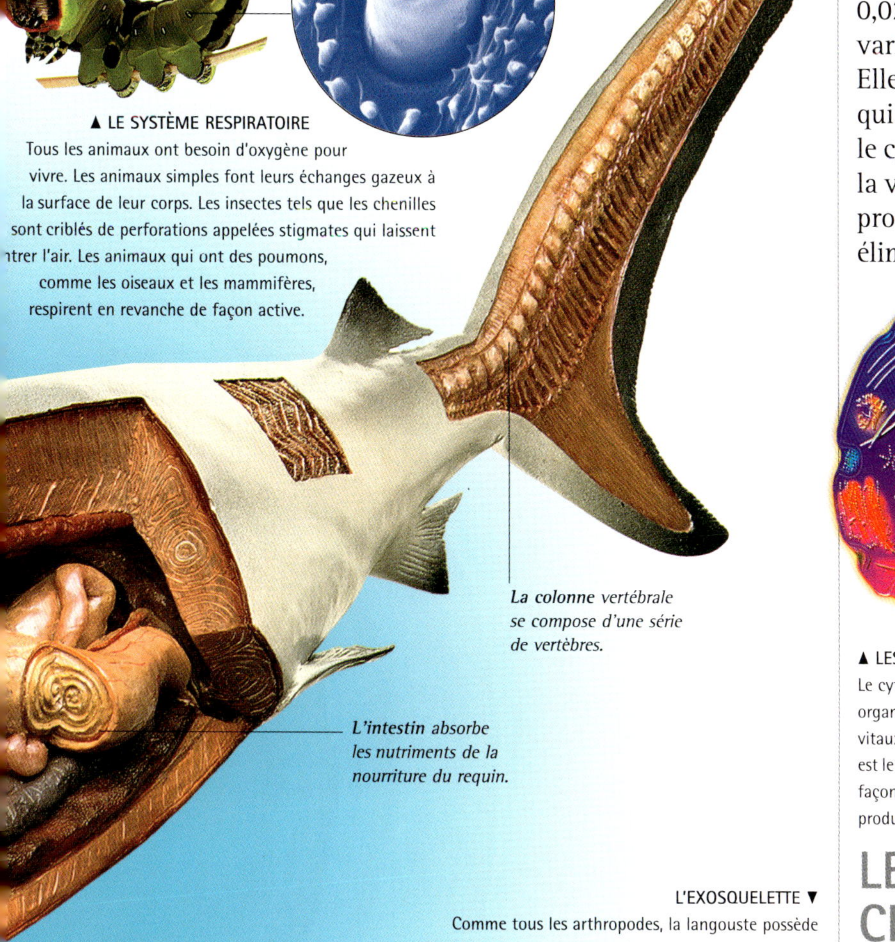

*La colonne vertébrale se compose d'une série de vertèbres.*

*L'intestin absorbe les nutriments de la nourriture du requin.*

*Le foie facilite la digestion et stocke de l'huile.*

*L'aileron pectoral permet au requin de se diriger.*

L'EXOSQUELETTE ▼
Comme tous les arthropodes, la langouste possède une véritable armure appelée exosquelette, formée de plaques de chitine. Ces plaques se rencontrent au niveau des articulations des pattes. L'exosquelette sert d'ancrage aux muscles et de protection contre les prédateurs. Il fournit également un appui pour les mouvements à terre et empêche des pertes d'eau excessives.

*Le nouveau squelette met plusieurs jours à durcir.*

*L'exosquelette est abandonné par la langouste qui grandit.*

# LES CELLULES

Les cellules animales mesurent en général 0,02 mm de diamètre. Elles sont très variées, mais ont quelques points communs. Elles sont limitées par une membrane qui contient un produit visqueux, le cytoplasme. Tous les processus liés à la vie ont lieu à l'intérieur de la cellule : production d'énergie à partir des aliments, élimination des déchets et croissance.

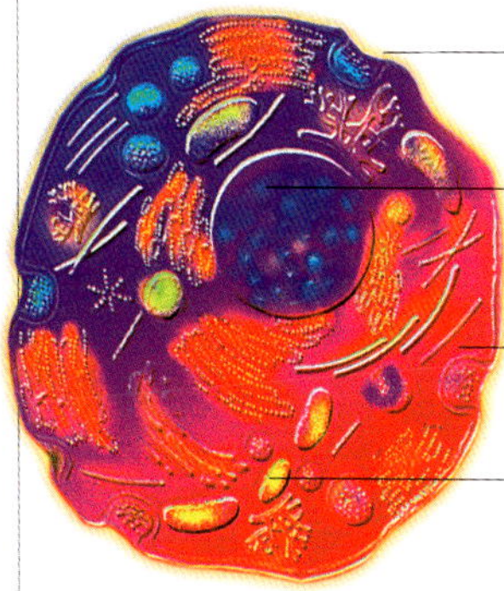

*La membrane cellulaire est perméable à certaines substances mais pas à toutes.*

*Le noyau contient l'ADN, qui régit la croissance et le fonctionnement de la cellule.*

*Le cytoplasme est une substance visqueuse à l'intérieur de la cellule.*

*Les mitochondries transforment l'énergie de substances simples.*

▲ LES COMPOSANTS DE LA CELLULE
Le cytoplasme occupe l'intérieur de la cellule animale ; il contient les organelles, lesquelles ont plusieurs rôles dont le stockage de produits vitaux et la destruction des bactéries. L'organelle la plus importante est le noyau : dépositaire des informations génétiques, il commande la façon dont la cellule fonctionne. D'autres organelles, les mitochondries, produisent de l'énergie à partir des aliments.

# LE SYSTÈME CIRCULATOIRE

Le système circulatoire apporte aux cellules oxygène et nourriture. Certains animaux ont un système circulatoire ouvert – leur sang parcourt librement le corps –, d'autres un système fermé – le sang circule dans un réseau de vaisseaux. Le système circulatoire sert aussi à répartir la chaleur dans l'organisme.

LES LÉZARDS SONT ECTOTHERMES ►
Beaucoup d'animaux terrestres – les reptiles par exemple – sont ectothermes : leur corps atteint la température à laquelle ils sont actifs grâce au soleil. Oiseaux et mammifères sont endothermes : leur température corporelle reste constante.

POUR EN SAVOIR PLUS ⏭ L'anatomie humaine 338 • La locomotion 314 • L'anatomie des plantes 256

# ÉPONGES

Ce sont les animaux les plus simples ; la plupart vivent en mer, en colonies de cellules organisées en deux couches. Ils sont hermaphrodites, c'est-à-dire que chaque éponge produit des cellules sexuelles mâles et femelles. Les larves nagent librement mais les adultes sont sessiles, fixés sur un support.

LES ÉPONGES CALCAIRES ▲
Les éponges sont classées d'après leurs spicules, c'est-à-dire les éléments qui constituent leur squelette interne. Une éponge calcaire est faite de calcium : il y en a 150 espèces environ.

| EMBRANCHEMENT : SPONGIAIRES | |
|---|---|
| Les éponges ont un squelette de spicules (petites aiguilles). Beaucoup d'éponges ne sont qu'un tube, fermé à un bout. Elles ne sont pas symétriques. On en compte 10 000 espèces environ. | |
|  | Classe : Calcarea (éponges calcaires) **Caractéristiques :** moins de 10 cm, squelette de spicules en carbonate de calcium |
|  | Classe : Hexactinellides (hexactinelles) **Caractéristiques :** squelette de spicules à 6 pointes |
|  | Classe : Demospongiae (démosponges) **Caractéristiques :** spicules de silice à 3 ou 4 pointes |

◄ UNE DÉMOSPONGE
Les démosponges sont en forme de tube, soutenu par une armature de spongine, matière analogue à la kératine de nos ongles. Elles se nourrissent en filtrant l'eau par les pores de la paroi de la colonie. L'eau ressort par un trou appelé oscule. Des cellules spécialisées appelées choanocytes assurent la circulation de l'eau.

# CNIDAIRES

Les cnidaires sont aquatiques, simples et symétriques ; leur bouche est entourée de tentacules urticants qui capturent les proies. Certains cnidaires – telle la méduse – sont symétriques et en forme de cloche ; d'autres, tels le corail et les anémones de mer, sont fixes et en forme de tube.

▲ LA CUBOMÉDUSE
Les méduses dérivent dans l'océan au gré des courants, avec leurs longs tentacules. Elles piquent les petits animaux avec les cellules urticantes de leurs tentacules et les poussent dans leur bouche. Après digestion, les déchets ressortent par le même chemin.

▲ LE CORAIL
Les coraux vivent en général en colonie mais le corail champignon forme un polype unique en forme de tube, qui peut atteindre 50 cm de diamètre. Le squelette est en carbonate de calcium, ou calcaire. Les squelettes des coraux qui s'accumulent finissent par former un récif.

L'ANÉMONE DE MER ▲
L'anémone de mer est commune dans les flaques entre les rochers, le long du littoral. Elle saisit les poissons et autres petits animaux avec ses tentacules urticants. Quand la marée descend, elle évite le dessèchement en rétractant ses tentacules.

| EMBRANCHEMENT : CNIDAIRES | |
|---|---|
| Tous les cnidaires ont des cellules urticantes. Beaucoup sont capables de se reproduire de façon sexuée et non sexuée. On en compte 9 000 espèces. | |
|  | Classe : Anthozoaires (corail, gorgone, anémone de mer) **Caractéristiques :** polype en forme de tube, carnivore, souvent en groupe |
|  | Classe : Scyphozoaires (méduse) **Caractéristiques :** en cloche, nagent librement, bouche sur la face inférieure |
|  | Classe : Hydrozoaires **Caractéristiques :** souvent carnivores et en groupe ; certains nagent librement et d'autres pas |
|  | Classe : Cubozoaires (cuboméduse) **Caractéristiques :** nagent, forme en boîte, longs tentacules |

POUR EN SAVOIR PLUS ⏭ L'anatomie animale 292 • Les communautés 325 • L'écologie 326

# VERS

Il existe environ 601 000 espèces de vers, qui vivent dans des milieux variés. Ils ont un corps plus ou moins long, et pas de membres. Beaucoup sont parasites et se nourrissent aux dépens d'un autre animal, grâce à leur bouche. D'autres sont prédateurs et capables de ramper. Les trois principaux groupes sont les PLATHELMINTHES, les NÉMATODES et les ANNÉLIDES.

### LES TYPES DE VERS

Certains vers vivent dans la terre et se nourrissent de matière végétale ; d'autres vivent en mer ou en eau douce et se nourrissent en filtrant l'eau.

| | |
|---|---|
|  | **Embranchement :** Plathelminthes (vers plats) **Caractéristiques :** 20 000 espèces environ, corps plat, une bouche mais pas d'anus ; beaucoup vivent dans l'eau |
|  | **Embranchement :** Annélides (cestodes) **Caractéristiques :** 15 000 espèces environ, corps segmenté ; vivent dans la terre et dans l'eau ; le système digestif comporte une bouche et un anus |
|  | **Embranchement :** Nématodes (vers ronds) **Caractéristiques :** 25 000 espèces environ, corps segmenté, présence d'une bouche et d'un anus |

## PLATHELMINTHES

Il existe environ 20 000 espèces de plathelminthes. La plupart sont des parasites au corps plat et court, mais certains sont autonomes.

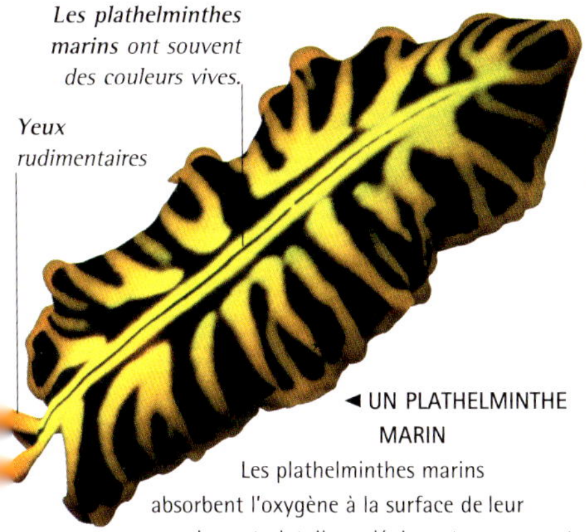


◄ UN PLATHELMINTHE MARIN
Les plathelminthes marins absorbent l'oxygène à la surface de leur corps mince et plat. Ils se déplacent en rampant par ondulation de tout le corps. Ils trouvent leur chemin grâce à leurs yeux. La plupart sont prédateurs : ils mangent des animaux microscopiques grâce à leur bouche située sur la face inférieure de leur corps.

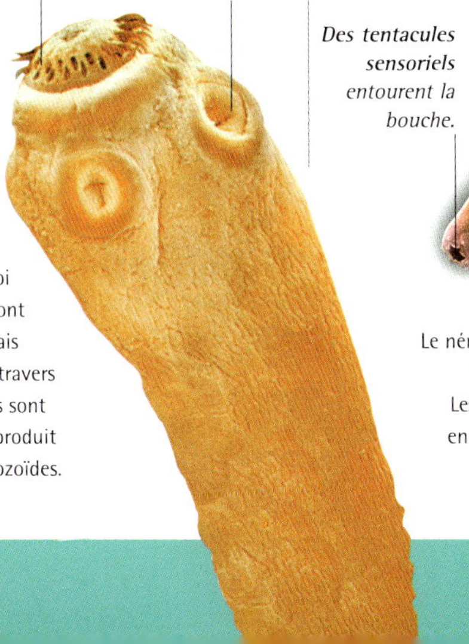


LE TÉNIA ►
Les ténias sont des parasites : ils vivent aux dépens d'autres animaux et même de l'homme. Ils ont des crochets et des ventouses autour de la tête pour se fixer à la paroi intestinale de l'hôte. Ils n'ont pas de système digestif mais absorbent la nourriture à travers la surface de leur corps. Ils sont hermaphrodites : chacun produit des ovules et des spermatozoïdes.

## NÉMATODES

Les nématodes vivent pratiquement partout, en nombre considérable. Beaucoup sont transparents et passent donc parfaitement inaperçus.

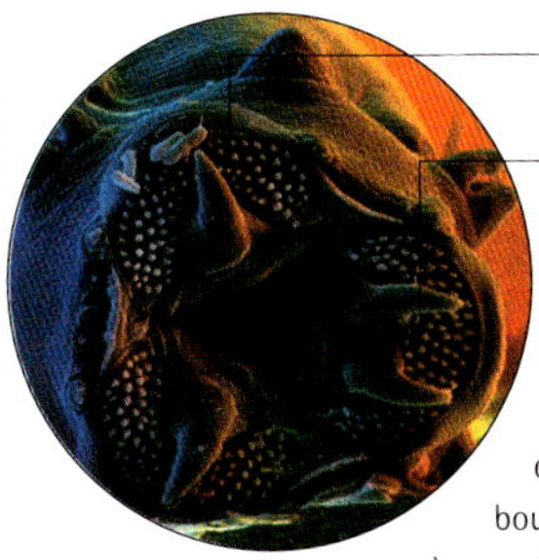


◄ LA BOUCHE DU NÉMATODE
Ce nématode marin a des pinces autour de la bouche pour s'accrocher à sa proie. Ce n'est pas un animal bien leste : il attend que de petits animaux arrivent à sa portée. Pendant la digestion, il produit des sucs qui l'aident à décomposer sa nourriture. Les déchets sont évacués par une ouverture appelée anus.

▲ UN NÉMATODE
Le nématode a un corps long et une queue effilée. La couche extérieure – ou cuticule – est lisse. Les muscles sont disposés en longueur mais pas en largeur. Pour se déplacer, le ver les contracte et il ondule à plat, en faisant des C et des S.

## ANNÉLIDES

Les vers de terre, les polychètes et les sangsues sont des annélides. Tous ont un corps segmenté rempli de liquide, sauf les sangsues.

◄ LE VER DE TERRE
Le ver de terre est composé de nombreux segments. Seul le tube digestif parcourt la totalité du corps, de la tête à la queue. Les vers ont un système circulatoire et des vaisseaux sanguins, mais pas de cœur. L'anneau épais situé près de la tête sécrète un mucus qui maintient les vers qui s'accouplent et forme un cocon pour leurs œufs.

LA SANGSUE ►
Les sangsues sont des parasites vivant à l'extérieur de leur hôte. Elles ont des mâchoires tranchantes qui percent la peau pour leur permettre de sucer le sang. Des produits contenus dans leur salive empêchent le sang de coaguler et rendent la morsure indolore : la victime ne sent pas qu'on la saigne. Les sangsues se déplacent en éloignant une ventouse de l'autre, puis en ramenant la première contre celle-ci.

POUR EN SAVOIR PLUS ⏭ Les communautés 325 • Les sols 224

# LES CRUSTACÉS

Les crustacés ont un squelette externe articulé qui leur sert d'armure : c'est un exosquelette. Certains ont cinq paires de pattes articulées ; chez certaines espèces, la paire avant est formée de fortes pinces. Les crustacés ont des yeux composés et pédonculés, et deux paires d'antennes pour détecter leurs prédateurs. La plupart des crustacés vivent dans l'eau sauf quelques-uns, tels les cloportes, qui préfèrent les lieux humides.

**EMBRANCHEMENT : CRUSTACÉS**

La plupart des crustacés vivent dans l'eau. 45 000 espèces réparties en sept classes, dont :

| | |
|---|---|
|  | **Classe : Branchiopodes** (anostracés, daphnies) **Caractéristiques :** libres, filtrent l'eau avec des mandibules garnies de soies |
|  | **Classe : Cirripèdes** (balanes) **Caractéristiques :** en forme de cube ; fixés à l'âge adulte |
|  | **Classe : Malacostracés** (crabes, langoustes, homards, crevettes) **Caractéristiques :** pattes articulées, yeux pédonculés |

LE HOMARD COMMUN ▼

Le homard commun est bleu avant cuisson et atteint 1 m de longueur. Le homard a un corps articulé, un long abdomen et une nageoire caudale en éventail. Comme il grandit, sa carapace devient trop petite. Elle se fend, le homard se glisse à l'extérieur, et sa nouvelle carapace durcit sur lui. Les homards se nourrissent la nuit en brisant les coquilles des mollusques avec leurs énormes pinces.

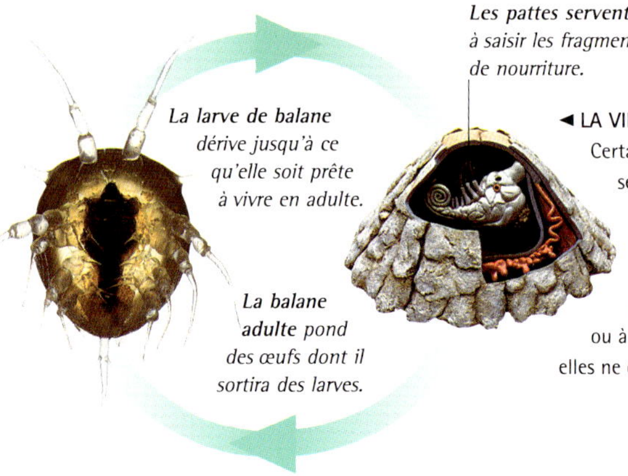


◄ LA VIE DE LA BALANE

Certains crustacés telles les balanes ne se déplacent qu'au stade de larve. La balane pond des œufs dont il sort des larves qui nagent librement. Elles dérivent tant qu'elles grandissent, puis se fixent à un rocher, à un navire ou à une baleine et deviennent adultes : elles ne déménageront plus.

UN CRABE DISSYMÉTRIQUE ▲

La plupart des crustacés ont deux pinces de même taille ; seul le crabe violoniste mâle a une pince énorme et une minuscule. Il brandit sa pince géante pour attirer la femelle et terroriser les mâles concurrents. Cette pince monstrueuse représente jusqu'à la moitié du poids total de la bête. Les crabes violonistes vivent dans des mangroves, où ils creusent des terriers dans la vase.

LE KRILL ►

Le krill (petites crevettes) utilise les longs poils de ses pattes avant pour filtrer les fragments de nourriture en suspension dans l'eau. Il a un corps mou et de gros yeux. Très sociable, il vit en énormes bancs et joue un rôle important dans la chaîne alimentaire marine. Certaines baleines ne se nourrissent que de krill.

POUR EN SAVOIR PLUS ⏭ L'anatomie animale 292 • Les sens 316

# LES INSECTES

Le corps des insectes est divisé en trois parties : la tête, qui porte les yeux, les antennes et les mandibules ; le thorax, qui porte trois paires de pattes articulées et deux paires d'ailes, et l'abdomen, qui abrite le système digestif et les organes sexuels. La plupart des insectes subissent une transformation complète entre le stade larvaire et la forme adulte.

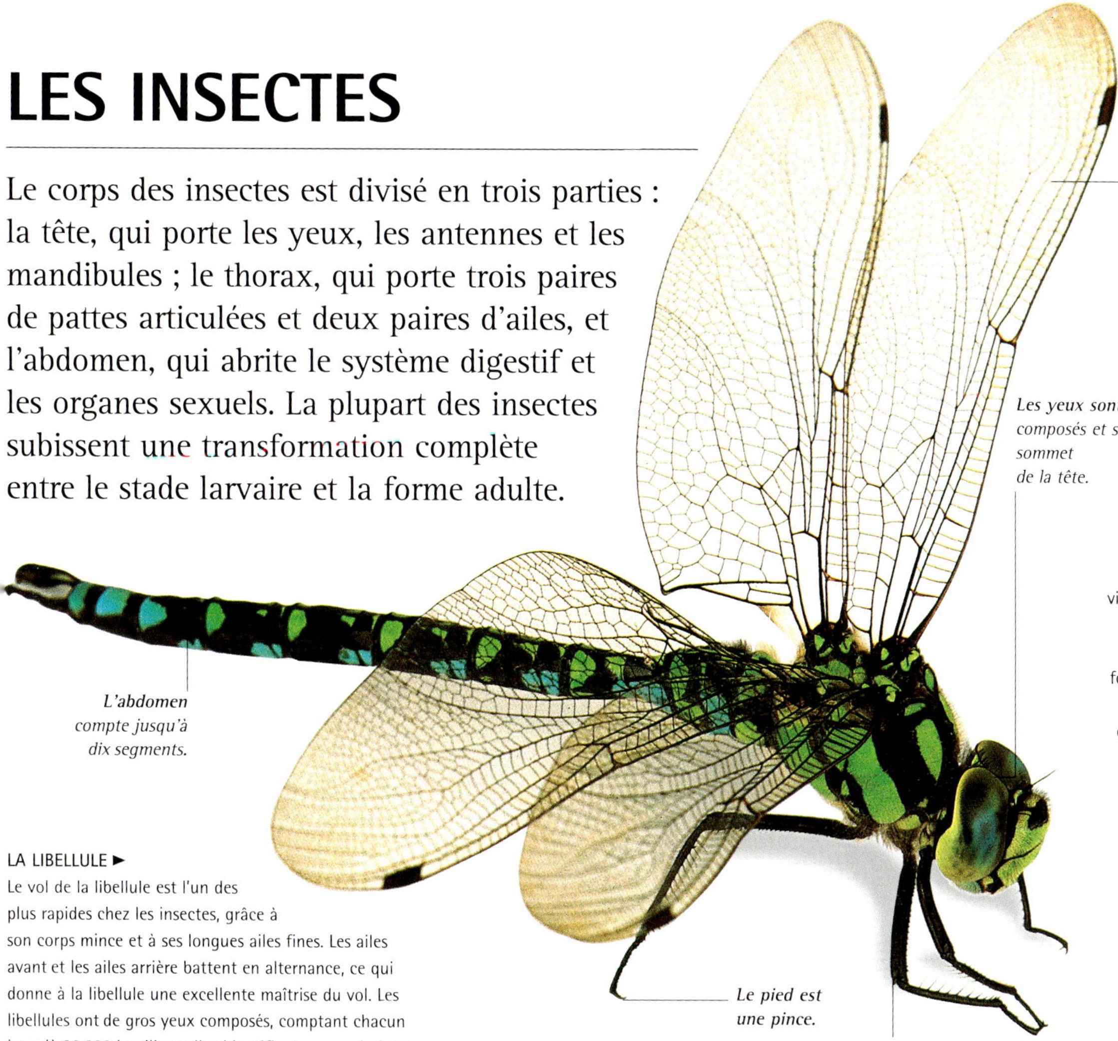


LA LIBELLULE ►
Le vol de la libellule est l'un des plus rapides chez les insectes, grâce à son corps mince et à ses longues ailes fines. Les ailes avant et les ailes arrière battent en alternance, ce qui donne à la libellule une excellente maîtrise du vol. Les libellules ont de gros yeux composés, comptant chacun jusqu'à 30 000 lentilles ; elles identifient une proie à 12 m. Les pattes forment un panier pour tenir la nourriture.

LA LARVE DE LIBELLULE ▼
La jeune libellule est une larve qui vit sous l'eau. Pour grandir, elle mue : sa peau se fend et une peau plus grande se forme sur elle. Chaque fois, la larve ressemble davantage à l'adulte. À la dernière mue, elle sort de l'eau et c'est une libellule adulte qui s'envole.

**CLASSE : INSECTES**

Les insectes sont plus différenciés que tous les autres êtres vivants : on en compte plus d'un million d'espèces. La plupart vivent sur terre ou en l'air, mais quelques-uns ont choisi l'eau douce.

| | |
|---|---|
|  | **Ordre : Odonates** (libellule, demoiselle)<br>**Caractéristiques :** deux paires d'ailes égales, abdomen long ; l'adulte est carnivore ; la libellule se pose ailes ouvertes, la demoiselle ailes fermées |
|  | **Ordre : Orthoptères** (sauterelle, criquet)<br>**Caractéristiques :** ailes antérieures droites, antennes courtes ou longues, bondissent avec leurs pattes arrière, mastiquent avec des mandibules |
|  | **Ordre : Lépidoptères** (papillon)<br>**Caractéristiques :** le corps et les ailes sont couverts d'écailles ; trompe, antennes en forme de massue ou non |
|  | **Ordre : Hémiptères** (punaise)<br>**Caractéristiques :** deux paires d'ailes ; l'appareil buccal à rostre proéminent sert à piquer et à sucer |
|  | **Ordre : Coléoptères** (scarabée)<br>**Caractéristiques :** élytres coriaces protégeant les ailes postérieures membraneuses ; dimensions très variables |
|  | **Ordre : Diptères** (mouche)<br>**Caractéristiques :** une paire d'ailes, certaines ont un corps mince et des antennes en filament ; d'autres un corps plus gros et des antennes courtes |
|  | **Ordre : Hyménoptères** (fourmi, abeille, tenthèdre)<br>**Caractéristiques :** deux paires d'ailes réunies deux par deux en vol par de petits crochets ; « taille » fine ou non |

▲ DES ÉLYTRES ET DES AILES
Le hanneton commun a deux paires d'ailes, mais il ne se sert que de la paire postérieure pour voler. Les ailes antérieures, appelées élytres, protègent les postérieures quand l'animal ne vole pas. Certains insectes ont des muscles directement fixés sur les ailes, d'autres bougent les ailes en remuant le corps tout entier. Quelques rares insectes, tel le lépisme argenté, sont aptères : ils n'ont pas d'ailes.

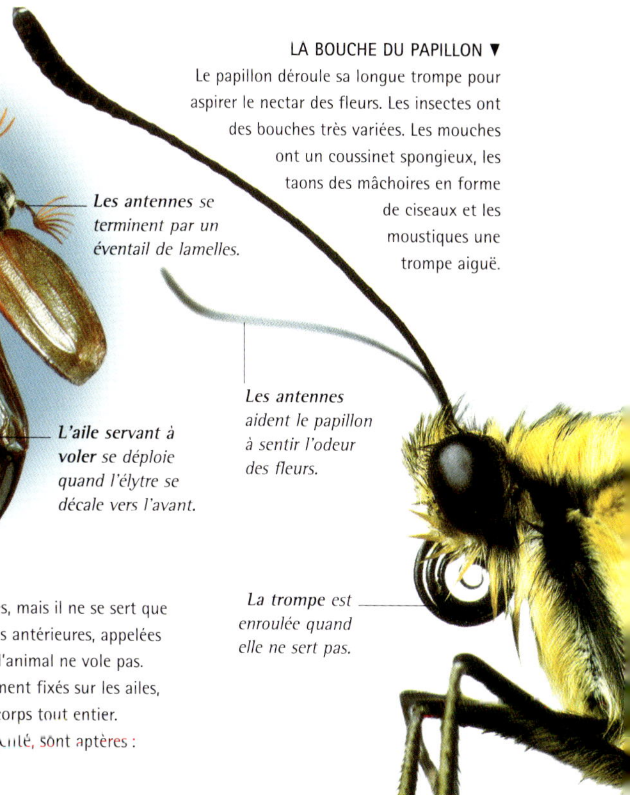


LA BOUCHE DU PAPILLON ▼
Le papillon déroule sa longue trompe pour aspirer le nectar des fleurs. Les insectes ont des bouches très variées. Les mouches ont un coussinet spongieux, les taons des mâchoires en forme de ciseaux et les moustiques une trompe aiguë.

POUR EN SAVOIR PLUS ⏭ Les cycles de vie 305 • La pollinisation 266 • Les populations animales 324 • Les sens 316

# LES ARACHNIDES

Les araignées, les scorpions, les tiques et les acariens ont quatre paires de pattes et un corps en deux parties : l'abdomen et le céphalothorax. Celui-ci porte les pattes et deux paires d'appendices : les chélicères, sortes de pinces ou de crocs, et les pédipalpes, ou pattes-mâchoires. Quant à l'abdomen, il contient les sacs pulmonaires. La plupart des arachnides sont terrestres, sauf quelques-uns qui vivent dans l'eau.

### LA CLASSE DES ARACHNIDES

Les plupart des arachnides sont des prédateurs mais certains sont des charognards et quelques acariens sont des parasites. Les 75 500 espèces d'arachnides sont divisées en 12 ordres, dont les principaux sont les suivants :

| | |
|---|---|
|  | **Ordre :** Scorpionides (scorpion) **Caractéristiques :** prédateurs, aiguillon au bout de la queue, vivipares, gros pédipalpes |
|  | **Ordre :** Acariens (tique) **Caractéristiques :** nuisibles et parasites pour la plupart, au corps non divisé |
|  | **Ordre :** Aranéides (araignée) **Caractéristiques :** produisent du fil, huit yeux en général |

LA GRANDE MYGALE MEXICAINE ►

La grande mygale mexicaine bondit sur les proies qui approchent sa tanière. Comme la plupart des araignées, la mygale paralyse et tue sa proie en lui injectant du venin avec ses chélicères. Ce venin commence la digestion de la chair de la proie, de telle sorte que l'araignée puisse l'aspirer sous forme liquide. Les araignées sont carnivores et mangent surtout des insectes.

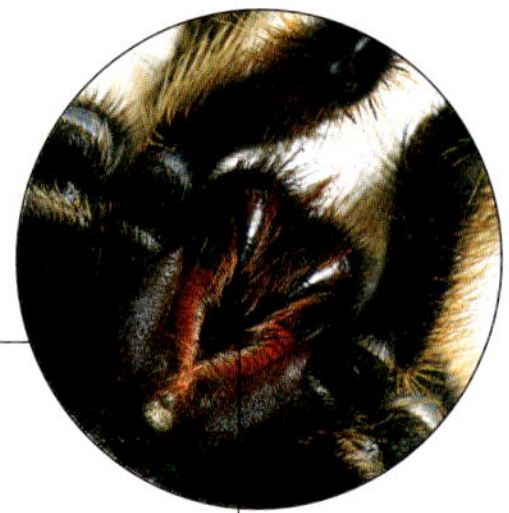

LA TIQUE DU MOUTON ▲

La tique possède un abdomen mou et souple, capable de multiplier son volume par dix quand elle suce le sang de son hôte avec des appendices faits pour percer et sucer. La tique se fixe au mouton dont elle boit le sang, puis se laisse tomber à terre. Pour manger de nouveau, elle se fixe à un autre animal de passage.

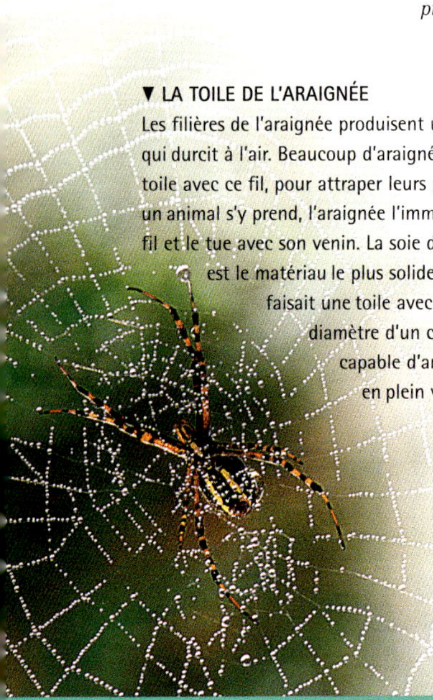

▼ LA TOILE DE L'ARAIGNÉE

Les filières de l'araignée produisent une soie liquide qui durcit à l'air. Beaucoup d'araignées fabriquent une toile avec ce fil, pour attraper leurs proies. Quand un animal s'y prend, l'araignée l'immobilise avec son fil et le tue avec son venin. La soie de l'araignée est le matériau le plus solide : si l'araignée faisait une toile avec du fil du diamètre d'un crayon, elle serait capable d'arrêter un avion en plein vol.

◄ SOINS MATERNELS

Le scorpion empereur fait partie des arachnides qui s'occupent de leurs petits. Le scorpion femelle en transporte une trentaine sur le dos jusqu'à ce qu'ils aient mué pour la deuxième fois. Ce scorpion possède une carapace noire et dure, de grosses pinces et un dard venimeux.

POUR EN SAVOIR PLUS ►► L'anatomie animale 292 • La nutrition 312

# LES MOLLUSQUES

Il existe toutes sortes de mollusques : limace, escargot, huître, mactre, calmar, seiche, etc. Leur langue est une râpe chitineuse, la radula, couverte de milliers de petites dents. Beaucoup ont une coquille en carbonate de calcium. La plupart vivent dans l'eau, mais les escargots et les limaces sont terrestres.

**L'ESCARGOT GÉANT ▲**
L'escargot géant d'Afrique (achatine) atteint 30 cm de long. Comme tous les escargots, il transporte une coquille hélicoïdale, dans laquelle il s'abrite en cas de danger. Il se déplace lentement sur son énorme pied musculeux, et enduit son passage de mucus. Sa bouche, située sous sa tête, contient une radula, couverte de dents minuscules.

**▲ UNE PIEUVRE INTELLIGENTE**
La pieuvre annelée est dépourvue de coquille. Elle possède un cerveau important et de gros yeux. Ses huit tentacules lui servent à ramper mais, pour aller plus vite, elle expulse l'eau que contient son corps.

**EMBRANCHEMENT : MOLLUSQUES**

Les mollusques ont souvent le corps protégé par une coquille. Les 100 000 espèces sont réparties en sept classes, dont les principales sont les cinq suivantes :

| | |
|---|---|
|  | **Classe : Bivalves** (mactre, moule, huître, peigne) **Caractéristiques :** coquille en deux moitiés symétriques |
|  | **Classe : Polyplacophores** (chiton) **Caractéristiques :** coquille composée de plusieurs plaques |
|  | **Classe : Gastéropodes** (escargot, limace) **Caractéristiques :** pied en ventouse, coquille en spirale |
|  | **Classe : Scaphopodes** (dentale, couteau) **Caractéristiques :** s'enfouissent dans le sable, coquille allongée |
|  | **Classe : Céphalopodes** (pieuvre) **Caractéristiques :** tentacules à ventouses |

# LES ÉCHINODERMES

Les échinodermes, hérissés de piquants, ont en général le corps divisé en cinq parties égales. Ils se déplacent grâce à des centaines de petits tubes pleins d'eau. S'ils perdent un organe, ils sont capables de le régénérer. Ils ont un squelette formé de plaques de carbonate de calcium.

**L'ÉTOILE DE MER ►**
L'étoile de mer se déplace en tirant sur des tubes pourvus d'une ventouse qui couvrent le dessous de ses bras. Très musclés, ces bras permettent à l'étoile de mer d'ouvrir en force la coquille des mollusques telles la moule et l'huître. Quand le mollusque est fatigué, il s'ouvre et l'étoile de mer sort son estomac par sa bouche, l'introduit dans la coquille et digère le mollusque.

**LE CONCOMBRE DE MER ►**
Les tubes du concombre de mer (holothurie) sont groupés autour de sa bouche et filtrent le sable à la recherche de nourriture. Attaqué, le concombre sort ses systèmes digestifs et reproducteurs, que le prédateur dévore. Ensuite, le concombre les remplace.

**▲ L'OURSIN**
L'oursin a un squelette externe hérissé de piquants qui le protègent. Il est couvert de petits tubes disposés entre les piquants. L'oursin se nourrit d'algues et de petits animaux ; il a des mâchoires tranchantes situées sur le dessous de son corps.

**EMBRANCHEMENT : ÉCHINODERMES**

Les échinodermes sont mobiles, sauf les encrines. Ils vivent sur les côtes, les récifs et le fond marin. On compte 6 000 espèces d'échinodermes.

| | |
|---|---|
|  | **Classe : Astéries** (étoile de mer) **Caractéristiques :** bouche centrale, entourée de bras |
|  | **Classe : Échinides** (oursin) **Caractéristiques :** squelette sphérique entièrement couvert de piquants |
|  | **Classe : Crinoïdes** (encrine) **Caractéristiques :** bouche orientée vers le haut, mangent du plancton |
|  | **Classe : Holothurides** (concombre de mer) **Caractéristiques :** tentacules autour de la bouche |

POUR EN SAVOIR PLUS ⏭ La communication 318 • La défense 320

# LES POISSONS

Les poissons sont des animaux aquatiques apparus il y a 500 millions d'années environ. Ce furent les premiers animaux dotés d'un squelette interne. Les poissons respirent l'oxygène de l'eau grâce aux branchies sauf quelques-uns, tels les dipneustes, qui peuvent vivre à l'air libre. Les quatre classes de poissons – agnathes, requins, dipneustes et poissons osseux – ont certaines caractéristiques en commun, mais des différences marquées.

## LES POISSONS

Le terme de poissons regroupe des animaux aquatiques dotés d'une colonne vertébrale. Ils ont le sang froid et nagent avec des nageoires. On en compte 25 000 espèces environ.

| | |
|---|---|
|  | **Classe : Cyclostomes** (agnathes)<br>**Caractéristiques :** bouche en ventouse ; l'axe du squelette est une notocorde |
|  | **Classe : Chondrichthyens** (requin, raie)<br>**Caractéristiques :** squelette cartilagineux, écailles en forme de dents |
|  | **Classe : Ostéichthyens** (poissons osseux)<br>**Caractéristiques :** nageoires souples, vessie gazeuse |
|  | **Classe : Sarcoptérygiens** (dipneuste)<br>**Car.:** narines internes, poumons |

◄ CONÇU POUR NAGER

Les poissons osseux sont de bons nageu Leurs muscles – les myotomes – se contractent en cadence pour mouvoir les nageoires. La nageoi caudale assure la propulsion, les autres nageoires servent à changer d position ou de direction. La ligne latérale est une rangée de terminaisons nerveuses : elle permet au poisson de déceler les mouvements de l'e La vessie gazeuse contient de l'air et permet au poiss d'évoluer entre deux eaux.

▼ LA RAIE MANTA

Cet étrange animal est inoffensif : il se nourrit en filtrant l'eau. Il présente des deux côtés de la tête de larges ailerons qui orientent l'eau vers sa bouche ; les branchies retiennent le plancton et les petits poissons que la raie avale. Elle se déplace dans l'eau grâce aux battements de ses puissantes nageoires pectorales en forme de triangle. En cas de danger, elle sait accélérer brusquement et même sauter hors de l'eau.

LA LAMPROIE MARINE ▲

La lamproie n'a pas de bouche, mais une ventouse circulaire, dont les bords comportent des rangées de petites dents ; des dents plus grosses sont disposées autour de l'ouverture. Avec sa langue rugueuse, la lamproie suce le sang de ses proies. Elle n'a ni mâchoires ni écailles, et son squelette interne se limite à une chorde dorsale.

LE DIPNEUSTE AFRICAIN ►

Cet étrange poisson n'a pas de branchies. Il vit dans les eaux stagnantes et respire l'air avec ses poumons. Il survit aux périodes de sécheresse en s'enfouissant dans la boue ; il s'abrite dans une sorte de cocon et mène une vie ralentie jusqu'au retour des pluies.

POUR EN SAVOIR PLUS ⏭ L'anatomie animale 292 • La défense 320 • La locomotion 314

# LES AMPHIBIENS

Les amphibiens commencent en général leur vie dans l'eau, puis se métamorphosent pour vivre sur terre. La plupart reviennent dans l'eau pour se reproduire. Leur vie se déroule en trois étapes : œuf, larve et adulte. Le passage de l'état de larve à l'état adulte s'appelle la métamorphose. Les amphibiens ont le sang froid, et un squelette interne osseux. Ils ont de petits poumons, mais respirent aussi à travers leur peau toute lisse, qui doit rester humide.

| CLASSE : AMPHIBIENS | |
|---|---|
| La peau des amphibiens n'a ni écailles ni pelage, elle laisse passer l'eau. Ils vivent en général dans les lieux humides. Il existe 5 000 espèces divisées en trois ordres : | |
|  | **Ordre : Gymniophones** (cécilie)<br>**Caractéristiques :** en forme de ver, sans membre, vue médiocre |
|  | **Ordre : Anoures** (crapaud, grenouille)<br>**Car. :** tête large, pas de queue, pattes arrière musclées |
|  | **Ordre : Urodèles** (salamandre)<br>**Caractéristiques :** longue queue, larves carnivores, excellent odorat |

LA GRENOUILLE ►
La grenouille a toujours l'air mouillée car les glandes de sa peau produisent un mucus qui la garde humide. La grenouille absorbe ainsi l'oxygène de l'air qui passe directement dans son sang. Les grenouilles sont les seuls amphibiens capables de sauter. Certaines ont des pattes palmées et nagent à merveille. Elles vivent surtout sur terre et attrapent avec leur longue langue gluante des vers et des insectes.

◄ FRAI DE GRENOUILLE
La grenouille pond dans l'eau car ses œufs n'ont pas de coquille qui les empêcherait de sécher. Il en sort des têtards qui mettent 12 semaines environ à devenir grenouilles. Les têtards respirent d'abord avec des branchies, comme les poissons ; puis des poumons remplacent les branchies. Il leur pousse d'abord les pattes arrière, puis les pattes avant et la tête ; enfin, la queue disparaît.

◄ LA SALAMANDRE TACHETÉE
Les taches de couleurs vives de la salamandre préviennent les prédateurs qu'elle a un goût infect. Comme beaucoup de salamandres, celle-ci vit à terre une fois adulte. Les tritons en revanche retournent dans l'eau pour s'accoupler. Salamandres et tritons sont carnivores ; ils ont un corps mince, une queue longue et quatre pattes de longueur à peu près égale.

UN VER DISCRET ▼
La cécilie a un corps long et mince, et pas de membres. Sa vue est médiocre mais son odorat est fin. Sous chaque œil, elle possède un petit tentacule sensible aux odeurs, qui permet à l'animal de chasser les vers de terre. Il n'est pas facile d'apercevoir cet amphibien qui vit surtout dans le sol.

POUR EN SAVOIR PLUS ⏭ Les biorythmes 322 • Les parades nuptiales 306 • La défense 320

# LES REPTILES

Les reptiles sont des animaux à sang froid. Incapables de produire la moindre chaleur corporelle, ils doivent se mettre au soleil pour se réchauffer. Ils ont la peau couverte d'écailles sèches qui les empêchent de perdre trop d'eau et les protègent. Chez ceux qui ont des pattes, celles-ci sont écartées car elles sont articulées sur les côtés du tronc, et non en dessous à la façon des oiseaux et des mammifères.

**▼ L'IGUANE VERT**
Ce grand lézard vit dans les arbres. Sa peau verte, couverte d'écailles, sert de camouflage entre les feuilles ; c'est un bon grimpeur grâce à ses longs doigts crochus. En cas d'attaque, il se sert de sa queue comme d'un fouet. Les jeunes iguanes abandonnent parfois leur queue à l'adversaire : elle repousse.

| CLASSE : REPTILES | |
|---|---|
| Les reptiles ont une peau couverte d'écailles en kératine. Ils pondent des œufs mous, à terre en général. Il existe 8 000 espèces de reptiles. | |
|  | **Ordre : Squamates** (lézard, serpent) **Car. :** les lézards ont des paupières, pas les serpents |
|  | **Ordre : Crocodiliens** (caïman, alligator, crocodile, gavial) **Caractéristiques :** semi-aquatiques, aux dents aiguës |
|  | **Ordre : Testudines** (tortues terrestre, marine, d'eau douce) **Caractéristiques :** carapace robuste, mâchoires coupantes |

**DES CROCHETS VENIMEUX ►**
Le crotale mord sa proie et lui inocule du venin avec ses longs crochets. Ceux-ci se replient contre le palais quand ils ne servent pas, mais ils saillent dès que la bouche s'ouvre. La tête comprend deux organes thermosensibles, situés entre les yeux et le nez, qui aident le crotale à localiser sa proie.

**▼ L'ÉCLOSION**
La tortue-léopard, comme les autres reptiles, sort de l'œuf entièrement formée, et prête à se débrouiller dans la vie. Chez certains reptiles, le sexe des petits dépend de la température à laquelle l'embryon se développe.

**LE DRAGON DE KOMODO ►**
Le géant des lézards habite quelques îles d'Indonésie. Il piste ses proies grâce à son excellent odorat. À la différence des mammifères, les reptiles sont incapables de mâcher leur nourriture : le dragon de Komodo arrache des lambeaux de chair avec ses dents pointues.

POUR EN SAVOIR PLUS ⏭ Les biorythmes 322 • Les parades nuptiales 306 • La nutrition 312 • La croissance 310

# LES OISEAUX

Les oiseaux sont des animaux à sang chaud ; ils ont des plumes, un bec et des écailles sur les pattes. Ils pondent des œufs, qu'ils couvent en général dans un nid jusqu'à l'éclosion. La plupart des oiseaux volent. Ils ont des ailes puissantes et des os légers et résistants. Grâce au vol, les oiseaux se sont installés dans tous les milieux possibles, y compris les îles écartées et les régions polaires.

◄ LA BUSE SE POSE
Les rapaces diurnes telle la buse à queue rousse chassent les petits animaux. Leur vue exceptionnelle leur permet de repérer en plein vol les proies au sol. Certains oiseaux font du vol stationnaire avant de piquer sur leur proie. La buse ci-contre va se poser, elle déploie les plumes de ses ailes et de sa queue pour ralentir.

| CLASSE : OISEAUX | |
|---|---|
| Les 9 000 espèces d'oiseaux sont réparties entre 29 ordres. Les œufs ont une coquille solide et légère en carbonate de calcium. Les oiseaux s'occupent attentivement de leurs petits. | |
|  | **Ordre :** Passériformes (oiseaux percheurs) **Caractéristiques :** bons chanteurs, pattes recourbées |
|  | **Ordre :** Falconiformes (oiseaux de proie) **Caractéristiques :** bec crochu, vue perçante |
|  | **Ordre :** Piciformes (toucan, pic) **Caractéristiques :** long bec pointu, crâne anti-chocs, doigts opposés deux à deux |
|  | **Ordre :** Ansériformes (palmipèdes) **Caractéristiques :** bec large, pattes palmées |
|  | **Ordre :** Apodiformes (colibri, martinet) **Caractéristiques :** se nourrissent de nectar, vol stationnaire ou très évolutif |
|  | **Ordre :** Colombiformes (pigeon, tourterelle) **Caractéristiques :** bec épais, hochent la tête en marchant |
|  | **Ordre :** Charadriiformes (échassiers, pingouin) **Caractéristiques :** excellents voiliers, vivent près de l'eau |
|  | **Ordre :** Galliformes (gibier à plume) **Caractéristiques :** nidation au sol, ailes larges et courtes |

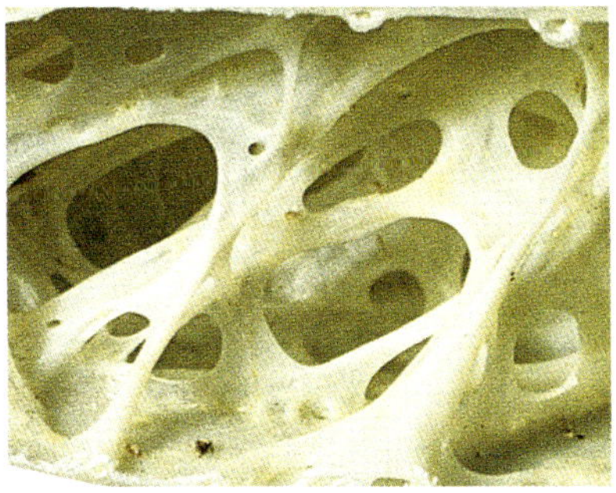

▲ DES OS CREUX
Les os des oiseaux sont creux, ils n'ont pas de moelle. Des supports internes (trabécules) les renforcent pour éviter qu'ils ne cassent. Certains os ont des cavités reliées aux sacs aériens : ces derniers constituent une source supplémentaire d'oxygène pour un vol rapide et sans fatigue.

LA PÊCHE AU VOL ▲
Le martin-pêcheur d'Europe se nourrit de poisson : il plie les ailes pour plonger, saisit le poisson avec son bec pointu et baisse brusquement les ailes pour jaillir de l'eau. Le martin-pêcheur voit sous l'eau mieux que les autres oiseaux car ses yeux sont couverts d'une membrane transparente qui les protège. Les martins-chasseurs, ses cousins, chassent des insectes.

◄ DES OISEAUX QUI NE VOLENT PAS
Quelques oiseaux ont perdu la capacité de voler. L'autruche, capable de distancer à la course n'importe quel prédateur, ne pourrait voler en raison de son poids. Le kiwi de Nouvelle-Zélande n'a pas de prédateur naturel et vit à terre. Le manchot quant à lui vit au bord de la mer : il nage mais ne vole pas.

POUR EN SAVOIR PLUS ⏭ Les parades nuptiales 306 • La défense 320 • La croissance 310 • La reproduction sexuée 308

# LES MAMMIFÈRES

Les mammifères ont le sang chaud et un pelage ; ils allaitent leurs petits. Ils ont un squelette osseux avec une colonne vertébrale, et leur mâchoire inférieure, faite d'un os unique, est articulée avec le crâne. Les mammifères respirent avec des poumons. Rares sont ceux qui pondent des œufs ou qui portent leurs petits dans une poche. La plupart ont un placenta et sont vivipares. Les mammifères ont conquis le monde entier : la terre, l'eau et les airs.

▲ L'OURS BRUN
L'ours brun est omnivore ; il mange des animaux et des végétaux. Il marche sur ses quatre pattes. C'est un mammifère à placenta : les petits se développent à l'intérieur de la femelle. À la naissance, ils ressemblent à de petits adultes mais ont besoin de protection ; ils restent avec leur mère pendant au moins deux ans.

**CLASSE : MAMMIFÈRES**

On dénombre environ 4 500 espèces de mammifères réparties entre 21 ordres, dont les principaux sont les suivants :

| | |
|---|---|
|  | **Ordre : Monotrèmes** (ornithorynque, échidné) **Caractéristiques :** ovipares, membres courts, tête petite |
|  | **Ordre : Marsupiaux** (mammifères à poche) **Caractéristiques :** gestation brève, croissance dans une poche |
|  | **Ordre : Périssodactyles** (ongulés) **Caractéristiques :** l'orteil central, muni d'un sabot, porte le poids du corps |
|  | **Ordre : Carnivores** (mammifères carnassiers) **Caractéristiques :** prédateurs aux dents aiguës |
|  | **Ordre : Cétacés** (baleine, dauphin, marsouin) **Caractéristiques :** battement de la queue dans le plan vertical |
|  | **Ordre : Primates** (lémurien, singe, homme) **Caractéristiques :** cerveau développé, yeux sur la face |
|  | **Ordre : Rongeurs** (rat, écureuil) **Caractéristiques :** les incisives croissent en permanence, ouïe et odorat développés |

L'ORNITHORYNQUE EN PLONGÉE ►
Quand il plonge, l'ornithorynque ferme ses yeux, ses oreilles et ses narines et se guide grâce à des organes récepteurs situés autour du bec. Il pond des œufs et allaite ses petits : comme la femelle est dépourvue de mamelons, les petits sucent la fourrure autour des glandes galactophores. Il vit dans les cours d'eau d'Australie et de Tasmanie.

▲ LA CHAUVE-SOURIS
Les chauves-souris sont les seuls mammifères qui volent. Contrairement à l'aile de l'oiseau qui s'organise autour du membre antérieur, celle de la chauve-souris est faite d'une peau étirée entre ses longs doigts. La plupart des chauves-souris se nourrissent la nuit et se reposent le jour en groupe.

◄ LE DAUPHIN
Le dauphin, comme la baleine, passe sa vie dans l'eau mais monte respirer à la surface. Ses réserves de graisse l'isolent efficacement de l'eau froide.

POUR EN SAVOIR PLUS ⏭ La croissance 310 • La reproduction sexuée 308

# LES CYCLES DE VIE

Le cycle de la vie d'une espèce commence au début d'une génération et s'achève au début de la suivante. Chez l'insecte, il ne faut que quelques semaines à un œuf pour faire un adulte qui se reproduit, mais, chez les grands animaux, ce cycle prend des années. Certains animaux se reproduisent une fois et meurent, la plupart se reproduisent plusieurs fois. Nombreux sont les animaux qui subissent une MÉTAMORPHOSE progressive ou brutale au moment où le jeune devient adulte.

LE SCHISTOSOME ►
Le schistosome (douve) est un parasite qui vit à l'intérieur d'un autre animal, son hôte. Avec ses ventouses, le schistosome s'accroche aux veines de l'homme et se nourrit des cellules de son sang. Le cycle de vie du schistosome est compliqué, avec plusieurs stades larvaires dans des hôtes différents. Cette larve vit souvent dans des mollusques, alors qu'au stade adulte l'animal opte pour des vertébrés, chez lesquels il provoque des maladies graves.

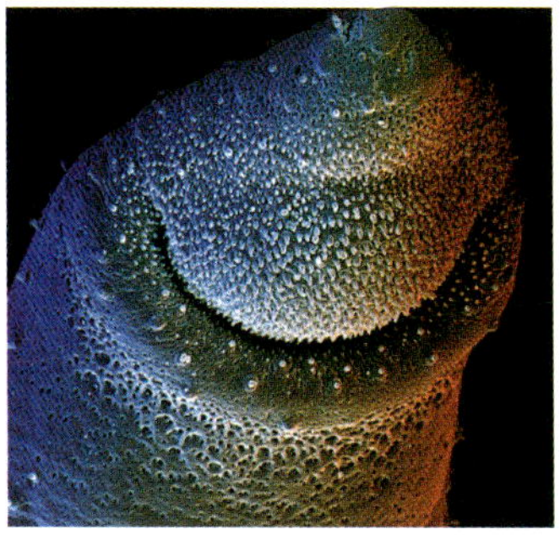

LA LONGÉVITÉ DE L'ÉLÉPHANT ▲
La gestation dure 22 mois chez l'éléphant d'Afrique, ce qui est un record chez les mammifères. Dès la naissance de l'éléphanteau, tout le troupeau le protège. L'éléphant adulte n'a pas de prédateur naturel et atteint l'âge de 60 ans.

## LA MÉTAMORPHOSE

La métamorphose représente un changement radical entre le jeune animal et l'adulte. Le jeune – ou larve – ne vit pas comme l'adulte. La métamorphose incomplète – par exemple celle qui transforme un têtard en grenouille – comporte plusieurs changements progressifs. La métamorphose complète – de la chenille au papillon – se déroule à l'intérieur d'une chrysalide, où tous les organes sont transformés.

◄ DE LA CHENILLE AU PAPILLON
Le machaon commence sous la forme d'un petit œuf jaune. La chenille en sort, très vorace, et croît rapidement en muant chaque fois que nécessaire. Au bout de quatre semaines, la chenille s'attache à une brindille avec un fil de soie. Elle sort de sa propre peau et devient une chrysalide molle, qui durcit. Quelques semaines plus tard, l'enveloppe de la chrysalide se déchire et le papillon adulte en sort.

POUR EN SAVOIR PLUS ⏭ Les parades nuptiales 306 • La croissance 310 • La reproduction sexuée 308

# LES PARADES NUPTIALES

Certains animaux ont des rites complexes pour attirer un partenaire. Ces manifestations, qui ont lieu pendant la période de reproduction, sont les parades nuptiales. Tel mâle prodigue ses assiduités à une seule femelle, tel autre à plusieurs successivement. Parfois plusieurs mâles se réunissent dans une zone de reproduction où les femelles viennent faire leur choix. Certains animaux forment un couple pour la vie mais paradent quand même, ce qui entretient leur attachement mutuel.

**UN ÉVENTAIL DE COULEURS ►**
Chez certaines espèces, le mâle et la femelle sont très différents. Parfois la différence ne réside que dans la taille mais, pendant la période de reproduction, d'autres différences apparaissent. Chez le paon, les plumes de la traîne du mâle se développent : quand il fait la roue, il les déploie en éventail et les fait vibrer pour attirer les femelles.

**▲ LE PAS DE DEUX**
Chez certains oiseaux, le mâle et la femelle participent activement à la parade nuptiale. Chez le grand héron bleu, le mâle et la femelle lèvent le cou et hérissent leurs plumes, faisant mine de se battre en duel ; ils secouent des brindilles et se lancent des appels. Les plumes des deux sexes ont la même couleur pour la période de reproduction alors qu'en général celles du mâle sont de teintes plus vives.

**COUPLE DE TAMARINS-LIONS ▲**
Les tamarins-lions forment un couple pour la vie : ils n'ont donc pas besoin de dépenser leur énergie en parade nuptiale. En revanche, le mâle et la femelle resserrent les liens qui les unissent en s'épouillant. Les tamarins vivent en groupes familiaux de quatre à huit membres. Les mâles et les aînés de la fratrie contribuent à l'éducation des petits, ce qui les initie à leurs futures tâches éducatives.

▲ LE CRI DES AMOURS
Crapauds et grenouilles mâles chantent pour attirer les femelles jusqu'à la mare ou au ruisseau où ils se reproduiront. Chaque espèce a son chant : cela aide les femelles à s'y retrouver si plusieurs espèces partagent le même plan d'eau. Chez la grenouille du Brésil ci-dessus, le sac vocal se gonfle pour servir de caisse de résonance. Ces grenouilles ont également l'habitude de lancer les pattes postérieures en l'air pendant la parade nuptiale.

LE BALLET AMOUREUX ▲
Dans certaines parades nuptiales, le mâle et la femelle imitent exactement les mouvements de l'autre, comme s'ils dansaient. Ci-dessus, deux poissons papillons nagent de conserve entre les coraux et se montrent mutuellement leurs jolies couleurs. Cette danse constitue un rite qui rapproche les deux animaux ; elle confirme également l'identité de chacun : faute de quoi, il y aurait risque d'accouplement avec une espèce différente.

ANOLIS ►
Comme les oiseaux, beaucoup de lézards mâles acquièrent des couleurs plus vives pendant la saison de reproduction, au risque de se trahir face aux prédateurs. Chez ce lézard mâle, le fanon est rouge en permanence, mais il reste caché tant que l'animal n'essaie pas d'attirer l'attention d'une femelle.

▲ CERFS EN RUT
À l'automne, le cerf rassemble un groupe de biches pour s'accoupler avec elles. Il défend furieusement sa harde contre les mâles rivaux. En général, ce sont les plus grands mâles pourvus des plus grands bois qui accaparent les femelles. Les mâles de taille équivalente se battent pour déterminer lequel aura les femelles et lequel cédera la place, déconfit.

▲ L'ATTRAIT DU PARFUM
Les abeilles euglosses attirent les femelles en délimitant une zone de reproduction grâce à une odeur particulière. Les femelles attirées par cette odeur viennent pour s'y accoupler. Certains oiseaux mâles qui attirent des femelles en chantant ou en montrant leurs couleurs se réunissent pour parader. Quant aux ongulés, ils marquent leurs territoires avec leur urine et leurs excréments.

POUR EN SAVOIR PLUS ⏭ La communication 318 • La reproduction sexuée 308 • Les sens 316

# LA REPRODUCTION SEXUÉE

Les animaux se reproduisent de façon soit asexuée soit sexuée. Dans le premier cas, ils produisent des petits identiques à eux-mêmes, sans accouplement. La plupart des espèces qui se reproduisent ainsi ont une vie brève, mais elles se reproduisent rapidement en grand nombre. Dans la reproduction sexuée, un ovule de la femelle s'unit à un spermatozoïde du mâle après accouplement, selon un processus appelé **FÉCONDATION**. Le rejeton hérite des traits des deux parents. Ces animaux se développent plus lentement et beaucoup bénéficient, après leur naissance, des soins de leurs géniteurs.

▼ LES ŒUFS DU CROCODILE
De même que les oiseaux et la plupart des reptiles et amphibiens, les crocodiles femelles pondent une fois leurs œufs fécondés. Elles les cachent dans des nids creusés dans le sol à l'abri des prédateurs ; là, les embryons se développent en sécurité. Les petits pépient quand ils sont prêts à éclore : la mère les déterre et les transporte dans sa bouche jusqu'à l'eau, par petits groupes.

*Les petits fraîchement éclos cherchent l'eau.*

*L'œuf de crocodile a une enveloppe souple mais solide.*

◄ LE MONDE À L'ENVERS
Chez beaucoup d'animaux, le rôle du mâle dans la reproduction se limite à la fécondation des œufs de la femelle. Chez l'hippocampe en revanche, c'est le mâle qui prend soin des œufs. La femelle les dépose dans l'abdomen du mâle, une poche où ils sont fécondés. Le mâle les garde là jusqu'à l'éclosion, qui a lieu deux à six semaines plus tard.

# LA FÉCONDATION

Pendant la fécondation, un spermatozoïde (mâle) et un ovule (femelle) s'unissent pour produire une cellule (œuf) qui deviendra un nouvel animal. Les cellules sexuelles ont un nombre de chromosomes (matériel génétique héréditaire) égal à la moitié des autres cellules du corps. Au moment de la fécondation, le nombre normal de chromosomes est reconstitué.

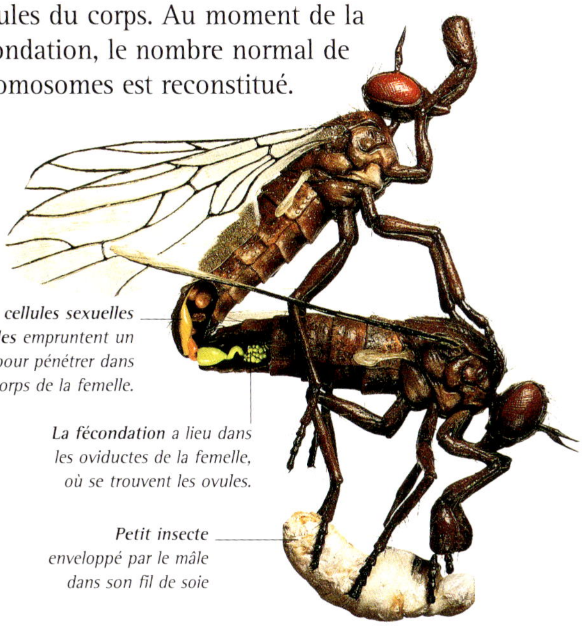

*Les cellules sexuelles **mâles** empruntent un tube pour pénétrer dans le corps de la femelle.*

***La fécondation** a lieu dans les oviductes de la femelle, où se trouvent les ovules.*

***Petit insecte** enveloppé par le mâle dans son fil de soie*

LA FÉCONDATION INTERNE ▲
Beaucoup d'animaux se reproduisent par fécondation interne : le mâle et la femelle s'accouplent et les ovules de la femelle sont fécondés à l'intérieur de son corps. Cette mouche s'accouple de cette façon. Le mâle est plus petit que la femelle et risque de se faire dévorer pendant l'accouplement. Pour se protéger, il offre à la femelle un petit insecte à dévorer, en guise de distraction.

***Bourgeon isolé**, âgé de quelques jours*

***Bourgeon** en formation*

***Hydre adulte**, produisant des bourgeons*

LE BOURGEONNEMENT ASEXUÉ ►
Les animaux les plus simples, telle l'hydre, se reproduisent de façon asexuée par bourgeonnement de leur corps. Chaque bourgeon finit par se détacher pour constituer un nouvel animal. D'autres animaux – telles les éponges – se reproduisent en détachant une partie de leur corps : ce processus s'appelle la fragmentation.

***L'hippopotame femelle** élève son petit pendant cinq ans environ.*

◄ LES VIVIPARES
La plupart des mammifères, certains reptiles et amphibiens et quelques invertébrés sont vivipares : ils donnent naissance à des petits entièrement formés. Une fois l'ovule fécondé dans le corps de la femelle, l'œuf y reste tant qu'il se développe. Cette période s'appelle la gestation. Chez l'hippopotame, elle dure 240 jours environ. Pendant ce temps, le petit demeure dans un environnement protégé et reçoit toute sa nourriture dans le corps de sa mère.

▲ L'ŒUF LIBRE EN FÉCONDATION EXTERNE
La fécondation à l'extérieur du corps de la femelle est un processus aléatoire. Certaines cellules sexuelles sont dévorées par des prédateurs, d'autres ne sont pas fécondées. Pour améliorer leurs chances de fécondation, les coraux de la même espèce émettent tous leurs cellules en même temps. Ainsi, les prédateurs n'ont pas le temps de dévorer toutes les cellules sexuelles du corail.

POUR EN SAVOIR PLUS ⏭ La croissance 310 • Les cycles de vie 305 • La reproduction 362

# LA CROISSANCE

En grandissant, les animaux changent de forme et de comportement. Chez certains, la rupture est soudaine et spectaculaire : à preuve la métamorphose de la chenille en papillon, en quelques semaines. La plupart des animaux croissent de façon progressive. Souvent, les parents s'occupent de leurs petits, lesquels profitent de l'expérience des adultes ; d'autres petits en revanche s'en sortent avec le seul secours de leur instinct.

◄ UN BÉBÉ DANS LA POCHE
Les bébés des marsupiaux – les mammifères à poche – sont minuscules à la naissance ; ceux des kangourous roux vivent et tètent pendant 190 jours dans la poche située dans la région abdominale de la mère. Quand ils en sortent, ils restent au moins un an avec elle.

◄ LE CICHLIDÉ
Chez beaucoup d'animaux, les parents jouent un rôle protecteur auprès de leurs petits. Chez les cichlidés, la femelle a un organe bien utile : une poche dans la gorge pour porter ses œufs ; c'est là que les alevins restent après l'éclosion, jusqu'au moment où ils sont en mesure de se débrouiller tout seuls.

*Le petit tient debout quelques minutes à peine après la naissance.*

LE GNOU ▲
Chez les gnous, toutes les femelles mettent bas en même temps, à deux semaines près : cela limite le risque d'attaques de prédateurs sur les petits. Condition vitale à leur survie, ceux-ci tiennent debout et galopent 20 minutes après la naissance. Ils suivent le premier être mobile qu'ils aperçoivent – le plus souvent, leur mère – selon un processus nommé imprégnation. C'est une forme d'apprentissage qui garantit au petit de rester près de sa mère quand celle-ci se déplace ou paît.

◄ L'EXOSQUELETTE DU CLOPORTE
Les animaux qui ont un exosquelette ne peuvent grandir qu'en muant. À la différence des autres crustacés, le cloporte ne perd qu'une moitié de carapace à la fois. Son exosquelette casse par le milieu et il se débarrasse d'abord de la moitié postérieure. Quelques jours plus tard, c'est le tour de la partie antérieure. Le cloporte est très exposé après la mue, et évite ses prédateurs.

Âgées de 3 jours, ces mésanges bleues ont faim.

◄ LE NID DE LA MÉSANGE BLEUE
Tous les oisillons ont besoin de leurs parents pour survivre. Certains éclosent nus, aveugles et totalement incapables de survivre seuls. D'autres ont un duvet et des yeux qui voient : ils marchent au bout de quelques heures. Les oisillons de la mésange bleue se tiennent chaud pendant que les parents chassent. Quand l'un des adultes revient, les petits ouvrent largement le bec, ce qui stimule l'instinct nourricier des adultes.

Les plumes se développent 5 jours après la l'éclosion.

LES PETITS DE LA TORTUE CAOUANNE ▲
Certains animaux sont livrés à eux-mêmes très jeunes. Chez la tortue caouanne, la femelle enfouit ses œufs dans le sable et les abandonne. Quand les œufs éclosent, les petites tortues trouvent le chemin de la surface et, d'instinct, se dirigent vers la mer. Nombreux sont les petits dévorés par les oiseaux et autres prédateurs pendant leur descente éperdue sur le sable.

▼ UNE HARDE D'ÉLÉPHANTS
Les éléphants vivent en groupes familiaux très unis. Dès l'instant où l'éléphanteau naît, il bénéficie de l'aide de sa mère, et de la protection de toutes les femelles du groupe. L'éléphant vit 60 ans et met des années à devenir adulte. Les éléphanteaux restent plusieurs années avec leur mère pour apprendre ce dont ils ont besoin pour survivre, comme l'emplacement des points d'eau.

*Les femelles apparentées à l'éléphanteau contribuent à son éducation.*

POUR EN SAVOIR PLUS ⏭ La défense 320 • La croissance 366 • Les cycles de vie 305

# LA NUTRITION

À la différence du végétal, l'animal est incapable de fabriquer sa nourriture à partir de la lumière du soleil. Pour produire l'énergie nécessaire à sa croissance, sa locomotion et sa reproduction, il doit se nourrir. Certains animaux ne mangent que des végétaux, d'autres de la chair et d'autres enfin de tout. En général, un animal a un tube digestif entre la bouche et l'anus. C'est pendant ce trajet que les aliments sont digérés – c'est-à-dire décomposés – et les nutriments absorbés par le corps : c'est la **DIGESTION**.

LE PRÉDATEUR ET SA PROIE ►
Le balbuzard pêcheur est un oiseau de proie qui ne se nourrit que de poisson. Comme tous les prédateurs, il a des atouts physiques qui lui permettent de s'emparer de ses proies. Il a des ailes puissantes qui le rendent très manœuvrant en vol, et des serres crochues pour saisir les poissons. Les oiseaux n'ont pas de dents : ils ont en revanche dans leur appareil digestif un organe musculeux qui broie la nourriture : le gésier. Cet organe empêche les os d'entrer entiers dans l'intestin de l'oiseau.

*Les **pattes** sont pourvues de serres capables de saisir les proies.*

*Les **branchies** en éventail retiennent les aliments.*

*Le **tube** est produit par le ver qui vit à l'intérieur.*

◄ LE SPIROGRAPHE
Le spirographe se nourrit, comme la baleine et le requin pèlerin, en filtrant les aliments en suspension dans l'eau. Le spirographe vit fixé sur le fond de la mer ; il possède autour de la bouche des branchies qui filtrent l'eau. Les fragments d'aliments restent collés sur le mucus qui enrobe les branchies. Ensuite, les aliments sont acheminés vers la bouche.

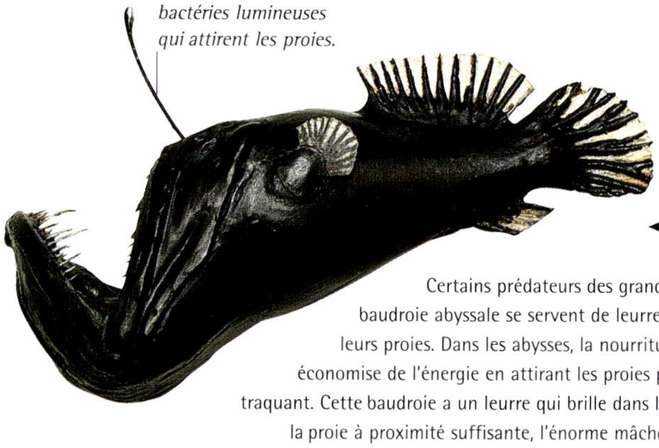

*Le **leurre** contient des bactéries lumineuses qui attirent les proies.*

◄ LA BAUDROIE ABYSSALE
Certains prédateurs des grands fonds telle la baudroie abyssale se servent de leurres pour attraper leurs proies. Dans les abysses, la nourriture est rare : on économise de l'énergie en attirant les proies plutôt qu'en les traquant. Cette baudroie a un leurre qui brille dans le noir. Une fois la proie à proximité suffisante, l'énorme mâchoire se referme.

# LA DIGESTION

En digérant, les animaux décomposent leur nourriture en morceaux assez petits pour être absorbés. Ce processus est facilité par les enzymes des sucs digestifs. Chez quelques invertébrés, la digestion commence à l'extérieur du corps ; chez les autres animaux, l'aliment est absorbé par la bouche, puis il est digéré. Certains mammifères mâchent leur nourriture avant de l'avaler.

LES OMNIVORES ▼
Les animaux qui mangent de tout – animaux et végétaux – s'appellent omnivores. Très adaptables, ils mangent ce qu'ils trouvent. Les ratons laveurs, qui sont dotés de mains adroites, sont particulièrement aptes à trouver leur nourriture. Ils mangent aussi bien du poisson que des petits oiseaux, des pousses et des baies. Certains omnivores sont à l'aise en zone urbaine, où ils pillent poubelles et potagers.

L'ARAIGNÉE ET LA MOUCHE ►
Beaucoup d'araignées attrapent leur proie avec leur toile, puis la paralysent avec leur venin. L'araignée injecte ses enzymes digestifs dans le corps de sa proie, puis suce le liquide obtenu ; elle est capable de rester des semaines sans manger, car elle stocke ses nutriments.

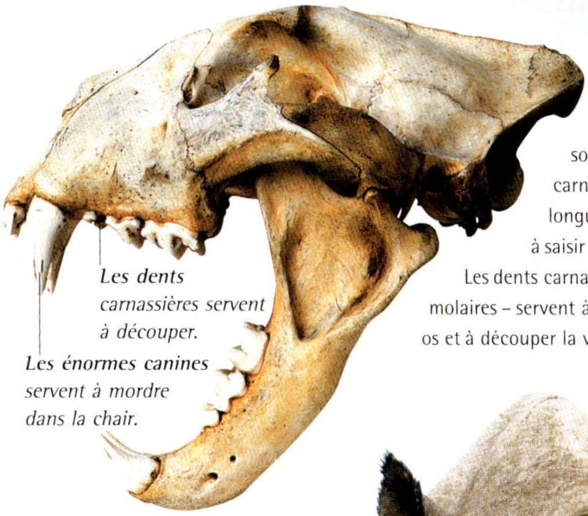

*Les dents carnassières servent à découper.*

*Les énormes canines servent à mordre dans la chair.*

◄ LES DENTS DU TIGRE
Les dents du tigre sont adaptées au régime carnivore. Les canines, longues et acérées, servent à saisir la proie par le cou. Les dents carnassières – prémolaires et molaires – servent à arracher la chair des os et à découper la viande.

*L'abdomen est gorgé de miel et de nectar.*

▼ LA FOURMI POT DE MIEL
Les animaux ont de nombreuses façons de stocker leur nourriture. Chez les fourmis pot de miel, certaines ouvrières servent de garde-manger. On les gave d'un mélange de miel et de nectar qui fait enfler leur abdomen. Pendant la saison sèche, quand les sources de nourriture sont chiches, les autres fourmis font régurgiter ces ouvrières, qui nourrissent ainsi la communauté.

LE RHINOCÉROS ►
Les animaux qui se nourrissent de végétaux sont dits herbivores. Or les végétaux ne sont pas très riches en nutriments. C'est pourquoi les herbivores – tel le rhinocéros – passent beaucoup de temps à manger. Ils ont un appareil digestif spécialisé, qui leur permet de tirer de leurs aliments le meilleur effet nutritif.

POUR EN SAVOIR PLUS ⏭ Les biorythmes 322 • L'appareil digestif 358 • L'écologie 326

# LA LOCOMOTION

Tous les animaux sont mobiles, ne serait-ce qu'une partie de leur vie, car il leur faut se procurer de la nourriture. La plupart de leurs mouvements sont contrôlés par un système nerveux qui tend et détend les MUSCLES de façon coordonnée. Le SQUELETTE offre aux muscles leurs points d'appui. Pour se déplacer dans l'eau, sur terre et dans l'air, les animaux ont des organes spécialisés telles les nageoires, les pattes et les ailes.

▲ GAZELLES AU GALOP
Les ongulés – ou mammifères à sabots – sont chassés par de nombreux prédateurs. Pour les fuir, les gazelles se servent de leur vitesse et de leur endurance. La partie inférieure de leurs pattes est très allongée, ce qui leur donne une longue foulée. Elles ont deux doigts à chaque patte au lieu de cinq, ce qui limite le nombre de muscles et leur dépense d'énergie.

*La grenouille a un corps plat qui l'aide à planer.*

*Chaque patte est palmée, et chaque orteil possède une ventouse pour s'accrocher.*

▲ LE VOL PLANÉ
Certains animaux arboricoles planent d'arbre en arbre grâce à des replis de peau qui leur servent de parachute. La grenouille volante a d'immenses pattes palmées qu'elle déploie au moment de sauter ; elle parvient à planer une quinzaine de mètres au lieu de tomber à-pic.

◄ LE CROTALE CORNU
Il est difficile de se déplacer sur le sable parce qu'il est mou. Ce crotale évolue dans le sable et la boue en formant des méandres sinueux en forme de S ; au lieu d'onduler sur le sable, il progresse par longs bonds latéraux.

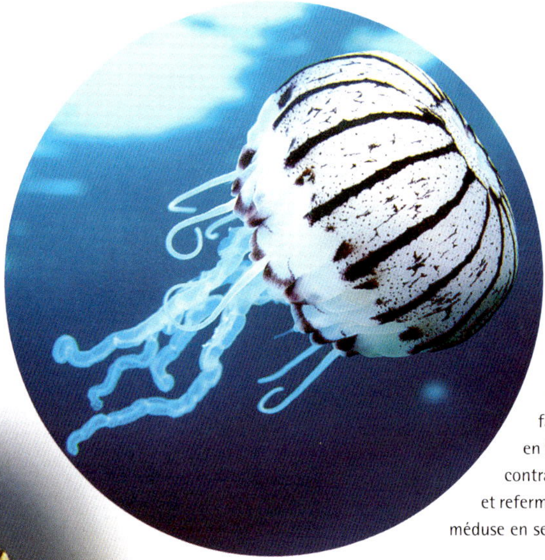

◄ LA PROPULSION À RÉACTION
Les poissons sont d'excellents nageurs, mais d'autres animaux marins sont soumis aux courants. La méduse ne contrôle ses mouvements que d'une façon limitée. Elle possède à la périphérie de son corps en forme de cloche un anneau musculeux qu'elle peut contracter et détendre, comme un parapluie que l'on ouvre et referme. La poussée de l'eau vers l'arrière fait avancer la méduse en sens opposé.

*Les ailes battent de 100 à 400 fois par seconde.*

◄ LE VOL
Les insectes sont les plus petits animaux capables de se déplacer en volant. Les insectes à quatre ailes – tels les papillons – ont les muscles directement fixés à la base de leurs ailes, pour faire monter et descendre celles-ci. Les abeilles, en revanche, ont des muscles fixés au-dessus et en dessous de leur corps. Quand les muscles se contractent, les ailes montent ; quand ils se détendent, les ailes descendent.

## LES MUSCLES

Les muscles sont des faisceaux de fibres qui fournissent à l'animal la puissance nécessaire pour bouger. Quand un nerf stimule un muscle, celui-ci se contracte et provoque un mouvement. Chez les animaux simples tels les escargots, les muscles se contractent par vagues, d'une extrémité du corps à l'autre : ainsi se déplace l'animal. Chez les vertébrés, tel le cheval, les muscles travaillent par paires pour tirer l'os d'un côté ou de l'autre. L'endroit où les os se rejoignent s'appelle l'articulation.

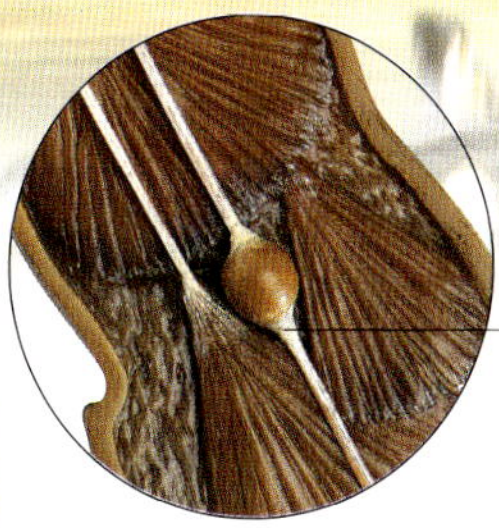

***Le tampon** de résiline de la patte postérieure se gonfle juste avant le saut.*

◄ LE SAUT EN HAUTEUR

La puce doit sauter pour trouver un animal dont elle sucera le sang. Elle saute donc à la hauteur stupéfiante de 33 cm, grâce à l'énergie musculaire emmagasinée dans un tampon élastique situé à l'intérieur de ses pattes. Quand les muscles de ses pattes se détendent pour la faire sauter, la puce est catapultée en l'air.

## LE SQUELETTE

Beaucoup d'animaux ont un squelette rigide qui soutient leur corps ; certains ont des pattes articulées, qui leur permettent de se déplacer vite. De tous les animaux, ce sont les mammifères qui ont le squelette le plus complexe ; la colonne vertébrale compte de nombreux petits os appelés vertèbres, tandis que les membres ont des articulations de différents types. Ce squelette évolué est adapté à de nombreux mouvements différents.

***Les muscles** sont logés à l'intérieur des parties creuses de l'exosquelette.*

LE MOUVEMENT DE L'EXOSQUELETTE ▲

Les animaux pourvus d'un exosquelette – tels les crabes – ont plusieurs paires de pattes articulées. Chaque paire est composée d'une série de tubes réunis par des articulations. Les paires de muscles fixés à la surface interne des articulations permettent au crabe de courir latéralement à toute vitesse.

***La tête** se déplace de droite à gauche pendant la nage.*

***La colonne vertébrale** du requin est composée de vertèbres en cartilage.*

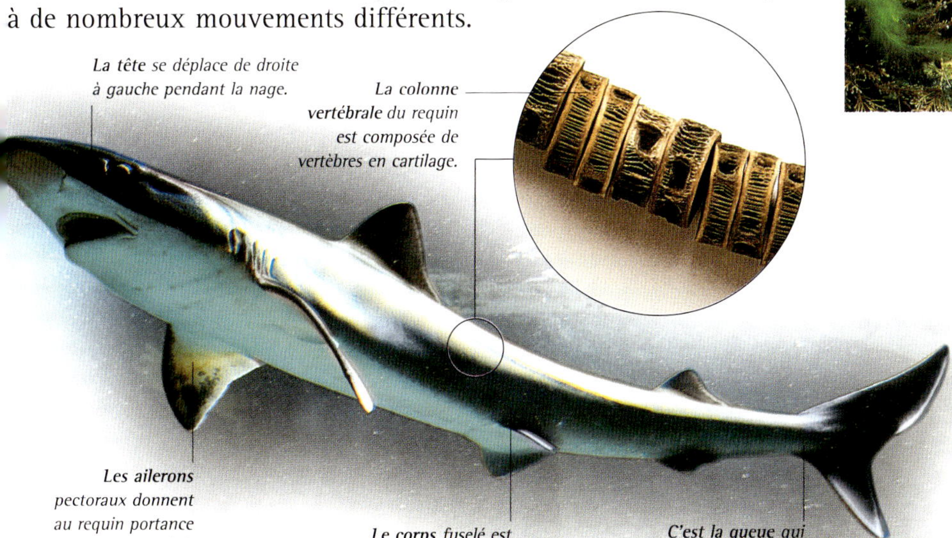

***Les ailerons** pectoraux donnent au requin portance et agilité.*

***Le corps** fuselé est merveilleusement hydrodynamique.*

***C'est la queue** qui propulse le requin, et le guide.*

◄ FAIT POUR NAGER

Les requins ont une silhouette qui leur permet de nager vite. Leur squelette est formé d'une substance élastique appelée cartilage. Le cartilage est plus léger que l'os, et favorise l'efficacité de la nage du requin. Grâce aux contractions cadencées de ses muscles et à la poussée supplémentaire de sa queue, il atteint une vitesse de 30 à 50 km/h.

POUR EN SAVOIR PLUS ⏭ L'anatomie animale 292 • Les muscles 342 • Le squelette 340

# LES SENS

Pour trouver sa nourriture ou une femelle, pour éviter les dangers ou communiquer, l'animal se fie aux informations fournies par ses sens. Le système nerveux traite l'information et dicte au corps les réactions appropriées à ces stimuli de l'environnement. Chez certains, les sens se limitent à quelques cellules photosensibles qui constatent la présence de lumière. Les animaux les plus évolués se servent de la VUE, de l'OUÏE, de l'ODORAT et du toucher.

LES CAPTEURS SENSIBLES ▲
Le poisson-chat est ainsi nommé à cause de ses barbillons charnus ressemblant à des moustaches. Il s'en sert pour trouver son chemin dans les eaux boueuses et localiser sa nourriture. La plupart des autres animaux ont le corps couvert de capteurs sensibles au toucher. L'antilope par exemple frémit dès qu'un insecte, même minuscule, se pose sur son pelage.

▼ AUX AGUETS
Le tigre a des sens très développés. Grâce à son ouïe fine, il localise sa proie dans la jungle la plus épaisse. Ses deux yeux tournés vers l'avant lui donnent une vision binoculaire permettant d'évaluer la distance avec précision, et de voir même dans le noir. Ses moustaches sont des détecteurs de contact permettant de chasser la nuit. Le tigre a également un odorat subtil.

## LA VUE

Les yeux des animaux sont très différents d'une espèce à l'autre, mais tous captent la lumière. L'œil le plus simple est celui du ver de terre : il lui permet de fuir la lumière et de rester sous terre. Chez d'autres espèces, l'œil a une structure complexe permettant à l'animal de focaliser sur un objet particulier pour en obtenir une image nette. L'emplacement de l'œil a aussi son importance. Les herbivores, tel le lapin, ont besoin de voir tout autour d'eux, alors que les espèces carnassières ou arboricoles ont besoin d'apprécier les distances.

LES YEUX COMPOSÉS ►
Les insectes ont de gros yeux composés : ceux-ci sont faits de nombreuses lentilles et chacune fournit une image. Le cerveau réunit les informations et reconstitue une image en mosaïque. Ces yeux, très sensibles au mouvement, ne produisent pas d'image nette.

## L'OUÏE

L'ouïe est le sens qui détecte les ondes sonores. L'animal s'en sert pour communiquer, trouver un partenaire et chasser. Le principal organe est l'oreille, dont la partie importante est une membrane bien tendue, le tympan, qui vibre aux sons. Certains animaux analysent aussi les vibrations qu'ils reçoivent avec d'autres parties de leur corps : pour les serpents, c'est le ventre.

L'OREILLE EXTERNE ►
Chez les mammifères, l'oreille externe s'appelle pavillon : celui-ci canalise les ondes sonores vers le tympan. Le fennec est le plus petit des canidés, mais il a les oreilles les plus grandes car il a besoin d'entendre les insectes dont il se nourrit, la nuit.

DE BONNES VIBRATIONS ►
Beaucoup de lézards, tel l'iguane vert ci-contre, ont derrière l'œil un tympan qui reçoit les sons. Ils ont en outre un os spécial dans la mâchoire pour recevoir les vibrations du sol. Les serpents et autres reptiles ont un organe analogue car ils n'ont pas de tympan.

## L'ODORAT

L'odorat est l'un des deux sens chimiques, l'autre est le goût. Les hommes ont un odorat médiocre, alors que celui-ci est vital chez beaucoup d'animaux pour communiquer. Les odeurs leur servent à délimiter leur territoire et à attirer un partenaire. Elles permettent à certains animaux de traquer leurs proies en les suivant à la piste.

◄ L'APPEL INSTINCTIF
L'odorat sert à beaucoup d'animaux pour identifier leur nourriture. Les chauves-souris frugivores se guident en vol grâce à la vue mais localisent les fruits mûrs, telles les mangues, grâce à l'odorat. Beaucoup de carnivores traquent leurs proies à l'odeur. Les loups, par exemple, sont capables de déterminer le sexe, l'âge et l'état de santé de l'animal qu'ils pistent.

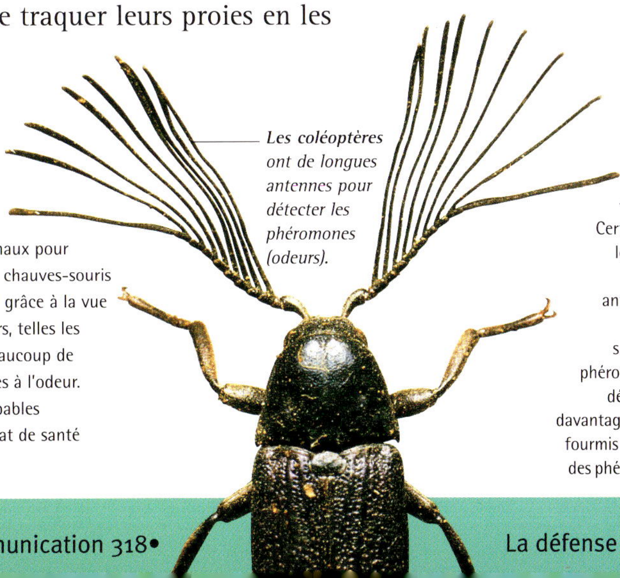


◄ LES CAPTEURS OLFACTIFS
Certains insectes tels les fourmis, les coléoptères et les papillons sentent les odeurs avec leurs antennes. Les femelles émettent pour attirer les mâles des substances odorantes appelées phéromones. Un mâle arrive ainsi à détecter une femelle à 8 km ou davantage. En cas de danger, certaines fourmis lancent l'alarme en émettant des phéromones pour être secourues.

POUR EN SAVOIR PLUS ⏭ La communication 318 • La défense 320 • La nutrition 312

**Le hurlement** du loup s'entend sur une centaine de kilomètres carrés.

◄ LE HURLEMENT DES LOUPS
Les loups vivent en meutes bien organisées, composées d'un mâle et d'une femelle dominants et de leurs descendants. Ils communiquent entre eux par mouvements, sons et odeurs. En remuant les oreilles, la queue et la face, ils échangent des signes de domination et de soumission selon leur statut dans la meute. Les loups gémissent pour accueillir l'un des leurs et hurlent pour faire savoir où ils se trouvent.

# LA COMMUNICATION

Les sons et les gestes constituent chez les animaux un LANGAGE, nécessaire à leur survie. La méthode de communication dépend souvent du degré de proximité qu'ont entre eux les animaux de la même espèce. Le son est perceptible de loin et dans l'obscurité, alors que les gestes constituent des signaux visuels. Les odeurs signalent le moment de la reproduction, elles marquent les limites du territoire. En général, les animaux communiquent avec les membres de leur espèce suivant un code qui lui est propre.

JANE GOODALL
*Britannique, 1934*
*Jane Goodall a étudié pendant plus de 40 ans le comportement des chimpanzés en Afrique. Elle fut la première à prouver que l'homme n'est pas le seul primate à fabriquer et à utiliser des outils. Sa méthode d'observation – le suivi d'une famille de chimpanzés dans son milieu naturel – révolutionna la recherche sur le comportement des primates.*

▲ LA PEUR
Quand le chimpanzé est effrayé, il ouvre les lèvres sans pour autant desserrer les dents : on dirait un sourire forcé. S'il est adressé à un membre dominant, c'est un signe de soumission.

▲ LA SOUMISSION
Quand le chimpanzé entrouvre la bouche, il indique qu'il se soumet devant un membre de rang supérieur, éventuellement pour mettre fin à un conflit. Parfois, il confirme le message en geignant.

▲ L'EXCITATION
La bouche ouverte est signe d'excitation : on l'observe chez les jeunes chimpanzés quand ils jouent. En même temps, ils grognent et crient, plus ou moins fort selon leur degré d'excitation.

# LE LANGAGE

À la différence des hommes, les animaux n'ont pas de langage principalement vocal. Ils se servent d'un ensemble complexe de signaux. Certains animaux communiquent avec des sons inaudibles par l'homme ; d'autres communiquent dans un spectre lumineux invisible par l'homme. Enfin, d'autres encore communiquent grâce aux odeurs.

BIOLUMINESCENCE DU PLANCTON

LE CALMAR DE RÉCIF ▲
Dans les profondeurs de l'océan, beaucoup d'animaux, tels le calmar et le plancton, communiquent par signaux lumineux. Cette lumière s'appelle bioluminescence. Certains animaux la produisent eux-mêmes avec des organes nommés photophores. D'autres ont dans la peau des sacs de bactéries qui produisent de la lumière. Ces animaux se servent de la lumière pour trouver un partenaire ou de la nourriture, pour se défendre et pour se camoufler.

▲ LE CHANT DES SAUTERELLES
Beaucoup d'insectes font du bruit en frottant des parties dures de leur corps. Criquets et grillons produisent un son strident – la stridulation – pour attirer les femelles. Certaines sauterelles frottent leurs pattes postérieures sur leurs élytres. Les grillons frottent la partie supérieure de leurs pattes postérieures contre leur abdomen.

LE SOUFFLEUR ▲
Les dauphins n'ont pas de cordes vocales, mais ils communiquent beaucoup en faisant des bruits variés avec les muscles de leur évent, le trou situé au sommet de leur crâne qui leur permet de respirer quand ils viennent à la surface. Ils émettent des cliquetis, des grincements, des sifflements et des trilles.

LES INFRASONS ▲
L'éléphant produit des sons de fréquences très différentes : l'homme est incapable d'entendre les plus graves. Ce sont des grondements qui se transmettent très loin par l'air et le sol. L'éléphant détecte ces vibrations avec ses pattes et la pointe de sa trompe. Ces sons expriment par exemple qu'un mâle solitaire cherche une femelle ; ils servent aussi aux membres d'une même famille à communiquer de très loin.

LE MESSAGE OLFACTIF ►
En Amérique du Sud, le cabiai vit en groupes familiaux. Le mâle dominant possède au-dessus de son nez une grosse glande à musc, le murillo. Il la frotte contre la végétation pour marquer les limites de son territoire et mettre en garde les intrus. Le message olfactif demeure jusqu'à ce que l'animal revienne marquer l'endroit. Beaucoup d'animaux communiquent avec des odeurs.

POUR EN SAVOIR PLUS ⏭ Les sens 316 • Les populations animales 324

# LA DÉFENSE

Les animaux ont mille façons de se défendre des **PRÉDATEURS**. En général, quand ses sens annoncent l'imminence d'une attaque, l'animal court se mettre en sûreté. Certains animaux se camouflent, d'autres ont des piquants ou du poison ; d'autres encore se font plus gros qu'ils ne sont. Quelques-uns abandonnent un membre ou leur queue pour s'enfuir, et l'organe coupé repousse. Mais les prédateurs aussi progressent dans l'art de la chasse.

▲ LE PAPILLON-HIBOU
Beaucoup de papillons ont de faux yeux sur les ailes. Ceux du papillon-hibou mettent en fuite les petits oiseaux dont les hiboux ont l'habitude de se régaler.

LE DENDROBATES ►
Certains amphibiens se défendent en sécrétant des poisons. Les prédateurs de dendrobates, surtout des serpents et des araignées, sont réfractaires aux poisons faibles. Pour se défendre, ces grenouilles sécrètent dans leur peau un mucus violemment toxique, qui est désagréable ou mortel pour leurs prédateurs. Elles exhibent d'ailleurs des couleurs caractéristiques, qui avertissent les prédateurs contre le danger qu'il y aurait à les manger.

*La peau est couverte de sécrétions luisantes et toxiques.*

PLUS MALIN QUE L'ENNEMI ►
Certains animaux, tels le porc-épic et l'oursin, se défendent avec des piquants. Quant au diodon, ou poisson porc-épic, il se gonfle d'eau en cas d'attaque, ce qui redresse ses piquants. Il reste ainsi bloqué dans la gorge de son attaquant, qui finit par le recracher.

*Le diodon se gonfle d'eau et devient trop gros pour être avalé.*

◄ LE CAMOUFLAGE
De nombreux poissons plats tel le carrelet vivant sur le fond marin sont capables d'en adopter la couleur. Cela les rend presque invisibles aux yeux de leurs prédateurs. Ils possèdent juste sous la surface de la peau des cellules spéciales pouvant changer de couleur. Les caméléons et les calmars savent aussi se confondre avec leur environnement.

## L'ASTUCE DU SCINQUE ARBORICOLE

Certains scincidés s'automutilent quand on les attrape par la queue. Cette dernière continue à bouger dans la bouche de l'assaillant pendant que le lézard détale. Puis la queue repousse.

*La queue se brise à un endroit particulier.*

*Une nouvelle queue pousse.*

*Elle est de couleur différente.*

# LA PRÉDATION

Les prédateurs sont des animaux qui tuent d'autres animaux pour se nourrir. La chasse est la principale raison pour laquelle un animal d'une espèce attaque un membre d'une autre espèce. Les proies résistent parfois pour défendre leurs petits ou leur groupe mais, le plus souvent, elles fuient. Certains animaux dévorent des membres de leur propre espèce, en général des œufs ou des petits. Certains prédateurs chassent de façon active, d'autres se mettent en embuscade.

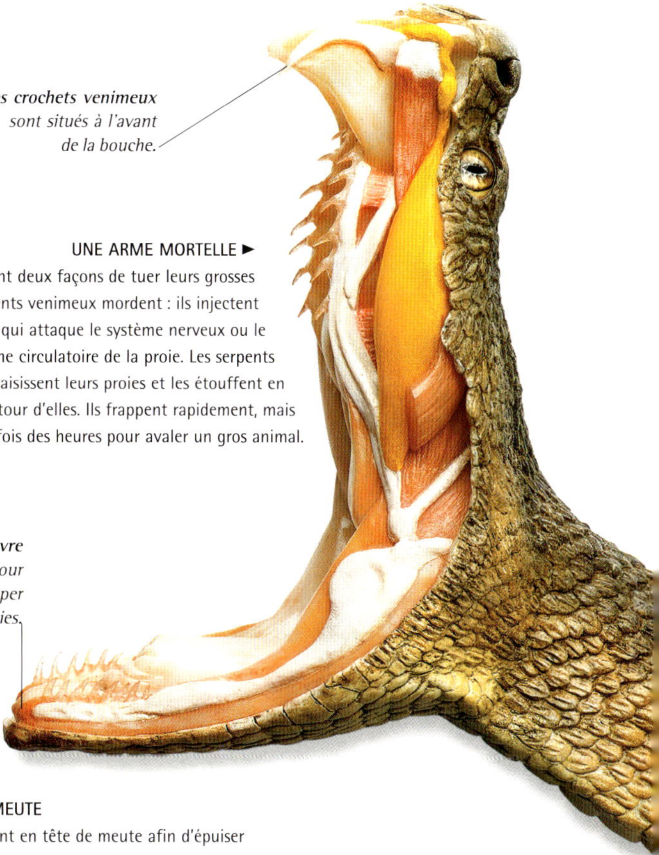

***Les crochets venimeux** sont situés à l'avant de la bouche.*

UNE ARME MORTELLE ►
Les serpents ont deux façons de tuer leurs grosses proies. Les serpents venimeux mordent : ils injectent un venin qui attaque le système nerveux ou le système circulatoire de la proie. Les serpents constricteurs saisissent leurs proies et les étouffent en s'enroulant autour d'elles. Ils frappent rapidement, mais mettent parfois des heures pour avaler un gros animal.

***La bouche s'ouvre** largement pour pouvoir frapper de grandes proies.*

▼ LA CHASSE EN MEUTE
Les lycaons se relaient en tête de meute afin d'épuiser la proie avant qu'eux-mêmes ne se fatiguent. Une fois la proie à bout de forces, toute la meute se jette sur elle pour la tuer. Plusieurs espèces de mammifères chassent en meutes : elles parviennent à tuer des animaux trop gros, trop dangereux ou trop fatigants pour un individu isolé.

POUR EN SAVOIR PLUS ⏭ L'évolution 328 • La nutrition 312 • La survie des plantes 274

# LES BIORYTHMES

Les animaux ont de nombreux comportements instinctifs liés au climat. Le changement de saison déclenche chez certaines espèces une migration. Les animaux migrateurs quittent leur patrie et reviennent à leur point de départ chaque année. Ils parcourent des milliers de kilomètres pour trouver de la nourriture ou se reproduire. D'autres s'immobilisent pendant la mauvaise saison, ils entrent dans une phase de DORMANCE. Certains animaux vivent le jour, d'autres la nuit.

▼ LA MIGRATION DES RENNES
L'été, les rennes mangent tant qu'ils peuvent. Ils changent de pâturage en permanence pour ne pas perdre une minute et prennent du poids en vue de l'hiver. À l'automne, ils migrent vers le sud dès la première forte chute de neige et gagnent leur pâturage d'hiver, où le temps est plus doux et la nourriture plus accessible. Au printemps enfin, ce sont les femelles qui donnent le signal du départ vers le nord.

▲ UN SI LONG RETOUR
Les saumons passent la majorité de leur vie en mer, mais ils retournent frayer, c'est-à-dire pondre, dans le ruisseau où ils sont nés. On ignore comment ils en retrouvent le chemin : on pense que c'est une question d'odorat. L'effort que font ces poissons pour remonter le courant et frayer les épuise : rares sont ceux qui effectuent une deuxième rotation.

LE GALAGO NOCTURNE ►
Les animaux nocturnes – tel le galago qui vit dans les forêts africaines au sud du Sahara – sont adaptés à la vie dans le noir. Le jour, ces petits animaux seraient victimes de prédateurs et en concurrence avec de nombreux insectivores. En dormant le jour et en chassant la nuit, ils évitent ces difficultés.

UN VOL LONG-COURRIER ►

À la fin de l'été, les jours raccourcissent ; des oiseaux telle l'oie des neiges se réunissent en grand nombre et migrent vers des cieux plus cléments. Certains oiseaux sont capables de rallier leur destination sans s'arrêter. Ils s'orientent d'après la position du soleil et des étoiles, avec l'aide de points de repère remarquables comme les cours d'eau et les côtes.

◄ LE MONARQUE

Chaque année, une centaine de millions de papillons monarques migrent vers le sud en provenance de tous les États-Unis et à destination de la chaleur relative de la Californie et du Mexique. C'est la baisse de température à la fin de l'été qui déclenche cette migration, car ils sont incapables de voler à moins de 12,8 °C. Sur leurs lieux d'hivernation, ils s'agglutinent tous ensemble pour se tenir chaud : chaque papillon étend les ailes pour protéger celui qui est en dessous.

*L'oie des neiges effectue une migration de 4 800 km.*

## LA DORMANCE

L'hibernation est une forme de dormance pendant laquelle les animaux tombent dans un profond sommeil tandis que toutes leurs fonctions ralentissent. La torpeur est une autre forme de dormance ; les animaux sont vaguement endormis mais se réveillent facilement. Certains animaux aquatiques s'enfouissent dans le sable ou la boue pendant la saison sèche, jusqu'au retour des pluies : c'est l'estivation.

▲ LE PÉLOBATE BRUN

Ce crapaud survit à la sécheresse en creusant un profond terrier dans le sol. Il s'enterre à plus de 1 m de profondeur puis s'enveloppe de plusieurs couches de peau muée qui l'empêchent de se dessécher. Il reste ainsi dans cette espèce de cocon jusqu'au retour des pluies. C'est l'augmentation d'humidité qui déchire sa couverture protectrice : l'animal remonte alors à la surface.

L'HIBERNATION ▲

Le loir a gagné sa réputation en dormant jusqu'à 7 mois consécutifs, grâce à la graisse qu'il accumule avant l'hiver en dévorant d'énormes quantités de graines et de baies. Le reste de l'année, il mange aussi des insectes. Son changement de régime lui donne sommeil et le prépare à hiberner. Vers la fin de l'hibernation, il s'éveille de temps en temps et son sommeil devient plus léger. Dès qu'il s'éveille vraiment, il s'accouple.

POUR EN SAVOIR PLUS ⏭ Le climat 236 • La nutrition 312 • Les populations animales 324

# LES POPULATIONS ANIMALES

On appelle population animale les membres d'une même espèce vivant dans la même région et se reproduisant entre eux. La taille de la population et celle de son habitat changent au fil du temps à cause des maladies, de la concurrence, etc. Le terme de population désigne des animaux vivant en liberté, parcourant parfois une vaste région, et membres d'un groupe familial ou d'une colonie. Certains groupes sont provisoires, ils ne durent que le temps de la saison de reproduction.

▲ L'UNION FAIT LA FORCE
Les suricates, proches des mangoustes, vivent en groupes appelés colonies. Chaque colonie se compos de plusieurs unités familiales et occupe un territoire, qu'elle défend contre les suricates voisins et les prédateurs. Un ou deux membres de la colonie sert de sentinelle : il se poste sur une hauteur et surveille les alentours.

▲ LES MEMBRES D'UNE FAMILLE
Les guépards vivent en société complexe. Les mâles peuvent se déplacer beaucoup ou revendiquer un territoire. Ils vivent isolés ou par groupe de deux, souvent deux frères. Ils vivent et chassent ensemble toute leur vie. Ils accaparent parfois un territoire qui empiète sur celui des femelles et en marquent la limite en urinant sur les arbres. Les guépards mâles et femelles ne se côtoient que pour s'accoupler.

◄ L'ORGANISATION EN COLONIE
Certains termites vivent en colonies de plus d'un million d'animaux, dans des nids. Tous les membres descendent d'une seule reine et de son mâle ; ils ne survivent que par la façon dont ils coopèrent. La reine pond chaque jour une trentaine de milliers d'œufs. Elle dépend des ouvriers qui prennent soin d'elle et de ses œufs. D'autres termites, les soldats, défendent le nid contre les assaillants : ils les mordent avec leurs puissantes mâchoires.

*Les chambres situées au milieu du nid abritent les termites.*

*Ce sont les ouvrie qui construisent le nid.*

POUR EN SAVOIR PLUS ⏭ La défense 320 • La reproduction sexuée 308

# LES COMMUNAUTÉS

Une communauté se compose d'un certain nombre de populations qui influent les unes sur les autres. Comme les milieux varient en taille et en complexité, il en est de même des populations qui y vivent. Au sein de chaque communauté, ce sont des animaux différents qui influent les uns sur les autres. Certaines de ces interactions sont avantageuses pour les deux espèces, d'autres ne profitent qu'à une seule. Nulle espèce n'a intérêt à une concurrence acharnée avec une autre.

▼ SE CONTENTER DES RESTES
Ce labre est accompagné de son fidèle rémora, qui nage sous lui. Le rémora possède sur la tête un disque qu'il fixe à un poisson plus gros. En se laissant transporter, le rémora économise de l'énergie, se protège des prédateurs et mange les restes des repas de son protecteur. Le labre ne gagne rien mais ne perd rien à cette association.

UN INTÉRÊT COMMUN ▲
Le rapprochement de deux espèces quand il profite aux deux s'appelle mutualisme. Le pique-bœuf se nourrit des poux et tiques infestant l'antilope. L'oiseau bénéficie d'une source permanente d'aliments et l'antilope gagne à être débarrassée des parasites qui lui sucent le sang.

L'EXPLOITATION ►
Certaines associations entre animaux profitent à l'un alors que l'autre en souffre. Les tiques sont des acariens qui vivent du sang du chevreuil et des cerfs. Elles sucent aussi le sang d'autres êtres vivants, y compris l'homme, et transmettent des maladies à leur hôte.

UNE COMMUNAUTÉ MARINE ▼
Un récif corallien est formé par l'accumulation de nombreux coraux vivant ensemble. Il constitue un milieu très riche pour une multitude d'animaux. Toutefois, les coraux qui forment le socle du récif ont besoin pour survivre de davantage de nourriture qu'ils n'en disposent. Ils obtiennent ce supplément grâce à des algues microscopiques qui vivent à l'intérieur d'eux-mêmes. Les algues ont besoin de lumière pour fabriquer leur nourriture : c'est pourquoi on ne trouve des coraux que lorsque l'eau est limpide et peu profonde.

*Le poisson-lion est un des nombreux habitants du récif de corail.*

*Le récif offre maintes cachettes à ses habitants.*

POUR EN SAVOIR PLUS ⏭ L'écologie 326 • Les biotopes 246 • Les plantes parasites 270

# L'ÉCOLOGIE

L'écologie étudie les relations entre les êtres vivants et leur milieu. Les animaux sont adaptés aux conditions de leur environnement. Chacun joue dans sa niche écologique un rôle spécifique, tel celui du prédateur ou de la proie. L'herbivore mange des végétaux, le carnivore mange des herbivores et l'omnivore mange les deux à la fois. Cette succession est une CHAÎNE ALIMENTAIRE.

L'ÉCOSYSTÈME ►
Un écosystème est formé d'un biotope - ou milieu naturel - et d'une biocénose - ou ensemble stable de populations animales ; les chaînes alimentaires y sont en équilibre. La savane des hautes terres d'Afrique, par exemple, a des végétaux, des herbivores tels le zèbre et le gnou qui mangent les végétaux et des carnivores tels le lion et la panthère qui mangent les herbivores.

UNE NICHE ÉCOLOGIQUE ▲
La harpie est un prédateur des forêts d'Amérique du Sud. Elle a des ailes courtes et larges, qui se prêtent au vol en forêt. Un milieu donné possède de nombreuses niches, mais chaque animal est en concurrence avec les autres membres de la communauté pour se procurer des ressources, telle la nourriture. Un animal n'est pas nécessairement capable d'occuper éternellement une niche.

▲ UN HABITAT PEU ACCUEILLANT
Un habitat est un espace, tels un rivage ou une forêt, qui abrite certaines espèces animales et végétales. Certains habitats comptent de nombreux êtres vivants. D'autres ont des niches moins nombreuses, qui abritent par conséquent moins d'espèces, même si celles-ci comptent un nombre important d'individus. Le manchot royal est l'un des rares animaux capables de survivre aux grands froids de l'Antarctique.

***Les algues** se fixent sur les rochers et ainsi ne sont pas emportées.*

***En restant dans sa coquille,** la patelle garde son eau tant que la marée est basse.*

***L'étoile de mer** est en sécurité dans une fissure.*

***L'étrille** peut se réfugier au fond de la flaque quand la marée descend.*

***L'actinie chevaline** rentre ses tentacules si la marée la découvre en baissant.*

***L'anémone** verte ne peut pas rentrer ses tentacules : il faut donc qu'elle reste submergée.*

▲ LE BIOTOPE RÉCIFAL
L'estran rocheux comporte de nombreuses niches écologiques. Certaines parties du récif se découvrent à marée basse, d'autres sont exposées aux vagues, d'autres encore sont plus abritées. Certaines enfin subissent de forts changements de température. Les animaux et les algues qui peuplent ce milieu doivent s'adapter à ces conditions.

# LA CHAÎNE ALIMENTAIRE

Les animaux se procurent énergie et nutriments en dévorant d'autres êtres vivants. Cette transmission d'énergie s'appelle la chaîne alimentaire.

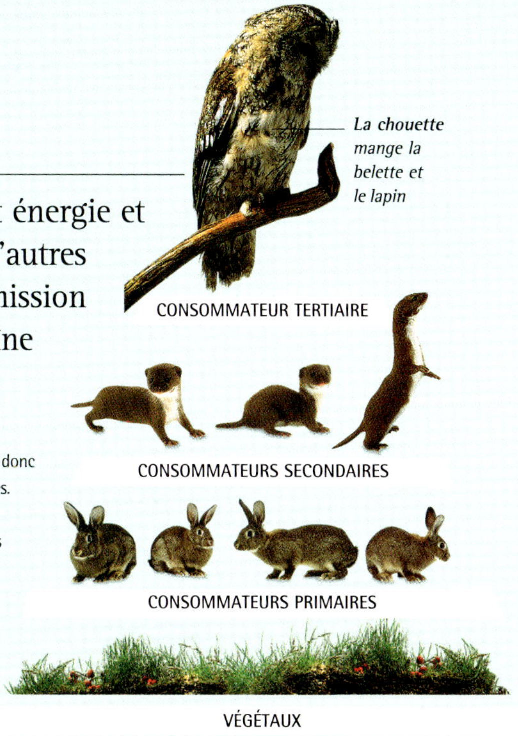


**LA PYRAMIDE TROPHIQUE ►**
Les plantes tirent leur énergie du soleil : elles sont donc à la base de presque toutes les chaînes alimentaires. Elles fournissent l'énergie aux herbivores, appelés consommateurs primaires, qui sont dévorés par les carnivores, appelés consommateurs secondaires. Les animaux qui mangent les consommateurs secondaires sont les consommateurs tertiaires. Certains carnivores mangent des herbivores et de petits carnivores, ils sont consommateurs secondaires et tertiaires. Il y a moins d'animaux en haut de la pyramide trophique qu'en bas.

**LE RÉSEAU TROPHIQUE ►**
Au sein des communautés animales, il existe de nombreuses chaînes alimentaires. Beaucoup d'animaux, comme le renard, mangent des aliments variés : les chaînes sont donc liées entre elles, ce qui crée un réseau alimentaire. Quand l'animal meurt, il devient lui-même un élément de la chaîne alimentaire. En se décomposant, il libère des nutriments dont se nourrissent d'autres êtres vivants.

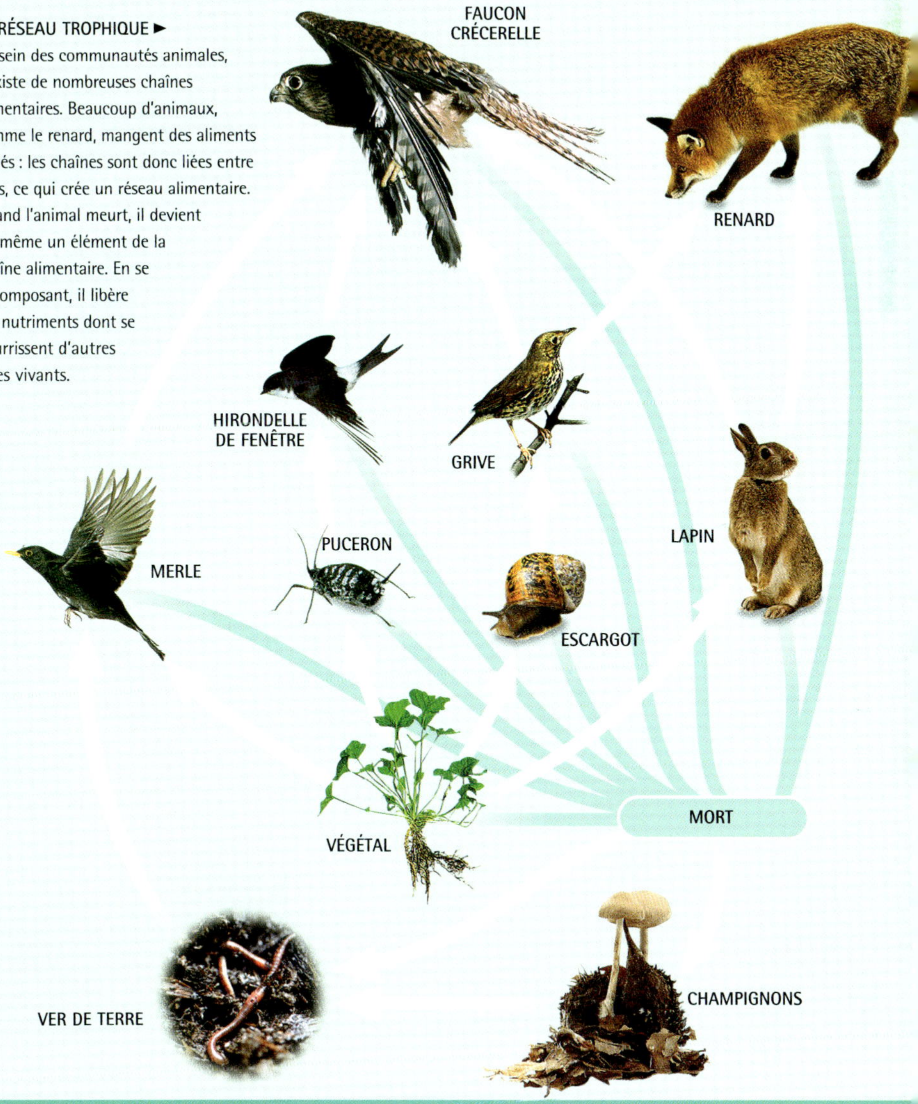


POUR EN SAVOIR PLUS ⏭ Les communautés 325 • La nutrition 312 • Les biotopes 246

# L'ÉVOLUTION

L'évolution, c'est le fait que les êtres vivants changent avec le temps. Ces changements se transmettent par les gènes d'une génération à l'autre. La **SÉLECTION NATURELLE** est la cause de l'évolution. Dans la nature, le résultat de l'évolution est une meilleure **ADAPTATION** : les individus les mieux adaptés transmettent mieux leurs gènes que leurs rivaux, de telle sorte que l'adaptation tend à se généraliser et s'impose à toute l'espèce.

## S'ADAPTER POUR SURVIVRE

L'avant-bras des mammifères, des oiseaux et des reptiles a évolué de façon divergente à partir d'un modèle de base suggérant l'existence d'un ancêtre commun. Le modèle de base comporte un os unique pour le bras, deux os pour l'avant-bras et cinq doigts.

*Le coude permet à l'aile de se replier.*

*Premier doigt*

*Deuxième doigt, long, aux os soudés*

**Chez l'oiseau,** l'aile a le même squelette qu'un bras de mammifère, mais il n'y a que deux doigts au lieu de cinq. La même disposition des os se vérifie sur tous les vertébrés terrestres, y compris les amphibiens.

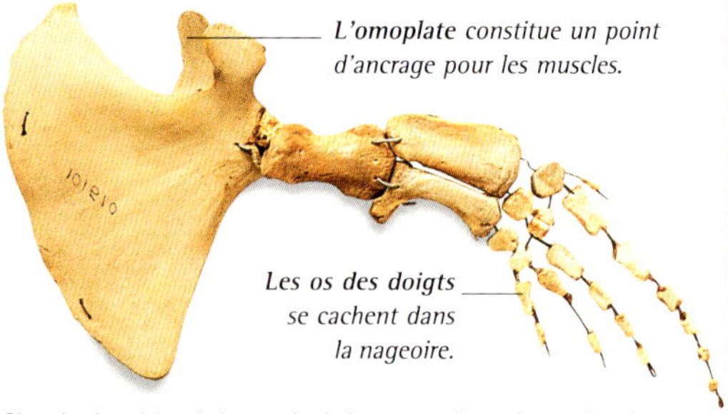

*L'omoplate constitue un point d'ancrage pour les muscles.*

*Les os des doigts se cachent dans la nageoire.*

**Chez le dauphin,** le bras a évolué en nageoire, mieux adaptée à la vie dans l'eau. Les doigts ont beau être cachés à l'intérieur de la nageoire, leurs os existent encore.

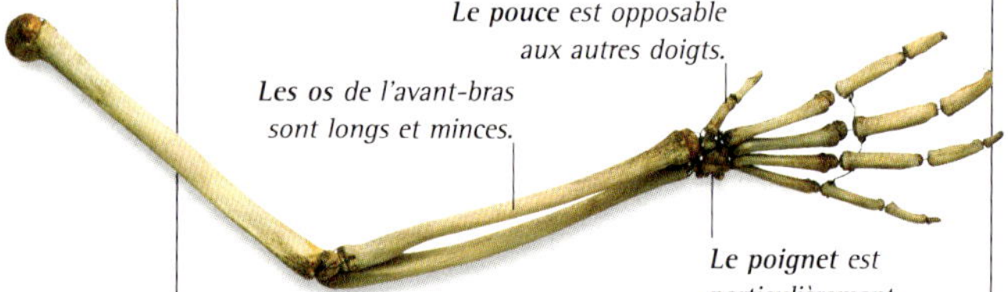

*Le pouce est opposable aux autres doigts.*

*Les os de l'avant-bras sont longs et minces.*

*Le poignet est particulièrement souple.*

**Chez le chimpanzé,** le bras est fait pour grimper et saisir. Le pouce, opposé aux quatre autres doigts, permet une prise solide ; le pouce et le poignet pivotent, ce qui améliore la dextérité.

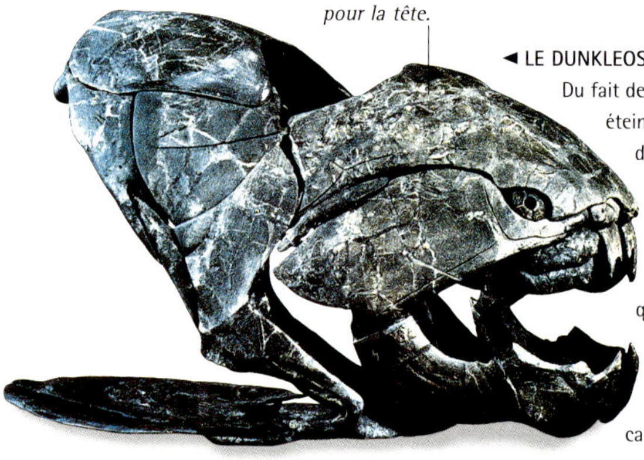

*Des plaques osseuses forment une armure pour la tête.*

◄ LE DUNKLEOSTEUS

Du fait de l'évolution, certaines espèces se sont éteintes. Elles ont été remplacées par d'autres animaux, mieux adaptés aux conditions de leur milieu et donc davantage capables de survivre.

Le *Dunkleosteus* est un poisson cuirassé aux mâchoires puissantes qui vivait il y a 350 millions d'années environ. Il s'est peut-être éteint à l'apparition des requins, plus grands et plus rapides, qui le concurrençaient car ils chassaient les mêmes poissons.

▼ L'ÉVOLUTION DE L'ÉLÉPHANT

L'éléphant d'aujourd'hui est le résultat d'une longue évolution. En plusieurs millions d'années, les changements mineurs se sont transmis d'une génération à l'autre. Les premières espèces fossiles d'éléphants étaient de petite taille, mais celle-ci a augmenté avec le poids au fil du temps. Les trois espèces actuelles (éléphant d'Asie, éléphant d'Afrique de savane, éléphant d'Afrique de forêt) sont les seules survivantes d'un groupe jadis beaucoup plus diversifié.

*L'éléphant d'Asie est un des plus gros animaux au monde.*

*Le phiomia était à peu près de la taille d'une vache.*

*Le gomphotherium se servait sans doute des longues dents de sa mâchoire inférieure pour ramasser la végétation aquatique.*

*Le moeritherium vivait dans les cours d'eau et se nourrissait de plantes aquatiques.*

*Le deinotherium a disparu il y a 2 millions d'années environ.*

MOERITHERIUM — PHIOMIA — GOMPHOTHERIUM — DEINOTHERIUM — ÉLÉPHANT D'ASIE

# LA SÉLECTION NATURELLE

Beaucoup d'animaux meurent jeunes. Ceux qui bénéficient d'une structure utile – telle une épaisse fourrure dans un milieu glacial – ont plus de chances de survie que les autres. Cet effet des différences physiques sur la survie, c'est ce que le naturaliste Charles Darwin a appelé la sélection naturelle. Celle-ci est une des causes de l'évolution, mais pas la seule.

CHARLES DARWIN
*Britannique, 1809-1882*

*Pendant de longues années, Darwin a réuni des indices prouvant que l'évolution est le résultat de la sélection naturelle, dès lors cette théorie s'appelle le «darwinisme». Il parcourut le monde à bord du Beagle. Aux îles Galapagos, dans le Pacifique, il s'émerveilla du nombre d'espèces vivant dans l'archipel.*

LA MITE POIVRÉE ►
Lors de la révolution industrielle dans les années 1880, la pollution noircit les arbres de certaines régions d'Angleterre. Jusque-là, les papillons noirs étaient rares, mais leur nombre augmenta car les oiseaux avaient plus de mal à les remarquer que leurs cousins mouchetés. À partir de 1900, la majorité des papillons des régions industrielles étaient noirs. Aujourd'hui que la pollution est maîtrisée, la proportion de papillons noirs redescend.

◄ LES OISEAUX DES HAWAII
La sélection naturelle crée parfois de nouvelles espèces. Les drépanididés descendent tous du même ancêtre arrivé aux Hawaii il y a longtemps. Étant les seuls oiseaux sur place, ils eurent le choix entre toutes sortes d'aliments. Au bout de nombreuses générations, leur bec changea pour s'adapter à différents régimes.

# L'ADAPTATION

L'adaptation est un effet de la sélection naturelle. Avec le temps, l'animal change progressivement, en fonction de son milieu. Tous les aspects sont concernés : anatomie, comportement, cycle vital. Ceci est important pour l'évolution, car plus un animal est adapté à son milieu, plus il a de chances de survivre et de se reproduire.

L'ÉCHIDNÉ ▲
L'échidné d'Australie et de Tasmanie est bien adapté à son alimentation : les fourmis et les termites. Il a de puissantes griffes avec lesquelles il défonce fourmilières et termitières ; avec sa longue langue gluante, il attrape ses proies. L'échidné d'Australie a également de fortes épines pour se protéger. Il ne peut pas se mettre en boule comme un hérisson : en cas de danger, il s'enterre rapidement pour protéger son ventre, très vulnérable.

◄ LES IGUANES MARINS
L'iguane marin vit aux Galapagos et se nourrit exclusivement d'algues. Il est bien adapté à son milieu. Comme il se nourrit sous l'eau, c'est un bon nageur : sa longue queue aplatie sur le plan longitudinal le propulse en ondulant dans le sens transversal. Son museau présente des structures glandulaires qui éliminent le sel en excès.

POUR EN SAVOIR PLUS ⏭ Les espèces menacées 334 • La génétique 364

# LA VIE PRÉHISTORIQUE

La vie a commencé il y a 3,5 milliards d'années ; l'évolution a produit depuis une énorme variété d'êtres vivants. Les tout premiers étaient simples et minuscules telles les bactéries. Ils sont devenus de plus en plus complexes, pour aboutir aux animaux d'aujourd'hui. Certains toutefois ont disparu, c'est le cas des DINOSAURES.

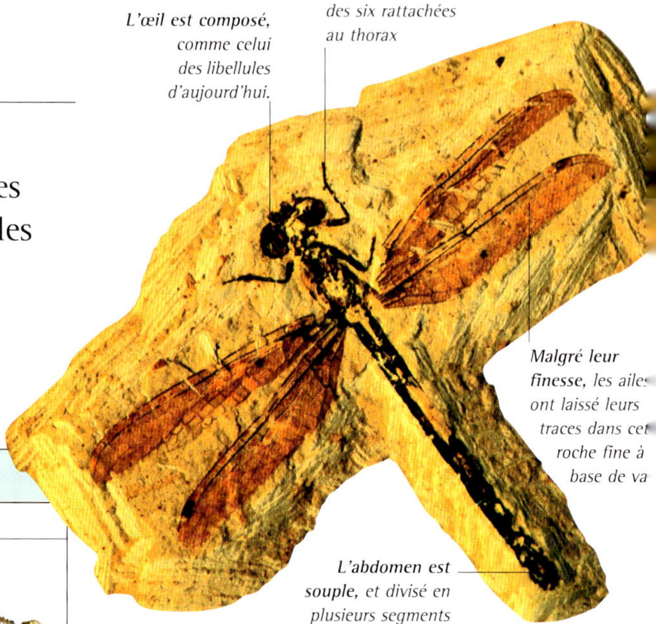


UNE LIBELLULE FOSSILE ▲
Cette libellule préhistorique a été conservée sous forme de fossile. Comme tant d'insectes, les libellules n'ont guère changé depuis leur apparition. Les insectes, dont les premiers sont apparus il y a 400 millions d'années, constituent un groupe d'animaux qui a particulièrement réussi. Il y a 320 millions d'années environ sont apparus les premiers insectes ailés : ce furent les premiers animaux à voler.

**LES ÉTAPES DE LA VIE SUR TERRE**

| | | |
|---|---|---|
| Protérozoïque | De l'origine de la vie à - 540 millions d'années. | |
| Paléozoïque | Début il y a 540 millions d'années, fin il y a 290 millions d'années. Les poissons sont apparus en mer et en rivière il y a 500 millions d'années. Peu à peu, certains ont acquis des pattes et des poumons : ce furent les amphibiens, ancêtres des reptiles, tel le *dimétrodon* qui respirait avec des poumons. |  LIBELLULE  CHEIROLEPIS  DIMÉTRODON |
| Mésozoïque | Début il y a 250 millions d'années, fin il y a 65 millions d'années. Dominé par les dinosaures, les reptiles marins géants et les ptérosaures. Les oiseaux apparaissent il y a 150 millions d'années. Les mammifères primitifs datent de la fin de cette ère. |  ARCHÉLON  STÉGOSAURE  MACROSCÉLIDE |
| Cénozoïque | Notre ère, qui a commencé il y a 65 millions d'années. Les ancêtres de la plupart des groupes de mammifères apparaissent à cette époque. Nos propres ancêtres, les premiers hominidés à station debout, sont apparus il y a environ 5 millions d'années. |  MAMMOUTH LAINEUX  AUSTRALOPITHECUS HABILIS |

▼ L'ÉLASMOSAURE
Il y a 206 millions d'années sont apparus dans les océans des reptiles au long cou, les plésiosaures. Ils ont disparu il y a 65 millions d'années. L'élasmosaure était l'un des plus grands. Comme les plésiosaures n'ont pas de descendants aujourd'hui, les scientifiques en sont réduits à des conjectures quant à leur mode de vie et de déplacement. On ignore comment leurs énormes nageoires assuraient leur propulsion : elles fonctionnaient comme des avirons ou battaient comme des ailes.

# LES DINOSAURES

Les dinosaures – aujourd'hui disparus – étaient des reptiles terrestres dont les pattes étaient articulées sous le corps. Les dinosaures sont divisés en deux groupes sclon la forme de leur bassin. Les oiseaux sont peut-être les descendants les plus directs des dinosaures carnivores.

*Les énormes mâchoires étaient garnies de dents pour déchirer la viande.*

*Les pattes antérieures taient armées de terribles griffes tranchantes, en orme de crochet.*

UN HERBIVORE ►
Le corythosaure était un dinosaure herbivore, pourvu d'une sorte de bec de canard. Il est apparu il y a 165 millions d'années, et a disparu 30 millions d'années plus tard. Le corythosaure possédait au-dessus du crâne une crête creuse qui avait peut-être une fonction décorative ou d'amplification des sons pour la communication.

◄ UN CARNIVORE
L'allosaure, apparu il y a 150 millions d'années et disparu 5 millions d'années plus tard, fut l'un des plus grands dinosaures carnassiers, et un des plus communs. Il avait une tête énorme aux mâchoires puissantes et un cou très musclé. Comme tous les dinosaures carnivores, l'allosaure marchait sur ses pattes postérieures. Avec ses pattes antérieures, il saisissait ses proies.

*La crête servait peut-être à communiquer.*

*Le bec, large et plat, servait à brouter.*

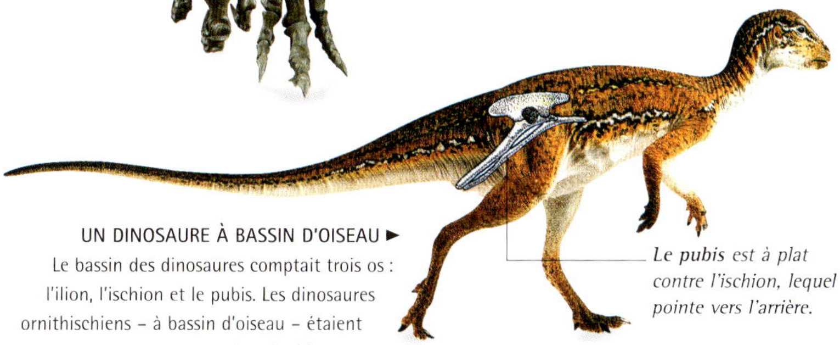

UN DINOSAURE À BASSIN D'OISEAU ►
Le bassin des dinosaures comptait trois os : l'ilion, l'ischion et le pubis. Les dinosaures ornithischiens – à bassin d'oiseau – étaient tous herbivores.

*Le pubis est à plat contre l'ischion, lequel pointe vers l'arrière.*

HYPSILOPHODON

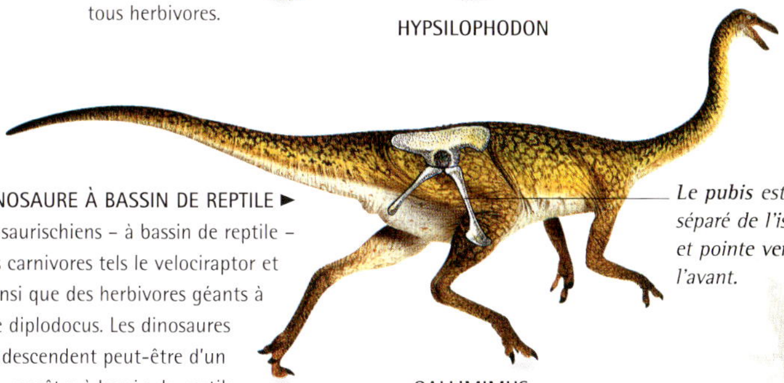

UN DINOSAURE À BASSIN DE REPTILE ►
Les dinosaures saurischiens – à bassin de reptile – comptaient des carnivores tels le velociraptor et le tyrannosaure, ainsi que des herbivores géants à long cou, comme le diplodocus. Les dinosaures à bassin d'oiseau descendent peut-être d'un ancêtre à bassin de reptile.

*Le pubis est séparé de l'ischion et pointe vers l'avant.*

GALLIMIMUS

POUR EN SAVOIR PLUS ⏭ Les oiseaux 303 • L'évolution 328 • Les espèces menacées 334 • Les fossiles 220

# LA PALÉONTOLOGIE

L'étude des animaux d'autrefois à partir de leurs **FOSSILES** s'appelle la paléontologie. Les spécialistes de ce domaine, les paléontologues, étudient soigneusement les squelettes fossiles et les comparent à ceux d'animaux vivants. Ils déterminent ainsi à quoi ressemblaient ces espèces disparues et comment elles vivaient. Les chercheurs étudient aussi d'autres trouvailles, comme les traces de pas fossilisées et d'autres indices laissés par ces animaux.

UN SQUELETTE D'HÉTÉRODONTOSAURE ►
Les squelettes complets de dinosaures sont rares. En général, on trouve au mieux quelques dents, ou des os. Les paléontologues identifient ces fragments fossilisés en les rapprochant de spécimens mieux conservés. Pour reconstituer l'animal à partir du squelette, les chercheurs calculent la taille et l'emplacement des muscles grâce aux marques d'ancrage que ceux-ci ont laissées sur les os.

▲ TRACES DE PAS DE DINOSAURE
Les paléontologues n'étudient pas seulement les os. Les animaux préhistoriques tels les dinosaures ont laissé d'autres indices. En étudiant des traces de pas fossiles, le chercheur peut déterminer la façon dont les dinosaures marchaient et à quelle vitesse ils couraient. On a également trouvé des excréments de dinosaures fossilisés : on en a déduit le régime alimentaire de ces bêtes.

HÉTÉRODONTOSAURE

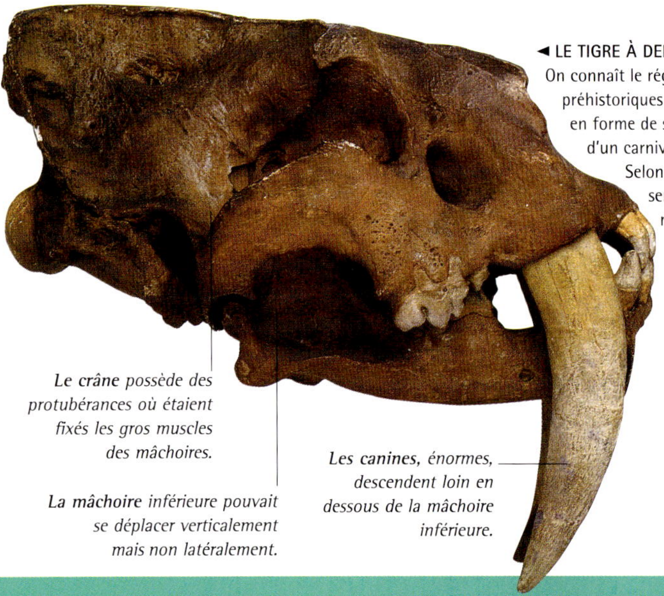


◄ LE TIGRE À DENTS EN FORME DE SABRE
On connaît le régime alimentaire de certains animaux préhistoriques d'après leurs fossiles. Le tigre à dents en forme de sabre avait les dents aiguës et tranchantes d'un carnivore, ainsi que des mâchoires puissantes. Selon certains chercheurs, ces grandes canines servaient à tuer, selon d'autres, elles ne servaient qu'à impressionner.

L'ŒUF DE DINOSAURE ►
Depuis quelques décennies, on a découvert de nombreux œufs de dinosaures. Certains se présentent en amas d'une douzaine ou davantage : donc, les dinosaures faisaient peut-être des nids. On a même retrouvé un dinosaure conservé avec un amas d'œufs : cela prouverait que les dinosaures s'occupaient de leur ponte.

# LES FOSSILES

Les fossiles sont les seules preuves de la vie préhistorique. Ils se sont formés dans les roches composées de sédiments compactés tels la vase et le sable. Ce qu'il reste du squelette est parfois de l'os ou bien des fossiles ; enfin, il arrive que les os se dissolvent, laissant l'empreinte en creux de la silhouette de l'animal. Les fossiles font surface quand l'érosion a enlevé les roches qui se trouvaient au-dessus.

UN FOSSILE VIVANT ▲
Certains animaux ont à peine changé depuis leur apparition, il y a des millions d'années. On les appelle fossiles vivants, selon l'expression de Charles Darwin. La limule ci-dessus est pratiquement identique à certains fossiles du jurassique, datant de 200 millions d'années. Son corps n'a pas changé car il est parfaitement adapté à son milieu et à son mode d'existence, qui n'ont pas changé non plus.

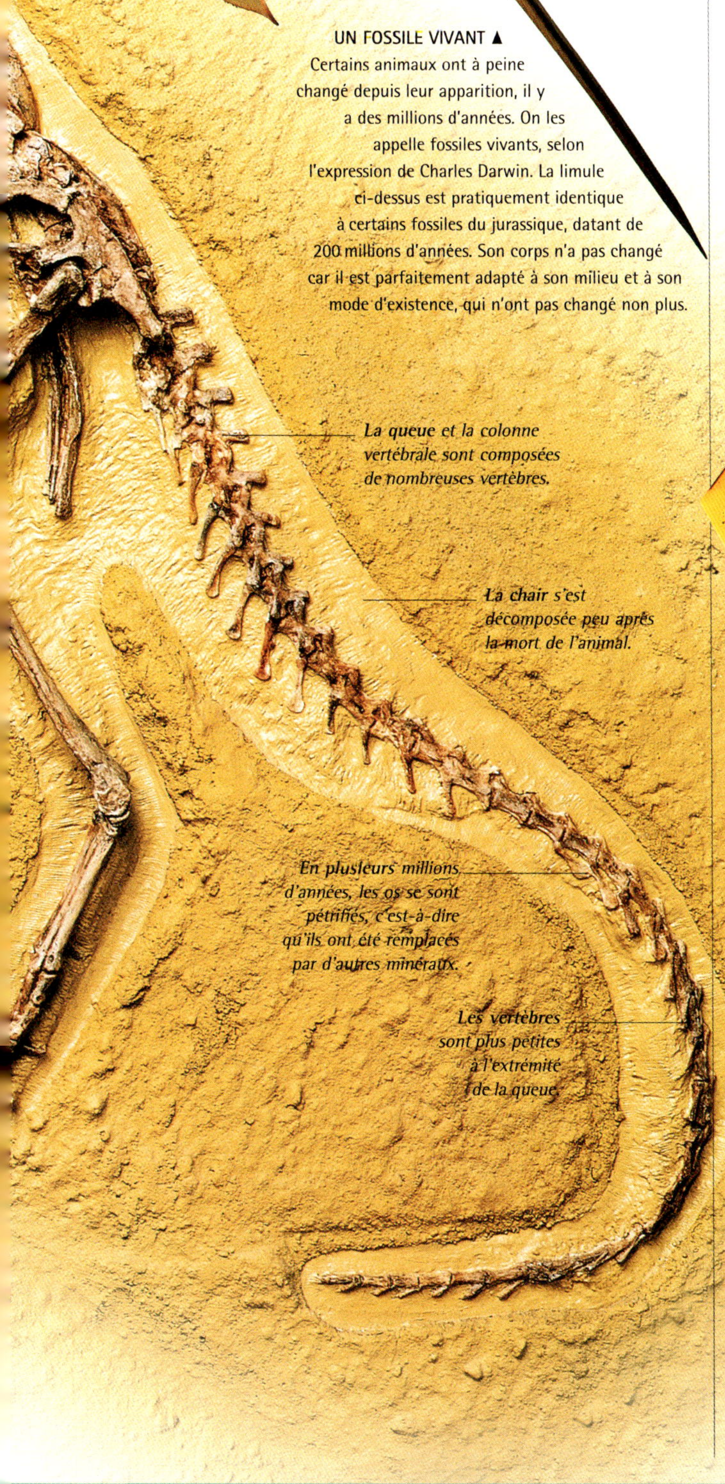

ENCHÂSSÉ DANS LA PIERRE ►
Les trilobites sont une espèce disparue qui possédait un squelette externe résistant, des pattes articulées et des yeux composés : on retrouve aujourd'hui ces traits chez les insectes et les crustacés. Les trilobites se sont éteints il y a 248 millions d'années environ, après avoir prospéré dans le milieu marin pendant 300 millions d'années.

◄ PIÉGÉ DANS L'AMBRE
L'ambre est de la résine d'arbre fossilisée. Il contient parfois les restes d'insectes et autres petits animaux qui y ont été englués quand il était encore liquide, à la sortie de l'arbre. Ces fossiles presque parfaits offrent des indices uniques sur les tissus mous et les organes délicats. On a essayé d'en extraire de l'ADN, mais on n'y est point parvenu.

CONSERVÉ DANS LA GLACE ▲
Certains animaux préhistoriques, très rares, sont conservés intacts. Ce très jeune mammouth laineux est mort il y a des milliers d'années et a été congelé très rapidement, puis enfoui sous la neige et la glace qui l'ont protégé des charognards. Le pelage a presque disparu mais d'autres traits demeurent, notamment des oreilles minuscules qui le différencient nettement de l'éléphant moderne.

POUR EN SAVOIR PLUS ⏭ L'évolution 328 • Les espèces menacées 334 • Les fossiles 220 • La vie préhistorique 330

# LES ESPÈCES MENACÉES

Depuis que la vie est apparue sur Terre, un nombre immense d'espèces sont apparues, ont vécu et ont disparu. Ces disparitions s'appellent extinctions. Une espèce s'éteint pour toutes sortes de raisons, dont la concurrence et les changements du milieu. Cinq fois au moins dans l'histoire de notre planète ont eu lieu des extinctions catastrophiques : de nombreuses espèces ont disparu en même temps.

CRATÈRE DE CHICXILUB

CRÂNE DE TYRANNOSAURUS REX

LA CHUTE D'UNE MÉTÉORITE ▲
Les dinosaures se sont éteints il y a 65 millions d'années, à la fin du mésozoïque. Leur disparition coïnciderait avec la chute d'une énorme météorite, qui a laissé un vaste cratère au fond du golfe du Mexique. D'après les scientifiques, les gaz et la poussière du choc auraient bloqué pendant des siècles les rayons du soleil : 70 % des animaux en seraient morts, dont les dinosaures.

LE DODO MAURICIEN ►
De nos jours, la chasse intensive met en péril des espèces. Dans le passé, elle a contribué à de nombreuses disparitions comme celle du dodo, un oiseau de l'île Maurice, incapable de voler. Découvert en 1600, le dodo était facile à attraper car il ne volait pas et n'avait pas peur des hommes. Les marins en tuèrent des quantités énormes pour se nourrir et lâchèrent sur l'île des rats et des chats qui détruisirent les nids. Dès 1680, le dodo avait disparu.

◄ L'ISOLEMENT INSULAIRE
Beaucoup d'îles abritent des espèces locales qui n'existent pas ailleurs. Si de nouveaux prédateurs sont introduits dans l'île, les espèces indigènes n'ont nulle part où s'échapper. Cela en fait des candidates à l'extinction. Une façon de protéger les populations insulaires, c'est de faire de l'île une réserve naturelle. La tortue géante des Galapagos, à gauche, est protégée par le gouvernement de l'Équateur.

POUR EN SAVOIR PLUS ⏭ Les astéroïdes 184 • La vie préhistorique 330

# LA PROTECTION DE LA NATURE

La protection de la nature revêt de plus en plus d'importance. La meilleure façon de sauvegarder les espèces sauvages menacées, c'est de protéger leur habitat. Le nombre total d'espèces présentes à un endroit donné est la mesure de sa BIODIVERSITÉ. Les régions où le nombre d'espèces est très élevé sont privilégiées.

LA RECONSTITUTION DU QUAGGA ►
À la fin du XIXe siècle, la chasse fit disparaître le quagga. Considéré autrefois comme une espèce à part, on sait aujourd'hui qu'il fut une sous-espèce du zèbre de Burchell. Forts de cette découverte, les chercheurs ont tenté de reconstituer le quagga en croisant de façon sélective des zèbres de Burchell à rayures peu marquées et à la robe brune. Le résultat est un animal qui ressemble étonnamment au quagga empaillé des musées.

## LA BIODIVERSITÉ

La biodiversité se mesure au nombre d'espèces vivant dans un milieu donné. À long terme, c'est la différence entre le nombre d'espèces qui disparaissent et le nombre d'espèces qui apparaissent. La biodiversité est très différente d'un milieu à l'autre. Par exemple, les milieux comme la toundra, proche du pôle Nord, ont une biodiversité plus faible que ceux proches de l'équateur, telle la forêt tropicale.

▲ LA REPRODUCTION EN CAPTIVITÉ
Les espèces en voie de disparition dans leur milieu naturel peuvent être protégées dans les zoos. Le grand panda a du mal à se reproduire en captivité mais, depuis quelques années, le nombre de naissances obtenues a augmenté de façon considérable. Cela est dû en partie à une meilleure coopération internationale entre zoos, qui échangent mâles et femelles pour former des couples assortis.

▲ LE COQ DE ROCHE
Beaucoup d'animaux sauvages sont étroitement liés à un habitat donné. Le coq de roche du Pérou n'existe que dans les forêts du nord de la cordillère des Andes, en Amérique du Sud. Si l'on détruit ces forêts, cet oiseau ne pourra survivre à l'état sauvage.

▲ LE SINGE CAPUCIN
La forêt tropicale d'Amazonie est le milieu qui a la plus forte biodiversité. Le singe ci-dessus est une des très nombreuses espèces qui l'habitent. Un seul arbre peut héberger plus de 1 000 espèces d'insectes, et l'on compte par endroits 300 espèces d'arbres à l'hectare.

POUR EN SAVOIR PLUS ⏭ L'évolution 328 • Les biotopes 246

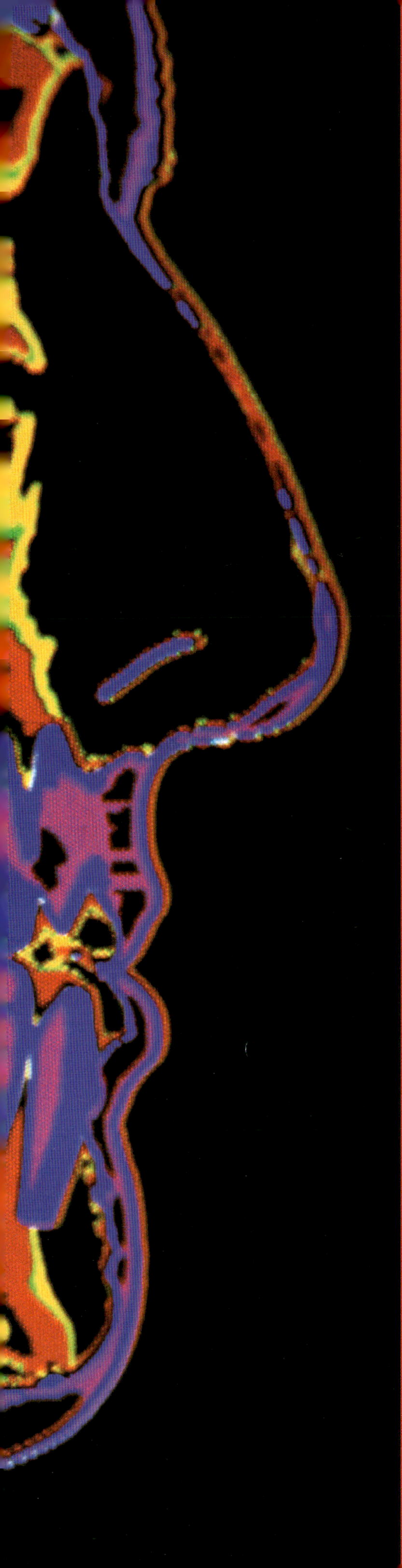

# LE CORPS HUMAIN

# APPAREILS ET SYSTÈMES

Les organes du corps humain sont regroupés en appareils ou systèmes, dont chacun joue un rôle spécifique. L'unité de base du corps est la **CELLULE**. Les cellules se réunissent en **TISSUS**, eux-mêmes organisés en **ORGANES**. Chaque appareil ou système est composé de cellules, de tissus et d'organes qui exécutent une mission commune.

◄ LES TÉGUMENTS
L'enveloppe externe du corps est formée de téguments : la peau, les cheveux et les ongles. Ils protègent les organes internes et constituent une barrière face aux organismes infectieux. La peau d'une personne adulte a une surface d'environ 2 m$^2$.

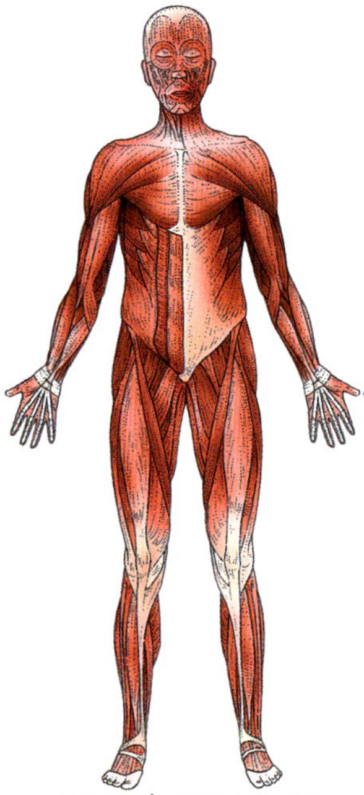

▲ LE SYSTÈME MUSCULAIRE
Le système musculaire se compose de couches de muscles qui recouvrent les os du squelette et sont fixés sur les articulations ; en se contractant et se détendant, ils produisent le mouvement.

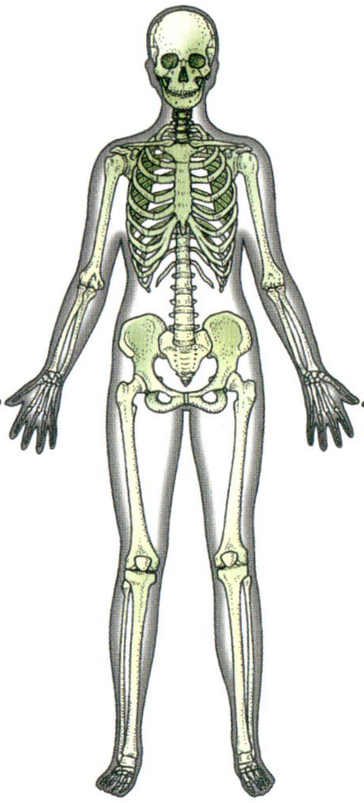

▲ LE SQUELETTE
Le squelette est une armature robuste et souple formée par les os et le tissu conjonctif. Il a pour fonction de soutenir le corps et de protéger les organes internes.

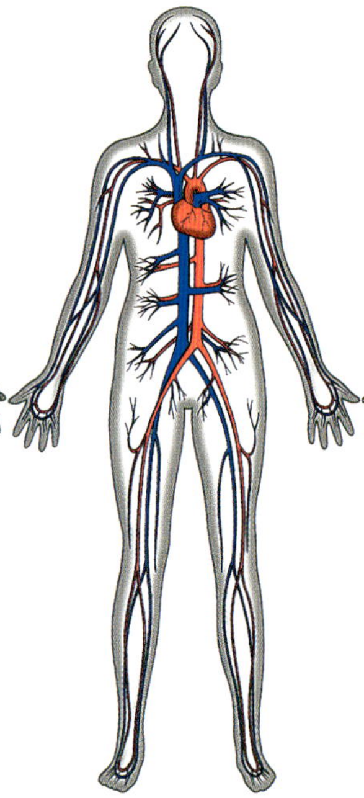

▲ L'APPAREIL CIRCULATOIRE
Cet appareil se compose du cœur et d'un réseau de vaisseaux qui transportent le sang. Ce dernier fournit l'oxygène et les nutriments aux cellules, il les débarrasse de leurs déchets.

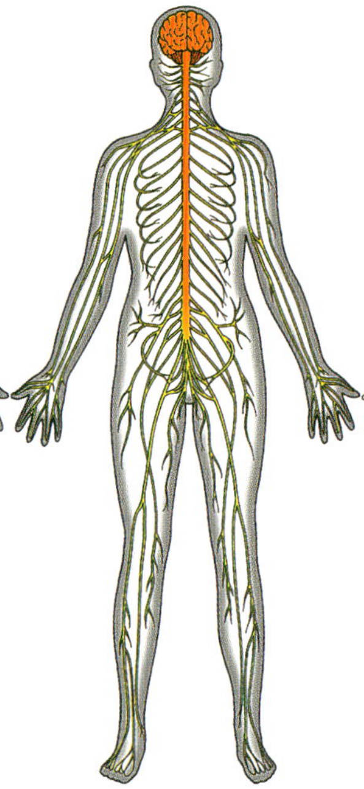

▲ LE SYSTÈME NERVEUX
Le système nerveux est l'organe de commande principal du corps. Il se compose du cerveau, de la moelle épinière et d'un réseau de nerfs qui dessert l'ensemble des organes.

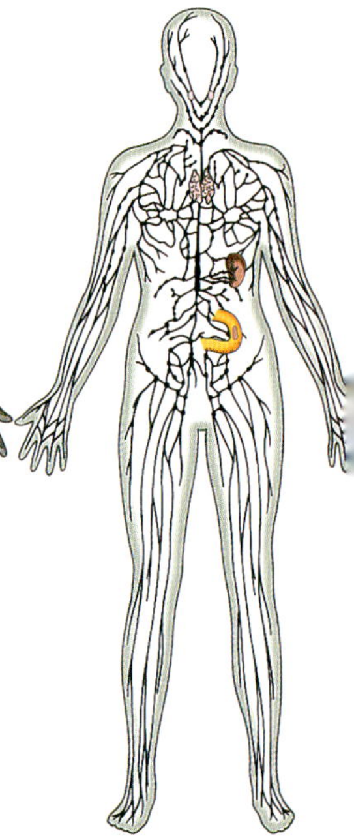

▲ LE SYSTÈME LYMPHATIQUE
Ce système est un réseau de vaisseaux qui recueille des liquides dans les tissus et les réintroduit dans le sang. Il contient des groupes de cellules qui protègent le corps des infections.

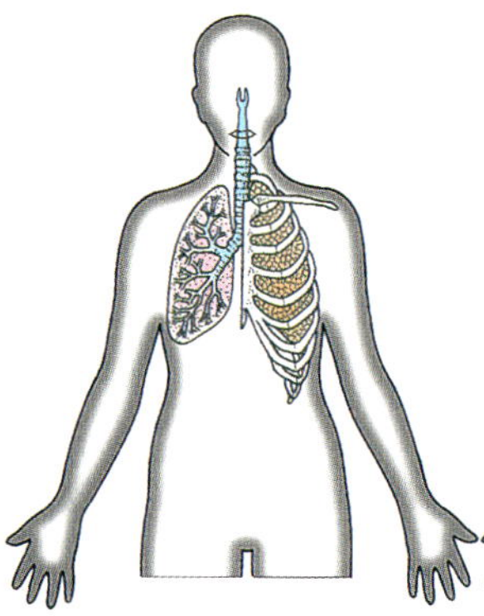

▲ L'APPAREIL RESPIRATOIRE
L'appareil respiratoire se compose de deux poumons qui apportent l'oxygène au sang. Ils débarrassent le corps de son principal déchet, l'oxyde de carbone.

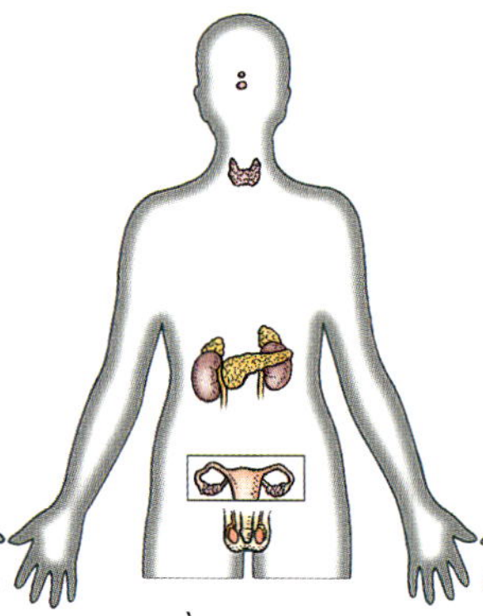

▲ LE SYSTÈME ENDOCRINIEN
Beaucoup de fonctions telles la croissance et la production d'énergie sont régulées par des hormones. Celles-ci sont des produits chimiques émis par les glandes du système endocrinien.

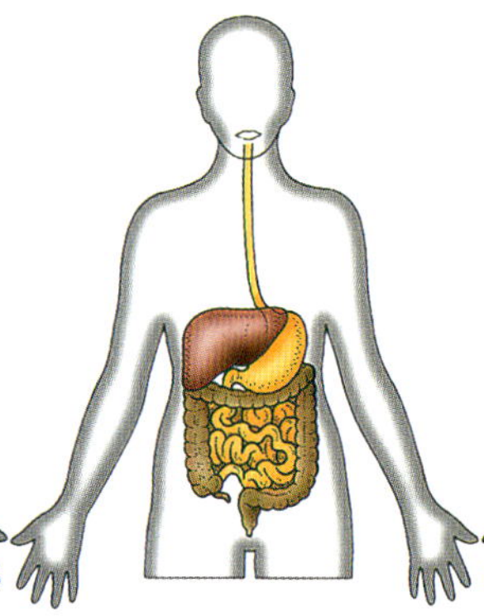

▲ L'APPAREIL DIGESTIF
L'appareil digestif absorbe dans la nourriture ce dont le corps a besoin pour obtenir de l'énergie. Il décompose les aliments en nutriments, et transmet ceux-ci au sang.

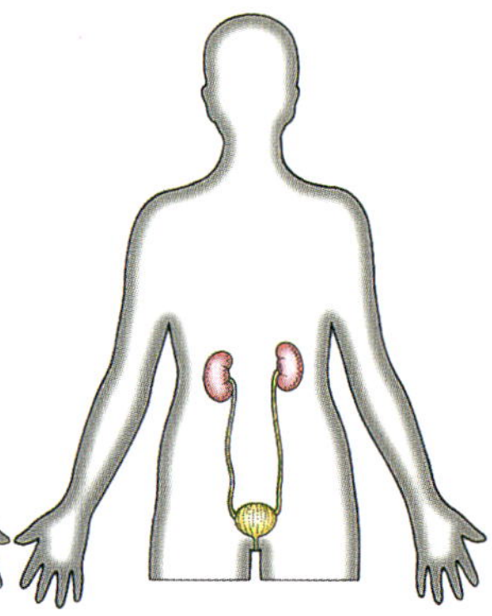

▲ L'APPAREIL URINAIRE
Les cellules du corps produisent des déchets, dont beaucoup sont éliminés grâce à l'urine. L'appareil urinaire a pour rôle de fabriquer l'urine et de l'évacuer hors du corps.

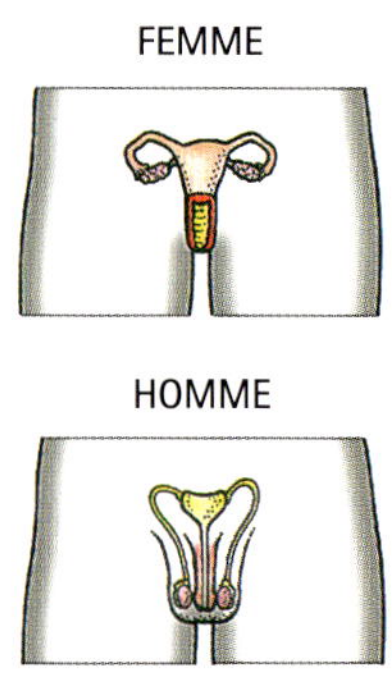


▲ L'APPAREIL GÉNITAL
Les appareils génitaux produisent les spermatozoïdes et ovules et assurent leur rencontre ; l'embryon, puis le fœtus, se développe dans l'appareil génital féminin jusqu'à la naissance.

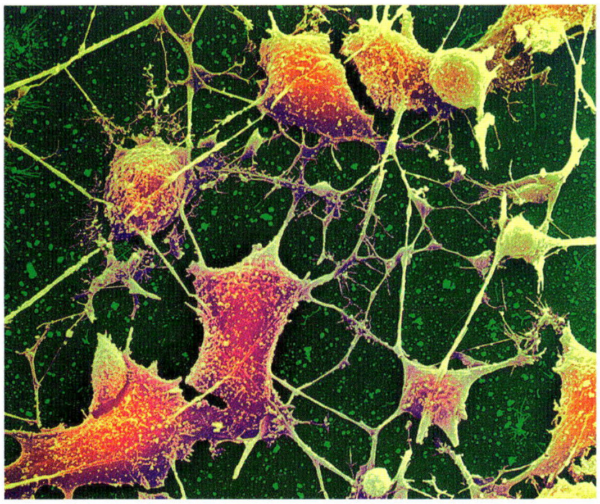

▲ LES CELLULES NERVEUSES
Les cellules nerveuses, ou neurones, sont parmi les plus nombreuses du corps. Chacune comporte une partie centrale qui contient le noyau, et des prolongements en forme de filaments, les dendrites, qui atteignent parfois 1 m de longueur. Le système nerveux contient des milliards de neurones, qui recueillent et transmettent l'information dans tout le corps. Le cerveau d'un adulte contient à lui seul 25 milliards de neurones.

# LES CELLULES

L'unité de base du corps humain est une structure minuscule, la cellule. Le corps en contient des milliards ; elles appartiennent à différents types : nerveux, musculaire, hépatique, etc. et chacun a une fonction spécifique. Normalement, une cellule se compose d'un noyau central entouré de cytoplasme. Ce dernier est protégé par la membrane plasmique, qui assure les échanges de substances entre l'intérieur et l'extérieur de la cellule.

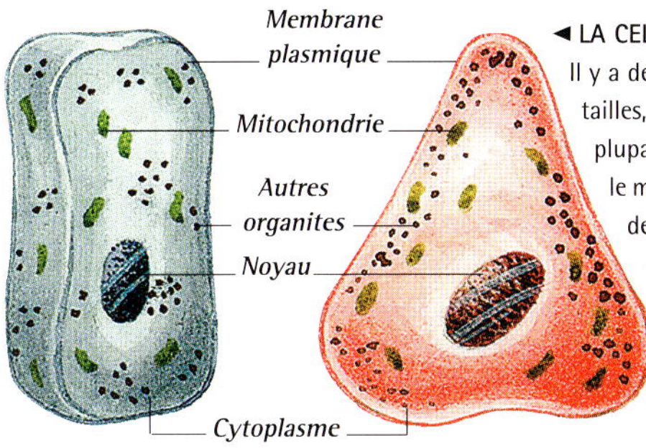


◄ LA CELLULE
Il y a des cellules de différentes formes et différentes tailles, mais elles possèdent des traits communs. La plupart des cellules ont un noyau. Celui-ci contient le matériel génétique qui commande les activités de la cellule. Le cytoplasme contient de petites granulosités appelées organites ; il y a plusieurs types d'organites, chacun est chargé d'une tâche particulière. La mitochondrie par exemple produit l'énergie nécessaire à la cellule.

# LES TISSUS

Les cellules sont regroupées en tissus, dont chacun exerce une fonction particulière. Le tissu conjonctif, le plus répandu, sépare et soutient les autres tissus et organes ; il est présent notamment dans le cartilage et les os. Le tissu adipeux, constitué d'adipocytes, stocke l'énergie et assure l'isolation thermique. Le tissu épithélial protège de nombreux organes. Il existe aussi le tissu musculaire et le tissu nerveux.

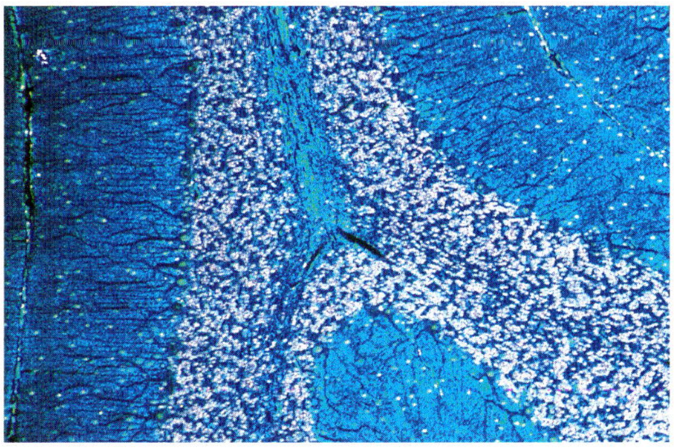

◄ LE TISSU NERVEUX
Le tissu nerveux contient les neurones et les cellules gliales qui assurent l'homéostasie du milieu. L'agrandissement ci-contre montre le tissu du cervelet, partie du cerveau qui coordonne les mouvements du corps et maintient l'équilibre. Ce tissu comprend plusieurs couches dont les différences sont visibles au microscope. La zone claire et mouchetée contient le corps des cellules nerveuses. Les parties bleues et lisses sont riches en fibres (dendrites et axones) de cellules nerveuses.

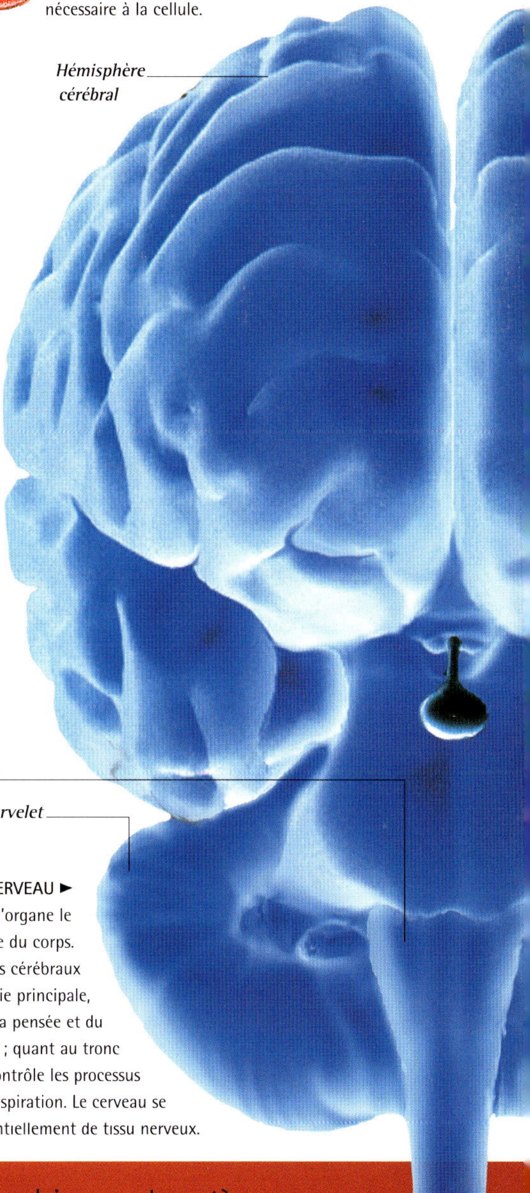


# LES ORGANES

Les tissus du corps sont groupés en organes, tels le cerveau, le cœur, les poumons, les reins et le foie. Chaque organe a une forme particulière et se compose de différents tissus travaillant ensemble. Par exemple, le cœur est essentiellement composé d'un tissu musculaire de type particulier, qui se contracte en cadence pour que le cœur pompe. Mais il contient également un tissu nerveux, porteur de signaux électriques qui déclenchent les contractions ; enfin, il est tapissé de tissu épithélial.

LE CERVEAU ►
Le cerveau est l'organe le plus complexe du corps. Les hémisphères cérébraux en sont la partie principale, siège de la pensée et du raisonnement ; quant au tronc cérébral, il contrôle les processus vitaux, telle la respiration. Le cerveau se compose essentiellement de tissu nerveux.

POUR EN SAVOIR PLUS ⏭ L'appareil circulatoire 352 • Le système musculaire 342 • Le système nerveux 344

# LE SQUELETTE

Le corps est soutenu par le squelette, charpente souple et solide formée d'os, qui protège certains organes internes. Les **OS** sont réunis par des **ARTICULATIONS**, qui permettent en général le mouvement. Les os servent aussi de réserve de calcium, élément indispensable aux nerfs et aux muscles. Les os contiennent enfin la moelle jaune, réserve de graisse, et la moelle rouge qui fabrique des cellules sanguines.

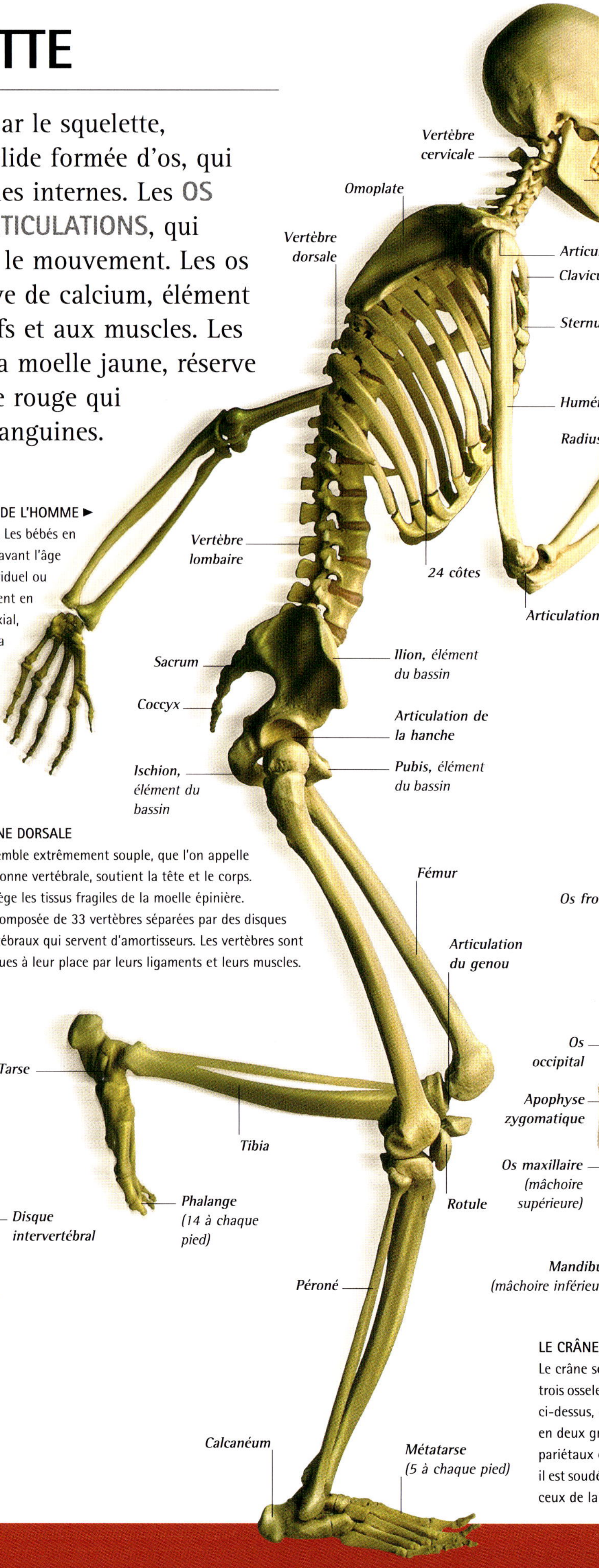


**LE SQUELETTE DE L'HOMME ►**
Le squelette de l'homme compte 206 os. Les bébés en ont 270 mais beaucoup d'os se soudent avant l'âge adulte. On trouvera ci-contre le nom individuel ou collectif des principaux. Ils se répartissent en deux groupes : d'une part le squelette axial, dont font partie les os de la tête et de la colonne vertébrale, les côtes et le sternum ; d'autre part le squelette appendiculaire, dont font partie les os des membres, le bassin, les omoplates et les clavicules.

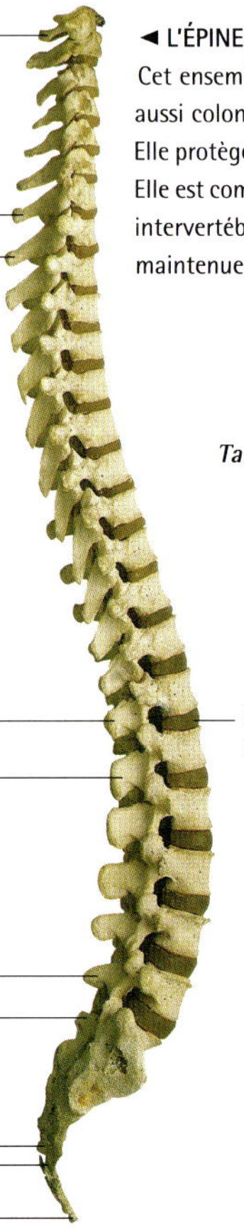


**◄ L'ÉPINE DORSALE**
Cet ensemble extrêmement souple, que l'on appelle aussi colonne vertébrale, soutient la tête et le corps. Elle protège les tissus fragiles de la moelle épinière. Elle est composée de 33 vertèbres séparées par des disques intervertébraux qui servent d'amortisseurs. Les vertèbres sont maintenues à leur place par leurs ligaments et leurs muscles.

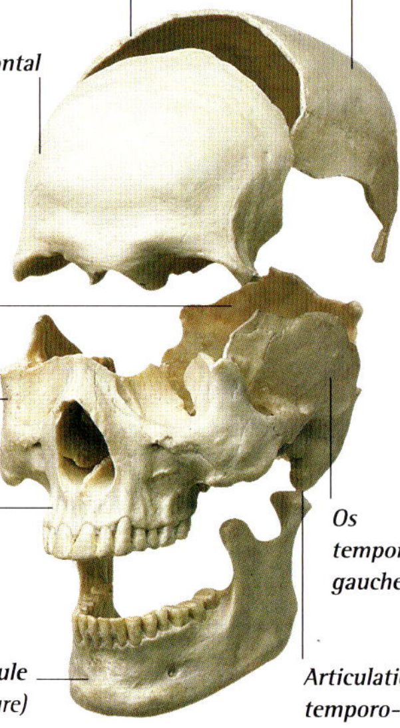


**LE CRÂNE ▲**
Le crâne se compose de 23 os, sans compter les trois osselets de chaque oreille interne. Dans l'éclaté ci-dessus, on reconnaîtra les os principaux, répartis en deux groupes. Le premier groupe (frontal, pariétaux et temporaux) enveloppe le cerveau : il est soudé et forme le crâne. Les autres os sont ceux de la face.

# LES OS

Les os sont relativement légers, et cependant cinq fois plus solides que l'acier. Composés de cellules, de minéraux, de protéines et d'eau, ils comportent deux types de tissus : l'os spongieux et l'os compact. Ces tissus vivants se renouvellent en permanence par destruction et création des cellules qui les composent.

*iaphyse*
*os long est*
*ut formée de*
*ère osseuse*
*e et dure.*

*L'extrémité de l'os comporte une fine couche d'os compact autour de l'os spongieux.*

LA STRUCTURE DE L'OS ►
Les os comportent une couche extérieure d'os compact, un des matériaux les plus durs du corps. À l'intérieur se trouve l'os spongieux, qui peut contenir la moelle rouge. Chez l'adulte, les os longs comme le fémur ont une diaphyse en os dur à l'extérieur, et de la moelle jaune à l'intérieur.

◄ L'OS COMPACT
L'os compact est fait d'éléments appelés ostéones, de 1 mm de diamètre (ci-contre). L'ostéone se compose de nombreux petits anneaux de tissu dur autour d'un canal central où passent nerfs et vaisseaux sanguins.

L'OS SPONGIEUX ►
L'os spongieux se compose de trabécules, sorte de spicules en tissu osseux rigide, reliés entre eux pour former une structure en nid d'abeille. L'os spongieux est moins dense que l'os compact, mais néanmoins très solide.

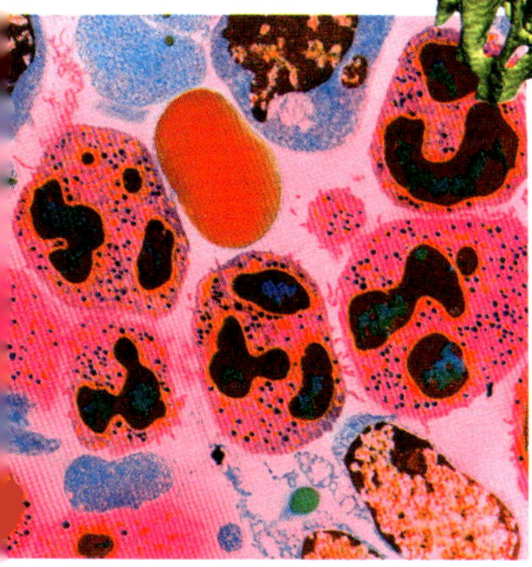

◄ LA MOELLE ROUGE
C'est la moelle rouge qui fabrique les globules rouges du sang, et certains globules blancs. Dans l'agrandissement ci-contre, on observe un globule rouge entouré de globules blancs. L'âge venant, la moelle rouge des os longs est remplacée par des cellules adipeuses.

# LES ARTICULATIONS

Les articulations sont les points de contact entre les os. Certaines articulations, telles celles des os du crâne, ne permettent pas de mouvement entre les os. D'autres, comme celles de la colonne vertébrale, n'offrent qu'un débattement limité. Quelques articulations, telles celles de la hanche, autorisent des mouvements amples. Dans la plupart des articulations, les os sont tenus en place par des muscles et des ligaments.

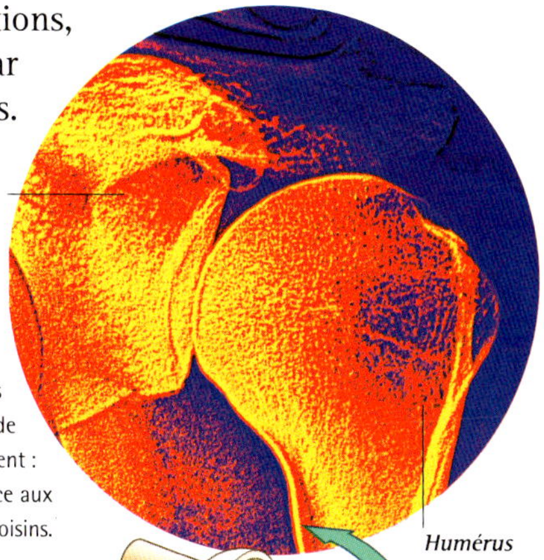


L'ARTICULATION TYPE ROTULE ►
La photo ci-contre, prise aux rayons X et colorisée, montre l'articulation de l'épaule qui est, comme celle de la hanche, de type rotule. L'extrémité arrondie de l'humérus s'encastre dans la cavité glénoïde de l'omoplate. L'humérus tourne ainsi librement : il reste à sa place dans l'articulation grâce aux muscles et ligaments voisins.

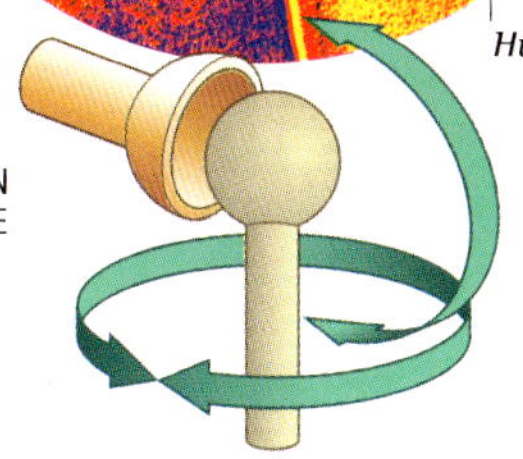

ARTICULATION TYPE ROTULE

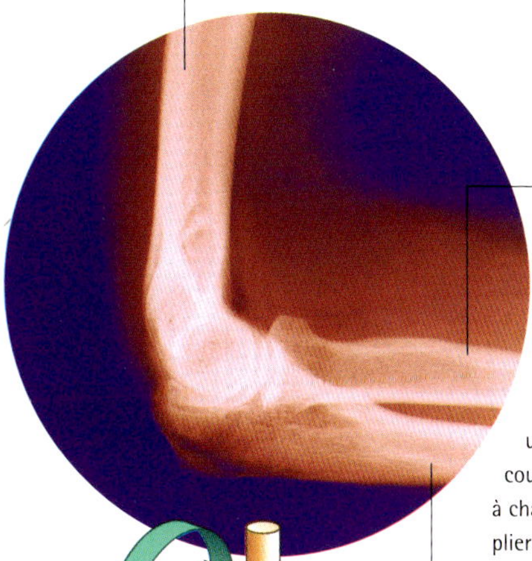


◄ L'ARTICULATION À CHARNIÈRE
L'articulation du coude, où se rejoignent l'humérus du bras, le radius et le cubitus de l'avant-bras, figure ci-contre sur une photo prise aux rayons X. Le coude est l'exemple de l'articulation à charnière qui permet au bras de se plier et de se déplier mais n'autorise pas de mouvement latéral.

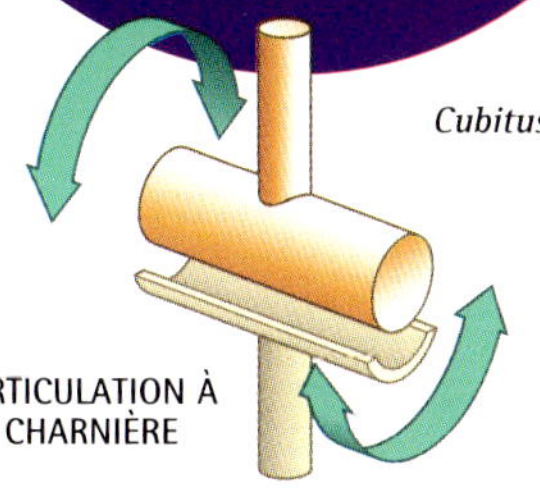

ARTICULATION À CHARNIÈRE

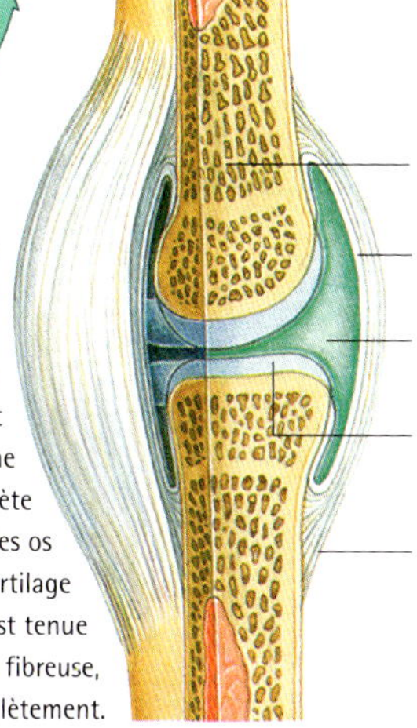


ANATOMIE D'UNE ARTICULATION SYNOVIALE ►
Toutes les articulations libres, telles celles du doigt, de la hanche, du genou et du coude, sont dites synoviales et ont une anatomie analogue. La membrane synoviale qui tapisse l'articulation sécrète un liquide lubrifiant. Les extrémités des os sont couvertes d'une couche de cartilage articulaire, très lisse. L'articulation est tenue en place par une capsule fibreuse, qui l'enveloppe complètement.

POUR EN SAVOIR PLUS ›› La croissance 366 • La locomotion 314 • Le système musculaire 342

# LE SYSTÈME MUSCULAIRE

Le squelette est couvert de plusieurs couches de muscles striés dont chacun est fixé à deux os au moins : quand il se contracte, il produit le MOUVEMENT. Les muscles striés représentent 40 % du poids du corps. Certains restent contractés longuement, quand le corps doit garder une position.

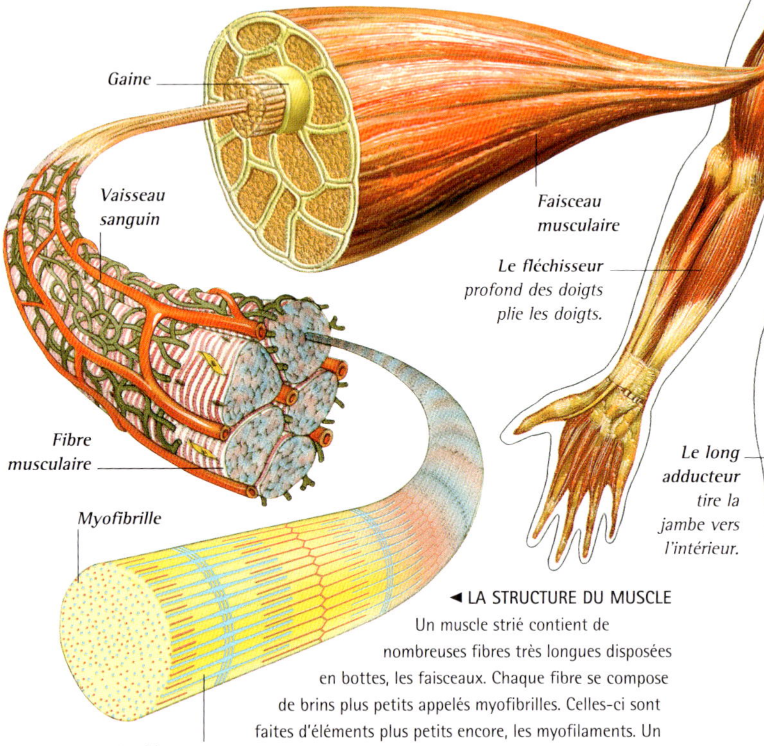


◄ LA STRUCTURE DU MUSCLE
Un muscle strié contient de nombreuses fibres très longues disposées en bottes, les faisceaux. Chaque fibre se compose de brins plus petits appelés myofibrilles. Celles-ci sont faites d'éléments plus petits encore, les myofilaments. Un muscle se contracte quand des groupes de myofilaments glissent le long d'autres en réaction au signal d'un nerf.

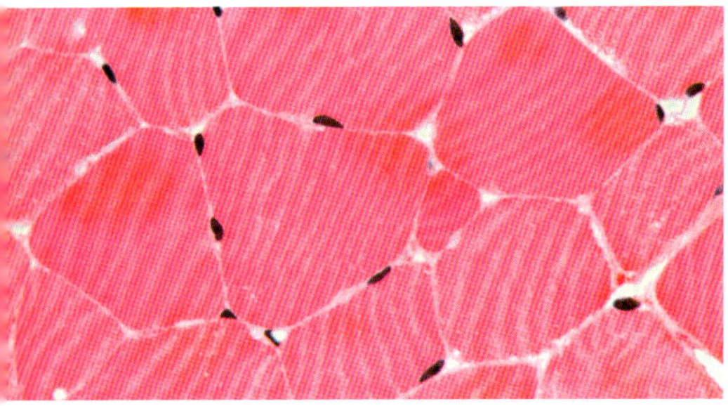

▲ COUPE D'UN MUSCLE
Les muscles striés sont également appelés muscles rouges ou muscles squelettiques. Les rayures, que l'on distingue nettement au microscope dans le muscle ci-dessus, sont causées par la disposition des myofilaments à l'intérieur des myofibrilles. Cela aboutit à une alternance de raies foncées et de raies claires.

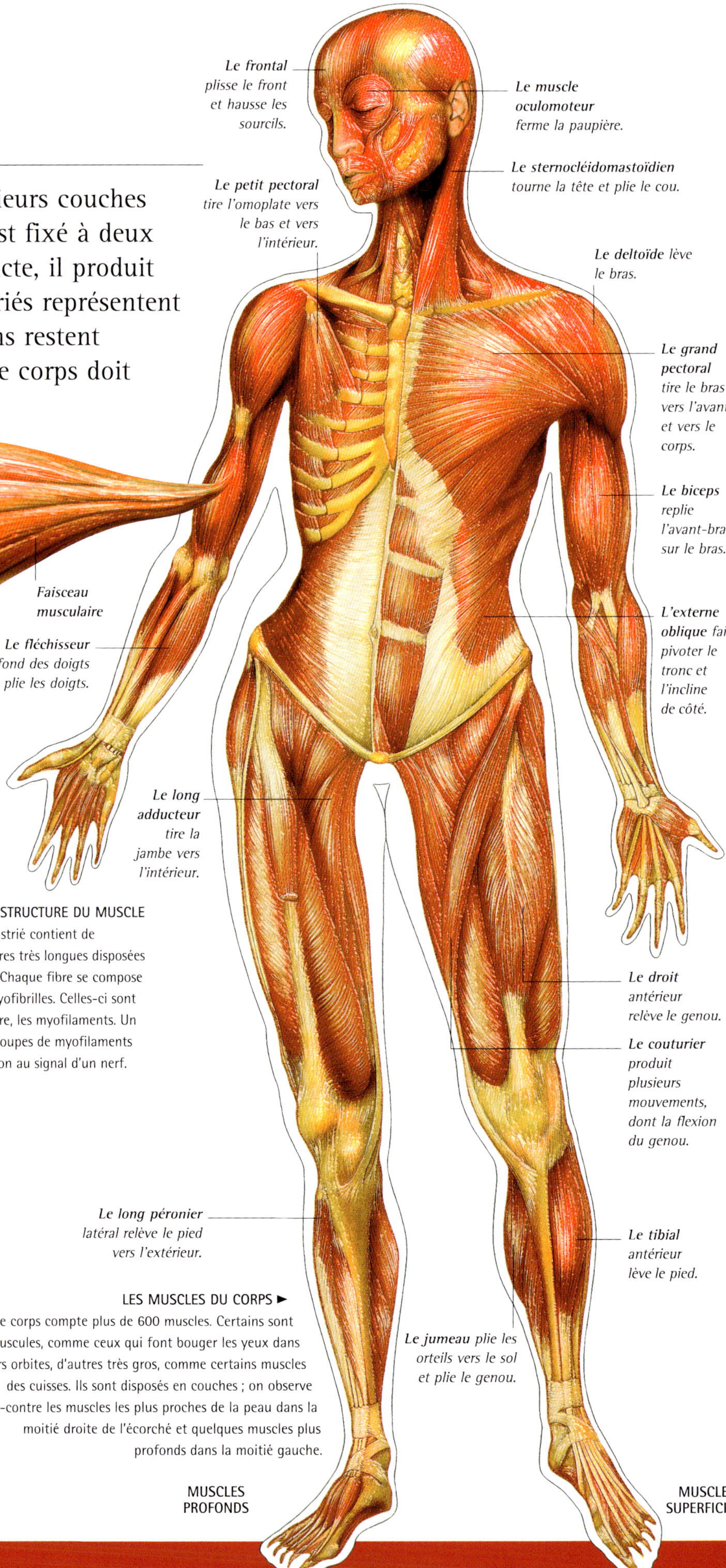


LES MUSCLES DU CORPS ►
Le corps compte plus de 600 muscles. Certains sont minuscules, comme ceux qui font bouger les yeux dans leurs orbites, d'autres très gros, comme certains muscles des cuisses. Ils sont disposés en couches ; on observe ci-contre les muscles les plus proches de la peau dans la moitié droite de l'écorché et quelques muscles plus profonds dans la moitié gauche.

# LE MOUVEMENT

Les muscles striés sont ancrés de chaque côté des articulations avec des liens très solides appelés tendons. Quand ils reçoivent des signaux provenant du cerveau et de la moelle épinière, ils se contractent. Nous commandons nos mouvements de façon consciente, mais le cerveau est capable d'apprendre des séquences de mouvements qui seront normalement exécutées sans réfléchir, par exemple la marche.

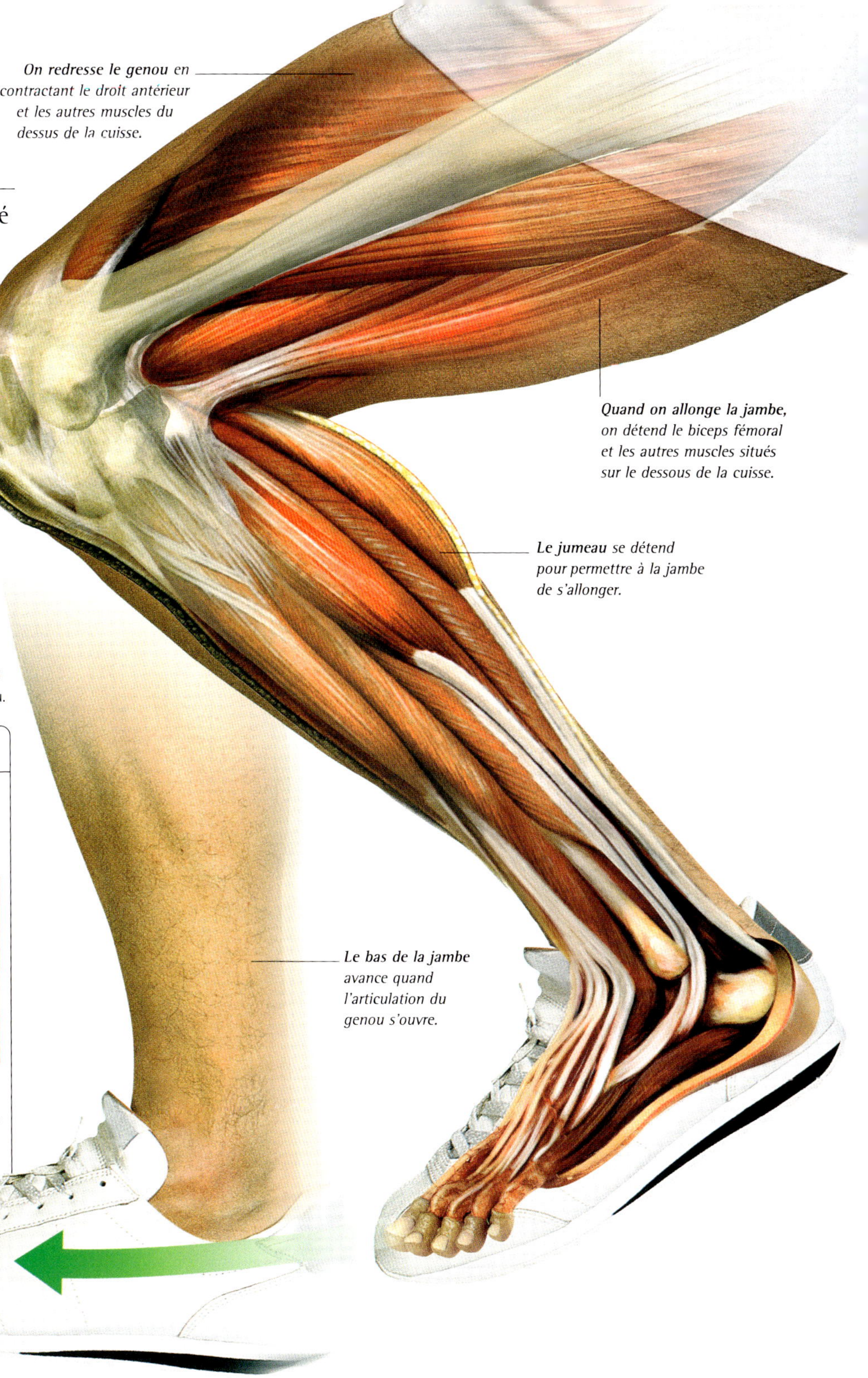


LES MUSCLES ET LE MOUVEMENT ►

Pour allonger la jambe, on contracte un groupe de muscles situés sur le dessus de la cuisse, et on détend ceux situés sur le dessous. Deux groupes de muscles travaillant en opposition les uns avec les autres s'appellent des muscles antagonistes. La contraction de groupes antagonistes a des effets opposés, par exemple plier et déplier le genou.

## LES AUTRES TYPES DE MUSCLES

Hormis les muscles striés, il existe les muscles lisses et le muscle cardiaque. À la différence des muscles striés, ces types de muscles ne sont pas soumis à un contrôle conscient.

MUSCLE LISSE

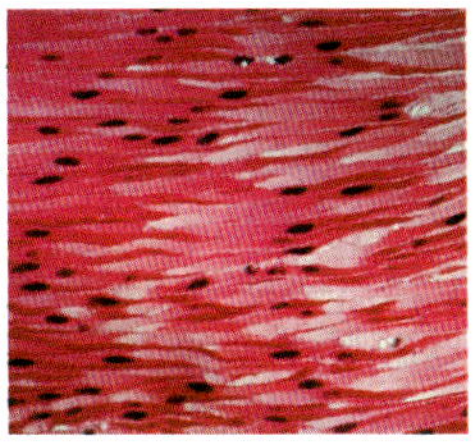

Les muscles lisses tapissent certains organes tels que la vessie, l'utérus et les intestins (transit des aliments). Ils ont des fibres courtes en forme de fuseau.

MUSCLE CARDIAQUE

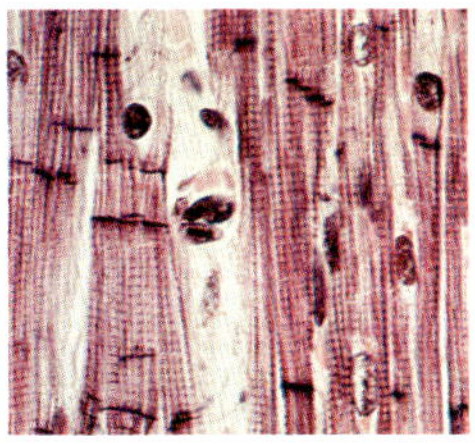

Le muscle cardiaque pompe inlassablement pour envoyer le sang vers les poumons et le reste du corps : le muscle cardiaque est un réseau de cellules disposées en longues colonnes.

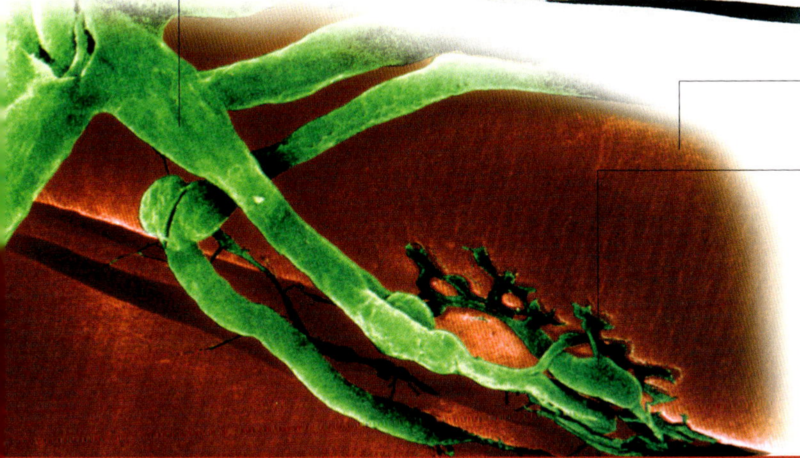


◄ LA JONCTION NEUROMUSCULAIRE

Pour produire du mouvement, le cerveau envoie, grâce à un réseau de neurones, une série de signaux ordonnant à des muscles spécifiques de se contracter. Chaque neurone se divise en plusieurs branches avant d'atteindre le muscle ; chaque branche est en contact avec une seule fibre musculaire. L'endroit où le nerf et les fibres se touchent s'appelle la plaque motrice.

POUR EN SAVOIR PLUS ►► La locomotion 314 • Le système nerveux 344 • Le squelette 340

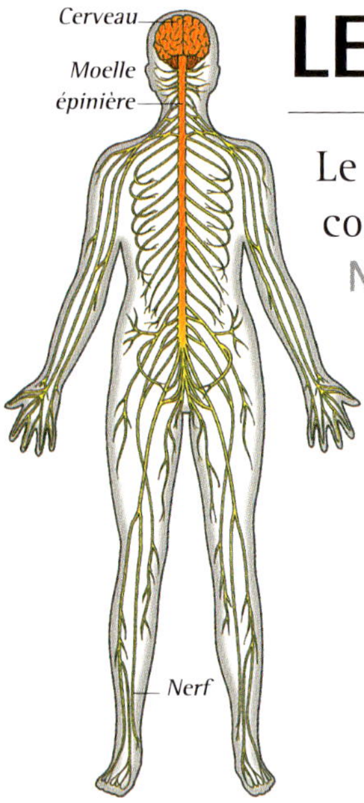


# LE SYSTÈME NERVEUX

Le système nerveux est le principal système de commande du corps. Il se compose du SYSTÈME NERVEUX CENTRAL (SNC) et d'un réseau de NERFS, prolongement du système nerveux central dans tous les organes. Le système nerveux régit les activités conscientes (marche, parole) et les activités inconscientes (respiration) qui ne font pas intervenir la volonté.

▲ LES ÉLÉMENTS DU SYSTÈME
Le SNC comprend le cerveau et la moelle épinière. Quant au système nerveux périphérique, il est composé de nerfs, dont 12 paires de nerfs crâniens et 31 paires de nerfs rachidiens, issus de la colonne vertébrale.

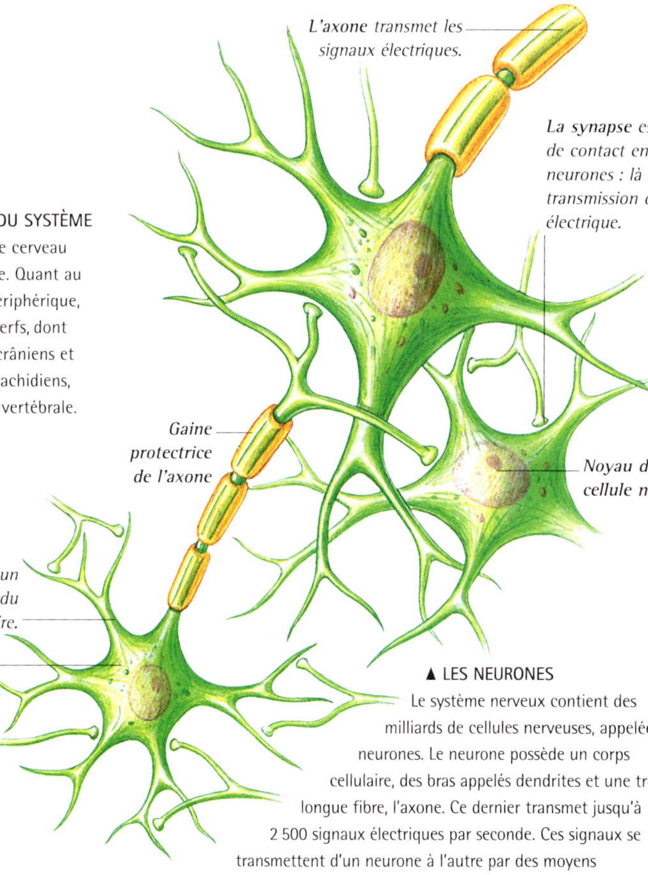


▲ LES NEURONES
Le système nerveux contient des milliards de cellules nerveuses, appelées neurones. Le neurone possède un corps cellulaire, des bras appelés dendrites et une très longue fibre, l'axone. Ce dernier transmet jusqu'à 2 500 signaux électriques par seconde. Ces signaux se transmettent d'un neurone à l'autre par des moyens chimiques au niveau de la synapse, qui est la zone de contact entre les neurones.

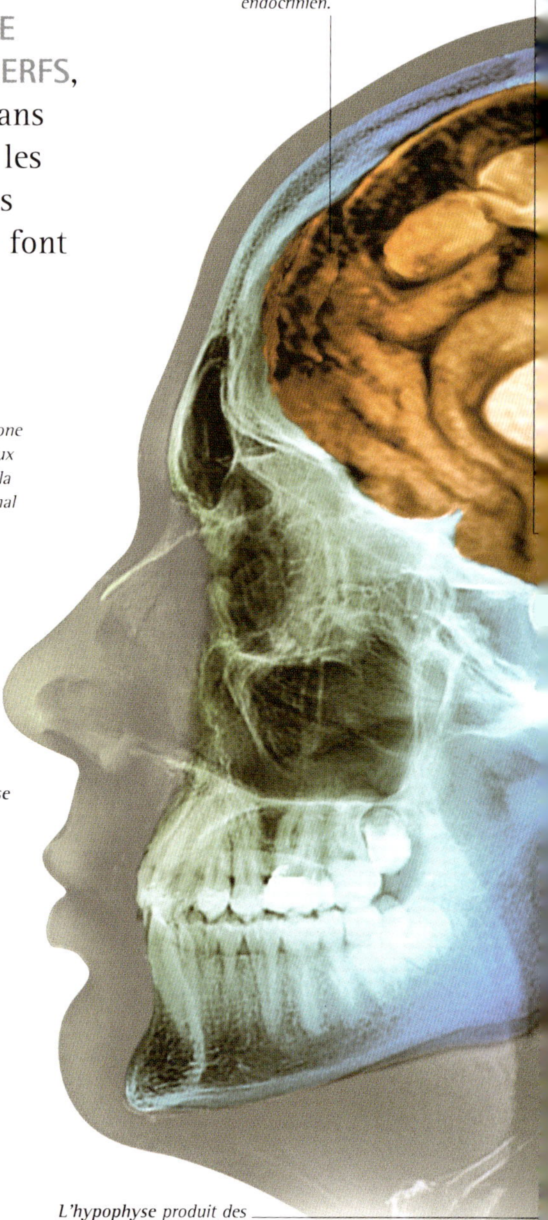


## LES NERFS

Les nerfs sont composés de faisceaux d'axones. Certains recueillent les informations des capteurs sensoriels dans tout le corps et les transmettent au SNC pour traitement. D'autres axones relaient les messages du SNC aux muscles pour commander des mouvements ou aux glandes pour produire des hormones. Beaucoup d'axones sont entourés d'une gaine protectrice qui contient une substance grasse, la myéline : celle-ci assure l'isolation électrique des axones.

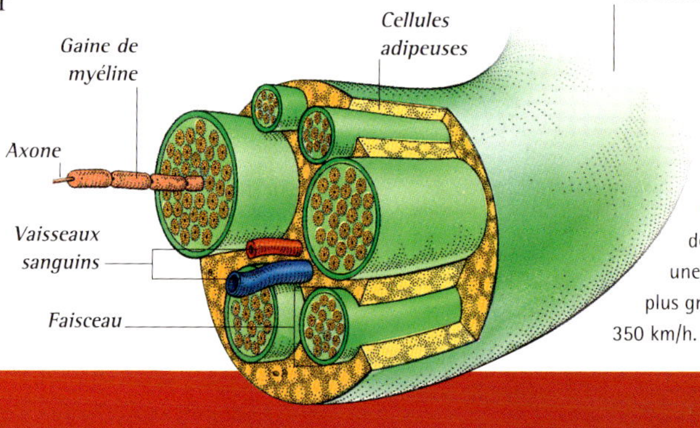


◄ LA STRUCTURE DU NERF
La plupart des nerfs contiennent plusieurs axones groupés en faisceaux. La vitesse à laquelle un nerf transmet des signaux dépend de son épaisseur et du fait que ses axones ont une gaine de myéline ou pas ; les axones à myéline, plus gras, transmettent les signaux plus vite, jusqu'à 350 km/h.

POUR EN SAVOIR PLUS ⏭

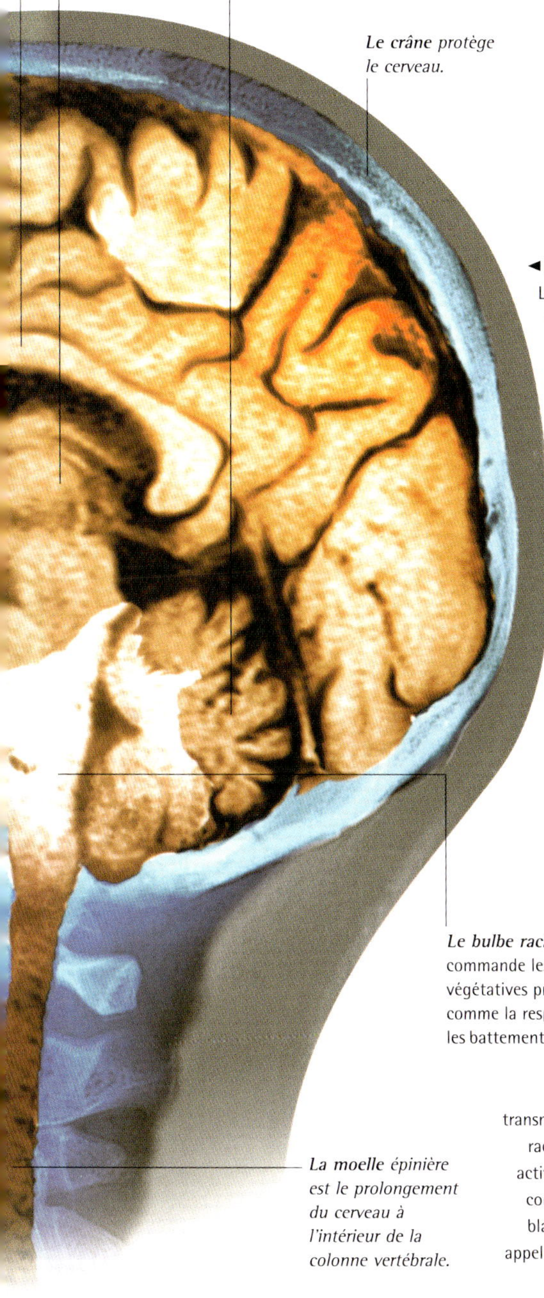


*Le bulbe rachidien* commande les activités végétatives principales, comme la respiration et les battements du cœur.

*La moelle épinière* est le prolongement du cerveau à l'intérieur de la colonne vertébrale.

# LE SYSTÈME NERVEUX CENTRAL

Le SNC a deux tâches principales. D'abord, il traite l'information venant de l'extérieur – par les organes des sens tel l'œil – et de l'intérieur du corps – c'est-à-dire des capteurs internes. Ensuite, le SNC organise les réactions de protection et d'entretien du corps. Certaines activités internes au SNC sont de simples **RÉFLEXES** ; mais une grande partie de l'activité du SNC, et notamment des hémisphères cérébraux, est complexe et consciente.

◄ LES PARTIES DU CERVEAU
Les principales parties du cerveau sont : les hémisphères cérébraux, formés de circonvolutions ; le bulbe rachidien, segment inférieur de l'encéphale ; le cervelet, situé dans la partie inféro-postérieure du cerveau et enfin les structures centrales comme le thalamus.

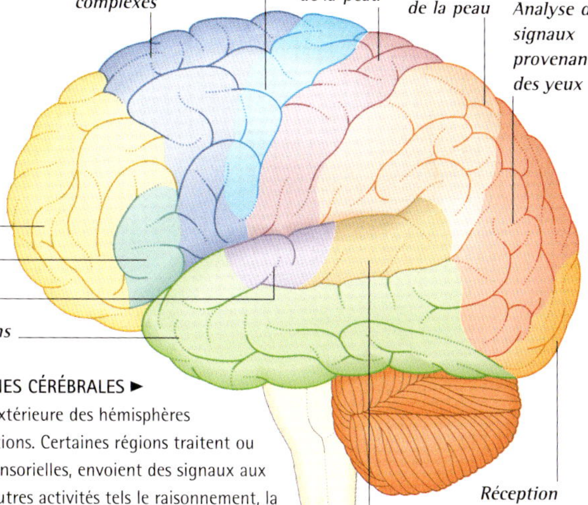


LES ZONES CÉRÉBRALES ►
Le cortex, qui est la couche extérieure des hémisphères cérébraux, a plusieurs fonctions. Certaines régions traitent ou analysent des informations sensorielles, envoient des signaux aux muscles ou exercent d'autres activités tels le raisonnement, la mémoire et la pensée créatrice.

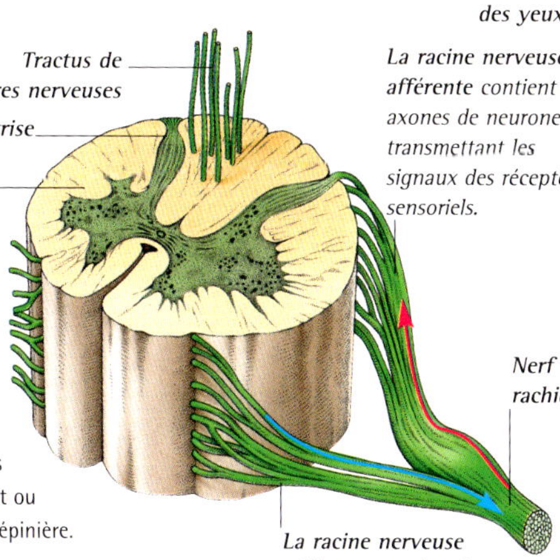


LA MOELLE ÉPINIÈRE ►
Le rôle principal de la moelle épinière est de transmettre l'information entre le cerveau et les nerfs rachidiens. Elle est également le siège de certaines activités réflexes. Sa substance grise se compose des corps cellulaires des neurones. Quant à la substance blanche, elle contient les axones, disposés en groupes appelés tractus, qui transmettent les signaux vers le haut ou le bas de la moelle épinière.

# LES RÉFLEXES

Au sens strict, le réflexe est une réaction d'urgence du système nerveux à une agression, par exemple le contact d'un objet brûlant avec la peau. Les réflexes sont en fait des réponses automatiques à des situations d'urgence ; ils gèrent de nombreuses activités internes telles que le rythme cardiaque. Une partie du système nerveux, appelée système nerveux autonome, supervise l'activité interne des organes.

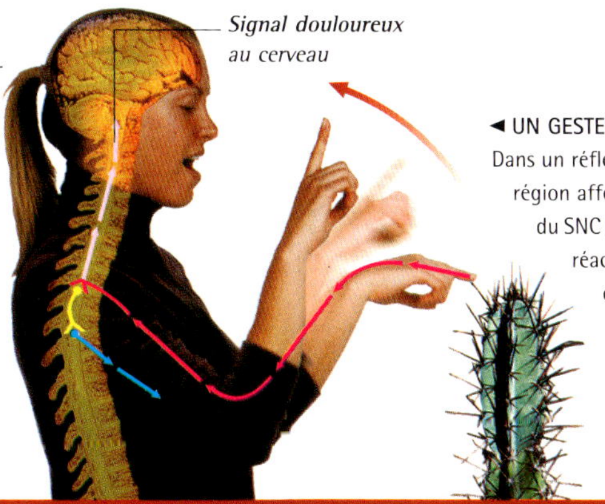


◄ UN GESTE RÉFLEXE
Dans un réflexe simple, l'information part de la région affectée – ici le doigt – à destination du SNC (trajet rouge). Cela déclenche une réaction immédiate, en l'occurrence la contraction d'un muscle (trajet bleu) pour retirer le doigt. Ici, l'action réflexe ne concerne que deux nerfs et la moelle épinière. Toutefois, un signal est transmis au cerveau, qui enregistre la douleur.

L'équilibre 347 • Le système endocrinien 356 • L'ouïe 347 • La vue 348 • L'odorat 346 • Le goût 346 • Le toucher 350

# L'ODORAT

L'homme a l'odorat très fin, il reconnaît des milliers d'odeurs. Il doit cette capacité à la présence de capteurs spécialisés dans le haut de son nez. Quand ces récepteurs sont activés par des molécules odorantes, ils envoient par les nerfs des signaux au cerveau, pour traitement. Quelquefois, les molécules odorantes n'atteignent pas les zones sensibles : on les aide en reniflant.

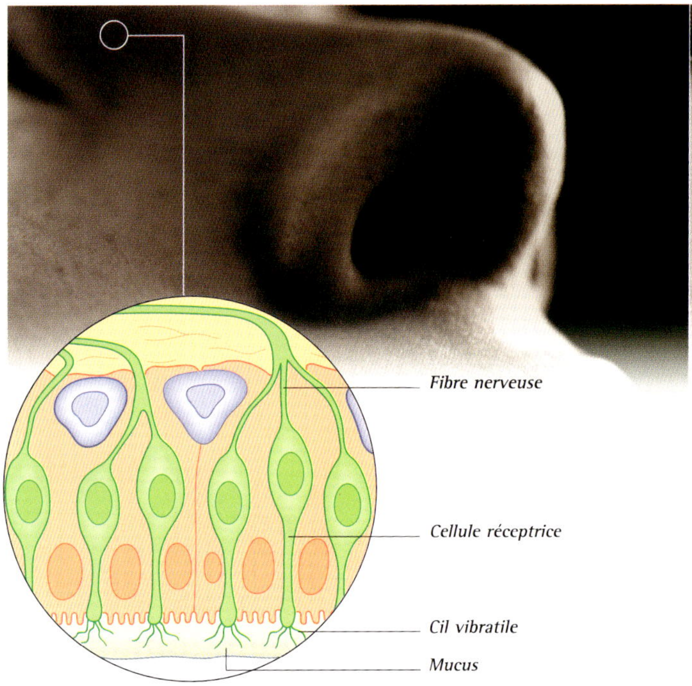


▲ LES RÉCEPTEURS OLFACTIFS DE L'ÉPITHÉLIUM NASAL
Les capteurs de l'odorat sont des cellules nerveuses spécialisées. Chacune porte de nombreux cils minuscules, suspendus à la paroi supérieure du nez. Chaque cellule est reliée à une fibre nerveuse ; l'ensemble des fibres constitue les nerfs olfactifs, qui transmettent leurs signaux au cerveau.

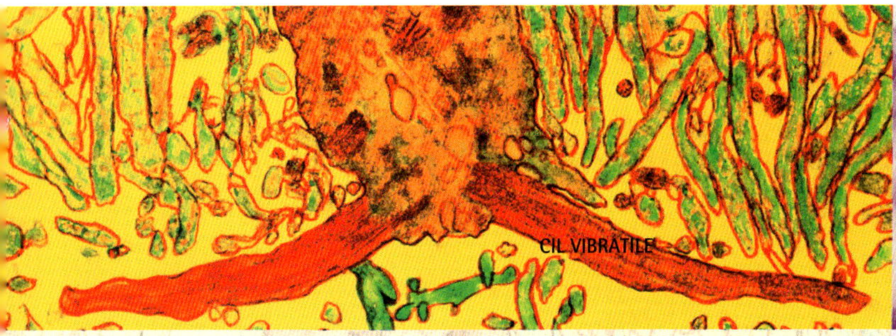


▲ LES CILS DES CELLULES OLFACTIVES
Les cils olfactifs détectent des quantités infimes d'odeur dans l'air, à condition que des molécules de ces substances odorantes soient d'abord absorbées par la couche de mucus. C'est là qu'elles agissent sur les cils, ce qui déclenche l'impulsion nerveuse.

POUR EN SAVOIR PLUS ⏩ Le système nerveux 344

# LE GOÛT

L'homme connaît le goût de ses aliments et boissons grâce aux 10 000 papilles gustatives de sa langue. Ces capteurs transmettent aux nerfs des signaux destinés au cerveau, qui les interprète. Il existe quatre goûts principaux – sucré, salé, acide et amer – détectés par les papilles de quatre régions de la langue. L'analyse des goûts se fait grâce à l'odorat et au goût.

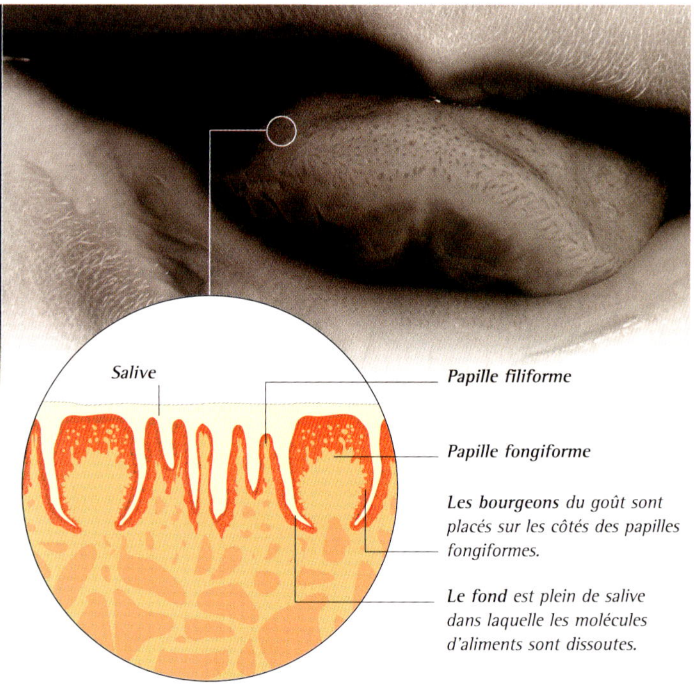


▲ LES PAPILLES À LA SURFACE DE LA LANGUE
Les papilles sont de petites tubérosités à la surface de la langue. Les papilles fongiformes – entre autres – contiennent des bourgeons du goût. Les papilles filiformes, plus petites et plus nombreuses, ne contiennent pas de bourgeons mais donnent à la langue une surface râpeuse qui facilite le mouvement des aliments dans la bouche.

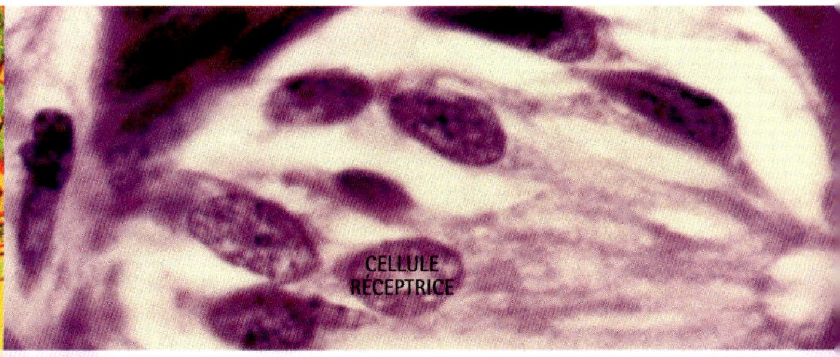


▲ LES CELLULES RÉCEPTRICES DES BOURGEONS DU GOÛT
Le bourgeon du goût contient de nombreuses cellules réceptrices, dotées de cils. Il faut que les molécules des aliments et des boissons se dissolvent dans la salive pour pouvoir activer ces cils et déclencher les signaux qui partent au cerveau.

POUR EN SAVOIR PLUS ⏩ L'appareil digestif 358

# L'OUÏE

L'oreille détecte les sons transmis dans l'air, par des ondes de pression variables. En atteignant l'oreille, les ondes se transmettent à différents organes jusqu'à la cochlée, dans l'oreille interne. Là, les cellules réceptrices produisent les signaux transmis au cerveau. L'oreille enregistre les sons dans une vaste fourchette de hauteur et d'intensité, du tonnerre de l'avion de ligne au couinement de la souris.

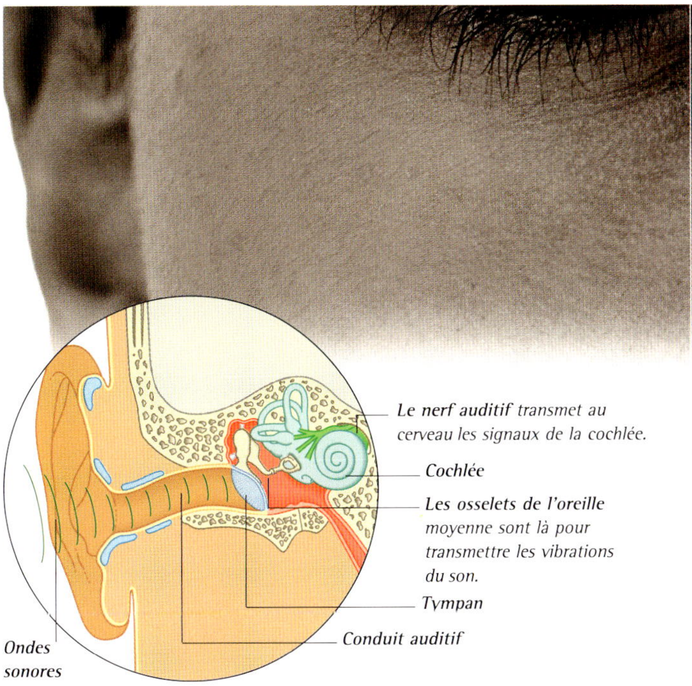


▲ LES ORGANES DE L'OUÏE
L'oreille externe guide les ondes sonores vers le conduit auditif, au fond duquel une fine membrane, le tympan, vibre avec le son. Les vibrations sont transmises par les osselets de l'oreille moyenne à la cochlée de l'oreille interne.

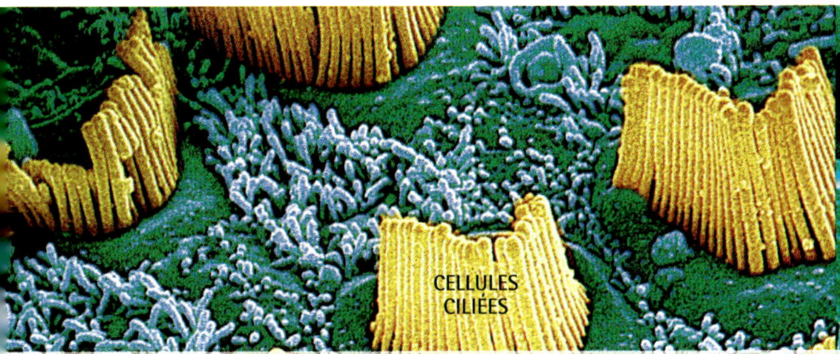


▲ LES CELLULES CILIÉES DE LA COCHLÉE
À l'intérieur de la cochlée, les vibrations sonores font trembler les cellules ciliées ; cela déclenche les signaux des cellules réceptrices qui en sont solidaires. Quand les signaux arrivent au cerveau, celui-ci détermine la hauteur et l'intensité du son.

POUR EN SAVOIR PLUS ⏭ La fréquence sonore 103 • Le son 100

# L'ÉQUILIBRE

L'équilibre est un sens interne qui a besoin de récepteurs externes pour contrôler la position de la tête et du corps. Que l'on soit immobile ou pas, l'équilibre est indispensable pour conserver une position. Le vestibule et les canaux semi-circulaires de l'oreille interne détectent en permanence la position de la tête. Ce sont ces signaux – ainsi que ceux provenant des yeux – qui nous permettent de garder l'équilibre.

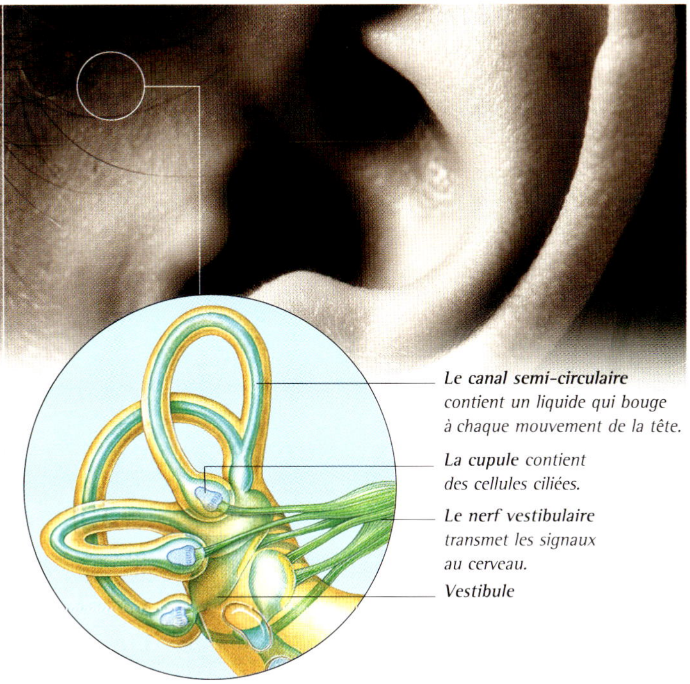


▲ LES ORGANES DE L'ÉQUILIBRE DE L'OREILLE INTERNE
Les mouvements de rotation de la tête sont détectés par les cellules ciliées de la cupule, à l'extrémité de chaque canal semi-circulaire. Chaque inclinaison ou mouvement de la tête est enregistré par les cellules ciliées qui font partie des structures du vestibule.

▲ LES OTOLITHES DU VESTIBULE
Ces cristaux microscopiques, appelés otolithes, sont reliés aux cellules ciliées dans le vestibule. Quand on penche la tête, les otolithes bougent, ce qui fait plier les cils et active des signaux nerveux à destination du cerveau.

POUR EN SAVOIR PLUS ⏭ La vue 348

# LA VUE

Quand les yeux sont ouverts, ils recueillent des informations qui, analysées par le cerveau, présentent une image détaillée de l'environnement. Ils mesurent la distance, ils voient dans la pénombre et ils bénéficient de la VISION EN COULEURS. Les rayons lumineux réfléchis par les objets convergent sur l'arrière de l'œil ; là, ils déclenchent des signaux électriques qui sont expédiés au cerveau pour y être interprétés.

## LA TAILLE DE LA PUPILLE

CONTRACTÉE

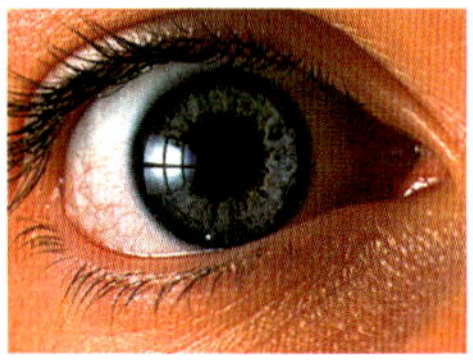

Pour regarder de près ou par forte lumière, la pupille se contracte. Ceci est dû à la contraction des muscles circulaires de l'iris, la partie colorée qui donne sa couleur à l'œil. Le rétrécissement de la pupille a pour conséquence une diminution de la quantité de lumière qui pénètre dans l'œil.

DILATÉE

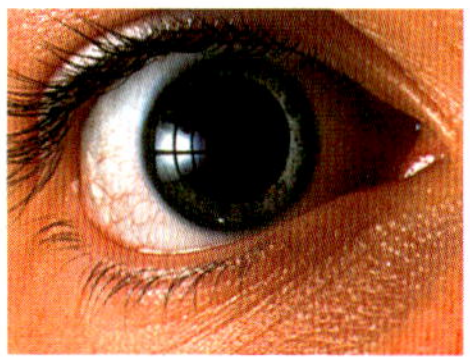

Dans la pénombre ou pour voir de loin, la pupille s'élargit grâce à la contraction d'un deuxième jeu de muscles, disposé comme les rayons d'une roue autour de la pupille. L'élargissement complet de la pupille permet qu'une quantité maximale de lumière pénètre dans l'œil.

L'ANATOMIE DE L'ŒIL ►

Les yeux occupent deux cavités osseuses du crâne, les orbites. Les rayons lumineux qui pénètrent dans l'œil traversent la cornée, le cristallin et l'humeur vitrée pour atteindre la rétine, couche photosensible à l'arrière de l'œil. Les signaux qui naissent dans la rétine quittent l'œil par le nerf optique et se dirigent vers le cerveau. Chaque œil est entouré de six muscles minuscules qui font tourner et pivoter l'œil dans son orbite.

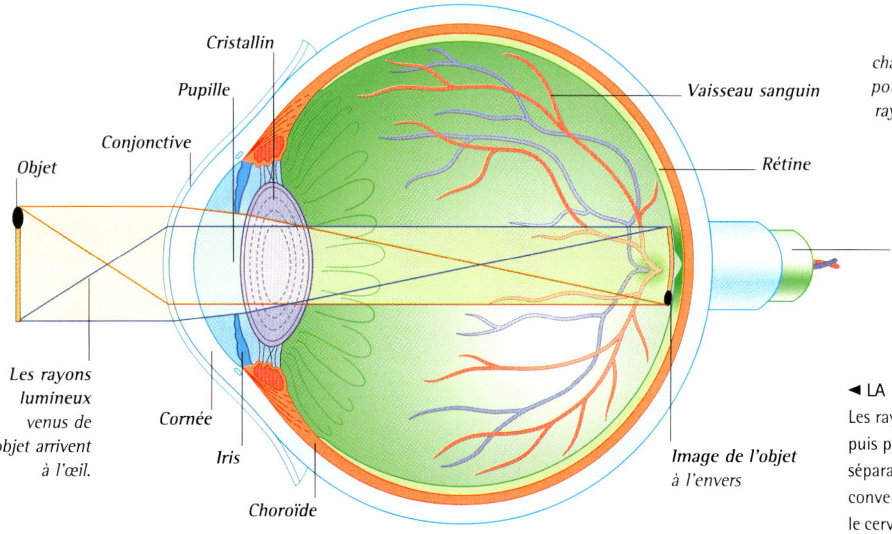


◄ LA FORMATION D'UNE IMAGE

Les rayons lumineux issus de l'objet sont d'abord réfractés par la cornée, puis par le cristallin ; celui-ci change de forme selon la distance séparant l'œil de l'objet. La réfraction des rayons lumineux les fait converger sur la rétine. Là, les images se forment à l'envers, mais le cerveau remet l'image à l'endroit automatiquement.

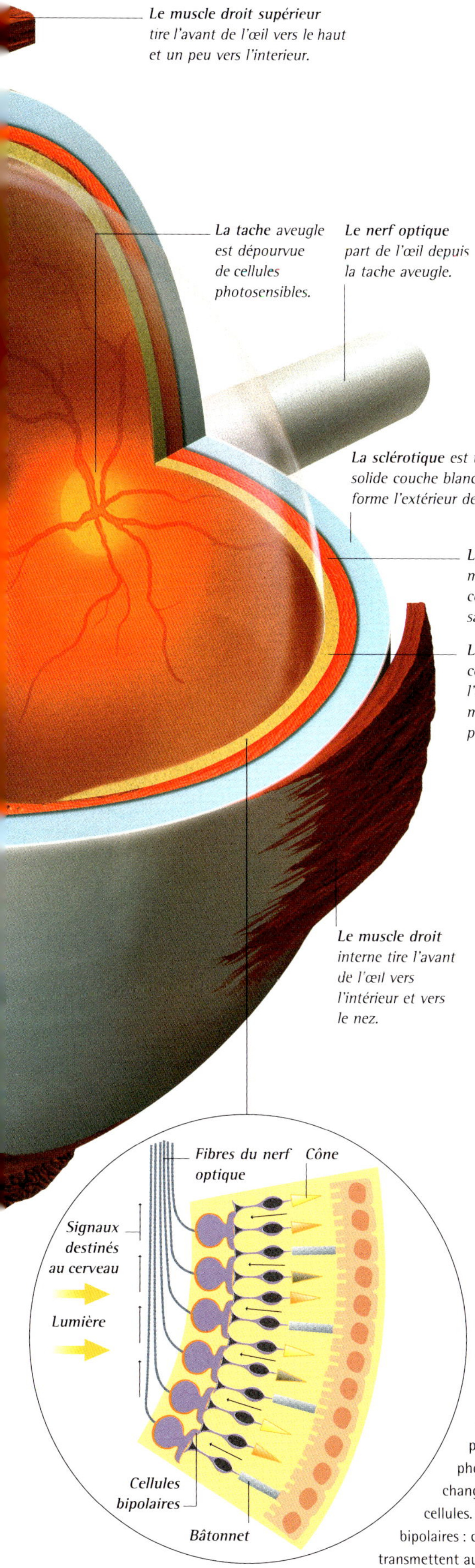


DES YEUX AU CERVEAU ►
Les signaux nerveux quittent les yeux par les nerfs optiques au niveau du chiasma. Là, les fibres provenant du côté intérieur de chaque rétine se croisent de telle sorte que chaque moitié du cerveau reçoive des informations des deux yeux. Les signaux suivent le tractus optique jusqu'aux zones concernées, à l'arrière du cerveau. Cette partie, appelée cortex visuel, reconstitue l'image en relief de l'objet observé.

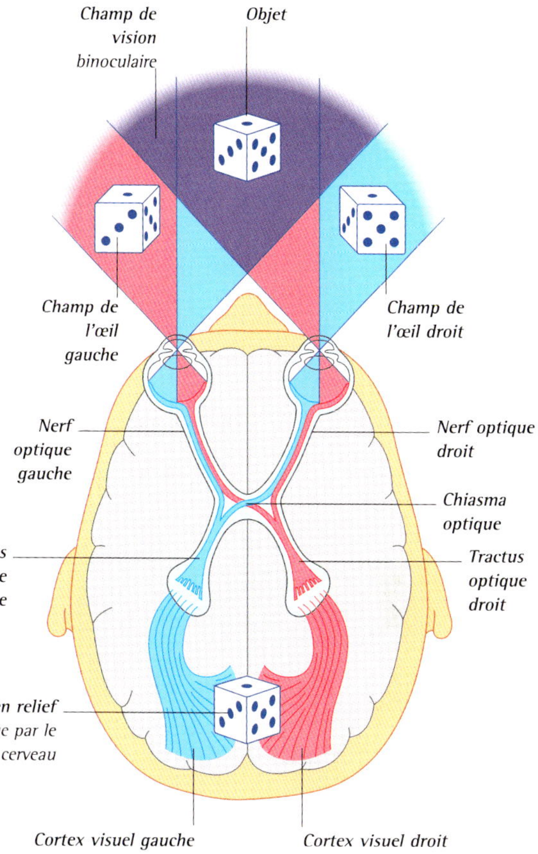


# LA VISION EN COULEURS

La rétine abrite deux types de cellules photosensibles : les cônes et les bâtonnets. Les cônes voient les couleurs ; il existe trois types de cônes : chaque type est sensible à une longueur d'onde donnée, c'est-à-dire une couleur. Les signaux des cônes partent en direction du cerveau. D'après la géométrie générale des signaux, le cerveau reconstitue la couleur de chaque point de la scène observée.

◄ LA RÉTINE RÉAGIT À LA LUMIÈRE
Quand les rayons lumineux atteignent la rétine, ils provoquent des modifications chimiques des substances photosensibles des cônes et des bâtonnets. Ces changements déclenchent des signaux électriques dans les cellules. Cônes et bâtonnets sont reliés à un système de cellules bipolaires : celles-ci assurent un prétraitement des signaux qu'elles transmettent au cerveau via les nerfs optiques.

▲ CÔNES ET BÂTONNETS
Dans chaque rétine, il y a 17 bâtonnets (ci-dessus en gris) pour un cône (ci-dessus en orange). Les cônes ne captent que la lumière vive, les bâtonnets fonctionnent dans la pénombre. À la différence des cônes, les bâtonnets sont tous du même type et assurent une vision en noir et blanc par lumière faible : la nuit, tous les chats sont gris.

POUR EN SAVOIR PLUS ⏭ La couleur 122 • La lentille 115 • La lumière 110 • Le système nerveux 344 • La réfraction 114

# LE TOUCHER

Le sens du toucher dépend de capteurs sensoriels spécialisés répartis sur toute la surface du corps. Ces récepteurs permettent la perception d'une gamme stupéfiante de sensations, de la brûlure atroce du fer rouge au frôlement de la plume. Les capteurs envoient leurs messages, par l'intermédiaire des nerfs, à la moelle épinière ou au cerveau, où l'information est traitée.

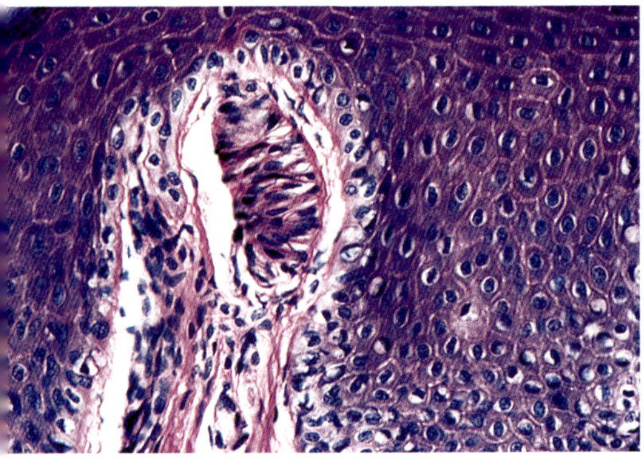

◄ LES RÉCEPTEURS CUTANÉS
Les récepteurs cutanés sont des terminaisons nerveuses spécialisées. Les corpuscules de Meissner, tel celui ci-contre, captent les sensations délicates ; ils couvrent toutes les parties glabres du corps, tels les lèvres, les paumes et le bout des doigts. D'autres types de récepteurs sont sensibles à la pression, aux vibrations, à l'étirement de la peau et aux mouvements des cheveux.

LES EMPREINTES DIGITALES ►
Certaines régions de la peau – tels les paumes et le bout des doigts – sont marquées de sillons. Ce détail améliore la sensibilité du toucher – la peau contient ainsi davantage de récepteurs – et la qualité de la prise. Le dessin de ces creux et de ces bosses fournit un moyen d'identification, car chaque personne en possède un jeu unique. Sur l'agrandissement ci-contre d'un doigt, on reconnaît un type de dessin élémentaire, la boucle.

▼ LE BRAILLE
Louis Braille a mis au point au XIXe siècle le système Braille qui permet aux aveugles de lire. Chaque lettre est représentée par une série de points en relief, que le lecteur reconnaît en faisant glisser ses doigts sur le papier. La capacité à lire le Braille repose sur l'extrême sensibilité du bout des doigts.

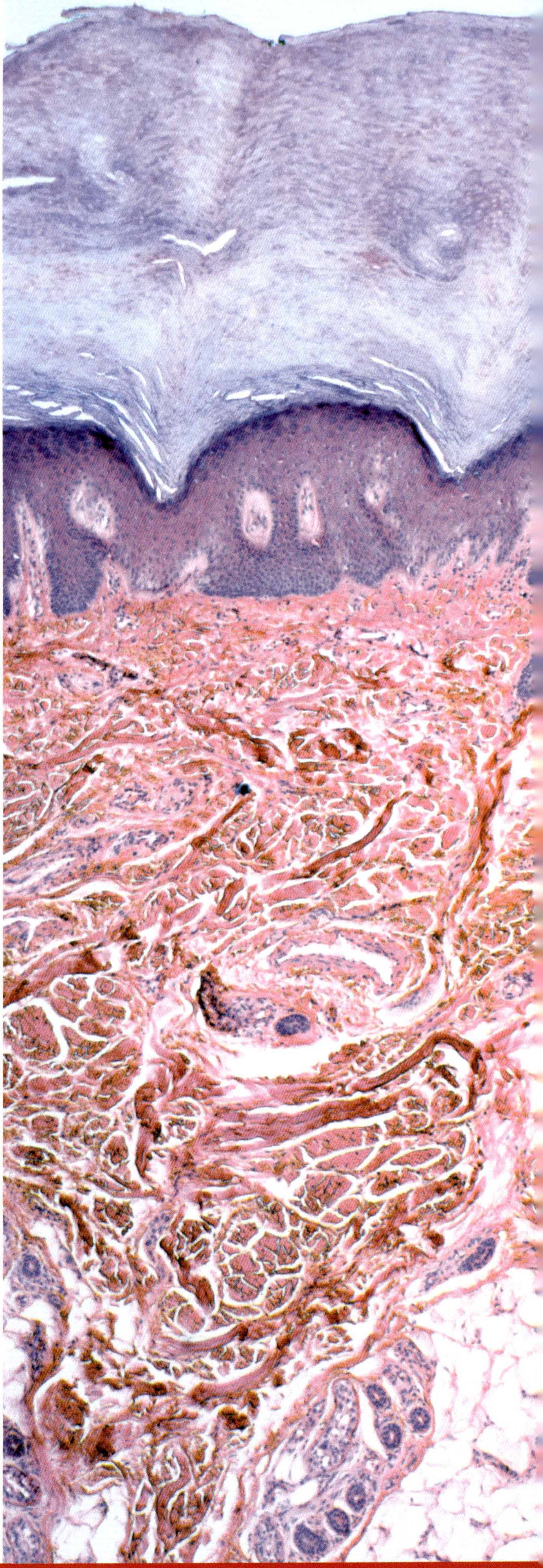

# LA PEAU

La peau constitue, avec les poils, les cheveux et les ongles, la protection extérieure du corps. Elle l'isole des rayons solaires entre autres. La peau constitue également la première ligne de défense du corps contre l'infection ; elle évite la déshydratation, joue un rôle important dans la **RÉGULATION THERMIQUE** et contient des récepteurs qui assurent le sens du toucher.

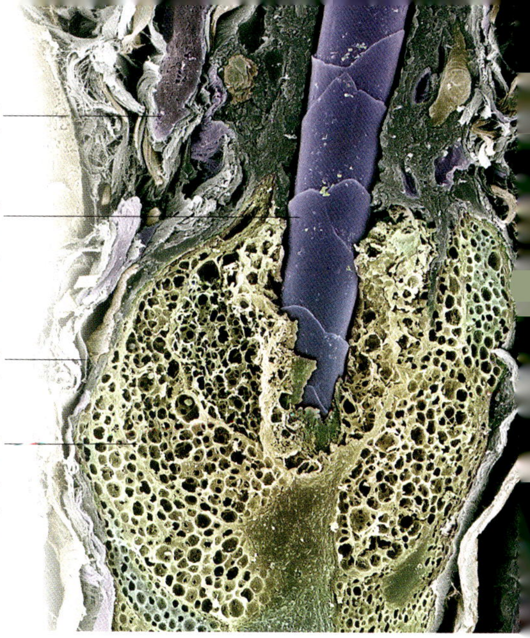


LE FOLLICULE PILEUX ▲
Poils et cheveux se développent à partir du follicule qui est une poche de tissu épidermique empiétant sur le derme. L'agrandissement ci-dessus – colorisé sur ordinateur – montre un follicule pileux grossi 200 fois. Le poil commence par grandir, puis il se repose et tombe quand le nouveau poil chasse l'ancien du follicule. Chaque jour, toute personne perd et remplace une centaine de cheveux.

◄ LES COUCHES DE LA PEAU
La peau se compose de deux couches principales, l'épiderme et le derme. L'épiderme consiste en une couche externe de cellules mortes recouvrant une couche interne de cellules vivantes, lesquelles remplacent les cellules au fur et à mesure que celles de la couche externe sont perdues. Sous l'épiderme se trouve le derme, plus épais, posé sur une couche isolante de tissu adipeux.

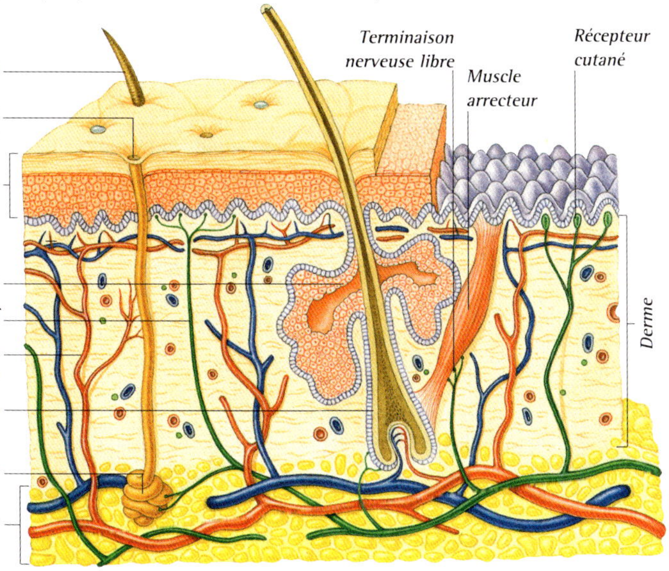


▲ L'ANATOMIE DE LA PEAU
Beaucoup d'éléments entrent dans l'anatomie de la peau : vaisseaux sanguins, nerfs, follicules pileux et glandes sudoripares notamment. Les fibres nerveuses ont soit des terminaisons libres – chez les récepteurs cutanés – soit des capteurs spécialisés dans la pression, la vibration et les changements de température.

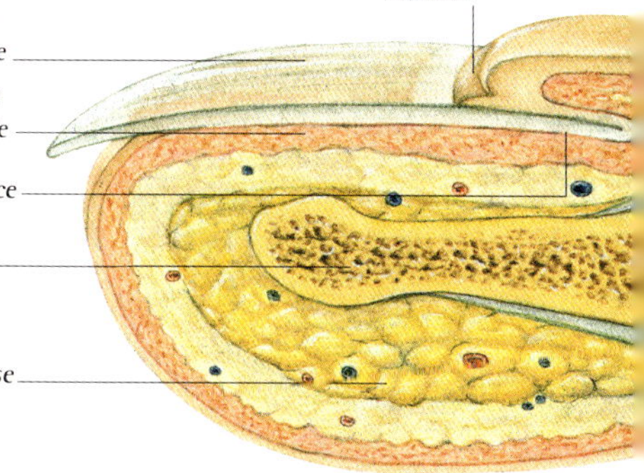


L'ONGLE ▲
Les ongles recouvrent l'extrémité des doigts et des orteils. Ce sont des plaques de tissu protecteur très solide, composées essentiellement de kératine, la protéine que l'on trouve aussi dans les cheveux et la peau. Les ongles poussent à partir d'une région de cellules vivantes appelée la matrice, située sous un repli de la peau, la cuticule.

# LA RÉGULATION THERMIQUE

Les vaisseaux sanguins, les poils, les cheveux et les glandes sudoripares de la peau contribuent à réguler la température corporelle. Quand on a trop chaud, les vaisseaux sanguins se dilatent : le sang afflue à la surface de la peau pour s'y rafraîchir. Quand on a froid, le processus se renverse. Les muscles solidaires des follicules des poils redressent ces derniers, ce qui enferme près de la peau une couche d'air isolante.

LE PORE SUDORIPARE ►
La sueur est un liquide salé qui atteint la surface de la peau par les pores. Chaque pore est tapissé de cellules épidermiques mortes. La sueur s'évapore à la surface de la peau et contribue ainsi à abaisser la température corporelle. La sueur débarrasse également le corps de son excès d'eau, ainsi que de quelques déchets.

POUR EN SAVOIR PLUS ›› Les transferts de chaleur 82 • Le système musculaire 342 • Le système nerveux 344

# L'APPAREIL CIRCULATOIRE

Le principal organe de l'appareil circulatoire est le CŒUR, muscle qui envoie en rythme le SANG dans un réseau complexe de VAISSEAUX SANGUINS ; ce réseau irrigue l'ensemble du corps. C'est le sang qui apporte l'oxygène et les nutriments dont les tissus ont besoin pour leur activité, c'est aussi le sang qui joue un rôle fondamental dans l'évacuation des déchets corporels. Un adulte moyen a 5 litres de sang.

## LE CŒUR

Le cœur se contracte inlassablement – plus de 2,5 milliards de fois dans la vie d'un homme – pour distribuer le sang dans tout le corps. Ses contractions sont déclenchées par des impulsions électriques qui proviennent d'une région spécialisée du tissu cardiaque. Ces signaux sont distribués à l'ensemble de la paroi du cœur grâce à un réseau de fibres conductrices.

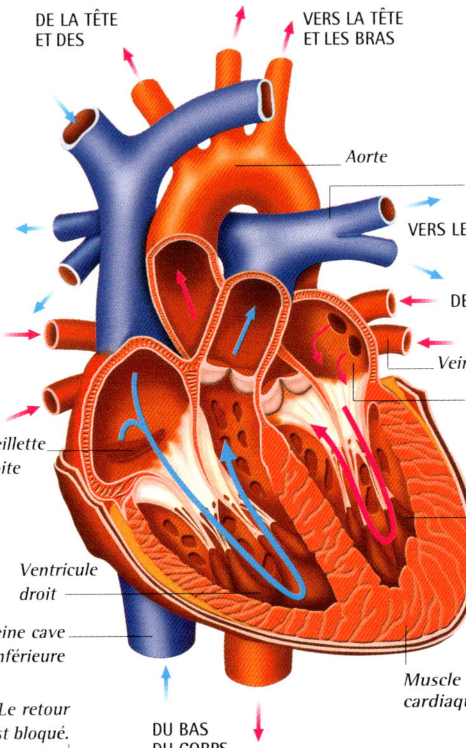


L'INTÉRIEUR DU CŒUR ►
Le cœur a deux cavités supérieures, les oreillettes, et deux inférieures, les ventricules. Le sang arrive dans l'oreillette droite. Ce sang, pauvre en oxygène, est en bleu sur le dessin. Le sang passe dans le ventricule droit, qui l'envoie en direction des poumons pour s'y enrichir en oxygène. L'oreillette gauche reçoit le sang riche en oxygène (rouge) qui revient des poumons ; il passe dans le ventricule gauche, qui l'envoie dans l'aorte et, de là, dans le reste du corps.

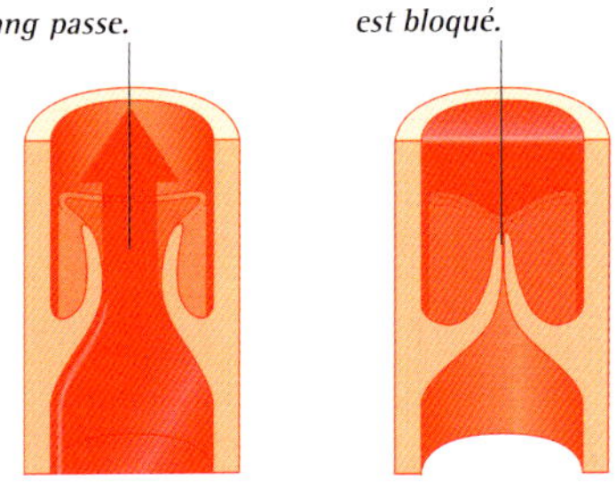


◄ LES VALVES DU CŒUR
À chaque sortie des cavités cardiaques, une valve empêche le sang de refluer vers le cœur. Ces valves sont composées de clapets qui s'ouvrent pour laisser passer le sang, puis se referment complètement pour éviter tout reflux. Les valves ont trois clapets, sauf celle située entre l'oreillette et le ventricule gauches, qui en a deux.

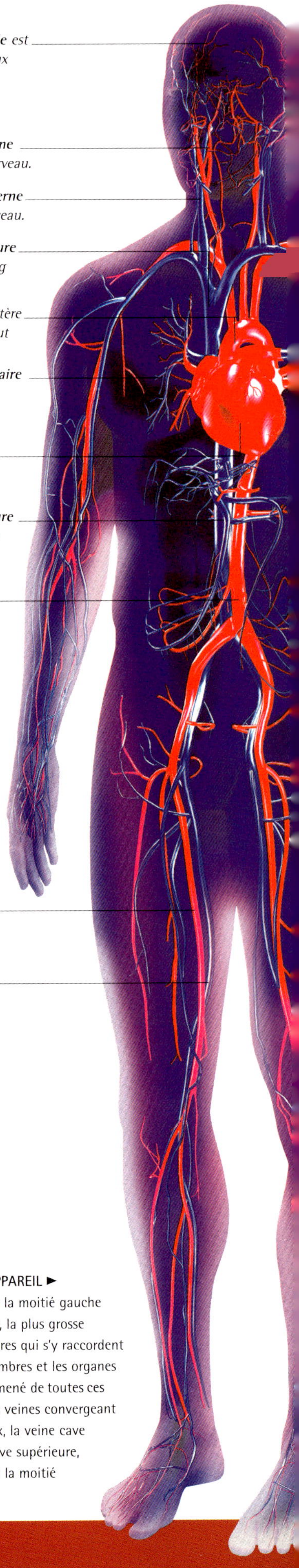


LES ÉLÉMENTS DE L'APPAREIL ►
Tout le sang envoyé par la moitié gauche du cœur sort par l'aorte, la plus grosse artère du corps. Les artères qui s'y raccordent irriguent la tête, les membres et les organes internes. Le sang est ramené de toutes ces parties du corps par des veines convergeant vers deux gros vaisseaux, la veine cave inférieure et la veine cave supérieure, qui rapportent le sang à la moitié droite du cœur.

# LES VAISSEAUX SANGUINS

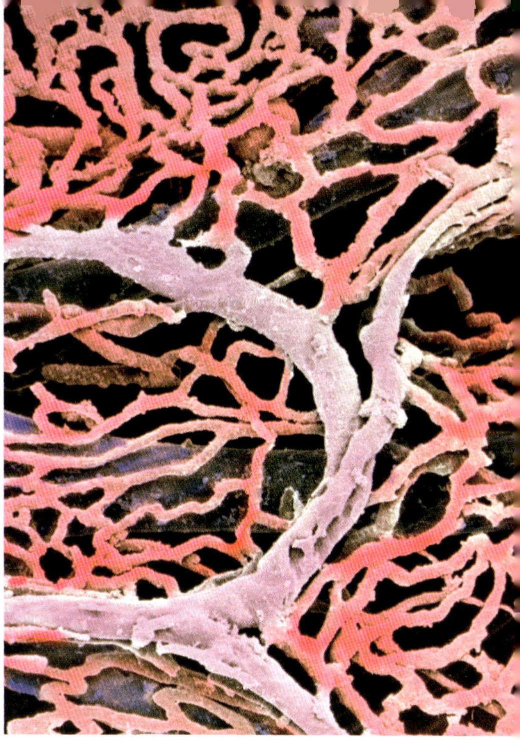

Si l'on branchait bout à bout tous les vaisseaux sanguins du corps, leur longueur totale serait de 100 000 km. Il y a trois principaux types de vaisseaux : les artères envoient le sang oxygéné du cœur vers les tissus ; les veines ramènent le sang des tissus au cœur. Les petites artères s'appellent artérioles et les petites veines veinules. Le troisième type de vaisseaux, les capillaires, constitue un réseau reliant les plus petites artérioles aux plus petites veinules.

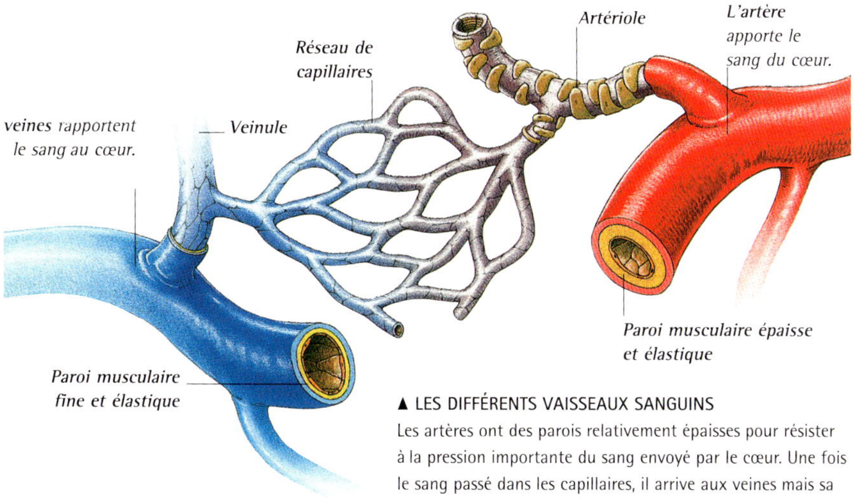


▲ LES DIFFÉRENTS VAISSEAUX SANGUINS
Les artères ont des parois relativement épaisses pour résister à la pression importante du sang envoyé par le cœur. Une fois le sang passé dans les capillaires, il arrive aux veines mais sa pression est tombée : les veines ont donc des parois plus fines.

LES CAPILLAIRES DE LA VÉSICULE BILIAIRE ▲
Le plus gros vaisseau de l'agrandissement ci-dessus est une petite artériole ; elle est entourée d'un réseau de capillaires. Des trous dans les fines parois des capillaires laissent passer les substances qui entrent dans les cellules et en sortent. C'est là que l'oxygène et les nutriments pénètrent dans les tissus du corps, et que les déchets des mêmes tissus sont évacués.

# LE SANG

Le sang se compose d'un liquide jaune paille, le plasma, et d'un nombre colossal de cellules sanguines dont les deux principaux types sont les globules rouges, qui apportent l'oxygène aux tissus, et les globules blancs qui défendent le corps contre l'infection. Le sang transporte également des nutriments, des déchets et les protéines nécessaires à la coagulation.

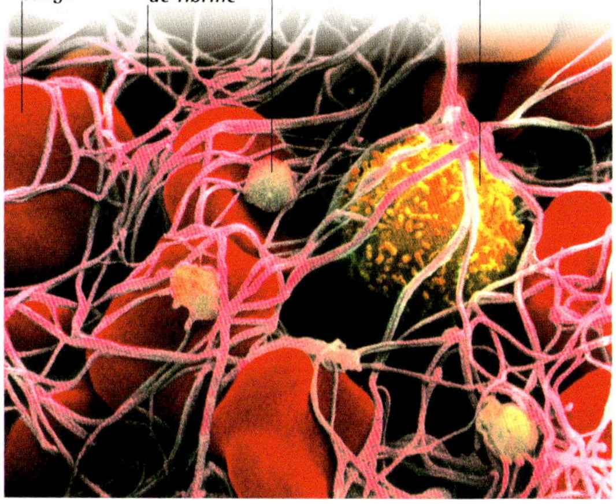


▲ LA COAGULATION DU SANG
Quand un vaisseau sanguin est endommagé, un caillot se forme pour arrêter le saignement. D'abord, des plaquettes s'agglutinent et forment un bouchon qui stoppe l'hémorragie. Une suite compliquée d'événements chimiques se succèdent alors dans le sang, et apparaissent de longues fibres d'une protéine appelée fibrine. Celles-ci emprisonnent les globules et déchets du sang pour former un caillot semblable à du gel qui se solidifie. Le caillot reste intact jusqu'à ce que le vaisseau sanguin soit reconstitué.

LES CELLULES SANGUINES ►
Une goutte de sang contient des millions de globules rouges ; chacun contient 250 millions de molécules d'hémoglobine. Dans les poumons, l'oxygène se fixe sur l'hémoglobine puis, dans les tissus, l'oxygène est libéré. Il existe plusieurs types de globules blancs, tous indispensables pour le système immunitaire. Les plaquettes sont de minuscules cellules nécessaires à la coagulation du sang.

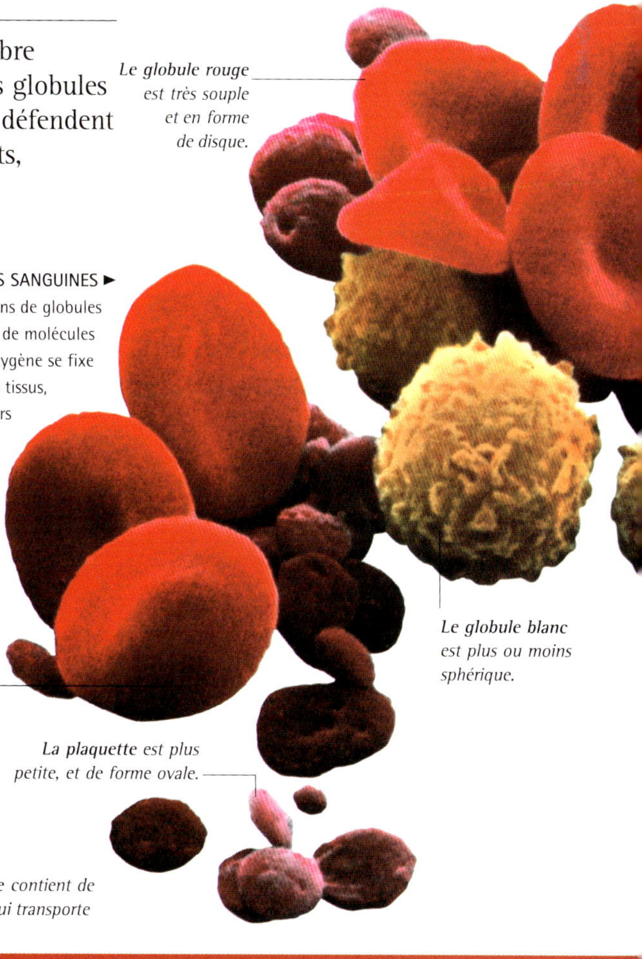


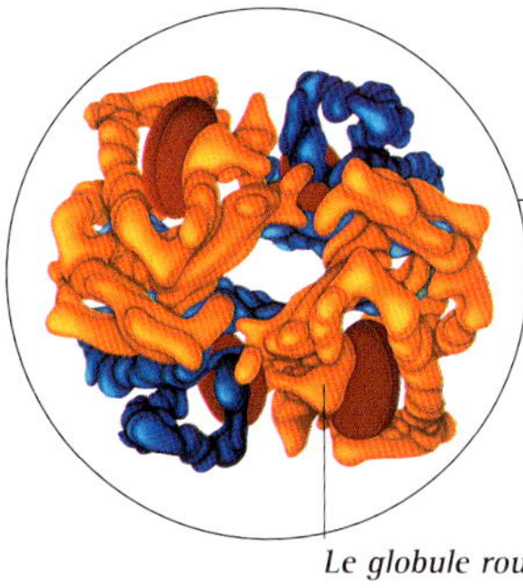


POUR EN SAVOIR PLUS ⏭ Le système immunitaire 357 • Le système musculaire 342 • L'appareil respiratoire 354

# L'APPAREIL RESPIRATOIRE

L'appareil respiratoire fournit l'oxygène dont le corps a besoin, et le débarrasse de son principal déchet, le gaz carbonique. L'échange se fait dans les poumons, organes situés dans le thorax et irrigués de façon intensive par le sang. La **RESPIRATION** est le mouvement de l'air qui entre et sort des poumons. L'appareil respiratoire revêt aussi une importance fondamentale pour la **PAROLE**.

▼ LES VOIES AÉRIENNES DES POUMONS
Quand on inspire, l'air descend la trachée, puis se répartit entre les deux bronches souches, dont chacune alimente un poumon. Là, l'air se répartit entre les petites bronches, puis les bronchioles. Ces dernières se terminent en grappes de petits volumes pleins d'air, les alvéoles.

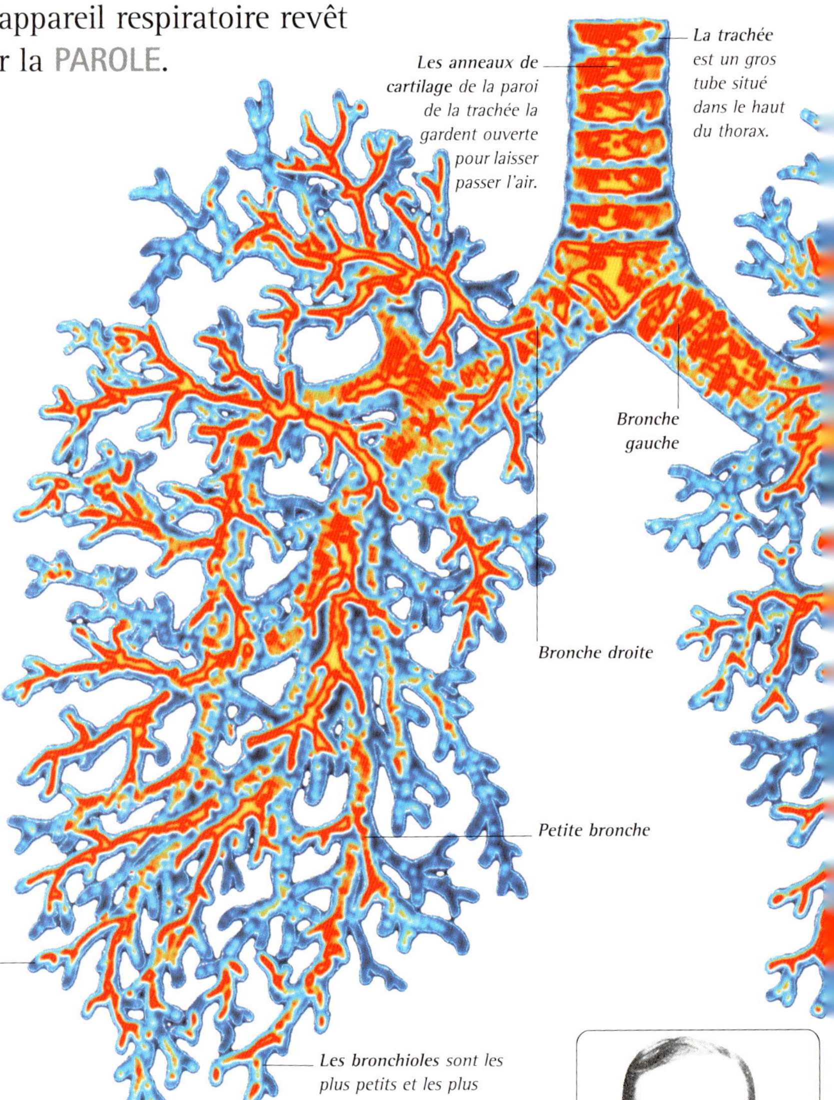


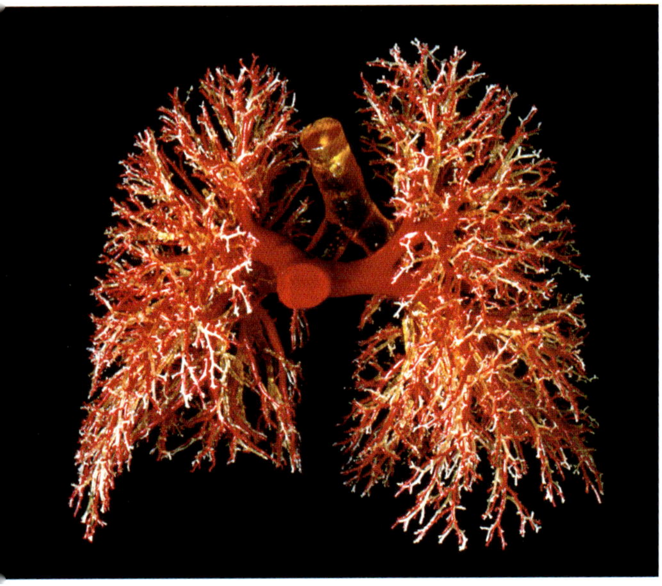

▲ LES VAISSEAUX SANGUINS PULMONAIRES
Ce sont les artères pulmonaires qui amènent aux poumons le sang venu du cœur ; dans le moulage en résine ci-dessus, les deux artères sont les gros tubes rouges irriguant les poumons. Les artères pulmonaires se divisent en nombreux vaisseaux qui irriguent les alvéoles pulmonaires. C'est là que l'oxygène pénètre dans le sang et que celui-ci se débarrasse de son gaz carbonique.

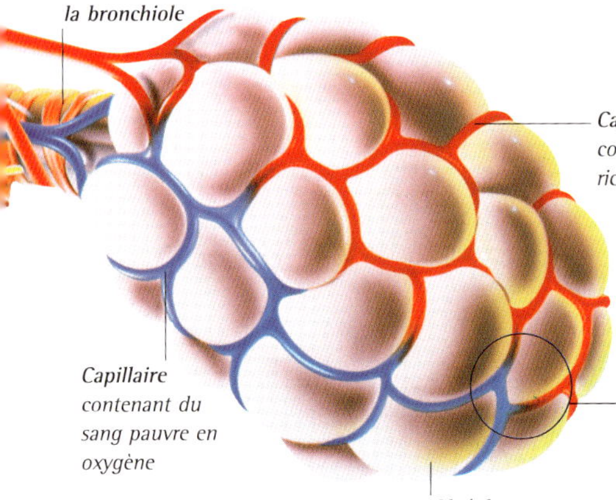


▲ L'ALVÉOLE PULMONAIRE
Chaque poumon contient des millions d'alvéoles, sièges des échanges gazeux avec le sang. Les groupes d'alvéoles ressemblent à des grappes de raisins et se trouvent à l'extrémité des bronchioles, les plus petits tubes à l'intérieur desquels l'air circule dans les poumons. Les parois des alvéoles sont entourées d'un réseau dense de capillaires gorgés de sang.

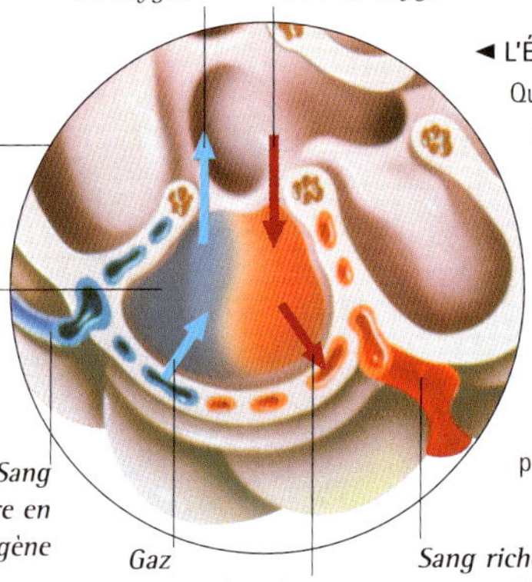


◄ L'ÉCHANGE GAZEUX
Quand le sang appauvri en oxygène est à proximité de la paroi d'une alvéole, le gaz carbonique contenu dans le sang passe dans l'alvéole. En même temps, l'oxygène de l'alvéole passe dans le sang, où il se fixe à l'hémoglobine des globules rouges. Le remplacement du gaz carbonique par l'oxygène dans les poumons s'appelle l'échange gazeux.

*JOHN SCOTT HALDANE*
*Écossais, 1860-1936*
*En 1905, J. S. Haldane fit une découverte importante : le besoin de respirer est provoqué par l'accumulation de gaz carbonique dans le sang. Quand le taux de gaz carbonique sanguin augmente, il est détecté par une région du cerveau qui déclenche l'accélération de la respiration.*

# LA PAROLE

Le son de la voix est produit grâce aux cordes vocales : deux replis de tissus placés dans le larynx, en haut de la trachée. Quand l'air sortant des poumons passe entre les cordes vocales, elles vibrent. Lorsque l'on parle, une zone du cerveau envoie des signaux à des muscles minuscules qui modifient la position et la longueur des cordes vocales : ainsi se module le son. Celui-ci est transformé en parole intelligible grâce aux mouvements des lèvres, des joues et de la langue.

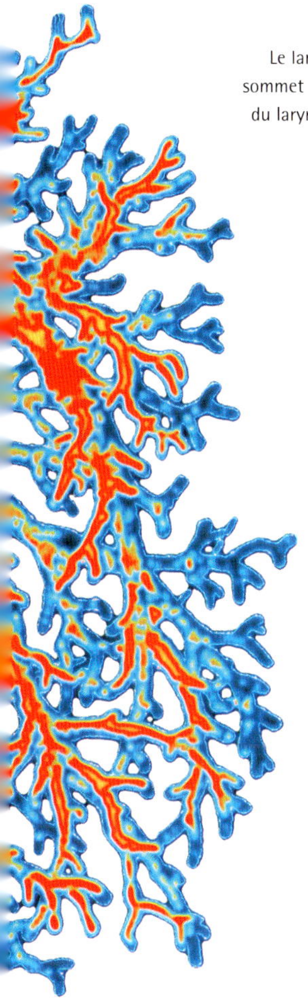

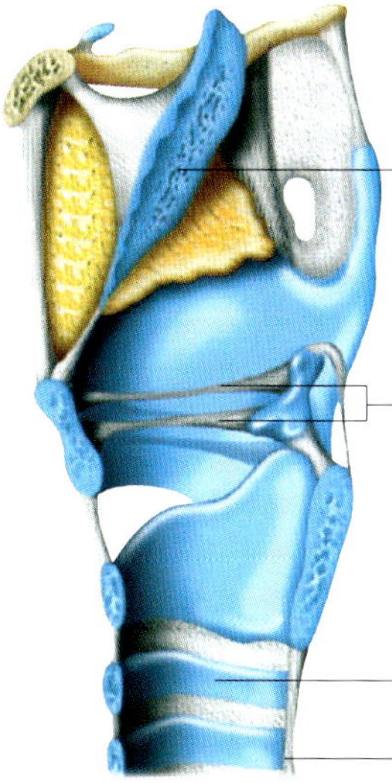


COUPE DU LARYNX ►
Le larynx est situé entre l'arrière du pharynx (ou gorge) et le sommet de la trachée. Les cordes vocales sont situées en travers du larynx. Quand l'air des poumons le traverse, elles vibrent en produisant des sons.

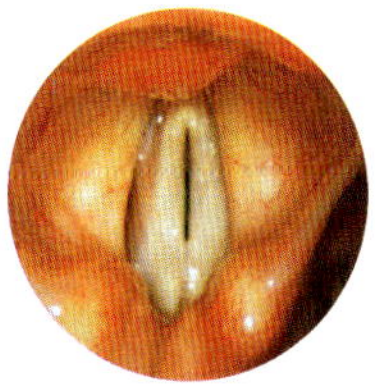

CORDES VOCALES FERMÉES

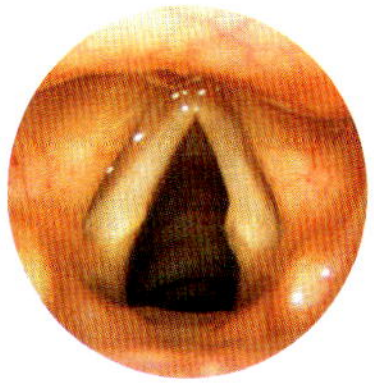

CORDES VOCALES OUVERTES

# LA RESPIRATION

La respiration, c'est l'entrée et la sortie de l'air des poumons. L'adulte respire 12 à 15 fois par minute au repos, et plus souvent pendant l'effort. À chaque inspiration, les poumons reçoivent un demi-litre d'air environ.

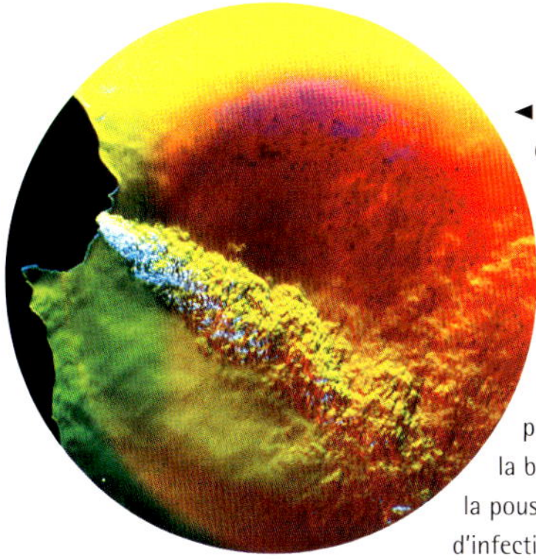

◄ LA TOUX
Quand l'appareil respiratoire absorbe de la poussière ou des agents infectieux, cela irrite parfois le larynx, la trachée ou les bronches. Ainsi se déclenche la toux. Quand on tousse, les muscles de la poitrine et de l'abdomen se contractent, ce qui augmente brusquement la pression de l'air dans les poumons. Par conséquent, cela fait jaillir dans la bouche une gerbe de gouttelettes contenant la poussière et autres nuisances. Beaucoup d'infections se transmettent de cette façon.

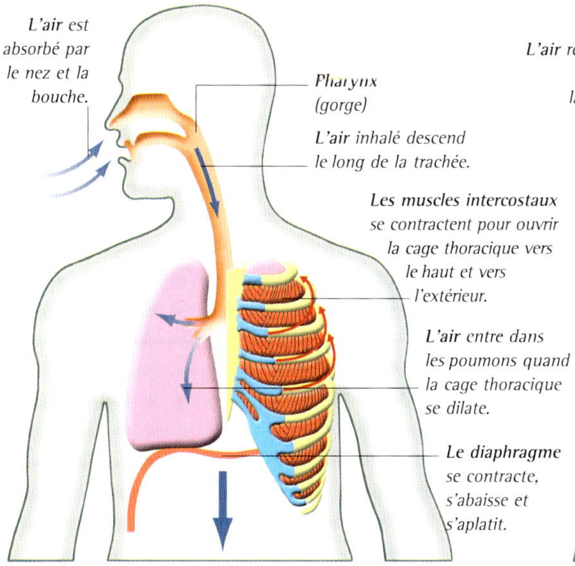


▲ L'INSPIRATION
Pendant l'inspiration, les muscles intercostaux se contractent, de même que le diaphragme, nappe musculaire située à la base de la cage thoracique. Celle-ci se dilate et le diaphragme s'aplatit, ce qui augmente le volume de la cavité où se trouvent les poumons. Cette augmentation de volume fait baisser la pression de l'air dans les poumons, par conséquent l'air extérieur le long de la trachée envahit les poumons.

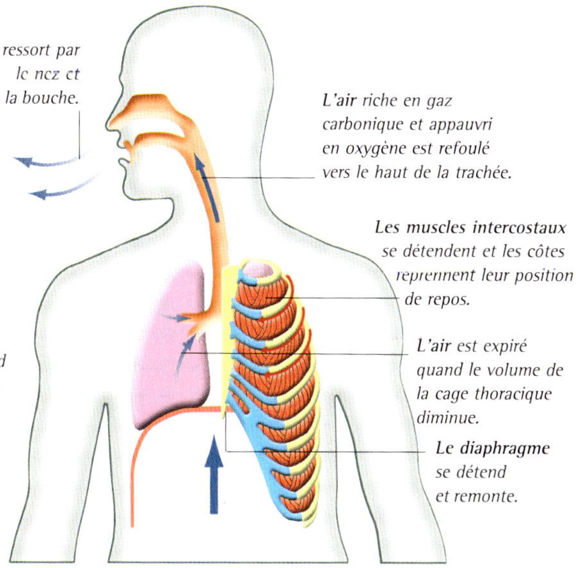


▲ L'EXPIRATION
Pendant l'expiration, les muscles intercostaux se détendent, ainsi que le diaphragme. Les côtes se replient vers le bas et vers l'intérieur, ce qui a pour effet de rétrécir la cage thoracique ; quant au diaphragme, il remonte. Comme le volume de la cavité où se trouvent les poumons diminue, la pression de l'air y devient plus élevé qu'à l'extérieur. L'air est ainsi chassé par la trachée et ressort par la bouche et le nez.

POUR EN SAVOIR PLUS ⏩ L'appareil circulatoire 352 • Le système nerveux 344 • L'oxygène 39 • La pression 74

# LE SYSTÈME ENDOCRINIEN

Il y a de nombreux processus corporels influencés par les hormones qui sont des messagers chimiques produits par les glandes du système endocrinien. Ces glandes libèrent leurs hormones dans le sang. Les hormones sont ensuite transportées vers les organes dont elles influencent l'activité. Le système endocrinien travaille étroitement avec le système nerveux pour garder l'organisme dans un état d'équilibre, appelé l'homéostasie.

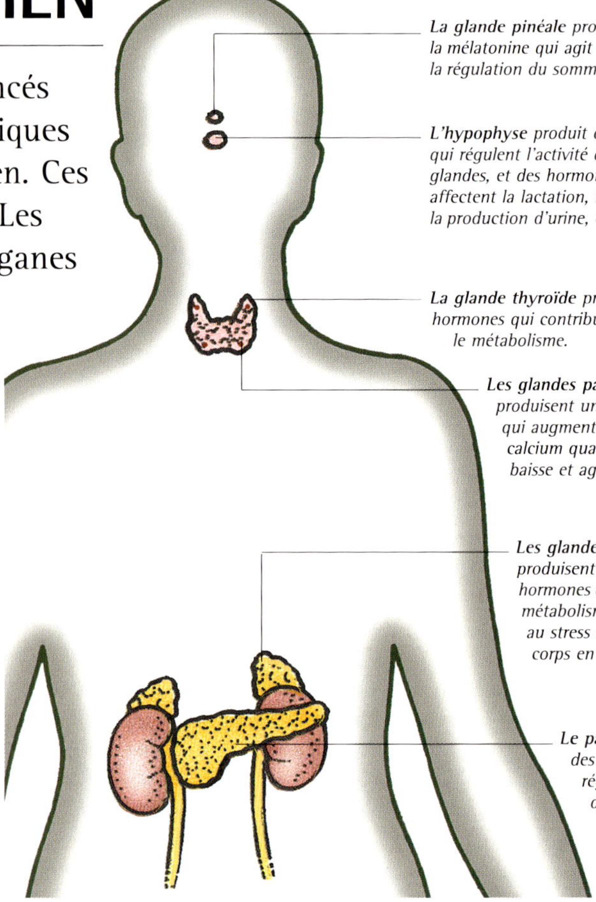


LES GLANDES ENDOCRINES ►
Les hormones maintiennent l'homéostasie et agissent sur le métabolisme (l'ensemble des processus chimiques du corps), la reproduction, la croissance et la réaction au stress. La production de nombreuses hormones est régulée par des réactions complexes ; les glandes reçoivent des informations du corps entier et adaptent en conséquence la quantité d'hormone qu'elles produisent.

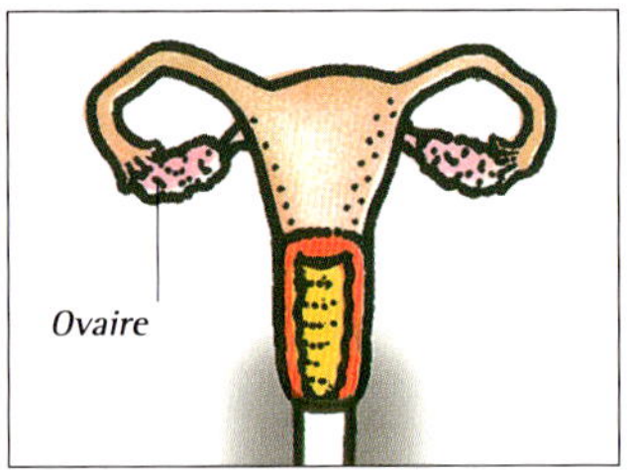


▲ LES OVAIRES
Les ovaires produisent l'œstrogène et la progestérone qui contribuent au développement des caractères sexuels féminins à la puberté.

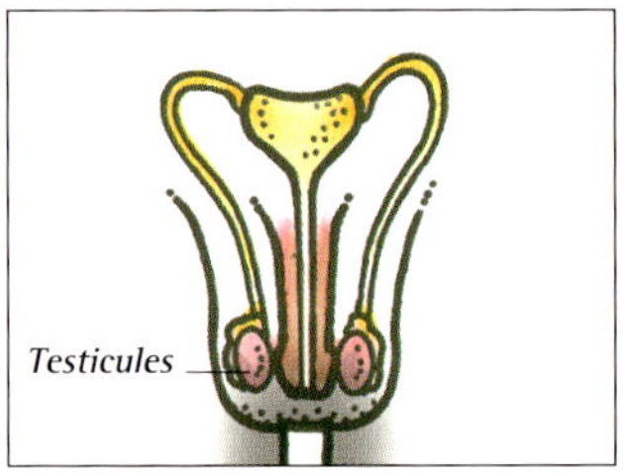


▲ LES TESTICULES
Les testicules produisent la testostérone, qui stimule la production des spermatozoïdes et le développement des caractères sexuels masculins à la puberté.

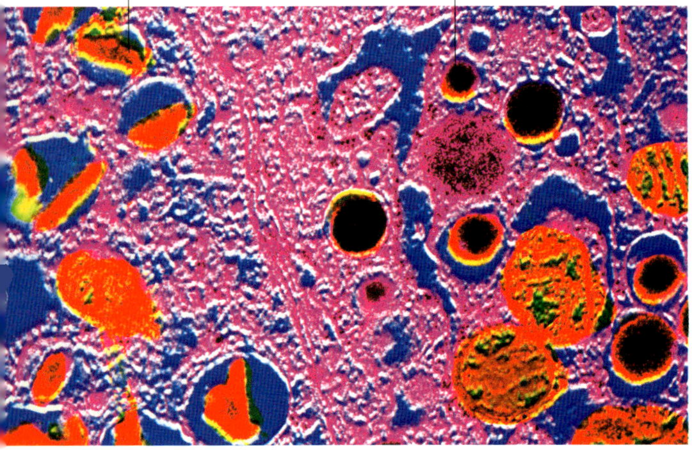


▲ LA FABRICATION D'UNE HORMONE
L'agrandissement ci-dessus, colorisé par ordinateur, montre une petite partie du pancréas. Deux types de cellules du pancréas fabriquent les hormones qui régulent le glucose – un sucre très simple – du sang. Quand il y a trop de glucose, les cellules bêta libèrent de l'insuline ; dans le cas contraire, les cellules alpha libèrent du glucagon.

## UN EXEMPLE DE FONCTIONNEMENT DES HORMONES

Ce schéma présente un exemple de ce que font les hormones dans le corps. L'hormone thyréotrope (en abrégé TSH), fabriquée par l'hypophyse, se rend dans la thyroïde, où elle stimule la fabrication d'une autre hormone, la thyroxine. Celle-ci déclenche la multiplication des cellules du corps et libère l'énergie, mais elle régule également sa propre concentration dans le sang.

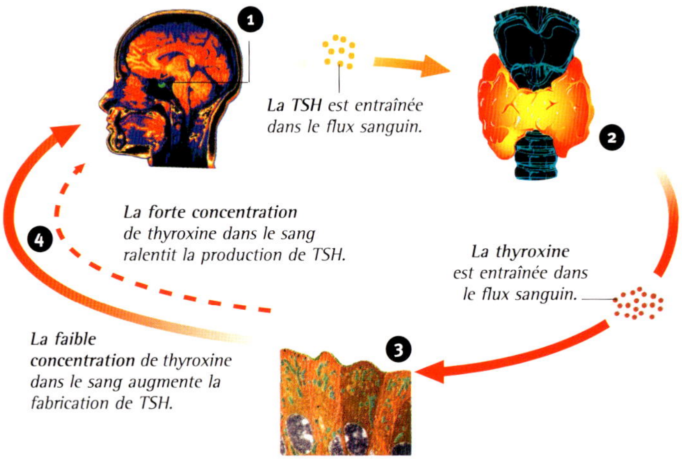


1 *L'HYPOPHYSE*
produit la TSH.

2 *LA GLANDE THYROÏDE*
est stimulée par la TSH pour fabriquer la thyroxine.

3 *LES CELLULES CORPORELLES*
sont stimulées par la thyroxine pour se reproduire, traiter les nutriments et libérer l'énergie.

4 *L'AUTORÉGULATION*
La thyroxine module sa concentration dans le sang grâce à un phénomène d'autorégulation. Si la concentration augmente trop, l'hypophyse ralentit la production de TSH ; si en revanche la concentration de thyroxine descend trop bas, cela accélère la production de TSH. Ainsi est assuré l'équilibre.

POUR EN SAVOIR PLUS ⏭ L'appareil digestif 358 • Le système nerveux 344 • L'appareil génital 362

# LE SYSTÈME IMMUNITAIRE

Le rôle du système immunitaire est de protéger le corps des infections et des cancers. Quand une substance anormale ou étrangère au corps est identifiée, ce système organise une RÉACTION IMMUNITAIRE. Ses armes clés sont les lymphocytes. Certains circulent dans la lymphe, excédent du liquide corporel qui se déverse dans le sang via un réseau de vaisseaux et de ganglions.

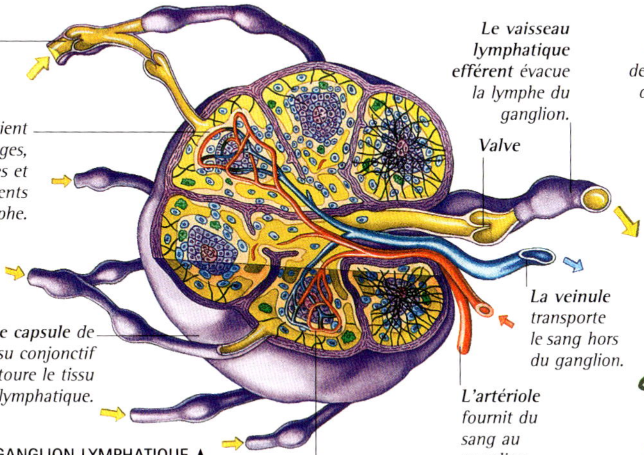


ANATOMIE D'UN GANGLION LYMPHATIQUE ▲
Les ganglions lymphatiques sont des protubérances qui se présentent à intervalles réguliers le long des vaisseaux lymphatiques. Ils fabriquent et stockent des lymphocytes qu'ils évacuent dans la lymphe, laquelle rejoint le sang. Ils abritent également d'autres types de globules blancs, les macrophages. Les ganglions lymphatiques ont entre 1 et 30 mm de diamètre.

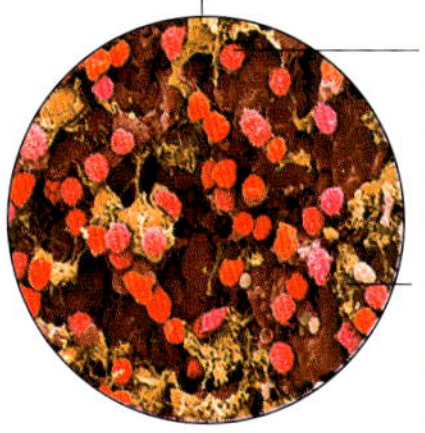


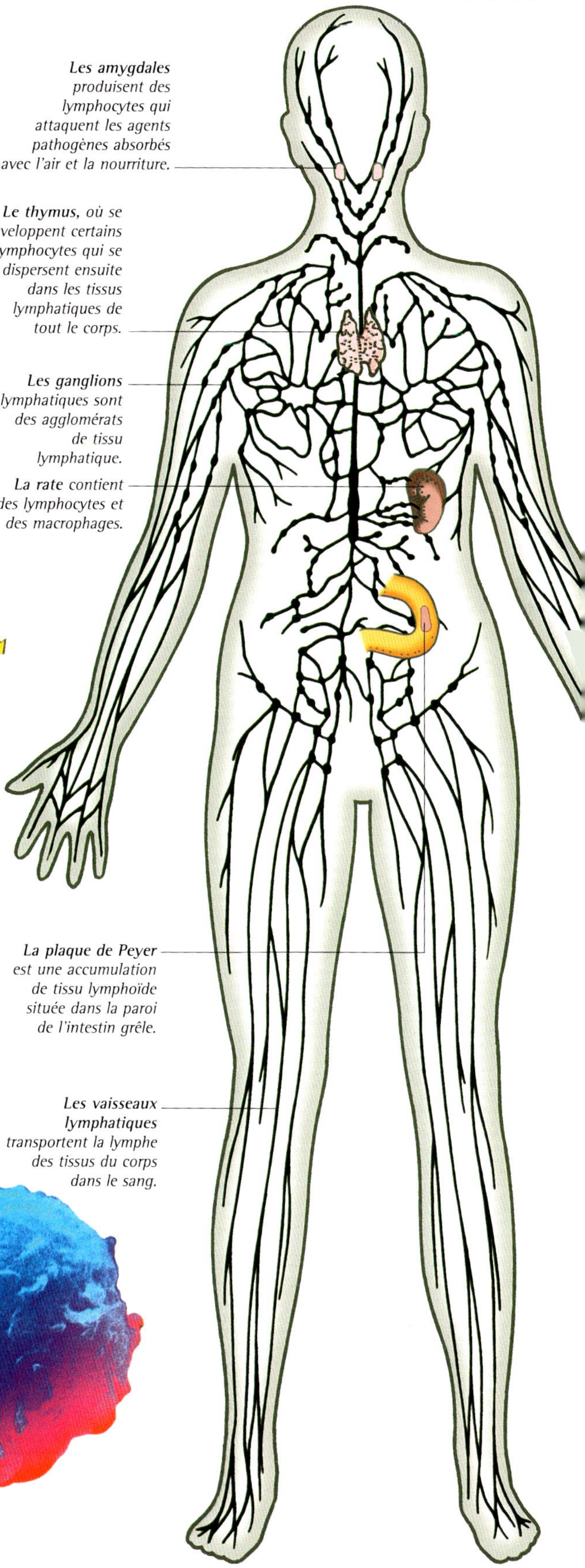


LE SYSTÈME LYMPHATIQUE ▲
Le système est constitué d'un réseau de vaisseaux et d'accumulations de tissu lymphoïde. Il récupère l'excès de lymphe des tissus du corps qu'il reverse dans le sang ; il stocke et transporte les cellules du système immunitaire, tels les lymphocytes.

## LA RÉACTION IMMUNITAIRE

Quand le système immunitaire détecte un organisme indésirable, il organise sa réaction de deux façons. Certains lymphocytes attaquent l'envahisseur directement ; d'autres produisent des substances appelées anticorps qui favorisent la destruction de l'organisme. Le système immunitaire garde mémoire des différents envahisseurs et, quand il s'en présente un pour la deuxième fois, la réaction est plus rapide et efficace. C'est ce que l'on appelle l'immunité.

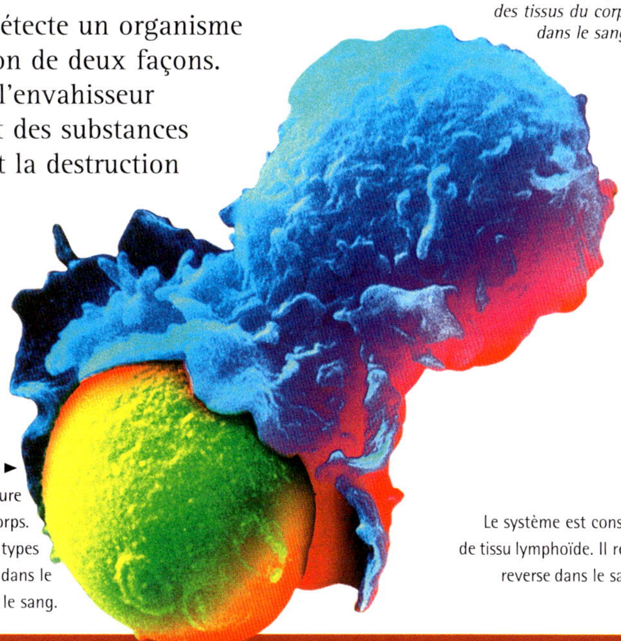

UN LYMPHOCYTE EN ACTION ►
Le lymphocyte (en bleu) engloutit une cellule de levure (en jaune) qu'il a identifiée comme étrangère au corps. Les lymphocytes sont, comme les macrophages, des types de globules blancs, même si on les trouve aussi bien dans le système lymphatique que dans le sang.

POUR EN SAVOIR PLUS ›› L'appareil circulatoire 352 • Les maladies 370

# L'APPAREIL DIGESTIF

La fonction de l'appareil digestif est de décomposer les aliments en éléments plus petits, appelés les nutriments. Ces derniers sont ensuite absorbés dans le flux sanguin et fournissent au corps les éléments nécessaires à ses activités. La BOUCHE reçoit la nourriture et commence le processus de digestion qui se poursuit dans l'ESTOMAC. Les aliments entrent ensuite dans les INTESTINS qui achèvent le processus. Les enzymes, substances qui accélèrent les réactions chimiques du corps, jouent un rôle clé dans la décomposition des aliments.

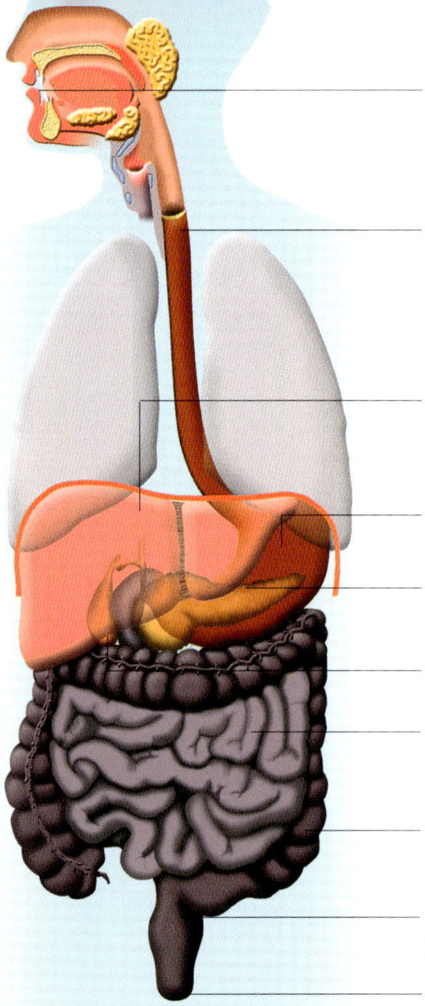


L'ANATOMIE DE L'APPAREIL DIGESTIF ►
L'appareil digestif est composé essentiellement d'un tube musculeux, le tube digestif. Il commence par la bouche, se poursuit avec l'œsophage, l'estomac et les intestins et se termine par l'anus. Cet appareil a besoin du pancréas, du foie et de la vésicule biliaire pour digérer. Chaque jour, le pancréas déverse environ 1,5 litre de liquide riche en enzymes dans le duodénum. Le foie produit environ 1 litre de bile, qui est provisoirement stockée dans la vésicule biliaire.

## LA BOUCHE

La bouche est une cavité comprise entre les dents, les lèvres, la langue, les joues et le palais – avec sa voûte et son voile. Les dents déchirent et broient les aliments que malaxent la mâchoire et la langue. La réduction des aliments en petits morceaux offre une surface plus importante à l'action des enzymes de la salive : c'est le début de la digestion.

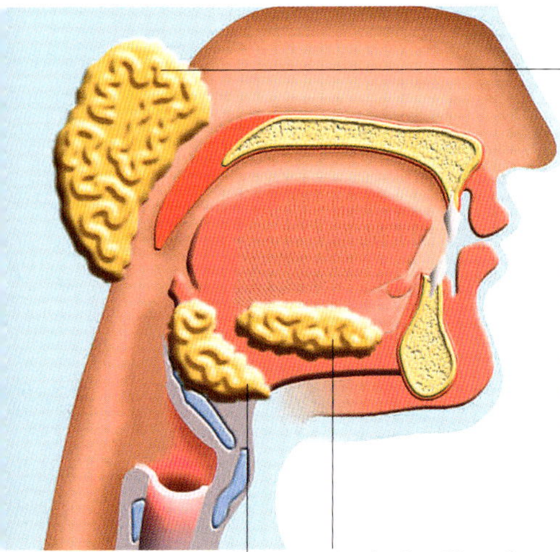


◄ LES GLANDES SALIVAIRES
Ces glandes produisent un liquide riche en glaires, la salive, qui humecte les aliments et contribue à en faire une boule, le bol alimentaire, facile à avaler. La salive contient aussi des enzymes qui commencent le processus de digestion. Quand les aliments pénètrent dans la bouche, le cerveau adresse des messages aux glandes, qui produisent un afflux de salive. Les aliments doivent se mêler à la salive pour stimuler les papilles gustatives, lesquelles vérifient que l'aliment est mangeable.

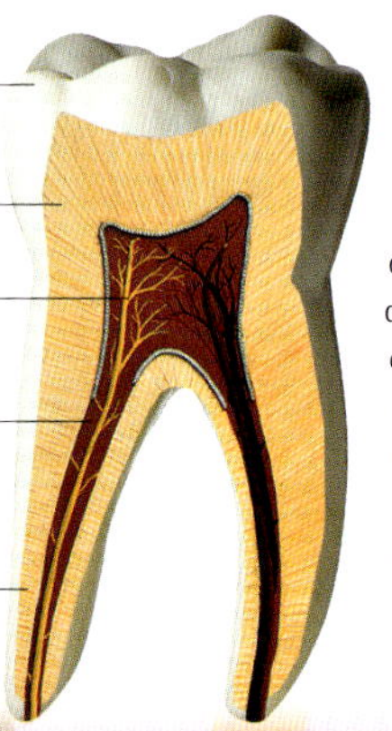


◄ ANATOMIE DE LA DENT
Chaque dent possède une couronne, visible au-dessus de la gencive, et une ou plusieurs racines, plantées dans la mâchoire. Le centre de la dent est occupé par la cavité pulpaire, qui contient la pulpe des vaisseaux sanguins et des nerfs. Elle est entourée de dentine, matériau solide qui constitue la quasi-totalité de la dent. La couche extérieure de la couronne est composée d'émail, la substance la plus dure du corps humain.

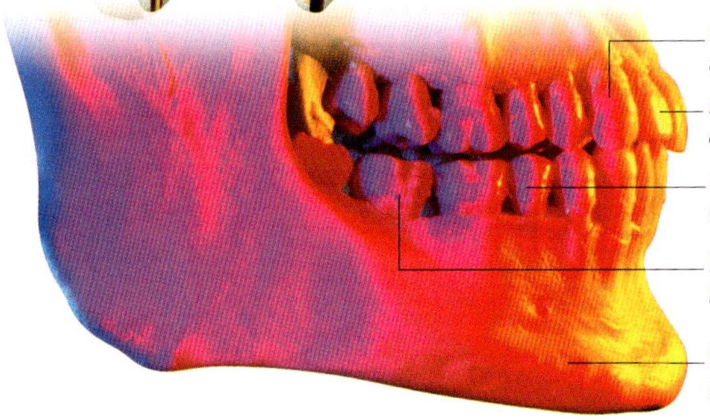


▲ LES TYPES DE DENTS
Il existe quatre types de dents : incisives, canines, prémolaires et molaires. Chacune a une forme adaptée à son rôle. L'homme a au cours de sa vie deux jeux de dents : les 20 dents de lait qui poussent entre l'âge de 6 mois et celui de 3 ans, puis les 32 dents définitives – vues ci-dessus – qui poussent à partir de 6 ans et jusqu'à 25 ans parfois.

# L'ESTOMAC

L'estomac est une poche musculeuse qui démarre le processus digestif. Quand ils entrent dans l'estomac, les aliments sont mêlés aux sucs gastriques et malaxés par les contractions des muscles situés dans la paroi stomacale. En général, les aliments restent quatre heures environ dans l'estomac, le temps de parvenir à une forme semi-liquide qui s'appelle le chyme ; ce dernier est évacué par jets dans le duodénum, qui est la partie supérieure de l'intestin grêle.

*Les aliments venant de la bouche arrivent de l'œsophage.*

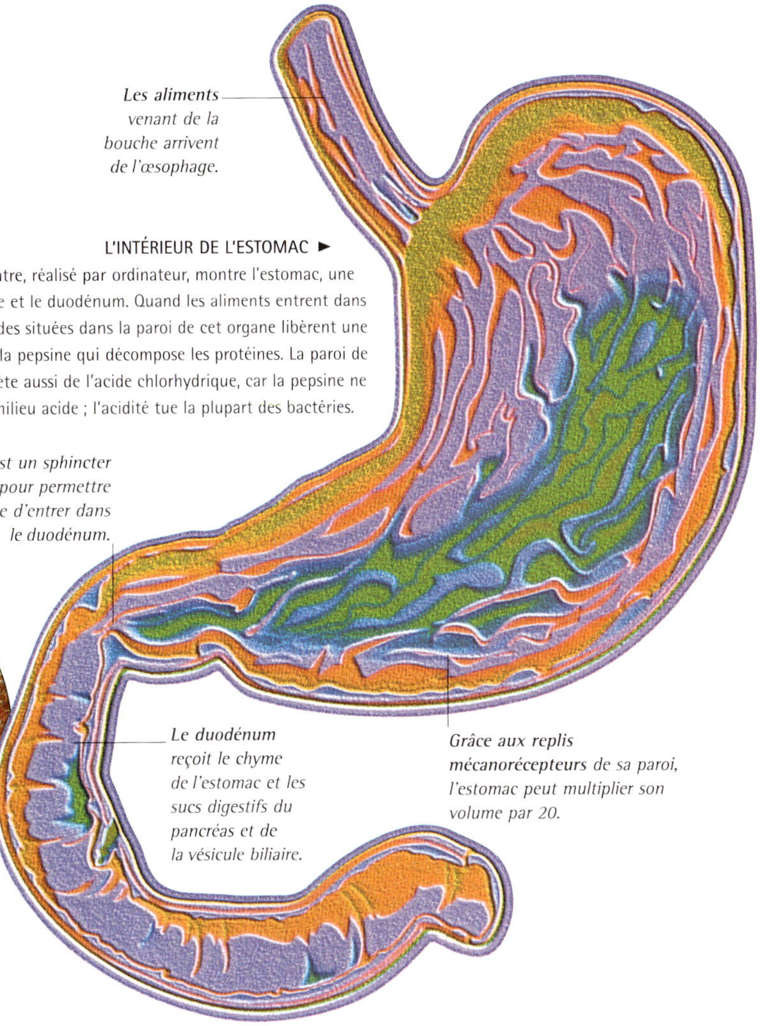

L'INTÉRIEUR DE L'ESTOMAC ►
Le dessin ci-contre, réalisé par ordinateur, montre l'estomac, une partie de l'œsophage et le duodénum. Quand les aliments entrent dans l'estomac, les glandes situées dans la paroi de cet organe libèrent une enzyme appelée la pepsine qui décompose les protéines. La paroi de l'estomac sécrète aussi de l'acide chlorhydrique, car la pepsine ne fonctionne qu'en milieu acide ; l'acidité tue la plupart des bactéries.

*Le pylore est un sphincter qui s'ouvre pour permettre au chyme d'entrer dans le duodénum.*

*Le duodénum reçoit le chyme de l'estomac et les sucs digestifs du pancréas et de la vésicule biliaire.*

*Grâce aux replis mécanorécepteurs de sa paroi, l'estomac peut multiplier son volume par 20.*

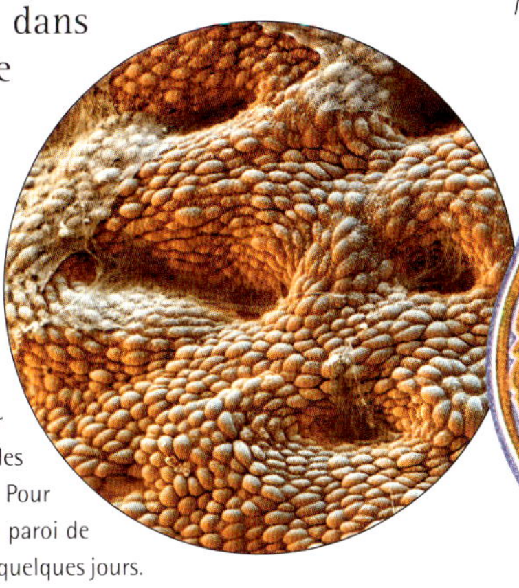

LA PAROI DE L'ESTOMAC ►
On remarque sur cet agrandissement l'ouverture des glandes dans la paroi de l'estomac : ce sont de simples trous, qui libèrent de l'acide chlorhydrique et des enzymes digestifs à l'intérieur de l'estomac. La paroi est protégée des acides et des enzymes par un mucus. Pour conserver leur santé, les cellules de la paroi de l'estomac sont remplacées au bout de quelques jours.

# LES INTESTINS

Les intestins forment un tube d'environ 8 m de long chez l'adulte. Les aliments y transitent grâce à la contraction des muscles des parois. Dans l'intestin grêle, les contractions musculaires mélangent le chyme avec les enzymes du pancréas et de la paroi intestinale. C'est là que les nutriments sont absorbés dans le flux sanguin. Dans le gros intestin, l'eau est séparée des déchets de la digestion : l'eau est absorbée et les matières fécales sont ensuite évacuées.

◄ LES VILLOSITÉS DE L'INTESTIN
La surface de la paroi de l'intestin grêle est énorme à cause de ses nombreux replis et des villosités – minuscules structures en forme de doigt implantées dans la paroi. Une fois digérés, les nutriments sont absorbés dans le flux sanguin par de minuscules vaisseaux contenus dans les villosités. Le sang les entraîne ensuite vers le foie où ils sont traités. Les aliments ne restent pas plus de cinq heures dans l'intestin grêle.

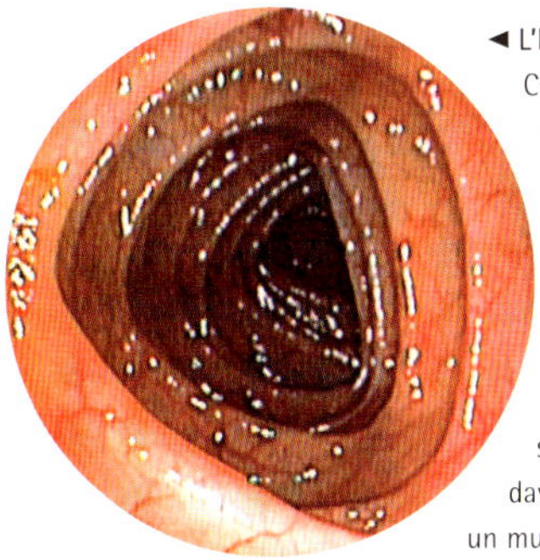

◄ L'INTÉRIEUR DU GROS INTESTIN
Cette photographie a été prise lors d'une coloscopie : le coloscope est un tube souple que l'on introduit par l'anus et qui remonte le colon, partie principale du gros intestin. La section du gros intestin est triangulaire à cause de la disposition des muscles de cet organe. Les déchets de la digestion peuvent séjourner dans le gros intestin un jour ou davantage. Les cellules de la paroi sécrètent un mucus qui aide à mouler les fèces.

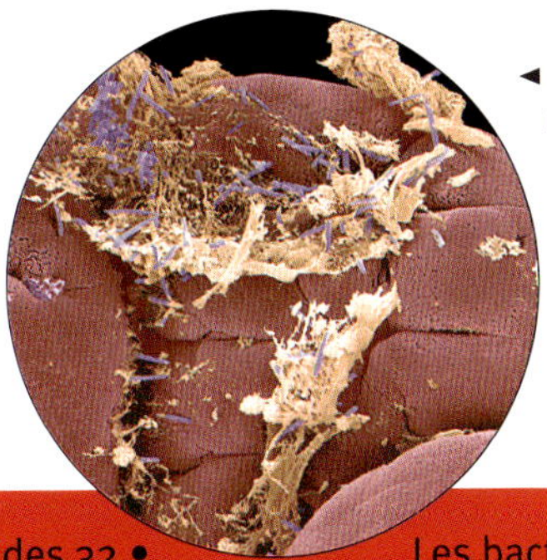

◄ LA FLORE INTESTINALE
L'agrandissement ci-contre montre la paroi de l'intestin grêle, des bactéries (en violet) et des déchets alimentaires (en crème). Les intestins abritent plus de 500 espèces de bactéries indispensables pour lui permettre de fonctionner de façon efficace. Certaines de ces bactéries sont supposées protéger les intestins des maladies. Certaines bactéries du gros intestin fabriquent de la vitamine K dont le corps a besoin pour la coagulation du sang.

POUR EN SAVOIR PLUS ⏭ Les acides 32 • Les bactéries 284 • La biochimie 46 • Le foie 360 • Le goût 346

# LE FOIE

Le foie joue plusieurs rôles importants. Il produit un suc digestif, la bile, et traite les nutriments qui seront utilisés par le corps. Il contribue à la régulation du niveau des sucres dans le sang et stocke des substances d'une grande importance, comme le fer et plusieurs vitamines. Il fabrique les protéines nécessaires à la coagulation du sang et détruit les vieux globules rouges. Enfin il élimine ou décompose les substances toxiques qui apparaissent dans le sang.

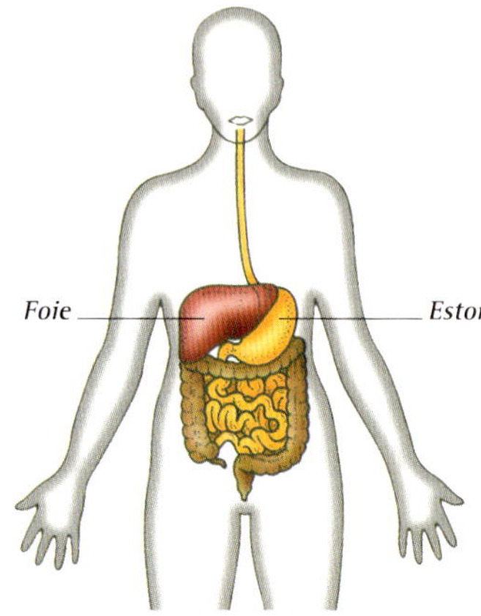


▲ LA PLACE DU FOIE
Le foie est situé dans la partie droite du haut de l'abdomen. Le lobe gauche recouvre en partie l'estomac. C'est l'organe interne le plus lourd : il atteint 1,6 kg chez l'adulte.

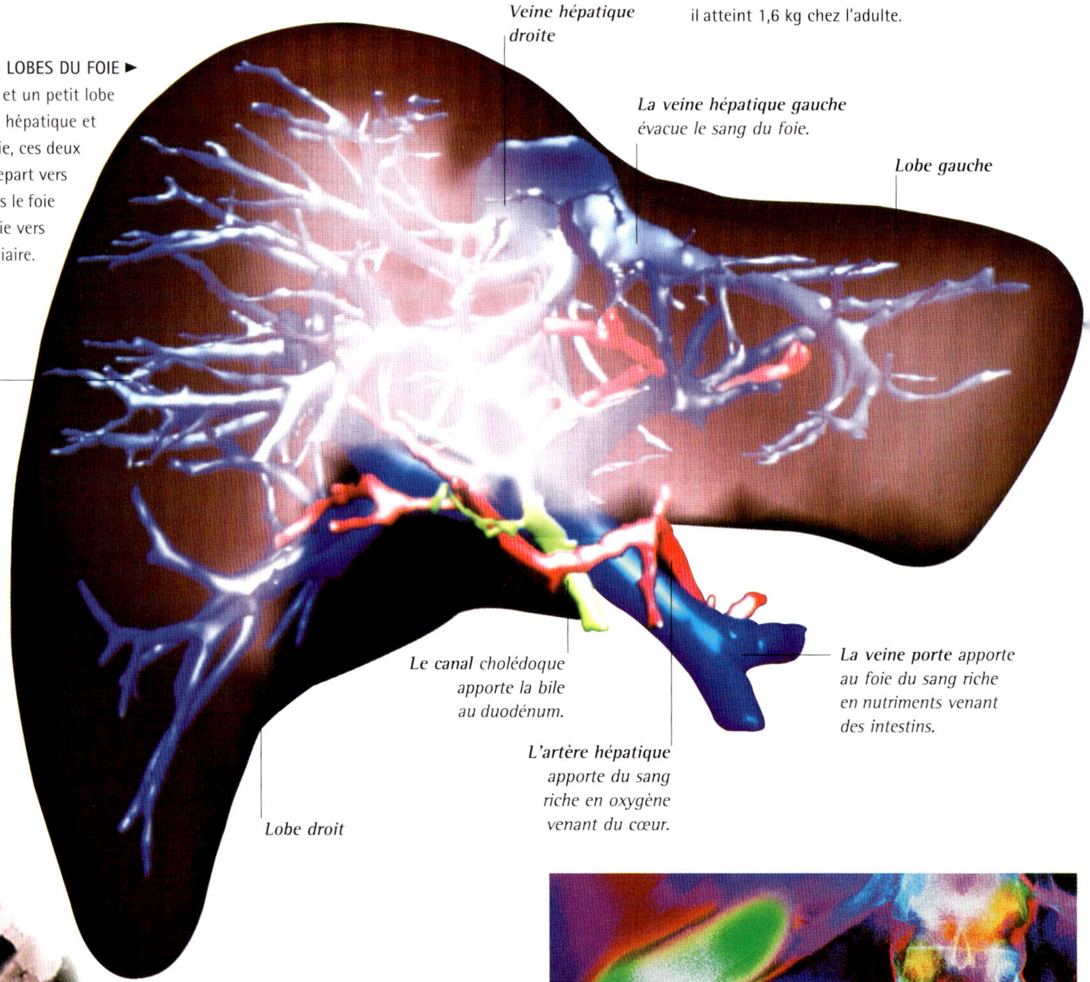


L'IRRIGATION DES LOBES DU FOIE ►
Le foie a un gros lobe à droite et un petit lobe à gauche. Il reçoit le sang de l'artère hépatique et de la veine porte. À l'extérieur du foie, ces deux vaisseaux se réunissent et le sang repart vers le cœur. Un autre vaisseau sort de sous le foie et évacue la bile produite par le foie vers la vésicule biliaire.

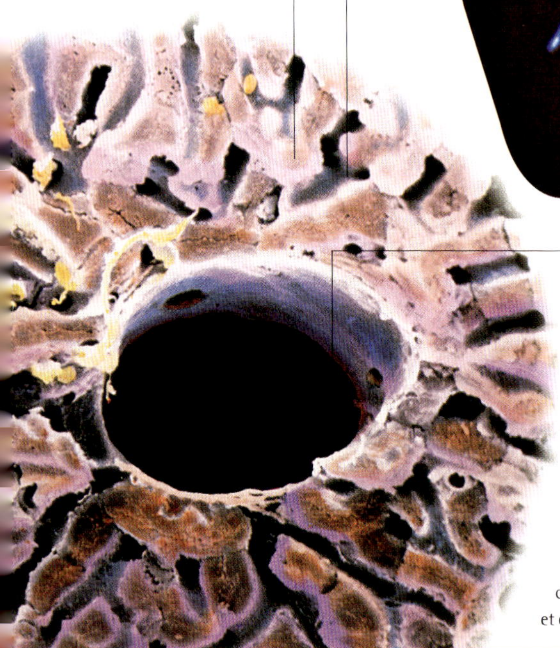


◄ UN LOBULE HÉPATIQUE
Sur l'agrandissement ci-contre, on observe une minuscule unité de traitement parmi les milliers contenus dans le foie : un lobule. Le sang circule à travers des capillaires appelés sinusoïdes, tapissés de groupes de cellules hépatiques, et débouche dans une veine centrale. Alors que le sang circule, les cellules du foie en retirent certaines substances et en libèrent d'autres dans le flux sanguin.

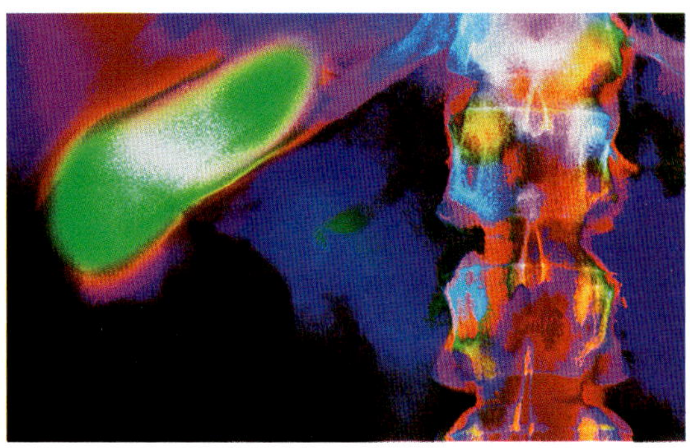

▲ LA VÉSICULE BILIAIRE
La photographie colorisée ci-dessus a été prise aux rayons X ; on reconnaît sous le foie la vésicule biliaire en vert. Elle stocke la bile, fabriquée par le foie, pour la libérer dans l'intestin grêle lorsque les aliments sortent de l'estomac et arrivent dans l'intestin. La bile est un liquide verdâtre fabriqué à partir de la destruction des globules rouges ou hématies. Elle joue un rôle fondamental dans la digestion des graisses.

POUR EN SAVOIR PLUS ›› L'appareil digestif 358

# LE SYSTÈME URINAIRE

L'appareil urinaire débarrasse le corps d'une partie de ses déchets. Il contribue à la stabilité des fonctions corporelles en régulant la composition des liquides organiques. Les déchets éliminés du sang sont évacués par les urines, produites par les reins. Ces deux organes reçoivent à eux deux environ un quart du sang distribué par le cœur bien qu'ils ne représentent que 1% du poids total du corps.

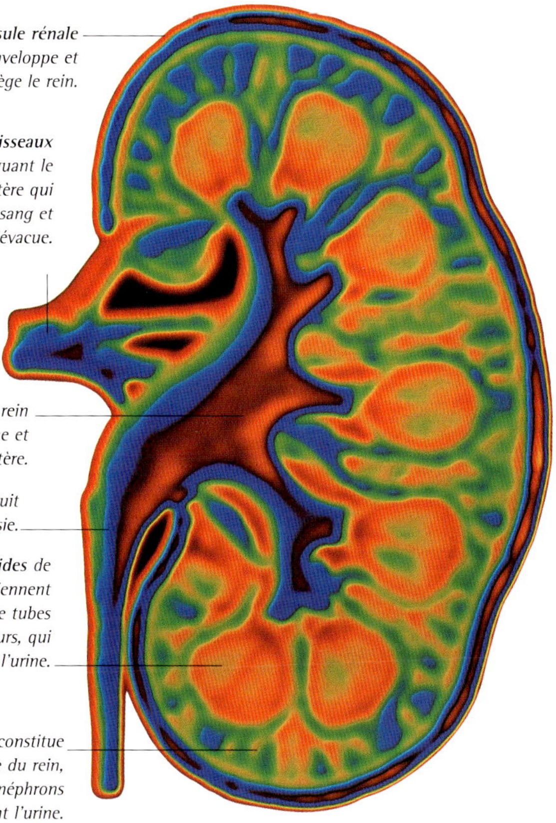


▲ SCANNER DU REIN

L'image ci-dessus est une tomodensitométrie montrant une tranche du rein. Le rein filtre le sang pour en extraire les déchets et l'excès d'eau. En revanche, il laisse dans le sang les substances dont le corps a besoin. Chaque rein contient un nombre important de néphrons, structures minuscules qui fabriquent l'urine et en régulent la concentration, en vue de l'homéostasie ou stabilité de l'environnement interne du corps.

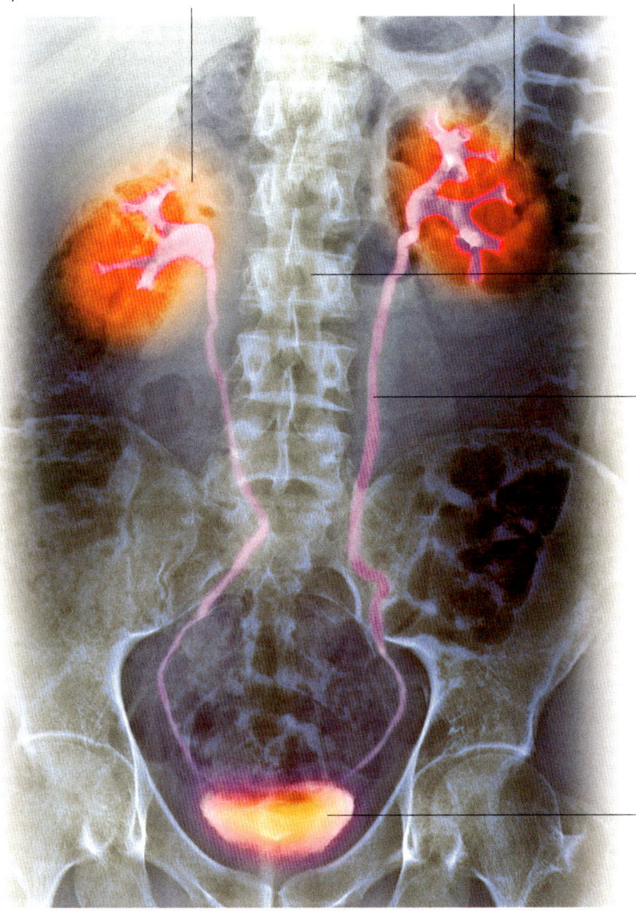


▲ L'ANATOMIE DU SYSTÈME URINAIRE

La photographie colorisée ci-dessus a été prise aux rayons X. On reconnaît les reins qui fabriquent l'urine, laquelle descend par les uretères dans la vessie. La vessie stocke l'urine et évacue celle-ci à l'extérieur du corps par l'urètre dont la longueur est d'environ 20 cm chez l'homme et de 4 cm chez la femme. Ce sont des signaux nerveux issus du cerveau et de la moelle épinière qui déclenchent la vidange de la vessie.

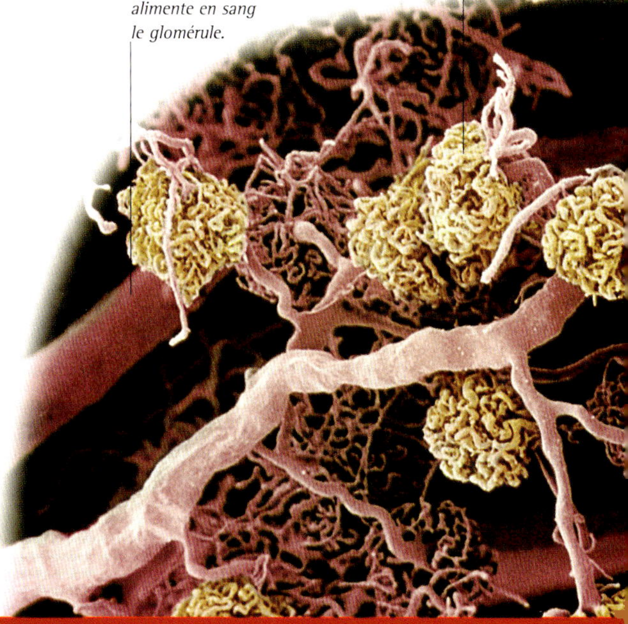


LES GLOMÉRULES DU REIN ►

Chaque rein contient environ un million de glomérules qui sont des grappes minuscules de vaisseaux sanguins. Chaque glomérule représente une partie de néphron, unité de filtration du rein. Le glomérule est l'élément du néphron où l'eau et les déchets sont expulsés du sang et entraînés sous forme d'urine à travers un réseau de tubes urinifères.

POUR EN SAVOIR PLUS » L'appareil circulatoire 352 • Le système endocrinien 356

# L'APPAREIL GÉNITAL

Les organes reproducteurs de l'homme et de la femme sont destinés à faire se rencontrer un ovule et un spermatozoïde, qui donneront naissance à un fœtus. Les organes féminins protègent et nourrissent le fœtus pendant les neuf mois de la grossesse. À la naissance, les ovaires de la femme contiennent leurs 150 000 ovules ; chez l'homme en revanche, la production de spermatozoïdes ne commence qu'à la puberté.

## L'APPAREIL GÉNITAL MASCULIN

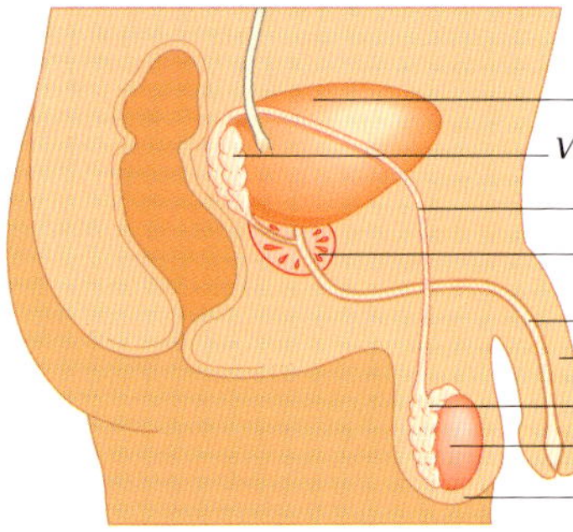


Les spermatozoïdes, fabriqués par les testicules, arrivent à maturité dans un tube appelé épididyme. À l'éjaculation, ils s'engagent dans le canal déférent où ils se mêlent aux liquides venant de la prostate et de la vésicule séminale. Le sperme continue dans l'urètre jusqu'au bout de la verge et pénètre dans le vagin de la femme. Puis les spermatozoïdes remontent l'appareil reproducteur féminin.

## L'APPAREIL GÉNITAL FÉMININ

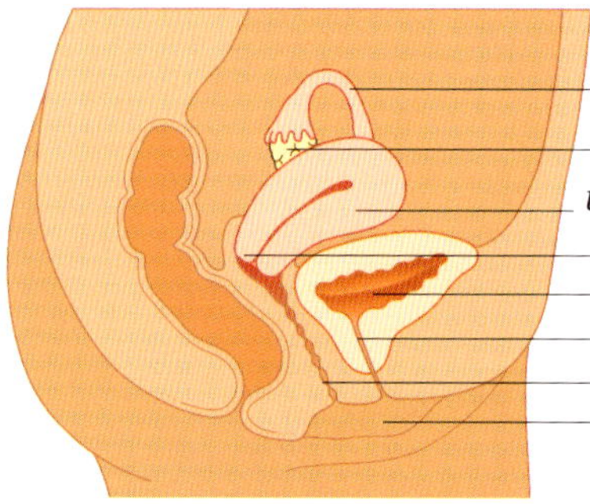


À partir de la puberté, l'un des deux ovaires expulse chaque mois un ovule qui descend jusqu'à l'utérus en empruntant la trompe de Fallope. Les ovaires produisent également des hormones sexuelles. L'utérus est l'abri où le fœtus se développe pendant la grossesse. L'ouverture de l'utérus s'appelle le col. Il se dilate largement lors de l'accouchement pour laisser sortir le bébé.

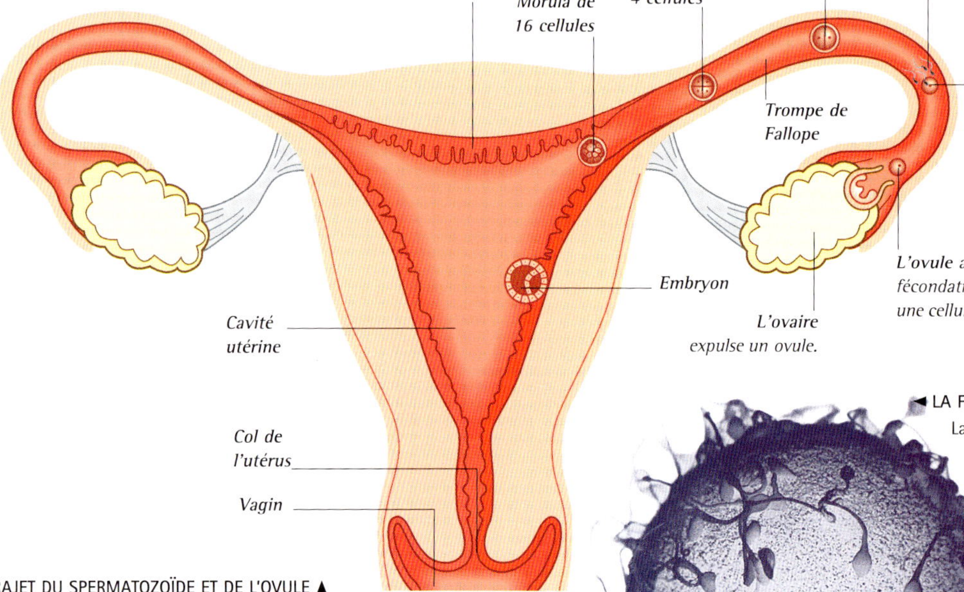


**TRAJET DU SPERMATOZOÏDE ET DE L'OVULE ▲**
Des millions de spermatozoïdes quittent la verge pendant le rapport sexuel et sont déposés dans le vagin. De là, ils entrent dans l'utérus par le col, puis remontent les trompes de Fallope. Environ 500 spermatozoïdes arrivent au bout des trompes. Si l'un d'eux féconde un ovule, la cellule constituée commence à croître en se divisant d'abord en deux cellules, puis quatre et ainsi de suite. Tout en se divisant, il descend la trompe de Fallope vers l'utérus. Là, la nidation a lieu dans la paroi de l'utérus : l'ovule est devenu embryon.

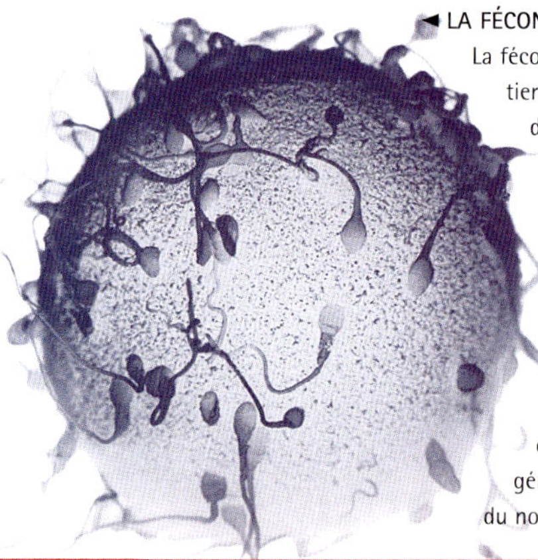

**◄ LA FÉCONDATION**
La fécondation a lieu dans le tiers externe de la trompe de Fallope. Dès qu'ils atteignent l'ovule, les spermatozoïdes libèrent des substances qui leur permettent de franchir la membrane extérieure de l'ovule. Un seul spermatozoïde entrera. L'ovule et le spermatozoïde qui est arrivé à le pénétrer fournissent chacun la moitié des données génétiques nécessaires à la formation du nouvel être humain.

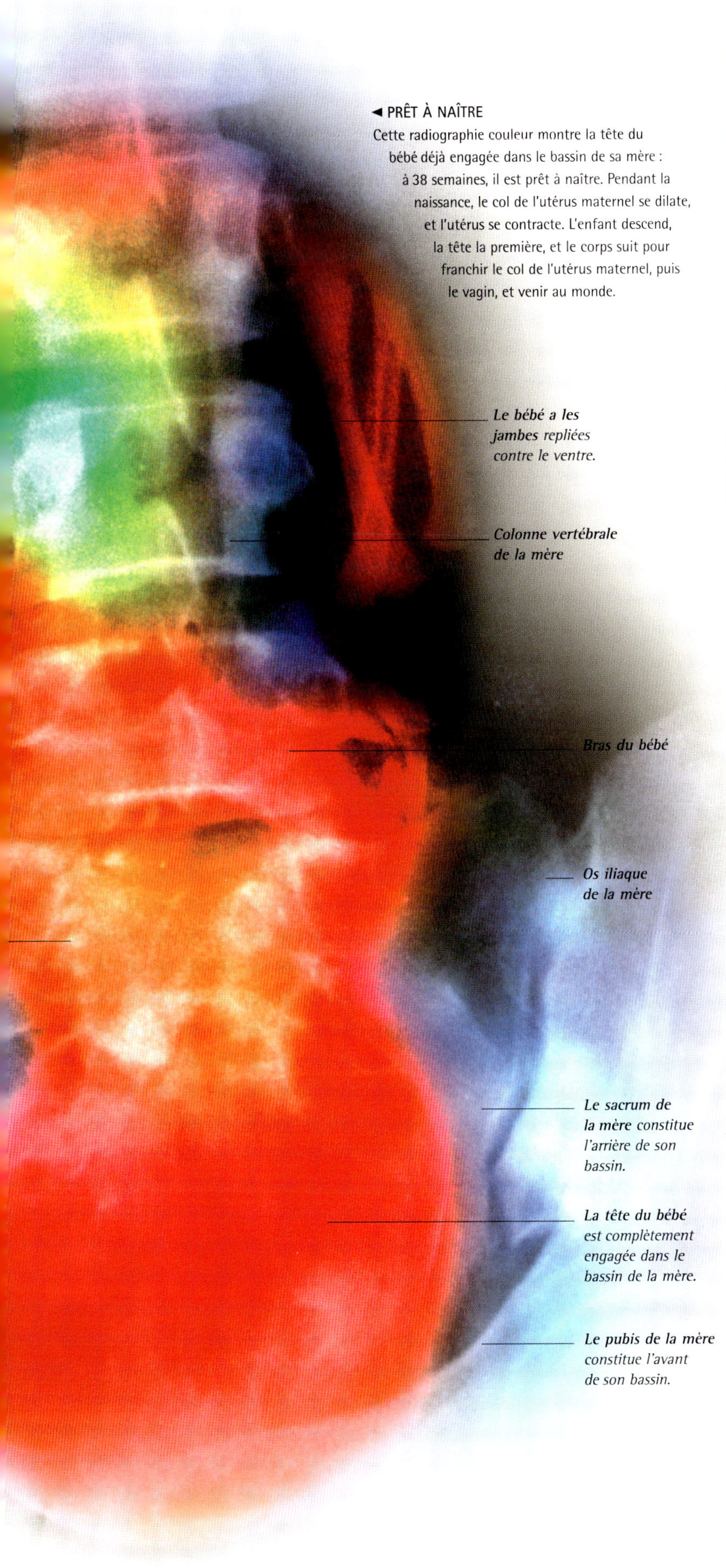


◄ PRÊT À NAÎTRE
Cette radiographie couleur montre la tête du bébé déjà engagée dans le bassin de sa mère : à 38 semaines, il est prêt à naître. Pendant la naissance, le col de l'utérus maternel se dilate, et l'utérus se contracte. L'enfant descend, la tête la première, et le corps suit pour franchir le col de l'utérus maternel, puis le vagin, et venir au monde.

## DE LA FÉCONDATION À LA NAISSANCE

LA MORULA ►
L'œuf fécondé se divise en une boule de cellules appelée la morula. Celle-ci atteint l'utérus après la fécondation ; elle se déplace grâce à des cils mobiles qui tapissent la paroi de la trompe de Fallope. Le jeune embryon procède alors à sa nidation dans la paroi de l'utérus.

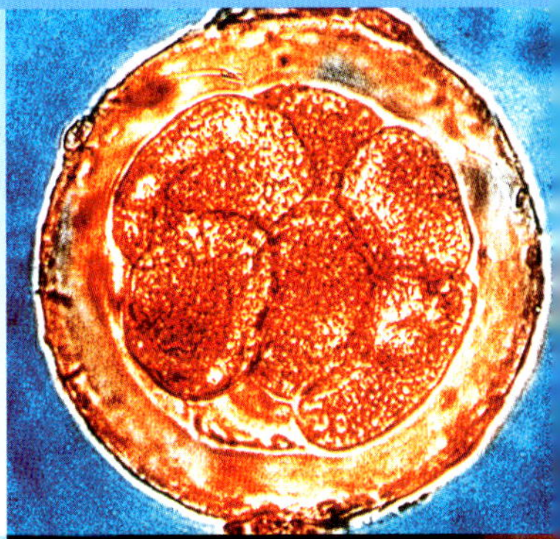

LE FŒTUS À 10 SEMAINES ►
Les cellules de l'embryon se sont développées et différenciées en tissus et en organes. Dès huit semaines, la plupart des organes existent : l'embryon est devenu fœtus. À 10 semaines, le fœtus mesure 5 cm de long, les traits de son visage sont formés ainsi que ses membres.

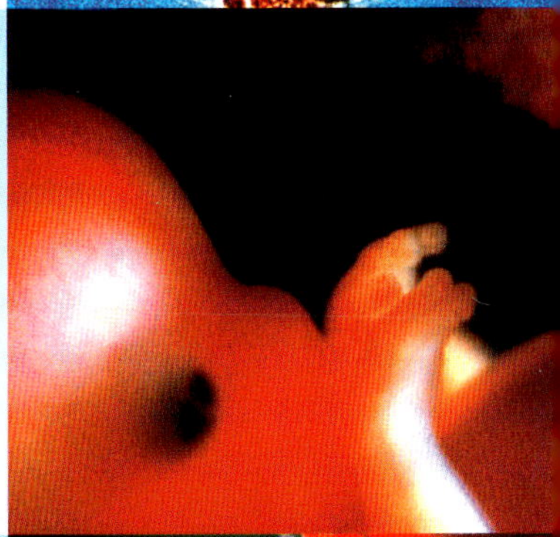

LE FŒTUS À 18 SEMAINES ►
C'est à peu près le moment où la mère sent son bébé bouger. Le cordon ombilical (ci-contre derrière les mains) relie le fœtus au placenta. Ce tissu solidaire de l'utérus assure les échanges entre le sang de la mère et celui de l'enfant : il nourrit le fœtus et élimine ses déchets.

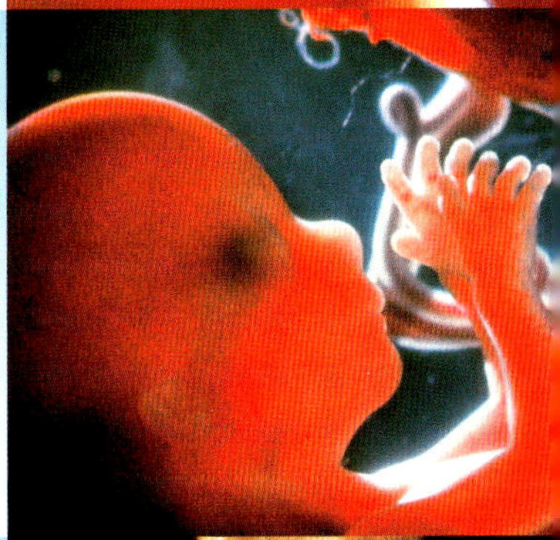

LE FŒTUS À 30 SEMAINES ►
Sur cette échographie tridimensionnelle, on identifie nettement les traits du visage. En général, on pratique plusieurs échographies à différents moments de la grossesse, pour vérifier la santé du fœtus. Le bébé grandit vite et se prépare à affronter le monde extérieur.

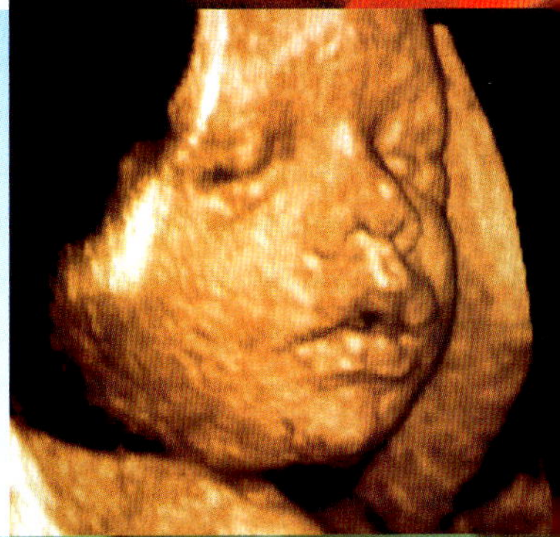

LE NOUVEAU-NÉ ►
Dès la naissance, le bébé se met à respirer. Le cordon ombilical, une fois inerte, peut être clampé et coupé ; tout de suite, on donne le bébé à sa mère pour qu'il tête. Le bébé garde un morceau de cordon ombilical qui tombera quelques jours plus tard lui laissant une cicatrice, son nombril.

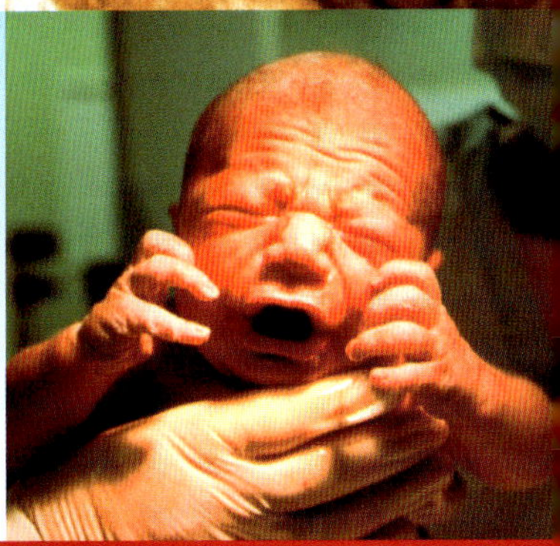

POUR EN SAVOIR PLUS ►► Le système endocrinien 356 • La génétique 364 • La croissance 366 • La reproduction sexuée 308

# LA GÉNÉTIQUE

La génétique est l'étude des instructions contenues dans les cellules concernant le développement et le fonctionnement du corps. Ces instructions, appelées **GÈNES**, sont inscrites dans les chromosomes, à l'intérieur du noyau des cellules. Les chromosomes sont un produit chimique, l'acide désoxyribonucléique (ADN), sur lequel les instructions sont enregistrées sous forme codée. Les gènes d'une personne proviennent de ses parents. La transmission des caractères biologiques des parents aux enfants par l'intermédiaire des gènes s'appelle l'**HÉRÉDITÉ**.

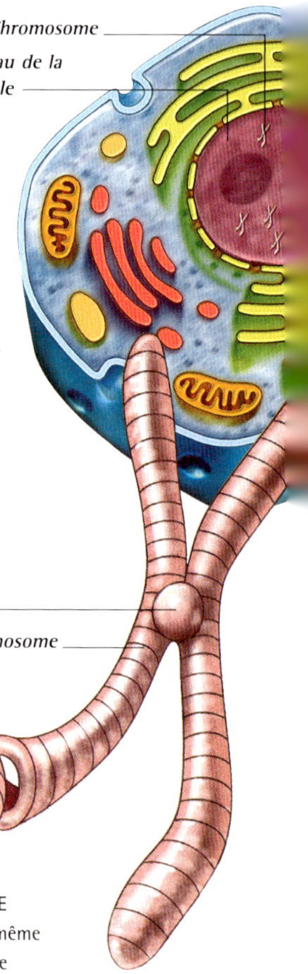


**LA PLACE DES CHROMOSOMES ►**
Les chromosomes sont de minuscules corpuscules situés dans le noyau des cellules. Chaque cellule contient 46 chromosomes. Avant la division de la cellule, chaque chromosome se copie lui-même afin que les deux cellules filles aient chacune un jeu complet de chromosomes.

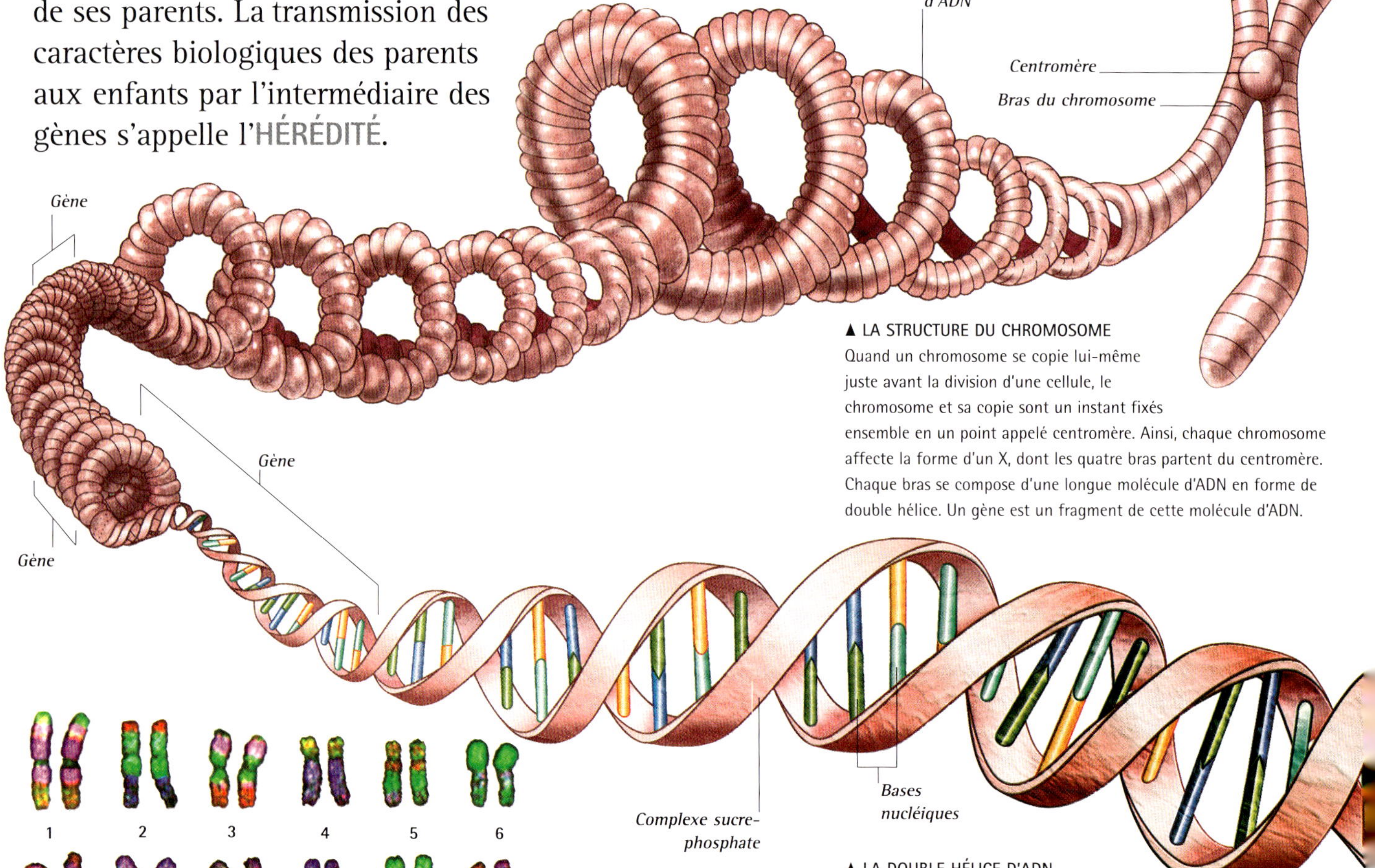


**▲ LA STRUCTURE DU CHROMOSOME**
Quand un chromosome se copie lui-même juste avant la division d'une cellule, le chromosome et sa copie sont un instant fixés ensemble en un point appelé centromère. Ainsi, chaque chromosome affecte la forme d'un X, dont les quatre bras partent du centromère. Chaque bras se compose d'une longue molécule d'ADN en forme de double hélice. Un gène est un fragment de cette molécule d'ADN.

**▲ LA DOUBLE HÉLICE D'ADN**
Si l'on pouvait dérouler la molécule d'ADN, elle aurait la forme d'une échelle en colimaçon. Les « montants » de cette échelle sont formés d'une substance en forme de chaîne appelée sucre-phosphate. Les « barreaux » sont en revanche des bases nucléiques, c'est-à-dire d'autres produits chimiques. Il y en a quatre et c'est l'ordre dans lequel elles se suivent dans un gène, c'est-à-dire un morceau d'ADN, qui constitue le code d'instructions transmis par ce gène.

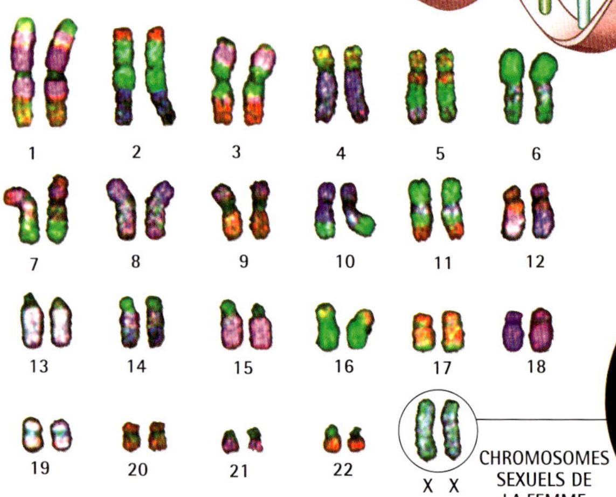

CHROMOSOMES SEXUELS DE L'HOMME

**▲ UN JEU DE CHROMOSOMES**
Un jeu complet de chromosomes en compte 23 paires. 22 de ces paires sont les mêmes chez l'homme et la femme. La dernière paire, appelée chromosome sexuel, est différente chez l'homme et la femme : la femme a deux chromosomes X alors que l'homme n'en a qu'un auquel s'ajoute un chromosome plus petit, dit Y. C'est ce dernier qui donne à l'homme son caractère masculin, lequel se manifeste surtout après la puberté.

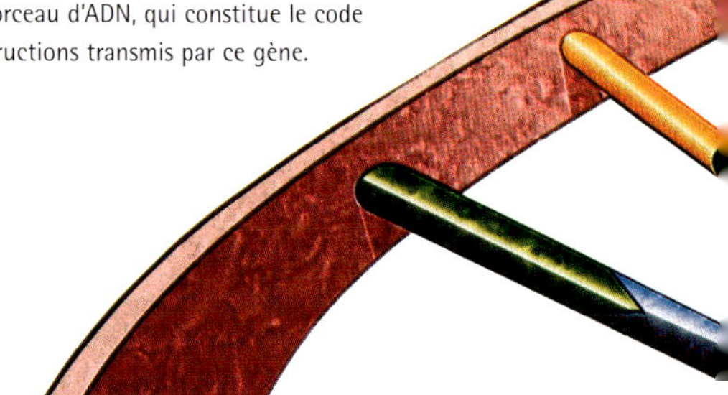

# LES GÈNES

Un gène est un fragment d'ADN dans un chromosome. Chaque personne tient la moitié de ses gènes de l'ovule de sa mère et l'autre moitié du spermatozoïde de son père. Chaque gène contribue à fixer un aspect de la personne et de son comportement. Les gènes influent sur le corps à travers les mécanismes complexes des cellules qui traduisent les messages codés de l'ADN en activité. Les différences d'une personne à l'autre résultent en partie d'infimes différences de leur génotype, c'est-à-dire de l'ordre des bases dans leurs ADN respectifs.

◄ LA CARTOGRAPHIE GÉNÉTIQUE
Les gènes de chaque chromosome contiennent des instructions qui influencent de nombreuses activités corporelles. Les scientifiques ont dressé la carte des gènes spécifiques de chaque chromosome. Quand ils déterminent ce que fait un nouveau gène, ils ajoutent cette information sur la carte. On estime que les chromosomes de l'homme contiennent entre 30 et 40 000 gènes.

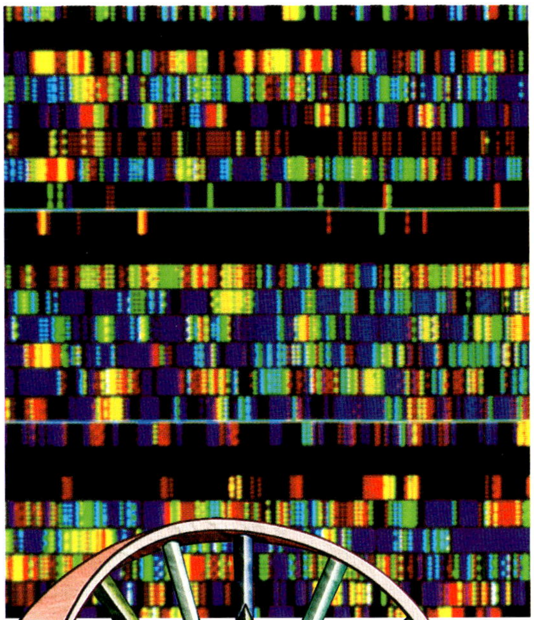

◄ LE SÉQUENÇAGE DE L'ADN
La photographie ci-contre représente une partie infime de l'ADN d'une personne, affichée sur un écran d'ordinateur dans le cadre d'un gigantesque projet mondial appelé Projet sur le génome humain. Un des buts du projet était de déterminer l'ordre exact dans lequel les quatre bases nucléiques se suivent dans l'ADN de l'homme. Ce but a été atteint. Les scientifiques étudient à présent les différences d'ordre qui rendent les personnes différentes entre elles.

### LES SIMILITUDES GÉNÉTIQUES

L'ordre des molécules d'ADN est étonnamment semblable d'une personne à l'autre. Les chiffres ci-dessous indiquent le degré de ressemblance. L'ADN de l'homme est presque identique à celui du chimpanzé, l'animal dont nous sommes le plus proche.

| | |
|---|---|
| Vrais jumeaux | 100 % |
| Frères ou sœurs | 99,95 % |
| Êtres humains pris au hasard | 99,9 % |
| L'homme et le chimpanzé | 99 % |

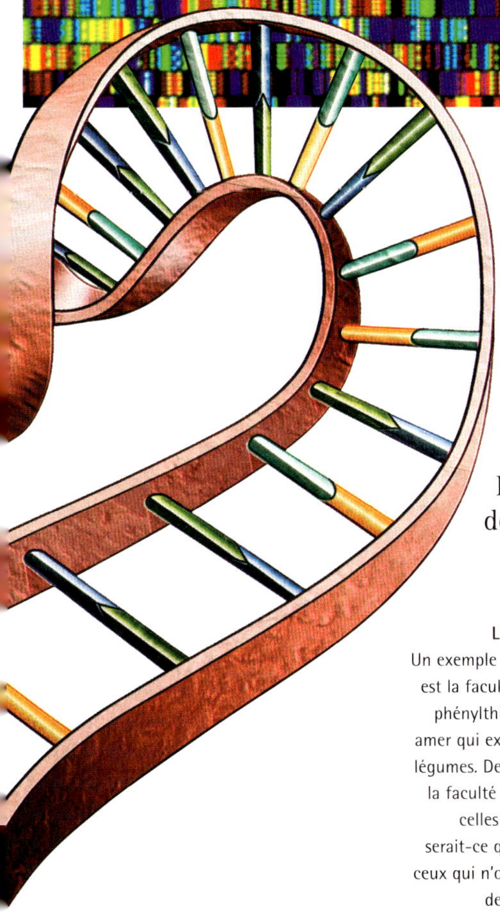

# L'HÉRÉDITÉ

Les membres d'une famille ont souvent des traits communs qui dépendent de leurs gènes, par exemple la couleur des yeux. Certains traits sont fixés par l'action conjointe de deux gènes seulement, un de chacun des parents. Chaque membre de cette paire de gènes existe sous une forme donnée parmi deux allèles ou davantage, qui produisent des effets différents. L'un de ces allèles, dit dominant, cache la présence de l'autre : il suffit qu'il se présente une fois pour produire l'effet concerné. L'autre allèle, dit récessif, n'a d'effet que présent deux fois : il en faut un de chacun des parents.

LES LOIS DE L'HÉRÉDITÉ ►
Un exemple de trait héréditaire simple est la faculté de percevoir le goût du phénylthiocarbamide (PTC), produit amer qui existe dans certains fruits et légumes. Deux personnes sur trois ont la faculté de sentir ce goût : ce sont celles qui ont hérité du gène ne serait-ce qu'une fois. Les autres sont ceux qui n'ont reçu le fameux gène ni de leur père ni de leur mère.

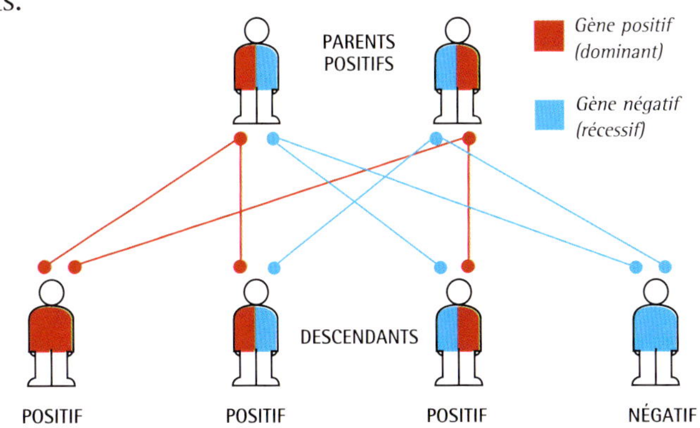


POUR EN SAVOIR PLUS ⏭ La biochimie 46 • L'évolution 328 • L'appareil génital 362

# LA CROISSANCE

La croissance et le développement d'une personne durent toute la vie. Cela comporte des changements physiques – tels que l'augmentation de taille pendant l'enfance et les changements de l'esprit, c'est-à-dire l'acquisition de nouvelles compétences dès le début de l'enfance. Une étape importante est la PUBERTÉ, quand l'appareil génital des garçons et des filles arrive à maturité. Toute la vie, le corps renouvelle ses cellules usées. Le VIEILLISSEMENT est un processus normal qui résulte d'une diminution de la capacité du corps à se renouveler.

## LA CROISSANCE DE L'ENFANT

◄ À 12 MOIS
L'enfant est capable de saisir un objet entre le pouce et l'index et de manger avec ses doigts ; il marche en se tenant aux meubles, il dit « encore » et « maman ». Il découvre les objets en les portant à sa bouche.

◄ À 18 MOIS
L'enfant est capable de boire dans un verre. Il arrive à retirer ses chaussures et ses chaussettes, il tourne les pages d'un livre ; il aime gribouiller. Les plus avancés sont capables de désigner leurs yeux, leur nez et leur bouche.

◄ À 2 ANS
L'enfant arrive à construire une tour de quatre cubes, à donner un coup de pied dans un ballon, à désigner les parties de son corps, à manger avec une fourchette et une cuillère et à se déshabiller tout seul. Certains sont capables de dessiner un trait droit.

◄ À 3 ANS
L'enfant arrive en principe à manger avec une fourchette et un couteau. Souvent, il arrive à copier un rond, à faire de courtes phrases, à pédaler sur un tricycle et à courir. En général, il connaît son prénom et son nom.

◄ À 4 ANS
L'enfant est capable de s'habiller seul et de dessiner un bonhomme. Il arrive à copier un carré et une croix, il compte jusqu'à 10 et se brosse les dents. Certains savent lire mais pas nécessairement écrire.

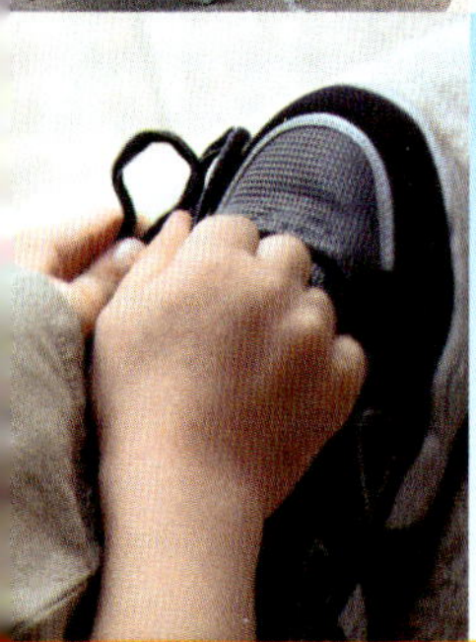

◄ À 6 ANS
Dès 6 ans, certains enfants sont capables de nouer leurs lacets. Ils sautent, attrapent un ballon, copient un triangle et parlent couramment. Ils dessinent un personnage de façon détaillée et ils écrivent avec aisance.

*La fontanelle antérieure est la principale lacune entre les os du crâne.*

*Les sutures crâniennes sont des articulations fixes entre les os du crâne.*

*Os de la face*

CRÂNE À LA NAISSANCE

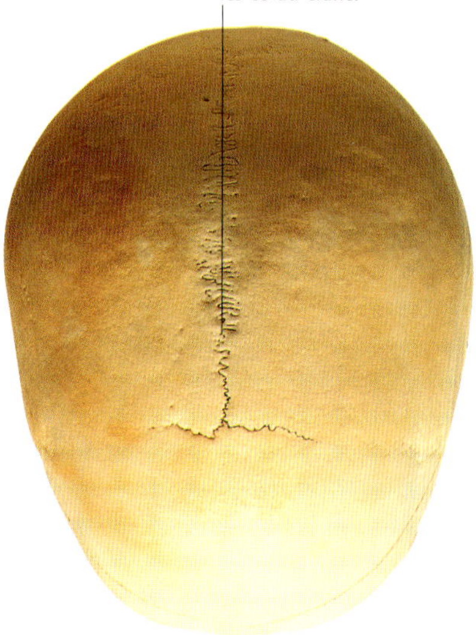

CRÂNE DE L'ADULTE

◄ LA CROISSANCE DU CRÂNE
Pendant l'enfance, le cerveau grossit et le crâne aussi. À la naissance, les os du crâne sont séparés par des lacunes, les fontanelles, fermées par une structure membraneuse. La fontanelle antérieure se ferme vers 18 mois. La fontanelle postérieure, plus en arrière, se ferme dès 3 mois.

▼ LA CROISSANCE DES OS
À la naissance, le squelette est en grande partie formé de cartilage. L'ossification – c'est-à-dire le changement des cartilages en os – se poursuit pendant toute l'enfance et l'adolescence. Elle s'achève vers 20 ans. Les cellules, appelées ostéoblastes, assurent la croissance en produisant une substance qui devient de l'os quand on y ajoute du calcium.

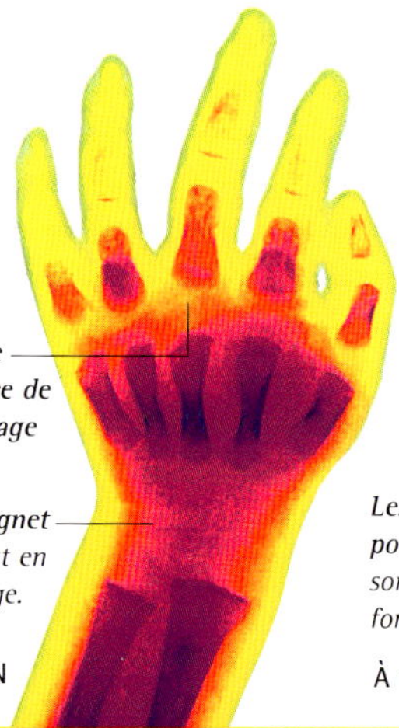

*Large espace de cartilage*

*Le poignet est tout en cartilage.*

À 1 AN

*Le cartilage entre les os est moins large.*

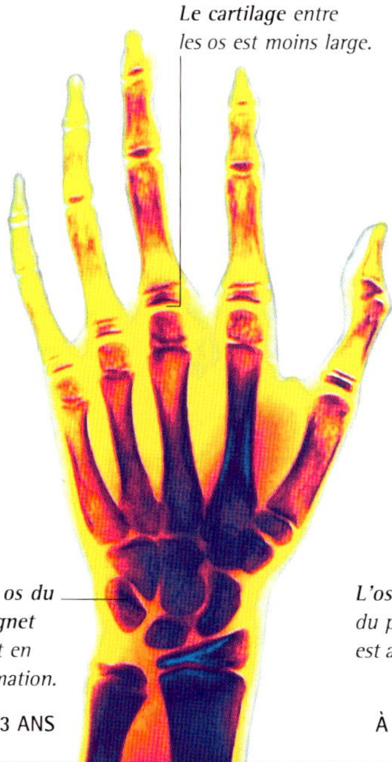

*Les os du poignet sont en formation.*

À 13 ANS

*L'articulation est complète et ne comporte presque plus de cartilage.*

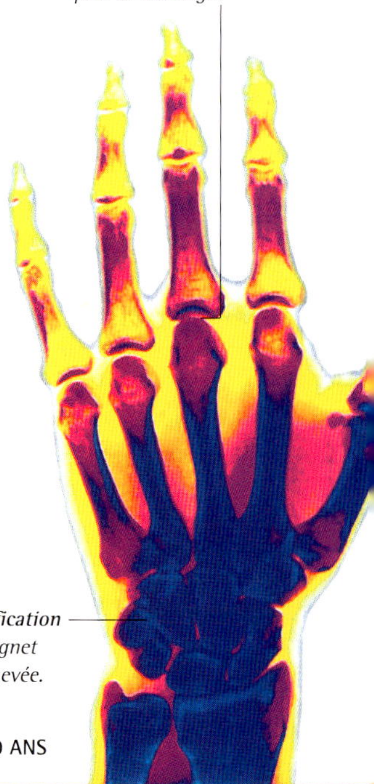

*L'ossification du poignet est achevée.*

À 20 ANS

# LA PUBERTÉ

La puberté survient entre 10 et 14 ans chez les filles et entre 12 et 15 ans chez les garçons. Des changements hormonaux entraînent une croissance rapide, la maturation des organes génitaux et une modification de la silhouette. Chez la fille, le cycle menstruel s'installe. Chez le garçon, les testicules produisent des spermatozoïdes. Garçons et filles s'assument et deviennent indépendants.

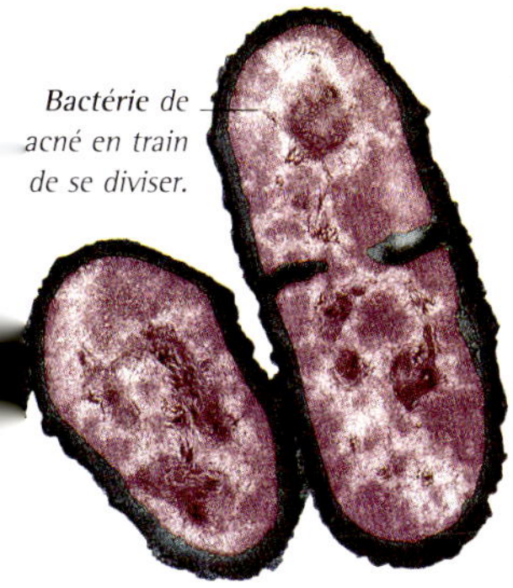


◄ LA BACTÉRIE DE L'ACNÉ
À la puberté, garçons et filles souffrent souvent d'une inflammation de la peau, l'acné. Les changements hormonaux provoquent une sécrétion par la peau d'un excès de sébum, une substance grasse. Le sébum en vient à boucher les follicules pileux, ce qui permet aux bactéries de pulluler.

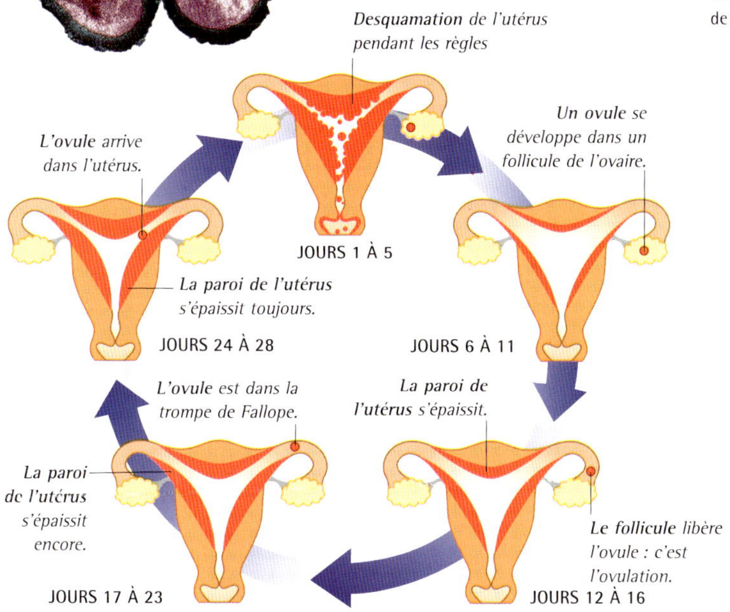


▲ LE CYCLE MENSTRUEL
À la puberté, les ovules immatures présents dans les ovaires de la jeune fille depuis sa naissance commencent à se développer, et l'un d'entre eux est expulsé chaque mois. Chaque mois, la paroi de l'utérus s'épaissit pour se préparer à recevoir l'ovule fécondé. Toutefois, la fécondation n'a en général pas lieu et la paroi est éliminée : ce sont les règles. Le cycle menstruel est commandé par les hormones de l'hypophyse et des ovaires.

LA PILOSITÉ ►
À la puberté, la pilosité des garçons comme des filles apparaît sur le pubis et les aisselles ; les garçons développent en outre des poils sur le visage et, souvent, sur la poitrine. Cette pilosité supplémentaire est causée par l'hormone mâle, la testostérone. La voix du garçon devient plus grave car son organe de la phonation grandit et ses cordes vocales s'allongent.

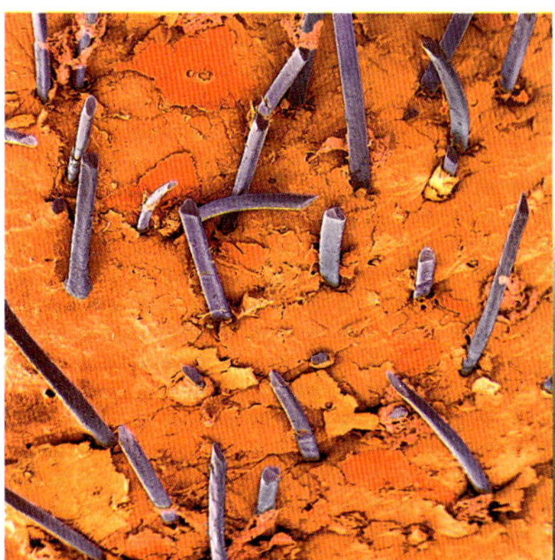

# LE VIEILLISSEMENT

Quand le corps vieillit, le remplacement de ses cellules ralentit. La peau perd de son élasticité, des rides s'y forment. Les os du squelette deviennent moins denses. La capacité du corps à récupérer s'affaiblit ; les blessures cicatrisent plus lentement et les os cassés mettent plus de temps à se réparer. L'œil accommode moins bien et, à partir de 50 ans, beaucoup de gens ont besoin de lunettes. Toutefois, l'accumulation d'expérience et de compétence fait de la vieillesse la période de la vie la plus agréable chez certaines personnes.

▼ L'OSTÉOPOROSE
La perte de tissus osseux fait partie du vieillissement mais, chez certains sujets, elle est si grave qu'elle augmente le risque de fracture. La radio ci-dessous présente quelques vertèbres vues de profil et souffrant d'ostéoporose avancée. Une des vertèbres est tassée et a désormais la forme d'un coin, ce qui risque de déformer la colonne vertébrale.

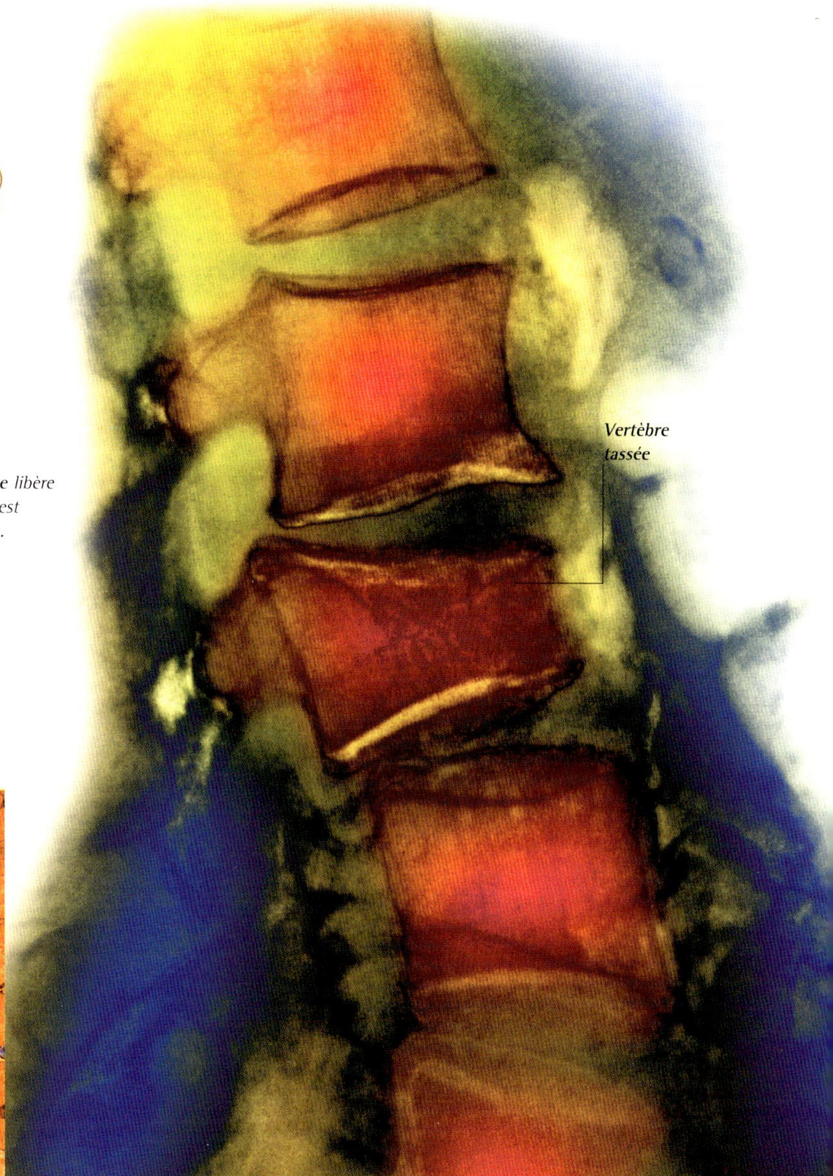


POUR EN SAVOIR PLUS ⏭ Le système endocrinien 356 • L'appareil génital 362 • Le squelette 340

# LA SANTÉ

Pour garder l'esprit et le corps en bonne santé, de nombreux facteurs entrent en jeu. Il faut faire beaucoup d'EXERCICE, avoir une ALIMENTATION saine et observer les règles de base de l'HYGIÈNE. Il faut en outre dormir suffisamment et faire les bilans et les vaccinations correspondant à son âge. Enfin, il faut éviter les habitudes nuisibles, comme celle de fumer : ainsi diminue-t-on le risque de nombreuses maladies.

## L'EXERCICE

C'est en faisant régulièrement de l'exercice que l'on reste en forme : c'est indispensable. Une activité physique soutenue, même modérée, à laquelle on se livre régulièrement protège des maladies et augmente la longévité. Le sport, c'est agréable et cela améliore la force et la souplesse, ainsi que l'efficacité des muscles, du cœur et de tout l'appareil respiratoire. Cela évite également l'obésité qui a une multitude d'effets nuisibles sur la santé.

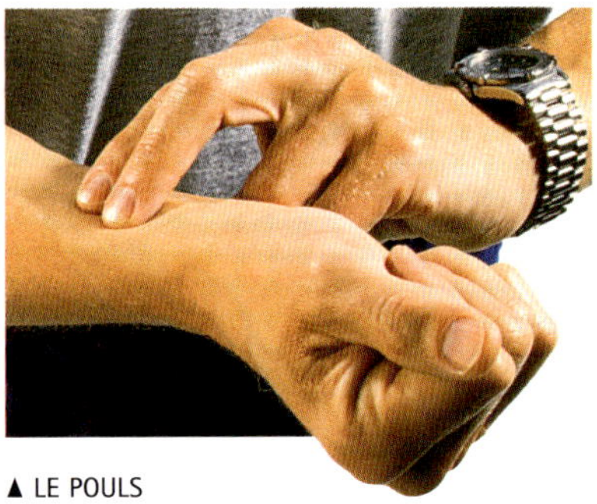

▲ LE POULS
Pour savoir si l'on est en forme, on peut prendre son pouls : c'est-à-dire compter le nombre de pulsations du cœur par minute. Après cinq minutes d'exercice, on s'aperçoit que la fréquence du pouls augmente. Chez une personne en bonne santé, la fréquence redevient normale au bout de quelques minutes.

LES EFFETS DU SPORT SUR LA SANTÉ

| *ACTIVITÉ* | *ENDURANCE* | *SOUPLESSE* | *FORCE* |
|---|---|---|---|
| Basket | *** | ** | * |
| Vélo (rapide) | *** | * | ** |
| Danse | ** | *** | * |
| Randonnée | ** | * | * |
| Jogging | *** | * | * |
| Judo | * | *** | * |
| Saut à la corde (rapide) | *** | * | * |
| Football | *** | * | * |
| Natation | *** | *** | *** |
| Tennis | * | ** | * |
| Yoga | * | *** | * |

** BON   ** TRÈS BON   *** EXCELLENT*

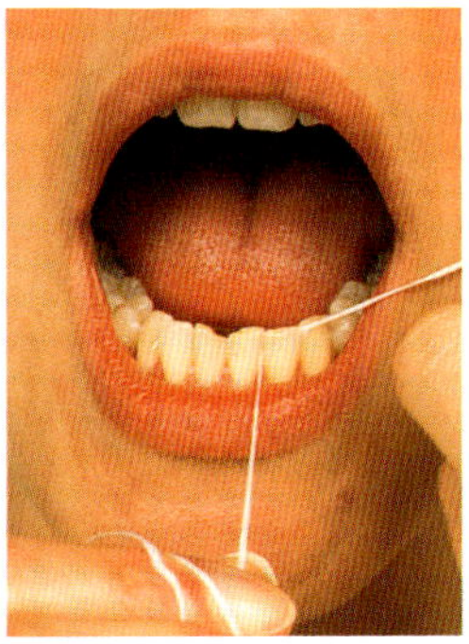

▲ LE FIL DENTAIRE
Le fait d'avoir gencives et dents en bon état évite les maladies des gencives et les caries ; en outre, c'est bon pour la santé en général. On entretient sa dentition en se brossant les dents deux fois par jour et en se servant de fil dentaire.

## L'HYGIÈNE

L'hygiène a deux aspects : tout d'abord, il faut se plier à une discipline élémentaire pour éviter les agents infectieux ; on doit se laver les mains avant chaque repas, après être allé aux toilettes ou avoir joué avec un animal. L'hygiène, c'est aussi rester propre, ne pas sentir mauvais. Il faut prendre un bain ou une douche régulièrement, et se laver de la tête aux pieds avec de l'eau et du savon.

LA NATATION ►
La natation, le vélo, le jogging et la marche rapide font partie des exercices qui entretiennent les appareils circulatoire et respiratoire. Les activités doivent être pratiquées pendant 12 minutes au moins, elles utilisent de l'oxygène nécessaire aux muscles. Normalement, il faudrait faire ce type d'exercices au moins trois fois par semaine, à raison de 20 minutes par séance : c'est la règle d'or pour rester en bonne santé physique et mentale.

# L'ALIMENTATION

L'alimentation doit fournir au corps les nutriments dont il a besoin pour croître et fonctionner normalement. Les protéines fournissent la matière première à la croissance et au renouvellement des cellules. Les hydrates de carbone et un peu de corps gras fournissent de l'énergie. De nombreux minéraux et vitamines jouent – en quantité infime – différents rôles dans le corps. Notre alimentation doit aussi fournir des fibres, c'est-à-dire des végétaux que le corps ne digère pas. Pour rester en bonne santé, il vaut mieux limiter sa consommation de corps gras et de sucre.

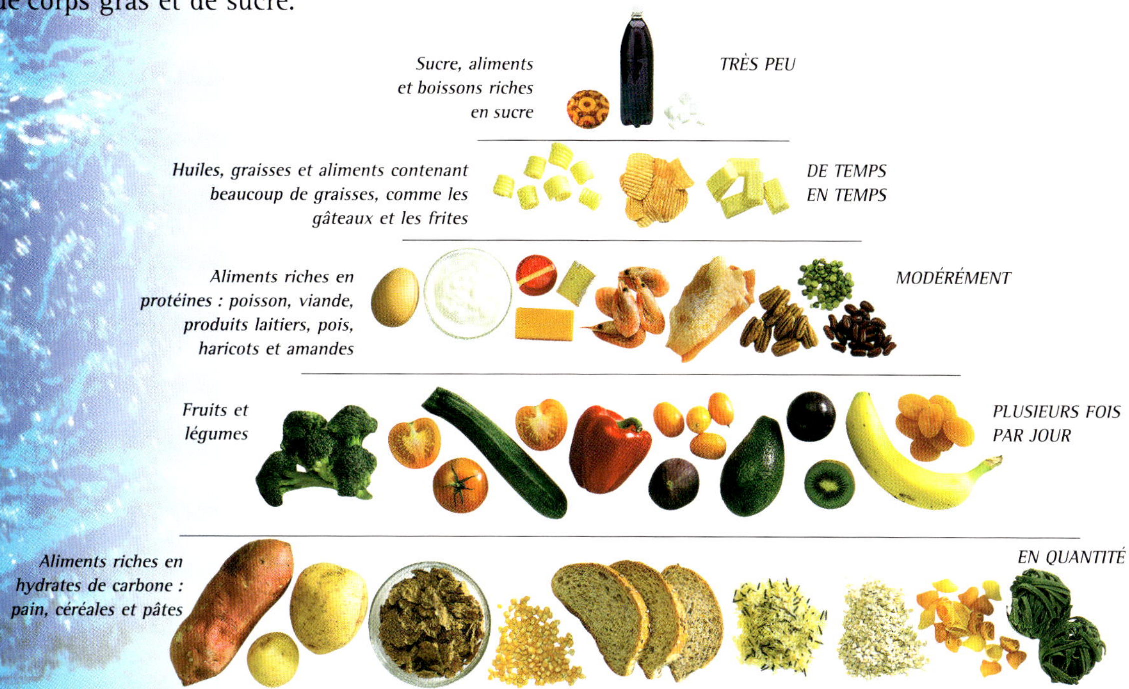


▲ LE CHOIX DES ALIMENTS
Le plus court chemin vers la santé, c'est une bonne alimentation. Il faut préférer les aliments situés vers le bas de la pyramide : hydrates de carbone, légumes et fruits. En effet, ils fournissent de l'énergie (glucides), des fibres, des vitamines et des minéraux. Les aliments riches en protéines, situés au milieu, doivent être consommés de façon modérée. Les aliments situés en haut de la pyramide fournissent de l'énergie, mais manquent beaucoup de nutriments. Mieux vaut n'en consommer que très peu.

▲ LES ALIMENTS FRAIS
Une alimentation saine est composée d'aliments frais, comme ci-dessus ces légumes sautés. Pour un repas équilibré, ajouter un aliment riche en hydrates de carbone – du riz par exemple – et une source de protéines, comme le poulet. Quand on mange beaucoup de légumes, on bénéficie d'une source de fibres alimentaires qui augmentent le volume des aliments et favorisent le fonctionnement des intestins.

**LES MENACES POUR LA SANTÉ**

| *TYPE* | *DANGER* |
|---|---|
| Tabac | Le tabac est un vrai danger : il donne le cancer, abîme les poumons, contribue aux maladies cardiaques et réduit la longévité. Le tabac contient de la nicotine, qui induit une forte dépendance. |
| Alcool | L'excès d'alcool abîme gravement certains organes et augmente le risque de cancer. Il peut conduire à la dépendance et à des problèmes mentaux. Une quantité limitée d'alcool – à préciser avec un médecin – peut toutefois ne pas être nuisible pour la santé de l'adulte. |
| Drogues | L'usage de drogues non prescrites par un médecin peut entraîner des problèmes de santé mentale et physique graves, selon la drogue. La dépendance est fréquente. |

POUR EN SAVOIR PLUS ⏭ L'appareil circulatoire 352 • L'appareil digestif 358 • Les maladies 370

# LES MALADIES

Lorsqu'un organe cesse de fonctionner comme il le devrait, on tombe malade. Différents symptômes permettent au médecin d'identifier la maladie. Les affections graves les plus courantes sont les MALADIES CARDIO-VASCULAIRES, le CANCER et les MALADIES INFECTIEUSES. Différents facteurs aggravent le risque de maladie : le tabac, par exemple, alors que la pratique du sport le réduit.

| LES AUTRES CATÉGORIES DE MALADIES | |
|---|---|
| *CATÉGORIE* | *CAUSE ET EXEMPLES* |
| Carences alimentaires | Manque de nutriments indispensables. Exemple : scorbut, par manque de vitamines C |
| Maladies génétiques | Présence dans l'hérédité de gènes porteurs de maladies. Exemples : mucoviscidose, hémophilie |
| Maladies dégénératives | Détérioration progressive du fonctionnement d'un organe. Exemple : arthrose |
| Troubles endocriniens | Rupture de l'équilibre hormonal. Exemple : diabète |
| Maladies auto-immunes | Le système immunitaire attaque les tissus du corps. Exemple : polyarthrite rhumatoïde |
| Allergies | Le système immunitaire réagit à des substances inoffensives. Exemple : rhume des foins |

## LES MALADIES CARDIO-VASCULAIRES

Les crises cardiaques sont provoquées par un rétrécissement des artères coronaires qui apportent le sang au muscle cardiaque. Certains facteurs augmentent ce risque : le tabac, l'obésité, une alimentation riche en graisses et le manque d'exercice. Les maladies cardiaques se traitent par des médicaments et, parfois, il faut avoir recours à la chirurgie.

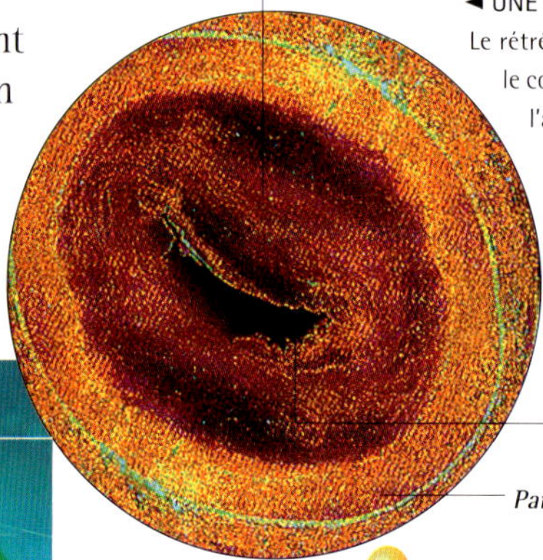


◄ UNE ARTÈRE RÉTRÉCIE
Le rétrécissement des artères coronaires qui irriguent le cœur est provoqué par le dépôt de graisses, l'athérome, sur les parois artérielles. La coupe ci-contre montre une artère gravement rétrécie par l'athérome. Celui-ci peut également bloquer des artères irriguant le cerveau : un accident vasculaire cérébral se produit quand l'irrigation sanguine d'une partie du cerveau est interrompue.

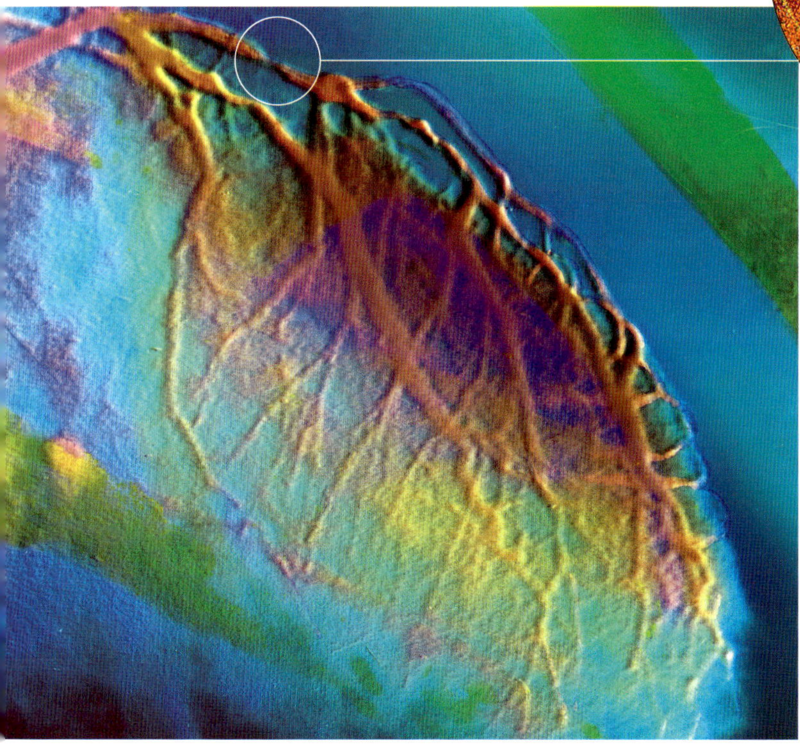

▲ LA MALADIE DES ARTÈRES CORONAIRES
Sur la radiographie couleur ci-dessus, on observe à l'intérieur du cercle blanc un rétrécissement des artères coronaires dans lesquelles on a injecté un produit de contraste à base d'iode. Quand une artère se bouche, la région du muscle cardiaque qu'elle irrigue ne reçoit plus de sang, donc d'oxygène et elle meurt. C'est la crise cardiaque, ou infarctus du myocarde, qui peut être mortelle.

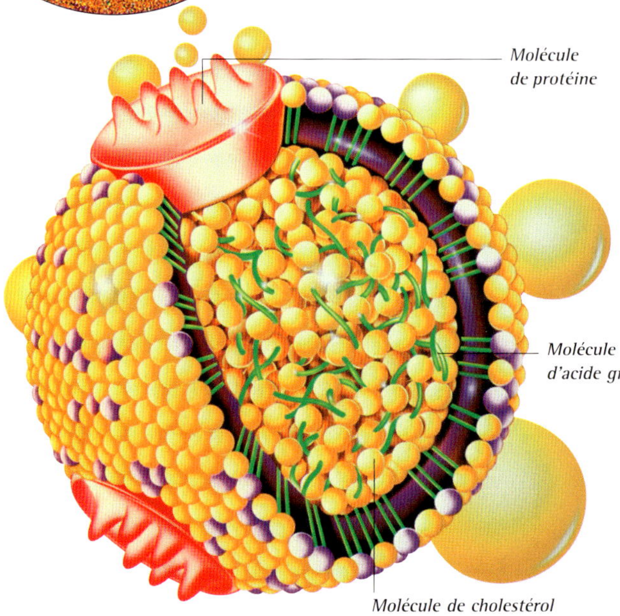


▲ LE TRANSPORT DU CHOLESTÉROL DANS LE PLASMA
Quand les particules comme celle ci-dessus sont nombreuses dans le sang, le risque d'athérome s'aggrave. Ce sont des lipoprotéines de basse densité : elles sont composées de corps gras et de quelques protéines. La concentration de ces particules dans le sang augmente chez ceux qui mangent beaucoup de graisses animales.

# LES MALADIES INFECTIEUSES

Les maladies infectieuses sont causées par des organismes qui envahissent les tissus et les organes du corps et en perturbent le fonctionnement. Les infections peuvent se transmettre d'une personne à l'autre et affecter certains organes. Les principaux types d'agents infectieux sont les bactéries et les virus. Il y a aussi les champignons, les protozoaires et les parasites. Certaines maladies infectieuses sont soignées par des médicaments.

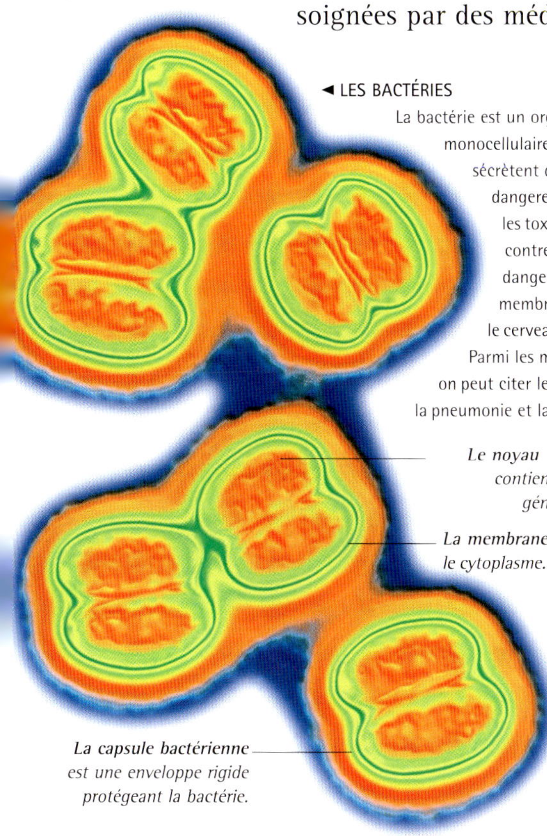


◄ LES BACTÉRIES
La bactérie est un organisme simple monocellulaire. Certaines bactéries sécrètent des substances dangereuses, appelées les toxines. La bactérie ci-contre donne la méningite, dangereuse inflammation des membranes qui recouvrent le cerveau et la moelle épinière. Parmi les maladies à bactéries, on peut citer le choléra, la typhoïde, la pneumonie et la tuberculose.

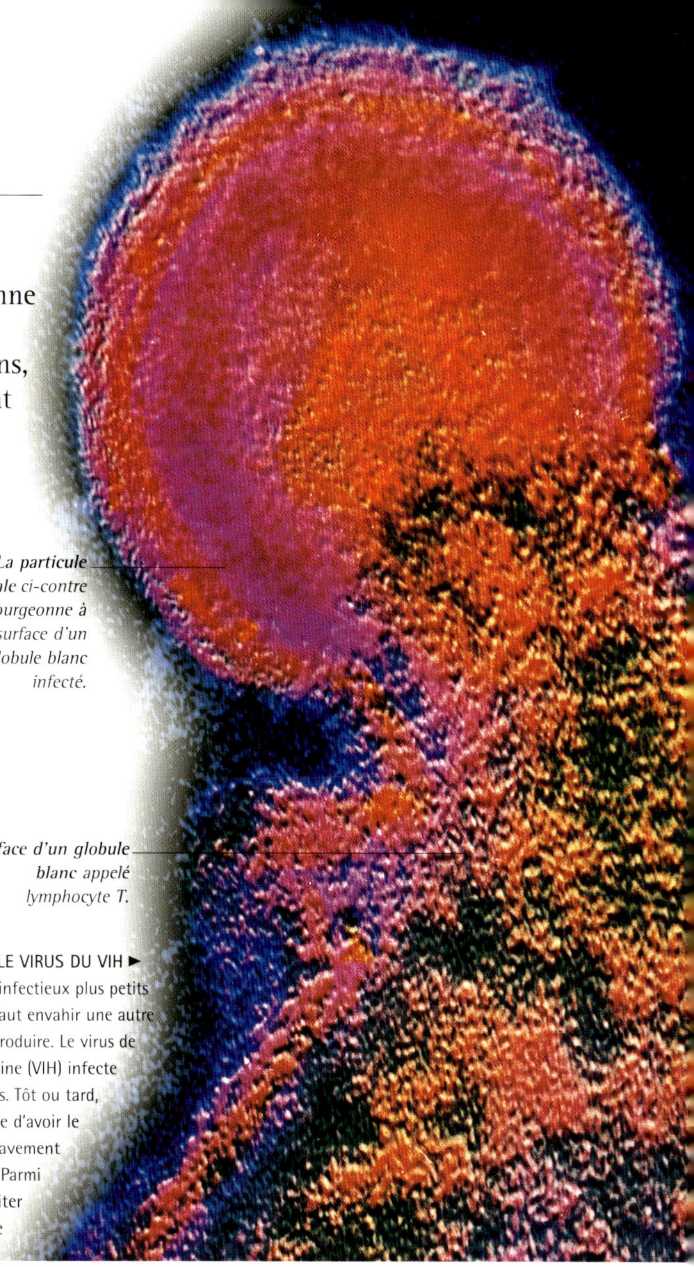


LE VIRUS DU VIH ►
Les virus sont des agents infectieux plus petits que les bactéries : il leur faut envahir une autre cellule vivante pour se reproduire. Le virus de l'immunodéficience humaine (VIH) infecte certains globules blancs. Tôt ou tard, la personne infectée risque d'avoir le SIDA, maladie qui affaiblit gravement le système immunitaire. Parmi les maladies virales, on peut citer le rhume, la grippe, la rougeole et les oreillons.

# LE CANCER

Le cancer est une multiplication rapide et anarchique de cellules du corps, qui forment une masse appelée tumeur. Les organes couramment touchés sont les poumons, le gros intestin et les seins. La tumeur tend à gagner les tissus voisins et les autres parties du corps. Dans certains cas, le cancer est mortel. Toutefois, grâce à de multiples traitements, il peut souvent être guéri.

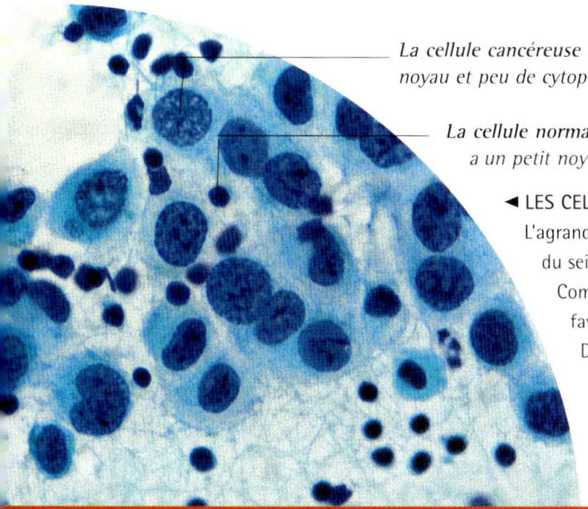


◄ LES CELLULES DU CANCER DU SEIN
L'agrandissement ci-contre montre des cellules du sein normales et des cellules cancéreuses. Comme les autres cancers, celui du sein est favorisé par un certain nombre de facteurs. Dans certains cas, il est lié à l'hérédité, c'est-à-dire à un gène anormal. Pour le traiter, on dispose de la chirurgie, des médicaments anticancéreux et de la radiothérapie.

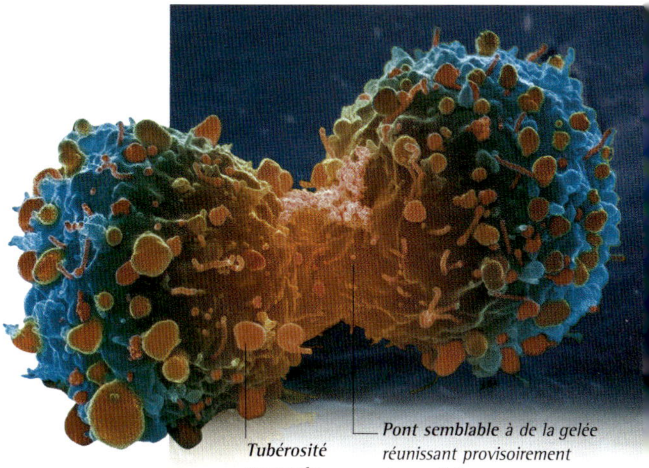


LES CELLULES DU CANCER DU POUMON ▲
Ci-dessus, une cellule cancéreuse du poumon se divise pour former deux cellules. Le cancer du poumon est l'un des plus courants. Ses principales causes sont le tabac et, parfois, la pollution de l'air. Pour le soigner, on a recours à la chirurgie, aux médicaments anticancéreux et à la radiothérapie ; celle-ci consiste à tuer les cellules cancéreuses avec des radiations de forte intensité.

POUR EN SAVOIR PLUS ⏩ Les bactéries 284 • L'appareil circulatoire 352 • Les mycètes 282 • Le système immunitaire 357

# LA MÉDECINE

La médecine est une science visant à traiter les maladies et les blessures du corps. Un de ses principaux aspects est la MÉDECINE PRÉVENTIVE qui établit les mesures à prendre pour empêcher l'apparition des maladies. En présence d'une maladie, le médecin commence par trouver son nom : il émet un DIAGNOSTIC, puis il prescrit un TRAITEMENT.

◄ L'ÉDUCATION SANITAIRE
Un aspect important de la médecine est la formation des populations aux causes des maladies. La santé publique rencontre des difficultés différentes suivant les régions du monde. En Inde, ci-contre, on apprend aux enfants à se protéger des maladies transmises par les insectes. Dans les pays développés, il faut combattre le tabac, les erreurs de régime alimentaire et le manque d'exercice.

## LA MÉDECINE PRÉVENTIVE

Pour être moins malade, il faut mener une vie saine et se faire vacciner contre certaines maladies : poliomyélite, tétanos, tuberculose, etc. Les médecins sont là pour faire des bilans correspondant à l'âge des différents patients : examens de la vue, tension artérielle, mammographie (radio du sein), etc. dans le but de dépister les maladies à un stade précoce. Les personnes souffrant d'une hérédité particulière doivent être examinées de manière adaptée.

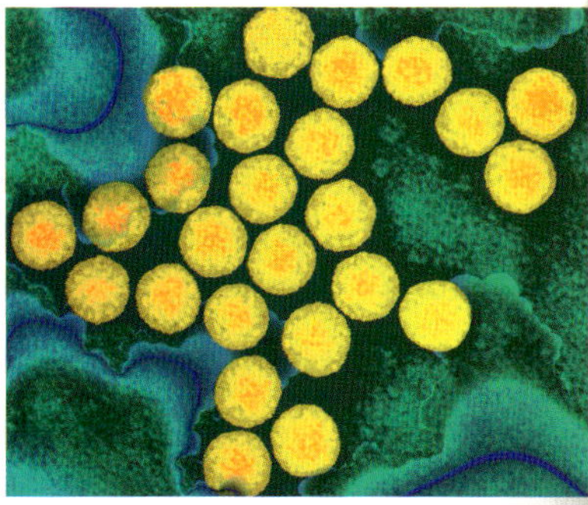

LA VACCINATION ►
L'agrandissement ci-contre montre des particules virales du virus de la poliomyélite. La polio est une maladie infectieuse éradiquée dans de nombreux pays grâce à des campagnes de vaccination. Certains vaccins sont pratiqués systématiquement chez les enfants. D'autres sont conseillés quand on se rend dans des régions du monde infectées par des maladies particulières. La plupart des vaccins se font par piqûre, d'autres – tel celui de la polio – par quelques gouttes sur la langue.

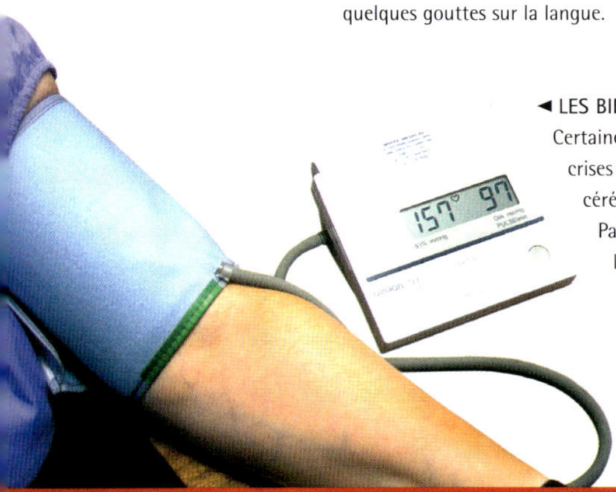

◄ LES BILANS
Certaines personnes, surtout celles exposées aux crises cardiaques et aux accidents vasculaires cérébraux, doivent faire des bilans régulièrement. Par exemple, on leur prendra la tension : le patient ci-contre a une tension trop forte ; on dit qu'il souffre d'hypertension, il va devoir se soigner. D'autres patients feront analyser leur sang, leur urine, etc. pour en vérifier la composition.

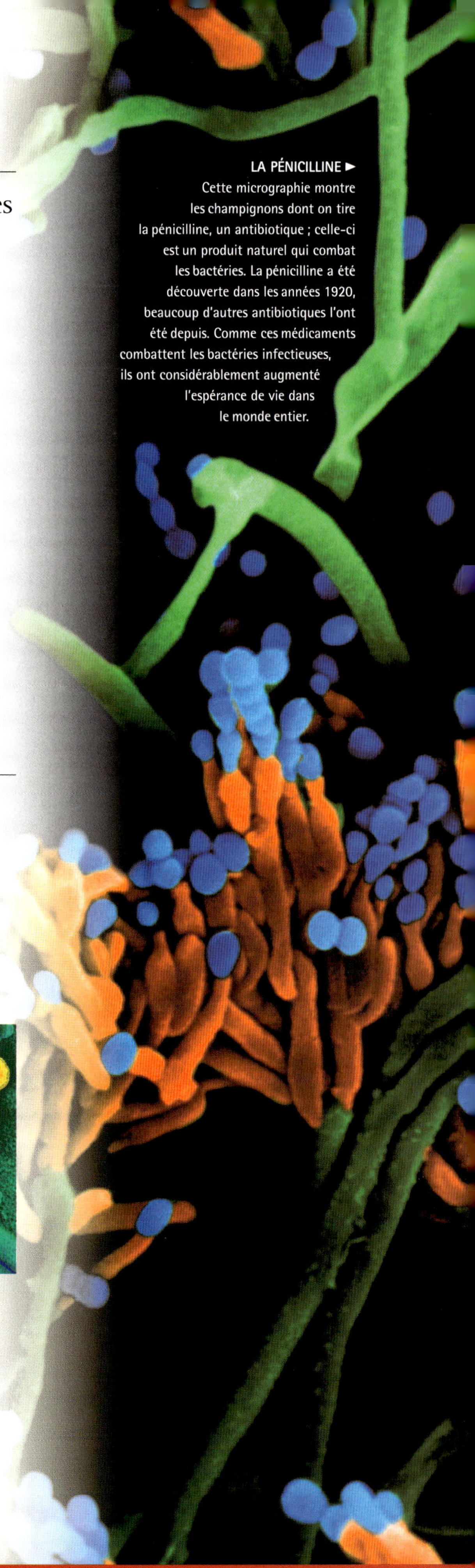

LA PÉNICILLINE ►
Cette micrographie montre les champignons dont on tire la pénicilline, un antibiotique ; celle-ci est un produit naturel qui combat les bactéries. La pénicilline a été découverte dans les années 1920, beaucoup d'autres antibiotiques l'ont été depuis. Comme ces médicaments combattent les bactéries infectieuses, ils ont considérablement augmenté l'espérance de vie dans le monde entier.

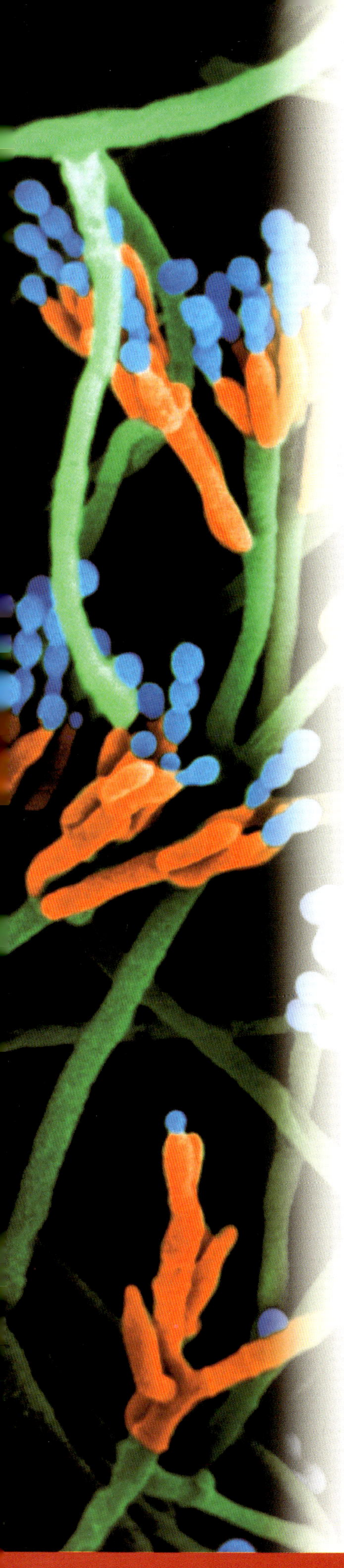

# LE DIAGNOSTIC

Un diagnostic consiste à l'identification de la maladie. À cet effet, le médecin demande au patient quels sont ses symptômes, ses antécédents familiaux, son métier et son style de vie. Puis il l'examine : on dit qu'il l'ausculte. Éventuellement, le médecin demandera d'autres tests, comme des radios ou des analyses, pour conforter son diagnostic.

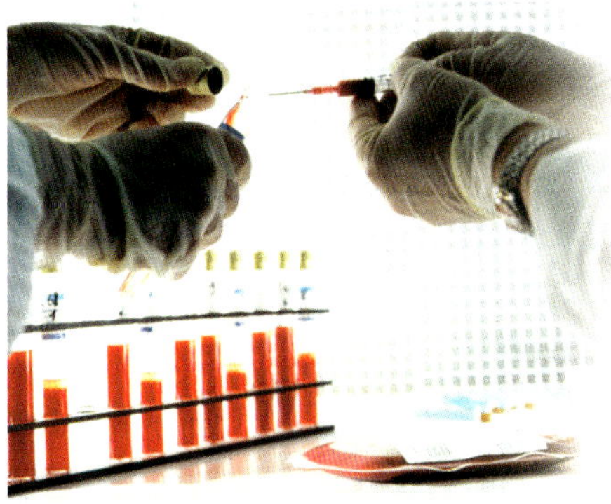

▲ LES ANALYSES DE LABORATOIRE
En laboratoire, les analyses de sang sont les plus fréquentes car elles fournissent des renseignements sur le fonctionnement du corps. Elles permettent par exemple de savoir comment fonctionne le foie. L'urine peut être également analysée, souvent pour savoir si elle est infectée.

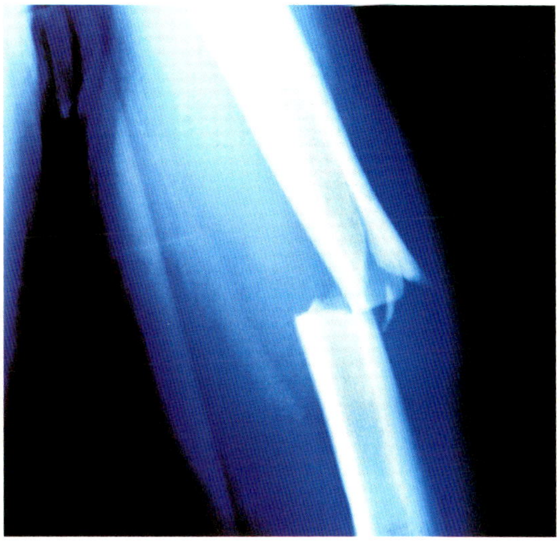

◄ LA RADIOGRAPHIE
La radiographie aux rayons X est la plus utilisée ; on s'en sert par exemple pour examiner les os : ci-contre, une fracture de l'humérus. La radio peut servir à observer le thorax, pour dépister les infections des poumons et les affections cardiaques.

# LE TRAITEMENT

Pour soigner les maladies, les médecins prescrivent différents traitements : médicaments, rééducation fonctionnelle, opérations, séances d'orthophonie, etc. Certaines thérapies visent le mental plus que le physique : tel est le cas de la psychothérapie qui soigne la dépression et les tendances suicidaires.

LES MÉDICAMENTS ►
Les médicaments modernes visent à supprimer les symptômes ou à guérir les maladies en rectifiant les perturbations de la chimie du corps. Parmi les médicaments, on trouve des molécules relativement simples comme l'aspirine, à côté de molécules de protéines d'une complexité inouïe.

MOLÉCULE D'ASPIRINE

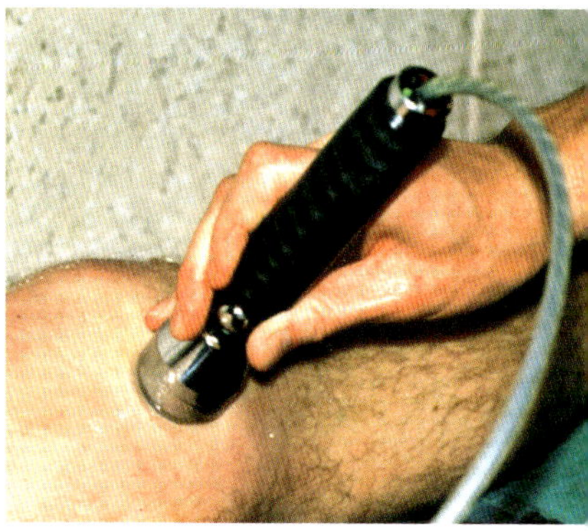

LA RÉÉDUCATION FONCTIONNELLE ▲
La rééducation fonctionnelle fait appel à une énergie physique comme la chaleur, l'exercice, l'électricité ou les ultrasons pour favoriser la guérison ou améliorer force et souplesse. Ci-dessus, le kinésithérapeute se sert d'ultrasons pour accélérer la guérison d'un genou. Dans d'autres cas, il pratiquera le massage, l'hydrothérapie, le traitement par la chaleur et différents exercices.

POUR EN SAVOIR PLUS ⏭ La santé 368 • Le système immunitaire 357 • La recherche médicale 376 • La médecine de pointe 374

# LA MÉDECINE DE POINTE

La médecine moderne est de plus en plus technique. L'IMAGERIE MÉDICALE offre aujourd'hui une vision très détaillée des organes internes tandis que la CHIRURGIE utilise de plus en plus les lasers, les robots et les ordinateurs. Une PROTHÈSE sert de plus en plus souvent à remplacer l'organe défaillant, ou l'aide à mieux fonctionner.

*Le **Scialytique** est une lampe réglable qui éclaire bien mais chauffe peu, afin d'éviter de brûler le patient.*

*Le **bras robotisé** exécute des mouvements guidés par la main du chirurgien.*

*Sur **l'écran**, l'image transmise par l'endoscope permet à toute l'équipe de suivre le travail du chirurgien.*

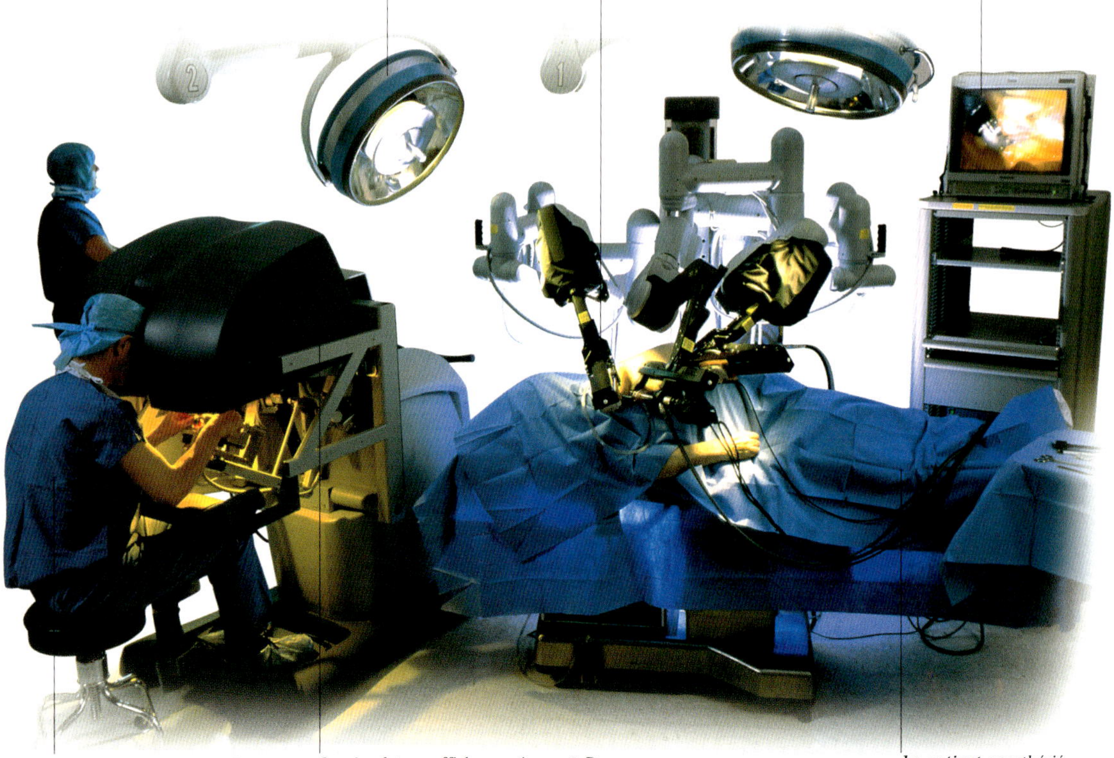

*Le **chirurgien** commande le robot, devant l'image 3-D du champ opératoire.*

*Le **simulateur** affiche une image 3-D et transmet au robot les gestes du chirurgien.*

*Le **patient** anesthésié repose sur la table d'opération.*

◄ LA CHIRURGIE ROBOTISÉE
Ci-contre, un chirurgien pratique une opération du cœur ; il a sous les yeux une image tridimensionnelle du champ opératoire fournie par son logiciel d'imagerie médicale. Grâce au bras robotisé, il guide avec précision les instruments chirurgicaux qui sont glissés dans la poitrine du patient par une incision de 12 mm. L'équipe chirurgicale assiste à l'opération grâce aux images fournies par les endoscopes, minuscules caméras introduites dans la poitrine du patient. L'écran correspondant est en haut à droite de la photographie.

## L'IMAGERIE MÉDICALE

Les méthodes modernes d'imagerie fournissent des images détaillées des organes ; certaines exigent que l'on injecte des colorants visibles aux rayons X pour visualiser certains organes ; d'autres fournissent des coupes ou des images tridimensionnelles. Certaines techniques montrent l'activité du corps, et pas seulement son anatomie. Par exemple, les sons de haute fréquence permettent de mesurer le débit sanguin dans les vaisseaux (doppler). Certains organes internes s'observent en introduisant dans le corps un endoscope à fibre optique.

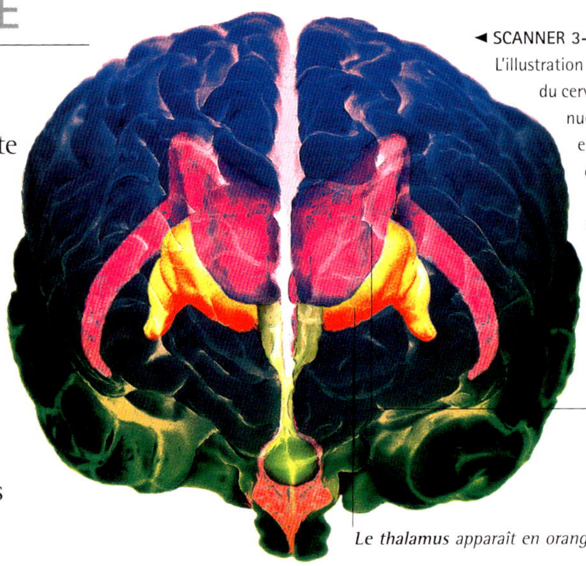

◄ SCANNER 3-D DU CERVEAU
L'illustration ci-contre montre les différentes parties du cerveau. L'imagerie par résonance magnétique nucléaire (IRM) est une technique de pointe en imagerie médicale ; l'organe à examiner est placé dans un puissant champ magnétique, puis « bombardé » par des ondes radio inoffensives. L'ordinateur fabrique ensuite l'image en analysant les ondes radio réfléchies par l'organe. L'IRM sert surtout à l'observation du cerveau et des organes mous.

*Le **ventricule latéral** (en rose) est une des quatre cavités du cerveau, contenant du liquide céphalo-rachidien.*

*Le **thalamus** apparaît en orange et jaune.*

# LA CHIRURGIE

La chirurgie progresse à pas de géant. La tendance est à la chirurgie endoscopique, visant à ne pratiquer dans le corps que des trous aussi petits que possible. La microchirurgie est un autre domaine important : le chirurgien se sert d'instruments minuscules pour intervenir sur des tissus très petits – tels les nerfs – et suit l'opération au microscope. Les transplantations offrent un nouvel espoir aux patients dont les organes internes sont défaillants : reins, cœur, foie et poumons peuvent se transplanter, mais l'on manque de donneurs.

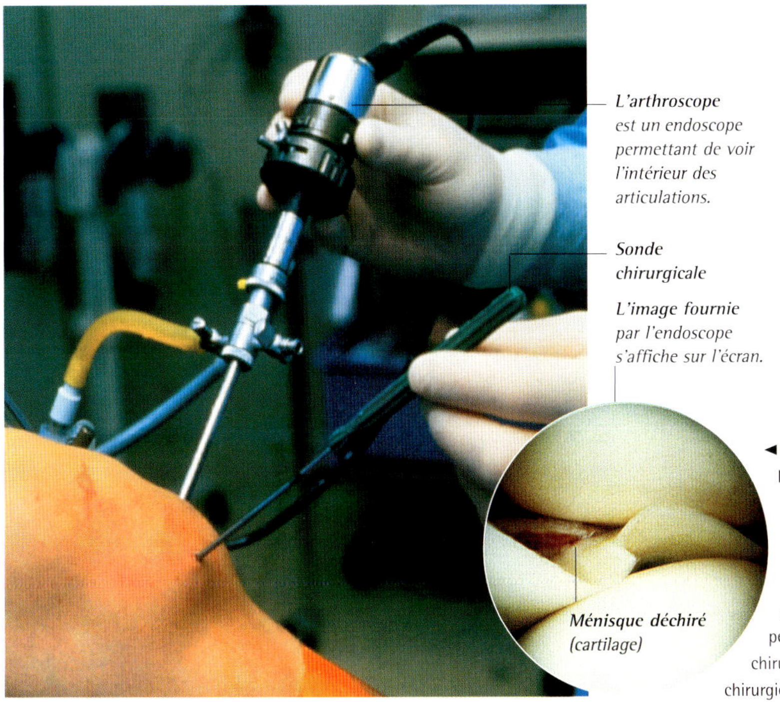


LE LASER ►
Les opérations chirurgicales comme celles de l'œil utilisent le laser pour couper et brûler des tissus. Le laser peut servir à traiter des maladies de la rétine jusqu'au fond de l'œil et à modifier la courbure de la cornée pour guérir la myopie. Le laser est aussi utilisé dans certaines maladies de peau et permet d'effacer des tatouages.

◄ L'ENDOSCOPIE
La chirurgie endoscopique utilise des endoscopes à fibres optiques pour manœuvrer à l'intérieur des organes des instruments de chirurgie à l'aide de caméras miniatures. Les endoscopes peuvent être rigides (ci-contre dans une operation du genou) ou souples (estomac, côlon). L'incision permettant d'introduire dans le corps les instruments chirurgicaux et l'endoscope est plus petite qu'en chirurgie traditionnelle, ce qui raccourcit la convalescence.

# LES PROTHÈSES

De nouvelles prothèses apparaissent chaque jour. On dispose d'articulations artificielles de la hanche et du genou, on traite certaines surdités en plaçant dans l'oreille une cochlée artificielle. On soigne la cataracte – qui rend le cristallin opaque – en introduisant dans l'œil une lentille de plastique. On remplace les valves du cœur avec des valves façonnées en métal, en plastique ou parfois à partir de tissu animal.

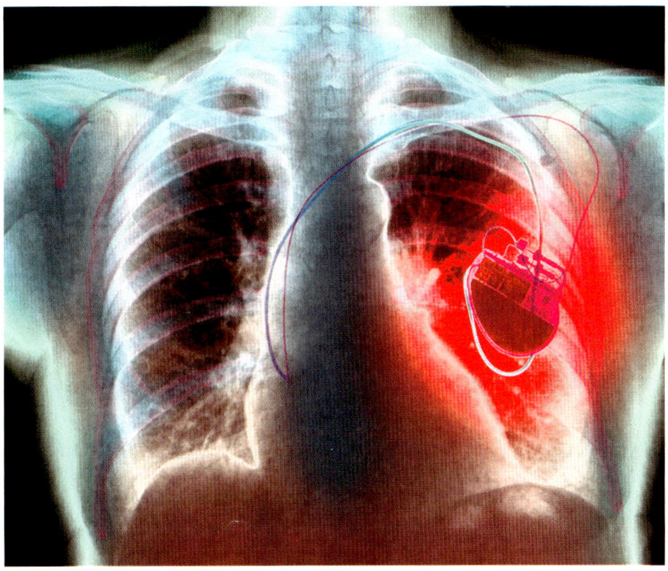

LE STIMULATEUR CARDIAQUE ►
La radio du thorax ci-contre montre le stimulateur cardiaque placé sous la peau. Cet appareil est utile au patient dont le cœur ne bat plus correctement par défaut de stimulation électrique naturelle. Le stimulateur envoie au cœur des impulsions électriques qui déclenchent les contractions du muscle cardiaque selon le rythme voulu.

POUR EN SAVOIR PLUS ⏭ Le laser 112 • La recherche médicale 376 • La robotique 154

# LA RECHERCHE MÉDICALE

Les principaux axes de la recherche médicale sont la mise au point de nouveaux médicaments, l'amélioration des prothèses, la fabrication de vaccins, l'étude des gènes et leur implication dans les maladies. Un autre domaine en croissance est la recherche sur les cellules souches ; ce sont des cellules à partir desquelles se différencient toutes les autres cellules du corps : théoriquement, elles permettent de cultiver en laboratoire n'importe quel type de tissu humain.

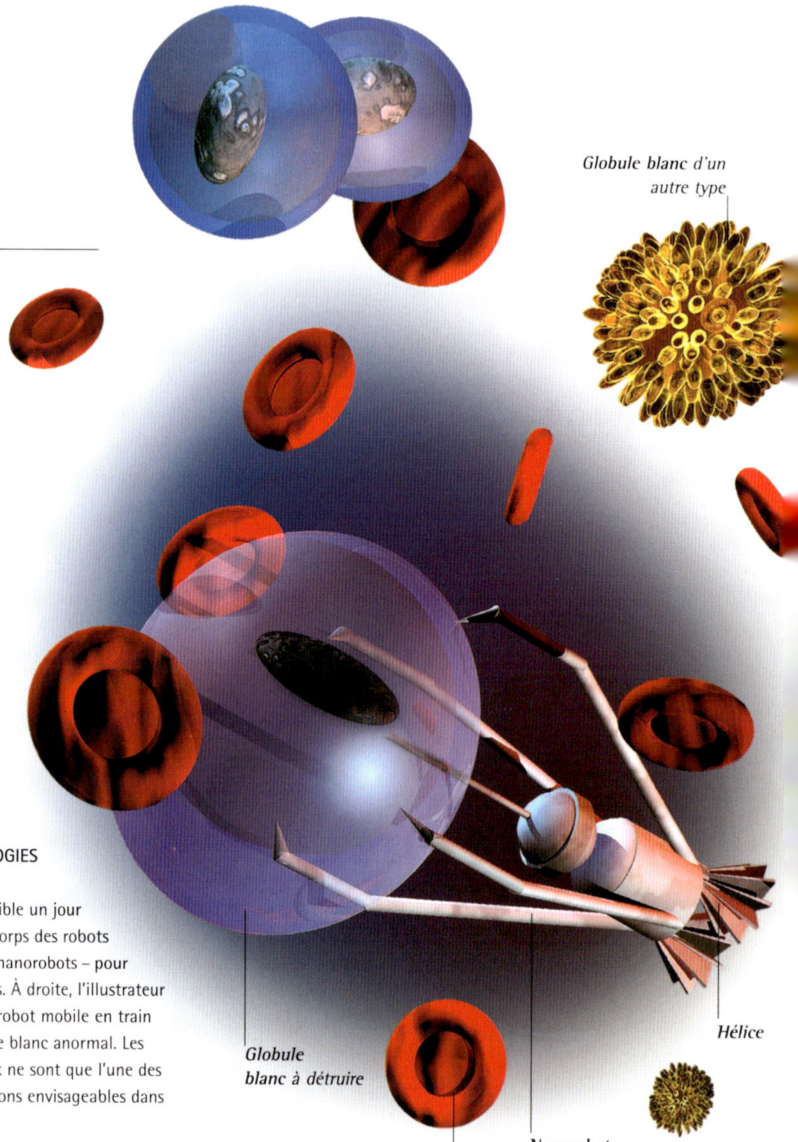


LES NANOTECHNOLOGIES EN MÉDECINE ►
Il sera peut-être possible un jour d'introduire dans le corps des robots microscopiques – les nanorobots – pour des missions curatives. À droite, l'illustrateur a représenté un nanorobot mobile en train de détruire un globule blanc anormal. Les traitements médicaux ne sont que l'une des nombreuses applications envisageables dans ce domaine futuriste.

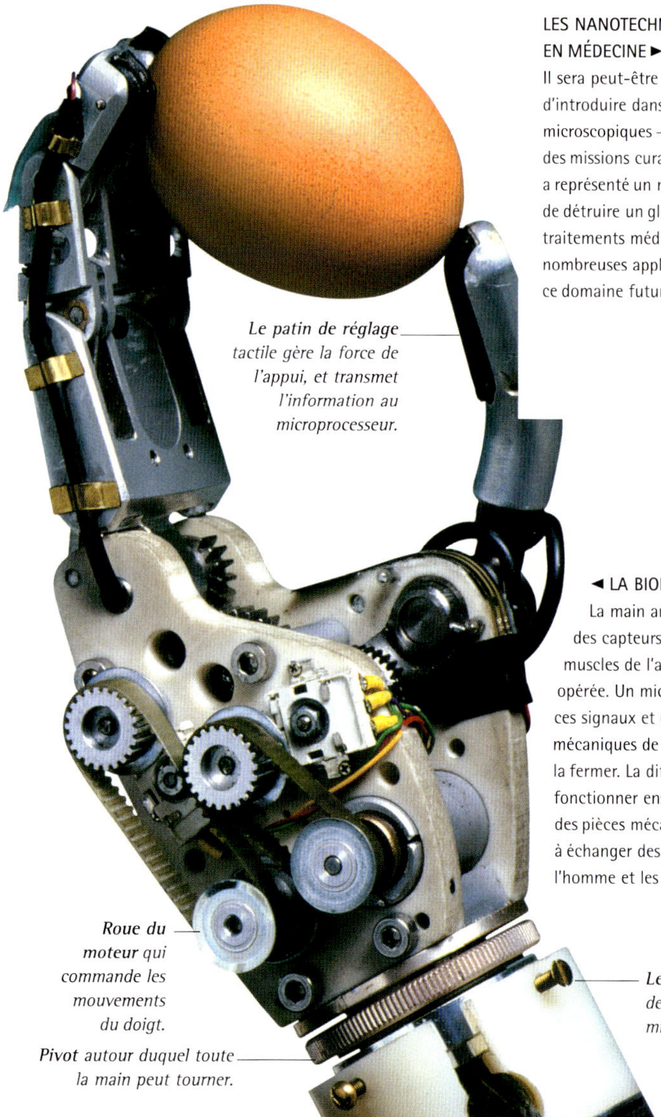


◄ LA BIONIQUE
La main artificielle ci-contre comporte des capteurs recevant des signaux des muscles de l'avant-bras de la personne opérée. Un microprocesseur intégré analyse ces signaux et commande les organes mécaniques de la main, pour l'ouvrir ou la fermer. La difficulté consiste à faire fonctionner ensemble des tissus vivants et des pièces mécaniques et, plus précisément, à échanger des signaux entre les nerfs de l'homme et les organes électroniques.

▲ LA CONCEPTION DE MÉDICAMENTS ASSISTÉE PAR ORDINATEUR
Le chercheur moderne utilise souvent l'ordinateur pour aider à créer de nouveaux remèdes. Par exemple, un scientifique peut se servir de l'image tridimensionnelle d'une molécule de médicament pour étudier la façon dont celle-ci réagit avec les récepteurs cibles dans le corps. Le chercheur améliore ainsi de manière interactive sa molécule virtuelle, avant de commencer les essais en réalité.

POUR EN SAVOIR PLUS ⏭ L'industrie chimique 50 • Les nanotechnologies 157 • La robotique 154

# INDEX

Pour chaque sujet, le numéro de page de l'entrée principale est en gras.

## A



## B



## C

# S



# T



# U



# V

# W



# X



# Y



# Z

# REMERCIEMENTS

Dorling Kindersley souhaite remercier Daniel Gilpin, Lindsay Porter et Susan Watt pour leur participation à la rédaction ; Alyson Lacewing et Margaret Parrish pour la relecture ; Sue Lightfoot pour l'index ; et Christine Heilman et Margaret Parrish pour l'adaptation américaine.



**Crédits photographiques**

L'éditeur souhaite remercier pour leur autorisation de reproduction les auteurs des photographies de cet ouvrage :

**Abréviations :**
h-haut, b-bas, d-droit, g-gauche, c-centre

**Anglo Australian Observatory** : David Malin 164b, 169ca ; Royal Observatory, Edinburgh 166hd, 168hd ; **Action Plus** : Richard Francis 72hd ; Tony Henshaw 76bg ; **akg-images** : 136cga, 141bg ; **Alamy Images** : 1c ; Steve Allen 44hg ; Susan E. Benson 67bd ; Bobo 53cga ; Steve Bloom 80cd, 306-307b, 314-315h ; Brand X Pictures 40-41 ; Jamie Carstairs 323hg ; Brandon Cole Marine Photography 314c ; Carlos Davila 83hg ; Rheinhard Dirscherl 303bd, 329bg ; Foodfolio 18bd, 46bg ; Jon Hicks 55hd ; Steve Hamblin 137bg ; Mike Hill 117hd ; I dream stock 89 ; ImageState 65hd ; iwish 146bg ; Klammt, A. 53bc ; Dennis Kunkel 372-373 ; Cindy Lewis 38bc ; Andy Myatt 54hg ; Natural Visions / Heather Angel 288-289 ; Kenzo Ohya 314bg ; Troy & Mary Parlee 86hd ; Pictor International 28hg ; Joe Sohm 106hd, 144cg ; David South 136h ; Mark Sykes 27bc ; Alex Tossi 53bg ; Masa Ushioda 300bg ; A.T. Willett 61hg ; **Courtesy of Angus / Kidde** : 19bd ; **Courtesy of Apple Computers UK** : 148-149, 150hd, 152bg, 152bc ; **Ardea.com** : Kurt Amsler 247bc ; Brian Bevan 295bd ; Elizabeth Bomford 310cg ; John Daniels 298cdb ; Ferrero-Labat 319bd ; Pascal Goetgheluck 270tc, 270ca ; Francois Gohier 326cg ; Chris Knights 312-313h ; Ken Lucus / David Dixon 78cg ; John Mason 329hg ; M.Watson 306-307h ; **Asahi Shimbun Photo Service** : 210-211 ; **Associated press** : 153cd ; **Auto Express** : 70bd ; **Aviation Images** : K.Tokunaga 101c ; **BBC Picture Archives** : 144cga ; **Courtesy of BMW** : 93cg ; **Courtesy of the Bose Corporation** : 102bc ; **British Antarctic Survey** : 41bda ; **Bruce Coleman Ltd** : Jane Burton 271bc ; **Courtesy of Columbia University** : 230hd ; **Construction Photography.com** : Jean-Francois Cardella 74bd ; **Corbis** : 15hd, 24ca, 36tc, 38hd, 57cd, 60cd, 102-103, 108c, 115cd, 179cag, 191hd, 204cg, 208hd, 215bg, 238-239, 244hd, 246cgb, 254c, 280hg, 336-337 ; O. Alamany & E. Vicens 319cg ; James L. Amos 55bd ; David Arky 128bc ; Yann Arthus-Bertrand 202-203, 233hd ; Tony Aruzza 98bd ; Craig Aurness 80hg ; Tiziana & Gianni Baldizzone 222bc ; Tom Bean 220hd, 226c ; Neil Beer 91bg ; Patrick Bennett 111cg ; Niall Benvie 60b ; Bettmann 52cg, 176bg, 183hg, 188c, 190hd, 328hg ; Stefano Bianchetti 38bd ; Jonathan Blair 184bg ; Gary Braasch 18bg, 212d ; John Brecher 44bc ; Andrew Brookes 21bd ; Gary W. Carter 269hd ; Ralph A. Clevenger 286-287 ; Clouds Hill Imaging Ltd 260b ; Lloyd Cluff 211hd ; Chris Collins 358cd ; CSIRO/ Geoff Lane 133bg ; Tim Davis 101bd ; George B.Diebold 74hg ; Dimaggio / Kalish 152cg ; Rick Doyle 229bd ; Duomo 103cd ; Ecoscene / Anthony Cooper 272cb ; Ecoscene / Joel Creed 232cd ; Ecoscene/ Graham Neden 239cdb ; Ecoscene / Wayne Lawler 236l, 246-247b ; Jim Erickson 281bd ; Robert Essel NYC 33hd ; Eye Ubiquitous / Edmund Neil 42-43 ; Eye Ubiquitous / Neil Rattenbury 97b ; Eye Ubiquitous / Julia Waterlow 276bg ; Jon Feingersh 54bd, 68cd ; Kevin Fleming 23hd ; Firefly Productions 43ca, 71cd ; FLPA / Philip Perry 261bd ; FLPA / Tony Wharton 261cag ; FLPA / Douglas P. Wilson 287bd ; Michael & Patricia Fogden 282cg, 324bd ; Owen Franken 363bd ; Michael Freeman 239cga ; Gerald French 43hg ; Rick Friedman 156cg ; Rick Gayle 15bc ; Walter Geiersperger 34bg ; Patrik Giardino 70bc ; Darrell Gulin 261hg ; Herrmann / Starke 145bg ; Hulton-Deutsch Collection 120-121 ; George Hall 10-11h, Richard Hamilton Smith 277hg ; Don Hammond 35bc ; Carol Havens 242cg ; 74bg ; Aaron Horowitz 42cg ; Dave G. Houser 246hg ; George H.H. Huey 221cg ; Images.com 111bc ; Isosport / Tim de Waele 68cg ; Chris Jones 51cd ; Wolfgang Kaehler 246cga ; Ed Kashi 248h ; Charles Krebs 260cdb ; Matthias Kulka 64bg ; Lester Lefkowitz 12-13, 83bd, 87hd, 113bd, 133bd, 138hg, 146cgb ; Louis K. Meisel Gallery 18cd ; Lucidio Studio Inc. 366bg ; LWA-Dann Tardif 366bga ; John Madere 56cb ; Don Mason 58hg ; Rob Matheson 76hg ; Joe McDonald 100bd ; Meteo France / Sygma 174bdg, 175bdg, 177bdg, 178bdg, 182bg, 183bdg, 189cgb ; David Meunch 222bd, 222hg, 274cb ; Colin Molyneux 110cd ; NASA 100cd, 190cg ; NASA / NRL / Skylab / Roger Ressmeyer 170c ; NASA/ Roger Ressmeyer 36bd, 161bg ; Tom Nebbia 223hd ; Pat O'Hara 16-17 ; Charles O'Rear 22c, 34-35 ; Jose Luis Pelaez Inc. 244g ; Bryan F. Peterson 280bd ; Charles Philip 65bd ; Michael Pole 269g ; David Pollack 245d ; Neal Preston 108hg ; Greg Probst 18-19h ; Carl & Ann Purcell 95cd ; Jim Reed 245hg ; Roger Ressmeyer 87bd, 107bd, 112c, 112b, 117bc, 167bd, 186cg, 186bg, 187hd, 187b, 192cg, 200b, 201cg, 201c ; Reuters / Yuriko Nakao 109bd ; Jim Richardson 249hd ; Otto Rogge 201d ; Hans Georg Roth 216g ; Galen Rowell 76-77, 122cd, 214l, 264l, 326g ; Sanford / Agliolo 99cdd ; Joel Sartore 248cd ; Kevin Schafer 335bd ; Alan Schein Photography 70g ; Setboun 246bg ; Ted Soqui 10bd, 106b ; Paul A. Souders 60c, 247hd ; Ted Spiegel 33bd ; Stapleton Collection 55hg ; Paul Steel 247bd ; Pete Stone 64-65 ; Vince Streano 15c, 90l, 94hg ; Keren Su 334-335 ; James A. Sugar 23bd ; Sygma 170cg ; Sygma / Robert Patrick 213cg ; Sygma / Rien 121cd, 121cad ; Craig Tuttle 237hg, 243bg ; Penny Tweedie 143hg ; Underwood & Underwood 73cb ; Lito C. Uyan 366hgb ; Onne van der Wal 94-95 ; Bill Varie 50d ; A & J Verkaik 126-127h ; Francisco Villaflor 113hd ; Herb Watson 47b ; Ron Watts 2cggg, 61c, 62-63 ; Randy Wells 102cgb ; Lawson Wood 295hd, 295cg ; Roger Wood 50cg ; Alison Wright 279c ; George W. Wright 204bd ; Tim Wright 12cg ; Mike Zens 45bg ; David Zimmerman 24hd ; **DK Images** : 1cg, 1cd, 1cgg, 1cdd, 2cg, 2cgg, 3cg, 3cd, 3cgg, 3cdd, 3cddd, 5hg, 5hggg, 7cd, 10hg, 10c, 10bg, 10bc, 12bga, 13cga, 14hg,14bg, 15bg, 15bd, 17bd, 18cg, 19cd, 19bc, 20ca, 20b, 21cg, 21bg, 27bg, 29bd, 30cg, 30-31t, 31hd, 31c, 31bg, 32hg, 32hg, 32bc, 32-33b, 32-33t, 33cg, 33cd, 34cg, 37hg, 39bd, 40bg, 41hd, 41bg, 43c, 43cd, 43cb, 44bg, 44-45, 45cd, 46cg, 48bg, 48bd, 48bcg, 49c,49bd, 49bcd, 51l, 52bg, 52bd, 53hg, 53cgb, 53bga, 53hgb, 55c, 57hd, 61hd, 61cd, 61bcd, 61cdd, 64cg, 65hg, 65tc, 69bd, 71hg, 73d, 75l, 77bg, 77bd, 79bcg, 79bcd, 80bg, 80bc, 80bd, 81bc, 83hd, 86c, 88bg, 92hd, 92b, 94bc, 96c, 97hd, 99cgg, 103hd, 104tc, 104l,105hd, 105bg, 105bd, 107cg, 108cb, 108bc, 109c, 110cg, 110-111bckgrd, 110b, 113tc, 113c, 113cd, 113bg, 114hd, 115bd, 116tc,117c, 118-119, 119hd, 119ca, 119cd, 121cg, 122l, 123hg, 123tc, 123hd, 123cd, 123bg, 123bd, 129c, 132hg, 132hd, 132cb, 132bg, 134-135,136c, 136cb, 136bg, 137c, 137bd, 138bg, 138bc, 139hg, 140cg, 143ca, 143cbd, 146hg, 148-149c (incrustation), 154bg, 168bd, 169bg, 171cd,171bdc, 172b, 173hd, 173tcd, 173tgg, 173hdd, 173hdd, 173hddd, 179hd, 179bd, 179cbg, 189cga, 192bg, 192bga, 192bgd, 210cg, 216bc,216bc, 216bd, 217hg, 217tc, 217cd, 218c, 218cd, 218bc, 218bd, 218cdd, 219hg, 219hd, 219cd, 219bg, 219bd, 219bcg, 219bcd, 219d, 219tcg, 219tcd, 220cd, 220cd, 221hd, 221cd, 221bda, 221cgaaa, 221cgaaaa, 224cg, 224c, 227c, 232bg, 233bd, 235ca, 239ca, 239c, 239bc, 247cga, 247cdb, 249b, 252-253, 254cg, 254cb, 254b, 255cb, 255bd, 255cag, 255call, 255car, 255carr, 256-257, 256bcg, 256bcd, 257hg, 257bg, 257bd, 258-259, 260-261b, 260hdg, 261bda, 262hd, 262-263, 262b, 263cga, 263cdb, 263bd, 263bdg, 263cdg, 264hg, 264tc, 264hd, 264bg, 264bd, 265hd, 265bg, 265bd, 265hdd, 266bg, 267bg, 267bc, 267bd, 268bcg, 268d, 269bd, 270hd, 270cd, 271cd (incrustation), 272hd, 272b, 273hg, 273hd, 274hg, 274cga, 274cb, 274bd, 274-275, 277ca, 277cg, 277c, 277cb, 277bgg, 277bgd, 277cgg, 278bc, 279d, 280-281t, 281car, 282bc, 282-283, 284b, 285hg, 285b, 286hg, 286cga, 286cg, 290cg, 290cd, 290b, 291hd, 291ca, 291bd, 292cg, 292bc, 293hg, 293bd, 294hd, 294cga, 294c, 294bc, 294bd, 295cd, 295hdb, 296hd, 296c, 296bg, 296bd, 296b, 297c, 297cd, 297cb, 297bg, 297bd, 298hd, 298hd, 298cga, 298c, 298cd, 298bc, 299hg, 299bc, 299bd, 300hd, 300c, 301cg, 301c, 301bg, 301hdb, 302hd, 302cg, 303cgb, 303bg, 303t, 304hd, 304cg, 304bg, 304bd, 305b, 307c, 307cd, 308c, 308cd, 309c, 312bg, 312bd, 314cg, 315ca, 315cd, 315cb, 315bg, 315car, 316hd bckgrd, 317hd, 317c, 317cd, 317bg, 317bc, 319cd, 320cg, 320bg, 320bc, 320-321, 321cd, 322bd, 323c, 323bg, 324bc, 327d, 328hg, 328cga, 328cg, 328b, 329c, 330c, 331cg, 331bc, 332c, 332bg, 332bd, 333cg, 334c, 339ca, 340bg, 340bd, 340-341t, 342d, 343hd, 345bc, 347cg, 366hg, 366cga, 368cg, 368bg, 369c, 369bc, 373bc ; American Museum of Natural History 330c ; Tom Ang 144bc, 144bd, 144-145hd, 146tc ; Anglo-Australian Observatory 5hgg ; Angus Beare Collection 30bc, 147bd ; Booth Museum of Natural History 313cd ; British Museum 35cd ; Simon Brown 366cgb ; Casio Electronics Co Ltd 140-141 ; Castlebridge Plant Ltd 88-89 ; The Cleveland Museum of Natural History, Ohio 328c ; ESA 189hd ; ESPL/Denoyer-Geppert 340c ; Gables 290c ; Gordon Models 358cd ; Hunterian Museum 221bd, 221bdaaaa, 330c ; Judith Miller/ Lyon & Turnball Ltd 54c ; Patrick Mulrey 144-145hg ; Museum of the Moving Image 120cg ; NASA 3cggg, 174hd, 174bd, 178hd, 178c, 178cb, 190b, 197bd, 198hg ; National Museum of Wales 333bd ; Natural History Museum 22cg, 36hg, 220c, 221cga, 221bdaa, 302cb, 311hg, 311c, 320hg, 326b, 333hg, 333c, 366c ; Stephen Oliver 21cd ; Oxford University Museum 149ca (incrustation) ; Royal Museum of Scotland 221bdaaa ; Royal Tyrrell Museum, Canada 332-3 ; Science Museum 143cbg ; Senekenberg Natural History Museum 221cgaa ; University Museum of Zoology, Cambridge 221cd ; M.I Walker 2cd, 2cdd ; Weald and Downland Open Air Museum 268cg ; Wellcome Institute/Science Museum 29bc ; Weymouth Sea Life Centre 299cg ; Jerry Young 329cd ; **Ecoscene** : Eric Needhan 134cg ; **Courtesy of Efficient Design Lasers, Inc. Tucson, Arizona** : 112cg ; **Empics Ltd** : Mike Egerton 79bd ; **European Southern Observatory** : 187c ; **European Space Agency** : 174cd,196cgb ; NASA / Jean-Paul Kneib 163bg ; **Mary Evans Picture Library** : 207bd, 209hd, 276hg ; **Evolution Robotics, and Idealab company, Pasadena, CA** : The ER2 is a prototype service robot : 154c ; **FLPA - Images of nature** : Albert Visage 270bg ; Ian Rose 270cg ; Minden / Chris Newbert 325b ; Minden / Mark W. Moffett 309hg ; Minden / Norbert Wu 294cg, 294bg, 324bg ; Minden / Tui de Roy 308b ; Panda Photo 271cg ; **Rob Francis** : 213hg, 222bg, 225hd ; **Garden World Images** : 282c ; **Gemini Observatory** : Canada-France-Hawaii Telescope / J.C. Cuillandre/Coelum 165hd ; **Getty Images** : AFP 196cga, 250cb ; AFP/ Andrew McKaskle 39cg ; David Bartruff 237hd ; Benelux Press 96-97 ; Walter Bibikow 144bg ; Stephen J.Boitano 318cd ; Gary Buss 236bda, 237bca, 237bcar, 237bcadd ; Peter Cade 82hd ; Angelo Cavalli 71bg ; Frank Cezus 298bg ; Chris Cheadle 102cga ; Stewart Cohen 249hg ; Jody Dole 17bc ; Andy Eavcs 102bg ; Bob Elsdale 105c ; Larry Goldstein 61cag ; Peter Gridley 115hd ; Ernst Haas 111hd ; Jeff Hunter 309hd ; Arnulf Husmo 237b ; Coneyl Jay 346cd ; Junko Kimura 149bd ; John Lamb 69hd ; David Leah 66-67 ; Lester Lefkowitz 135cd ; Romilly Lockyer 67hd ; Adrian Lyon 102cg, 250hd ; Marcus Lyon 79hd ; Rita Maas 38bg ; Dennis McColeman 82g ; Neil McIntyre 309bg ; Rob Melnychuk 145cd ; Dennis O'Clair 368-369 ; Stan Osolinski 310-311 ; Steven Peters 100bg ; Photodisc Green 178hg, 178bd ; Photodisc Green / Jack Hollingsworth 53hd ; Malcolm Piers 77hg ; Gary Randall 310hg ; Steve Satushek 7879 ; Space Frontiers / Dera 231cg ; Harald Sund 331d ; Darryl Torckler 330b ; David Trood Pictures 99cg ; Roger Tully 131cg ; Pete Turner 114bg ; UHB Trust 115cg ; Joseph Van Os 46h ; **Gold Crest Postproduction** : 121bg ; **Robert Harding Picture Library** : Louise Murray 243cd ; © **Hewlett Packard** : 149cd, 150hd ; **Holt Studios International** : Nigel Cattlin 280bg, 281bg ; **Courtesy of Honda (UK)** : 93bg ; **Courtesy of Ideo / Eleksen** : 59hg, 59hd ; **IMAX Corporation** : 121bd ; **International Sematech** : 142cd ; **Courtesy of Kevlar / Dupont** : 56bg ; **Kobal Collection** : Selznick / MGM 120bg ; Twentieth Century Fox 29h ; **Courtesy of Lucent Technologies, Inc. / Bell Labs** : 138hd ; **Moviestore Collection** : MGM Studios 120bd ; **NASA** : 2cdd, 58bg, 58bc, 66bg, 72c, 72bd, 81bd, 102hg, 151c, 162bd, 163c, 164cg, 171bdg, 171bddd, 173hg, 173cgg, 173hcg, 173hgg, 175hd, 177cg, 177cd, 180cd, 181cg, 181bd, 182hg, 182bd, 182bgd, 184hg, 188l, 190cga, 192-193, 193hd, 193bg, 194bg, 194195, 195hd, 195cg, 196cd, 196bd, 197hd, 199cg, 204205t, 214tc, 250bg ; Hubble Heritage Team 163cd ; Hubble Heritage Team / R.G. French, Wellesley College 180bg ; **National Geographic Image Collection** : Image from Volcanoes of the Deep Sea, a giant screen motion picture, produced for IMAX theaters by The Stephen Low Company / Rutgers University 230g ; **The National Trust** : Joe Cornish 218g ; **The Natural History Museum, London** : 332cg, 334hgb ; Geological Society 220bd ; **Natural Visions** : Heather Angel 267hg, 300cd ; Soames Summerhayes 307bd ; **Nature Picture Library** : Peter Bassett 326cd ; Peter Blackwell 313bd ; Bristol City Museum 335cd ; N. A. Callow 310cgb ; John Cancalosi 330hd ; Bruce Davidson 321bd ; Jurgen Freund 319hg, 325cg ; Tony Heald 302bg ; Anup Shah 316b ; Tom Vezo 308g ; Dave Watts 304cd ; **N.H.P.A.** : B & C Alexander 322g ; Ant Photo Library 284l, 313bg ; Anthony Bannister 277cd, 310cd ; Bill Coster 323d ; Stephen Dalton 74hd, 290-291, 309bd, 314cd ; Nigel J.Dennis 324h ; Martin Harvey 311hd, 325hd, 334bg ; Kevin Schafer 335bc ; Eric Soder 319bc ; Norbert Wu 228bg ; **NOAA** : 107c ; **Courtesy of Nokia** : 147ca, 147bd ; **Oxford Scientific Films** : AA / Joyce and Frank Burek 228bga ; AA /Peter Weimann 318h ; Kathie Atkinson 224bd, 275bd ; David M. Dennis 284cbgg ; Warren Faidley 243d ; David Fleetham 291c ; Michael Fogden 266t, 301hd, 301bd ; Brian Kenney 313cg ; Rudie Kuiter 306bg ; Okapia / Nils Reinhard 277hg ; Sinclair Stammers 273bd ; Kim Westerskov 294hg, 294cgaa ; © **palmOne** : 152bd ; **Panos Pictures** : Rob Huibers 213c ; **Photo Researchers** : Lew Merrim 14bd ; **www.popperfoto.com** : 283hd ;

**Powerstock** : Index Stock Imagery 9091 ; Mauritius Images 225b ; **Pure Digital, a division of Imagination Technologies** : 143bd ; **Redferns** : Paul Bergen 127cd ; James Cumpfrey 108cga, 108bg ; **Reuters** : 281hd ; David Mercado 250bc ; NASA 160c, 176c ; **Rex Features** : Barry Greenwood 147bc ; IXO / Avantis 140bd ; **Royal British Columbia Museum, Victoria, Canada** : 330cbg ; **Science & Society Picture Library** : 26hg, 38bg, 73bg, 129hd, 134bg ; National Museum of Photography, Film & TV : 118bg, 118cgb,118cga, 118hg ; **Science Photo Library** : 11bd, 22bg, 81cag, 82bc, 85cb, 94cg, 98ca, 103bd, 120cd, 131cd, 135cb, 160cd, 160-161b, 177c, 185hg, 235bc, 235bd, 287ca, 295cb, 343cg, 354bd, 360bd, 366b, 373cd ; 180cag, 181d, 184cd ; Mike Agliolo 39hd ; Agstock / Larry Fleming 48hg ; Agstock / David Thurber 277bd ; Alamos National Laboratory 99cggg ; Doug Allan 205tc ; Peter Arnold Inc. / Matt Meadows 373c ; Jonathan Ashton 371bg ; Bill Bachman 206bg, 215hd, 287bc ; Alex Bartel 60hg ; Julian Baum 86b, 199hd ; John Bavosi 354bg, 354bc, 370bd ; George Bernard 66bd ; Biocosmos / Francis Leroy 353bc ; Biology Media 357bc ; Biophoto Associates 18bcd, 346bd, 364bc ; Biosym Technologies / Clive Freeman 41hg, 41bd ; Bluestone 347cd ; The Boc Group Plc / Malcolm Fielding 142hg ; Martin Bond 134bd, 135bg, 227hd ; Dr Tony Brain 285bd ; British Antarctic Survey 111cd, 226b, 236c ; Robert Brook 286bg ; BSIP 59bg ; BSIP / Cavallini James 370c ; BSIP / DPA 51bd ; BSIP / Kretz Technik 363cdb ; BSIP / LECA 373hd ; Dr Jeremy Burgess 13cdb, 43bd, 108cg, 140cga, 258bg, 259hd, 259bd, 259bda, 266cb, 274cga, 284cbg ; Mark Burnett 12c ; Oscar Burriel 279bg ; Chris Butler 161hg, 169bd, 180cdb, 183hd, 183bg, 183bd, 184bd ; Scott Camazine 245bg, 356cb ; Celestial Image Co. 165cg ; Peter Chadwick 275hd ; Martyn F. Chillmaid 146-147, 259c ; CNRI 353bg, 355hd, 355hdb, 356bg, 370bg, 371hd, 375c ; Lynette Cook 201bc ; Tony Craddock 52t, 213d, 254-255 ; J-C Cuilllandre / Canada-France-Hawaii Telescope 160hd ; Colin Cuthbert 32cg, 116bd, 240b ; Custom Medical Stock Photo 284cd ; Custom Medical Stock Photo / Brad Nelson 375cg ; Dept. of Clinical Cytogenetics, Addenbrookes Hospital 364bg ; Darwin Dale 142bg ; Christian Darkin 100-101 ; John K. Davies 143cg ; Alan L.Detrick 17cd ; Martin Dohrn 232tc, 338hd, 350c ; Phil Dotson 283bg ; Georgette Douwma 201h ; A.B. Dowsett 282bga ; Du Cane Medical Imaging Ltd 361g ; David Ducros 198bc ; Earth Satellite Corporation 160cg ; George East 117bd ; Edelmann 363hd, 363cga, 363cd ; Berhard Edmaier 80bg ; Eurelios / Carlos Munoz-Yague 211bc ; Eurelios / L.Medard 24bg ; Eurelios / Philippe Plailly 108-109, 360c ; European Southern Obsevatory 169hd ; European Space Agency 173d, 205hd ; Dr Tim Evans 46bcg, 47d ; Eye of Science 56bd, 61bd, 224bc, 256bd, 258cg, 285cg, 358bg, 359cg ; Don Fawcett 343bg ; Mauro Fermariello 341bcg ; Jack Finch 176cg, Simon Fraser 204cd, 205cg, 226g ; 234g ; Bruce Frisch 49hd ; Richard Folwell 249cd ; Michael P. Gadomski 272cg ; Mark Garlick 161hd, 172hd ; G. Glatzmaier / Los Alamos National Laboratory / P. Roberts / UCLA 133c ; Pascal Goetgheluck 12bc ; Stevie Grand 84bg ; John Greim 146cga ; Gusto 142ca, 142cb, 142b ; Hale Observatories 164hd ; Tony & Daphne Hallas 165bd, 185bg ; Roger Harris 22-23 ; Adam Hart-Davis 348cg, 348cgd ; Adrienne Hart-Davis 128cd ; W.Haxby / Lamont-Doherty Earth Observatory 230bd ; Hays Chemicals / James Holmes 50c ; Gary Hincks 223bd, 232cg, 244bc ; Jan Hinsch 147bg ; Steve Horrell 108cgb ; IBM 11bc ; Innerspace Imaging 339bg, 342bg ; John Hopkins University / Applied Physics Lab. 198hd ; Phil Jude 122cg ; Kapteyn Labatorium 196bg ; Manfred Kage 130cd, Russell Kightley 256hd ; 343cg ; Ton Kinsbergen 139hd ; Kwangshin Kim 367hg ; James King-Holmes 365cg, 376bg ; K. H. Kjeldsen 291bg ; Chris Knapton 130bg ; Mehau Kulyk 293cd, 362-363 ; Lagune Design 373bca ; Russ Lappa 26bd ; Lawrence Berkeley National Laboratory 119cdb, 171hd ; Lawrence Lawry 350bg ; Dr Michael J. Ledlow 174cb ; G. Brad Lewis 16bg, 231bd ; Jerry Lodriguss 185d ; Patrice Loiez / CERN 162c ; Dr Kari Lounatmaa 43cga, 43cbd ; David Luzzi, Dr Ken Macdonald 209bd ; Bernhard Maier 213bg ; Dr P. Marazzi 367bd ; Michael Marten 257hd ; David M.Martin, M.D 359cbd ; Maximilian Stock Ltd 86cg ; Andrew McClenaghan 283ca ; Tony McConnell 81hd, 83bg, 99cd ; Tom McHugh 300cga, 300bc, 303cdb ; John Mead 131bc, 242cgg ; Peter Menzel 99bd, 155hd, 156bg, 374h ; Astrid & Hans-Frieder Michler 14hd, 29cg, 35hd, 350cg, 350-351, 358bd ; Microfield Scientific Ltd 293tc ; Larry Miller 241bd ; Professor P. M. Motta, A. Caggiati & G. Macchiarelli 353hd ; Professor P. Motta / Dept. of Anatomy, University La Sapienza, Rome 346bg ; Dr Gopal Murti 278c, 341bg ; NASA 27hg, 58bd, 162163c, 167cg, 174cg, 175cg, 175bd, 179cd, 179cbg (incrustation), 181cb, 182cd, 190cd, 191c, 194cg, 196hg, 196cg, 196197, 198bg, 199cd, 199b, 200hd, 200c, 232bd, 241hd ; NASA GSFC / Dr Gene Feldman 287cd ; NASA / Ames Research centre 151b ; NASA / Goddard Space Flight Centre 234bc ; NASA / JISAS 161bd ; NASA / Space Telescope Science Institute 165cd, 182cb ; National Cancer Institute 353bd ; National Centre for Atmospheric Research 245ca ; National Optical Astronomy Observatories 158-159 ; NCSA, University of Illinois 150b ; NIH / Custom Medical Stock Photo 375hd ; Thomas Nilsen 250c ; Susumo Nishinaga 11bg, 347bg, 347bd ; Novosti Press Agency 194hg ; NREL / US Dept. of Energy 58cd, 251hd ; David Nunuk 94bg, 99cddd ; David Parker 122c, 145bd, 151hd, 154-155c, 211bd ; Pekka Parviainen 242 ; Claude Nuridsany & Marie Perrenou 271cd, 283bd, 285hd ; Sam Ogden 153cdg, 156-157 ; Alfred Pasieka 51hd, 76bcd, 126-127c, 133hd, 141bd, 146bd, 341hg, 352d, 354-355, 356cdb, 359hd, 361hd, 365hd, 371hg ; D. Phillips 362bc ; Philippe Plailly 341cg ; Planetary Visions Ltd 246-247h ; Planetary Visions / Geosphere Project, Tom Van Sant 40c ; PHT 375bd ; George Post 242b ; Jim Reed 239bd ; Stefanie Reichelt 46bd ; J. C Revy / ISM 341cg ; Dave Roberts 139bd ; Alexis Rosenfeld 75bd, 127bd, 154hg, 228cg, 231hd, 273cg ; Rosenfeld Images Ltd 36bc, 50bc, 126bg, 278hg ; Dick Rowan 319hgb ; Royal College of Surgeons / Martin Dohrn 354cg ; Royal Observatory, Edinburgh 38l, 165c ; Royal Swedish Academy of Sciences / Scharmer et al 170cb ; Sandia National Laboratories 157hd ; John Sanford 17hd, 117cga, 117cd ; Chris Sattlberger 149bd ; Robin Scagell 169hg ; David Scharf 116cg, 116bg, 295c, 305ca ; Dan Schechter 171bc ; Carl Schmidt-Luchs 146cg ; Heini Schneebeli 54cga, 54cdb ; Erich Schrempp 72g ; Victoe de Schwanberg 54cd ; Peter Scoones 228d ; Seagate Microelectronics Ltd / David Parker 142cg ; Dr Gary Settles 355c ; Lauren Shear 346cg ; Alan Sirulnikoff 242cd ; Eckhard Slawik 171bdd, 177hd, 177bd ; Sovereign, ISM 339bd, 344-345 ; Space Telescope Science Institute 197bg ; Sinclair Stammers 13bd, 116hg, 285c ; Dr Linda Stannard, UCT 372cb ; Kaj R. Svensson 280c ; Swindon Silicon Systems / A. Sternberg 142cgb ; Andrew Syred 43cbg, 129bda, 130hg, 140c, 267hd, 281cag, 281cbg, 295bg, 325c ; Tek Image 2021b, 2021c, 2021t, 37hd, 42hd, 129bd ; Simon Terrey 124-125 ; Sheila Terry 30bg, 131cga, 148bg, 181hg, 186cd, 224cg ; TH Foto-Werbung 131hd ; Joe Tucciarone 173bd ; Hugh Turvey 117hg ; UIUC / Scott White 59cd ; R.Umesh Tandran / TDR / Who 372cg ; University of Pennsylvania 157bd ; University La Sapienza, Rome / Dept. of Anatomy / Professor P. Motta 360bg ; US Department of Energy 84-85 ; Detlev van Ravenswaay 162cg, 162-163 bckgrd, 184bc, 334hg ; Victor Habbick Visions 157cg ; Erik Viktor 376hd ; Volker Steger 139bg, 157cd ; Volker Steger / Peter Arnold Inc. 156cag, 278bg ; VVG 351hd, 351bd ; John Walsh 141hd ; Garry Watson 84hg ; WG 339hg, 349bd, 356bd, 357c, 359bc, 361bd, 367bc, 371bd ; Art Wolfe 305hd ; Worldsat International 189cd ; Ed Young 142cga ; Zephyr 374b ; Frank Zullo 165bc ; **Seapics.com** : Doug Perrine 107hd ; © **Sky News** : 145cb ; **SkyScans** : David Hancock 93cd ; **Courtesy of Smart / Daimler Chrysler** : 57b ; **Sony Corporation** : 155bd, 156hg ; **Courtesy of Speedo / Sputnik** : 56c, 56cd, 56h ; **Professor R.A. Spicer** : 221bc ; **Still Pictures** : Martin Bond 251cg ; Markus Dlouhy 248bg ; Alfred Pasieka 116cga ; Roland Seitre 274bg ; **Topfoto** : HIP / Science Museum, London 130hd ; **US Geological Survey** : R. L. Christiansen. Courtesy of Earth Science World ImageBank / www.earthscienceworld.org / imagebank 213cga ; **Courtesy of the Volvo Group** : 93hd ; **Warren Photographic** : Jane Burton 293bg, 316hd ; Kim Taylor 313hd, 322cd ; **Courtesy of Wedgwood** : 55cg ; **The Wellcome Institute Library, London** : 376bd ; **Werner Forman Archive** : Naprsteck Museum, Prague 186hd ; **Art Wolfe** : 318bg, 318bcd, 318cbg ; **Mike Wyndham** : 372bg ; **University of Zagreb, Croatia** : 206hd ; **Zefa Picture Library** : H. Heintges 302bd ; J. Raga 37b ; Masterfile : Boden / Ledingham 27bd ; Peter Christopher 78bg ; Rick Fischer 144cgb ; R. Ian Lloyd 131cdb ; David Mendelsohn 150cg ; Roy Ooms 36cd ; Gary Rhijnsburger 131bd ; Min Roman 81bg.

**Crédit de couverture : © Dorling Kindersley Ltd.** sauf 1er plat : Ocean/**Corbis** hg, Mark Garlick/**Science Photo Library/Corbis** cd, Bernhard Edmaier/ **Science Photo Library** bc, **Corbis** bd, Ken Eward/Biografx/**BSIP** fond ; dos : Ken Eward/Biografx/**BSIP** h ; 4e plat : Henrik Sorensen/**Gettyimages** c, Carl Schimdt-Luchs/**Science Photo Library** chg, **Science Photo Library** cc, Kim Taylor/**Frontiers ftr.naturepl.com** cg et Andrew Brookes/**Corbis** hd.